ELEVENTH EDITION

ENGINEERING FLUID MECHANICS

International Student Version

DONALD F. ELGER
University of Idaho, Moscow

BARBARA A. LEBRET
University of Idaho, Moscow

CLAYTON T. CROWE
Washington State University, Pullman

JOHN A. ROBERSON
Washington State University, Pullman

WILEY

ELGER | LEBRET | CROWE | ROBERSON

유체역학 제11판

Engineering Fluid Mechanics

강부식 · 김이중 · 김재중 · 김효섭 · 이종섭 · 이호진 · 전경수 옮김

(주)한티에듀

역자 소개

강부식(대표역자)	단국대학교	토목환경공학과
김이중	홍익대학교	토목공학과
김재중	동아대학교	토목공학과
김효섭	국민대학교	건설시스템공학부
이종섭	부경대학교	토목공학과
이호진	충북대학교	토목공학부
전경수	성균관대학교	수자원학과

유체역학 제11판

발 행 일 2020년 02월 28일 1쇄
2022년 12월 20일 2쇄
저 자 Elger · Lebret · Crowe · Roberson
역 자 강부식 · 김이중 · 김재중 · 김효섭 · 이종섭 · 이호진 · 전경수
펴 낸 이 김준호
펴 낸 곳 (주)한티에듀 | 서울시 마포구 동교로 23길 67 Y빌딩 3층
등 록 제2018-000145호 2018년 5월 15일
전 화 02) 332-7993~4 | **팩 스** 02) 332-7995
I S B N 979-89-6421-399-5 (93500)
가 격 35,000원

마 케 팅 노호근 박재인 최상욱 김원국 김택성
편 집 김은수 유채원
관 리 김지영 문지희
디 자 인 **내지** 디자인드림 **표지** 유채원

이 책에 대한 의견이나 잘못된 내용에 대한 수정정보는 아래의 홈페이지나 이메일로 알려 주십시오.
독자님의 의견을 충분히 반영하도록 늘 노력하겠습니다.

홈페이지 www.hanteemedia.co.kr | **이메일** hantee@hanteemedia.co.kr

---

서문

독자

이 책은 유체역학을 접하는 모든 공대생들을 위해 쓰여졌다. 물리학(역학), 화학, 정역학, 미적분학에 대한 기초 지식이 있다면 무리 없는 학습이 가능할 것이다.

목적

우리의 목표는 사람들이 능숙한 공학적 판단을 하는 데 필요한 지식을 전달하는 것이다. 그래서 우리는 유체역학의 주요 이론들을 대학교 1학년이나 2학년에게 설명하기 적합한 수준으로 집필하였다. 또한, 유체역학을 배우는 데에 도움이 되는 비판적 사고, 문제 해결, 추정과 같은 접근법들도 포함시켰다.

접근

지식. 각 장은 이론을 통해 배워야 할 중요한 내용으로 시작된다. 학습성과는 학생들이 무엇을 할 수 있는지에 따라 결정된다. 각 장의 절에서 학습 내용을 다루고, 그 내용들은 각 장의 마지막 절에 요약된다.

피드백으로 연습. Anders Ericsson 박사의 연구에 따르면 배움은 의도적 연습을 통해 온다고 한다. 의도적 연습은 무언가를 하고 그에 따른 피드백을 얻는 것을 포함한다. 의도적 연습을 제공하기 위해 각 장의 말미에 연습문제가 있다. 짝수 문제에 대한 해답이 이 책의 끝에 제공되어 있다. 교수님들은 Wiley 담당자에게 문의하여 해답과 문제풀이를 이용할 수 있다.

이 책의 특징

학습성과. 각 장의 시작 페이지에 있는 "학습성과"를 통해 학생들은 그 장에서 무엇을 공부하게 되는지를 알 수 있다.

이론적 근거. 각 부분은 어떤 내용을 포함하고 왜 이 내용이 관련 있는지 설명되어 있다.

시각적 접근. 학생들이 이미지와 단어를 방정식에 연결해 더 효과적으로 공부할 수 있도록 그림과 사진을 사용하였다.

기초 개념. 이 책은 주요 개념을 명확하고 간결한 형식으로 제공한다. 이 개념들은 더 높은 수준의 학습에 도움이 된다.

핵심 방정식. 학생들이 스스로 식을 유도하고 학습 능력을 높일 수 있도록 기술적 유도를 강조하며, 특징은 다음과 같다.

- 주요 방정식의 유도 과정이 단계별로 제시된다.
- 주요 방정식의 전체적인 의미를 문장으로 설명한다.

- 주요 방정식들에 이름이 붙여져 표 F.2에 정리되어 있다.
- 주요 방정식들이 각 장의 표에 요약되어 있다.
- 각 주요 방정식을 적용하는 과정이 관련 장에 나와 있다.

요약. 각 장은 학생들이 복습할 수 있도록 "핵심 내용 요약"으로 마무리된다.

과정 접근방법. 과정은 결과를 얻는 방법이다. 과정 접근법은 전문가의 업무 방식과 같은 방식이다. 이 책은 다양한 과정 접근방법을 알려 준다.

웨일스-우즈 모델. 웨일스-우즈 모델(WWM)은 전문가들이 문제를 어떻게 해결하는지 보여 준다. 이 모델에 대한 설명이 1장에 나오며 교재 전체의 예제 문제에서 사용된다.

그리드방법. 이 책은 단위를 옮기고 취소하는 데에 쓰이는 그리드방법이라고 불리는 체계적인 과정을 보여 준다. 단위 연습은 공학자가 실수를 발견하고 수정하는 데 도움이 되고 공학자가 개념과 방정식에 의미를 부여하는 데 도움이 되기 때문에 강조된다.

영미식 단위와 SI 단위. 예제 및 연습문제에서는 SI 단위와 영미식 단위가 둘 다 사용된다. 이런 문제들은 학생들이 전문적 업무에서 사용하게 되는 단위에 익숙해지도록 도와준다.

예제. 각 장에는 지식이 맥락에서 어떻게 쓰이고 적용에 필요한 필수 세부 사항을 알려 주는 예제가 있다.

해답. 이 책에는 강사들을 위한 자세한 해답이 있다. 많은 해답이 웨일스-우즈 모델과 함께 제공된다.

사진. 책에 있는 그림들은 강의에 쉽게 이용할 수 있도록 파워포인트 형식으로 제공된다. 자료는 강사들에게만 허용된다. 자료에 대한 액세스를 요청하려면 해당 지역의 Wiley 영업 담당자에게 문의할 수 있다.

다학제적 접근. 처음에 이 책은 토목공학도를 위해 쓰여졌지만, 다른 분야에도 적용되도록 여러 분야의 자료들이 추가되며 출판되고 있다. 예를 들면, 베르누이 방정식을 토목공학적 접근방법인 수두 개념적 방법과 화학 및 기계공학적인 방법인 압력 해석 방법을 사용하는 방식으로 설명하고 있다. 기계 및 전기공학도가 연습한 것처럼 제품 개발과 관련된 문제도 포함하고 있다. 몇몇 문제에는 생리학 같은 다른 분야도 있다. 이렇게 다학제적으로 접근하는 이유는 오늘날 공학은 점점 더 여러 분야가 융합되기 때문이다.

11판의 새롭게 달라진 점

1. 비판적 사고(critical thinking)가 1장에서 소개된다. **이유.** 학생들이 비판적 사고를 적용할 때 유체역학을 더 잘 배우게 되고, 나아가 더 나은 공학자가 되기 때문이다.
2. 학습성과가 범주별로 구성되어 있다. **이유.** 목표를 범주화하는 것은 무엇이 중요한지 확실하게 이해할 수 있게 해 주기 때문이다.
3. 힘, 질량, 무게, 뉴턴의 만유인력 법칙, 밀도, 그리고 특정 무게를 설명하는 새로운 내용을 1장에 추가하였다. **이유.** 우리는 학생들에게 기본적인 개념이 없는 상황을 많이 보았다. 또한, 1장에서 이런 주제를 소개함으로써 책 초반에 공학적 계산을 알려 줄 수가 있기 때문이다.
4. 1장에 실무적 지혜를 제시하는 방법으로 "공학자의 조언"을 도입하였다. **이유.** "공학자

의 조언"은 전문 공학 실무에서 폭넓게 이용되는 방식을 보여 주기 때문이다.

5. 1장에 이상기체법칙(IGL)에 대한 새로운 자료가 추가되었다. **이유.** 이상기체법칙 부분이 공학 문제의 기술적 세부사항에 부합하는 적당한 수준으로 기술되었다.
6. 1장에 문제해결에 대한 내용을 새롭게 추가하였으며, 웨일스-우즈의 문제해결 모델이 표로 요약되어 있다. **이유.** 문제를 해결하고 수학적 모델을 만드는 것은 공학자의 기본 능력이다. 우리가 여러 문헌을 통해서 발견한 최고의 아이디어를 1장에 담았다.
7. 2장에 유체 특성을 찾는 새로운 절이 추가되었다. 새로운 2.2절은 전판에서 2장의 끝에 있던 요약표를 포함한다. **이유.** 유체 특성을 찾는 것은 2장의 중요한 학습목표이다. 새로운 절에서는 학습성과에 중점을 두고 아이디어를 한곳에 체계화하였다. 전판에서는 유체 특성을 찾는 데 필요한 지식이 2장 전체에 흩어져 있었다.
8. 응력, 응력과 힘을 어떻게 관련시키는지, 그리고 공통 힘에 대한 새로운 절을 2장에 포함시켰다. **이유.** 응력과 힘은 역학에서 중요한 개념이다. 이 절에서는 관련 용어를 정의하고 어떻게 관련이 있는지를 다룬다.
9. 전단응력 방정식에 대한 2장의 토론은 명확성과 결정력을 높이기 위해 편집되었다. **이유.** 전단응력 방정식은 유체역학 방정식 중 하나이다.
10. 각 장 끝에 새로이 추가했거나 개정된 문제가 있다. **이유.** 문제를 풀면 학습 및 학습의 평가가 더 쉬워진다.
11. 9장은 처음 유체역학을 배우는 학생들에게 더 적합하도록 수정되었다.

집필진

이 책은 원래 John Roberson 교수가 집필하고, Clayton Crowe 교수가 압축성 유체에 관한 내용을 추가하였다. Roberson 교수는 6판 이후 은퇴했고, Donald Elger 교수가 7판 출판에 참여했으며, Barbara LeBret 교수는 9판 출판에 참여하였다. Crowe 교수는 9판 이후 은퇴했고, 아쉽게도 2012년 2월 5일에 세상을 떠났다. 고인의 명복을 빈다.

Donald Elger, Barbara LeBret, and Clayton Crowe (Photo by Archer Photography: www.archerstudio.com)

감사의 글

우리는 동료들과 교수들에게 감사를 전한다. Donald Elger는 언제나 질문을 던지며 열심히 도와준 동료인 Ronald Adams 박사에게 감사를 전한다. 또한, 유체역학을 조사해 준 유체역학 연구원 Ralph Budwig에게 감사를 표한다. Barbara LeBret는 Cornell 대학의 Wilfried Brutsuert와 유체역학에 대한 열정을 불러일으켜 준 Idaho 대학의 George Bloomsburg에게 감사를 전한다. 마지막으로, 우리는 기술 검토자 Daniel Flick의 뛰어난 작업에 감사드린다.

역자 서문

이 책은 미국 워싱턴 주립대학교 토목환경공학과의 John A. Roberson 교수 등의 공저인 Engineering Fluid Mechanics 11판의 번역서입니다. 원래 Roberson 교수가 최초 집필하였고, 같은 대학 기계공학과의 Clayton T. Crowe 교수가 압축성 유체에 관한 부분을 추가하였습니다. 최초 저자인 Roberson 교수는 6판 이후 은퇴하였고, 아이다호대학 기계공학과의 Donald F. Elger 교수와 같은 대학 생물공학과(Biological Engineering)의 Barbara A. LeBret 교수가 합류하여 11판이 완성되었습니다.

유체역학 분야에서 괄목할 만한 연구 업적을 이루어 왔고, 다수의 전문서를 저술한 바 있는 세 교수님께서 오랜 기간 동안의 연구와 강의 경험을 기초로 집필한 이 책은 오래전부터 국내외 유수한 대학들에서 유체역학 교재로 채택되어 사용되어 오고 있습니다. 특히 토목환경공학뿐 아니라 기계공학, 생물공학 등 유체역학을 다루는 다양한 전공분야의 교수진이 집필하여 다양한 관점과 이론, 예제들이 흥미롭게 다루어지고 있습니다. 뿐만 아니라 비슷한 내용을 담고 있는 여타 교재와 달리 지식을 전달하는 과정에 있어서 "비판적 사고", "공학자의 조언", 예제 풀이 과정에서의 "WWM(Wales-Woods Model)" 등 학습자의 이해를 효과적으로 도울 수 있는 여러 가지 창의적 기법을 시도하는 부분들이 긍정적 평가를 받고 있습니다.

대학 강단에서 유체역학을 강의해 본 사람이라면 누구나 학생들에게 유체의 역학적 특성을 어떻게 강의하고 이해시키는 것이 효과적인가에 대하여 고민한 경험이 있을 것입니다. 고체역학과 비교하여 유체역학은 미소한 입자의 집합체로서의 유체의 불규칙한 거동을 다루기 때문에, 이론을 정립하거나 이론과 거동을 연결 지어 이해하는 데 많은 어려움이 뒤따를 수 있기 때문입니다. 역자들 역시 오랫동안 강단에서 유체역학을 가르쳐 왔지만 이러한 경험을 피할 수는 없었습니다. 따라서 이러한 유체역학의 속성에 바탕을 두어 효과적으로 기술된 교재를 찾던 중에 문제에 대한 접근방법이 체계적이고 실용적이며 흥미를 유도하는 기법 등이 돋보이는 본 교재를 번역하게 되었습니다.

개정된 11판의 특징은 이전 버전과 마찬가지로 유체의 흐름현상을 사실성 있게 기술하기 위하여 각종 사진과 그림을 많이 사용하고 있고, 특히 유체의 흐름현상에 대한 이해를 돕기 위하여 웹사이트에 실험 등의 동영상을 제공하고 있습니다. 또한 해석 부분은 가능한 한 줄이고 개념에 초점을 맞춘 문제들을 많이 다룸으로써 학생들이 주제에 대해서 확신을 갖고서 쉽게 접근할 수 있도록 유도하고 있습니다. 유체현상에 대한 설명이 매우 구체적이고 상세하며, 기본 식들을 유도할 때 모든 과정을 자세히 기술하고 있으므로 수강 후 스스로 공부할 때도 유용할 것으로 생각됩니다. 검사체적 접근법(control volume approach)과 레이놀즈 수송이론(Reynolds transport theorem)을 통하여 연속 방정식, 운동량 방정식, 에너지 방정식 등 유체역학의 기본 방정식들을 보다 명쾌하게 유도하여 설명하고 있습니다. 특히 11판에는 16장 "유체동역학 문제 모델링"이 추가되어 편미분 방정식의 구성과 나비에-스토크스 방정식을 유도하고, 개략적이지만 수치해석을 위한 시공간 격자(grid) 생성과 코딩 원리가 기술되어 고급 유체역학 과목을 공부하는 학생들에게도 입문서로서 유용할 것으로 생각됩니다.

역자들은 나름대로 최선을 다하여 원서의 의미가 그대로 표현될 수 있도록 노력하였으나, 한글 용어가 정립되지 못한 부분, 언어의 차이에 기인한 번역작업의 한계 등으로 인해서 의도치 않게 오역이 발생했거나 원문의 내용이 훼손된 부분이 없었는지 우려가 앞섭니다. 독자들이 이러한 부분을 발견하여 주저 없이 조언과 충고를 해 주시면 겸허히 받아들여 더 좋은 번역서가 되도록 노력할 것을 약속드립니다.

끝으로 이 책이 번역되어 나오기까지 원고 정리와 교정 등에 많은 시간을 할애하여 성의를 다해 준 역자 소속 대학의 수공학 전공 대학원 학생들에게 감사를 표하며, 어려운 가운데 책이 출판될 수 있도록 협조해 준 한티미디어 출판사 김준호 사장님과 직원 여러분에게도 감사를 드리는 바입니다.

2020년 2월 역자 일동

차 례

TABLE F.1 Formulas for Unit Conversions*

Name, Symbol, Dimensions			Conversion Formula
Length	L	L	**1 m** = 3.281 ft = 1.094 yd = 39.37 in = km/1000 = 10^6 μm **1 ft** = 0.3048 m = 12 in = mile/5280 = km/3281 **1 mm** = m/1000 = in/25.4 = 39.37 mil = 1000 μm = 10^7Å
Speed	V	L/T	**1 m/s** = 3.600 km/hr = 3.281 ft/s = 2.237 mph = 1.944 knots **1 ft/s** = 0.3048 m/s = 0.6818 mph = 1.097 km/hr = 0.5925 knots
Mass	m	M	**1 kg** = 2.205 lbm = 1000 g = slug/14.59 = (metric ton or tonne or Mg)/1000 **1 lbm** = lbf·s^2/(32.17 ft) = kg/2.205 = slug/32.17 = 453.6 g = 16 oz = 7000 grains = short ton/2000 = metric ton (tonne)/2205
Density	ρ	M/L^3	**1000 kg/m³** = 62.43 lbm/ft³ = 1.940 slug/ft³ = 8.345 lbm/gal (US)
Force	F	ML/T^2	**1 lbf** = 4.448 N = 32.17 lbm·ft/s² **1 N** = kg·m/s² = 0.2248 lbf = 10^5 dyne
Pressure, shear stress	p, τ	M/LT^2	**1 Pa** = N/m² = kg/m·s² = 10^{-5} bar = 1.450 × 10^{-4} lbf/in² = inch H_2O/249.1 = 0.007501 torr = 10.00 dyne/cm² **1 atm** = 101.3 kPa = 2116 psf = 1.013 bar = 14.70 lbf/in² = 33.90 ft of water = 29.92 in of mercury = 10.33 m of water = 760 mm of mercury = 760 torr **1 psi** = atm/14.70 = 6.895 kPa = 27.68 in H_2O = 51.71 torr
Volume	$\forall$	L^3	**1 m³** = 35.31 ft³ = 1000 L = 264.2 U.S. gal **1 ft³** = 0.02832 m³ = 28.32 L = 7.481 U.S. gal = acre-ft/43,560 **1 U.S. gal** = 231 in³ = barrel (petroleum)/42 = 4 U.S. quarts = 8 U.S. pints = 3.785 L = 0.003785 m³
Volume flow rate (discharge)	Q	L^3/T	**1 m³/s** = 35.31 ft³/s = 2119 cfm = 264.2 gal (US)/s = 15850 gal (US)/m **1 cfs** = 1 ft³/s = 28.32 L/s = 7.481 gal (US)/s = 448.8 gal (US)/m
Mass flow rate	$\dot{m}$	M/T	**1 kg/s** = 2.205 lbm/s = 0.06852 slug/s
Energy and work	E, W	ML^2/T^2	**1 J** = kg·m²/s² = N·m = W·s = volt·coulomb = 0.7376 ft·lbf = 9.478 × 10^{-4} Btu = 0.2388 cal = 0.0002388 Cal = 10^7 erg = kWh/3.600 × 10^6
Power	P, $\dot{E}$, $\dot{W}$	ML^2/T^3	**1 W** = J/s = N·m/s = kg·m²/s³ = 1.341 × 10^{-3} hp = 0.7376 ft·lbf/s = 1.0 volt-ampere = 0.2388 cal/s = 9.478 × 10^{-4} Btu/s **1 hp** = 0.7457 kW = 550 ft·lbf/s = 33,000 ft·lbf/min = 2544 Btu/h
Angular speed	ω	T^{-1}	**1.0 rad/s** = 9.549 rpm = 0.1591 rev/s
Viscosity	μ	M/LT	**1 Pa·s** = kg/m·s = N·s/m² = 10 poise = 0.02089 lbf·s/ft² = 0.6720 lbm/ft·s
Kinematic viscosity	ν	L^2/T	**1 m²/s** = 10.76 ft²/s = 10^6 cSt
Temperature	T	Θ	**K** = °C + 273.15 = °R/1.8 **°C** = (°F − 32)/1.8 **°R** = °F + 459.67 = 1.8 K **°F** = 1.8°C + 32

*Visit www.onlineconversion.com for a useful online reference.

TABLE F.2 Commonly Used Equations

Ideal gas law equations

$p = \rho RT$

$p\forall = mRT$

$p\forall = nR_uT$

$M = m/n;\ R = R_u/M$ (§1.6)

Specific weight

$\gamma = \rho g$ (Eq. 1.21)

Kinematic viscosity

$\nu = \mu/\rho$ (Eq. 2.1)

Specific gravity

$$S = \frac{\rho}{\rho_{H_2O \text{ at } 4°C}} = \frac{\gamma}{\gamma_{H_2O \text{ at } 4°C}} \quad \text{(Eq. 2.3)}$$

Definition of viscosity

$$\tau = \mu \frac{dV}{dy} \quad \text{(Eq. 2.15)}$$

Pressure equations

$p_{gage} = p_{abs} - p_{atm}$ (Eq. 3.3a)

$p_{vacuum} = p_{atm} - p_{abs}$ (Eq. 3.3b)

Hydrostatic equation

$$\frac{p_1}{\gamma} + z_1 = \frac{p_2}{\gamma} + z_2 = \text{constant} \quad \text{(Eq. 3.10a)}$$

$p_z = p_1 + \gamma z_1 = p_2 + \gamma z_2 = \text{constant}$ (Eq. 3.10b)

$\Delta p = -\gamma \Delta z$ (Eq. 3.10c)

Manometer equations

$$p_2 = p_1 + \sum_{\text{down}} \gamma_i h_i - \sum_{\text{up}} \gamma_i h_i \quad \text{(Eq. 3.21)}$$

$h_1 - h_2 = \Delta h(\gamma_B/\gamma_A - 1)$ (Eq. 3.22)

Hydrostatic force equations (flat panels)

$F_P = \bar{p}A$ (Eq. 3.28)

$$y_{cp} - \bar{y} = \frac{\bar{I}}{\bar{y}A} \quad \text{(Eq. 3.33)}$$

Buoyant force (Archimedes equation)

$F_B = \gamma \forall_D$ (Eq. 3.41a)

The Bernoulli equation

$$\left(\frac{p_1}{\gamma} + \frac{V_1^2}{2g} + z_1\right) = \left(\frac{p_2}{\gamma} + \frac{V_2^2}{2g} + z_2\right) \quad \text{(Eq. 4.21b)}$$

$$\left(p_1 + \frac{\rho V_1^2}{2} + \rho g z_1\right) = \left(p_2 + \frac{\rho V_2^2}{2} + \rho g z_2\right) \quad \text{(Eq. 4.21a)}$$

Volume flow rate equation

$$Q = \bar{V}A = \frac{\dot{m}}{\rho} = \int_A V dA = \int_A \mathbf{V} \cdot \mathbf{dA} \quad \text{(Eq. 5.10)}$$

Mass flow rate equation

$$\dot{m} = \rho A\bar{V} = \rho Q = \int_A \rho V dA = \int_A \rho \mathbf{V} \cdot \mathbf{dA} \quad \text{(Eq. 5.11)}$$

Continuity equation

$$\frac{d}{dt}\int_{cv} \rho d\forall + \int_{cs} \rho \mathbf{V} \cdot \mathbf{dA} = 0 \quad \text{(Eq. 5.28)}$$

$$\frac{d}{dt}M_{cv} + \sum_{cs} \dot{m}_o - \sum_{cs} \dot{m}_i = 0 \quad \text{(Eq. 5.29)}$$

$\rho_2 A_2 V_2 = \rho_1 A_1 V_1$ (Eq. 5.33)

Momentum equation

$$\sum \mathbf{F} = \frac{d}{dt}\int_{cv} \mathbf{v}\rho\, d\forall + \int_{cs} \mathbf{v}\rho \mathbf{V} \cdot \mathbf{dA} \quad \text{(Eq. 6.7)}$$

$$\sum \mathbf{F} = \frac{d(m_{cv}\mathbf{v}_{cv})}{dt} + \sum_{cs} \dot{m}_o \mathbf{v}_o - \sum_{cs} \dot{m}_i \mathbf{v}_i \quad \text{(Eq. 6.10)}$$

Energy equation

$$\left(\frac{p_1}{\gamma} + \alpha_1 \frac{\bar{V}_1^2}{2g} + z_1\right) + h_p = \left(\frac{p_2}{\gamma} + \alpha_2 \frac{\bar{V}_2^2}{2g} + z_2\right) + h_t + h_L \quad \text{(Eq. 7.29)}$$

The power equation

$P = FV = T\omega$ (Eq. 7.3)

$P = \dot{m}gh = \gamma Qh$ (Eq. 7.31)

Efficiency of a machine

$$\eta = \frac{P_{output}}{P_{input}} \quad \text{(Eq. 7.32)}$$

Reynolds number (pipe)

$$\mathrm{Re}_D = \frac{VD}{\nu} = \frac{\rho VD}{\mu} = \frac{4Q}{\pi D\nu} = \frac{4\dot{m}}{\pi D\mu} \quad \text{(Eq. 10.1)}$$

Combined head loss equation

$$h_L = \sum_{\text{pipes}} f\frac{L}{D}\frac{V^2}{2g} + \sum_{\text{components}} K\frac{V^2}{2g} \quad \text{(Eq. 10.45)}$$

Friction factor *f* (Resistance coefficient)

$$f = \frac{64}{\mathrm{Re}_D} \quad \mathrm{Re}_D \leq 2000 \quad \text{(Eq. 10.34)}$$

$$f = \frac{0.25}{\left[\log_{10}\left(\frac{k_s}{3.7D} + \frac{5.74}{\mathrm{Re}_D^{0.9}}\right)\right]^2} \quad (\mathrm{Re}_D \geq 3000) \quad \text{(Eq. 10.39)}$$

Drag force equation

$$F_D = C_D A\left(\frac{\rho V_0^2}{2}\right) \quad \text{(Eq. 11.5)}$$

Lift force equation

$$F_L = C_L A\left(\frac{\rho V_0^2}{2}\right) \quad \text{(Eq. 11.17)}$$

TABLE F.3 Useful Constants

Name of Constant	Value
Acceleration of gravity	$g = 9.81\ \text{m/s}^2 = 32.2\ \text{ft/s}^2$
Universal gas constant	$R_u = 8.314\ \text{kJ/kmol·K} = 1545\ \text{ft·lbf/lbmol·°R}$
Standard atmospheric pressure	$p_{\text{atm}} = 1.0\ \text{atm} = 101.3\ \text{kPa} = 14.70\ \text{psi} = 2116\ \text{psf} = 33.90\ \text{ft of water}$ $p_{\text{atm}} = 10.33\ \text{m of water} = 760\ \text{mm of Hg} = 29.92\ \text{in of Hg} = 760\ \text{torr} = 1.013\ \text{bar}$

TABLE F.4 Properties of Air $[T = 20°\text{C}\ (68°\text{F}),\ p = 1\ \text{atm}]$

Property	SI Units	Traditional Units
Specific gas constant	$R_{\text{air}} = 287.0\ \text{J/kg·K}$	$R_{\text{air}} = 1716\ \text{ft·lbf/slug·°R}$
Density	$\rho = 1.20\ \text{kg/m}^3$	$\rho = 0.0752\ \text{lbm/ft}^3 = 0.00234\ \text{slug/ft}^3$
Specific weight	$\gamma = 11.8\ \text{N/m}^3$	$\gamma = 0.0752\ \text{lbf/ft}^3$
Viscosity	$\mu = 1.81 \times 10^{-5}\ \text{N·s/m}^2$	$\mu = 3.81 \times 10^{-7}\ \text{lbf·s/ft}^2$
Kinematic viscosity	$\nu = 1.51 \times 10^{-5}\ \text{m}^2\text{/s}$	$\nu = 1.63 \times 10^{-4}\ \text{ft}^2\text{/s}$
Specific heat ratio	$k = c_p/c_v = 1.40$	$k = c_p/c_v = 1.40$
Specific heat	$c_p = 1004\ \text{J/kg·K}$	$c_p = 0.241\ \text{Btu/lbm·°R}$
Speed of sound	$c = 343\ \text{m/s}$	$c = 1130\ \text{ft/s}$

TABLE F.5 Properties of Water $[T = 15°\text{C}\ (59°\text{F}),\ p = 1\ \text{atm}]$

Property	SI Units	Traditional Units
Density	$\rho = 999\ \text{kg/m}^3$	$\rho = 62.4\ \text{lbm/ft}^3 = 1.94\ \text{slug/ft}^3$
Specific weight	$\gamma = 9800\ \text{N/m}^3$	$\gamma = 62.4\ \text{lbf/ft}^3$
Viscosity	$\mu = 1.14 \times 10^{-3}\ \text{N·s/m}^2$	$\mu = 2.38 \times 10^{-5}\ \text{lbf·s/ft}^2$
Kinematic viscosity	$\nu = 1.14 \times 10^{-6}\ \text{m}^2\text{/s}$	$\nu = 1.23 \times 10^{-5}\ \text{ft}^2\text{/s}$
Surface tension (water–air)	$\sigma = 0.073\ \text{N/m}$	$\sigma = 0.0050\ \text{lbf/ft}$
Bulk modulus of elasticity	$E_v = 2.14 \times 10^9\ \text{Pa}$	$E_v = 3.10 \times 10^5\ \text{psi}$

TABLE F.6 Properties of Water $[T = 4°\text{C}\ (39°\text{F}),\ p = 1\ \text{atm}]$

Property	SI Units	Traditional Units
Density	$\rho = 1000\ \text{kg/m}^3$	$\rho = 62.4\ \text{lbm/ft}^3 = 1.94\ \text{slug/ft}^3$
Specific weight	$\gamma = 9810\ \text{N/m}^3$	$\gamma = 62.4\ \text{lbf/ft}^3$

CHAPTER 1

서론

개요 우리의 목적은 학생의 성공적 학습을 돕는 것이다. 여기서 성공이란 학생들이 공학적 기법에 능숙해지는 것을 의미한다. 이 장은 (a) 유체역학 주제들과 (b) 공학적 기법을 논한다. 공학기법의 학습은 선택사항이다. 유체역학을 배우는 과정에서 이러한 기법을 적용하면 유체역학 지식을 강화하는 동시에 공학실무에서의 적용과정을 익힐 수 있다.

그림 1.1

공학자로서 우리는 이 글라이더와 같은 매혹적인 시스템을 설계한다. 신나는 일이다! (©Ben Blankenburg/Corbis RF/Age Fotostock America, Inc.)

학습성과

공학 유체역학(1.1절)

- 공학을 정의한다.
- 유체역학을 정의한다.

재료과학 주제들(1.2절)

- 미시적 또는 거시적 접근법 또는 둘 다를 사용하여 물질의 거동을 설명한다.
- 액체, 기체 및 유체의 주요 특성을 알게 된다.
- 몸체(body), 물질 입자, 입자로서의 몸체 및 연속체 가정의 개념을 이해한다.

밀도 및 비중(1.5절)

- $W = mg$에 대한 주요 개념을 이해한다.
- 밀도와 비중에 대한 주요 개념을 이해한다.

이상기체법칙(1.6절)

- 이상기체와 실제기체를 기술한다.
- 온도, 압력 및 몰/질량 단위를 서로 변환한다.
- 이상기체 방정식을 응용한다.

공학적 적용(1.1절, 1.3절, 1.4절, 1.7절, 1.8절)

- 유체역학 문제에 비판적 사고를 적용한다.
- 유체역학 문제를 풀기 전에 결과를 추정해 본다.
- 미적분의 개념을 유체역학에 적용한다.
- 계산을 수행할 때 단위 살리기와 단위 상쇄시키기를 수행한다.
- 방정식이 차원적으로 균일한지 점검한다.
- 유체역학 문제에 문제해결 방법을 적용한다.

1.1 공학 유체역학

이 장에서는 공학 유체역학이 무엇을 의미하는지 설명하고, 공학을 잘하는 데에 있어 핵심이 되는 요소인 *비판적 사고(critical thinking, CT)*를 설명한다.

공학 유체역학에 대하여

왜 공학 유체역학을 공부할까? 이 질문에 답하기 위해 몇 가지 예를 생각해 볼 것이다.

- 사람들이 도시에 모여 살기 시작했을 때 그들은 물과 관련된 문제들에 직면했다. 이들 문제를 해결한 사람들이 바로 공학자들이었다. 예를 들어, 공학자들은 사람들에게 물을 공급할 수로(水路; aqueduct)를 설계했다. 공학자들은 도시에서 하수를 제거하는 기술을 혁신적으로 개발하여 마을을 청결하고 오수가 없는 상태로 유지했다. 공학자들은 수인성 질병을 제거하고 비소와 같은 위험요소를 제거하기 위해 수처리 기술을 개발했다.
- 한때 사람들은 비행할 수 있는 기계를 가지고 있지 않았다. 라이트(Wright) 형제는 공학적 방법을 적용하여 세계 최초의 비행기를 개발했다. 1940년대 공학자들은 실용적인 제트 엔진을 개발했다. 보다 최근에는 보잉사의 공학자들이 보잉 787 드림라이너를 개발했다.
- 공학자들이 터빈, 풍력 터빈, 발전기, 모터 및 전기 그리드 시스템과 같은 기술을 개발했기 때문에 사람들은 전력을 사용할 수 있다.

위의 예에서 공학자들이 기술을 개발하거나 개선하는 방식을 통해 문제를 해결하고 혁신을 이뤘다는 것을 알 수 있다. *공학자는 어떻게 이러한 어려운 업적을 달성할 수 있었을까*? 라이트 형제가 성공할 수 있었던 이유는 무엇일까? 에디슨이 가진 비결은 무엇인가? 대답은 공학자가 **공학적 방법**(engineering method)이라고 일컬어지는 성공의 방법을 개발했다는 것이다. 이 방법은 실제로는 수학적 모델 구축, 실험 설계 및 수행, 물리적 시스템 설계 및 구축과 같은 하위 방법들의 모음이다.

방금 제시된 이러한 생각에 근거하여, 기술을 만들어 내고, 설계하고, 적용하고, 개선함으로써 문제를 해결하는 지식의 몸체가 **공학**(engineering)인 것이다. **공학 유체역학**(engineering fluid mechanics)은 한 프로젝트가 유체역학 분야로부터의 지식을 주로 사용하는 경우의 공학을 말한다.

역학 정의하기

역학(mechanics)은 운동과 이 운동을 만들어 내는 힘을 다루는 과학의 한 부분이다. 역학은 **고체역학**(solid mechanics, 고체상태의 물질)과 **유체역학**(fluid mechanics, 기체 또는 액체상태의 물질)의 두 주요 범주로 구성된다. 역학의 개념들 중 많은 부분들이 유체역학과 고체역학에 모두 적용된다.

비판적 사고

이 절에서는 비판적 사고(critical thinking, CT)를 소개한다. **이유.** (1) 공학적 방법의 핵심은 비판적 사고(CT)이다. 따라서 CT 기술은 공학을 잘 수행할 수 있는 능력을 제공할 것이다. (2) 유체역학을 배우면서 CT를 적용하면 더 나은 학습이 가능하다.

CT의 예는 흔하다. 한 예로, 형사가 누가 범죄를 범했는지에 대한 결론에 도달하기 위해 물리적 증거 및 연역적 추론을 사용하는 것을 들 수 있다. 두 번째 예로, 의사가 진단 테스트 데이터와 신체검사의 증거를 사용하여 환자가 왜 아픈지에 대한 결론에 도달하는 것을 들 수 있다. 세 번째 예는, 공학자가 지하수 흐름에 관한 실험 데이터를 수집한 후 어떤 결론에 도달하고 이를 과학 학술지에 출간하는 것을 들 수 있다. 네 번째 예로, 한 현역 공학자가 실험 데이터와 공학 계산을 사용하여 ABC 부지가 풍력 터빈에 적합한 선택이라고 결론을 내리는 것을 들 수 있다. 이러한 예들에서 비판적 사고에 대한 몇 가지 사실을 읽을 수 있다.

- CT는 대부분의 분야의 전문가(예: 형사, 의사, 과학자, 공학자)가 사용한다.
- 전문가들은 중대한 실수를 피하기 위해 CT를 적용한다. 유능한 형사는 무고한 사람이 범죄자로 유죄를 선고받는 것을 원하지 않는다. 유능한 의사는 잘못된 진단을 내리고 싶어 하지 않는다. 유능한 공학자는 다리가 무너지는 것을 원치 않는다.
- CT는 전문가 사회에서 합의된 방법을 포함한다. 예를 들어, 지문 채취 방법은 법 집행 사회에서 허용된다. 마찬가지로, 공학에는 많은 합의된 방법이 있다(이 책에서 이러한 방법 중 일부를 배울 수 있다).

요약하면, **비판적 사고**(critical thinking)는 건전하고 강력한 결론에 도달하기 위해 전문가 사회에 의해 수용되는 믿음과 방법의 모음이다. CT와 관련된 믿음의 예는 다음과 같다.

- 가장 좋은 아이디어 또는 가장 정확한 것을 찾고 싶다(나는 내가 옳다고 주장하기보다는, 옳은 것을 찾아내기를 원할 뿐이다).
- 내 기술 업무가 타당하거나 정확함을 확인하고 싶다(중대한 실수나 결점을 원하지 않으며, 내가 발견해 낸 결과들을 검증하기 위해 매우 노력한다).
- 나는 새로운 생각과 아이디어에 개방적이다. 특히 이러한 새 아이디어가 전문가 사회의

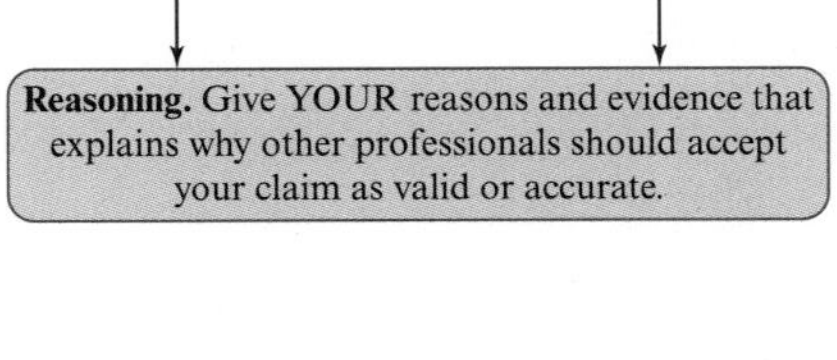

그림 1.2
비판적 사고의 표준 구조(standard structure of critical thinking, SSCT).

지식과 신념과 궤를 같이할 때 그러하다(나는 항상 옳고 내 생각은 최고이며 나는 모든 것을 알고 있다는 것 같은 생각에 집착하지 않는다; 새로운 아이디어에 개방적으로 임함으로써 나는 스스로 학습에 개방적으로 임한다).

"비판적 사고를 하는 법"과 관련하여 우리는 **CT의 표준 구조**(standard structure of CT)(그림 1.2)를 가르치고 적용한다. 이는 세 방법으로 구성된다.

1. **쟁점(issue).** 해결하려는 문제를 명확하게, 모호하지 않게 정의한다. 문제나 질문을 다시 기술할 필요가 있을 수도 있다.
2. **논증(reasoning).** 전문가들이 당신의 주장(즉, 당신의 답변, 설명, 결론 또는 추천)을 받아들여야 하는 이유를 목록화한다. 논증을 위해서는 사실을 기술하고, 참고문헌을 인용하고, 용어를 정의하고, 연역적 논리를 적용하고, 유도 논리를 적용하고, 하위 결론을 구축하는 등의 행동을 취하여야 한다.
3. **결론(conclusion).** 당신의 주장을 진술한다. 그 주장이 문제를 다루고 있음을 확실히 한다. 하나의 주장은, 논점이 되는 문제에 대한 답변, 권고 사항 또는 당신의 입장 제시와 같은 여러 가지 방법으로 제시될 수 있음을 알아야 한다.

1.2 물질거동에 대한 이상화 과정

물질의 거동을 이해하기 위해, 공학자는 몇 가지 간단한 아이디어를 적용한다. 이 절에서는 이러한 아이디어 중 일부를 제시한다.

미시적 및 거시적 설명

공학자는 사물을 이해하려고 노력한다. 예를 들어 공학자는 동일한 적용 사례에서 합금강(steel alloy) #2는 실패하지 않았는데 합금강 #1은 왜 실패했을까를 묻는다. 또는 왜 물이 비등할까? 공동현상* 에서같이, 비등으로 인해 물질이 손상되는 이유는 무엇일까?라고 물을 수도 있다. 물질에 관한 이러한 질문에 답하기 위해 공학자는 자주 다음과 같은 아이디어를 적용한다.

- **미시적 설명**(microscopic description). 원자 수준에서 일어나는 현상이나 특성을 통해 물질에 대해 설명한다(즉, 원자, 분자, 전자 등을 설명).
- **거시적 설명**(macroscopic description). 원자보다 훨씬 큰 입자 혹은 입자군의 특성으로 물질을 설명한다.

* 공동현상은 5.5절에서 설명된다.

분자들 사이의 힘

물질을 이해하는 가장 좋은 방법 중 하나는 분자들이 서로 가깝게 있으면 끌어당기고 너무 가까우면 밀어낸다는 현상을 적용하는 것이다*(그림 1.3).

액체, 기체 및 유체의 정의

과학에서의 물질에는 기체, 액체, 고체 및 플라즈마의 네 가지 상태가 있다. **기체**(gas)는 분자가 평균적으로 멀리 떨어져 있어 분자(또는 원자) 간의 힘이 일반적으로 매우 작거나 영(0)인 상태이다. 결과적으로, 기체는 고정된 형상을 갖지 않으며 기체가 그 용기에 들어가는 경우 그 용기를 채우기 위해 팽창하기 때문에 고정된 체적도 없다.

액체(liquid)는 평균적으로 분자가 서로 가깝게 있어 분자(또는 원자) 사이의 힘이 강해진 상태의 것이다. 또한 분자는 상대적으로 자유롭게 이동할 수 있다. 비교해 보면 물질이 고체 상태에 있을 때 원자는 제자리에 고정되는 경향이 있다(예: 결정질 격자[crystalline lattice]). 따라서 액체는 고체에 비교하여 쉽게 유동한다. 분자 사이의 강한 힘 때문에, 액체는 고정된 체적을 갖지만 고정된 모양을 갖지 않는다.

유체(fluid)라는 용어는 액체와 기체를 말하며 일반적으로 전단응력의 작용 하에서 물질이 자유롭게 흐르는 상태로 정의된다.†

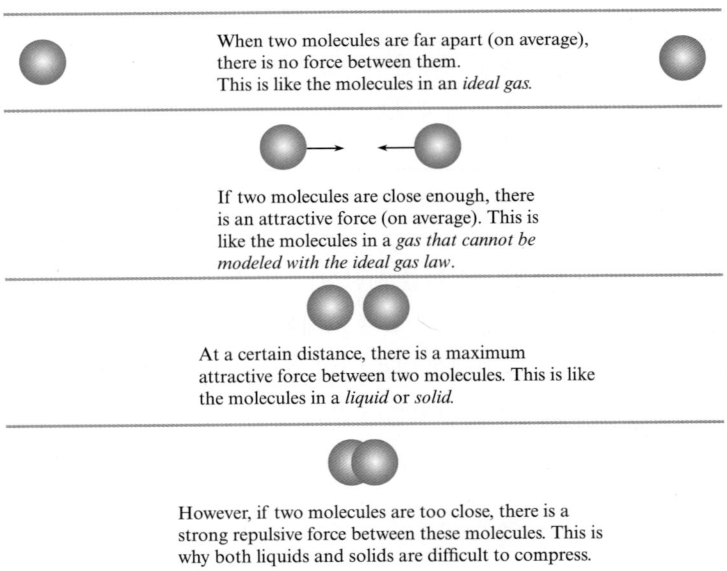

그림 1.3
분자 간의 힘들에 대한 설명.‡

*노벨 물리학상을 수상한 Dr. Richard Feynman은 이것을 *과학에서 가장 중요한 단일 사상*이라고 부른다. 자세한 내용은 *Feynman Lectures on Physics*, Vol. 1, p. 2에 나와 있다.

† 전단응력은 2.4절에서 설명된다.

‡ 분자 간의 힘에 대한 자세한 내용은 화학 또는 재료과학을 가르치는 전문가 등에 문의할 것.

표 1.1 고체, 액체, 기체의 비교

속성	고체	액체	기체
일반적인 형상	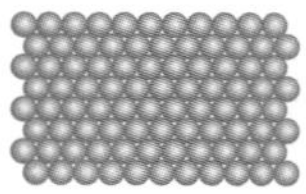	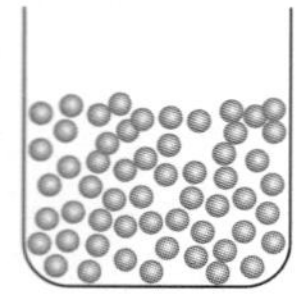	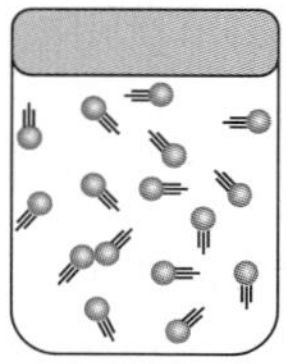
설명	고체는 그 모양을 유지한다. 용기가 필요하지 않다.	액체는 용기의 모양을 취하며 열린 상태의 용기 안에 저장된다.	기체는 닫힌 용기 안에서 팽창하여 용기를 채운다.
분자의 이동성	분자의 이동성이 낮다. 강한 분자 간 힘에 의해 구성된 구조 안에 묶여 있기 때문이다.	강한 분자 간 힘이 분자들 간에 작용함에도 불구하고 분자들은 주위를 자유롭게 이동한다.	분자들은 충돌하는 경우를 빼고는 거의 상호작용 없이 자유롭게 이동한다. 이것이 기체가 용기 내에서 확산하는 이유이다.
일반적 밀도	흔히 높다. 일례로, 강철의 밀도는 7700 kg/m^3이다.	중간 정도이다. 일례로, 물의 밀도는 1000 kg/m^3이다.	낮다. 일례로, 해수면에서의 공기의 밀도는 1.2 kg/m^3이다.
분자 간 거리	작은 분자들이 가까이 모여 있다.	작은 분자들은 분자 간 힘에 의해 가까이 묶여 있다.	평균적으로 큰 분자들이 멀리 떨어져 있다.
전단응력의 효과	변형을 발생시킨다.	흐름을 발생시킨다.	흐름을 발생시킨다.
수직응력의 효과	체적 변화가 수반되는 변형이 발생된다. 파괴될 수 있다.	체적 변화가 수반되는 변형이 발생된다.	체적 변화가 수반되는 변형이 발생된다.
점성	해당 없음.	높다. 온도가 상승하면 감소한다.	낮다. 온도 상승에 따라 증가한다.
압축성	압축하기가 어렵다. 강철의 체적 탄성률은 160×10^9 Pa이다.	압축하기가 어렵다. 물의 체적 탄성률은 2.2×10^9 Pa이다.	압축이 쉽다. 상온에서 기체의 체적 탄성률은 약 1.0×10^5 Pa이다.

표 1.1은 고체, 액체 및 기체에 대한 추가적인 사실들을 제공한다. 이 표의 많은 특징들은 그림 1.3의 아이디어를 적용하여 설명할 수 있다. **예.** 액체 또는 고체에서의 강한 인력이 분자를 더 가깝게 만드는 역할을 하기 때문에 액체 또는 고체의 밀도는 기체의 밀도보다 훨씬 높다. **예.** 액체에서 분자들이 서로 가까워지면 강한 반발력을 분자들이 갖기 때문에 압축하기가 어렵다. 대조적으로, 기체는 분자 사이에 작용하는 힘이 없으므로(평균적으로) 압축되기 쉽다.

몸체, 물질 입자, 입자로서의 몸체

공학자들은 *물질*을 묘사하는 데 사용할 수 있는 용어들을 고안해 냈다. 이 용어를 익히면 공학 학습에 도움이 될 것이다.

공학에서 용어 "몸체" 또는 "물질 체적"은 특별한 의미가 있다. 예: 커피컵은 *몸체*가 될 수 있다. 농구공 내부의 공기도 *몸체*가 될 수 있다. 제트 비행기도 *몸체*가 될 수 있다. **체적**

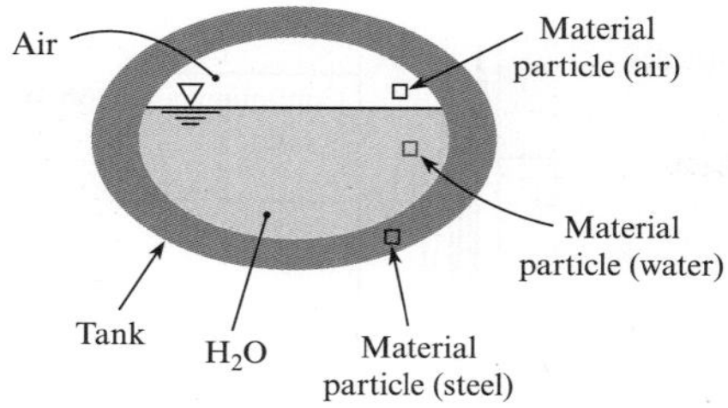

그림 1.4
물질 입자의 예를 찾으려면: (1) 어떤 몸체를 선택한다. 예를 들면, 물과 공기가 채워진 강철 탱크를 선택했다. (2) 소량의 물질을 선택하고 이를 물질 입자의 집합체로 정의한다. 이 그림은 공기로 이루어진 물질 입자, 물로 이루어진 물질 입자 및 강철로 이루어진 물질 입자를 보여 주고 있다.

(body) 또는 **물질 체적**(material body)은 특정 객체를 지정하지 않은 채, 실제 세계에 존재하는 객체나 사물을 식별하기 위한 이름표다. 특정 스포츠를 지정하지 않고 많은 종목(예: 축구, 테니스, 골프 또는 수영)을 "스포츠"라는 포괄적 용어를 사용하는 것과 같다.

물질 입자(material particle)는 *물질 체적* 내에 있는 작은 물질 영역이다(그림 1.4). 물질 입자에 대한 몇 가지 유용한 사실은 다음과 같다.

- 물질 입자는 종종 미적분적 개념에서 *무한소(infinitesimal)*로 간주된다.
- 물질 입자는 어떠한 형상(예: 구형, 입방체, 원통형 또는 무정형*)을 갖도록 선택하거나 시각화할 수 있다.
- "유체 입자(fluid particle)"는 액체 또는 기체로 구성된 물질 입자를 의미한다.

공학자가 "입자"라는 용어를 사용하는 또 다른 경우가 있다. 예를 들어, 비행기의 움직임을 모델링하기 위해 공학자는 비행기를 *입자*로 이상화할 수 있다. 물리학 책은 뉴턴의 제2의 운동법칙이 *입자*에만 적용된다고 말하고 있을 것이다. 이 문맥에서, 이 용어는 *물질 입자*와는 다른 의미를 갖는다. 이 대안적인 개념은 몸체의 모든 질량이 한 점에 집중되고 몸체의 외형적 치수가 무시될 수 있는 것처럼 **입자(입자로 간주되는 몸체)**가 물질 체적을 이상화하는 하나의 방법이라는 것이다.

요약. 공학에서 사용되는 두 가지 뚜렷한 개념, 즉 *물질 입자*와 *입자의 집합으로서의 체적*이 있다. 그러나 이러한 아이디어 모두에 "입자"라는 이름표를 사용하는 것이 일반적이다. 공학자는 일반적으로 이 용어가 사용되는 맥락을 보고 어떤 쪽 의미인지를 알아낸다.

연속체 가정

유체의 체적은 분자로 구성되어 있기 때문에, 속성들이 평균적인 분자 거동에 근거한다. 즉, 유체는 대개 끝없이 작은 부분으로 무한하게 분할될 수 있는 연속적인 물질로 구성된 것처럼 행동한다는 것이다. 이 아이디어를 **연속체 가정**(continuum assumption)이라고 한다.

연속체 가정이 타당한 경우, 공학자는 미분학에서의 극한 개념을 적용할 수 있다. 극한 개

* 무정형(amorphous)은 "명확하게 정의된 외형이 없는"이라는 뜻이다.

그림 1.5
측정 체적 $\Delta \forall$가 무작위 분자 효과가 평균화될 수 있을 만큼 충분히 클 때 연속체 가정이 타당해진다.

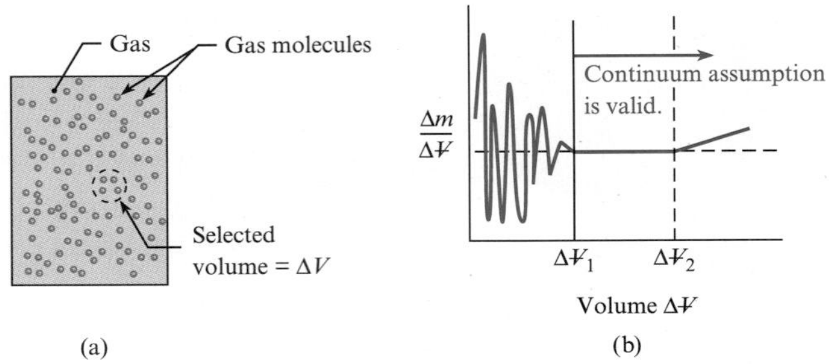

념은 일반적으로 길이, 면적 또는 체적을 영(0)에 가깝게 접근시키도록 하는 것을 말한다. 이 연속체 가정 때문에 밀도 및 속도와 같은 유체의 속성이 위치(공간의 각 점에서의 값과 함께)의 연속함수인 것으로 간주될 수 있다.

연속체 가정의 타당성에 대한 통찰력을 얻기 위해 밀도를 찾기 위한 가설적인 실험을 고려해 보자. 그림 1.5a는 용적 $\Delta \forall$가 확인된 기체 용기를 보여 준다. 이 아이디어는 그 체적 안에 있는 분자들의 질량 Δm을 찾아 아래 식으로 밀도를 계산하는 것이다.

$$\rho = \frac{\Delta m}{\Delta \forall}$$

계산된 밀도가 그림 1.5b에 그려져 있다. 측정 체적 $\Delta \forall$가 매우 작으면(영(0)에 접근), 분자 운동의 무작위성 때문에 시간에 따라 체적 내의 분자 수가 달라진다. 따라서 밀도는 파란색 들쭉날쭉한 선이 보여 주는 것과 같이 높은 변동성을 보여 준다. 부피가 증가함에 따라 계산된 밀도가 측정 체적과 독립적이 될 때까지 계산된 밀도의 변화가 감소할 것이다. 이 조건은 $\Delta \forall_1$에서의 수직선에 해당한다. $\Delta \forall_2$로 보여지는 것같이 체적이 너무 큰 경우, 밀도의 값은 공간적 변화로 인해 변화할 수 있다.

대부분의 적용에서, 다음 예제가 보여 주는 바와 같이 연속체 가정이 타당하다.

예제. 확률 이론에 따르면 한 체적에 10^6개의 분자가 포함되면 밀도의 오차 범위를 1% 이내로 결정할 수 있다. 따라서 10^6개의 분자를 포함하는 입방체 1개는 밀도와 속도와 같은 거시적 특성을 정확하게 추정함에 있어 충분히 큰 부피임에 틀림없다. 10^6개의 분자가 들어 있는 입방체의 길이를 구하라. 실내 조건을 가정하라. (a) 물, (b) 공기에 대한 계산을 수행하라.

풀이. (a) 물의 몰수는 $10^6/6.02 \times 10^{23} = 1.66 \times 10^{-18}$이다. 물의 질량은 $(1.66 \times 10^{-18}$ mol$) \times (0.0180$ kg/mol$) = 2.99 \times 10^{-20}$ kg이다. 이 입방체의 체적은 $(2.99 \times 10^{-20}$ kg$)/(999$ kg/m$^3) = 2.99 \times 10^{-23}$ m^{3}이다. 따라서 입방체의 변의 길이는 3.1×10^{-8} m이다. (b) 이 계산을 공기에 대해 반복하면 길이가 3.5×10^{-7} m가 된다.

검토. 연속체 가정을 적용하려면 분석 대상 물체가 답에서 계산된 길이보다 커야 한다. 가령 100배 큰 길이를 기준으로 선택하면, *연속체 가정*이

- 길이(L) $> 3.1 \times 10^{-6}$ m(실내 조건에서 액체에 대해)
- 길이(L) $> 3.5 \times 10^{-5}$ m(실내 조건에서 공기에 대해)

인 물체에 대해 적용된다.

방금 계산된 두 개의 길이 척도를 감안할 때, *연속체 가정은 공학적으로 중요한 대부분의 문제에 적용됨*이 자명하다. 그러나 문제의 길이 척도가 너무 작은 몇 가지 상황이 있다.

예. 우주선이 지구 대기권에 들어갈 때와 같이 공기가 매우 낮은 밀도로 움직일 때 우주선의 크기와 비교하여 분자 사이의 간격은 중요하다.

예. 유체가 나노기술장치의 작은 통로를 통해 흐를 때, 분자 사이의 간격은 이 통로의 크기에 비해 중요하다.

1.3 무게, 질량 및 뉴턴의 중력법칙

이 절에서는 무게와 질량을 검토하고 유체역학을 더 잘 이해하도록 도움을 주는 아이디어("공학자의 조언"이라고 부르자)를 소개한다.

공학자의 조언. *배운 모든 주제에 대한 실무 지식을 구축한다.* 실무 지식은 공학과 업무 수행에 유용한 것으로서, 머리에 깊이 기억된(별도의 참조가 필요 없는) 지식으로 정의된다. **이유.** 실무 지식은 평가와 검증에 필수적이며, 이 두 기술은 공학을 잘 수행하는 데 필수적이다. 실무 지식의 예는 다음과 같다.

- 1.0 파운드의 힘(즉, 1.0 lbf)은 약 4.5 뉴턴이다.
- 1.0 마력은 약 750 와트이다.
- 일반적인 실내 조건에서 물의 무게는 각 입방미터당 약 10,000 뉴턴이다.

공학자의 조언. 질량과 힘 같은 주요 개념의 의미를 배운다. **이유.** 지식을 응용하려면 개념을 이해하고 이러한 개념들 간의 관계를 이해할 필요가 있다.

질량의 정의

실내 조건에서 1.0 L인 액체 물의 *질량*은 1.0 kg이다. *질량*이 2.0 slug인 몸체는 29 kg의 *질량*을 가지고 있다. 뉴턴의 제2법칙에서, 합력-벡터는 *질량*과 가속도의 곱과 정확히 균형을 이룬다. **질량**(mass)은 체적 내에 있는 물질의 양을 측정하도록 하는 *체적*의 속성이다. 예를 들

어, 20 g의 질량을 갖는 몸체 A는 5 g의 질량을 갖는 체적 B보다 더 많은 물질을 갖는다.

실전 지식. 4개의 질량 단위(킬로그램, 그램, 슬러그 및 질량파운드)를 알고 계산기 없이도 이 단위들 사이의 변환을 할 수 있어야 한다.* 변환 공식에 관해서는 xv쪽에 있는 표 F.1을 참조하기 바란다.

힘의 정의

물이 폭포에서 떨어질 때, *중력(gravity force)*이라 불리는 힘으로 지구가 물을 끌어당기고 있다고 말할 수 있다. 정지 표지판에 바람이 불면 공기가 표지판에 *항력(drag force)*을 가하고 있다고 말할 수 있다. 댐 뒤의 물이 댐을 밀면 우리는 물이 댐 앞면에 *정압력(hydrostatic force)*을 가하고 있다고 말할 수 있다.

힘에 관해 다음과 같은 몇 가지 사실이 있다.

- 모든 힘은 한 몸체를 다른 몸체로 밀거나 당기는 것으로 생각할 수 있다.
- 힘은 벡터이다. 이런 관점에서, 진한 로마자 글꼴(예: **F**)을 사용하여 벡터를 나타낸다. 벡터의 크기를 나타내기 위해 이탤릭 글꼴(예: F)을 사용한다.
- *실전 지식.* 힘파운드(lbf)와 뉴턴(N)의 두 가지 힘의 단위를 알아 두어라. 계산기 없이도 두 단위를 변환(즉, 추정)할 수 있어야 한다.
- 힘은 아래의 두 가지 범주로 분류된다.
  - **표면력**(surface force)은 두 몸체가 접촉해야 발생하는 힘이다. 대부분의 힘은 표면력이다. 일부 교재에서는 *접촉력(contact force)*이라는 용어를 사용한다.
  - **체적력**(body force)은 두 몸체가 닿지 않아도 되는 힘이다. 단지 몇 가지 유형의 체적력(*중력*, *정전기력* 및 *자력* 등)이 있다.
- 힘을 묘사하는 또 다른 방법은 *작용력(action force, 몸체가 가속화되도록 하는 힘)*과 *반작용력(reaction force, 몸체가 가속하는 것을 방지하는 힘; 받침대로부터의 힘 등)*에 대해 이야기하는 것이다. 이 책에서는 이 두 힘의 개념을 사용하지 않는다.

요약하면 **힘**(force)은 두 몸체 사이를 밀거나 당기는 것이다. 밀기 또는 당기기는 뉴턴의 제2의 운동법칙에서 힘의 합 벡터가 영(0)이 아닌 경우 몸체를 가속시키는 동작이다.

수식의 독해력

공학자의 조언. 모든 공학 주제에 대한 수식을 읽고 쓸 수 있는 능력을 구축하라. **이유.** 수식의 독해력은 수학적 모델을 구축하는 데 필수적이며 수학적 모델 구축은 공학적 방법론의 가장 중요한 기술이다.

---

*당신의 정확도는, 공학적 추정을 할 수 있으려면 계산기를 사용하는 경우 얻을 수 있는 오차범위의 10% 이내가 되어야 한다.

다음과 같은 작업을 할 수 있다면 XYZ에 대한 **방정식 독해력**(equation literacy)이 있다고 할 수 있다. (1) 방정식이 도출된 방법이나 방정식의 출처를 설명할 수 있다. (2) 방정식의 주요 개념(즉, 물리적 해석)을 설명할 수 있다. (3) 일반적인 등식을 나열하고, 각 변수를 정의하고, 단위와 차원을 기술할 수 있다. (4) 방정식의 가정과 제약 사항을 설명하고 언제 방정식을 적용할지 또는 언제 이 방정식을 적용하지 않을지에 대해 올바른 선택을 할 수 있다. (5) 방정식을 올바르게 적용하기 위한 체계적인 방법이 있다.

뉴턴의 만유인력 법칙

뉴턴의 만유인력 법칙(Newton's Law of Universal Gravitation, NLUG)은 어떤 두 몸체가 중력(gravitational force)이라 불리는 힘 **F**로 서로 끌어당길 것이라는 것을 보여 준다(그림 1.6). 이 아이디어는 우주의 어느 곳에 있는 것이건 상관없이 두 몸체에 적용되므로 이 방정식은 *일반적(universal, 이래서 이렇게 이름이 붙음)*이다.

중력 F의 크기는 다음과 같이 주어진다.

$$F = G\frac{m_1 m_2}{R^2} \tag{1.1}$$

여기서 $G = 6.674 \times 10^{-11}\ \text{N}\cdot\text{m}^2/\text{kg}^2$는 *중력 상수*라 불리며, m_1은 몸체 #1의 질량, m_2는 몸체 #2의 질량, R은 각 몸체 중심 간의 거리이다. 거의 모든 과학 법칙과 마찬가지로 중력의 법칙은 귀납적 추론에 의해 발전되었다. 특히, 뉴턴은 행성 운동에 관한 자료를 조사한 결과, 자료들이 식 (1.1)에 맞는다는 것을 발견했다. 뉴턴은 이 방정식이 일반적으로 성립한다고 결론지었다.

식 (1.1)을 지구에 적용하려면, 그림 1.6에서 시작하여 몸체 #1이 지구를 나타내도록 하고 몸체 #2가 지구 표면 또는 표면 가까이에 있는 몸체를 나타내도록 한다. 이제 G와 m_1은 상수이고 R은 거의 상수에 가깝다. 따라서 $g \equiv Gm_E/R_E^2$라는 새로운 상수 g를 정의할 수 있다. 여기서 첨자 E는 "earth(지구)"를 나타낸다. 그리고 중력 F를 몸체 W의 중량이라고도 할 수 있다. 따라서 식 (1.1)은 아래와 같이 단순화된다.

$$W = mg \tag{1.2}$$

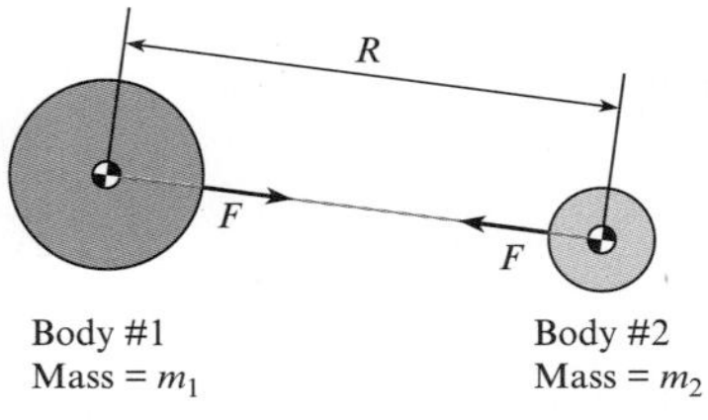

그림 1.6
두 개의 몸체는 항상 서로 끌어당길 것이다. 이 힘을 **중력**이라고 한다. 몸체 #1에 미치는 중력의 크기는 몸체 #2에 미치는 중력의 크기와 같음에 주목하라.

여기서 W는 행성(일반적으로 지구)에 있는 몸체의 무게이고, m은 몸체의 질량이며, g는 상수이다.

유용한 사실 및 정보

- 상수 g는 **중력가속도**(gravitational acceleration)라고 한다. 지구에서 이 변수는 고도에 따라 약간 달라진다. 그러나 공학자들은 일반적으로 표준값 $g = 9.80665\ \text{m/s}^2 = 32.1740\ \text{ft/s}^2$를 사용한다.
- 중력가속도(g)는 유용한 물리적 해석을 갖는다. g는 뉴턴의 제2 운동법칙에서 합력-벡터의 합을 구성하는 수직 성분이 정확히 무게 벡터와 같을 때 발생하는 가속도의 수직 성분이다.
- 일반적으로, 하강하는 몸체는 양력, 항력 또는 부력과 같은 힘들이 더 존재함으로 인해 g의 비율로 가속되지는 않는다.
- 사람들은 $W = mg$은 $\Sigma \mathbf{F} = m\mathbf{a}$에서 파생되었다고 일반적으로 말한다. 그러나 $W = mg$은 NLUG에서 유래한다고 말하는 것이 더 정확하다.
- **무게**(weight)는 행성(일반적으로 지구)으로부터 몸체에 작용되는 중력이다.
- 무게와 질량은 다른 개념이다. 예를 들어 몸체의 질량은 어느 위치에서나 동일하지만 무게는 위치에 따라 달라질 수 있다. 예를 들어 한 몸체가 지구에서 60 N의 무게라면, 이 몸체는 달에서 무게가 약 10 N이다. 또한 질량 단위를 사용하여 무게를 보고하는 것이 일반적이지만 정확히 말하자면 잘못된 것이다. 예를 들면, 몸무게가 10 g이라거나 몸무게가 60 kg이라고 말하는 것은 엄밀하게는 올바르지 않다.

힘과 질량의 단위

우리가 힘과 질량 단위에 대한 많은 오류를 보아 왔기 때문에 이 절을 썼다. 단위에 대한 세 가지 유용한 아이디어는 (1) 단위가 사람들에 의해 발명되었고, (2) 단위가 식으로 서로 관련되어 있고, (3) 주어진 단위의 정의가 조회될 수 있다는 것이다.

뉴턴의 정의는 "1 N의 힘은 1 kg의 질량에 초당 1 m의 가속도를 줄 수 있는 힘의 양이다."

힘과 질량을 관련시키기 위해 공학자들은 뉴턴의 제2 운동법칙($\Sigma \mathbf{F} = m\mathbf{a}$)으로 시작한다. 다음으로, 뉴턴의 정의를 적용하여 아래 식이 성립한다고 결론짓는다.

$$(1.0\ \text{N}) \equiv (1.0\ \text{kg})(1.0\ \text{m/s}^2) \tag{1.3}$$

식 (1.3)이 성립한다면, 아래 식도 성립해야 한다(대수학에 의해).

$$1.0 = \left(\frac{\text{kg}\cdot\text{m}}{\text{N}\cdot\text{s}^2}\right) \tag{1.4}$$

따라서 2.0 kg 몸체의 무게는 식 (1.5)에 나타난 분석에 보이는 바 때문에 19.6 N이 되어야 한다.

$$W = mg = \frac{2.0\ \text{kg}}{} \left| \frac{9.81\ \text{m}}{\text{s}^2} \right| \frac{\text{N} \cdot \text{s}^2}{\text{kg} \cdot \text{m}} = \boxed{19.6\ \text{N}} \tag{1.5}$$

이 논리가 이해되는가? 식 (1.5)는 정확한 사실을 기반으로 하여 올바른 방법으로 적용된 것이기 때문에 성립해야 한다. 우리가 다루고 싶은 주요 논점은 많은 사람들이 영미식 단위와 혼동을 느끼는 것이다. 그러나 영미식 단위로 동일한 논리를 적용할 수 있다. 힘파운드(lbf)의 정의로 시작해 보자. 1 lbf의 힘은 1 lb의 질량(lbm)을 초당 32.2 ft의 율로 가속시키는 힘의 양이다. 따라서 아래 식이 성립한다.

$$(1.0\ \text{lbf}) \equiv (1.0\ \text{lbm})(32.2\ \text{ft/s}^2) \tag{1.6}$$

식 (1.6)이 성립한다면, 아래 식도 성립해야 한다(대수학에 의해).

$$1.0 = \left(\frac{\text{lbf} \cdot \text{s}^2}{32.2\ \text{lbm} \cdot \text{ft}} \right) \tag{1.7}$$

따라서 식 (1.8)에 보이는 바와 같이 2.0 lbm 몸체의 무게는 2.0 lbf이어야 한다.

$$W = mg = \frac{2.0\ \text{lbm}}{} \left| \frac{32.2\ \text{ft}}{\text{s}^2} \right| \frac{\text{lbf} \cdot \text{s}^2}{32.2\ \text{lbm} \cdot \text{ft}} = \boxed{2.0\ \text{lbf}} \tag{1.8}$$

식 (1.8)은 무게의 크기가 질량의 크기(2.0)와 동일함을 보여 준다. 이것은 영미식 단위가 정의된 방식 때문에 발생한다. 2.0 lbm의 질량을 가진 몸체는 지구상에서 2.0 lbf의 무게를 가질 것이라고 말하는 것이 옳다. 그러나 이것을 일반화하지 말라. 예를 들어 질량이 2.0 lbm인 몸체는 달에서 약 0.33 lbf의 무게를 갖는다. 질량과 무게가 다른 개념이기 때문에 2.0 lbm이 2.0 lbf와 같다고 말하지 말아야 한다.

일반 방정식

일반 방정식(general equation)은 많은 문제 또는 모든 문제에 적용되는 방정식이다. **특정 방정식**(special-case equation)은 일반 방정식에서 파생된 방정식이지만 이 방정식을 적용하기 위해 충족되어야 하는 가정이 있기 때문에 적용 범위가 제한된 식이다.

공학자의 조언. *일반 방정식을 배우고 필요에 기초하여 특정 방정식을 유도하라.* **이유.** (1) 일반 방정식의 수가 몇 개에 지나지 않는다면 이 접근법은 학습을 더 용이하게 만들 것이다. (2) 일반적으로 일반 방정식은 특정 방정식보다 자주 적용되기 때문에(정의상) 실수를 덜 저지르게 할 것이다. 일반 및 특정 방정식의 예는 다음과 같다.

- NLUG는 일반 방정식이며 $W = mg$는 NLUG에서 파생된 특정 방정식이다.
- 뉴턴의 제2 운동법칙, $\Sigma \mathbf{F} = m\mathbf{a}$는 일반 방정식이다. 이것은 벡터 방정식임에 주목하라. 이 방정식에서 파생될 수 있는 특정 방정식은 $\Sigma F_x = ma_x$(스칼라 방정식) 및 $\Sigma F_z = 0$(스

칼라 방정식)이다.

- 기계적 일 W를 정의하는 일반 방정식은 변위 벡터를 점으로 하여 표시된 힘 벡터의 선적분, 즉 $W = \oint_{x_1}^{x_2} \mathbf{F} \cdot \mathbf{dx}$이다. 연관된 특정 방정식은 $W = Fd$이며, 여기서 W는 일이고, F는 힘이며, d는 변위이다.

1.4 수학적 필수 주제

추정값

공학자의 조언. *수계산을 통한 추정에 숙달되도록 한다.* **수계산 추정**(pencil/paper estimate)은 두뇌, 연필 및 용지만 사용하여(즉, 책, 계산기 또는 컴퓨터 없이) 수행할 수 있는 추정으로 정의된다. **이유.** (1) 모든 공학 계산은 어쨌든 추정치이다. 수계산 추정 기술을 습득하면 공학적 추정의 속성에 대한 큰 통찰력을 얻을 수 있다. (2) 수계산 추정을 하는 법을 배우는 과정에서, 많은 실질적인 지식을 습득할 수 있다. (3) 훨씬 더 빨리 계산을 하게 될 것이기 때문에 엄청난 시간을 절약할 수 있다. (4) 기술 업무의 타당성을 입증할 수 있는 강력한 방법을 갖추게 될 것이다. (5) 영리하게 사물을 추정하는 방법을 찾아내는 것은 재미있다.

숫자를 나타내는 네 가지 팁

간단하고 효과적인 방법으로 수치적 결과를 얻도록 다음 네 가지를 권장한다.

1. 숫자 항이 0.1에서 1000 사이가 되도록 결과를 기술하라. 이렇게 하면 결과가 더 쉽게 이해되고 기억될 수 있다. 예를 들면, 645798은 646E3 또는 64.6E4 또는 6.46E5로 나타낼 수 있다.
2. 과학적 또는 공학적 표기법을 사용하여 크고 작은 숫자를 나타낸다.
3. 미터법 접두사를 사용하여 숫자를 나타낸다. 예를 들면, 142,711 파스칼은 143 kPa로 나타낼 수 있다.
4. 최종 답을 나타내는 데 최대 3자리 숫자를 사용한다(피치 못할 경우 제외).

과학적 표기법(scientific notation)에서는 숫자와 지수의 곱으로 수를 쓴다. 예를 들어, 숫자 7600은 7.6(숫자 항)과 10^3(지수 항)의 곱을 사용하여 7.6×10^3으로 표기된다. **사실.** 7.6×10^3 = 7.6E3(대문자 "E") = 7.6e3(소문자 "e")의 세 가지 일반적인 과학 표기법이 있다. 과학 표기법에서 사용되는 "e"와 Euler의 수 $e = 2.718$을 혼동하여 사용하지 말기 바란다.

공학적 표기법(engineering notation)은 10의 제곱을 3의 배수를 사용하여 표기하는 것으로, 과학 표기법의 다른 한 방법이다. **예.** 0.000475 = 4.75E-4(과학 표기법) = 0.475E-3(공학적 표기법) = 475E-6(공학적 표기법). **예.** 692000 = 6.92E5(과학 표기법) = 0.692e6(공학적 표기법).

단위 접두사(unit prefix)[**미터법 시스템**(metric system)]. SI 시스템에서는 단위에 접두사를 사용하여 10의 제곱으로 곱하거나 나눈다. **예.** 0.001 뉴턴 = 1.0 mN. **예.** 0.000475 m = 0.475 mm = 475 μm. **예.** 1000 파스칼 = 1.0 kPa.

유효숫자(significant figure). 한 수가 세 개의 유효숫자(예: 1.97)로 표기될 때 이것은 두 수를 정밀하게 알고 있고(예: 1과 9) 숫자 중 하나(즉, 7)가 근사값임을 의미한다. 유효숫자의 이론적 근거는 공학에서의 수치(예: 물의 밀도가 약 998 kg/m^{3}임)가 궁극적으로 측정에서 나온 것이며, 이 측정은 어떠한 수준의 정밀도로만 제공될 수 있다는 것이다. 이 교재에서 우리는 유효숫자 3개로 답을 표기한다. 물론 중간 계산 중에 반올림 오류를 방지하려면 네 자리 이상의 유효숫자를 사용해야 한다.

미분으로 생각하기

미분에 대한 주요 아이디어가 제대로 얻어지지 않았기 때문에 만들어진 많은 실수를 보아왔다. 따라서 우리는 이를 상세하게 설명하기 위해 이 절을 작성했다.

일반적인 실수를 설명하기 위해 실수의 예를 제시하겠다. 다음의 참/거짓(true/false, **T/F**) 질문에 답하도록 요청받았다고 가정하자. 자동차가 $\Delta t = 2.5$ 초의 시간 동안 $\Delta x = 10.0$ 미터로 직선으로 주행했다면, 시간 구간의 끝에서의 속도는 (10.0 m)/(2.5 s) = 4.0 m/s이다.

$V = (\Delta x)/(\Delta t) = (10.0\text{ m})/(2.5\text{ s}) = 4.0\text{ m/s}$이기 때문에 이 문제가 참인 것으로 답할 수 있는 것처럼 보인다. 그러나 이 답변은 자동차의 속도가 시간에 따라 일정한 경우에만 유효하다. 더 나은 대답은 거짓이라고 답하는 것이다. 차가 이 시간 구간의 끝에서 4 m/s로 주행한다는 결론에 도달하기에 충분한 정보가 없기 때문이다. 이 문제는 평균속도와 순간속도의 차이에 관한 것이다. 속도를 생각하는 가장 좋은 방법은 미분계수의 정의를 적용하는 것이다. 즉, 속도는 시간의 양이 영(0)에 접근할 때, 주행한 거리와 이 극한에서의 시간의 양과의 비율이다. 식 형태(더 단순한)에서 속도 V는 다음과 같이 정의된다.

$$V = \lim_{\Delta t \to 0} \frac{\Delta x}{\Delta t} \tag{1.9}$$

만약 속도가 일정하다면, 식 (1.9)는 평균속도에 대한 식으로 자동적으로 단순화된다. 속도가 시간에 따라 변한다면 식 (1.9)는 정확한 속도값을 제공한다. 물론, 식 (1.9)는 미분계수의 정의를 기반으로 한다. 이 정의에 관해서, 미적분 서적은 세 가지 방식으로 정의를 내린다.

$$\frac{dy}{dx} = \lim_{h \to 0} \frac{y(x+h) - y(x)}{h} \tag{1.10}$$

$$= \lim_{\Delta x \to 0} \frac{y(x+\Delta x) - y(x)}{\Delta x} \tag{1.11}$$

$$= \lim_{\Delta x \to 0} \frac{\Delta y}{\Delta x} \tag{1.12}$$

우리는 마지막 정의인 식 (1.12)를 이 책 여러 곳에서 사용한다. 이 정의에서 미분값은, Δx가 영(0)에 접근할 때 Δy에 대한 극한 내에서의 Δx의 비율을 의미한다. 변수 y의 앞에 붙은 델타(Δ) 기호는 변수 y의 양을 나타낸다.

적분으로 생각하기

적분은 시간이 지남에 따라 비율이 변하는 문제를 해결하기 위해 고안되었다. 적분의 정의를 만들어 내기 위해, 자동차가 주행한 거리(Δx)는 $\Delta x = V\Delta t$로 주어지며, 여기서 V는 속도이고 Δt는 자동차가 주행한 시간이라고 말하고 싶은 유혹에 빠진다는 것에 주목할 필요가 있다. 이 공식의 문제점은 속도가 바뀔 수 있기 때문에 이 식이 일반적으로 옳은 것이 아니라는 것이다. 일반화를 위해 이 수식을 수정하면 아래와 같이 된다.

$$\Delta x = \sum_{i=1}^{N} V_i \, \Delta t_i \tag{1.13}$$

여기에서 움직인 거리는 시간 간격들 안으로 나뉘어 들어간다. 여기서, Δt_i는 작은 시간 간격이고, V_i는 이 시간 간격 동안의 속도이고, N은 시간 간격의 수이다. 이 공식을 보다 정확하게 만들기 위해 $N \to \infty$라고 하면 다음과 같이 거리에 대한 일반적인 공식을 구할 수 있다.

$$\Delta x = \lim_{N\to\infty} \sum_{i=1}^{N} V_i \, \Delta t_i \tag{1.14}$$

이제, 식 (1.14)의 우변에 대한 합계에 대해 적분의 정의를 적용하면 아래와 같이 된다.

$$\Delta x = \int_0^{t_f} V \, dt \tag{1.15}$$

미적분 교재에서 아래와 같은 적분 정의를 찾을 수 있을 것이다.

$$\int_a^b f(x)dx = \lim_{N\to\infty} \sum_{i=1}^{N} f(x_i) \, \Delta x_i \tag{1.16}$$

따라서 이 적분은 종속변수 f가 독립변수 x의 변화에 따라 변화할 때 적용되는 작은 항들의 무한한 합이다.

1.5 밀도 및 비중

유체에서 대부분의 문제를 풀 때에는 질량이나 무게를 계산해야 한다. 이 계산에는 밀도 및 비중의 특성이 관련되므로 이 절에서 설명한다.

밀도의 정의

간단한 문제의 경우, 밀도(ρ)는 부피($\Delta V\!\!\!\!-$)에 대한 질량(Δm)의 비율을 계산함으로써 구할 수 있다.

$$\rho = \frac{\Delta m}{\Delta \forall} \tag{1.17}$$

예를 들면, 실내 조건에서 1.0 L의 물을 채취하여 질량을 측정하는 경우 질량은 $(\Delta m) \approx 1000$ g이 되므로 밀도는

$$\rho = \Delta m / \Delta \forall = (1000 \text{ gram})/(1.0 \text{ liter}) = 1.0 \text{ kg/L}$$

> **예제.** 2.5 L의 물의 질량은 얼마일까? **논리.** (1) 질량은 $\Delta m = \rho(\Delta \forall)$로 주어진다. (2) 실내 조건에서 물의 밀도는 약 1.0 kg/L이다. (3) 따라서 질량은 $\Delta m = (1.0 \text{ kg/L})(2.5 \text{ L}) = 2.5 \text{ kg}$이다.

식 (1.17)은 어느 한 점에서의 밀도가 아니라 평균 밀도를 정의한다. 밀도에 대한 보다 일반적인 정의를 구축하려면 미분의 개념을 적용한다(1.4절 참조). 일반적으로 밀도는 식 (1.18)의 미분을 사용하여 정의된다.

$$\rho \equiv \lim_{\Delta \forall \to 0} \frac{\Delta m}{\Delta \forall} \tag{1.18}$$

여기서 $\Delta \forall$는 한 점(예: x, y, z 위치)을 둘러싸는 물질의 작은 영역의 부피를 나타내고, Δm은 이 영역 내에 포함된 대응하는 질량의 양이다. 따라서 밀도는 한 지점에서의 질량 대 부피의 비율로 정의할 수 있다.

밀도에 대한 몇 가지 유용한 사실은 다음과 같다.

- 1장 앞의 표 F.4~F.6과 부록의 표 A.2~A.5에서 밀도 값을 조회할 수 있다.
- 일반적으로 밀도의 값은 물질의 압력과 온도에 따라 달라진다. 액체의 경우 압력에 따른 편차는 대개 무시할 수 있다.
- 기체의 밀도는 종종 이상기체법칙 $p = \rho RT$의 *밀도 공식*을 적용하여 계산한다.
- 주어진 부피에서 질량의 양을 계산하려면 $\Delta m = \rho \Delta \forall$를 적용하고 싶어질 것이다. 그러나 이 식은 일반적인 방정식이 아닌 특수사례 방정식이다. 밀도가 위치에 따라 다를 수 있다는 사실을 설명하는 일반 방정식은 다음과 같다.

$$m = \int_{\forall} \rho \, d\forall \tag{1.19}$$

- *실전 지식.* 일반적인 단위의 일반적인 실내 조건에서 다음과 같은 물의 밀도를 알아

야 한다: $\rho = 1000\ kg/m^3 = 1.0\ g/mL = 1.0\ kg/L = 62.4\ lbm/ft^3 = 1.94\ slug/ft^3$. 대기압 및 20°C에서 공기의 밀도를 알아야 한다: $\rho = 1.2\ kg/m^3 = 1.2\ g/L$.

비중의 정의

비중(specific weight)은 한 점에서 무게와 체적의 비율이다.

$$\gamma \equiv \lim_{\Delta V\!\!\!/ \to 0} \frac{\Delta W}{\Delta V\!\!\!/} \tag{1.20}$$

여기서 $\Delta V\!\!\!/$는 한 점(예: x, y, z 위치)을 둘러싸는 물질의 작은 영역의 체적을 나타내며, ΔW는 이 영역 내에 포함되는 질량의 대응하는 무게이다. 비중과 밀도는 다음 식과 관련된다.

$$\gamma = \rho g \tag{1.21}$$

따라서 하나의 속성을 알고 있으면 다른 속성을 쉽게 계산할 수 있다. **예.** 밀도 800 kg/m^3에 해당하는 비중은 $\gamma = (800\ kg/m^3)(9.81\ m/s^2) = 7.85\ kN/m^3$이다.

식 (1.21)이 참임을 밝히기 위해 다음 단계를 수행한다. (1) 지구상에서 NLUG는 $W = mg$으로 단순화된다. (2) $W = mg$을 부피로 나누면 $(\Delta W/\Delta V\!\!\!/) = (\Delta m/\Delta V\!\!\!/)g$가 된다. (3) 부피가 영(0)에 접근할 때 그 극한치를 택한다. (4) γ와 ρ의 정의를 적용하여 $\gamma = \rho g$를 얻는다. 비중에 대한 몇 가지 유용한 사실은 다음과 같다.

- 1장 앞의 표 F.4~F.6과 부록의 표 A.3~A.5에서 γ의 값을 찾아볼 수 있다.
- ρ와 γ는 식 (1.21)을 통해 연결되므로, γ는 밀도와 비슷한 방식으로 온도와 압력에 따라 변한다.
- 비중은 일반적으로 액체에 사용되며 기체에는 일반적으로 사용되지 않는다.
- *실전 지식.* 일반적인 실내 조건에서 물의 비중을 알아야 한다: $\gamma = 9800\ N/m^3 = 9.80\ N/L = 62.4\ lbf/ft^3$.

1.6 이상기체법칙

이상기체법칙(ideal gas law, IGL)은 일반적으로 유체역학에 적용된다. 예를 들면 에어백, 충격흡수장치, 연소시스템 및 항공기와 같은 제품들을 설계할 때 IGL을 적용할 가능성이 높다.

IGL, 이상기체 및 실제기체

IGL은 귀납법이라고 하는 논리적 방법으로 개발되었다. *귀납법(induction)*은 많은 실험 관찰을 하고, 모든 실험에서 이것이 진실임을 나타내기 때문에 이것이 항상 진실이라고 결론 내린다. 예를 들어, 해가 과거에 매일 떴기 때문에 내일도 해가 뜰 것이라고 결론을 짓는 것이 귀납법적 추리의 예이다.

IGL은 이전에 발견된 세 가지 경험적 방정식을 결합하여 개발되었다. 보일의 법칙(Boyle's law)이라고 불리는 이 방정식 중 첫 번째는 온도 T가 일정하게 유지되는 경우 고정된 양의 기체 압력 p와 부피 $\forall$는 아래와 같은 식으로 표현된다는 것이다.

$$p\forall = \text{상수} \qquad (\text{보일의 법칙}) \tag{1.22}$$

두 번째 방정식인 샤를의 법칙(Charles's law)은 압력이 일정하게 유지되면 고정된 양의 기체 온도와 부피가 아래와 같은 식으로 표현된다는 것이다.

$$\frac{\forall}{T} = \text{상수} \qquad (\text{샤를의 법칙}) \tag{1.23}$$

세 번째 방정식은 아보가드로(Avogadro)가 제창한 가설에 의해 유도되었다. 즉, 같은 온도와 압력에서 동일한 양의 기체들은 같은 수의 분자를 포함한다. 보일의 법칙, 샤를의 법칙, 아보가드로의 법칙을 결합하면, 아래와 같은 이상기체 방정식이 된다.

$$p\forall = nR_uT \tag{1.24}$$

여기서 n은 몰 단위로 측정된 기체의 양이다.

식 (1.24)는 *p∀T형* 또는 IGL의 *몰(mole)형*으로 불린다. **힌트.** 샤를의 법칙이나 보일의 법칙은 IGL의 특별한 경우이기 때문에 따로 기억할 필요가 없다.

이상기체와 실제기체는 다음과 같이 정의 할 수 있다.

- 이상기체 방정식 (1.24)를 사용하여 허용 가능한 정확도로 모델화할 수 있는 기체를 **이상기체**(ideal gas)라 한다. 예를 들어, 계산 결과 실제 값과 5% 미만의 차이가 있어야 한다. 이상기체를 정의하는 또 다른 방법은 서로 충돌하는 경우를 제외하고는 분자들이 상호작용하지 않는 기체일 때 그 기체를 이상기체라고 하는 것이다.
- 분자들 사이에 힘이 작용할 정도로 분자들이 서로 가깝게(평균적으로) 모여 있어, 이상기체 방정식 (1.24)를 사용하여 허용 가능한 정도의 정확도로 모델화할 수 없는 기체를 **실제기체**(real gas)라 한다. 실제기체 거동을 모델링할 수 있지만 방정식이 IGL보다 훨씬 복잡하다. 따라서 IGL은 허용 가능한 수준의 정확성을 제공할 경우 선호되는 모델이다.

우리(저자들)가 해결한 모든 문제에 있어 IGL은 기체 거동에 대한 타당한 모델을 제공했다. 즉, 실제기체 거동을 모델링하는 데 사용된 방정식을 적용할 필요가 없었다. 그러나 IGL을 적용할 때 주의해야 할 점이 몇 가지 있다.

- 기체가 매우 차갑거나 매우 고압인 경우, 분자들이 너무 가까워져 IGL이 적용될 수 없다.

- 액상과 기상이 모두 존재하는 경우(예: 바비큐용 탱크 안의 프로판) IGL을 기체 상태에 적용할 때 주의해야 한다.
- 기체가 매우 뜨거우면(예: 로켓의 배기 기체) 기체가 이온화되거나 분해될 수 있다. 이 두 가지 효과 모두 이상기체법칙을 무효화시킬 수 있다.

또한 IGL은 여러 기체 혼합물을 모델링하는 데 적합하다. 전형적인 예로는 질소, 산소 및 기타 기체가 혼합된 공기를 들 수 있다.

IGL 내에서의 단위

우리는 단위에 대한 많은 실수를 보았기 때문에 이 부분을 설명하여 이를 피하고 시간을 절약하도록 필수적인 사항을 알리고자 한다.

IGL 안에서의 온도는 *절대온도(absolute temperature)*를 사용하여 표시해야 한다. 절대온도는 (이론적으로) 모든 분자운동이 멈추는 온도인 절대영(0)도의 온도에 대비한 온도로 측정된다. 절대온도의 SI 단위는 켈빈(300 K에서와 같이 도의 기호가 없는 K)이다. 섭씨(°C)로 주어진 온도는 방정식, $T(\text{K}) = T(°\text{C}) + 273.15$를 사용하여 켈빈으로 변환할 수 있다. 예를 들어, 15°C의 온도는 $15°\text{C} + 273 = 288\ \text{K}$로 변환된다. 절대온도의 영미식 단위는 Rankine이다. 예를 들어 70°F의 온도는 530°R의 온도와 같다. 화씨(°F)로 표시된 온도는 이 방정식, $T(°\text{R}) = T(°\text{F}) + 459.67$을 사용하여 Rankine으로 변환될 수 있다. 예를 들면, 65°F의 온도는 $65°\text{F} + 460 = 525°\text{R}$.

IGL의 압력은 *절대압력(absolute pressure)*을 사용하여 표시해야 한다. 절대압력은 우주와 같은 완벽한 진공상태에 대한 상대값으로 측정된다. 현재, 엔지니어링 업계에서는 지역의 대기압에 대비하여 측정된 압력값을 부여하는 것이 일반적인데 이것을 *계기압력(gage pressure)*이라고 한다. 계기압력을 절대압력으로 변환하려면 지역 대기압 값을 더한다. 예를 들어, 계기압력이 20 kPa이고 지역 대기압이 100 kPa이면 절대압력은 100 kPa + 20 kPa = 120 kPa가 된다. 지역 대기압을 사용할 수 없는 경우 대기압 표준값인 101.325 kPa(14.696 psi 또는 2116.2 psf)를 사용한다. 압력에 대한 자세한 내용은 3.1절에 나와 있다.

또한 IGL은 12 g의 탄소(C)에 있는 원자와 같은 수의 "개체"(원자, 분자, 이온 등)를 갖는 물질의 양으로 정의되는 **몰**(mole)을 사용한다. *얼마나 많은지를* 세는 방법으로 몰을 사용한다. 비유로, 다스(dozen)도 또한 얼마나 많은지를 세는 단위이다. 예를 들어, 3다스(dozen)의 도넛은 36개의 도넛을 지정하는 방법이다. 12.0 g의 탄소에 있는 원자의 수는 원자 1몰과 같다. 이 수는 **아보가드로의 수**(Avogadro's number)로 불리며 6.022×10^{23} 개체를 말한다. 달리 사용되는 세 가지의 몰 단위가 있다.

- 그램 몰(mol)은 6.022×10^{23} 개체(원자, 분자 등)이다.
- 킬로그램 몰(kg-mol)은 (6.022E2)(1000 g/kg) = 6.022E26 개체이다.

표 1.2 몰 질량의 선택된 값

물질	몰 질량(gram/mole)
수소	1.0079
헬륨	4.0026
탄소	12.0107
질소	14.0067
산소	15.9994
건조한 공기	28.97

- 파운드-질량 몰(lbm-mol)은 (454.3 g/lbm)(6.022×10^{23}) = 2.732E26 개체이다.

물질의 양은 몰 또는 질량을 사용하여 나타낼 수 있기 때문에 또 다른 단위 문제가 발생한다. 몰과 질량 단위는 몰 질량에 의해 관계가 맺어지며 아래 식으로 표현된다.

$$M = \frac{\text{질량의 양}}{\text{몰수}} = \frac{m}{n} \tag{1.25}$$

몰 질량의 값은 인터넷에서 찾아볼 수 있다. 일부 일반적인 값을 표 1.2에 나타냈다.

예제. 2.7 mol의 공기 질량(kg)은 얼마인가?

풀이. $m = nM = (28.97\text{E-3 kg/mol})(2.7\text{ mol}) = 78.2\text{E-3 kg}$.

보편기체상수 및 비기체상수(R_u 및 R)

IGL에 두 가지 기체상수가 있다. 보편기체상수와 비기체상수가 그것이다. $p\forall = nR_uT$와 같이 IGL을 쓸 때, R_u라는 용어는 보편기체상수(universal gas constant)라고 부른다. "보편(universal)"이라는 단어는 이 기체상수가 모든 기체에 대해 동일하다는 것을 의미한다. SI 단위의 R_u 값은 $R_u = 8.314462$ J/mol·K이다. 전통적인 단위의 R_u 값은 $R_u = 1545.349$ ft·lbf/lbm-mol·°R이다.

종종 공학자들은 몰 단위 대신 질량 단위로 작업하는 것을 선호한다. 이 경우 IGL은 다음과 같이 수정될 수 있다. (1) 식 (1.24)에서, n을 m/M으로 대체하여 $p\forall = m(R_u/M)T$를 얻는다. (2) $R \equiv R_u/M$을 사용하여 비기체상수(R)를 정의한다. **결론.** IGL을 기술하는 다른 방법으로 $p\forall = mRT$를 들 수 있으며, 여기서 R은 *비기체상수(specific gas constant)*이다.

요약. IGL을 사용할 때마다 R 또는 R_u를 사용할지를 결정한다. 필요에 따라 다음 식을 사용하여 R과 R_u를 연결할 수 있다.

$$R = \frac{R_u}{M} \tag{1.26}$$

또한 표 A.2에서 비기체상수(R)의 값을 찾을 수 있다.

> **예제.** 3.0 mol의 기체가 66 g의 질량을 갖는다면, 이 기체에 대한 비기체상수는 무엇일까(SI 단위)?
>
> **논리.** (1) 몰 질량은 질량/몰의 비이기 때문에, $M = (0.066\text{ kg})/(3\text{ mol}) = 0.022\text{ kg/mol}$. (2) M이 알려져 있기 때문에, $R = R_u/M = (8.314\text{ J/mol}\cdot\text{K})/(0.022\text{ kg/mol}) = 378\text{ J/kg}\cdot\text{K}$.
>
> **결론.** $R = 378\text{ J/kg}\cdot\text{K}$.

IGL(실무 방정식)

이 항의 목적은 (a) IGL을 표현하는 데 일반적으로 사용되는 세 가지 식을 제시하고 (b) 실무 방정식의 의미를 설명하는 것이다. 이렇게 하기 전에 먼저 유용한 것으로 밝혀진 아이디어를 공유하고자 한다.

공학자의 조언. *공부하는 각 공학적 주제에서의 실무 방정식에 능숙해져야 한다.* **실무 방정식**(working equation)은 실무 적용에서 자주 사용되는 식으로 정의된다. 실무 방정식을 사용할 때의 이점은 식이 단순하다는 것이다. 특히, 각 공학적 주제별로 약 15개의 실무 방정식

표 1.3 이상기체법칙(IGL) 및 관련 식

설명	식	변수
IGL의 밀도형	$p = \rho RT$	p = 압력(Pa) (계기압력이나 진공압력 말고 절대압을 사용할 것) ρ = 밀도((kg/m^3) R = 비기체상수(J/(kg·K))(R은 표 A.2 참조) T = 온도(K)(절대온도를 사용할 것)
IGL의 질량형	$p\forall = mRT$	$\forall$ = 부피(m^3) m = 질량(kg)
IGL의 몰형 또는 $p\forall T$형	$p\forall = nR_uT$	n = 몰수 R_u = 보편기체상수 (R_u = 8.314 J/(mol·K) = 1545 (ft·lbf)/(lbmol·°R))
이 식을 R과 R_u를 관련시키기 위해 적용	$R = \frac{R_u}{M}$	M = 몰 질량(kg/mol)
이 식을 질량과 몰을 관련시키기 위해 적용	$M = m/n$	

이 있다. 이 방정식을 잘 알고 있다면 그 주제에 대해 많은 것을 알고 있는 것이다. 대부분의 공학 교과서에는 수백 개의 방정식이 포함되어 있다. 이는 저자들이 이 방정식들을 사용하여 사안들을 설명하기 때문이다. 그러나 이 방정식의 대부분을 기억할 필요는 없다.

IGL과 관련된 실무 방정식이 표 1.3에 요약되어 있다. 밀도형, 질량형, 몰형이라는 세 가지의 일반적인 IGL 방정식이 있음에 주목하라. 이 수식 중 하나를 사용하기 시작하면 나머지 두 개를 도출해 낼 수 있으므로 이 수식들은 동일하다. 표 1.3의 마지막 열은 SI 단위 및 적용 팁을 제공한다.

1.7 단위와 차원

수학은 추상적인 개념을 포함하기 때문에 단위의 사용이 일반적이지 않다. 대조적으로 공학은 실무적인 것에 관한 것이고, 단위가 공학 계산을 보다 구체적이고 이해할 수 있고 적절하게 만들기 때문에 단위가 필수적이다. 또한 단위 및 차원을 사용하면 오류를 식별하고 수정할 수 있으므로 시간이 많이 절약된다. 단위는 매우 도움이 되기 때문에 우리는 항상 단위를 기재하고 상쇄시킨다. 우리가 가르치는 모든 공학자들에게 이 습관을 권장한다.

단위의 정의

거의 모든 사람들이 단위에 익숙하다. 예를 들면,

- 질량의 단위는 그램, 킬로그램 및 파운드를 포함한다.
- 길이 단위는 미터, 센티미터, 인치 및 피트를 포함한다.
- 시간 단위에는 초, 시간, 일, 주 및 년이 포함된다.

일반적으로 **단위**(unit)는 양 또는 수량을 설명할 수 있도록 표준으로 선택된 수량이다. 즉, 단위는 정량화를 허용한다(즉, "얼마나"를 기술한다). 예를 들면,

- 뉴턴이 힘의 표준(즉, 단위)인 경우, 5 N은 얼마나 큰 밀림 또는 끌림이 적용되는지 정량화한다.
- 파운드 질량이 질량의 표준(즉, 단위)인 경우 50 lbm은 특정 양의 물질을 나타낸다.
- 시간의 표준(즉, 단위)이 초이면 500 초가 특정 시간을 나타낸다.

숫자와 관련 단위(예: 5 N, 50 lbm 또는 500 s)의 조합을 *값(value)* 또는 *측정치(measurement)*라고 부른다.

그리드방법

단위를 기재하고 상쇄하는 다양한 방법 중에서 *그리드방법(grid method)*(그림 1.7)이 가장

그림 1.7

그리드방법. 이 예는 공기 저항이 $F = 4.0$ lbf일 때 $V = 20$ mph의 속도로 자전거를 타는 데 필요한 힘 P의 계산방법을 보여 준다.

$$P = FV = \frac{4.0\ \text{lbf}}{} \bigg| \frac{20\ \text{mph}}{} \bigg| \frac{1.0\ \text{m/s}}{2.237\ \text{mph}} \bigg| \frac{1.0\ \text{N}}{0.2248\ \text{lbf}} \bigg| \frac{\text{W} \cdot \text{s}}{\text{N} \cdot \text{m}}$$

$$= \boxed{159\ \text{W}}$$

표 1.4 그리드방법 적용(두 가지 예)

단계	예 1	예 2
문제 기술 = >	**상황:** 2.00 psi의 압력을 파스칼로 변환하라.	**상황:** 질량 10 g을 15 ft/s^{2}의 비율로 가속시키는 데 필요한 힘을 뉴턴으로 구하라.
단계 1. 식을 기술하라.	해당 없음.	$F = ma$
단계 2. 수치와 단위를 기재하라.	$p = 2.00$ psi	$F = ma = (0.01\ \text{kg})(15\ \text{ft/s}^2)$
단계 3. 변환비를 찾아본다(표 F.1).	$1.0 = \dfrac{1\ \text{Pa}}{1.45 \times 10^{-4}\ \text{psi}}$	$1.0 = \dfrac{1.0\ \text{m}}{3.281\ \text{ft}}$ $\quad 1.0 = \dfrac{\text{N} \cdot \text{s}^2}{\text{kg} \cdot \text{m}}$
단계 4. 항에 곱하기를 하고 단위를 상쇄한다.	$p = [2.00\ \text{psi}]\left[\dfrac{1\ \text{Pa}}{1.45 \times 10^{-4}\ \text{psi}}\right]$	$F = [0.01\ \text{kg}]\left[\dfrac{15\ \text{ft}}{\text{s}^2}\right]\left[\dfrac{1.0\ \text{m}}{3.281\ \text{ft}}\right]\left[\dfrac{\text{N} \cdot \text{s}^2}{\text{kg} \cdot \text{m}}\right]$
단계 5. 계산을 수행한다.	$p = 13.8$ kPa	$F = 0.0457$ N

좋은 방법이다. 그리드방법을 적용하는 방법을 배우려면 표 1.4에 제시된 방법과 예를 참조하여라.

그리드방법의 핵심은 원하는 단위가 얻어질 때까지 우변에 1(즉, 동일한 물리량에 대한 단위승수)을 반복적으로 곱하고 적절히 단위들을 상쇄하는 것이다. 예를 들어, 그림 1.7에서 식의 오른쪽에 1.0을 세 번 곱한다.

$$1.0 = \frac{1.0\ \text{m/s}}{2.237\ \text{mph}}\ (\text{첫 번째})$$

$$1.0 = \frac{1.0\ \text{N}}{0.2248\ \text{lbf}}\ (\text{두 번째})$$

$$1.0 = \frac{1.0\ \text{W} \cdot \text{s}}{\text{N} \cdot \text{m}}\ (\text{세 번째})$$

위의 세 예에서 알 수 있듯이 **변환비**(conversion ratio)는 숫자와 단위가 포함된 수식으로 한쪽에 숫자 1.0이 표시되도록 정렬할 수 있다. **예.** 이 방정식은 $1.0 = (100\ \text{cm})/(1.0\ \text{m})$으로 표기할 수 있기 때문에 $100\ \text{cm} = 1.0\ \text{m}$은 변환비이다.

변환비를 찾는 네 가지 방법을 권장한다.

- **방법 #1.** 다음 예와 같이 변환비를 유도한다.
  1. 힘은 다음과 같이 정의된다.

$$힘 = \frac{일}{시간}$$

  2. SI 단위를 대체하면

$$1.0\ \text{W} = \frac{1.0\ \text{N} \cdot \text{m}}{1.0\ \text{s}}$$

  3. 수식 계산을 하면

$$1.0 = \frac{\text{W} \cdot \text{s}}{\text{N} \cdot \text{m}}$$

- **방법 #2.** 1장 앞에 있는 표 F.1의 데이터를 사용하여 변환비를 유도한다. **예.** m/s와 mph의 속도 단위를 연관시키려면 표 F.1에서 "Speed"라고 표시된 행을 찾아 1.0 m/s = 2.237 mph의 데이터를 얻는다. 그런 다음 1.0 = (1.0 m/s)/(2.237 mph)임을 알기 위해 대수학을 수행한다. **예.** kPa와 torr의 압력 단위를 연관시키려면 "Pressure/Shear Stress" 열에서 6.895 kPa = 51.71 torr의 데이터를 얻는다. 그런 다음 1.0 = (6.895 kPa)/(51.71 torr) = (1.0 kPa)/(7.50 torr)임을 알기 위해 대수학을 수행한다.
- **방법 #3.** 사실을 적용한다. 예를 들어 1.0 피트는 30.48 센티미터이기 때문에 미터에서 피트까지의 변환비는 1.0 = (0.3048 m)/(1.0 ft)이다.
- **방법 # 4.** 웹 정보를 사용한다. Google 및 www.onlineconversion.com을 권장한다. **예.** 수문학에서 물의 양을 측정하는 일반적인 방법은 acre-feet 단위를 사용하는 것이다. 그러나 이 교과서에는 이 단위가 없다. 따라서 Google에 가서 "acre-feet to cubic meters"라고 입력하면 Google은 "1 acre-feet = 1 233.48184 cubic meters"를 출력한다. 그런 다음 대수를 사용하여 1.0 = (1233 m^3)/(1.0 acre-feet)를 얻는다.

일관된 단위

공학자의 조언. *문제를 풀기 전에 모든 단위를 일관된 단위(SI 선호)로 변환한 후, 분석을 수행하고 자신의 상황에 가장 유용한 단위로 답을 기술한다.* 우리는 이것을 **일관된 단위규칙**(consistent unit rule)이라고 부른다. 이렇게 하면 많은 시간을 절약하고 문서를 더 짧고 깨끗하게 유지하며 실수를 제거할 수 있다.

일관된 단위(consistent unit)는 변환계수에 1.0만이 포함되는 모든 단위의 집합으로 정의된다. 예를 들면 다음과 같은 것을 의미한다.

- (1.0 단위 힘) = (1.0 단위 질량)(1.0 단위 가속도)

- (1.0 단위 일률) = (1.0 단위 일)/(1.0 단위 시간)
- (1.0 단위 속도) = (1.0 단위 거리)/(1.0 단위 시간)

예제. 길이가 밀리미터 단위로 측정되고 힘이 뉴턴 단위로 측정되는 경우, 이에 일관된 압력 단위는 무엇일까? **논리.** (1) 일관된 단위의 정의상 (1.0 단위 압력) = (1.0 단위 힘)/(1.0 단위 면적)이 일관된다. (2) 이 경우 면적의 단위는 밀리미터 제곱이다. (3) 단계 1과 2를 결합하면 (1.0 단위 압력) = (1.0 N)/(1.0 mm^2) = N/mm^2가 된다. (4) N/mm^2의 단위가 흔하지 않기 때문에 다음과 같이 이를 보다 익숙한 단위로 변환하는 것이 좋다: (1.0 N/mm^2) = (1.0 N)/[$(10^{-3})^2$$(1.0\ m)^2$] = 10^6 N/m^2 = 1.0 MPa이다. **결론.** 주어진 단위들에 대한 일관된 압력 단위는 MPa(메가파스칼)이다.

예제. 다음의 *주어진* 단위 *세트*는 단위가 일관적인가?(*주어진 세트*: 힘의 단위는 힘파운드(lbf), 질량은 lbm, 가속도는 ft/s^2) **논리.** (1) 정의에 따르면, (1.0 lbf) = (1.0 lbm)(32.2 ft/s^2)이다. (2) 일관된 단위의 정의에 의하면, 나타날 수 있는 유일한 숫자는 1.0이다. (3) 숫자 32.2는 1.0이 아니다. (4) 따라서 주어진 단위 세트는 일관성이 없다. **결론.** 주어진 단위 세트는 일관성이 없다.

원칙적으로 일관된 단위 세트는 무한대로 존재한다. 다행히도 우리의 전 세대 사람들이 최적의 세트 즉 SI 단위 시스템을 알아냈다. 일관된 단위를 사용하는 가장 좋은 방법은 *모든 단위를 SI 단위로 변환*하는 것이다(그림 1.8).

모든 기술 작업을 SI 단위로 수행할 것을 권장한다. 그러나 우리는 또한 영미식 단위 사용에도 능숙해질 것을 권장한다. 이것은 "SI 단위"를 사용하고 "영미식 단위"도 사용하는 것과 같이 두 개의 언어를 할 수 있는 것과 같다. 하지만 하나의 언어(즉, SI 단위)를 선택하라. 영미식 단위에서는 실제로 두 개의 단위 체계가 사용되고 있다. 이 교재에서 우리는 이 두 시스템을 결합하여 "전통적 단위" 또는 "영미식 단위"라고 부른다.

SI 시스템과 영미식 시스템에 대한 일관된 단위들이 표 1.5에 나열되어 있다. 이 표를 사

그림 1.8
이 예는 *일관된 단위규칙*의 적용 예이다.

Calculate the power P (in watts) required to ride a bicycle at a speed of V = 20 mph when the force to move against wind drag is F = 4.0 lbf.

To apply the Consistent Unit Rule to this problem, take the three steps that follow.

$$F = (4.0\ \text{lbf})\left(\frac{4.45\ \text{N}}{\text{lbf}}\right) = 17.8\ \text{N}$$

$$V = \frac{20\ \text{mph}}{} \left|\ \frac{0.447\ \text{m/s}}{1.0\ \text{mph}}\right. = 8.94\ \text{m/s}$$

First, convert the given variables to consistent units (SI units).

$$P = FV = \frac{17.8\ \text{N}}{} \left|\ \frac{8.94\ \text{m}}{\text{s}}\ \right|\ \frac{\text{W}\cdot\text{s}}{\text{N}\cdot\text{m}} = 159\ \text{W}$$

Second, do your calculations with consistent units.

$$\boxed{P = 159\ \text{W}}$$

Third, report your answer with the most appropriate units for your context.

표 1.5 일관된 단위

차원	SI 시스템	영미식 단위
길이	meter(m)	foot(ft)
질량	kilogram(kg)	slug(slug)
시간	second(s)	second(s)
힘	newton(N)	pounds-force(lbf)
압력	pascal(Pa)	pounds-force per square foot(psf)
밀도	kilogram per meter cubed(kg/m^3)	slug per foot cubed($slug/ft^3$)
체적	cubic meters(m^3)	cubic feet(ft^3)
일	watt(W)	foot pounds-force per second(ft·lbf/s)

용하는 방법은, 문제의 모든 변수를 표 1.5에 나열된 단위만 사용하여 표현되도록 변환하는 것이다. **예제.** 다음 값을 일관된 단위가 되도록 변환하라: $\rho = 50\ lbm/ft^3$, $V = 200$ ft/min, $D = 12$ in. **논리.** 이 방법은 표 1.5에 지정된 단위와 일치하도록 주어진 단위들을 변환하는 것이다. 이 변환은 표를 보면 할 수 있는 것이므로 여기에 그 내용을 기술하지 않는다. **결론.** $\rho = 1.55\ slug/ft^3$, $V = 3.33$ ft/s 및 $D = 1.0$ ft.

차원: 단위 구성방법

수천 개의 단위가 있기 때문에 이 절에서는 단위를 *차원(dimension)*이라는 범주로 구분하는 방법을 보여 줄 것이다. 차원은 이 책 전반에 걸쳐 두루 사용될 것이며 제8장에서는 강력한 분석방법(차원해석이라고도 함)이 소개된다.

*질량*은 *차원*의 한 예이다. 질량의 양을 설명하기 위해 공학자들은 다양한 단위(예: 슬러그, 그램, 킬로그램, 온스, 파운드-질량)를 적용한다. *시간*도 차원의 한 예이다. 시간의 양을 설명하기 위해 다양한 단위(초, 분, 시간, 일, 주, 월, 년, 세기 등)를 적용할 수 있다. 차원의 다른 예는 속도, 부피 및 에너지이다. 각 차원에는 많은 단위가 연관되어 있지만 차원 자체에는 지정된 단위가 없다. 이 예들에서 알 수 있듯이, **차원**(dimension)은 단위를 사용하여 측정된 한 개체이다. 차원과 단위 사이의 관계는 그림 1.9와 같다. *관심이 있는 측정은 무엇일까?*를

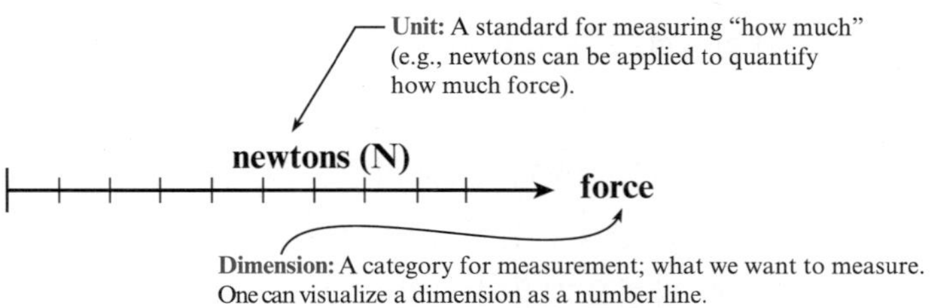

그림 1.9
차원은 *측정된 것*을 설명하고, 단위는 정량화가 가능하도록 그 방법을 제공한다.

표 1.6 1차 차원

차원	부호	단위(SI)
길이	L	미터(m)
질량	M	킬로그램(kg)
시간	T	초(s)
온도	θ	켈빈(K)
전류	i	암페어(A)
빛의 양	C	칸델라(cd)
물질의 양	N	몰(mol)

물어보면 차원을 파악할 수 있다. 예를 들어 공학자들은 일반적으로 힘, 일, 에너지 및 시간을 측정하는 데 관심이 있다. 이 개체 각각이 차원이다.

예제. 온도는 차원일까? **논리.** (1) 차원은 단위를 사용하여 측정되고 정량화된 한 개체이다. (2) 온도는 켈빈(Kelvin), 섭씨(Celsius) 및 화씨(Fahrenheit)와 같은 단위로 측정되고 정량화되는 것(즉, 개체)이다. (3) 따라서 온도는 차원의 정의에 부합한다. **결론.** 온도는 차원이다.

방정식을 사용하여 차원들을 서로 연관시킬 수 있다. 예를 들어, 뉴턴의 두 번째 법칙 $F = ma$는 힘, 질량 및 가속도의 차원을 관련시키는 식이다. 차원들이 서로 관련될 수 있기 때문에 공학자와 과학자는 **1차 차원**(primary dimension)이라고 하는 제한된 수의 차원 세트를 사용하여 차원을 표현하기도 한다(표 1.6).

2차 차원(secondary dimension)은 1차 차원을 사용하여 표현할 수 있는 차원이다. 예를 들어 2차 차원인 "힘"은 $\Sigma \mathbf{F} = m\mathbf{a}$를 사용하여 1차 차원으로 표현된다. 가속도의 1차 차원은 L/T^2이므로

$$[F] = [ma] = M\frac{L}{T^2} = \frac{ML}{T^2} \tag{1.27}$$

식 (1.27)에서 대괄호는 "…의 차원"을 의미한다. 따라서 $[F]$는 "힘의 차원"을 의미한다. 마찬가지로 $[ma]$는 "질량 곱하기 가속도의 차원"을 의미한다. 1차 차원은 대괄호로 묶이지 않는다. 예를 들어, ML/T^2는 대괄호로 묶이지 않는다.

1차 차원을 찾아내려면 다음 두 가지 방법을 사용할 것을 권장한다.

방법 #1(기본 방법). 물리량에 대한 기본 정의를 적용하여 1차 차원을 파악한다.

방법 #2(2차 방법). 1장 앞의 표 F.1 또는 다른 공학 문헌에서 1차 차원을 찾는다. 방법 1을 사용할 충분한 연습이 되지 않은 경우에만 이 방법을 사용하는 것이 좋다.

예제. 일에 기호 W가 주어진다면, $[W]$는 무엇인가?

논리.

1. 기호 $[W]$는 "일의 1차 차원"을 의미한다. 따라서 질문은 *일의 1차 차원은 무엇일까?* 이다.
2. 기계적 일의 정의에 따르면 (일) = (힘)(거리)이다.
3. 따라서 $[W] = [F][d] = (ML/T^2)(L) = ML^2/T^2$.

결론. $[W] = ML^2/T^2$.

차원적 균일성(DH)

공학자의 조언. 식을 만날 때마다 식의 차원적 균일성(dimensional homogeneity, DH)을 정규적으로 점검하여야 한다. **이유.** (1) 방정식의 오류를 파악하고 수정할 수 있다. (2) 이 기술은 만나는 각 식을 이해하고 더 쉽게 기억할 수 있도록 도와준다.

방정식의 각 항이 동일한 1차 차원을 갖는다면 방정식은 **차원적으로 균일한**(dimensionally homogenous) 것이다. DH에 대한 방정식을 검사하는 방법은 각 항의 1차 차원을 찾아서, 각 항의 1차 차원이 동일한지 확인하는 것이다.* 이 방법은 다음 예제에 설명되어 있다.

예제. IGL(밀도형)이 DH임을 보여라.

논리.

1. IGL의 밀도형은 $p = \rho RT$이다.
2. 압력의 2차 차원은 $[p]$ = [힘]/[면적]이다. 따라서 1차 차원은 $[p] = M/LT^2$이다.
3. 비기체상수 R의 SI 단위는 J/kg·K이다.
   따라서 2차 차원은 $[R]$ = [에너지]/([질량][온도])이다. 따라서 1차 차원은 $[R] = L^2/T^2\theta$이다.
4. IGL은 다음과 같이 분석할 수 있다.

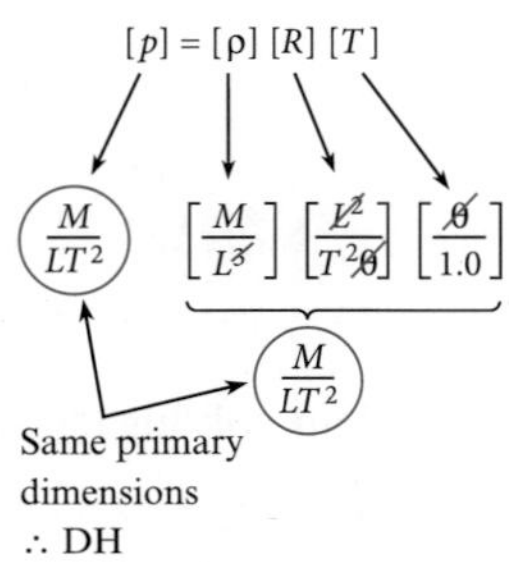

* 물론 2차 차원이나 단위를 사용할 수도 있다. 그러나 1차 차원을 사용하는 것이 좋다. 이는 8장에서 차원해석을 학습할 때 유용하기 때문이다.

그림 1.10
이 예제는 레이놀즈수(Reynolds number)를 분석하여 1차 차원이 상쇄되는 것을 확인하는 방법을 보여 준다.

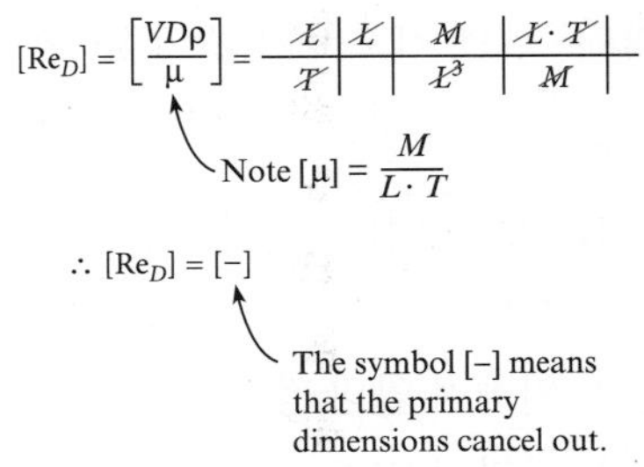

결론. I GL의 밀도형은 방금 제시된 분석에 나타난 것처럼 차원적으로 균일하다.

π–그룹(무차원 그룹)

유체역학에서는 1차 차원들이 상쇄되도록 변수를 정렬하는 것이 일반적이다. 이 변수 그룹을 무차원 그룹 또는 π-**그룹**(π-group)이라고 한다. 이름에서 파이(즉, π)를 사용하는 이유는 분석에 사용된 주된 정리를 버킹엄 Π 정리라고 부르기 때문이다. 이 주제는 8장에서 설명한다.

π-그룹의 일반적인 예는 레이놀즈수(Re_D)이다. 레이놀즈수에 대한 한 방정식이 $Re_D = (\rho VD)/\mu$이다. 여기서 ρ는 유체 밀도, V는 속도, D는 파이프 지름, μ는 유체 점도이다. Re_D(그림 1.10)의 분석에서 1차 차원이 상쇄되었음을 볼 수 있다.

1.8 문제 풀기

사람들이 매일 문제를 풀지만 모두가 문제 풀기에 동등하게 숙련되어 있는 것은 아니다. 이 아이디어를 설명하기 위해 골프게임을 생각해 보자. 거의 누구나 골프클럽으로 골프공을 칠 수 있지만, 인구의 극히 일부만이 잘할 수 있다. 고도의 기술을 가진 골퍼들은 오랜 세월 동안 자신의 능력을 쌓아야 한다. 문제해결 역시 이와 같지만 좋은 소식은 당신이 습득해야 하는 기술의 수가 적다는 것이다. 이러한 기술을 이 절에서 설명한다. 우리는 학생들이 이 기법을 연습하고 시간이 지남에 따라 훌륭한 문제해결사로 발전하기를 바란다.

"문제풀이"의 정의

문제(problem)는 해결해야 할 필요가 있는 상황으로 정의될 수 있는데, 특히 효과적으로 푸는 방법에 대한 명확한 아이디어를 쉽게 찾을 수 없는 경우가 해당된다. 풀어야 할 필요가 있는 상황을 문제라고하면, **문제풀이**(problem solving)는 문제해결 과정이다. 문제해결에 능숙한 사람이라면 최소한의 시간과 노력, 비용으로 훌륭한 해답을 만들 수 있을 뿐만 아니라 그 경험을 크게 즐긴다. 또한, 문제해결 과정은 거의 항상 의미 있는 학습이라는 결과로 연결된다.

문제풀이 과정에서의 수학 모형 구축

문제를 푸는 일반적인 방법이 있다. 이 절에서는 공학 교실의 차원에서 이러한 방법들을 적용하는 방법을 설명한다. 이 논리는 다음의 비유를 사용하여 설명할 수 있다: 기타 연습에 많은 시간을 할애한다면 훌륭한 기타 연주자로 발전하는 데 도움이 되는 방법을 적용해야 한다. 이와 같이, 공학 학교에서 계산 문제를 해결하는 데 많은 시간을 할애하여야 하는 입장인 경우, 문제해결에 탁월해지도록 그리고 특히 수학적 모델 구축에 탁월해지도록 해 주는 방법을 적용하여야 할 것이다.

수학적 모델(그림 1.11)은 방정식과 그 방정식을 푸는 방법으로 구성된다. 수학적 모델의 목적은 시스템을 설계함에 있어 유용한 변수들을 예측할 수 있도록 도움을 주는 것이다.

대부분의 공학 문제에서 수학적 모델이 유용하다. 예를 들어, 호수 수면으로부터 100 m 높이에 위치한 건물로 물을 호수로부터 공급하기 위해 펌프와 관련 배관 시스템을 설계한다고 가정하자. 수학적 모델을 사용하면 최적의 파이프 직경과 펌프의 크기 및 전력 요구 사항과 같은 유용한 매개변수를 예측할 수 있다. 수학적 모델이 없다면 크기를 추측하고 무언가를 만들어 내고 데이터를 가져와야 한다. 그런 다음, 만족할 만한 설계 결과를 얻으려면 이러한 일들을 몇 차례 반복하여야 할 것이다. 그러나 이러한 추측, 만들기 및 반복의 방법은 비용이 많이 들고 오랜 시간이 소모된다.

일반적으로 **수학적 모델**(math model)은 실제세계에서의 문제해결의 차원에서 유용하게 사용할 수 있는 변수값들을 제공하기 위해 풀어 낸 방정식 모음으로 정의할 수 있다. 수학적 모델이 유용한 주된 이유는 문제를 해결하는 데 필요한 비용과 시간을 크게 줄인다는 것이다.

Charles Wales 교수와 그의 동료들(Anni Nardi와 Robert Stager)의 연구 그리고 Donald Woods 교수(1~9)의 연구를 바탕으로 하고 있기 때문에 우리가 사용하고 가르치는 방법을 Wales-Woods Model(WWM)이라고 부른다.

WWM을 적용하면 보다 효과적인 학습이 가능하고 문제해결능력을 키울 수 있다: (1) 이 방법은 우리에게 효과적이며, 우리는 그 이점을 증명할 수 있다. (2) 많은 학생들이 더 나은 문제해결사가 되고, 많은 학생들이 이러한 방법이 그들에게 도움이 된다고 보고했다. (3) WWM이

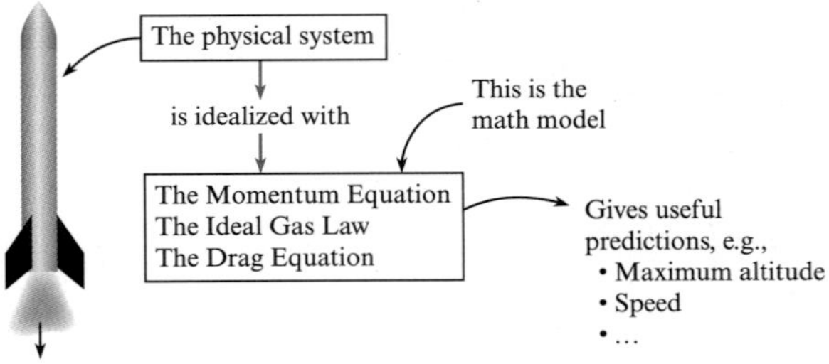

그림 1.11

로켓의 수학적 모델의 예.

효과적임을 보여 주는 연구 데이터들이 있다.* 특히 Wales(3)는 5년간의 데이터를 분석한 결과, 신입생들에게 이 방법을 가르친 경우, 이 기법을 배우지 못한 학생군(관리그룹)에 비해 졸업률이 32% 증가하고 평균 평점이 25% 증가한 것으로 나타났다. Woods(9)는 20년간의 데이터를 바탕으로 문제해결능력을 배운 학생들이 관리그룹과 비교하여 자신감, 문제해결능력, 평생학습태도, 자기평가 및 신입사원 모집자 대응도가 크게 향상되었다고 보고했다.

WWM은 표 1.7에 설명되어 있다. 가장 유용한 기술에 하나 또는 그 이상의 체크표시(✓)가 표시된다. WWM을 배우는 가장 좋은 방법은 자신이 능숙해질 때까지 한두 가지 기술을 연습하는 것이다. 그런 다음 다른 기술을 추가하는 것이다.

표 1.7 문제해결을 위한 WWM

	예. 이 열에는 샘플 문제가 나열되어 있으며 문제해결에 대한 Wales-Woods 모델이 이 샘플 문제에 어떻게 적용될 수 있는지 보여 준다.	**설명.** 이 열은 문제해결 모델을 적용하기 위해 수행할 수 있는 조치들을 설명한다. 체크표시(✓)는 각 조치가 공학적 맥락에서 얼마나 유용한지 나타낸다. *체크표시가 많으면 항목이 더 유용하다는 의미이다.*
문제 정의	**문제** 질소가 500 psia로 가압되고, 탱크 자체의 무게가 50 lbf, 온도가 20°C인 경우, 17 ft³ 탱크의 질소 총중량을 알아내라. SI 단위를 사용하여라.	(문제를 읽는 동안) 무엇이 요구되고 있는지 파악하라. • (✓✓) 문제 설명을 해석한다. • (✓) 익숙하지 않은 용어를 찾는다. • (✓✓) 주어진 시스템이 어떻게 작동하는지 파악한다. • (✓✓) 실제세계에 존재할 수 있는 시스템을 시각화한다. • (✓✓✓) 적용될 수 있는 아이디어 또는 방정식을 파악한다.
문제 정의	**설명** 탱크에는 압축 질소(N_2)가 들어 있다. 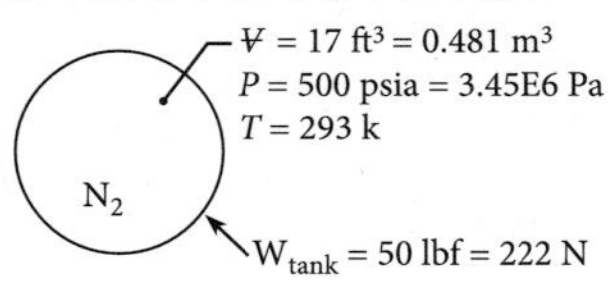 IGL이 적용될 수 있다고 가정. N_2 (A2): R_{N_2} = 297 J/kg·k	문제를 해석하고 문서화한다. • 한두 문장으로 상황을 요약한다. • (✓✓✓) *시스템 다이어그램*을 그린다. • (✓) 알려진 변수의 값을 단위와 함께 목록화한다. • (✓) *단위를 일관되도록* 변환한다. • 주요 가정을 나열한다. • 속성 및 기타 관련 데이터를 나열한다.
문제 정의	**목표** W_T(N) ← 총무게(질소 + 탱크)	모호하지 않게 목표를 기술한다(목표는 달성 여부에 대해 의문의 여지가 없도록 명확해야 한다).

* 문헌에 보고된 이익은, 우리가 알고 있는 거의 모든 교육방법에 대해 보고된 이익보다 훨씬 크다.

해결방안 탐색

아이디어

1. 총무게

$$\overset{\boxed{?}}{W_T} = \overset{\checkmark}{W_{tank}} + \overset{?}{W_{N_2}} \quad \text{(a)}$$

2. 뉴턴의 만유인력법칙(지구에 적용되는 것)

$$\overset{\boxed{?}}{W_{N_2}} = \overset{?}{(m_{N_2})}\overset{\checkmark}{g} \quad \text{(b)}$$

3. IGL(질량형)

$$\overset{\checkmark\checkmark}{p\forall} = \overset{\boxed{?}}{m_{N_2}}\overset{\checkmark\checkmark}{RT} \quad \text{(c)}$$

GENI 방법을 적용한다(Wales 등(1)으로부터).

1. (✓✓✓✓✓) 표를 포함하는 방정식을 파악한다. 박스형 물음표로 목표를 표시한다. 알고 있는 변수에 체크표시를 하고 알지 못하는 변수에 물음표로 표시한다(예: 줄 a 참조).

2. (✓✓✓✓✓) 알지 못하는 변수를 새 목표로 만든다. 위와 같은 표시 프로세스를 반복한다(예: 줄 b 및 c 참조).

3. (✓✓✓✓✓) 방정식의 수와 알지 못하는 변수의 수가 같을 때까지 단계 1과 2를 반복한다. 이 시점이 되면 이제 문제를 풀 수 있다(*문제가 균열되었다*는 의미, 즉 문제가 해결되었음을 의미).

이 예에서는 3개의 방정식(a, b, c)과 3개의 알지 못하는 변수(질소의 무게, 질소의 질량 및 탱크의 총중량)가 있기 때문에 *문제가 해결되었다*.

문제풀이 과정

1. 식 (c)를 사용하여 질소 질량을 계산한다.

2. 식 (b)를 사용하여 질소의 무게를 계산한다.

3. 식 (a)를 사용하여 총무게를 계산한다.

필요에 따라 목표 상태에 도달하기 위해 수행할 수 있는 일련의 단계를 나열한다(*대부분의 경우, 쓰지 않아도 된다*). 이 예에서는 계획을 작성하여 "계획 수립"이 어떻게 생긴 것인지 보도록 한다.

실행

문제풀이

1. IGL

$$m_{N_2} = \frac{p\forall}{RT} = \frac{3.45\text{ E6 N}}{\text{m}^2}\Bigg|\frac{0.481\text{ m}^3}{}\Bigg|\frac{\text{kg}\cdot\text{k}}{297\text{ N}\cdot\text{m}}\Bigg|\frac{}{293\text{ k}}$$

$$= 19.1\text{ kg}$$

2. NLUG

$$W_{N_2} = (m_{N_2})(g) = \frac{19.1\text{ kg}}{}\Bigg|\frac{9.81\text{ m}}{\text{s}^2}\Bigg|\frac{\text{N}\cdot\text{s}^2}{\text{kg}\cdot\text{m}}$$

$$= 181\text{ N}$$

3. 총무게

$$W_T = W_{tank} + W_{N_2} = (222 + 187)\text{ N}$$

$$= \boxed{409\text{ N}}$$

답 구축:

- 계산을 한다.
- (✓✓✓✓) 그리드방법을 적용한다.
- 세 개의 유효숫자로 답을 기술한다.
- 답에 네모를 치거나 표기한다.

검토

해와 풀이과정 검토

1. 질량이 목표인 경우, IGL의 질량이 가장 적합한 방정식이다.

2. IGL 가정을 점검하기 위해 압축인자를 계산하여 IGL이 약 98% 내에서 정확하다는 것을 발견했다.

3. 이 문제의 경우 가스 중량이 탱크 중량에 비해 더 중요하다.

답과 방법을 검토한다.

- (✓✓) 답을 검증한다.
- 택할 권고사항을 찾아본다.
- (✓✓✓) 문제풀이 방법을 검토한다.
  - 어떤 조치가 효과가 있었나?
  - 앞으로 어떤 조치를 취하는 것이 좋을까?
- 특히 유용했던 지식을 파악한다.
- 답의 의미 있는 측면을 파악한다.

1.9 핵심 내용 요약

공학 유체역학

- *공학*은 기술혁신, 설계, 적용 및 개선을 통해 문제를 해결하도록 개인을 준비시키는 지식의 본체이다.
- *공학적 방법*은 공학을 수행하는 데 사용되는 방법의 레이블이다. 공학적 방법은 비판적 사고, 수학적 모델 구축, 과학적 실험의 적용 및 기존 기술의 적용과 같은 하위 방법을 포함한다.
- *역학*은 운동과 이 운동을 만드는 힘들을 다루는 과학의 한 분야이다. 역학은 *고체역학*(고체 상태의 물질)과 *유체역학*(기체 또는 액체 상태의 물질)의 두 가지 주요 범주로 구성된다.
- *공학 유체역학*은 프로젝트가 유체역학 분야의 지식을 필요로 할 때의 공학을 말한다.

유체: 액체 및 기체

- 액체와 기체는 모두 유체로 분류된다. 유체는 전단응력의 작용 하에서 연속적으로 변형되는 물질로 정의된다.
- 기체와 액체의 중요한 차이점은 액체 내의 분자는 강한 분자 간 힘을 경험하는 반면, 기체 내의 분자는 충돌하는 동안을 제외하고는 거의 상호작용 없이 자유롭게 움직인다는 것이다.
- 액체와 기체는 여러 측면에서 다르다. 예 #1: 기체는 용기를 채우기 위해 팽창하지만 액체는 일정한 부피를 차지한다. 예 #2: 기체는 액체보다 훨씬 작은 밀도 값을 갖는다.

물질거동의 이상화에 대한 아이디어

- *미시적 관점*은 분자가 하는 일을 이해함으로써 물질을 이해하는 것을 포함한다. *거시적 관점*은 분자가 하는 일을 고려할 필요 없이 물질을 이해하는 것을 포함한다.
- 많은 물질의 행동들은 *분자 사이의 힘*을 이해함으로써 설명될 수 있다. 멀리 떨어져 있는 분자들은 서로를 끌어당기지 않지만, 가까이 있는 분자들은 서로 간에 강한 인력을 가지고 있다. 그러나 분자가 너무 가까울 때에는 매우 강력한 반발력이 있다.
- "몸체"는 개체를 특정하지 않은 채, 실제세계에 존재하는 물체나 사물을 식별하기 위한 레이블이다.
- "입자"라는 용어는 두 가지 방식으로 사용된다.
  - *물질 입자*는 작은 몸체 덩어리이다.
  - *입자로서의 몸체*는 마치 모든 질량이 하나의 점에 집중되어 있고 몸체의 크기가 의미가 없는 것처럼 몸체를 이상화시킨 개념이다. 예를 들면, 비행기를 분석하기 위해 비행기를 하나의 입자로 이상화할 수 있다.
- 연속체 가정에서, 물체는 아주 작은 물질로 분해될 수 있는 연속적인 물질로 구성되어 있다고 이상화된다. 이 연속체 가정은 흐르는 유체가 포함된 대부분의 문제에 적용된다.

무게와 질량

- *질량*은 한 몸체의 물질(matter)의 양을 특징짓는 물질적인 속성이다. *무게*는 인근의 행성(예: 지구)으로부터의 몸체에 대한 중력을 특성화하는 속성이다.
- 무게와 질량은 뉴턴의 만유인력의 법칙(NLUG)에 의해 서로 관련된다. 이 법칙은 우주의 어느 곳에서나 두 개의 몸체가 서로 끌어당길 것이라고 말한다. 이 인력은 각 몸체 질량에 비례하며, 반대로 각 몸체의 질량 중심 사이의 거리의 제곱에 반비례한다. 식의 형태로 NLUG는 $F = (G m_1 m_2)/R^2$이다. 지구에서 NLUG는 $W = mg$로 단순화된다.

밀도 및 비중

- 밀도는 한 지점에서의 질량/부피의 비율을 특성화하는 물질 속성이다. 예를 들어, 실내 조건에서 액체 물의 밀도는 약 $\rho = 1.0$ kg/L $= 1000$ kg/m^{3}이다.
- 비중은 특정 지점에서의 중량/체적 비율을 나타내는 물질 속성이다. 예를 들어 실내 조건에서 액체 물의 비중은 약 $\gamma = 9.8$ N/L $= 9800$ N/m^{3}이다.
- 일반적으로 ρ와 γ는 온도와 압력에 따라 변한다. 액체의 경우, ρ와 γ는 일반적으로 압력의 변화에 대해 일정하지만 온도 변화에 대해서는 변하는 것으로 가정한다.

이상기체법칙(IGL)

- 대부분의 기체는 이상기체로 이상화될 수 있다.
- IGL을 적용하려면 정확한 온도 및 압력 단위를 사용한다.
    - 온도는 섭씨 또는 화씨가 아닌 *절대온도*(켈빈 또는 랭킨)이어야 한다.
    - 압력은 계기압력 또는 진공압력이 아닌 *절대압력*이어야 한다.
- 몰 및 질량은 $m = nM$에 의해 관련지어진다. 유사하게, 비기체상수 및 보편기체상수는 $R = R_u/M$에 의해 관련지어진다. 몰 질량 M은 (질량)/(몰)의 차원을 갖는다.
- IGL을 나타내는 방정식을 작성하는 여러 가지 방법이 있다. 가장 유용한 방정식은 $p = \rho RT$, $p\forall = mRT$, $p\forall = nR_uT$이다.

참고문헌

1. Wales, C.E., and Stager, R.A. *Thinking with Equations.* Center for Guided Design, West Virginia University, Morgantown, WV, 1990.

2. Wales, C.E. "Guided Design: Why & How You Should Use It," *Engineering Education*, vol. 62, no. 8 (1972).

3. Wales, C.E. "Does How You Teach Make a Difference?" *Engineering Education,* vol. 69, no. 5, 81–85 (1979).

4. Wales, C.E., Nardi, A.H., and Stager, R.A. *Thinking Skills: Making a Choice.* Center for Guided Design, West Virginia University, Morgantown, WV, 1987.

5. Wales, C.E., Nardi, A.H., and Stager, R.A. *Professional-Decision-Making,* Center for Guided Design, West Virginia University, Morgantown, WV, 1986.

6. Wales, C.E., and Stager, R.A., (1972b). "The Design of an Educational System." *Engineering Education*, vol. 62, no. 5 (1972).

7. Wales, C.E., and Stager, R.A. *Thinking with Equations.* Center for Guided Design, West Virginia University, Morgantown, WV, 1990.

8. Woods, D.R. "How I Might Teach Problem-Solving?" in J.E. Stice (ed.), *Developing Critical Thinking and Problem-Solving Abilities.* New Directions for Teaching and Learning, no. 30, San Francisco: Jossey-Bass, 1987.

9. Woods, D.R. "An Evidence-Based Strategy for Problem Solving." *Engineering Education*, vol. 89. no. 4, 443–459 (2000).

문제

공학 유체역학(1.1절)

1.1 당신에게 중요한 공학 관련 문제에 비판적 사고를 적용하여라. 문서를 작성하고 논리와 결론을 정당화하기 위해 CT(1.1절) 프로세스를 사용하라.

1.2 1.1절의 공학적 정의를 읽어라. 이것은 공학이 무엇인지에 대한 당신의 아이디어와 어떻게 비교되는가? 유사한 점은 무엇이고 다른 점은 무엇인가?

1.3 1.1절에서와 같이 공학이 정의된다면, 당신은 무엇을 배우고 있어야 한다고 생각하는가? 당신이 그것을 배웠는지 어떻게 알 수 있는가?

1.4 1.1절의 공학 정의에는 공학자들이 인문학 및 사회과학도 매우 잘해야 할 필요가 있다는 아이디어가 포함되어야 하는가? 당신이 믿는 것은 무엇인가? 그 이유는 무엇인가?

1.5 많은 공대 학생들은 세탁기 수리가 문제 풀기를 수반하는 행위이기 때문에 공학의 한 예라고 믿는다. 다음 질문에 대한 간단한 에세이를 작성하라: 세탁기 수리를 공학의 한 예로 들 수 있는가? 그렇다면 또는 아니라면 그 이유는 무엇인가? 당신의 아이디어는 1.1절에 주어진 공학의 정의와 어떻게 일관되거나 일관되지 않는가?

물질거동에 대한 이상화 과정(1.2절)

1.6 **(T/F)** 유체는 전단응력의 작용으로 연속적으로 변형되는 재료로 정의된다.

무게, 질량 및 NLUG(1.3절)

1.7 공란을 채워라. 표 F.1에 있는 변환계수를 사용하여 변환하라.

a. 750 g은 _______ slug이다.
b. 36 lbm은 _______ kg이다
c. 150 slug는 _______ kg이다.
d. 6 lbm은 _______ g이다.
e. 10 slug는 _______ lbm이다.

1.8 질량 및 무게에 관한 다음 질문에 답하라. 작업 내용을 보여 주고 단위를 상쇄하고 부여하라.

a. 80 kg 몸체의 무게(N)는 지구에서 얼마일까?
b. 지구상의 35 lbf의 물의 질량(lbm)은 얼마일까?
c. 지구상의 35 lbf의 물의 질량(slug)은 얼마일까?
d. 1 m/s^2 가속도로 3 kg을 가속하기 위해 필요한 N은 얼마일까?
e. 1 ft/s^2 가속도로 3 lbm을 가속하기 위해 필요한 lbf는 얼마일까?
f. 1 ft/s^2 가속도로 3 slug를 가속시키기 위해 필요한 lbf는?

필수 수학적 주제들(1.4절)

1.9 공학자가 흐르는 유체의 속도를 벽으로부터의 거리 y의 함수로 측정했다. 그 데이터들이 표에 기재되어 있다. 이 데이터 세트에 대한 dV/dy 최대값을 계산하는 방법을 보여라. 답은 SI 단위로 기술하라.

y (mm)	*V* (m/s)
0.0	0.00
1.0	1.00
2.0	1.99
3.0	2.96
4.0	3.91

문제 1.9

밀도 및 비중(1.5절)

1.10 만약 어떤 기체에서 $\gamma = 13\ \text{N/m}^3$이라면 밀도는 얼마인가? SI 단위 및 전통적인 단위로 답을 기술하라.

이상기체법칙(IGL)(1.6절)

1.11 100 kN/m^2 절대압 및 90°C에서 이산화탄소의 밀도와 비중을 계산하라.

1.12 300 kN/m^2 절대압 및 30°C에서 메탄 기체의 밀도를 구하라.

1.13 한 구형 탱크가 5 bar의 절대압력과 80°F의 온도에서 200 몰의 메탄 기체를 저장하도록 설계되었다. 구형 탱크의 직경은 얼마여야 하나? 메탄의 분자량은 16 g/mol이다.

1.14 천연가스는 12°C의 구형 탱크에 저장된다. 주어진 초기 시간에 탱크 내의 압력은 75 kPa 계기이고, 대기압은 100 kPa이다. 잠시 후, 상당량의 기체가 더 탱크 안으로 펌핑된 후 탱크의 압력은 300 kPa 계기이며, 온도는 여전히 12°C이다. 계기 압력이 $p = 300$ kPa일 때의 탱크 안의 천연가스 질량과 계기 75 kPa인 경우의 질량의 비율은 얼마인가?

1.15 산소가 184 psia로 가압되고 탱크 자체의 무게가 100 lbf이고 온도가 95°F인 경우 12 ft^3 산소 탱크의 총중량을 찾아라.

1.16 10 m^3 산소 탱크의 온도는 17°C이고 절대압력은 800 kPa이다. 밸브가 열리고 탱크의 압력이 600 kPa로 떨어질 때까지 산소가 방출된다. 탱크의 온도가 이 공정 중에 변화하지 않았을 경우 탱크에서 배출된 산소의 질량을 계산하여라.

1.17 절대압력 650 kPa 및 온도 21°C에서의 공기의 (a) 비중 및 (b) 밀도는 무엇일까?

1.18 기상학자들은 날씨를 예측할 때 대기 질량을 종종 언급한다. 슬러그와 킬로그램을 단위로 하여 공기 2 mi^{3}의 질량을 추정하라. 대기 조건에 관해 자신만의 합리적인 가정을 수립하라.

1.19 이상기체법칙으로 시작하여 다음을 증명하라.

a. 보일의 법칙은 사실이다.
b. 샤를의 법칙은 사실이다.

1.20 자전거 타는 사람이 온도가 공기 밀도에 미치는 영향에 관심을 가져야 하는 몇 가지 이유가 있다. 공기역학적 항력이 밀도에 비례하여 감소하기 때문이다. 또한 온도 변화는 타이어 압력에 영향을 미친다.

a. 공기 밀도에 대한 온도의 영향을 시각화하기위하여,

−10~50°C 온도에서 대기압에서 공기 밀도를 계산하는 컴퓨터 프로그램을 작성하라.

b. 또한 자전거 타이어가 20°C에서 450 kPa의 절대압력까지 팽창되었다고 가정한다. 타이어의 부피가 온도에 따라 변하지 않는다고 가정한다. 동일한 온도 범위(−10~50°C)에서 온도에 따른 타이어 압력의 변화를 보여 주는 프로그램을 작성하라.

두 문제에 대한 결과의 표 또는 그래프를 작성하라. 이 계산들에서 얻는 공학적 통찰력은 무엇인가?

1.21 한 팀이 고도 80,000 피트로 날아갈 헬륨으로 가득 찬 풍선을 설계하고 있다. 풍선이 올라감에 따라 상향 힘(부력)이 총무게를 초과해야 할 것이다. 따라서 무게가 중요하다. 풍선 내부의 헬륨 무게(뉴턴 단위)를 계산하라. 풍선은 대기압이 0.89 bar이고 온도가 22°C인 장소에서 팽창된다. 발사 전 팽창 시, 이 풍선은 구형(반경 1.3 m)이고 팽창 압력은 현장의 대기압과 동일하다.

단위와 차원(1.7절)

1.22 현장의 대기압이 120 kPa이면 그리드방법을 사용하여 아래 단위로 압력을 구하라.

a. psi
b. psf
c. bar
d. 대기압
e. 물 피트(feet of water)
f. 수은 인치(inches of mercury)

문제 풀기(1.8절)

1.23 WWM과 그리드방법을 적용하여 질량 15 온스의 물체에 작용하는 10 N의 힘에 대한 가속도를 찾아라. 관련 방정식은 뉴턴의 제2 운동법칙, $F = ma$이다. SI 단위로 작업하고 m/s^2로 답을 제공하라.

CHAPTER 2

유체의 특성

개요 | 이 장에서는 현실에서의 문제를 이상화시키는 아이디어 및 유체의 특성들을 소개하고, 점성 방정식을 소개한다.

그림 2.1

공학자들이 물이 운송되는 인공 수로를 관찰하고 있다. 이 수로는 하천의 유사이송을 연구하는 데 사용된다. (사진 제공: 아이다호대학 Ecohydraulics 연구센터의 Ralph Budwig 교수)

학습성과

시스템, 상태 및 속성(2.1절)

- 시스템, 경계, 주변, 상태, 정상상태, 프로세스 및 속성을 정의한다.

유체의 속성들을 찾는다(2.2절)

- 유체 속성의 적절한 값들을 찾고 그 작업을 문서화한다.
- 8가지 일반 유체 속성을 정의한다.

밀도 주제(2.3절)

- 비중에 대한 주요 아이디어를 이해한다.
- 고정 밀도 가정을 설명하고 이 가정이 유효한지 여부를 결정한다.
- 압력 변화 또는 온도 변화에 따른 물의 밀도 변화를 결정한다.

응력(2.4절)

- 응력, 압력 및 전단응력을 정의한다.
- 응력과 힘을 연관시키는 방법을 설명한다.
- 7개의 일반적인 유체 힘 각각을 설명한다.

점성 방정식(2.5절)

- 속도경사를 정의하고 속도경사의 값을 찾는다.
- 미끄럼이 없는 상태(비활동 조건)를 설명한다.
- 점성 방정식의 주요 아이디어를 설명한다.
- 점성 방정식과 관련된 문제를 해결한다.
- 뉴턴유체 및 비뉴턴유체를 설명한다.

표면장력(2.6절)

- 표면장력에 대한 주요 아이디어를 이해한다.
- 표면장력과 관련된 문제를 해결한다.

증기압(2.7절)

- 증기압 곡선의 주요 개념을 설명한다.
- 물이 끓는 압력을 찾아낸다.

2.1 시스템, 상태 및 속성

이 절에서 소개하고 있는 용어들은 문제를 해결하는 데 유용하다. 특히 이러한 아이디어를 통해 공학자들이 정밀한 그리고 구체적인 방법으로 문제를 설명할 수 있다.

시스템(system)은 공학자가 연구하거나 분석하는 구체적인 하나의 개체(entity)이다. 시스템은 물질의 집합일 수도 있고 공간상의 영역일 수도 있다. 시스템의 일부가 아닌 것은 **주변**(surroundings)의 일부로 간주된다. **경계**(boundary)는 시스템을 주변과 구분하는 가상적인 표면이다. 해결하려는 각 문제에 대해 분석 대상이 되는 시스템을 선택하고 식별하는 것이 공학자가 해야 할 작업이다.

> **예제.** 그림 2.1에서 본 수로의 경우, 수로 내부에 위치한 물을 시스템으로 정의할 수 있다. 이 시스템의 경우 주변은 수로 벽, 수로 위의 공기 등이다. *공학자는 시스템이 무엇인지, 주변이 무엇인지, 경계가 무엇인지에 대해 구체적으로 임하고 있음*에 주목하라.

> **예제.** 한 공학자가 스쿠버 다이버가 사용하는 탱크로부터의 공기 흐름을 분석한다고 가정하자. 그림 2.2에서 보듯이 공학자는 탱크와 조절기(regulator)를 시스템으로 선택할 수 있다. 이 시스템의 경우 탱크 및 조절기 외부의 모든 것이 주변이다. 이 *시스템이 스케치가 첨부되어 정의된 것*은 이것이 정상적인 전문가적 방식이기 때문이다.

시스템을 선택할 때 현명한 선택을 하면 정확한 답을 얻을 확률이 높아지며 수행해야 할 작업량이 최소화된다. 시스템의 선택은 당면한 문제에 적합하도록 이루어져야 하지만, 종종 복수의 시스템이 선택될 가능성이 있다. 이 주제는 다양한 종류의 시스템이 소개되고 적용될 때 이 교과서 전반에 걸쳐 다시 논의될 것이다.

시스템은 그 시스템의 특징을 표현하는 숫자를 규정함으로써 설명된다. 이 숫자들을 속성이라고 한다. **속성**(property)은 시스템 내의 현재 상태에만 의존하는 것으로서, 시스템의 측정 가능한 특성을 말한다.

> **예제.** 그림 2.2에서 속성의 몇 가지 예(측정 가능한 특성)는 다음과 같다.
>
> - 탱크 내부의 공기 압력
> - 탱크 내부의 공기 밀도
> - 시스템의 무게(탱크 + 공기 + 조절기)

공학에서 어떤 변수는 측정 가능하지만 속성이 아닌 경우가 있다. 예를 들어 일은 시스템이 주변과 상호작용하는 방식에 따라 달라지기 때문에 속성이 아니다. 마찬가지로, 힘과 토크는 시스템과 그 주변 사이의 상호작용에 의존하기 때문에 속성이 아니다. 열전달은 속성이 아니다. 질량 유속도 속성이 아니다.

그림 2.2

시스템, 주변 및 경계의 예.

시스템의 **상태**(state)는 시스템의 속성들로 명시된 시스템의 조건을 의미한다. 시스템이 한 상태에서 다른 상태로 바뀔 때 이를 **프로세스**(process)라고 한다. 시스템의 속성이 시간 흐름에 관계없이 일정할 때, 그 시스템은 **정상상태**(steady state)라고 한다.

예제. 그림 2.3은 실린더 내의 피스톤에 의해 압축된 공기를 보여 준다. 실린더 내부의 공기가 시스템으로 정의된다. 상태 1에서 시스템의 조건은 압력, 온도 및 밀도와 같은 속성을 지정하여 정의된다. 마찬가지로 상태 2도 이와 동일한 속성을 지정하여 정의된다.

예제. 공기가 압축되면(그림 2.3), 공기(즉, 시스템)가 한 세트의 조건들(상태 1)에서 다른 한 세트의 조건들(상태 2)로 변경되었기 때문에 이를 프로세스라 한다. 공학자들은 일반적으로 발생하는 프로세스들에 이름을 지정한다. 예를 들어, *등온 프로세스*는 시스템의 온도가 일정하게 유지되는 프로세스이고, *단열 프로세스*는 시스템과 주변 사이에 열전달이 없는 프로세스이다.

속성은 종종 범주들로 나눈다. 범주의 두 예는 다음과 같다.

- **운동학적 속성.** 이러한 속성은 시스템의 운동을 특징으로 한다. 예로는 위치, 속도 및 가속도가 있다.
- **물질 속성.** 이러한 속성은 시스템의 물질 속성을 속성화한다. 예에는 점성, 밀도 및 비중이 포함된다.

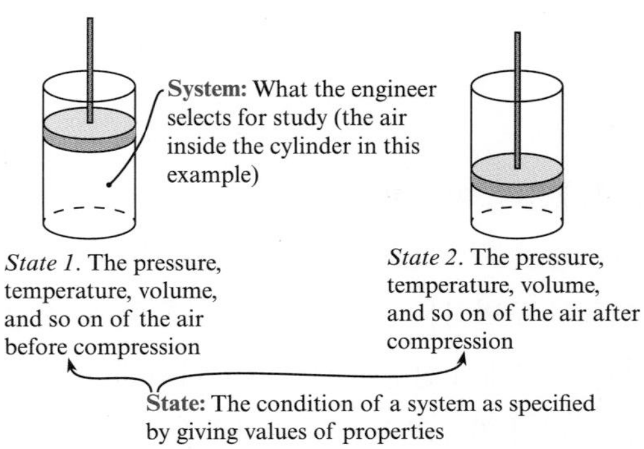

그림 2.3

피스톤에 의해 압축된 실린더 내의 공기. 상태 1은 압축 전 상태에서의 시스템에 대한 이름표. 상태 2는 압축 후의 시스템에 대한 이름표.

2.2 유체 속성 찾아보기

공학자가 수행하는 가장 일반적인 작업 중 하나가 물질 속성을 찾아보는 것이다. 이 절에서는 이 작업을 효과적으로 수행하는 데 도움이 되는 아이디어를 제공한다.

속성 개요

많은 유체 속성이 있지만, 자주 사용되는 것은 많지 않다. 이러한 속성들이 표 2.1에 요약되어 있다. 속성들이 세 그룹으로 분류된 것에 유의하라.

그룹 #1: 무게 및 질량 속성. 세 가지 속성(ρ, γ 및 SG)이 무게 또는 질량을 속성화하는 데 사용된다. 일반적으로 이러한 속성 중 하나를 찾아 다음 식을 사용하여 다른 둘 중 하나를 계산해 낼 수 있다: $\gamma = \rho g$ 및 $SG = \rho/\rho_{H_2O,\,(4°C)} = \gamma/\gamma_{H_2O,\,(4°C)}$.

그룹 #2: 점성 특성화를 위한 속성. 흐르는 유체에서 마찰과 같은 효과를 특성화하기 위해 공학자들은 점성 μ를 사용한다. 점성에는 *역학적 점성*과 *절대 점성*의 두 개의 동의어가 있다. 점성에 추가하여 공학자들은 운동학적 점성 또는 동점성이라는 또 하나의 용어를 사용하며 ν가 기호로 사용된다. **동점성**(kinematic viscosity)은 아래 식으로 정의된다.

$$\nu = \frac{\mu}{\rho} \tag{2.1}$$

μ와 ν를 구별하는 쉬운 방법은 단위 또는 차원을 점검하는 것인데, $[\mu] = M/(L \cdot T)$와 $[\nu] = L^2/T$임에 유의한다. 점성에 관해서는, 이해할 수 있는 예들을 찾아 이 속성에 대한 물리적 의미를 확실히 이해해 놓는 것이 좋다. 이러한 측면에서 다음은 우리가 좋아하는 두 가지의 예이다. **예.** 꿀은 액체 물보다 점성이 훨씬 높다. 따라서 숟가락을 물 한 그릇에 밀어 넣는 것보다 숟가락을 꿀통에 넣는 것이 더 힘들다. **예.** 추운 날 모터 오일을 용기에서 부으려고 하면 점성 값이 높아서 오일이 매우 천천히 부어진다. 모터 오일을 가열하면 점성 값이 감소하여 모터 오일을 붓기가 쉽다.

그룹 #3: 기타 속성. 마지막 세 속성(σ, p_v 및 E_v)은 특수화된 문제에 사용된다. 이들 속성은 이 장의 뒷부분에서 설명한다.

온도와 압력에 따른 속성 변화

일반적으로 유체 속성 값은 온도와 압력에 따라 달라진다. 이러한 변화는 표 2.1의 세 번째와 네 번째 열에 요약되어 있다. $T\uparrow$ 이면 $\rho\downarrow$라는 표기는 온도가 올라감에 따라 밀도가 떨어지는 것을 나타내는 약어이다. 파란색 음영은 기체와 액체를 구별하는 데 사용된다. 예를 들어, 점성 행에서 파란색 음영 영역의 텍스트는 온도 상승에 따라 액체의 점성이 감소함을 나타낸다. 이와 유사하게, 음영 처리 되지 않은 텍스트는 온도 상승에 따라 기체의 점성이 증가함을 나타낸다.

표 2.1 유체 속성 요약

	속성	단위 (SI)	온도 효과	압력 효과 (일반 추세)	주
무게 및 질량 속성	밀도(ρ): 한 점에서의 질량의 체적에 대한 비율	$\frac{kg}{m^3}$	기체가 자유롭게 팽창될 수 있는 경우, $T\uparrow$이면 $\rho\downarrow$	기체가 압축된 경우, $p\uparrow$이면 $\rho\uparrow$	• *기체*. ρ는 표 F.4 또는 표 A.3에서 찾을 것. • *기타 기체*. ρ는 표 A.2에서 찾을 것. • *주의!* 기체에 대한 표는 $p = 1$ 기압에 대한 것임. 다른 압력에서는 이상기체법칙을 사용하여 ρ를 구할 것.
			액체에 대해 $T\uparrow$이면 $\rho\downarrow$	액체가 압력에 관계없이 ρ에 의해 일반적으로 이상화됨	• *물*. 표 F.5 또는 표 A.5에서 ρ를 찾을 것. • *주*: 물에 대해, 0°C에서 약 4°C에서 $T\uparrow$이면 $\rho\uparrow$임. 물의 최대 밀도는 $T \approx 4°C$에서 얻어짐. • *기타 액체*. ρ를 표 A.4에서 찾을 것.
	비중량(γ): 한 점에서의 체적에 대한 무게의 비율	$\frac{N}{m^3}$	유체가 자유롭게 팽창할 수 있는 경우, $T\uparrow$이면 $\gamma\downarrow$	기체: 기체가 압축된 경우 $p\uparrow$이면 $\gamma\uparrow$ 액체: 액체가 압력에 관계없이 γ에 의해 일반적으로 이상화됨	• 밀도에 대한 표를 사용할 것. • ρ 및 γ는 $\gamma = \rho g$를 사용하여 연관시킬 수 있음. • *주의!* 기체에 대한 표들은 $p = 1$ 기압에 대한 것임. 다른 압력에 대해서는 이상기체법칙 및 $\gamma = \rho g$을 사용하여 γ를 찾을 것. • 일반적으로 γ는 기체에는 사용되지 않음.
	비중(S 또는 SG): 한 액체의 밀도의 4°C에서의 밀도에 대한 비율	없음	$T\uparrow$이면 $SG\downarrow$	액체가 압력에 관계없이 SG에 의해 일반적으로 이상화됨	• SG 데이터는 표 A.4에서 찾을 것. • SG는 일반적으로 액체에 대해 사용되며 기체에 대해서는 잘 사용되지 않음. • 물의 밀도(4°C에서의)는 표 F.6에 목록화되어 있음. • $SG = \gamma/\gamma_{H_2O,\,4°C} = \rho/\rho_{H_2O,\,4°C}$.
점성에 관련된 속성	점성(μ): 전단응력 및 유체 마찰에 대한 저항을 특성화시키는 속성	$\frac{N \cdot s}{m^2}$	기체에 대해 $T\uparrow$이면 $\mu\uparrow$	기체가 압력에 관계없이 μ에 의해 일반적으로 이상화됨	• *기체*: μ는 표 F.4, 표 A.3, 그림. A.2에서 찾을 것. • *기타 기체*: 속성들을 표 A.2, 그림 A.2에서 찾을 것. • *힌트*: 점성은 역학적 점성 및 절대 점성으로 알려져 있기도 함. • *주의!* 점성과 동점성을 혼동하지 말 것; 이들은 서로 다른 속성임.
			액체에 대해 $T\uparrow$이면 $\mu\downarrow$	액체가 압력에 관계없이 μ에 의해 일반적으로 이상화됨	• *물*: μ를 표 F.5, 표 A.5, 그림 A.2에서 찾을 것. • *기타 액체*. μ를 표 A.4, 그림 A.2에서 찾을 것.
	동점성(ν): 한 유체의 질량 및 점성 속성을 특성화시키는 속성	$\frac{m^2}{s}$	기체에 대해 $T\uparrow$이면 $\nu\uparrow$	기체에 대해 $p\uparrow$이면 $\nu\uparrow$	• *기체*: μ를 표 F.4, 표 A.3, 그림 A.3에서 찾을 것. • *기타 기체*: 속성들은 표 A.2, 그림 A.3에서 찾을 것. • *주의!* 점성과 동점성을 혼동하지 말 것; 이들은 서로 다른 속성임. • *주의!* 기체 표들은 $p = 1$ 기압에 대한 것임. 다른 압력에 대해서는, $\mu = \mu(T)$를 찾아, 이상기체법칙을 사용하여 ρ를 구하고, $\nu = \mu/\rho$를 사용하여 ν를 계산할 것.
			액체에 대해 $T\uparrow$이면 $\nu\downarrow$	액체가 압력에 관계없이 ν에 의해 일반적으로 이상화됨	• *물*: ν를 표 F.5, 표 A.5, 그림 A.3에서 찾을 것. • *기타 액체*: ν를 표 A.4, 그림 A.3에서 찾을 것.

표 2.1 유체 속성 요약 (계속)

	속성	단위 (SI)	온도 효과	압력 효과 (일반 추세)	주
기타 속성	**표면장력**(σ): 신장된 막으로서 거동하는 액체 표면의 경향을 특성화시키는 속성	$\frac{N}{m}, \frac{J}{m^2}$	액체에 대해 $T\uparrow$ 이면 $\sigma\downarrow$	액체가 압력에 관계없이 σ에 의해 일반적으로 이상화됨	• *물*: σ를 그림 2.18에서 찾을 것. • *기타 액체*: σ를 표 A.4에서 찾을 것. • 표면장력은 액체의 속성(기체가 아님). • 표면장력은 오염물질이나 불순물에 의해 크게 감소됨.
	증기압 p_v: 액체가 비등하는 점에서의 압력	Pa	액체에 대해 $T\uparrow$ 이면 $p_v\uparrow$	해당 없음	• *물*: p_v는 표 A.5에서 찾을 것.
	체적탄성계수 E_v: 액체의 압축도를 특성화시키는 속성	Pa	여기에 기술하지 않음	여기에 기술하지 않음	• *이상기체(등온 공정)*: $E_v = p =$ 압력. • *이상기체(등압 공정)*: $E_v = kp; k = c_p/c_v$. • *물*: $E_v \approx 2.2 \times 10^9$ Pa.

많은 속성(예: 액체의 밀도, 기체의 점성)들의 값은 압력과 무관하게 이상화될 수 있음을 주목해야 한다. 그러나 모든 속성은 온도에 따라 달라진다.

유체 속성 찾기

유체 속성을 찾는 데 필요한 세부 사항을 요약하기 위해 표 2.1을 작성했다. 예를 들어, 표 2.1의 마지막 열은 속성 값이 도표화되어 있는 텍스트의 위치를 나열한다. 다음 예제에서 문제를 푸는 데 사용된 주요 세부 정보는 표 2.1에 나와 있다.

> **예제.** 실내 조건에서 등유의 밀도(SI 단위)는 얼마인가? **논리.** (1) 실내 조건에서, 등유는 액체이다. (2) 액체 속성은 표 A.4에 나와 있다. **결론.** $\rho = 814$ kg/m^3(20°C 및 1.0 기압).

> **예제.** 전통적인 단위로 150°F에서의 가솔린의 점성은 얼마인가? **논리.** (1) 가솔린은 액체이다. (2) 목표는 "역학적 점성"을 찾는 것이므로 이 속성을 "점성" 및 "절대 점성"이라고도 함에 유의한다. (3) 온도의 함수로서 액체의 점성은 그림 A.2[*]에서 확인할 수 있다. (4) 그림 A.2[†]을 읽으면 μ가 약 4E-6 lbf·ft/s^{2}임을 알 수 있다. (5) *주:* 그림 A.2의 수직 눈금이 읽기 힘들다는 것을 감안, μ의 값은 하나의 유효숫자로 보고되었다. **결론.** μ = 4E-6 lbf·ft/s^2.

---

[*] 그림 A.2에는 반대수 척도가 있다. 공학자는 대수 척도에서 데이터를 읽는 데 숙련되어 있어야 하며 대수 척도에 데이터를 그려 넣는 데 능숙해야 한다. 이 기법을 아직 습득하지 못했다면 강사에게 도움을 요청하거나 인터넷에 문의하라.

[†] 대수 척도를 사용하여 연필 직선을 그릴 때 항상 눈금자를 사용할 것을 권장한다. 이렇게 하면 데이터를 더 정확하게 읽을 수 있다.

예제. 20°C 및 3.0 기압의 공기에서의 비중은 얼마인가? **논리.** (1) 비중은 $\gamma = \rho g$를 통해 밀도와 관계된다. (2) 밀도는 IGL로 계산할 수 있다: $\rho = p/RT = (4.053E5 \text{ Pa})/(287 \text{ J/kg}\cdot\text{K})(293.2 \text{ K}) = 4.817 \text{ kg/m}^3$. (3) 그러므로 $\gamma = \rho g = (4.817 \text{ kg/m}^3)(9.807 \text{ m/s}^2) = 47.2 \text{ N/m}^3$. **결론.** $\gamma = 47.2 \text{ N/m}^3$.

문서 품질

공학자의 조언. *기술 업무를 잘 기록하여 당신 또는 동료가 향후 3년 동안 해당 업무를 검색하고, 어떤 일이 수행되었는지를 쉽게 알 수 있도록 하여야 한다.* **이유.** (1) 효과적인 문서화 체계를 구축할 때, 이것이 좋은 사고를 조장하는 구조를 제공한다. (2) 프로젝트가 완료된 후 몇 달 또는 몇 년 동안의 기술 정보를 되돌아보기 위해 과거 문서를 사용할 수 있다는 것이 직장의 관행이다. (3) 철저한 문서 작성은 당신의 지적 재산권을 보호하는 데 도움을 주며 법적 분쟁에 연루된 경우 명예(와 재산)의 보호에도 도움이 된다.

대부분의 사람들은 문서를 싫어하지만 잘 만들어진 문서는 많은 시간과 노력을 절약하므로 대부분의 전문가는 업무를 잘 문서화한다. 우리는 *5% 규칙*이라는 규칙을 가르치고 실천한다: *기술적인 작업을 실시간으로 문서화하고, 총근무시간의 최대 5% 정도를 투자하여 문서화 작업을 효과적으로 수행하는 것이다.*

유체 속성의 문서화 품질에 관해 6가지 방법을 권장한다(그림 2.4).

1. 유체의 이름을 기재한다.
2. 공급원에 의해 그 속성이 보고된 시점에서의 온도와 압력을 기재한다. **이유.** 일반적으로 유체 속성은 온도와 압력에 따라 달라지므로 이 값을 기재해야 한다. 또한, 온도 및 압력에 따라 상태(기체, 액체, 고체)가 달라질 수 있다.

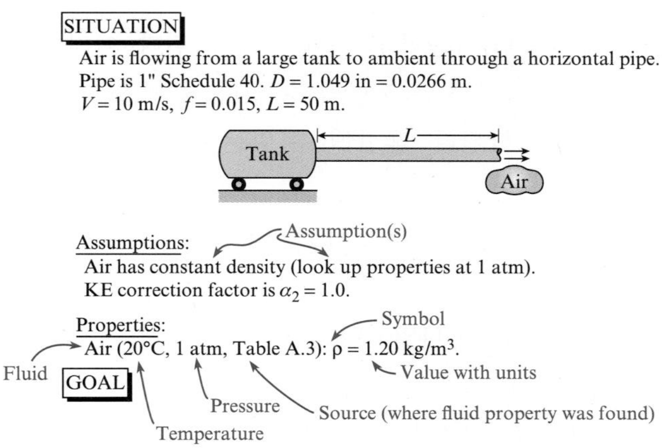

그림 2.4
유체 속성 문서화의 예.

3. 유체 속성의 출처를 인용한다. **이유.** 속성 데이터는 종종 부정확하다. 따라서 출처를 인용하는 것은 당신의 기술적 작업이 신뢰할 수 있다는 증거를 제공하는 방법이다.
4. 관련 가정을 열거한다.
5. 유체 속성의 값과 단위를 기재한다.
6. 간결하게 기재한다; 작업을 완료하는 데 필요한 최소한의 정보만을 적어 둔다.

2.3 밀도 관련 주제

이 절에서는 유체 밀도와 관련된 세 가지 주제(비중, 고정 밀도 가정 및 체적탄성률)를 논한다. 처음 두 주제는 매우 중요하다. 마지막 주제도 2차적으로 중요하다.

비중

비중은 물질의 밀도 또는 비중을 속성화하는 데 유용하다. **비중**(specific gravity, S 또는 SG로 표시)은 특정 물질의 밀도 대비 기준 물질의 밀도의 비율로 정의된다. 이 교재에서 사용된 기준 물질은 4°C의 물이다. 그러므로,

$$SG = \frac{\rho}{\rho_{H_2O \text{ at } 4°C}} \tag{2.2}$$

$\gamma = \rho g$이기 때문에, 식 (2.2)에 g를 곱하면

$$SG = \frac{\rho}{\rho_{H_2O \text{ at } 4°C}} = \frac{\gamma}{\gamma_{H_2O \text{ at } 4°C}} \tag{2.3}$$

유용한 정보:

- $SG < 1$인 경우, 그 물질은 종종 물(예: 오일, 가솔린, 나무 및 스티로폼이 물에 뜬다)에 떠 있게 된다. $SG > 1$인 경우, 그 물질은 일반적으로 물에 가라앉을 것이다(예: 감자, 콘크리트 또는 강철조각이 일반적으로 물에 가라앉는다).
- 기름(예: $SG = 0.9$)을 물($SG = 1.0$)에 넣으면 기름이 물 위에 떠 있게 된다. 이것은 기름과 물이 섞이지 않기 때문이다. 즉, 기름과 물은 혼합될 수 없다. 물에 알코올(예: $SG = 0.8$)을 첨가하면 알코올과 물이 혼합된다. 혼합될 수 있는 유체들은 혼화성(miscible)이다.
- 속성 ρ, SG 및 γ는 서로 관련된다. 이러한 속성 중 하나를 알고 있다면 식 (2.3)을 적용하여 다른 두 값을 쉽게 계산할 수 있다.
- 4°C의 물에 대한 ρ 및 γ의 값은 1장 앞의 표 F.6에 나열되어 있다.
- 액체의 SG 값은 부록의 표 A.4에 나와 있다.
- SG는 일반적으로 고체 및 액체에 사용되고 기체에는 거의 사용되지 않는다. 이 교재는 기체에 SG를 사용하지 않는다.

권장 실무 지식:

- SG(석유제품, 예: 가솔린 또는 오일) ≈ 0.7~0.9
- SG(해수) ≈ 1.03; SG(수은) ≈ 13.6
- SG(강철) ≈ 7.8; SG(알루미늄) ≈ 2.6; SG(콘크리트) ≈ 2.2~2.4

고정 밀도 가정

어떤 유체의 밀도가 고정되어 있다는 가정을 정당화할 수 있다면 분석이 훨씬 간단하고 빨라진다. 이 절에서는 이 가정에 대한 정보를 제공한다.

밀도 불변의 가정(constant density assumption)은 마치 한 유체의 밀도가 위치와 시간 모두에서 일정한 것처럼 이상화시킬 수 있음을 의미한다. 이 가정을 설명하는 또 다른 방법은 온도, 압력 또는 둘 다 변화하더라도 밀도는 일정하다고 가정할 수 있다는 것이다. 밀도 불변의 가정이 "타당한" 또는 "유효한" 가정이라는 말은 문제에서 계산한 수치가 이 가정에 의해 약간의 영향(예: 5% 미만)만을 받는다는 것을 의미한다.

유용한 정보:

- 이 교과서와 다른 유체역학 교과서에서 대부분 밀도가 일정하다고 가정한다. 주목할 만한 예외 중 하나는 압축 가능한 흐름이다(12장).
- 압력 변화에 대한 밀도 변화를 속성화하기 위해 공학자들은 종종 체적탄성률을 사용한다. 이 주제는 다음 하위 절에서 설명된다.
- 온도에 따른 물의 밀도 변화는 표 A.5에 나와 있다.
- 유량이 일정할 때* 공학자는 일반적으로 다음과 같은 가정을 한다.
  - **액체.** 일반적으로 정상류의 액체는 일정한 밀도를 가진 것으로 가정한다.
  - **기체.** 정상류인 기체의 경우, 마하수† 가 약 0.3 미만이면 밀도가 일정하다고 가정한다.
- 유체 온도가 변하면 평균 온도에서의 밀도를 조사한 다음 밀도가 일정하다고 가정하는 것이 일반적이다. **예.** 물이 10°C에서 열교환기로 유입되어 90°C에서 나가면 밀도가 일정하다고 가정하고 표 A.5의 50°C에서 밀도 값을 찾는다.

체적탄성률

실제로 액체는 거의 항상 비압축성인 것처럼 취급된다.‡ 즉, 액체에 작용하는 압력이 증가해도 액체의 부피가 줄어들지 않는다. 즉, 액체는 압축될 수 없다. 그러나 공학자로서 액체는 압축 가능하지만 실제로는 압축 불가능하다는 가정이 거의 항상 액체에 대해 적용될 수 있음을 안다.

---

* 정상류는 4.3절에 정의되어 있다.

† 마하수는 유체 속도 대 소리 속도의 비율을 나타낸다. 12장을 참조.

‡ 수격(water hammer) 문제 및 잉크젯 프린트 헤드의 유체 모델링과 같은 몇 가지 특별한 유형의 문제를 제외하면 그렇다.

체적탄성률(bulk modulus)이라고 불리는 유체 속성은 공학자가 액체가 어느 정도로 압축 가능한지를 정량화하는 방법을 제공한다. 액체의 경우 체적탄성률은 식 (2.4)를 사용하여 표현할 수 있다.

$$E_v = \frac{-\Delta p}{\Delta V\!\!\!\!-/V\!\!\!\!-} = \frac{\text{압력 변화}}{\text{체적 변화 분율}} \tag{2.4}$$

실내 조건에서 물에 대한 체적탄성계수가 2.2 GN/m²이므로 식 (2.4)를 적용하여 물의 부피 변화를 정량화할 수 있다.

예제. 물 1.0 L를 상압에서 1.0 MPa 절대압력으로 등온 압축시킨다. 물의 체적 변화는 얼마인가? **논리.** (1) 식 (2.4), $\Delta V\!\!\!\!- = V\!\!\!\!-(-\Delta p)/E_v$이다. (2) 이 식에 수들을 대입하면 (1E-3 m³) (−(1.0E6 − 1.0E5) Pa)/(2.2E9 Pa) = −4.5E-7 m³이 된다. **결론.** 부피는 약 0.00045 L 감소하며 이는 약 0.045%이다.

요약. 주어진 액체(예: 물)가 불변이라고 말하는 것은 일반적이긴 하나 정확한 것은 아니다. 액체가 일반적으로 비압축성인 것으로 가정할 수 있다는 말은 좀 더 정확하다. 특정 유형의 문제(예: 수격 및 음향)의 경우 정확한 예측을 위해서는 액체의 압축률을 모델링해야 한다.

이상기체의 경우 등온 압축 또는 등온 팽창에 대한 E_v는 다음과 같이 주어진다.

$$E_v = p(\text{등온 프로세스}) \tag{2.5}$$

여기서 p는 압력이다. 식 (2.4)를 기체에 적용하면 $E_v = p$로 하고 E_v가 상수가 아니기 때문에 그 결과로 얻어진 방정식을 적분해야 한다. 또한 E_v는 프로세스의 속성(nature)에 따라 달라진다. 예를 들어 압축 또는 팽창이 단열 프로세스인 경우

$$E_v = kp(\text{단열 프로세스}) \tag{2.6}$$

여기서 k는 비열비이며 이는 2.8절에 정의되어 있다.

2.4 압력 및 전단응력

응력을 이해하면 역학의 많은 주제가 더 쉬워진다. 크게 보면 *수직응력*과 *전단응력*이라는 두 종류의 응력만 있다. 유체역학에서 수직응력*은 거의 항상 단지 유체 압력이다. 따라서 이 두 종류의 응력은 압력과 전단응력이다.

*수직응력에는 점성 성분이 있다. 그러나 이 용어는 거의 중요하지 않으며, 이 주제는 더 고급인 유체 교재에서 다룰 것이다.

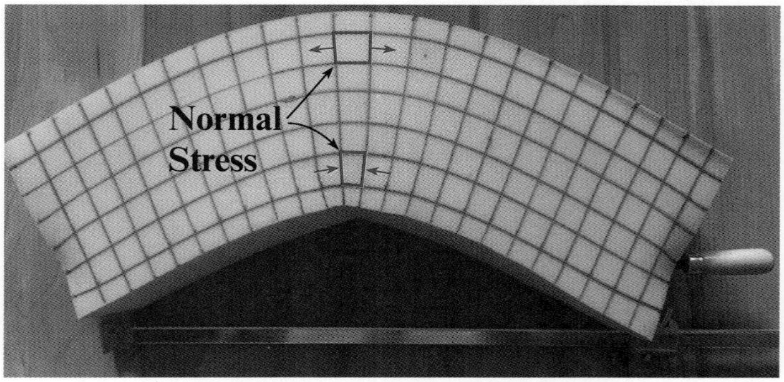

그림 2.5

이 그림은 한 몸체에서 응력을 시각화하는 방법으로서 우리가 가장 선호하는 방법이다. 이 방법은 다음과 같이 진행된다. (1) 폼(form)으로 만든 *빔*으로 구성된 *몸체*를 선택한다. (2) *물질 입자들*에 표식을 한다; 이 예에서는 한 면에 25 mm인 정사각형을 사용한다. (3) 이 빔을 *하중을 가한다*; 이 예에서는 클램프를 사용하여 *굽힘 모멘트*를 적용한다. (4) 응력이 물질 입자를 어떻게 변형시켰는지 관찰한다. (사진 제공: Donald Elger)

응력의 정의

응력을 정의하기 위해, 우리는 물질 입자에 응력이 작용한다는 점을 주목하는 것으로 시작해야 한다. 예를 들어 빔을 구부리면 물질 입자가 수직응력에 의해 변형된다(그림 2.5).

따라서 응력은 바디에 작용하는 하중에 의해 유발된다. 유체 바디의 예가 그림 2.6에 나와 있다.

응력의 정의를 구축하기 위해 우리는 응력의 2차적인 차원이 힘/면적이라는 것을 인식함으로써 시작한다:

$$\text{응력} = \frac{\text{힘}}{\text{면적}} \tag{2.7}$$

다음으로, 물질 입자의 한 면에 가해지는 힘을 가시화한다. 이 힘을 크기가 ΔF_n인 수직 성분과 크기가 ΔF_t인 접선 성분으로 분해한다(그림 2.7).

그런 다음, 압력은 면적에 대한 수직력의 비율로 정의된다.

$$p \equiv \lim_{\Delta A \to 0} \frac{\Delta F_n}{\Delta A} \tag{2.8}$$

그리고 전단응력은 면적에 대한 전단력의 비율로 정의된다.

$$\tau \equiv \lim_{\Delta A \to 0} \frac{\Delta F_t}{\Delta A} \tag{2.9}$$

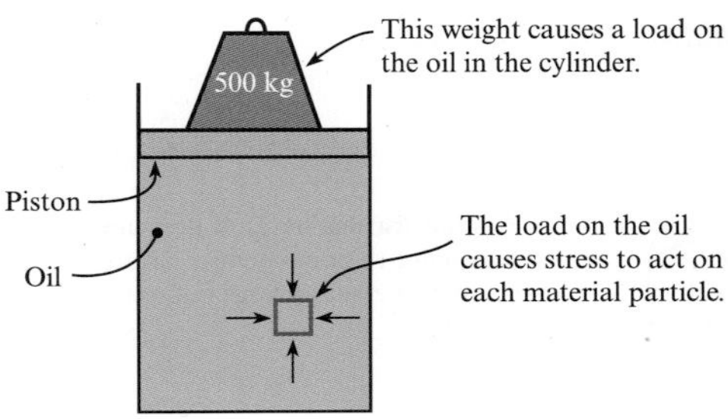

그림 2.6

이 예에서, 하나의 하중(즉, 피스톤 위에 놓아진 추)이 실린더 안의 오일에 응력을 발생시킨다.

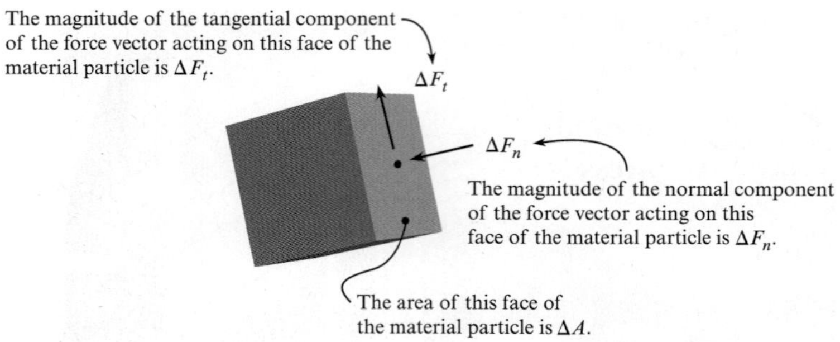

그림 2.7
이 스케치는 한 *물질 입자*의 한 면에 작용되는 힘이 수직 성분 힘과 접선 성분 힘으로 분해될 수 있음을 보여 준다.

요약. 역학에서 **응력**(stress)은 물질 입자들이 상호작용하는 힘을 나타내는 한 개체이다. 응력은 한 지점에서의 면적에 대한 힘의 비율이며 두 성분으로 분해된다.

- **압력(수직응력).** 면적에 수직 힘의 비율.
- **전단응력.** 면적에 대한 전단력의 비율.

이 책보다 더 높은 수준의 교과서에서 응력에 대한 추가적인 논의를 제공한다. 예를 들어, 응력은 종종 2차 텐서로 수학적으로 표현된다. 그러나 이 주제는 이 교재의 범위를 벗어난다.

힘에 대한 응력의 관계

한 면적에 작용하는 응력을 같은 면적에 관련된 힘들과 연관시키는 방법이 일반적인 문제이다. 답은 다음과 같이 응력 분포를 적분하는 것이다.

$$\text{힘} = \int_{\text{면적}} \underbrace{\left(\frac{\text{힘}}{\text{면적}}\right)}_{\text{응력의 정의}} dA \tag{2.10}$$

압력 분포부터 시작하여 적분의 세부 사항을 구축한다(그림 2.8). 힘을 벡터량으로 표현하기 위해 작은 면적을 선택하고 단위벡터를 정의한다(그림 2.9). 이 작은 면적에 작용하는 힘은 $\mathbf{dF} = -p\mathbf{n}\,dA$이다. 이 몸체에 작용하는 힘을 얻기 위해, 작은 영역(즉, dA)의 크기가 영(0)으로 접근하게 하면서 작은 힘($\mathbf{F} = \Sigma\mathbf{dF}$)들을 더한다. 이 작은 항들의 합계가 적분의 정의(1.4절)이다. 그러므로,

$$\mathbf{F}_p = \int_A -p\mathbf{n}\,dA \tag{2.11}$$

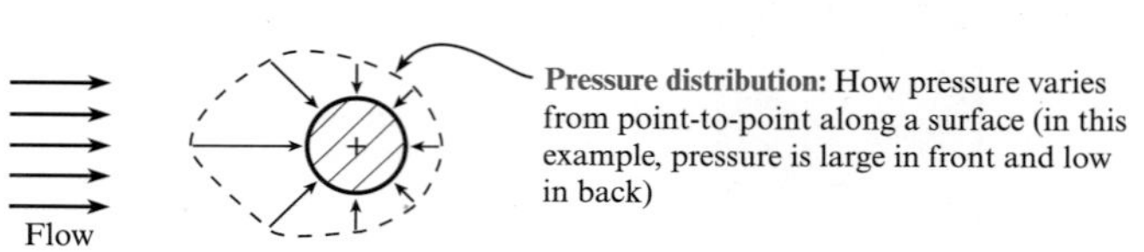

그림 2.8
이 그림은 원형의 몸체 주위로 흘러가는 유체와 관련된 압력 분포를 보여 준다. 이것은, 예를 들면, 강에 잠긴 둥근 잠교 외부 주위에서 압력이 어떻게 변하는가를 보여 준다.

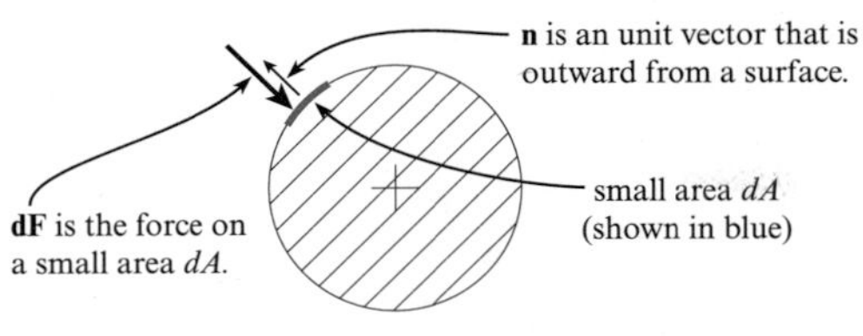

그림 2.9
실린더 위의 작은 면적에 대한 압력 힘.

여기서, 압력에 의한 힘이라 불리는 $\mathbf{F}_p$는 압력 분포로 인한 면적 A에 가해지는 순작용력(net force)을 나타낸다. 식 (2.11)은 아래의 특수한 경우에 해당되는 식을 가지고 있다.

$$F_p = pA \tag{2.12}$$

식 (2.12)가 참임을 증명하는 논리는 다음과 같다. (1) 식 (2.11)에서의 면적 A가 평면이라고 가정한다. (2) 식 (2.11)의 압력이 일정하다고 가정하면 p가 적분식 밖으로 나올 수 있다. (3) 따라서 식 (2.11)은 다음과 같이 단순화될 수 있다: $F_p = p\int_A dA = pA$. 평평한 면에서의 압력 힘의 방향은 평면에 대해 수직이고 표면을 향하기 때문에, 단위벡터가 생략되었음에 주목하라.

요약. *항상* 압력 힘은 면적에 걸친 압력의 적분에 의해 얻어진다. 즉, $\mathbf{F}_p = \int_A -p\mathbf{n}\, dA$이다. 평평한 표면에 균일한 압력이 작용하는 특수한 경우에만 $F_p = pA$를 사용하여 압력 힘을 계산할 수 있다. 언제나 그렇듯이 일반 식(즉 적분)을 기억하고 이 특수한 경우의 식이 필요할 때 $F_p = pA$를 사용하라.

이제 기호 F_s 또는 F_τ로 표시되는 전단력에 대한 방정식을 다룰 수 있다. F_s에 대한 식을 만들기 위해 압력 힘에 사용된 논리를 이에 적용할 수 있다. 1단계는 응력 분포로 시작하는 것이다(그림 2.10). 2단계는 작은 면적과 그 연관된 단위벡터를 정의하는 것이다(그림 2.11). 3단계는 작은 영역의 힘을 $\mathbf{dF} = \tau\mathbf{t}\, dA$로 표현한 다음 적분을 사용하여 이 작은 힘들을 합산하는 것이다. 최종 결과는 다음과 같다.

$$\mathbf{F}_\tau = \int_A \tau\mathbf{t}\, dA \tag{2.13}$$

여기서 **전단력**(shear force) $\mathbf{F}_\tau$는 전단응력 분포로 인한 면적 A의 순작용력을 나타낸다. 전단응력이 일정하고 적분 면적이 평평한 표면이라면 식 (2.13)은 다음과 같이 단순해진다.

$$F_s = \tau A \tag{2.14}$$

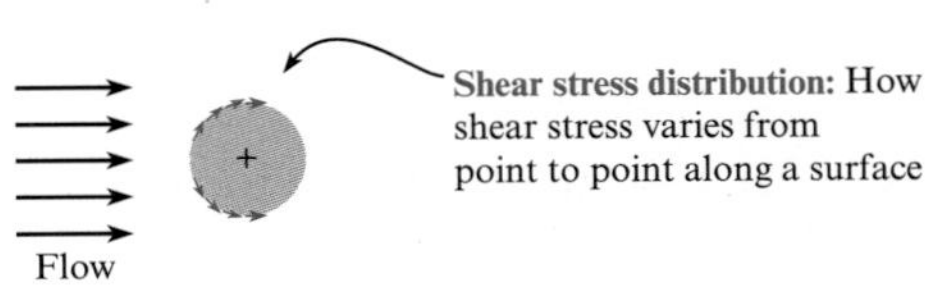

그림 2.10
이 그림은 원형 실린더 주위의 흐름에 대해 전단응력이 어떻게 변하는지를 보여 준다.

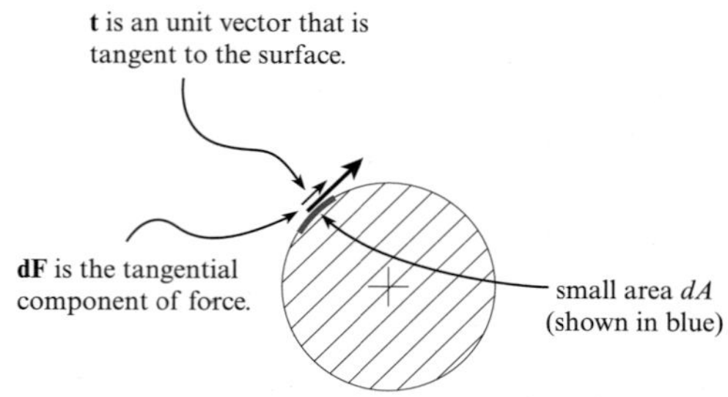

그림 2.11
실린더 위의 작은 영역에 미치는 전단력.

요약. 전단력은 *항상* 면적에 걸친 전단응력의 적분에 의해 다음과 같이 얻어진다: $\mathbf{F}_s = \int_A \tau \mathbf{t}\, dA$. 평평한 표면에 작용하는 균일한 전단응력의 특수한 경우에만 $F_s = \tau A$를 사용하여 전단력을 계산할 수 있다.

일곱 가지 일반적인 유체 힘들

유체역학에서는 힘의 정확한 분석이 어려운 경우가 있다. 따라서 우리는 도움이 될 수 있는 생각을 나누고자 한다. *몸체 #1(한 유체로 구성)과 몸체 #2(다른 유체를 포함하는 물질로 구성됨) 사이에 힘이 작용할 때, 공통적으로 발생하는 7개의 힘이 있다. 7개의 힘 중 6개는 압력 분포, 전단응력 분포 또는 둘 다와 관련되어 있다.*

7가지 힘은 표 2.2에 요약되어 있다. 세 번째 열에 설명과 팁이 나와 있다. 네 번째 열에서는 표면장력을 제외하고는 모든 힘이 응력 분포와 관련되어 있음을 알 수 있다.

2.5 점성 방정식

점성 방정식은 흐르는 유체에서의 점성(즉, 마찰) 효과를 나타내기 위해 사용된다. 점성 효과가 에너지 사용, 압력강하 및 유체역학 항력과 같은 실제 문제에 영향을 주기 때문에 이 식은 중요하다.

점성 방정식

점성 방정식*은 다음과 같다.

$$\tau = \mu \frac{dV}{dy} \tag{2.15}$$

점성 방정식은 전단응력 τ와 점성 μ 및 속도경사 dV/dy를 관련시킨다. 점성 방정식은 많은 서적에서 *뉴턴의 점성법칙(Newton's law of viscosity)*이라고 한다.

---

*부분미분을 포함하는 이 방정식의 보다 일반적인 형태가 있다. 그러나 식 (2.15)는 많은 공학적 관심사인 흐름에 적용된다. 일반적인 형태는 좀 더 고급 교재에서 다룬다.

표 2.2 7개의 일반적인 유체 힘

#	명칭	내용 및 팁	관련되는 것들
1	압력 힘	압력 분포에 의해 발생되는 힘. 대부분의 문제에서 계기 압력을 사용함.	압력응력
2	전단력 (점성 힘)	전단응력 분포에 의해 발생되는 힘. 이 힘은 유체가 흘러야 생김.	전단응력
3	부력	정수압 분포에 의해 발생되는 힘으로서 유체에 잠긴 또는 부분적으로 잠긴 몸체에 대해 적용되는 힘.	압력응력
4	표면장력	표면 인장에 의해 발생되는 힘. 일반 식은 $F = \sigma L$.	분자 간 힘들
5	항력	유체가 몸체 주위를 흐를 때 생기는 힘으로서 항력은 전체 힘의 유체 속도에 평행한 방향으로의 성분을 말함.	압력응력 및 전단응력 모두
6	양력	유체가 몸체 주위를 흐를 때 생기는 힘으로서, 양력은 유체 속도에 수직인 방향으로의 전체 힘의 성분임.	압력응력 및 전단응력 모두(일반적으로 압력응력에 비해 전단응력의 효과는 무시할 수 있음)
7	추력	추진에 관한 힘으로서, 프로펠러, 제트엔진, 로켓엔진 등에 의해 발생되는 힘.	압력응력 및 전단응력 모두(일반적으로 압력응력에 비해 전단응력의 효과는 무시할 수 있음)

속도경사

dV/dy 항은 **속도경사**(velocity gradient)라고 불린다.* 변수 V는 속도벡터의 크기를 나타낸다. 역학에서 **속도**(velocity)는 물질 입자의 이동 속도와 이동 방향으로 정의된다. 따라서 유체가 흐를 때 각 물질 입자는 서로 다른 속도를 갖게 된다(그림 2.12).

dV/dy의 변수 y는 벽으로부터 측정된 위치를 나타낸다. dV/dy는 일반적인 미분계수이므로 미적분에 대한 지식을 적용하여 이 용어를 분석할 수 있다. 우리가 권장하는 세 가지 방법은 다음과 같다.

방법 #1. $V(y)$에 대한 곡선(점을 찍어 만든 곡선)을 가지고 있다면 접선을 스케치하여 dV/dy를 찾은 다음 몫(나눗셈에서 답)을 사용하여 접선의 기울기를 구한다.

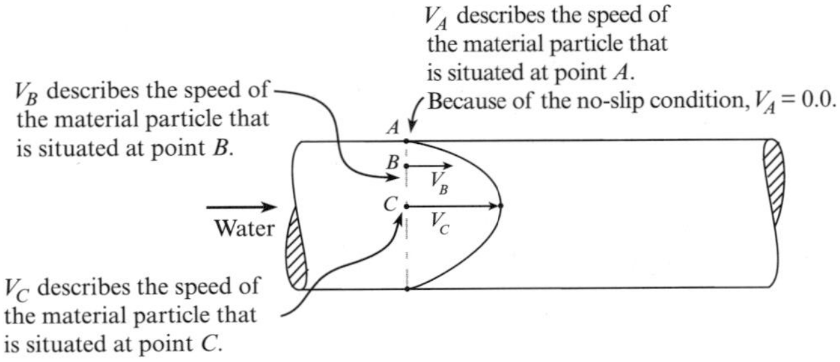

그림 2.12
이 스케치는 둥근 파이프를 통한 물의 흐름을 보여 준다. 속도 프로파일은 위치에 따라 속도가 어떻게 다른가를 보여 주는 스케치 또는 식이다.

*이것은 대부분의 단순한 흐름에 대해 미적분의 경사 연산자가 일반 미분계수인 dV/dy로 되기 때문에 속도경사라고 불린다.

방법 #2. 실험에 의한 데이터 표(예: V 대 y 데이터)가 있는 경우, 1.4절의 미분계수 정의: $dV/dy \approx \Delta V/\Delta y$를 기반으로 추정을 한다.

방법 #3. $V(y)$에 대한 식이 있다면 미적분에서 나온 방법을 사용하여 식을 미분한다.

속도경사를 분석한다는 측면에서 **비활동 조건**(no-slip condition)을 자주 적용해야 할 것이다. 즉, *유체가 고체 몸체와 접촉할 때 접촉 지점에서의 유체 속도는 같은 지점에서의 고체의 속도와 같다.* **예.** 파이프 안의 물이 흐를 때 벽에서의 유체 속도는 벽의 속도와 동일하며 0이다. **예.** 비행기가 공기를 통과할 때, 날개 위에 위치한 점에서의 유체 속도는 이 점에서의 날개 속도와 같다.

당신은 종종 변형률이라는 속도경사를 보게 될 것이다. 왜냐하면 변형률의 정의로 시작해서 유체 입자의 변형률 속도가 속도경사에 의해 주어짐을 증명하기 때문이다. 그러나 이 과제는 고급 교재에 담기도록 남겨 두는 것이 가장 좋다.

뉴턴유체 대 비뉴턴유체

공학자들은 한 방정식이 분석 중인 상황에 적용되는지의 여부에 대한 결정을 내려야 한다. 이 결정을 내릴 때 한 가지 문제는 유체가 뉴턴유체로 모델링될 수 있는지 여부이다. 뉴턴유체를 정의하려면 공기 또는 물을 사용하여, 속도경사의 함수로 전단응력을 측정하는 실험을 고안한 후 그 실험 데이터를 그려내는 과정을 상상해 보라. 공기와 물이 모두 뉴턴유체이기 때문에 직선을 얻을 수 있다(그림 2.13).

다른 유체를 선택하여, 이 실험을 실행하고, 데이터를 그린다면 데이터 세트 중 일부는 뉴턴유체처럼 그려지지 않을 것이다(그림 2.14).

그림 2.14는 비뉴턴유체의 3가지 카테고리를 보여 준다. *전단박화(shear-thinning)* 유체의 경우 전단 변형률(dV/dy)이 증가함에 따라 유체의 점성이 감소한다. 일반적인 전단묽어짐 액체에는 케첩, 페인트 및 프린터 잉크가 있다. *전단경화(shear-thickening)* 유체의 경우 전단율이 높아짐에 따라 점성이 증가한다. 전단짙어짐 유체의 예는 전분과 물의 혼합물을 들 수 있다. *빙햄플라스틱(Bingham plastic)*은 전단응력 값이 작은 경우 고체처럼 거동하고 높은 전단응력 값에서는 유체처럼 거동한다. 이상적인 빙햄플라스틱으로 마요네즈, 치약 및 특정 진흙을 들 수 있다.

그림 2.13

한 유체가 전단응력 대 속도경사 선이 직선을 나타낼 때 **뉴턴유체**(Newtonian fluid)로 정의된다.* 이를 지배하는 방정식이 $\tau = \mu(dV/dy)$이기 때문에 기울기(slope)는 점성 μ의 값과 같을 것이다.

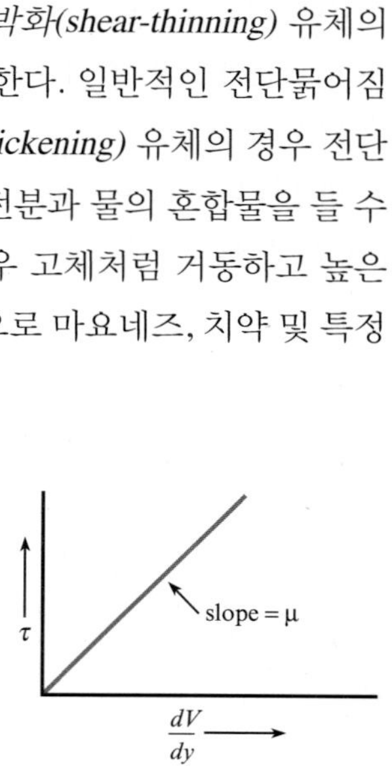

* 비뉴턴유체의 일종인 빙햄플라스틱과 뉴턴유체를 구별하기 위해 이 커브는 원점을 통과해야 한다.

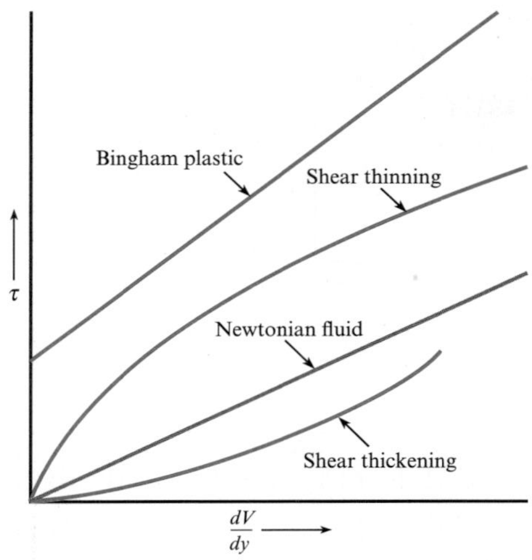

그림 2.14

비뉴턴유체(non-Newtonian fluid)(파란색 선)는 뉴턴유체가 보여 주는 *전단응력*과 *속도경사* 사이의 관계를 따르지 않는 모든 유체를 말한다.

일반적으로 비뉴턴유체는 뉴턴유체보다 복잡한 분자들을 가지고 있다. 따라서 비뉴턴유체로 작업하는 경우 약간의 연구를 필요로 한다. 교과서들에(이 책 포함) 제시된 방정식과 수학적 모델 중 많은 것은 뉴턴유체에만 적용된다. 비뉴턴유체에 대해 더 자세히 알고 싶으면 *Rheological Behavior of Fluids(유체의 유변학적 행동)*(1)라는 영상 또는 참고문헌 (2) 및 (3)을 참조하기 바란다.

점성 방정식으로 논증하기

뉴턴유체에 대한 점성 방정식은 *선형 방정식*이다. 방정식(그림 2.13)의 플롯이 직선이므로 일차방정식이다. 특히, 직선에 대한 일반 방정식은 $y = mx + b$이고, 여기서 m은 기울기이고 b는 y 절편이다. 점성 방정식은 $\tau = \mu(dV/dy)$이므로 τ는 종속변수, μ는 기울기, dV/dy는 독립변수, 0.0은 y 절편이다.

이 점성 방정식을 사용하여 *속도경사*의 크기(즉, dV/dy)를 평가하고 *전단응력* τ의 크기에 대한 사항들을 알아낼 수 있다(예: 그림 2.15 참조). 논증은 다음과 같이 화살표를 사용하여 나타낼 수 있다.

$$\tau\uparrow = \mu\left(\frac{dV}{dy}\uparrow\right) \tag{2.16}$$

즉, 식 (2.16)은 기울기(즉, dV/dy의 크기)가 증가하면 전단응력이 증가해야 한다고 말한다. 마찬가지로, 점성 방정식은 기울기가 감소하면 전단응력이 감소해야 함을 알려 준다. 그리고 기울기가 일정하다면(예: 다음 주제인 쿠에트[Couette] 흐름), 전단응력은 일정해야 한다.

그림 2.15

이 예는 원형 파이프 내의 층류(laminar flow)와 관련된 속도 프로파일을 보여 준다. 전단응력에 대한 정보가 속도 분포로부터 어떻게 추론될 수 있는지 주목하기 바란다. 여기서 r은 파이프의 중심선에서 측정된 반경적 위치이다.

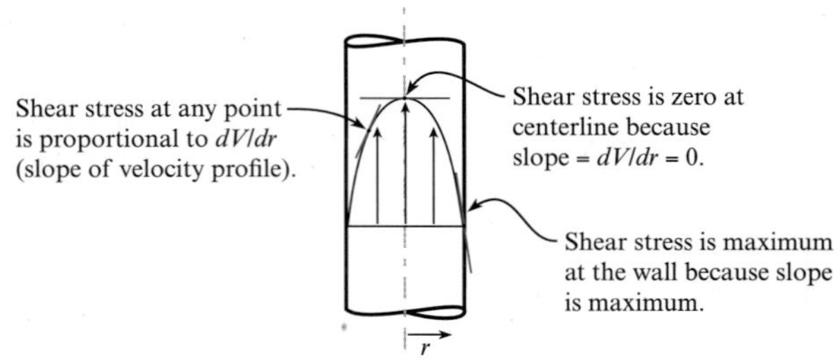

쿠에트 흐름(Couette flow)

쿠에트 흐름은 윤활과 관련된 여러 흐름의 모델로 사용된다. 쿠에트 흐름(예: 그림 2.16 참조)에서 움직이는 표면은 유체가 흐르도록 만든다. 비활동 조건 때문에, $y = H$에서 유체의 속도는 움직이는 벽면의 속도와 동일하다. 마찬가지로 $y = 0$에서 유체의 속도는 바닥판이 고정되어 있기 때문에 영(0)이다. 플레이트들 사이의 영역에서 속도 분포는 선형이다.

점성 방정식이 쿠에트 흐름에 적용되는 경우, 속도경사가 선형이기 때문에 미분계수 값이 단위거리당 속도 변화 비율로 대체될 수 있다.

$$\tau = \mu\frac{dV}{dy} = \mu\frac{\Delta V}{\Delta y} \tag{2.17}$$

식 (2.17)의 우측 항은 다음과 같이 분석된다.

$$\tau = \mu\frac{\Delta V}{\Delta y} = \mu\frac{V_o - 0}{H - 0} = \mu\frac{V_o}{H}$$

따라서

$$\tau\Big|_{\text{Couette Flow}} = \text{constant} = \mu\frac{V_o}{H} \tag{2.18}$$

식 (2.18)은 쿠에트 흐름의 모든 점에서의 전단응력이 $\mu V_o/H$의 크기로 일정하다는 것을 보여 준다.

그림 2.16

쿠에트 흐름은 움직이는 벽에 의해 만들어지는 흐름이다. 유체 내부의 속도 분포는 선형이다.

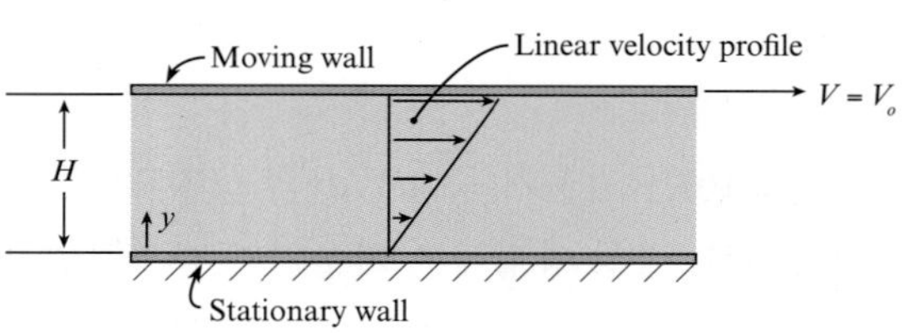

예제 2.1

푸아죄유 흐름(Poiseuille flow)에서의 전단응력 계산을 위한 점성 방정식의 적용

문제

푸아죄유 흐름이라고 불리는 유체역학의 유명한 한 해법은 원형 파이프에 층류에 대한 것이다(자세한 내용은 10장 참조). 푸아죄유 흐름을 고려한 파이프 내의 속도 프로파일은 아래 식과 같다.

$$V(r) = V_o(1 - (r/r_o)^2)$$

여기서 r은 중심선으로부터 측정한 반경방향 위치, V_o는 파이프 중앙에서의 속도, r_o는 파이프 반경이다. 파이프 중앙에서의, 벽에서의, 그리고 $r = 1$ cm 거리에서의 전단응력을 구하라. 이 유체는 물(15°C)이며, 파이프 직경은 4 cm, $V_o = 1$ m/s이다.

설명

물이 둥근 파이프 안에서 흐른다(푸아죄유 흐름).

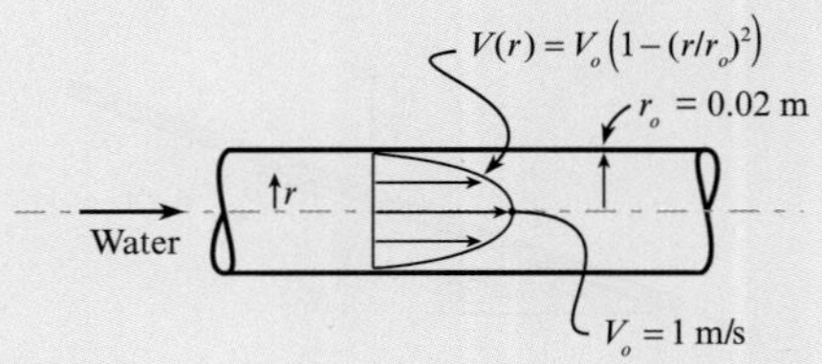

물(15°C, 1 atm, 표 A.5): $\mu = 1.14 \times 10^{-3}$ N·s/m².

목표

아래 세 점에서의 전단응력을 계산한다.

$\tau(r = 0.00\text{ m})(\text{N/m}^2)$ ← 파이프 중앙선

$\tau(r = 0.01\text{ m})(\text{N/m}^2)$ ← 파이프 중앙

$\tau(r = 0.02\text{ m})(\text{N/m}^2)$ ← 벽

아이디어

목표는 τ이므로, *점성 방정식*을 선택한다. y 대신에 r을 위치변수로 삼는다.

$$\tau = -\mu \frac{dV}{dr} \qquad \text{(a)}$$

식 (a)에서의 마이너스 부호에 대해, 점성 방정식에서의 y가 벽으로부터 측정된다. r 좌표는 반대 방향이다. 변수가 y에서 r로 변경될 때 이 부호 변경이 발생한다.

식 (a)에서 속도경사를 알아내기 위해, 주어진 속도 프로파일을 미분한다.

$$\frac{dV(r)}{dr} = \frac{d}{dr}(V_o(1 - (r/r_o)^2)) = \frac{-2V_o r}{r_o^2} \qquad \text{(b)}$$

이제 목표를 찾을 수 있을 것 같다. **계획:** 식 (b)를 적용하여 속도경사를 알아낸다. 그리고 식 (a)를 치환한다.

문제풀이

1. 점성 방정식($r = 0$ m):

$$\left.\frac{dV(r)}{dr}\right|_{r=0\text{ m}} = \frac{-2V_o(0\text{ m})}{r_o^2} = \frac{-2(1\text{ m/s})(0\text{ m})}{(0.02\text{ m})^2} = 0.0\text{ s}^{-1}$$

$$\tau(r = 0\text{ m}) = -\mu \left.\frac{dV(r)}{dr}\right|_{r=0\text{ m}}$$
$$= (1.14 \times 10^{-3}\text{ N}\cdot\text{s/m}^2)(0.0\text{ s}^{-1})$$
$$= \boxed{0.0\text{ N/m}^2}$$

2. 점성 방정식($r = 0.01$ m):

$$\left.\frac{dV(r)}{dr}\right|_{r=0.01\text{ m}} = \frac{-2V_o(0.01\text{ m})}{r_o^2}$$
$$\frac{-2(1\text{ m/s})(0.01\text{ m})}{(0.02\text{ m})^2} = -50\text{ s}^{-1}$$

다음, 전단응력을 계산한다.

$$\tau(r = 0.01\text{ m}) = -\mu \left.\frac{dV(r)}{dr}\right|_{r=0.01\text{ m}}$$
$$= (1.14 \times 10^{-3}\text{ N}\cdot\text{s/m}^2)(50\text{ s}^{-1})$$
$$= \boxed{0.0570\text{ N/m}^2}$$

3. 점성 방정식($r = 0.02$ m):

$$\left.\frac{dV(r)}{dr}\right|_{r=0.02\text{ m}} = \frac{-2V_o(0.02\text{ m})}{r_o^2}$$
$$= \frac{-2(1\text{ m/s})(0.02\text{ m})}{(0.02\text{ m})^2} = -100\text{ s}^{-1}$$

다음, 전단응력을 계산한다.

$$\tau(r = 0.02\text{ m}) = -\mu \frac{dV(r)}{dr}\bigg|_{r=0.02\text{ m}} = (1.14 \times 10^{-3}\text{ N} \cdot \text{s/m}^2)(100\text{ s}^{-1}) = \boxed{0.114\text{ N/m}^2}$$

해와 풀이과정 검토

1. *힌트.* 이 예를 포함하여 대부분의 문제에 있어 단위를 기재하고 상쇄시키는 것이 유용하다(필수는 아님).
2. *참고.* 전단응력은 위치에 따라 변한다. 이 예에서 τ는 흐름의 중앙선에서 0이고 그 외의 위치에서는 0이 아니다. 전단응력의 최대값은 파이프의 벽에서 발생한다.
3. *참고.* 원형 파이프 내에서의 흐름에서 점성 방정식에 마이너스 부호가 있으며 위치좌표 r을 사용한다.

$$\tau = -\mu \frac{dV}{dr}$$

예제 2.2

점성 방정식을 쿠에트 흐름에 적용하기

문제

2.0 cm/s의 일정한 속도로 25 N 무게의 판(크기: 1 m × 1 m)이 램프(경사 = 20°) 아래로 미끄러져 내리고 있다. 이 판은 램프와 얇은 기름막으로 분리되어 있다. 기름막의 점성은 0.05 N·s/m²이다. 이 기름막이 쿠에트 흐름으로 모델링될 수 있다고 가정하고 이 판과 램프 사이의 거리를 계산하라.

설명

한 판이 경사진 면 위의 기름막을 따라 미끄러져 내려온다.

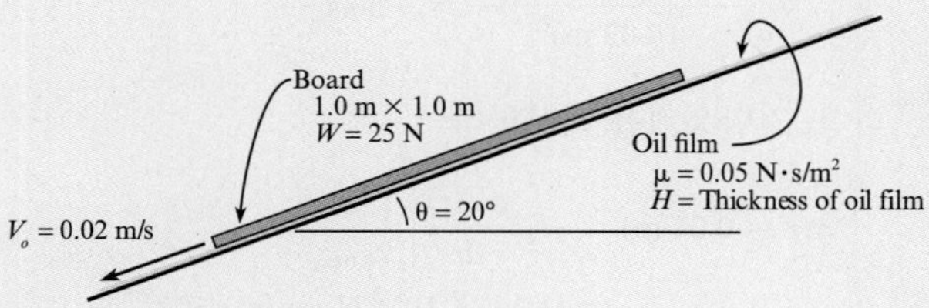

가정: (1) 쿠에트 흐름. (2) 판이 일정한 속도를 갖는다.

목표

H(mm) ← 기름막의 두께

아이디어

목표는 H를 알아내는 것이므로 점성 방정식 (2.18)을 적용한다.

$$H = \mu \frac{V_o}{\tau} \qquad \text{(a)}$$

식 (a) 안의 전단응력 τ를 구하기 위해, 이 판의 *자유물체도*(FBD)를 그린다. 이 FBD에서, W는 무게, N은 수직 힘, F_{shear}는 전단력이다. x에 따라 전단응력이 일정하기 때문에 전단력은 $F_{\text{shear}} = \tau A$로 나타낼 수 있다.

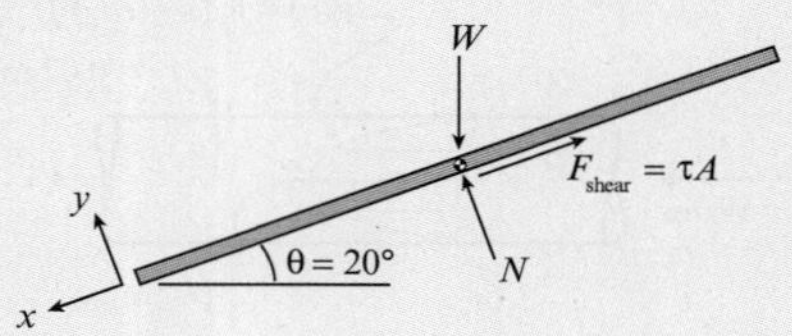

이 판이 일정한 속도로 움직이기 때문에 힘들의 균형이 맞고 있다. 따라서 *힘평형식*(force equilibrium)을 사용한다.

$$\Sigma F_x = 0 = W \sin\theta - \tau A \qquad \text{(b)}$$

식 (b)를 다시 기술하면 아래와 같다.

$$\tau = (W \sin\theta)/A \qquad \text{(c)}$$

식 (c)는 τ에 대해 풀릴 수 있다. 계획은 다음과 같다.

1. 힘평형식 (c)를 사용하여 τ를 계산한다.
2. 전단응력식 (a)를 사용하여 H를 계산한다.

문제풀이

1. 힘평형식:

$$\tau = (W\sin\theta)/A = (25\ \text{N})(\sin 20°)/(1.0\ \text{m}^2) = 8.55\ \text{N/m}^2$$

2. 전단응력식:

$$H = \mu\frac{V_o}{\tau} = (0.05\ \text{N}\cdot\text{s/m}^2)\frac{(0.02\ \text{m/s})}{(8.55\ \text{N/m}^2)} = \boxed{0.117\ \text{mm}}$$

해와 풀이과정 검토

1. H는 약 1 mm의 12% 정도인데, 이는 꽤 작은 수치이다.

2. *힌트.* 이 문제를 푸는 것에 FBD를 그리는 것이 포함되어 있다. FBD는 쿠에트 흐름이 관련된 문제를 푸는 데 있어 유용하다.

2.6 표면장력*

공학자들은 표면장력이 산업에서의 많은 문제에 영향을 주기 때문에 표면장력 효과를 예측하고 속성화할 수 있어야 한다. 표면장력 효과의 몇 가지 예는 다음과 같다.

- *침투.* 물이 종이타월에 스며든다. 잉크가 종이로 스며든다. 추운 계절에 에어로빅 운동용 섬유로 우수한 폴리프로필렌은 몸에서 땀을 흡수한다.
- *모세관 상승.* 액체는 작은 지름의 튜브 안에서 위로 올라간다. 토양 안에서 물이 위로 올라간다.
- *모세혈관 불안정성.* 액체 제트가 방울들로 부서진다.
- *낙하 및 기포 형성.* 나뭇잎 위에 물방울이 생긴다. 새는 수도꼭지에서 물방울이 떨어진다. 비누거품이 형성된다.
- *과도한 압력.* 물방울 내부의 압력은 주변 압력보다 높다. 끓는 동안 증기기포 내부의 압력은 주변 압력보다 높다.
- *물 위를 걷기.* 곤충인 워터 스트라이더(water strider, 소금쟁이과의 곤충)는 물 위에서 걸을 수 있다. 유사하게, 금속 종이클립 또는 금속바늘은 물 표면 위에(표면장력의 작용을 통해) 떠 있을 수 있다.
- *세제.* 비누와 세제는 물의 표면장력을 낮추어 물이 직물의 기공 안으로 더 쉽게 흡수될 수 있기 때문에 옷의 세척력을 개선한다.

많은 실험에서 액체의 표면이 늘어난 막과 같이 작용하는 것을 확인하고 있다. 이 거동을 속성화하는 물질 속성은 **표면장력**(surface tension), σ(시그마)이다. 표면장력은 힘의 측면에서 다음과 같이 표현될 수 있다.

* 저자는 Eric Aston 박사에게 이 절에 대한 의견과 입력 제공에 대해 감사드린다. Aston 박사는 University of Idaho의 화학공학 교수이다.

$$\text{표면장력}(\sigma) = \frac{\text{계면을 따라 생긴 힘}}{\text{계면의 길이}} \tag{2.19}$$

표면장력은 에너지 측면에서도 다음과 같이 표현할 수 있다.

$$\text{표면장력}(\sigma) = \frac{\text{액체의 표면적을 증가시키는 데 필요한 에너지}}{\text{단위면적}} \tag{2.20}$$

식 (2.19)로부터 표면장력의 단위는 N/m임을 알 수 있다. 표면장력은 전형적으로 1~100 mN/m 범위의 크기를 갖는다. 표면장력의 단위는 또한 J/m^2일 수 있다.

$$\frac{N}{m} = \frac{N \cdot m}{m \cdot m} = \frac{J}{m^2}$$

이기 때문이다.

표면장력의 물리적 메커니즘은 **응집력**(cohesive force)을 기반으로 한다. 응집력은 유사한 분자 사이의 인력이다. 액체 분자가 서로 끌어당기므로 액체 내부의 분자(그림 2.17 참조)는 모든 방향으로 똑같이 당겨진다. 대조적으로, 표면의 분자들은 그들 위에 액체 분자가 없으므로 중심을 향해 당겨진다. 표면 분자를 이렇게 끌어당김으로써 표면이 안쪽으로 당겨지며 액체가 표면적을 최소화하려 하게 된다. 이것이 물방울이 구형인 이유이다.

온도가 올라가면 열팽창으로 인해 분자들 간의 거리가 더 길어지기 때문에 물의 표면장력은 온도에 따라 감소한다(그림 2.18). 이로 인해 분자들 사이의 평균 인력이 감소한다(즉, 응집력이 떨어짐). 표면장력은 오염물질이나 불순물의 영향을 크게 받는다. 예를 들어, 물에 비누를 첨가하면 표면장력이 감소한다. 그 이유는 불순물이 표면에 집중되어 있고 이들 분자가 물 분자 사이의 평균 인력을 감소시키기 때문이다. 그림 2.18에서 볼 수 있듯이, 20°C에서 물의 표면장력은 $\sigma = 0.0728 \approx 0.073$ N/m이다. 이 값은 이 교재의 많은 계산에 사용된다.

그림 2.18에 공기와 물의 계면에서의 표면장력이 도시되어 있다. 표면장력 데이터를 측정하는 동안 사용된 물질을 기반으로 표면장력 데이터를 도시하는 것이 일반적이다.

표면장력에 대한 자세한 내용은 *Surface Tension in Fluid Mechanics(유체역학의 표면장력)*(5)라는 온라인에서 구할 수 있는 동영상과 Shaw의 저서(6)를 권한다.

그림 2.17
액체 내의 분자들 간의 힘들.

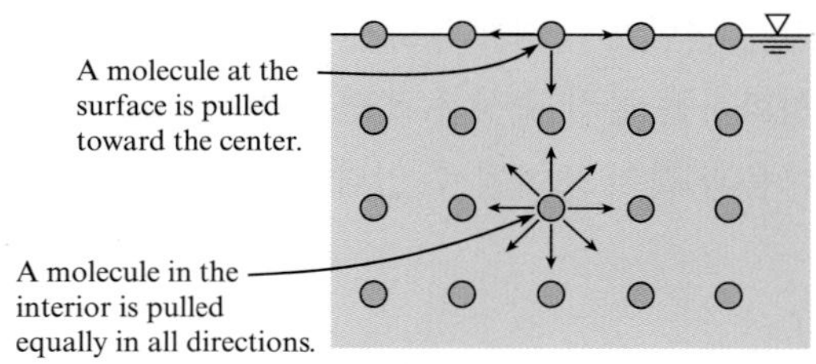

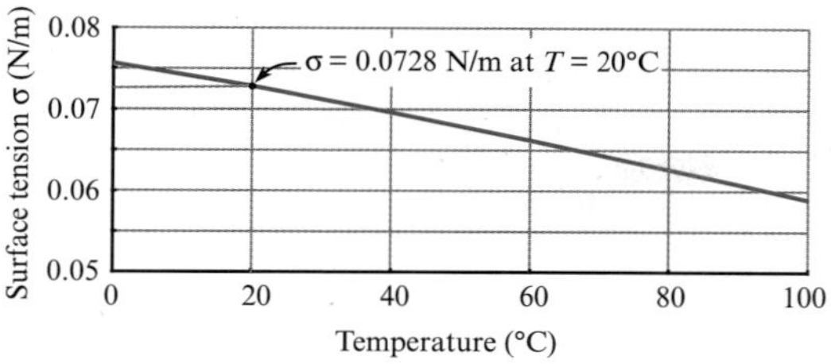

그림 2.18
물의 물/공기 경계에서의 표면장력. 속성 값은 White(7)에서 얻음.

예제

표면장력과 관련된 대부분의 문제는 FBD를 그리고 힘평형을 적용함으로써 해결된다. 표면장력으로 인한 힘은 식 (2.19)로부터,

$$\text{표면장력에 의한 힘} = F_\sigma = \sigma L \tag{2.21}$$

여기서 L은 액체 표면에 따라 놓여 있는 선의 길이이다. 문제를 풀기 위해 힘평형의 사용은 예제 2.3과 2.4에서 설명된다.

부착 및 모세관 현상

유리 위에 물 한 방울을 놓으면 유리에 물이 강하게 끌리기 때문에 물은 유리를 젖게 한다(그림 2.19 참조). 이 인력은 그림과 같이 물을 밖으로 당긴다. 서로 다른 재질의 표면 사이의 힘을 **부착**(adhesion)이라고 한다(그림 2.19b 참조). *부착력이 응집력보다 클 때* 표면에서 물이 "젖는다".

그림 2.19
부착력이 응집력보다 크기 때문에 물이 유리에 젖는다. 젖음현상은 접촉각이 90° 미만인 경우에 발생한다.

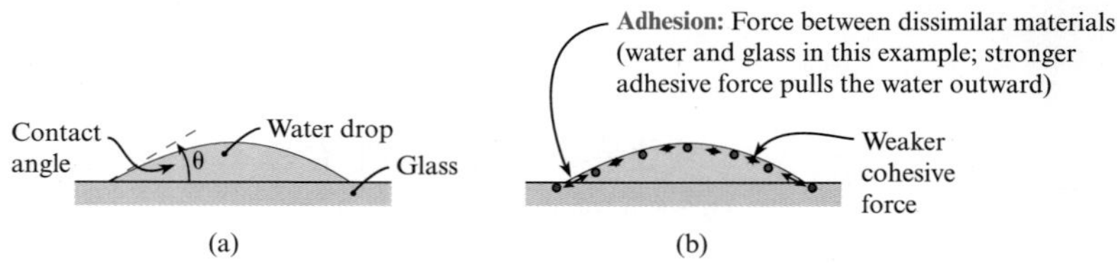

예제 2.3

힘평형을 물방울 내에서의 압력 상승 계산에 적용하기

문제

물방울 안의 압력은 주변보다 높다. 이 압력 상승에 대한 식을 유도하라. 그리고 2.0 mm 직경의 물방울에 대한 압력을 계산하라. $\sigma = 73$ mN/m을 사용하라.

설명

물방울 안의 압력은 주변 압력보다 높다. $d = 0.002$ m, $\sigma = 73$ mN/m.

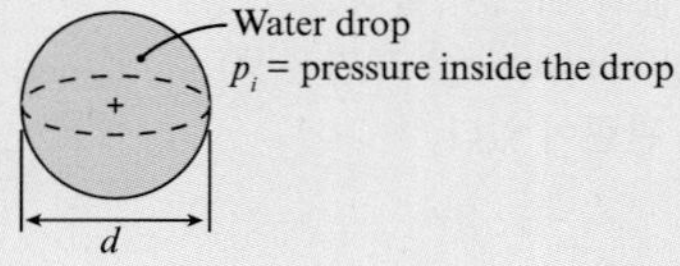

목표

1. p_i에 대한 식을 유도한다.
2. p_i를 파스칼 단위로 계산한다.

아이디어

압력은 힘평형 안에 포함되어 있으므로 물방울의 FBD를 그린다.

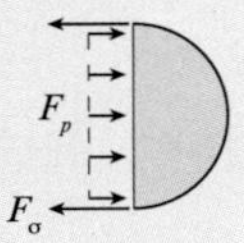

압력에 의한 힘 = 표면장력에 의한 힘

$$F_p = F_\sigma \tag{a}$$

식 (2.19)로부터 표면장력 힘은 σ × 경계의 길이임을 알 수 있다.

$$F_\sigma = \sigma L = \sigma \pi d \tag{b}$$

압력 힘은 압력 × 면적이다.

$$F_p = p_i \frac{\pi d^2}{4} \tag{c}$$

식 (a)와 (c)를 결합시키면:

$$p_i \frac{\pi d^2}{4} = \sigma \pi d \tag{d}$$

압력에 대해 이 식을 풀면:

$$\boxed{p_i = \frac{4\sigma}{d}} \tag{e}$$

첫 목표(압력에 대한 식)는 얻어졌다. 다음 목표(압력값)는 식 (e)에 값을 넣으면 알 수 있다.

문제풀이

$$p_i = \frac{4\sigma}{d} = \frac{4(0.073 \text{ N/m})}{(0.002 \text{ m})} = \boxed{146 \text{ Pa gage}}$$

해와 풀이과정 검토

1. *참고.* 답이 계기압력으로 표현되었다. 계기압력은 이 교재에서 주위보다 상승된 압력이다.
2. *물리적 해석.* 물방울 내의 압력 상승은 표면장력의 막 효과의 결과이다. 이를 시각화하는 한 방법은 공기가 찬 풍선과 비교하는 것이다. 풍선 내의 압력은 고무외피 막에 작용하는 힘(membrane force)에 반하여 밖으로 밀어낸다. 이와 마찬가지로 액체방울 안의 압력은 표면장력의 힘같이 막에 반하여 밖으로 밀어내는 작용을 한다.

테플론과 기름종이와 같은 표면에서는 *물과 테플론 사이의 부착력이 물의 응집력보다 작기 때문에* 물방울이 형성되게 된다(그림 2.20). 물방울이 형성되는 표면을 소수성(hydrophobic)이라고 한다. 유리와 같이 물방울이 흩어지는 표면을 *친수성(hydrophilic)*이라고 한다.

모세관 작용(capillary action)은 액체가 좁은 튜브 안에서 상승하거나 작은 구멍 안으로 끌

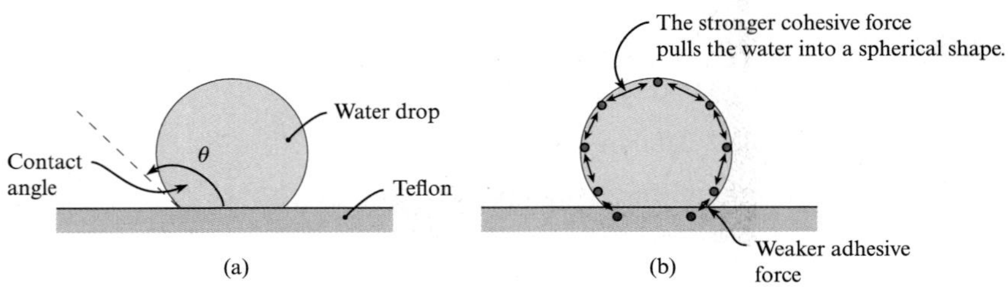

그림 2.20
부착력이 응집력보다 작기 때문에 테플론과 같은 소수성 물질 위에서 물방울을 형성한다. 비젖음성(nonwetting) 표면은 90° 이상의 접촉각과 관련이 있다.

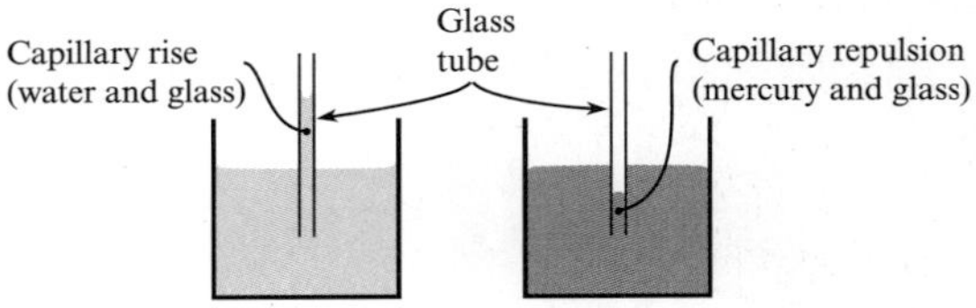

그림 2.21
수은은 아래로 내려가는 데 반해(모세관 반발) 물은 유리관 안에서 올라간다(모세관 상승).

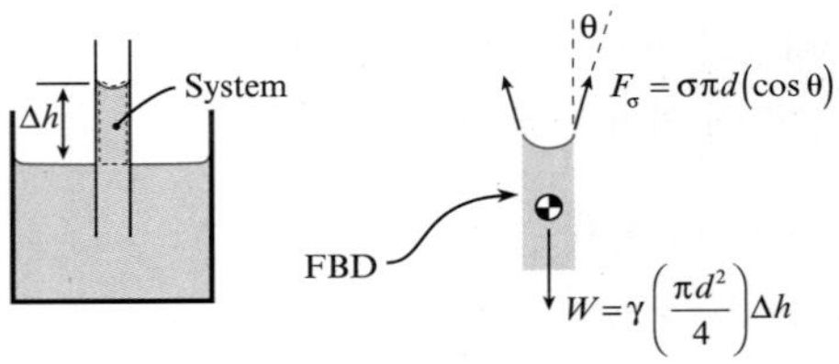

그림 2.22
모세관 상승에 대한 식을 유도하는 데 사용되는 스케치.

어당겨지는 경향을 말한다. 모세관 현상은 물이 토양의 좁은 구멍 안으로 스며드는 것이나 마른 종이타월의 섬유조직 사이의 좁은 구멍 안으로 스며드는 원인이 된다.

모세관을 물통에 넣으면 물과 유리 사이의 부착력이 물을 튜브 안에서 위로 끌어올리기 때문에 물이 튜브 위로 올라간다(그림 2.21). 이것을 모세관 상승이라고 한다. 물의 접촉각이 그림 2.19와 그림 2.22에서 어떻게 같은지 주목하기 바란다. 이와 반대로 액체가 젖지 않는 경우(예: 유리 위의 수은) 모세관 반발이 발생한다.

모세관 상승에 대한 식을 유도하려면(그림 2.22 참조) 모세관 내부에 물이 들어 있는 시스템을 정의한다. 그런 다음 FBD를 그린다. 도시된 바와 같이, 표면장력의 당김은 물 기둥을 들어 올린다. 힘평형을 적용하면,

$$\text{중량} = \text{표면장력}$$
$$\gamma\left(\frac{\pi d^2}{4}\right)\Delta h = \sigma\,\pi\, d\cos\theta \tag{2.22}$$

$\cos\theta \approx 1.0$이 되도록 접촉각이 거의 0이라고 가정한다. 이는 물/유리 경계면에 대해 좋은 가정이라는 점에 유의하라. 식 (2.22)를 단순화하면,

$$\Delta h = \frac{4\sigma}{\gamma d} \tag{2.23}$$

예제. 직경이 $d = 1.6$ mm인 유리관 안에서 물(20°C)에 대한 모세관 상승을 계산하라.

풀이. 표 A.5에서 $\gamma = 9790\ \text{N/m}^3$. 그림 2.18에서, $\sigma = 0.0728$ N/m. 따라서 식 (2.23)을 사용하여 모세관 상승을 계산한다.

$$\Delta h = \frac{4(0.0728\ \text{N/m})}{(9790\ \text{N/m}^3)(1.6\times10^{-3}\ \text{m})} = \boxed{18.6\ \text{mm}}$$

예제 2.4는 젖지 않는 표면을 포함하는 경우를 보여 준다.

예제 2.4

힘평형을 표면장력에 의해 지탱되어 물 위에 떠 있을 수 있는 바늘의 크기를 결정하는 데 적용하기

문제

인터넷은 물 위에서 "뜨는" 바늘의 예를 보여 준다. 이 효과는 바늘을 지지하는 표면장력 때문이다. 물에 의해 지지될 수 있는 재봉바늘의 가장 큰 지름을 결정하라. 바늘 재질이 $SG_{ss} = 7.7$인 스테인리스강이라고 가정한다.

설명

물 표면에서의 표면장력에 의해 바늘이 물에 떠 있다.

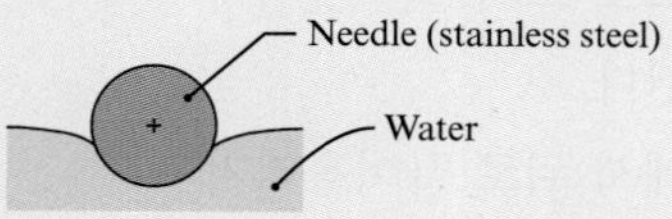

가정:

- 바늘이 실린더라고 가정한다.
- 단효과(end effect)를 무시한다.

특성값:

- 물(20°C, 1 기압, 그림 2.18): $\sigma = 0.0728$ N/m
- 물(4°C, 1 기압, 표 F.6): $\gamma_{H_2O} = 9810$ N/m^3
- SS: $\gamma_{ss} = (7.7)(9810 \text{ N/m}^3) = 75.5$ kN/m^3

목표

d(mm) ← 물에 떠 있을 수 있는 가장 큰 바늘의 직경

아이디어

바늘의 무게가 표면장력 힘에 의해 떠 있기 때문에 FBD를 그린다. 바늘과 물의 표면 레이어로 이루어지는 하나의 시스템을 선택한다. FBD는 아래 그림과 같다.

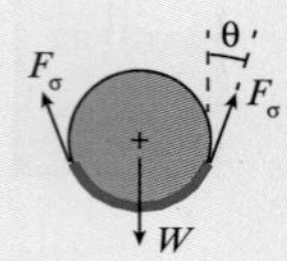

힘평형을 적용한다.

표면장력에 의한 힘 = 바늘의 무게

$$F_\sigma = W \tag{a}$$

식 (2.21)로부터

$$F_\sigma = \sigma 2L\cos\theta \tag{b}$$

여기서 L은 바늘의 길이이다. 바늘의 무게는

$$W = \left(\frac{\text{중량}}{\text{부피}}\right)[\text{부피}] = \gamma_{ss}\left[\left(\frac{\pi d^2}{4}\right)L\right] \tag{c}$$

식 (a), (b), (c)를 조합한다. 그리고 θ가 0이라고 가정한다. 이 값이 가능한 최대의 직경을 주기 때문이다.

$$\sigma 2L = \gamma_{ss}\left(\frac{\pi d^2}{4}\right)L \tag{d}$$

계획: d에 대해 식 (d)를 푼다. 그리고 숫자들을 대입한다.

문제풀이

$$d = \sqrt{\frac{8\sigma}{\pi\gamma_{ss}}} = \sqrt{\frac{8(0.0728 \text{ N/m})}{\pi(75.5 \times 10^3 \text{ N/m}^3)}} = \boxed{1.57 \text{ mm}}$$

해와 풀이과정 검토

참고. 비중을 적용하는 경우, 기준 온도 4°C에서의 물의 속성을 찾아보아야 한다.

2.7 증기압

낮은 온도에서도 액체가 한 시스템을 통과하면서 끓을 수 있다. 이 비등은 성능을 저하시키고 장비를 손상시킬 수 있다. 따라서 공학자들은 언제 비등이 발생할지를 예측할 수 있어야 한다. 이 예측은 증기압을 기반으로 한다.

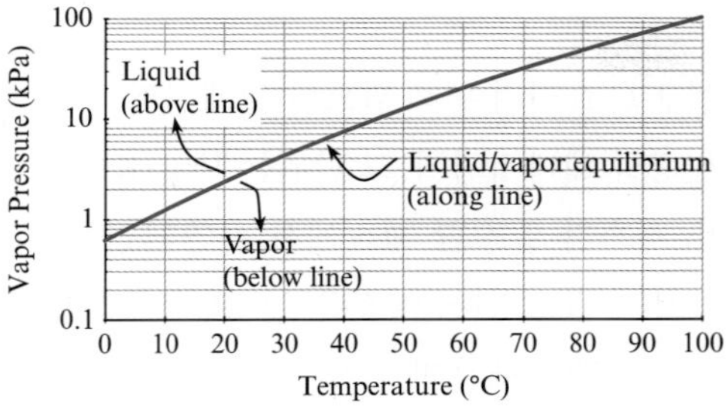

그림 2.23
물의 상태도.

증기압(vapor pressure) p_v(kPa)는 물질의 액체상과 기체상이 열평형 상태에 있는 압력이다. 증기압을 *포화압력(saturation pressure)*이라고도 하며, 해당 온도를 *포화온도(saturation temperature)*라고 한다.

증기압은 *상태도(phase diagram)*에서 시각화할 수 있다. 물의 상태도는 그림 2.23과 같다. 도시된 바와 같이, 물은 파란 선 위의 온도 및 압력의 임의의 조합에 대해 액상으로 존재할 것이다. 유사하게, 물은 파란 선 아래의 점들에 대해 증기상으로 존재할 것이다. 파란 선을 따라, 액상 및 증기상은 열평형 상태에 있다. 비등이 발생하면 물의 압력과 온도는 파란 선의 점 중 하나일 것이다. 그림 2.23에 추가하여 물의 증기압에 대한 데이터가 표 A.5에 정리되어 있다.

예제. 20°C의 물이 벤투리 노즐(venturi nozzle)을 통해 흐르고 있으며 끓고 있다. 이유를 설명하여라. 또한 노즐의 압력값을 제공하라.

풀이. 압력이 증기압으로 떨어졌기 때문에 물이 비등하는 것이다. 표 2.1은 p_v를 표 A.5에서 찾아볼 수 있다고 한다. 따라서 20°C에서의 증기압(표 A.5)은 $p_v = 2.34$ kPa 절대압력이다. 이 값은 그림 2.23을 사용하여 검증할 수 있다.

검토. 증기압은 일반적으로 *절대압력*을 사용하여 표현된다. 절대압력은 절대값이 0인 압력에 대비하여 측정한 압력값이다.

2.8 흐르는 가스의 열에너지 특성화

공학자들은 이 절에서 소개하는 속성을 사용하여 열에너지 변화를 특성화한다. **열에너지**(thermal energy)는 움직이는 분자와 관련된 에너지이다. 이것은 열에너지가 온도 변화(감지할 수 있는 에너지 변화) 및 상 변화(숨은 에너지 변화 즉 감지되지 않는 에너지 변화)와 관련이 있음을 의미한다. 대부분의 유체 문제에서 열 속성은 중요하지 않으나, 가스의 압축성 흐름에는 사용된다(12장).

비열 *c*

비열(specific heat)은 단위질량을 갖는 물질의 온도를 1°C 올리기 위해 필요한 열에너지의 양을 나타낸다. 비열의 차원은 온도 변화당 그리고 단위질량당 에너지이며, 그 단위는 J/kg·K이다.

c의 크기는 프로세스에 따라 다르다. 예를 들어, 가스가 *일정한 체적*에서 가열되면, 가스가 *일정한 압력*에서 가열되는 경우보다 적은 에너지가 필요하다. 이것은 일정한 압력 하에서 가열되는 가스는 주위 환경에 대해 팽창하면서 일을 해야 하기 때문이다.

정적 비열(constant volume specific heat) c_v는 일정한 체적에서 수행되는 프로세스에 적용된다. *정압 비열(constant pressure specific heat)* c_p는 일정한 압력에서 수행되는 프로세스에 적용된다. c_p/c_v의 비를 **비열비**(specific heat ratio)라고 하며 기호 k가 주어진다. 다양한 가스에 대한 c_p 및 k의 값은 표 A.2에 나와 있다.

내부에너지

내부에너지(internal energy)는 운동에너지와 위치에너지를 제외한 물질의 모든 에너지를 말하는 것이다. 따라서 내부에너지는 화학에너지, 전기에너지 및 열에너지와 같은 여러 형태의 에너지를 포함한다. 비내부에너지(specific internal energy) u는 단위질량당 에너지의 차원을 가지고 있다. 단위는 J/kg이다.

엔탈피

재료가 일정한 압력에서 가열될 때, 에너지 밸런스는 다음과 같다.

(추가된 에너지) = (열에너지를 증가시킬 에너지) + (물질이 팽창하면서 일하는 에너지)

열팽창 프로세스 중에는 물질이 그 주변을 밀어내는 힘을 가하기 때문에 일이라는 항이 필요해진다.

엔탈피(enthalpy)는 가열 또는 냉각 프로세스에 관련된 에너지의 양을 특성화하는 속성이다. 단위질량당 엔탈피는 다음과 같이 수학적으로 정의된다.

(엔탈피) = (내부에너지) + (압력/밀도)

$$h = u + p/\rho$$

이상기체 거동

이상기체의 경우 h, u, c_p, c_v 특성은 압력이 아닌 온도에만 의존한다.

2.9 핵심 내용 요약

시스템 설명하기

분석할 내용을 설명하려면 다음의 세 아이디어를 적용하라.

- *시스템*은 분석을 위해 선택한 사항이다.
- *주변*은 시스템의 일부가 아닌 다른 모든 것이다.
- *경계*는 시스템을 주변과 구분하는 면이다.

시스템의 *조건*을 설명하려면 네 아이디어를 적용하라.

- 시스템의 *상태*는 시스템의 속성 값들에 의해 규정된 시스템 상태이다.
- *속성*은 현재 상태에만 의존하는 시스템의 측정 가능한 특성이다.
- *정상상태*는 시스템의 모든 속성이 시간에 흐름에 대해 일정하다는 것을 의미한다.
- *프로세스*는 한 상태에서 다른 상태로 시스템을 변경하는 것이다.

유체 속성 찾기

- 유체의 무게 또는 질량을 특성화하려면 ρ, γ 또는 SG를 사용하라. 이러한 속성 중 하나를 알고 있다면 다음 방정식을 사용하여 다른 두 가지를 계산할 수 있다: $\gamma = \rho g$ 및 $SG = \rho/\rho_{H_2O,\,(4°C)} = \gamma/\gamma_{H_2O,\,(4°C)}$.
- 점성 효과(즉, 마찰 효과)를 특성화하려면 *역학적 점성* 또는 *절대 점성*이라고도 하는 *점성* μ를 사용할 수 있다. 또한 종종 *동점성*(kinematic viscosity)이라고 불리는 다른 속성도 사용할 것이다. 이것은 $\nu = \mu/\rho$로 정의된다.
- 속성 값을 찾아볼 때, 온도 및 압력의 함수로 속성 값이 변화한다는 것을 고려해야 한다.
- 문서화의 질은 속성의 명칭, 속성 데이터의 출처, 단위, 온도 및 압력, 그리고 가정한 모든 것들이 포함된다.

밀도 주제

- 유체를 *일정한 밀도*로 모델링한다는 것은 밀도가 위치와 시간에 따라 일정하다는 것을 의미한다. *가변 밀도*는 위치, 시간 또는 둘 다에 의해 밀도가 변할 수 있음을 의미한다.
- 마하가 0.3 미만인 경우 정상흐름의 가스를 일정한 밀도로 이상화할 수 있다. 대부분의 흐름 상황에 있어, 액체는 밀도가 일정하다고 이상화될 수 있다. 주목할 만한 두 가지 예외는 수격(water hammer) 문제와 음향 문제이다.
- 압력이 증가하면 액체를 포함한 모든 유체가 압축된다(즉, 볼륨이 감소). 부피 변화량은 탄성계수를 사용하여 계산할 수 있다.
- 비중(S 또는 SG)은 4°C에서의 액체의 밀도에 대한 그 물질 밀도의 비율을 나타낸다.

응력

역학에서 **응력**(stress)은 물질 입자들이 서로 작용하는 내부적 힘을 표현하는 실체이다. 응력은 한 점에서의 힘의 비율이며 두 성분으로 분해된다.

- 압력(수직응력)은 면적에 대한 수직 힘의 비율이다.
- 전단응력은 면적에 대한 전단력의 비율이다.

힘을 응력과 관련시키려면 응력을 면적에 대해 적분한다.

- 압력 힘에 대한 일반 방정식은 $\mathbf{F}_p = \int_A -p\mathbf{n}\, dA$이다. 평평한 표면에 작용하는 균일한 압력이 미치는 특수한 경우에 이 방정식은 $F_p = pA$와 같이 단순화된다.
- *전단력*의 일반 방정식은 $\mathbf{F}_s = \int_A \tau\, \mathbf{t}\, dA$이다. 평평한 표면에 작용하는 균일 전단응력의 특별한 경우, 이 방정식은 $F_s = \tau A$로 단순화된다.
- 몸체 #1(유체 몸체)과 몸체 #2(이외의 몸체) 사이에 힘이 작용할 때 이 힘은 대개 다음 7개 중 하나로 파악된다: (1) 압력 힘, (2) 전단력 힘, (3) 부력, (4) 항력, (5) 양력, (6) 표면장력, (7) 추력. 표면장력을 제외하고는, 이들 각각의 힘은 압력 분포, 전단응력 분포, 또는 둘 모두와 연관되어 있다.

점성 방정식

- 점성 방정식은 흐르는 유체에서 전단응력을 계산할 때 유용하다. 방정식은 $\tau = \mu(dV/dy)$이다. μ가 일정하다면 τ는 dV/dy와 선형적으로 관련된다.
- 많은 흐름에서 속도경사는 거리(dV/dy)에 대한 속도의 1

차 미분 값이다.

- 비활동 조건은 고체 표면과 접촉하는 유체의 속도가 표면의 속도와 같음을 의미한다.
- *뉴턴유체*는 τ 대 dV/dy의 플롯이 직선인 유체이다. *비뉴턴유체*는 τ 대 dV/dy의 플롯이 직선이 아닌 유체이다. 일반적으로 비뉴턴유체는 뉴턴유체보다 복잡한 분자 구조를 가지고 있다. 비뉴턴유체의 예로는 페인트, 치약 및 용융 플라스틱이 있다. 뉴턴유체에 대해 개발된 방정식(즉, 많은 교과서에서의 방정식)은 종종 비뉴턴유체에는 적용되지 않는다.
- 쿠에트 흐름은 V_o의 속도로 움직이는 상판을 갖는 좁은 채널을 통과하는 흐름을 포함한다. 쿠에트 흐름에서, 전단응력은 모든 점에서 일정하며 $\tau_o = (\mu V_o)/H$로 주어진다.

표면장력 및 증기압

- 압력이 증기압으로 떨어지면 시스템에 흐르는 액체가 끓는다. 이 끓는 점은 종종 설계에 불리하게 작용한다.
- 표면장력 문제는 일반적으로 FBD 및 합산 힘을 끌어내면 해결된다.
- 둥근 유리 튜브에서 물의 모세관 상승 공식은 $\Delta h = (4\sigma)/(\gamma d)$이다.

참고문헌

1. Fluid Mechanics Films, downloaded 7/31/11 from http://web.mit.edu/hml/ncfmf.html

2. Harris, J. *Rheology and non-Newtonian Flow.* New York: Longman, 1977.

3. Schowalter, W. R. *Mechanics of Non-Newtonian Fluids.* New York: Pergamon Press, 1978.

4. White, F. M. *Fluid Mechanics*, 7th ed. New York: McGraw-Hill, 2011, p. 828.

5. Fluid Mechanics Films, downloaded 7/31/11 from http://web.mit.edu/hml/ncfmf.html

6. Shaw, D. J. *Introduction to Colloid and Surface Chemistry,* 4e, Maryland Heights, MO: Butterworth-Heinemann, 1992.

문제

시스템, 상태 및 속성(2.1절)

2.1 시스템은 주변 환경과 다음 무엇으로부터 격리되는가?

a. 경계(boundary)

b. 나눔수

c. 경계(border)

d. 부분 분리 라인

유체 속성 조회(2.2절)

2.2 식품가공공장의 한 열린 통에 20°C 및 대기압에서 600 L의 물이 들어 있다. 물이 60°C로 가열되면 체적 변화율은 퍼센트로 어떻게 되나? 이 통의 직경이 2 m이라면 이러한 온도 증가로 인해 수위가 어느 정도 상승할까?

2.3 밀도, 절대 점성 및 동점성에 대한 값을 조사할 때, 액체와 기체 둘 다에 가장 맞는 말은 무엇인가?

a. 이 세 가지 속성은 모두 온도와 압력에 따라 다르다.

b. 이 세 가지 속성은 모두 압력에 따라 다르다.

c. 이 세 가지 속성은 모두 온도에 따라 다르다.

2.4 동점성은: (해당되는 것을 모두 골라라)

a. 점성/밀도이다.

b. 절대 점성에 대한 다른 이름이다.

c. L^2/T의 크기를 가진다.

d. 힘이 상쇄되기 때문에 차원이 없다.

e. 압축성 유체에만 적용된다.

2.5 10°C와 50°C 사이의 물에 있어 점성과 밀도의 차이는 무엇인가? 10°C와 50°C 사이의 공기에 있어 점성과 밀도의 차이는 무엇인가? 표준 대기압($p = 101$ kN/m^2)을 가정한다.

2.6 10°C에서 80°C로 가열되는 공기의 동점성의 변화를 구하라. 표준 대기압을 가정한다.

2.7 20°C의 온도에서 등유, SAE 10W-30 모터 오일 및 물의 역학적 점성 및 동점성을 찾아라.

밀도 관련 주제(2.3절)

2.8 비중은: (해당되는 것을 모두 골라라)

a. 무차원이다.

b. N/m^3가 단위일 수 있다.

c. 온도 상승에 따라 감소한다.

d. 온도 상승에 따라 증가한다.

2.9 탄성계수의 차원은:

a. 압력/밀도의 차원과 동일하다.

b. 압력/부피의 차원과 동일하다.

c. 압력의 차원과 동일하다.

d. 무차원이다.

2.10 처음에 3200 cm^3 체적을 채운 물에 4×10^6 N/m^2의 압력을 가한다. 압력을 가한 후 부피를 예측하라.

2.11 부피를 4.5% 감소시키기 위해 물에 가해져야 하는 압력 증가를 계산하라.

압력 및 전단응력(2.4절)

2.12 전단응력의 차원은?

a. 힘/면적

b. 힘/길이

c. 차원 없음

점성 방정식(2.5절)

2.13 비활동 조건은: (해당되는 것을 모두 골라라)

a. 이상적인 흐름에만 적용된다.

b. 거친 표면에만 적용된다.

c. 속도 V가 벽의 속도임을 의미한다.

d. 속도 V가 벽에서 0임을 의미한다.

2.14 흐르는 유체 안의 한 지점에서 전단응력은 1.8×10^{-4} psi이고 속도경사가 1 s^{-1}이다.

a. 전통적인 단위로 점성은 얼마인가?

b. 이 점성을 SI 단위로 변환하라.

c. 이 유체는 물보다 점성이 다소간 높은가?

2.15 점성이 1×10^{-4} $lbf \cdot s/ft^2$인 SAE 10W-30 오일이 7 ft/s의 속도 차이로 서로 미끄러져 지나가는 (한 기계의) 두 부품 사이의 윤활제로 사용되고 있다. 2 lbf/ft^2 이상의 전단응력 발생을 원하지 않는 경우, 인치 단위로 어떤 간격이 필요한가? 쿠에트 흐름인 것으로 가정하라.

2.16 글리세린($T = 20°C$)이 흐르고 있고, 압력경사 dp/dx가 -1.5 kPa/m이라고 가정한다. 두 벽 사이의 간격 B가 5.0 cm인 경우 벽으로부터 8 mm 거리에서의 속도 및 전단응력은 얼마인가? 벽에서의 전단응력과 속도는 얼마인가? 고정판 사이의 점성 유체에 대한 속도 분포는 다음과 같다.

$$u = -\frac{1}{2\mu}\frac{dp}{dx}(By - y^2)$$

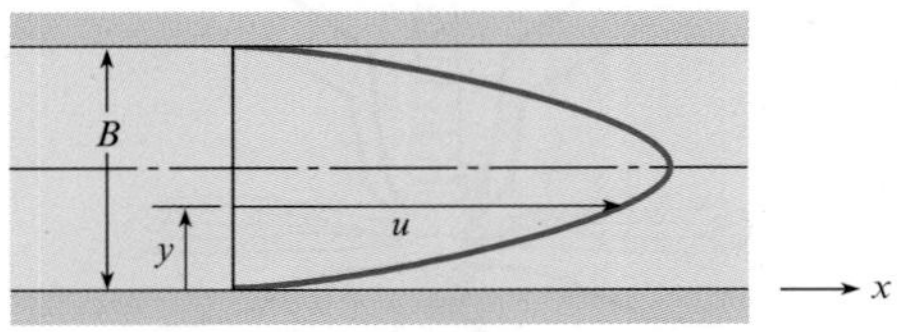

문제 2.16

2.17 두 개의 판이 3/16 in. 간격으로 분리되어 있다. 하부 플레이트는 고정되어 있고 상부 플레이트는 27 ft/s의 속도로 움직인다. 플레이트 사이의 공간을 채우는 오일(SAE 10W-30, 150°F)은 접촉면에서의 판과 동일한 속도를 갖는다. 오일의 속도 변화는 선형이다. 기름 안에서의 전단응력은 얼마인가?

2.18 아래에 보이는 미끄럼판 점성계는 한 유체의 점성을 측정하는 데 사용된다. 상판은 $F = 2$ N의 힘에 응하여 $V = 18$ m/s의 일정한 속도로 오른쪽으로 움직인다. 바닥 판은 고정되어 있다. 이 유체의 점성은 얼마인가? 선형 속도 분포를 가정한다.

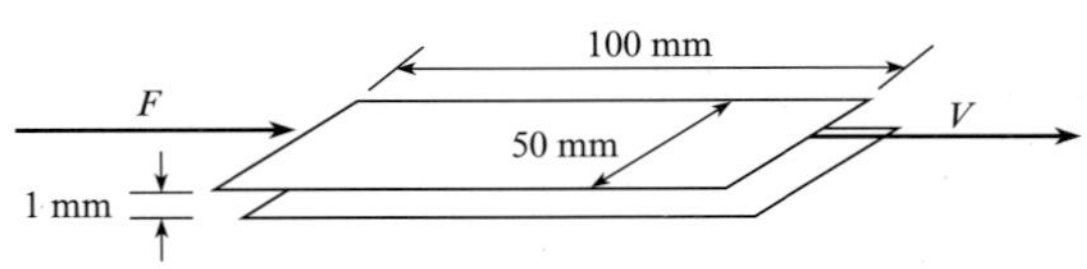

문제 2.18

표면장력(2.6절)

2.19 표면장력은: (해당되는 것을 모두 골라라)

a. 인터페이스 또는 표면에서만 발생한다.

b. 힘/면적의 차원을 갖는다.

c. 에너지/면적의 차원을 갖는다.

d. 힘/길이의 차원을 갖는다.

e. 부착력과 응집력에 의존한다.

f. 온도의 함수로서 변화한다.

2.20 표면장력에 의해 연못 표면에 소금쟁이가 떠 있다 (물이 다리를 젖게 하지 않음). 이 곤충은 6개의 다리를 가지고 있으며, 각 다리는 7 mm 길이 이상으로 물과 접촉하고 있다. 이 곤충이 가라앉지 않기 위한 최대 질량(g)은 얼마인가?

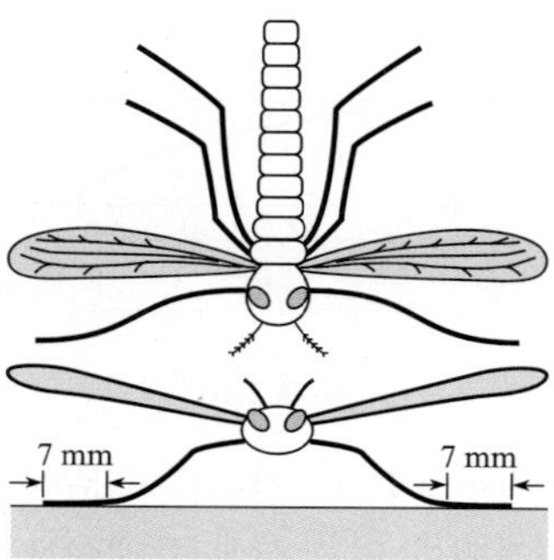

문제 2.20

2.21 유리관 안의 물 기둥이 파이프의 압력을 측정하는데 사용되고 있다. 관의 직경은 1/4 in.이다. 물 기둥의 부피 중 표면장력 효과로 인한 부피는 얼마나 되는가? 튜브가 1/8 in. 또는 1/16 in. 직경인 경우 표면장력 효과는 무엇인가?

2.22 $d = 2.0$ mm인 구형 물방울 내의 계기압력은 얼마인가?

증기압(2.7절)

2.23 물의 온도가 20°C이며 끓을 때까지 압력을 낮춘다. 압력은 얼마인가?

2.24 실험실에 있는 한 학생은 밀폐된 탱크의 물 표면 위의 공기 공간에 진공을 가할 계획이다. 학생은 이 공기의 절대압력이 12,300 Pa가 되도록 할 계획이다. 물의 온도는 50°C이다. 이러한 상황에서 물이 끓을 수 있을까?

CHAPTER 3

유체 정역학

개요 이 장은 압력에 관련된 개념을 소개하고, 압력의 분포에 연관된 힘을 계산하는 방법을 기술한다. 중점은 정역학적 평형에 있는 유체이다.

그림 3.1

이집트 기자지역 대피라미드의 석조 질량을 능가하는 첫 번째 인공 구조물은 후버댐이었다. 댐의 설계는 정역학적 계산을 수반한다. (미국 연방개발국)

학습성과

압력(3.1절)

- 압력을 정의하고 압력 단위를 변환한다.
- 대기압력을 기술하고 적절한 값을 선택한다.
- 계기, 절대, 진공 및 차압을 정의하고 적용한다.
- 유압 기계에 대하여 요지를 알고 적절한 문제풀이를 한다.

정역학적 방정식(3.2절)

- 정역학적 평형을 정의한다.
- 정역학적 미분 방정식에 대한 요지를 이해한다.
- 정역학적 대수 방정식에 대한 요지를 이해하고 적절한 문제풀이를 한다.

압력 측정(3.3절)

- 과학 장치 작동 원리를 설명하고 적절한 계산을 할 수 있다(수은 압력계, 위압계, 액주계 및 부르동-튜브 압력계에 적용).

압력 힘(3.4절)

- 압력의 중심을 정의한다.
- 압력 분포를 스케치한다.
- 계기압력법칙을 설명 또는 적용한다.
- 균일한 압력 분포에 기인한 힘을 계산한다.
- 패널 방정식에 대한 요지를 알고 이 방정식을 적용하는 방법을 이해한다.

곡면(3.5절)

- 균일하거나 정수압 분포를 갖는 곡면 관련 문제를 푼다.

부력(3.6절)

- 부력에 대한 요지를 알고 이 아이디어를 문제풀이에 적용한다.

3.1 압력

공학자는 거의 모든 유체역학 문제의 풀이에서 압력을 사용하기 때문에, 이 절은 압력에 관한 기본 개념을 소개한다.

압력의 정의

압력(pressure)은 유체에 의한 법선력이 작용하는 면적이 0으로 접근하면서, 이에 대한 법선력의 비율이다.

$$p = \frac{\text{법선력의 크기}}{\text{단위면적}}\Bigg|_{\substack{\text{유체로 인한}\\\text{한 점에서}}} = \lim_{\Delta A \to 0} \frac{\Delta F_{\text{normal}}}{\Delta \text{A}} \tag{3.1}$$

압력은 압력이 흐르는 유체에서 일반적으로 각 (x, y, z) 위치에서 변하기 때문에 한 점에서 정의된다.

압력은 어떤 면적에 그 작용에 의해 결과적인 힘을 만드는 스칼라이다. 결과적인 힘은 그 면적에 직각이고 표면을 향하는 방향으로 작용한다(압축력).

압력은 표면과 상호작용하는 유체의 분자에 의하여 발생된다. 예를 들어, 축구공이 부풀 때에, 그 공의 표면에서의 내부 압력은 벽을 치는 공기 분자에 의하여 생긴다.

압력의 단위는 세 가지 카테고리로 체계화될 수 있다.

- *단위면적당 힘.* SI 단위는 평방미터당 뉴턴 또는 파스칼(Pa)이다. 전통적인 단위는 psi인데, 평방인치당 파운드 힘이고, psf는 평방피트당 파운드 힘이다.
- *액체 기둥 높이.* 때때로 압력 단위는 액체 기둥의 등가 높이를 사용한다. 예를 들어, 풍선 내의 압력은 물 기둥을 위로 약 8 인치 밀어낼 것이다(그림 3.2). 공학자는 풍선 내의 압력은 다음과 같이 물 8 인치라고 말한다: $p = 8$ in-H_2O. 압력이 "유체 기둥 높이" 단위로 주어지면, 압력값은 표 F.1을 사용하여 다른 단위로 직접 변환될 수 있다. 예를 들어, 풍선 내의 압력은 다음과 같다.

$$p = (8 \text{ in-H}_2\text{O})(249.1 \text{ Pa/in-H}_2\text{O}) = 1.99 \text{ kPa}$$

- *대기.* 때때로 압력 단위는 대기에 관하여 기술되는데, 여기서 1.0 atm은 표준 조건에서 해수면 기준의 공기 압력이다. 또 하나의 통상적인 단위는 바(bar)인데, 이것은 1.0 atm과 거의 같은 값이다($1.0 \text{ bar} = 10^5 \text{ kPa}$).

대기압력

이 하위 절에서는 대기압력(p_{atm})의 정확한 값을 선택하는 방법을 설명하는데, 그 이유는 p_{atm}의 값이 종종 계산에서 필요하기 때문이다.

지구의 대기는 지구 표면으로부터 공간의 끝까지 확장되어 있는 공기의 극히 얇은 막이다. 대기는 중력의 힘에 의해 고정되어 있다. NASA에 따르면, "만약 지구가 농구공 크기라면, 이를 단단히 감싸고 있는 베개커버 정도의 두께가 대기 두께를 나타낸다"고 한다.*

만약 당신이 데이터를 본다면, p_{atm}이 해발에 따라 크게 영향을 받는다는 것이 명백하다:†

- 런던에서(EL = 35 m): p_{atm} = 101 kPa
- 미국 콜로라도 덴버에서(EL = 1650 m): p_{atm} = 83.4 kPa
- 네팔 에베레스트산 정상 근처에서(EL = 8000 m): p_{atm} = 35.6 kPa
- 비행기의 통상적인 항로 고도에서(EL = 12190 m): p_{atm} = 18.8 kPa

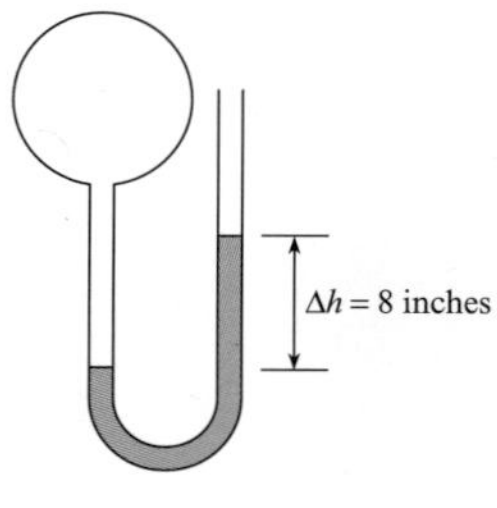

그림 3.2
물 기둥을 8 인치 상승하게 만드는 풍선 내의 압력.

p_{atm}이 해발에 따라 변하는 이유는 그림 3.3에 설명되어 있다.

해발에 추가하여, 다른 변수도 p_{atm}에 영향을 준다. 해발이 증가하면서, 대기의 평균 온도는 감소한다. 예를 들어, 알프스산에서 산 정상의 평균 온도는 계곡에 위치한 마을에서의 평균 온도보다 더 낮다. 그 지역 날씨도 p_{atm}에 영향을 준다. 좋은 날씨는 대기압력의 높은 값에, 나쁜 날씨는 낮은 값에 연관되어 있다. 대기가 낮에 뜨거워지고 밤에 식으므로, 대기압력은 온도 변화에 대응하여 달라진다. 다행히 p_{atm}의 적절한 값을 선택하는 것은 단순하다. 우리가 추천하는 세 가지 방법은 다음과 같다.

방법 #1. 만약 해발에 대한 정보가 부족하면, 해수면에서의 대기압력의 표준값을 선택하라.‡ 즉,

$$p_{atm}(\text{해수면}) = 1.000 \text{ atm} = 101.3 \text{ kPa} = 14.70 \text{ psi} = 2116 \text{ psf} = 33.90 \text{ ft-H}_2\text{O}$$
$$= 760.0 \text{ mm-Hg} = 29.92 \text{ in-Hg} = 1.013 \text{ bar}$$

방법 #2. 만약 당신이 해발에 대한 정보를 가지고 있으면, 당신은 *표준 대기*를 사용하는 대기압력의 보통 값을 계산할 수 있다. **U.S. 표준 대기**(U.S. standard atmosphere)는 평균 조

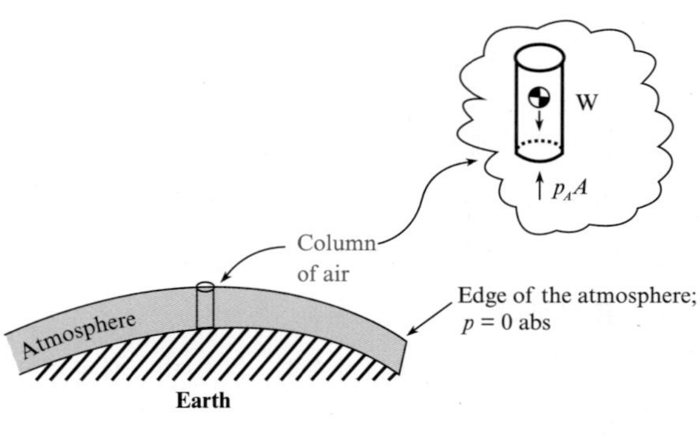

그림 3.3
사실. 대기압력(p_{atm})은 해발이 증가할수록 감소한다. **논리.** (1) 지구 표면으로부터 대기 위쪽 끝까지 뻗어 있는 공기 기둥을 선택하라. (2) 이 기둥이 정지된 것으로 가정하라. (3) 기둥이 정지되어 있으므로, 힘은 합계가 0이다. (4) 그래서, 정역학은 대기압력이 기둥의 무게를 섹션 면적으로 나눈 값과 같음을 보여 준다. (5) 더 높은 해발에서, 유체 기둥은 더 짧아서 무게가 덜 나간다. **결론.** 해발은 대기압력 값에 크게 영향을 준다.

* http://www.grc.nasa.gov/WWW/k-12/airplane/atmosmet.html.

† 대기압력은 절대압력이다. 그래서 공학자는 보통 p_{atm} = 101 kPa 절대라고 말하지 않고, 대신에 p_{atm} = 101 kPa 라고 말한다.

‡ 이 값들을 당신의 *해법 지식*에 추가하기를 권한다. 늘 그렇듯, 정확한 값이 아닌 근사값을 암기하기를 추천한다. 우리는 두세 유효숫자까지 암기하기를 권한다.

건에 상응하는 온도, 밀도, 압력과 같은 매개변수 값을 주는 수학 모델이다. NASA*에 의해 개발된 모델은 지구 표면으로부터 해발 1000 km까지 유효하다. 계산에 관하여, 수학 모델의 방정식은 복잡하므로, 우리는 Digital Dutch 온라인 계산기†를 추천한다.

방법 #3. 대기압력을 찾는 가장 정확한 방법은 압력계(바로미터)를 이용하여 값을 측정하는 것이다. 예를 들어, 만약 당신이 실험 데이터를 프로세싱하고 당신의 데이터가 기록된 시간에 대기압력의 정확한 값을 알기 원한다면, 이 방법이 필요할 수 있다. 압력계 사용에 대한 대안으로 당신은 인터넷에 지역적으로 측정된 값을 검색할 수 있다. 그러나 인터넷을 자료 출처로 사용할 때는 조심해야 하는데, 그 이유는 많은 인터넷 사이트가 주어진 지역이 만약 해수면에 위치해 있다는 가정 하에 그 지역 대기압력을 조정하기 때문이다.

예제. 대기압력의 무슨 값이 멕시코시티에서 지어질 프로젝트에 대해 사용되어야 하는가? **논리.** (1) 멕시코시티의 해발은 2250 m. (2) U.S. 표준 대기를 사용하여, Digital Dutch 계산기‡로 계산하면 해발 2250 m에서 $p_{\text{atm}} = 77.1$ kPa. **결론.** $p_{\text{atm}} = 77$ kPa.

절대압력, 계기압력, 진공압력 및 차압

절대압력은 우주 공간 같은 지역에서 사용되는데, 이 지역은 기체가 전혀 없기 때문에 압력이 본질적으로 0이다. 완전 진공에서의 압력은 절대 0이라 불리며, 이 0 압력에 상대적으로 측정된 압력은 **절대압력**(absolute pressure)이라 한다.

특정 지역의 지배적인 대기압력에 대하여 상대적인 값으로 압력이 측정될 때 **계기압력**(gage pressure)이라 불린다.§ 예를 들어, 타이어 압력계기가 300 kPa(44 psi) 값일 때, 이것은 타이어 안의 절대압력이 지역 대기압력보다 300 kPa 더 크다는 것을 의미한다. 계기압력을 절대압력으로 변환하기 위해서는, 그 지역의 대기압력을 더하면 된다. 예를 들면, 대기압력이 100 kPa인 지역에서 기록된 50 kPa의 계기압력은 다음과 같이 표시된다.

$$p = 50 \text{ kPa 계기} \qquad \text{또는} \qquad p = 150 \text{ kPa 절대} \tag{3.2}$$

SI 단위로, 계기 및 절대 압력은 식 (3.2)에 보이는 단위에 따라 식별된다. 전통적인 단위로, 계기압력은 단위 심볼에 g를 붙임으로써 식별된다. 예를 들면, 평방피트당 10 파운드의 계기압력은10 psfg로 나타낸다. 비슷하게, 문자 a를 사용하여 절대압력을 표시한다. 예를 들면, 평방인치당 20 파운드의 절대압력은 20 psia로 표시한다.

압력이 대기압력보다 작을 때, 압력은 진공압력을 사용하여 기술할 수 있다. **진공압력**(vacuum pressure)은 대기압력과 실제 압력 사이의 차이로서 정의된다. 진공압력은 양수이

---

*가장 최근 버전은 1976년에 발간되었다.

† http://www.digitaldutch.com/atmoscalc.

‡ http://www.digitaldutch.com/atmoscalc.

§문헌에서 사용되는 두 가지 올바른 스펠링이 있다: "gage" 압력 및 "gauge" 압력.

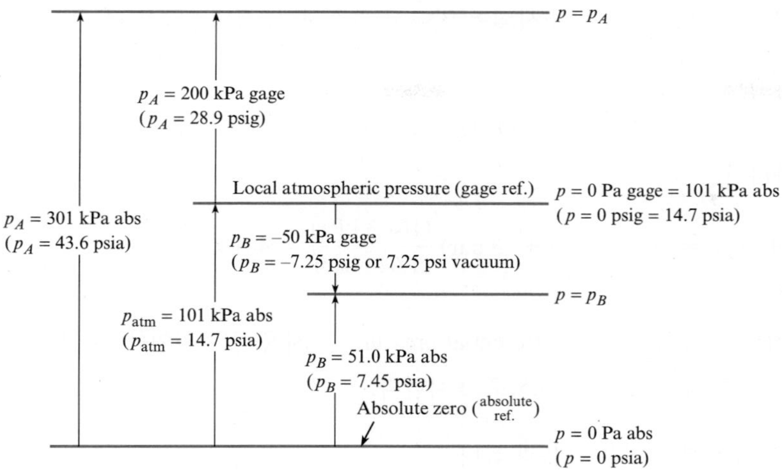

그림 3.4
압력 관계의 예.

며 계기압력(음수)의 절대값과 동일하다. 예를 들어 만약 $p_{\text{atm}} = 101$ kPa이고 탱크에 연결된 계기가 진공압력 31.0 kPa를 가리키면, 이것은 또한 70.0 kPa 절대, 또는 −31.0 kPa 계기로 쓸 수 있다.

그림 3.4는 세 압력 스케일의 시각적 설명을 제공한다. $p_B = 7.45$ psia는 −7.25 psig와 +7.25 psi 진공과 같은 값임을 주목하라. $p_A = 301$ kPa 절대는 200 kPa 계기와 같은 값임을 주목하라. 계기압력, 절대압력, 그리고 진공압력은 "압력 방정식"으로 불리는 식을 이용하여 관계될 수 있다.

$$p_{\text{계기}} = p_{\text{절대}} - p_{\text{atm}} \tag{3.3a}$$

$$p_{\text{진공}} = p_{\text{atm}} - p_{\text{절대}} \tag{3.3b}$$

$$p_{\text{진공}} = -p_{\text{계기}} \tag{3.3c}$$

예제. 5 psi 진공을 SI 단위의 절대압력으로 변환하라.

풀이. 먼저, 진공압력을 절대압력으로 변환한다.

$$p_{\text{절대}} = p_{\text{atm}} - p_{\text{진공}} = 14.7 \text{ psi} - 5 \text{ psi} = 9.7 \text{ psia}$$

둘째로, 표 F.1로부터 변환비를 적용해서 단위를 변환하라.

$$p = (9.7 \text{ psi})\left(\frac{101.3 \text{ kPa}}{14.7 \text{ psi}}\right) = 66{,}900 \text{ Pa 절대}$$

추천. 압력 단위를 쓸 때, 압력이 절대압력인지 계기압력인지, 또는 진공인지 명시하는 것은 좋은 습관이다.

그림 3.5

관 내의 흐름에 대한 차압의 예. 점 A와 점 B는 중심선에 위치한다. 차압(Δp)는 점 A 압력에서 점 B 압력을 뺀 값이다.

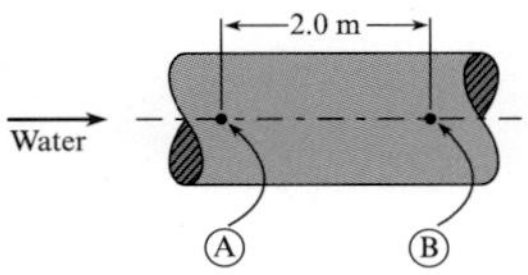

예제. 자동차 타이어 압력이 3 bar로 명시되어 있다고 가정하자. 절대압력을 kPa 단위로 구하라.

풀이. 타이어 압력은 통상 계기압력으로 명시된다는 것을 인식하라. 그래서 계기압력을 절대압력으로 변환하라.

$$p_{\text{abs}} = p_{\text{atm}} + p_{\text{gage}} = (101.3\text{ kPa}) + (3\text{ bar})\frac{(101.3\text{ kPa})}{(1.013\text{ bar})} = 401\text{ kPa 절대}$$

압력을 표시하는 또 하나의 방법은 **차압**(differential pressure)을 사용하는 것인데, 이것은 두 점 사이의 압력 차이로 정의되며 Δp(그림 3.5)로 표시한다.

차압에 대한 몇 가지 유용한 사실은 다음과 같다.

- 점 (A 및 B)는 차압이 양의 수가 되도록 보통 선택된다. 즉, $\Delta p > 0$.
- 차압은 두 점 사이의 압력 차이를 의미하며, 미적분학에서의 미분의 의미에서의 "미분 압력"을 의미하는 것이 아니다.
- 단위 심볼 psid는 평방인치 미분(differential)당 파운드 힘을 의미한다. 유사하게, psfd는 차압을 의미한다.

유압 기계

그림 3.6

지렛대와 유압 기계는 모두 기계적인 장점을 제공한다.

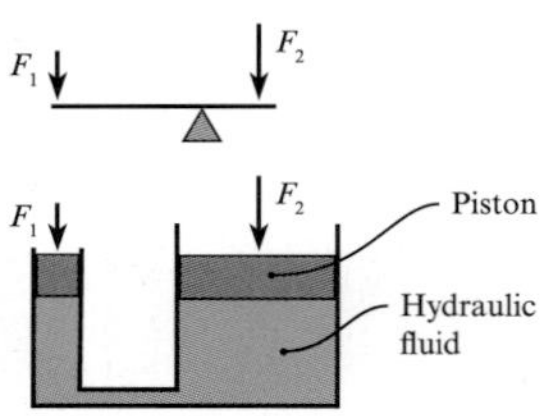

유압 기계(hydraulic machine)는 인간의 업무 수행을 돕기 위하여 힘 또는 에너지를 전달할 유체를 사용한다. 유압 기계의 한 예는 자동차 유압잭인데, 여기서 사용자는 적은 힘을 사용하여 자동차를 조작하고 들 수 있다. 유압 기계의 다른 예로는 자동차의 브레이킹 시스템, 지게차, 자동차의 파워스티어링 시스템, 그리고 비행기 컨트롤 시스템을 들 수 있다.

유압 기계는 기계적 장점을 제공한다(그림 3.6). **기계적 장점**(mechanical advantage)은 입력힘 대비 출력힘의 비율로 정의된다.

$$(\text{기계적 장점}) \equiv \frac{(\text{출력힘})}{(\text{입력힘})} \tag{3.4}$$

지렛대(그림 3.6)의 기계적 장점은 지렛목에 대한 모멘트를 합산하여 $F_1L_1 = F_2L_2$이 되면 알 수 있는데, 여기서 L은 지렛대 팔의 길이를 나타낸다.

$$(\text{기계적 장점; 지렛대}) \equiv \frac{(\text{출력힘})}{(\text{입력힘})} = \frac{F_2}{F_1} = \frac{L_1}{L_2} \tag{3.5}$$

유압 기계의 기계적 장점을 찾기 위하여 각 피스톤에 힘 평형(그림 3.6)을 적용하면, $F_1 = p_1A_1$ 및 $F_2 = p_2A_2$이 되는데, 여기서 p는 실린더 내의 압력이고 A는 피스톤의 표면 면적이다. 다음으로, $p_1 = p_2$이므로 기계적 장점에 대해 풀면 다음과 같다.

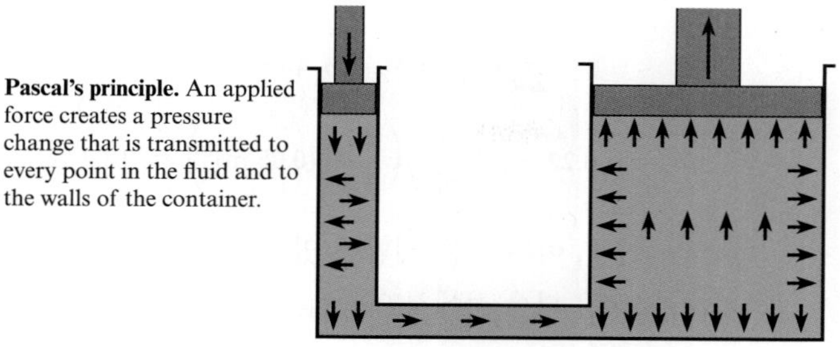

그림 3.7

이 그림은 파스칼 원리의 설명에 유압 기계가 어떻게 사용될 수 있는지 보여 준다.

$$(\text{기계적 장점; 지렛대}) \equiv \frac{(\text{출력힘})}{(\text{입력힘})} = \frac{F_2}{F_1} = \frac{A_2}{A_1} = \frac{D_2^2}{D_1^2} \tag{3.6}$$

유압 기계는 파스칼의 원리를 설명하는 데 종종 사용된다. 이 원리는 갇힌 유체 내의 임의의 점에서의 압력 증가가 있을 때, 그 컨테이너 내의 모든 다른 점에 동등한 압력 증가가 있다는 것을 말한다. 이 원리는 풍선이 부풀 때 모든 방향으로 고르게 확장하기 때문에 명백하다. 원리는 유압 기계에서도 또한 명백하다(그림 3.7).

예제 3.1

힘 평형을 유압잭에 가하기

문제

유압잭이 그림에 보이는 치수를 갖고 있다. 만약 어떤 사람이 100 N의 힘 F를 잭의 핸들에 가하면, 잭은 하중 F_2를 얼마나 지지할 수 있는가? 리프터 무게는 무시하여라.

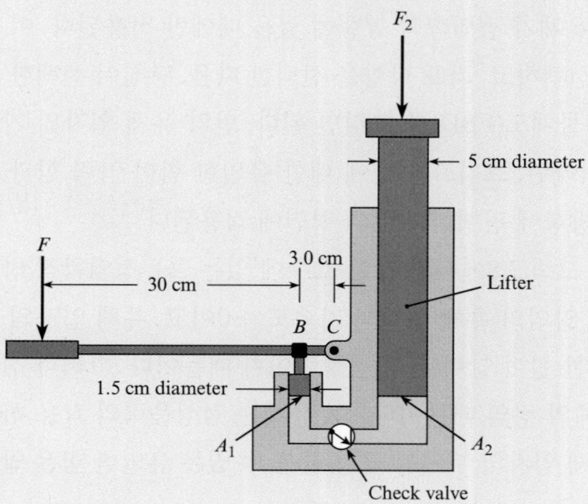

설명

$F = 100$ N의 힘이 잭의 핸들에 가해진다.

가정: 리프터(스케치 참조)의 무게는 무시할 만하다.

목표

F_2(N) ← 잭이 들 수 있는 하중

아이디어

목표는 F_2이므로, 힘 평형을 리프터에 적용하라. 그런 후, 작은 피스톤과 핸들을 분석하라. 계획은 다음과 같다.

1. 모멘트 평형을 적용하여 작은 피스톤에 작용되는 힘을 계산한다.
2. 힘 평형을 적용하여 유압 유체에서의 압력 p_1을 계산한다.
3. 힘 평형을 적용하여 하중 F_2를 계산한다.

문제풀이

1. 모멘트 평형(핸들):

$$\sum M_c = 0$$

$$(0.33\ \text{m}) \times (100\ \text{N}) - (0.03\ \text{m})F_1 = 0$$

$$F_1 = \frac{0.33\ \text{m} \times 100\ \text{N}}{0.03\ \text{m}} = 1100\ \text{N}$$

2. 힘 평형(작은 피스톤):

$$\sum F_{\text{small piston}} = p_1A_1 - F_1 = 0$$

$$p_1A_1 = F_1 = 1100\ \text{N}$$

그래서

$$p_1 = \frac{F_1}{A_1} = \frac{1100\ \text{N}}{\pi d^2/4} = 6.22 \times 10^6\ \text{N/m}^2$$

3. 힘 평형(리프터):

$$\sum F_{\text{lifter}} = F_2 - p_1A_2 = 0$$

$$F_2 = p_1A_2 = \left(6.22 \times 10^6 \frac{\text{N}}{\text{m}^2}\right)\left(\frac{\pi}{4} \times (0.05\ \text{m})^2\right) = \boxed{12.2\ \text{kN}}$$

$p_1 = p_2$인데, 이는 같은 해발에 있기 때문임을 주목하라(이 사실은 다음 절에서 입증할 것이다).

해와 풀이과정 검토

1. *토의.* 지렛대와 유압 기계를 결합하는 이 예제의 잭은 100 N의 입력힘으로부터 12,200 N의 출력힘을 제공한다. 그래서 이 잭은 122:1의 기계적 장점을 제공한다.

2. *지식.* 유압 기계는 힘과 모멘트 평형을 적용함으로써 분석된다. 압력의 힘은 보통 $F = pA$에 의해 주어진다.

3.2 정역학적 방정식

이 절은 유체가 정역학적 평형에 있는 문제에 대하여 압력 계산방법을 설명한다. 두 개의 주요 결과가 있다.

- 정역학적 *미분 방정식*: 밀도가 변하는 문제에 적용된다.
- 정역학적 *대수 방정식*: 밀도가 일정한 문제에 적용된다.

정역학적 조건

이 절의 방정식은 당신의 문제에 있는 유체가 *정역학적 평형*에 있을 때에만 적용된다. 이 조건이 적용되는지 알려면, 유체 입자를 선택하고, 좌표 방향을 선택한 다음, 당신이 선택한 좌표 방향에 있는 힘만을 보여 주는 자유물체도(FBD)를 그리면 된다. 만약 유체 입자의 가속도가 당신이 선택한 좌표 방향으로 0이라면, 그리고 입자에 대한 유일한 힘이 압력 힘과 무게라면, 정역학적 조건이 당신의 좌표 방향에 평행한 방향의 평면에 적용된다.

만약 유체가 움직이지 않는다면(예: 그림 3.8에서와 같이 호수에 있는 물), 정역학적 방정식이 언제나 적용될 것이다. 그 이유는 임의의 유체 입자의 가속도가 0이고, 유체 입자의 무게를 균형 잡을 수 있는 유일하게 가능한 힘이 압력 힘과 점성력이기 때문이다. 그러나 점성력은 0임에 틀림없는데, 그 이유는 유체의 정의 때문이다. 즉, 유체는 점성응력의 작용 하에서 계속 변형되기 때문이다. 그래서 유체 입자의 무게를 균형 잡을 수 있는 유일한 힘은 압력 힘이다.

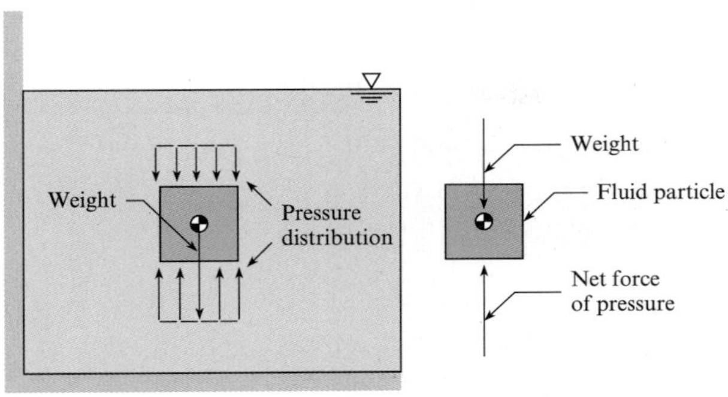

그림 3.8
이 예제는 *정역학적 조건*이 적용되는지 확인하는 방법을 보여 준다. 이 경우에 대해, 정역학적 조건이 적용되는 이유는 유체 입자의 *무게*가 정확히 *압력 힘*에 의해 균형이 잡히기 때문이다.

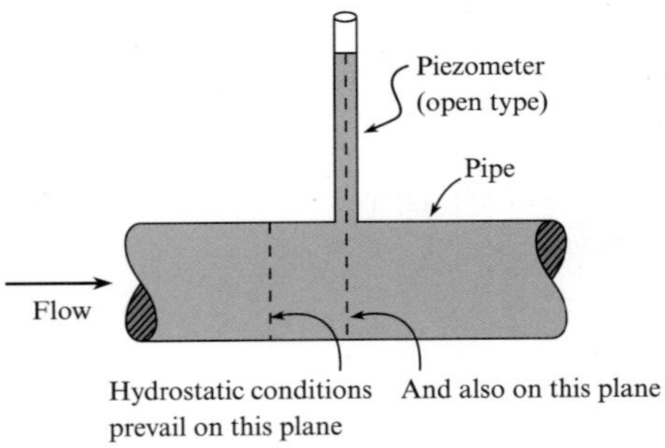

그림 3.9
이 스케치는 *정역학적 조건*이 흐르는 유체에 적용될 때의 예를 보여 준다. 그 이유는 그림에 보이는 평면의 한쪽에 위치한 각 유체 입자에 대한 무게 힘의 균형을 잡아 주기 때문이다.

만약 유체가 *흐르고 있으면*, 정역학적 방정식이 때때로 적용될 것이다(그림 3.9). 그림에 보이는 것들과 유사한 상황에 대해서는, 당신은 정역학적 방정식 $\Delta p = -\rho g \Delta z$을 평면에 위치한 점들에 적용할 수 있다.

정역학적 미분 방정식(변수 밀도)

여기서는 어떻게 $dp/dz = -\gamma$를 유도하는지를 보여 준다. 이 방정식은 이론을 이해하는 데 중요하며 변하는 밀도를 포함하는 문제를 푸는 데도 중요하다.

유도를 시작하기 위하여, 정지된 유체의 임의의 지역을 상상해 보고(예: 댐 뒤의 물), 원통형 몸체를 따로 떼어내, FBD를 그림 3.10에 보이는 바와 같이 스케치하라. 원통형 몸체는 그 세로축이 임의의 ℓ 방향과 평행함을 주목하라. 이 몸체는 길이가 $\Delta\ell$이고, 단면적이 ΔA이고, 수평과 α각으로 경사져 있다. ℓ 방향으로 힘 평형을 적용하면 다음과 같다.

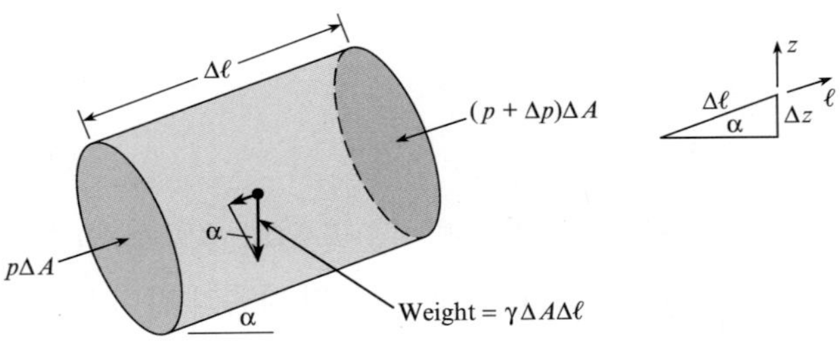

그림 3.10
정역학적 미분 방정식을 유도하는 데 사용되는 시스템.

$$\sum F_\ell = 0$$

$$F_{압력} - F_{무게} = 0$$

$$p\Delta A - (p + \Delta p)\Delta A - \gamma \Delta A \Delta \ell \sin\alpha = 0$$

식을 간단하게 만들고 몸체 부피 $\Delta\ell\Delta A$로 나누면,

$$\frac{\Delta p}{\Delta \ell} = -\gamma \sin\alpha$$

이 된다. 그림 3.10에서, 각의 사인 값은 다음과 같다.

$$\sin\alpha = \frac{\Delta z}{\Delta \ell}$$

이전의 두 방정식을 결합하고 Δz를 0으로 접근하게 하면 다음과 같다.

$$\lim_{\Delta z \to 0} \frac{\Delta p}{\Delta z} = -\gamma$$

최종 결과는

$$\frac{dp}{dz} = -\gamma \quad \text{(정역학적 미분 방정식)} \tag{3.7}$$

이다. 식 (3.7)은 압력의 변화는 해발 변화에 상응하는 것을 의미한다. 만약 당신이 유체 안에서 위로 가면(양의 z 방향) 압력이 감소하고; 만약 아래로 가면(음의 값 z) 압력이 증가하며; 만약 수평면을 따라 움직이면, 압력은 일정하게 유지된다. 물론, 이 압력 변화는 정확히 잠수부가 호수나 수영장에서 오르거나 내려갈 때 경험하는 것이다.

정역학적 대수 방정식(일정한 밀도)

유체 밀도가 일정한 것처럼 어떤 유체를 모델링하는 것은 종종 잘 정당화되므로, 일정한 밀도의 특별한 경우에 대해 정역학적 미분 방정식을 푸는 것은 유용하다. 그 결과적인 방정식은 정역학적 대수 방정식이라고 하며, 줄여서 *정역학적 방정식(hydrostatic equation, HE)*이라고 부른다. 정역학적 방정식은 유체역학에서 가장 유용한 방정식이다. 그래서 우리는 당신이 이 방정식을 잘 이해하기를 권한다. 방정식을 유도하기 위하여, 일정한 밀도의 경우에 대해 식 (3.7)을 적분하면

$$p + \gamma z = p_z = \text{상수} \tag{3.8}$$

가 되고, 여기서 용어 z는 기준선(datum)이라 불리는 고정 수평 기준면 위의 해발 높이(수직거리)이고, p_z는 **위압력**(piezometric pressure)이다. 식 (3.8)을 γ로 나누면 다음과 같이 된다.

$$\frac{p_z}{\gamma} = \left(\frac{p}{\gamma} + z\right) = h = \text{상수} \tag{3.9}$$

여기서 h는 **위압수두**(piezometric head) 또는 **압력수두**(pressure head)이다. h는 일정하므로, 식 (3.9)는 다음과 같다.

$$\frac{p_1}{\gamma} + z_1 = \frac{p_2}{\gamma} + z_2 \tag{3.10a}$$

여기서 첨자 1과 2는 일정한 밀도의 정지하고 있는 유체에서의 임의의 두 점을 가리킨다. 식 (3.10a)를 γ로 곱하면

$$p_1 + \gamma z_1 = p_2 + \gamma z_2 \tag{3.10b}$$

가 된다. 식 (3.10b)에서, $\Delta p = p_2 - p_1$과 $\Delta z = z_2 - z_1$이라 하면 다음과 같다.

$$\Delta p = -\gamma \Delta z \tag{3.10c}$$

정역학적 방정식은 식 (3.10a), (3.10b), 또는 (3.10c)로 주어진다. 이 세 식은 동등한데 그 이유는 식 중 어느 하나를 나머지 두 식을 유도하는 데 사용할 수 있기 때문이다. 유체 정역학 방정식은 정역학적 평형에 있는 일정한 밀도의 유체에 대해 유효하다.

정역학적 방정식은 다음 식과 관련되어 있음을 주목하라.

$$\text{압력수두} = h \equiv \left(\frac{p}{\gamma} + z\right) \tag{3.11}$$

$$\text{위압력} = p_z \equiv (p + \gamma z) \tag{3.12}$$

압력수두를 계산하기 위하여, 공학자는 유체의 몸체의 정확한 위치를 알아내어 그 위치에서의 압력과 해발 값을 사용한다. 압력수두와 압력 관계는 다음 식이 된다.

$$p_z = h\gamma \tag{3.13}$$

압력수두 h는 유체역학에서 널리 사용되는 값인데, 정역학적 평형을 특징짓는다. 정역학적 평형이 일정한 밀도의 유체에 작용하면, h는 모든 위치에서 일정할 것이다. 예를 들어, 그림 3.11은 물에 떠 있는 오일을 담은 용기를 보여 준다. 압력수두는 물 안에서 일정하므로, $h_a = h_b = h_c$이다. 유사하게, 압력수두는 오일 안에서 일정하다: $h_d = h_e = h_f$. 압력수두는 밀도가 변할 때는 일정하지 않음을 주목하라. 예를 들어, $h_c \neq h_d$인데, 그 이유는 점 c와 d는 다른 밀도 값을 갖는 다른 유체에 있기 때문이다.

그림 3.11
물 위에 뜬 오일.

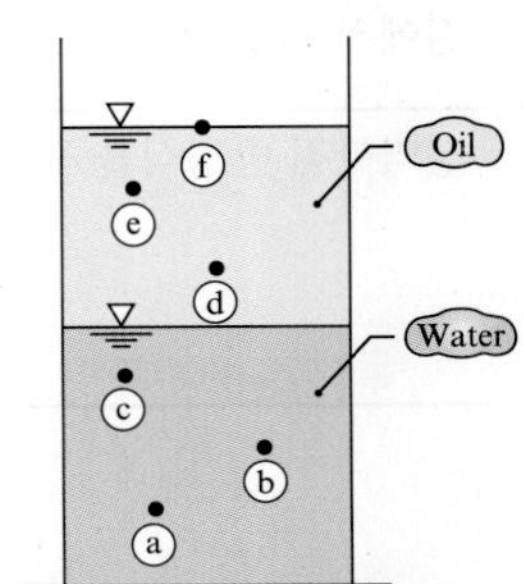

정역학적 방정식(해법 방정식)

정역학적 방정식을 적용하기 위하여, 표 3.1에 열거된 가정은 유효하다는 것을 먼저 확인하

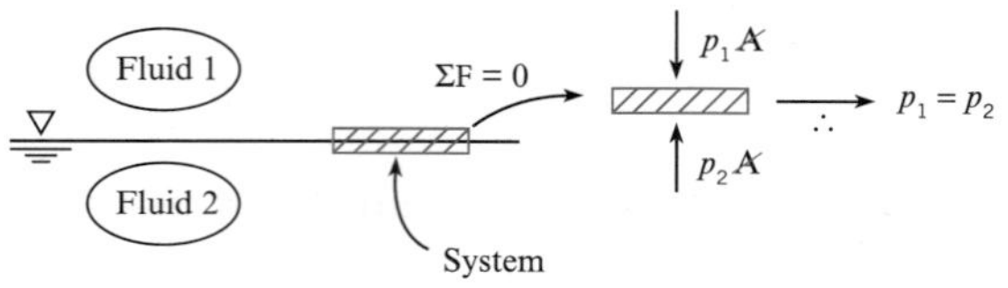

그림 3.12
유체 경계면 법칙을 증명하기 위하여 (1) 경계면 위에서 무한소의 얇은 시스템을 선택하고, 이 시스템의 무게는 무시할 만하다는 것에 주목하라; (2) $\Sigma F = 0$을 적용하여, 압력이 경계면을 따라 일정함을 보여라.

라. 그런 후, 정역학적 방정식의 가장 유용한 유형을 선택하라. 우리는 헤드 유형 또는 차압 유형을 사용하는 것을 권한다. 우리는 당신이 세 번째 칸에 있는 변수들의 의미를 배울 것을 권하는데 그 이유는 이들이 유체역학에서 전반적으로 사용되기 때문이다. 많은 문제들에 대해 당신은 다음 두 법칙이 유용하다는 것을 알게 될 것이다.

유체 경계면 법칙(fluid interface rule)은 평면의 경계면에 대하여(예: 그림 3.12), 압력이 경계면을 따라 일정하다고 한다(즉, 경계면에서 $p_1 = p_2$). **논리.** (1) 유체 경계면은 움직이지 않으므로, $\Sigma \mathbf{F} = \mathbf{0}$. (2) 무한소의 얇은 시스템을 선택하면 무게는 무시될 수 있다. (3) 그래서 경계면 위의 유일한 힘은 압력 힘이고, 대수계산하면 $p_1 = p_2$이 된다.

표 3.1 정역학적 방정식(해법 방정식 및 가정)

이름(물리적 해석)	방정식	변수 in 방정식
수두 유형(압력수두는 모든 점에서 일정함)	$\frac{p_1}{\gamma} + z_1 = \frac{p_2}{\gamma} + z_2$ 식 (3.10a)	• p = 압력(N/m^2)(절대압력 또는 계기압력을 사용; 진공압력 안 됨) • γ = 비중(N/m^3) • p/γ = 압력수두(m) • z = 해발 또는 해발수두(m) • $(p/\gamma + z)$ = 압력수두(m)
차압 유형(차압은 해발 변화에 따라 선형 관계)	$\Delta p = \gamma \Delta z$ 식 (3.10b)	• Δp = 차압(N/m^2) • Δz = 해발에서의 차이(m)
위압력 유형(위압력은 모든 점에서 일정함)	$p_1 + \gamma z_1 = p_2 + \gamma z_2$ 식 (3.10c)	• $(p + \gamma z)$ = 위압력(Pa)
정역학적 방정식을 적용하기 전에 확인해야 할 가정		**1.** 일정한 밀도를 갖는 단일 유체에만 적용할 수 있다. 다중 유체를 가지는 문제에 대해서는(예: 물에 떠 있는 오일), HE는 각 유체에 연속적으로 적용된다. **2.** 만약 정역학적 조건이 적용된다면, HE만 적용할 수 있다.

예제 3.2

탱크 안의 압력을 알기 위하여 정역학적 방정식 적용하기

문제

그림에 보이는 탱크 안에 깊이 35 ft에 있는 물의 압력은 무엇인가?

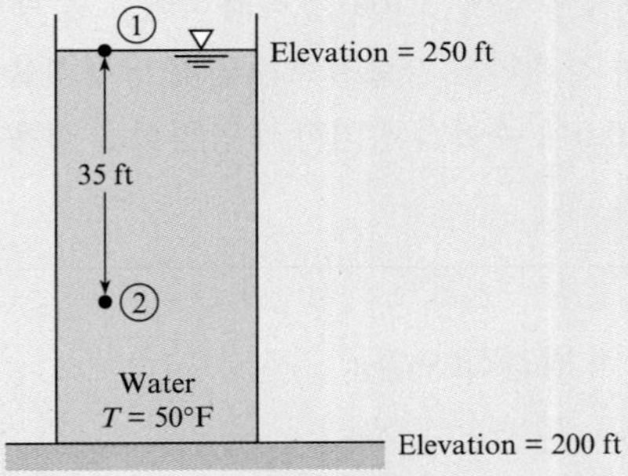

설명

물이 50 ft 깊이의 탱크에 담겨 있다.

특성값: 물(50°F, 1 atm, 표 A.5): $\gamma = 62.4$ lbf/ft^3.

목표

p_2(psig) ← 점 2에서의 수압

아이디어

압력수두는 일정하다는 아이디어를 적용하라. 계획 단계는 다음과 같다.

1. 해발 1에서의 압력수두를 해발 2에서의 압력수두와 같다고 한다(즉, 식 3.10a를 적용).
2. 식 (3.10a)의 모든 항을 분석한다.
3. 해발 2에서의 압력에 대하여 푼다.

문제풀이

1. 정역학적 방정식(식 3.10a):

$$\frac{p_1}{\gamma} + z_1 = \frac{p_2}{\gamma} + z_2$$

2. 식 (3.10a)의 용어별 분석의 결과:
   - $p_1 = p_{atm} = 0$ psig
   - $z_1 = 250$ ft
   - $z_2 = 215$ ft
3. 단계 1과 2를 결합한다; p_2에 대하여 푼다:

$$\frac{p_1}{\gamma} + z_1 = \frac{p_2}{\gamma} + z_2$$

$$0 + 250 \text{ ft} = \frac{p_2}{62.4 \text{ lbf/ft}^3} + 215 \text{ ft}$$

$$p_2 = 2180 \text{ psfg} = \boxed{15.2 \text{ psig}}$$

해와 풀이과정 검토

1. *확인.* 계산된 압력 변화(15 psig)는 1 atm(14.7 psi)보다 약간 크다. 1 기압은 물 기둥 33.9 ft에 해당하므로, 이 문제는 물 기둥 35 ft를 포함하여, 해답은 정답으로 보인다.
2. *요령.* 이 예제는 지배 방정식을 쓰는 방법을 보인 후에 각 항을 분석한다. 이 스킬은 *용어별 분석*이라 불린다.
3. *지식.* 대기와 접촉하고 있는 액체의 자유수면에서의 계기압력은 0이다(이 예제에서의 $p_1 = 0$).
4. *요령.* 압력을 절대압력 또는 계기 또는 진공으로 표시하라. 이 예제에 대하여, 압력 단위(psig)는 계기압력을 표시한다.
5. *지식.* 밀도가 일정할 때, 정역학적 방정식은 유효하다. 이 조건은 이 문제에 적합하다.

기체 압력 변화 법칙(gas pressure change rule)은 기체에 대한 정수압 변화는 무시될 수 있다는 것을 말한다. **논리.** (1) 해발의 1 m 변화에 대한 기체 안에서의 정수압 변화는 $\Delta p/\Delta z = \rho g$와 같다. (2) 주어진 방정식은, 예를 들어, 실내 조건에서 공기의 압력 변화는 약 12 Pa/meter임을 보여 준다. (3) 약 12 Pa/meter의 압력 변화는 다른 상대 압력 변화에 비교하여 보통 무시할 만하다. **결론.** 기체에서의 정수압 변화는 무시할 만하다.

예제 3.3은 *일정한 압력수두* 개념을 여러 유체를 포함하는 문제에 적용함으로써 압력을 구하는 방법을 보여 준다. 유체 경계면 법칙의 적용을 주목하라.

예제 3.3

정역학적 방정식을 탱크 내의 오일과 물에 적용하기

문제

비중 0.80의 오일이 개구부가 있는 탱크 내에 0.90 m 두께로 층을 이루고 있다. 그 외에는 물(10°C)로 채워져 있다. 물과 오일의 총 깊이는 3 m이다. 탱크 바닥에서의 계기압력은 얼마인가?

설명

오일과 물이 탱크 안에 있다.

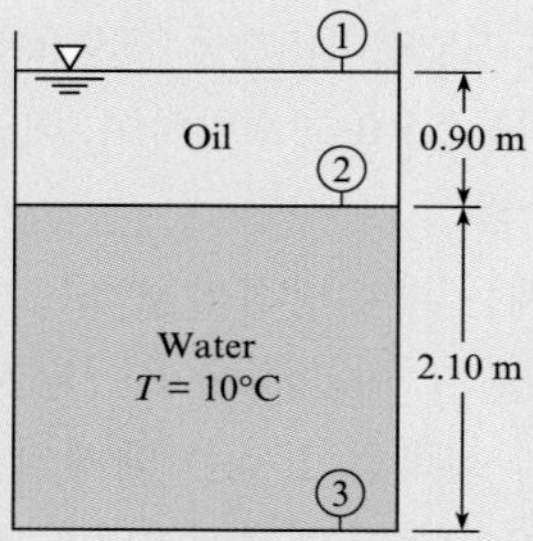

특성값:

- 물: (10°C, 1 atm, 표 A.5): $\gamma_{물} = 9810\ \text{N/m}^3$.
- 오일: $\gamma_{오일} = S\gamma_{물,4°C} = 0.8(9810\ \text{N/m}^3) = 7850\ \text{N/m}^3$.

목표

p_3(kPa 계기) ← 탱크 바닥의 압력

아이디어

목표는 p_3이므로, 정역학적 방정식을 물에 적용한다. 그런 다음 오일을 분석한다. 계획 단계는 다음과 같다.

1. 정역학적 방정식 (3.10a)를 적용하여 p_2를 구한다.
2. 오일-물 경계면을 가로지르는 압력 방정식을 세운다.
3. 식 (3.10a)에 주어진 정역학적 방정식을 적용하여 p_3을 구한다.

문제풀이

1. 정역학적 방정식(오일):

$$\frac{p_1}{\gamma_{oil}} + z_1 = \frac{p_2}{\gamma_{oil}} + z_2$$

$$\frac{0\ \text{Pa}}{\gamma_{oil}} + 3\ \text{m} = \frac{p_2}{0.8 \times 9810\ \text{N/m}^3} + 2.1\ \text{m}$$

$$p_2 = 7.063\ \text{kPa}$$

2. 오일-물 경계면:

$$p_2|_{oil} = p_2|_{water} = 7.063\ \text{kPa}$$

3. 정역학적 방정식(물):

$$\frac{p_2}{\gamma_{water}} + z_2 = \frac{p_3}{\gamma_{water}} + z_3$$

$$\frac{7.063 \times 10^3\ \text{Pa}}{9810\ \text{N/m}^3} + 2.1\ \text{m} = \frac{p_3}{9810\ \text{N/m}^3} + 0\ \text{m}$$

$$\boxed{p_3 = 27.7\ \text{kPa gage}}$$

검토

확인. 오일은 물보다 밀도가 낮으므로, 해답은 3 m 물 기둥에 해당하는 압력보다 약간 작다. 표 F.1로부터, 물 기둥 10 m ≈ 1 atm. 그래서 3 m 물 기둥 ≈ 0.3 atm = 30 kPa. 계산된 값은 정답으로 보인다.

3.3 압력 측정

공학자가 실험을 설계하고 실행할 때에, 압력은 거의 항상 측정할 필요가 있다. 그래서 이 절에서는 압력 측정을 위한 다섯 가지 과학 장치를 기술한다.

그림 3.13
수은 압력계.

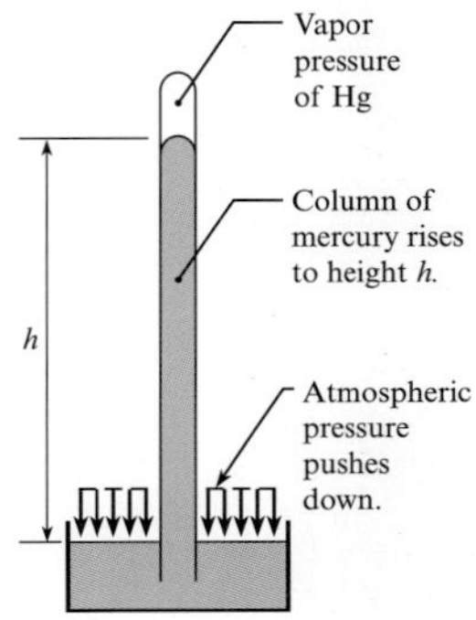

바로미터(barometer)

대기압력을 측정하는 데 사용되는 장치가 **바로미터**(압력계)이다. 가장 보편적인 타입은 수은 바로미터와 아네로이드(aneroid) 바로미터이다. 수은 바로미터는 그림 3.13에 보이듯이 수은 용기 안에 수은을 채운 튜브를 거꾸로 세워 만든다. 수은 바로미터 꼭대기의 압력은 수은의 증기 압력이며, 이는 작은 값이다: $p_v = 2.4 \times 10^{-6}$ atm(20°C). 그래서 대기압력은 수은을 높이 h까지 밀어낼 것이다. 수은 바로미터는 정역학적 방정식을 적용하여 분석된다.

$$p_{\text{atm}} = \gamma_{\text{Hg}} h + p_v \approx \gamma_{\text{Hg}} h \tag{3.20}$$

그래서 h를 측정하여, 지역의 대기압력은 식 (3.20)을 이용하여 결정될 수 있다.

아네로이드 바로미터는 기계적으로 작동한다. 아네로이드는 탄성이 있는 벨로우즈로서 약간의 공기를 제거한 후에 단단히 봉인된 것이다. 대기압력이 변할 때에, 이것은 아네로이드의 크기가 변하게 하며 이 기계적 변화는 눈금 위에 지역 대기압력을 가리키기 위하여 바늘을 휘게 만드는 데 사용된다. 아네로이드 바로미터는 수은 바로미터에 비해 몇 가지 장점이 있는데, 그 크기가 더 작고 시간에 따라 자료 기록이 가능하다는 점이다.

부르동-튜브 압력계(Bourdon-tube gage)

부르동-튜브 압력계*는 그림 3.14에 보이듯이, 코일관의 편향을 감지함으로써 압력을 측정한다. 이 튜브는 타원형 단면을 가지고 있고, 그림 3.14b에 보이듯이 원호(circular arc)로 휘어진다. 대기압력(계기압력 0)이 지배하면, 튜브는 편향되지 않고, 이 조건 계기에 대해 포인터(pointer)가 보정되어 압력 0을 나타내게 한다. 압력이 계기에 적용될 때, 곡선관은 똑바르게 되려고 하면서 포인터를 양의 계기압력을 가리키도록 작동시킨다. 부르동-튜브 압력계는 흔한데, 그 이유는 값이 저렴하고, 신뢰할 만하며, 설치가 쉽고, 또한 많은 다른 압력 범위로 구할 수 있다는 것이다. 부르동-튜브 압력계는 몇 가지 단점이 있다: 동적 압력이 정확히 측정되지 않을 수 있고; 계기의 정확성이 다른 장치보다도 더 낮을 수 있으며; 계기가 과도한 압력에 의하여 손상을 입을 수 있다는 것이다.

위압계(piezometer)

위압계는 수직관으로서, 보통은 투명하며, 이 관 안에서 액체가 양수의 계기압력에 대응하

---

*이 문맥에서의 게이지(gage)는 과학 장치를 의미한다. 이 단어는 또한 정확히 gauge로 쓸 수도 있다.

그림 3.14

부르동-튜브 압력계. (a) 보통의 계기 모습(사진 제공: Donald Elger). (b) 내부 메커니즘(개략도).

(a)

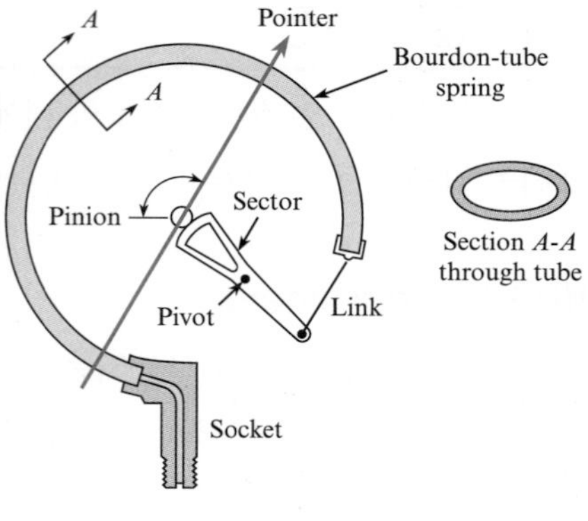

(b)

여 올라간다. 예를 들면, 그림 3.15는 관에 부착된 위압계를 보여 준다. 관 내의 압력이 물기둥을 높이 h까지 밀어내고, 관의 중심에 있는 계기 $p = \gamma h$가 되는데, 정역학적 방정식 (3.10c)로부터 바로 따른다. 위압계는 여러 장점을 갖고 있다: 단순성, 직접 측정(보정 불필요), 그리고 정확성이다. 그러나 위압계는 기체 중의 압력을 측정하는 데 쉽게 사용할 수 없고, 또한 낮은 압력에 제한되는데 그 이유는 기둥 높이가 높은 압력에서는 너무 커지기 때문이다.

그림 3.15

파이프에 부착된 위압계.

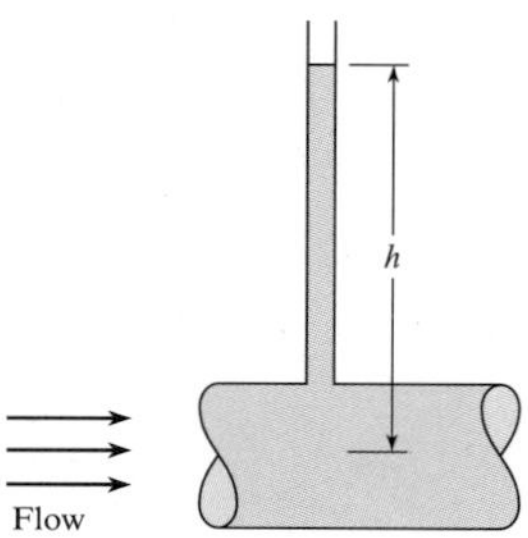

액주계(Manometer)

U자 액주계(종종 문자 "U" 같은 모양)는 액체의 기둥을 올리거나 내림으로써 압력을 측정하는 장치이다. 예를 들어 그림 3.16은 흐르고 있는 유체 내의 압력을 측정하는 데 사용되고 있는 U자 액주계를 보여 준다. 도시된 그림의 경우, 관 내의 양수의 계기압력이 액주계 액체를 높이 Δh까지 밀어낸다. 액주계를 사용하기 위하여 공학자는 예제 3.4에 도시되어 있듯이 액주계 내의 액체 높이를 압력에 관련시킨다.

일단 액주계의 기본 원리에 익숙하게 되면, 예제 3.4에서 된 별도의 방정식보다는 단일 방정식을 쓰는 것이 복잡하지 않다. 그림 3.16의 관 내의 압력을 구하기 위한 단일 방정식은 다

그림 3.16

U자 액주계.

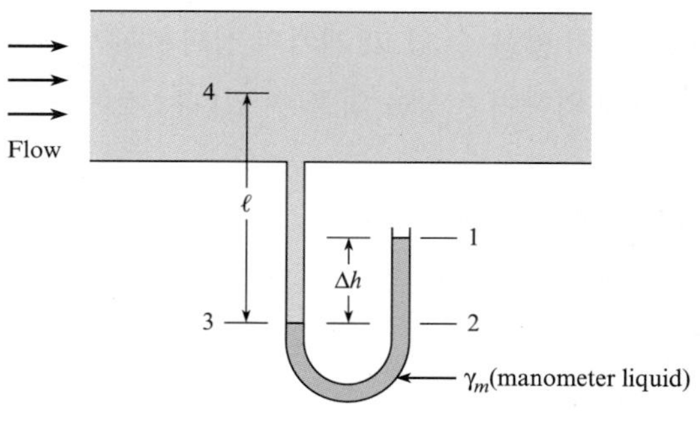

음과 같다.

$$0 + \gamma_m \Delta h - \gamma \ell = p_4$$

우리는 방정식을 다음과 같이 읽을 수 있다: 개구부 끝에는 압력 0이고, 지점 1에서 2까지의 압력 변화에서, 지점 3에서 4까지의 압력 변화를 빼면, 관의 압력과 같은 값이 된다. 주요 개념은 깊이가 증가할수록 압력이 증가하고, 깊이가 감소할수록 압력이 감소한다는 것이다.

예제 3.4

압력 측정(U자 액주계)

문제

10°C의 물이 그림 3.16의 관 내의 유체이고, 수은이 액주계 유체이다. 만약 편향 Δh가 60 cm이고 ℓ이 180 cm이라면, 관의 중심에서의 계기압력은 무엇인가?

설명

관 내의 압력이 U자 액주계를 이용하여 측정되고 있다.

특성값:

- 물(10°C), 표 A.5: $\gamma = 9810\ \text{N/m}^3$.
- 수은, 표 A.4: $\gamma = 133{,}000\ \text{N/m}^3$.

목표

관 중심에서의 계기압력(kPa)을 계산한다.

아이디어

식 (3.10c)로부터의 아이디어를 이용하여 지점 1에서 시작하여 지점 4까지 계산한다. 유체 길이가 증가할 때 압력 변화를 추가한다. 유체 깊이가 감소할 때 압력 변화를 뺀다.

문제풀이

1. 압력을 지점 2에서 정역학적 방정식(식 3.10c)를 이용하여 계산한다:

$$\begin{aligned} p_2 &= p_1 + \text{지점 1과 2 사이의 압력 증가} = 0 + \gamma_m \Delta h_{12} \\ &= \gamma_m (0.6\ \text{m}) = (133{,}000\ \text{N/m}^3)(0.6\ \text{m}) \\ &= 79.8\ \text{kPa} \end{aligned}$$

2. 압력을 지점 3에서 찾는다:
   - 정역학적 방정식에 $z_3 = z_2$라 두면

$$p_3|_{\text{물}} = p_2|_{\text{물}} = 79.8\ \text{kPa}$$

   - 유체-유체 경계면이 평면이면, 압력은 경계면을 가로질러 일정하다. 그래서 오일–물 경계면에서

$$p_3|_{\text{수은}} = p_3|_{\text{물}} = 79.8\ \text{kPa}$$

3. 식 (3.10c)에 주어진 정역학적 방정식을 이용하여 압력을 지점 4에서 구한다:

$$\begin{aligned} p_4 &= p_3 - \text{지점 3과 4 사이의 압력 감소} = p_3 - \gamma_w \ell \\ &= 79{,}800\ \text{Pa} - (9810\ \text{N/m}^3)(1.8\ \text{m}) \\ &= 62.1\ \text{kPa 계기} \end{aligned}$$

액주계에 의해 측정된 압력 차이에 대한 일반 방정식은 다음과 같다.

$$p_2 = p_1 + \sum_{\text{down}} \gamma_i h_i - \sum_{\text{up}} \gamma_i h_i \tag{3.21}$$

여기서 γ_i와 h_i는 액주계 내부 각 유체의 비중과 편향이다. 계산을 어디서 시작하는가는 중요하지 않다. 즉, 초기의 점 1과 최종의 점 2를 정의하는 것은 중요하지 않다. 액체와 기체가 둘

그림 3.17

관 내의 흐름에 상응하는 압력수두의 변화를 결정하는 장치.

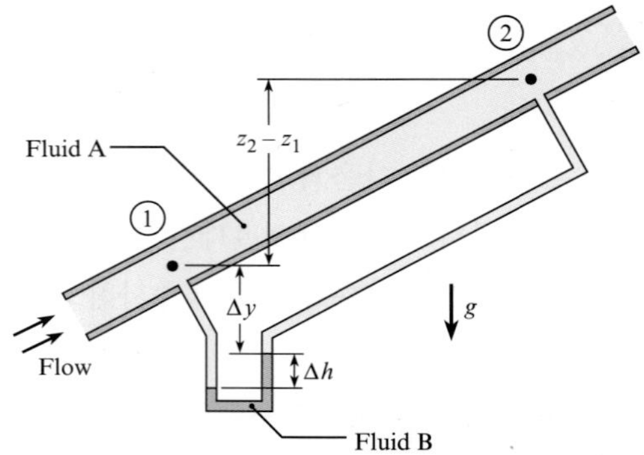

다 액주계 문제에 관련될 때에는, 기체 기둥으로 인한 압력 변화를 무시하는 것이 공학적 정확도 내에서 허용된다. 이것은 $\gamma_{액체} \gg \gamma_{기체}$이기 때문이다. 예제 3.5는 다중 유체를 사용하는 액주계의 분석을 수행하기 위하여 식 (3.21)을 적용하는 방법을 보여 준다.

그림 3.17에 보이는 액주계 구조는 흔하기 때문에, 이 응용에 특정한 방정식을 유도하는 것이 유용하다. 시작하자면, 지점 1과 2 사이의 액주계 방정식(식 3.21)을 적용하라.

$$p_1 + \sum_{\text{down}} \gamma_i h_i - \sum_{\text{up}} \gamma_i h_i = p_2$$

$$p_1 + \gamma_A(\Delta y + \Delta h) - \gamma_B \Delta h - \gamma_A(\Delta y + z_2 - z_1) = p_2$$

예제 3.5

액주계 분석

문제

만약 $\ell_1 = 40$ cm, $\ell_2 = 100$ cm, $\ell_3 = 80$ cm이라면 탱크 내의 공기 압력은 무엇인가?

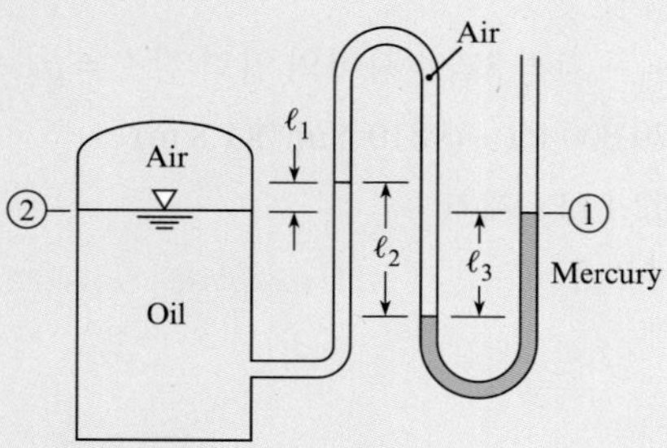

설명

탱크가 공기로 압력을 받는다.

가정: 공기 기둥 내의 압력 변화는 무시한다.

특성값:

- 오일: $\gamma_{오일} = S\gamma_{물} = 0.8 \times 9810\ \text{N/m}^3 = 7850\ \text{N/m}^3$.
- 수은, 표 A.4: $\gamma = 133{,}000\ \text{N/m}^3$.

목표

공기 중의 압력(kPa 계기)을 계산한다.

아이디어

지점 1로부터 지점 2까지 액주계 방정식(식 3.21)을 적용한다.

문제풀이

액주계 방정식:

$$p_1 + \sum_{\text{down}} \gamma_i h_i - \sum_{\text{up}} \gamma_i h_i = p_2$$

$$p_1 + \gamma_{\text{mercury}}\ell_3 - \gamma_{\text{air}}\ell_2 + \gamma_{\text{oil}}\ell_1 = p_2$$

$$0 + (133{,}000\ \text{N/m}^3)(0.8\ \text{m}) - 0 + (7850\ \text{N/m}^3)(0.4\ \text{m}) = p_2$$

$$\boxed{p_2 = p_{\text{air}} = 110\ \text{kPa gage}}$$

예제 3.6

관 흐름에 대한 압력수두의 변화

문제

수은 액주계가 그림 3.17에 보이는 바와 같이 경사진 관에 있는 두 개의 압력 탭으로 연결된다. 50°F 물이 관 내를 흐르고 있다. 액주계의 수은 편향은 1 인치이다. 지점 1과 지점 2 사이의 위압력 변화와 압력수두를 구하라.

설명

물이 관 내를 흐르고 있다.

특성값:

- 물(50°F): 표 A.5, $\gamma_{물} = 62.4\ \text{lbf/ft}^3$.
- 수은: 표 A.4, $\gamma_{Hg} = 847\ \text{lbf/ft}^3$.

목표

다음을 구한다:

- 지점 1과 2 사이의 압력수두 변화(ft)
- 지점 1과 2 사이의 위압력(psfg)

아이디어

1. 식 (3.22)를 이용하여 압력수두 차이를 구하라.
2. 식 (3.13)을 이용하여 압력수두를 위압력에 연관시켜라.

문제풀이

1. 압력수두의 차이:

$$h_1 - h_2 = \Delta h\left(\frac{\gamma_{Hg}}{\gamma_{water}} - 1\right) = \left(\frac{1}{12}\ \text{ft}\right)\left(\frac{847\ \text{lbf/ft}^3}{62.4\ \text{lbf/ft}^3} - 1\right) = \boxed{1.05\ \text{ft}}$$

2. 위압력:

$$p_z = h\gamma_{water} = (1.05\ \text{ft})(62.4\ \text{lbf/ft}^3) = \boxed{65.5\ \text{psf}}$$

단순화시키면

$$(p_1 + \gamma_A z_1) - (p_2 + \gamma_A z_2) = \Delta h(\gamma_B - \gamma_A)$$

이 된다. γ_A로 나누면

$$\left(\frac{p_1}{\gamma_A} + z_1\right) - \left(\frac{p_2}{\gamma_A} + z_2\right) = \Delta h\left(\frac{\gamma_B}{\gamma_A} - 1\right)$$

이 된다. 방정식의 좌변의 항들은 압력수두이고, 다시 쓰면 최종 결과는 다음과 같다.

$$h_1 - h_2 = \Delta h\left(\frac{\gamma_B}{\gamma_A} - 1\right) \tag{3.22}$$

방정식 (3.22)는 액주계가 차압을 측정하는 데 사용될 때 유효하다. 예제 3.6은 이 방정식이 어떻게 사용되는지를 보여 준다.

액주계 방정식의 요약

이 액주계 방정식은 표 3.2에 요약되어 있다. 방정식은 정역학적 방정식으로부터 유도되었기 때문에, 이들은 같은 가정을 가진다: 일정한 유체 밀도와 정역학적 조건. 액주계 방정식을

표 3.2 액주계 방정식의 요약

설명	방정식	용어
계기압력 분석. 계기압력을 측정하는 데 응용되는 액주계를 위해 이 방정식을 이용하라(예: 그림 3.16).	$p_2 = p_1 + \sum_{\text{down}} \gamma_i h_i - \sum_{\text{up}} \gamma_i h_i$ (3.21)	p_1 = 지점 1에서의 압력(N/m²) p_2 = 지점 2에서의 압력(N/m²) γ_i = 유체 i의 비중(N/m³) h_i = leg i에서의 유체의 편향(m)
차압 분석. 흐르는 유체를 가진 관 내의 차압을 측정하는 데 응용되는 액주계를 위해 이 방정식을 이용하라(예: 그림 3.17).	$h_1 - h_2 = \Delta h\left(\frac{\gamma_B}{\gamma_A} - 1\right)$ (3.22)	h_1 = 지점 1에서의 $p_1/\gamma_A + z_1$ = 압력수두(m) h_2 = 지점 2에서의 $p_2/\gamma_A + z_2$ = 압력수두(m) Δh = 액주계 내 유체의 높이차(m) γ_A = 흐르는 유체의 비중(N/m³) γ_B = 액주계 내 유체의 비중(N/m³)

적용하기 위한 프로세스는 다음과 같다.

단계 1. 어떤 지점에서의 압력 측정을 위하여 식 (3.21)을 선택하라. 관 내의 두 지점 사이의 압력 차이 또는 수두 변화의 측정을 위해서는 식 (3.22)를 선택하여라.

단계 2. 당신이 정보를 알고 있든지 또는 정보를 찾고 싶은 곳에서 지점 1과 2를 선택하라.

단계 3. 액주계 방정식의 일반 유형을 적어라.

단계 4. 용어별 분석을 시행하라.

압력 변환기

압력 변환기(pressure transducer, PT)는 압력을 전기신호로 변환하는 장치이다. 예를 들어 그림 3.18은 스트레인 계기 압력 변환기를 보여 준다. 압력 변환기는 다음과 같은 많은 장점을 가지고 있다.

- 일반적으로 PT는 부르동-튜브 압력계 및 액주계와 같은 다른 장치와 비교하여 높은 정확도를 가지고 있다.
- PT는 계기압력, 절대압력, 진공압력, 또는 차압을 측정하는 데 사용될 수 있다.
- 대부분의 PT는 시간의 함수로서 압력을 측정할 수 있고, 전자 데이터 로깅에 적용될 수 있다.
- PT는 측정하고 싶은 어떠한 압력 범위라도 거의 사용 가능하다.

압력 변환기는 다음과 같은 약간의 단점도 있다.

- 비용이 비싸다.
- 장치가 더 복잡하기 때문에 셋업 시간이 더 길다.
- 일반적으로 PT는 보정할 필요가 있어서 조심해서 사용해야 한다.

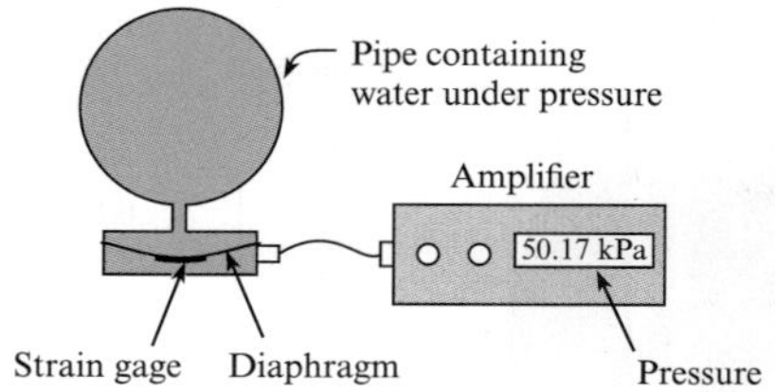

그림 3.18

스트레인 계기 압력 변환기는 다음과 같이 작동한다: (1) 압력이 다이어프램을 변형시킨다. (2) 다이어프램 편향이 스트레인 계기로 감지된다. (3) 스트레인 계기로부터의 전압이 증폭되어 소프트웨어를 통해 압력값으로 변환된다. (4) 압력값이 디스플레이된다.

3.4 패널 위의 압력 힘(평평한 표면)

많은 문제들이 패널 위의 압력 계산을 요구한다. 그래서 이 절에서는 두 가지 경우에 대해 이 계산을 하는 방법을 설명한다.

- 균일한 압력 분포
- 정수압 분포

패널(panel)은 평평한 표면이거나 또는 마치 평평한 것처럼 생각할 수 있는 표면이다(예: 댐의 면, 비행기 날개 위의 표면, 또는 압력 용기 내의 단면).

균일한 압력 분포

그림 3.19는 균일한 압력 분포와 관련된 압력 힘 $\mathbf{F}_p$를 보여 준다. F_p 값은 다음 식을 사용하여 계산된다.

$$F_p = pA \tag{3.23}$$

여기서 p는 *계기압력*이고 A는 패널의 표면적이다. 압력 힘은 *압력의 중심(center of pressure, CP)*이라 불리는 위치에 작용한다. 균일한 압력에 대하여, CP는 패널의 중심에 위치한다. 압력 힘의 방향은 패널에 직각이다. 식 (3.23)이 왜 사실인지에 대한 추론은 다음과 같다: (1) *임의의 표면*에 대한 압력 힘은 $\mathbf{F}_p = \int_A -p\,\mathbf{n}\,dA$이다. (2) 압력은 균일한 압력 분포에 대하여 일정하므로, $\mathbf{F}_p = p\int_A -\mathbf{n}\,dA = pA(-\mathbf{n})$이다. **결론.** $\mathbf{F}_p$의 크기는 $F_p = pA$. $\mathbf{F}_p$의 방향은 $(-\mathbf{n})$ 방

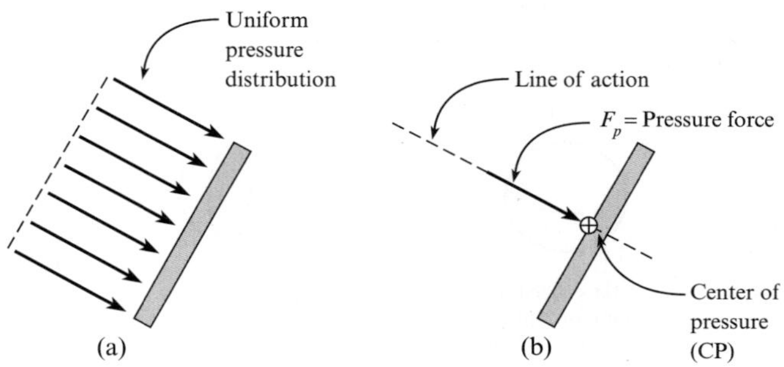

그림 3.19

이 예는 (a) 균일한 압력 분포, (b) 관련 압력 힘을 보여 준다.

그림 3.20

계기압력법칙: 균일한 대기압력이 물체에 작용할 때, 면적에 대한 이 압력을 적분하면, 순압력 힘은 0임을 보인다. 그래서 압력 힘을 분석할 때는 계기압력을 사용한다.

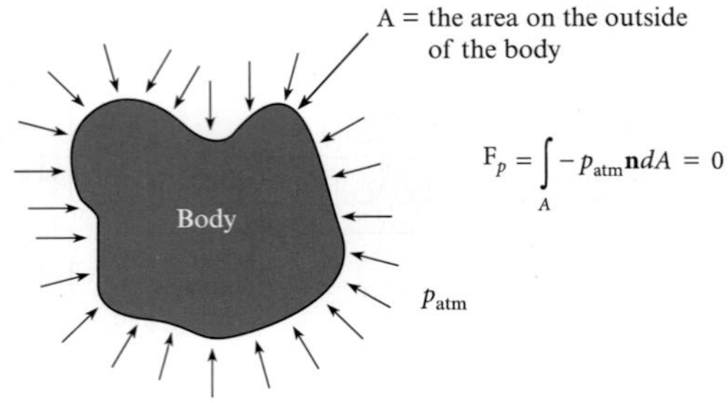

향. 그러므로 식 (3.23)이 성립한다.

압력 분포에 대한 몇 가지 유용한 사실은 다음과 같다.

- 균일한 압력 분포는 보통은 기체로 인한 압력 분포를 이상화하는 데 사용되며 패널이 수평적일 경우에는 액체에 기인한 압력 분포를 이상화하는 데 사용된다.
- 계기압력(절대압력 아님)이 식 (3.23)에서 사용되는데, 그 이유는 *계기압력법칙* 때문이다. 이 법칙은 그림 3.20에 설명된다.
- 압력 용기를 분석하기 위하여, *압력 용기 내 힘의 평형 방법*을 적용하라. 이 방법은 그림 3.21에 설명된다.

정수압 분포

정수압 분포(hydrostatic pressure distribution)(그림 3.22)는 압력이 $dp/dz = -\gamma$에 따라 해발 z에 의해서만 변할 때 압력 분포를 기술한다. 정역학적 조건이 지배하면, 수평적이지 않은 패널은 정수압 분포의 적용을 받는다.

한 점에 작용하는 압력 힘은 **압력의 중심**(center of pressure)이라 불리는데, 압력 힘에 의한 회전력(torque)이 압력 분포에 기인한 회전력과 똑같아지도록 계산된다. 달리 말해서, 만약 당신이 압력 분포를 한 점에 작용하는 정적 등가력과 대체하기를 원한다면, 올바른 점은 압력의 중심이다. 이 교재에서, CP에 대한 심볼은 그 안에 + 심볼을 넣은 원이다: ⊕.

어떤 면적의 **무게중심**(centroid)은 어떤 면적의 밸런스 포인트라 생각될 수 있다(그림 3.23 참조). 일반적으로 무게중심을 구하기 위한 방정식은 $x_c = (\int x dA)/A$와 같은 적분이다. 통상적인 모양에 대하여, 방정식은 풀어졌는데, 공학자는 값을 찾게 된다. 이 교재에서 무게

그림 3.21

압력 용기 내 힘의 평형은 압력 용기를 고정시키는 데 필요한 힘(F_c)을 분석하기 위한 방법이다. 방정식을 유도하기 위하여 다음 단계를 취하라: (1) 고정시키는 탱크를 절단하는 것을 상상하라. (2) 탱크의 절단 부분의 FBD를 스케치하라. (3) 압력 힘과 고정시키는 힘을 균형을 잡아 $F_c = p_i A_c$임을 보여라.

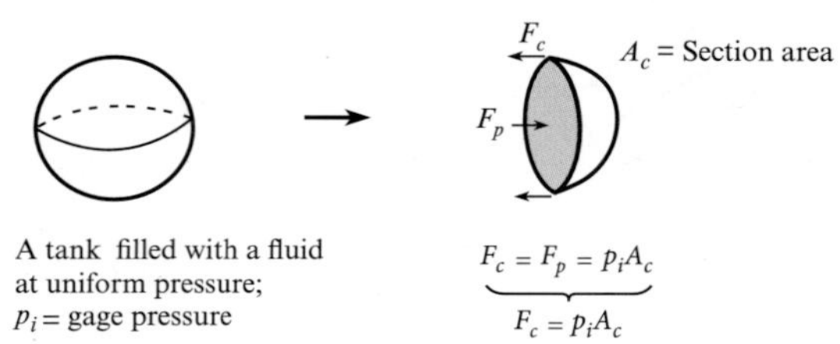

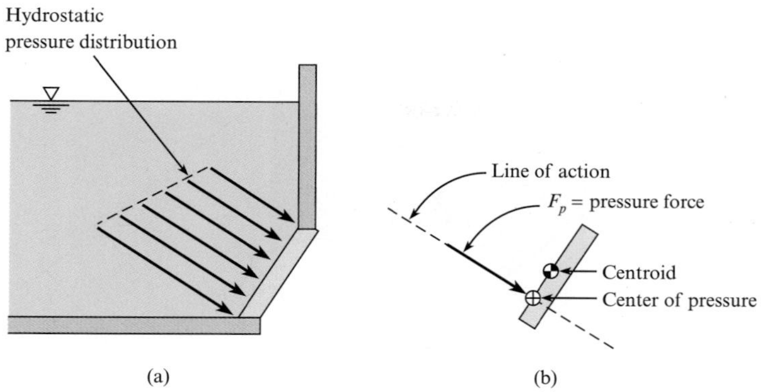

그림 3.22

(a) 사각형 패널 위의 정수압 분포, (b) 그에 상응하는 압력 힘을 보여 주는 예.

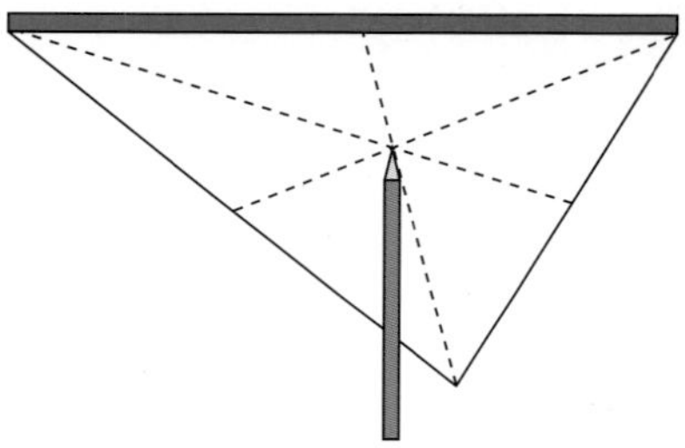

그림 3.23

삼각형 패널에 대한 *무게중심*의 예. 아이디어는 다음과 같다: (1) 패널 모델을 만드는 것을 상상한다. (2) 무게중심은 그 모델이 연필 끝에서 밸런스되는 한 점이다. 이 예제는 모델이 균일한 밀도를 가지고 중력장이 균일하다고 가정한다.

중심 공식은 부록의 그림 A.1에 소개된다.

압력 분포 스케칭

공학자는 압력 분포를 스케치할 수 있어야 한다. 몇 가지 가이드라인은 다음과 같다: (1) 그 길이가 압력의 크기를 나타낼 수 있도록 각각의 화살표를 그려라. (2) 절대압력이 아닌, 계기 압력을 스케치하라. (3) 화살표가 표면에 수직이 되도록 각각의 화살표를 그려라. (4) 압축을 표시하기 위하여 각각의 화살표를 그려라.

이론: 정수압 분포에 의한 힘

이제, 정수압 분포에 의하여 작용되는 패널의 한쪽 면에 대한 힘을 찾는 방법을 보여 줄 것이다. 그 시작으로, 액체에 잠긴 임의의 모양의 패널을 스케치한다(그림 3.24). 선 AB는 패널의 가장자리 조망이다. 패널의 평면은 α각으로 축 0-0에서 수평 액체 표면을 가로지른다. 면적의 무게중심을 통하여 축 0-0로부터 수평축까지의 거리는 $\bar{y}$로 주어진다. 0-0축으로부터 면적 dA까지의 거리는 $\bar{y}$이다.

압력에 기인한 힘은 다음과 같이 주어진다.

$$F_p = \int_A p dA \tag{3.24}$$

그림 3.24
평면 표면에서의 정수압의 분포.

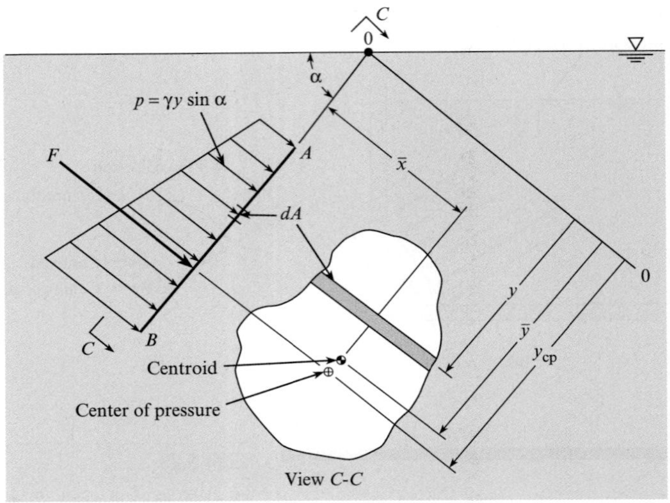

식 (3.24)에서, 압력은 다음 정역학적 방정식으로 구할 수 있다.

$$p = -\gamma \Delta z = \gamma y \sin \alpha \tag{3.25}$$

방정식 (3.24)와 (3.25)를 결합하면,

$$F_p = \int_A p dA = \int_A \gamma y \sin \alpha \, dA = \gamma \sin \alpha \int_A y dA \tag{3.26}$$

가 된다. 식 (3.26)의 우변에 있는 적분은 면적의 첫 번째 모멘트이기 때문에, 이 적분을 그 등가인 $\bar{y}A$와 대체하라. 그러므로

$$F_p = \gamma \bar{y} A \sin \alpha = (\gamma \bar{y} \sin \alpha)A \tag{3.27}$$

이다. 식 (3.27)의 우변에 있는 괄호 안의 변수는 면적의 무게중심임을 보여 주기 위하여 정역학적 방정식을 적용한다. 따라서,

$$F_p = \bar{p}A \tag{3.28}$$

가 된다. 방정식 (3.28)은 임의의 모양의(예: 사각형, 원형, 타원형) 패널 위의 정역학적 힘은 무게중심의 해발에서 패널 면적과 압력의 곱으로 주어진다.

이론: 정수압 분포에 대한 압력의 중심

이 하위 절은 CP의 수직 위치에 대한 방정식을 유도하는 방법을 설명한다. 그림 3.24에 보이는 패널이 모멘트 평형에 있기 위해서는, 결과적 힘 F_p에 기인한 회전력이 각 미분 힘과 맞아떨어져야 한다.

$$y_{cp}F_p = \int y\, dF$$

y_{cp}가 압력의 중심으로부터 액체 표면까지의 "경사" 거리임에 주목하라. 라벨 "경사"는 패널을 뚫고 지나가는 평면에서 측정되는 거리를 표시한다. 미분 힘 dF는 $dF = p\ dA$에 의해 주어진다. 그러므로

$$y_{cp}F = \int_A yp\, dA$$

가 된다. 또한, $p = \gamma y \sin \alpha$이므로

$$y_{cp}F = \int_A \gamma y^2 \sin \alpha\, dA \tag{3.29}$$

가 된다. γ 및 $\sin \alpha$는 상수이므로,

$$y_{cp}F = \gamma \sin \alpha \int_A y^2\, dA \tag{3.30}$$

가 된다. 식 (3.30)의 우변의 적분은 면적의 원점에 대한 2차모멘트이다(종종 "면적 관성 모멘트"라 불린다). 이것은 I_0로 표시할 것이다. 그러나 공학 응용을 위해서는, 면적의 도심에 대한 2차모멘트로 표현하는 것이 편리하다. 따라서 평행축 정의에 의하여,

$$I_0 = \bar{I} + \bar{y}^2 A \tag{3.31}$$

이다. 식 (3.31)을 식 (3.30)에 대입하면,

$$y_{cp}F = \gamma \sin \alpha(\bar{I} + \bar{y}^2 A)$$

가 된다. 그러나 식 (3.25)로부터, $F = \gamma\bar{y} \sin \alpha A$이므로 다음과 같이 된다.

$$y_{cp}(\gamma\bar{y} \sin \alpha A) = \gamma \sin \alpha(\bar{I} + \bar{y}^2 A) \tag{3.32}$$

$$y_{cp} = \bar{y} + \frac{\bar{I}}{\bar{y}A}$$

$$y_{cp} - \bar{y} = \frac{\bar{I}}{\bar{y}A} \tag{3.33}$$

식 (3.33)에서, 면적 관성 모멘트 $\bar{I}$는 면적의 무게중심을 통과하는 수평축에 대해 취해진다. $\bar{I}$에 대한 공식은 그림 A.1에서 제시된다. 경사 거리 y는 그림 3.24에 보이는 바와 같이 "패널의 경사"를 따라 정의된 축의 원점에서 무게중심까지의 거리이다.

방정식 (3.33)은 CP가 무게중심 아래에 위치할 것이라는 것을 보여 준다. CP와 무게중심 사이의 거리는 침수심에 좌우되고, $\bar{y}$에 의해 특징지어지고, 패널 기하 $\bar{I}/A$에 의하여 특징지어진다.

표 3.3 패널 방정식의 요약

방정식의 목적	방정식	변수
정역학적 힘의 크기를 예측한다.	$F_p = \bar{p}A$ (3.28)	F_p = 압력 힘(N) $\bar{p}$ = 무게중심의 깊이에서 계산되는 압력(Pa) A = 평면의 표면적(m^2)
압력 중심(CP)의 위치를 계산한다.	$y_{cp} - \bar{y} = \dfrac{\bar{I}}{\bar{y}A}$ (3.33)	$(y_{cp} - \bar{y})$ = 무게중심으로부터 CP까지의 경사 거리(m) $\bar{I}$ = 그 중심축에 대한 패널의 면적 관성 모멘트(m^4)(공식에 대해서는, 부록의 그림 A.1 참조) $\bar{y}$ = 무게중심으로부터 액체 표면까지의 경사 거리(m)

이 그림은 변수를 정의한다.

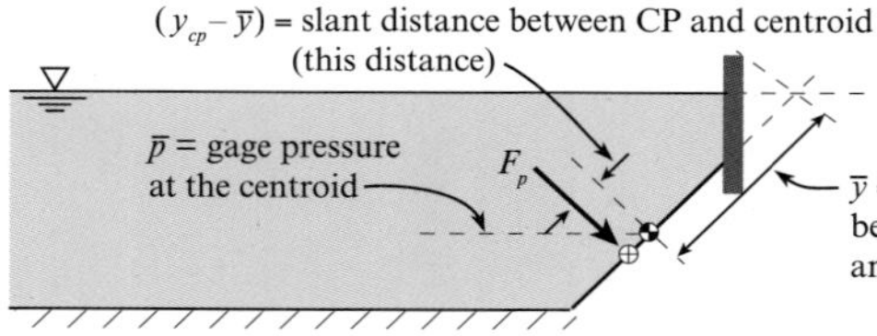

이 가정들을 확인하라:
1. 문제는 단일 유체로 구성된 상황에 적용된다. 이 유체는 일정한 밀도를 가진다.
2. 압력 분포는 정역학적이다.
3. 자유수면에서의 압력은 제로 계기다.
4. 패널은 경사거리에 평행인 축에 대하여 대칭적이다.

유도할 때의 가정 때문에, 식 (3.28)과 (3.33)은 여러 제한이 있다. 첫째, 이들은 일정한 밀도의 단일 유체에만 적용된다. 둘째, 액체 표면에서의 압력은 CP를 정확히 위치 잡기 위하여 $p = 0$ 계기일 필요가 있다. 셋째, 식 (3.33)은 CP의 측면 위치가 아닌, 수직 위치만을 준다.

패널 힘 해법 방정식(요약)

표 3.3에 패널 방정식을 적용하는 데 유용한 정보를 요약하였다. 이 표가 방정식, 변수, 및 주요 가정을 제공함을 주목하라. 이 방정식들은 예제 3.7 및 3.8에서 적용된다.

예제 3.7

콘크리트에 의한 정역학적 힘

문제

부어서 지하 벽을 쌓는 용도로 사용되는, 높이 2.44 m, 넓이 1.22 m(8 ft × 4 ft)의 콘크리트 형태의 측면에 작용하는 힘을 결정하라. 콘크리트의 비중은 23.6 kN/m^3(150 lbf/ft^3)이다.

설명

액체 상태의 콘크리트가 수직면에 작용한다. 수직벽은 높이 2.44 m이고 넓이 1.22 m이다.

가정: 새로 부은 콘크리트는 액체로 볼 수 있다.

특성값: 콘크리트: $\gamma = 23.6\ \text{kN/m}^3$.

목표

벽에 작용하는 결과적 힘(kN)을 구하라.

아이디어

패널 방정식(식 3.28)을 적용한다.

문제풀이

1. 패널 방정식:

$$F = \bar{p}A$$

2. 용어별 분석:

- $\bar{p}$ = 무게중심 깊이에서의 압력

$$\bar{p} = (\gamma_{콘크리트})(z_{무게중심}) = (23.6\ \text{kN/m}^3)(2.44/2\ \text{m}) = 28.79\ \text{kPa}$$

- A = 패널 면적

$$A = (2.44\ \text{m})(1.22\ \text{m}) = 2.977\ \text{m}^2$$

3. 결과적인 힘:

$$F = \bar{p}A = (28.79\ \text{kPa})(2.977\ \text{m}^2) = \boxed{85.7\ \text{kN}}$$

예제 3.8

타원형 문을 열기 위한 힘

문제

타원형 문이 4 m 직경의 관 끝을 덮고 있다. 만약 문이 꼭대기에 힌지되어 있다면, 물이 관 끝 위 8 m 깊이에 있고, 관은 다른 쪽에 대기에 열려 있을 때 법선력 F는 얼마가 필요한가? 문의 무게는 무시하라.

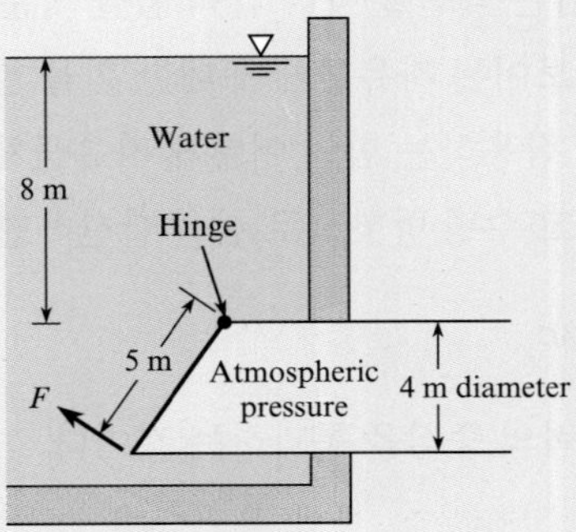

설명

수압이 타원형 문에 작용하고 있다.

특성값: 물(10°C): 표 A.5, $\gamma = 9810\ \text{N/m}^3$.

가정:

1. 문의 무게를 무시하라.

2. 문 위의 바닥과 관 벽 사이의 마찰을 무시하라.

목표

F(N) ← 문을 열기에 필요한 힘

아이디어

1. $F = \bar{p}A$를 이용하여 결과적인 정역학적 힘을 계산한다.

2. 식 (3.33)을 이용하여 압력 중심의 위치를 알아낸다.

3. 문의 FBD를 그린다.

4. 힌지에 관한 모멘트 평형을 적용한다.

문제풀이

1. 정역학적 (결과적인) 힘:

- $\bar{p}$ = 무게중심 깊이에서의 압력

$$\bar{p} = (\gamma_{물})(z_{무게중심}) = (9810\ \text{N/m}^3)(10\ \text{m}) = 98.1\ \text{kPa}$$

- A = 타원형 패널 면적(그림 A.1을 이용하여 공식을 찾는다)

$$A = \pi ab = \pi(2.5\ \text{m})(2\ \text{m}) = 15.71\ \text{m}^2$$

- 결과적인 힘을 계산:

$$F_p = \bar{p}A = (98.1\ \text{kPa})(15.71\ \text{m}^2) = \boxed{1.54\ \text{MN}}$$

2. 압력의 중심:

- $\bar{y} = 12.5$ m, 여기서 $\bar{y}$는 물 표면으로부터 무게중심까지의 경사 거리

- 그림 A.1로부터의 공식을 이용한 타원형 패널의 면적 관성 모멘트 $\bar{I}$:

$$\bar{I} = \frac{\pi a^3 b}{4} = \frac{\pi(2.5\text{ m})^3(2\text{ m})}{4} = 24.54\text{ m}^4$$

- 압력의 중심 찾기:

$$y_{cp} - \bar{y} = \frac{\bar{I}}{\bar{y}A} = \frac{25.54\text{ m}^4}{(12.5\text{ m})(15.71\text{ m}^2)} = 0.125\text{ m}$$

3. 문의 FBD:

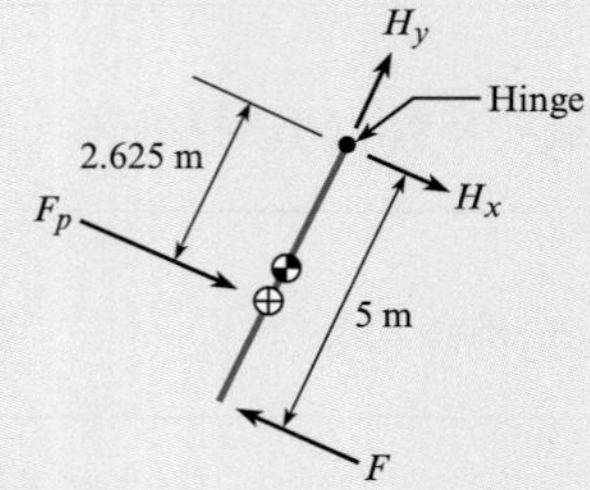

4. 모멘트 평형:

$$\sum M_{\text{힌지}} = 0$$

$$1.541 \times 10^6\text{ N} \times 2.625\text{ m} - F \times 5\text{ m} = 0$$

$$F = \boxed{809\text{ kN}}$$

3.5 곡면 위의 압력 힘 계산하기

공학자는 탱크, 관, 굽은 문과 같은 구성부품을 설계할 때 곡면 위의 압력 힘을 계산한다. 그래서 이 절에서는 이 주제에 대해 기술한다.

그림 3.25a에 있는 곡면 AB를 고려해 보자. 목표는 압력의 중심을 통과하는 결과적인 힘의 압력 분포를 나타내고자 한다. 한 가지 접근법은 곡면을 따라 압력 힘을 적분하여 등가 힘을 구하는 것이다. 그러나 그림 3.25b의 상부에 보이는 자유물체에 대한 힘을 합산하는 것이 더 쉽다. 그림 3.25b의 하부 스케치는 곡면 위에 작용하는 힘이 어떻게 자유물체에 작용하는 힘 F에 관계되는지를 보여 준다. FBD를 이용하고 수평 방향으로 힘을 합산하면

$$F_x = F_{AC} \tag{3.34}$$

가 된다. 힘 F_{AC}의 작용선은 측면 AC에 대한 압력의 중심을 통과하는 것이다.

그림 3.25

(a) 압력 분포 및 등가 힘. (b) 자유물체도 및 작용-반응 힘 쌍.

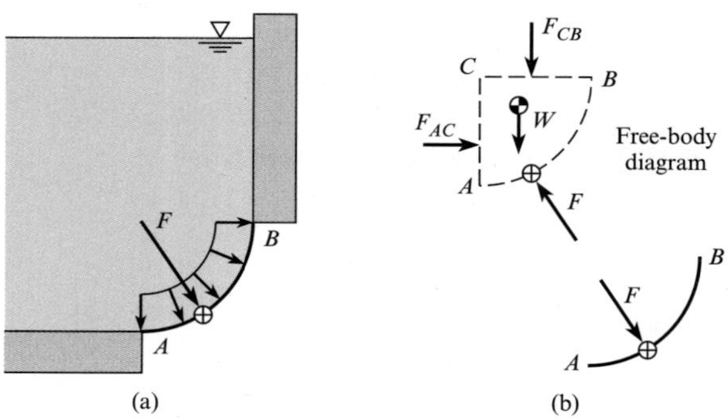

등가 힘의 수직 성분은

$$F_y = W + F_{CB} \tag{3.35}$$

가 된다. 여기서, W는 자유물체에서의 유체의 무게이고 F_{CB}는 측면 CB에서의 힘이다.

힘 F_{CB}는 표면 CB의 무게중심을 통해 작용하고, 무게는 자유물체의 중력의 중심을 통하여 작용한다. 수직 힘의 작용선은 임의의 편리한 축에 대하여 모멘트를 합산하여 얻을 수 있다.

예제 3.9는 어떻게 곡면 문제가 패널 힘 방정식과 함께 평형 개념을 적용하여 풀 수 있는지를 설명한다.

이 절의 중심 아이디어는 *곡면 위의 힘은 곡면과 접촉하는 유체를 포함하는 시스템에 평형 개념을 적용함으로써 풀 수 있다*는 것이다. 어떻게 평형 개념이 향후 논의될 각각의 상황에 사용될 수 있는지 주목하기 바란다.

그림 3.26에 보이는 바와 같이, 계기압력 p_i로 압력을 받는 기체를 담고 있는 구형체를 고려하자. 지시된 힘은 부피 ABC 안의 유체에 대해 작용한다. 수직 방향으로 평형을 적용하면

$$F = p_i A_{AC} + W$$

가 된다. 기체에 대한 비중은 매우 작으므로, 공학자들은 보통 기체의 무게를 무시한다.

$$F = p_i\, A_{AC} \tag{3.36}$$

그림 3.26
마크된 지역 내의 유체에 작용하는 힘을 보여 주는 압력 구형 탱크.

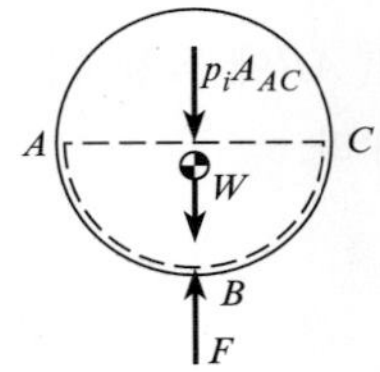

또 하나의 예는 그림 3.27a에 보이듯이, 액체 저장고에 잠긴 곡면 위의 힘을 찾는 것이다. 만약 대기압력이 자유수면 위와 표면 AB의 바깥쪽에 지배하면, 대기압력에 의해 생긴 힘은 상각되고, 평형은

$$F = \gamma \forall_{ABCD} = W\downarrow \tag{3.37}$$

의 결과를 준다. 그래서 표면 AB 위의 힘은 표면 위의 액체 무게와 같고, 화살표는 힘이 아래로 향하고 있음을 가리킨다.

이제 얇은 곡면 위의 압력 분포가 그림 3.27b에 보이는 바와 같이 아래의 액체로부터 오는 상황을 고려하자. 만일 표면 위의 지역, 부피 $abcd$가 같은 액체로 채워져 있으면, ab의 위쪽 표면 위의 각 점에 작용하는 압력은 낮은 표면 위의 각 점에 작용하는 압력과 같을 것이다. 표면 위에는 순작용력이 없을 것이다. 그래서 표면 ab 위의 등가 힘은

$$F = \gamma \forall_{abcd} = W\downarrow \tag{3.38}$$

가 된다. 여기서 W는 곡면으로부터 액체의 자유수면으로 연장되는 부피를 채우는 데 필요한 액체의 무게이다.

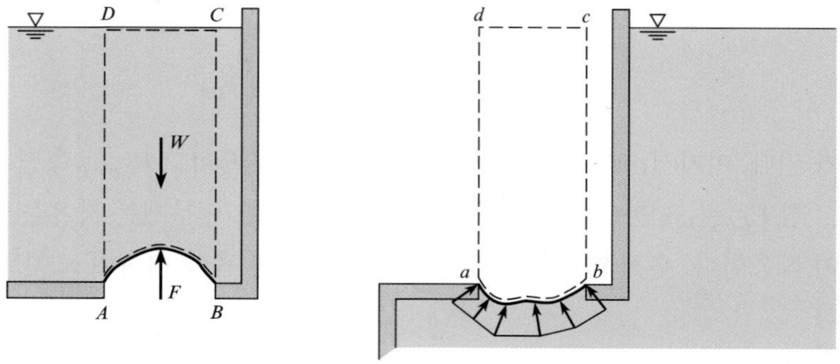

그림 3.27

(a) 액체가 위에 있는 곡면. (b) 액체가 밑에 있는 곡면. (a)에서 화살표는 액체에 작용하는 힘을 표시한다. (b)에서 화살표는 표면 *ab* 위의 압력 분포를 표시한다.

예제 3.9

곡면 위의 정역학적 힘

문제

표면 *AB*는 종이 위로 반경 2 m, 폭 1m 되는 원호이다. 거리 *EB*는 4 m이다. 표면 *AB* 위의 유체는 물이고, 대기압이 물의 자유수면과 표면 *AB* 위의 바닥면에 지배한다. 표면 *AB*에 작용하는 정역학적 힘의 크기와 작용선을 알아내라.

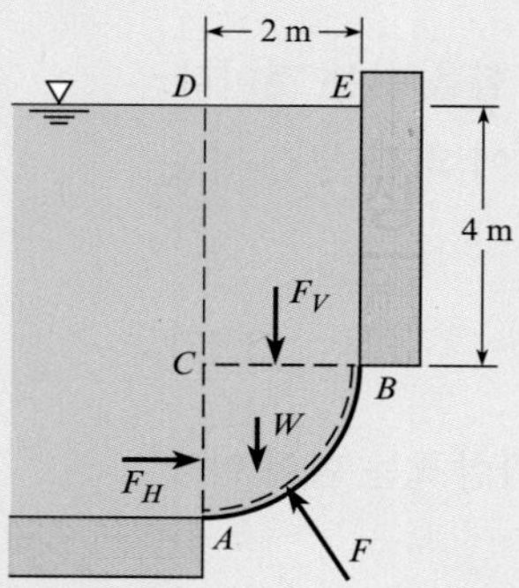

설명

물의 몸체가 곡면에 의해 담겨 있다.

특성값: 물(10°C): 표 A.5, $\gamma = 9810\ \text{N/m}^3$.

목표

구하는 값:

1. 곡면 *AB* 위의 정역학적 힘(N)
2. 정역학적 힘의 작용선

아이디어

유체 *ABC*의 물체에 평형 개념을 적용한다.

1. 식 (3.34)를 적용하여 수평 성분 *F*를 알아낸다.
2. 식 (3.35)를 적용하여 수직 성분 *F*를 알아낸다.
3. 성분들의 작용선을 발견하고 그래프 해법을 이용하여 *F*의 작용선을 알아낸다.

문제풀이

1. 수평 방향에서의 힘:

$$F_x = F_H = \bar{p}A = (5\ \text{m})(9810\ \text{N/m}^3)(2 \times 1\ \text{m}^2)$$
$$= 98.1\ \text{kN}$$

2. 수직 방향에서의 힘:

• 측면 *CB*에의 수직 힘:

$$F_V = \bar{p}_0 A = 9.81\ \text{kN/m}^3 \times 4\ \text{m} \times 2\ \text{m} \times 1\ \text{m} = 78.5\ \text{kN}$$

• 부피 *ABC* 안의 물의 무게:

$$W = \gamma V\!\!\!\!-_{ABC} = (\gamma)(\tfrac{1}{4}\pi r^2)(w)$$
$$= (9.81\ \text{kN/m}^3) \times (0.25 \times \pi \times 4\ \text{m}^2)(1\ \text{m}) = 30.8\ \text{kN}$$

• 합계 힘:

$$F_y = W + F_V = 109.3\ \text{kN}$$

3. 작용선(수평적 힘):

$$y_{cp} = \bar{y} + \frac{\bar{I}}{\bar{y}A} = (5\ \text{m}) + \left(\frac{1 \times 2^3/12}{5 \times 2 \times 1}\text{m}\right)$$
$$y_{cp} = 5.067\ \text{m}$$

4. 수직 힘에 대한 작용선(x_{cp})은 점 C에 대한 모멘트를 합산하여 알아낸다.

$$x_{cp}F_y = F_V \times 1\text{ m} + W \times \bar{x}_w$$

점 C로부터 면적 ABC의 무게중심까지의 수평적 거리는 그림 A.1을 이용하여 알아낸다: $\bar{x}_W = 4r/3\pi = 0.849$ m. 그리하여,

$$x_{cp} = \frac{78.5\text{ kN} \times 1\text{ m} + 30.8\text{ kN} \times 0.849\text{ m}}{109.3\text{ kN}} = 0.957\text{ m}$$

5. 작용하는 결과적인 힘은 다음 그림에 있다.

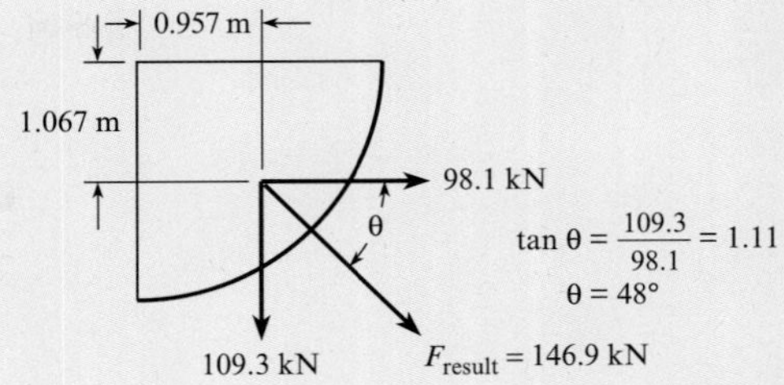

3.6 부력 계산하기

공학자는 선박 설계, 강에서의 유사 수송, 어류 이동과 같은 응용에 대해 부력을 계산한다. 부력은 때때로 기체를 포함하는 문제(예: 날씨 풍선)에서 중요하다. 이 절에서는 물체에 대한 부력을 계산하는 방법을 기술한다.

부력(buoyant force)은 액체 또는 기체이든지 유체에 전부 혹은 일부 잠긴 물체에 대해 중력에 관하여 상향력(위로 향하는 힘)으로 정의된다. 부력은 정수압 분포에 의하여 생긴다.

부력 방정식

방정식을 유도하기 위하여, 비중 γ의 액체에 잠긴 물체 $ABCD$를 고려하자(그림 3.28). 그림의 좌측 스케치는 물체에 작용하는 압력 분포를 보여 준다. 식 (3.38)에 보이는 바와 같이, 몸체 하부에 작용하는 압력은 표면 ADC 위의 부피를 채우는 데 필요한 액체 무게와 같은 상향력을 만든다. 상향력은

$$F_{up} = \gamma(\forall_b + \forall_a)$$

가 된다. 여기서, $\forall_b$는 물체의 부피(즉, 부피 $ABCD$)이고, $\forall_a$는 물체 위의 액체의 부피(즉, 부피 $ABCFE$)이다. 식 (3.37)에 보이는 바와 같이, 몸체의 상부 표면에 작용하는 압력은 몸체 위의 액체 무게와 같은 하향력을 만든다.

$$F_{down} = \gamma\forall_a$$

상향력으로부터 하향력을 빼면, 물체에 작용하는 순수한 힘 또는 부력 F_B이 생긴다.

$$F_B = F_{up} - F_{down} = \gamma\forall_b \tag{3.39}$$

그래서 부력(F_B)은 몸체 부피를 채우는 데 필요한 액체 무게와 같다.

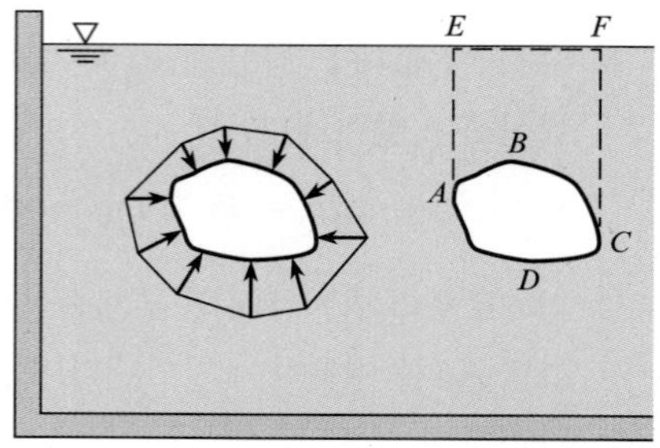

그림 3.28
액체에 잠긴 물체의 두 가지 관점.

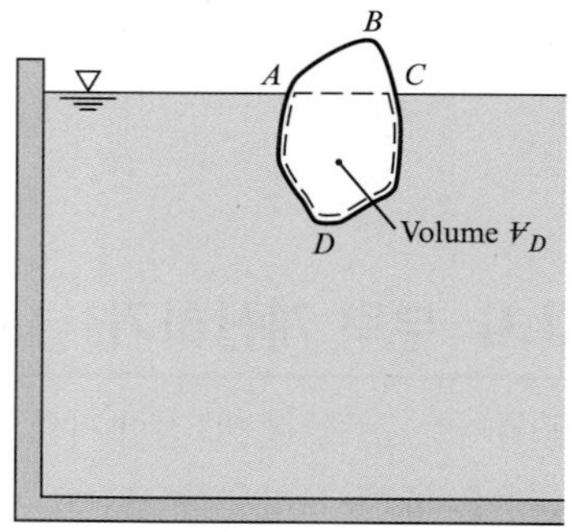

그림 3.29
액체 속에 부분적으로 잠긴 물체.

그림 3.30
하이드로미터.

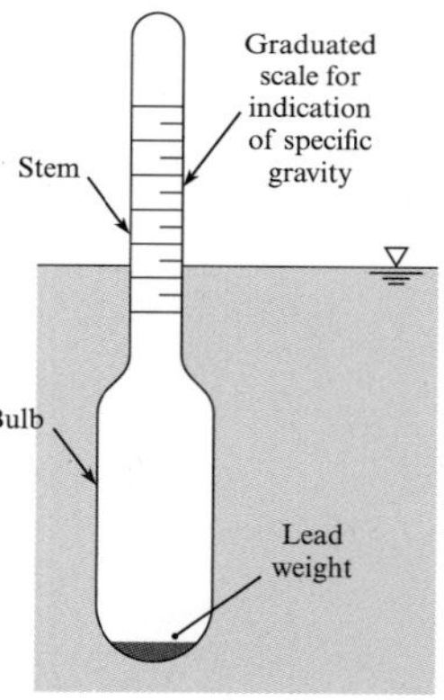

그림 3.29에 보이는 바와 같이, 떠 있는 물체를 고려하자. 물체의 표시된 부분은 부피 $\forall_D$를 가지고 있다. 압력은 곡면 ADC에 작용하여, 부피 $\forall_D$를 채우는 데 필요한 액체 무게와 같은 상향력을 만든다. 부력은 다음과 같다.

$$F_B = F_{\text{up}} = \gamma \forall_D \tag{3.40}$$

그래서 부력은 부피 $\forall_D$를 채우는 데 필요한 액체 무게와 같다. 식 (3.39)와 (3.40)을 비교하면, 부력에 대한 단일 방정식을 다음과 같이 쓸 수 있음을 보여 준다.

$$F_B = \gamma \forall_D \tag{3.41a}$$

식 (3.41a)에서, $\forall_D$는 물체에 의해서 대체되는 부피이다. 만약 물체가 완전히 잠겨 있으면, 대체된 부피는 물체의 부피이다. 만약 물체가 부분적으로 잠겨 있으면, 대체된 부피는 잠겨 있는 부피 부분이다.

식 (3.41b)는 균일한 밀도의 단일 유체에 대해서만 유효하다. 부력의 일반적인 원리는 **아르키메데스의 원리**(Archimedes' principle)라고 부른다.

$$(\text{부력}) = F_B = (\text{대체된 유체의 무게}) \tag{3.41b}$$

부력은 부력의 중심이라고 하는 점에 작용하는데, 이 점은 대체된 유체의 중력의 중심에 위치한다.

하이드로미터

하이드로미터(hydrometer)(그림 3.30)는 액체의 중력을 측정하는 장치이다. 이것은 보통은 유리구로 만들어지는데 한쪽 끝을 무겁게 하여 하이드로미터가 위쪽으로 향하여 떠 있게 된다. 직경이 일정한 기둥에는 눈금으로 표시하고 액체의 비중은 하이드로미터가 뜨는 깊이에 의해 결정된다. 하이드로미터의 작동 원리는 부력이다. 무거운 액체(즉, 높은 γ)에서 하이드로미터는 더 얕게 뜨는데 그 이유는 액체의 부피가 더 적게 하이드로미터의 무게를 대체해야 하기 때문이다. 가벼운 액체에서 하이드로미터는 더 깊게 잠길 것이다.

예제 3.10

금속 부품에 작용하는 부력

문제

어떤 금속 부품(물체 2)이 떠 있는 목재 블록(물체 1)으로부터 가느다란 코드에 의해 매달려 있다. 목재 블록의 비중 $S_1 = 0.3$이고, 크기는 $50 \times 50 \times 10$ mm이다. 금속 부품은 부피가 6600 mm^{3}이다. 금속 부품의 질량 m_2와 코드에서의 장력 T를 구하라.

설명

어떤 금속 부품이 떠 있는 목재 블록에 매달려 있다.

특성값:

- 물(15°C): 표 A.5, $\gamma = 9800$ N/m^3.
- 목재: $S_1 = 0.3$.

목표

- 금속 부품의 질량(g)을 구하라.
- 코드의 장력(N)을 구하라.

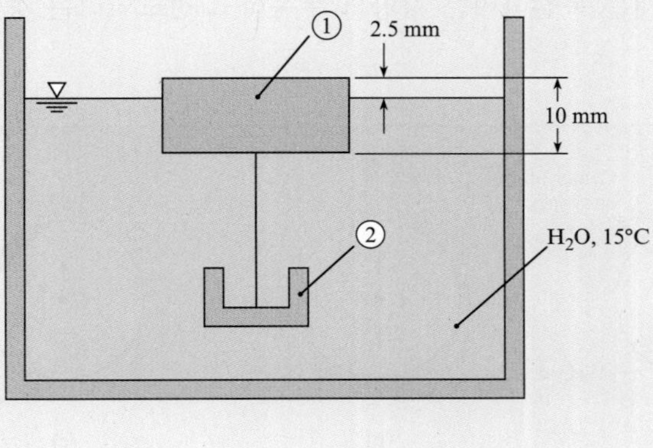

아이디어

1. 블록과 부품의 FBD를 그린다.
2. 블록에 평형을 적용하여 장력을 구한다.
3. 부품에 평형을 적용하여 부품의 무게를 구한다.
4. $W = mg$을 이용하여 금속 부품의 질량을 구한다.

문제풀이

1. FBD:

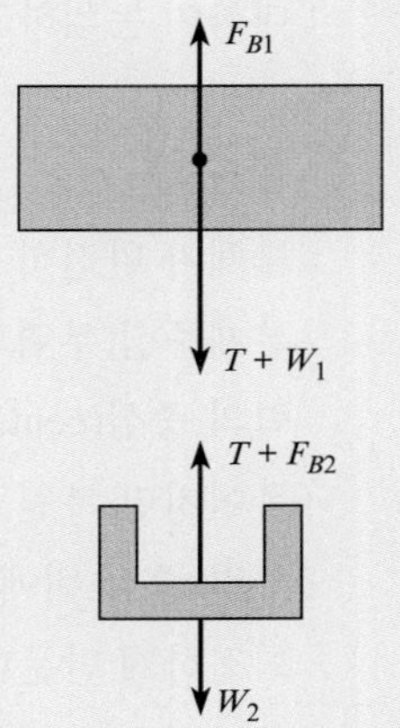

2. 블록에 적용된 평형(수직 방향):

$$T = F_{B1} - W_1$$

- 부력 $F_{B1} = \gamma \forall_{D1}$, 여기서 $\forall_{D1}$는 잠긴 부피:

$$\begin{aligned} F_{B1} &= \gamma \forall_{D1} \\ &= (9800 \text{ N/m}^3)(50 \times 50 \times 7.5 \text{ mm}^3)(10^{-9} \text{ m}^3/\text{mm}^3) \\ &= 0.184 \text{ N} \end{aligned}$$

• 블록의 무게:

$$W_1 = \gamma S_1 \forall_1$$
$$= (9800\ \text{N/m}^3)(0.3)(50 \times 50 \times 10\ \text{mm}^3)(10^{-9}\ \text{m}^3/\text{mm}^3)$$
$$= 0.0735\ \text{N}$$

• 코드의 장력:

$$T = (0.184 - 0.0735) = \boxed{0.110\ \text{N}}$$

3. 금속 부품에 적용된 힘의 평형(수직 방향):

• 부력:

$$F_{B2} = \gamma \forall_2 = (9800\ \text{N/m}^3)(6600\ \text{mm}^3)(10^{-9}) = 0.0647\ \text{N}$$

• 평형 방정식:

$$W_2 = T + F_{B2} = (0.110\ \text{N}) + (0.0647\ \text{N})$$

4. 금속 부품의 질량:

$$m_2 = W_2/g = \boxed{17.8\ \text{g}}$$

해와 풀이과정 검토

토의. 코드의 장력(0.11 N)은 금속 부품의 무게(0.18 N)보다 작다. 이 결과는 물체가 공기에서보다 물에서 무게가 덜 나간다는 관찰과 일관성이 있다.

힌트. 부력 관련 문제를 풀 때에는, FBD를 그려라.

3.7 잠겨 있거나 떠 있는 물체의 안정성 예측

공학자는 어떤 물체를 액체에 놓았을 때 기울어질 것인지 똑바른 형태로 유지될 것인지에 대해 계산할 필요가 있다(예: 선박과 부표의 설계에 대하여). 그래서 이 절에서는 안정성에 대하여 논의하고자 한다.

잠수체

물체가 완전히 액체에 잠겨 있을 때, 그 안정성은 물체의 중력 중심과 유체의 대체된 부피의 무게중심(부력의 중심이라고도 한다)의 중력 중심과의 상대적인 위치에 의존된다. 만약 **부력의 중심**(center of buoyancy)이 중력의 중심보다 위에 있으면(그림 3.31a 참조), 물체가 기울어지면 복원 우력을 가지게 되고, 결과적으로 물체는 안정하게 된다. 또 달리, 만약 중력이 부력 중심 위에 있으면, 약간의 경사는 전도 모멘트를 만들게 된다. 그래서 그 물체를 180° 회전하게 만든다(그림 3.31c 참조). 만약 부력 중심과 중력 중심이 우연히 겹치면, 이 물체는 중립적으로 안정되게 된다. 즉, 이 물체는 복원하려는 경향도 부족하고 전도되려는 경향도

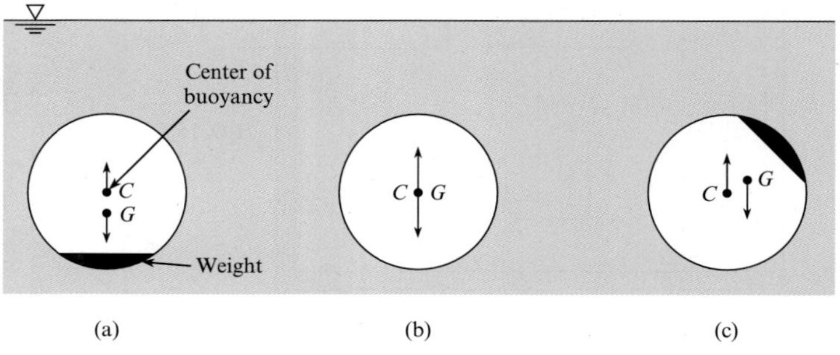

그림 3.31
담긴 물체에 대한 안정성 조건.
(a) 안정. (b) 중립. (c) 불안정.

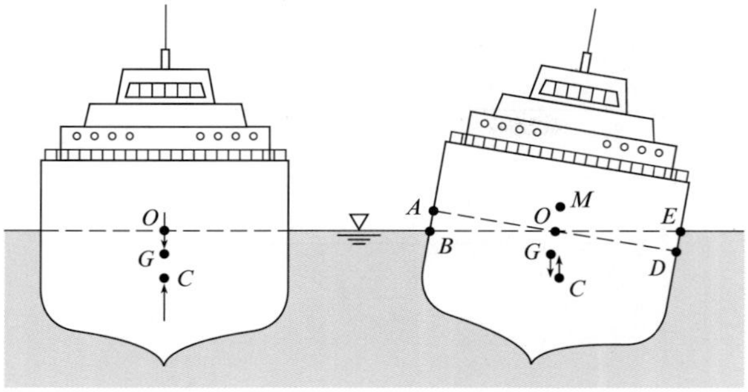

그림 3.32
선박 안정성 관계.

부족하게 된다(그림 3.31b 참조).

부체

안정성 문제는 잠수체보다도 부체(floating body)에 더 관련되어 있는데, 그 이유는 물체의 형상에 따라, 그리고 그 물체의 떠 있는 위치에 따라 중력의 중심에 관련하여 부력의 중심이 서로 다른 위치를 차지하게 되기 때문이다. 예를 들어 그림 3.32a에 보이는 선박의 단면을 고려하자. 여기서, 중력 G의 중심은 부력 C의 중심 위에 있다. 그러나 선박이 작은 횡경사각을 취한 후에 C와 G의 위치를 주목하라. 그림 3.32b에 보이는 대로, 중력의 중심은 같은 위치에 있지만, 부력 중심은 중력 중심으로부터 바깥쪽으로 움직여서, 복원 선박 모멘트를 만들어 낸다. 이러한 특성을 갖는 선박은 안정하다.

선박에 대한 부력 중심의 변화에 대한 이유는 쐐기 모양 AOB에 의해 보여지는 바와 같이, 최초 부력 부피의 일부분이 새로운 부력 부피 EOD로 옮겨졌기 때문이다. 부력 중심은 대체된 부피의 무게중심에 있기 때문에, 이 경우에 부력 중심은 오른쪽으로 옆으로 이동해야만 한다. 횡경사 전과 후의 부력의 작용선의 교차점은 *메타센터(metacenter)(M)*로, 거리 GM은 *기울기중심 높이(metacentric height)*로 불린다. 만약 GM이 양(+)의 수이면, 즉 M이 G 위에 있으면, 배는 안정하다. 그러나 만약 M이 음(−)의 수이면, 배는 불안정하다. 안정성의 이 기본 원리에 관련되는 양적 관계는 다음 문단에서 설명된다.

그림 3.33에 보이는 배를 고려하자. 이 배는 횡경사 α의 작은 각을 취하고 있다. 먼저, 부력 중심의 옆으로의 변위 CC'를 평가하자; 그러면, 삼각형 공식으로 기울기중심 높이 GM 또는 복원 모멘트를 구하기가 쉬워질 것이다. 부력 중심이 대체된 부피의 무게중심에 있다는 것을 상기하라. 그래서 변위 CC'를 구하기 위하여 무게중심 원리에 의존하라. 부피의 무게중심의 정의로부터,

$$\bar{x}\,\forall = \Sigma x_i \Delta \forall_i \tag{3.42}$$

여기서 $\bar{x} = CC'$이다. 이는 모멘트가 무게중심으로 취해지는 평면으로부터의 거리이고; $\forall$는 대체된 전체 부피이고; $\Delta\forall_i$는 부피 증가분이고; x_i는 부피 증가분의 모멘트 팔(arm)이다.

그림 3.33
(a) 선박의 계획 도면. (b) 선박의 섹션 A-A.

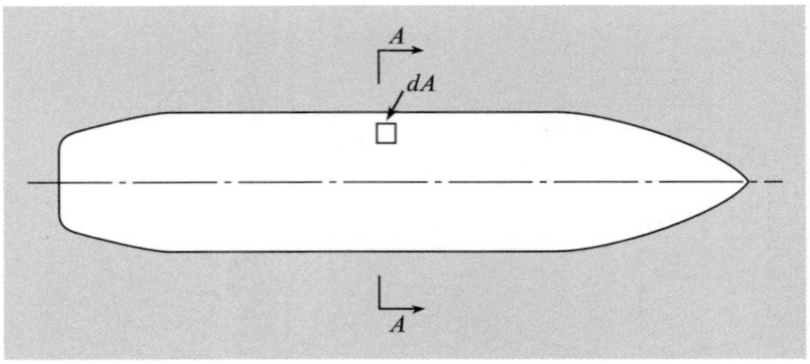

(a)

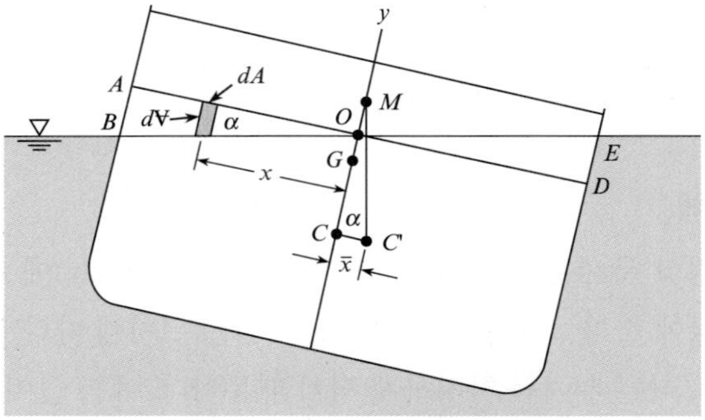

(b)

선박의 대칭면에 대하여 모멘트를 취하자. 역학으로부터, 왼쪽으로의 부피는 음(−)의 모멘트를 만들고, 오른쪽으로의 부피는 양(+)의 모멘트를 만든다는 것을 기억하라. 식 (3.42)의 우변에 대하여, 대칭면에 대한 잠긴 부피의 모멘트 항을 써 보아라. 이것을 하는 편리한 방법으로, 전(before) 경사의 부피 모멘트를 고려하고, 쐐기 AOB에 의해 보여지는 부피 모멘트를 빼고, 쐐기 EOD에 의해 보여지는 모멘트를 더해 보라. 일반적으로, 이것은 다음 방정식으으로 주어진다.

$$\bar{x}\forall = \text{기울어지기 전 }\forall\text{의 모멘트} - \forall_{AOB}\text{의 모멘트} + \forall_{EOD}\text{의 모멘트} \qquad (3.43)$$

초기 부력 부피가 y-y와 대칭이므로, 우변 첫 번째 항에 대한 모멘트는 0이다. 또한, $\forall_{AOB}$의 모멘트의 부호는 음수이므로, 이 음수 모멘트가 식 (3.43)의 우변으로부터 뺐을 때 결과는

$$\bar{x}\forall = \sum x_i \Delta\forall_{iAOB} + \sum x_i \Delta\forall_{iEOD} \qquad (3.44)$$

가 된다. 이제, 식 (3.44)를 적분 형태로 표현하면

$$\bar{x}\forall = \int_{AOB} x\, d\forall + \int_{EOD} x\, d\forall \qquad (3.45)$$

가 된다. 그러나 그림 3.33b로부터 $d\forall$는 미분 부피의 길이 $x \tan \alpha$와 미분 면적 dA와의 곱으로 표현할 수 있다. 결과적으로, 식 (3.45)는 다음과 같이 쓸 수 있다.

$$\bar{x}\,\forall = \int_{AOB} x^2 \tan\alpha\, dA + \int_{EOD} x^2 \tan\alpha\, dA$$

여기서, $\tan\alpha$는 적분에 관하여 상수이다. 또한, 우변의 두 개의 항이 적분이 수행되는 면적에 대한 경우를 제외하고는 동일하기 때문에 그들을 다음과 같이 결합하면

$$\bar{x}\,\forall = \tan\alpha \int_{A_{\text{waterline}}} x^2\, dA \tag{3.46}$$

2차 모멘트, 또는 수면라인(waterline)에 의해 정의된 면적의 관성 모멘트는 I_{00}로 표시되고, 다음이 구해진다.

$$\bar{x}\,\forall = I_{00} \tan\alpha$$

다음, CC'로 $\bar{x}$를 대체하고 CC'에 대하여 풀면

$$CC' = \frac{I_{00}\tan\alpha}{\forall}$$

그림 3.33b로부터,

$$CC' = CM\tan\alpha$$

그래서 CC'와 $\tan\alpha$를 제거하면

$$CM = \frac{I_{00}}{\forall}$$

그러나

$$GM = CM - CG$$

그래서 *기울기중심 높이*는

$$GM = \frac{I_{00}}{\forall} - CG \tag{3.47}$$

방정식 (3.47)은 떠 있는 물체의 안정성을 결정하는 데 사용된다. 이미 보았듯이, 만약 GM이 양(+)의 수이면, 물체는 안정적이고; 만약 GM이 음(−)의 수이면, 물체는 불안정적이다.

횡경사 α의 작은 각에 대하여 복원 모멘트 또는 전도 모멘트는 다음과 같다.

$$\text{RM} = \gamma\,\forall\, GM\alpha \tag{3.48}$$

그러나 경사의 큰 각에 대하여 복원 모멘트 또는 전도 모멘트를 구하기 위해서는 이 같은 원리에 근거한 직접 계산 방법을 사용해야 할 것이다.

예제 3.11

떠 있는 블록의 안정성

문제

단면적이 30 cm²이고, 길이가 60 cm인 목재 블록이 318 N 무게가 나간다. 보이는 바와 같이 수직면이 뜰까?

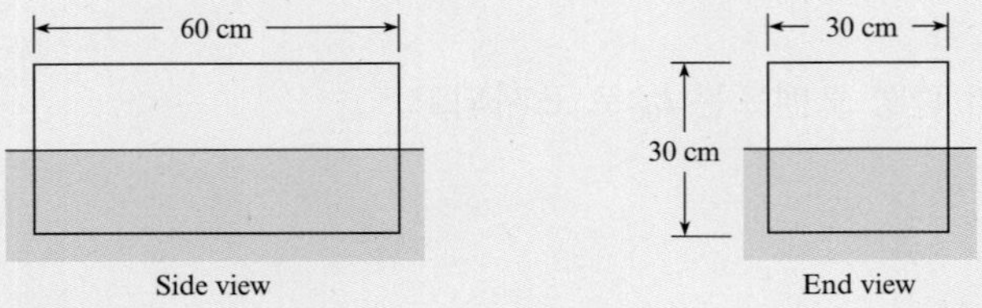

설명

목재 블록이 물에 떠 있다.

목표

목재 블록의 안정적인 배치를 결정하라.

아이디어

1. 힘 평형을 적용하여 잠김의 깊이를 구한다.
2. 식 (3.47)을 적용하여 장축에 관하여 안정한지를 결정하라.
3. 만약 블록이 안정적이지 않다면, 단계 1과 2를 반복한다.

문제풀이

1. 평형(수직 방향):

$$\sum F_y = 0$$

$$-\text{weight} + \text{buoyant force} = 0$$

$$-318\text{ N} + 9810\text{ N/m}^3 \times 0.30\text{ m} \times 0.60\text{ m} \times d = 0$$

$$d = 0.18\text{ m} = 18\text{ cm}$$

2. 안정성(세로축):

$$GM = \frac{I_{00}}{\forall} - CG = \frac{\frac{1}{12} \times 60 \times 30^3}{18 \times 60 \times 30} - (15 - 9)$$
$$= 4.167 - 6 = -1.833\text{ cm}$$

기울기중심 높이가 음수이므로, 블록은 세로축에 대하여 안정적이지 않다. 그래서 약간의 요동이 아래 보이는 방향으로 블록을 기울어지게 할 것이다. 주: 크기 (2.26 및 5.73 cm)를 알아내기 위한 계산은 이 예제에 보이지 않는다.

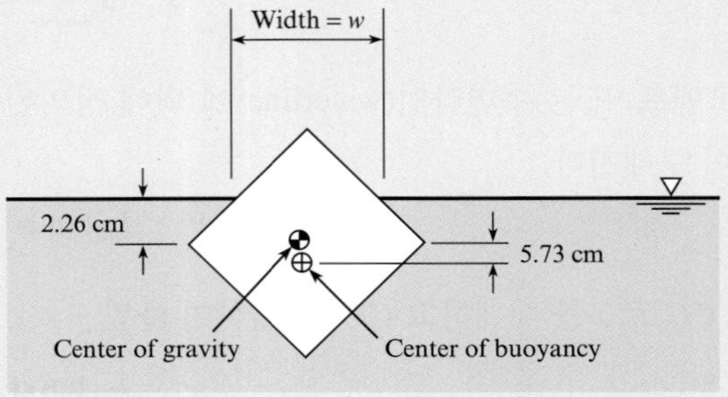

3. 평형(수직 방향):

$$-\text{weight} + \text{buoyant force} = 0$$

$$-(318\text{ N}) + (9810\text{ N/m}^3)(\forall_D) = 0$$

$$\forall_D = 0.0324\text{ m}^3$$

4. 크기 w를 구한다:

(대체된 부피) = (블록 부피) − (수면라인 위의 부피)

$$\forall_D = 0.0324\text{ m}^3 = (0.3^2)(0.6)\text{ m}^3 - \frac{w^2}{4}(0.6\text{ m})$$

$$w = 0.379\text{ m}$$

5. 수면라인에서의 관성 모멘트:

$$I_{00} = \frac{bh^3}{12} = \frac{(0.6\text{ m})(0.379\text{ m})^3}{12} = 0.00273\text{ m}^4$$

6. 기울기중심 높이:

$$GM = \frac{I_{00}}{\forall} - CG = \frac{0.00273\text{ m}^4}{0.0324\text{ m}^3} - 0.0573\text{ m} = 0.027\text{ m}$$

기울기중심 높이가 양수이므로, 블록은 이 위치에서 안정될 것이다.

3.8 핵심 내용 요약

압력

- *압력* p는 어떤 점에서 (면적)에 대한 (유체로 인한 법선력의 크기)의 비율이다.
  - 압력은 압력을 가하고 있는 유체와 접촉하는 물질을 항상 압착한다.
  - 압력은 벡터가 아닌 스칼라이다.
- 공학자는 압력을 계기압력, 절대압력, 진공압력 및 차압으로 표현한다.
  - 절대압력은 절대 0에 상대적으로 측정된다.
  - 계기압력은 대기압력에 상대적인 압력 크기를 준다.

$$p_{절대} = p_{atm} + p_{계기}$$

  - 진공압력은 대기압력 이하의 압력 크기를 준다.

$$p_{진공} = p_{atm} - p_{절대}$$

  - 차압(Δp)은 두 지점 사이의 압력 차이를 준다(예: A 및 B).

정역학적 평형

- *정역학적 조건*은 각 유체 입자의 무게가 순압력 힘에 의해 평형이 맞춰진다는 의미이다.
- 유체의 무게는 압력이 깊이가 증가함에 따라 증가하여 *정역학적 미분 방정식*을 만든다. 유체 정역학에서 사용되는 방정식은 이 방정식에서 유도된다. 정역학적 미분 방정식은 다음과 같다.

$$\frac{dp}{dz} = -\gamma = -\rho g$$

- 만약 밀도가 일정하면, 정역학적 미분 방정식은 적분되어 정역학적 방정식이 된다. 정역학적 방정식의 의미(즉, 물리학)는 유체의 정지된 물체에서 압력수두(또는 위압력)는 어디서나 일정하다는 것이다.

$$\frac{p}{\gamma} + z = \text{constant}$$

압력 분포 및 압력에 의한 힘

- 표면과 접촉하는 유체는 *압력 분포*를 만드는데, 이것은 어떻게 압력이 표면을 따라 변하는지에 대한 수학적이거나 또는 시각적인 설명이 된다.
- 압력 분포는 종종 *압력 중심*(CP)에 작용하는 정적 등가 힘 $\mathbf{F}_p$으로 표현된다.
- *균일한 압력 분포*의 의미는 표면의 모든 점에서 압력이 같다는 것이다. 기체로 인한 압력 분포는 보통은 균일한 압력 분포로 이상화된다.
- *정수압 분포*는 압력이 $dp/dz = -\gamma$에 따라 변한다는 것을 의미한다.

평면 위의 힘

- 정수압 분포의 적용을 받는 패널에 대한 정역학적 힘은

$$F_p = \bar{p}A$$

- 이 유체 정역학적 힘은
  - 균일한 압력 분포에 대해 면적의 *무게중심에* 작용한다.
  - 정수압 분포에 대해 면적의 *무게중심 아래에* 작용한다. 압력 중심과 면적 무게중심 사이의 경사 거리는 다음과 같다.

$$y_{cp} - \bar{y} = \frac{I}{\bar{y}A}$$

곡면 위의 정수압

- 표면이 곡면일 때, 그 표면과 접촉하고 있는 유체로 이루어진 자유물체에 힘 평형을 적용하여 압력 힘을 알아낼 수 있다.

부력

- *부력*은 유체에 부분적으로 또는 완전히 잠긴 물체 위에 가해지는 압력 힘이다.
- 부력의 크기는 다음과 같이 주어진다.

$$부력 = F_B = 배제된\ 유체의\ 무게$$

- 부력 중심은 배제된 유체의 중력 중심에 있다. 부력의 방향은 중력 벡터의 반대 방향이다.

- 부력이 밀도가 일정한 단일 유체에 기인할 때의 부력의 크기:

$$F_B = \gamma \forall_D$$

유체역학적 안정성

- 유체역학적 안정성은, 만약 어떤 물체가 평형에서 변위되면, 그 물체를 평형으로 돌아오게 하는 모멘트가 있다.
- 안정성 기준은 다음과 같다:
  - *잠긴 물체.* 만약 중력 중심이 부력 중심 밑에 있으면 안정하다.
  - *떠 있는 물체.* 만약 메타센터 높이가 양의 값이면 물체는 안정하다.

문제

압력(3.1절)

3.1 그리드방법(1.7절)을 각 경우에 적용하여라.

a. 만약 압력이 물(진공) 21 인치라면, kPa로 압력이 얼마인가?

b. 만약 압력이 175 kPa 절대라면, 계기압력은 psi로 얼마인가?

c. 만약 계기압력이 0.8 bar라면, 절대압력은 psi로 얼마인가?

d. 만약 어떤 사람의 혈압이 122 mm Hg 계기라면, 이 혈압은 kPa 절대로 얼마인가?

3.2 93 mm 직경의 구(sphere)가 기체 20°C에서 이상기체를 담고 있다. 그리드방법(1.7절)을 적용하여 밀도를 kg/m^3 단위로 구하여라.

a. 기체는 헬륨이다. 계기압력은 15 in-H_2O.

b. 기체는 메탄이다. 진공압력은 5.5 psi.

3.3 아래 질문에 대하여, 표준 대기압력을 가정하라.

a. 진공압력 52 kPa에 대하여, 절대압력은 얼마인가? 계기압력은?

b. 압력 20.5 psig에 대하여, 압력은 psia로 얼마인가?

c. 압력 210 kPa 계기에 대하여, 절대압력은 kPa로 얼마인가?

d. 압력 100 psfg를 psfa로 변환하라.

3.4 지역 대기압력이 98 kPa이다. 산소 탱크의 계기가 압력 225 kPa 계기를 가리킨다. 탱크 안의 압력은 kPa 절대로 얼마인가?

3.5 그림에 보이는 계기 테스터는 압력계기를 보정하거나 테스트하는 데 사용된다. 하중과 피스톤이 함께 94 N 무게가 나간다면, 테스트되는 계기는 197 kPa를 가리킨다. 만약 피스톤 직경이 25 mm라면, 몇 %의 에러가 계기에 존재하는가?

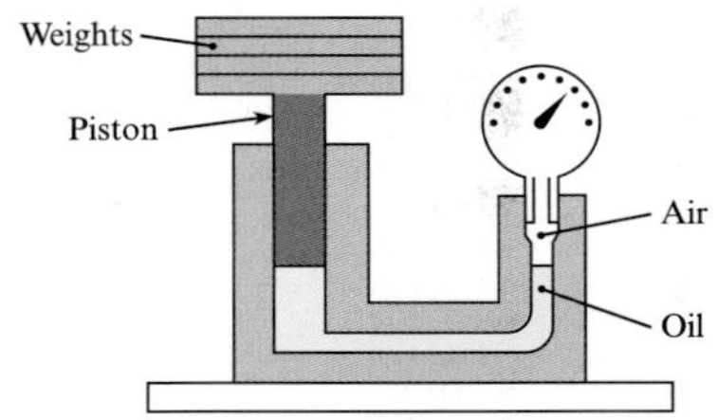

문제 3.5

3.6 3.1절과 다른 자원들을 사용하여 다음 문제에 답하여라. 또한, 당신의 의사소통의 효율을 개선하는 방식으로 스케치, 단어 및 방정식을 결합하여 심도, 명확성 및 정확성이 있도록 노력하여라.

a. 공학자가 압력에 대하여 알아야 하는 다섯 가지 중요한 사실은 무엇인가?

b. 사람들이 계기압력을 사용하는 다섯 가지 통상적인 경우는 무엇인가?

c. 압력에 대한 가장 통상적인 단위는 무엇인가?

d. 왜 압력은 미분계수를 이용하여 정의되는가?

e. 압력은 전단응력과 어떻게 유사한가? 압력은 전단응력과 어떻게 다른가?

정역학적 방정식(3.2절)

3.7 각각의 다음 상황에 그리드방법(1.7절)과 정역학적 방

정식($\Delta p = \gamma \Delta z$)을 적용하여 답하여라.

a. 유체 밀도가 90 lbm/ft^{3}인 해발 변화 9.5 ft Δz에 대하여 압력 변화 Δp를 kPa로 예측하라.

b. 유체($SG = 0.9$) 그리고 해발 변화 16 m에 대해 압력 변화를 psf로 예측하라.

c. 밀도 1.3 kg/m^{3}인 유체 그리고 해발 변화 1800 ft에 대해 압력 변화를 물의 inch로 예측하라.

d. 유체($SG = 13.0$)에 대하여 압력 1/4 atm의 변화에 부합하는 해발 변화를 mm로 예측하라.

3.8 각각의 다음 상황에 그리드방법을 적용하라.

a. 벽 높이가 12 ft인 방의 바닥과 천정 사이의 공기 압력 차이는 pascal로 얼마인가?

b. 바다($SG = 1.03$) 속의 한 잠수부의 깊이 계기에 1.2 atm의 압력이 기록되었다. 이 잠수부는 얼마나 깊은 곳에 있는가?

c. 등산가가 공기 압력이 960 mbar인 해발에서 등산을 시작하여, 산 정상까지 1000 ft를 오른다. 공기 밀도가 일정하다고 가정하면 정상에서의 압력은 mbar로 얼마인가?

d. 북 아이다호에 있는 펜드오레일 호수는 세계에서 가장 깊은 호수 중의 하나인데, 어떤 지역은 380 m 깊이라고 한다. 이 호수는 잠수함의 테스트 시설로 사용된다. 잠수함이 경험할 수 있는 최고 계기압력은 얼마인가?

e. 60 m 길이 스탠드 파이프(물로 가득 차고 대기에 열려 있는 수직 파이프)를 사용하여 화재 진압을 위한 물로 사용하려고 한다. 스탠드 파이프 내의 최대 계기압력은 얼마인가?

3.9 필드 테스트를 사용하여 수압 파쇄법(fracking)* 운전 동안에 회수된 원유의 밀도를 측정한다. 회수된 원유는 소금물과 섞여 있다. 오일과 소금물 혼합물을 개방 탱크에 두고 분리되게 한다. 분리 후에, 1 m 층 오일이 소금물 0.50 m 꼭대기에 뜬다. 소금물의 밀도는 1040 kg/m^{3}이고, 탱크 바닥에서의 압력은 13.8 kPa 계기이다. 오일의 밀도를 구하라.

3.10 만약 290 N 힘 F_1이 4 cm 직경의 피스톤에 가해지면, 10 cm 직경의 피스톤으로 저항될 수 있는 힘 F_2의 크기는 얼마인가? 피스톤의 무게는 무시하라.

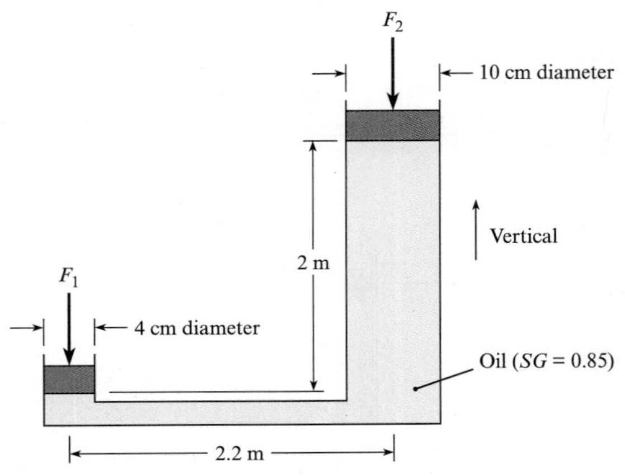

문제 3.10

3.11 물이 원통형 탱크의 바닥 2.3 m를 차지한다. 물 위에는 0.7 m의 케로신이 있는데, 이는 대기에 개방되어 있다. 만약 온도가 20°C라면, 탱크 바닥에서의 계기압력은 얼마인가?

3.12 공학자가 10 ton의 용량을 가진 유압 리프트를 설계하고 있다. 리프트의 움직이는 부분은 1000 lbf의 무게가 나간다. 이 리프트는 20 초에 6 ft 높이로 물건을 올려야 한다. 이것은 유체를 실린더로 전달하는 유압 펌프로 수행될 것이다. 72 인치의 스트로크를 가진 유압 실린더가 2~8 인치의 보어 사이즈로 사용할 수 있다. 200~3000 psig 운전 압력의 유압 피스톤 펌프가 분당 펌핑 용량 5, 10, 15 갤런으로 사용 가능하다. 이 응용에 사용될 수 있는 유압 펌프 사이즈와 유압 실린더 사이즈를 선택하라.

3.13 그림에 보이는 강철파이프와 강철챔버는 합해서 680 lbf 무게가 나간다. 이것을 제자리에 유지하기 위하여 모든 볼트로 얼마의 힘을 챔버에 가해야 하는가? 수치 ℓ은 3 ft에 해당한다. *주:* 챔버에는 바닥이 없다—단지 바닥에 볼트된

---

* 유압 프랙처링(fracturing)(또는 “fracking”)은 기체와 오일을 회수하는 데 사용되는 방법이다. 수압 파쇄법은 미립자 첨가제를 포함한 고압 액체(수용액)를 더 작은 크랙으로 주입하여 크랙이 더 넓어지도록 하여 바위에 균열을 만든다. 크랙이 클수록 더 많은 석유 물질이 정(井)으로 형성되어 크랙으로 흘러들게 된다. 여기 기술된 밀도 테스트는 오일의 근사적 메이크업(makeup)의 예비 결정을 위하여 수행될 수 있다. 수압 파쇄법 시행 후에 그 수용액(brine)은 폐기되어야 한다.

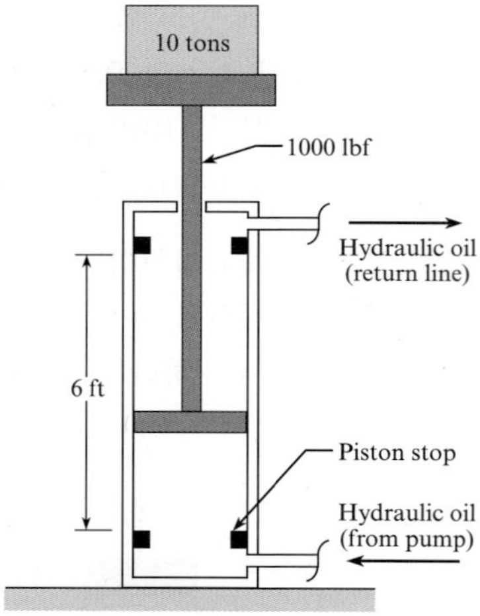

문제 3.12

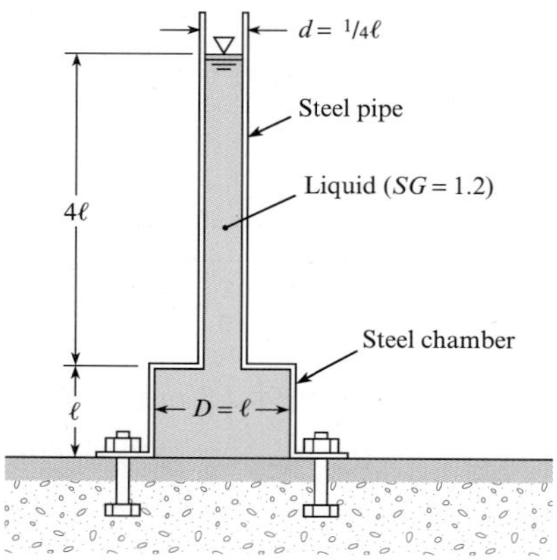

문제 3.13

플랜지만 있다.

3.14 돔(dome)을 제자리에 유지하기 위하여 어떤 힘을 볼트에 가해야 하는가? 금속 돔과 파이프의 무게는 6 kN이다. 돔은 바닥이 없다. 여기서 $\ell = 80$ cm이고, 물의 비중은 $\gamma = 9810\ \text{N/m}^3$이다.

3.15 계기 *A*가 5 psig를 읽을 때, 구형 돔(dome) 기초에 있는 금속에서 수직 성분의 힘을 찾아라. 이 금속이 압축 또는 장력 중 어느 것인지 가리켜라. 동봉된 유체의 비중은 1.5이다. 수치 *L*은 2 ft이다. 돔의 무게는 1000 lbf라고 가정한다.

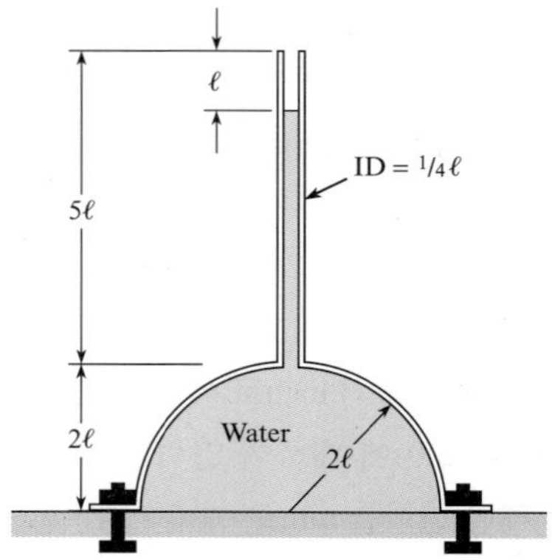

문제 3.14

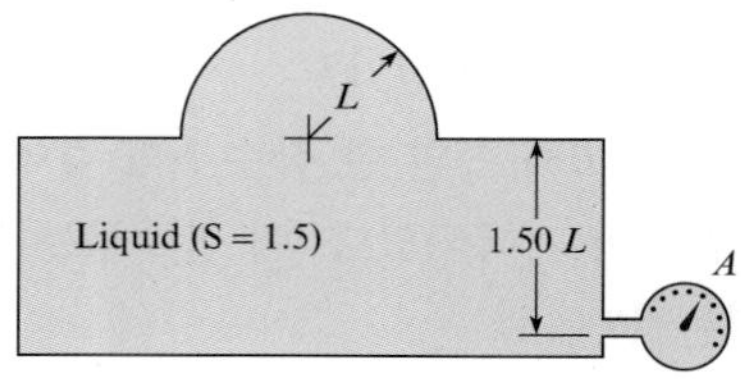

문제 3.15

3.16 그림의 피스톤의 무게는 5.5 lbf이다. 피스톤을 그 초기 위치로부터 1 m 상승하도록 하려면, 오일 부피를 얼마나 1 인치 튜브에 첨가해야 하는가? 실린더 바닥을 향하여 금속제 고정기를 사용하여 움직이지 못하도록 되어 있다. 피스톤과 실린더 사이에 마찰이나 누출이 없다고 가정하면,

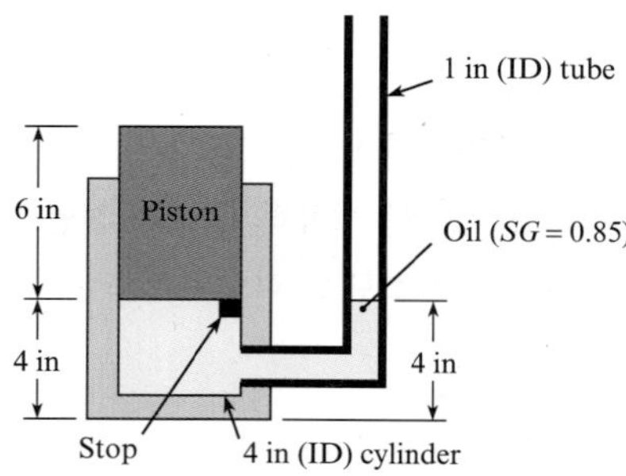

문제 3.16

압력 측정하기(3.3절)

3.17 다음 압력 측정 장치를 올바른 장치 이름과 연결하여라. 장치 이름들은: 바로미터, 부르동-튜브 압력계, 위압계, 액주계, 압력 변환기이다.

a. 보통은 다이어프램, 스트레인 계기, 그리고 전기신호

로의 전환을 포함한다.

b. U자 튜브인데, 이 안에서 압력의 변화는 측정되는 시스템에서 유체보다 보통은 밀도가 더 큰 액체의 상대적 해발에서의 변화를 생기게 하고; 진공을 측정하는데 사용될 수 있다.

c. 니들 편향을 측정하기 위한 스케일이 있는 둥근 면(face)인데 여기서 니들은 코일이 달린 가는 튜브의 연장에서의 변화에 의해 편향된다.

d. 대기압력을 측정하기 위한 장치; 여러 디자인이 있을 수 있다.

e. 수직 튜브인데, 여기서 액체가 양의 계기압력에 부응하여 올라간다.

액주계 방정식 적용하기(3.3절)

3.18 인터넷과 다른 자원을 이용하여, 다음 질문에 답하라.

a. 액주계의 세 가지 보편적인 타입은 무엇인가? 각 타입에 대하여 스케치를 하고 간단하게 설명하여라.

b. 당신은 보통 구할 수 있는 재료로부터 액주계를 어떻게 만들 수 있는가? 당신의 디자인 컨셉을 스케치하라.

3.19 그림에 보이듯이, 압력 p_g에서의 기체는 액체 기둥을 높이 h까지 올린다. 기체의 계기압력 $p_g = \gamma_{액체} h$이다. 다음의 각 상황에 그리드방법(1.7절)을 적용하라.

a. 액주계가 $SG = 1.5$인 액체를 사용한다. $h = 0.3$ ft에 대한 압력을 psia로 계산하라.

b. 액주계가 수은을 사용한다. 계기압력 0.8 atm에 대하여 기둥 상승을 mm로 계산하라.

c. 액체가 밀도 18 lbm/ft³이다. $h = 5$ 인치에 대하여 압력을 psfg로 계산하라.

d. 액체가 밀도 850 kg/m³이다. $h = 4.0$ m에 대하여 계기압력을 bar로 계산하라.

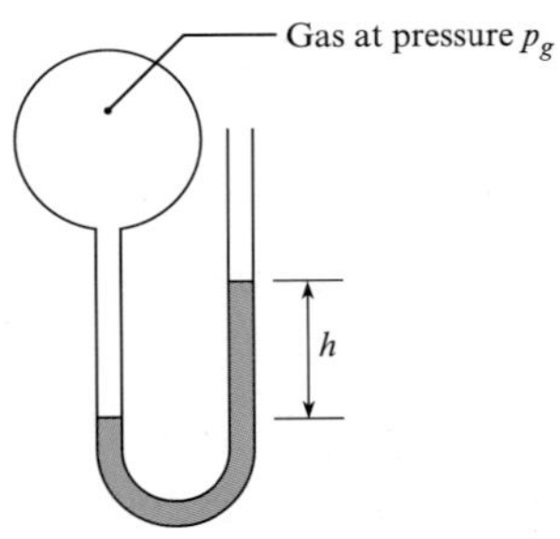

문제 3.19

3.20 그림과 같이 액주계가 파이프의 지점 A와 지점 B 사이의 압력 차이 측정을 위해 사용된다. 파이프에 물이 흐르고, 액주계 유체의 비중은 2.8이다. 액주계 헤드는 그림에 표시되어 있다. (a) $p_A - p_B$ 사이의 압력 차와 (b) $p_{z,A} - p_{z,B}$ 사이의 위압력을 구하라. 두 답 모두 단위는 kPa.

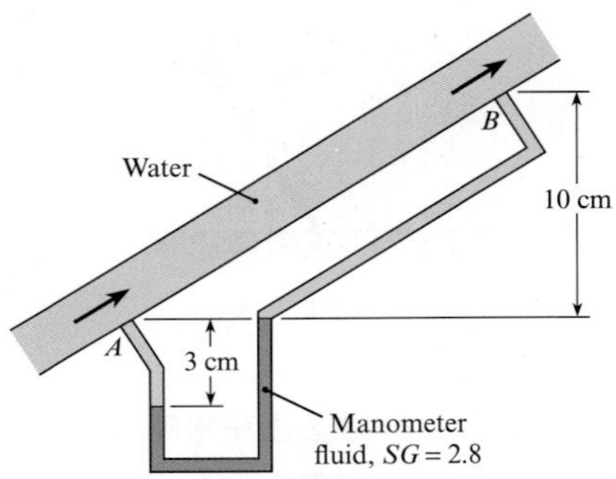

문제 3.20

패널위의 압력 힘(평면)(3.4절)

3.21 만약에 용수로와 문이 넓이가 4 ft, 깊이가 3 ft이고, 용수로가 물로 가득 차 있으면, 용수로의 문에 작용하는 힘은 얼마인가? 문의 다른 쪽에는 물이 없다. 날씨는 수주간 더워, 물은 70°F이다.

3.22 닫힌 문으로 통제된 배수로가 물로 가득 차 있다. 용수로와 문이 넓이가 2 m, 깊이가 1.9 m일 때 문에 작용하는 힘을 구하고, 배수로 바닥에서 측정된 문에 대한 압력 중심의 위치를 알아내라. 문의 하류에는 물이 없다.

3.23 그림에 보이듯이, 물(15°C)이 사각형 패널과 접촉하고 있다; $d = 1.2$ m, $h = 0.8$ m.

a. 무게중심의 깊이를 계산하라.

b. 패널에 작용하는 합력을 계산하라.

c. 무게중심으로부터 CP까지의 거리를 계산하라.

3.24 그림과 같이 직경 $D = 0.8$ m의 둥근 창문이 대형 해수 탱크($SG = 1.03$)에 설치되어 있다. 창문의 상부가 수면

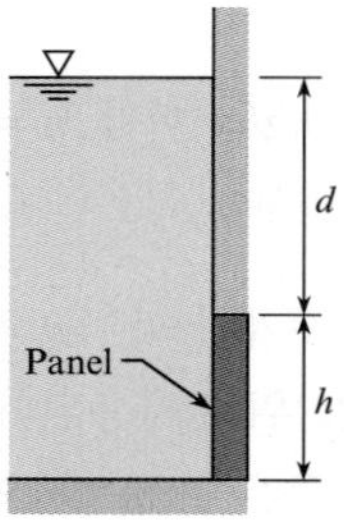

문제 3.23

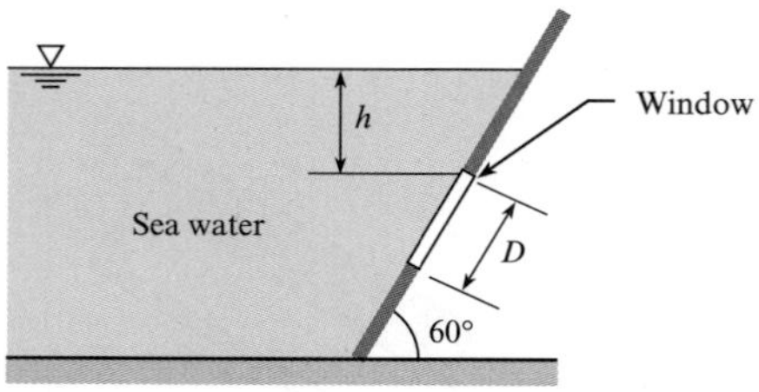

문제 3.24

아래 1.0 m 위치에 있고, 창문은 수평에 대하여 60° 각으로 있다. 창문에 작용하는 정역학적 힘을 구하고, 해당하는 CP를 구하라.

3.25 그림과 같은 블록에 작용하는 힘을 알아내라. 여기서 $d = 10$ m, $h = 2$ m, $w = 2$ m이다.

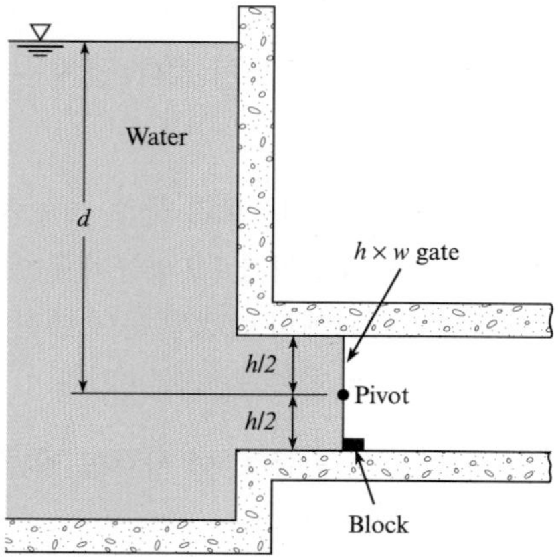

문제 3.25

3.26 그림과 같이 직사각형 수문이 수면에 힌지로 설치되어 있다. 문의 길이는 수면 아래로 $h = 5$ ft, 수면 위로 $L = 1$ ft, 폭은 4 ft이다. 물의 비중량은 62.4 lbf/ft^{3}이다. 문이 닫힌 상태로 유지되기 위해 문의 밑바닥 부분에 가해지는 필요한 힘을 구하라(단위는 lbf).

3.27 그림과 같이 직사각형 수문이 수면에 힌지로 설치되어 있다. 문의 길이는 수면 아래로 $h = 1$ m, 수면 위로 $L = 0.3$ m, 폭은 1 m이다. 물의 비중량은 9810 N/m^{3}이다. 문이 닫힌 상태로 유지되기 위해 문의 밑바닥 부분에 가해지는 필요한 힘을 구하라(단위는 N).

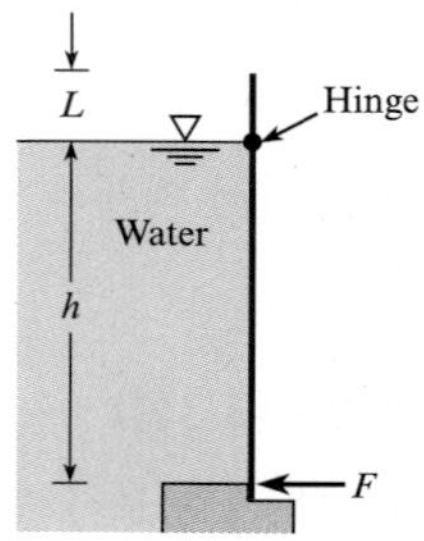

문제 3.26, 3.27

3.28 이 버터플라이 밸브($D = 8$ ft)는 댐에 있는 직경 8 ft의 파이프 출구를 지나는 유량을 제어하기 위해 사용된다. 그림에 보이는 위치에서 밸브가 닫힌다. 밸브는 밸브의 중심을 통과하는 수평축에 의해 지지된다. 이 축은 수면 아래 $H = 40$ ft 깊이에 위치한다. 사진에 보이는 위치에 밸브를 고정시키기 위해 적용해야 하는 토크의 크기는 얼마인가?

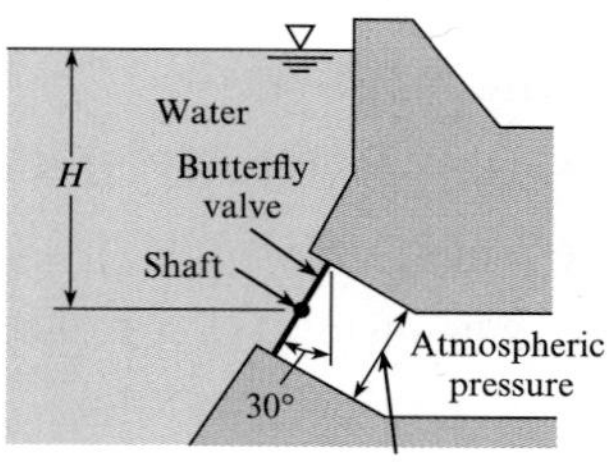

문제 3.28

3.29 댐 건설 과정에서, 콘크리트가 대략 1 m($y_1 = 1$ m) 높이로 주입된다. 댐의 면에 대한 형틀(form)은 하나의 리프트로부터 다음까지 재사용된다. 그림은 그러한 형틀을 보여주는데, 이 형틀은 이미 경화된 콘크리트에 볼트로 처리된다. 새로운 주입에 대하여 1 m 길이마다(본 페이지에 수직되게) 형틀의 기저에 모멘트가 얼마나 걸리는가? 콘크리

트가 주입될 때 액체로 행동하고, 그 비중은 23 kN/m^{3}이다.

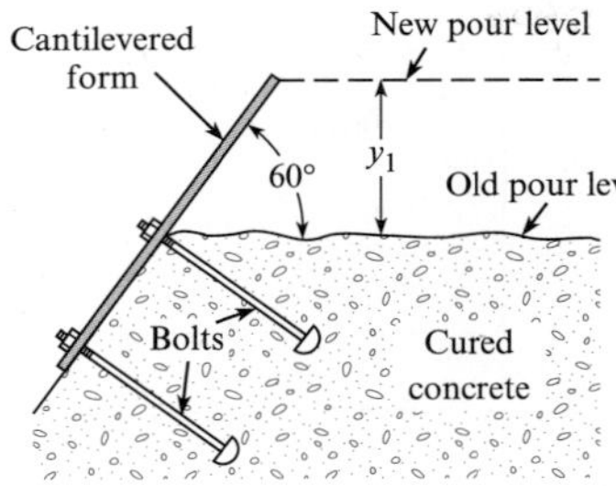

문제 3.29

3.30 젖은 콘크리트($\gamma = 150$ lbf/ft^3)가 액체처럼 작용한다고 가정해 보자. 형틀(form)에 가해지는, 길이 1 ft당 힘을 계산하라. 만약에 그림과 같이 형틀이 제자리에 고정되어 있고 수직 가새(vertical braces)의 타이를 2 ft마다 간격을 두면, 바닥의 타이에 가해지는 힘은 얼마인가?

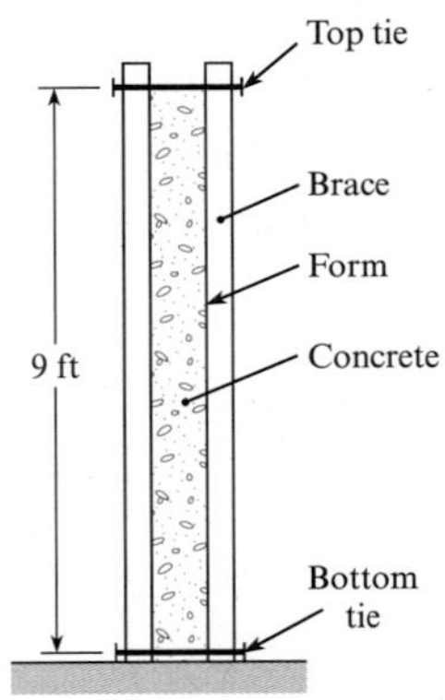

문제 3.30

곡면 위의 압력 힘(3.5절)

3.31 만약 내부 고압의 결과로 *A*-*A*에서 공기실을 맞잡기 위하여 정확히 2.5 cm 직경의 볼트가 20개 필요하다면, *B*-*B*에 필요한 볼트는 몇 개인가? 여기서 $D = 40$ cm 그리고 $d = 20$ cm이다.

3.32 그림 (a)의 평평한 직사각형 문($\ell \times w$ 크기)에 대해서, γ_w 그리고 크기 ℓ 및 w의 면에서 *A*에서의 반작용의 크기는 얼마인가? 그림 (b)의 원통형 문에 대하여, *A*에서의 반작용의 크기는 평면 문의 값보다 클까, 작을까, 또는 같을까? 문의 무게는 무시하라.

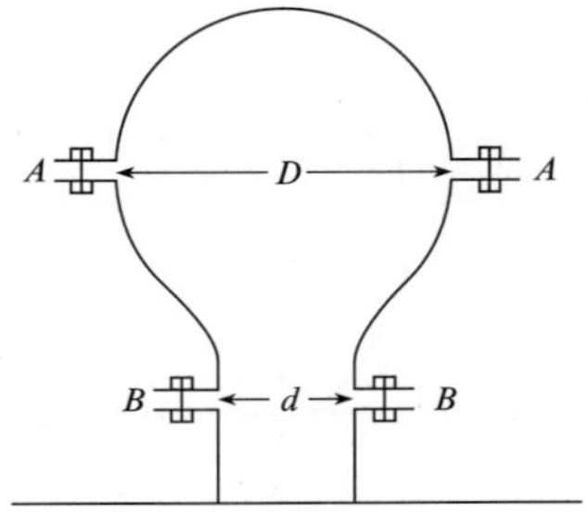

문제 3.31

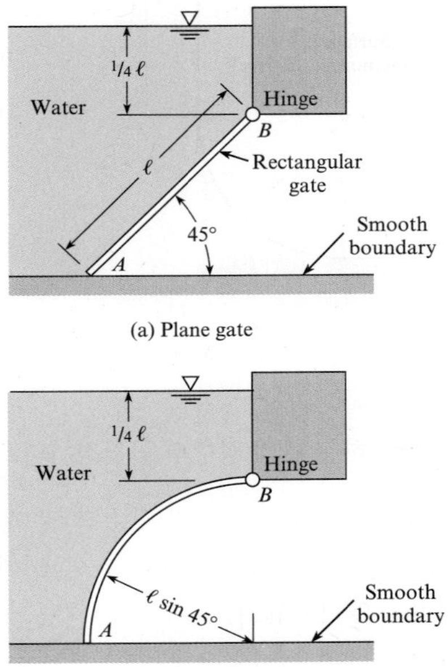

문제 3.32

3.33 물이 레이디얼 게이트(radial gate)에 의해 받쳐지고 있다. 게이트에 작용하는 합성 압력은 이 핀 위로 지나가는가? 아니면 핀 아래로 지나가는가? 아니면 핀을 관통하는가?

3.34 곡면 *AB*에 대해,

a. 표면에 작용하는 정수력의 수직 성분의 크기, 방향, 작용선을 결정하라. 여기서 표면 길이 $\ell = 1$ m.

b. 표면에 작용하는 정수력의 수평 성분의 크기, 방향, 작용선을 결정하라.

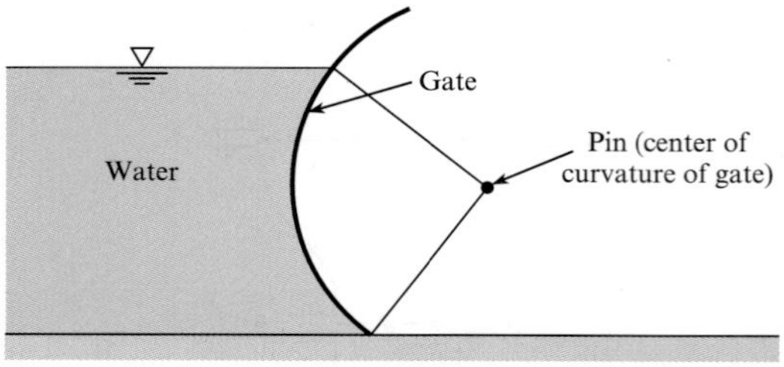

문제 3.33

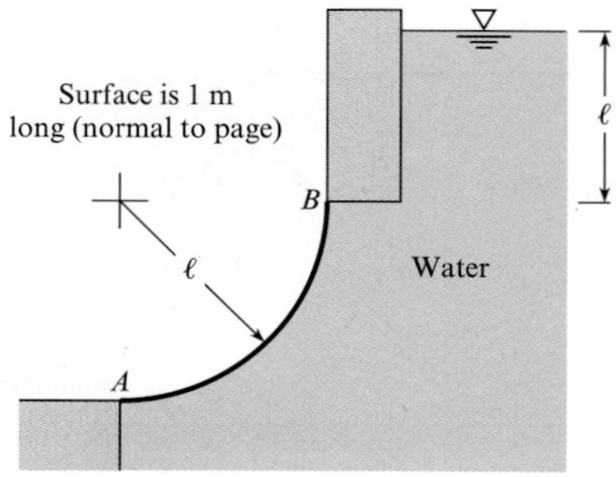

문제 3.34

c. 표면에 작용하는 합성 정수력을 결정하라.

3.35 수문의 길이가 40 ft(페이지에 수직)일 때, 레이디얼 게이트에 작용하는 정수력을 결정하라. 수문에 작용하는 정수력의 작용선을 나타내라.

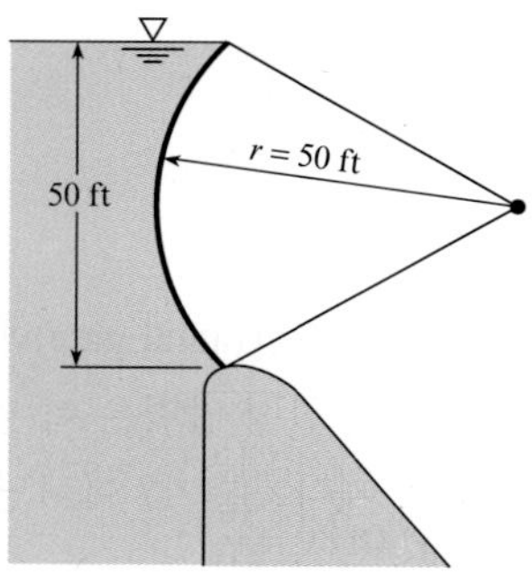

문제 3.35

3.36 그림과 같은 돔을 고려해 보자. 이 돔은 직경이 10 ft 이다. 그리고 현재 수중에 잠겨 있지 않다. 수면은 돔의 곡률 중심과 같은 높이에 있다. 이 조건에서 돔에 작용하는 합성 정수력의 크기와 방향을 결정하라.

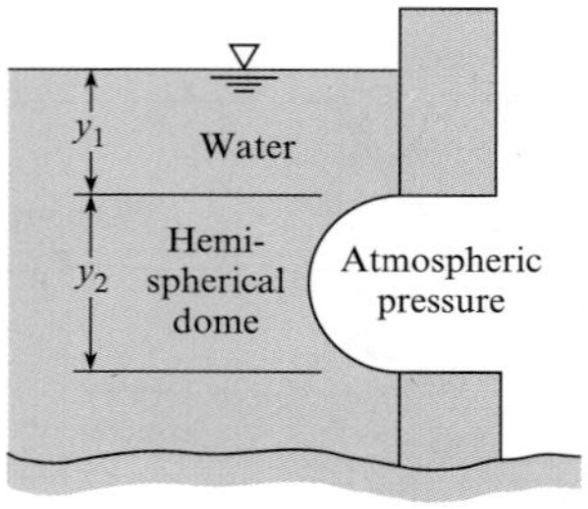

문제 3.36

부력 계산하기(3.6절)

3.37 아래의 각 상황에 그리드방법을 적용하여라(1장 1.7절).

a. 호수(10°C)에 떠 있는 농구공에 작용하는 부력을 뉴턴(N) 단위로 구하라.

b. 등유에 집어넣은 직경 1 mm의 구리 구체에 작용하는 부력을 뉴턴(N) 단위로 구하라.

c. 직경 12 inch의 풍선에 작용하는 부력을 뉴턴(N) 단위로 구하라. 풍선은 헬륨으로 가득 차 있고 외기(20°C)에 위치하고 있다.

3.38 3.6절과 그 밖의 자료를 이용하여 다음의 질문에 답하여라. 학문의 깊이, 명료성, 정확성을 얻기 위해 노력하고, 의사소통의 효율성을 향상하는 방식으로 스케치, 단어, 방정식을 결합하여라.

a. 부력에 대하여 배우는 이유는 무엇인가? 즉, 부력과 관련된 중요한 기술적인 문제는 무엇인가?

b. 부력에 관해서 CP는 어디에 있고, 작용선은 어디에 있는가?

c. 대체 부피란 무엇인가? 이것이 왜 중요한가?

d. 압력 분포와 이와 관련된 부력 사이에 어떤 관계가 있는가?

3.39 바위가 공기에서 950 N, 물에서 720 N 무게가 나간다. 그 부피를 구하여라.

3.40 당신은 소유물 처분 판매장에 와서 24 캐럿 (순수한) 금이라고 하는 골드 팬던트에 입찰할지 결정하려고 한다.

그 팬던트는 금처럼 보이지만 당신은 이를 조사하고자 한다. 측정을 몇 가지 해도 된다는 허가를 받아, 다음과 같은 데이터를 수집했다. 팬던트의 공기 중 질량은 102 g이고, 수중에서의 팬던트의 겉보기 질량은 96 g이다. 당신은 24 캐럿 금의 비중이 19.3, 22 캐럿 금의 비중이 17.8이라는 것을 알고 있고, 비중이 19.0을 초과하는 것에 입찰하기로 결정했다. 팬던트의 비중을 알아내고, 입찰할 것인지를 결정하라.

3.41 그림과 같이, 4염화탄소에 뜨게 한 입방체($L = 75$ mm)는 질량 $m_1 = 650$ g인 물체에 의해 정확히 균형을 유지한다. 입방체의 질량 m_2를 알아내라.

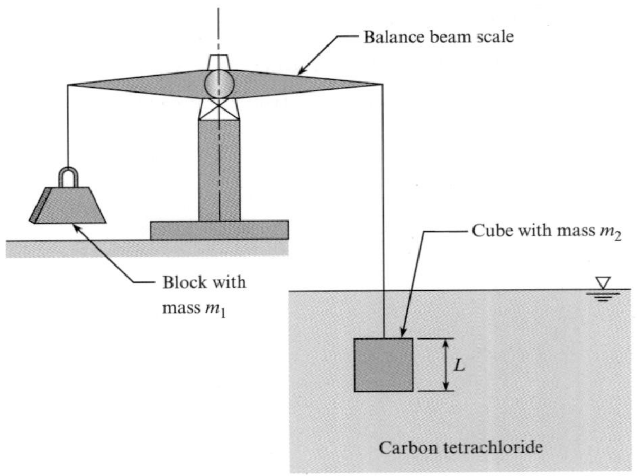

문제 3.41

3.42 600 ft 길이의 선박의 무게가 20,000 톤이고, 수면(waterline)에 의해 정의된 면적이 18,000 ft^{2}이다. 선박이 염수로부터 담수로 항해해 갈 때 다소간 견인력이 생길 것인가? 이 선박은 얼마나 잠수되거나 수면 위로 떠오를까?

3.43 150 m 길이의 화물선은 무게가 250×10^6 N이고, 수면(waterline)에 의해 정의된 면적이 2000 m^{2}이다. 이 선박은 외해를 향해 항구를 떠나는데, 담수로부터 해수로 항해할 때 물 위로 떠오를까 아니면 물 속에 더 잠길까?

3.44 수중에 가라앉은 강철제 구형 부표는 직경이 1.4 m이고 무게가 1200 N이다. 이 부표를 바닷물 표면에서 30 m 아래의 위치에 닻(anchor)으로 고정시켜야 한다. 닻줄(anchor chain)에 작용하는 힘이 5 kN을 초과하지 않도록 하기 위해 부표 안에 밀봉되어야 하는 파쇠의 무게를 계산하라.

3.45 부피를 알 수 없는 물질의 블록이 물에 가라앉아 있고 수중에서 무게가 350 N인 것으로 확인되었다. 동일한 블록의 무게를 공기 중에서 재면 705 N이다. 물질의 비중량과 부피를 구하라.

3.46 1 ft 직경의 원통형 탱크가 2 ft 높이만큼 물로 차 있다. 직경 5 인치, 길이 4 인치의 원통형 목재를 물에 띄웠다. 원통형 목재의 무게는 3.2 lbf이다. 탱크 내 물높이의 변화(만약 변화가 있다면)를 구하라.

3.47 그림처럼 부표가 바닥은 반구형, 상부는 원뿔형으로 설계되었다. 반구의 직경은 1 m, 원뿔의 반각은 30°, 부표의 질량은 460 kg이다. 바닷물에 떠 있는 부표의 흘수선 위치를 알아내라. (바닷물의 밀도는 $\rho = 1010$ kg/m^3)

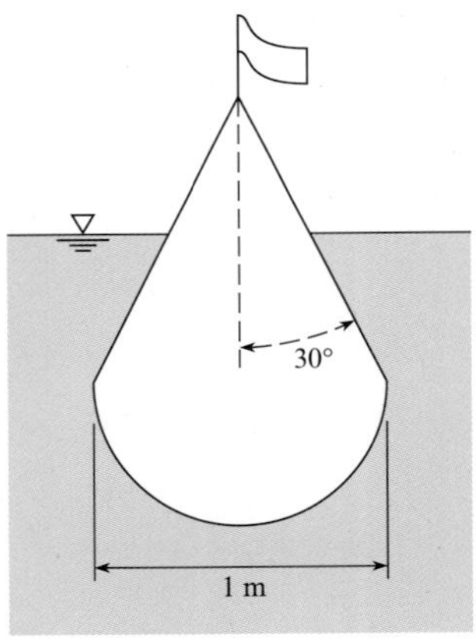

문제 3.47

3.48 그림과 같이 90° 거꾸로 선 원뿔체에 물이 들어 있다. 원뿔체 안의 물의 부피는 $V = (\pi/3)h^3$에 의해 정해진다. 물의 최초 높이는 10 cm이다. 부피가 200 cm^3, 비중이 0.6인 블록을 물에 띄웠다. 원뿔체 안의 수면 높이는 어떻게 될까?

3.49 폭이 4 m($\ell = 4$ m)인 수문이 닫힌 상태로 유지되기 위해 요구되는 콘크리트($\gamma = 23.6$ kN/m^3)의 최소 부피를 구하라. 수문의 밑바닥 부분은 힌지로 설치되어 있다.

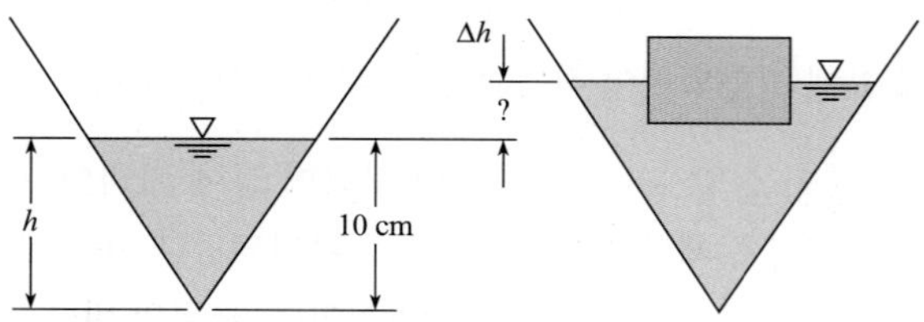

문제 3.48

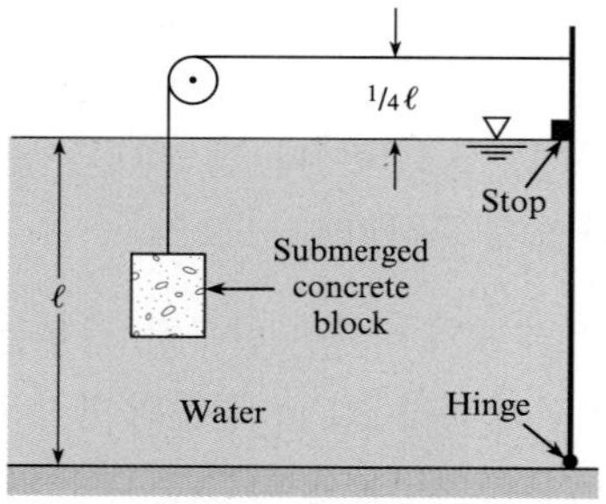

문제 3.49

하이드로미터를 이용한 ρ, γ, *SG* 계산(3.6절)

3.50 그림과 같이 하이드로미터의 무게는 0.01 N이다. 만약 기둥이 오일에 2.2 cm(z = 2.2 cm)만큼 가라앉는다면, 오일의 비중은 얼마인가?

3.51 그림과 같이 하이드로미터가 물(15°C)에 9 cm(z = 9 cm)만큼 잠긴다. 동그란 부분은 1.0 cm^3만큼 대체하고, 스템 면적은 0.1 cm^2이다. 하이드로미터의 무게를 알아내라.

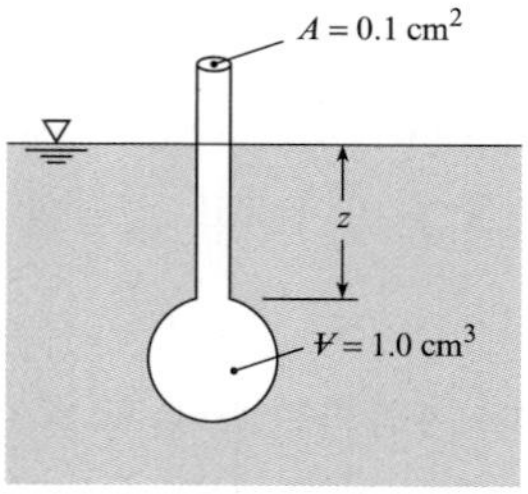

문제 3.50, 3.51

안정성 예측하기(3.7절)

3.52 직경이 1 m, 높이가 1 m인 원통형의 목재 블록이 6800 N/m^3만큼의 비중량을 가진다. 그 축이 수직인 이 목재 블록이 물에 뜰 것인가?

CHAPTER 4

베르누이 방정식과 압력 변화

개요 | 이 장에서는 유체의 흐름과 유동 유체 내에서의 압력 변화를 서술하고 베르누이 방정식을 소개한다.

그림 4.1

이 사진은 풍동에서의 모형 트럭 주변 흐름을 보여 준 것이다. 실험의 목적은 토너커버의 다양한 설계에 대한 항력(drag force)을 비교하기 위한 것으로, Stephen Lyda의 공대 학부 시절에 수행되었다. (사진 제공: Stephen Lyda)

학습성과

흐름의 서술(4.1절~4.3절, 4.12절)

- 유선, 유적선, 유맥선에 대해 설명한다.
- 오일러(Eulerian) 접근과 라그랑주(Lagrangian) 접근을 설명한다.
- 표 4.4에 수록된 각 항들을 이해한다.

운동학적 성질(4.2절, 4.4절)

- 속도와 속도장을 정의한다.
- 가속도를 정의한다.

오일러 방정식(4.5절)

- 오일러 방정식의 유도와 각 항들에 대해 이해한다.

베르누이 방정식(4.6절)

- 베르누이 방정식의 주요 개념을 이해한다.
- 베르누이 방정식이 포함된 문제를 푼다.

속도 측정(4.7절)

- 위압계, 정체관, 피토관의 작동 원리를 이해하고 적용한다.
- 정압력과 동압력을 정의한다.

압력(4.10절, 4.12절)

- 원형 실린더 주변 흐름의 압력장을 설명한다.
- 압력 변화를 일으키는 세 가지 원인들에 대해 설명한다.

4.1 유선, 유적선, 유맥선의 서술

많은 공학자들은 유체흐름의 양상을 묘사하고 가시화하기 위하여 유선(streamline), 유맥선(streakline), 유적선(pathline)을 사용한다. 따라서 이 절에서는 이 주제들을 소개한다.

유적선과 유맥선

유적선(pathline)은 그야말로 흐름장 내에서의 유체 입자의 유적을 말한다. 바람에 날리는 나뭇잎의 경우를 예로 들어 유적선의 개념을 설명할 수 있다. 이 나뭇잎이 아주 작아서 공기 입자에 붙어 있다고 가정해 보자. 이러한 경우에는 나뭇잎의 운동이 공기 입자의 운동을 보여주게 될 것이다. 또 다른 경우로는, 유체 입자가 빛을 발한다고 가정하여 짧은 시간 동안 사진을 찍어 얻게 되는 빛의 이동이 유적선인 것이다. 가라앉지 않는 작은 구슬을 물의 흐름에 띄우게 되면, 이 구슬의 운동이 유체 입자의 운동과 일치하게 되는데, 이것이 물의 흐름에서의 유적선을 나타낸다.

유맥선(streakline)은 출발점으로부터 연속적으로 주사되는 염료와 같은 유체 추적자에 의해 발생되는 선이다. 예를 들어, 공기 흐름 중에 연기가 들어가게 되면, 그 연기의 선이 유맥선이 된다. 그림 4.1은 유맥선을 나타낸 것이다. 이러한 유맥선은 수직 철사를 전류로 가열하여 광물기름을 기화시킬 경우에도 확인할 수 있다.

유선

유선(streamline)은 국소 속도벡터의 접선을 연결한 선으로 정의한다.

> **예제.** 그림 4.2a처럼 탱크의 구멍을 통해 흘러나오는 물의 흐름 양상은 유선을 관찰함으로써 가시화될 수 있다. *a*, *b*, *c* 각 점에서의 속도벡터는 유선에 접선방향이고, 탱크 벽면에서의 유선은 그곳에서의 유체 속도가 벽면과 평행이기 때문에 탱크 벽면 형상을 따르는 것에 주의하기 바란다. 흐름 형상을 표시하는 것은 흐름장을 설명하는 매우 효과적인 방법이다.

그림 4.2b의 날개단면(airfoil) 주변에서의 흐름의 유선은 날개 위와 날개 아래의 흐름으로 나누어지는 것을 알 수 있다. 이 흐름은 **분할 유선**(dividing streamline)에 의해 분리된다. 분할 유선이 물체와 교차하는 곳에서는 속도가 0이 되며, 이것을 **정체점**(stagnation point)이라 한다.

그림 4.3은 Volvo ECC 차량 주위 흐름에 대한 유선을 나타낸 것으로, 이런 현상에서의 흐름 양상을 이용하여 공학자는 흐름의 다양한 공기역학적 특성을 파악할 수 있고 항력을 감소함으로써 보다 나은 성능을 갖도록 차량 모양을 변화시킬 수 있게 된다.

유선, 유적선, 유맥선의 비교

흐름이 정상류이고 동일한 점을 통과한다고 가정하면 유선, 유적선, 유맥선은 일치하게 된다. 따라서 실험을 통해서만 보여 줄 수 있는 유적선이 유선처럼 보일 것이다. 마찬가지로 그

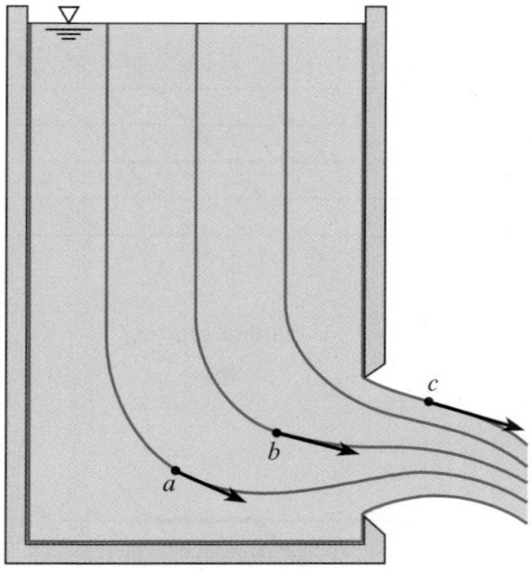

(a)

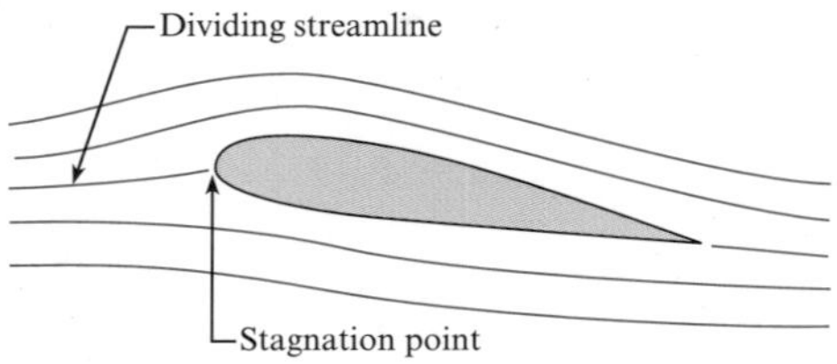

(b)

그림 4.2

(a) 수조의 개구부로 유출되는 흐름. (b) 날개부 단면을 지나가는 흐름.

그림 4.3

Volvo ECC의 원형(prototype) 위를 지나는 예측된 유선의 형태. (Analytical Methods, VSAERO software, Volvo Concept Center 제공)

흐름에서의 입자도 유적선과 동일한 궤적을 따르게 될 것이다.

만일 흐름이 비정상류이면 유선, 유적선, 유맥선은 일치하지 않는다. Flow Visualization (1)을 참고하면 부정류에서 이들이 얼마나, 왜 다른지에 대한 설명이 수록되어 있다.

예제. 그림 4.4는 부정류에서 유맥선, 유적선, 유선이 어떻게 다른지를 보여 주기 위해서 수평 유선 분포를 가진 2차원 흐름을 나타낸 것이다. 주어진 시간 t_0에서 흐름은 순간적으로 방향을 바꾸고 그 흐름은 더 이상의 변화 없이 오른쪽 위 45° 방향으로 움직인다. 흐름은 시간에 따라 한 점에서 속도가 변하기 때문에 부정류이다. 유체 입자는 시작점에서부터 시간 t_0까지 추적되며, 그 유적선은 그림 4.4a에서처럼 수평 선분을 이룬다. 시간 t_0가 지난 후에 그 입자는 유선을 계속해서 따르고 그림 4.4b에서와 같이 오른쪽 위로 움직인다. 두 선분이 유적선을 구성한다. 그림 4.4b에서 $t < t_0$인 경우와 $t > t_0$인 경우 유맥선(검은 점선)은 유선과 일치하지 않는다. 따라서 유맥선과 유선은 같지 않다.

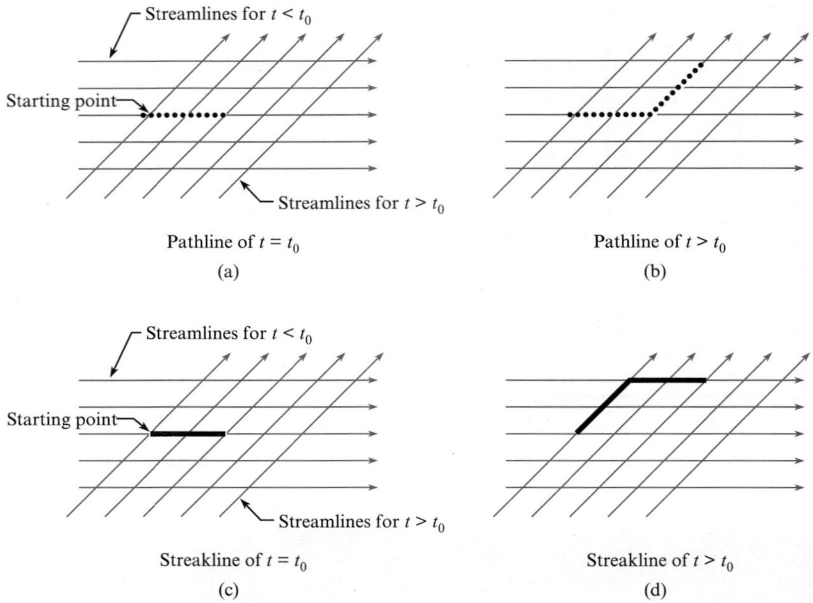

그림 4.4
부정류에서의 유선, 유맥선 및 유적선.

다음으로 그림 4.4c, 4.4d에서와 같이 검은 실선을 이용하여 유적선을 살펴보면 유적선은 그 어떠한 유선과도 일치하지 않는다는 것을 알 수 있다.

4.2 유동 유체의 속도

이 절에서는 속도와 속도장을 소개한다. 이러한 개념들을 두 개의 서로 다른 운동 서술방법을 이용해 소개한다.

- *라그랑주 접근(Lagrangian approach)*. 물체의 운동 서술.
- *오일러 접근(Eulerian approach)*. 공간 위치에서의 운동 서술.

속도

유체 입자가 가지는 성질 중 하나인 **속도**(velocity)는 임의의 한 순간에 입자가 가지는 속력(speed)과 운동방향을 시간의 함수로 나타낸다. 속도의 수학적 정의는 식 (4.1)과 같다.

$$\mathbf{V}_A = \frac{d\mathbf{r}_A}{dt} \tag{4.1}$$

여기서 $\mathbf{V}_A$는 입자 A의 속도, $\mathbf{r}_A$는 시간 t에서의 입자 A의 위치를 나타낸다.

예제. 그림 4.5a에서처럼 탱크로부터 물이 배수되고 있다. $\mathbf{V}_A$는 점 A에 위치한 입자의 속력과 이동방향을 나타낸 것이다. 속도 $\mathbf{V}_A$는 벡터 $\mathbf{r}_A$의 시간변화율이다.

속도장

흐름 속의 각 유체 입자들의 속도를 서술한 것이 **속도장**(velocity field)이다. 일반적으로 동일한 흐름 속의 각각의 유체 입자의 속도는 다르다. 예를 들면, 그림 4.5a에 있는 입자 *A*와 입자 *B*의 속도가 다르다. 따라서 속도장은 그림 4.5b에서와 같이 위치에 따른 속도의 변화를 묘사하게 된다.

속도장은 그림 4.5b와 같이 가시화를 하거나 수학적으로 묘사할 수 있다. 예를 들면, 구석에서의 2차원 정상류 속도장은 식 (4.2)로 주어진다.

$$\mathbf{V} = (2x\,\mathrm{s}^{-1})\mathbf{i} - (2y\,\mathrm{s}^{-1})\mathbf{j} \tag{4.2}$$

여기서 x, y는 미터 단위의 위치좌표이고, **i**, **j**는 각각 x, y 방향의 방향벡터를 나타낸 것이다.

속도장이 수식으로 서술되면 그림으로 흐름을 가시화할 수 있게 된다. 예를 들어, 위치좌표 $(x, y) = (1, 1)$를 선택하게 되면, 식 (4.2)에 $x = 1.0$ m, $y = 1.0$ m를 대입하여 다음과 같은 속도를 얻게 된다.

$$\mathbf{V} = (2\ \mathrm{m/s})\mathbf{i} - (2\ \mathrm{m/s})\mathbf{j} \tag{4.3}$$

이 점을 표시하고 다른 위치좌표에서도 동일한 방법을 반복하게 되면 그림 4.6a를 얻게 된다. 최종적으로는 유선(속도벡터의 접선방향)을 활용하여 그림 4.6b와 같이 유선의 양상을 파악할 수 있다.

요약. 속도장은 공간에서의 각 유체 입자의 속도를 묘사한다. 속도장은 그림 4.5, 그림 4.6과 같이 가시화할 수도 있고, 식 (4.2)처럼 수학적으로 표현할 수도 있다.

장(field)의 개념은 일반화할 수 있다. 장은 하나의 변수를 위치와 시간의 함수로 표현하여 그림으로 표현하거나 수학적으로 표현한 것이다.

예제. 압력장은 여러 점에서의 압력 분포를 공간과 시간으로 서술한다. 온도장은 여러 점에서의 온도 분포를 공간과 시간으로 서술한 것이다.

장(field)은 스칼라값의 장일 수도 있고(예: 온도장, 압력장), 벡터값의 장일 수도 있다(예: 속도장, 가속도장).

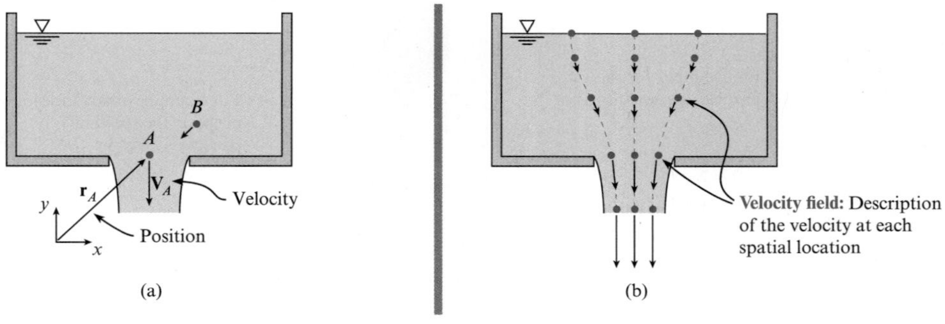

그림 4.5
탱크로부터 물이 배수되고 있다. (a) 입자 *A*의 속도는 시간에 따른 위치 변화이다. (b) 속도장은 흐름 영역 전체에서의 각 유체 입자의 속도를 나타낸다.

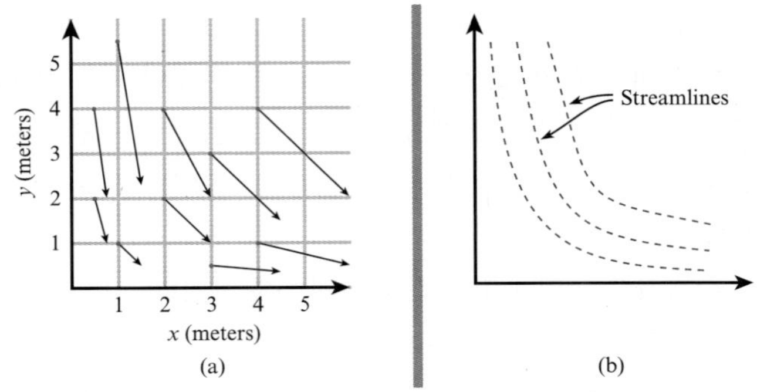

그림 4.6

식 (4.2)로 특정된 속도장: (a) 속도벡터. (b) 유선 양상.

오일러 접근과 라그랑주 접근

고체역학에서 입자나 강체의 운동을 서술하는 것은 간단하다. 반면에 유동 유체 입자의 운동은 상당히 복잡하며 각 입자의 운동을 추적하는 것이 현실적이지도 않다. 따라서 유동 유체의 흐름을 연구하는 연구자들은 운동을 서술하는 두 가지 방법을 고안해 냈다.

첫 번째 서술방법(**라그랑주 접근**)은 하나의 몸체(body)를 선택하여 이 몸체의 운동을 서술한다. 두 번째 서술방법(**오일러 접근**)은 공간상의 한 영역(region)을 선택하여 각 점에서 발생하는 운동을 기술한다. 오일러 접근은 장(fields)을 이용하기 때문에 공간 위치에서의 특성(properties)값을 시간의 함수로 나타낼 수 있다.

> **예제.** 그림 4.7에서처럼 입자들이 자유낙하하고 있다. 라그랑주 접근은 각 입자들의 운동을 서술하는 수식을 이용한다. 오일러 접근은 속도장을 위한 수식을 이용한다. 두 접근 방법의 수식은 다르지만 이 수식들은 동일한 속도값을 예측하게 한다. 그림 4.7에 나타낸 수식 $v = \sqrt{2g|z|}$은 입자가 가지고 있던 위치에너지가 운동에너지와 일치한다는 결과로부터 유도되었다는 점을 주의하라.

그림 4.7의 생각을 일반화하면, 라그랑주 접근에서의 독립변수는 초기 위치와 시간이다. 오일러 접근에서의 독립변수는 장에서의 위치와 시간이다. 표 4.1은 라그랑주 접근과 오일러 접근을 비교해 놓은 것이다.

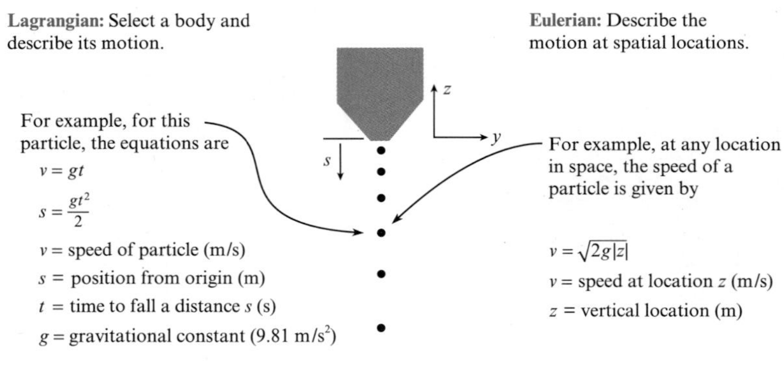

그림 4.7

이 그림은 작은 입자들이 정지상태로부터 중력에 의해 낙하하는 것을 나타낸 것이다. 그림의 왼쪽은 라그랑주 접근에 의한 운동을 서술한 것이고, 오른쪽은 오일러 접근을 서술한 것이다.

표 4.1 라그랑주 접근과 오일러 접근의 비교

특성	라그랑주 접근	오일러 접근
기본 개념	확인된 물체의 운동 서술 또는 관측.	공간 위치에서의 물체의 운동 서술 또는 관측.
고체역학(적용)	동역학에서 사용.	탄성역학에서 사용. 물질 유동 모형화에 적용 가능.
유체역학(적용)	다양하게 사용됨(유체 입자, 유적선, 유체 입자의 가속도 등). 많은 방정식들이 라그랑주적 관점으로부터 유도되었음.	거의 모든 수학적 방정식들이 오일러적 접근을 이용하였음.
독립변수	초기 위치(x_0, y_0, z_0)와 시간(t)	공간 위치(x, y, z)와 시간(t)
수학적 복합성	간단함.	좀 복잡함; 예를 들어, 편미분과 비선형 항들이 나타남.
장(field) 개념	라그랑주 접근에서는 사용되지 않음.	장은 오일러 개념임. 장 개념이 적용될 경우 divergence, gradient, curl 등이 포함될 수도 있음.
사용된 계(system)의 형태	폐쇄 계, 입자, 강체, 입자 계.	검사체적.

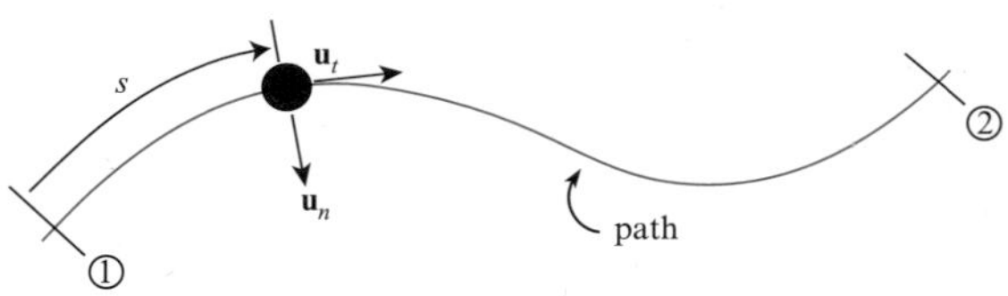

그림 4.8
직각 성분과 접선 성분을 이용한 유체 입자 운동의 서술.

성분을 이용한 속도 표현

직교좌표계에서 속도장을 표현할 경우, 수학적 형태는 식 (4.4)와 같다.

$$\mathbf{V} = u(x, y, z, t)\mathbf{i} + v(x, y, z, t)\mathbf{j} + w(x, y, z, t)\mathbf{k} \tag{4.4}$$

여기서 $u = u(x, y, z, t)$는 속도벡터의 x-성분, $\mathbf{i}$는 x 방향의 단위벡터이다. 좌표 (x, y, z)는 속도장에서의 공간 위치를 나타낸 것이고, t는 시간을 나타낸 것이다. 같은 방법으로 성분 v, w는 속도벡터의 y-성분, z-성분을 나타낸 것이다.

속도를 표현하는 또 다른 방법은 *직각방향 성분과 접선방향 성분*을 이용하는 것이다. 여기서는 입자에 단위벡터를 부여하여(그림 4.8 참조) 입자와 함께 이동하는 방법을 사용한다. 단위벡터 $\mathbf{u}_t$는 입자의 유적에 접선방향이고, 단위벡터 $\mathbf{u}_n$은 입자 유적에 직각방향으로서 곡률중심 방향인 안쪽 방향을 향한다. 유체 입자의 속도는 $\mathbf{V} = V(s, t)\mathbf{u}_t$로 표현되는데, V는 입자의 속력, t는 시간을 나타낸다.

4.3 흐름의 서술

유동 유체를 서술하기 위해 공학자들은 다양한 용어들을 사용하며, 이러한 용어들을 숙지하

그림 4.9
유적선을 따라서 운동하는 유체 입자.

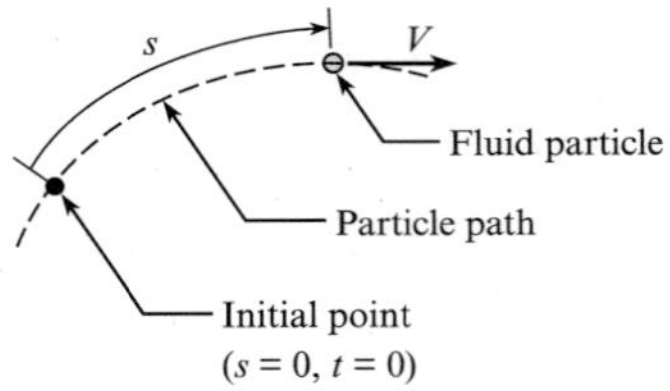

그림 4.10
관 속의 등류.

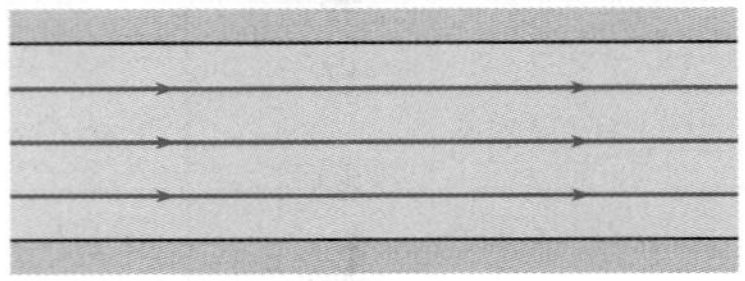

는 것은 쉬운 일이 아니다. 따라서 이 절에서는 유동 유체 서술에 필요한 개념들을 소개한다. 아주 많은 아이디어들이 있어 표 4.4에 정리하였다.

등류와 부등류

등류를 소개하기 위하여 다음과 같은 속도장을 생각해 보자.

$$\mathbf{V} = \mathbf{V}(s, t)$$

여기서, s는 유적을 따라서 유체 입자가 이동한 거리, t는 시간을 나타낸다(그림 4.9). 이러한 *직각과 접선 성분*을 이용한 수학적 표현은 입자의 유적을 알고 있는 경우 유용하게 사용할 수 있다.

등류(uniform flow)에서는 매 시각, 유선을 따른 속도의 크기와 방향이 일정하다. 따라서 유선 분포는 직선이고 평행하여야 한다(그림 4.10 참조). 등류는 식 (4.5)와 같이 서술할 수 있다.

$$\left(\frac{\partial \mathbf{V}}{\partial s}\right)_t = \frac{\partial \mathbf{V}}{\partial s} = 0 \quad \text{(등류)} \tag{4.5}$$

본 교재에서의 표기법에 따르자면, 편도함수로 표현했을 때 상수가 되는 변수는 생략할 수 있게 된다. 예를 들어, 식 (4.5)에서 좌변은 앞에서의 방법으로 편도함수를 이용하여 표현한 것이고, 중앙 항은 간단하게 표현한 것이다. 변수가 일정해서 간단한 표기를 하였는지 여부는 문맥을 통해서 추론할 수 있다.

부등류(nonuniform flow)에서는 속도의 크기 또는 방향, 때로는 크기와 방향 모두가 유선을 따라서 변한다. 따라서 유선 곡률을 가진 모든 흐름은 부등류이다. 공간상에서 흐름의 속력이 변하는 모든 흐름 역시 부등류이다. 부등류는 다음 식과 같이 표현될 수 있다.

$$\frac{\partial \mathbf{V}}{\partial s} \neq 0 \quad \text{(부등류)}$$

예제. 그림 4.11a 수렴관에서는 속력이 점점 증가하기 때문에 부등류가 발생한다. 그림 4.11b에서는 유선 분포가 곡선이기 때문에 와류에서는 부등류가 발생한다.

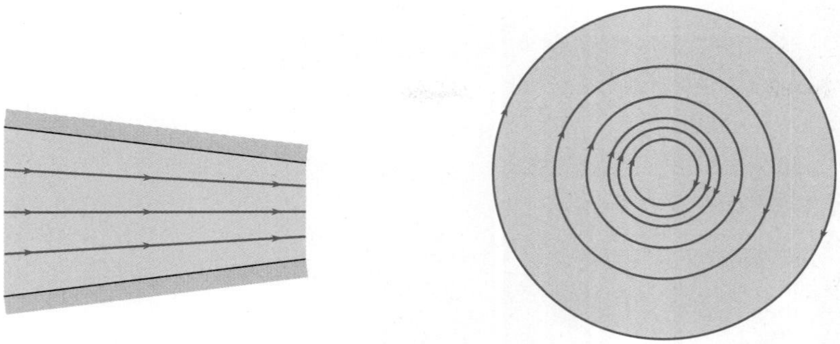

(a) (b)

그림 4.11
부등류의 흐름 형태: (a) 수렴하는 흐름. (b) 와류.

정상류와 부정류

일반적으로 속도장 **V**는 위치 **r**, 시간 t의 함수: $\mathbf{V} = \mathbf{V}(\mathbf{r}, t)$이다. 그러나 많은 경우에 속도는 시간의 영향을 받지 않는다. 따라서 $\mathbf{V} = \mathbf{V}(\mathbf{r})$이고 이러한 흐름을 **정상류**(steady flow)라고 한다. 정상류는 공간상의 모든 곳에서 시간에 따른 속도의 변화가 없다는 것을 의미한다. 이것을 수학적으로 정리하면 다음과 같다.

$$\left.\frac{\partial \mathbf{V}}{\partial t}\right|_{\text{속도장 내의 모든 점}} = 0$$

부정류(unsteady flow)에서는 속도장 내에 있는 적어도 일부 점에서 속도가 변하게 되며, 이를 수학적으로 표현하면 다음과 같이 된다.

$$\frac{\partial \mathbf{V}}{\partial t} \neq 0$$

예제. 만일 관 속에서의 흐름이 밸브의 개폐에 의해 시간에 따라 변하게 된다면, 그 흐름은 부정류가 될 것이다. 즉, 속도장 내의 각 점에서 속도가 시간에 따라 증가하거나 감소하게 될 것이다.

층류와 난류

Osborne Reynolds는 그의 유명한 실험에서 관수로에서는 두 가지의 다른 흐름이 발생한다는 것을 보여 주었다.* 첫 번째 종류의 흐름은 이웃하는 유체 층(layer)들이 서로 잘 정리된 상태로 부드럽게 이동하는 흐름으로 **층류**(laminar flow)라고 하며, 이러한 흐름은 층 사이의 흐름 또는 얇은 판 사이의 흐름에서 발생한다. 그림 4.12a는 층류의 예로, 두꺼운 시럽의 흐름을 나타낸 것이다.

*Reynolds 실험은 10장에서 설명한다.

(a) (b)

그림 4.12

층류와 난류의 예: (a) 메이플 시럽의 흐름은 층류(Lauri Patterson/The Agency Collection/Getty 제공). (b) 굴뚝으로부터의 흐름은 난류(Donald Elgar 사진).

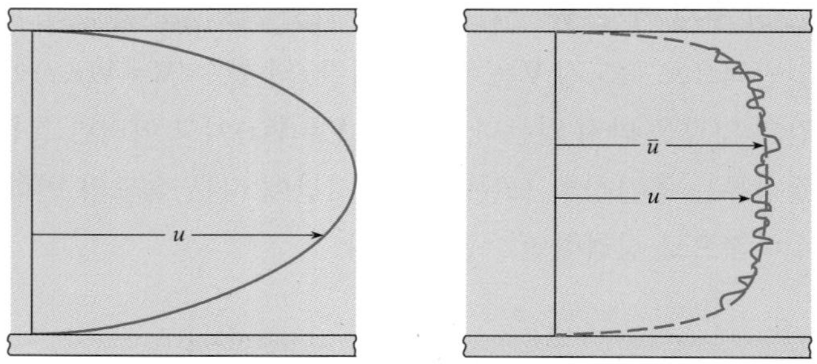

(a) (b)

그림 4.13

직선관 내의 층류와 난류. (a) 층류. (b) 난류. 두 그림 모두 흐름이 완전히 발달된 상태라고 가정.

두 번째 종류의 흐름은 레이놀즈에 의해 **난류**(turbulent flow)라고 정의되었는데, 강력한 교차 흐름에 의한 혼합과 다양한 크기의 와류로 특징되는 부정류이다. 이러한 난류는 선박의 후류(wake)나 그림 4.12b에서와 같은 높은 굴뚝에서도 관측할 수 있다. 흐름 기둥이 넓어졌다가 사라지는 것으로 보아 난류에서 혼합이 발생하는 것은 분명하다.

그림 4.13a는 관에서의 층류가 타원형 속도 분포를 한다는 것을 보여 주고 있다. 그림 4.13b는 난류에서의 속도 분포가 플러그 모양이 되는 것을 보이고 있는데, 이는 소용돌이가 흐름을 혼합하여 속도 분포를 균일하게 만들고자 하기 때문이다. 층류와 난류 모두 비활동 조건(no-slip condition)을 적용하였다.

시간평균속도

난류는 부정류이기 때문에 관 내의 모든 점에서 시간에 따라 속도가 변하게 된다. 난류를 다루는 일반적인 접근방법은 속도를 시간평균 값과 변동량의 합, $u = \bar{u} + u'$으로 나타내는 것이다. 시간평균 값은 그림 4.13b에서와 같이 $\bar{u}$로 나타낸다. 변동 속도는 평균 속도와 국부 속도의 차이가 된다. 만일, 시간평균속도가 시간에 따라 변하지 않는다면 난류가 "정상류"로 표현되기도 한다. 난류에 대해 보다 많은 것을 알고 싶으면 *Turbulence*(3)를 참고하기 바란다. 표 4.2는 층류와 난류를 비교한 것이다.

표 4.2 층류와 난류의 비교

특성	층류	난류
기본 개념	층에서의 부드러운 흐름.	다양한 크기의 많은 소용돌이를 가진 흐름. 무작위적이고 혼돈스러우며 부정류.
관에서의 속도 분포	포물선형; 중앙에서의 속도와 평균 속도의 비는 0.5.	플러그형; 중앙에서의 속도와 평균 속도의 비는 08~0.9.
흐름에 물질을 추가할 경우 혼합의 정도	낮은 수준의 혼합. 층류 유체에 물질 혼합은 어려움.	높은 수준의 혼합. 물질 혼합이 쉬움; 예를 들면, 커피에 크림 추가하기.
시간의 영향	정상류 또는 부정류.	항상 부정류.
흐름의 차원	1차원, 2차원, 3차원 도두 가능.	항상 3차원.
수학적 해석 가능성	원칙적으로 모든 층류는 해석적이거나 수치적 해를 가짐. 기존의 많은 해석적인 해가 있으며, 이러한 해는 실험 결과와 아주 근접함.	난류에 대한 완전한 이론은 없으며 제한된 몇몇의 반경험적인 접근법이 있음. 대부분의 난류는 이론적이거나 수치적인 해석으로 정확한 예측이 불가능하기 때문에 실험에 의존하고 있음.
실용적 중요성	실제 문제의 경우 아주 적은 경우에만 층류가 포함됨.	대부분의 실제 문제에서는 난류가 포함됨. 관에서의 물과 공기의 흐름은 난류이고 대부분의 개수로 흐름도 난류임.
레이놀즈수에 따른 발생 여부	낮은 레이놀즈수에서 발생(레이놀즈수는 8장에서 소개).	높은 레이놀즈수에서 발생.

1차원 흐름, 다차원 흐름

흐름장의 차원은 예제로 소개한다. 그림 4.14a는 원형 수송관에서의 축 대칭 흐름에 관한 속도 분포를 나타낸 것이다. 흐름이 등류 또는 완전 성장한 흐름이기 때문에, 흐름 방향(z)으로의 속도 변화는 없다. 속도가 1차원, 즉 반경 r 방향에만 종속되기 때문에 흐름은 1차원이 된다. 그림 4.14b는 정사각형 수송관에서의 등류 흐름의 속도 분포를 나타낸 것이다. 이 경우에는 속도가 2차원, 즉 x와 y 방향에 종속되기 때문에 흐름은 2차원이 된다. 그림 4.14c는 정사각형 수송관이지만 관의 단면이 흐름 방향으로 점점 커지는 경우라서, 속도는 x, y 방향뿐만 아니라 z 방향에도 종속되게 될 것이다. 따라서 이 흐름은 3차원이다.

또 다른 좋은 3차원 흐름의 사례로는 난류가 있다. 난류에서의 속도 성분은 어느 시각에서나 3차원 좌표 방향에 종속되기 때문이다. 예를 들어, 어느 시각에서의 속도 성분은 x, y, z에 종속된다. 즉, $u(x, y, z)$. 난류는 부정류이기 때문에 속도 성분은 시간에도 종속된다.

유체역학에서 자주 사용되고 있는 또 다른 정의는 준1차원 흐름이다. 이 정의에 의해서 흐름 방향으로의 속도 성분은 하나이고 속도 분포는 균등하다고, 즉 수송관의 단면을 가로질러서는 속도가 일정하다고 가정한다.

점성 흐름과 비점성 흐름

점성 흐름(viscous flow)에서는 점성으로 인한 전단력과 결부된 힘이 커서 흐름을 구성하는 입자들의 동역학적 운동에 충분히 영향을 미치게 된다. 예를 들어, 그림 4.13에 보이는 것과 같은 관수로는 점성 흐름이고, 층류와 난류는 점성 흐름에 해당한다.

비점성 흐름(inviscid flow)에서는 점성으로 인한 전단력과 결부된 힘이 너무 작아서 흐름을 구성하는 입자들의 동역학적 운동에 영향을 미치지 못하게 된다. 따라서 비점성 흐름의 운동 방정식에서는 점성력을 무시할 수 있다.

경계층, 후류, 퍼텐셜 흐름 영역

그림 4.15는 복잡한 흐름을 이상화하기 위하여 많이 사용되고 있는 구(sphere) 주변의 흐름을 나타낸 것이다. 그림에서와 같이 흐름은 비점성 흐름 영역, 후류(wake), 그리고 경계층의 세 영역으로 나뉜다.

흐름 분리

흐름 분리는 몸체에 인접하고 있는 유체 입자들이 몸체로부터 분리되면서 발생한다. 그림 4.16은 정사각형 봉의 후면에서 흐름 분리가 나타나는 것을 보여 준다. 봉의 어깨부분에서 흐름이 분리되고 후류 영역이 넓은 점을 주의해서 보기 바란다. 그림 4.15, 그림 4.16 모두 물체의 앞부분에서는 흐름이 물체의 형상을 따르는데, 이러한 영역을 **부착 흐름**(attached flow)이라고 부른다.

그림 4.14

흐름의 차원: (a) 1차원 흐름, (b) 2차원 흐름, (c) 3차원 흐름.

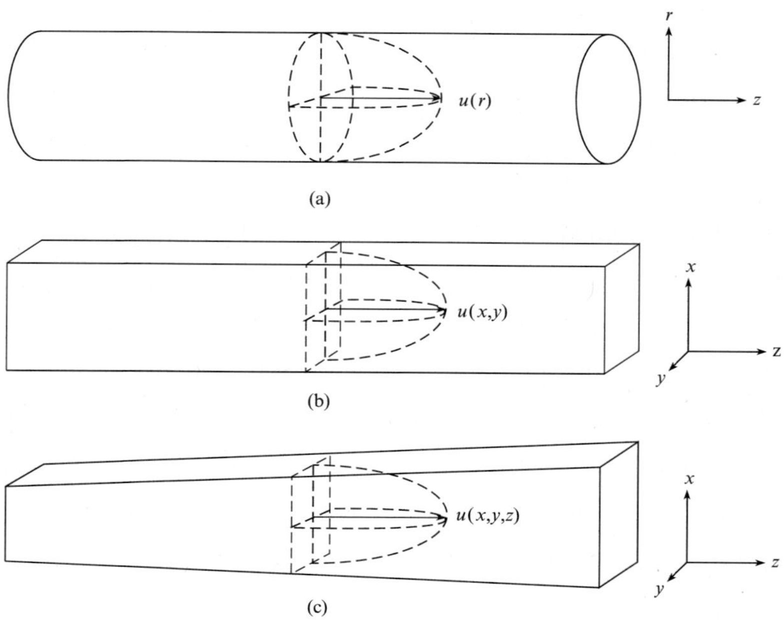

일반적으로 흐름이 분리되게 되면 몸체에 작용하는 항력은 증가한다. 따라서 자동차나 비행기를 설계할 경우에는 흐름 분리를 없애거나 최소화하기 위해 많은 노력을 하게 된다. 만일 흐름 분리가 발생하게 되면, 후류 영역에서 와류가 발생하여 부정류가 되고, 이로 인해 진동력이 발생하여 구조물 파괴를 야기할 수도 있다. 이러한 힘들은 구조물을 진동시키게 되고, 구조물의 고유 진동수와 와류의 진동수가 근접하게 되면 구조물 파괴에 이를 수 있게 된다. 대표적인 사례로 워싱턴주 시애틀 근처에 있던 Tacoma Narrows Bridge의 재앙적 파괴를 들 수 있다.

그림 4.17은 날개단면부(airfoil)에서의 흐름 분리를 나타낸 것이다. 날개단면부는 날개 모양의 단면을 가진 몸체이다. 흐름 분리는 날개단면부가 매우 큰 접근각도로 회전할 경우 발생한다. 이러한 흐름 분리는 비행기의 스톨(stall)을 야기하는데, 이는 양력이 급격하게 떨어져 비행기가 더 이상 수평비행을 할 수 없게 되기 때문이다. 스톨은 회피해야만 한다.

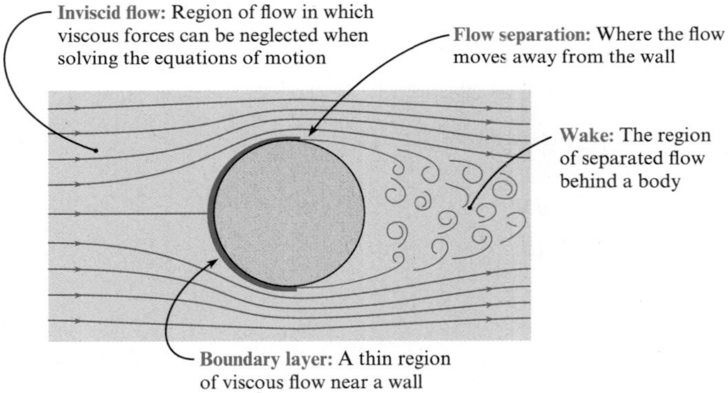

그림 4.15
흐름 높은 레이놀즈수에서의 구 주변의 흐름 양상. 흐름 영역을 도시한 것이다.

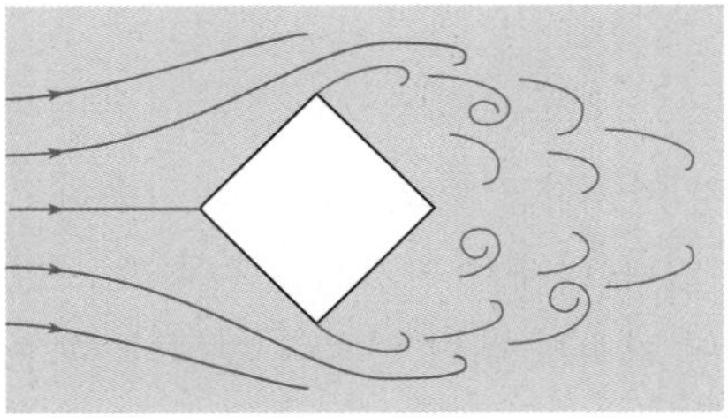

그림 4.16
끝단에서 유선분리가 나타나는 정사각형 봉을 지나는 흐름 양상.

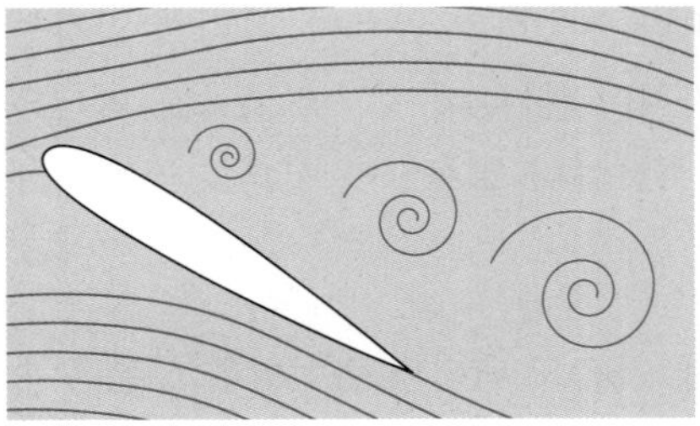

그림 4.17
큰 접근각도에서의 날개단면부 뒷부분에서의 흐름 분리.

흐름 분리는 관수로에서도 발생할 수 있다. 예를 들어, 관수로 내의 오리피스를 통과하는 흐름도 분리될 수 있다(그림 13.14 참조). 이 경우, 분리된 영역을 "재순환 영역"이라고 부른다. 관수로에서의 흐름 분리는 에너지 손실을 야기하여 압력이 낮은 영역을 만들어서 공동현상(cavitation)이나 진동을 발생시킬 수 있기 때문에 바람직하지 않다.

요약. *부착 흐름(attached flow)*은 몸체 경계와 나란하게 움직이는 흐름이다. *흐름 분리*는 내부, 외부 흐름 모두 발생하는데 경계로부터 떨어져 나가는 흐름이다. 흐름 분리는 항력, 구조물 진동, 공동현상과 같은 현상과 관계된다.

4.4 가속도

설계자에게 있어 힘을 예측한다는 것은 중요하다. 힘은 가속도와 관계되므로, 이 절에서는 유동 유체에서 가속도가 어떠한 의미를 가지는지에 관해 서술한다.

가속도의 정의

가속도(acceleration)는 유체 입자가 가지는 성질의 하나로서, 시간에 따른 유체 입자의 진행 방향으로의 속력 변화로 정의한다. 가속도의 수학적 정의는 다음과 같다.

$$\mathbf{a} = \frac{d\mathbf{V}}{dt} \tag{4.6}$$

여기서 **V**는 입자의 속도이고, t는 시간이다.

가속도의 물리적 의미

가속도는 *유체 입자의 속력이 변하든지, 진행 방향이 변하든지, 아니면 둘 다가 변하는 경우*에 발생한다.

예제. 그림 4.18에서 입자가 직선 형태의 유선을 따라 이동하고 있으며 서서히 감속하고 있다. 입자의 속력이 변하고 있기 때문에 가속하고 있다(실제로 여기서는 감속하고 있음). 입자의 속력이 변할 때마다 유적선에 접선방향인 가속도 벡터 성분이 있어야 한다. 이 가속도 성분을 *가속도의 접선방향 성분*이라고 부른다.

예제. 그림 4.19에서 입자가 곡선 형태의 유선을 따라 이동하고 있으며, 따라서 입자는 그림에서와 같이 안쪽 방향의 가속도 벡터 성분을 가져야 한다. 이 성분을 *가속도 벡터의 직각방향 성분*이라고 부른다. 만약 입자의 속력이 변한다면 접선방향 성분도 존재하게 될 것이다.

요약. 가속도는 유체 입자가 가지는 성질의 하나이다. 가속도 벡터의 접선방향 성분은 속

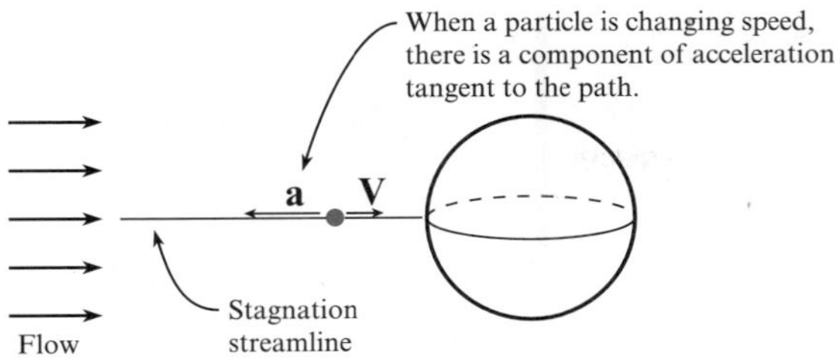

그림 4.18
구 주변에서의 흐름을 나타낸 것이다. 파란색 구는 정체 유선을 따라서 이동하는 유체 입자이다.

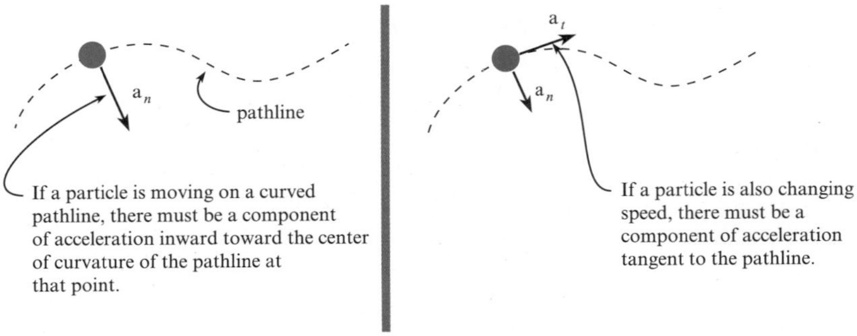

그림 4.19
큰 곡선 형태의 유선을 따라 이동하는 입자들.

력의 변화에 관계하고 직각방향 성분은 방향의 변화에 관계한다. 입자가 곡선형 유선을 따라서 이동할 경우, 진행방향이 계속해서 변하기 때문에 직각방향 성분은 항상 영(0) 아니다.

가속도의 수학적 서술

유동 유체의 속도는 속도장(즉, 오일러적 접근)에서 서술되기 때문에, 가속도의 수학적 표현은 물리학이나 동역학 과목에서 소개했던 것과는 다르다. 여기에서는 유체 가속도와 관련된 개념들을 소개한다.

그림 4.20에서와 같이 유선상의 하나의 유체 입자를 선정하여 속도를 직각-접선 성분을 이용하여 다음과 같이 나타낸다.

$$\mathbf{V} = V(s, t)\,\mathbf{u}_t$$

이 식에서 입자의 속도 V는 위치 s와 시간 t의 함수이다. 입자의 진행방향은 단위벡터 $\mathbf{u}_t$로 주어지는데, 이는 유선의 접선방향으로 정의한다.

가속도의 정의를 사용하면 다음과 같이 된다.

$$\mathbf{a} = \frac{d\mathbf{V}}{dt} = \left(\frac{dV}{dt}\right)\mathbf{u}_t + V\left(\frac{d\mathbf{u}_t}{dt}\right) \tag{4.7}$$

식 (4.7)에서 속력의 도함수를 구하기 위해 두 변수의 함수에 연쇄법칙을 사용하면 다음과 같다.

그림 4.20
유적선을 따른 입자의 운동: (a) 속도, (b) 가속도.

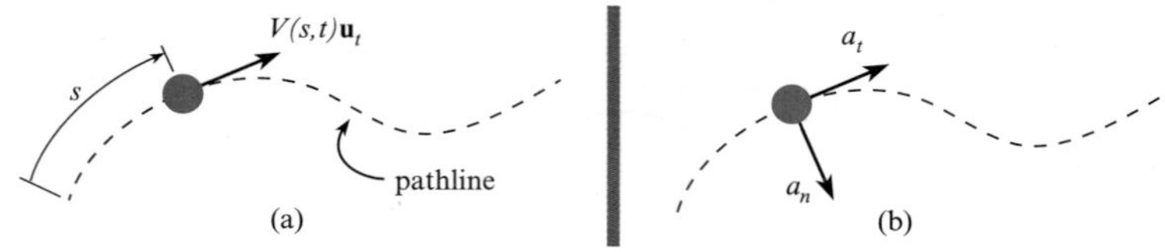

$$\frac{dV(s,t)}{dt} = \left(\frac{\partial V}{\partial s}\right)\left(\frac{ds}{dt}\right) + \frac{\partial V}{\partial t} \tag{4.8}$$

dt 시간 동안 유체 입자는 거리 ds만큼 움직이므로, 도함수 ds/dt는 유체 입자의 속력 V에 해당되고, 식 (4.8)은 다음과 같이 된다.

$$\frac{dV}{dt} = V\left(\frac{\partial V}{\partial s}\right) + \frac{\partial V}{\partial t} \tag{4.9}$$

식 (4.7)에서 유체 입자가 유적선을 따라서 움직일 때 단위벡터의 방향이 시간에 따라 변화하기 때문에 단위벡터의 도함수 $d\mathbf{u}_t/dt$는 영(0) 아니다. 도함수는 다음과 같이 된다.

$$\frac{d\mathbf{u}_t}{dt} = \frac{V}{r}\mathbf{u}_n \tag{4.10}$$

여기서 $\mathbf{u}_t$는 유적선에 수직인 단위벡터로서 곡률 중심의 안쪽을 가리킨다(2).

식 (4.7)에 식 (4.9)와 (4.10)을 대입하면 유체 입자의 가속도는 다음과 같다.

$$\mathbf{a} = \left(V\frac{\partial V}{\partial s} + \frac{\partial V}{\partial t}\right)\mathbf{u}_t + \left(\frac{V^2}{r}\right)\mathbf{u}_n \tag{4.11}$$

좌변의 가속도는 유체 입자의 가속도이다. 우변의 항들은 속도, 속도경사, 시간에 따른 속도 변화를 이용하여 가속도를 산정하는 방법을 표현한 것이다.

식 (4.11)은 가속도의 직각방향 성분의 크기가 V^2/r이라는 것을 보여 준다. 이 가속도 성분의 방향은 유선에 직각방향이고 유선 곡률의 중심방향이다. 이 항은 가끔은 **구심 가속도**(centripetal acceleration)라고 불리는데, "구심"은 *중심을 향한다*는 뜻이다.

이류 가속도와 국부 가속도

식 (4.11)에서 $\partial V/\partial t$ 항은 동일한 위치(x, y, z)에서의 시간에 대한 속력 변화를 의미한다. 가속도를 오일러적 접근으로 표현할 경우, 위치가 고정되기 때문에 시간미분 항을 **국부 가속도**(local acceleration)라고 한다. 나머지 항들을 **이류 가속도**(convective acceleration)라고 하는데, 유체 운동과 관련된 변수들을 포함하고 있기 때문이다.

그림 4.21
두 가지 다른 방법의 이류 가속도 계측. (Chad Crowe 의 만화)

예제. 식 (4.11)의 이류 가속도 개념은 그림 4.21에 소개한 만화를 이용해서 설명할 수 있다. 수레는 유체 입자이고 궤도는 유적선을 나타낸다. 가속도를 측정하는 직접적인 방법으로, 수레를 타고 가속도를 읽는다. 이 값이 식 (4.11)의 좌변에 있는 가속도이다. 오일러적 접근방법은 자료를 기록하여 식 (4.11)의 우변에 있는 항들을 계산할 수 있게 하는 것이다. Δs 만큼 떨어진 두 지점에서 수레 속도를 측정하고 아래 식을 이용해서 이류 가속도를 계산하는 방법도 있다.

$$V\frac{\partial V}{\partial s} \approx V\frac{\Delta V}{\Delta s}$$

그런 다음, V와 r을 측정하여 V^2/r을 계산한다. 이 예에서 국부 가속도는 영(0)이 될 것이다. 식 (4.11)의 우변을 계산하게 되면 가속도계에 기록된 값과 일치할 것이다.

요약. 유체 입자의 속력 변화와 방향 변화를 고려하여 가속도의 물리학을 설명하였다. 국부 가속도와 이류 가속도는 가속도를 오일러적으로 표현했을 경우 수학적 표현이다.

속도장이 확정되었다는 것은 오일러적 접근을 하였다는 것이며, 우리는 방정식에 수치를 대입함으로써 가속도를 계산할 수 있게 된다. 예제 4.1은 이러한 방법을 적용한 것이다.

예제 4.1

특정된 속도장에서의 가속도 계산

문제

노즐에서의 속도가 다음과 같이 변화하도록 노즐을 설계한다.

$$u(x) = \frac{u_0}{1.0 - 0.5x/L}$$

여기서 속도 u_0는 유입 속도이고 L은 노즐의 길이이다. 유입 속도는 10 m/s이고 길이는 0.5 m이다. 속도는 각 단면에 걸쳐 균일하다. 노즐의 중간 단면에서 가속도를 구하라($x/L = 0.5$).

설명

노즐에서의 속도 분포는 다음과 같다.

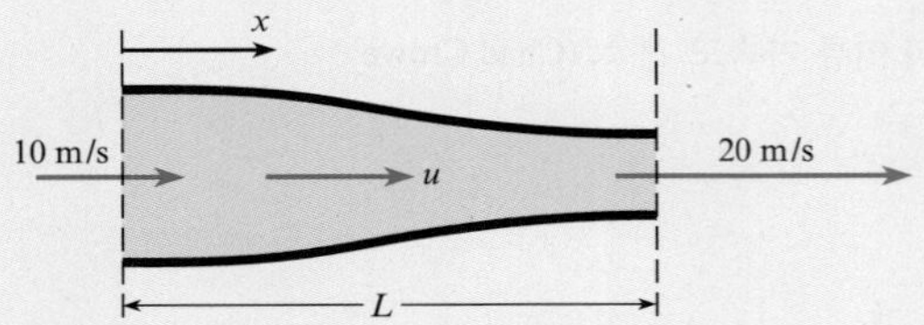

가정: 흐름장은 준1차원이다(노즐 중앙으로의 연직 속도는 무시).

목표
노즐 중앙점에서의 가속도를 계산한다.

아이디어
1. 노즐 중앙선을 따라서 유적선을 선정한다.
2. 식 (4.11)의 각 항들을 계산한다.

문제풀이
유적선을 따라서 x 방향 설정, 따라서 식 (4.11)의 s는 x가 되고 V는 u가 되고, 유적선이 직선이므로 $r \to \infty$가 된다.

1. 각 항을 계산한다.
   - 이류 가속도:

$$\frac{\partial u}{\partial x} = -\frac{u_0}{(1 - 0.5x/L)^2} \times \left(-\frac{0.5}{L}\right)$$
$$= \frac{1}{L}\frac{0.5u_0}{(1 - 0.5x/L)^2}$$
$$u\frac{\partial u}{\partial x} = 0.5\frac{u_0^2}{L}\frac{1}{(1 - 0.5x/L)^3}$$

$x/L = 0.5$에서의 값 산출:

$$u\frac{\partial u}{\partial x} = 0.5 \times \frac{10^2}{0.5} \times \frac{1}{0.75^3}$$
$$= 237 \text{ m/s}^2$$

   - 국부 가속도:

$$\frac{\partial u}{\partial t} = 0$$

   - 구심 가속도:

$$\frac{u^2}{r} = 0$$

2. 각 항의 합산

$$a_x = 237 \text{ m/s}^2 + 0$$
$$= \boxed{237 \text{ m/s}^2}$$
$$a_n \text{ (유적선에 직각방향)} = \boxed{0}$$

해와 풀이과정 검토
지식. a_x가 양이기 때문에 가속도 방향은 양이다. 즉, 예상한 대로 속도는 x 방향으로 증가한다. 흐름이 정상류인 경우에도 유체 입자는 가속된다.

4.5 압력 변화를 이해하기 위한 오일러 방정식의 응용

이 절의 제목인 오일러 방정식은 압력 변화를 이해하기 위해 사용된다.

오일러 방정식의 유도

오일러 방정식은 유체 입자에 $\Sigma \mathbf{F} = m\mathbf{a}$를 적용하여 유도한다. 식의 유도는 3장에서 소개한 정수압 공식의 유도와 비슷하다.

먼저, 그림 4.22a에서와 같이 유체 입자를 선정하여 임의의 방향 ℓ을 향하게 하고 그림 4.22b에서와 같이 수평면에 대해 α 각도를 이루게 한다. 점성력은 영(0)이고 흐름 중의 유체

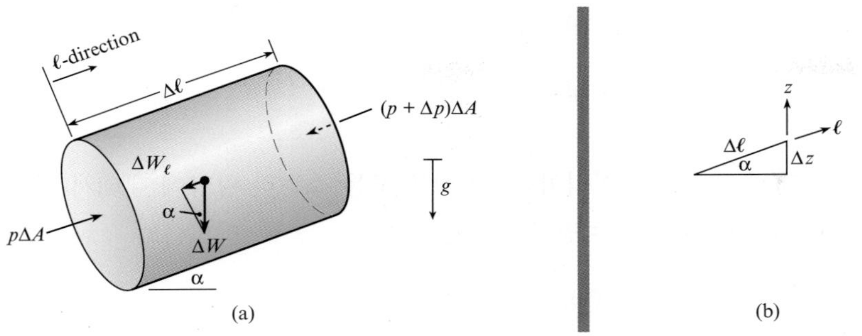

그림 4.22
(a) 유체 입자에 작용하는 힘, (b) 기하학적 표기.

입자는 가속된다고 가정한다. ℓ 방향으로 뉴턴의 제2법칙을 적용하면 다음과 같다.

$$\sum F_\ell = ma_\ell$$
$$F_{\text{pressure}} + F_{\text{gravity}} = ma_\ell \quad (4.12)$$

유체 요소의 질량은

$$m = \rho \Delta A \Delta \ell$$

ℓ 방향의 압력에 의한 순작용력은 다음과 같다.

$$F_{\text{pressure}} = p\Delta A - (p + \Delta p)\Delta A = -\Delta p \Delta A$$

중력에 의한 힘은 다음과 같다.

$$F_{\text{gravity}} = -\Delta W_\ell = -\Delta W \sin \alpha \quad (4.13)$$

그림 4.22b로부터 $\sin \alpha = \Delta z/\Delta \ell$임을 알 수 있으므로 식 (4.13)은 다음과 같이 표현될 수 있다.

$$F_{\text{gravity}} = -\Delta W \frac{\Delta z}{\Delta \ell}$$

입자의 무게는 $\Delta W = \gamma \Delta \ell \Delta A$이다. 입자의 질량과 유체 입자에 작용하는 힘을 식 (4.12)에 대입하면 다음과 같다.

$$-\Delta p \Delta A - \gamma \Delta \ell \Delta A \frac{\Delta z}{\Delta \ell} = \rho \Delta \ell \Delta A a_\ell$$

입자의 부피 $\Delta A \Delta \ell$을 나누게 되면 다음과 같이 된다.

$$-\frac{\Delta p}{\Delta \ell} - \gamma \frac{\Delta z}{\Delta \ell} = \rho a_\ell$$

$\Delta \ell$이 0으로 수렴하게 되면(요소가 하나의 점으로 축소) 식 (4.14)가 된다.

$$-\frac{\partial p}{\partial \ell} - \gamma \frac{\partial z}{\partial \ell} = \rho a_\ell \quad (4.14)$$

밀도가 일정하다고 가정(γ가 일정)하면 식 (4.14)는 다음과 같이 정리된다.

$$-\frac{\partial}{\partial \ell}(p + \gamma z) = \rho a_\ell \tag{4.15}$$

식 (4.15)는 스칼라 형태의 오일러 방정식이다. 이 식은 모든 스칼라 방향에 대해서 성립하므로 다음과 같은 벡터 형태로 표현할 수 있다.

$$-\nabla p_z = \rho \mathbf{a} \tag{4.16}$$

여기서 ∇p_z은 위압력의 경사이고 $\mathbf{a}$은 유체 입자의 가속도이다.

오일러 방정식의 물리적 의미

오일러 방정식은 압력경사가 가속도 벡터와 선형이고 방향이 반대라는 것을 보여 준다.

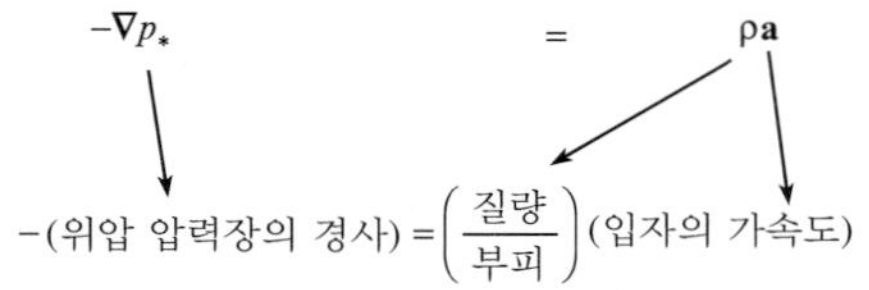

따라서 가속도 정보를 활용하면 압력 변화에 대한 추론이 가능하게 된다. 아래에 세 가지 중요한 사례를 소개한다. *Pressure Fields and Fluid Acceleration*(4)에는 실험실에서의 실험 결과를 이용하여 기본 개념을 잘 소개하고 있다.

사례 1: 입자 속도 변화로 인한 압력 변화

유체 입자가 유선을 따라서 이동하면서 가속하거나 감속할 경우, 압력은 유선의 접선방향으로 변하게 될 것이다. 그림 4.23은 정체 유선을 따라서 이동하는 유체 입자를 나타낸 것이다. 입자가 감속하기 때문에 가속도 벡터는 왼쪽을 향하게 되고, 압력경사는 오른쪽을 향해야 한다. 따라서 압력은 유선을 따라서 증가하고 압력 증가 방향은 오른쪽이 된다. **요약.** 입자의 속력이 변하게 되면 압력도 유선의 접선방향으로 변하게 된다.

사례 2: 직선형 유선에 직각방향으로의 압력 변화

유선이 직선이면서 평행인 경우(그림 4.24), *유선에 직각방향인 선을 따라서 위압력은 일정*

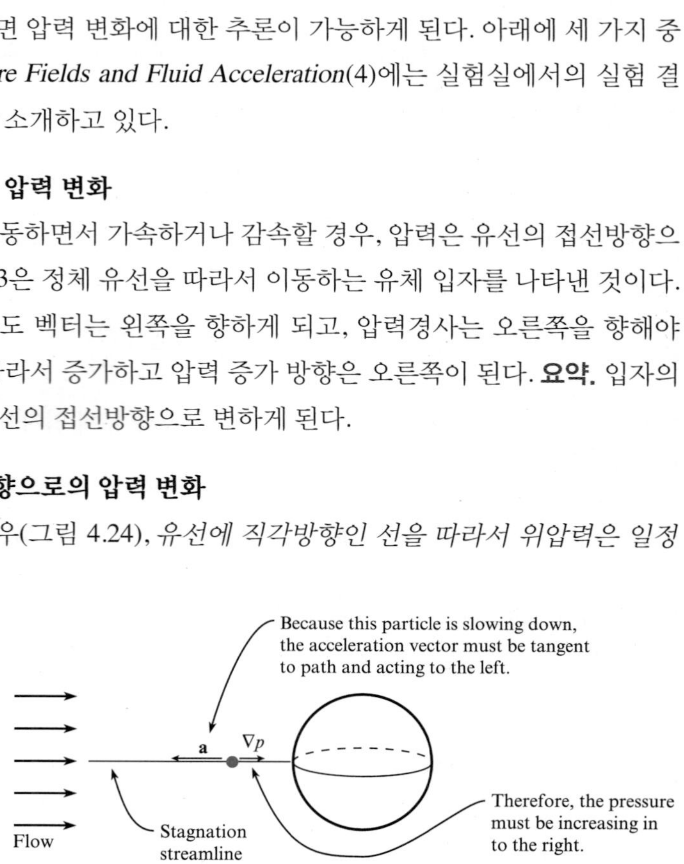

그림 4.23
구 주변에서의 흐름을 나타낸 것이다. 파란색 물체는 정체 유선(stagnation streamline)을 따라서 이동하는 유체 입자이다.

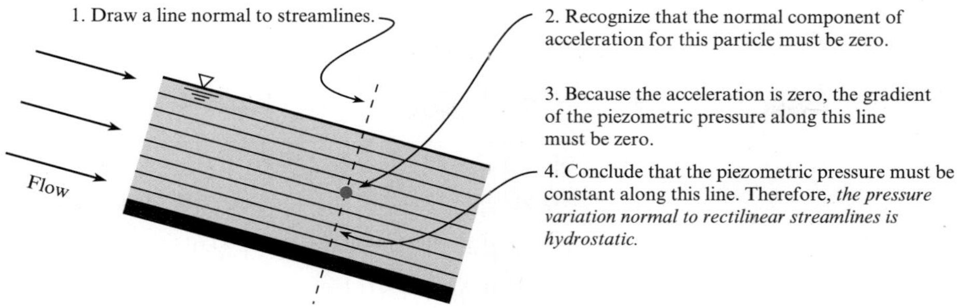

그림 4.24

직선형 유선을 가진 흐름. 숫자로 부여된 단계는 직선형 유선에 직각방향의 압력 변화가 정수압이 된다는 것을 설명해 준다.

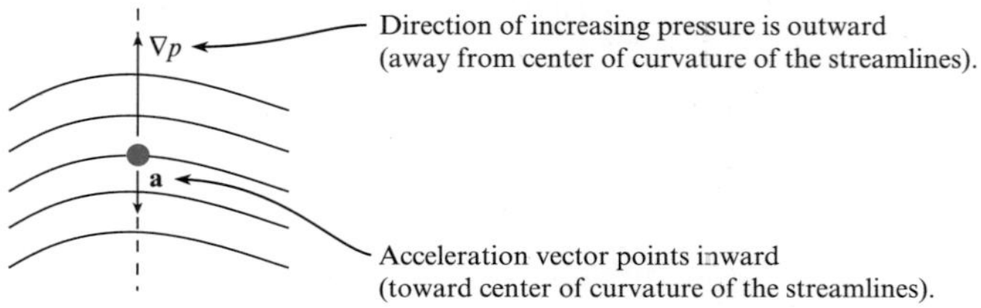

그림 4.25

곡선형 유선을 가지 흐름. 유체 입자의 속력은 일정하다고 가정. 따라서 가속도 벡터는 곡률 중심을 향한 안쪽방향을 향한다.

하게 된다.

사례 3: 곡선형 유선에 직각방향으로의 압력 변화

유선이 곡선인 경우(그림 4.25), *유선에 직각방향인 선을 따라서 위압력은 증가하게 된다.* 압력 증가 방향은 유선의 곡률 중심으로부터 바깥방향이 된다. 그림 4.25는 압력이 왜 변하는지를 설명한 것이다. **요약.** 유선이 곡선인 경우, 압력은 유선의 곡률 중심* 으로부터 바깥방향으로 증가한다.

오일러 방정식을 포함한 계산의 예

대부분의 오일러 방정식을 포함한 계산들은 이 교재의 범위를 벗어난다. 그러나 유체 입자가 하나의 강체로서 가속되는 경우에는 간단한 방법으로 오일러 방정식이 사용될 수 있다. 예제 4.2와 4.3은 이러한 예를 소개한 것이다.

예제 4.2

연직 상향으로 가속되고 있는 유체 기둥에 오일러 방정식 적용하기

문제

연직 기둥 내의 물기둥이 피스톤에 의해 연직 방향으로 100 m/s^2 가속되고 있다. 물기둥의 깊이는 10 cm이다. 피스톤에 작용하는 계기압력을 구하라. 물의 밀도는 10^3 kg/m^{3}이다.

---

* 각각의 유선은 유선 상의 각 점에서 하나의 곡률 중심을 가진다. 유선군의 곡률 중심이 하나가 존재할 수는 없다.

설명

피스톤에 의해 물기둥이 가속되고 있다.

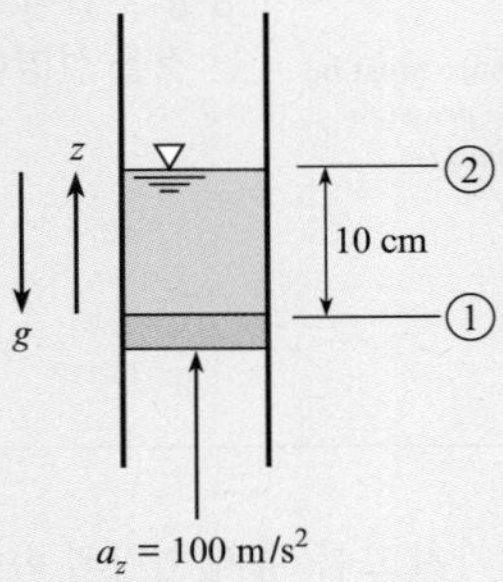

가정:

- 일정 가속.
- 점성의 영향은 무시한다.
- 물은 비압축성 유체이다.

특성값: $\rho = 10^3\ \text{kg/m}^3$.

목표

구하는 값: 피스톤에서의 계기압력.

아이디어

1. z 방향으로 오일러 방정식, 식 (4.15)를 적용한다.
2. 식을 적분하고 단면 1, 2에 극한을 적용한다.
3. 단면 2(대기압)에서의 압력(계기압력)을 0으로 한다.
4. 피스톤(단면 1)에서의 압력을 계산한다.

문제풀이

1. 가속도가 일정하기 때문에 시간에 종속되지 않는다. 따라서 오일러 방정식의 편미분이 상미분으로 대체될 수 있고, z 방향의 오일러 방정식은 아래와 같이 된다.

$$\frac{d}{dz}(p + \gamma z) = -\rho a_z$$

2. 단면 1과 단면 2 사이에서의 적분:

$$\int_1^2 d(p + \gamma z) = \int_1^2 (-\rho a_z)\, dz$$

$$(p_2 + \gamma z_2) - (p_1 + \gamma z_1) = -\rho a_z(z_2 - z_1)$$

3. 극한 적용:

$$p_1 = (\gamma + \rho a_z)\Delta z = \rho(g + a_z)\Delta z$$

4. 압력 계산:

$$p_1 = 10^3\ \text{kg/m}^3 \times (9.81 + 100)\ \text{m/s}^2 \times 0.1\ \text{m}$$

$$p_1 = \boxed{10.9 \times 10^3\ \text{Pa} = 10.9\ \text{kPa, gage}}$$

예제 4.3

감속하는 탱크에 실린 가솔린에 오일러 방정식 적용하기

문제

트럭의 수조에 단위중량이 6.60 kN/m³인 휘발유가 가득 채워져 있다. 트럭은 3.05 m/s²으로 감속하고 있다.

1. 만일 수조의 길이가 6.1 m이고 수조 뒷부분의 윗면에 대기압이 작용할 때, 수조 앞부분의 윗면에 작용하는 압력은 얼마인가?
2. 만일 수조의 높이가 1.83 m라면 수조에 작용하는 최대 압력은 얼마인가?

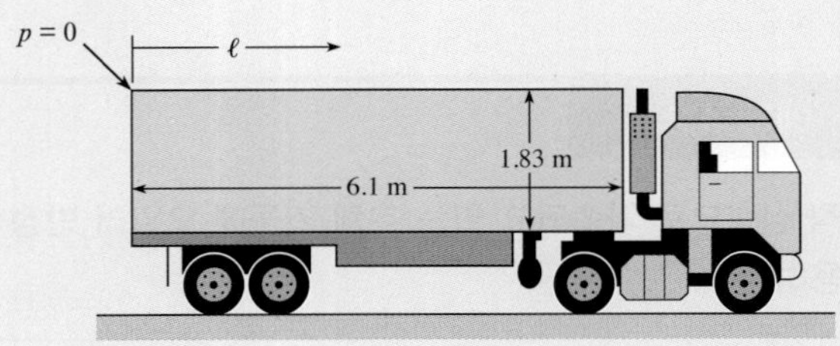

설명

휘발유를 실은 감속하는 탱크의 뒷부분 윗면 압력이 0이다.

가정:

1. 일정 감속.
2. 휘발유는 비압축성 유체이다.

특성값: $\gamma = 6.60\ \text{kN/m}^3$.

목표

구하는 값:

1. 수조 앞부분의 윗면에 작용하는 계기압력(kPa).
2. 수조에 작용하는 최대 계기압력(kPa).

아이디어

1. 수조 윗면을 따라서 오일러 방정식, 식 (4.15)를 적용한다. 높이 z는 일정.
2. 수조 앞부분 윗면에서의 압력을 계산한다.
3. 최대 압력이 수조 앞부분 바닥에서 발생될 것이기 때문에 수조 앞부분에서 윗면부터 바닥까지 오일러 방정식을 적용한다.
4. 2단계의 결과를 이용하여 수조 앞부분의 바닥에서의 압력을 계산한다.

문제풀이

1. 수조 윗면을 따라 오일러 방정식 적용:

$$\frac{dp}{d\ell} = -\rho a_\ell$$

뒷부분(1)으로부터 앞부분(2)까지 적분:

$$p_2 - p_1 = -\rho a_\ell \Delta \ell = -\frac{\gamma}{g} a_\ell \Delta \ell$$

2. $p_1 = 0$을 적용하여 p_2 계산:

$$p_2 = -\left(\frac{6.60\ \text{kN/m}^3}{9.81\ \text{m/s}^2}\right) \times (-3.05\ \text{m/s}^2) \times 6.1\ \text{m}$$

$$= \boxed{12.5\ (\text{kPa gage})}$$

3. 연직 방향으로 오일러 방정식 적용:

$$\frac{d}{dz}(p + \gamma z) = -\rho a_z$$

4. 연직 방향에 대해서 $a_z = 0$. 수조의 윗면(2)으로부터 바닥(3)까지 적분:

$$p_3 = 12.5\ \text{kN/m}^2 + 6.6\ \text{kN/m}^3 \times 1.83\ \text{m}$$

$$p_3 = \boxed{24.6\ \text{kPa gage}}$$

4.6 하나의 유선을 따라 적용하는 베르누이 방정식

이 절에서는 유체역학에서 가장 널리 사용되는 베르누이 방정식을 소개한다.

베르누이 방정식의 유도

그림 4.26에서와 같이 유선상에서 하나의 입자를 선택한다. 위치좌표 s는 입자의 위치, $\mathbf{u}_t$는 유선 접선방향의 단위벡터, $\mathbf{u}_n$은 유선에 직각방향의 단위벡터를 나타낸다. 정상류라고 가정하면 입자의 속도는 위치만의 함수가 된다. 즉, $V = V(s)$.

입자에 작용하는 점성력이 없다고 가정하고, $\mathbf{u}_t$ 방향으로 입자에 오일러 방정식(식 4.15)을 적용한다.

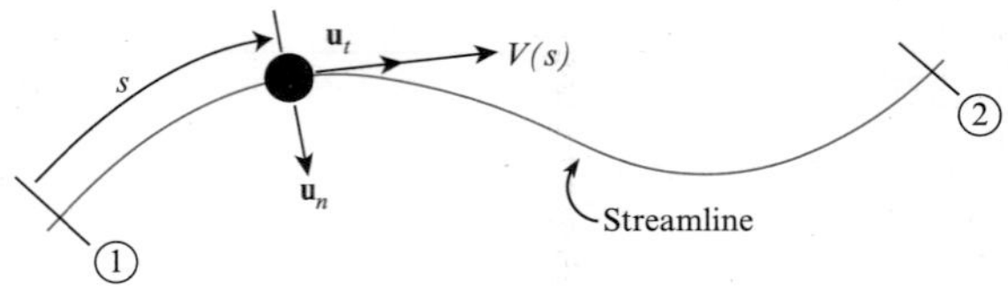

그림 4.26
베르누이 방정식의 유도를 위한 스케치.

$$-\frac{\partial}{\partial s}(p + \gamma z) = \rho a_t \tag{4.17}$$

가속도는 식 (4.11)과 같고, 정상류, $\partial V/\partial t = 0$이므로 식 (4.11)은 다음과 같이 정리된다.

$$a_t = V\frac{\partial V}{\partial s} + \frac{\partial V}{\partial t} = V\frac{\partial V}{\partial s} \tag{4.18}$$

식 (4.17), (4.18)의 p, z, V는 위치 s만의 함수이므로, 편미분 항은 상미분 항(즉, 하나의 변수만을 갖는 함수)이 된다. 따라서 상미분 항으로 정리하여 식 (4.17)과 (4.18)을 결합하면 다음과 같이 정리된다.

$$-\frac{d}{ds}(p + \gamma z) = \rho V\frac{dV}{ds} = \rho\frac{d}{ds}\left(\frac{V^2}{2}\right) \tag{4.19}$$

모든 항들을 한 변으로 이동하여 정리하면 식 (4.20)과 같이 된다.

$$\frac{d}{ds}\left(p + \gamma z + \rho\frac{V^2}{2}\right) = 0 \tag{4.20}$$

어떠한 표현의 도함수가 0이 되면, 그 표현은 일정한 값이 된다. 따라서 식 (4.20)을 다시 정리하면 식 (4.21a)가 된다. 여기서 C는 상수이다.

$$p + \gamma z + \rho\frac{V^2}{2} = C \tag{4.21a}$$

식 (4.21a)는 *압력 형태의 베르누이 방정식이다*. 압력 형태라고 불리는 이유는 모든 항들이 압력 단위를 갖기 때문이다. 식 (4.21a)를 단위중량으로 나누게 되면 수두 *형태의 베르누이 방정식*을 얻게 되는데, 식 (4.21b)는 이를 나타낸 것이다.

$$\frac{p}{\gamma} + z + \frac{V^2}{2g} = C \tag{4.21b}$$

물리적 이해 1(에너지 보존)

유선을 따라서 베르누이 방정식을 적용하면, 유동 유체의 총 수두는 일정하다. 이 개념을 이해하기 위해서 3장에서 소개했던 위압수두를 다음과 같이 정의한다.

$$\text{위압수두} = h \equiv \frac{p}{\gamma} + z \tag{4.22}$$

식 (4.22)를 식 (4.21b)에 대입하면 다음과 같다.

$$h + \frac{V^2}{2g} = \text{일정} \tag{4.23}$$

속도수두는 다음과 같이 정의된다.

$$\text{속도수두} \equiv \frac{V^2}{2g} \tag{4.24}$$

식 (4.22)와 (4.24)를 결합하면 식 (4.25)가 된다.

$$\text{위압수두} + \text{속도수두} = \text{유선을 따라서 일정} \tag{4.25}$$

식 (4.25)를 그림으로 나타내면 그림 4.27과 같다. 위압수두(파란색)와 속도수두(회색)는 변하지만, 이들의 합은 모든 곳에서 일정하다는 것을 주의하기 바란다. 따라서 베르누이 방정식이 적용되게 되면, 유선상의 모든 곳에서 총 수두는 일정하다.

앞서 수두를 소개하였는데, **수두**(head)는 *유동 유체에서의 일(work)과 에너지의 균형을 특징짓기 위해 사용되는 개념이다.* 그림 4.27에서와 같이, 수두는 액체 기둥의 높이로 가시화할 수 있다. 각각의 수두 형태는 일 또는 에너지를 서술한다. 속도수두는 유동 유체에서의 운동에너지를 특징짓고, 위치수두는 유체의 위치에너지, 그리고 압력수두는 압력에 의해 수행된 일과 관계된다. 그림 4.27에서 나타내는 바와 같이, 총 수두는 일정하다. 이것은 베르누이 방정식이 적용될 경우, 유동하는 유체는 에너지를 잃지 않는다는 것을 의미한다. 이러한 이유는 점성이 에너지 손실을 야기하는데, 베르누이 방정식을 적용할 경우에는 점성 효과가 무시되기 때문이다.

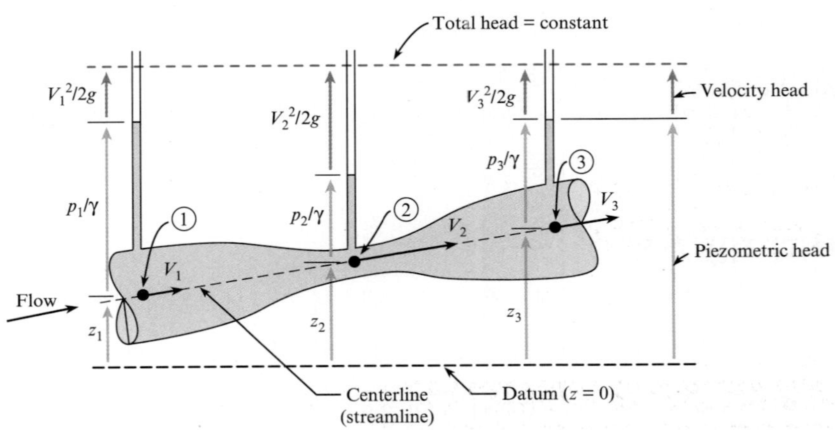

그림 4.27
벤투리 노즐을 흐르는 물. 위압계는 1, 2, 3 위치에서의 위압수두를 나타낸다.

그림 4.28
(a) Vinturi 와인 통풍기. (b) 작동 원리 스케치. (Vinturi사 제공)

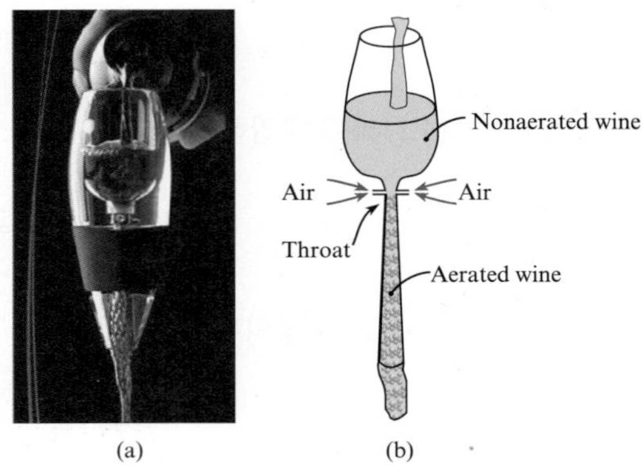

물리적 이해 2(속도와 압력의 역비례 관계)

베르누이 방정식을 적용할 경우, *속도가 증가하면 압력은 감소하게 된다*. 이 개념을 이해하기 위해서 3장에서 소개했던 위압력을 다음과 같이 정의한다.

$$\text{위압력} = p_z \equiv p + \gamma z \tag{4.26}$$

식 (4.26)을 (4.21a)에 대입하면 다음과 같다.

$$p_z + \frac{\rho V^2}{2} = \text{일정} \tag{4.27}$$

식 (4.27)이 성립되기 위해서는 위압력과 속도는 역비례해야만 한다. 따라서 p_z와 $V^2/2g$의 합이 일정하게 된다. 그러므로 압력 형태의 베르누이 방정식은 *위압력과 속도는 역비례한다*는 것을 보여 준다. 즉, 속도가 빠른 영역에서는 위압력이 낮고, 속도가 느린 영역에서는 위압력이 높게 될 것이다.

> **예제.** 그림 4.28은 와인에 공기를 투입하는 Vinturi 레드와인 통풍기(aerator)를 나타낸 것이다. 와인을 Vinturi에 흘려보내게 되면, 장치의 형상에 의해 와인의 속도가 증가하고 이에 따른 압력의 감소가 발생한다. 목 부분에서는 압력이 대기압 이하가 되고, 이로 인해 두 곳의 입구를 통해서 공기가 유입되어 와인과 혼합되게 된다. 이렇게 얻어진 탄산와인(aerated wine)은 많은 사람들에게 보다 좋은 맛을 제공하게 된다.

사용하는 방정식과 적용 과정

표 4.3에 베르누이 방정식을 요약하였다. 예제 4.4에서는 배수 수조에 베르누이 방정식을 어떻게 적용하는지를 소개하였다. 베르누이 방정식을 적용하는 체계적인 방법은 다음과 같다.

단계 1: 선택. 수두 형태, 혹은 압력 형태를 선택한다. 가정을 충족시키고 있는지 확인한다.

단계 2: 스케치. 유선을 선택한다. 정보를 알고 있거나 알고 싶은 두 점 1과 2를 선택한다.

표 4.3 베르누이 방정식의 요약

서술	방정식	항목
베르누이 방정식 (수두 형태) 액체에 적용할 것을 추천	$\left(\frac{p_1}{\gamma}+\frac{V_1^2}{2g}+z_1\right)=\left(\frac{p_2}{\gamma}+\frac{V_2^2}{2g}+z_2\right)$ (4.21b)	p = 정압력(Pa)(계기압력이나 절대압력 사용; 진공은 회피) γ = 단위중량(N/m^3) V = 속력(m/s) g = 중력가속도 = 9.81 m/s^3 z = 높이 또는 위치수두(m) $\frac{p}{\gamma}$ = 압력수두(m) $\frac{V^2}{2g}$ = 속도수두(m) $\frac{p}{\gamma}+z$ = 위압수두(m) $p+\gamma z$ = 위압력(Pa) $\frac{\rho V^2}{2}$ = 동압력(Pa)
베르누이 방정식 (압력 형태) 기체에 적용할 것을 추천	$\left(p_1+\frac{\rho V_1^2}{2}+\rho g z_1\right)=\left(p_2+\frac{\rho V_2^2}{2}+\rho g z_2\right)$ (4.21a)	

단계 3: 일반 방정식. 일반 형태의 베르누이 방정식을 적는다. 각 항에 대한 분석을 통하여 *일반 방정식(general equation)*을 주어진 문제에 적용할 수 있는 방정식으로 단순화한다.

단계 4: 검증. 단순화한 방정식이 물리적 의미에 문제가 없는지 확인한다.

예제 4.4

수조로부터 배수되는 물에 대한 베르누이 방정식 적용하기

문제

개방된 수조에 물이 들어 있고 수조 바닥에 위치한 작은 구멍으로 배수가 되고 있다. 수조에 들어 있는 물의 높이는 배수구로부터 10 m이고, 배수구에는 대기압이 작용한다. 배수구에서의 액체 속도를 구하라.

설명

수조로부터 물이 배수되고 있다.

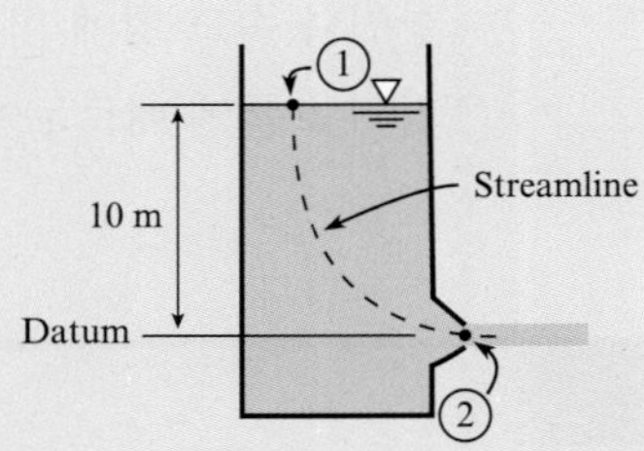

가정:

- 정류.
- 점성 효과는 무시.

목표

V_2(m/s) ← 배수구에서의 속도

아이디어

선택: 유체가 액체이기 때문에 수두 형태의 베르누이 방정식을 선택한다.

스케치: 수두 정보를 알고 있는 곳을 점 1, 정보를 알고자 하는 곳을 점 2로 선정한다. "설명"에서 소개한 그림에 유선을 그리고 점 1과 점 2, 그리고 기준선을 표시한다.

일반 방정식:

$$\left(\frac{p_1}{\gamma} + \frac{V_1^2}{2g} + z_1\right) = \left(\frac{p_2}{\gamma} + \frac{V_2^2}{2g} + z_2\right) \quad \text{(a)}$$

항별 분석:

- $p_1 = p_2 = 0$ kPa gage
- $V_1 \ll V_2$이므로 $V_1 = 0$
- $z_1 = 10$ m, $z_2 = 0$ m

식 (a)를 주어진 문제에 적용:

$$(0 + 0 + 10\text{ m}) = \left(0 + \frac{V_2^2}{2g} + 0\right) \quad \text{(b)}$$

식 (b)를 정리:

$$V_2 = \sqrt{2g(10\text{ m})} \quad \text{(c)}$$

식 (c)는 미지수가 한 개이므로, 계획은 V_2를 구하기 위해 이 방정식을 사용하는 것이다.

문제풀이

$$V_2 = \sqrt{2g(10\text{ m})}$$

$$V_2 = \sqrt{2(9.81\text{ m/s}^2)(10\text{ m})}$$

$$\boxed{V_2 = 14.0\text{ m/s}}$$

해와 풀이과정 검토

1. *지식.* 수조에 들어 있는 액체와 같은 높이에서 낙하하는 물체의 해답도 동일한 값이 된다는 점에 대해서도 주의하자. 이는 두 문제 모두가 점 1에서의 위치에너지와 점 2에서의 운동에너지를 일치시켜서 결과를 얻기 때문이다.
2. *확인.* 액체 표면에서의 속도가 작다는 가정은 일반적으로 유효하다. 다음의 내용은 5장에서 다룰 것이다.

$$\frac{V_1}{V_2} = \frac{D_2^2}{D_1^2}$$

예를 들어, 직경비가 $D_2/D_1 = 0.1$이면, 속도비는 $V_1/V_2 = 1/100$이 된다.

베르누이 방정식은 기체에 적용할 경우에는 일반적으로 위치 항을 무시하는데, 이는 압력 항이나 속도 항에 비해서 위치 항이 무시할 수 있을 정도로 작기 때문이다. 예제 4.5에서 공기의 흐름에 베르누이 방정식을 적용한 예를 소개한다.

예제 4.5

자전거 헬멧 주변의 공기 흐름에 대해 베르누이 방정식 적용하기

문제

자전거 헬멧의 통풍문제 설계에 사용될 위치 A와 위치 B에서의 압력을 계산하고자 한다. 공기의 밀도는 $\rho = 1.2$ kg/m^3, 헬멧에 대한 공기 속력은 12 m/s라고 가정하고, 점 A는 정체점이고, 점 B에서의 공기 속도는 18 m/s이다.

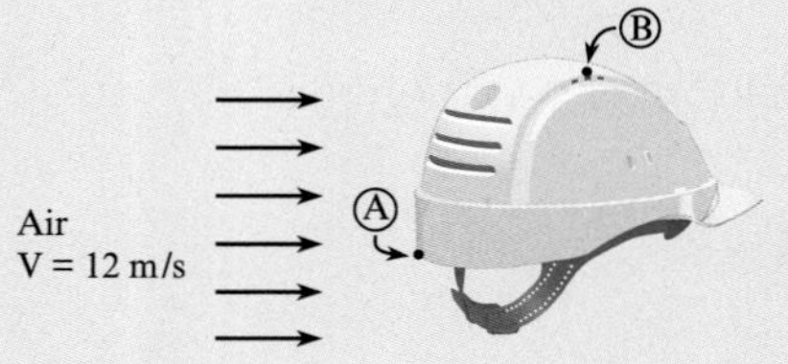

설명

자전거 헬멧 주변의 흐름을 구의 상부 반쪽 주변의 흐름으로 이상화한다. 점 B는 경계층의 바깥이라고 가정하여, 아래 그림에서와 같이 다시 점들을 부여한다. 이렇게 함으로써 베르누이 방정식을 보다 쉽게 적용할 수 있게 된다.

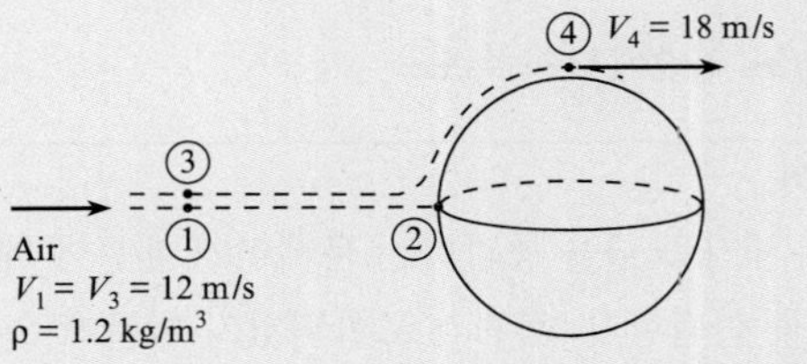

목표

p_2(Pa gage) ← 정체점 앞부분에서의 압력

p_4(Pa gage) ← 어깨에서의 압력

아이디어

선택: 공기의 흐름이기 때문에 압력 형태의 베르누이 방정식을 선택한다. 그리고 정체점을 지나는 유선을 따라서(즉, 점 1부터 점 2까지) 베르누이 방정식을 적용한다.

$$\left(p_1 + \frac{\rho V_1^2}{2} + \rho g z_1\right) = \left(p_2 + \frac{\rho V_2^2}{2} + \rho g z_2\right) \qquad \text{(a)}$$

항별 분석:

- $p_1 = 0$ kPa gage. 외부 흐름이 대기압에서 발생하기 때문이다.
- $V_1 = 12$ m/s.
- $z_1 = z_2 = 0$. 공기와 같은 기체 흐름에서는 위치 항들은 무시할 수 있을 정도로 작기 때문이다.
- $V_2 = 0$. 정체점이기 때문이다.

식 (a)를 간단히 정리하면 다음과 같다.

$$0 + \frac{\rho V_1^2}{2} + 0 = p_2 + 0 + 0 \qquad \text{(b)}$$

식 (b)는 미지수 한 개(p_2)만 가진다.

다음, 점 3과 점 4를 연결하는 유선을 따라 베르누이 방정식을 적용한다.

$$\left(p_3 + \frac{\rho V_3^2}{2} + \rho g z_3\right) = \left(p_4 + \frac{\rho V_4^2}{2} + \rho g z_4\right) \qquad \text{(c)}$$

항별 분석을 하면 다음과 같다.

$$\left(0 + \frac{\rho V_3^2}{2} + 0\right) = \left(p_4 + \frac{\rho V_4^2}{2} + 0\right) \qquad \text{(d)}$$

식 (d)는 미지수 한 개(p_4)만 가진다. 계획은 다음과 같다.

1. 식 (b)를 이용해서 p_2를 계산한다.
2. 식 (d)를 이용해서 p_4를 계산한다.

문제풀이

1. 베르누이 방정식(점 1과 점 2 사이):

$$p_2 = \frac{\rho V_1^2}{2} = \frac{(1.2\ \text{kg/m}^3)(12\ \text{m/s})^2}{2}$$

$$\boxed{p_2 = 86.4\ \text{Pa gage}}$$

2. 베르누이 방정식(점 3과 점 4 사이):

$$p_4 = \frac{\rho(V_3^2 - V_4^2)}{2} = \frac{(1.2\ \text{kg/m}^3)(12^2 - 18^2)(\text{m/s})^2}{2}$$

$$\boxed{p_4 = -108\ \text{Pa gage}}$$

해와 풀이과정 검토

1. *토의*. 속도가 높은 곳(점 4)에서는 압력이 낮다(음압)는 것에 주의하라.
2. *지식*. 계기압력 또는 절대압력으로 압력 단위를 특정할 것을 기억하라.
3. *지식*. 구의 어깨에서의 속도는 이론적으로 자유흐름에서의 속도의 3/2배가 된다.

예제 4.6은 **벤투리**(venturi)를 소개한 것인데, 벤투리(또는 벤투리 노즐이라고도 불림)는 그림에서와 같이 축소 단면이다. 유체가 벤투리를 통과할 경우, 목(throat)이라고 불리는 좁은 영역에서 압력이 감소하게 되는데, 이러한 압력강하를 벤투리 효과라고 부른다.

벤투리는 기화기에서처럼 액체를 기체 흐름으로 만드는 데 사용될 수도 있고, 유량을 측정하는 데 사용될 수도 있다. 벤투리는 보통 베르누이 방정식을 이용하여 해석한다.

예제 4.6

벤투리 노즐 흐름에 대한 베르누이 방정식 적용

문제

그림에서와 같이 위압관이 벤투리관에 연결되어 있다. 액체는 비압축성이다. 상류부의 위압수두는 1 m, 목 부분의 위압수두는 0.5 m이다. 목 부분에서의 속도는 접근 단면에서의 속도의 두 배이다. 목 부분에서의 속도를 구하라.

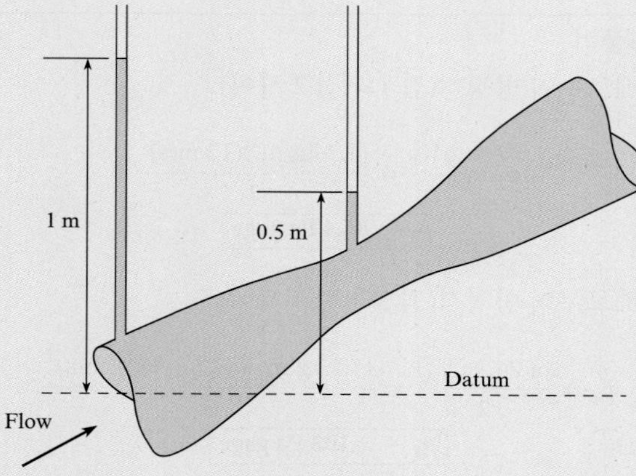

설명

액체가 벤투리 노즐을 통과한다.

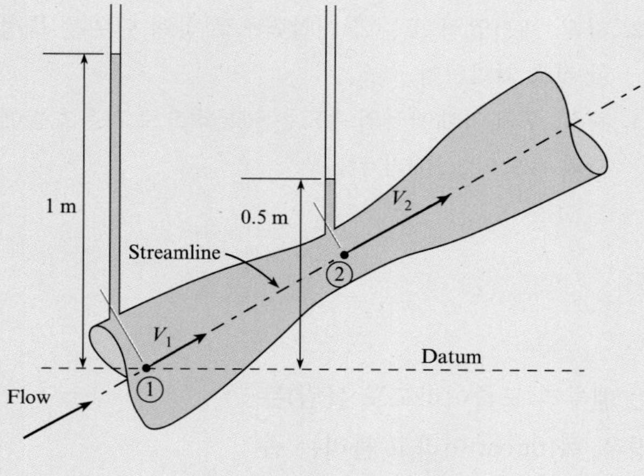

목표

V_2(m/s) ← 점 2에서의 속도

아이디어

선택: 유체가 노즐을 통과하는 문제이기 때문에 베르누이 방정식을 선택한다. 액체가 포함되었기 때문에 수두 형태의 베르누이 방정식을 선택한다. 유선과 점 1, 점 2를 선정한다.

스케치: 선정된 결과들을 상황 그림에 스케치한다.

일반 형태의 베르누이 방정식을 적는다.

$$\frac{p_1}{\gamma} + z_1 + \frac{V_1^2}{2g} = \frac{p_2}{\gamma} + z_2 + \frac{V_2^2}{2g} \quad \text{(a)}$$

위압수두를 결정한다.

$$h_1 + \frac{V_1^2}{2g} = h_2 + \frac{V_2^2}{2g}$$

$$(1.0\text{ m}) + \frac{V_1^2}{2g} = (0.5\text{ m}) + \frac{V_2^2}{2g}$$

$V_1 = 0.5\,V_2$라 하자.

$$(1.0\text{ m}) + \frac{(0.5\,V_2)^2}{2g} = (0.5\text{ m}) + \frac{V_2^2}{2g} \quad \text{(b)}$$

계획: V_2를 결정하기 위하여 식 (b)를 사용한다.

문제풀이

베르누이 방정식(즉, 식 b):

$$(0.5\text{ m}) = \frac{0.75\,V_2^2}{2g}$$

따라서, V_2는 다음과 같다.

$$V_2 = \sqrt{\frac{2g(0.5\text{ m})}{0.75}}$$

$$V_2 = \sqrt{\frac{2(9.81\text{ m/s}^2)(0.5\text{ m})}{0.75}}$$

$$V_2 = \boxed{3.62 \text{ m/s}}$$

해와 풀이과정 검토

1. *지식.* 노즐에서의 위압수두를 측정하기 위하여 위압계가 어떻게 사용되는지를 주의하기 바란다.

2. *지식.* 압력이 대기압보다 낮은 곳에서는 위압수두를 측정하기 위하여 위압계를 사용할 수 없다. 이런 경우에는 압력계 또는 액주계를 사용한다.

4.7 속도와 압력의 측정

이 절에서는 오랫동안 속도와 압력을 측정하기 위해 사용되고 있는 위압계(piezometer), 정체관(stagnation tube)과 피토관(Pitot-static tube)을 소개한다.

정압

정압(static pressure)은 유동 입자에 작용하는 압력이다. 정압을 측정하는 가장 흔한 방법은 그림 4.29에서와 같이 관에 작은 구멍을 뚫어서 그 구멍에 위압계나 압력계를 연결하는 것이다. 이 구멍을 **압력탭**(pressure tap)이라고 한다. 압력탭이 유용한 이유는 흐름을 방해하지 않고 정압을 측정하는 방법을 제공해 주기 때문이다.

정체관

정체관(stagnation tube, 총수두관[total head tube]이라고도 한다)은 그림 4.30에서와 같이 흐름 속에 상류방향으로 향하면서 끝이 열려 있는 관이다. 정체관은 정압과 운동압(kinetic pressure)을 측정한다.

임의의 점 A에서의 **운동압**(kinetic pressure)은 다음과 같이 정의된다.

$$\text{점 A에서의 운동압} = \frac{\rho V_A^2}{2}$$

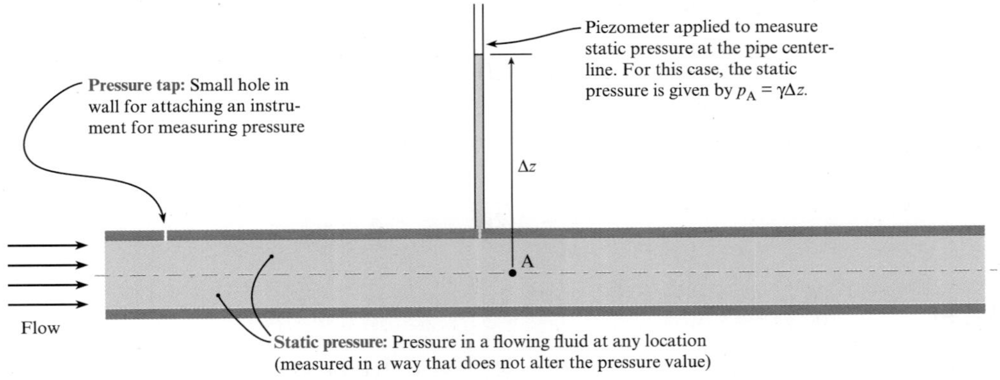

그림 4.29
이 그림은 압력 구(pressure port)를 정의하고, 위압계를 벽에 연결해서 정압을 측정하는 방법을 보여 주고 있다.

그림 4.30

정체관.

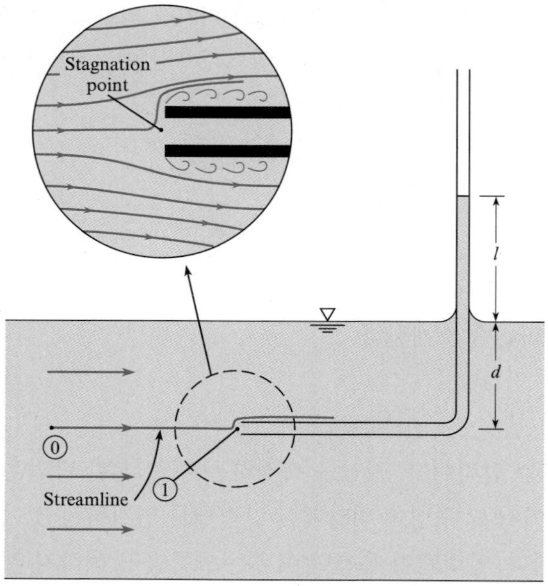

그림 4.31

피토관.

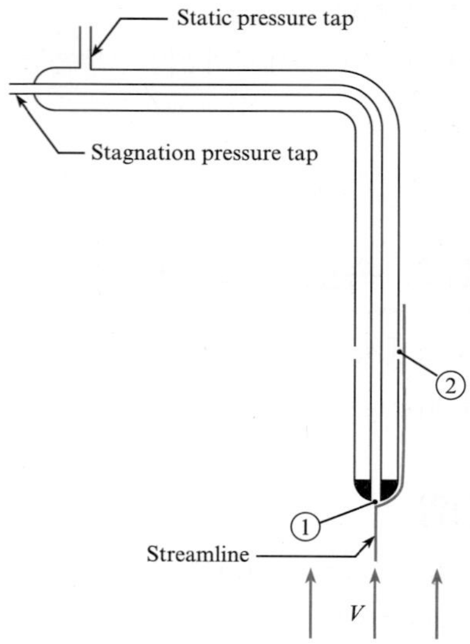

다음은 개수로에서의 속도와 관련된 방정식을 유도할 것이다. 그림 4.30의 정체관에서 동일한 유선상에 점 0과 점 1을 선택하고 $z_0 = z_1$라 두면, 베르누이 방정식은 다음과 같이 된다.

$$p_1 + \frac{\rho V_1^2}{2} = p_0 + \frac{\rho V_0^2}{2} \tag{4.28}$$

점 1에서의 속도는 0(정체점)이 되기 때문에, 식 (4.28)은 다음과 같이 간단하게 정리된다.

$$V_0^2 = \frac{2}{\rho}(p_1 - p_0) \tag{4.29}$$

정수압 공식 $p_0 = \gamma d$와 $p_1 = \gamma(l + d)$를 적용하면 식 (4.29)는 다음과 같이 정리할 수 있다.

$$V_0^2 = \frac{2}{\rho}(\gamma(l + d) - \gamma d)$$

최종적으로는 식 (4.30)이 된다.

$$V_0 = \sqrt{2gl} \tag{4.30}$$

피토관

18세기 프랑스 수리학자인 발명자의 이름을 붙인 **피토관**(Pitot-static tube)은 기본적으로는 정체관의 원리를 이용한 것이나, 정체관보다는 좀 더 복잡한 형태를 가진다. 피토관에는 정체압(stagnation pressure)을 측정하기 위하여 관의 앞 끝단에 압력감지용 구멍이 뚫려 있다. 또한 관 끝단으로부터 흐름의 반대방향으로 관 직경의 수 배에 달하는 위치에 유체의 정압(static pressure)을 측정하기 위한 탭(tap)이 뚫려 있으며, 이곳에서의 유속은 기본적으로 접근 유속과 같다. 그림 4.31의 점 1과 2 사이에 유선을 따라 베르누이 방정식, 식 (4.21a)를 적용하면 다음과 같다.

$$p_1 + \gamma z_1 + \frac{\rho V_1^2}{2} = p_2 + \gamma z_2 + \frac{\rho V_2^2}{2}$$

그러나 $V_1 = 0$이므로, V_2에 대해서 위 식을 풀면 다음과 같은 피토관 방정식(Pitot-static tube equation)이 된다.

$$V_2 = \left[\frac{2}{\rho}(p_{z,1} - p_{z,2})\right]^{1/2} \tag{4.31}$$

여기서 $V_2 = V$, V는 유속이고 $p_{z,1}$과 $p_{z,2}$는 점 1과 2에서의 위압이다.

그림 4.31에서처럼 점 1과 2에 연결된 두 꼭지 사이에 압력계나 액주계를 연결하면 피토관을 이용해서 유속을 쉽게 측정할 수 있다. 피토관의 장점은 압력관에서의 속도를 측정할 수 있다는 것이며, 단순한 정체관은 이러한 경우에 사용이 곤란하다.

만약 차압계(differential pressure gage)가 두 탭 사이에 연결된다면, 위압차를 바로 계측할 수 있게 된다. 따라서 식 (4.31)은 다음과 같이 단순화된다.

$$V = \sqrt{2\Delta p/\rho} \tag{4.32}$$

여기서 Δp는 계측기에 의해 측정된 압력차이다.

피토관과 흐름 계측기에 관한 보다 상세한 정보는 *Flow Measurement Engineering Handbook*(5)을 참조하기 바란다. 예제 4.7은 액주계를 이용하여 관수로에서의 유속을 측정하기 위하여 피토관을 적용한 사례를 소개한 것이고, 예제 4.8은 압력계를 이용한 피토관 적용 사례를 소개한 것이다.

예제 4.7

액주계를 이용한 피토관의 적용

문제

그림과 같은 피토관에 수은과 등유를 넣은 액주계를 연결하였다. 액주계의 눈금차가 0.18 m라면, 관 속의 등유 속도는 얼마인가? 단, 등유의 비중은 0.81이라고 가정한다.

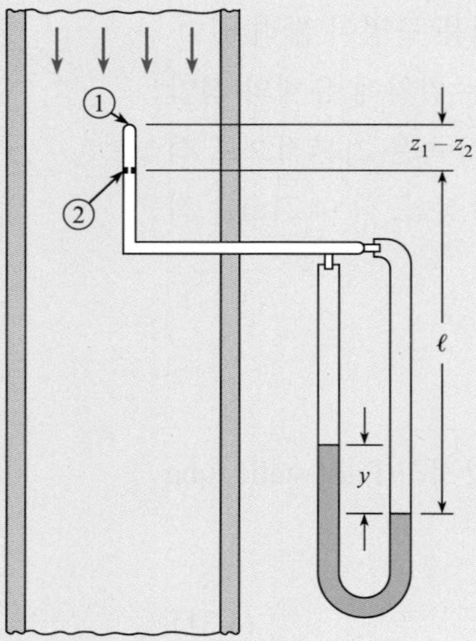

설명

관수로에 피토관을 부착하고 액주계를 연결하였다.

가정: 피토관 방정식 적용 가능.

특성값:

- 표 A.4로부터, $S_{kero} = 0.81$.
- $S_{Hg} = 13.55$.

목표

유속(m/s)을 구한다.

아이디어

1. 액주계 방정식을 이용하여 위압력의 차이를 계산한다.
2. 피토관 방정식에 대입한다.
3. 속도를 계산한다.

문제풀이

1. 피토관의 점 1과 점 2 사이에 액주계 방정식 적용:

$$p_1 + (z_1 - z_2)\gamma_{kero} + \ell\gamma_{kero} - y\gamma_{Hg} - (\ell - y)\gamma_{kero} = p_2$$

또는

$$p_1 + \gamma_{kero} z_1 - (p_2 + \gamma_{kero} z_2) = y(\gamma_{Hg} - \gamma_{kero})$$
$$p_{z,1} - p_{z,2} = y(\gamma_{Hg} - \gamma_{kero})$$

2. 피토관 방정식에 대입:

$$V = \left[\frac{2}{\rho_{kero}} y(\gamma_{Hg} - \gamma_{kero})\right]^{1/2}$$
$$= \left[2gy\left(\frac{\gamma_{Hg}}{\gamma_{kero}} - 1\right)\right]^{1/2}$$

3. 속도 계산:

$$V = \left[2 \times 9.8 \text{ m/s}^2 \times 0.18 \text{ m}\left(\frac{13.55}{0.81} - 1\right)\right]^{1/2}$$
$$= \left[2 \times 9.8 \times 0.18(16.7 - 1)\text{m/s}^2\right]^{1/2}$$
$$= \boxed{7.4 \text{ m/s}}$$

해와 풀이과정 검토

토의. (16.7−1)에 들어 있는 −1은 액주계의 오른쪽 관에 들어 있는 등유(kerosene)의 영향을 반영한 것으로, 이는 왼쪽 관에 들어 있는 수은과의 균형에 해당한다. 따라서 기체와 액체를 이용한 액주계에서는 균형 효과가 무시할 정도가 된다.

예제 4.8

압력계를 이용한 피토관 적용

문제

피토관의 두 구멍 사이에 차압계를 연결하였다. 이 피토관을 풍동 실험에 사용했는데 Δp가 730 Pa이었다. 풍동에서의 공기 속도는 얼마인가? 풍동에서의 압력과 온도는 각각 98 kPa과 20°C이었다.

설명

풍동에서의 속도 측정을 위해 피토관에 차압계를 부착하

였다.

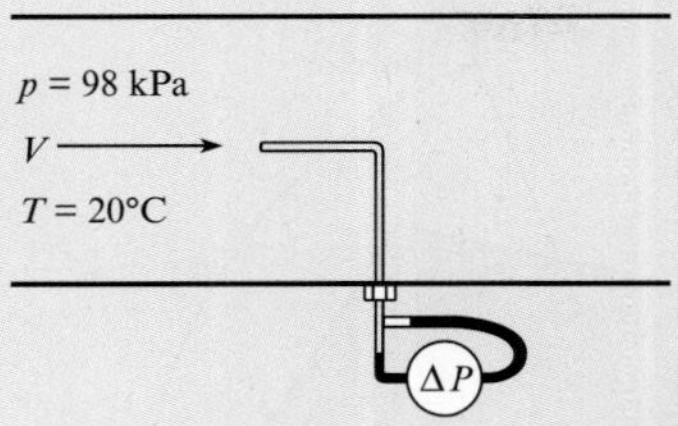

가정:

- 공기의 흐름은 정류.
- 피토 방정식 적용 가능.

특성값: 표 A.2로부터, R_{air} = 287 J/kg K.

목표

공기 속도(m/s)를 구한다.

아이디어

1. 이상기체법칙을 사용하여 공기의 밀도를 계산한다.
2. 피토관 방정식을 사용하여 속도를 계산한다.

문제풀이

1. 밀도 계산:

$$\rho = \frac{p}{RT} = \frac{98 \times 10^3 \text{ N/m}^2}{(287 \text{ J/kg K}) \times (20 + 273 \text{ K})} = 1.17 \text{ kg/m}^3$$

2. 차압계를 이용한 피토관 방정식 적용:

$$V = \sqrt{2\Delta p/\rho}$$

$$V = \sqrt{(2 \times 730 \text{ N/m}^2)/(1.17 \text{ kg/m}^3)} = \boxed{35.3 \text{ m/s}}$$

4.8 유동 유체의 회전 운동 특성

유체의 속도와 가속도 이외에 회전 운동과 관련된 서술이 필요하다. 이 절에서는 회전 운동을 소개한다. 이해를 돕기 위해 많은 실험자료들을 통해 회전 운동과 관련된 개념들을 온라인 영상으로 제공하고 있는 *Vorticity*(6)를 추천한다.

회전의 개념

회전(rotation)은 유체 입자에 대하여 초기에 상호 수직을 이루는 두 면의 평균 회전으로 정의한다. 두 개의 면(그림 4.32에서 *a-a*와 *b-b*)을 이등분하는 선의 회전을 보아 결정할 수 있다. 이 선과 수평축과의 각은 θ이다.

그림 4.33에 변을 정의하는 각도와 θ와의 일반적 관계를 나타내었다. 여기서, θ_A는 x-축과 한 변이 이루는 각도이고 θ_B는 y-축과 다른 한 변이 이루는 각도이다. 두 변 사이의 각도는 $\beta = \frac{\pi}{2} + \theta_B - \theta_A$이므로, x-축에 대한 요소의 방향은 다음과 같게 된다.

$$\theta = \frac{1}{2}\beta + \theta_A = \frac{\pi}{4} + \frac{1}{2}(\theta_A + \theta_B)$$

요소의 회전율은 다음과 같다.

$$\dot{\theta} = \frac{1}{2}(\dot{\theta}_A + \dot{\theta}_B) \tag{4.33}$$

그림 4.32

이동 평판과 고정 평판 사이의 유체 요소의 회전.

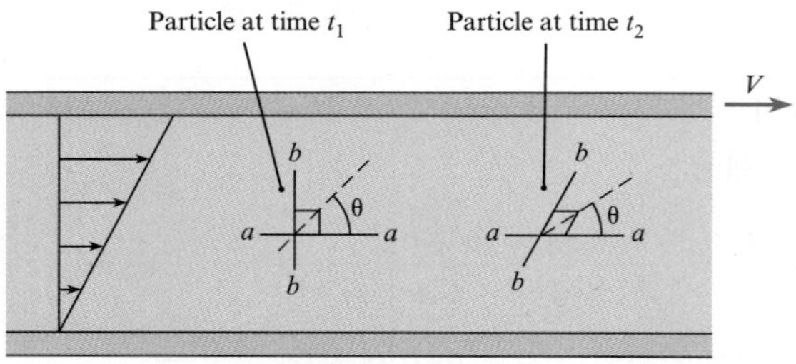

그림 4.33

회전 유체 입자의 방향.

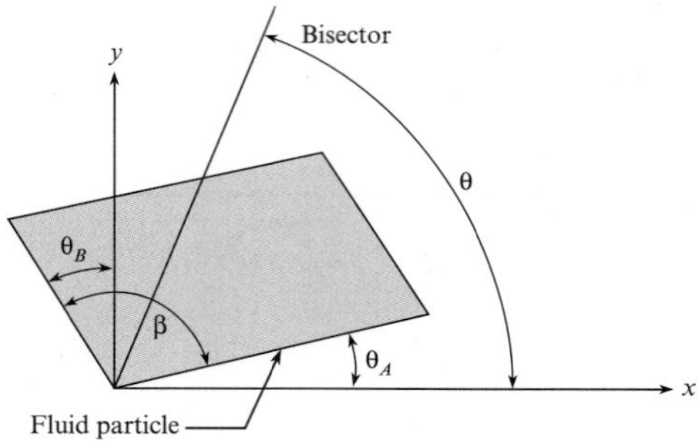

만일 $\dot{\theta}=0$라면, 이 흐름은 **비회전류**(irrotational flow)이다.

이제, 이등분선의 회전율을 흐름 내에서의 속도경사로 나타낼 수 있는 표현을 할 것이다. 그림 4.34에 나타낸 입자를 생각해 보자. 요소의 양 변은 길이가 Δx, Δy로 처음에는 서로 직각이 된다. 그러고 나서, 요소는 시간에 따라서 움직이게 되고 그림에서와 같이 점 0는 0′으로, 점 1은 1′으로, 점 2는 2′으로 변형되게 된다. Δt 후에 수평 변은 $\Delta\theta_A$만큼 반시계방향으로 회전하고, 연직 변은 시계방향(음의 방향)으로 $-\Delta\theta_A$만큼 회전하게 된다.

점 1의 y 속도 성분은 $v+(\partial v/\partial x)\Delta x$이고 점 2의 x 속도 성분은 $u+(\partial u/\partial y)\Delta y$ 가 된다. 점 1과 점 2의 순 이동은 다음과 같다.*

$$\begin{aligned}\Delta y_1 &\sim \left[\left(v+\frac{\partial v}{\partial x}\Delta x\right)\Delta t - v\Delta t\right] = \frac{\partial v}{\partial x}\Delta x\Delta t \\ \Delta x_2 &\sim \left[\left(u+\frac{\partial u}{\partial y}\Delta y\right)\Delta t - u\Delta t\right] = \frac{\partial u}{\partial y}\Delta y\Delta t\end{aligned} \tag{4.34}$$

그림 4.34

유체 입자의 평행 이동과 변형.

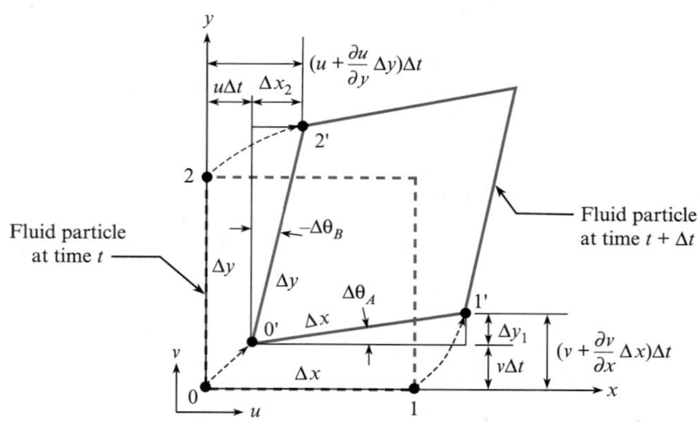

*부호 ~는 값들이 근사적으로 같지만, 값들이 0에 접근할 경우에는 정확하게 일치한다는 것을 의미한다.

그림 4.34로부터 $\Delta\theta_A$와 $\Delta\theta_B$는 다음과 같다.

$$\begin{aligned} \Delta\theta_A &= \operatorname{asin}\left(\frac{\Delta y_1}{\Delta x}\right) \sim \frac{\Delta y_1}{\Delta x} \sim \frac{\partial v}{\partial x}\Delta t \\ -\Delta\theta_B &= \operatorname{asin}\left(\frac{\Delta x_2}{\Delta y}\right) \sim \frac{\Delta x_2}{\Delta y} \sim \frac{\partial u}{\partial y}\Delta t \end{aligned} \tag{4.35}$$

각도를 Δt로 나누고, $\Delta t \to 0$을 취하면 다음과 같이 된다.

$$\begin{aligned} \dot{\theta}_A &= \lim_{\Delta t \to 0} \frac{\Delta\theta_A}{\Delta t} = \frac{\partial v}{\partial x} \\ \dot{\theta}_B &= \lim_{\Delta t \to 0} \frac{\Delta\theta_B}{\Delta t} = -\frac{\partial u}{\partial y} \end{aligned} \tag{4.36}$$

이 결과를 식 (4.33)에 대입하게 되면 다음과 같이 z-축(지면의 직각방향)에 대한 입자의 회전율을 얻을 수 있다.

$$\dot{\theta} = \frac{1}{2}\left(\frac{\partial v}{\partial x} - \frac{\partial u}{\partial y}\right)$$

회전 속도의 성분은 Ω_z로 정의하며,

$$\Omega_z = \frac{1}{2}\left(\frac{\partial v}{\partial x} - \frac{\partial u}{\partial y}\right) \tag{4.37a}$$

마찬가지로 다른 축에 대한 회전 각속도도 다음과 같이 정의된다.

$$\Omega_x = \frac{1}{2}\left(\frac{\partial w}{\partial y} - \frac{\partial v}{\partial z}\right) \tag{4.37b}$$

$$\Omega_y = \frac{1}{2}\left(\frac{\partial u}{\partial z} - \frac{\partial w}{\partial x}\right) \tag{4.37c}$$

회전 각속도 벡터는

$$\mathbf{\Omega} = \Omega_x\mathbf{i} + \Omega_y\mathbf{j} + \Omega_z\mathbf{k} \tag{4.38}$$

비회전류($\Omega = 0$)에 대해서는 다음과 같이 된다.

$$\frac{\partial v}{\partial x} = \frac{\partial u}{\partial y} \tag{4.39a}$$

$$\frac{\partial w}{\partial y} = \frac{\partial v}{\partial z} \tag{4.39b}$$

$$\frac{\partial u}{\partial z} = \frac{\partial w}{\partial x} \tag{4.39c}$$

위의 식들은 이상흐름 이론에 가장 강력하게 적용될 수 있다. 이상흐름(ideal flow)이란 비압축성 유체, 비회전류 흐름이다. 점성 효과가 작은 흐름장은 흔히 비회전류로 취급된다. 실제로, 만일 비압축성, 비점성 유체의 흐름이 최초에 비회전류라면 계속해서 비회전류로 남게 될 것이다.

와도

회전을 서술하는 데 가장 많이 사용되는 방법은 **와도**(vorticity)를 사용하는 것인데, 와도는 회전류 벡터에 2배를 곱한 벡터에 해당된다. 흐름의 회전성을 나타내 주는 와도의 크기는 경계층(boundary layer), 후류(wake), 흐름의 분리 등과 같이 점성 효과가 지배하는 흐름에 있어서는 매우 중요하다. 와도 방정식은 다음과 같다.

$$\begin{aligned} \boldsymbol{\omega} &= 2\boldsymbol{\Omega} \\ &= \left(\frac{\partial w}{\partial y} - \frac{\partial v}{\partial z}\right)\mathbf{i} + \left(\frac{\partial u}{\partial z} - \frac{\partial w}{\partial x}\right)\mathbf{j} + \left(\frac{\partial v}{\partial x} - \frac{\partial u}{\partial y}\right)\mathbf{k} \\ &= \nabla \times \mathbf{V} \end{aligned} \tag{4.40}$$

여기서 $\nabla \times \mathbf{V}$는 벡터 $\mathbf{V}$의 컬(curl)을 의미한다.

비회전류는 모든 곳에서 와도 벡터가 0이라는 것을 의미한다. 예제 4.9는 흐름장의 회전성, 예제 4.10은 유체 입자의 회전을 어떻게 계산하는지에 대한 사례를 소개한 것이다.

예제 4.9

회전 계산하기

문제

벡터 $\mathbf{V} = 10x\mathbf{i} - 10y\mathbf{j}$는 2차원 속도장을 나타낸다. 이 흐름은 비회전류인가?

설명

속도장이 주어졌다.

목표

흐름이 비회전류인지 여부를 결정한다.

아이디어

2차원 흐름이므로 $w = 0$이고 $\frac{\partial}{\partial z} = 0$. 식 (4.39a)를 이용하여 회전성을 계산한다.

문제풀이

속도 성분과 도함수는 다음과 같다.

$$u = 10x \qquad \frac{\partial u}{\partial y} = 0$$

$$v = -10y \qquad \frac{\partial v}{\partial x} = 0$$

따라서 이 흐름은 비회전류이다.

예제 4.10

유체 입자의 회전

문제

평행이고 편평한 고정 평판과 이동 평판 사이에 유체가 존재하고, 속도는 그림에서와 같이 선형이다. 평판 사이의 거리는 1 cm이고, 위에 있는 평판은 2 cm/s로 움직이고 있다. 유체 입자가 1 cm의 거리를 이동한 후 0.5 cm 위치에 있는 유체 입자들의 회전량을 계산하라.

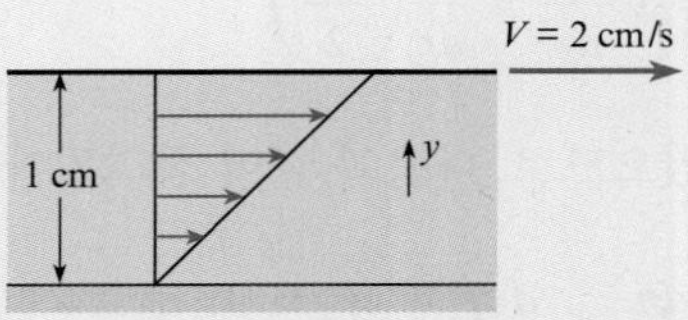

설명

이 문제는 쿠에트 흐름(Couette flow)을 포함한다.

가정: 평면 흐름($w = 0$이고 $\frac{\partial}{\partial z} = 0$).

목표

1 cm 이동한 후에 중앙점에서의 유체 입자의 회전을 구한다.

아이디어

1. $v = 0$인 경우의 회전율을 구하기 위해 식 (4.37a)를 적용한다.
2. 입자가 1 cm 이동하는 데 걸리는 시간을 계산한다.
3. 회전량을 계산한다.

문제풀이

1. 속도 분포:

$$u = 0.02 \text{ m/s} \times \frac{y}{0.01 \text{ m}} = 2y \text{ (l/s)}$$

회전율:

$$\Omega_z = \frac{1}{2}\left(\frac{\partial v}{\partial x} - \frac{\partial u}{\partial y}\right) = -1 \text{ rad/s}$$

2. 1 cm 이동하는 데 걸리는 시간:

$$u = 2 \text{ (l/s)} \times 0.005 \text{ m} = 0.01 \text{ m/s}$$

$$\Delta t = \frac{\Delta x}{u} = \frac{0.01 \text{ m}}{0.01 \text{ m/s}} = 1 \text{ s}$$

3. 회전량:

$$\Delta\theta = \Omega_z \times \Delta t = -1 \times 1 = -1 \text{ rad}$$

해와 풀이과정 검토

토의. 회전이 음(시계방향)이라는 점에 주의한다.

4.9 비회전류에서의 베르누이 방정식

비회전류에서는 흐름 내의 어떠한 두 점 사이에도 베르누이 방정식의 적용이 가능하다. 즉, 두 점이 동일한 유선상에 있을 필요가 없다. 이러한 *비회전류 형태*의 베르누이 방정식은 고전적인 동수역학, 날개 양력과 관련되는 기체동역학, 대기 운동 해석 등과 같은 넓은 분야에 적용된다. 이 절에서는 비회전류에서의 베르누이 방정식의 유도를 소개한다.

식을 유도하기 위해, 오일러 방정식, 식 (4.15)를 n 방향(유선에 직각방향)으로 적용하면 다음과 같다.

$$-\frac{d}{dn}(p + \gamma z) = \rho a_n \tag{4.41}$$

그림 4.35

유선 사이의 방향 n을 보여 주기 위한 인접하는 두 개의 유선.

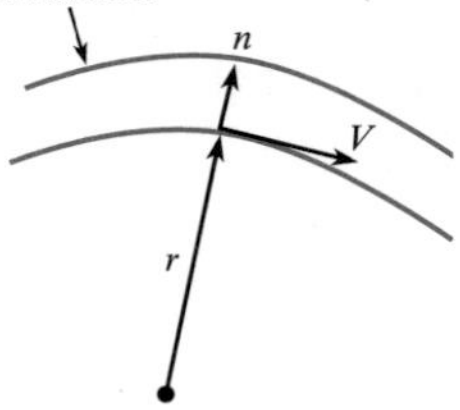

여기서, 흐름을 정류(시간 독립)라고 가정하면 n에 대한 편미분이 상미분으로 대체되었다. 두 개의 유선과 n 방향을 그림 4.35에 나타내었다. 국부 유체 속력은 V이고 r은 유선의 국부 곡률 반경이다. 유선에 대한 직각방향의 가속도가 구심 가속도이므로,

$$a_n = -\frac{V^2}{r} \tag{4.42}$$

여기서, n 방향은 곡률의 중심으로부터 바깥방향이고 구심 가속도가 곡률의 중심을 향하기 때문에 음의 부호가 나타났다. 비회전 조건을 적용하면, 가속도는 다음과 같이 정리될 수 있다.

$$a_n = -\frac{V^2}{r} = -V\left(\frac{V}{r}\right) = V\frac{dV}{dr} = \frac{d}{dr}\left(\frac{V^2}{2}\right) \tag{4.43}$$

r에 대한 미분은 n에 대한 미분으로 표현될 수 있으므로, 다음과 같이 정리된다.

$$\frac{d}{dr}\left(\frac{V^2}{2}\right) = \frac{d}{dn}\left(\frac{V^2}{2}\right)\frac{dn}{dr} = \frac{d}{dn}\left(\frac{V^2}{2}\right)$$

n 방향과 r 방향은 일치하므로 $dn/dr = 1$이다. 식 (4.43)은 다음과 같이 재정리될 수 있다.

$$a_n = \frac{d}{dn}\left(\frac{V^2}{2}\right) \tag{4.44}$$

위에 나타낸 가속도를 오일러 방정식, 식 (4.41)에 대입하고, 밀도가 일정하다고 가정하면 다음과 같이 정리된다.

$$\frac{d}{dn}\left(p + \gamma z + \rho\frac{V^2}{2}\right) = 0 \tag{4.45}$$

또는

$$p + \gamma z + \rho\frac{V^2}{2} = C \tag{4.46}$$

위의 식이 베르누이 방정식이고, C는 n 방향(유선을 가로지르는 방향)으로 일정하다.

요약. 비회전류에서 베르누이 방정식의 상수 C는 유선을 따라서나 유선을 가로질러서나 동일한 값을 가지기 때문에, 속도장 모든 곳에서 일정하다. 그러므로 *비회전류에 베르누이 방정식을 적용할 때는 점 1과 점 2를 선정할 때, 반드시 동일한 유선을 선택할 필요가 없이 흐름 내 어느 위치를 선정해도 된다.*

4.10 원형 실린더 주변 흐름에서의 압력장에 대한 서술

원형 실린더 주변 흐름은 많은 물체 주변의 외부 흐름에 대한 대표적인 사례(모형)가 되는

데, 이 절에서는 이에 대해 소개한다.

압력계수

압력장을 서술하기 위해 무차원 수인 다음과 같은 **압력계수**(pressure coefficient)를 사용한다.

$$C_p = \frac{p_z - p_{zo}}{\rho V_o^2/2} = \frac{h - h_o}{V_o^2/(2g)} \tag{4.47}$$

이상유체의 압력 분포

비점성이라서 밀도가 일정한 유체를 **이상유체**(ideal fluid)라고 정의한다. 그림 4.36a에 나타낸 것과 같이, 이상유체가 비회전 흐름운동을 한다고 가정하면, 그림으로부터 다음과 같은 결과들을 얻을 수 있다.

- 압력 분포는 실린더의 앞뒤로 대칭이다.
- 압력계수가 가끔 음(바깥방향으로 도시)이 되는데, 계기압력으로 음에 해당된다.
- 압력계수가 가끔 양(안쪽방향으로 도시)이 되는데, 계기압력으로 양에 해당된다.
- 최대 압력($C_p = +1.0$)은 정체점(점 B와 점 D)에 해당하는 실린더 앞뒤에서 발생한다.
- 최소 압력($C_p = -3.0$)은 속도가 최대가 되는(점 C) 중앙 단면에서 발생한다.

다음으로, 순압력경사와 역압력경사 개념을 소개하기 위하여 중력 효과를 무시한 오일러 방정식을 적용하면 다음과 같다.

$$\rho a_t = -\frac{\partial p}{\partial s}$$

만일 $\partial p/\partial s < 0$이면 $a_t > 0$임을 알 수 있다. 즉, 유적선을 따라서 압력이 감소하면 유체 입자가 가속되는데, 이런 경우를 **순압력경사**(favorable pressure gradient)라고 한다. 반면에, $\partial p/\partial s > 0$이면 $a_t < 0$이고, 유적선을 따라서 압력이 증가하면 유체 입자가 감속된다. 이런 경

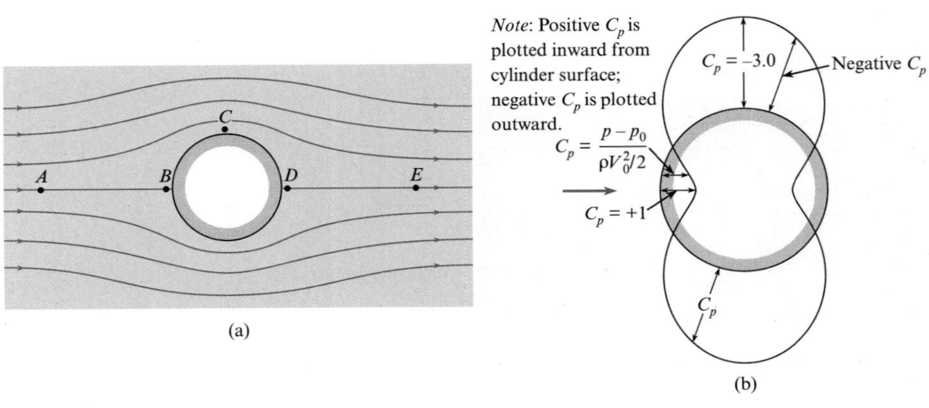

그림 4.36
원주 주변에서의 비회전류: (a) 유선 모양. (b) 압력 분포.

우를 **역압력경사**(adverse pressure gradient)라고 한다. 아래 표는 압력경사의 정의를 요약한 것이다.

순압력경사	$\partial p/\partial s < 0$	$a_t > 0$ (가속)
역압력경사	$\partial p/\partial s > 0$	$a_t < 0$ (감속)

유체 입자를 가시화하여 그림 4.36a에 있는 원주 주위의 점 A, B, C, D를 거쳐 E에 도달하는 과정을 보자. 앞쪽의 정체점에서는 역압력경사로 이동하기 때문에 처음에는 자유흐름 속도로부터 0 속도로 감속한다는 점에 주의하기 바란다. B와 C 사이를 지나는 동안에는 상당한 압력경사가 있기 때문에 최대 속력까지 가속된다. C와 D 사이에서는 다시 뒤쪽의 정체점을 향하여 압력이 증가하여 입자는 감속되지만, D에 도착할 수 있는 충분한 운동량은 가지고 있다. 마지막으로, D와 E 사이에서는 압력이 감소하고 상당한 정도의 압력경사가 입자를 가속시켜 다시 자유흐름 속도로 돌아간다. 유체 입자가 어떻게 한 점에서 다른 점으로 이동하는가에 대한 이상과 같은 정성적 설명을 이해한다면, 다음 절에서 설명하는 유선분리 현상의 이해에 도움이 될 것이다.

점성 흐름에서의 압력 분포

그림 4.37과 같은 원형 원주 주변에 실제 (점성) 유체가 흐르는 경우를 생각해 보자. 원주 중앙 단면 상류에서의 흐름 형상은 이상유체의 흐름 형상과 대단히 유사하다. 그러나 비점성 유체의 흐름은 표면에서 유속이 영(0)이 아니지만(비활동 조건[no-slip condition]) 점성 유체의 표면 유속은 영(0)이 된다. 점성 효과에 의해 표면 가까이 얇은 층이 생기는데 이를 경계층(boundary layer)이라고 한다. 속도는 경계층을 거쳐 영(0)부터 자유흐름 속도까지 변화한다. 원주의 앞쪽 단면에서는 압력경사가 상당하기 때문에 경계층이 매우 얇다.

중앙 단면의 하류에서는 표면을 따라 압력이 증가하게 된다. 경계층에서 유체 입자들은 느린 유속으로 역압력경사(adverse pressure gradient)에 거슬러 흘러가다가 결국 입자들은 표면에서 떨어져서 흐르지 않을 수 없게 된다. 입자는 역압력경사로 인한 압력으로 인해 벽

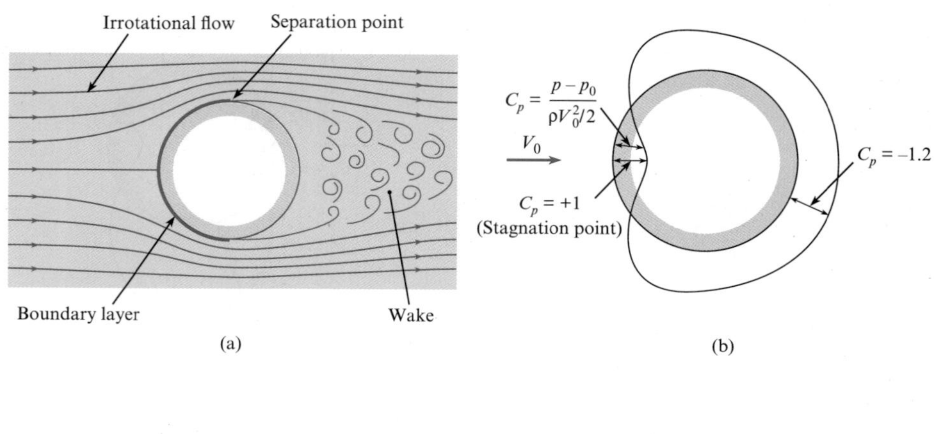

그림 4.37
원주를 지나는 실제 유체의 흐름: (a) 흐름 양상. (b) 압력 분포.

면으로부터 떨어져 나간다. 이러한 곳을 유선분리점(separation point)이라 한다. 후류 지역 내의 흐름은 유선분리 흐름(separated flow)이라 한다. 이 흐름은 원주 뒤에 후류(wake)로 나타난다. 이 후류의 원주 표면 압력 분포는 그림 4.37b에 보이듯이 거의 일정하다. 후류에서의 압력 감소로 인해 항력은 증가한다.

4.11 회전류에서의 압력장 계산

이 절에서는 *회전하는 고체 몸체에 담겨 있는 유체*에서의 압력과 속도의 관계를 소개한다. 고체 몸체의 회전을 이해하기 위해 그림 4.38a와 같이 물을 담고 있으면서 정지하고 있는 원형 용기를 고려하자. 그림 4.38b와 같이, 용기를 중심축에 대해 각속도 ω로 회전운동시켜서 정상상태에 도달하도록 한다. 정상상태에 도달하게 되면, 유체 입자들은 서로에 대해 정지하게 된다. 즉, 임의의 두 입자 사이의 거리는 일정하게 된다. 이러한 조건은 강체의 회전을 서술하는 데에도 적용되며, 이러한 형태의 운동을 **회전하는 물체에 담겨 있는 액체**(fluid in a solid body rotation)로 정의한다.

유체가 하나의 고체처럼 회전하는 상황은 많은 공학적 응용 사례에서 나타난다. 원심분리기가 그러한 사례 중 하나에 해당된다. 구심 가속도에 의해 무거운 것은 바깥쪽으로 이동하고 가벼운 것이 대신하여 중심으로 이동하기 대문에, 유체를 회전하게 되면 가벼운 요소로부터 무거운 요소를 분리할 수 있게 되는 것이다. 우유 분리기가 이러한 방식으로 작동되고, 대기로부터 미소 입자를 분리하는 사이클론 분리기(cyclone separator) 역시 같은 원리로 작동된다.

회전하는 물체에 담겨 있는 액체에 대한 방정식 유도

유선에 직각방향으로, 회전 중심의 바깥방향으로 오일러 방정식을 적용한다. 이런 경우, 유체 요소는 바퀴의 살처럼 회전하기 때문에 식 (4.15)의 오일러 방정식에 있는 ℓ 방향이 r로 대치되어 다음과 같이 된다.

$$-\frac{d}{dr}(p + \gamma z) = \rho a_r \tag{4.48}$$

여기서 편미분은 흐름이 정상류이고, 함수가 단지 반경 r의 함수이기 때문에 탈락되었다. 식

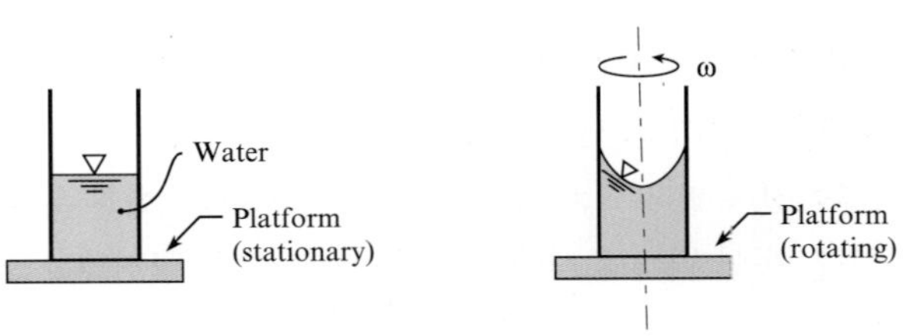

그림 4.38
회전하는 고체 몸체에 담겨 있는 유체를 정의하기 위한 스케치.

(4.11)로부터, 반경방향(만곡 중심에서부터 바깥쪽으로)으로의 가속도는 다음과 같다.

$$a_r = -\frac{V^2}{r}$$

오일러 방정식은 다음과 같이 된다.

$$-\frac{d}{dr}(p + \gamma z) = -\rho\frac{V^2}{r} \tag{4.49}$$

강체처럼 회전하는 액체에 대해서

$$V = \omega r$$

속도 분포를 오일러 방정식에 대입하면

$$\frac{d}{dr}(p + \gamma z) = \rho r \omega^2 \tag{4.50}$$

식 (4.50)을 r에 대해서 적분하면 다음 식을 얻는다.

$$p + \gamma z = \frac{\rho r^2 \omega^2}{2} + \text{일정} \tag{4.51}$$

또는

$$\frac{p}{\gamma} + z - \frac{\omega^2 r^2}{2g} = C \tag{4.52a}$$

이 방정식은 또한 다음과 같이 쓸 수 있다.

$$p + \gamma z - \rho\frac{\omega^2 r^2}{2} = C \tag{4.52b}$$

이상의 방정식들은 *회전류의 압력 변화*를 나타낸다. 예제 4.11에서는 이러한 방정식들을 어떻게 적용하는지에 대해 소개하였고, 예제 4.12에서는 액주계 속에 있는 회전 흐름을 해석하였다.

예제 4.11

회전하는 액체의 자유수면 분포 계산

문제

다음 그림과 같이 각속도 4 rad/s로 고체처럼 회전 운동을 하고 있는 액체가 든 원통형 수조가 있다. 수조의 직경은 0.5 m이다. 여기서 단면 AA는 회전 운동 이전의 액체 표면을 나타낸 것이고, 단면 $A'A'$은 회전 운동이 안정적으로 이루어졌을 경우 액체 표면을 나타 낸 것이다. 회전 운동을 하는 동안 벽과 중심에서 액체의 높이차를 구하라.

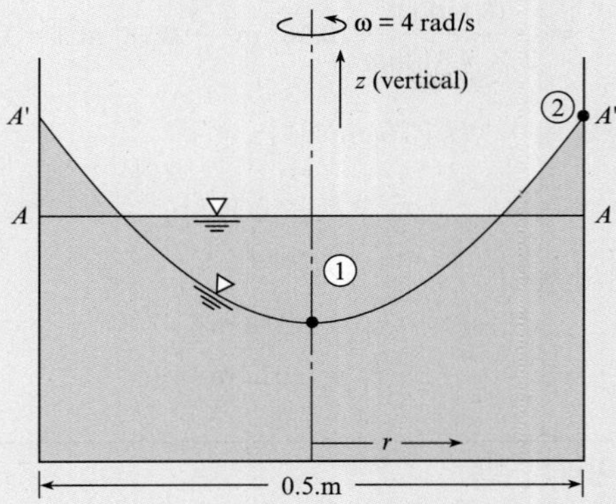

설명
액체가 원통형 수조에서 회전하고 있다.

목표
중심에 있는 액체와 벽면 액체와의 높이차(m)를 계산한다.

아이디어
1. 두 점 1과 2 사이에 회전 흐름에서의 압력 변화를 계산하기 위해 식 (4.52a)를 적용한다.
2. 높이차를 계산한다.

문제풀이
1. 두 점 1과 2 사이에 식 (4.52a) 적용:

$$\frac{p_1}{\gamma} + z_1 - \frac{\omega^2 r_1^2}{2g} = \frac{p_2}{\gamma} + z_2 - \frac{\omega^2 r_2^2}{2g}$$

두 점의 압력은 대기압이므로 $p_1 = p_2$, 따라서 압력항은 없어진다. 점 1에서는 $r_1 = 0$이고 점 2에서는 $r = r_2$이다. 따라서, 식은 다음과 같이 된다.

$$z_2 - \frac{\omega^2 r_2^2}{2g} = z_1$$

$$z_2 - z_1 = \frac{\omega^2 r_2^2}{2g}$$

2. 높이차 계산:

$$z_2 - z_1 = \frac{(4\ \text{rad/s})^2 \times (0.25\ \text{m})^2}{2 \times 9.81\ \text{m/s}^2}$$

$$= \boxed{0.051\ \text{m 또는 } 5.1\ \text{cm}}$$

해와 풀이과정 검토
자유수면 분포가 포물선임에 주의한다.

예제 4.12

회전 액주계

문제
U자관이 정지해 있을 때, 관 속의 물은 그림과 같다. 만일 관이 그림에서와 같은 편심 축 주위로 8 rad/s로 회전 운동을 한다면 관 내의 물의 높이는 얼마인가?

설명
액주계가 편심 축을 중심으로 회전한다.

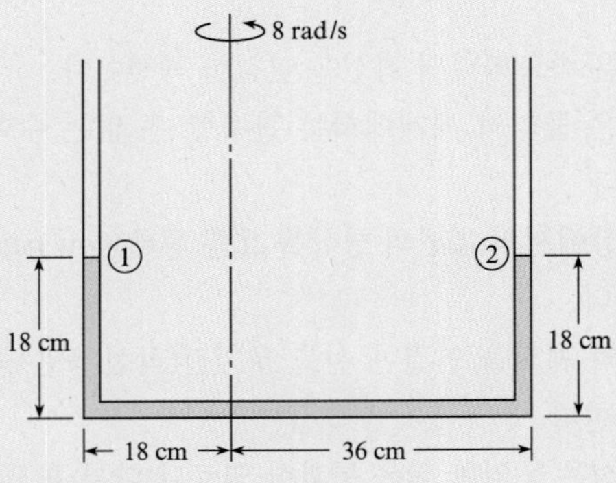

가정: 액체는 비압축성이다.

목표
각 관에서의 수위를 구한다.

아이디어

회전 운동을 하기 전과 후의 액주계에 들어 있는 액체의 총 길이는 90 cm로서 동일하다. 운동을 시작하기 전에 액체는 바닥 관에 있고, 양쪽 관의 윗부분에 작용하는 압력은 대기압이다.

1. 양쪽 관의 높이차를 계산하기 위해서 회전 흐름에서의 압력 변화 식 (4.25a)를 적용한다.
2. 액체의 총 길이가 일정하다는 것을 이용해서 양쪽 관의 높이를 계산한다.

문제풀이

1. 왼쪽 관(1)과 오른쪽 관(2) 사이에 식 (4.52a)를 적용:

$$z_1 - \frac{r_1^2\omega^2}{2g} = z_2 - \frac{r_2^2\omega^2}{2g}$$

$$z_2 - z_1 = \frac{\omega^2}{2g}(r_2^2 - r_1^2)$$

$$= \frac{(8\ \text{rad/s})^2}{2 \times 9.81\ \text{m/s}^2}(0.36^2\ \text{m}^2 - 0.18^2\ \text{m}^2) = 0.317\ \text{m}$$

2. 각 관의 높이 합이 36 cm이다.

$$z_2 + z_1 = 0.36\ \text{m}$$

각 관의 높이:

$$z_2 = 0.338\ \text{m}$$
$$z_1 = 0.022\ \text{m}$$

해와 풀이과정 검토

토의. 만일 어느 한 쪽 관의 높이가 음으로 나타나면, 이는 그 액체 기둥의 한 쪽 끝이 수평 관에 위치한다는 것을 의미하게 되고, 이런 경우에는 이러한 특성이 반영될 수 있도록 문제를 다시 점검해야 한다.

4.12 핵심 내용 요약

유적선, 유선, 유맥선

- 유선을 가시화하기 위해서 유선, 유적선, 유맥선을 사용한다.
  - *유선*은 속도벡터의 접선을 연결한 곡선이다.
  - *유선*은 물리적 세계에서는 관측할 수 없는 수학적 개념이다.
  - 속도장에서의 유선의 형상을 *흐름 형태(flow pattern)*라고 한다.
  - 입자의 궤적을 연결한 선을 *유적선*(직선 또는 곡선)이라고 한다.
  - *유맥선*은 동일한 점을 통과한 염료나 다른 표적자들에 의해 형성된 선이다.
- *정상류*에서는 동일한 점에서의 유적선, 유맥선, 유선이 일치한다.
- *부정류*에서는 유적선, 유맥선, 유선이 일치하지 않는다.

속도, 속도장

- 속도는 유체 입자의 이동 속력과 방향으로 정의한다.
- *속도장*은 흐름 내의 각 점에서의 속도를 보여 주는 수학적 또는 그래프를 이용한 서술이다.

오일러적 서술, 라그랑주적 서술

운동을 서술하는 방법으로 오일러 서술과 라그랑주 서술 두 가지 방법이 있다.

- *라그랑주 접근*에서는 물체를 특정하여 그것의 운동을 서술한다. 예를 들어, 유체 입자의 운동을 서술하고 있다면 그것은 라그랑주 서술이 된다.
- *오일러 접근*은 공간상의 영역을 특정하고서, 물체의 운동을 여러 위치에서 발생하는 항목들로 서술한다. 예를 들어, 속도장은 오일러 개념이다.
- 오일러 접근은 *장(field)*을 이용한다. 장은 변수가 공간상

에서 어떻게 분포하는가를 나타내는 수학적 또는 도표적 서술이다. 장은 *스칼라* 또는 *벡터*가 될 수도 있다.

- 오일러 접근은 divergence, gradient, curl을 사용한다.
- 오일러 접근은 라그랑주 접근보다 복잡한 수학(예: 편미분)을 사용한다.

흐름의 서술

표 4.4에 요약된 개념들을 이용해서 유동 유체를 서술한다.

가속도

- *가속도*는 입자 속력의 변화 또는 운동방향의 변화를 특징짓는 유체 입자의 물성이다.
- *가속도*는 수학적으로 속도벡터의 미분으로 정의한다.
- 유체 입자의 *가속도*는 다음과 같이 정성적으로 서술될 수 있다.
  - 곡선형 유선을 따라 이동할 경우에는, 유선에 직각방향이고 곡률 중심 방향을 향하는 가속도 성분을 가진다.
  - 입자의 속력이 변하는 경우 유선에 접선방향의 가속도 성분을 가진다.
- *가속도의 오일러 표현*

표 4.4 유동 유체의 서술

서술	주요 지식
*등류*와 *부등류* 분류	• 등류와 부등류는 속도의 공간 분포를 서술. • *등류*는 유선상의 모든 점에서 속도가 같다. 등류는 직선이고 평행한 유선들을 필요로 한다. • *부등류*는 유선상의 여러 점에서 속도가 다르다.
*정상류*와 *부정류* 분류	• *정상류*는 공간상의 모든 점에서 시간에 대해 속도가 일정하다. • *부정류*는 공간상의 일부 또는 모든 점에서 시간에 따라 속도가 변한다. • 가끔은 부정류를 정상류로 이상화하기도 한다. 예를 들어, 배수 탱크에서의 흐름을 정상류라고 가정한다.
*층류*와 *난류* 분류	• *층류*는 층간 낮은 수준의 혼합이 있는 부드러운 층에서의 흐름. • *난류*는 다양한 크기의 소용돌이가 지배하는 흐름으로 혼돈, 부정류, 3차원 흐름이고, 높은 수준의 혼합이 있다. • 가끔은 *천이상태(transition)*가 발생하는데, 이는 층류에서 난류로 변하는 과정이다.
1차원, *2차원*, *3차원 흐름* 분류	• *1차원 흐름*은 속도가 하나의 공간변수에 종속한다. 예를 들면, 속도가 반경 r에만 종속하는 경우이다. • *3차원 흐름*은 속도가 3개의 공간변수에 종속한다. 예를 들면, 속도가 3개의 위치좌표에 의존하는 흐름이다: $\mathbf{V} = \mathbf{V}(x, y, z)$.
*점성 흐름*과 *비점성 흐름* 분류	• *점성 흐름*에서는 점성 전단응력과 관계되는 힘이 매우 중요하다. 예를 들어, 운동 방정식에 점성항이 포함된다. • *비점성 흐름*에서는 점성 전단응력과 관계되는 힘이 중요하지 않다. 따라서 운동 방정식에 점성항이 포함되지 않는다. 유체는 마치 점성계수가 0인 것처럼 거동한다.
비점성 흐름 영역, *경계층*, *후류* 서술에 의한	• *비점성 흐름 영역*에서는 유선이 부드럽고 오일러 방정식을 이용하여 흐름을 해석한다. • *경계층*은 벽면과 인접한 유체의 영역이다. 경계층에서는 점성 효과가 매우 중요하다. • *후류(wake)*는 몸체 뒤에 위치한 분리된 흐름 영역이다.
*분리 흐름*과 *점착 흐름*	• *흐름 분리*는 유체 입자가 벽면으로부터 떨어져 나갈 때 발생한다. • *점착 흐름*은 유체 입자가 벽면이나 경계를 따라서 움직일 때 발생한다. • 관 내부에서의 분리 흐름 영역은 *재순환 영역*이라고 불리기도 한다.

- 시간에 대한 미분을 가지는 항은 *국소 가속도* 항이다.
- 다른 모든 항은 *이류 가속도* 항으로, 위치에 대한 미분을 포함하고 있다.

오일러 방정식

- *오일러 방정식*은 비압축성, 비점성 유체에 적용된 *뉴턴의 제2운동법칙*이다.
- 오일러 방정식은 다음과 같은 *벡터 식*으로 표현할 수 있다.

$$-\nabla p_z = \rho \mathbf{a}$$

- 이 벡터 식은 임의의 ℓ 방향에 대해 다음과 같은 *스칼라 방정식*으로 표현할 수 있다.

$$-\frac{\partial}{\partial \ell}(p + \gamma z) = -\left(\frac{\partial p_z}{\partial \ell}\right) = \rho a_\ell$$

- *오일러 방정식의 물리적 특성:* 위압력은 가속도와 선형관계이고 방향은 반대이다. 이를 이용하면 압력의 변화를 알 수 있다.
  - 유선이 곡선이면 압력은 증가하고 곡률 중심 바깥방향을 향한다.
  - 유선이 직선이고 유선상의 입자 속력이 변하게 되면, 압력은 유선의 접선방향으로 변한다. 압력 증가 방향은 가속도 벡터와 반대방향이다.
  - 유선이 직선인 경우, 유선의 직각방향으로의 압력 변화는 정수압 변화를 한다.

베르누이 방정식

- *베르누이 방정식*은 유체 입자에 적용된 *에너지 보존법칙*이다. 베르누이 방정식은 밀도가 일정한 비점성, 정류에서의 오일러 방정식을 적분하여 유도된다.
- 동일한 가정하에서, 베르누이 방정식은 동일한 유선상에서는 어떠한 두 점 사이에도 적용할 수 있다.
- 베르누이 방정식은 두 가지 형식이 있다.
  - *수두 형식:* $p/\gamma + z + V^2/(2g) =$ 일정
  - *압력 형식:* $p + \rho g z + (\rho V^2)/2 =$ 일정
- 베르누이 방정식의 물리적 성질을 설명하는 두 가지 방식이 있다.
  - 속력이 증가하면 위압력은 감소한다(동일 유선을 따라서).
  - 동일한 유선상에서는 총 수두(속도수두와 위압수두의 합)는 일정하다. 이것은 유체 입자가 동일한 유선을 따라 운동할 경우에는 에너지가 보존된다는 것을 의미한다.

속도와 압력의 측정

- 관 벽면에 있는 *압력 탭*에서 측정한 압력은 정압이다. 같은 방법으로 압력수두 또는 위압수두를 측정할 수 있다.
- *정압*은 유동에서의 압력으로 정의한다. 정압은 측정된 압력값이 변하지 않는 방법으로 측정하여야 한다.
- 운동압은 $(\rho V^2)/2$이다.
- *정체관*으로는 정압과 운동압의 합력 $p + (\rho V^2)/2$을 측정할 수 있다.
- *피토관*은 유동 유체 내의 한 점에 작용하는 정압과 운동압 모두를 측정할 수 있기 때문에 유속 측정에 사용된다.

유체의 회전, 와도, 비회전류

- 회전율(rate of rotation) Ω
  - 입자가 얼마나 빨리 회전하는지 정도를 나타내는 유체 입자의 물성이다.
  - 입자 위에 두 개의 직교하는 직선을 위치시키고 이 직선들의 회전율을 평균한다.
  - 오른 나사의 법칙을 따르는 벡터 방향을 가지는 벡터양이다.
- 회전을 서술하는 일반적인 방법은 와도 벡터 ω를 이용하는 것인데, 와도 벡터는 회전 벡터의 두 배이다: $\omega = 2\Omega$.
- 직교좌표계에서 와도는 다음과 같다.

$$\omega = \left(\frac{\partial w}{\partial y} - \frac{\partial v}{\partial z}\right)\mathbf{i} + \left(\frac{\partial u}{\partial z} - \frac{\partial w}{\partial x}\right)\mathbf{j} + \left(\frac{\partial v}{\partial x} - \frac{\partial u}{\partial y}\right)\mathbf{k}$$

- 비회전류는 모든 곳에서 와도가 0인 흐름이다.
- 비회전류에 베르누이 방정식을 적용할 경우에는, 동일한 유선을 따르지 않고 아무 곳에 있는 점 1과 점2를 선택해도 된다.

압력장 서술

- 압력장은 가끔 압력계수라 불리는 π-그룹을 이용하여 서

술된다.

- 몸체 근처에서의 압력경사는 흐름 분리와 관계된다.
  - 역압력경사는 흐름 분리와 관계된다.
  - 순압력경사는 점착 흐름과 관계된다.
- 원형 실린더 주변 흐름에서의 압력장은 외부 흐름을 이해하기 위한 대표적인 사례이다. 실린더 전면에서의 압력은 높고, 후류에서의 압력은 낮다.
- 흐름이 강체처럼 회전 운동을 할 경우, 압력장 p는 다음과 같이 서술된다.

$$p + \gamma z - \rho \frac{\omega^2 r^2}{2} = C$$

여기서 ω는 회전 속력, r은 회전축으로부터의 거리를 나타낸다.

압력장 서술(요약)

유동 유체의 압력 변화는 세 가지 현상과 관련된다.

- **무게.** 유체의 무게로 인해, 압력은 수심이 커지면 증가한다(즉, 높이가 감소). 이 주제는 3장에서 소개하였다(정수역학).
- **가속도.** 유체 입자가 가속되는 경우, 가속도와 관련되는 압력 변화가 나타난다. 비점성 흐름에서는 압력장 경사는 가속도 벡터와 반대방향을 향한다.
- **점성 효과.** 점성 효과가 강할 경우에는 이와 관계된 압력 변화가 발생한다. 예를 들면, 수평 관에서의 흐름에 압력 강하가 발생하는 경우이다. 이 주제는 10장(관수로)에서 소개할 예정이다.

참고문헌

1. *Flow Visualization*, Fluid Mechanics Films, downloaded 7/31/11 from http://web.mit.edu/hml/ncfmf.html.
2. Hibbeler, R. C. *Dynamics*. Prentice Hall, Englewood Cliffs, New Jersey, 1995.
3. *Turbulence*, Fluid Mechanics Films, downloaded 7/31/11 from http://web.mit.edu/hml/ncfmf.html.
4. *Pressure Fields and Fluid Acceleration*, Fluid Mechanics Films, downloaded 7/31/11 from http://web.mit.edu/hml/ncfmf.html.
5. Miller, R.W. (ed.) *Flow Measurement Engineering Handbook*, McGraw-Hill, New York, 1996.
6. *Vorticity, Part 1, Part 2,* Fluid Mechanics Films, downloaded 7/31/11 from http://web.mit.edu/hml/ncfmf.html.

문제

유선, 유맥선, 유적선(4.1절)

4.1 풍향측정용 바람자루(windsock)는 기둥 끝에 있는 회전고리에 부착된 양말 모양의 장치이다. 비행장에 있는 풍향측정용 바람자루는 조종사가 순간적인 바람의 방향을 파악하는 데 사용된다. 어느 한 순간에 바람자루의 방향과 일치하는 직선을 던진다면, 이 직선은 (a) 유선, (b) 유맥선, (c) 유적선을 가장 잘 나타낼 것이다.

4.2 선형 형태의 유선, 유맥선, 유적선을 가지는 흐름은

a. 분리(dividing)되어야 한다.
b. 정상류(steady)이어야 한다.
c. 정체(stagnant)되어야 한다.
d. 추적자(tracer)가 되어야 한다.

4.3 주어진 가상의 흐름에서 시각 $t = 0$에서 $t = 5$ 초까지의 속도는 각각 $u = 2$ m/s, $v = 0$이었다. 그리고 시각 $t = 5$ 초에서 $t = 10$ 초까지의 속도는 각각 $u = +3$ m/s, $v = -4$ m/s였다. 시각이 $t = 0$일 때 유체 흐름장 내의 한 점에서 유맥선이 형성되기 시작하였으며, 유체 내의 유적선 또한 동일 시각, 동일 지점에서 시작되었다. 시각 $t = 10$ 초일 때 유맥선, 입자의 유적선 및 유선을 대략적으로 그려 보아라.

속도, 속도장(4.2절)

4.4 속도장이 수학적으로 $\mathbf{V} = (3x + 2y)\mathbf{i}$와 같이 주어졌다. 이 속도장은

a. x방향의 1차원 흐름이다.
b. y방향의 1차원 흐름이다.
c. x, y방향의 2차원 흐름이다.

오일러 접근, 라그랑주 접근(4.2절)

4.5 많은 3차원 지하수 문제들은 유체 요소와 관계되는 인접하는 검사체적 사이를 흐르는 부정류를 다루게 된다. 지하수 방정식은 (x, y, z, t)로 정의되는 각각의 3차원 유체 요소에 대해서 풀어야 한다. 장(field)으로 가시화할 수도 있는 압력 분포로 인해, 유체는 상류 지점으로부터 하류 지점으로 흐른다. 이러한 접근은 (a) 라그랑주적 접근, (b) 오일러적 접근 중, 어느 접근으로 분류하는 것이 최선인가?

흐름의 서술(4.3절)

4.6 속도장이 $\mathbf{V} = 10xt\mathbf{i} + 2y\mathbf{j}$와 같이 주어졌다. 이 흐름은

a. 1차원 정상류이다.
b. 1차원 부정류이다.
c. 2차원 정상류이다.
d. 2차원 부정류이다.

4.7 A열과 B열에 있는 항목들을 적절하게 연결하라.

A	B
정상류	$\partial V_s/\partial s = 0$
부정류	$\partial V_s/\partial t = 0$
등류	$\partial V_s/\partial t \neq 0$
부등류	$\partial V_s/\partial s \neq 0$

가속도(4.4절)

4.8 다음의 유동 유체에서 가속도는 유체 입자가

a. 속력이 변하는 것이다.
b. 방향이 변하는 것이다.
c. 속력과 방향 모두가 변하는 것이다.
d. 모두 해당된다.

4.9 노즐을 통과하는 흐름이 정상류이다. 노즐 입구와 출구 사이에서 입자의 속력이 증가하고 있다. 노즐 입구와 출구 사이의 중간 지점에서의 가속도는

a. 국부 가속도이다.
b. 이류 가속도이다.
c. 모두 해당된다.

4.10 국부 가속도는

a. 원점 가까운 곳에서 발생한다.
b. 항상 부등류이다.
c. 부정류에서 발생한다.

4.11 유적선을 따라서 속도가 $V(\text{m/s}) = s^2t^{1/2}$로 주어졌다. 여기서 s는 m, t는 sec 단위이다. 곡률 반경은 0.3 m이다. $s = 1$ m, $t = 1$ sec일 때, 유적선과 나란한 방향의 가속도와 직각방향의 가속도를 구하라.

4.12 그림의 흐름에서 속도가 시간에 따라 변한다. 단면 A-A에서의 시간에 따른 속도 변화는 다음과 같다.

$$V = 6 \text{ m/s} - 2.25\frac{t}{t_0} \text{ m/s}$$

시각 $t = 0.50$ 초일 때 단면 A-A에서 s 방향으로의 속도경사가 미터당 +2.4 m/s로 알려졌다. $t_0 = 0.2$초이고 준1차원 흐름이라 가정하여, 시각 $t = 0.5$ 초일 때 다음 질문에 답하라.

a. 단면 A-A에서의 속도는 얼마인가?
b. 단면 A-A에서의 국부 가속도는 얼마인가?

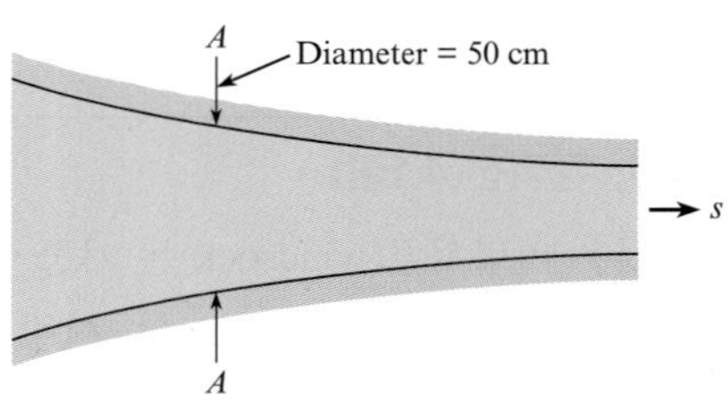

문제 4.12

4.13 그림과 같이 노즐의 시점으로부터 출구까지 흐름의 속도가 선형적으로 변화하도록 되어 있는 형태의 노즐이 있다. 준1차원 흐름이라고 가정하면, 노즐 시점과 출구 사이의 중간 지점의 이류 가속도는 얼마나 되는가? 여기서 시점의 속도는 0.3 m/s이고 출구의 속도는 1.83 m/s이다. 노즐의 길이는 0.164 m이다.

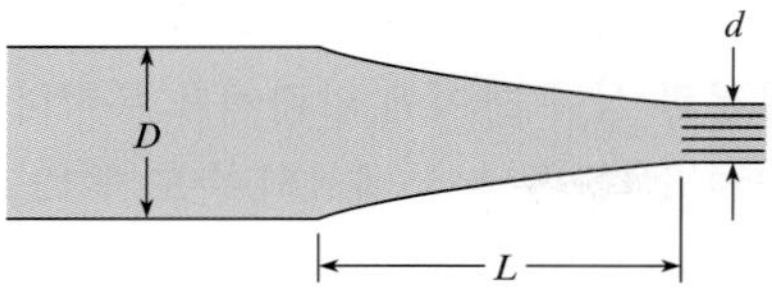

문제 4.13, 4.14

4.14 문제 4.13은 속도가 노즐 전체에서 시간에 따라 선형적으로 변화한다. 시점의 속도는 0.3 m/s이고 출구의 속도는 1.5 m/s이다. 시간 $t = 2$ s일 때 노즐의 중간 지점의 국부 가속도는 얼마나 되는가?

4.15 그림과 같이 2차원의 구멍(slot)을 통하여 액체가 흐를 때 속도는 $V = 2(q_0/b)(t/t_0)$이다. 여기서 q_0와 t_0는 기준값이다. $x = 2B$이고 $y = 0$인 지점의 국부 가속도를 B, t, t_0 및 q_0의 항으로 나타내라.

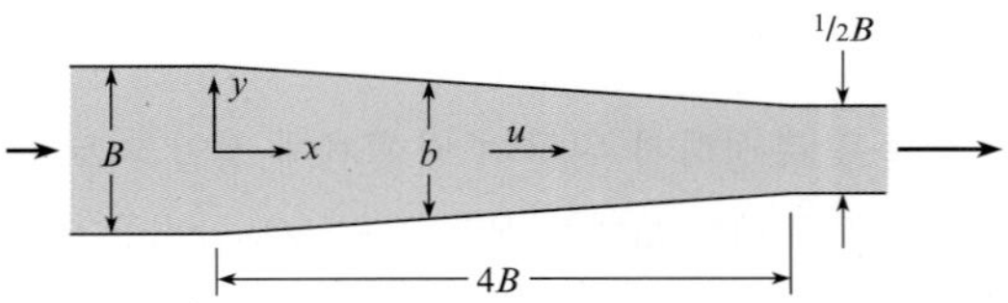

문제 4.15, 4.16

4.16 문제 4.15의 조건에 대한 이류 가속도는 얼마나 되는가?

오일러 방정식과 압력 변화(4.5절)

4.17 그림과 같이 피스톤과 물($\rho = 1000$ kg/m³)이 연직 상향으로 0.4 g 가속된다면, 수심 0.6 m인 지점에서의 압력은 얼마인가?

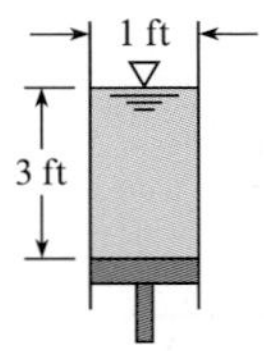

문제 4.17

4.18 바닥이 피스톤으로 막혀 있는 연직 관에 수심 3 m의 물($\rho = 1000$ kg/m³)이 담겨 있다. 증기압이 영(0)(절대기압)이라 가정하고, 물이 즉시 기화되지 않을 수 있는 피스톤에 작용하는 최대 하향 가속도는 얼마인가?

4.19 수평면과 30°상향으로 경사진 관에 액체가 흐르고 있다. 이 액체를 0.2 g로 감속시킬 때(흐름의 반대방향으로 가속), 흐름 방향으로의 압력경사를 액체 단위중량의 함수로 나타내라.

4.20 연직 관에 들어 있는 등유(비중 = 0.81)를 연직 상향으로 0.3 g로 가속시키기 위해 필요한 압력경사는 얼마인가?

4.21 그림과 같은 튜브에 점성은 영(0)이고 단위중량이 10 kN/m³인 가상의 액체가 있다. 만약 $p_B - p_A$가 11 kPa라면, 이 튜브에 들어 있는 액체의 가속도 방향은 (a) 위, (b) 아래, (c) 어느 쪽도 아니다: 가속도는 영(0)이다.

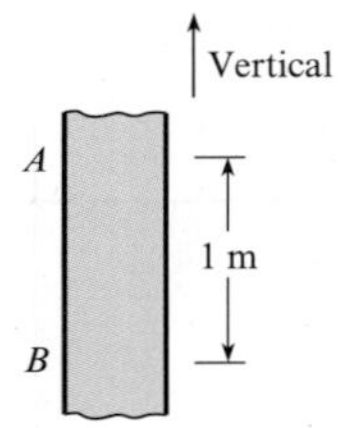

문제 4.21

4.22 위는 열려 있고 바닥은 피스톤으로 막혀 있는 연직 관에 수심 1.8 m의 물($\rho = 1000$ kg/m³)이 정지해 있다. 피스톤에 82.7 kPa의 압력이 작용하기 위해서는 피스톤의 상향 가속도가 얼마이어야 하는가?

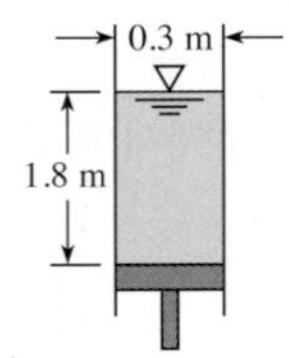

문제 4.22

4.23 수평 관에 들어 있는 물($\rho = 998$ kg/m³)을 9.2 m/s²로 가속시키기 위해 필요한 압력경사는 얼마인가?

베르누이 방정식의 응용(4.6절)

4.24 그림과 같이 연직으로 제트를 만들어 낼 수 있는 노즐이 설치된 분수를 설계하고자 한다. 유출 속도가 21 m/s인 경우, 분수 높이 h는 얼마나 되는가?

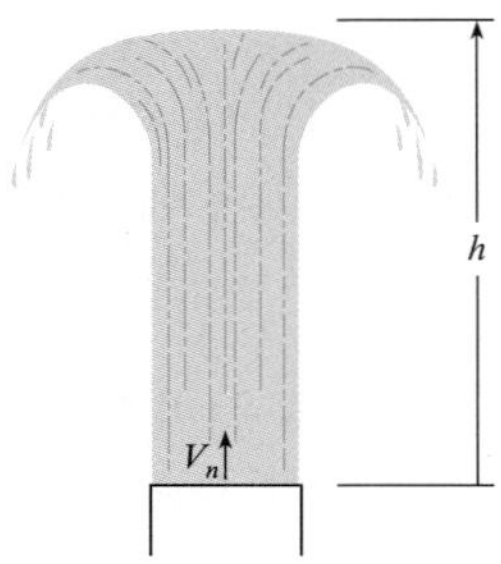

문제 4.24

4.25 그림은 물과 섞은 거름용액을 스프레이를 통해 공급하기 위한 수조를 나타낸 것이다. 수조에 20 kPa의 압력(계기압력)이 작용하고 높이 h는 0.9 m이다. 방류구에서의 거름의 속도(m/s)는 얼마인가?

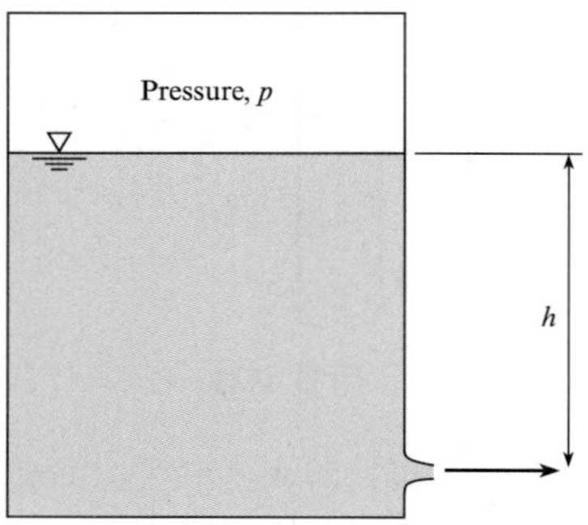

문제 4.25

4.26 연직방향의 벤투리관에 물이 흐르고 있다. 그림과 같이 최소단면 부분과 상류 부분에 위압계를 부착했다. 관에서의 유속은 2.44 m/s이고, 두 위압계에서의 수위차가 0.15 m, 수온은 20°C이다. 최소단면 부분에서의 유속(m/s)은 얼마인가?

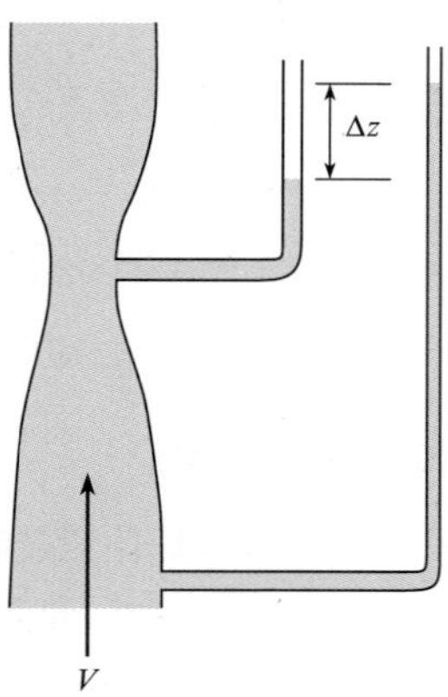

문제 4.26

4.27 20°C의 등유가 그림에서와 같은 벤투리관에 흐르고 있다. 목 부분과 상류 사이에 압력계를 부착하였더니 압력차가 25 kPa이었다. 목 부분에서의 속도가 12 m/s일 때, 상류에서의 속도는 얼마인가?

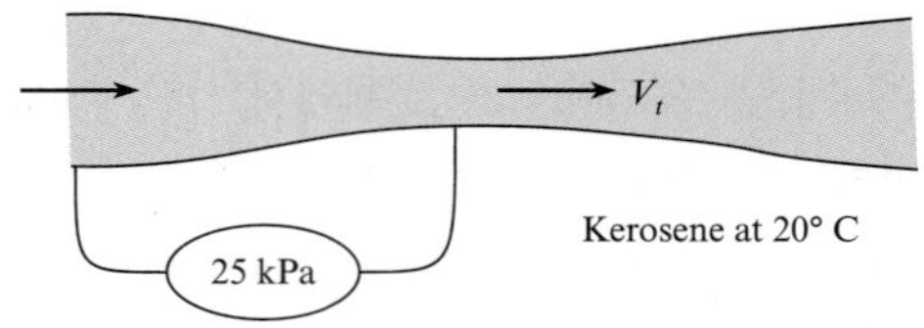

문제 4.27

정체관, 피토관(4.7절)

4.28 강 속에 위치한 정체관은 (해당되는 것을 모두 골라라.)

a. 유속을 측정할 수 있다.

b. 공기압을 측정할 수 있다.

c. 운동압 + 정압을 측정할 수 있다.

4.29 풍속을 측정하기 위하여 비행기에 정압 피토관을 장치하였다. 고도 3048 m에서 온도는 −5°C, 압력은 62 kPa이고, 피토관에는 수위 0.16 m에 해당하는 압력차가 발생하였다. 공기 속력은 얼마인가?

4.30 그림과 같이 개수로에 피토관을 위치시켰다. 높이 h가 21 cm일 때, 속도 V_A(m/s)는 얼마인가?

4.31 유리관 한쪽 끝을 흐름의 상류부 방향으로 향하게 해서 다른 쪽 끝이 연직 방향을 향하도록, 흐르는 물 속에 이 유리관을 넣었다. 유속이 3.2 m/s라면 물은 얼마나 높이 상승하겠는가?

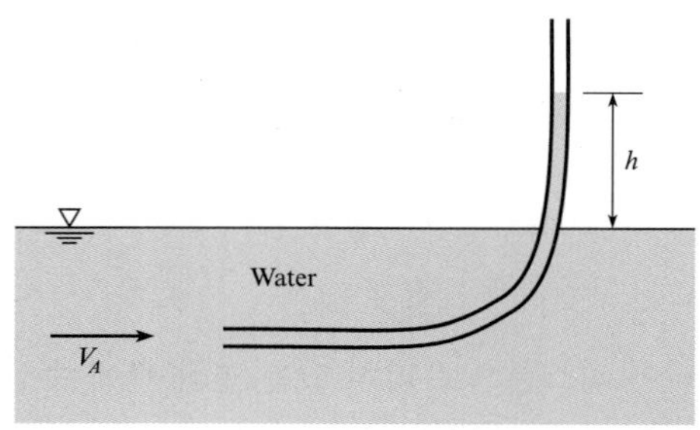

문제 4.30, 4.31

4.32 건조공장($T = 65.5$°C, $p = 96.5$ kPa)의 공기 속도를 측정하기 위하여 물과 공기로 채워진 액주계를 피토관과

연결하였다. 액주계 눈금이 7.6 cm이면 속도는 얼마인가?

4.33 그림과 같이 원판의 중심에 부르동-튜브 압력계 (Bourdon-tube gage)를 부착하였다. 원판의 직경은 0.3 m이고 공기의 접근 유속(V_0)이 12 m/s라면, 계기에서 측정한 압력 강도는 (a) $\rho V_0^2/2$보다 작다, (b) $\rho V_0^2/2$와 같다, (c) $\rho V_0^2/2$ 보다 크다.

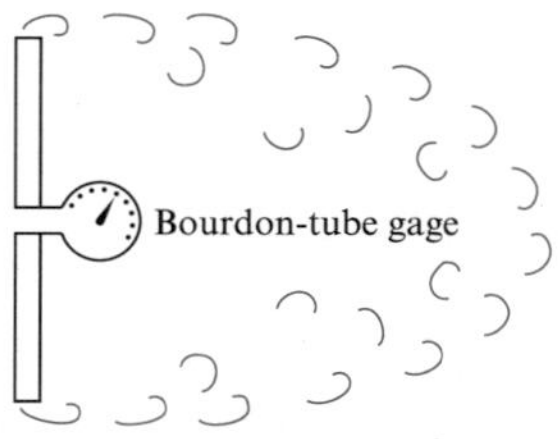

문제 4.33

4.34 직경 0.2 m인 관 중심에서의 유속을 측정하기 위하여 피토관을 연결하였다. 관 속에 온도 20°C인 등유가 흐르고 있고, 피토관에 연결된 수은-등유 액주계의 높이차가 0.1 m라면, 유속은 얼마인가?

4.35 공기의 속도를 측정하기 위하여 피토관에 차압계 (differential pressure gage)를 연결하였다. 압력은 해수면에서의 표준 대기압과 같고 공기의 온도는 10°C이며, 차압계에서 측정한 압력차가 3.5 kPa이라면, 공기의 속도는 얼마인가?

4.36 공기의 속도를 측정하기 위하여 피토관에 차압계를 연결하였다. 압력은 해수면에서의 표준 대기압과 같고 공기의 온도는 93°C이며, 차압계에서 측정한 압력차가 862 Pa라면, 공기의 속도는 얼마인가?

4.37 관 속을 흐르고 있는 기체의 속도를 측정하기 위하여 피토관을 사용한다. 피토관에 연결된 압력 변환기에서의 압력차가 20.7 kPa로 기록되었다. 관 속 기체의 밀도가 4 kg/m^{3}이라면, 관 속 기체의 속도는 얼마인가?

4.38 그림은 물($\rho = 965$ kg/m^3) 속에서의 유속을 측정하기 위하여 사용하는 "구형의" 피토관을 나타낸 것이다. 탭은 앞쪽의 정체점과 이 정체점으로부터 90° 위치에 위치한다. 구 표면에서의 유체 속도는 정체점으로부터의 각도 θ에 따라 달라진다($V = 1.5\ V_0 \sin\theta$, 여기서 V_0는 자유흐름 속도이고, θ는 정체점으로부터의 각도이다). 두 탭은 동일 수평면에 위치한다. 두 탭 사이의 압력차가 7 kPa일 때, 자유흐름의 속도 V_0는 얼마인가?

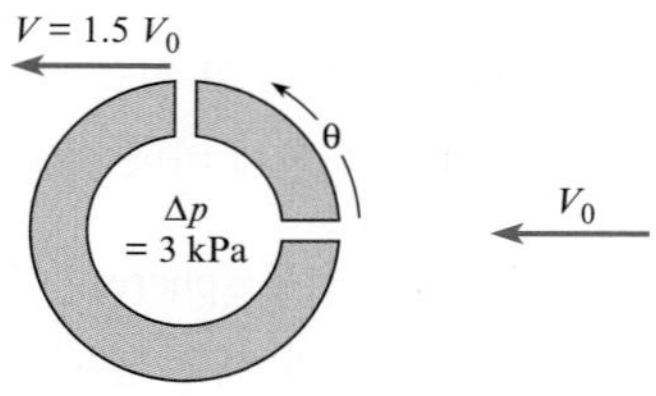

문제 4.38

4.39 흐르는 유체의 속도와 방향을 측정할 수 있는 구형 피토관을 어떻게 설계할 수 있는지를 설명하라. 피토관의 탐침은 바늘 위에 고정 설치되어, 어떠한 방향으로도 움직일 수 있다.

4.40 해군에서 사용하는 감시용 구(sphere)를 압력장에서 시험하고자 한다. 압력장은 구의 앞부분에서 속도의 함수로 나타난다. 실험실에서 측정한 속도는 A가 16 m/s일 때, 점 B와 C에서 측정된 속도가 각각 8 m/s와 3 m/s라면, $p_B - p_C$는 얼마인가?

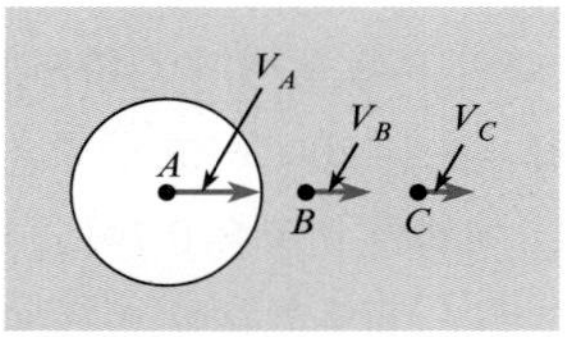

문제 4.40

4.41 굴뚝에서의 기체 속도를 모니터링하기 위하여, 그림과 같이 흐름 방향으로 열려 있는 두 관을 액주계에 연결한 단순한 기기를 흔히 사용한다. A 지점에서의 압력계수는 1.0, B 지점에서는 −0.2이다. 액주계에는 20°C의 물이 들어 있으며, 7 mm의 높이차가 측정되었다. 굴뚝 내 기체의 압력은 101 kPa, 온도는 250°C, 기체상수는 229 J/kg K이다. 굴뚝 내 기체의 속도를 구하라.

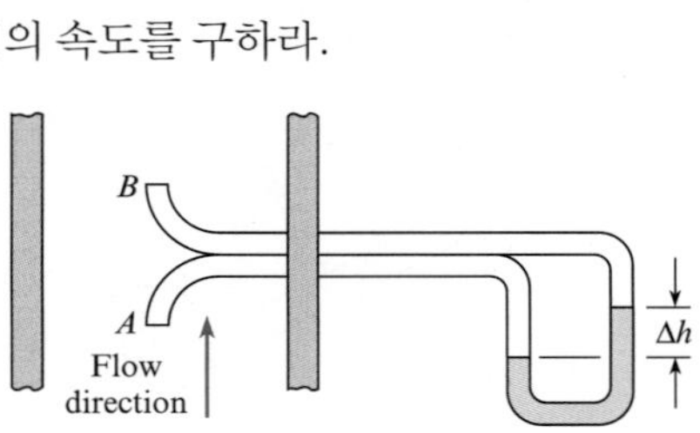

문제 4.41

4.42 비행기의 속도를 측정하기 위하여 피토관을 사용하였

다. 정확한 비행 속도를 측정하기 위하여 이 피토관을 압력 감응 장치에 연결하여 검정하였더니, 온도가 17°C일 때 압력이 101 kPa이었다. 이 비행기가 압력이 80 kPa이고 온도가 −8.5°C인 고도 3000 m에서 날고 있을 때, 비행 속도가 56 m/s로 나타났다. 이 비행기의 실제 비행 속도는 얼마인가?

4.43 정지 상태인 물 속에서 구(sphere)가 11 ft/s의 속도로 수평으로 움직이고 있다. 구의 바로 앞(점 *A*라 하자)에서, 구에 의해 야기된 속도는 1 ft/s이고 방향은 구의 운동방향과 같다. 구의 중심과 같은 수심에서의 정지된 물의 압력을 p_0라고 하면, p_A/p_0에 대한 다음 설명 중 옳은 것을 골라라: (a) 1보다 작다, (b) 1과 같다, (c) 1보다 크다.

4.44 그림은 직경 10 cm인 송풍관의 중심에서 공기의 속도를 측정하는 장치를 나타낸 것이다. 송풍관 중심에 직경 2 mm의 관이 연결되어 있으며, 이 관의 다른 한쪽 관은 경사 액주계에 연결되어 있다. 송풍관 벽에 있는 압력 측정구의 다른 끝은 경사 액주계에 연결되어 있다. 경사 액주계의 우물(물과 공기가 만나는 그림의 오른쪽 사각형 부분)은 충분히 커서, 액주계 내의 유체 높이가 심하게 변화하지 않는다. 송풍관 내 공기의 온도는 20°C이고 압력은 150 kPa이다. 액주계에 들어 있는 액체의 비중은 0.7이고 경사 액주계의 경사는 30°이다. 송풍관 내에 흐름이 없을 때 경사 액주계 내의 액체 표면은 경사 길이로 2.3 cm에 위치하고, 송풍관 내에 흐름이 있을 때 경사 액주계 내의 액체 표면은 경사 길이로 6.7 cm까지 상승하였다. 송풍관 내 공기의 속도를 구하라. 송풍관 내의 유속이 일정하다고 가정하여 공기의 유량을 계산하라.

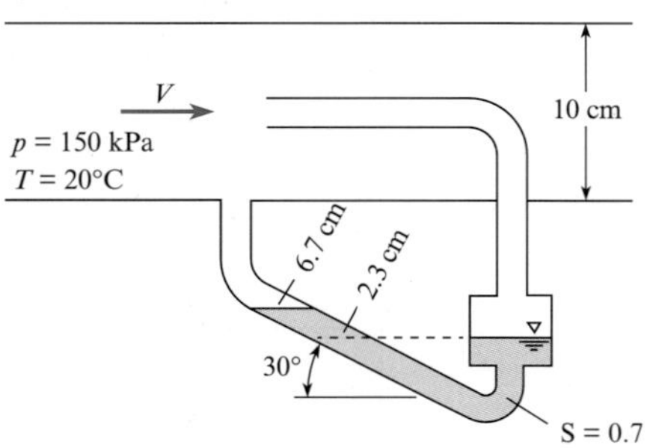

문제 4.44

4.45 3048 m 상공을 날고 있는 비행기에서 속력을 측정하기 위해서 피토관을 사용하고 있다. 항공기 내의 장비로부터 국부 정압, 국부 온도, 차압 자료를 제공받을 수가 있는데, 국부 정압이 67.6 kPa, 온도가 −3.9°C이고, 차압이 3.4 kPa일 경우, 비행기의 속력(mph)을 구하라.

유체의 회전 운동 특성(4.8절)

4.46 벡터 $\mathbf{V} = 4x\mathbf{i} - 10y\mathbf{j}$는 2차원 유속장을 나타낸다. 이 흐름은 비회전류인가?

4.47 $u = x^4 - y^4$, $v = -4xy$인 2차원 흐름장이 있다. 이 흐름은 회전류인가, 비회전류인가?

4.48 정지된 평판 사이를 유체가 흐르고 있다. 평판 사이의 간격은 1 cm이다. 두 평판 사이의 속도 형상은 중심에서 최대 속도 2 cm/s인 포물선이다. 속도는 다음과 같이 주어졌다.

$$u = 2(1 - 4y^2)$$

여기서 y는 중심선으로부터의 거리이다. 횡방향 속도 성분 v는 영(0)이다. 기준선은 하류부에서 1 cm에 위치해 있다. 하류부로 1 cm 이동할 때 유체 입자의 회전량(라디안)을 y에 관한 함수로 나타내라.

4.49 강제 와류와 자유 와류의 조합은 다음 속도 분포로 표현된다.

$$v_\theta = \frac{1}{r}[1 - \exp(-r^2)]$$

$r \to 0$으로 수렴할 때 속도는 강체 회전에 접근하고, r이 커짐에 따라 자유 와류 속도 분포에 접근하게 된다. 중심 주위로 한 번 순환이 완료되었을 때 유체 요소의 회전량(라디안)을 r의 함수로 구하라. [*힌트:* 동심의 유선을 갖는 흐름의 회전율은 다음과 같이 주어진다.]

$$2\dot{\theta} = \frac{dv_\theta}{dr} + \frac{v_\theta}{r} = \frac{1}{r}\frac{d}{dr}(v_\theta r)$$

$r = 0.5, 1.0, 1.5$에 대한 회전량을 구하라.

베르누이 방정식(비회전류)(4.9절)

4.50 xy 평면에서의 2차원 흐름에 대한 오일러 방정식은 다음과 같다.

$$u\frac{\partial u}{\partial x} + v\frac{\partial u}{\partial y} = -g\frac{\partial h}{\partial x} \quad x = \text{direction}$$

$$u\frac{\partial v}{\partial x} + v\frac{\partial v}{\partial y} = -g\frac{\partial h}{\partial y} \quad y = \text{direction}$$

a. 유선의 기울기가

$$\frac{dy}{dx} = \frac{v}{u}$$

과 같다. 오일러 방정식에 이를 이용하여 다음과 같은 결과를 유도하라.

$$d\left(\frac{u^2 + v^2}{2g} + h\right) = 0$$

또는

$$d\left(\frac{V^2}{2g} + h\right) = 0$$

이 식은 $V^2/2g + h$가 유선을 따라서 일정하다는 것을 의미한다.

b. 비회전류에 대해서

$$\frac{\partial u}{\partial y} = \frac{\partial v}{\partial x}$$

를 오일러 방정식에 대입하여 다음 식을 유도하라.

$$\frac{\partial}{\partial x}\left(\frac{V^2}{2g} + h\right) = 0$$

$$\frac{\partial}{\partial y}\left(\frac{V^2}{2g} + h\right) = 0$$

이 식은 $V^2/2g + h$가 모든 방향으로 일정하다는 것을 의미한다.

원형 실린더 주변의 압력장(4.10절)

4.51 그림 4.36은 원형 실린더 주위를 통과하는 유체의 흐름 형상을 보여 주고 있다. 점 A에서 접근 유속이 일정(시간에 따라 변화하지 않음)하다고 가정하라.

a. 이 흐름은 1차원, 2차원, 3차원 흐름 중 어느 것에 속하는가?

b. 원형 실린더 주위의 흐름은 정상류인가 부정류인가?

c. 국부 가속도가 발생하는 흐름 영역이 존재하는가? 만약 그렇다면 그곳이 어디이며 존재하는 영역에서 국부 가속도를 나타내는 벡터를 도시해 보라.

d. 이류 가속도가 발생하는 흐름 영역이 존재하는가? 만약 그렇다면 존재하는 영역에서 이류 가속도를 나타내는 벡터를 도시해 보라.

회전 흐름에서의 압력장(4.11절)

4.52 스푼을 들고 컵 속의 액체를 젓고서, 자유수면의 형상을 보고하라. 관측된 모양에 대해 설명하라.

4.53 U자관이 한쪽 관을 중심으로 50 rev/min으로 회전운동을 한다. U자관의 밑부분에는 비중이 3.0인 유체가 들어 있고, 양쪽 관 사이의 거리는 0.3 m이다. U자관의 바깥쪽 관은 종류가 다른 유체가 높이 0.15 m로 채워져 있다. 양쪽 관 모두 대기압을 받고 있다면, 바깥쪽 관에 들어 있는 다른 종류의 유체 비중은 얼마인가?

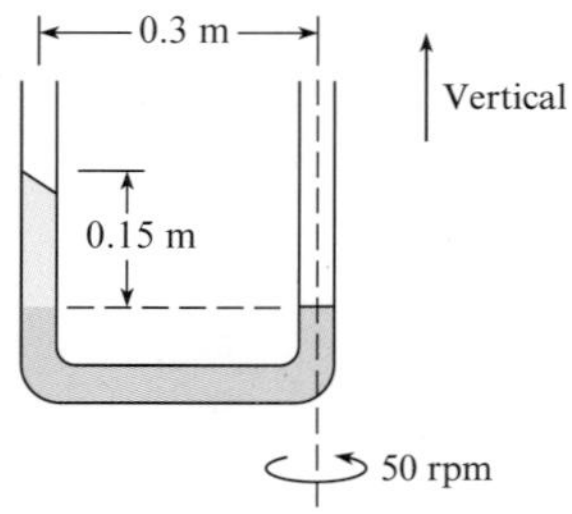

문제 4.53

4.54 그림은 회전 운동이 없을 때, 관 속에 정지해 있는 물을 나타낸 것이다. 이 관이 축 A-A를 중심으로 회전 운동을 할 때, 직경이 작은 관 밖으로 물이 넘치기 시작할 때의 각속도를 나타내는 공식을 유도하라.

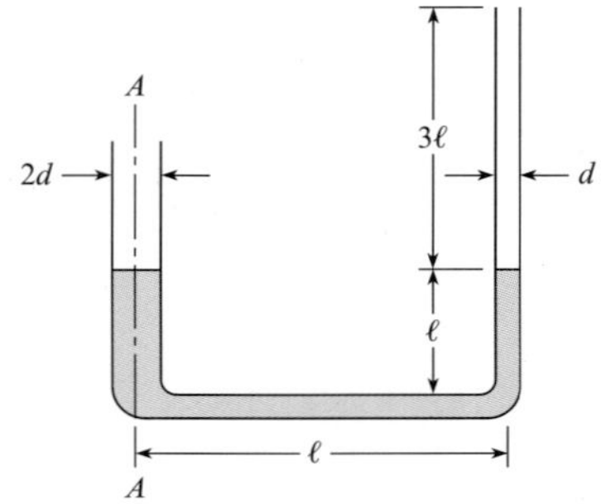

문제 4.54

4.55 물($\rho = 998$ kg/m^3)이 들어 있는 밀폐된 원통형 수조의 직경이 1.2 m이고 길이는 3.6 m이다. 수평 도심축을 중심으로 회전하고, 수조 속의 물은 수조와 함께 회전한다($V = r\omega$). 최대 속도는 7.5 m/s이다. 수조 내의 최대 압력차를 구하고, 최소 압력을 받는 점의 위치를 구하라.

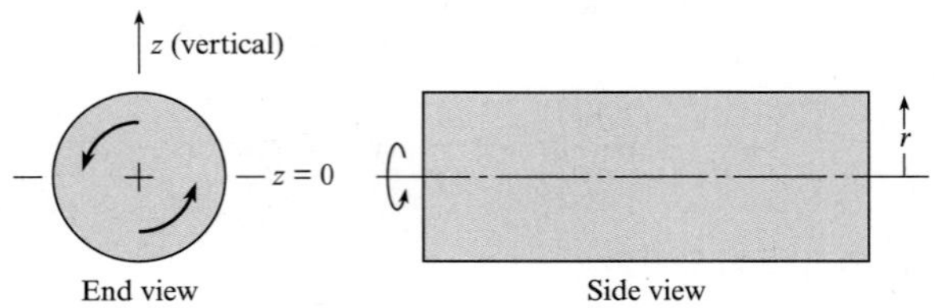

문제 4.55

CHAPTER **5**

검사체적법과 연속 방정식

개요 | 이 장에서는 질량 보존법칙이 어떻게 흐르는 유체에 적용될 수 있는지를 설명하고자 하며, 그 결과를 정리한 수식을 연속 방정식이라고 한다. 이 연속 방정식은 검사체적이라고 불리는 공간 영역에도 적용된다.

그림 5.1
이 사진은 효율을 측정하기 위해 시험 중인 진공관 형식의 태양열 집열기를 보여 주고 있다. 이 실험은 학부생들에 의해 수행되었으며, 실험에는 검사체적 개념, 연속 방정식, 유량 방정식, 열역학 및 열전달과 관련된 지식 등이 적용되었다. (사진 제공: Donald Elger)

학습성과

유량(5.1절)

- 체적유량과 질량유량의 주요 개념을 이해한다.
- 평균유속을 정의하고 대표값을 이해한다.
- 유량 방정식이 포함된 문제를 푼다.

검사체적법(5.2절)

- 6개 유형의 계를 설명한다.
- 강도성 특성과 총량적 특성을 구별한다.
- 내적을 이용한 순유출 산출방법을 설명한다.
- 레이놀즈 수송 이론의 주요 개념을 이해한다.

연속 방정식(5.3절, 5.4절)

- 연속 방정식의 주요 개념을 이해한다.
- 연속 방정식을 포함한 문제를 푼다.

공동현상의 예측(5.5절)

- 공동현상의 주요 개념—공동현상 발생원인, 공동현상 발생장소 찾기, 공동현상 발생 가능성을 줄이기 위한 설계—에 대해 이해한다.

5.1 유량

(a) 질량유량(mass flow rate) $\dot{m}$과 (b) 체적유량(volume flow rate) Q을 이용하여 유량을 특징지을 수 있는데, 이 절에서는 이러한 개념과 관련된 방정식들을 소개한다.

체적유량(Volume flow rate [Discharge])

체적유량(discharge) Q는 *어느 한 순간에, 단위시간 동안 단면적을 통과하는 유체의 체적을 말한다.* 식 (5.1)은 이를 수식으로 표현한 것이다.

$$Q = \left(\frac{\text{단면적을 통과하는 유체의 체적}}{\text{시간 간격}} \right)_{\text{순간 시간}} = \lim_{\Delta t \to 0} \frac{\Delta \forall}{\Delta t} \tag{5.1}$$

예제. 그림 5.2a는 가스 펌프에서의 체적유량(Q)을 서술하기 위한 단면적 선정을 나타낸 것이다. 그러면, Q는 특정 시간 동안(예를 들어, 1 초) 특정 단면을 통과한 가솔린의 체적을 해당 시간 간격으로 나눈 값이다. 단위는 gallon/min, liter/sec가 될 수 있다.

예제. 그림 5.2b는 요가를 하는 동안 사람이 들이마시는 공기의 체적유량(Q)을 서술하기 위한 단면적 선정을 나타낸 것이다. 그러면, Q는 특정 시간 동안(예를 들어, 0.01 초) 특정 단면을 통과한 공기의 체적을 해당 시간 간격으로 나눈 값이다. 호흡을 하는 동안 유량이 계속 변하기 때문에, 시간 간격이 짧아져야 한다는 점을 주의하기 바란다. 아이디어는 Δt를 0으로 보내서 유량이 순간 시간에 특성화될 수 있도록 하는 것이다.

체적유량을 *유량(discharge)*이라고도 한다. 이 두 용어는 동의어이기 때문에, 본 교재에서는 이 두 용어를 혼용할 것이다.

유량의 SI 단위는 m^3/s이고, 해당하는 영미식 단위는 ft^3/s인데, 이 단위는 cfs(cubic feet second)로 표현하기도 한다.

체적유량(유량) 방정식의 유도

여기에서는, 유체 속도 V와 단면적 A를 이용하여 유량 방정식을 유도한다.

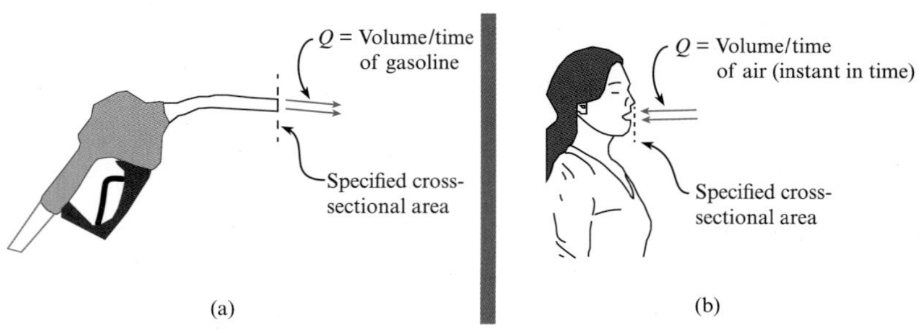

그림 5.2
체적유량을 정의하기 위한 스케치: (a) 주유소의 가솔린 밸브. (b) 사람 입으로 흡입되는 공기.

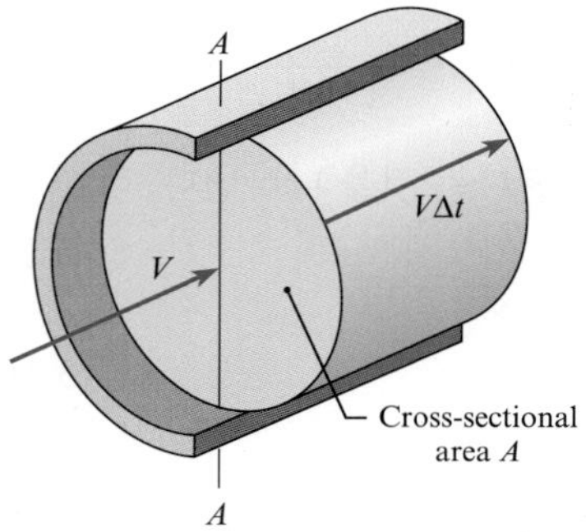

그림 5.3

Δt 시간 동안 단면 A-A를 통과하는 일정 유속 분포를 갖는 흐름의 유체 체적.

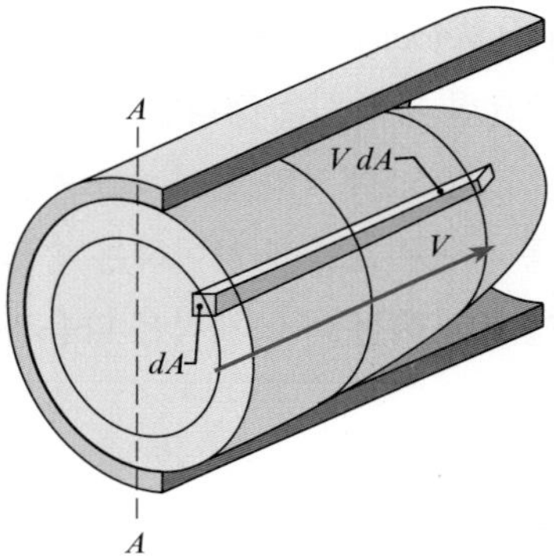

그림 5.4

Δt 시간 동안 단면 A-A를 통과하는 유체의 체적.

유량 Q와 속도 V를 관계시키기 위해 그림 5.3에서와 같은 유체 흐름을 선정한다. 관 단면 전체에 걸쳐서 속도는 일정하다고 가정한다. Δt 시간 동안 단면 A-A의 전 단면에 걸쳐 추적자(tracer)를 주입한다고 가정한다. Δt 시간 동안 단면 A-A를 통과하는 유체는 표시된 체적으로 나타난다. 표시된 체적의 길이는 $V\Delta t$이므로 체적은 $\Delta \forall = AV\Delta t$가 된다. 유량 Q의 정의를 적용하면 다음과 같다.

$$Q = \lim_{\Delta t \to 0} \frac{\Delta \forall}{\Delta t} = \lim_{\Delta t \to 0} \frac{AV\Delta t}{\Delta t} = VA \tag{5.2}$$

식 (5.2)에서 단위가 어떻게 되는지 살펴보기 바란다.

$$Q = VA$$

$$\text{유량}(\text{m}^3/\text{s}) = \text{속도}(\text{m/s}) \times \text{단면적}(\text{m}^2)$$

식 (5.2)는 유속 분포가 균일하다고 가정한 결과이므로, 그림 5.4에서와 같이 단면이 변하는 곳에서의 흐름을 살펴보자. 파란색으로 표시된 영역은 단면적 변화가 발생한 단면을 통과하는 유체의 체적을 나타낸 것이다. 식 (5.2)를 이용하여 $dQ = V\ dA$로 두고서, 총 유량을 얻기 위해 각각의 미소 요소를 통과하는 체적유량을 합한 다음 적분의 정의를 적용하면 다음과 같이 된다.

$$Q = \sum_{\text{section}} V_i\, dA_i = \int_A V\, dA \tag{5.3}$$

식 (5.3)은 속도를 *단면 전체에 걸쳐 적분을 하게 되면 유량이 된다*는 것을 나타낸다. 식 (5.3)을 단면적 A로 나누게 되면 또 다른 유용한 결과를 얻게 된다.

$$\overline{V} = \frac{Q}{A} = \frac{1}{A}\int_A V\, dA \tag{5.4}$$

식 (5.4)로부터 **평균유속**(mean velocity) $\overline{V}$을 얻을 수 있다. 식으로부터 평균유속은 면적가중 평균속도이다. 따라서 평균유속은 *면적평균유속(area-averaged velocity)*이라고 불리기도 한다. 난류를 특징짓는 데 사용되는 *시간평균유속(time-averaged velocity)*과 면적평균유속을 구별하는 것은 매우 유용하다. 표 5.1은 평균유속의 몇 가지 중요한 가치들을 정리한 것이다.

식 (5.4)는 내적 개념을 이용하여 일반화할 수 있다. 내적은 그림 5.5에서와 같이 속도벡터가 단면적과 각도를 이룰 경우에 유용하다. 미소면적 dA를 통과하는 흐름에 기여하는 속도의 유일한 성분은 면적에 직각방향 성분 V_n이다. 단면적 dA를 통과하는 미소 체적은 다음과 같다.

$$dQ = V_n dA$$

dA 벡터가 미소면적 dA의 크기와 같고, 표면에 직각방향을 가진다면, $V_n dA = |\mathbf{V}| \cos\theta\, dA = \mathbf{V}\cdot\mathbf{dA}$가 된다. 여기서, $\mathbf{V}\cdot\mathbf{dA}$는 두 벡터의 내적이다. 따라서 표면 A를 통과하는 유량

표 5.1 평균유속의 가치

상황	평균유속 공식
원형 관에서의 완전 발달한 층류	$\overline{V}/V_{\max} = 0.5$, 여기서 $V_{\max}$는 최대유속. 최대유속이 관의 중심에서 발생한다는 점에 주의
사각형 개수로에서의 완전 발달한 층류(수로 폭은 무한대)	$\overline{V}/V_{\max} = 2/3 = 0.667$
원형 관에서의 완전 발달한 난류	$\overline{V}/V_{\max} \approx 0.79\text{~}0.86$, 여기서 비율은 레이놀즈수에 종속됨

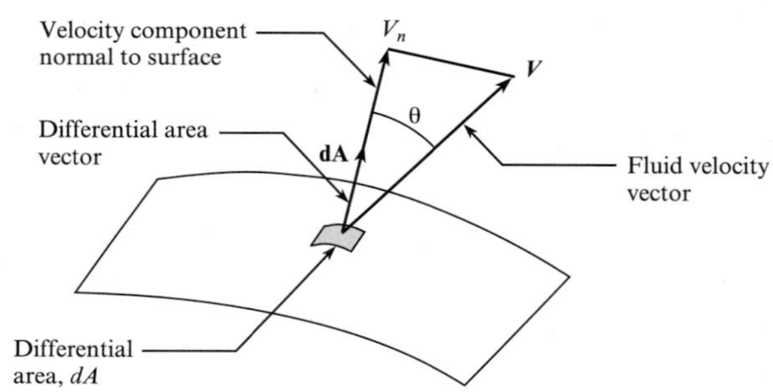

그림 5.5
직각방향과 θ의 각도를 이루는 속도벡터.

(체적유량)에 대한 보다 일반화된 방정식은 다음과 같게 된다.

$$Q = \int_A \mathbf{V} \cdot \mathbf{dA} \tag{5.5}$$

면적이 평면이고 속도가 단면에서 일정하다면 유량은 다음과 같게 된다.

$$Q = \mathbf{V} \cdot \mathbf{A}$$

더불어, 면적벡터와 속도가 같은 방향이면,

$$Q = VA$$

이 결과는 유량에 대해서 처음 유도했던 식 (5.2)로 되돌아간 것이다.

질량유량

질량유량 $\dot{m}$은 *어느 한 순간에, 단위시간 동안 단면적을 통과하는 유체의 질량을 말한다.*

$$\dot{m} = \left(\frac{\text{단면적을 통과하는 유체의 질량}}{\text{시간 간격}}\right)_{\text{순간 시간}} = \lim_{\Delta t \to 0} \frac{\Delta m}{\Delta t} \tag{5.6}$$

질량유량의 단위는 kg/s, lbm/s, slug/s가 널리 사용된다.

체적유량에서 적용한 방법을 이용하면 그림 5.3에서와 같이 표시된 체적의 유체 질량은 $\Delta m = \rho \Delta \forall$이다. ρ는 밀도이다. 따라서 다음과 같은 몇 개의 유용한 방정식을 유도할 수 있다.

$$\begin{aligned} \dot{m} &= \lim_{\Delta t \to 0} \frac{\Delta m}{\Delta t} = \rho \lim_{\Delta t \to 0} \frac{\Delta \forall}{\Delta t} = \rho Q \\ &= \rho A V \end{aligned} \tag{5.7}$$

식 (5.5)에 해당되는 일반화된 질량유량 방정식은 다음과 같다.

$$\dot{m} = \int_A \rho \mathbf{V} \cdot \mathbf{dA} \tag{5.8}$$

여기서, 속도와 밀도는 단면적에 걸쳐서 변할 수 있다. 만일 밀도가 일정하다면 이 식은 식 (5.7)로 환원된다. 또한, 관수로의 단면에 대한 적분의 경우와 같이 속도벡터가 면적벡터와 동일한 방향을 가지게 되면 식 (5.8)은 다음과 같이 정리된다.

$$\dot{m} = \int_A \rho V \, dA \tag{5.9}$$

표 5.2 유량 방정식의 요약

서술	방정식	항
체적유량 방정식	$Q = \overline{V}A = \dfrac{\dot{m}}{\rho} = \int_A V\,dA = \int_A \mathbf{V}\cdot\mathbf{dA}$ (5.10)	Q = 체적유량 = 유량(m^3/s) $\overline{V}$ = 평균유속 = 면적평균유속(m/s) A = 단면적(m^2) $\dot{m}$ = 질량유량(kg/s) V = 유체 입자의 속력(m/s) dA = 미소면적(m^2) $\mathbf{V}$ = 유체 입자의 속도(m/s) $\mathbf{dA}$ = 미소면적 벡터(m^2) (검사표면 바깥방향)
질량유량 방정식	$\dot{m} = \rho A\overline{V} = \rho Q = \int_A \rho V\,dA = \int_A \rho\mathbf{V}\cdot\mathbf{dA}$ (5.11)	$\dot{m}$ = 질량유량(kg/s) ρ = 밀도(kg/m^3)

사용할 방정식

표 5.2는 유량 방정식을 요약한 것이다. 식 (5.10)에 밀도를 곱하게 되면 식 (5.11)이 된다.

예제

대부분의 문제에서는 유량 방정식을 적용하는 것이 해당 방정식에 수치를 대입하는 것이다.

예제 5.1

관에서의 공기 흐름에 유량 방정식 적용

문제

밀도가 1.24 kg/m^3인 공기가 직경 30 cm인 관 속을 3 kg/s의 질량유량으로 흐르고 있다. 이 관 내의 평균 유속과 유량은 얼마인가?

설명

관에 공기가 흐르고 있다.

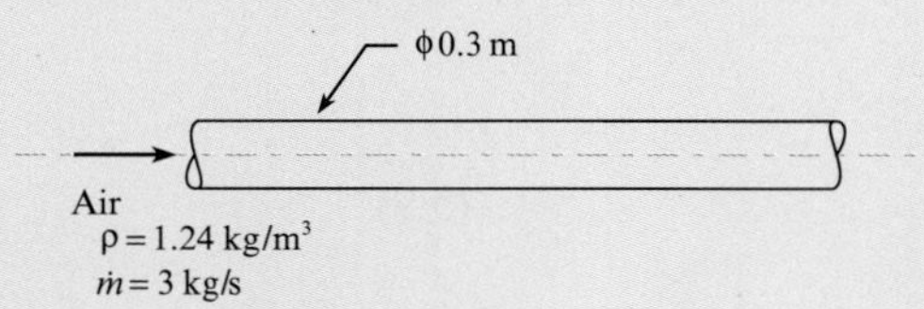

목표

$Q(m^3/s)$ ← 체적유량(유량)

$\overline{V}(m/s)$ ← 평균유속

아이디어

질량과 밀도가 주어지고, Q가 목표이므로 질량유량 방정식, 식 (5.11)을 적용한다.

$$\dot{m} = \rho Q \tag{a}$$

최종 목표($\overline{V}$)를 결정하기 위해 체적유량 방정식, 식 (5.10)을 적용한다.

$$Q = \overline{V}A \tag{b}$$

계획은 다음과 같다.

1. 식 (a)를 이용하여 Q를 계산한다.
2. 식 (b)를 이용하여 $\bar{V}$를 계산한다.

문제풀이

1. 질량유량 방정식:

$$Q = \frac{\dot{m}}{\rho} = \frac{3\ \text{kg/s}}{1.24\ \text{kg/m}^3} = \boxed{2.42\ \text{m}^3/\text{s}}$$

2. 체적유량 방정식:

$$V = \frac{Q}{A} = \frac{2.42\ \text{m}^3/\text{s}}{(\frac{1}{4}\pi) \times (0.30\ \text{m})^2} = \boxed{34.2\ \text{m/s}}$$

예제 5.2

내적을 이용한 체적유량 계산

문제

경사가 30°인 수로에 물이 흐르고 있다. 유속이 12 m/s로서 흐름이 등류라고 가정하면 연직으로 측정한 수심이 60 cm인 수로의 단위폭(1 m)당 유량은 얼마인가?

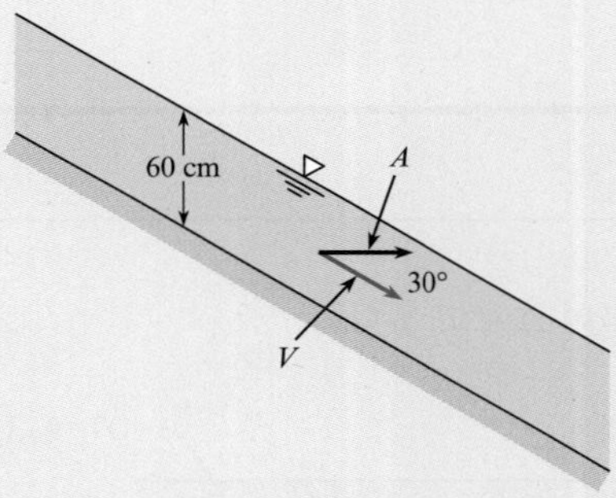

설명

개수로에 물이 흐르고 있다.

목표

$Q(\text{m}^3/\text{s})$ ← 수로 단위폭당 유량

아이디어

V와 A가 직각이 아니므로 $Q = \mathbf{V} \cdot \mathbf{A} = VA \cos\theta$를 적용한다. Q를 제외한 모든 변수값을 알고 있으므로 수치를 대입하면 된다.

문제풀이

$$\begin{aligned} Q &= \mathbf{V} \cdot \mathbf{A} = V(\cos 30°)A \\ &= (12\ \text{m/s})(\cos 30°)(0.6\,\text{m}) \\ &= \boxed{6.24\ \text{m}^3/\text{s per meter}} \end{aligned}$$

해와 풀이과정 검토

1. *지식.* 이 예제는 개수로를 포함하고 있다. 중력을 받으면서 자유수면을 가진 유체(보통의 경우, 물)의 흐름을 *개수로*라고 한다.
2. *지식.* 단위폭당 유량은 일반적으로 q로 표현한다.

유체가 검사표면을 가로지를 때, 속도벡터가 표면의 직각방향과 일정한 각도를 가지는 경우에는 내적을 이용하는 것이 좋다. 예제 5.2는 이러한 경우를 소개한 것이다.

검사표면에서의 위치에 따라 속도가 변하는 경우에는, 유량을 결정하기 위해 식 (5.10)에서 소개한 적분을 사용하는 것이 좋다.

$$Q = \int_A V\,dA$$

이 적분에서, 미소면적 dA는 문제의 기하학적 형태에 종속된다. 표 5.3은 이러한 두 가지 사례를 나타낸 것이다. 예제 5.3은 속도가 변하는 경우의 해석을 소개한 것이다.

표 5.3 유량 결정을 위한 미소면적

분류	스케치	서술
개수로	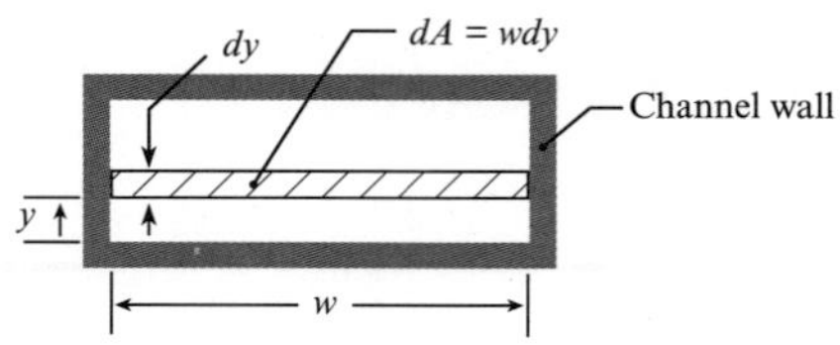	사각형 개수로에서 속도가 $V = V(y)$로 변하는 경우, 미소면적 dA는 $dA = wdy$로 주어진다. 여기서 w는 수로 폭, dy는 미소 높이이다.
관수로	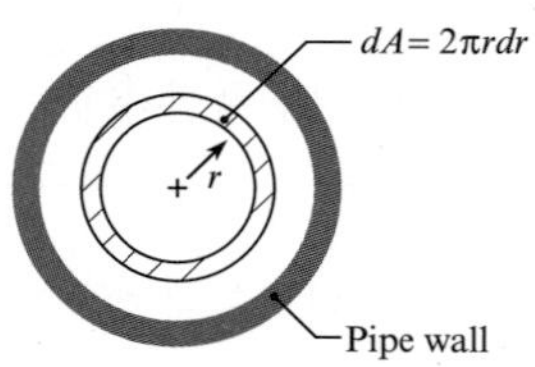	원형 관수로에서 속도가 $V = V(r)$로 변하는 경우, 미소면적 dA는 $dA = 2\pi r dr$로 주어진다. 여기서 r은 미소면적의 반경, dr은 미소 반경이다.

예제 5.3

적분을 이용한 유량 결정

문제

다음 그림과 같은 수로에서 연직방향으로의 물의 속도 분포는 $u/u_{\max} = (y/d)^{1/2}$로 표시된다. 이 수로의 수심은 $d = 2$ m, 수로 폭은 5 m이고, 또 최대유속은 3 m/s라면 유량은 얼마인가?

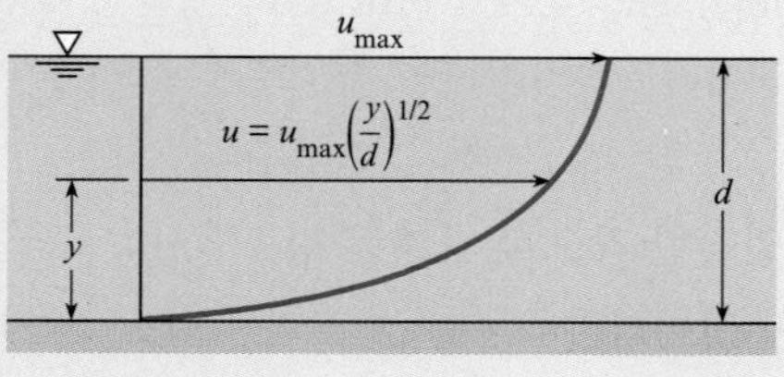

설명

개수로에 물이 흐르고 있다.

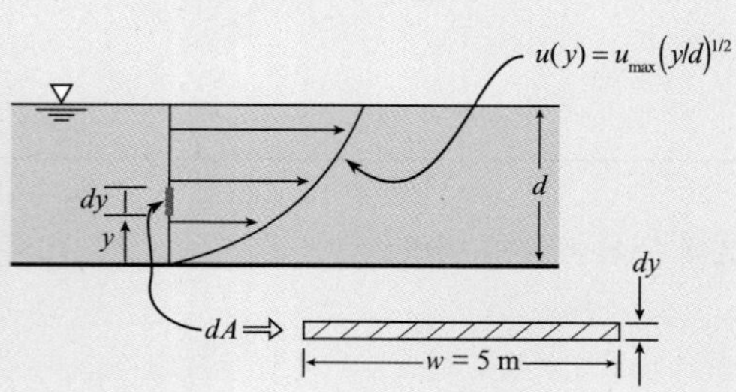

목표

Q(m^3/s) ← 유량(체적유량)

아이디어

단면에 걸쳐 속도가 변하므로 식 (5.10)을 적용한다.

$$Q = \int_A V\, dA \qquad \text{(a)}$$

식 (a)에는 두 개의 미지수(V, dA)가 포함되어 있으므로, 미지수를 결정하기 위한 방정식을 찾는다. 속도는 다음과 같이 주어진다.

$$V = u(y) = u_{\max}(y/d)^{1/2} \qquad \text{(b)}$$

표 5.3으로부터 미소면적은 다음과 같다.

$$dA = wdy \qquad \text{(c)}$$

"설명"에 있는 그림에 미소면적이 스케치되어 있다. 식 (b)와 (c)를 식 (a)에 대입하면 다음과 같다.

$$Q = \int_0^d u_{\max}(y/d)^{1/2} w\, dy \qquad \text{(d)}$$

계획은 식 (d)를 적분하여 수치를 대입하는 것이다.

문제풀이

$$\begin{aligned} Q &= \int_0^d u_{\max}(y/d)^{1/2} w\, dy \\ &= \frac{wu_{\max}}{d^{1/2}} \int_0^d y^{1/2}\, dy \\ &= \frac{wu_{\max}}{d^{1/2}} \frac{2}{3} y^{3/2} \Big|_0^d = \frac{wu_{\max}}{d^{1/2}} \frac{2}{3} d^{3/2} \\ &= \frac{(5\ \text{m})(3\ \text{m/s})}{(2\ \text{m})^{1/2}} \times \frac{2}{3} \times (2\ \text{m})^{3/2} = \boxed{20\ \text{m}^3/\text{s}} \end{aligned}$$

5.2 검사체적 접근법

유체역학에서의 많은 문제들은 *검사체적 접근법*을 이용하여 해결할 수 있다. 검사체적 접근법에 사용되는 방정식들은 *레이놀즈 수송 이론*을 이용하여 유도되는데, 이 절에서는 이러한 내용들을 소개한다.

검사체적과 폐쇄시스템

*계(system)*는 2.1절에서 소개한 바와 같이, 연구를 위하여 선정한 것이고, *주변(surroundings)*은 계의 외부에 있는 모든 것, 그리고 *경계(boundary)*는 계와 주변의 접점(interface)을 말한다. 검사체적은 폐쇄시스템과 개방시스템(검사체적) 두 가지 유형으로 분류된다.

폐쇄시스템(closed system)[*검사 질량(control mass)*]은 문제의 해석을 위해 도입한 고정된 물질 집합체이다. 정의에 의해, 폐쇄시스템에서는 질량이 경계를 통과할 수 없고, 폐쇄시스템의 경계는 이동하거나 변형될 수 없다.

예제. 그림 5.6에서와 같은 실린더 내부의 공기를 생각해 보자. 압축되는 공기의 압력과 온도를 구하기 위하여, 실린더 내부의 공기를 포함한 폐쇄시스템을 선정한다. 이 폐쇄시스템이 항상 동일한 물질을 포함하기 위해서는, 피스톤 움직임에 따라 계의 경계가 변형될 것이다. 가스 펌프에서의 체적유량(Q)을 서술하기 위한 단면적 선정을 나타낸 것이다. 이 예는 계 내부의 질량이 보존되어야 하기 때문에 필요한 폐쇄시스템의 예를 소개한 것이다.

그림 5.6
폐쇄시스템의 예.

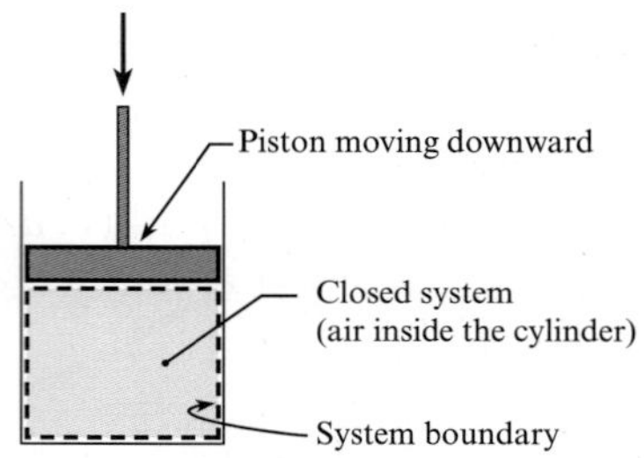

폐쇄시스템은 특정 물질의 집합체를 선정해서 해석하기 때문에 라그랑주 개념이다.

검사체적(control volumn)(CV, 개방시스템) 문제 해석을 위하여 선정된 공간상의 특정 체적 영역이다. 질량이 경계를 가로질러 유동하기 때문에, 검사체적 내부의 물질은 일반적으로 시간에 따라 변한다. 검사체적은 공간에서의 영역을 선정해서 해석하기 때문에 오일러 개념이다.

> **예제.** 그림 5.7에서와 같이 수조를 통과하는 물의 흐름을 생각해 보자. 수심 h를 시간의 함수로 나타내기 위해서는 계를 선정하는 것이 가장 중요한데, 수조를 둘러싼 계를 선정하는 것이 가장 좋은 선택이다. 이 검사체적은 체적 영역이기 때문에 항상 3차원이다. 그러나 검사체적은 일반적으로 2차원으로 표현한다. 검사체적의 경계면을 **검사표면**(control surface)이라고 하고 CS로 표현한다.

검사체적은 고정될 수도 있고, 변형될 수도 있다. **고정형 검사체적**(fixed CV)은 검사체적의 모양과 체적이 시간에 따라 변하지 않는다. **변형형 검사체적**(deforming CV)은 검사체적의 모양과 체적이 시간에 따라 변하게 되며, 유체 영역의 체적을 모사하는 경우가 대표적이다.

> **예제.** 줄에 매달린 풍선으로부터 만들어지는 로켓을 모형화하는 경우에는, 공기가 빠지는 풍선을 둘러싼 변형형 검사체적을 선정하여 공기가 빠지는 동안의 풍선 모양을 모사하는 것이 가능하다.

그림 5.7
수조의 상부로 유입해서 바닥으로 유출되는 물.

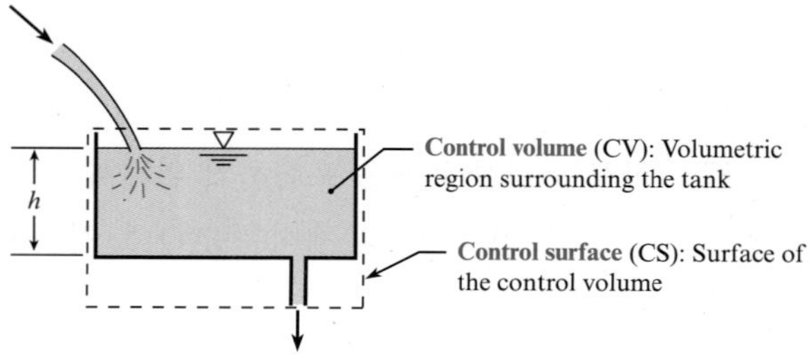

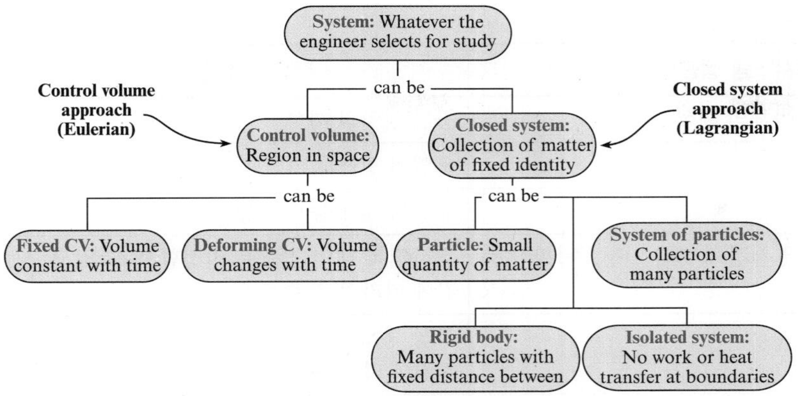

그림 5.8

계를 선정하기 위해서는 *검사체적 접근법*을 택할 것인지, *폐쇄시스템 접근법*을 선택할 것인지를 결정해야 한다. 6가지 선택 가능성을 검토하여 특정 형태의 계를 선택한다.

요약. 그림 5.8은 문제의 해석하기 위한 계(system)의 선정을 정리한 것이다. 두 가지 접근 방법이 있는데, *검사체적 접근법*은 공간에서의 영역을 선정하여 이 영역을 통과하는 흐름을 해석하는 것이다. *폐쇄시스템 접근법*은 고정된 물질의 몸체를 선정하여 이 물질을 해석하는 것이다.

표 5.4는 이 두 가지 접근법을 비교한 것이다.

강도 특성과 총량 특성

특성(properties)은 계의 측정 가능한 특징들을 의미하며, 두 종류로 분류된다. **총량 특성**(extensive property)은 물질의 양에 종속하는 성질이고, **강도 특성**(intensive property)은 물질의 양과 독립된 성질이다.

총량 특성에는 질량, 운동량, 에너지가 포함되는데, 이것들은 물질의 양에 종속하는 특성이기 때문이다. 강도 특성에는 압력, 온도, 밀도가 포함되는데, 이것들은 물질의 양과 독립된 특성이기 때문이다.

다수의 강도 특성들은 두 개의 강도 특성의 비로 표현되는데, 예를 들어, 밀도는 질량과 체적의 비이다. 비에너지 e는 에너지와 질량의 비이다.

강도 특성과 총량 특성의 관계를 나타내는 일반 방정식을 유도하기 위하여, 포괄(generic) 총량 특성 B를 정의한다. 마찬가지로, 해당되는 강도 특성 b를 다음과 같이 정의한다.

$$b = \left(\frac{B}{\text{mass}}\right)_{\text{point in space}}$$

어느 순간에 검사체적 안의 총량 특성값 B는

$$B_{\text{cv}} = \int_{\text{cv}} b\,dm = \int_{\text{cv}} b\rho\,d\forall \tag{5.12}$$

표 5.4 검사체적 접근법과 폐쇄시스템 접근법의 비교

특성	폐쇄시스템 접근법	검사체적 접근법
기본 개념	물질의 고정 집합체나 몸체의 해석	공간 영역의 해석
라그랑주와 오일러	라그랑주 접근	오일러 접근
경계를 통과하는 질량	질량의 경계 통과 불가	질량의 경계 통과 가능
질량(정량)	폐쇄시스템 내의 질량은 시간에 따라 일정; 즉, 항상 동일한 kg 수	검사체적 내의 질량은 일정할 수도 있고, 시간에 따라 변할 수도 있음
질량(정체성)	항상 동일한 물질	항상 동일한 물질이거나, 물질의 정체성이 시간에 따라 변할 수도 있음
적용	고체역학, 유체역학, 열역학과 다른 열관련 과학 분야	유체역학, 열역학과 다른 열관련 과학 분야

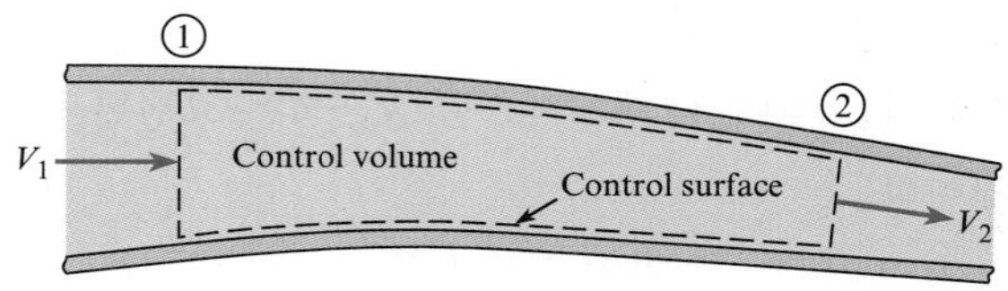

그림 5.9
수송관에서의 검사체적을 통과하는 흐름.

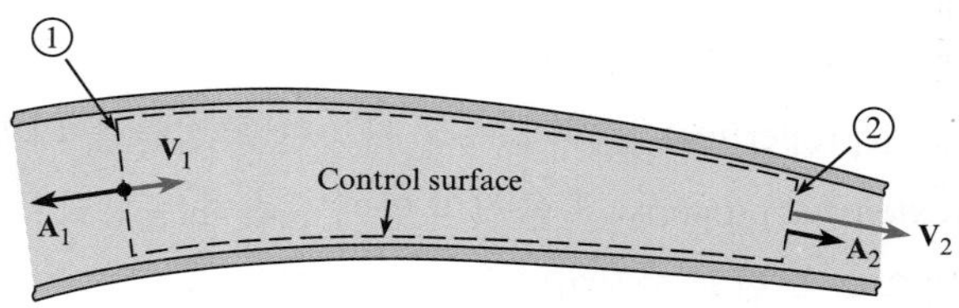

그림 5.10
면적벡터로 표현된 검사표면과 속도벡터로 표현된 속도.

여기서 dm과 $d\forall$는 각각 미소 질량과 미소 체적이고, 적분은 검사체적에 대하여 수행한다.

검사표면을 통한 특성 수송

유동 유체는 검사표면을 통하여 질량, 운동량, 에너지를 수송하기 때문에, 다음 단계로는 이러한 수송들을 소개한다. 그림 5.9의 도관을 통과하는 흐름을 생각해 보자. 만약 검사표면의 속도 분포가 일정하다면, 각 단면을 통한 질량유량은 다음과 같다.

$$\dot{m}_1 = \rho_1 A_1 V_1 \qquad \dot{m}_2 = \rho_2 A_2 V_2$$

검사체적으로부터 나가는 순 유출 질량유량, 즉 유출 유량 − 유입 유량은 다음과 같다.

$$(\text{유출량} - \text{유입량}) = \text{순 유출 질량유량} = \dot{m}_2 - \dot{m}_1 = \rho_2 A_2 V_2 - \rho_1 A_1 V_1$$

이제, 속도를 소개하고자 한다. 그림 5.10에, 방향은 검사체적 바깥방향이고 크기는 검사표면의 면적과 같은 벡터 **A**로 나타낸 동일한 검사체적을 나타내었다. 속도는 벡터 **V**로 나타내

었다. 두 단면에서 속도와 면적 벡터의 내적을 취하게 되면 다음과 같다.

$$\mathbf{V}_1 \cdot \mathbf{A}_1 = -V_1 A_1 \qquad \mathbf{V}_2 \cdot \mathbf{A}_2 = V_2 A_2$$

단면 1에서는 속도와 면적이 반대방향을 가지기 때문에 음(negative)의 값을 가지고, 단면 2에서는 동일한 방향을 가지기 때문에 양(positive)의 값을 가진다. 따라서 순 유출 질량유량은 다음과 같이 정리될 수 있다.

$$\begin{aligned} \text{순 유출 질량유량} &= \rho_2 V_2 A_2 - \rho_1 V_1 A_1 \\ &= \rho_2 \mathbf{V}_2 \cdot \mathbf{A}_2 + \rho_1 \mathbf{V}_1 \cdot \mathbf{A}_1 \\ &= \sum_{\text{cs}} \rho \mathbf{V} \cdot \mathbf{A} \end{aligned} \tag{5.13}$$

식 (5.13)은 만약 내적 $\rho\mathbf{V}\cdot\mathbf{A}$가 검사체적에 대해서 유출입하는 모든 흐름에 대한 합이라면, 그 결과가 검사체적으로부터의 유출되는 순 질량유량, 또는 순 질량 유출률(efflux)이 된다는 것을 의미한다. 만약 총합이 양(+)이면 순 질량유량은 검사체적 밖으로 유출된다. 총합이 음(−)이면 순 질량유량은 검사체적 안으로 유입된다. 만약 유입과 유출이 같다면

$$\sum_{\text{cs}} \rho \mathbf{V} \cdot \mathbf{A} = 0$$

단면을 통과하는 총량 특성 B의 순 유출률은 다음과 같다.

$$\overbrace{\left(\frac{B}{\text{mass}}\right)}^{b} \overbrace{\left(\frac{\text{mass}}{\text{time}}\right)}^{\dot{m}} = \overbrace{\left(\frac{B}{\text{time}}\right)}^{\dot{B}}$$

모든 유입구와 유출구를 포함하게 되면 다음과 같이 표현된다.

$$\dot{B}_{\text{net}} = \sum_{\text{cs}} b \overbrace{\rho \mathbf{V} \cdot \mathbf{A}}^{\dot{m}} \tag{5.14}$$

식 (5.14)는 흐름 단면 전체에 걸쳐서 특성이 균일하게 분포하는 모든 흐름에 대해서 적용 가능하다. 특성 변화를 고려하기 위해 합의 표현을 적분으로 대체하면, 다음과 같다.

$$\dot{B}_{\text{net}} = \int_{\text{cs}} b \rho \mathbf{V} \cdot \mathbf{dA} \tag{5.15}$$

식 (5.15)는 레이놀즈 수송 이론의 가장 일반적인 형식이다.

레이놀즈 수송 이론

레이놀즈 수송 이론은 *폐쇄시스템*에서의 미분 항과 *검사체적*에서의 해당 항의 관계를 표현한 방정식이다. 이 이론은 보존법칙이 원래 폐쇄시스템에 대해서 유도되었다는 배경에 근거한다. 오랜 동안 많은 학자들이 방정식들을 수정해서 검사체적에 적용하고자 했는데, 그 결과로 레이놀즈 수송 이론이 얻어졌다.

레이놀즈 수송 이론을 유도하기 위하여 그림 5.11에서와 같은 유동 유체를 고려하자. 검은색으로 표현한 영역은 *폐쇄시스템*이다. 그림에서 알 수 있듯이, 폐쇄시스템의 경계가 시간에 따라 변하기 때문에 동일한 물질을 포함하게 된다. 점선으로 식별된 검사체적을 정의한다. 임의의 시각 t에 시스템은 검사체적 내의 물질과 검사체적 내로 유입되는 물질로 이루어진다. 그러므로 이때 시스템의 특성 B는 다음과 같다.

$$B_{\text{closed system}}(t) = B_{\text{cv}}(t) + \Delta B_{\text{in}} \tag{5.16}$$

시간 $t + \Delta t$에서 시스템은 이동하였으므로, 검사체적 내의 물질과 검사체적 밖으로 나가는 물질로 이루어진다. 따라서 시스템의 B는 다음과 같이 된다.

$$B_{\text{closed system}}(t + \Delta t) = B_{\text{cv}}(t + \Delta t) + \Delta B_{\text{out}} \tag{5.17}$$

특성값 B의 변화율은 다음과 같다.

$$\frac{dB_{\text{closed system}}}{dt} = \lim_{\Delta t \to 0}\left[\frac{B_{\text{closed system}}(t + \Delta t) - B_{\text{closed system}}(t)}{\Delta t}\right] \tag{5.18}$$

식 (5.16)과 (5.17)에 대입하면 다음 결과를 얻는다.

$$\frac{dB_{\text{closed system}}}{dt} = \lim_{\Delta t \to 0}\left[\frac{B_{\text{cv}}(t + \Delta t) - B_{\text{cv}}(t) + \Delta B_{\text{out}} - \Delta B_{\text{in}}}{\Delta t}\right] \tag{5.19}$$

항들을 다시 정리하면

그림 5.11

검사체적을 통한 폐쇄시스템의 진행.

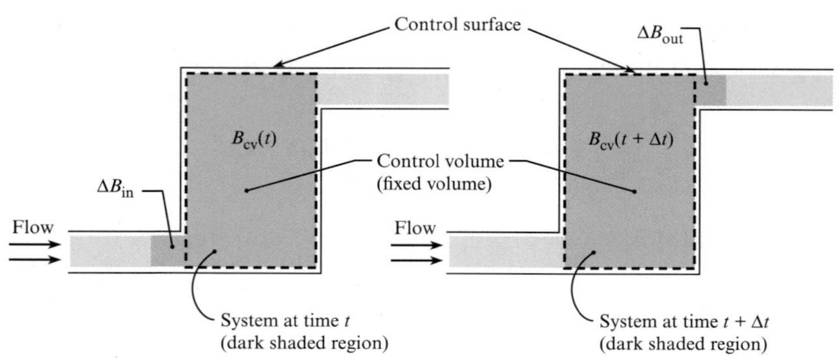

$$\frac{dB_{\text{closed system}}}{dt} = \lim_{\Delta t \to 0}\left[\frac{B_{\text{cv}}(t + \Delta t) - B_{\text{cv}}(t)}{\Delta t}\right] + \lim_{\Delta t \to 0}\frac{\Delta B_{\text{out}}}{\Delta t} - \lim_{\Delta t \to 0}\frac{\Delta B_{\text{in}}}{\Delta t} \tag{5.20}$$

식 (5.20)의 오른쪽 첫 번째 항은 검사체적 내의 특성값 B의 변화율이다. 즉,

$$\lim_{\Delta t \to 0}\left[\frac{B_{\text{cv}}(t + \Delta t) - B_{\text{cv}}(t)}{\Delta t}\right] = \frac{dB_{\text{cv}}}{dt} \tag{5.21}$$

나머지 항들은 다음 식과 같다.

$$\lim_{\Delta t \to 0}\frac{\Delta B_{\text{out}}}{\Delta t} = \dot{B}_{\text{out}} \qquad \text{그리고} \qquad \lim_{\Delta t \to 0}\frac{\Delta B_{\text{in}}}{\Delta t} = \dot{B}_{\text{in}}$$

이들 두 항은 다음과 같이 결합될 수 있으며

$$\dot{B}_{\text{net}} = \dot{B}_{\text{out}} - \dot{B}_{\text{in}} \tag{5.22}$$

또는 검사표면을 통과하는 특성값 B의 순 유출률이 된다. 식 (5.20)은 다음과 같이 쓸 수 있다.

$$\frac{dB_{\text{closed system}}}{dt} = \frac{d}{dt}B_{\text{cv}} + \dot{B}_{\text{net}}$$

$\dot{B}_{\text{net}}$ 대신에 식 (5.15)를 대입하고 B_{cv} 대신에 식 (5.12)를 대입하면 레이놀즈 수송 이론의 가장 일반적 형태가 된다.

$$\underbrace{\frac{dB_{\text{closed system}}}{dt}}_{\text{Lagrangian}} = \underbrace{\frac{d}{dt}\int_{\text{cv}} b\rho\, d\forall + \int_{\text{cs}} b\rho \mathbf{V}\cdot \mathbf{dA}}_{\text{Eulerian}} \tag{5.23}$$

식 (5.23)을 말로 정리하면 다음과 같다.

$$\left\{\begin{matrix}\text{폐쇄시스템 내에서의} \\ \text{물성 } B\text{의 변화량}\end{matrix}\right\} = \left\{\begin{matrix}\text{검사체적 내에서의} \\ \text{물성 } B\text{의 변화량}\end{matrix}\right\} + \left\{\begin{matrix}\text{검사표면을 통과하는} \\ \text{물성 } B\text{의 유출량}\end{matrix}\right\}$$

위 식의 좌변은 라그랑주 형식이다. 즉, 물성 B의 변화율이 계를 따라 이동하면서 계산된다. 우변은 오일러 형식이다. 즉, 물성 B의 변화량이 검사체적 내에서 계산되고 흐름률(flux)은 검사표면에서 측정된다. 이 방정식은 계가 검사체적을 점유하는 순간에 적용되어 유체 흐름에 대한 라그랑주 서술과 오일러 서술을 연결해 준다. 속도 $\mathbf{V}$는 표면에서의 질량 흐름률과 관계되기 때문에 항상 검사체적에 대해서 측정한다.

만약 여러 개의 입구와 출구를 통해 검사표면을 지나가는 질량이 작용하며 속도, 밀도, 강도성 특성 b가 각 출입구 단면에 일정하게 분포된다면 단순화된 레이놀즈 수송 이론이 얻어진다.

$$\frac{dB_{\text{closed system}}}{dt} = \frac{d}{dt}\int_{\text{cv}} b\rho\, d\mathcal{V} + \sum_{\text{cs}} \rho b \mathbf{V}\cdot\mathbf{A} \tag{5.24}$$

여기서 총합은 검사표면을 통과하는 각 출입구에 대해서 수행된다.

또 다른 단순화된 형태는 질량유량의 항으로 나타낼 수 있다.

$$\frac{dB_{\text{closed system}}}{dt} = \frac{d}{dt}\int_{\text{cv}} \rho b\, d\mathcal{V} + \sum_{\text{cs}} \dot{m}_o b_o - \sum_{\text{cs}} \dot{m}_i b_i \tag{5.25}$$

여기서 첨자 i와 o는 각각 검사표면에 위치한 입구와 출구를 의미한다. 이런 형식의 방정식은 속도와 밀도가 각각의 입구와 출구 단면에 걸쳐 균등하게 분포해야 될 필요성은 없지만, 특성 b는 균등하게 분포해야 한다.

5.3 연속 방정식(이론)

연속 방정식은 검사체적에 *질량보존*의 법칙을 적용한 것이다. 이 방정식은 아주 흔하게 사용되기 때문에, 이 절에서는 이와 관련된 주제들을 소개한다.

연속 방정식의 유도

폐쇄시스템에서의 질량보존의 법칙은 다음과 같이 표현할 수 있다.

$$\frac{d(\text{mass of a closed system})}{dt} = \frac{dm_{\text{closed system}}}{dt} = 0 \tag{5.26}$$

식 (5.26)을 검사체적에 대한 식으로 변형하기 위하여 레이놀즈 수송 이론, 식 (5.23)을 적용한다. 식 (5.23)에서 총량적 특성은 B = 질량이며, 이에 해당되는 강도성 특성은 다음과 같다.

$$b = \frac{B}{\text{mass}} = \frac{\text{mass}}{\text{mass}} = 1.0$$

B와 b를 식 (5.23)에 대입하면 다음과 같다.

$$\frac{dm_{\text{closed system}}}{dt} = \frac{d}{dt}\int_{\text{cv}} \rho\, d\mathcal{V} + \int_{\text{cs}} \rho \mathbf{V}\cdot d\mathbf{A} \tag{5.27}$$

식 (5.26)과 식 (5.27)을 결합하면 다음과 같은 *일반 형태의 연속 방정식*이 된다.

$$\frac{d}{dt}\int_{\text{cv}} \rho\, d\mathcal{V} + \int_{\text{cs}} \rho \mathbf{V}\cdot d\mathbf{A} = 0 \tag{5.28}$$

만약 여러 개의 유입구와 유출구를 통해서 질량이 검사표면을 지나가면 식 (5.28)은 다음과 같이 *간단한 형태의 연속 방정식*이 된다.

$$\frac{d}{dt}m_{cv} + \sum_{cs} \dot{m}_o - \sum_{cs} \dot{m}_i = 0 \tag{5.29}$$

연속 방정식의 물리적 의미

그림 5.12는 연속 방정식의 각 항들의 의미를 나타낸 것이다. 맨 윗줄은 일반형(식 5.28), 두 번째 줄은 단순형(식 5.29)을 나타낸 것이고, 화살표는 각 항들이 가지는 개념적 의미를 표시한 것이다.

축적(accumulation) 항은 검사체적 안에서 시간에 따른 질량의 변화를 나타낸다. 검사체적 내부에서의 질량은 시간에 따라 증가할 수도 있고(+ 축적), 감소할 수도 있고(− 축적), 변하지 않을 수도 있다(0 축적).

유입량(inflow)과 **유출량**(outflow)은 검사체적의 표면을 통과하는 단위시간당의 질량을 나타낸다. 가끔은 유입량과 유출량을 합하여 **유출**(efflux)로 표현하기도 하는데, 유출은 검사체적으로부터 단위시간당 빠져나가는 질량의 양(positive)의 값으로 정의된다. 즉, 유출 = 유출량 − 유입량. 유출이 양(+)이면 축적이 음(−)이고, 유출이 음(−)이면 축적은 양(+)이다.

그림 5.12로부터 연속 방정식의 물리적 의미는 다음과 같이 요약할 수 있다.

$$\text{축적} = \text{유입량} - \text{유출량} \tag{5.30}$$

식 (5.30)의 모든 항들은 단위시간당 값(rate)을 가진다(그림 5.12 참조).

식 (5.30)은 평형 방정식(balance equation)이라고도 불리는데, 이는 우리가 일상생활에서 경험하는 균형과 같은 개념이기 때문이다. 예를 들어, 은행계좌에서의 현금 축적은 유입(예금)에서 유출(인출)을 뺀 값과 같다. 연속 방정식은 균형 방정식이기 때문에 가끔은 *질량평형 방정식*이라고도 부른다.

연속 방정식은 시간의 한 순간에 적용할 수 있고, 이때의 단위는 kg/s가 된다. 연속 방정식을 시간에 대해 적분할 수도 있는데, 이때의 단위는 kg이 된다. 어떠한 문제가 적분을 포함할 것인지 여부를 알기 위해서는, *시간 구간 동안에 상태의 변화를 살펴보아야 한다.*

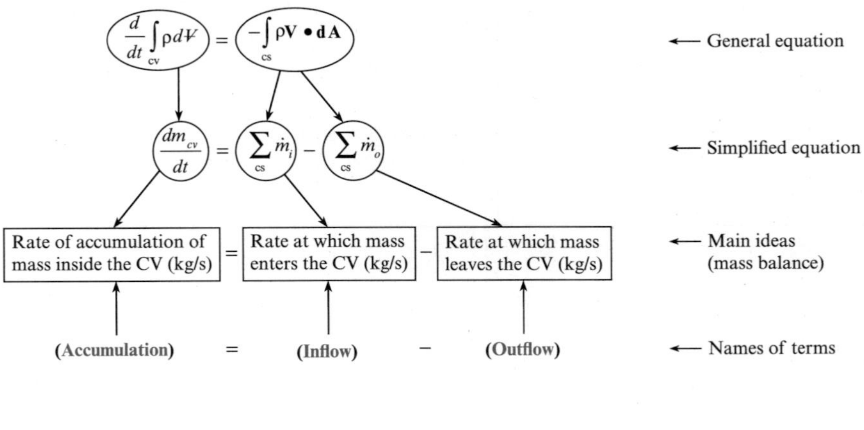

그림 5.12
연속 방정식의 개념적 의미.

5.4 연속 방정식의 적용

이 절에서는 연속 방정식을 어떻게 적용하는지 서술하고, 그 예제들을 소개한다.

사용할 방정식

표 5.5에 세 가지 유용한 형태의 연속 방정식을 요약하였다.

연속 방정식의 적용 과정은 다음과 같다.

단계 1: 선정. 문제에 유량, 속도 혹은 질량 축적이 포함되어 있으면, 연속 방정식을 선정한다.

단계 2: 스케치. (a) 정보를 알고 있거나 (b) 정보를 알고 싶은 곳을 통과하는 검사표면을 위치시켜 검사체적을 선정한다. 검사체적을 스케치하고 부호를 붙인다. 일반적으로 유입구를 단면 1, 유출구를 단면 2라고 한다.

단계 3: 분석. 연속 방정식의 각 항들을 분석하여, 일반 방정식을 단순한 방정식으로 정리한다.

단계 4: 검증. 단위를 확인하고 물리적 기본을 충족시키고 있는지 확인한다. 즉, 유입량 − 유출량 = 축적 관계를 만족시키는지 확인한다.

예제

예제 5.4는 질량 축적이 포함된 문제에 연속 방정식을 적용한 예를 보여 준다.

표 5.5 연속 방정식 정리

서술	방정식	항
일반형. 모든 문제에 적용.	$\frac{d}{dt}\int_{cv}\rho\, d\forall + \int_{cs}\rho\mathbf{V}\cdot\mathbf{dA} = 0$ (5.28)	t = 시간(s) ρ = 밀도(kg/m^3) $d\forall$ = 미소체적(m^3) $\mathbf{V}$ = 속도벡터(m/s) (검사표면 기준) $\mathbf{dA}$ = 미소면적 벡터(m^2) (검사체적 바깥쪽이 양의 방향) m_{cv} = 검사체적 내의 질량(kg) $\dot{m}$ = ρAV = 검사표면을 가로지르는 질량/시간(kg/s) A = 흐름면적(m^2) V = 평균유속(m/s)
단순형. 잘 정의된 유입구와 유출구가 있는 경우 유용.	$\frac{d}{dt}m_{cv} + \sum_{cs}\dot{m}_o - \sum_{cs}\dot{m}_i = 0$ (5.29)	
관수로형. 관수로에 유효. *기체용*. 밀도가 변하지만, 단면 1과 단면 2를 가로질러서는 밀도가 일정해야 함. *액체용*. 밀도가 일정하다고 가정하면 연속 방정식이 $A_2V_2 = A_1V_1$로 됨.	$\rho_2A_2V_2 = \rho_1A_1V_1$ (5.33)	

예제 5.4

유입구와 유출구를 가진 수조에서의 연속 방정식

문제

덮개가 없는 수조로 물이 유입되고 있다. 유입되는 물의 속도는 $V = 7$ m/s이고 단면적은 $A = 0.0025$ m^{2}이다. 수조로부터 유출되는 유량은 $Q = 0.003$ m^3/s이고 물의 밀도는 1000 kg/m^{3}이다. 수조 내의 물이 증가(또는 감소)되는 비율을 구하라.

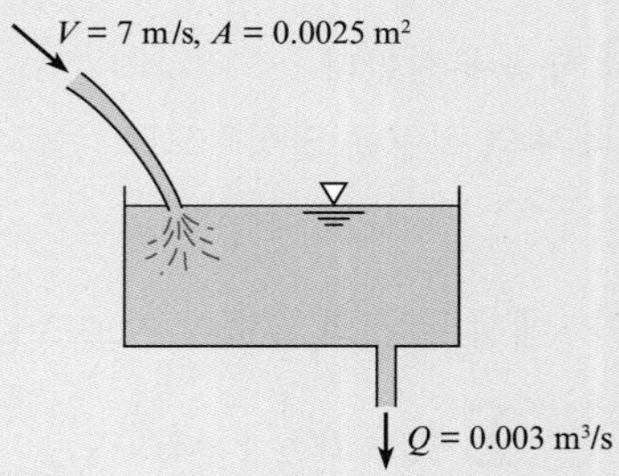

설명

수조의 상부로 물이 유입되어 바닥으로 유출된다.

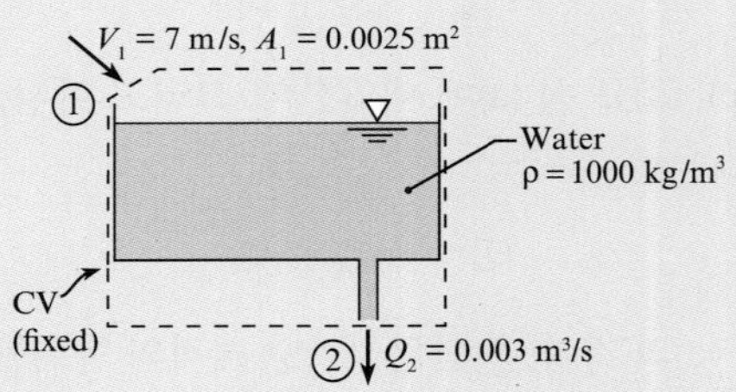

목표

(dm_{cv}/dt)(kg/s) ← 수조에서의 축적률

아이디어

선택: 간단한 형태의 연속 방정식을 선정한다(식 5.29).

스케치: 검사체적과 단면 1, 단면 2를 보여 주기 위해 상황 그림을 수정한다. 상부 왼쪽에 있는 검사체적은 유입유량에 직각방향이 되도록 스케치하였다.

해석: 다음과 같이 단순한 형태의 연속 방정식을 적는다.

$$\frac{d}{dt}m_{cv} + \sum_{cs} \dot{m}_o - \sum_{cs} \dot{m}_i = 0 \tag{a}$$

유입량과 유출량 항을 분석한다.

$$\sum_{cs} \dot{m}_o = \rho Q_2 \tag{b}$$

$$\sum_{cs} \dot{m}_i = \rho A_1 V_1 \tag{c}$$

식 (a), (b), (c)를 결합한다.

$$\frac{d}{dt}m_{cv} = \rho A_1 V_1 - \rho Q_2 \tag{d}$$

확인: 각 항은 kg/s의 단위를 가진다. 식 (d)는 질량 축적률 = 질량 유입률 − 질량 유출률이라는 물리적 의미를 나타낸다. 식 (d)의 우변에 있는 변수값들이 주어졌기 때문에, 이 문제는 풀릴 수 있다. 계획은 다음과 같다.

1. 식 (d)의 우변에 있는 유량을 계산한다.
2. 축적률을 계산하기 위하여 식 (d)를 적용한다.

문제풀이

1. 유입구와 유출구에서의 질량유량:

$$\rho A_1 V_1 = (1000 \text{ kg/m}^3)(0.0025 \text{ m}^2)(7 \text{ m/s}) = 17.5 \text{ kg/s}$$
$$\rho Q_2 = (1000 \text{ kg/m}^3)(0.003 \text{ m}^3\text{/s}) = 3 \text{ kg/s}$$

2. 축적:

$$\frac{dm_{cv}}{dt} = 17.5 \text{ kg/s} - 3 \text{ kg/s} = \boxed{14.5 \text{ kg/s}}$$

해와 풀이과정 검토

1. *토의.* 축적이 양(+)이기 때문에, 검사체적 내의 질량은 시간에 따라 증가한다.
2. *토의.* 수조 내의 물의 수위 상승은 공기를 검사체적 바깥으로 흘려보낸다. 공기의 밀도가 물의 밀도의 1/1000이므로 이러한 효과는 무시할 수 있다.

예제 5.5는 고정형 검사체적을 이용하여 축적이 포함된 문제를 해결하는 방법을 소개한 것이다.

예제 5.5

연속 방정식을 이용한 저수지에서의 수위 상승률 계산

문제

그림과 같이 하천으로부터 저수지에 11,328 m^3/s의 유량이 유입되고 있고, 댐 수로를 통해서 저수지로부터 7,080 m^3/s의 유량이 방출되고 있다. 저수지의 표면적이 103.6 km^2이라면 저수지의 수위 상승률(상승 속도)은 얼마인가?

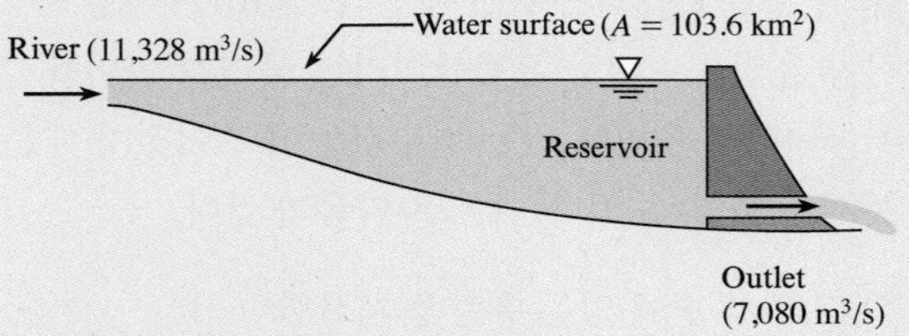

설명

저수지에 물이 채워지고 있다.

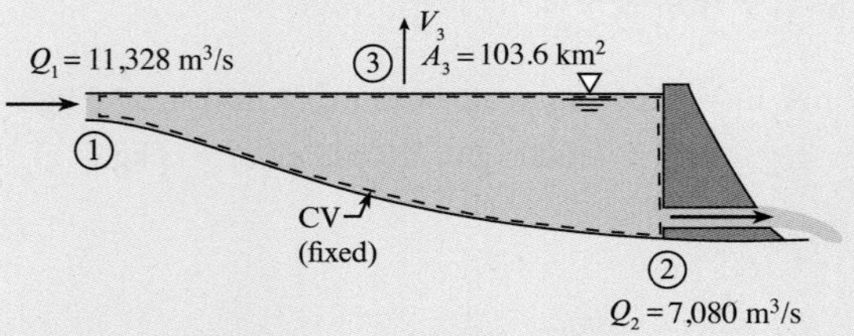

목표

V_3(m/hr) ← 저수지에서의 수위 상승 속력

아이디어

선택: 문제가 유량과 저수지 내에서의 질량 축적을 포함하고 있으므로 연속 방정식을 선정한다.

스케치: 고정된 검사체적을 선정하여 상황 그림에 스케치한다. 단면 3에 있는 검사표면은 수면 바로 아래에 위치하며 움직이지 않는다. 저수지 수위가 상승(또는 하강)하게 되면 검사표면 3으로 질량이 통과하게 된다. 검사체적의 체적이 일정하므로, 검사체적 내의 질량은 일정하다.

해석: 다음과 같이 단순한 형태의 연속 방정식을 적는다.

$$\frac{d}{dt}m_{cv} + \sum_{cs} \dot{m}_o - \sum_{cs} \dot{m}_i = 0 \qquad \text{(a)}$$

다음으로, 각 항을 분석한다.

- 검사체적 내의 질량은 일정하므로

$$dm_{cv}/dt = 0 \qquad \text{(b)}$$

- 단면 2와 3에서 두 개의 유출이 있으므로

$$\sum_{cs} \dot{m}_o = \rho Q_2 + \rho A_3 V_3 \qquad \text{(c)}$$

- 단면 1에서 한 개의 유입이 있으므로

$$\sum_{cs} \dot{m}_i = \rho Q_1 \qquad \text{(d)}$$

식 (b), (c), (d)를 식 (a)에 대입한다. 그러고 나서, 각 항을 밀도로 나눈다.

$$Q_2 + A_3 V_3 = Q_1 \qquad \text{(e)}$$

확인: 식 (e)의 각 항은 단위시간당 체적의 단위를 가지므로 단위가 같으며, (단면 2와 3을 통과하는 유출량 = 단면 1을 통과한 유입량)이라는 물리적 의미를 가진다.

식 (e)가 문제의 목표를 포함하고 있고 모든 변수들이 주어져 있기 때문에, 이 문제는 풀릴 수 있다. 계획은 다음과 같다.

1. 식 (e)를 이용하여 V_3에 관한 방정식을 유도한다.
2. V_3를 구한다.

문제풀이

1. 연속 방정식:

$$V_3 = \frac{Q_1 - Q_2}{A_3}$$

2. 계산:

$$V_{\text{rise}} = \frac{11{,}328\ \text{m}^3/\text{hr} - 7{,}080\ \text{m}^3/\text{hr}}{103.6 \times 10^6\ \text{m}^2}$$

$$= \boxed{0.147\ \text{m/hr}}$$

예제 5.6은 (a) 변형하는 검사체적 이용 (b) 검사체적 적분법을 소개한 사례이다.

예제 5.6

수조에서의 배수 시간을 예측하기 위한 연속 방정식 적용

문제

그림과 같이 직경 1.0 m인 수조로부터 직경 10 cm인 물제트가 분출되고 있다. 베르누이 방정식을 적용하여, 제트류의 속도를 $\sqrt{2gh}$ m/s로 가정한다. 여기서 h는 수면의 높이라고 할 때, 수조 내의 수위가 $h_o = 2$ m로부터 $h_f = 0.50$ m로 낮아질 때까지 걸리는 시간은 얼마인가?

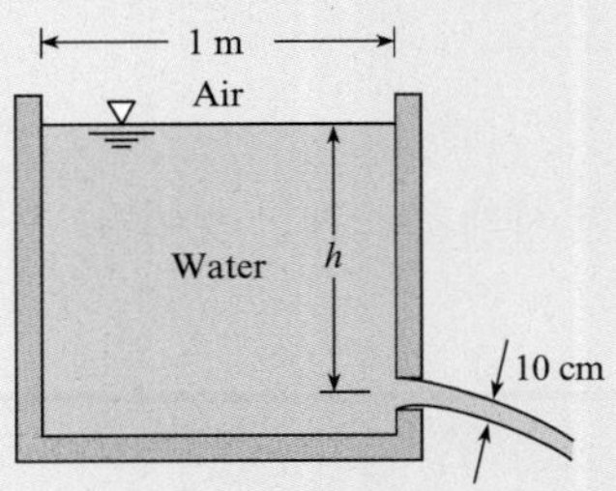

설명

물이 수조로부터 배수되고 있다.

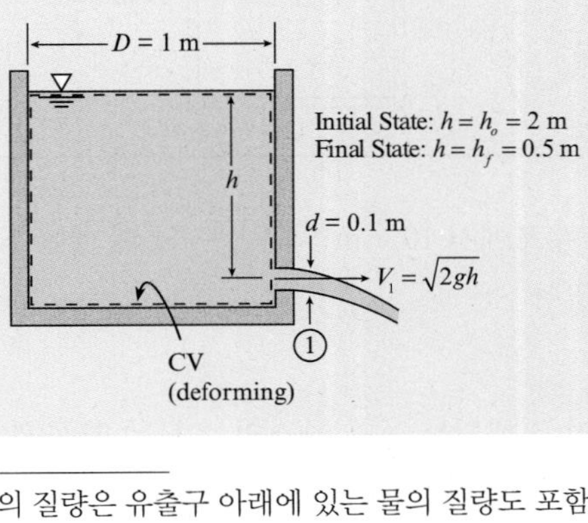

목표

t_f(s) ← 수조에서 h_o부터 h_f까지 배수되는 시간

아이디어

선택: 문제가 유출량과 수조에서의 질량 축적을 포함하고 있으므로 연속 방정식을 선정한다.

이 문제는 시작 상태와 최종 상태가 정의되어 있고 시간을 포함하고 있기 때문에, 연속 방정식을 적분할 필요가 있음에 주의한다.

스케치: 검사면적의 상부가 수면과 일치하도록 정의된 변형형 검사체적을 선정한다. 이 검사체적을 상황 그림에 스케치한다.

해석: 다음과 같이 단순한 형태의 연속 방정식을 적는다.

$$\frac{d}{dt} m_{\text{cv}} + \sum_{\text{cs}} \dot{m}_o - \sum_{\text{cs}} \dot{m}_i = 0 \tag{a}$$

각 항을 단계별로 분석한다.

- 검사체적 내의 질량은 다음과 같이 주어진다.*

$$m_{\text{cv}} = (\text{밀도})(\text{체적}) = \rho\left(\frac{\pi D^2}{4}\right)h \tag{b}$$

- 식 (b)를 시간에 대해 미분한다. 시간에 대해 변화하는 유일한 변수는 수심 h이므로, 다른 변수들은 미분 밖으로 나올 수 있음에 주의하라.

* 검사체적의 질량은 유출구 아래에 있는 물의 질량도 포함한다. 그러나 dm_{cv}/dt을 계산하게 되면, 이 항은 0이 된다.

$$\frac{dm_{cv}}{dt}=\frac{d}{dt}\left(\rho\left(\frac{\pi D^2}{4}\right)h\right)=\rho\left(\frac{\pi D^2}{4}\right)\frac{dh}{dt} \quad (c)$$

- 유입량은 0이고, 유출량은 다음과 같다.

$$\sum_{cs}\dot{m}_o=\rho A_1 V_1=\rho\left(\frac{\pi d^2}{4}\right)\sqrt{2gh} \quad (d)$$

식 (b), (c), (d)를 식 (a)에 대입한다.

$$\rho\left(\frac{\pi D^2}{4}\right)\frac{dh}{dt}=-\rho\left(\frac{\pi d^2}{4}\right)\sqrt{2gh} \quad (e)$$

확인: 식 (e)의 각 항은 kg/s의 단위를 가지므로, 이 식은 (축적률 = 음의 유출률)이라는 물리적 의미를 가진다.

적분: 식 (e)를 다음과 같이 단순화한다.

$$\left(\frac{D}{d}\right)^2\frac{dh}{dt}=-\sqrt{2gh} \quad (f)$$

다음, *변수분리법*을 적용한다. h를 포함한 변수들은 좌변에, 나머지 변수들은 우변에 정리하여 적분 형태로 표현하면 다음과 같이 된다.

$$-\int_{h_o}^{h_f}\frac{dh}{\sqrt{2gh}}=\int_0^{t_f}\left(\frac{d}{D}\right)^2 dt \quad (g)$$

적분을 하면 다음과 같다.

$$\frac{2(\sqrt{h_o}-\sqrt{h_f})}{\sqrt{2g}}=\left(\frac{d}{D}\right)^2 t_f \quad (h)$$

식 (h)가 문제의 목표(t_f)를 포함하고 있고 다른 모든 변수들이 주어져 있다. 계획은 (t_f)를 계산하기 위해 식 (h)를 이용하는 것이다.

문제풀이

$$t_f=\left(\frac{D}{d}\right)^2\left(\frac{2(\sqrt{h_o}-\sqrt{h_f})}{\sqrt{2g}}\right)$$

$$=\left(\frac{1\text{ m}}{0.1\text{ m}}\right)^2\left(\frac{2(\sqrt{(2\text{ m})}-\sqrt{(0.5\text{ m})})}{\sqrt{2(9.81\text{ m/s}^2)}}\right)$$

$$\boxed{t_f=31.9\text{ s}}$$

예제 5.7은 연속 방정식을 시간에 대해 적분한 사례를 소개한 것이다.

예제 5.7

수조에서의 가스 감압

문제

체적이 10 m^{3}인 수조의 아주 작은 구멍(10^{-7} m^2)을 통하여 메탄가스가 누출되고 있다. 메탄가스가 아주 느린 속도로 누출되기 때문에 수조 내의 온도는 23°C로 일정하게 그대로 유지되고 있다. 구멍을 통과하는 메탄의 질량유량은 $\dot{m}=0.66\,pA/\sqrt{RT}$ 로 주어진다. 여기서 p는 수조 내의 압력, A는 구멍의 단면적, R은 기체상수, 그리고 T는 수조 내의 온도이다. 수조 내의 절대압력이 500 kPa에서 400 kPa로 감소되는 데 소요되는 시간을 산정하라.

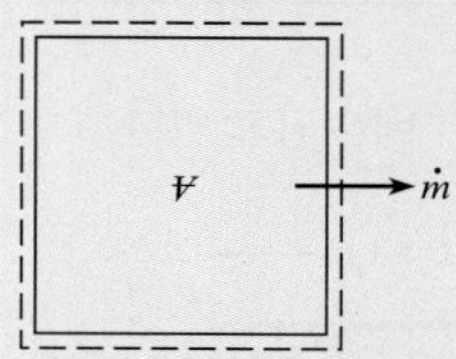

설명

10 m^{3}의 수조에서 10^{-7} m^{2}의 구멍을 통해 메탄가스가 누출되고 있다.

가정:

1. 누출이 진행되는 동안 가스의 온도는 23°C로 일정하다.

2. 이상기체법칙 적용.

특성값: 표 A.2: $R = 518$ J/kg K.

목표

구하는 값: 압력이 500 kPa에서 400 kPa로 떨어지는 데 소요되는 시간(s).

아이디어

수조 전체가 포함되도록 검사체적을 선정한다.

1. 연속 방정식, 식 (5.29)를 적용한다.
2. 항별로 분석한다.
3. 경과된 시간에 대하여 방정식을 푼다.
4. 시간을 계산한다.

문제풀이

1. 연속 방정식:

$$\frac{d}{dt}m_{cv} + \sum_{cs} \dot{m}_o - \sum_{cs} \dot{m}_i = 0$$

2. 항별 분석:

- 축적률 항. 검사체적 내의 질량은 수조 벽의 질량 m_{shell}과 수조 내의 메탄 질량의 합이다.

$$m_{cv} = m_{shell} + \rho \forall$$

여기서 $\forall$는 수조의 내부 체적이고 일정하다. 수조 벽의 질량이 일정하므로,

$$\frac{dm_{cv}}{dt} = \forall \frac{d\rho}{dt}$$

- 유입 질량이 없으므로

$$\sum_{cs} \dot{m}_i = 0$$

- 질량 유출률

$$\sum_{cs} \dot{m}_o = 0.66 \frac{pA}{\sqrt{RT}}$$

정리된 각 항들을 연속 방정식에 대입한다.

$$\forall \frac{d\rho}{dt} = -0.66 \frac{pA}{\sqrt{RT}}$$

3. 경과 시간에 대한 방정식:

- ρ에 대하여 이상기체법칙 적용

$$\forall \frac{\mathrm{d}}{\mathrm{d}t}\left(\frac{p}{RT}\right) = -0.66 \frac{pA}{\sqrt{RT}}$$

- R, T가 일정하므로

$$\frac{\mathrm{d}p}{\mathrm{d}t} = -0.66 \frac{pA\sqrt{RT}}{\forall}$$

- 변수 분리

$$\frac{dp}{p} = -0.66 \frac{A\sqrt{RT}\,dt}{\forall}$$

- 식을 적분하고 초기압력과 최종압력을 구하기 위한 제한 조건들을 대입

$$t = \frac{1.52\forall}{A\sqrt{RT}} \ln \frac{p_0}{p_f}$$

4. 경과 시간 계산:

$$t = \frac{1.52\,(10\text{ m}^3)}{(10^{-7}\text{ m}^2)\left(518 \dfrac{\text{J}}{\text{kg}\cdot\text{K}} \times 300\text{ K}\right)^{1/2}} \ln \frac{500}{400} = \boxed{8.6 \times 10^4\text{ s}}$$

해와 풀이과정 검토

1. *토의.* 시간은 대략 하루에 해당된다.
2. *지식.* 이상기체법칙을 사용하였으므로, 압력과 온도는 절대값이어야 한다.

관수로에 대한 연속 방정식

관로(conduit)는 유동 유체로 완전히 채워진 파이프, 관수로를 말한다. 관수로는 아주 흔하기 때문에, 이 경우에 적용할 수 있는 방정식을 유도하는 것은 아주 유용하다. 그림 5.13과 같은

그림 5.13

관수로 흐름.

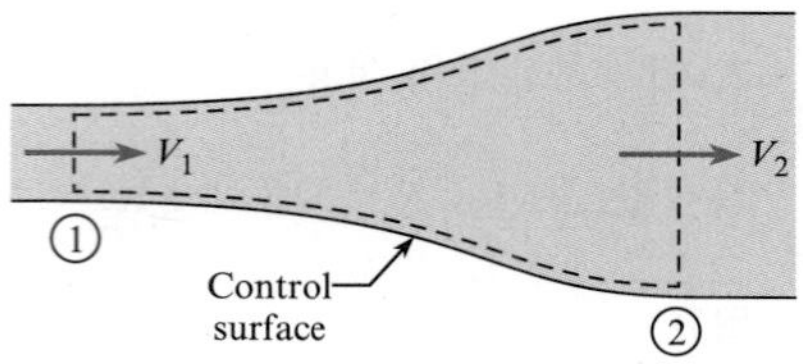

관수로의 경우에는 질량을 축적* 할 공간이 없다는 것을 알 수 있다. 따라서 식 (5.28)은 다음과 같이 된다.

$$\int_{cs} \rho \mathbf{V} \cdot \mathbf{dA} = 0 \tag{5.31}$$

단면 1과 2에서 질량은 검사표면을 가로지르므로, 식 (5.31)은 다음과 같이 정리된다.

$$\int_{\text{section 2}} \rho V dA - \int_{\text{section 1}} \rho V dA = 0 \tag{5.32}$$

각 단면을 가로질러서 밀도가 일정하다고 가정하면, 식 (5.32)는 다음과 같이 정리된다.

$$\rho_1 A_1 V_1 = \rho_2 A_2 V_2 \tag{5.33}$$

식 (5.33)이 최종 결과인데, *관수로 형태*의 연속 방정식이라고 부른다. 이 식의 의미는 (단면 1에서의 질량 유입률 = 단면 2에서의 질량 유출률)이 된다.

연속 방정식을 표현하는 다른 유용한 방법들도 있다. 예를 들어, 식 (5.33)은 다음과 같이 등가의 몇 가지 형태로 표현할 수 있다.

$$\rho_1 Q_1 = \rho_2 Q_2 \tag{5.34}$$

$$\dot{m}_1 = \dot{m}_2 \tag{5.35}$$

만일 밀도가 일정하다면, 식 (5.34)는 다음과 같이 된다.

$$Q_2 = Q_1 \tag{5.36}$$

식 (5.34)는 관에서의 정상류 및 비정상 비압축성 흐름 모두에 적용할 수 있다. 만약 두 개 이상의 꼭지(port)가 존재하고, 축적 항이 0이라면, 식 (5.29)는 다음과 같이 된다.

$$\sum_{cs} \dot{m}_i = \sum_{cs} \dot{m}_o \tag{5.37}$$

만약 밀도가 일정한 흐름이라면, 식 (5.37)은 다음과 같이 유량의 항으로 쓸 수 있다.

*관수로에서의 질량 축적은 부정류 문제에서 0이 아닌 경우도 있지만, 이런 경우는 아주 드물다. 이 주제는 고급 과정으로 넘긴다.

$$\sum_{cs} Q_i = \sum_{cs} Q_o \tag{5.38}$$

요약. 문제의 가정에 따르면, 연속 방정식을 표현하는 많은 방법들이 있다. 그러나 표 5.5에 정리한 세 가지 형태의 방정식으로 모든 문제들을 풀 수 있다. 따라서 문제를 해결하기 위해서는 세 가지 형태의 방정식 중 하나를 이용할 것을 추천한다. 왜냐하면, 이것이 다른 많은 방정식을 기억하는 것보다는 보다 쉬운 방법이기 때문이다.

예제 5.8은 관수로에 연속 방정식을 적용한 사례를 소개한 것이다.

예제 5.8

단면이 일정하지 않은 관수로에 연속 방정식 적용하기

문제

직경이 120 cm인 관과 60 cm인 관이 직렬로 연결되어 있다. 직경이 120 cm인 관에서의 속력이 2 m/s이다. 직경이 60 cm인 관에서의 속력은 얼마인가?

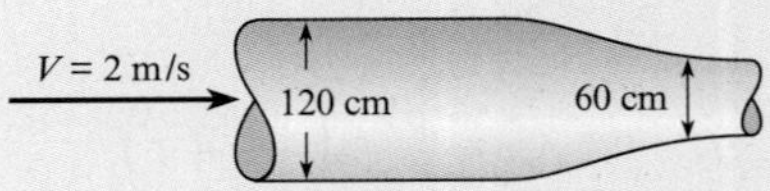

설명

물이 단면 축소가 있는 관수로를 흐른다.

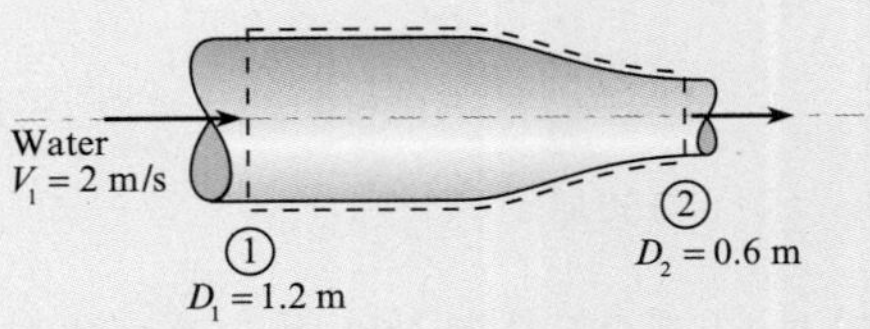

목표

V_2(m/s) ← 단면 2에서의 평균유속

아이디어

선택: 문제에서의 변수가 속도와 관의 직경이기 때문에 연속 방정식을 선정한다.

스케치: 고정된 검사체적을 선정하여, 이 검사체적을 상황 그림에 스케치한다. 유입구에 단면 1, 유출구에 단면 2를 부여한다.

해석: 관수로 문제이기 때문에, 관수로 형태의 연속 방정식, 식 (5.33)을 선택한다.

$$\rho A_1 V_1 = \rho A_2 V_2 \tag{a}$$

밀도가 일정하다고 가정(이러한 가정은 액체의 정상류에 대해서는 일반적이라고 할 수 있다)하면, 연속 방정식은 다음과 같이 정리된다.

$$A_1 V_1 = A_2 V_2 \tag{b}$$

확인: 식 (b)의 각 항은 L^3/T의 단위를 가지므로, 이 식은 (유입량 = 유출량)이라는 물리적 의미를 설명할 수 있다.

계획: 식 (b)가 문제의 목표(V_2)를 포함하고 있고 다른 모든 변수들이 주어져 있다. 계획은 이 식에 수치들을 대입하는 것이다.

문제풀이

연속 방정식:

$$V_2 = V_1 \frac{A_1}{A_2} = V_1 \left(\frac{D_1}{D_2}\right)^2$$

$$V_2 = (2\text{ m/s}) \left(\frac{1.2\text{ m}}{0.6\text{ m}}\right)^2 = \boxed{8\text{ m/s}}$$

예제 5.9는 베르누이 방정식과 연속 방정식을 함께 적용한 사례를 소개한 것이다.

예제 5.9

벤투리관 흐름에 베르누이 방정식과 연속 방정식 적용하기

문제

1000 kg/m^{3}의 밀도를 갖는 물이 그림과 같이 연직 벤투리미터를 통해서 흐르고 있다. 압력 계기가 관(1)과 관의 목(2)에 연결되어 있다. 면적비 $A_{\text{throat}}/A_{\text{pipe}}$는 0.5이다. 관에서의 속도는 10 m/s이다. 압력 계기상의 압력차를 구하라. 흐름은 일정한 속도 분포를 갖고 점성 영향은 중요하지 않다고 가정하라.

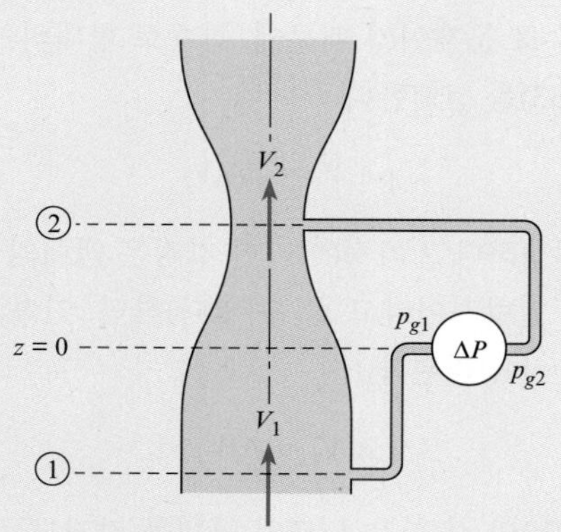

설명

물이 벤투리관을 통해 흐른다. 면적비는 0.5, $V_1 = 10$ m/s이다.

가정:

1. 속도 분포는 일정하다.
2. 점성 효과는 무시.

특성값: $\rho = 1000$ kg/m^3.

목표

구하는 값: 계기에 의해 측정된 압력 차이.

아이디어

1. 점성을 무시할 수 있으므로, 지점 1과 2 사이에 베르누이 방정식을 적용한다.
2. 연속 방정식 (5.33)을 1단계의 결과와 결합한다.
3. 정수압 공식을 적용하여 계측기에서의 압력을 계산한다.

문제풀이

1. 베르누이 방정식:

$$p_1 + \gamma z_1 + \rho\frac{V_1^2}{2} = p_2 + \gamma z_2 + \rho\frac{V_2^2}{2}$$

이 식을 위압력 항으로 다시 정리한다.

$$p_{z_1} - p_{z_2} = \frac{\rho}{2}(V_2^2 - V_1^2) = \frac{\rho V_1^2}{2}\left(\frac{V_2^2}{V_1^2} - 1\right)$$

2. 연속 방정식 $V_2/V_1 = A_1/A_2$:

$$\begin{aligned} p_{z_1} - p_{z_2} &= \frac{\rho V_1^2}{2}\left(\frac{A_1^2}{A_2^2} - 1\right) \\ &= \frac{1000\ \text{kg/m}^3}{2} \times (10\ \text{m/s})^2 \times (2^2 - 1) \\ &= 150\ \text{kPa} \end{aligned}$$

3. 압력이 p_{g_1}인 계측기가 부착된 점과 계측기 선이 관에 연결된 지점 1 사이에 정수압 공식을 적용:

$$p_{z_1} = p_{g_1}$$

또한, $p_{z_2} = p_{g_2}$, 따라서

$$\Delta p_{\text{gage}} = p_{g_1} - p_{g_2} = p_{z_1} - p_{z_2} = \boxed{150\ \text{kPa}}$$

5.5 공동현상의 예측

공동현상은 낮은 압력으로 인하여 유체가 끓기 시작하는 현상이다. 이러한 상황은 가끔은 유용하기도 하지만, 일반적으로는 세심한 설계를 통해 회피해야 하는 현상이다. 이 절에서는 공동현상을 서술하고, 해로운 공동현상 발생 가능성을 최소화하는 방법에 대해서 소개한다.

공동현상의 서술

공동현상(cavitation)은 유체의 압력이 한 지점에서 증기압보다 감소하여 비등할 때 발생하는 현상이다.

> **예제.** 배관계통(piping system)에 15°C의 물이 흐르고 있다. 만일 수압이 증기압으로 낮아져서 물이 끓게 되면, 이 배관계통에는 공동현상이 발생했다고 한다. 15°C 물의 증기압(부록 A.5 참고)은 p_v = 1.7 kPa abs이므로, 공동현상의 발생 조건을 알 수 있다. 공동현상 발생을 막기 위하여 설계자는 배관계통 모든 곳에서의 압력이 절대압력 1.7 kPa 이상이 되도록 설계할 수 있다.

공동현상은 장비에 이러한 손상을 주고 성능을 저하시킬 수도 있다. 끓는 현상은 증기 기포가 생겼다가 커지고 붕괴되면서 충격파 및 소음을 일으키고, 장비의 성능을 감소시키고, 장비를 파손하기도 하는 동역학적 효과를 흔히 유발한다. 그림 5.14는 프로펠러에서의 공동현상으로 인한 손상을 나타낸 것인데, 회전하는 프로펠러가 속도가 빠른 날개 끝 근처에서 낮은 압력을 발생시키기 때문에 발생한 것이다. 1983년에 Glen Canyon 댐의 여수로 터널에

그림 5.14
공동현상으로 인한 프로펠러 손상. (사진 제공: Erik Axdahl)

그림 5.15
유타주 Green River에 위치한 Flaming Gorge 댐의 여수로. 전문가들이 공동현상 문제를 살피기 위해 여수로 안으로 들어가고 있다. (미국연방개발국)

서 공동현상으로 인한 큰 사고가 발생했다. 이후 미국에서는 공동현상에 대비한 해법을 찾아서 여러 댐에 적용하면서 해법들을 보완하였다(그림 5.15 참조).

공동현상은 공기 기포의 붕괴와 관계된 높은 압력으로 인해 재료의 성능을 저하시킨다. 기포가 부서질 때, 이들 주변에서 800 MPa(115,000 psi) 정도의 매우 높은 간헐적인 압력이 만들어지는 것을 실험을 통해 밝혀냈다(1). 그러므로 만약 기포들이 관의 벽, 펌프의 임펠러, 밸브의 외벽, 그리고 댐의 여수로 바닥과 같은 경계 근처에서 부서진다면 이들 기포는 상당한 손상을 야기할 것이다. 일반적으로 이러한 손상은 오랜 기간에 걸쳐서 수백만 번의 기포 충격(파열) 작용에 의해 물체의 표면에 피로파괴의 형태로 발생하여, 공동현상 주변에 물체가 파인 형태로 발생한다.

일부 적용 사례의 경우에서는 공동현상이 유익할 수도 있다. 공동현상은 초음파를 이용한 청소의 효율성에 영향을 미친다. 초공동현상(supercavitating)을 이용한 어뢰가 개발되었는데, 커다란 기포가 어뢰를 감싸서 물과의 접촉면을 줄여 주어 매우 빠른 속력을 가지게 된다. 공동현상은 담석을 제거하기 위해 사용되는 충격파 요법에서는 의학적 역할을 한다.

공동현상을 연구하는 데 있어 세계에서 가장 기술적으로 발전된 수동(water tunnel)이 테네시주 멤피스에 있다(William P. Morgan Large Cavitation Tunnel). 이 시설물은 선박산업에의 응용뿐만 아니라 대축척의 잠수함 모형 실험, 실물 크기의 어뢰 실험 등에도 사용된다. 공동현상에 대한 보다 상세한 토의는 Brennen(2)과 Young(3)을 참고하기 바란다.

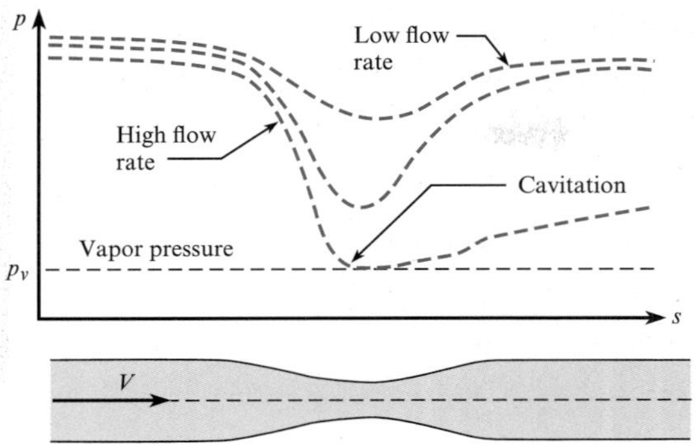

그림 5.16

관의 단면이 축소되는 곳에서의 흐름: 세 가지 다른 유량에 대한 압력 변화.

공동현상 발생위치 확인

공동현상을 예측하기 위해서는 압력이 낮은 위치를 찾아야 한다. 예를 들어, 그림 5.16에서와 같이 단면이 축소되는 관에서의 흐름의 경우, 속도는 연속 방정식에 따라서 증가하며, 압력도 베르누이 방정식에 의해서 표현된 것처럼 감소한다. 유량이 낮은 경우에는, 축소된 곳에서의 압력의 하락은 상대적으로 작다. 따라서 물은 증기압보다 상당히 위에 존재하고 끓지 않는다. 그러나 유량이 증가하게 되면 단면 축소부에서의 압력은, 그림 5.16에 나타낸 바와 같이, 압력이 증기압과 같게 되는 유량에 도달할 때까지 서서히 낮아지게 된다. 바로 이곳에서 액체는 끓어서 기포가 발생하고 공동현상이 나타난다. 오염된 기체의 존재, 난류, 점성 등도 공동현상의 발생에 영향을 미칠 수 있다.

그림 5.17a는 그림 5.16에서의 축소부에서 일어나는 증기 기포의 형성을 보여 준다. 증기 기포가 형성되고 이들은 압력이 높은 곳으로 이동함에 따라 부서지면서 흐름과 함께 하류로 떠내려간다. 흐름 속도가 더 빨라지면 최소 압력은 여전히 국부적인 증기 압력이지만, 기포 형성 구간은 그림 5.17b에 보이는 것과 같이 확장된다. 이러한 경우에 전체 증기 주머니(vapor pocket)가 간헐적으로 성장하고 소멸하면서 심각한 진동 문제를 야기한다.

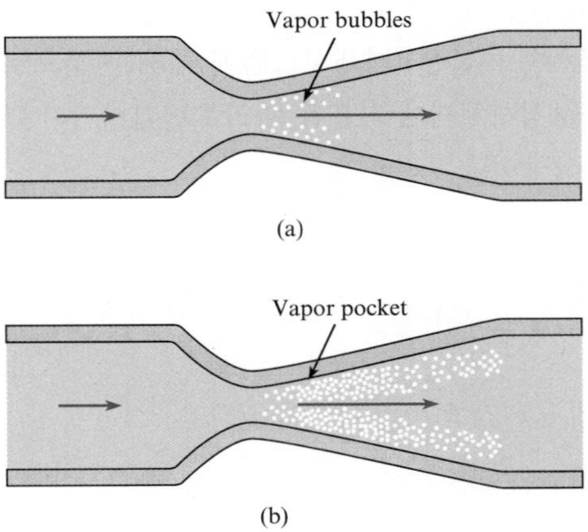

그림 5.17

공동현상 과정에서의 증기 기포의 생성: (a) 공동현상. (b) 공동현상—비교적 큰 유량.

요약. 낮은 압력에서 액체가 끓는 현상으로 인해 야기되는 공동현상은 일반적으로 공학에서 골칫거리가 된다. 공동현상은 낮은 압력을 가진, 대체로 다음과 같은 곳에서 발생하는 경향이 있다.

- 높은 고도
- 속도가 빠른 곳(예: 관의 단면이 축소되는 곳, 프로펠러 날개의 끝)
- 펌프의 흡입구(유입구)

5.6 핵심 내용 요약

유량 특성화($\dot{m}$과 Q)

- *체적유량* Q(m^3/s)는 다음과 같이 정의된다.

$$Q = \left(\frac{\text{단면적을 통과하는 유체의 체적}}{\text{시간 간격}}\right)_{\text{순간 시간}} = \lim_{\Delta t \to 0} \frac{\Delta \forall}{\Delta t}$$

- 체적유량은 *유량(discharge)*이라고도 불린다.
- Q는 다음의 네 가지 방정식으로 계산될 수 있다.

$$Q = \overline{V}A = \frac{\dot{m}}{\rho} = \int_A V\,dA = \int_A \mathbf{V} \cdot \mathbf{dA}$$

- *질량유량* $\dot{m}$(kg/s)은 다음과 같이 정의된다.

$$\dot{m} = \left(\frac{\text{단면적을 통과하는 유체의 체적}}{\text{시간 간격}}\right)_{\text{순간 시간}} = \lim_{\Delta t \to 0} \frac{\Delta m}{\Delta t}$$

- $\dot{m}$은 다음의 네 가지 방정식으로 계산될 수 있다.

$$\dot{m} = \rho A\overline{V} = \rho Q = \int_A \rho V\,dA = \int_A \rho \mathbf{V} \cdot \mathbf{dA}$$

- *평균유속* $\overline{V}$ 또는 V는 속도를 어느 한 순간에 단면적 전체에 걸쳐 평균한 값이고, 이는 공간상의 한 점에서 시간에 대해 평균한 값인 *시간평균유속*과는 다른 개념이다.
- 평균유속의 대표값
  - 원형 관에서의 층류: $\overline{V}/V_{max} = 0.5$
  - 직사각형 관에서의 층류: $\overline{V}/V_{max} = 2/3 = 0.667$
  - 원형 관에서의 난류: $\overline{V}/V_{max} \approx 0.79$~$0.86$
- 유량 방정식으로 풀 수 있는 문제들은 다음의 세 가지 범주로 정리될 수 있다.
  - *대수 방정식.* 이 범주의 문제들은 곧바로 방정식을 적용하여 풀 수 있다(예제 5.1).
  - *내적(dot product).* 면적이 속도벡터와 일직선을 이루지 않을 경우에는 내적(**V**·**A**)을 적용한다(예제 5.2).
  - *적분.* 속도가 위치의 함수로 주어질 경우에는 속도를 면적에 대해 적분한다(예제 5.3).

검사체적 접근법과 레이놀즈 수송 이론

- *계(system)*는 문제를 해석하기 위해 선정한 것으로, 폐쇄시스템과 검사체적, 두 가지 범주로 분류될 수 있다.
  - *폐쇄시스템*은 고정된 동질성을 가진 물질의 양으로 주어진다. 고정된 동질성이라는 것은, 폐쇄시스템이 항상 동일한 물질로 구성된다는 것을 의미한다.
  - *검사체적*(cv 혹은 CV)은 공간에 정의된 기하학적 영역으로 *검사표면*(cs 혹은 CS)으로 둘러막힌다.
  - 레이놀즈 수송 이론은, 폐쇄시스템에 대해 미분으로 표현된 것을 검사체적에 적용된 항으로 변환시키기 위한 수학적 도구이다.

연속 방정식

- 검사체적에 적용한 *질량보존의 법칙*을 *연속 방정식*이라고 한다.
- 연속 방정식의 물리적 의미는 다음과 같다.

(질량 축적률) = (질량 유입률) − (질량 유출률)

- 연속 방정식은 한 순간에 대해 적용할 수 있으며, 단위는 kg/s이다. 연속 방정식은 적분할 수도 있고 일정 시간 간격(예: 5분)에 걸쳐 적용될 수 있으며, 이 경우의 단위는 kg이다.
- 세 가지 유용한 형태의 연속 방정식(표 5.5 참조)은 다음과 같다.
  - 일반 방정식(언제나 사용)
  - 단순형(잘 정의된 유입구와 유출구가 있는 경우 유용)
  - 관수로형(관수로에 사용)

공동현상

- 공동현상(cavitation)은 압력이 액체의 증기압까지 내려갔을 경우, 유동 유체 내에서 발생한다.
- 증기압은 2장에서 소개하였다. 물과 관련된 자료는 표 A.5에 수록했다.
- 공동현상은 성능을 떨어뜨리기 때문에 일반적으로는 바람직하지 않다. 공동현상은 고체 물질의 부식, 소음, 진동과 구조 파괴 등을 야기할 수도 있다.
- 공동현상은 속도가 빠른 영역, 원심펌프의 유입구 영역, 고도가 높은 장소 등에서 발생하기 쉽다.
- 공동현상 발생 가능성을 줄이기 위해 설계자는 공동현상에 민감한 성분(예: 밸브, 원심펌프)을 고도가 낮은 곳에 위치하도록 특정할 수 있다.

참고문헌

1. Knapp, R. T., J. W. Daily, and F. G. Hammitt. *Cavitation*. New York: McGraw-Hill, 1970.

2. Brennen, C. E. *Cavitation and Bubble Dynamics*. New York: Oxford University Press, 1995.

3. Young, F. R. *Cavitation*. New York: McGraw-Hill, 1989.

문제

유량 특성화(5.1절)

5.1 주유소에서 자동차 휘발유 탱크에 기름을 넣는 경우를 생각해 보자. (a) 유량(0.3 m^3/s)을 산정하라. (b) 동일한 노즐을 사용했을 때, 탱크에 0.19 m^3을 주유하는 데 소요되는 시간을 추정하라. (c) 노즐의 단면적과 노즐 유출구에서의 속도를 추정하라.

5.2 직경 28 cm인 관 내의 물의 유량이 0.07 m^3/s이다. 평균 속도는 얼마인가?

5.3 직경 0.38 m인 관 내를 1.52 m/s의 속도로 물이 흐르고 있다. 유량은 얼마인가?

5.4 천연가스(메탄)가 직경 0.7 m의 관 내를 20 m/s의 속도로 흐르고 있다. 메탄의 온도는 15°C이고 계기압력은 200 kPa이다. 질량유량을 결정하라.

5.5 비행기의 엔진 테스트용 관은 50 kPa의 절대압력과 온도 −18°C에 상응하는 고도 조건에서 180 kg/s의 질량유량을 공급할 수 있다. 이 엔진에 부착된 관을 통과하는 공기의 속도는 255 m/s이다. 이 관의 직경을 계산하라.

5.6 물이 직경 0.9 m의 관 내를 흐르고 있다. 중심축에서 최대 속도를 가지며, r이 증가함에 따라 선형적으로 속도가 감소하여 관 벽에서 최소가 되는 속도 분포를 가정한다. $V_{max} = 4.5$ m/s, $V_{min} = 2.7$ m/s일 때, 유량은 얼마인가?

5.7 공기가 단면 1에서 그림과 같은 속도 분포를 갖고 정사각형 덕트에 유입된다. 속도는 단지 y 방향으로만 변화한다는 것을 주목하라(주어진 y 값에 대해서 모든 z 값에 대한 속도는 동일하다).

a. 체적유량은 얼마인가?

b. 덕트 내의 평균속도는 얼마인가?

c. 공기의 밀도가 1.1 kg/m^3이라면 질량유량은 얼마인가?

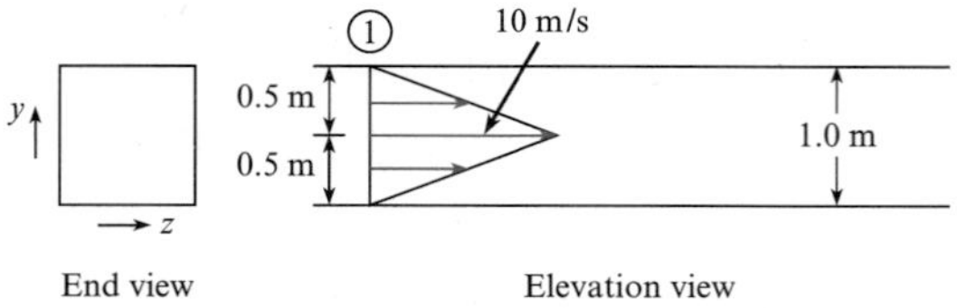

문제 5.7

5.8 단면 *A-A*에서의 속도가 4.5 m/s이고, 이 단면에서의 연직 수심 y가 0.9 m이다. 이 수로의 폭이 9 m라면 유량은 얼마인가?

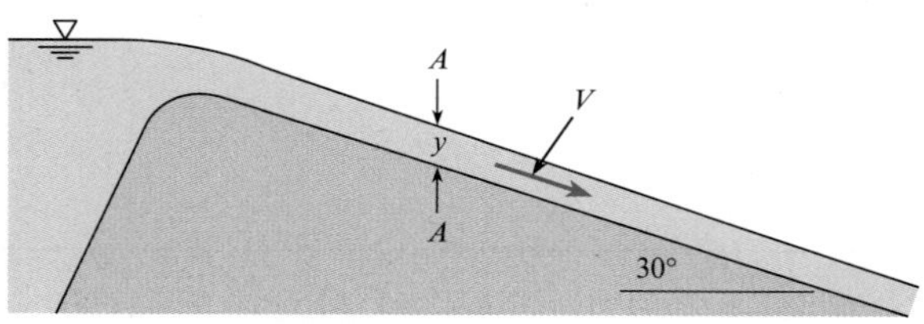

문제 5.8

5.9 물이 관으로부터 정확히 1분 동안 중량 측정용 수조로 전환되어 유입된다. 이 수조에 증가된 무게는 60 kN이다. 유량은 m^3/s 단위로 얼마인가? 온도 $T = 20°C$로 가정한다.

5.10 무인 비행물체(드론)에 사용될 새로운 디자인의 제트 엔진을 개발하고자 한다. 모의 비행 시험 중에 부착된 원형 관을 통하여 공기가 공급된다. 제트엔진과 연결되는 관의 상류에서는 다음과 같은 사양들이 요구된다: $V = 200$ m/s, $\dot{m} = 415$ kg/s, $p = 60$ kPa(절대압력), $T = -17°C$. 이 사양들을 만족시키기 위한 관의 직경은 얼마인가?

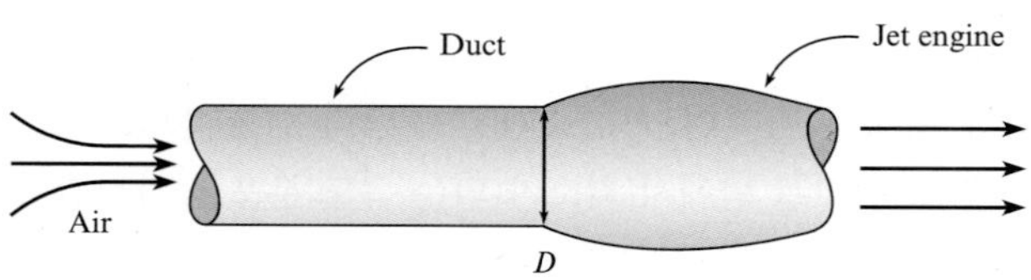

문제 5.10

5.11 수평으로 놓인 직사각형 개수로의 속도 분포에 대한 경험 공식은 $u = u_{max}\,(y/d)^n$으로 주어진다. 여기서 u는 수로 바닥으로부터 연직 상향으로 y m만큼 떨어진 지점에서의 속도이다. 이 흐름의 수심 d는 1.4 m이고, $u_{max} = 5$ m/s, $n = 1/6$이라면, 이 수로의 단위폭당 유량은 m^3/s 단위로 얼마인가? 그리고 평균유속은 얼마인가?

5.12 $V = 12(1 - r^2/r_0^2)$ m/s의 속도 분포로서 직경 1 m인 관을 통해 흐르는 유체의 유량을 결정하고, 또 단면에서의 속도 분포를 도시하라. 여기서 r_0는 관의 반경이고, r은 중심축 선으로부터 방사방향으로 떨어진 거리이다. 평균유속은 얼마인가?

5.13 직경 0.05 m의 관로를 통해 0.38 m^3/min의 질량유량으로 물이 흐르고 있다. 평균유속을 계산하라. 온도 $T = 15.5°C$라 가정한다.

5.14 열교환기의 단면은 하나의 큰 관 내부에 3개의 원형관이 들어 있는 모양으로 구성되어 있다. 내부의 작은 관의 직경은 2.0 cm이고, 관 벽의 두께는 3 mm이다. 큰 관의 내부 직경이 11 cm이고, 큰 관과 작은 관 사이에서의 유속이 18 m/s라면 유량(m^3/s)은 얼마인가?

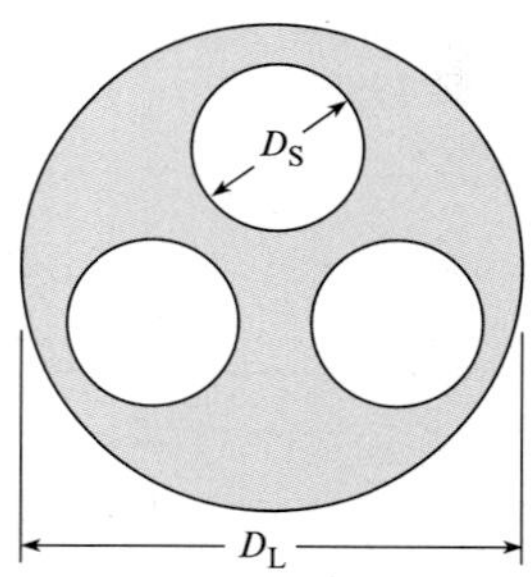

문제 5.14

5.15 직경 0.15 m인 관 내를 흐르는 물의 평균유속이 3 m/s이다. 유량은 얼마인가? 온도 $T = 15.5°C$라 가정한다.

라그랑주 접근법과 오일러 접근법(5.2절)

5.16 다음의 양(quantity)들이 총량적인가 또는 강도성인가?

a. 밀도

b. 질량

c. 체적

d. 에너지

e. 비에너지

검사체적 접근법(5.2절)

5.17 그림과 같이 각 흐름의 경우(a와 b)에서의 조건에 대해 레이놀즈 수송 이론을 연속 방정식에 적용하는 문제에 관한 아래의 질문이나 기술 사항에 대해 답하라.

a. b의 값은 얼마인가?

b. dB_{sys}/dt의 값을 결정하라.

c. $\sum_{cs} b\rho \mathbf{V} \cdot \mathbf{A}$의 값을 결정하라.

d. $d/dt \int_{cv} b\rho d\forall$의 값을 결정하라.

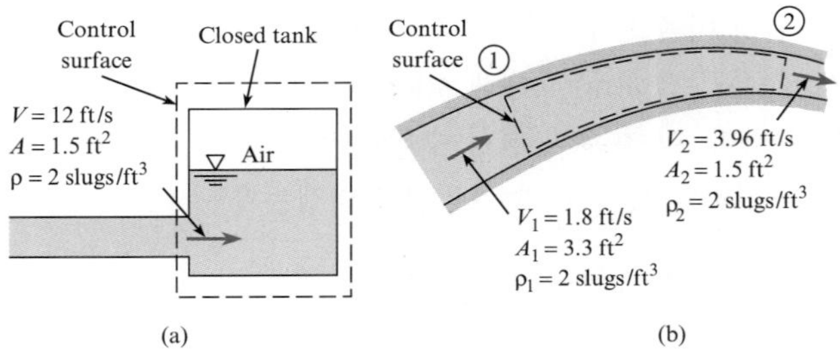

문제 5.17

연속 방정식(이론)(5.3절)

5.18 연속 방정식은 가끔 _______라고 불린다.

a. 보존 방정식

b. 질량평형 방정식

연속 방정식의 응용(5.4절)

5.19 두 개의 관이 직렬로 연결되어 있다. 첫 번째 관의 직경은 두 번째 관의 직경의 세 배이다. 관에 액체가 흐르고 있고, 큰 관에서의 유속은 6 m/s이다. 작은 관에서의 유속은 얼마인가?

5.20 그림과 같이 하나의 관으로 유입되는 두 개의 흐름이 있다. 이 유체의 흐름은 비압축성이다. 흐름 A의 유량은 $Q_A = 0.01t$ m^3/s로 주어지고, 흐름 B의 유량은 $Q_B = 0.006 t^2$ m^3/s로 주어진다. 여기서 t는 시간으로서 단위는 초이다. 한 개로 된 관의 출구 단면적은 0.01 m^{2}이다. 시각 $t = 2$ 초일 때, 출구에서 흐름의 속도와 가속도를 구하라.

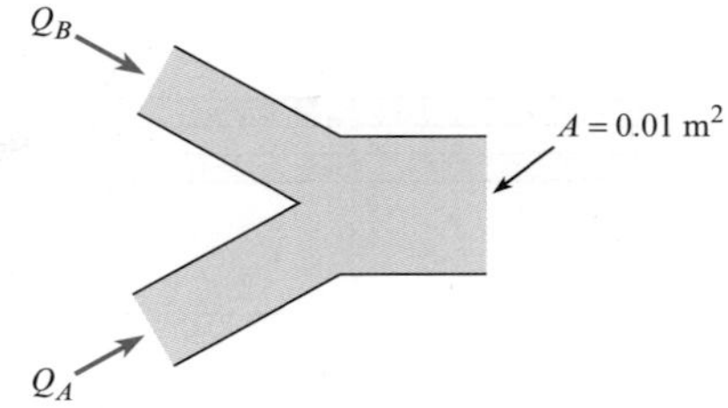

문제 5.20

5.21 바이오디젤 생산과정 중에 발생하는 폐기물인 글리세린은 비중이 1.26으로서 바이오디젤보다 높기 때문에, 중력분리장치를 이용하여 수집하게 된다. 글리세린은 관을 통하여 분리수조의 바닥으로부터 빠져나온다. 단면 1에서 압력 $p_1 = 320$ kPa, 직경 $D = 80$ cm, 그리고 유량이 700 L/s이다. 직경 $d = 35$ cm로 축소되고, 단면 1보다 0.8 m 높은 곳에 위치한 단면 2에서의 압력을 구하라. 흐름은 비점성이라고 가정한다.

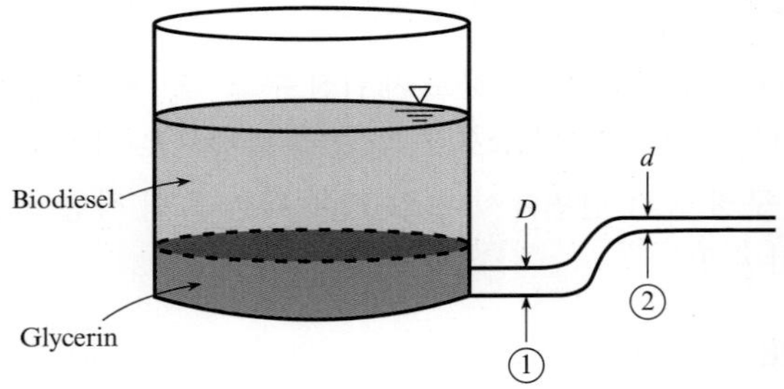

문제 5.21

5.22 음식건조 설비에는 공기의 온도를 높이기 위해 동일한 직경을 가진 가열 관이 있다. 관 입구에서의 속도는 10 m/s, 절대압력은 100 kPa, 온도는 20°C이다. 유출구에서는 절대압력이 78 kPa, 온도가 80°C이다. 유출구에서의 속도는 얼마인가? 압력과 속도 변화의 관계에 베르누이 방정식을 적용할 수 있는가? 설명하여라.

5.23 직경 D인 두 개의 평행 원판이 각각 수직 속도 V로 서로 접근하고 있다. 두 판 사이의 간격을 h라 할 때, 판의 끝단 바로 안쪽 단면(단면 A)의 이류 가속도의 방사방향 성분을 V, h 및 D의 항으로 나타내면 어떻게 되는가? 단면을 통과하는 속도의 분포는 균일하다고 가정하라.

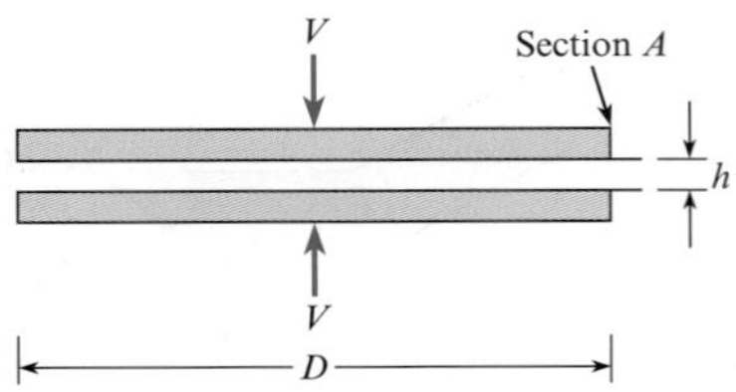

문제 5.23

5.24 비압축성 액체로 채워진 직경 0.2 m의 관 속에서 직경 0.15 m의 실린더가 1.2 m/s의 속도로 하강하고 있다. 실린더와 관 벽 사이의 공간에서의 액체의 평균속도(관에 대한)는 얼마인가?

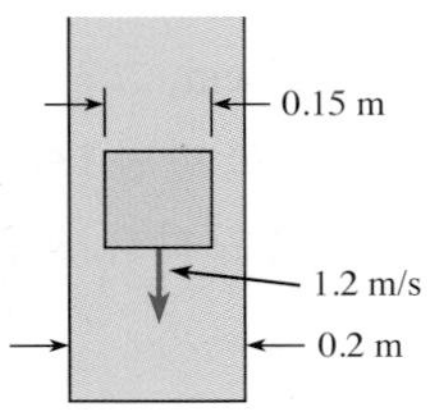

문제 5.24

5.25 직경이 0.3 m인 물로 채워진 수조 속에서 직경이 0.2 m인 구가 1.2 m/s의 속도로 수조 축 방향으로 하강하고 있다. 구의 중간 단면에서 수조 벽에 대한 물의 상승 속도는 얼마인가?

5.26 자전거 바퀴에 공기를 주입하기 위해 기계식 펌프를 사용한다. 펌프를 통과하는 유량은 0.01 m^3/min이다. 펌프로 유입되는 공기의 밀도는 1.215 kg/m^3이다. 자전거 바퀴의 팽창된 부피는 0.001 m^3이다. 팽창된 타이어 내의 공기의 밀도는 8.1 kg/m^3이다. 이 타이어에 처음에는 공기가 전혀 들어 있지 않았다면, 타이어를 팽창시키는 데 몇 초나 걸리겠는가?

5.27 직경 30 cm의 관이 직경 20 cm의 관과 10 cm의 관으로 분기된다. 총 유량이 0.40 m^3/s이고, 각각의 분기된 관에서의 평균유속이 동일하다면 각 분기 관에서의 유량은 얼마인가?

5.28 직경 0.2 m의 관에 직렬로 연결된 직경 0.28 m의 관 속에 물이 흐르고 있다. 유량이 0.06 m^3/s라면, 각 관에서의 평균유속은 얼마인가?

5.29 그림과 같은 덕트 내에서의 정상상태의 가스 흐름에 대해, 단면 2에서의 평균유속은 얼마인가?

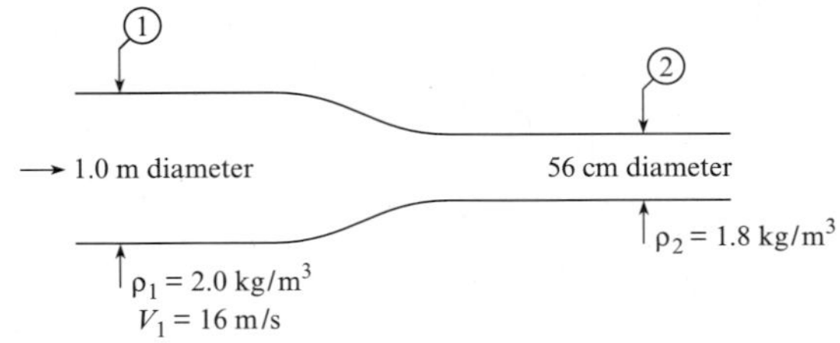

문제 5.29

5.30 배출구가 전혀 없는 호수에 강으로부터 48 m^3/s의 일정한 유량이 공급되고 있다. 평방킬로미터(km^2)당 0.3 m^3/s의 일정 비율로 수면으로부터 물이 증발한다. 수면의 면적(km^2)은 수심 h(m)에 대해 $A(km^2) = 11.7 + 4.4h(m)$와 같이 변화한다. 이 호수의 평형 수위는 얼마인가? 강의 유량이 얼마 이하일 때, 이 호수는 말라 버리겠는가?

5.31 산소와 메탄은 204 kPa의 절대압력과 100°C의 온도 조건하에서 혼합된다. 혼합기로 들어가는 이 두 기체의 속도는 6 m/s이다. 혼합기를 빠져나가는 기체의 밀도는 2.0 kg/m^3이다. 출구에서 혼합 기체의 유출 속도를 결정하라.

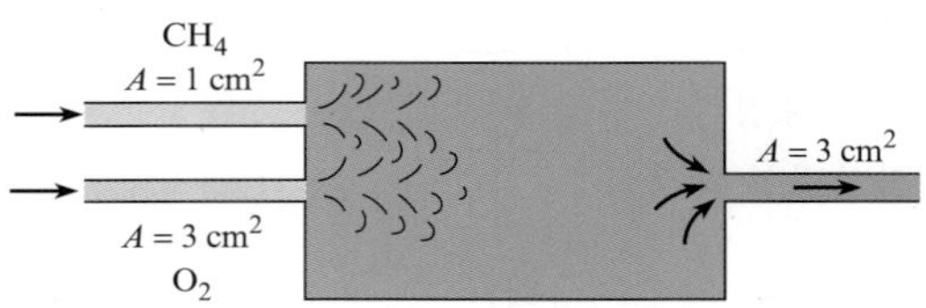

문제 5.31

5.32 가스를 공급하기 위해 그림에서와 같이 많은 구멍이 뚫린 관이 사용되고 있다. 각 구멍에서의 체적유량은 구멍에서의 압력차에 종속되어 다음과 같게 된다.

$$Q = 0.67 A_o \left(\frac{2\Delta p}{\rho} \right)^{1/2}$$

여기서 A_0는 구멍의 면적, Δp는 구멍에서의 압력차, 는 관 속 가스의 밀도이다. 만일, 관이 충분히 크다면 압력은 관을 따라서 일정할 것이다. 20°C 공기를 공급하는 관의 직경은 0.5 m이고 길이는 8 m이다. 관 내부의 압력은 100 Pa이고, 관 외부의 압력은 대기압으로 1 bar이다. 이 관에 직경이 2.5 cm인 구멍이 1 m당 35개 뚫려 있다. 관 내부에서의 압력은 일정하다. 관으로 유입되는 공기의 속도를 구하라.

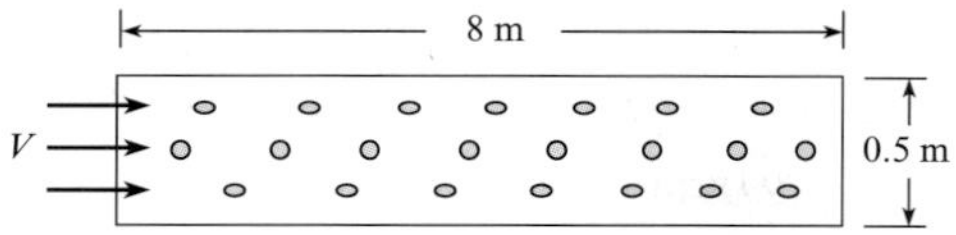

문제 5.32

5.33 압축기로 용적 5 m^3의 수조에 가스를 공급하고 있다. 유입 질량유량은 $\dot{m} = 0.5\ \rho_0/\rho$(kg/s)로 주어진다. 여기서 ρ는 수조 내의 밀도이고, ρ_0는 초기 밀도이다. 초기 밀도가 1.8 kg/m^3이라면, 수조 내의 밀도가 두 배로 증가되는 데 걸리는 시간은 얼마인가? 수조 내의 밀도는 균일하다고 가정하라.

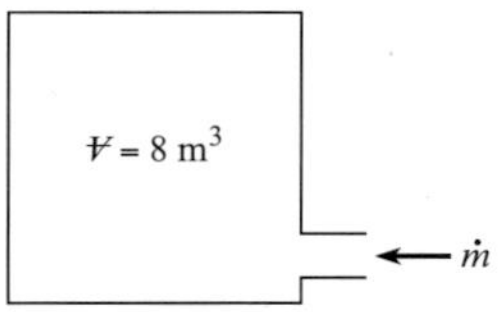

문제 5.33

5.34 타이어(체적이 일정하다고 가정)에서 공기가 서서히 새고 있다. 이때 타이어의 압력이 계기압력으로 207 kPa에서 172 kPa로 감소하는 데 3시간이 걸린다. 타이어 내의 공기 체적은 0.01 m^3이고, 온도는 15.5°C로 일정하게 유지된다. 공기의 질량유량은 $\dot{m} = 0.31\ pA/\sqrt{RT}$로 주어진다. 타이어에 생긴 구멍의 면적을 계산하라. 대기압은 절대압력으로 96.5 kPa이다.

5.35 옆으로 누워 있는 원통형 물통의 바닥에 있는 직경 0.5 m의 짧은 관을 통해 물이 유출되고 있다. 이 관을 통해 유출되는 물의 속도는 $V = \sqrt{2gh}$, 여기서 g는 중력가속도이고, h는 수조의 유출구로부터 수면까지의 높이이다. 수조의 길이는 1.2 m이고 직경은 0.6 m이다. 처음에 수조는 반이 채워져 있었다. 이 수조가 완전히 비워지는 시간을 결정하라.

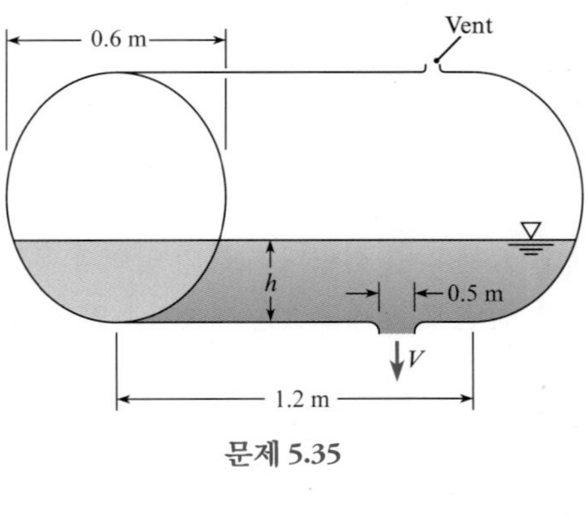

문제 5.35

5.36 그림과 같은 형태의 수조에서 수조의 직경이 $D = d + C_1 h$로 주어진다. 여기서 d는 수조 바닥의 직경이고, C_1은 상수이다. 액체의 표면 높이가 $h = h_0$에서 $h = h$로 하강하는 데 걸리는 시간을 산정하는 공식을 d_j, d, h_0, h 및 C_1의 항으로 유도하라. $h_0 = 1$ m, $h = 20$ cm, $d = 20$ cm, $C_1 = 0.3$, 그리고 $d_j = 5$ cm일 때의 시간 t를 계산하라. 수조에서 분출하는 유체의 속도는 $V_e = \sqrt{2gh}$ 이다.

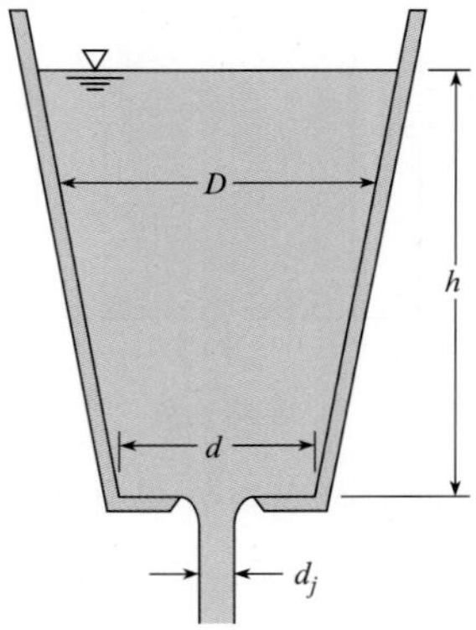

문제 5.36

5.37 오일을 저장하고 있는 수조가 배수시간을 줄이기 위해서 압력이 일정하게 유지되고 있다. 그림과 같이 수조는 직경이 2 m이고, 높이가 6 m이다. 처음 오일의 높이는 5 m이고, 밀도는 880 kg/m^3이다. 유출공의 직경은 2 cm이고 유출 속도는 다음과 같이 주어진다.

$$V_e = \sqrt{2gh + \frac{2p}{\rho}}$$

여기서 p는 수조 내 계기압력이고, ρ는 오일의 밀도, h는 유출공 바로 위에서부터 표면까지 측정된 높이이다. 배수가 진행되는 동안 공기의 온도가 일정하다고 가정하라. 압력은 다음과 같은 관계를 가지고 변동한다.

$$p = (p_0 + p_{\text{atm}})\frac{(L - h_0)}{(L - h)} - p_{\text{atm}}$$

여기서 L은 수조의 높이, p_{atm}은 대기압, 첨자 0은 초기값을 나타낸다. 수조의 초기압력이 300 kPa(계기압력)이고 대기압은 100 kPa이다.

이 문제에 연속 방정식을 적용하면 다음과 같은 식을 얻을 수 있다.

$$\frac{dh}{dt} = -\frac{A_e}{A_T}\sqrt{2gh + \frac{2p}{\rho}}$$

1시간 동안 시간에 따른 오일 깊이를 예측하기 위해서 이 식을 수치적으로 적분하라.

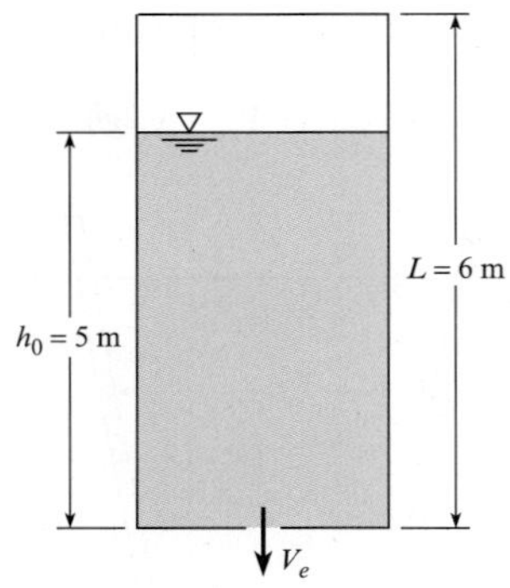

문제 5.37

5.38 물이 그림과 같이 압력이 일정하게 유지된 수조로부터 배수되고 있다. 유출 속도는 다음과 같이 주어진다.

$$V_e = \sqrt{\frac{2p}{\rho} + 2gh}$$

여기서 p는 수조의 압력이고, ρ는 물의 밀도, h는 출구 위로 측정된 수표면의 높이이다. 수조 내 물의 수심은 2.2 m이다. 수조의 단면적이 1.2 m²이고 관의 출구 면적이 9 cm²이다. 수조의 압력은 10 kPa로 유지된다. 수조 내 물이 모두 배수될 때까지 걸리는 시간을 구하라. 이 결과를 수조의 압력이 일정하게 유지되지 않을 때 모두 배수하는 데 걸리는 시간과 비교하라.

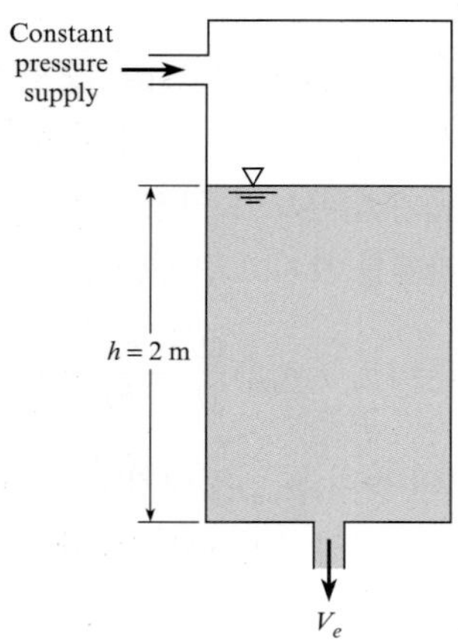

문제 5.38

5.39 그림에서와 같이 단면이 확장되는 관의 단면 1로부터 단면 2로 기체가 흐르고 있다. 유입구에서의 밀도, 직경, 속도는 각각 ρ_1, D_1, V_1이다. D_2가 $2D_1$이고 V_2가 V_1의 1/2이라면 단면 2에서의 밀도는 얼마인가?

a. $\rho_2 = 4\,\rho_1$
b. $\rho_2 = 2\,\rho_1$
c. $\rho_2 = ½\,\rho_1$
d. $\rho_2 = \rho_1$

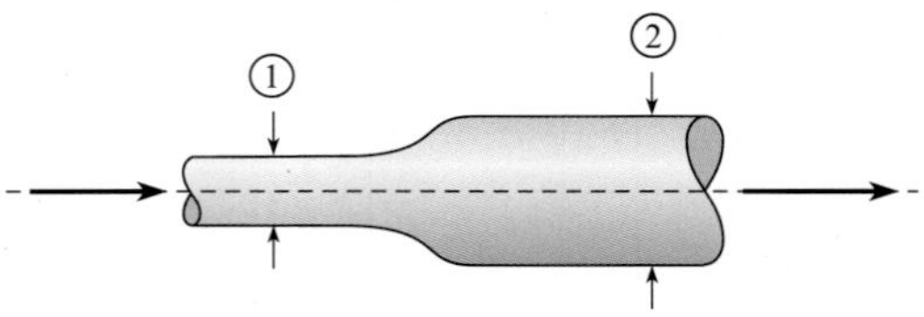

문제 5.39

5.40 그림과 같은 연직 관에 밀도가 0.96 kg/m³인 공기가 위쪽 방향으로 흐르고 있다. 입구(정점 1)에서의 속도는 21 m/s이고, 정점 1과 2의 면적비는 0.3($A_2/A_1 = 0.3$)이다. 두 탭(tap)은 3 m 떨어져 있으며, 그림과 같이 액주계로 연결되어 있다. 액주계에 들어 있는 액체의 비중은 18,852 N/m³이다. 액주계에서의 높이차 Δh를 구하라.

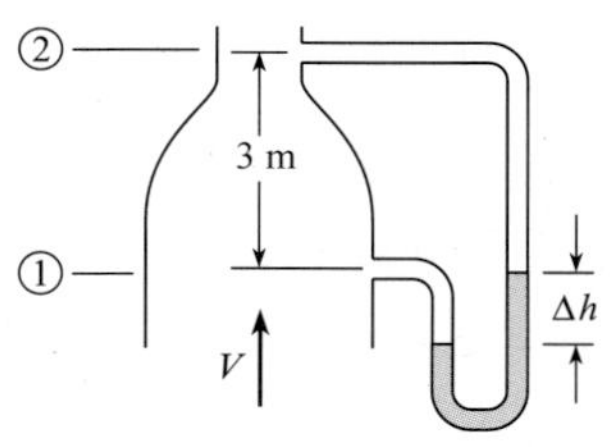

문제 5.40

5.41 그림과 같은 4행정 엔진에서 배기 행정 동안에 피스톤이 위로 이동하고 있다. 배출구를 통해 나가는 질량유량이 다음과 같이 주어진다.

$$\dot{m} = 0.65\frac{p_c A_v}{\sqrt{RT_c}}$$

여기서 p_c와 T_c는 각각 실린더 내부의 압력과 온도, A_v는 밸브 개구부의 단면적, 그리고 R은 배출가스의 기체상수이다. 실린더의 내경은 10 cm이고, 피스톤은 30 m/s의 속도로 상승하고 있다. 피스톤과 헤드 사이의 거리는 10 cm이다. 밸브의 개구부의 면적은 1 cm^{2}이고, 가스실 압력은 300 kPa, 가스실 온도는 600°C, 그리고 기체상수는 350 J/kg K이다. 연속 방정식을 적용하여 실린더 내부 기체의 밀도 변화율을 결정하라. 실린더 내부의 밀도와 압력은 균일하고 기체는 이상기체라 가정하라.

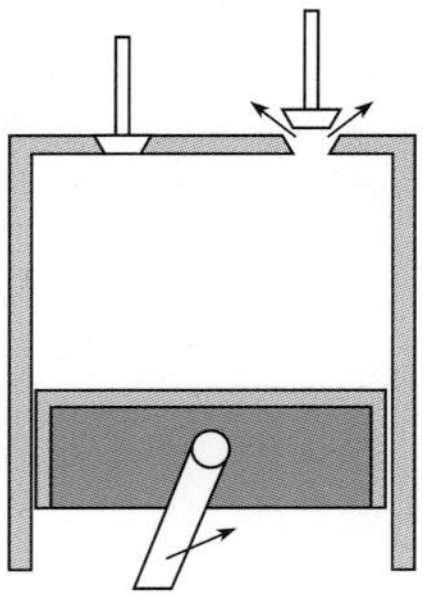

문제 5.41

5.42 유출구의 직경이 유입구 직경의 1/2인, 단면이 축소되는 원형 관에 물이 흐르고 있다. 유입구에서의 유속은 시간에 따라 $V_{\text{in}} = (10\text{ m/s})[1 - \exp(-t/10)]$로 변한다. 유출구에서의 속도는 시간에 따라 어떻게 변하는가?

5.43 면적이 일정하고 가열을 받는 관에 공기가 통과하고 있다. 입구에서의 속도는 10 m/s, 압력은 100 kPa 절대압력, 온도는 20°C이다. 유출구에서의 압력은 80 kPa 절대압력, 온도는 50°C이다. 유출구에서의 속도는 얼마인가? 압력과 속도 변화를 관계시키기 위해 베르누이 방정식의 적용이 가능한가? 설명하여라.

공동현상 예측(5.5절)

5.44 그림과 같이 수중 1 m에 위치한 수중익을 4.5 m/s의 속도로 예인할 때, 수중익 표면에 작용하는 최소 압력은 절대압력으로 18.6 kPa이다. 같은 수심에서 공동현상이 발생하는 속도는 얼마인가? 단, 온도는 10°C이고, 흐름은 비회전류라고 가정한다.

5.45 문제 5.44의 수중익에서 수심이 3 m일 경우, 공동현상이 발생하기 시작하는 속도는 얼마인가?

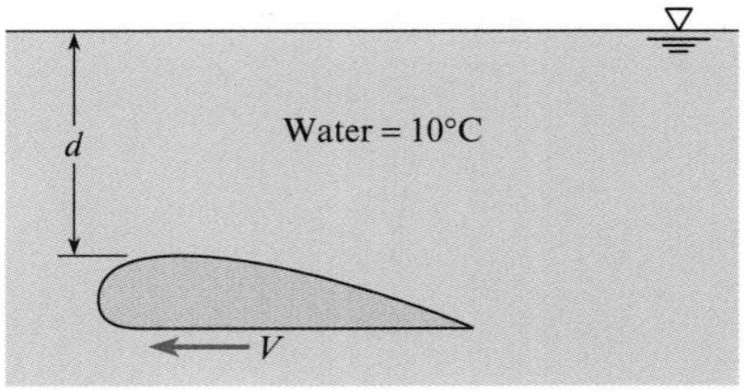

문제 5.44, 5.45

5.46 절대압력이 124 kPa인 수심에서 구가 운동하고 있다. 구에서의 최대 속도는 앞쪽에 있는 정체점으로부터 90° 각도를 이루는 곳에서 발생하고, 그 크기는 자유흐름 속도의 1.5배이다. 물의 밀도는 1000 kg/m^{3}이다. $T = 10$°C일 때, 구에서 공동현상이 발생하기 시작하는 속도를 구하라.

5.47 물($T = 10$°C) 속 1 m 깊이에서 5 m/s의 속도로 수평으로 움직이는 실린더에 작용하는 최소 압력이 절대압력으로 80 kPa이다. 대기압이 절대압력 100 kPa이라면, 공동현상이 발생하기 시작하는 속도는 얼마인가?

CHAPTER 6

운동량 방정식

개요 | 이 장에서는 (a) 선형운동량 방정식과 (b) 각운동량 방정식을 소개한다. 이 두 방정식들은 뉴턴의 운동 제2법칙으로부터 유도된다.

그림 6.1

공학자는 운동량 방정식과 같은 기본 방정식의 작은 조합을 이용하여 시스템을 설계한다. (사진 제공: NASA)

학습성과

뉴턴의 제2법칙(6.1절)

- 뉴턴의 운동 제2법칙에 대한 주요 개념을 습득한다.
- 가시화해법을 적용하여 뉴턴의 제2법칙과 관련된 문제를 푼다.

선형운동량 방정식(6.2절~6.4절)

- 운동량 방정식을 유도하기 위한 절차를 나열하고 물리적인 의미를 설명한다.
- 힘 도표와 운동량 도표를 도시한다.
- 운동량 흐름을 설명하거나 계산한다.
- 문제를 풀기 위해 선형운동량 방정식을 적용한다.

이동 검사체적(6.5절)

- 관성기준좌표계와 비관성기준좌표의 차이점을 구분한다.
- 이동 검사체적을 포함하는 문제를 푼다.

6.1 뉴턴의 운동 제2법칙의 이해

뉴턴의 제2법칙은 운동량 방정식의 이론적인 기초이기 때문에, 이 절에서는 뉴턴의 제2법칙에 관련된 개념을 살펴본다.

체적력과 표면력

힘(force)은 한 물체가 다른 물체를 밀거나 당기는 것으로 이상화시킬 수 있는 두 물체 사이의 상호작용이다. 밀거나 당기는 것과 같은 상호작용은 물체 가속의 원인 중 하나이다.

뉴턴의 제3법칙은 힘은 *두 물체*의 상호작용을 포함해야만 하고, *쌍으로 발생한다*는 것을 뜻한다. 두 힘은 크기는 같고, 방향은 반대이며, 동일선상에 위치한다.

예제. 위에서 설명한 힘의 예를 들기 위해, 그림 6.2와 같이 일정한 속도로 직선 경로로 비행하고 있는 비행기를 살펴보자. 비행기를 해석을 위한 *시스템(system)*으로 선정하고, 비행기를 *입자*(particle)로 가정하자. 뉴턴의 제1법칙(힘의 평형)은 물체에 작용하는 힘의 합은 균형을 이뤄야만 한다는 것을 뜻한다. 비행기에는 4개의 힘이 작용하고 있다.

- *양력*은 공기(물체 1)가 비행기(물체 2)를 순전하 위쪽 방향으로 밀어 올리는 힘이다.
- *무게*(중력)는 중력의 작용을 통해 지구(물체 1)가 비행기(물체 2)를 당기는 힘이다.
- 항력은 비행기(물체 2)에 작용하는 공기(물체 1)의 순 저항력이다.
- *추진력*은 공기(물체 1)가 수평 방향으로 미는 힘으로 프로펠러 표면(물체 2)에 작용한다.

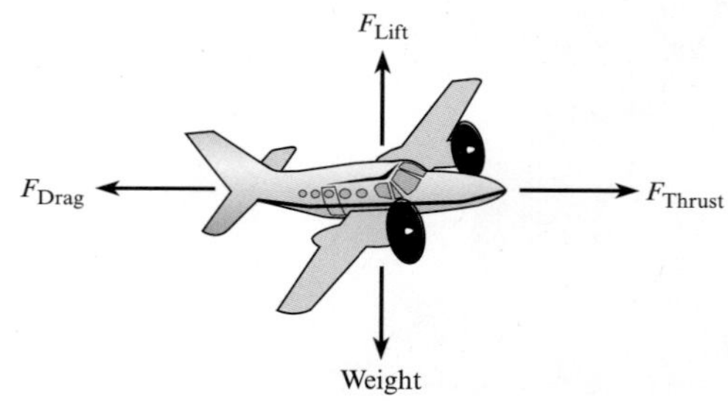

그림 6.2
비행기가 직선이고 수평 방향으로 비행할 때, 작용하는 힘들의 합은 0이다.

위에서 설명한 네 가지 상호작용의 각각은 (a) 밀거나 당기는 것에 관련되어 있고, (b) 물질이 다른 두 물체의 상호작용을 포함하기 때문에 힘으로 분류될 수 있다.

힘은 체적력과 표면력의 두 가지 범주로 분류될 수 있다. **표면력**(surface force)(접촉력이라고도 함)은 상호작용하는 두 물체 사이의 물리적인 접촉을 필요로 하는 힘이다. 양력(그림 6.2)은 양력을 발생시키기 위해 공기(물체 1)가 날개에 접촉해야만 하기 때문에 표면력이다. 이와 유사하게 추진력과 항력도 표면력이다.

체적력(body force)은 물리적인 접촉 없이 작용하는 힘이다. 예를 들어, 중력(무게)은 중력을 작용시키기 위해서 비행기가 지구에 접촉할 필요가 없기 때문에 체적력이다.

체적력은 시스템 안에 있는 모든 입자에 작용한다. 이와 반대로, 표면력은 상호작용하는 다른 물체와 물리적인 접촉이 있는 그 입자에만 작용한다. 예를 들어, 탁자 위에 놓인 물 한 잔으로 구성된 시스템을 고려해 보자. 중력은 시스템 안의 모든 입자를 누르고 있고, 이와 같

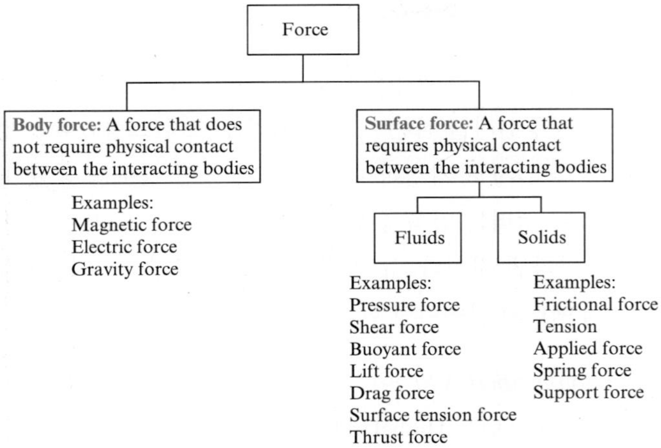

그림 6.3
힘은 체적력 또는 표면력으로 분류될 수 있다.

은 힘은 시스템의 무게중심을 통과하는 벡터로 표현할 수 있다. 이와 달리, 컵 바닥에 작용하는 수직력은 탁자와 접촉하고 있는 유리잔의 입자에만 작용한다.

요약. 힘은 체적력과 표면력 두 가지 범주로 분류할 수 있다(그림 6.3). 대부분의 힘은 표면력이다.

뉴턴의 운동 제2법칙

풀어서 말하면, 뉴턴의 제2법칙은 다음과 같다: *입자에 작용하는 힘의 합은 가속도에 비례하고, 비례상수는 입자의 질량이다.* 이 법칙은 입자에만 적용될 수 있음을 주의하라. 제2법칙은 가속도와 불균형된 힘(작용하는 힘의 합이 0이 아닌 상황)이 비례한다고 말하고 있다.

- 입자가 가속된다면 입자에 작용하는 힘들의 합은 0이 아니다.
- 입자에 작용하는 힘의 합이 0이 아니라면, 입자는 가속될 것이다.

뉴턴의 제2법칙은 다음과 같은 식으로 표현된다.

$$\left(\sum \mathbf{F}\right)_{\text{ext}} = m\mathbf{a} \tag{6.1}$$

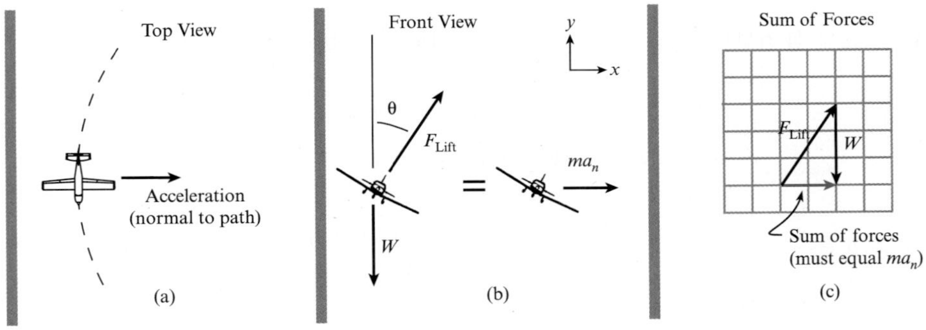

그림 6.4
수평면에서 곡선 경로를 따라 비행기가 일정한 속도로 비행하고 있다. (a) 평면도, (b) 정면도, (c) 힘의 합 ($\Sigma\mathbf{F}$) 벡터가 $m\mathbf{a}$ 벡터와 어떻게 균형을 이루는지 보여 주는 스케치.

여기서 첨자 "ext"는 단지 외력의 합임을 나타내기 위한 것에 주의하라.

예제. 불균형된 힘과 가속도 사이의 관계를 설명하기 위해서, 수평면에서 일정한 속도로 비행하고 있을 때 비행기가 왼쪽으로 방향전환을 하는 경우를 고려해 보자(그림 6.4a). 비행기를 *시스템*으로 선정하자. 비행기를 *입자*로 가정하자. 비행기가 곡선 경로를 일정한 속력으로 이동하기 있기 때문에 가속도 벡터는 안쪽을 향해야만 한다. 그림 6.4b는 뉴턴의 제2법칙에서 표현되는 벡터들을 나타낸 것이다. 뉴턴의 운동 제2법칙을 만족시키기 위해서 힘 벡터의 합(그림 6.4c)은 $m\mathbf{a}$ 벡터와 같아야만 한다.

비행기 예는 *가시화해법(visual solution method, VSL)*이라고 하는, 벡터 방정식을 가시화해서 해를 구하는 방법을 설명하고 있다. 이 방법은 Hibbeler(1)에 의해 채택되었고, 다음 절에서 설명한다.

가시화해법(VSM)을 이용한 벡터 방정식의 풀이

가시화해법은 물리적인 내용들을 나타내는 벡터 방정식의 해를 구하기 위한 접근방법으로, 방정식의 해를 어떻게 구하는지 시각적으로 보여 준다. 따라서 가시화해법(VSM)은 문제해결을 단순화한다. 가시화해법은 다음과 같은 3가지 단계를 갖고 있다.

단계1. 일반적인 형태(general form)로 벡터 방정식을 나타낸다.

단계2. 방정식의 왼쪽 항에 나타나는 벡터를 표시하는 도표를 그린다. 그런 다음 방정식의 오른쪽 항에 나타나는 벡터를 표시하는 두 번째 도표를 그린다. 두 도표 사이에 등호를 추가한다.

단계3. 도표로부터, 일반 방정식(general equation)을 적용하고, 결과를 단순화하여 축소 방정식(reduced equation)을 만든다. 축소 방정식은 벡터 방정식 또는 하나 또는 그 이상의 스칼라 방정식으로 표현될 수 있다.

예제. 이 예는 비행기 문제에 가시화해법(VSM)을 어떻게 적용하는지 보여 준다(그림 6.4).

단계 1. 일반 방정식은 뉴턴의 제2법칙 $(\Sigma \mathbf{F})_{ext} = m\mathbf{a}$이다.

단계 2. 등호로 분리된 두 개의 도표는 그림 6.4b에 보이는 것과 같다.

단계 3. 도표를 살펴보면, 스칼라 방정식을 사용하여 축소 방정식을 작성할 수 있다.

$$(x \text{ 방향}) \qquad F_{\text{lift}} \sin\theta = m a_n$$

$$(y \text{ 방향}) \qquad -W + F_{\text{lift}} \cos\theta = 0$$

이와 다른 방법으로는, 도표를 살펴보고 그 다음 벡터 방정식을 사용하여 축소 방정식을 작성할 수 있다.

$$F_{\text{Lift}}(\sin\theta\mathbf{i} + \cos\theta\mathbf{j}) - W\mathbf{j} = (m\boldsymbol{a}_n)\mathbf{i}$$

예제. 이 예는 일반적인 벡터 방정식에 가시화해법을 적용하는 방법을 설명하고 있다.

단계 1. 일반 방정식이 다음과 같다고 가정한다: $\Sigma\mathbf{x} = \mathbf{y}_2 - \mathbf{y}_1$.

단계 2. 벡터는 알고 있다고 가정하고, 도표를 도시한다(그림 6.5).

단계 3. 도표를 살펴보고, 축소 방정식을 작성한다. 부호를 맞추기 위해서, 일반 방정식에서 벡터 $\mathbf{y}_1$을 빼는 것으로 나타내는 것에 주의하라. 축소 방정식은 다음과 같다.

$$(x\ \text{방향}) \qquad x_2 + x_3 - x_4\cos 30° = y_2\cos 30° - y_1$$

$$(y\ \text{방향}) \qquad x_1 + x_4\sin 30° = -y_2\sin 30°$$

뉴턴의 제2법칙(입자의 시스템)

뉴턴의 제2법칙(식 6.1) 입자 하나에 적용하자. 흐르는 유체는 많은 입자를 포함하고 있기 때문에 다음 단계는 입자의 시스템에 적용될 수 있도록 제2법칙을 수정하는 것이다. 유도를 시작하기 위해, 입자의 질량은 항상 일정하다는 것에 주의해라. 이제, 식 (6.1)을 수정하면 다음과 같다.

$$\left(\sum \mathbf{F}\right)_{\text{ext}} = \frac{d(m\mathbf{v})}{dt} \tag{6.2}$$

여기서 $m\mathbf{v}$는 입자 하나의 운동량이다.

다수의 입자에 대해 식 (6.2)를 확장하면, 뉴턴의 제2법칙은 입자 각각에 적용한 후, 이 식들을 모두 더하면 된다. 시스템 내에서 입자 사이의 힘으로 정의되는 내력(internal force)을 무시하면, 다음과 같은 결과를 얻는다.

$$\left(\sum \mathbf{F}\right)_{\text{ext}} = \frac{d}{dt}\sum_{i=1}^{N}(m_i\mathbf{v}_i) \tag{6.3}$$

여기서 $m_i\mathbf{v}_i$는 i번째 입자의 운동량이고, $(\Sigma\mathbf{F})_{\text{ext}}$은 시스템 외부에서 작용하는 힘이다. 다음으로 다음과 같은 식을 도입하면

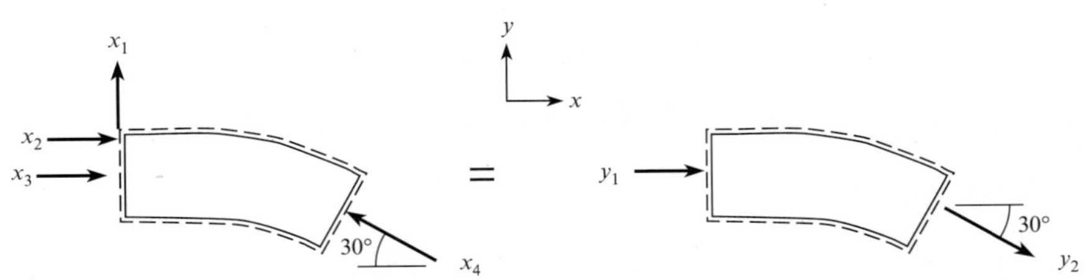

그림 6.5
벡터 방정식을 어떻게 푸는지 설명하기 위해 사용된 벡터들.

$$(\text{시스템의 총 운동량}) \equiv \mathbf{M} = \sum_{i=1}^{N} (m_i \mathbf{v}_i) \tag{6.4}$$

식 (6.3)과 (6.4)를 결합하면 다음과 같다.

$$\left(\sum \mathbf{F}\right)_{\text{ext}} = \left.\frac{d(\mathbf{M})}{dt}\right|_{\text{폐쇄형 시스템}} \tag{6.5}$$

여기서 첨자 "폐쇄형 시스템"은 식 (6.5)는 폐쇄형 시스템에 대한 것임을 확인해 주기 위한 것이다.

6.2 선형운동량 방정식: 이론

이 절에서는 선형운동량 방정식을 유도하고, 이 식의 물리적인 의미를 설명한다.

유도

입자 시스템에 대한 뉴턴의 제2법칙 식 (6.5)로부터 시작하자. 그 다음 식 (6.5)의 우변에 레이놀즈 수송이론(식 5.23)을 적용하자. 총량 특성(extensive property)은 운동량이고, 이에 대응하는 강도 특성(intensive property)은 단위질량당 운동량으로, 결과적으로 속도로 나타난다. 따라서 레이놀즈 수송이론을 적용하면 다음과 같다.

$$\left.\frac{d\mathbf{M}}{dt}\right|_{\text{폐쇄형 시스템}} = \frac{d}{dt}\int_{\text{cv}} \mathbf{v}\rho\, d\PVm + \int_{\text{cs}} \mathbf{v}\rho\, \mathbf{V}\cdot \mathbf{dA} \tag{6.6}$$

식 (6.5)와 (6.6)을 결합하면 *운동량 방정식*의 일반형을 얻을 수 있다.

$$\left(\sum \mathbf{F}\right)_{\text{ext}} = \frac{d}{dt}\int_{\text{cv}} \mathbf{v}\rho\, d\PVm + \int_{\text{cs}} \rho\, \mathbf{v}(\mathbf{V}\cdot \mathbf{dA}) \tag{6.7}$$

여기서 $(\Sigma\mathbf{F})_{\text{ext}}$는 검사체적 내 물질에 작용하는 외력의 합이고, $\mathbf{v}$는 관성기준좌표계에 대한 속도이고, $\mathbf{V}$는 검사표면에 대한 속도이다.

식 (6.7)은 다음과 같이 단순화시킬 수 있다. 우선, 검사체적 내 개개 입자가 동일한 속도를 갖는다고 가정하자. 따라서 식 (6.7)의 우변 첫 번째 항은 다음과 나타낼 수 있다.

$$\frac{d}{dt}\int_{\text{cv}} \mathbf{v}\rho\, d\PVm = \frac{d}{dt}\left[\mathbf{v}\int_{\text{cv}} \rho\, d\PVm\right] = \frac{d(m_{\text{cv}}\mathbf{v}_{\text{cv}})}{dt} \tag{6.8}$$

다음으로, 속도가 검사표면을 가로지를 때 균일하게 분포한다고 가정하자. 그러면 식 (6.7)의 마지막 항은 다음과 같이 된다.

$$\int_{\text{cs}} \mathbf{v}\rho\, \mathbf{V}\cdot \mathbf{dA} = \mathbf{v}\int_{\text{cs}} \rho\mathbf{V}\cdot \mathbf{dA} = \sum_{\text{cs}} \dot{m}_o \mathbf{v}_o - \sum_{\text{cs}} \dot{m}_i \mathbf{v}_i \tag{6.9}$$

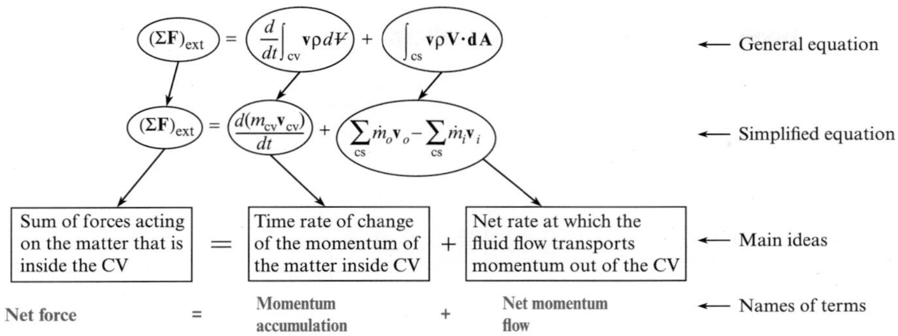

그림 6.6
운동량 방정식의 개념적 의미.

식 (6.7)과 (6.9)를 결합시키면, 최종 결과는 다음과 같다.

$$\left(\sum \mathbf{F}\right)_{ext} = \frac{d(m_{cv}\mathbf{v}_{cv})}{dt} + \sum_{cs} \dot{m}_o\mathbf{v}_o - \sum_{cs} \dot{m}_i\mathbf{v}_i \tag{6.10}$$

여기서 m_{cv}는 검사체적 내부 물질의 질량이다. 첨자 "o"와 "i"는 각각 방류구와 유입구를 나타낸다. 식 (6.10)은 *단순형 운동량 방정식*이다.

운동량 방정식의 물리적 해석

운동량 방정식은 힘의 합이 운동량 항에 의해서 정확하게 평형을 이룬다고 주장한다(그림 6.6 참조).

운동량 흐름의 물리적 해석

운동량 흐름이 의미하는 것을 이해하기 위해서, 그림 6.7과 같이 검사표면을 가로질러 통과하는 원통형 유체 입자를 선택하자. 입자가 시간 간격 Δt 동안 충분히 검사표면을 가로질러 이동할 수 있을 만큼의 길이라고 가정하자. 따라서, 입자 길이는 다음과 같고

$$L = (\text{길이}) = \left(\frac{\text{길이}}{\text{시간}}\right)(\text{시간}) = (\text{속도})(\text{시간}) = v\Delta t$$

입자의 체적은 $\forall = (v\Delta t)\Delta A$이다. 입자의 운동량은 다음과 같다.

$$\text{입자 하나의 운동량} = (\text{질량})(\text{속도}) = (\rho\Delta\forall)\mathbf{v} = (\rho v\Delta t\Delta A)\mathbf{v}$$

다음으로, 주어진 표면을 통하여 검사표면을 가로지르는 모든 입자의 운동량을 더하면 다음과 같다.

$$\text{모든 입자들의 운동량} = \sum_{cs} (\rho v\Delta t\Delta A)\mathbf{v} \tag{6.11}$$

이제, 시간 간격 Δt와 면적 ΔA를 0에 수렴시키면, 합을 적분으로 나타낼 수 있다. 식 (6.11)은 다음과 같이 된다.

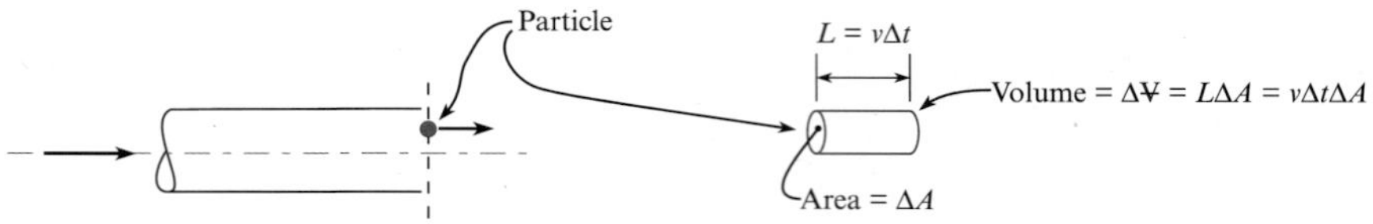

그림 6.7
시간 간격 Δt 동안 검사표면을 가로질러 통과하는 유체 입자.

$$\left(\frac{\text{검사표면을 가로질러 통과하는 모든 입자들의 운동량}}{\text{시간 간격}}\right)_{\text{특정 순간}} = \int_{cs} (\rho v)\mathbf{v}\, dA$$

요약. 운동량 흐름은 흐르는 유체가 검사표면을 가로질러 운동량을 운반하는 속도(시간 변화율)를 의미한다.

운동량 흐름(계산)

유체가 검사표면을 가로지를 때, 유체는 검사표면을 가로질러 운동량을 운반한다. 그림 6.8의 구역 1에서 운동량은 검사체적 안으로 운반된다. 구역 2에서 운동량은 검사체적 밖으로 운반된다.

속도가 검사표면을 가로질러 균일하게 분포할 때, 식(6.10)은 다음과 같이 된다.

$$(\text{운동량 흐름의 크기}) = \dot{m}v = \rho A v^2 \tag{6.12}$$

따라서 구역 1에서 운동량 흐름은

$$\dot{m}v = (2\ \text{kg/s})(8\ \text{m/s}) = 16\ \text{kg}\cdot\text{m/s}^2 = 16\ \text{N}$$

과 같은 크기를 갖고, 벡터의 방향은 오른쪽이다. 동일한 방법으로, 구역 2에서 운동량 흐름의 크기는 16 N이고, 방향은 수평선 아래로 45°이다. 식 (6.10)으로부터 순 운동량 흐름 항은 다음과 같다.

$$\dot{m}\mathbf{v}_2 - \dot{m}\mathbf{v}_1 = \{(16\ \text{N})\cos(45°\mathbf{i} - \sin 45°\mathbf{j})\} - \{(16\ \text{N})\mathbf{i}\}$$

요약. 속도가 균일할 때, 운동량 흐름 항의 크기는 $\dot{m}v = \rho A v^2$이고, 방향은 속도벡터에 평행하다. 순 운동량 흐름은 유출 운동량 흐름 벡터에서 유입 운동량 흐름 벡터를 빼서 계산할 수 있다.

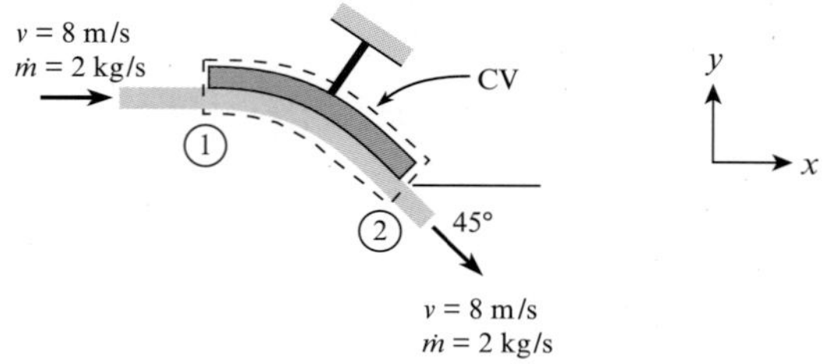

그림 6.8
평형 베인에 충돌하는 유체제트.

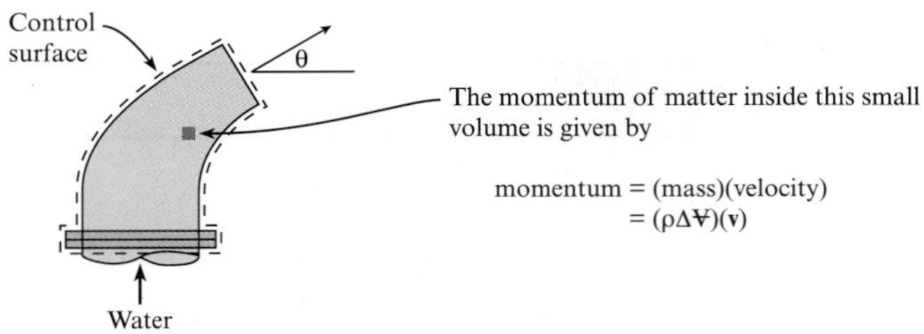

그림 6.9
노즐을 통과하는 물의 흐름.

운동량 집적(물리적 해석)

집적의 의미를 이해하기 위해 노즐 주위의 검사체적을 고려하자(그림 6.9). 그 다음, 검사체적을 많은 작은 체적으로 나누자. 이런 작은 체적 중 하나를 선택하고, 이 체적 내부의 운동량이 $(\rho\Delta\forall)\mathbf{v}$인 것에 주목하자.

검사체적 내부의 총 운동량을 구하기 위해, 검사체적을 구성하고 있는 모든 작은 체적에 대한 운동량을 합한다. 그리고 $\Delta\forall \to 0$으로 수렴시키고, 적분이 많은 작은 항들의 합이라는 사실을 적용하면 다음과 같이 된다.

$$(\text{검사체적 내부의 총 운동량}) = \sum(\rho\Delta\forall)\mathbf{v} = \sum \mathbf{v}\rho\Delta\forall = \int_{\text{cv}} \mathbf{v}\rho\, d\forall \tag{6.13}$$

식 (6.13)을 시간에 대해 미분하면 다음과 같은 결과를 얻는다.

$$(\text{운동량 집적}) = \begin{pmatrix}\text{검사체적 내부의} \\ \text{총 운동량의 시간변화율}\end{pmatrix} = \frac{d}{dt}\int_{\text{cv}} \mathbf{v}\rho\, d\forall \tag{6.14}$$

요약. 운동량 집적은 검사체적 내부의 운동량의 시간변화율을 나타낸다. 대부분의 문제에 대해, 운동량 집적은 0이 되거나 무시된다. 운동량집적 항을 해석하기 위해, 두 가지 의문점을 가질 수 있다: *검사체적 내부의 물질의 운동량은 시간에 따라 변하는가? 이와 같은 변화가 중요한가?* 두 질문에 대한 답이 "중요하다"라면, 운동량집적 항은 반드시 해석되어야 한다. 중요하지 않은 경우 운동량집적 항은 0으로 처리할 수 있다.

6.3 선형운동량 방정식: 적용

일 방정식

표 6.1은 선형운동량 방정식을 요약한 것이다.

표 6.1 선형운동량 방정식의 요약

설명	방정식	항
일반 방정식	$\left(\sum \mathbf{F}\right)_{\text{ext}} = \frac{d}{dt}\int_{cv} \mathbf{v}\rho\, d\forall + \int_{cs} \rho\mathbf{v}(\mathbf{V}\cdot\mathbf{dA})$ 식 (6.7)	$(\Sigma\mathbf{F})_{\text{ext}}$ = 외력의 합(N) t = 시간(s) $\mathbf{v}$ = 선택된 기준좌표계로부터 측정된 속도(m/s)(반드시 관성기준좌표계를 선택해야 한다) $\mathbf{v}_{cv}$ = 선택된 기준좌표계로부터 측정된 검사체적의 속도(m/s) $\mathbf{V}$ = 검사표면으로부터 측정된 속도(m/s) ρ = 유체의 밀도(kg/m^3) m_{cv} = 검사체적 내부 물질의 질량(kg) $\dot{m}_o$ = 검사체적에서 유출되는 질량유량(kg/s) $\dot{m}_i$ = 검차체적으로 유입되는 질량유량(kg/s)
단순 방정식 이 방정식은 대부분의 문제에 사용된다. 가정: (a) 검사체적 내 모든 입자는 같은 속도를 갖고, (b) 흐름이 검사표면을 가로질러 통과할 때, 속도는 균일하게 분포한다.	$\left(\sum \mathbf{F}\right)_{\text{ext}} = \frac{d(m_{cv}\mathbf{v}_{cv})}{dt} + \sum_{cs} \dot{m}_o\mathbf{v}_o - \sum_{cs} \dot{m}_i\mathbf{v}_i$ 식 (6.10)	

힘 도표와 운동량 도표

운동량 방정식을 적용하기 위해 추천된 방법인 가시화해법이 다음 예에 설명되어 있다.

예제. 이 예는 노즐로부터 유출되는 물의 흐름에 대해 가시화해법을 적용하는 방법을 설명하고 있다(그림 6.10 a). 물은 구역 1로 유입되어 구역 2로 유출된다.

단계 1. 운동량 방정식을 적는다(그림 6.10b 참조). 노즐을 둘러싸는 부분을 검사체적으로 선정한다.

단계 2a. 힘에 관련된 항들을 표현하기 위해 *힘 도표*를 그린다(그림 6.10c). **힘 도표**(force diagram)는 검사체적 내부에 있는 물질에 작용하는 힘들을 표시한다. 힘 도표는 그리는 방법과 보여지는 것이 자유물체도와 유사하다. 그러나 자유물체도는 라그랑주적 개념인 반면, 힘 도표는 오일러적 개념이다. 이것이 서로 다른 이름을 사용하는 이유이다.

힘 도표를 그리기 위해 검사체적을 스케치하고, 검사체적에 작용하는 외력을 표시한다. 그림 6.10c에서 무게벡터 W는 물의 무게와 노즐의 무게의 합을 나타낸다. p_1A_1로 표시되는 압력벡터는 관내의 물이 노즐을 통하여 물을 밀어내는 것을 나타낸다. 힘 벡터 F_x와 F_y는 노즐이 움직이지 않도록 잡아 주는 지지력을 나타낸다.

단계 2b. 운동량 항들을 표현하기 위해, **운동량 도표**(momentum diagram)를 스케치한다(그림 6.10c). 이 도표는 운동량 방정식 우변에 있는 운동량 항들을 나타낸다.

유출 운동량 흐름은 $\dot{m}v_2$로, 유입 운동량 흐름은 $\dot{m}v_1$으로 표현된다. 운동량집적항은 검사체적 내 총 운동량이 시간에 대해 일정하기 때문에 0이 된다.

단계 3. 도표를 사용하여 축소 방정식을 적는다(그림 6.10d와 6.10e 참조).

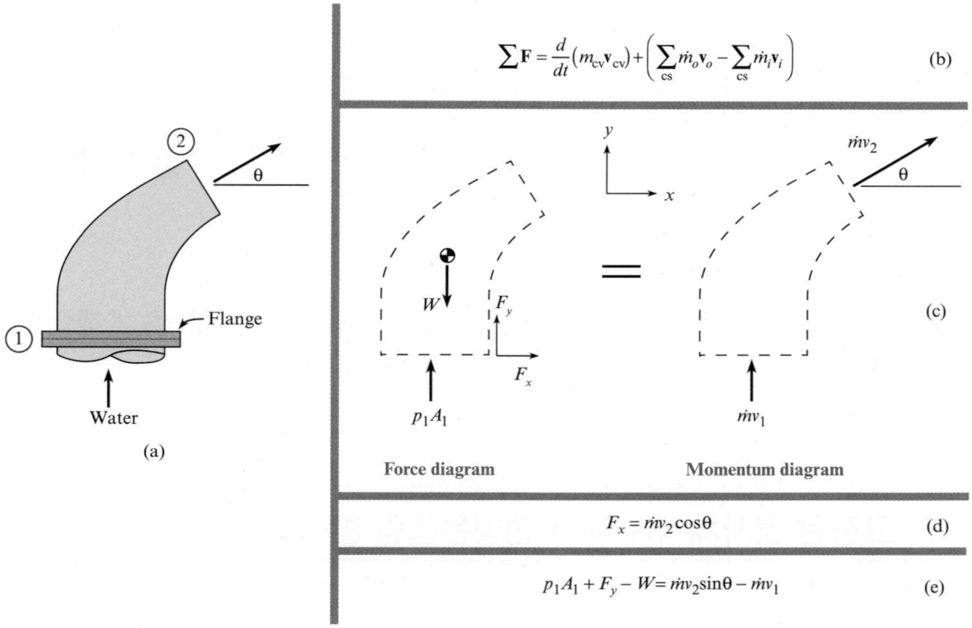

그림 6.10
운동량 방정식을 적용하기 위해 추천된 방법은 힘 도표와 운동량 도표를 그리고 그 후에 x와 y 방향에 대해서 운동량 방정식의 축소 형태를 나타내는 것이다.

요약. *힘 도표*는 검사체적에 작용하는 힘을 나타내고, *운동량 도표*는 운동량 항들을 나타낸다. 이러한 도표를 작성하고 가시화해법을 사용하는 것이 문제의 해를 구하는 데 도움이 된다.

운동량 방정식을 적용하는 절차

단계 1: **선택.** 문제가 힘과 유체 입자를 가속시키는 것을 포함하고 있고 토크를 고려할 필요가 없다면 선형운동량 방정식을 선택한다.

단계 2: **스케치.** 검사표면이 문제를 해결하기 위해 (a) 필요한 정보를 알고 있는 곳 또는 (b) 정보가 필요한 곳을 통과하도록 검사체적을 선정한다. 그 후에 힘 도표와 운동량 도표를 스케치한다.

단계 3: **해석.** 가시화해법을 사용하여 스칼라 방정식 또는 벡터 방정식을 구성한다.

단계 4: **검증.** 모든 힘이 외력인지 확인한다. 벡터의 방향을 확인한다. 물리적인 특성을 확인한다. 예를 들어 운동량 집적이 0이라면, 힘의 합은 유출 운동량 흐름과 유입 운동량 흐름의 차와 평형을 이루어야 한다.

그림 6.11
운동량 방정식을 적용해서 풀 수 있는 문제들에 대한 분류체계.

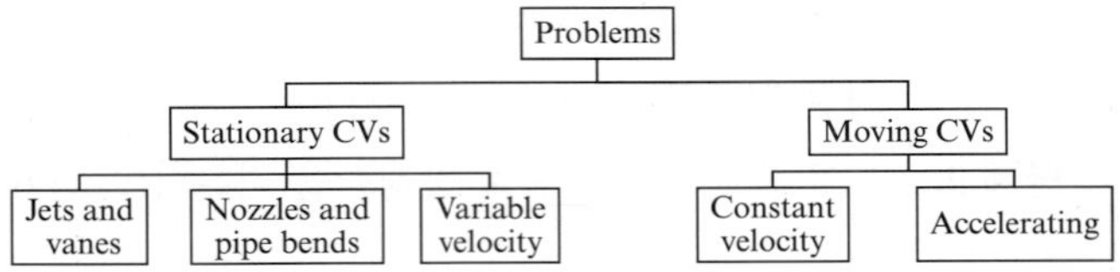

그림 6.12
유체제트를 포함하는 문제.

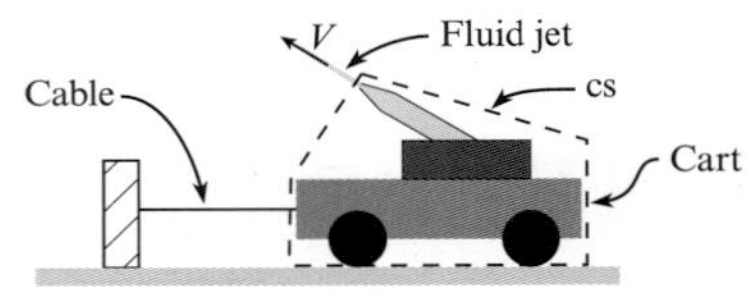

문제해결을 위한 로드맵

그림 6.11은 문제의 분류체계를 나타낸 것이다. 이 그림의 목표는 로드맵처럼 문제풀이를 잘 수행하도록 돕는 것이다. 다음의 두 절에서 각각의 범주에 해당하는 문제에 대한 자세한 사항들을 제시할 것이다.

6.4 고정된 검사체적에 대한 선형운동량 방정식

검사체적인 지구에 대해서 고정되어 있을 때, 운동량집적 항은 거의 항상 0이거나 무시할 수 있다. 따라서 운동량 방정식은 다음과 같이 단순하게 표현될 수 있다.

$$\text{힘의 합} = \text{유출 운동량 흐름} - \text{유입 운동량 흐름}$$

유체제트

유체제트(fluid jet)의 범주에 속하는 문제는 노즐을 떠나는 자유제트를 포함한다. 그러나 노즐 자체에 대한 해석은 문제에 포함되지 않는다. 그림 6.12와 같은 유체제트에 대한 예를 살펴보자. 이 문제는 물대포가 수레에 미치는 영향을 다루고 있다. 물이 속도 V로 노즐로부터 유출될 때 케이블에 작용하는 장력을 구하는 것이 이 문제의 목적이다.

각각의 문제들의 범주에는 문제를 쉽게 풀 수 있게 하는 어떤 사실들을 가지고 있다. 이러한 사실들이 **팁** 형태로 제시될 것이다. 유체제트에 대한 팁들은 다음과 같다.

- **팁 1.** 자유제트가 검사표면을 통과할 때, 제트는 힘을 가하지 않는다. 따라서 힘 도표 면에 힘을 표시할 필요가 없다. 그 이유는 제트의 압력은 주변압력(ambient pressure)과 같기 때문에, 순작용력이 작용하지 않는다. 이것은 오일러 방정식을 적용해서 증명할 수 있다.
- **팁 2.** 유체제트의 운동량 흐름은 $\dot{m}\mathbf{v}$이다.

예제 6.1은 유체제트 범주에 해당하는 문제이다.

예제 6.1

고정로켓에 적용되는 운동량 방정식

문제

다음 그림은 추진력을 구하기 위해 시험발사대로부터 40 g짜리 모형 로켓이 발사되는 경우를 나타낸 것이다. 로켓 모터로부터 배출되는 제트는 지름이 $d = 1$ cm, 속도는 $v = 450$ m/s, 밀도는 $\rho = 0.5$ kg/m^{3}이다. 배출 제트 내의 압력은 주변압력과 같다고 가정한다. 로켓을 고정시키기 위한 지지대에 작용하는 힘 F_s를 구하라.

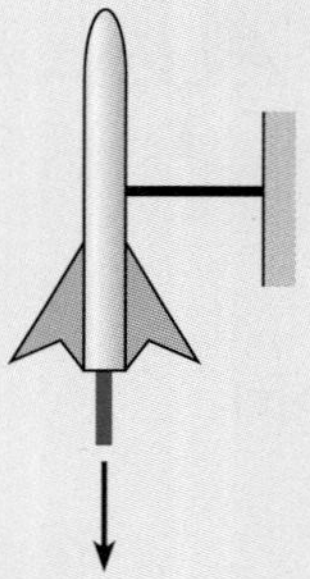

설명

작은 로켓이 시험발사대에서 발사되려고 한다.

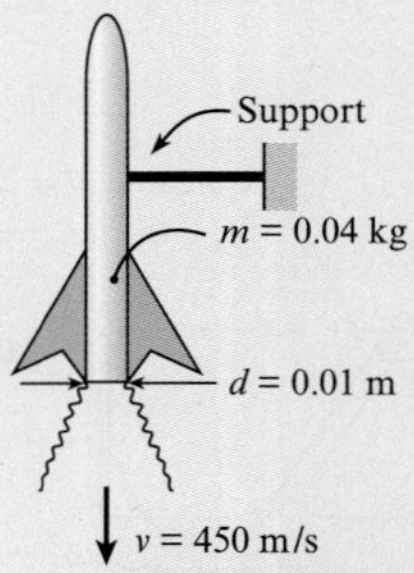

가정: 노즐 출구 평면에서 압력은 0.0 kPa(계기압력)이다.

목표

F_s(N) ← 지지대에 작용하는 힘

아이디어

선택: 유체 입자가 연소에 의해 발생한 압력에 의해 가속되고, 힘을 구하는 것이 목표이기 때문에 운동량 방정식을 선택한다.

스케치: 검사표면을 잘라내야 하기 때문에 로켓 주변을 검사체적으로 선정한다.

- 지지대를 통과하도록(우리가 정보를 원하는 곳)
- 로켓 노즐을 통과하도록(정보가 알려져 있는 곳)

그 다음, *힘 도표*와 *운동량 도표*를 그린다. 도표는 양의 y 방향을 포함하는 화살표를 포함하고 있다는 것에 주의하라. 이것은 운동량 방정식이 벡터 방정식이기 때문에 중요하다.

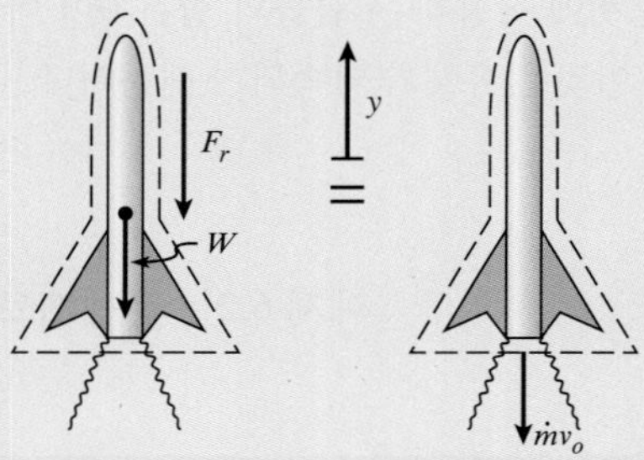

힘 도표에서 체적력은 무게(W)이다. 힘(F_r)은 로켓의 지지대를 아래로 밀어내는 힘을 나타낸다. 압력이 대기압이기 때문에 노즐 출구 평면에서 압력에 의한 힘은 없다.

해석: 도표에서 해당되는 항들을 선정해 연직 방향으로 운동방정식을 적용하면 다음과 같다.

$$F_r + W = \dot{m} v_o \tag{a}$$

식 (a)에서, 알려지지 않은 유일한 힘은 F_r이다. 그러므로 다음과 같은 계획을 따라서 구한다.

1. 운동량 흐름을 계산한다: $\dot{m} v_o = \rho A v_o^2$.
2. 무게를 계산한다.
3. 힘 F_r에 대해서 푼다. 그런 다음 뉴턴의 제3법칙을 적용한다.

문제풀이

1. 운동량 흐름:

$$\begin{aligned}\rho A v^2 &= (0.5\ \text{kg/m}^3)(\pi \times 0.01^2\ \text{m}^2/4)(450^2\ \text{m}^2/\text{s}^2) \\ &= 7.952\ \text{N}\end{aligned}$$

2. 무게:

$$W = mg = (0.04 \text{ kg})(9.81 \text{ m/s}^2) = 0.3924 \text{ N}$$

3. 로켓에 작용하는 힘(식 a로부터):

$$F_r = \rho A v_o^2 - W = (7.952 \text{ N}) - (0.3924 \text{ N}) = 7.56 \text{ N}$$

뉴턴의 제3법칙에 의해, 지지대에 작용하는 힘은 F_r과 크기는 같고 방향은 반대이다.

$$\boxed{F_s = 7.56 \text{ N} (\uparrow)}$$

검토

1. *지식.* 로켓에 작용하는 힘들의 합은 0이 아님에 주의하여라. 이것은 유체가 가속되기 때문이다.

2. *지식.* 로켓에 대해 $\dot{m}v$ 항은 때때로 "추진력"이라고도 한다. 예를 들어, $\dot{m}v = 7.95$ N; 이 값은 모형 로켓에 사용되는 작은 모터의 대표적인 값이다.

3. *지식.* 뉴턴의 제3법칙은 힘이 항상 짝으로 발생하고, 크기는 같고 방향은 반대라는 것을 뜻한다. 앞의 스케치에서처럼 F_r과 F_s는 크기는 같고 방향은 반대이다.

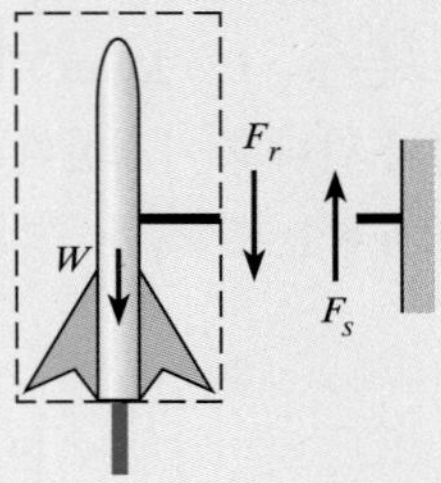

예제 6.2는 유체제트 범주에 해당하는 또 다른 문제이다.

예제 6.2

유체제트에 적용되는 운동량 방정식

문제

다음 그림은 저울 위에 위치한 수레에 콘크리트가 흘러 들어오는 것을 나타낸 것이다. 콘크리트의 밀도는 $\rho = 2400$ kg/m^3, 단면적은 $A = 0.1$ m^2, 유입 속도는 $v = 3$ m/s이다. 그림의 경우 수레 중량과 콘크리트 중량을 합한 값이 3600 N이다. 정상류라고 가정하고 케이블에 작용하는 장력과 저울에 기록된 중량을 구하라.

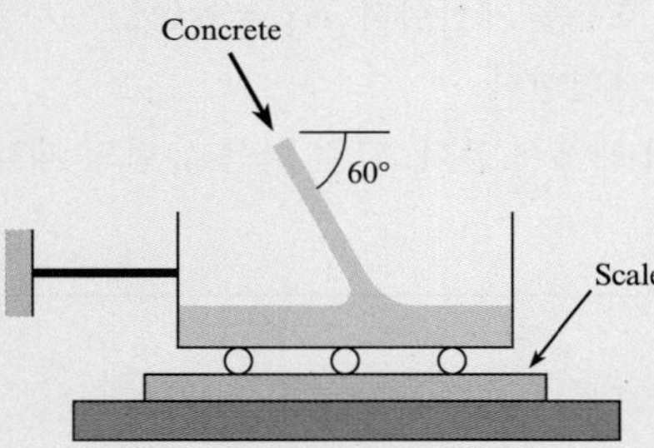

설명

무게를 측정하고 있는 수레에 콘크리트가 흘러 들어오고 있다.

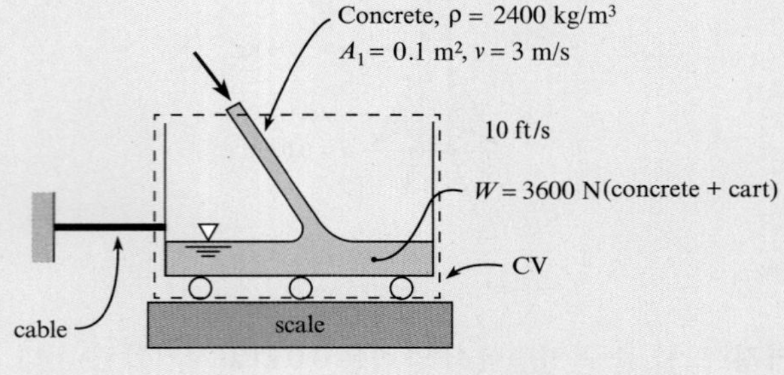

목표

T ← 케이블의 장력

W_s ← 저울에 측정되는 무게

아이디어

운동량 방정식을 *선택한다*. 검사체적을 선정하고, 상황도에 검사체적을 스케치한다. 그런 다음 힘 도표와 운동량 도표를 그린다.

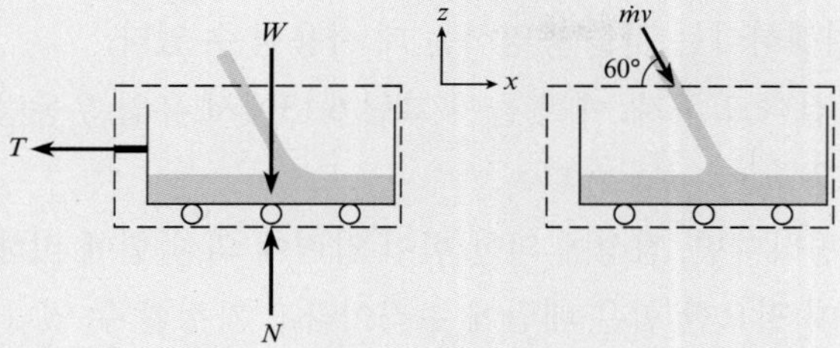

힘 도표에서 액체제트는 검사표면에 힘을 가하지 않는 것에 주의하라. 이것은 제트가 대기압과 같기 때문이다.

운동량 방정식을 적용하기 위해, 벡터를 가시화할 수 있는 힘 도표와 운동량 도표를 사용한다.

$$\sum \mathbf{F} = \dot{m}_o \mathbf{v}_o - \dot{m}_i \mathbf{v}_i$$

$$-T\mathbf{i} + (N - W)\mathbf{k} = -\dot{m}v((\cos 60°)\mathbf{i} - (\sin 60°)\mathbf{j})$$

그 다음, 스칼라 방정식을 적는다.

$$-T = -\dot{m}v\cos 60° \qquad \text{(a)}$$

$$(N - W) = \dot{m}v\sin 60° \qquad \text{(b)}$$

다음과 같은 과정을 거쳐 원하는 값을 구할 수 있다.

1. 식 (a)를 이용해서 장력을 구한다.
2. 식 (b)를 이용해서 N을 구한다. 이때, $W_s = -N$이라 하자.

문제풀이

1. 운동량 방정식(수평 방향):

$$-T = \rho A v^2 \cos 60°$$

$$T = 2400\ \text{kg/m}^3)\ (0.1\ \text{m}^2)\ (3\ \text{m/s})^2 \cos 60°$$

$$= \boxed{1080\ \text{N}}$$

2. 운동량 방정식(연직 방향):

$$N - W = -(-\rho A v^2 \cos 60°)$$

$$N = W + \rho A v^2 \sin 60°$$

$$= 3600\ \text{N} + 1871\ \text{N} = \boxed{5471\ \text{N}}$$

검토

1. *토의.* 저울에 기록된 무게는 유체제트에 의해 운동량이 전달되기 때문에 수레의 무게보다 더 무겁다.
2. *토의.* 이 문제에서 운동량집적 항은 0이 아니다. 그러나 작은 것으로 간주되었기 때문에 무시되었다.

베인

베인(vane)은 유체제트의 방향을 바꾸기 위해 사용되는 일반적으로 얇은 형태의 구조물 요소이다(그림 6.13). 베인은 공학적인 관심분야의 많은 구성요소를 이상화하는 데 사용된다. 예를 들어 터빈의 날개(blade), 배의 돛, 항공기 엔진의 역추진장치 등이 있다.

베인 문제를 좀 더 쉽게 풀기 위해서는 다음과 같은 팁을 따르면 된다.

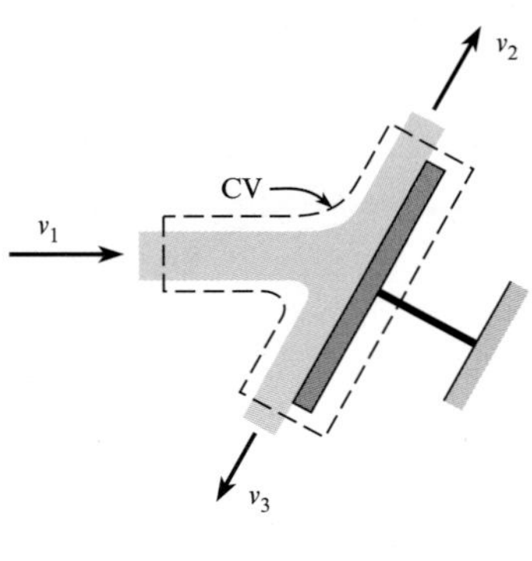

그림 6.13
평면 베인에 충돌하는 유체제트.

- **팁 1.** $v_1 = v_2 = v_3$라고 가정한다. 이 가정은 베르누이 방정식을 이용해 타당함을 입증할 수 있다. 다시 말해 비점성 흐름이고 표고의 변화를 무시할 수 있다고 가정하면, 베르누이 방정식은 유체제트의 속도가 일정하다는 것을 증명하는 데 사용될 수 있다.
- **팁 2.** 각각의 운동량 흐름이 $\dot{m}\mathbf{v}$로 같다고 하자. 예를 들어 그림 6.13에서 유입 운동량 흐름은 $\dot{m}_1\mathbf{v}_1$이다. 유출 운동량 흐름은 $\dot{m}_2\mathbf{v}_2$, $\dot{m}_3\mathbf{v}_3$이다.
- **팁 3.** 그림 6.13과 같이 베인이 평평하다면, 점성에 의한 힘이 압력에 의한 힘에 비해 아주 작기 때문에 베인을 고정하는 데 필요한 힘은 베인에 수직이라고 가정할 수 있다. 따라서 베인에 작용하는 하중은 압력에 의한 것이라고 가정할 수 있고, 이것은 베인에 수직으로 작용한다.
- **팁 4.** 그림 6.13과 같이 제트가 자유제트일 때, 제트의 압력은 대기압이기 때문에 제트가 검사표면에서 순작용력의 원인이 아니라는 것을 알아야 한다. 단지 압력이 대기압과 차이가 있을 때 순작용력의 원인이 된다.

예제 6.3

베인에 적용되는 운동량 방정식

문제

그림에서와 같이 물제트($\rho = 1000 \text{ kg/m}^3$)가 정지하고 있는 베인에 의해 60° 각도로 방향을 바꾸고 있다. 제트의 속도가 30 m/s이고 지름이 3 cm일 때, 제트가 베인에 가하는 힘을 구하라.

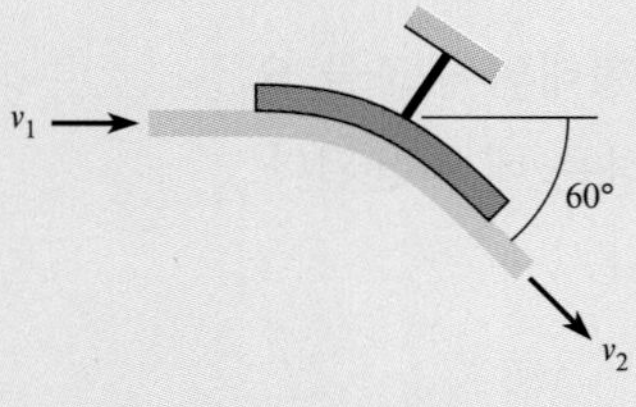

설명

물제트가 베인에 의해 방향을 바꾸고 있다.

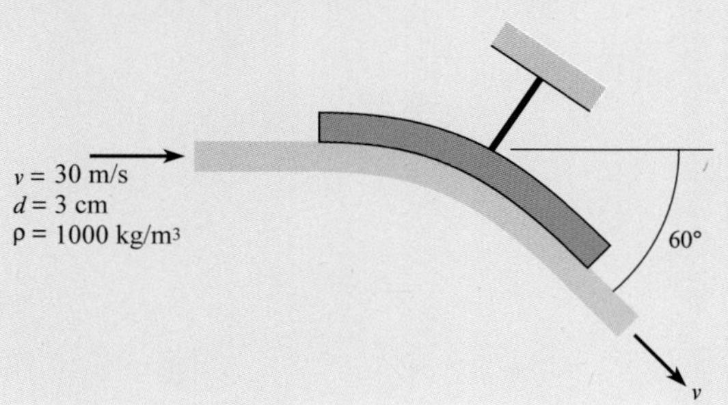

가정:

- 제트의 속도는 일정하다: $v_1 = v_2 = v$.
- 제트의 지름은 일정하다: $d_1 = d_2 = d$.
- 중력의 효과를 무시할 수 있다.

목표

$\mathbf{F}_{\text{jet}}$(N) ← 베인에 가하는 유체의 힘을 구한다.

아이디어

선택: 힘이 매개변수이고 유체 입자는 제트의 방향전환에 의해 가속되기 때문에 선형운동량 방정식을 선택한다.

스케치: 지지대에 작용하는 힘을 구할 수 있도록 지지대를 가로지르게 검사체적을 자른다. 그 후에 힘 도표와 운동량 도표를 스케치한다.

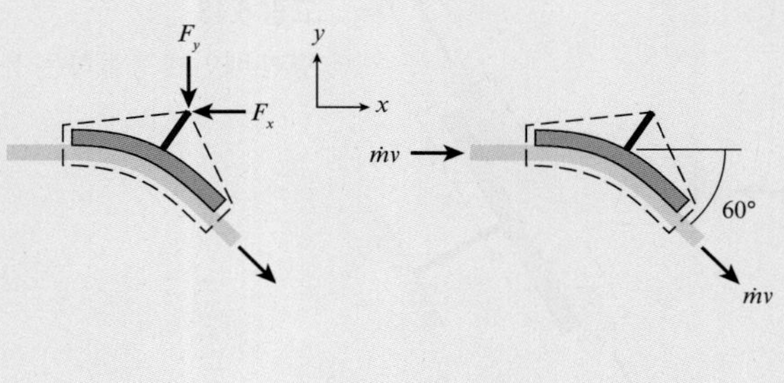

힘 도표와 운동량 도표에서 다음과 같은 것들에 주의한다.

- 검사표면에서 물제트의 압력은 계기압력으로 0이기 때문에 압력에 의한 힘은 0이다.
- 각각의 운동량 흐름은 $\dot{m}v$로 나타낸다.

해석: 운동량 방정식을 적용하기 위해 힘 도표와 운동량 도표를 사용해서 벡터 방정식을 적는다.

$$\sum \mathbf{F} = \dot{m}_o \mathbf{v}_o - \dot{m}_i \mathbf{v}_i$$
$$(-F_x)\mathbf{i} + (-F_y)\mathbf{j} = \dot{m}v(\cos 60^\circ \mathbf{i} - \sin 60^\circ \mathbf{j}) - \dot{m}v\mathbf{i}$$

이제, 스칼라 방정식은 다음과 같다.

$$-F_x = \dot{m}v(\cos 60^\circ - 1) \quad \text{(a)}$$
$$-F_y = -\dot{m}v(\sin 60^\circ) \quad \text{(b)}$$

식 (a)와 (b)를 풀기 위한 충분한 정보가 있기 때문에 문제는 해결될 수 있다. 그 절차는 다음과 같다.

1. $\dot{m}v$를 계산한다.
2. 식 (a)를 이용해서 F_x를 구한다.
3. 식 (b)를 이용해서 F_y를 구한다.
4. 뉴턴의 제3법칙을 적용하여 제트의 힘을 구한다.

문제풀이

1. 운동량 흐름률:

$$\begin{aligned}\dot{m}v &= (\rho A v)v \\ &= (1000\ \text{kg/m}^3)(\pi \times 0.015^2\ \text{m}^2)(30\ \text{m/s}) \\ &= 21.21\ \text{kg/s}\end{aligned}$$

2. x 방향의 선형운동량 방정식:

$$\begin{aligned}F_x &= \dot{m}v(1-\cos 60^\circ) \\ &= (21.21\ \text{kg/s})(1-\cos 60^\circ) \\ F_x &= 318.15\ \text{N}\end{aligned}$$

3. y 방향의 선형운동량 방정식:

$$\begin{aligned}F_y &= \dot{m}v\ \sin 60^\circ \\ &= (21.21\ \text{kg/s})\sin 60^\circ \\ F_y &= 551.05\ \text{N}\end{aligned}$$

4. 뉴턴의 제3법칙

제트가 베인에 가하는 힘($\mathbf{F}_{\text{jet}}$)은 베인을 고정하기 위해 필요한 힘($\mathbf{F}$)과 반대방향이다. 그러므로

$$\mathbf{F}_{\text{jet}} = (318.15\ \text{N})\mathbf{i} + (551.05\ \text{N})\mathbf{j}$$

검토

1. *토의.* 문제에서 구하는 값이 벡터로 제시된 것에 주의하라. 따라서 답도 벡터로 제시되어야 한다.
2. *기술.* 베인에 적용되는 일반적인 가정들이 "설명"에 적용되어 있음에 주의하라.

노즐

노즐은 흐름의 단면적을 축소시켜 유체흐름을 가속시키기 위해 사용하는 흐름장치이다(그림 6.14). 이 범주에 해당하는 문제는 노즐 자체에 대한 해석은 포함하지만, 자유제트에 대한 해석은 포함하지 않는다.

노즐 문제를 쉽게 풀기 위한 팁들은 다음과 같다.

- **팁 1.** 각각의 운동량 흐름은 $\dot{m}\mathbf{v}$이다. 그림 6.14의 노즐에 대한 유입 운동량 흐름은 $\dot{m}\mathbf{v}_A$이고 유출 운동량 흐름은 $\dot{m}\mathbf{v}_B$이다.
- **팁 2.** 관에 연결된 노즐에 작용하는 압력에 의한 힘을 포함한다. 그림 6.14의 각각의 노즐에 대해서 힘 도표에서 크기 $p_A A_A$의 압력에 의한 힘을 포함한다. 이 힘은 모든 압력에

그림 6.14
노즐에서 유출되는 유체제트.

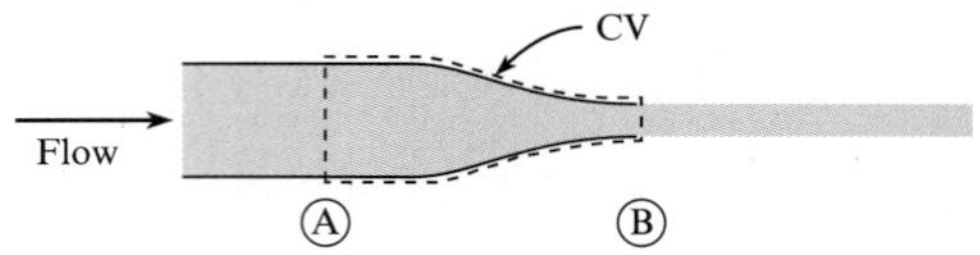

의한 힘과 같이 압축력이다.

- **팁 3.** A와 B 사이에 베르누이 방정식을 적용하여 압력 p_A를 구한다.
- **팁 4.** 연속 방정식을 이용하여 v_A와 v_B를 연관시킨다.
- **팁 5.** 검사표면이 지지구조물(예: 관벽, 플랜지)을 가로질러 자를 때, 관련된 힘들을 힘 도표에 타나낸다. 그림 6.14에 나타낸 노즐에 대해서는 힘 도표에 힘 F_{Ax}와 F_{Ay}를 추가하라.

예제 6.4

노즐에 적용되는 운동량 방정식

문제

그림은 노즐을 통한 공기의 흐름을 나타낸 것이다. 유입구에서 절대압력은 $p_1 = 105$ kPa이고, 공기는 절대압력이 101.3 kPa인 대기 중으로 분출되고 있다. 노즐은 유입구 지름이 60 mm이고, 유출구 지름이 10 mm이다. 노즐은 플랜지에 의해서 공급관과 연결되어 있다. 노즐을 고정시키는 데 필요한 힘을 구하라. 공기의 밀도는 1.22 kg/m³으로 일정하다고 가정한다. 노즐의 무게는 무시하라.

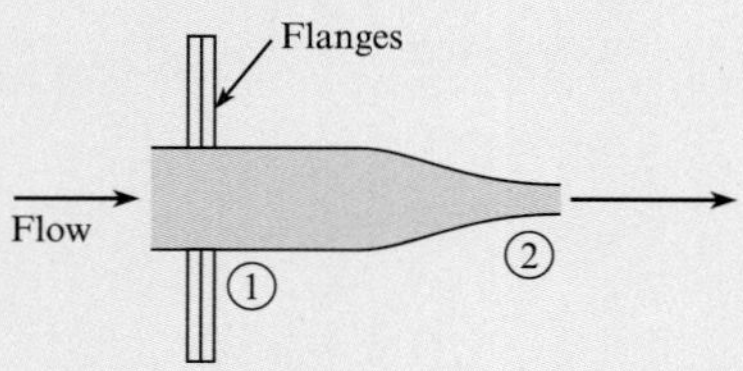

설명

공기가 노즐을 통하여 흐르고 있다.

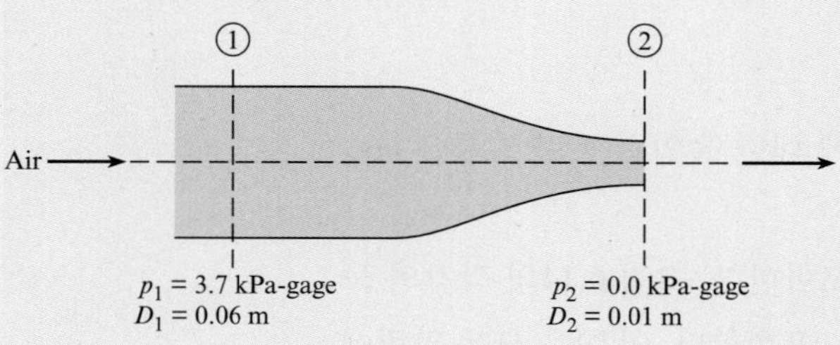

특성값: $\rho = 1.22$ kg/m³

가정:

- 노즐의 무게는 무시한다.
- 정상이며, 밀도가 일정하고, 점성이 없는 흐름이다.

목표

F(*N*) ← 노즐을 고정시키는 데 필요한 힘

아이디어

선택: 힘이 매개변수이고 유체 입자는 노즐에서 가속되므로 운동량 방정식을 선택한다.

스케치: 힘 도표와 운동량 도표를 스케치한다.

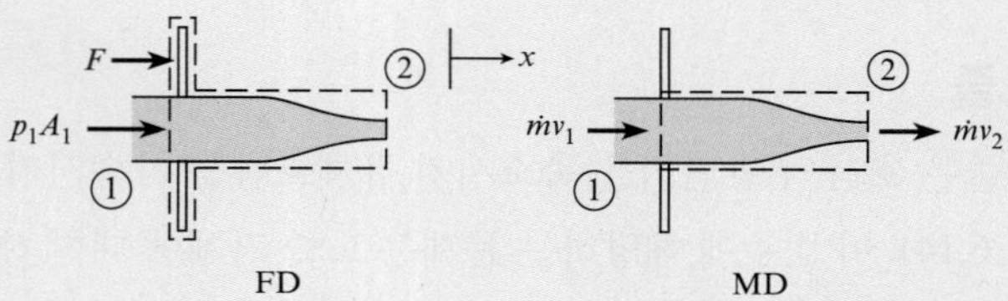

x 방향 운동량 방정식은 다음과 같다.

$$F + p_1A_1 = \dot{m}(v_2 - v_1) \tag{a}$$

힘 F에 대해 풀기 위해서 v_2와 v_1이 필요하고, 이 값들은 베르누이 방정식을 이용해서 구할 수 있다. 따라서 다음과 같은 절차를 따른다.

1. 베르누이 방정식과 연속 방정식을 적용해서 v_2에 대한 식을 유도한다.
2. v_2와 v_1을 계산한다.
3. 식 (a)를 적용해서 힘 F를 구한다.

문제풀이

1. *베르누이 방정식*(1과 2 사이에 적용):

$$p_1 + \gamma z_1 + \frac{1}{2}\rho v_1^2 = p_2 + \gamma z_2 + \frac{1}{2}\rho v_2^2$$

항별 해석:

- $z_1 = z_2 = 0$
- $p_1 = 3.7$ kPa; $p_2 = 0.0$

베르누이 방정식은 다음과 같다.

$$p_1 + \rho v_1^2/2 = \rho v_2^2/2$$

연속 방정식. 구역 1과 2를 포함하도록 검사체적을 선정한다. 질량축적 항을 무시한다. 연속 방정식은 다음과 같이 단순하게 된다.

$$v_1 A_1 = v_2 A_2$$
$$v_1 d_1^2 = v_2 d_2^2$$

베르누이 방정식에 대입하고 v_2에 대해서 풀면

$$v_2 = \sqrt{\frac{2p_1}{\rho(1 - (d_2/d_1)^4)}}$$

2. v_2와 v_1의 계산:

$$v_2 = \sqrt{\frac{2 \times 3.7 \times 1000 \text{ Pa}}{(1.22 \text{ kg/m}^3)(1 - (10/60)^4)}} = 77.9 \text{ m/s}$$

$$v_1 = v_2\left(\frac{d_2}{d_1}\right)^2$$
$$= 77.9 \text{ m/s} \times \left(\frac{1}{6}\right)^2 = 2.16 \text{ m/s}$$

3. 운동량 방정식:

$$F + p_1A_1 = \dot{m}(v_2 - v_1)$$
$$F = \rho A_1 v_1 (v_2 - v_1) - p_1 A_1$$
$$= (1.22 \text{ kg/m}^3)\left(\frac{\pi}{4}\right)(0.06 \text{ m})^2(2.16 \text{ m/s}) \times (77.9 - 2.16)(\text{m/s}) - 3.7 \times 1000 \text{ N/m}^2 \times \left(\frac{\pi}{4}\right)(0.06 \text{ m})^2$$
$$= 0.564 \text{ N} - 10.46 \text{ N} = -9.90 \text{ N}$$

힘 F가 음(−)의 값을 가지므로, 힘 도표에서 가정한 방향과 반대방향이다. 따라서

노즐을 고정시키는 데 필요한 힘 = 9.90 N(←)

검토

1. *지식*. 힘 도표에서 힘의 방향의 처음에는 임의로 가정한다. 힘에 대한 답이 음(−)의 부호를 갖는다면, 힘은 처음에 가정한 선택방향의 반대로 작용한다.
2. *지식*. "설명"에서 압력은 계기압력으로 변경되었다. 왜냐하면 압력에 의한 순작용력의 원인이 되는 것은 대기와 압력의 차이기 때문이다.

곡관

곡관(pipe bend)은 각도 변화를 통해서 흐름 방향을 변화시키기 위해 사용되는 구조적인 구성요소이다(그림 6.15). 곡관은 플랜지를 이용해서 관의 직선흐름에 연결하는 데 종종 사용된다. **플랜지**(flange)는 중앙에 구멍이 있는 원형 판으로 관 위에 위치하며 종종 그 위치에 용접되어 있다. 플랜지는 관의 각 부분을 서로 연결하기 위해 볼트로 연결되어 있다.

다음 팁들은 곡관에 대한 문제를 푸는 데 유용하다.

그림 6.15
곡관.

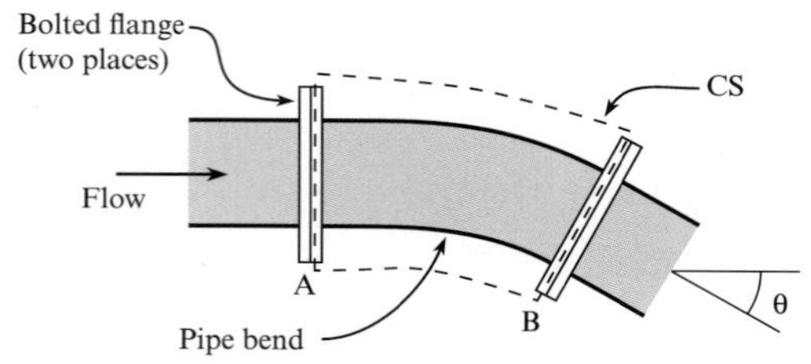

- **팁 1.** 각각의 운동량 흐름은 $\dot{m}\mathbf{v}$로 가정하자. 그림 6.15와 같은 곡관에 대해서는 운동량 유입흐름은 $\dot{m}\mathbf{v}_A$이고 유출 운동량 흐름은 $\dot{m}\mathbf{v}_B$이다.
- **팁 2.** 관 단면을 가로지르는 검사체적은 압력에 의한 힘을 포함한다. 그림 6.15에서, 구역 A($F_A = p_A A_A$)와 구역 B($F_B = p_B A_B$)에 압력에 의한 힘이 존재하고, 언제나처럼 두 압력은 압축력이다.
- **팁 3.** p_A와 p_B를 관련시키기 위해서 7장의 에너지 방정식과 에너지 손실수두를 적용하는 것이 가장 올바른 방법이다. 다른 대안으로는 압력이 일정하다고 가정하거나 비점성 유체로 가정하여 베르누이 방정식을 적용하는 것이 있다.
- **팁 4.** v_A와 v_B를 관련시키기 위해 연속 방정식을 적용한다.
- **팁 5.** 검사표면이 지지구조물(관벽, 플랜지)을 가로지를 때 힘 도표에서 지지력을 발생시키는 하중을 포함해야 한다.

예제 6.5

곡관에 운동량 방정식의 적용

문제

그림과 같은 지름 1 m의 관이 비중 $S = 0.94$의 원유를 유량 2 m^3/s로 정상류 상태로 운반하고 있다. 이 곡관이 수평 평면 위에 30° 각도로 휘어 있다. 곡관 내의 기름의 체적은 1.2 m^{3}이고 곡관 자체만의 무게는 4 kN이다. 곡관 중심에서의 압력이 75 kPa (계기압력)라고 가정한다. 곡관을 지지하는 데 필요한 힘을 구하라.

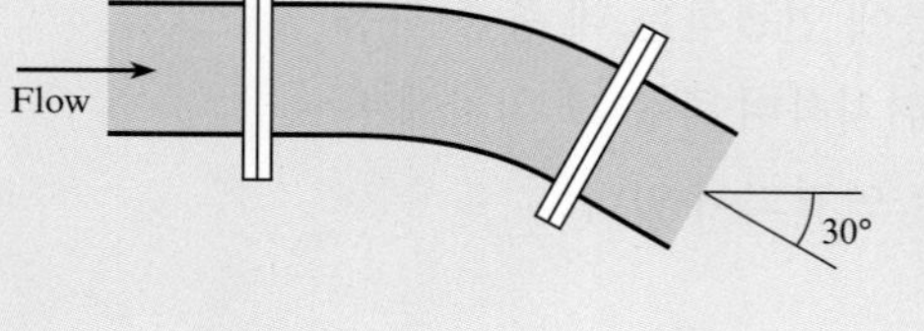

설명

원유가 곡관을 통해 흐른다.

- 수평면에 곡관이 놓여 있다.
- 곡관 내 원유의 체적은 $\mathcal{V}_{oil} = 1.2$ m^{3}이다.
- 곡관 자체의 무게는 4000 N이다.
- 관 중심선에서의 압력은 계기압력으로 $p = 75$ kPa이다.

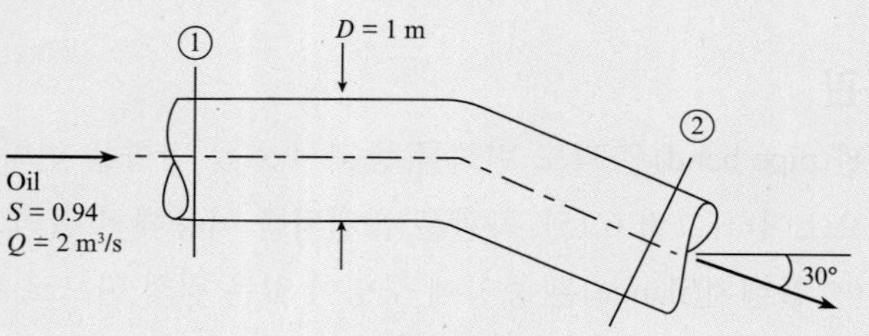

목표

F(N) ← 곡관을 고정하는 데 필요한 힘

아이디어

선택: 힘이 매개변수이고 유체 입자가 곡관 내에서 가속되므로 운동량 방정식을 선택한다.

스케치: 곡관을 지지하는 구조물과 구역 1과 구역 2를 관통하도록 검사체적을 선정하고 힘 도표와 운동량 도표를 그린다.

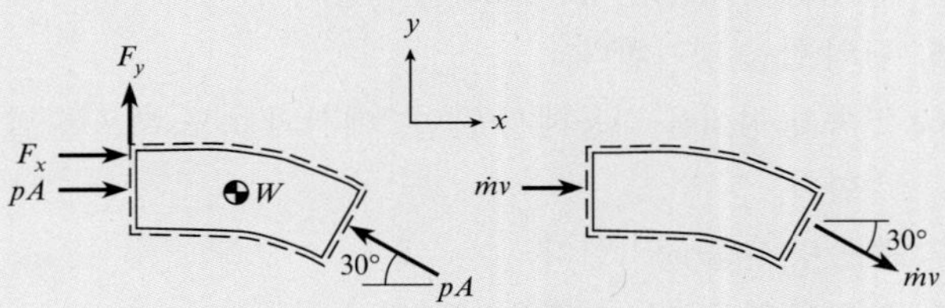

해석: 도표를 참고해서 각 방향별 운동량 방정식을 적는다.

- x 방향:

$$F_x + p_1A_1 - p_2A_2\cos 30° = \dot{m}v_2\cos 30° - \dot{m}v_1 \qquad \text{(a)}$$

- y 방향:

$$F_y + p_2A_2\sin 30° = -\dot{m}v_2\sin 30° \qquad \text{(b)}$$

- z 방향:

$$F_z - W_{\text{total}} = 0 \qquad \text{(c)}$$

이 방정식들을 검토한다; F_x, F_y, F_z를 구할 수 있는 충분한 정보가 있다는 것에 주목하라. 따라서 다음과 같은 계획에 따라 문제를 푼다.

1. 운동량 플럭스 $\dot{m}v$를 계산한다.
2. 압력에 의한 힘 pA를 계산한다.
3. F_x에 대한 식 (a)를 푼다.
4. F_y에 대한 식 (b)를 푼다.
5. F_z에 대한 식 (c)를 푼다.

문제풀이

1. 운동량 흐름:

- 체적유량(체적흐름률)에 대한 식을 적용하면:

$$v = Q/A = \frac{(2\ \text{m}^3/\text{s})}{(\pi \times 0.5^2\ \text{m}^2)} = 2.55\ \text{m/s}$$

- 다음으로, 운동량 흐름을 계산한다.

$$\begin{aligned}\dot{m}v &= \rho Q v = (0.94 \times 1000\ \text{kg/m}^3)(2\ \text{m}^3/\text{s})(2.55\ \text{m/s}) \\ &= 4.79\ \text{kN}\end{aligned}$$

2. 압력에 의한 힘:

$$pA = (75\ \text{kN/m}^2)(\pi \times 0.5^2\ \text{m}^2) = 58.9\ \text{kN}$$

3. 운동량 방정식(x 방향):

$$F_x + p_1A_1 - p_2A_2\cos 30° = \dot{m}v_2\cos 30° - \dot{m}v_1$$

$$\begin{aligned}F_x &= -pA(1 - \cos 30°) - \dot{m}v(1 - \cos 30°) \\ &= -(pA + \dot{m}v)(1 - \cos 30°) \\ &= -(58.9 + 4.79)(\text{kN})(1 - \cos 30°) \\ &= -8.53\ \text{kN}\end{aligned}$$

4. 운동량 방정식(y 방향):

$$F_y + p_2A_2\sin 30° = -\dot{m}v_2\sin 30°$$

$$\begin{aligned}F_y &= -(pA + \dot{m}v)\sin 30° \\ &= -(58.9 + 4.79)(\text{kN})(\sin 30°) = -31.8\ \text{kN}\end{aligned}$$

5. 운동량 방정식(z 방향)(곡관의 무게는 곡관 자체의 무게와 원유의 무게를 합한 값이다):

$$-F_z - W_{\text{total}} = 0$$

$$\begin{aligned}W &= \gamma V\!\!\!/ + 4\ \text{kN} \\ &= (0.94 \times 9.81\ \text{kN/m}^3)(1.2\ \text{m}^3) + 4\ \text{kN} = 15.1\ \text{kN}\end{aligned}$$

6. 곡관을 지지하는 데 필요한 힘:

$$\boxed{\mathbf{F} = (-8.53\ \text{kN})\mathbf{i} + (-31.8\ \text{kN})\mathbf{j} + (15.1\ \text{kN})\mathbf{k}}$$

속도 분포가 변하는 경우

이 절에서는 적분에 의해서 운동량 흐름을 평가하는 문제를 어떻게 푸는지 살펴본다. 이와 같은 예가 예제 6.6에 설명되어 있다.

예제 6.6

속도 분포가 변하는 경우에 운동량 방정식의 적용

문제

총알 형태의 기기에 작용하는 항력을 풍동 실험을 통해 계측하고자 한다. 풍동의 지름은 1 m이고, 단면 1에서의 계기압력은 1.5 kPa, 단면 2에서의 계기압력은 1.0 kPa, 공기의 밀도는 1.0 kg/m^{3}이다. 유입부에서의 속도 분포는 30 m/s로 균일하고, 유출부에서의 속도 분포는 그림에 보이는 바와 같이 선형적으로 변한다. 이 기기와 지지 베인(support vane)에 작용하는 항력을 구하라. 관 벽에서의 점성 저항은 무시하고, 단면 1과 단면 2에서의 압력 분포는 균일하다고 가정하라.

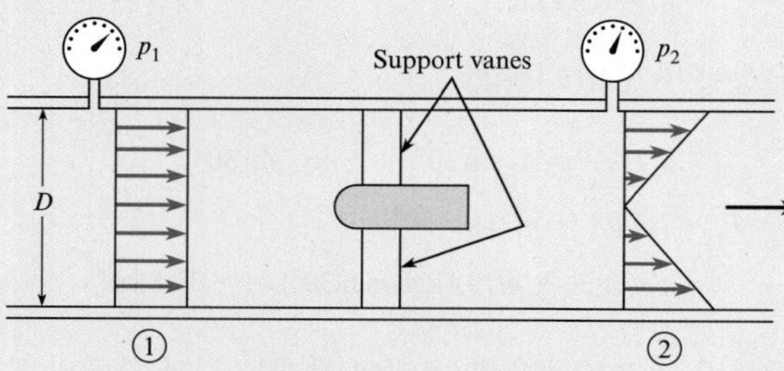

설명

풍동 실험에 대한 자료는 다음과 같다(위의 내용 참고).

특성값: 공기: ρ = 1.0 kg/m^3.

가정: 정상흐름.

목표

구하는 값: 모형에 작용하는 항력(N)

아이디어

1. 모형을 포함하도록 검사체적을 선택한다.
2. 힘 도표를 그린다.
3. 운동량 도표를 그린다.
4. 하류부 속도 형상은 균일하게 분포하지 않는다. 운동량 방정식의 적분형(식 6.7)을 적용한다.
5. 힘의 합을 평가한다.
6. 연속 방정식을 적용해서 단면 2에서의 속도 분포를 결정한다.
7. 운동량 항을 평가한다.
8. 모형에 작용하는 항력을 계산한다.

문제풀이

1. 선택된 검사체적은 다음과 같다. 검사체적은 정지해 있다.

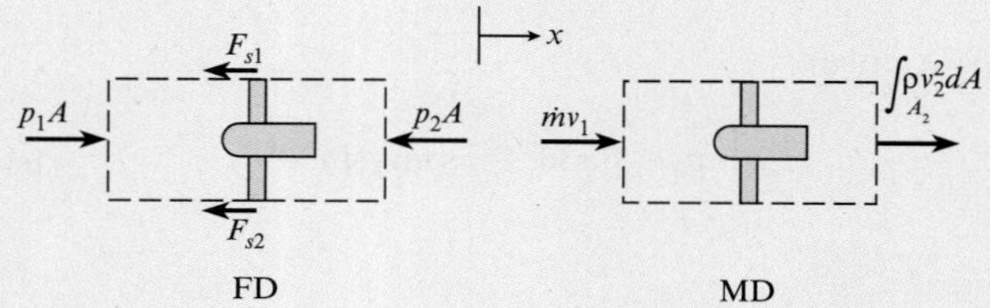

2. 힘은 압력과 모형 지지대에 작용하는 힘이다. 모형에 작용하는 항력은 지지대에 작용하는 힘과 크기는 같고 방향은 반대이다: $F_D = F_{s1} = F_{s2}$.

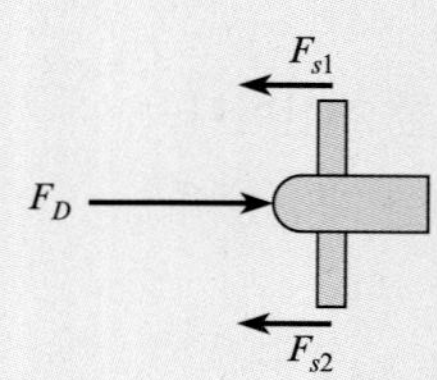

3. 유입 및 유출 운동량 플럭스가 존재한다.
4. x 방향 운동량 방정식의 적분형은 다음과 같다.

$$\sum F_x = \frac{d}{dt}\int_{cv} \rho v_x d\forall + \int_{cs} \rho v_x (\mathbf{V} \cdot d\mathbf{A})$$

단면 1에서 $\mathbf{V}\cdot d\mathbf{A} = -v_x dA$와 단면 2에서 $\mathbf{V}\cdot d\mathbf{A} = v_x dA$이다. 따라서 다음과 같다.

$$\sum F_x = \frac{d}{dt}\int_{cv} \rho v_x d\forall - \int_1 \rho v_x^2 dA + \int_2 \rho v_x^2 dA$$

5. 힘을 구하면 다음과 같다.

$$\begin{aligned}\sum F_x &= p_1 A - p_2 A - (F_{s1} + F_{s2}) \\ &= p_1 A - p_2 A - F_D\end{aligned}$$

6. 단면 2에서의 속도 분포:

반경 내에서의 속도 분포는 선형이므로 $v_2 = v_1 K(r/r_o)$, 여기서, r_o는 풍동의 반경이고, K는 결정되어야 할 비례계수이다.

$$\begin{aligned}Q_1 &= Q_2 \\ A_1 v_1 &= \int_{A_2} v_2(r)\,dA = \int_0^{r_o} v_1 K(r/r_o) 2\pi r\, dr \\ \pi r_o^2 v_1 &= 2\pi v_1 K \frac{1}{3} r_o^2 \\ K &= \frac{3}{2}\end{aligned}$$

7. 운동량 항을 구하면 다음과 같다.

- 정상흐름에서 운동량집적 항은 다음과 같다.

$$\frac{d}{dt}\int_{cv} \rho v_x d\forall = 0$$

- $v_x = v_1$인 단면 1에서 운동량은 다음과 같다.

$$\int_1 \rho v_x^2 dA = \rho v_1^2 A = \dot{m} v_1$$

- 단면 2에서 운동량은 다음과 같다.

$$\int_2 \rho v_x^2 dA = \int_0^{r_o} \rho\left[\frac{3}{2} v_1\left(\frac{r}{r_o}\right)\right]^2 2\pi r dr = \frac{9}{8}\dot{m} v_1$$

8. 항력은 다음과 같다.

$$\begin{aligned}p_1 A - p_2 A - F_D &= \dot{m} v_1\left(\frac{9}{8} - 1\right) \\ F_D &= (p_1 - p_2)A - \frac{1}{8}\rho A v_1^2 \\ &= (\pi \times 0.5^2\ \text{m}^2)(1.5 - 1.0)(10^3)\text{N/m}^2 \\ &\quad -\frac{1}{8}(1\ \text{kg/m}^3)(\pi \times 0.5^2\ \text{m}^2)(30\ \text{m/s})^2 \\ F_D &= \boxed{304\ \text{N}}\end{aligned}$$

6.5 선형운동량 방정식에 대한 예제들(움직이는 물체)

이 절에서는 수레와 로켓처럼 움직이는 물체를 포함하는 문제에 선형운동량 방정식을 어떻게 적용하는지 설명한다. 물체가 움직일 때, 검사체적이 물체와 같이 움직인다고 가정한다. 앞에서 본 바와 같이(그림 6.11로부터 반복), 움직이는 검사체적을 포함하는 문제들은 일정한 속도로 움직이는 물체와 가속되는 물체, 두 개의 범주로 분류된다. 두 범주의 문제들은 다음 주제인 기준좌표계 선택을 포함한다.

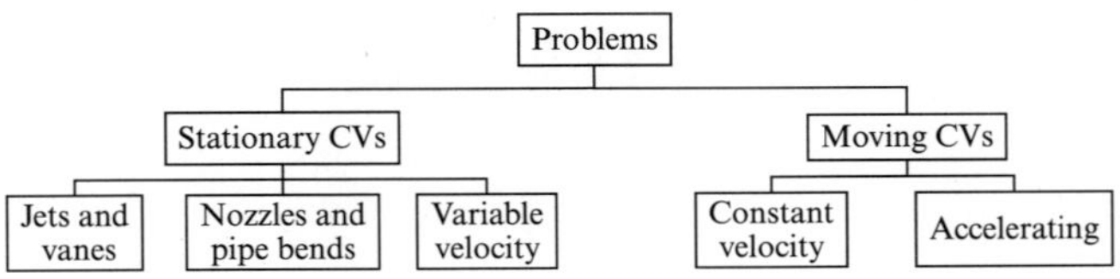

그림 6.16

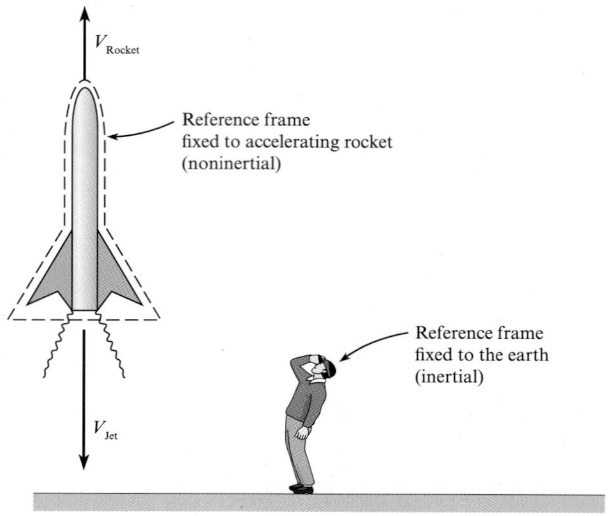

기준좌표계

물체가 움직일 때, 기준좌표계를 구체화하는 것이 필요하다. **기준좌표계**(reference frame)는 관찰자가 측정을 수행할 수 있는 3차원 좌표체계이다. 예를 들면, 그림 6.16은 비행하는 로켓을 나타낸다. 이와 같은 상황에서 가능한 좌표계 중 하나는 좌표가 지면에 고정되는 것이고, 또 다른 좌표계는 좌표가 로켓에 고정되는 것이다. 관찰자는 이러한 두 개의 좌표계 안에서 로켓 속도와 유체제트 속도가 서로 다른 값을 갖는다는 것을 보고하고 있다. 지면기준좌표계(ground-based reference frame)는 관성좌표계이다. **관성기준좌표계**(inertial reference frame)는 지면에 대해서 고정되어 있거나 일정한 속도로 움직이는 좌표계를 말한다. 따라서 관성기준좌표계는 좌표계를 가속시키지 않는다. 이와 반대로 **비관성좌표계**(noninertial reference frame)는 가속되는 좌표계이다.

이 책에 제시된 선형운동량 방정식은 단지 관성좌표계에 대해서만 유효하다는 것에 유의하라. 따라서 물체가 움직일 때 공학도는 관성기준좌표계를 구체적으로 제시해야만 한다.

일정한 속도로 움직이는 물체의 해석

물체가 일정한 속도로 움직일 때 기준좌표계는 움직이는 물체에 고정되거나 지면에 고정될 수 있다. 그러나 대부분의 문제에서는 좌표를 움직이는 물체에 고정하면 더 단순해진다. 예제 6.7은 일정한 속도로 움직이는 물체를 포함하는 문제를 어떻게 푸는지 제시하고 있다.

예제 6.7

움직이는 검사체적에 운동량 방정식 적용

문제

정지하고 있는 노즐로부터 속도 50 m/s, 단면적 5 cm^2의 제트가 분출되어, 이동 중인 블록에 충돌하여 90° 각도로 굴절된다. 거친 표면 위로 블록이 25 m/s의 속도로 일정하게 미끄러지고 있을 때 블록에 작용하는 마찰력 F를 구하라. 물의 밀도는 1000 kg/m^3이다.

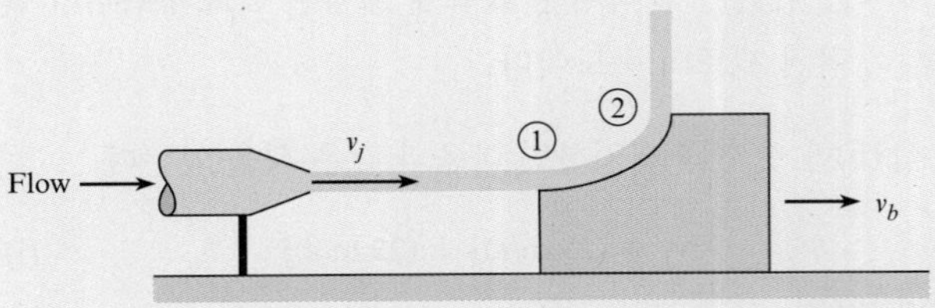

설명

제트가 일정한 속도로 움직이는 블록에 충돌하고 있다.

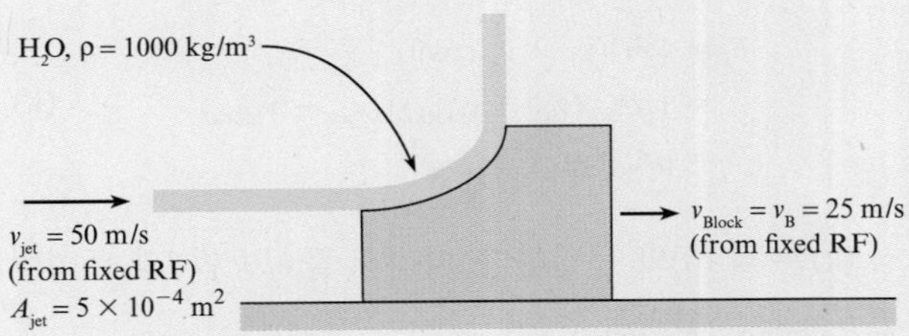

목표

F_f(N) ← 블록에 작용하는 마찰력

풀이방법 I (이동하는 기준좌표계)

물체가 일정한 속도로 움직일 때, 문제를 푸는 가장 쉬운 방법은 움직이는 물체에 기준좌표계를 놓는 것이다. 이 해석방법을 먼저 설명한다.

아이디어

선택: 힘이 찾는 값이고, 유체 입자가 블록과 상호작용하여 가속되기 때문에 선형운동량 방정식을 선택한다.

선택: 이 검사체적은 알려진 매개변수(예를 들면, 두 개의 유체제트)와 찾는 값(마찰력)을 포함해야 하기 때문에 블록 주변을 움직이는 검사체적으로 선정한다.

검사체적은 일정한 속도로 움직이기 때문에 움직이는 블록에 고정된 기준좌표계를 선정한다. 이러한 기준좌표계는 문제의 해석을 더 단순하게 한다.

스케치: 힘 도표, 운동량 도표 및 기준좌표계를 스케치한다.

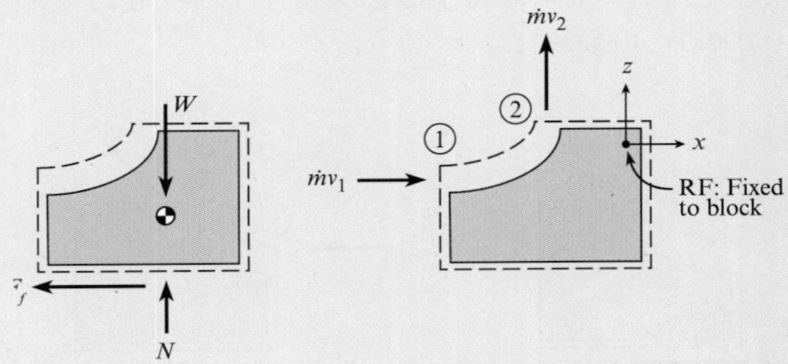

운동량 방정식을 적용하기 위해, 벡터를 시각화할 수 있는 힘 도표와 운동량 도표를 사용한다. x 방향 운동량 방정식은 다음과 같다.

$$-F_f = -\dot{m}v_1 \tag{a}$$

식 (a)에서 질량유량은 검사표면을 통과하는 질량의 비율 즉 단위시간당 통과하는 질량을 말한다. 검사표면이 유체제트로부터 멀어지기 때문에 질량유량은 다음과 같다.

$$\dot{m} = \rho AV = \rho A_{\text{jet}}(v_{\text{jet}} - v_{\text{block}}) \tag{b}$$

식 (a)에서 속도 v_1은 선택된 기준좌표계로부터 측정된 속도이다. 따라서 다음과 같이 된다.

$$v_1 = v_{\text{jet}} - v_{\text{block}} \tag{c}$$

식 (a), (b), (c)를 결합하면 마찰력은 다음과 같다.

$$F_f = \dot{m}v_1 = \rho A_{\text{jet}}(v_{\text{jet}} - v_{\text{block}})^2 \tag{d}$$

식 (d) 우변의 모든 변수들이 알려져 있기 때문에 문제를 풀 수 있다. 문제풀이 계획은 단순하다. 해당하는 값을 식 (d)에 대입하면 된다.

문제풀이

$$F_f = \rho A_{\text{jet}}(v_{\text{jet}} - v_{\text{block}})^2$$

$$F_f = (1000\ \text{kg/m}^2)(5 \times 10^{-4}\ \text{m}^2)(50 - 25)^2(\text{m/s})^2$$

$$\boxed{F_f = 312\ \text{N}}$$

풀이방법 II(고정기준좌표계)

이 문제를 푸는 또 하나의 방법은 고정기준좌표계를 사용하는 것이다. 이 접근방법을 설명하기 위해 힘 도표와 운동량 도표, 그리고 선정된 기준좌표계를 도시한다.

$\dot{m}v_2$는 수직 성분과 수평 성분이 있는 것에 주의하라. 이것은 선택된 기준좌표계에 있는 관찰자가 이와 같은 속도 성분을 보기 때문이다.

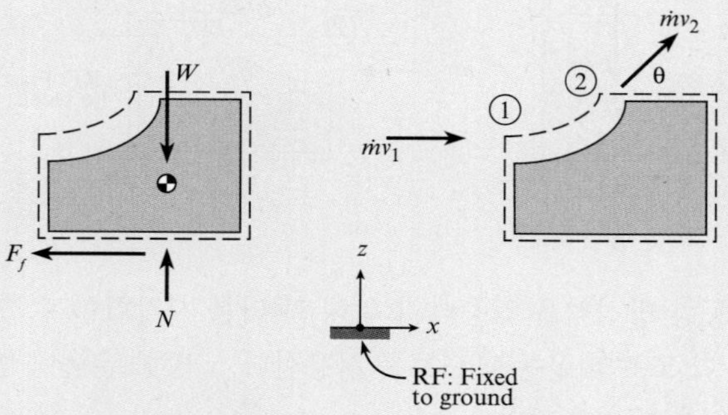

도표로부터 x 방향의 운동량 방정식은 다음과 같다.

$$\begin{aligned} -F_f &= \dot{m}v_2\cos\theta - \dot{m}v_1 \\ F_f &= \dot{m}(v_1 - v_2\cos\theta) \end{aligned} \tag{e}$$

운동량 방정식에서 질량유량은 검사표면에 대해서 측정된다. 따라서 $\dot{m}$은 기준좌표계에 독립적이기 때문에 식 (b)를 여기에 사용할 수 있다.

$$\dot{m} = \rho AV = \rho A_{\text{jet}}(v_{\text{jet}} - v_{\text{block}}) \tag{f}$$

식 (e)에서 속도 v_1은 선택된 좌표에서 측정된 속도이기 때문에 다음과 같다.

$$v_1 = v_{\text{jet}} \tag{g}$$

v_2를 해석하기 위해, 동역학 교재에서 사용되는 상대 속도 방정식(relative-velocity equation)을 사용하여 속도를 표현하면 다음과 같다.

$$v_{\text{jet}} = v_{\text{block}} + v_{\text{jet/block}} \tag{h}$$

여기서

- $v_2 = v_{\text{jet}}$는 고정된 좌표계로부터 측정된 단면 2에서의 제트의 속도이다.
- v_{block}은 고정된 좌표계로부터 측정된 움직이는 블록의 속도이다.
- $v_{\text{jet/block}}$은 움직이는 블록에 고정된 좌표계로부터 측정된 제트의 속도이다.

식 (h)에 숫자를 대입하면 다음과 같은 식을 얻는다.

$$\mathbf{v}_2 = (25\text{ m/s})\mathbf{i} + (25\text{ m/s})\mathbf{j} \tag{i}$$

따라서

$$v_2\cos\theta = v_{2x} = 25\text{ m/s} = v_{\text{block}} \tag{j}$$

식 (f), (g), (j)를 식 (e)에 대입하면 다음과 같다.

$$\begin{aligned} F_f &= \{\dot{m}\}(v_1 - v_2\cos\theta) \\ &= \{\rho A_{\text{jet}}(v_{\text{jet}} - v_{\text{block}})\}(v_{\text{jet}} - v_{\text{block}}) \\ &= \rho A_{\text{jet}}(v_{\text{jet}} - v_{\text{block}})^2 \end{aligned} \tag{k}$$

식 (k)는 식 (d)와 동일하다. 따라서 *풀이방법 I*과 *풀이방법 II*는 같은 결과를 얻는다.

해와 풀이과정 검토

1. *지식.* 물체가 일정한 속도로 움직일 때, 움직이는 물체에 고정된 기준좌표계를 선정하는 것이 지면에 고정된 기준좌표계를 선정하는 것보다 해석이 더 쉬우므로 움직이는 물체에 고정된 기준좌표계를 선정하라.
2. *지식.* 검사체적을 지정하고 기준좌표계를 지정하는 것은 서로 독립된 결정사항이다.

가속되는 움직이는 물체의 해석

이 절에서는 가속되는 물체에 대한 예, 즉 로켓에 대한 해석(그림 6.17)을 설명한다. 우선 로켓 주위를 검사체적으로 선정한다. 로켓이 가속되기 때문에 기준좌표계가 로켓에 고정되게 할 수는 없다(관성기준좌표계가 로켓과 같이 움직이게 선정할 수 없다).

로켓이 지면에 대해서 v_r의 속도로 연직 위 방향으로 움직인다고 가정하자. 분출 가스는 계기압력 p_e를 갖는 로켓 노즐에 대한 상대속도가 V_e인 상태로 엔진노즐(단면적 A_e)로부터 분사되고 있다. 본 절의 목적은 로켓의 운동량 방정식을 얻는 것이다.

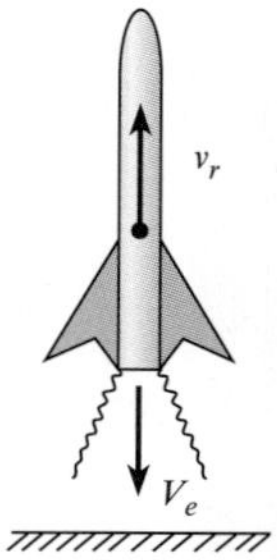

그림 6.17
로켓의 수직 발사.

선정된 검사체적은 로켓을 둘러싸고 있으며, 로켓과 함께 가속된다. 힘 도표와 운동량 도표는 그림 6.18과 같다. 이 경우에 로켓에는 항력 D와 중량 W가 아래쪽으로 작용한다. 초음속 제트의 압력은 주변압력보다 더 크기 때문에 노즐 출구 평판에 작용하는 압력에 의한 힘은 p_eA_e이다. z 방향의 힘의 합은 다음과 같다.

$$\sum F_z = p_eA_e - W - D \tag{6.15}$$

로켓의 노즐로부터 유출되는 운동량 플럭스는 $\dot{m}v_o$ 하나만 존재한다. 유출속력 v_o는 관성기준좌표계를 고려해서 구해야만 하고, 이 경우에는 지면을 관성기준좌표계로 선정한다. 지면에 대한 분출 가스의 속력은 다음과 같다.

$$v_o = (V_e - v_r) \tag{6.16}$$

로켓이 지면에 대해서 v_r의 속도로 위쪽으로 이동하기 때문에, 분출 가스는 로켓에 대해 v_e 속도를 갖고 아래쪽으로 움직인다.

z 방향의 운동량 방정식은 다음과 같다.

$$\sum F_z = \frac{d}{dt}\int_{cv} v_z \rho \, d\forall + \sum_{cs} \dot{m}_o v_{oz} - \sum_{cs} \dot{m}_i v_{iz}$$

검사체적 내의 속도는 로켓의 속력 v_r과 같고, 그 결과 운동량집적 항은 다음과 같이 된다.

$$\frac{d}{dt}\left(\int_{cv} v_z \rho \, d\forall\right) = \frac{d}{dt}\left[v_r \int_{cv} \rho \, d\forall\right] = \frac{d}{dt}(m_r v_r)$$

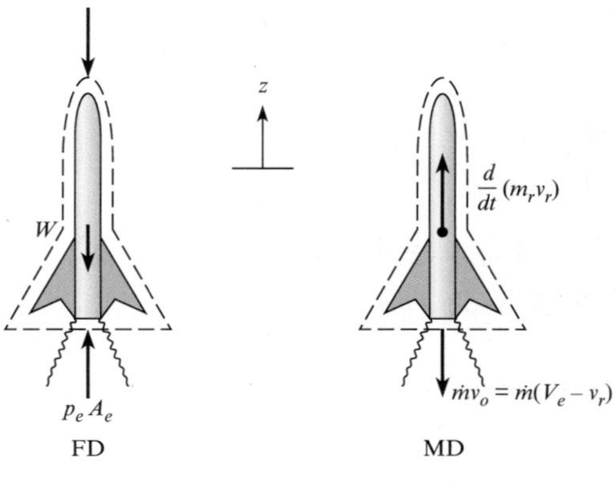

그림 6.18
로켓의 힘 도표와 운동량 도표.

힘의 합과 운동량 항을 운동량 방정식에 대입하면 다음 식과 같이 된다.

$$p_e A_e - W - D = \frac{d}{dt}(m_r v_r) - \dot{m}(V_e - v_r) \tag{6.17}$$

그 다음 운동량집적 항에 미분 공식을 적용하면 다음과 같은 식을 얻는다.

$$p_e A_e - W - D = m_r \frac{dv_r}{dt} + v_r\left(\frac{dm_r}{dt} + \dot{m}\right) - \dot{m}V_e \tag{6.18}$$

연속 방정식을 식 (6.18) 우변의 두 번째 항을 소거하는 데 사용할 수 있다. 로켓의 검사표면에 연속 방정식을 적용하면 다음과 같은 식을 얻는다.

$$\begin{gathered}\frac{d}{dt}\int_{\text{cv}} \rho\, d\forall + \sum \dot{m}_o - \sum \dot{m}_i = 0 \\ \frac{dm_r}{dt} + \dot{m} = 0\end{gathered} \tag{6.19}$$

식 (6.19)를 식 (6.18)에 대입하면 다음과 같이 된다.

$$\dot{m}V_e + p_e A_e - W - D = m_r \frac{dv_r}{dt} \tag{6.20}$$

노즐 출구에서의 운동량 유출과 압력에 의한 힘을 합하면 다음과 같이 로켓의 추진력을 구할 수 있다.

$$T = \dot{m}V_e + p_e A_e = \rho_e A_e V_e^2 + p_e A_e$$

그 결과 식 (6.20)은 다음과 같이 간단하게 된다.

$$m_r \frac{dv_r}{dt} = T - D - W \tag{6.21}$$

이 식은 로켓의 성능을 예측하고 분석하는 데 사용되는 방정식이다.

식 (6.21)을 적분하면 로켓에 대한 기본 방정식 중 하나를 얻게 된다. 이 식은 연소속도 또는 모든 연료가 연소될 때 도달하는 속도에 대한 식이다. 항력과 중량을 무시하면 운동 방정식은 다음과 같이 단순하게 된다.

$$T = m_r \frac{dv_r}{dt} \tag{6.22}$$

로켓의 순간 질량은 $m_r = m_i - \dot{m}t$로 주어진다. 여기서 m_i는 로켓의 초기질량이고, t는 연소 시작점으로부터의 시간이다. 질량에 대한 식을 식 (6.22)에 대입하고, 초기조건 $v_r(0) = 0$을 이용하여 적분하면 다음과 같은 결과를 얻는다.

$$v_{bo} = \frac{T}{\dot{m}} \ln \frac{m_i}{m_f} \tag{6.23}$$

여기서 v_{bo}는 로켓의 연소 종료속도이고, m_f는 최종질량(또는 탑재량)이다. $T/\dot{m}$의 비는 비추진력(specific impulse) I_{sp}라 하고 속도의 단위를 갖는다.

6.6 각운동량 방정식

이 절에서는 *각운동량 방정식*에 대해 설명한다. 각운동량 방정식은 *운동량 모멘트 방정식*이라고도 불린다. 각운동량 방정식은 토크(회전운동)를 포함하고 있는 경우에 매우 유용하다. 이와 관련된 예들은 펌프, 터빈, 팬, 송풍기와 같이 회전하는 기계의 해석을 포함하고 있다.

방정식의 유도

뉴턴의 운동 제2법칙이 입자 시스템의 회전운동에 대한 방정식을 유도하기 위해 사용된다.

$$\sum \mathbf{M} = \frac{d(\mathbf{H}_{\text{sys}})}{dt} \tag{6.24}$$

여기서 $\mathbf{M}$은 모멘트, $\mathbf{H}_{\text{sys}}$는 시스템을 구성하는 전체 질량의 총 각운동량이다.

식 (6.24)를 오일러 식으로 변환하기 위해, 레이놀즈 수송이론 식 (5.23)을 적용한다. 총량적 특성 B_{sys}는 시스템의 각운동량 $B_{\text{sys}} = \mathbf{H}_{\text{sys}}$이 된다. 강도성 특성 b는 단위질량당 각운동량이 된다. 한 요소의 각운동량은 $\mathbf{r} \times m\mathbf{v}$이므로, $b = \mathbf{r} \times \mathbf{v}$이 된다. 식 (5.23)에 B_{sys}와 b를 대입하면 다음과 같다.

$$\frac{d(\mathbf{H}_{\text{sys}})}{dt} = \frac{d}{dt}\int_{\text{cv}} (\mathbf{r} \times \mathbf{v})\rho\, d\forall + \int_{\text{cs}} (\mathbf{r} \times \mathbf{v})\rho \mathbf{V} \cdot \mathbf{dA} \tag{6.25}$$

식 (6.24)와 (6.25)를 연립하면 다음과 같이 운동량 모멘트 방정식의 적분형을 얻을 수 있다.

$$\sum \mathbf{M} = \frac{d}{dt}\int_{\text{cv}} (\mathbf{r} \times \mathbf{v})\rho\, d\forall + \int_{\text{cs}} (\mathbf{r} \times \mathbf{v})\rho \mathbf{V} \cdot \mathbf{dA} \tag{6.26}$$

여기서, $\mathbf{r}$은 모멘트 중심으로부터의 위치벡터, $\mathbf{V}$는 검사표면에 대한 유속, $\mathbf{v}$는 선정된 관성기준좌표계에 대한 유속이다.

질량이 균일한 분포 특성을 갖고서 일련의 유입구와 유출구를 통하여 검사표면을 통과한다면, 운동량 모멘트 방정식은 다음과 같이 된다.

$$\sum \mathbf{M} = \frac{d}{dt}\int_{\text{cv}} (\mathbf{r} \times \mathbf{v})\rho\, d\forall + \sum_{\text{cs}} \mathbf{r}_o \times (\dot{m}_o \mathbf{v}_o) - \sum_{\text{cs}} \mathbf{r}_i \times (\dot{m}_i \mathbf{v}_i) \tag{6.27}$$

운동량 모멘트 방정식은 다음과 같은 물리적인 의미를 갖는다.

모멘트의 합 = 각운동량 집적 + 각운동량 유출흐름 + 각운동량 유입흐름

적용

각운동량 방정식을 적용하는 절차는 선형운동량 방정식을 적용하는 절차와 동일하다. 이 과정을 설명하기 위해 예제 6.8은 곡관에 각운동량 방정식을 적용하는 절차를 보여 주고 있다.

예제 6.8

단면이 줄어드는 곡관의 모멘트를 계산하기 위한 각운동량 방정식의 적용

문제

그림과 같이 방향과 단면의 크기가 변하는 곡관이 점 A를 통과하는 수평축에 의해 지지되고 있다. 물(20°C)이 유량 0.25 m^3/s로 곡관을 흐르고 있다. 단면 1에서의 유입부 압력은 150 kPa(계기압력)이고, 단면 2에서의 유출부 압력은 59.3 kPa(계기압력)이다. 점 A로부터 오른쪽으로 20 cm 떨어진 곳에 1420 N의 중량이 작용한다. 곡관을 지지하는 데 필요한 모멘트를 구하라. 관의 유입부 지름은 30 cm이고, 유출부 지름은 10 cm이다.

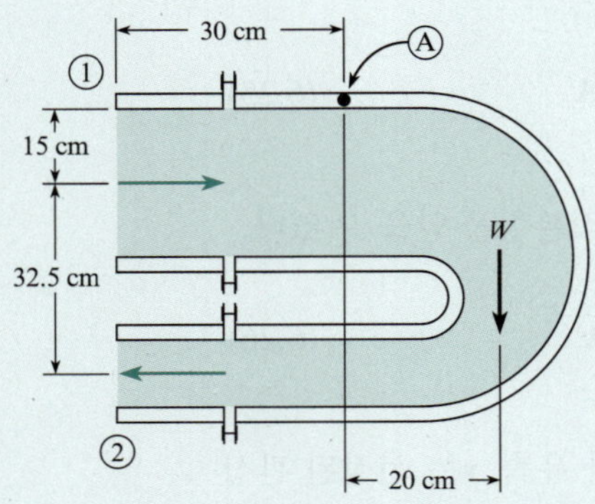

설명

곡관을 통해 물이 흐른다.

가정: 정상흐름.

특성값: 물(표 A.5, 20°C, p = 1 atm): ρ = 998 kg/m^3

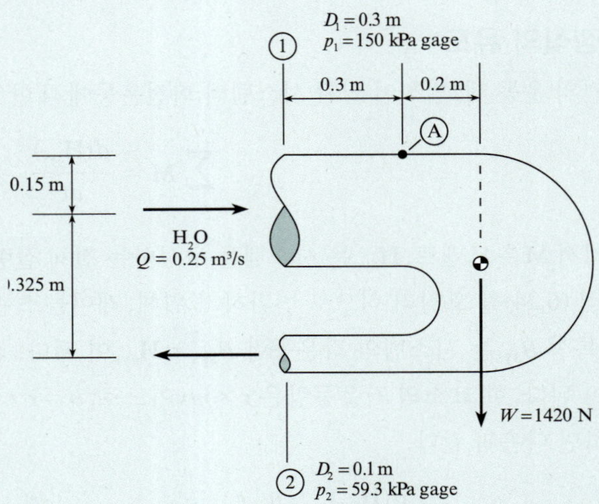

목표

$\mathbf{M}_A$(N) ← 곡관을 지지하는 필요한 모멘트

아이디어

선택: (a) 토크가 매개변수이고, (b) 곡관을 통과할 때 유체 입자가 가속되기 때문에 운동량 모멘트 방정식(식 6.27)을 선택한다.

선택: 곡관을 둘러싸도록 검사체적을 선정한다. 그 이유는 검사체적이 모멘트를 구하고자 하는 점 A를 포함하고, 정보가 알려진 단면 1과 2를 통과하도록 하기 위함이다.

스케치: 힘 도표와 운동량 도표를 그린다. 그림에 크기를

표기하면 계산 결과를 구하기가 더 쉬워진다.

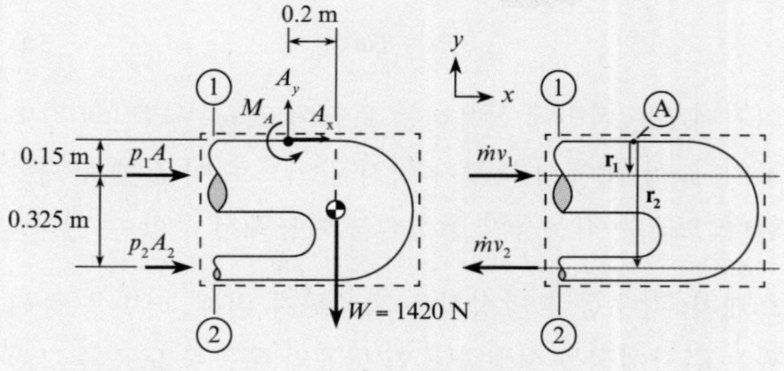

모멘트의 합을 구하기 위해 점 A를 선정한다. 정상흐름이기 때문에 운동량집적 항은 0이다. 또한, 각운동량이 유입흐름과 유출흐름이 하나씩 있다. 따라서 각운동량 방정식(식 6.27)은 다음과 같이 단순하게 된다.

$$\sum \mathbf{M}_A = \{\mathbf{r}_2 \times (\dot{m}\mathbf{v}_2)\} - \{\mathbf{r}_1 \times (\dot{m}\mathbf{v}_1)\} \tag{a}$$

z 방향 모멘트의 합은 다음과 같다.

$$\sum M_{A,z} = (p_1A_1)(0.15\text{ m}) + (p_2A_2)(0.475\text{ m}) + M_A - W(0.2\text{ m}) \tag{b}$$

다음으로 식 (a)의 운동량 항을 해석해 보면 다음과 같다.

$$\{\mathbf{r}_2 \times (\dot{m}\mathbf{v}_2)\} - \{\mathbf{r}_1 \times (\dot{m}\mathbf{v}_1)\}_z = \{-r_2\dot{m}v_2\} - \{r_1\dot{m}v_1\} \tag{c}$$

식 (b)와 (c)를 식 (a)에 대입하면 다음과 같다.

$$\begin{aligned}(p_1A_1)(0.15\text{ m}) + (p_2A_2)(0.475\text{ m}) + M_A - W(0.2\text{ m})\\ = \{-r_2\dot{m}v_2\} - \{r_1\dot{m}v_1\}\end{aligned} \tag{d}$$

식 (d)의 모든 항은 그 값이 알려져 있다. 따라서 A의 모멘트 M_A를 계산할 수 있다.

1. 압력에 의한 토크를 계산한다: $r_1p_1A_1$과 $r_2p_2A_2$.
2. 운동량 흐름 항을 계산한다: $r_2\dot{m}v_2+r_1\dot{m}v_1$.
3. M_A를 계산한다.

문제풀이

1. 압력에 의한 토크:

$$\begin{aligned} r_1p_1A_1 &= (0.15\text{ m})(150 \times 1000\text{ N/m}^2)(\pi \times 0.3^2/4\text{ m}^2)\\ &= 1590\text{ N}\cdot\text{m}\\ r_2p_2A_2 &= (0.475\text{ m})(59.3 \times 1000\text{ N/m}^2)(\pi \times 0.15^2/4\text{ m}^2)\\ &= 498\text{ N}\cdot\text{m}\end{aligned}$$

2. 운동량 흐름 항:

$$\begin{aligned}\dot{m} &= \rho Q = (998\text{ kg/m}^3)(0.25\text{ m}^3/\text{s})\\ &= 250\text{ kg/s}\\ v_1 &= \frac{Q}{A_1} = \frac{0.25\text{ m}^3/\text{s}}{\pi \times 0.15^2\text{ m}^2} = 3.54\text{ m/s}\\ v_2 &= \frac{Q}{A_2} = \frac{0.25\text{ m}^3/\text{s}}{\pi \times 0.075^2\text{ m}^2} = 14.15\text{ m/s}\\ \dot{m}(r_2v_2 + r_1v_1) &= (250\text{ kg/s})\\ &\quad \times (0.475 \times 14.15 + 0.15 \times 3.54)(\text{m}^2/\text{s})\\ &= 1813\text{ N}\cdot\text{m}\end{aligned}$$

3. 지지대에 작용하는 모멘트:

$$\begin{aligned}M_A &= -0.15p_1A_1 - 0.475p_2A_2 + 0.2W - \dot{m}(r_2v_2 + r_1v_1)\\ &= -(1590\text{ N}\cdot\text{m}) - (498\text{ N}\cdot\text{m})\\ &\quad + (0.2\text{ m} \times 1420\text{ N}) - (1813\text{ N}\cdot\text{m})\\ M_A &= -3.62\text{ kN}\cdot\text{m}\end{aligned}$$

따라서 시계방향으로 3.62 kN·m의 모멘트가 곡관을 지지하기 위해 필요하다.

> 뉴턴의 제3법칙에 의하면, 지지대에 작용하는 모멘트는 반시계방향으로 3.62 kN·m이다.

해와 풀이과정 검토

힌트. 오른손법칙을 사용하면 모멘트의 옳은 방향을 구할 수 있다.

예제 6.9는 터빈에 의해 얻어지는 동력을 예측하기 위해 각운동량 방정식을 적용하는 예이다. 이와 같은 해석은 동력생산용 기계(터빈)와 동력소모형 기계(펌프와 압축기) 모두에 적용될 수 있다. 이와 관련된 추가적인 내용이 14장에 수록되어 있다.

예제 6.9

프랜시스터빈에 의해 생산되는 동력을 예측하기 위한 각운동량 방정식의 적용

문제

그림과 같은 프랜시스터빈(Francis turbine)이 있다. 물이 유도 베인에 의해 터빈의 회전 휠(wheel) 안으로 들어가고 있다. 유도 베인이 방사방향에 대해 70°의 각도를 지지하고 있다. 물은 방사방향 속도 성분을 갖고서 흘러가고 있다. 휠의 외경은 1 m, 내경은 0.5 m이고, 휠의 횡단 간격은 4 cm이다. 유량은 0.5 m³/s이고, 휠이 1200 rpm으로 회전하고 있다. 물의 밀도가 1000 kg/m³일 때 터빈에 의해 생산되는 동력(kw)을 구하라.

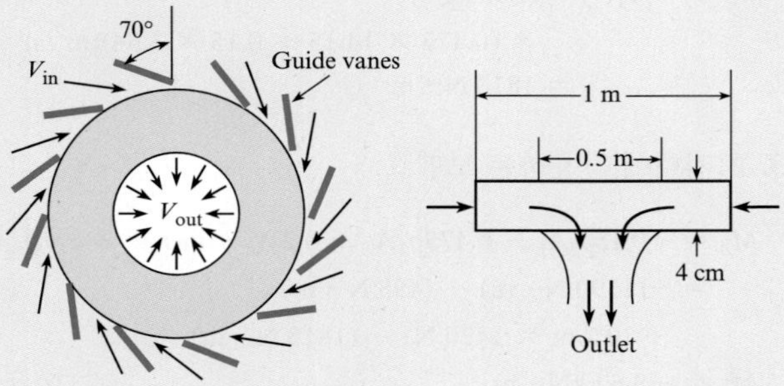

설명

프랜시스터빈이 동력을 생산한다.

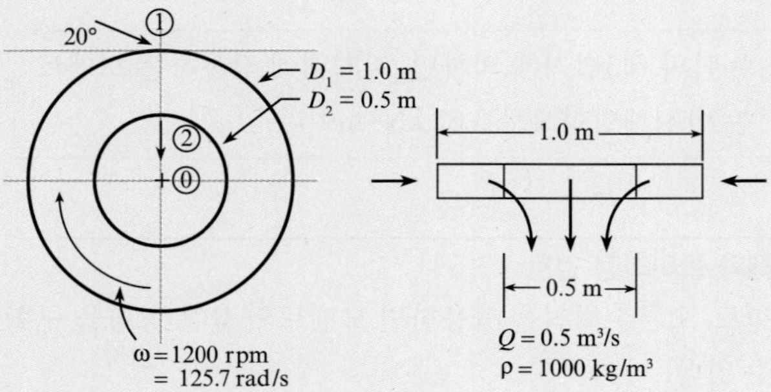

목표

P(W) ← 터빈에 의해 생산되는 동력

아이디어

선택: 동력을 구하는 것이 목적이기 때문에 *동력 방정식*을 선택한다.

$$P = T\omega \tag{a}$$

여기서 T는 터빈에 작용하는 토크이고, ω는 터빈의 각속도이다. 식 (a)에서 토크가 미지 값이므로 이 값을 구해야 한다. 토크는 각운동량 방정식을 이용해서 구할 수 있다.

스케치: 각운동량 방정식을 적용하기 위해, 터빈을 둘러싸는 검사체적을 선정하고 힘 도표와 운동량 도표를 그린다.

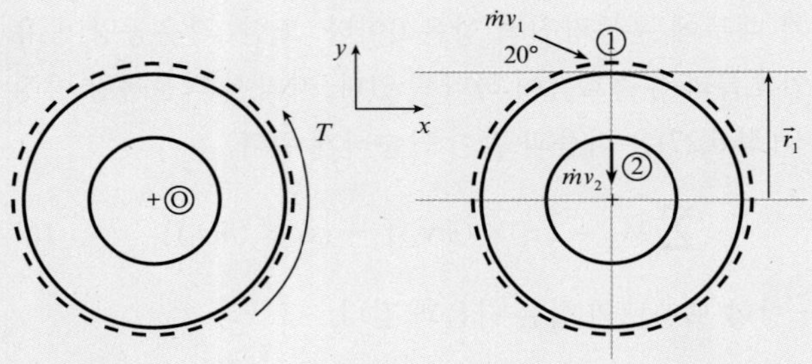

힘 도표에서, 토크 T는 발전기로부터의 외적 토크(external torque)이다. 이 토크는 각가속도에 반대방향이기 때문에, 방향은 반시계반향이다. 이 흐름은 단면 1에서의 유입 운동량 흐름과 단면 2에서의 유출 운동량 흐름을 사용해서 이상화된 것이다.

모멘트 합을 구하기 위해 점 O를 선택하라. 정상흐름이므로 운동량 집적은 0이다. 따라서 각운동량 방정식(식 6.26)은 다음과 같이 단순하게 된다.

$$\sum \mathbf{M}_A = \{\mathbf{r}_2 \times (\dot{m}\mathbf{v}_2)\} - \{\mathbf{r}_1 \times (\dot{m}\mathbf{v}_1)\} \tag{b}$$

z 방향으로 식 (b)를 적용하면, 단면 2에서의 흐름은 각운동량이 없는 것을 알 수 있다. 즉 $r_2 \times (\dot{m}v_2) = 0$임을 알 수 있다. 따라서 식 (b)는 다음과 같이 단순하게 된다.

$$T = 0 - \{-r_1\dot{m}v_1\cos 20°\}$$

위 식은 다음과 같이 된다.

$$T = r_1\dot{m}v_1\cos 20° \tag{c}$$

식 (c)에서, 속도 v_1는 유량 방정식을 사용해서 계산할 수 있다. 속도는 면적과 수직이지 않기 때문에, 내적을 사용한다.

$$Q_1 = \mathbf{V}_1 \cdot \mathbf{A}_1$$
$$Q = v_1 A_1 \sin 20°$$

위 식은 다음과 같이 된다.

$$v_1 = \frac{Q}{A_1 \sin 20°} \quad \text{(d)}$$

이제, 방정식의 수와 미지수의 개수가 같아지게 된다. 그 결과, 다음과 같은 절차로 구한다.

1. 식 (d)를 이용해서 유입속도 v_1를 계산한다.
2. $\dot{m} = \rho Q$를 이용해서 질량유량을 계산한다.
3. 식 (c)를 이용해서 토크를 계산한다.
4. 식 (a)를 이용해서 동력을 계산한다.

문제풀이

1. 체적유량 방정식:

$$v_1 = \frac{Q}{A_1 \sin 20°} = \frac{(0.5\ \text{m}^3/\text{s})}{\pi(1.0\ \text{m})(0.04\ \text{m})\sin 20°} = 11.63\ \text{m/s}$$

2. 질량유량 방정식:

$$\dot{m} = \rho Q = (1000\ \text{kg/m}^3)(0.5\ \text{m}^3/\text{s}) = 500\ \text{kg/s}$$

3. 각운동량 방정식:

$$\begin{aligned} T &= r_1 \dot{m} v_1 \cos 20° \\ &= (0.5\ \text{m})(500\ \text{kg/s})(11.63\ \text{m/s})\cos 20° \\ &= 2732\ \text{N} \cdot \text{m} \end{aligned}$$

4. 동력 방정식:

$$P = T\omega = (2732\ \text{N} \cdot \text{m})(125.7\ \text{rad/s})$$
$$\boxed{P = 343\ \text{kW}}$$

6.7 핵심 내용 요약

뉴턴의 운동 제2법칙

- *힘*은 하나의 물체를 다른 물체에 밀거나 당기는 것이다. 밀거나 당기는 것은 상호작용이기 때문에 물체를 가속시키는 원인이다. 힘은 항상 두 물체 사이의 상호작용이 필요하다.
- 힘은 두 개의 범주로 구분될 수 있다.
  - *체적력.* 이 범주의 힘은 상호작용하는 물체가 서로 접촉할 필요가 없다. 중력, 자기력, 정전기력은 체적력의 대표적인 예이다.
  - *표면력.* 이 범주의 힘은 상호작용하는 두 물체가 서로 접촉하는 것을 필요로 한다. 대부분의 힘들은 표면력이다.
- 뉴턴의 제2법칙 $\Sigma\mathbf{F} = m\mathbf{a}$을 유체 입자에 적용하기 위해서는 이 법칙의 다른 형태를 이 방정식으로부터 유도해야 한다.
- 뉴턴의 제2법칙은 힘과 가속도를 연관시킨다.
  - $\Sigma\mathbf{F} > \mathbf{0}$이라면 입자는 가속된다.
  - $\mathbf{a} > \mathbf{0}$이라면 물체에 작용하는 힘의 합은 0이 아니다.

벡터 방정식의 풀이

- 벡터 방정식은 항이 벡터인 방정식이다.
- 벡터 방정식은 하나 또는 그 이상의 등가인 스칼라 방정식으로 표현될 수 있다.
- 가시화해법(VSM)은 벡터 방정식의 풀이방법으로 문제를 더 쉽게 풀 수 있게 해 준다. 가시화해법의 적용 절차는 다음과 같다.
  - **단계 1.** 방정식의 일반형을 벡터형으로 나타낸다.
  - **단계 2.** 방정식의 좌변의 벡터항들이 나타나도록 도표를 그린다. 방정식의 부호를 그린다. 방정식의 우변에 있는 벡터항들이 나타나도록 도표를 그린다.
  - **단계 3.** 도표로부터 일반 방정식에 적용한 후, 최종 결과를 적어, 축소 방정식으로 나타나도록 결과를 단순화시킨다.

선형운동량 방정식

- 선형운동량 방정식은 유체역학에서 문제를 푸는 유용한 형태로 뉴턴의 제2법칙과 같다.
- 운동량 방정식을 유도하기 위해서 다음과 같은 절차를 따른다.
  - 단일 입자에 대한 뉴턴의 제2법칙으로 시작한다.
  - 입자 시스템에 대해 뉴턴의 제2법칙을 유도한다.
  - 주어진 최종 결과에 레이놀즈 수송이론을 적용한다.
- 물리적인 해석은 다음과 같다.

$$\begin{pmatrix}\text{힘의}\\\text{합}\end{pmatrix}=\begin{pmatrix}\text{운동량}\\\text{집적}\end{pmatrix}+\begin{pmatrix}\text{운동량}\\\text{유출흐름}\end{pmatrix}-\begin{pmatrix}\text{운동량}\\\text{유입흐름}\end{pmatrix}$$

- *운동량집적 항*은 검사체적 내부에서 운동량이 시간에 따라 변하는 정도를 나타낸다.
- *운동량 흐름 항*들은 검사표면을 통과하여 수송되는 운동량의 정도를 나타낸다.

각운동량 방정식

- 각운동량 방정식은 선형운동량 방정식에 회전을 적용한 것과 유사하다.
  - 이 방정식은 토크를 포함하는 문제를 푸는 데 유용하다(예를 들면, 모멘트).
  - 이 방정식은 펌프, 팬, 터빈과 같이 회전하는 기계에 널리 적용된다.
- 각운동량 방정식의 물리적 의미는 다음과 같다.

$$\begin{pmatrix}\text{모멘트의}\\\text{합}\end{pmatrix}=\begin{pmatrix}\text{각운동량의}\\\text{집적}\end{pmatrix}+\begin{pmatrix}\text{각운동량의}\\\text{유출흐름}\end{pmatrix}-\begin{pmatrix}\text{각운동량의}\\\text{유입흐름}\end{pmatrix}$$

- 각운동량 방정식을 적용하기 위해, 선형운동량 방정식에 사용된 절차와 동일한 절차를 사용한다.

참고문헌

1. Hibbeler, R.C. *Dynamics.* Englewood Cliffs, NJ: Prentice Hall, 1995.

문제

뉴턴의 운동 제2법칙(6.1절)

6.1 비행하고 있는 글라이더에 작용하는 표면력과 체적력을 나타내라. 또한 뉴턴의 운동 제2법칙이 어떻게 적용되는지 설명하기 위해 자유물체도를 그려라.

선형운동량 방정식: 이론(6.2절)

6.2 운동량 방정식의 유도에 대한 다음 내용 중 맞는 것은 무엇인가? (해당되는 것을 모두 골라라.)

a. 레이놀즈 수송이론은 Fick의 법칙에 적용된다.

b. 총량적 특성은 운동량이다.

c. 강도성 특성은 질량이다.

d. 순 운동량 흐름은 유입 운동량에서 유출 운동량을 뺀 것이다.

e. 순작용력은 검사체적 내부의 물질에 작용하는 힘들의 합이다.

f. 유속은 유입구와 유출구를 통과할 때 균일하게 분포한다고 가정된다.

선형운동량 방정식: 적용(6.3절)

6.3 운동량 방정식 문제에 대한 방정식을 구성하기 위해 힘 도표와 그에 대응하는 운동량 도표를 만들 때(그림 6.10 참조), 다음 요소 중 어떤 것들이 힘 도표와 운동량 도표에 반드시 있어야 하는가? (아래의 각 요소들을 FD 또는 MD로 분류하라.)

a. 벽, 베인, 관을 고정하기 위해 필요한 힘

b. 검사표면 경계를 가로지르는 $\dot{m}_o\mathbf{v}_o$ 또는 $\dot{m}_i\mathbf{v}_i$에 따른

각각의 질량흐름

c. 유체의 무게

d. 유체를 포함하고 있는 수조의 무게

e. 검사표면 경계를 가로지는 유체흐름에 관련된 압력에 의한 힘

유체제트에 운동량 방정식의 적용(6.4절)

6.4 "풍선로켓(balloon rocket)"은 그림과 같이 단단한 줄에 가운데 구멍이 있는 관(빨대)을 연결하여 이곳으로부터 줄로 연결되어 떠 있는 풍선이다. 직경이 1.1 cm인 노즐로부터 밀도 1.2 kg/m³의 공기가 65 m/s의 속도로 분출되고 있다. 마찰은 무시하고, 풍선이 움직이지 않도록 지지하는 데 필요한 힘 F를 구하라.

6.5 풍선로켓이 힘 F로 지지되고 있다. 풍선 내부의 압력은 2491 Pa, 노즐의 직경이 0.5 cm이고, 공기의 밀도는 1.2 kg/m³이다. 유출속도 v와 힘 F를 구하라. 마찰력은 무시하고, 공기는 비점성, 비회전류라고 가정하여라.

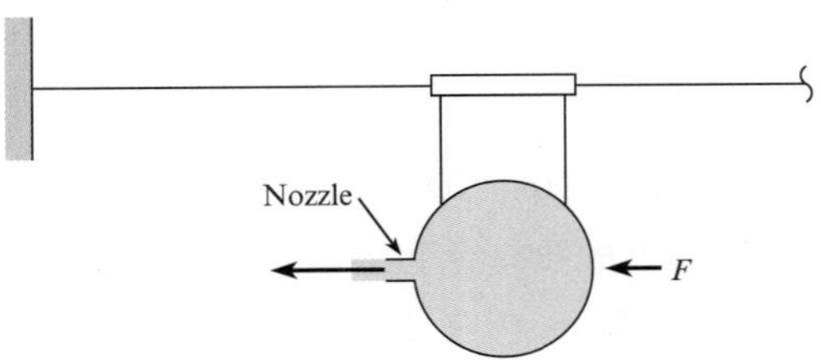

문제 6.4, 6.5

6.6 직경이 40 mm, 속도 $v = 15$ m/s인 물제트로 수조를 채우고 있다. 수조의 질량은 27 kg이고 현재 30 L의 물이 채워져 있다. 수온은 15°C이다. 수조 바닥에 작용하는 힘과 정지 블록(stop block)에 작용하는 힘을 구하라. 마찰은 무시한다.

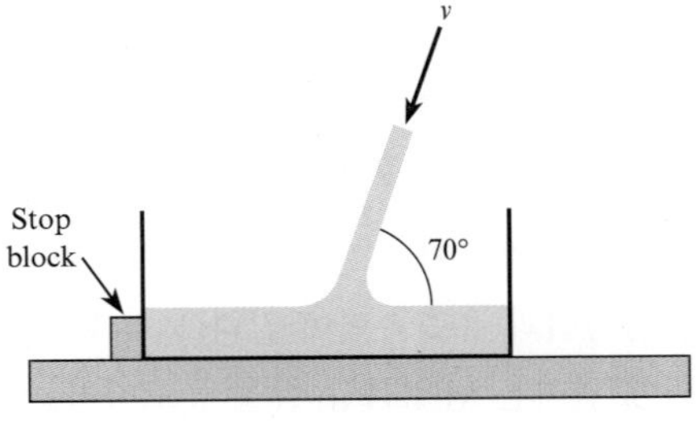

문제 6.6

6.7 이 수조는 제조공정에서 연직금속표면을 냉각시키기 위한 물제트(20°C)를 공급하고 있다. 금속표면을 고정시키기 위해 980 N의 수평력이 필요할 때 속도 V를 구하여라. 이때 유량은 0.14 m³/s이다.

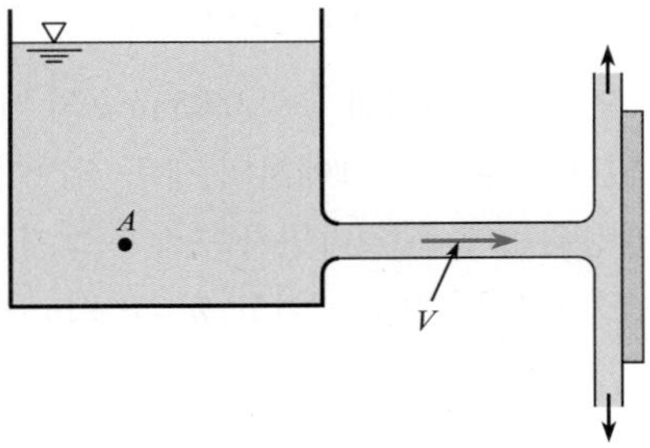

문제 6.7

6.8 물놀이 장난감을 설계하는 공학자가 예비 계산을 하고 있다. 제품 사용자는 피스톤($D = 90$ mm)을 $V_{piston} = 250$ mm/s로 움직일 수 있는 힘 F_1을 작용시킬 것이다. 온도가 20°C인 물이 분사되는 수축하는 노즐의 직경은 $d = 15$ mm이다. 장난감을 고정시키기 위해 사용자는 힘 F_2를 핸들에 작용시킬 것이다. 힘 F_1과 F_2 중 어느 것이 더 큰가? 운동량 원리를 사용하여 답을 설명하고 F_1과 F_2를 계산하라. 피스톤과 벽면 사이의 마찰은 무시하라.

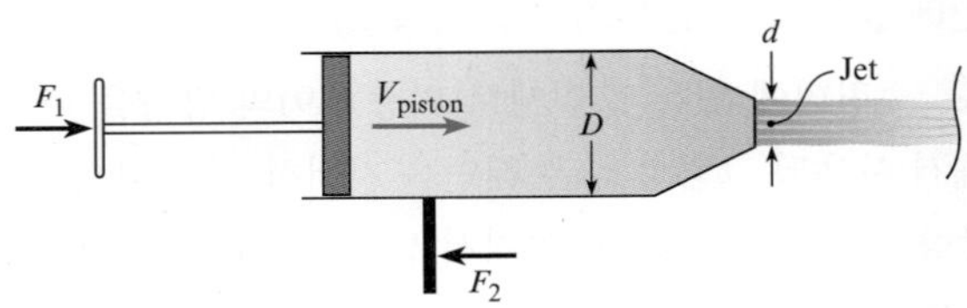

문제 6.8

6.9 보트 위의 소방호스로부터 직경 6.4 cm인 물제트가 $V = 31.3$ m/s로 분출되고 있다. 수온은 10°C이고 보트는 움직이지 않도록 케이블로 부두와 연결되어 있다. 케이블의 장력을 계산하라.

6.10 보트가 움직이지 않도록 케이블로 부두와 연결되어 있다. 5°C 물이 $V = 30$ m/s로 분사되고 있다. 케이블의 허용 하중이 4 kN일 경우, 물제트의 질량유량을 계산하여라. 이때의 직경은 얼마인가?

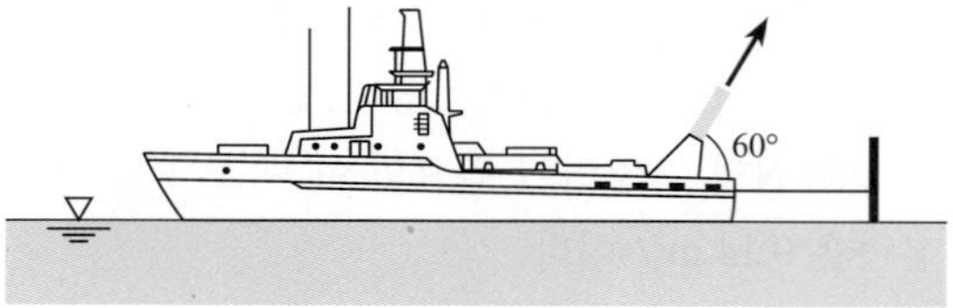

문제 6.9, 6.10

6.11 위쪽 수조에서 일정한 유량 0.05 m^3/s의 제트(15°C)가 분출되고 있다. 만약 단면 1에서의 제트 직경이 8 cm라면, A와 B에 작용하는 힘은 얼마인가? 단, 수조 자체의 무게는 670 N, 수조 단면적은 0.4 m^2이고, $h = 0.3$ m, $H = 2.7$ m라고 가정한다.

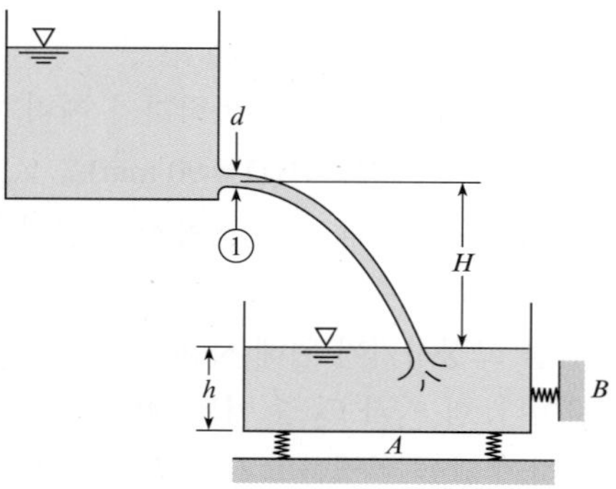

문제 6.11

베인에 운동량 방정식의 적용(6.4절)

6.12 수평면에 있는 오일제트(비중 0.9)의 방향을 바꾸기 위해서 사용된 그림과 같은 베인을 지지하는 데 필요한 x와 y 방향의 힘을 결정하라. 여기서 $V_1 = 30$ m/s, $V_2 = 29$ m/s, $Q = 0.8$ m^3/s이다.

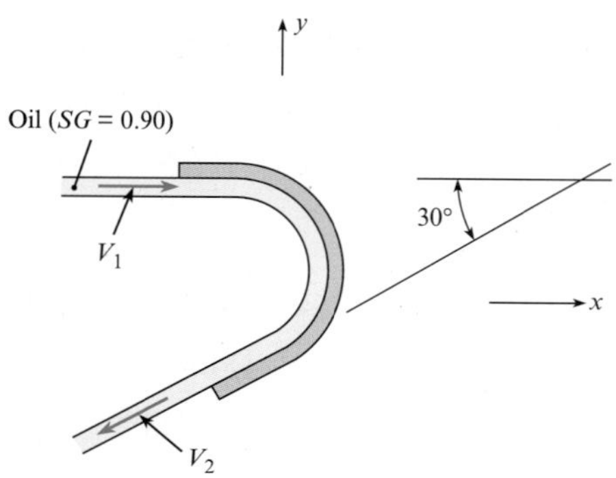

문제 6.12

6.13 평면 물제트(15°C)가 그림과 같이 고정된 베인에 의해 굴절된다. 중력은 무시하고, 베인이 움직이지 않도록 유지하는 데 필요한 단위폭당 힘의 x축, y축 성분을 구하라.

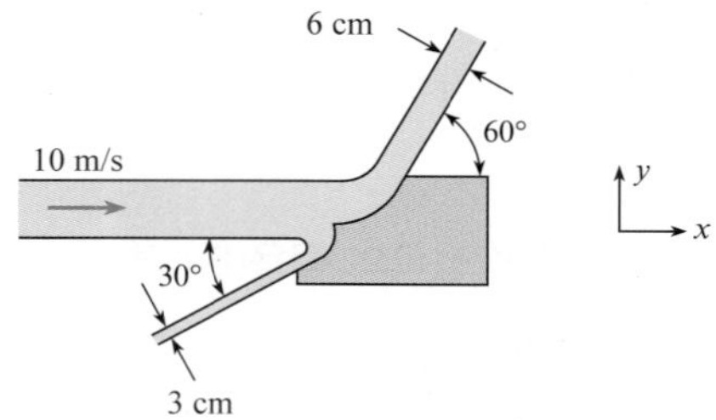

문제 6.13

6.14 그림과 같이 속도 10.7 m/s, 질량유량 18.1 kg/s의 물제트가 고정된 베인에 의해 30° 각도로 굴절되고 있다. 물제트가 베인에 가하는 힘을 구하라. 중력은 무시한다.

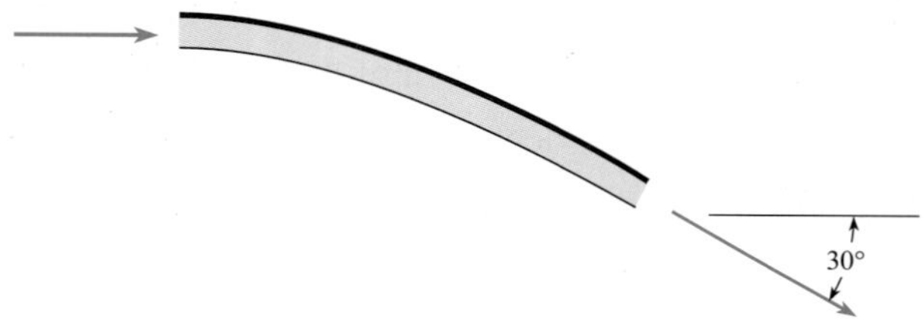

문제 6.14

6.15 그림과 같이 물($\rho = 1000$ kg/m^3)의 흐름이 블록에 의하여 30° 각도로 방향이 굴절된다. 이 흐름의 질량유량은 2.0 kg/s, 유속은 11 m/s이다. 블록의 질량은 1 kg이고, 블록과 물 사이의 마찰계수는 0.1이다(마찰력/수직력). 만약 수면에 평행한 방향으로 작용하는 힘이 마찰력을 초과한다면 블록은 움직일 것이다. 블록이 움직이는지 여부를 결정하고 블록에 가해지는 힘을 구하라. 단, 물의 무게는 무시한다.

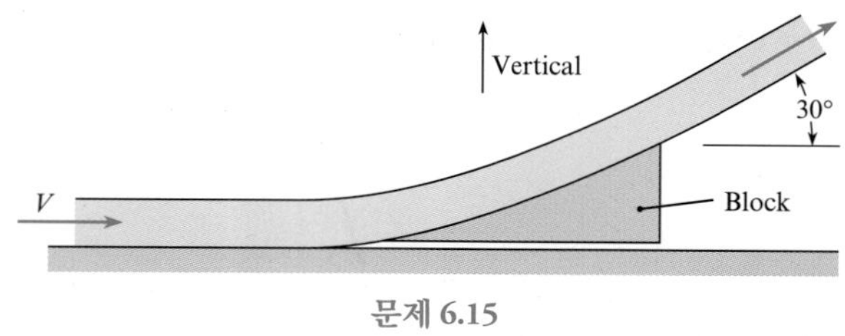

문제 6.15

6.16 2차원 액체제트가 그림과 같이 연직 벽에 부딪친다. 제트의 유입속력과 유출속력이 같다($V_1 = V_2$)고 가정하고, 제트가 벽에 가하는 단위폭당 힘을 유도하라. 벽면 근처에서의 액체 표면이 어떤 형태로 될 것 같은지, 그 형태를 그

리고 이유를 설명하라.

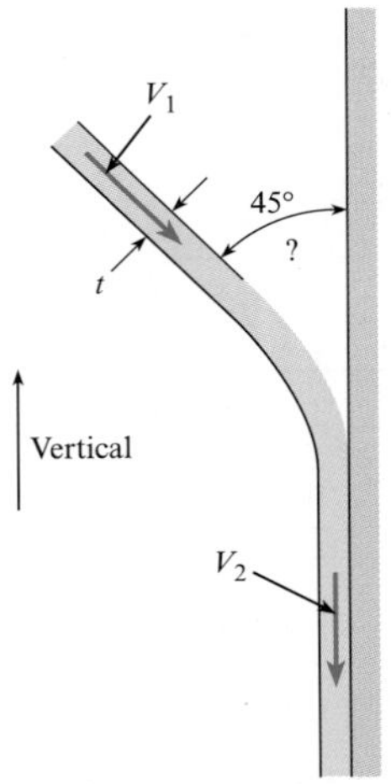

문제 6.16

6.17 그림과 같은 "클램셸(clam shell)"이라고 하는 역추진 장치는 비행기가 착륙할 때 감속시키기 위해서 사용된다. 그림 (a)는 평소 상태(펼치지 않은 상태)를, (b)는 펼쳐진 상태를 보여 주고 있다. 베인이 연직축에 대해 20° 방향이고, 엔진을 통과하는 질량유량은 70 kg/s, 유입속도는 100 m/s, 유출속도는 450 m/s이다. 역추진장치가 펼쳐질 때, 가스의 분출속도가 변하지 않고, 엔진은 움직이지 않는다고 가정한다. 역추진장치를 펼치지 않은 평소 상태와 역추진장치를 펼친 상태의 추진력(N)을 계산하라.

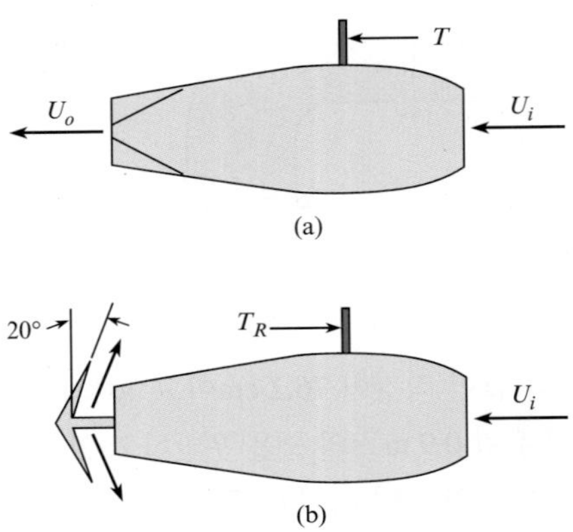

문제 6.17

노즐에 운동량 방정식의 적용(6.4절)

6.18 소방호스에는 특수한 노즐이 부착되어 있다. 인터넷을 이용하거나 근처의 소방서를 방문하여 소방호스의 작동 조건, 호스와 노즐의 대표적인 크기를 알아보아라.

6.19 고속의 물제트가 특수 절단 작업에 사용된다. 수조의 압력이 약 415 Mpa일 때, 물이 노즐을 통하여 대기 중으로 분출될 때의 속도를 베르누이 방정식을 사용하여 구하라. 단, 물의 압축성은 무시하고 수온은 15°C로 가정하라.

6.20 수온 15°C의 물이 직경이 10.2 cm에서 2.5 cm로 줄어드는 노즐을 통과하고 있다. 단면 1에서의 압력은 105.3 kPa이고, 제트 유출구에서의 압력은 대기압이다. 중량은 무시하고, 제트 유출구에서의 속도와 노즐을 움직이지 않도록 지지하는 데 필요한 힘을 구하라.

6.21 수온 15°C의 물이 직경이 12 cm에서 3 cm로 줄어드는 노즐을 통과하고 있다. 유출속도가 $v_2 = 30$ m/s이고 제트 유출구에서의 압력은 대기압이다. 중량은 무시하고, 단면 1에서의 압력과 노즐을 움직이지 않도록 지지하는 데 필요한 힘을 구하라.

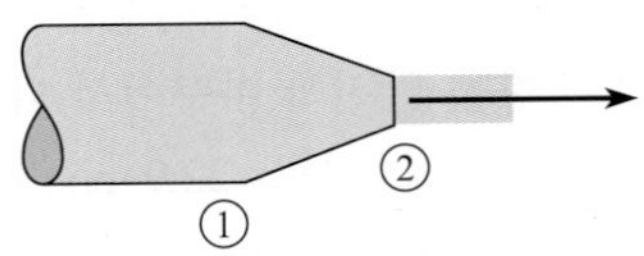

문제 6.20, 6.21

6.22 유량 0.7 m³/s의 물(10°C)이 노즐을 통하여 대기 중으로 유출되고 있다. $D_1 = 46$ cm, $D_2 = 23$ cm일 때, 이 노즐을 고정시키기 위하여 플랜지에 가해지는 힘을 구하여라. 비회전류라 가정하고 중력은 무시한다.

6.23 $Q = 0.30$ m³/s, $D_1 = 20$ cm, $D_2 = 12$ cm인 경우($\rho = 1000$ kg/m³)에 대해서 문제 6.22를 풀라.

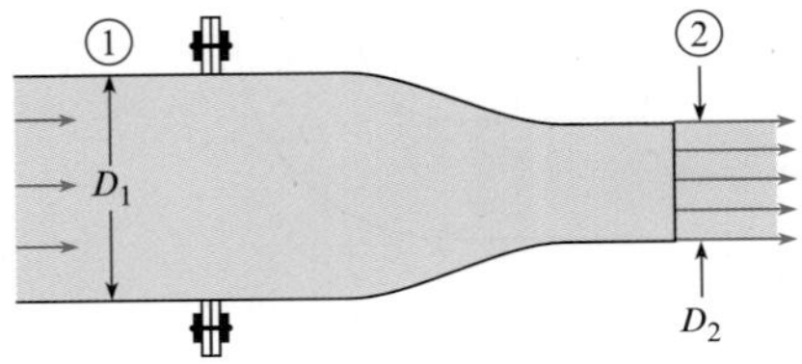

문제 6.22, 6.23

6.24 직경 15 cm의 노즐이 직경 30 cm인 관의 플랜지에 6개의 볼트로 결합되어 있다. 만약 물이 노즐을 통하여 대기 중으로 유출된다면, 관 내의 압력이 200 kPa일 때 각각의 볼

트에 가해지는 장력은 얼마인가? 단, 흐름은 비회전류라 가정한다.

6.25 그림과 같이 0.1 m^3/s 크기의 유량으로 물을 분출하는 분무기가 있다. 비회전류이고 유출속도가 20 m/s라고 가정한다. 관의 직경이 15 cm일 때, 이 분무기를 고정시키기 위하여 플랜지 볼트에 가해지는 힘은 얼마인가? 단, 중력은 무시한다.

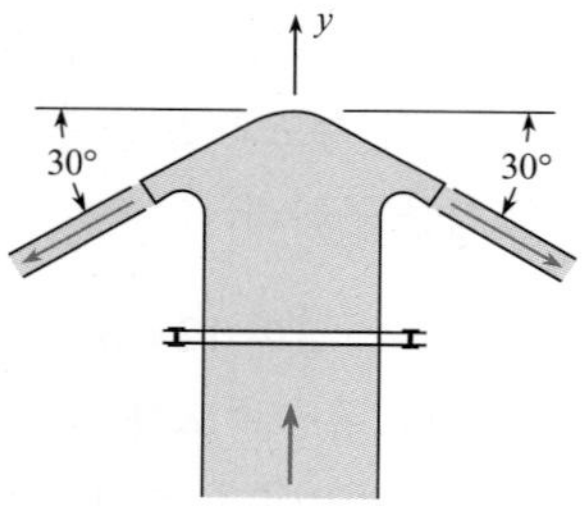

문제 6.25

곡관에 운동량 방정식의 적용(6.4절)

6.26 그림과 같이 뜨거운 기체가 일정한 직경을 가진 곡관에 들어갔다가 방향을 완전히 바꾸어서 다시 돌아 나오게 된다. 유입관에서의 기체 속도는 22.9 m/s, 기체 밀도는 0.32 kg/m^3, 기체의 질량유량은 1.4 kg/s이다. 이 곡관에서는 기체를 식히기 위하여 송수관을 통해서 물이 분사된다. 기체가 유출될 때의 밀도는 0.8 kg/m^3이고, 기체에 분사되는 물의 유량은 무시할 수 있다. 유입구와 유출구의 압력은 대기압으로서 같다고 가정하고, 곡관을 지지하는 데 필요한 힘을 구하라.

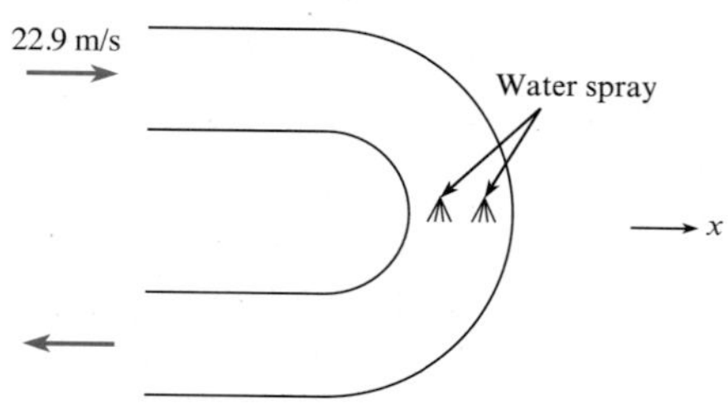

문제 6.26

6.27 그림과 같은 수평 관에 180°로 방향을 바꾸는 곡관이 연결되어 있다. 관의 직경 D는 30 cm, 관과 곡관 내의 유량은 0.45 m^3/s, 압력은 100 kPa(계기압력)이다($\rho = 1000$ kg/m^3). 곡관의 체적이 0.10 m^3이고 무게가 300 N이라면, 이 곡관을 지지하기 위하여 플랜지에 얼마의 힘이 가해져야 하는가?

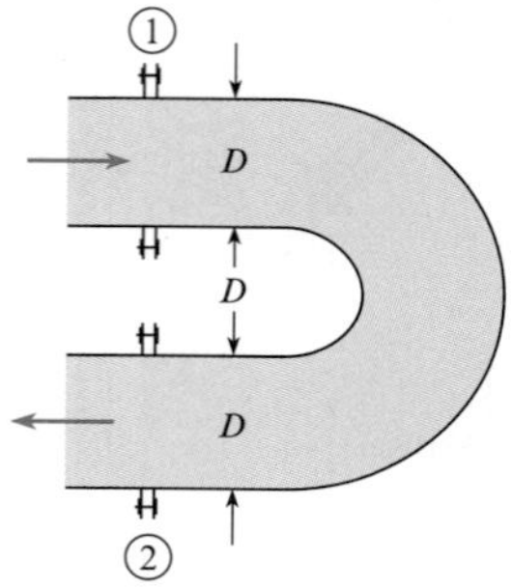

문제 6.27

6.28 수평 곡관에 유량 0.6 m^3/s인 물(10°C)이 흘러서 하류부 쪽 플랜지를 통과하여 대기 중으로 유출되고 있다. 관의 직경이 40 cm일 때, 이 곡관을 지지하기 위하여 상류부 쪽 플랜지에 가해져야 할 힘은 얼마인가? 상류부 플랜지의 하류부 물의 체적은 0.08 m^3이고, 곡관과 관의 무게는 356 N이며, 유입 단면에서의 압력은 41.4 kPa라고 가정한다.

6.29 수평 관에 90°로 방향을 바꾸는 곡관이 연결되어 있고, 관 내의 계기압력이 300 kPa이다. 관의 직경은 1 m, 물(10°C)의 유량이 10 m^3/s라면 이 곡관을 지지하기 위한 힘의 x축 성분은 얼마인가?

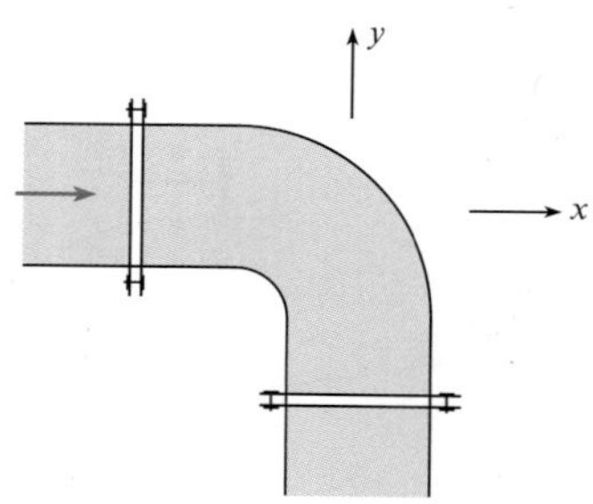

문제 6.28, 6.29

6.30 그림과 같이 직경이 76.2 cm이고 30°의 경사를 갖는 연직 곡관이 유량 0.9 m^3/s의 물을 운반하고 있다. 표고가 30 m인 곡관 하단부의 압력 p_1이 69.0 kPa이고, 표고가 31 m인 곡관 상단부의 압력 p_2가 59.0 kPa이라면, 이 곡관을 지지하는 데 필요한 "앵커(anchor)"의 수직 성분 힘은 얼마인가? 단, 곡관의 무게는 1330 N, 길이 L은 1.2 m이다.

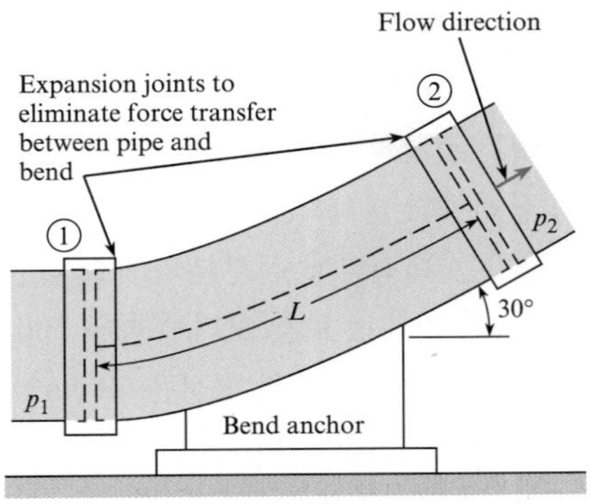

문제 6.30

6.31 유입구 단면적이 0.001 m², 유출구 단면적이 0.0001 m²이고 물(ρ = 1000 kg/m³)의 흐름 방향을 60°로 바꾸는 수평 곡관이 있다. 유출구로부터 대기 중으로 유출되는 물의 속도는 80 m/s이다. 이 곡관을 지지하는 데 필요한 곡관 유입구에 있는 금속에 작용하는 수평력(처음 흐름 방향과 평행)은 얼마인가?

6.32 그림과 같은 수평 곡관과 T형 단면에 물(ρ = 1000 kg/m³)이 흐른다. 단면 a에서의 유속은 8 m/s, 압력은 계기압력으로 6.5 kPa이다. 2개의 출구 단면 b, c에서의 유속은 3 m/s이고, 압력은 대기압과 같다($p = 0$). a, b, c에서의 단면적이 0.20 m²이다. 단면을 지지하는 데 필요한 힘의 x 성분과 y 성분을 구하라.

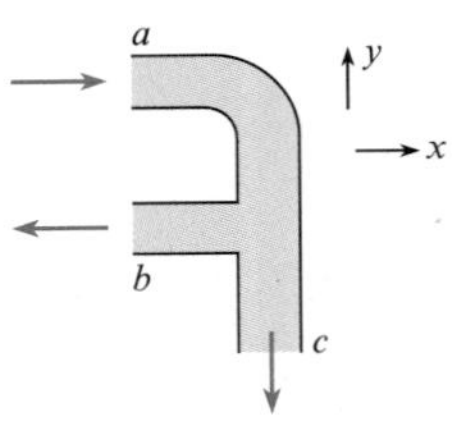

문제 6.32

운동량 방정식: 기타 상황(6.4절)

6.33 2차원 풍동에 설치된 항공기 날개에 작용하는 항력과 양력을 측정하고자 한다. 이 풍동은 높이가 0.5 m이고 깊이(지면 뒤쪽으로)가 0.5 m이다. 상류부 풍속은 10 m/s로 일정하고, 하류부 풍속은 그림과 같이 12 m/s와 8 m/s이다. 속도의 연직 성분은 양쪽 위치에서 모두 영(0)이고, 실험 단면의 길이는 1 m이다. 풍동의 위 벽과 아래 벽을 따라서 측정한 압력 분포는 다음과 같다.

$$p_u = 100 - 10x - 20x(1 - x)(\text{Pa gage})$$
$$p_l = 100 - 10x + 20x(1 - x)(\text{Pa gage})$$

여기서 x는 실험 단면의 시작점으로부터 측정된 거리(m)이다. 기체의 밀도는 1.2 kg/m³이며 구간에서 균일하다. 항력과 양력은 벡터로서 그림을 참조하라. 유체에 작용하는 힘의 방향은 항력과 양력 벡터의 반대이다. 항공기 날개 단면에 작용하는 항력과 양력을 구하라.

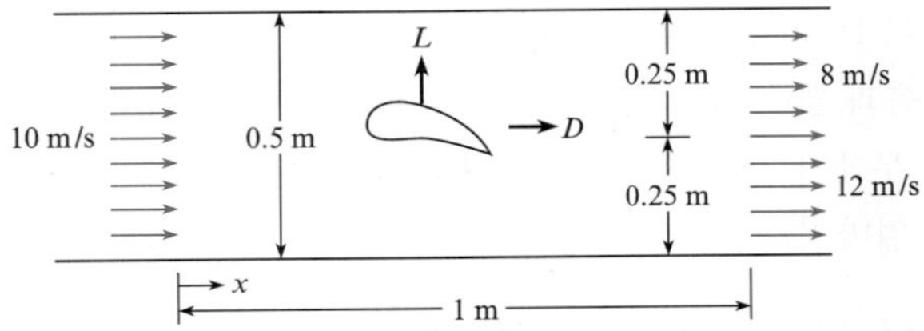

문제 6.33

6.34 상용화된 제트기의 현대식 터보팬 엔진은 압축기, 연소실, 터빈을 통해서 흡입된 공기와 압축기를 우회하여 흡입된 나머지 공기를 이용하여 팬을 가속시킨다. 압축기-연소실-터빈을 지난 공기의 질량에 대한 우회한 공기의 질량비를 "우회율(bypass ratio)"이라 한다. 터보팬으로 유입된 전체 공기의 질량유량은 300 kg/s이고, 속도는 300 m/s이다. 이 엔진은 우회율이 2.5이고, 우회 통로를 통해 유출되는 공기의 속도는 600 m/s, 압축기-연소실-터빈을 거쳐 유출되는 공기의 속도는 1000 m/s이다. 이 터보팬 엔진의 추진력은 얼마인가? 검사체적을 그리고 운동 방정식을 적용하라.

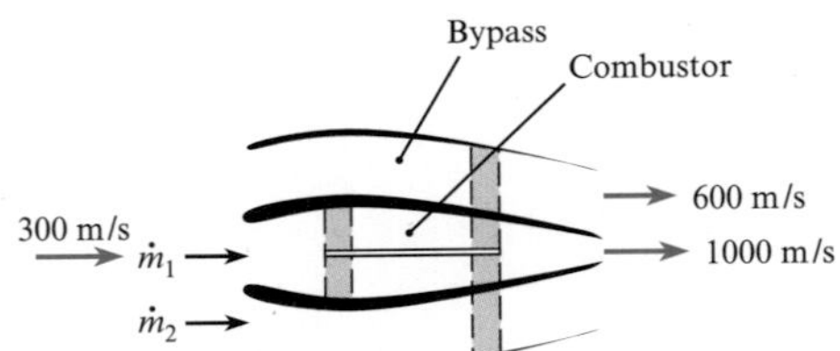

문제 6.34

움직이는 검사체적에 운동량 방정식의 적용(6.5절)

6.35 액체가 담긴 큰 수조가 그림과 같이 마찰이 없는 평면에 놓여 있다. 길이가 짧은 관에 연결된 마개를 열면 어떠한 일이 발생할 것인가를 설명하라.

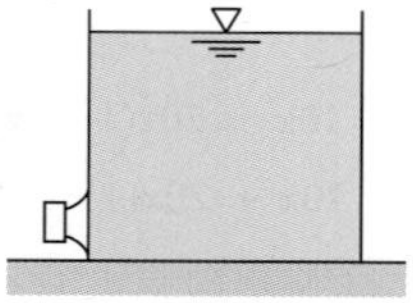

문제 6.35

6.36 썰매 위에 수조($\rho = 1000$ kg/m^3)가 있다고 하자. 이 수조는 압축기에 의해 높은 압력이 유지되고 있으며, 수조에 연결된 오리피스를 통하여 25 m/s의 일정한 속도(수조에 대한 상대속도)로 제트가 수평으로 분출된다. 제트의 직경이 15 mm이고 임의의 시간 t에서 물의 양이 0.10 m^{3}이다. 얼음과 썰매 사이의 마찰계수가 0.05이고 압축기와 빈 수조의 무게가 350 N이라면, 임의의 시간 t에서 썰매의 가속도는 얼마인가?

6.37 일반적으로 로켓 궤도 해석에서는 체적력과 항력을 무시하고 연소 정지 시의 속도를

$$v_{bo} = \frac{T}{\dot{m}} \ln \frac{m_0}{m_f}$$

과 같이 계산한다. 추진력-질량유량 비가 3000 N · s/kg이고 최종 질량이 50 kg이라고 가정하고, 로켓이 7200 m/s의 속도로 지구 궤도를 선회하기 위하여 필요한 초기질량을 계산하라.

각운동량 방정식(6.6절)

6.38 비상시에 대비한 보조 동력을 얻기 위해 헬리콥터 회전날개 끝에 두 개의 작은 액체추진로켓 모터가 부착되어 있다. 이 헬리콥터 날개의 직경은 7 m이고 회전속도는 1 rev/s이다. 공기는 회전날개 끝부분의 속도와 같은 속도로 흡입되고, 연소된 기체는 로켓 모터에 대해 500 m/s의 속도로 배출된다. 각 모터 흡입구의 면적은 20 cm^{2}이고, 공기밀도는 1.2 kg/m^{3}이다. 로켓 모터로 인하여 발생하는 동력을 계산하라. 연료의 질량유량은 무시하라.

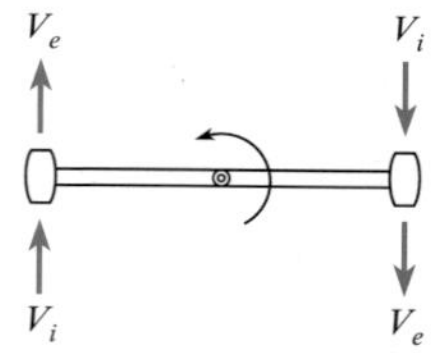

문제 6.38

6.39 반경 15 m의 원에 한 시간당 0.5 cm의 물을 방출할 수 있는 잔디용 스프링클러를 설계하라. 스프링클러의 압력은 350 kPa이고, 베르누이 방정식을 적용할 수 있도록 스프링클러의 구멍을 통하여 나가는 물의 마찰효과는 무시한다. 그러나 스프링클러의 기초와 회전부 사이의 마찰은 무시할 수 없다.

CHAPTER 7

에너지 방정식

개요 이 장에서는 흐르는 유체에 에너지 보존이 어떻게 적용되는지 설명한다. 이 결과로 얻어지는 방정식을 에너지 방정식이라고 한다.

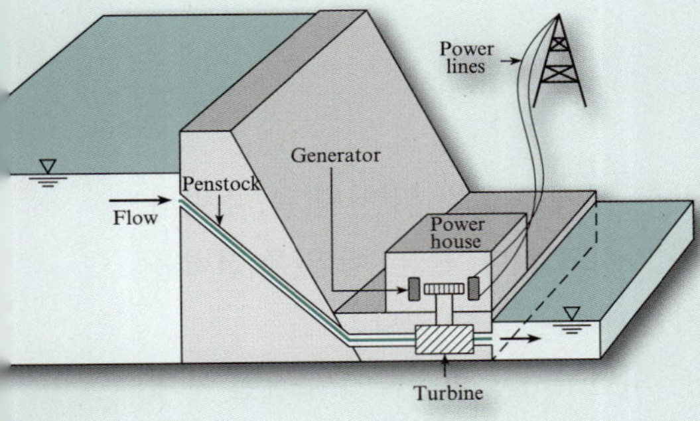

그림 7.1

에너지 방정식은 수력발전에 적용될 수 있다. 또한, 에너지 방정식은 수많은 다른 응용분야에도 적용될 수 있다. 에너지 방정식은 유체역학에서 가장 유용한 방정식 중 하나이다.

학습성과

일과 에너지(7.1절)
- 에너지, 일, 동력을 정의한다.
- 펌프와 터빈을 정의한다.
- 에너지의 범주를 분류한다.
- 기본단위를 파악한다.

폐쇄형 시스템에 대한 에너지 보존(7.2절)
- 폐쇄형 시스템에 대한 에너지 보존의 주요 내용을 학습한다.
- 문제를 풀기 위해 에너지 방정식을 적용하고 질문에 답한다.

에너지 방정식(7.3절)
- 에너지 방정식에 대한 가장 중요한 내용을 학습한다.
- α를 계산한다.
- 유동일과 축일을 정의한다.
- 수두를 정의하고 다양한 형태의 수두를 살펴본다.
- 문제를 풀기 위해 에너지 방정식을 적용한다.

동력 방정식(7.4절)
- 각각의 동력 방정식과 결합된 개념들에 대해 살펴본다.
- 동력 방정식을 포함하는 문제를 푼다.

효율(7.4절)
- 기계적인 효율을 정의한다.
- 펌프와 터빈 같은 요소들의 효율을 포함한 문제를 푼다.

단면 급확대(7.7절)
- 단면 급확대에 대한 수두 손실을 계산한다.

에너지경사선과 동수경사선(7.8절)
- 에너지경사선과 동수경사선의 주요 사항에 대해 학습한다.
- 에너지경사선과 동수경사선을 스케치한다.
- 에너지경사선과 동수경사선을 포함하는 문제를 푼다.

7.1 기술 용어: 일, 에너지, 동력

에너지 보존은 *모든 공학에서 가장 유용한 단일 방정식*일 것이다. 이 방정식을 적용하기 위한 핵심은 에너지, 일, 동력의 기본 개념에 대한 확실한 지식을 갖는 것이다. 이러한 주제를 살펴보는 것 외에, 이 절에서는 펌프와 터빈도 정의한다.

에너지

에너지(energy)는 해당 시스템이 그 환경에서 할 수 있는 일의 양으로 특징지어질 수 있는 시스템의 특성이다. 간단히 말해서, 물질(즉, 시스템)이 무게를 들기 위해 사용될 수 있다면 그 물질은 에너지를 갖고 있다.

에너지 방정식 적용례

- 댐 배후의 물은 물이 관(즉, 펜스톡)을 통하여 흐른 후, 무게를 들기 위한 휠(즉, 수력터빈)을 돌리기 위해 사용될 수 있기 때문에 에너지를 가지고 있다. 물론, 이 일은 전력을 생산하는 데 사용되는 전기 발전기의 축을 회전시키는 데 사용될 수 있다.
- 바람은 바람이 날개(예: 풍차)를 통과하면서 날개를 회전시키고 회전축에 부착된 무게를 들어 올릴 수 있기 때문에 에너지를 가지고 있다. 이와 같은 축은 발전기의 축을 회전시키는 일도 할 수 있다.
- 휘발유는 실린더 안에 들어가서, 연소하고, 실린더 안의 피스톤을 움직이게 하기 위해 팽창될 수 있기 때문에 에너지를 가지고 있다. 이 움직이는 실린더는 무게를 들어 올리기 위해 사용되는 역학적인 원리(메커니즘)에 연결될 수 있다.

에너지의 SI 단위는 *줄(joule, J)*이다. 1 J은 1 N의 힘을 가지고 1 미터 이동하는 것으로 정의된다. 예를 들어 몸무게가 70 N인 사람이 10 미터 높이의 계단을 오른다면, 중력에 의한 위치 에너지는 $\Delta PE = (700\ \text{N})(10\ \text{m}) = 700\ \text{N}\cdot\text{m} = 700\ \text{J}$만큼 변화된다. 영미 단위계에서, 에너지의 단위인 *lbf(foot-pound force)*는 1.0 lbf의 힘을 갖고 1.0 foot 움직이는 것으로 정의된다.

에너지의 단위를 정의하는 다른 방법은 물의 가열로 설명하는 것이다. *작은 칼로리(cal)*로 표현되는 1 cal는 1 g의 물의 온도를 1°C 상승시키는 데 필요한 에너지의 근사량이다. 1 cal와 J 사이의 단위 환산은 1.0 cal = 4.187 J* 의 관계를 갖는다. *큰 칼로리(Cal)*로 표현되는 1 Cal는 1 kg의 물의 온도를 1°C 상승시키는 데 필요한 에너지의 양이다. 따라서 1.0 Cal는 4187 J과 같다. 큰 칼로리(Cal)는 미국에서 식품의 에너지를 특정하기 위해 사용된다. 따라서 100 Cal를 갖는 식품은 0.4187 MJ의 에너지를 갖고 있다. 전통 단위계(피트-파운드 단위계)에서 에너지는 종종 Btu(British thermal unit) 단위를 사용해서 측정된다. 1 Btu는 1 lbm의 물의 온

* 문헌상 칼로리에 대해서는 몇 가지 다른 정의가 있다. 예를 들면, 1.0 cal = 4.184 J로 설명하는 참고문헌을 발견할 수 있다.

도를 1.0°F 상승시키는 데 필요한 에너지의 양이다.

에너지는 다음과 같은 범주로 분류할 수 있다.

- **기계적인 에너지:** 이것은 운동과 관련된 에너지(즉, *운동에너지*)와 운동장(운동을 해석하는 영역)에서 위치와 관련된 에너지이다. 운동장에서의 위치를 고려하면, 이것은 중력장에서의 위치(즉, 중력위치에너지)를 나타내고, 스프링과 같은 탄성물체의 처짐(즉, 스프링 퍼텐셜 에너지)을 나타내기도 한다.
- **열에너지:** 이것은 온도변화와 상태변화에 관련된 에너지이다. 예를 들어, 얼음 1 kg(약 1 리터)으로 구성된 시스템을 선택해 보자. 이때 얼음을 녹이기 위한 에너지는 334 kJ이다. 물 온도를 0°C에서 100°C까지 상승시키기 위한 에너지는 419 kJ이다.
- **화학적 에너지:** 이것은 원소들 사이의 화학적 결합과 관련된 에너지이다. 예들 들어 메탄(CH_4)이 연소될 때는, 메탄의 결합을 깨고, 이산화탄소(CO_2)와 물을 생성하기 위해 새로운 결합을 형성하는 과정을 포함하는 화학적 반응이 있다. 이와 같은 화학적 반응은 열을 방출한다. 이것은 연소 과정 동안 화학적 에너지가 열에너지로 변환된다는 것을 알려주는 다른 예이다.
- **전기에너지:** 이것은 전기적인 변화와 관련된 에너지이다. 예를 들어 충전된 축전기는 $\Delta E = 1/2\ CV^2$의 전기에너지를 포함하고 있다. 여기서 C는 전기용량, V는 전압이다.
- **핵에너지:** 이것은 원자핵에서 입자결합과 관련된 에너지이다. 예를 들면, 핵분열 중에 우라늄 원자가 두 개의 원자로 분리될 때 에너지를 방출한다.

일

보통, 대학 강의를 수강하는 학생들은 먼저 기계적인 일의 개념을 배운다. **기계적인 일**(mechanical work)은 힘이 거리를 통해서 작용할 때 발생한다(일 = 힘 × 이동거리). 좀 더 정확한 정의는 다음과 같이 힘 **F**와 변위 **ds**의 선적분으로 나타난다.

$$W = \int_{s_1}^{s_2} \mathbf{F} \cdot \mathbf{ds} \tag{7.1}$$

일의 단위와 차원은 에너지의 단위와 차원과 같다. 그림 7.2는 기계적인 일의 두 가지 예를 나타내고 있다.

실제 문제에 대한 에너지 균형을 평가하기 위해서(즉, 에너지 보존법칙을 적용하기 위해서), 일에 대한 좀 더 일반적인 정의가 필요하다.* 가장 선호하는 정의는 다음과 같다:† **일**

* 이와 같은 일반적인 종류의 일은 *기계적인 일*과 구분하기 위해 때때로 *열역학적 일*로 불린다. 이 교재에서는, 기계적인 일을 포함하는 모든 형태의 일을 표현하기 위해 *일*이라는 표현을 사용한다.

† 이 정의는 화학공학 교수이자 노벨상 수상자인 John Fenn의 책 *Engines, Energy, and Entropy: A Thermodynamics Primer*, p.5에서 인용하였다.

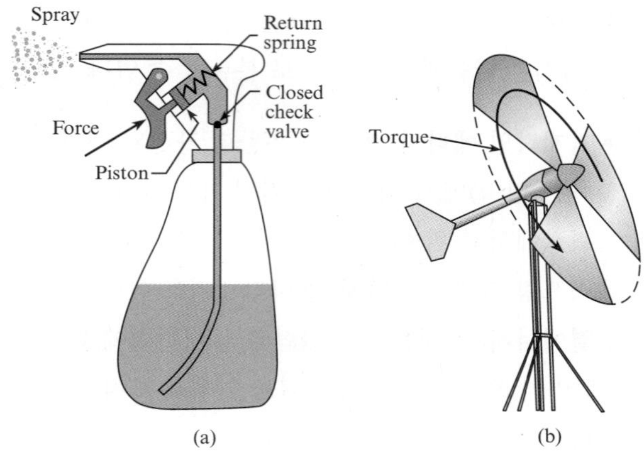

그림 7.2

(a) 분무기에서 피스톤의 이동을 통해 작용하는 힘은 기계적인 일의 예이다. (b) 풍력 터빈에서 공기의 압력은 각변위를 통해 작용하는 토크의 원인이 된다. 이 토크 또한 기계적인 일의 예이다.

(work)은 열전달 또는 물질전달이 없는 시스템의 경계에서 임의의 상호작용이다. 예를 들어, 전기적인 동력이 모터에 공급될 때, 전류는 일로 분류된다.

동력

동력(power)은 단위시간당 일 또는 에너지로 표현되고, 다음과 같이 정의된다.

$$P \equiv \frac{\text{일(또는 에너지)}}{\text{시간 간격}} = \lim_{\Delta t \to 0} \frac{\Delta W}{\Delta t} = \dot{W} \tag{7.2}$$

식 (7.2)는 동력이 시간에 따라 변하기 때문에 순간적으로 정의된다. 동력을 계산하기 위해 공학자들은 몇 가지 미분 방정식을 사용한다. 자동차나 자전거 같은 직선운동에 대해서는 일의 크기는 힘과 변위의 곱으로 나타난다: $\Delta W = F\Delta x$. 그러면 동력은 다음 식을 이용해서 구할 수 있다.

$$P = \lim_{\Delta t \to 0} \frac{F\Delta x}{\Delta t} = FV \tag{7.3a}$$

여기서 V는 움직이는 물체의 속도이다.

축이 회전할 때(그림 7.2b), 일의 크기는 토크와 각변위의 곱으로 나타난다: $\Delta W = T\Delta\theta$. 이 경우에 동력 방정식은 다음과 같다.

$$P = \lim_{\Delta t \to 0} \frac{T\Delta\theta}{\Delta t} = T\omega \tag{7.3b}$$

여기서, ω는 각속도이다. 각속도의 SI 단위는 rad/s이다.

동력은 시간당 에너지의 단위를 갖고 있기 때문에, SI 단위는 J/s이고, 이것을 W(watt)라 한다. 동력에 대한 일반적인 단위는 W(watt), 마력(hp), ft-lbf/s이다. 동력의 몇 가지 대표적인 값은 다음과 같은 사항을 포함하고 있다.

- 백열전구는 60~100 J/s의 에너지를 사용할 수 있다.
- 건강상태가 좋은 운동선수는 한 시간에 약 300 J/s의 동력을 유지할 수 있다. 이것은 1 마력의 약 4/10이다. 1 마력은 말 한 마리가 공급할 수 있는 근사적인 동력의 크기이다.
- 일반적인 중형차(2011형 토요타 캠리)의 정격추력은 126 kW(169 hp)이다.
- 대규모 수력발전시설(즉, 오리건주 포틀랜드에서 동쪽으로 40 마일 떨어진 컬럼비아강에 위치한 보너빌댐)의 정격전력은 1,080 MW이다.

펌프와 터빈

터빈(turbine)은 흐르는 유체로부터 에너지를 추출하기 위해 사용되는 기계장치이다.* 터빈의 예로는 수평축을 갖는 풍력터빈, 가스터빈, 카플란터빈, 프랜시스터빈, 펠턴수차가 포함된다.

펌프(pump)는 에너지를 흐르는 유체에 공급하기 위해 사용되는 기계장치이다. 펌프의 예로는 피스톤펌프, 원심펌프, 다이어프램펌프, 기어펌프가 포함된다.

7.2 에너지 보존

James Prescott Joule이 사망했을 때, *The Electrical Engineer*(1, p.311)에 다음과 같이 그의 사망기사가 실렸다.

> *이 기사를 읽는 아주 소수의 사람들만 아주 위대한 인물이 세상을 떠났음을 깨닫게 될 것이다. 그러나 유능한 사람들은 그의 이름이 과학에서 아주 위대한 일꾼 중 하나로 분류되어야 한다는 것을 인정해야 한다.*

줄은 취미로 과학에 열중하는 양조업자였지만, 지금까지 개발된 가장 중요한 과학법칙 중 하나를 공식화했다. 그러나 에너지 보존에 대한 줄의 이론은 논란의 여지가 있어 과학저널에 출판하지 못했다. 그래서 그의 이론은 처음에는 맨체스터 지역신문에 소개되었다(2). 줄은 끈기 있는 사람의 좋은 본보기이다. 오늘날 일과 에너지에 대한 줄의 생각은 공학의 기초가 되고 있다. 이 절에서는 줄의 이론을 소개한다.

에너지 보존에 대한 줄의 이론

줄은 *폐쇄형 시스템*의 에너지는 단 두 가지 형태로 변화될 수 있다는 것을 깨달았다.

- **일.** 시스템의 에너지는 경계에서 일의 상호작용에 의해 변화될 수 있다.

---

* 가스터빈이라고 하는 제트엔진도 예외는 아니다. 제트엔진은 흐르는 유체에 에너지를 공급하여, 유체제트의 운동량을 증가시키고 추력을 생성한다.

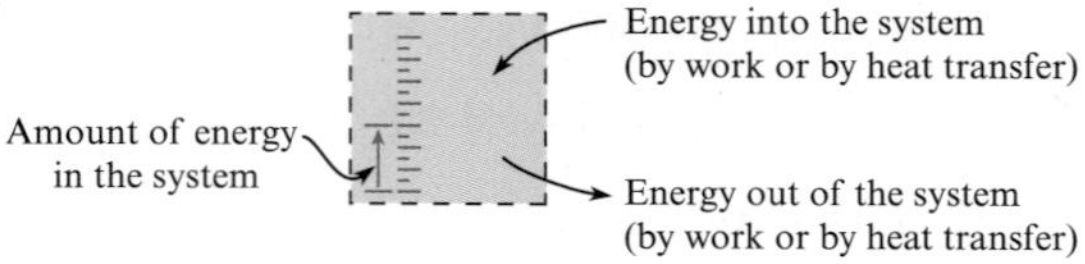

그림 7.3
페쇄형 시스템의 운동량 보존법칙.

- **열전달.** 시스템의 에너지는 경계를 가로질러 열전달에 의해서 변화될 수 있다. **열전달**(heat transfer)은 전도, 대류, 복사의 메커니즘에 의해 뜨거운 곳에서 추운 곳으로 열에너지를 전달하는 것으로 정의될 수 있다.

에너지 보존에 대한 줄의 생각이 그림 7.3에 묘사되어 있다. 시스템은 파란색 상자로 표현된다. 그림 왼쪽의 눈금은 시스템의 에너지의 양을 표현한다. 그림 오른쪽의 화살표는 일 또는 열전달의 상호작용을 통해 에너지가 증가하거나 감소하는 것을 설명하고 있다. 에너지는 시스템의 특성이고, 일과 열전달은 시스템 경계에서 발생하는 상호작용임에 주목하라.

줄이 제안한 일과 에너지 평형은 열역학 제1법칙이라고 불리는 방정식으로 표현된다.

$$\Delta E \qquad = \qquad Q \qquad - \qquad W$$

$$\left\{\begin{matrix}\text{시스템 내에}\\\text{저장되는 에너지의}\\\text{증가}\end{matrix}\right\} = \left\{\begin{matrix}\text{열전달에 의해}\\\text{시스템에 유입되는}\\\text{에너지의 양}\end{matrix}\right\} - \left\{\begin{matrix}\text{일에 의해}\\\text{시스템에서 유출되는}\\\text{에너지의 양}\end{matrix}\right\} \tag{7.4}$$

식 (7.4)의 항들은 J의 단위를 갖는다. 이 방정식은 시스템이 상태 1에서 상태 2로 이동하는 과정을 수행하는 그 시간간격 동안 적용될 수 있다. 식 (7.4)를 수정하기 위해 이 방정식을 아주 짧은 시간 동안 적용시키면 다음과 같은 미분 형태를 얻을 수 있다.

$$\frac{dE}{dt} = \dot{Q} - \dot{W} \tag{7.5}$$

식 (7.5)는 아주 짧은 시간 동안 적용되고, J/s 또는 W의 단위를 갖는다. 일과 열전달은 다음과 같은 부호 규약을 갖는다.

- 시스템이 주위(surroundings)에 일을 하는 경우에는 W와 $\dot{W}$는 양(+)이다.
- 주위가 시스템에 일을 하는 경우에는 W와 $\dot{W}$는 음(−)이다.
- 열(즉, 열에너지)이 시스템 안으로 이동되면 Q와 $\dot{Q}$는 양(+)이다.
- 열(즉, 열에너지)이 시스템 밖으로 이동하면 Q와 $\dot{Q}$는 음(−)이다.

검사체적(개방형 시스템)

식 (7.5)는 *폐쇄형 시스템*에 적용된다. 이것을 검사체적에 적용하기 위해서는 레이놀즈 수송 이론, 식 (5.23)을 적용한다. 총량적 특성을 에너지($B_{sys} = E$)라 하고 강도성 특성을 $b = e$라

하면 다음과 같은 식을 얻는다.

$$\dot{Q} - \dot{W} = \frac{d}{dt}\int_{cv} e\rho d\forall + \int_{cs} e\rho \mathbf{V}\cdot d\mathbf{A} \tag{7.6}$$

여기서 e는 유체의 질량당 에너지이다. 식 (7.6)은 검사체적에 대한 에너지 보존의 일반형이다. 그러나 유체역학에서 대부분의 문제는 이 방정식의 단순형을 가지고 풀 수 있다. 이와 같은 단순형은 다음 절에서 유도한다.

7.3 에너지 방정식

이 절에서는 유체역학에 발생하는 문제에 대해 적용하기 편리하도록 식 (7.6)을 어떻게 단순화하는지 설명한다.

식 (7.6)을 선택하고 $e = e_k = e_p = u$라 하자. 여기서 e_k는 단위질량당 운동에너지, e_p는 단위질량당 위치에너지, u는 단위질량당 내부에너지(열에너지) *이다.

$$\dot{Q} - \dot{W} = \frac{d}{dt}\int_{cv} (e_k + e_p + u)\rho d\forall + \int_{cs} (e_k + e_p + u)\rho \mathbf{V}\cdot d\mathbf{A} \tag{7.7}$$

그 다음, 다음과 같이 정의하자. †

$$e_k = \frac{\text{유체 입자의 운동에너지}}{\text{유체 입자의 질량}} = \frac{mV^2/2}{m} = \frac{V^2}{2} \tag{7.8}$$

유사한 방법으로 다음과 같이 정의하자.

$$e_p = \frac{\text{유체 입자의 위치에너지}}{\text{유체 입자의 질량}} = \frac{mgz}{m} = gz \tag{7.9}$$

여기서 z는 기준선에 대해 측정된 높이이다. 식 (7.8)과 (7.9)를 식 (7.7)에 대입하면 다음과 같은 식을 얻는다.

$$\dot{Q} - \dot{W} = \frac{d}{dt}\int_{cv} \left(\frac{V^2}{2} + gz + u\right)\rho d\forall + \int_{cs} \left(\frac{V^2}{2} + gz + u\right)\rho \mathbf{V}\cdot d\mathbf{A} \tag{7.10}$$

축일과 유동일

식 (7.10)의 일의 항을 단순화시키기 위해, 일을 두 가지 종류로 구분한다.

* 정의에 의하면 내부에너지는 운동에너지 또는 위치에너지가 아닌 모든 형태의 에너지를 포함한다.

† 검사표면은 가속되지 않는다고 가정한다. 그래서 검사표면에 기준이 되는 V는 관성기준좌표계에 대해서도 기준이 된다.

$$\text{일} = \text{유동일} + \text{축일}$$

일이 압력에 의한 힘과 관련이 있을 때, 이 일을 **유동일**(flow work)이라 한다. 이와 달리, **축일**(shaft work)은 압력에 의한 힘과 관련되지 않은 일이다. 축일은 보통 축(여기서 이름을 따온 것임)을 통하여 한 일이고, 일반적으로 펌프나 터빈과 관련되어 있다. 일에 대한 부호 규약에 의하면, 펌프의 일은 음(−)이다. 이와 유사하게 터빈의 일은 양(+)이다. 따라서 다음과 같이 된다.

$$\dot{W}_{\text{shaft}} = \dot{W}_{\text{turbines}} - \dot{W}_{\text{pumps}} = \dot{W}_t - \dot{W}_p \tag{7.11}$$

유동일에 대한 식을 유도하기 위해 일 = 힘 × 거리라는 개념을 사용한다. 축소되는 관의 내부에 위치하는 검사체적(그림 7.4)을 정의함으로써 유도를 시작한다. 단면 2에서 검사체적 내에 있는 유체는 크기 p_2A_2인 힘으로 검사체적 밖에 있는 유체를 밀어낼 것이다. Δt 시간 동안, 단면 2에서 유체의 변위는 $\Delta x_2 = V_2\Delta t$이다. 따라서 일의 크기는 다음과 같다.

$$\Delta W_2 = (F_2)(\Delta x_2) = (p_2 A_2)(V_2 \Delta t) \tag{7.12}$$

식 (7.12)에 의해 표시되는 일의 크기를 일률(rate of work)로 변환하면 다음과 같다.

$$\dot{W}_2 = \lim_{\Delta t \to 0} \frac{\Delta W_2}{\Delta t} = p_2 A_2 V_2 = \left(\frac{p_2}{\rho}\right)(\rho A_2 V_2) = \dot{m}\left(\frac{p_2}{\rho}\right) \tag{7.13}$$

검사체적 내의 유체가 주위에 일을 한 것이기 때문에 이 일은 양(+)이다. 동일한 방법으로, 단면 1의 유동일은 음(−)이고, 다음 식과 같이 표현된다.

$$\dot{W}_1 = -\dot{m}\left(\frac{p_1}{\rho}\right)$$

그림 7.4와 같은 경우에 대한 순(net) 유동일은 다음과 같다.

$$\dot{W}_{\text{flow}} = \dot{W}_2 + \dot{W}_1 = \dot{m}\left(\frac{p_2}{\rho}\right) - \dot{m}\left(\frac{p_1}{\rho}\right) \tag{7.14}$$

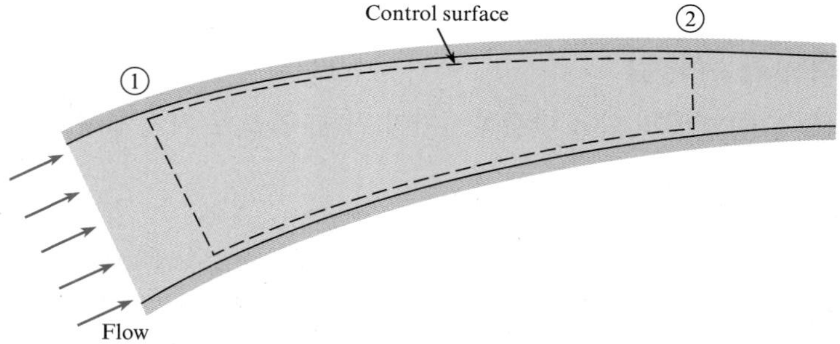

그림 7.4
유동일을 유도하기 위한 그림.

검사표면을 통과하는 흐름이 여러 개일 경우에 식 (7.14)는 다음과 같이 일반화될 수 있다.

$$\dot{W}_{\text{flow}} = \sum_{\text{outlets}} \dot{m}_{\text{out}}\left(\frac{p_{\text{out}}}{\rho}\right) - \sum_{\text{inlets}} \dot{m}_{\text{in}}\left(\frac{p_{\text{in}}}{\rho}\right) \tag{7.15}$$

유동일의 일반형을 유도하기 위해, 검사표면을 가로지르는 속도 및 압력의 변화를 고려하기 위해 적분을 취하고, 또한 흐름 방향으로 내적을 취하면, 다음 식과 같은 유동일에 대한 일반식을 얻는다.

$$\dot{W}_{\text{flow}} = \int_{\text{cs}} \left(\frac{p}{\rho}\right)\rho \mathbf{V} \cdot d\mathbf{A} \tag{7.16}$$

요약하면, 일은 유동일(식 7.16)과 축일(식 7.11)의 합이다.

$$\dot{W} = \dot{W}_{\text{flow}} + \dot{W}_{\text{shaft}} = \left(\int_{\text{cs}} \left(\frac{p}{\rho}\right)\rho \mathbf{V} \cdot d\mathbf{A}\right) + \dot{W}_{\text{shaft}} \tag{7.17}$$

식 (7.17)을 식 (7.10)에 대입하고 $\dot{W}_{\text{shaft}} = \dot{W}_s$라 하면 다음과 같이 된다.

$$\begin{aligned}\dot{Q} - \dot{W}_s - \int_{\text{cs}} \frac{p}{\rho}\rho \mathbf{V} \cdot d\mathbf{A} \\ = \frac{d}{dt}\int_{\text{cv}} \left(\frac{V^2}{2} + gz + u\right)\rho d\forall + \int_{\text{cs}} \left(\frac{V^2}{2} + gz + u\right)\rho \mathbf{V} \cdot d\mathbf{A}\end{aligned} \tag{7.18}$$

식 (7.18)에서, 좌변의 마지막 항을 우변의 마지막 항에 묶어서 표시하면 다음과 같다.

$$\dot{Q} - \dot{W}_s = \frac{d}{dt}\int_{\text{cv}} \left(\frac{V^2}{2} + gz + u\right)\rho d\forall + \int_{\text{cs}} \left(\frac{V^2}{2} + gz + u + \frac{p}{\rho}\right)\rho \mathbf{V} \cdot d\mathbf{A} \tag{7.19}$$

$p/\rho + u$를 비엔탈피 h로 나타내면 에너지 방정식의 적분형은 다음과 같이 된다.

$$\dot{Q} - \dot{W}_s = \frac{d}{dt}\int_{\text{cv}} \left(\frac{V^2}{2} + gz + u\right)\rho d\forall + \int_{\text{cs}} \left(\frac{V^2}{2} + gz + h\right)\rho \mathbf{V} \cdot d\mathbf{A} \tag{7.20}$$

운동에너지 보정계수

다음의 단순화는 식 (7.20) 우변의 적분에서 속도 항을 추출해 내는 것이다. 이것은 운동량 보정계수를 도입함으로써 이루어질 수 있다.

그림 7.5는 관을 통하여 양수되는 유체를 나타내고 있다. 단면 1과 2에서 운동에너지는 흐르는 유체에 의해 검사표면을 가로질러 운반되고 있다. 이 운동에너지에 대한 식을 유도하기 위해 질량유량 방정식을 살펴보자.

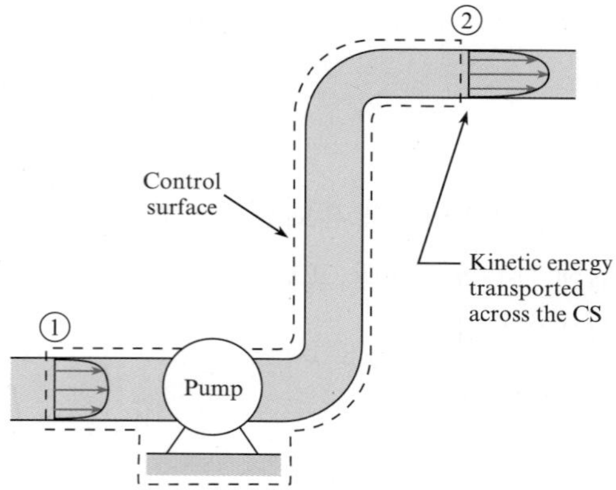

그림 7.5
흐름이 운동에너지를 검사표면의 안팎으로 운반하고 있다.

$$\dot{m} = \rho A\overline{V} = \int_A \rho V dA$$

위 식은 단면을 통과하는 개개 유체 입자의 질량을 더한 후 단면을 통과하는 시간으로 나눈 값과 같다고 생각할 수 있다. 이 식을 운동에너지(KE)로 변환시키기 위해 개개 유체 입자 질량에 $V^2/2$를 곱하면 다음과 같이 된다.

$$\left\{\begin{matrix}\text{단면을 가로질러}\\ \text{수송되는 단위시간당}\\ \text{운동에너지}\end{matrix}\right\} = \int_A \rho V\left(\frac{V^2}{2}\right)dA = \int_A \frac{\rho V^3 dA}{2}$$

운동에너지 보정계수(kinetic energy correction factor)는 다음과 같이 정의된다.

$$\alpha = \frac{\text{단면을 가로질러 수송되는 실제의 단위시간당 운동에너지}}{\text{균일한 속도 분포를 가정하였을 경우의 단위시간당 운동에너지}} = \frac{\displaystyle\int_A \frac{\rho V^3 dA}{2}}{\displaystyle\frac{\overline{V}^3}{2}\int_A \rho dA}$$

유체 밀도가 일정한 경우에는 위 식은 다음과 같이 간단하게 된다.

$$\alpha = \frac{1}{A}\int_A \left(\frac{V}{\overline{V}}\right)^3 dA \tag{7.21}$$

이론적인 전개를 위해 α는 식 (7.21)을 이용해 속도 형상을 적분함으로써 구할 수 있다. 이와 같은 접근방법이 예제 7.1에 설명되어 있으며, 풀이과정이 복잡하다. 따라서 운동에너지 보정계수를 적용할 때 기술자들은 일반적으로 α 값을 추정한다. 몇 가지 유의할 점은 다음과 같다.

- 속도 분포가 포물선형인 완전히 발달된 관수로 내 층류흐름에 대해서는 $\alpha = 2.0$이다. 이 값은 예제 7.1에서 확인할 수 있다.
- 완전히 발달된 관수로 내 난류흐름에서, 속도 분포는 플러그형(마개 형태)이기 때문에 $\alpha \approx 1.05$이다. 이 경우에는 $\alpha = 1.0$을 사용한다.
- 노즐 또는 면적이 줄어드는 단면의 출구흐름에 대해서는, 줄어드는 흐름이 균일한 속도 분포를 나타내기 때문에 $\alpha = 1.0$을 사용한다. 이것이 풍동이 줄어드는 단면을 사용하는 이유이다.
- 등류흐름(예를 들면, 풍동의 공기흐름 또는 풍력터빈의 공기흐름)에 대해서는 $\alpha = 1.0$을 사용한다.

예제 7.1

층류에 대한 운동에너지 보정계수 계산

문제

관에서 층류의 속도 분포가 다음 식과 같이 주어졌다.

$$V(r) = V_{\max}\left[1 - \left(\frac{r}{r_0}\right)^2\right]$$

여기서 $V_{\max}$는 관 중심에서의 속도이고, r_0는 관의 반지름, r은 관 중심에서 방사방향으로 떨어진 거리이다. 운동에너지 보정계수 α를 구하라.

설명

원형 관에서 층류 형태로 흐름이 흐르고 있다.

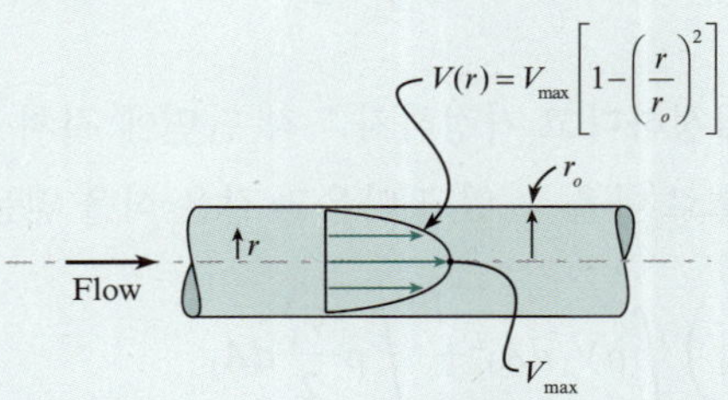

목표

α ← 운동에너지 보정계수(단위 없음)

아이디어

구하는 값이 α이기 때문에, 식 (7.21)을 적용한다.

$$\alpha = \frac{1}{A}\int_A \left(\frac{V(r)}{\overline{V}}\right)^3 dA \qquad \text{(a)}$$

식 (a)에서 기지값은 면적 A이고, dA와 $\overline{V}$는 미지수이다. dA를 구하기 위해 5장의 그림 5.3을 참고하라.

$$dA = 2\pi r dr \qquad \text{(b)}$$

$\overline{V}$를 구하기 위해 유량 방정식을 적용한다.

$$\overline{V} = \frac{1}{A}\int_A V(r)dA = \frac{1}{\pi r_o^2}\int_{r=0}^{r=r_o} V(r)2\pi r dr \qquad \text{(c)}$$

이제, 문제를 풀어 보자. 방정식은 3개이고 미지수도 3개이다. 문제풀이 절차는 다음과 같다.

1. 식 (c)를 이용해 평균유속 $\overline{V}$를 구한다.
2. $\overline{V}$를 식 (a)에 대입하고 적분한다.

문제풀이

1. 유량 방정식(평균유속을 구한다):

$$\overline{V} = \frac{1}{\pi r_0^2}\left[\int_0^{r_0} V_{\max}\left(1 - \frac{r^2}{r_0^2}\right)2\pi r\, dr\right]$$

$$= \frac{2V_{\max}}{r_0^2}\left[\int_0^{r_0}\left(1 - \frac{r^2}{r_0^2}\right)r\, dr\right] = \frac{2V_{\max}}{r_0^2}\left[\int_0^{r_0}\left(r - \frac{r^3}{r_0^2}\right)dr\right]$$

$$= \frac{2V_{\max}}{r_0^2}\left[\left(\frac{r^2}{2} - \frac{r^4}{4r_0^2}\right)\Bigg|_0^{r_0}\right] = \frac{2V_{\max}}{r_0^2}\left[\frac{r_0^2}{2} - \frac{r_0^2}{4}\right] = V_{\max}/2$$

2. α의 정의:

$$\alpha = \frac{1}{A}\left[\int_A \left(\frac{V(r)}{\overline{V}}\right)^3 dA\right] = \frac{1}{\pi r_0^2 \overline{V}^3}\left[\int_0^{r_0} V(r)^3 2\pi r\, dr\right]$$

$$= \frac{1}{\pi r_0^2 (V_{\max}/2)^3}\left[\int_0^{r_0}\left[V_{\max}\left(1 - \frac{r^2}{r_0^2}\right)\right]^3 2\pi r\, dr\right]$$

$$= \frac{16}{r_0^2}\left[\int_0^{r_0}\left(1 - \frac{r^2}{r_0^2}\right)^3 r\, dr\right]$$

적분을 수행하기 위해, $u = (1 - r^2/r_0^2)$로 변수를 치환하면 적분은 다음과 같이 된다.

$$\alpha = \left(\frac{16}{r_0^2}\right)\left(-\frac{r_0^2}{2}\right)\left(\int_1^0 u^3\, du\right) = 8\left(\int_0^1 u^3\, du\right)$$

$$= 8\left(\frac{u^4}{4}\bigg|_0^1\right) = 8\left(\frac{1}{4}\right)$$

$$\boxed{\alpha = 2}$$

해와 풀이과정 검토

1. *지식.* 완전히 발달된 원형 관 내 층류흐름은 푸아죄유 흐름이라고 한다. 유용한 사실은 다음과 같다.
- 속도 형상은 포물선형이다.
- 평균유속은 최대유속(중심선 유속)의 1/2이다: $\overline{V} = V_{\max}/2$.
- 운동에너지 보정계수 $\alpha = 2$이다.

2. *지식.* 실무에서 기술자는 일반적으로 α 값을 추정한다. 이 예제의 목적은 α를 어떻게 구하는지 설명하는 것이다.

(에너지 방정식) 유도의 마지막 단계

이제 운동에너지 보정계수를 이용할 수 있으므로 에너지 방정식의 유도를 완성할 수 있다. 식 (7.20)을 그림 7.5의 검사체적에 적용하자. 흐름은 정상류이고, 속도는 검사표면에 수직이라고 가정하면 식 (7.20)은 다음과 같이 단순하게 된다.

$$\dot{Q} - \dot{W}_s + \int_{A_1}\left(\frac{p_1}{\rho} + gz_1 + u_1\right)\rho V_1\, dA_1 + \int_{A_1}\frac{\rho V_1^3}{2}dA_1 = \int_{A_2}\left(\frac{p_2}{\rho} + gz_2 + u_2\right)\rho V_2\, dA_2 + \int_{A_2}\frac{\rho V_2^3}{2}dA_2 \tag{7.22}$$

위압수두 $p/\gamma + z$가 단면 1과 2에 대해 일정하다고 가정하자.* 각 단면에 걸쳐 온도가 일정하다고 가정하면 $p/\rho + gz + u$는 적분 밖으로 나올 수 있고 다음과 같은 식을 얻는다.

$$\dot{Q} - \dot{W}_s + \left(\frac{p_1}{\rho} + gz_1 + u_1\right)\int_{A_1}\rho V_1\, dA_1 + \int_{A_1}\rho\frac{V_1^3}{2}dA_1 = \left(\frac{p_2}{\rho} + gz_2 + u_2\right)\int_{A_2}\rho V_2\, dA_2 + \int_{A_2}\rho\frac{V_2^3}{2}dA_2 \tag{7.23}$$

그 다음으로 식 (7.23)의 개개 항에서 $\int \rho V\, dA = \rho \overline{V} A = \dot{m}$를 공통으로 뽑아낸다. $\dot{m}$은 $\int(\rho V^3/2)\, dA$의 인자로 표현할 수 없기 때문에 $\alpha(\rho \overline{V}^3/2)A$를 이용해서 $\int(\rho V^3/2)dA$를 표현한다. 여기

* 오일러 방정식은 직선 유선에 수직인 압력 변화가 정수압이라는 것을 보여 주기 위해 사용된다.

서 α는 운동에너지 보정계수이다.

$$\dot{Q} - \dot{W}_s + \left(\frac{p_1}{\rho} + gz_1 + u_1 + \alpha_1 \frac{\overline{V}_1^2}{2}\right)\dot{m} = \left(\frac{p_2}{\rho} + gz_2 + u_2 + \alpha_2 \frac{\overline{V}_2^2}{2}\right)\dot{m} \tag{7.24}$$

위 식을 $\dot{m}$로 나누면 다음과 같다.

$$\frac{1}{\dot{m}}(\dot{Q} - \dot{W}_s) + \frac{p_1}{\rho} + gz_1 + u_1 + \alpha_1 \frac{\overline{V}_1^2}{2} = \frac{p_2}{\rho} + gz_2 + u_2 + \alpha_2 \frac{\overline{V}_2^2}{2} \tag{7.25}$$

식 (7.11)을 식 (7.25)에 대입하면 다음과 같다.

$$\frac{\dot{W}_p}{\dot{m}g} + \frac{p_1}{\gamma} + z_1 + \alpha_1 \frac{\overline{V}_1^2}{2g} = \frac{\dot{W}_t}{\dot{m}g} + \frac{p_2}{\gamma} + z_2 + \alpha_2 \frac{\overline{V}_2^2}{2g} + \frac{u_2 - u_1}{g} - \frac{\dot{Q}}{\dot{m}g} \tag{7.26}$$

펌프수두(pump head)와 **터빈수두**(turbine head)는 다음과 같이 표현한다.

$$\begin{aligned} \text{펌프수두} &= h_p = \frac{\dot{W}_p}{\dot{m}g} = \frac{\text{펌프가 흐름에 해 준 단위시간당 일}}{\text{단위시간당 흐르는 유체의 중량}} \\ \text{터빈수두} &= h_p = \frac{\dot{W}_p}{\dot{m}g} = \frac{\text{유체가 터빈에 해 준 단위시간당 일}}{\text{단위시간당 흐르는 유체의 중량}} \end{aligned} \tag{7.27}$$

식 (7.26)은 다음과 같이 된다.

$$\frac{p_1}{\gamma} + \alpha_1 \frac{\overline{V}_1^2}{2g} + z_1 + h_p = \frac{p_2}{\gamma} + \alpha_2 \frac{\overline{V}_2^2}{2g} + z_2 + h_t + \left[\frac{1}{g}(u_2 - u_1) - \frac{\dot{Q}}{\dot{m}g}\right] \tag{7.28}$$

식 (7.28)은 기계적인 에너지(괄호로 묶여 있지 않은 항)를 대표하는 항과 열에너지(괄호로 묶여 있는 항)를 대표하는 항으로 분리할 수 있다. 괄호 안에 있는 항들은 열역학 제2법칙에 의해서 항상 양의 값을 갖는다. 이 항은 손실수두로 불리며 h_L로 표현한다. **손실수두**(head loss)는 점성 작용에 의해서 유용한 기계적 에너지가 쓸모없는 열에너지로 변환되는 것이다. 손실수두는 쿨롱(Coulomb) 마찰에 의해 생성되는 열에너지와 유사하다. 괄호로 묶여 있는 항을 손실수두 h_L로 표시하면 식 (7.28)은 *에너지 방정식*이 된다.

$$\left(\frac{p_1}{\gamma} + \alpha_1 \frac{\overline{V}_1^2}{2g} + z_1\right) + h_p = \left(\frac{p_2}{\gamma} + \alpha_2 \frac{\overline{V}_2^2}{2g} + z_2\right) + h_t + h_L \tag{7.29}$$

그림 7.6

에너지 방정식이 적용될 때 검사체적에 대한 에너지 평형.

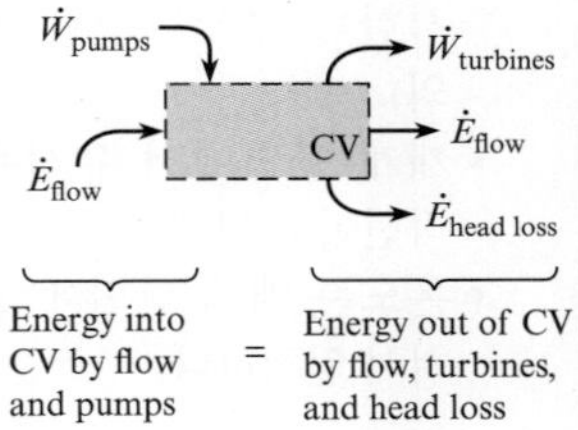

에너지 방정식의 물리적인 해석

에너지 방정식은 그림 7.6과 같은 검사체적에 대한 에너지 평형으로 설명된다. 에너지의 유

---

* $\dot{E}_{\text{flow}}$ 항은 일의 항, 즉 유동일을 포함한다. 에너지가 시스템의 특성이고, 일과 에너지 전달은 시스템 경계에서 발생하는 상호작용이라는 것을 기억하자. 여기서 (에너지 항) + (일 항) + (열전달 항)을 설명하기 위해 "에너지 평형"이라는 용어를 사용한다.

입흐름은 에너지의 유출흐름과 평형을 이루고 있다.* 유입흐름에 관련하여, 에너지는 유동 유체에 의해 검사표면을 가로질러 검사체적 안으로 전달되거나 펌프가 유체 일을 하고 그 결과 유체에 에너지가 더해진다. 유출흐름과 관련하여, 흐름 내의 에너지는 터빈에 일을 하는 데 사용할 수 있고, 에너지는 유동 유체에 의해 검사표면을 가로질러 검사체적 밖으로 이동하거나 기계적인 에너지는 손실수두에 의해 쓸모없는 열에너지로 변환될 수 있다.

에너지 평형은 수두를 이용해서 다음과 같이 나타낼 수도 있다.

$$\left(\frac{p_1}{\gamma} + \alpha_1\frac{\overline{V}_1^2}{2g} + z_1\right) + h_p = \left(\frac{p_2}{\gamma} + \alpha_2\frac{\overline{V}_2^2}{2g} + z_2\right) + h_t + h_L$$

$$\begin{pmatrix}\text{압력수두}\\\text{속도수두}\\\text{위치수두}\end{pmatrix}_1 + \begin{pmatrix}\text{펌프}\\\text{수두}\end{pmatrix} = \begin{pmatrix}\text{압력수두}\\\text{속도수두}\\\text{위치수두}\end{pmatrix}_2 + \begin{pmatrix}\text{터빈}\\\text{수두}\end{pmatrix} + \begin{pmatrix}\text{손실}\\\text{수두}\end{pmatrix}$$

수두는 *유체 입자의 무게에 대한 에너지의 비*로 또는 수두와 동력이 $P = \dot{m}gh$에 의해 관계되기 때문에 *단면을 통과하는 시간당 에너지*로 설명될 수 있다.

일 방정식

표 7.1은 에너지 방정식, 방정식의 항 및 주요 가정을 요약해 놓은 것이다.

표 7.1 에너지 방정식의 요약

설명	방정식	항
에너지 방정식은 하나의 형태만 갖고 있다. 주요 가정: • 정상상태; 검사체적 내 에너지 축적은 없다. • 검사체적의 유입구와 유출구는 각각 하나이다. • 흐름의 밀도는 일정하다. • 모든 열에너지 항은 무시한다(수두손실은 예외). • 개개 단면에서 유선은 직선이고 평행하다. • 온도는 개개 단면에 걸쳐서 일정하다.	$\left(\frac{p_1}{\gamma} + \alpha_1\frac{\overline{V}_1^2}{2g} + z_1\right) + h_p$ $= \left(\frac{p_2}{\gamma} + \alpha_2\frac{\overline{V}_2^2}{2g} + z_2\right) + h_t + h_L$ 식 (7.29)	$\left(\frac{p}{\gamma} + \alpha\frac{\overline{V}^2}{2g} + z\right) = \begin{pmatrix}\text{유체흐름에 의해 검사}\\\text{체적에 유입되거나 유출되는}\\\text{단위무게당 에너지}\end{pmatrix} = \text{총 수두}$ p/γ = 압력수두 (m) $\alpha\frac{\overline{V}^2}{2g}$ = 속도수두(m) (α = 운동에너지 보정계수) ($\alpha \approx 1.0$, 난류) ($\alpha \approx 1.0$, 노즐) ($\alpha \approx 2.0$, 원형관 내에서 완전히 발달된 층류흐름) z = 위치수두 (검사표면을 기준으로 측정됨) h_p = 펌프에 의해 추가된 수두(m) h_t = 터빈에 의해 소모된 수두(m) h_L = 손실수두(m) (손실수두를 구하기 위해, 식 (10.45)를 사용한다)

에너지 방정식을 적용하는 과정은 다음과 같다.

단계 1: 선택. 문제가 펌프, 터빈, 또는 수두손실을 포함할 때, 에너지 방정식을 선택한다. 에너지 방정식을 유도하는 데 사용되는 가정이 만족되는지 확인한다. 이 가정은 흐름은 정상류이고, 유입구와 유출구가 각각 1개, 밀도는 일정하고 열에너지 항을 무시할 수 있다는 것이다(수두손실 제외).

단계 2: 검사체적 선정. 단면 1을 유입구라 하고 단면 2를 유출구라 명명한다. (a) 정보를 알고 있거나 (b) 정보를 찾는 곳에 단면 1과 2를 위치시킨다. 전통적으로 기술자가 에너지 방정식을 적용할 때 보통 검사체적을 스케치하지 않는다.

단계 3: 해석. 에너지 방정식의 일반형을 적는다. 각각의 항에 대해 해석을 수행한다. 에너지 방정식의 일반형을 축소형 방정식으로 간략화한다.

단계 4: 검증. 단위를 확인한다. 물리적 특성을 확인한다: (유입 유체흐름에 의한 수두와 펌프) = (유출 유체흐름에 의한 수두, 터빈, 수두손실).

예제 7.2

저수지에 연결된 관을 흐르는 물의 속력을 예측하기 위한 에너지 방정식의 적용

문제

수평 관이 화력발전소에 10°C의 냉각수를 공급하고 있다. 관의 손실수두는 다음과 같다.

$$h_L = \frac{0.02(L/D)V^2}{2g}$$

여기서 L은 저수지로부터 손실수두를 구하고자 하는 점까지의 거리이고, V는 관의 평균유속, D는 관의 지름이다. 관의 지름이 20 cm일 때 유량이 0.06 m³/s라면, $L = 2000$ m일 때 관 내 압력은 얼마인가? 단, $\alpha_2 = 1$로 가정하라.

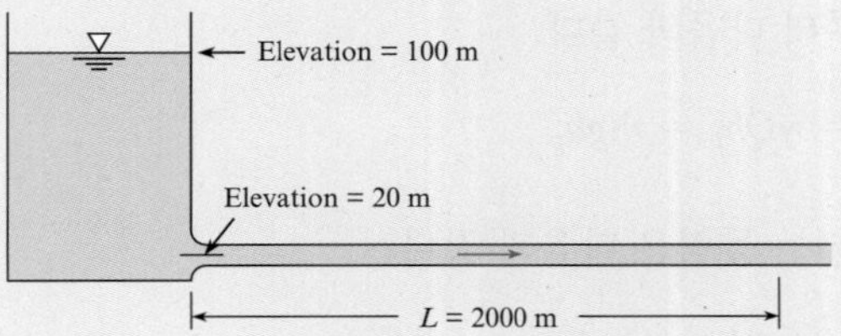

설명

물은 다음과 같은 시스템을 통해 흐르고 있다.

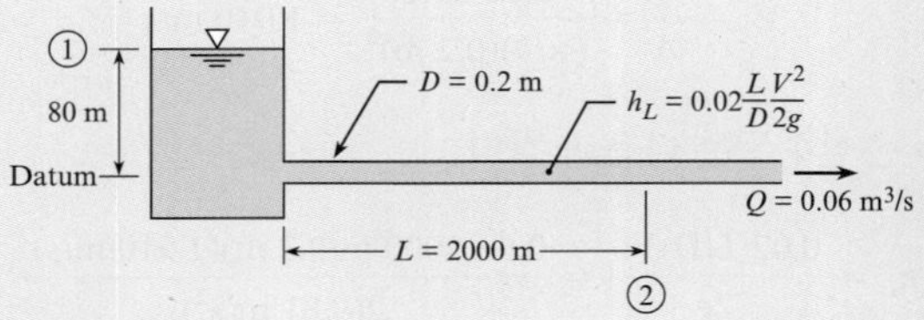

가정:

- $\alpha_2 = 1$.
- 정상흐름.

특성값: 물(10°C, 1 기압, 표 A.5): 물의 단위중량은 $\gamma = 9810$ N/m³.

목표

p_2(kPa) ← 단면 2에서의 압력

아이디어

(a) 문제의 상황은 관을 통해 흐르는 물을 포함하고 있으므로 에너지 방정식을 선택하고, (b) 에너지 방정식은 찾는 값(p_2)를 포함한다. 표면에 단면 1을 위치시키고, 우리가 압력을 알기 원하는 곳에 단면 2를 위치시킨다. 풀이 절차는 다음과 같다.

1. 에너지 방정식(식 7.29)의 일반형을 적는다.

2. 에너지 방정식의 각각의 항을 해석한다.
3. p_2에 대해 푼다.

문제풀이

1. 에너지 방정식(일반형):

$$\frac{p_1}{\gamma} + \alpha_1 \frac{\overline{V}_1^2}{2g} + z_1 + h_p = \frac{p_2}{\gamma} + \alpha_2 \frac{\overline{V}_2^2}{2g} + z_2 + h_t + h_L$$

2. 개개 항들에 대한 분석:
- 저수지 표면에서 압력은 $p_{atm} = 0$(계기압력)이기 때문에 $p_1 = 0$이다.
- 저수지의 수위가 일정하거나 매우 느리게 변하기 때문에 $V_1 \approx 0$이다.
- $z_1 = 100$ m, $z_2 = 20$ m.
- $h_p = h_t = 0$: 시스템에 펌프와 터빈이 없다.
- 유량 방정식(식 5.3)을 이용해서 V_2를 구하면

$$V_2 = \frac{Q}{A} = \frac{0.06\ \text{m}^3/\text{s}}{(\pi/4)(0.2\ \text{m})^2} = 1.910\ \text{m/s}$$

- 손실수두는 다음과 같다.

$$h_L = \frac{0.02(L/D)V^2}{2g} = \frac{0.02(2000\ \text{m}/0.2\ \text{m})(1.910\ \text{m/s})^2}{2(9.81\ \text{m/s}^2)} = 37.2\ \text{m}$$

3. 단계 1과 단계 2를 종합해서 보면 다음과 같다.

$$(z_1 - z_2) = \frac{p_2}{\gamma} + \alpha_2 \frac{\overline{V}_2^2}{2g} + h_L$$

$$80\ \text{m} = \frac{p_2}{\gamma} + 1.0 \frac{(1.910\ \text{m/s})^2}{2(9.81\ \text{m/s}^2)} + 37.2\ \text{m}$$

$$80\ \text{m} = \frac{p_2}{\gamma} + (0.186\ \text{m}) + (37.2\ \text{m})$$

$$p_2 = \gamma(42.6\ \text{m}) = (9810\ \text{N/m}^3)(42.6\ \text{m}) = \boxed{418\ \text{kPa}}$$

해와 풀이과정 검토

1. *요령.* 특성이 알려져 있기 때문에 자유수면에 단면 1이 설정되었음에 주목하라. 단면 2는 정보를 얻기 원하는 곳에 설정되었다.
2. *지식.* 방정식의 선택에 대해서 보면, 베르누이 방정식을 선정할 수도 있다. 그러나 베르누이 방정식은 비점성 흐름을 가정하고 있기 때문에 현명하지 않은 선택이다.
- *핵심지식.* 베르누이 방정식을 선택하면 점성 효과가 무시된다. 점성 효과가 중요한 경우라면 에너지 방정식을 선택해야 된다.
- *경험법칙.* 유체가 지름의 5배보다 더 긴 관을 통해 흐를 때, 즉 $(L/D > 5)$이라면, 점성 효과가 중요하다.

7.4 동력 방정식

상황에 따라, 기술자들은 동력을 계산하기 위해 다양한 방정식들을 사용한다. 이 절에서는 펌프와 터빈이 포함될 때 동력을 어떻게 계산하는지 설명한다. 펌프 동력에 대한 방정식은 식 (7.27)에 제시된 펌프수두의 정의로부터 다음과 같다.

$$\dot{W}_p = \gamma Q h_p = \dot{m} g h_p \qquad (7.30a)$$

마찬가지로 흐름으로부터 터빈에 전달되는 동력은 다음과 같다.

$$\dot{W}_t = \gamma Q h_t = \dot{m} g h_t \qquad (7.30b)$$

식 (7.30a)와 (7.30b)는 펌프 또는 터빈을 포함하는 경우에 동력을 계산하기 위한 방정식을 제시하기 위해 다음과 같이 일반화될 수 있다.

$$P = \dot{m}gh = \gamma Qh \tag{7.31}$$

동력을 계산하기 위한 방정식들이 표 7.2에 요약되어 있다.

표 7.2 동력 방정식의 요약

설명	방정식	항
비행기, 잠수함 또는 차와 같은 물체의 직선운동	$P = FV$ (7.3a)	P = 동력(W) F = 일을 행한 힘(N) V = 물체의 속도(m/s)
펌프를 구동하는 축 또는 터빈의 출력축과 같은 물체의 회전운동	$P = T\omega$ (7.3b)	T = 토크(N·m) ω = 각속도(rad/s)
펌프로부터 흐르는 유체에 공급된 동력 흐르는 유체로부터 터빈에 공급된 동력	$P = \dot{m}gh = \gamma Qh$ (7.31)	$\dot{m}$ = 기계를 통과하는 질량유량(kg/s) g = 중력가속도 = 9.81(m/s^2) h = 펌프의 수두 또는 터빈의 수두(m) γ = 단위중량(N/m^3) Q = 체적유량(m^3/s)

예제 7.3

펌프에 필요한 동력을 계산하기 위한 에너지 방정식의 적용

문제

물(10°C)이 직경 50 cm인 관을 유량 0.5 m^3/s의 크기로 흐르고 있다. 물을 표고 30 m에서 40 m로 양수하기 위해 관에 펌프를 설치하여 사용하고 있다. 단면 1의 압력이 70 kPa(계기압력)이고, 단면 2의 압력이 350 kPa(계기압력)이다. 물을 양수하기 위해 펌프가 필요로 하는 동력을 kW로 구하라. 단, 손실수두 $h_L = 3$ m, 운동에너지 보정계수 $\alpha_1 = \alpha_2 = 1$로 가정하라.

설명

물이 시스템을 통해 펌프에 의해 양수되고 있다.

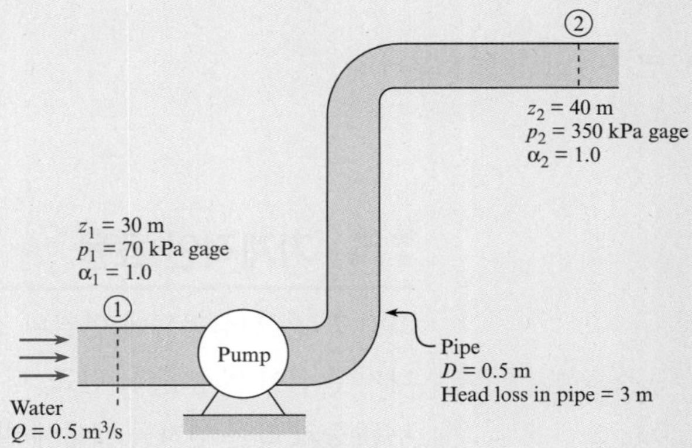

특성값: 물(10°C, 1 기압, 표 A.5): γ = 9801 N/m^3.

목표

P(W, hp) ← 펌프가 물에 공급해야 할 동력의 크기를 W와 hp 단위로 구하라.

아이디어

이 문제는 시스템을 통해 물이 펌프에 의해 양수되는 것을 포함하고 있기 때문에 에너지 방정식 문제이다. 그러나 동력을 구하는 것이 목적이므로, 동력 방정식도 필요하다. 풀이 단계는 다음과 같다.

1. 단면 1과 2에 에너지 방정식을 적용한다.
2. 에너지 방정식의 개개 항을 분석한다.
3. 펌프수두 h_p를 계산한다.
4. 동력 방정식(식 7.30a)을 사용하여 동력을 구한다.

문제풀이

1. 에너지 방정식(일반형):

$$\frac{p_1}{\gamma} + \alpha_1 \frac{\overline{V}_1^2}{2g} + z_1 + h_p = \frac{p_2}{\gamma} + \alpha_2 \frac{\overline{V}_2^2}{2g} + z_2 + h_t + h_L$$

2. 개개 항들에 대한 분석:
   - $V_1 = V_2$이기 때문에 속도수두는 소거된다.
   - 시스템 내에 터빈이 없기 때문에 $h_t = 0$이다.
   - 모든 수두 항들은 주어진다.
   - 항들을 대입하여 정리하면 다음과 같다.

$$\frac{p_1}{\gamma} + z_1 + h_p = \frac{p_2}{\gamma} + z_2 + h_L$$

3. 펌프수두(단계 2로부터):

$$h_p = \left(\frac{p_2 - p_1}{\gamma}\right) + (z_2 - z_1) + h_L$$

$$= \left(\frac{(350{,}000 - 70{,}000)\ \text{N/m}^2}{9810\ \text{N/m}^3}\right) + (10\ \text{m}) + (3\ \text{m})$$

$$= (28.5\ \text{m}) + (10\ \text{m}) + (3\ \text{m}) = 41.5\ \text{m}$$

물리적인 해석: 펌프에 의해 공급된 수두는 압력수두의 증가분 28.5 m, 높이 증가 10 m, 수두손실 3 m를 합치면 41.5 m이다.

4. 동력 방정식:

$$P = \gamma Q h_p$$

$$= (9810\ \text{N/m}^3)(0.5\ \text{m}^3/\text{s})(41.5\ \text{m})$$

$$= \boxed{204\ \text{kW}} = (204\ \text{kW})\left(\frac{1.0\ \text{hp}}{0.746\ \text{kW}}\right) = \boxed{273\ \text{hp}}$$

해와 풀이과정 검토

토의. 계산된 동력은 펌프 임펠러에 의해 물에 행해진 일/시간을 나타낸다. 펌프에 공급되어야 하는 전기적 동력은 이 값보다 더 커야 한다. 왜냐하면 전기모터의 에너지 손실과 펌프 자체의 효율이 100%가 아니기 때문이다. 이러한 요소들은 각각 펌프 효율(η_{pump})과 모터 효율(η_{motor})을 사용해서 고려할 수 있다.

7.5 기계적인 효율

그림 7.7은 원심펌프에 연결된 전기모터이다. 모터, 펌프, 터빈 및 이와 유사한 장치들은 에너지 손실이 발생한다. 펌프, 터빈에서 발생하는 에너지 손실은 기계적인 마찰, 점성 소산, 누유 등과 같은 인자들 때문에 발생한다. 에너지 손실은 "효율"로 평가한다.

기계적인 효율(mechanical efficiency)은 입력된 동력에 대한 출력된 동력의 비로 정의된다.

$$\eta \equiv \frac{\text{기계나 시스템으로부터 생산되는 동력}}{\text{기계나 시스템에 투입되는 동력}} = \frac{P_{\text{output}}}{P_{\text{input}}} \tag{7.32}$$

기계적인 효율을 나타내는 기호는 그리스 문자 η로, 발음은 "eta"라 한다. 기계적인 효율 외에 기술자들은 *열효율(thermal efficiency)*도 사용한다. 열효율은 시스템에 유입되는 열에너지를 이용해서 정의된다. 이 책에서는 기계적인 효율만 사용하기 때문에, 종종 "기계적인 효율" 대신 "효율"이라는 명칭을 사용한다.

그림 7.7
원심펌프와 전기모터의 CAD 도면. (사진 제공: Ted Kyte; www.ted-kyte.com)

예제. 그림 7.7과 같은 형태의 전기모터가 벽 회로에서 1000 W의 전력을 끌어오고 있다고 가정하자. 그림 7.8과 같이 모터는 출력축에 750 J/s의 동력을 제공한다. 이 동력은 펌프를 구동시키고, 펌프는 유체에 450 J/s의 동력을 공급한다.

이 예제에서, 전기모터의 효율은 다음과 같다.

$$\eta_{\text{motor}} = (750\ \text{J/s})/(1000\ \text{J/s}) = 0.75 = 75\%$$

유사하게, 펌프의 효율은 다음과 같다.

$$\eta_{\text{pump}} = (450\ \text{J/s})/(750\ \text{J/s}) = 0.60 = 60\%$$

전체효율(총합효율)은 다음과 같다.

$$\eta_{\text{combined}} = (450\ \text{J/s})/(1000\ \text{J/s}) = 0.45 = 45\%$$

예제. 그림 7.9와 같이 풍력터빈에 유입되는 바람이 1000 J/s의 에너지를 포함한다고 가정하자. 풍력터빈은 바람이 갖고 있는 모든 에너지를 추출할 수 없고, 에너지 손실로 인해 풍력터빈이 출력축에 하는 일은 360 J/s이다. 이 동력이 전기 발전기를 구동하고, 발전기는 324 J/s의 전력을 발생시키고, 이 전력은 전력망에 공급된다. 시스템의 효율과 각 구성요소들의 효율을 계산하라.

풍력터빈의 효율은 다음과 같다.

$$\eta_{\text{wind turbine}} = (360\ \text{J/s})/(1000\ \text{J/s}) = 0.36 = 36\%$$

발전기의 효율은 다음과 같다.

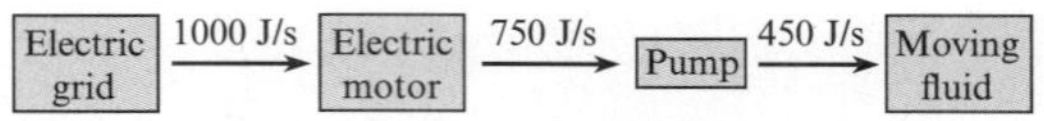

그림 7.8
전기모터로부터 구동되는 펌프를 통한 에너지 흐름.

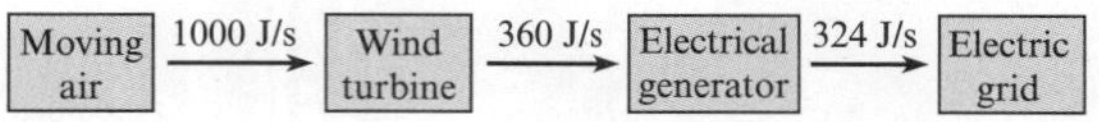

그림 7.9
풍력터빈으로부터 전력을 생성하는 것과 관련된 에너지흐름.

표 7.3 효율 방정식의 요약

설명	방정식		항
펌프	$P_{\text{pump}} = \eta_{\text{pump}} P_{\text{shaft}}$	(7.33a)	P_{pump} = 펌프가 유체에 공급하는 동력(W) $[P_{\text{pump}} = \dot{m}gh_p = \gamma Q h_p]$ η_{pump} = 펌프의 효율 P_{shaft} = 펌프축에 공급되는 동력
터빈	$P_{\text{shaft}} = \eta_{\text{turbine}} P_{\text{turbine}}$	(7.33b)	P_{turbine} = 유체가 터빈에 공급하는 동력(W) $[P_{\text{turbine}} = \dot{m}gh_t = \gamma Q h_t]$ η_{turbine} = 터빈의 효율 P_{shaft} = 터빈축에 의해서 공급되는 동력(W)

$$\eta_{\text{electric generator}} = (324\ \text{J/s})/(360\ \text{J/s}) = 0.90 = 90\%$$

전체효율은 다음과 같다.

$$\eta_{\text{combined}} = (324\ \text{J/s})/(1000\ \text{J/s}) = 0.324 = 32.4\%$$

위의 두 예제들의 결과를 일반화하여, 효율 방정식을 표 7.3과 같이 요약할 수 있다. 예제 7.4는 동력 계산에서 효율을 어떻게 고려하는지 보여 주고 있다.

예제 7.4

터빈에 의해 생성되는 전력을 예측하기 위한 에너지 방정식의 적용

문제

낙차가 61 m이고 유량이 14.1 m³/s일 때 소규모 수력발전소의 발전량이 최대가 된다. 취수관, 수압관, 방류관을 거치는 동안 1.5 m의 손실수두가 발생하고, 터빈과 전기발생장치의 전체효율이 87%이다. 발전량은 얼마인가?

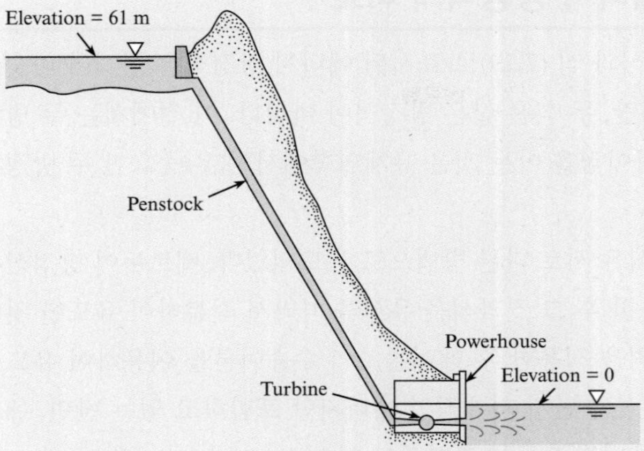

설명

소규모 수력발전소가 전력을 생산하고 있다.

- 전체 수두손실: $h_L = 1.5$ m
- 전체효율(터빈/발전기): $\eta = 0.87$

특성값: 물(10°C, 1 기압, 표 A.5): $\gamma = 9810$ N/m^3

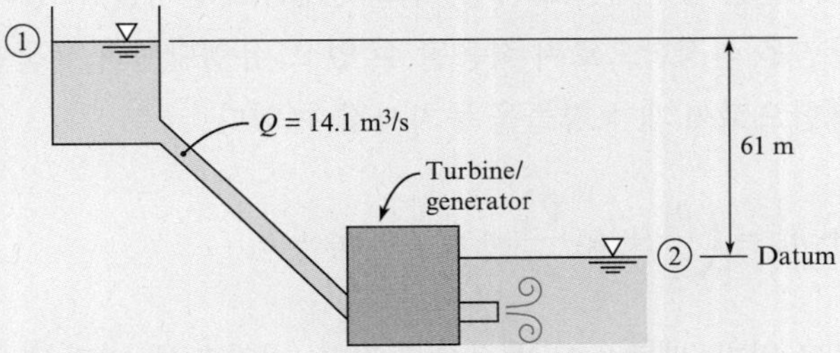

목표

$P_{\text{output from generator}}$(MW) ← 발전기로부터 생성되는 동력

아이디어

이 문제는 전력을 생산하는 유체시스템을 포함하고 있기 때문에 에너지 방정식을 선택해야 한다. 동력을 구하는 것이 목적이므로, 동력 방정식도 이용한다. 문제풀이 절차는 다음과 같다.

1. 단면 1과 2 사이에 에너지 방정식(식 7.29)을 적용한다.
2. 에너지 방정식의 개개 항들을 분석한다.
3. 터빈의 수두 h_t를 구한다.
4. 동력 방정식(식 7.30b)을 이용하여 터빈에 투입되는 동력을 구한다.
5. 효율 방정식(식 7.33b)을 이용하여 발전기로부터의 발생 동력을 구한다.

문제풀이

1. 에너지 방정식(일반형):

$$\frac{p_1}{\gamma} + \alpha_1 \frac{\overline{V}_1^2}{2g} + z_1 + h_p = \frac{p_2}{\gamma} + \alpha_2 \frac{\overline{V}_2^2}{2g} + z_2 + h_t + h_L$$

2. 개개 항들에 대한 분석:
   - $V_1 \approx 0$, $V_2 \approx 0$이기 때문에 속도수두는 무시할 수 있다.
   - $p_1 = p_2 = 0$이기 때문에 압력수두는 영(0)이 된다.
   - 시스템 내에 펌프가 없기 때문에 $h_p = 0$이다.
   - 위치수두는 주어져 있다.
3. 단계 1과 2를 결합하면

$$\begin{aligned} h_t &= (z_1 - z_2) - h_L \\ &= (61 \text{ m}) - (1.5 \text{ m}) = 59.5 \text{ m} \end{aligned}$$

물리적인 해석: 터빈에 공급되는 수두는 댐 사이의 순 높이차 61 m에서 손실수두 1.5 m를 뺀 59.5 m이다.

4. 동력 방정식:

$$\begin{aligned} P_{\text{input to turbine}} &= \gamma Q h_t = (9810 \text{ N/m}^3)(14.1 \text{ m}^3\text{/s})(59.5 \text{ m}) \\ &= 8.23 \text{ MW} \end{aligned}$$

5. 효율 방정식:

$$\begin{aligned} P_{\text{output from generator}} &= \eta P_{\text{input to turbine}} = 0.87(8.23 \text{ MW}) \\ &= \boxed{7.16 \text{ MW}} \end{aligned}$$

해와 풀이과정 검토

1. *지식.* 단면 1과 2는 자유수면에 위치한다는 것에 주목하라. 이것은 이와 같은 위치의 정보가 알려져 있기 때문이다.
2. *토의.* 생성될 수 있는 최대동력의 크기는 위치수두와 유량의 함수이다. 이 최대동력은 수두손실과 터빈과 발전기 안에서의 에너지 손실에 의해 감소된다.

7.6 베르누이 방정식과 에너지 방정식의 비교

식 (4.21b)로 제시된 베르누이 방정식과 식 (7.29)로 표시된 에너지 방정식은 형식이 비슷하고, 몇몇 항들은 공통으로 사용하지만, 두 식은 같은 방정식이 아니다. 이 절에서는 두 방정식 사이의 차이점을 설명한다. 이 차이점을 아는 것은 유체역학에서 매우 중요한 두 방정식의 개념적 이해를 위해 중요하다.

베르누이 방정식과 에너지 방정식은 서로 다른 방법으로 유도되었다. 베르누이 방정식은 유체 입자에 뉴턴의 제2법칙을 적용한 후 그 결과식을 유선을 따라서 적분하여 유도한 것이다. 에너지 방정식은 열역학 제1법칙을 적용한 후 레이놀즈의 수송이론을 이용하여 유도한 것이다. 결과적으로, 베르누이 방정식은 단지 기계적인 에너지만 포함하고 있는 반면, 에너지 방정식은 기계적인 에너지와 열에너지 모두를 포함하고 있다.

두 방정식은 적용하는 방법에 있어서도 서로 차이가 있다. 베르누이 방정식의 적용방법은 유선 상의 두 점을 선택하고 나서 각 점들의 항을 등치시키는 것이다.

$$\frac{p_1}{\gamma} + \frac{V_1^2}{2g} + z_1 = \frac{p_2}{\gamma} + \frac{V_2^2}{2g} + z_2$$

또한, 이 두 점은 흐름장이 비회전인 특별한 경우에는 흐름장 어느 곳에서도 선택할 수 있다. 에너지 방정식은 유입단면과 유출단면을 선정함으로써 적용될 수 있고, 유입단면과 유출단면 사이에 위치하는 검사체적에 적용함으로써 개개 항들을 등치시킬 수 있다.

$$\left(\frac{p_1}{\gamma} + \alpha_1 \frac{\overline{V}_1^2}{2g} + z_1\right) + h_p = \left(\frac{p_2}{\gamma} + \alpha_2 \frac{\overline{V}_2^2}{2g} + z_2\right) + h_t + h_L$$

두 방정식은 서로 다른 가정을 하고 있다. 베르누이 방정식은 정상, 비압축성, 비점성 흐름에 적용된다. 에너지 방정식은 정상, 점성, 비압축성인 관 내 흐름에 적용되는데, 이때 관 내의 흐름은 펌프에 의해서 에너지를 얻기도 하고 터빈에 의해서 잃기도 한다.

어떤 특수한 상황에서 에너지 방정식은 베르누이 방정식과 같아질 수 있다. 흐름이 비점성이면, 손실수두가 없다. 즉, $h_L = 0$이다. "관"을 유선으로 구성된 하나의 작은 유관으로 간주하면 $\alpha = 1$이다. 하나의 유선을 따라 펌프와 터빈이 없다면 $h_p = h_t = 0$이다. 이 경우에 에너지 방정식은 베르누이 방정식과 같아진다. 에너지 방정식이 베르누이 방정식으로부터 유도될 수 없다는 것에 주목하라.

요약. 에너지 방정식은 베르누이 방정식이 아니다. 그러나 두 방정식은 에너지 보존법칙에 의해서 서로 관련되어질 수 있다. 따라서 각 방정식에서 유사한 항이 나타난다.

7.7 단면 변화

이 절의 목적은 에너지, 운동량 및 연속 방정식이 (a) 단면 급확대에 의한 손실수두, (b) 천이부(단면이 변하는 곳)에 작용하는 힘을 해석하기 위해 어떻게 사용되는지를 설명하는 것이다. 이러한 결과들은 댐의 수압관과 같은 큰 규모의 관을 포함하는 시스템을 설계하는 데 유용하다.

단면 급확대

관에서의 단면 **급확대**(abrupt expansion 또는 sudden expansion)는 그림 7.10과 같이 작은 단면에서 큰 단면으로 변하는 것이다. 유체의 구속 제트가 작은 관으로부터 큰 관으로 방출될 때 흐름 분리 구역이 발생한다. 제트에서 유선은 처음에는 직선이고 평행하기 때문에 단면 1에서 제트를 가로지르는 위압 분포는 일정하게 될 것이다.

단면 급확대를 해석하기 위해서, 단면 1과 2 사이에 에너지 방정식을 적용하면 다음과 같다.

$$\frac{p_1}{\gamma} + \alpha_1 \frac{V_1^2}{2g} + z_1 = \frac{p_2}{\gamma} + \alpha_2 \frac{V_2^2}{2g} + z_2 + h_L \tag{7.34}$$

난류라고 가정하면, $\alpha_1 = \alpha_2 \approx 1$이다. 운동량 방정식은 다음과 같다.

$$\sum F_s = \dot{m}V_2 - \dot{m}V_1$$

다음으로, $\dot{m} = \rho AV$라 하고, 작용하는 힘들을 확인해 보자. 전단력에 의한 힘이 압력에 의한 힘에 비해 상대적으로 작기 때문에 무시한다. 운동량 방정식은 다음과 같이 된다.

$$p_1A_2 - p_2A_2 - \gamma A_2 L \sin\alpha = \rho V_2^2 A_2 - \rho V_1^2 A_1$$

또는

$$\frac{p_1}{\gamma} - \frac{p_2}{\gamma} - (z_2 - z_1) = \frac{V_2^2}{g} - \frac{V_1^2}{g}\frac{A_1}{A_2} \tag{7.35}$$

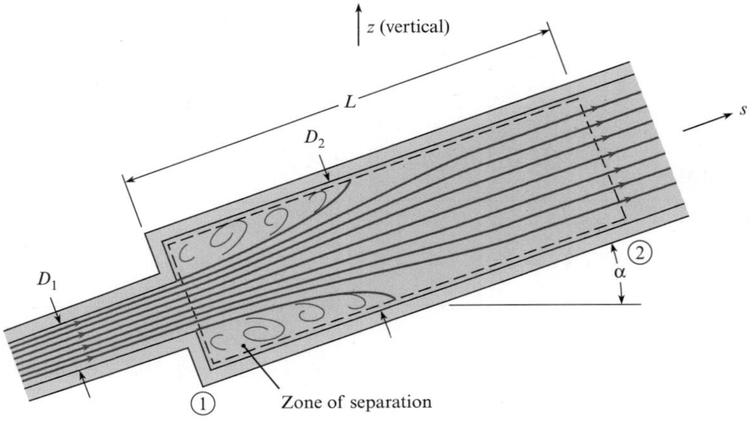

그림 7.10
단면 급확대 흐름.

연속 방정식은 다음과 같이 단순하게 된다.

$$V_1 A_1 = V_2 A_2 \tag{7.36}$$

식 (7.34)와 (7.36)을 결합하면 다음과 같이 단면 급확대에 의한 수두손실 h_L에 대한 식을 얻는다.

$$h_L = \frac{(V_1 - V_2)^2}{2g} \tag{7.37}$$

관을 통해 유체가 저수지로 방출된다면 $V_2 = 0$이 되고, 단면 급확대 손실수두는 다음과 같이 간단한 형태가 된다.

$$h_L = \frac{V^2}{2g}$$

이 값은 관에서 액체가 갖는 속도수두와 같다. 이 에너지는 저수지 내에 있는 액체의 점성작용에 의해 소산된다.

단면 천이부에 작용하는 힘

관에서 단면 천이부(transition)에 작용하는 힘을 구하기 위해, 운동량 방정식과 함께 에너지, 유량 및 손실수두 방정식을 적용한다. 이와 같은 방법을 예제 7.5를 통해 설명한다.

예제 7.5

단면 축소부에 작용하는 힘을 구하기 위한 에너지 방정식과 운동량 방정식의 적용

문제

직경이 30 cm인 관을 통하여 물(10°C, 250 kPa)이 유량 0.707 m³/s로 흐르고 있다. 관 직경이 20 cm로 줄어들 때 단면 축소에 의한 손실수두는 다음과 같다.

$$h_L = 0.1\frac{V_2^2}{2g}$$

여기서 V_2는 직경 20 cm인 관 내의 유속이다. 천이부를 지지하는 데 필요한 힘의 크기를 구하라. 입구와 출구의 운동에너지 보정계수는 1.0으로 가정한다.

설명

물이 축소부를 통해 흐른다.

- $\alpha_1 = \alpha_2 = 1.0$
- $h_L = 0.1\,(V_2^2/(2g))$

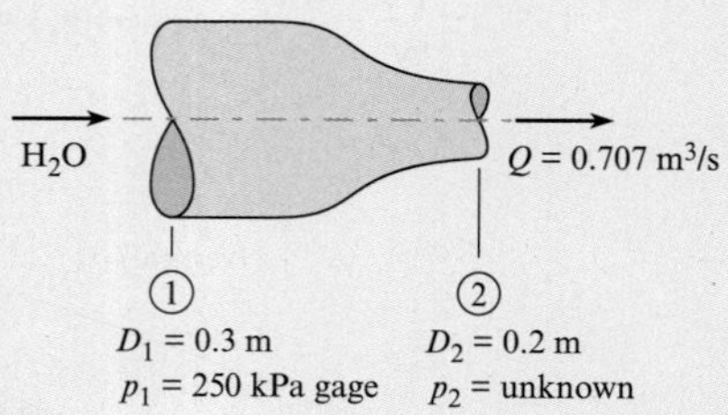

특성값: 물(10°C, 1 기압, 표 A.5): $\gamma = 9810$ N/m³

목표

F_x(N) ← 축소부에 작용하는 수평방향의 힘

아이디어

힘을 구하는 것이 목적이므로, 운동량 방정식을 사용해서 문제풀이를 시작한다. 운동량 방정식을 풀기 위해서는 p_2 값을 알아야 한다. 이를 위해 에너지 방정식을 적용한다. 단계별 풀이절차는 다음과 같다.

1. 운동량 방정식을 적용하여 F_x에 대한 식을 유도한다.
2. 에너지 방정식을 적용하여 p_2에 대한 식을 유도한다.
3. p_2를 계산한다.
4. F_x를 계산한다.

문제풀이

1. 운동량 방정식:
   - 힘 도표와 운동량 도표를 스케치한다.

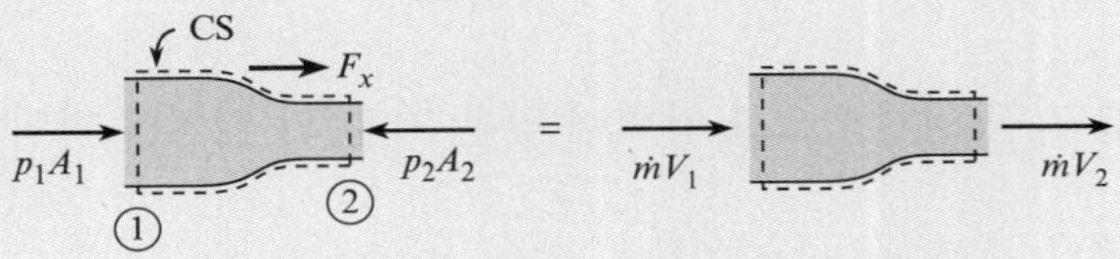

   - x 방향의 운동량 방정식은 다음과 같다.

$$p_1A_1 - p_2A_2 + F_x = \dot{m}V_2 - \dot{m}V_1$$

   - 각 항들을 재정리하면 다음과 같은 식을 얻는다.

$$F_x = \rho Q(V_2 - V_1) + p_2A_2 - p_1A_1$$

2. 에너지 방정식(단면 1부터 단면 2까지):
   - $\alpha_1 = \alpha_2 = 1, z_1 = z_2, h_p = h_t = 0$이라 가정한다.
   - 식 (7.29)는 다음과 같이 단순하게 된다.

$$\frac{p_1}{\gamma} + \frac{V_1^2}{2g} = \frac{p_2}{\gamma} + \frac{V_2^2}{2g} + h_L$$

   - 위 식을 재정리하면 다음과 같이 된다.

$$p_2 = p_1 - \gamma\left(\frac{V_2^2}{2g} - \frac{V_1^2}{2g} + h_L\right)$$

3. 단면 2에서의 압력:
   - 유량 방정식을 이용해서 유속을 구한다.

$$V_1 = \frac{Q}{A_1} = \frac{0.707\ \text{m}^3/\text{s}}{(\pi/4) \times (0.3\ \text{m})^2} = 10\ \text{m/s}$$

$$V_2 = \frac{Q}{A_2} = \frac{0.707\ \text{m}^3/\text{s}}{(\pi/4) \times (0.2\ \text{m})^2} = 22.5\ \text{m/s}$$

   - 손실수두를 계산한다.

$$h_L = \frac{0.1\ V_2^2}{2g} = \frac{0.1 \times (22.5\ \text{m/s})^2}{2 \times (9.81\ \text{m/s}^2)} = 2.58\ \text{m}$$

   - 압력을 계산한다.

$$\begin{aligned} p_2 &= p_1 - \gamma\left(\frac{V_2^2}{2g} - \frac{V_1^2}{2g} + h_L\right) \\ &= 250\ \text{kPa} - 9.81\ \text{kN/m}^3 \\ &\quad \times \left(\frac{(22.5\ \text{m/s})^2}{2(9.81\ \text{m/s}^2)} - \frac{(10\ \text{m/s})^2}{2(9.81\ \text{m/s}^2)} + 2.58\ \text{m}\right) \\ &= 21.6\ \text{kPa} \end{aligned}$$

4. F_x를 계산한다.

$$\begin{aligned} F_x &= \rho Q(V_2 - V_1) + p_2A_2 - p_1A_1 \\ &= (1000\ \text{kg/m}^3)(0.707\ \text{m}^3/\text{s})(22.5 - 10)(\text{m/s}) \\ &\quad + (21{,}600\ \text{Pa})\left(\frac{\pi(0.2\ \text{m})^2}{4}\right) - (250{,}000\ \text{Pa}) \\ &\quad \times \left(\frac{\pi(0.3\ \text{m})^2}{4}\right) \\ &= (8837 + 677 - 17{,}670)\text{N} = -8.16\ \text{kN} \end{aligned}$$

$$\boxed{F_x = 8.16\ \text{kN (왼쪽 방향으로 작용)}}$$

7.8 동수경사선과 에너지경사선

이 절에서는 시스템 내에서 수두를 도식적으로 표현하는 **동수경사선**(hydraulic grade line, HGL)과 **에너지경사선**(energy grade line, EGL)을 소개한다. 이와 같은 가시적인 방법은 통

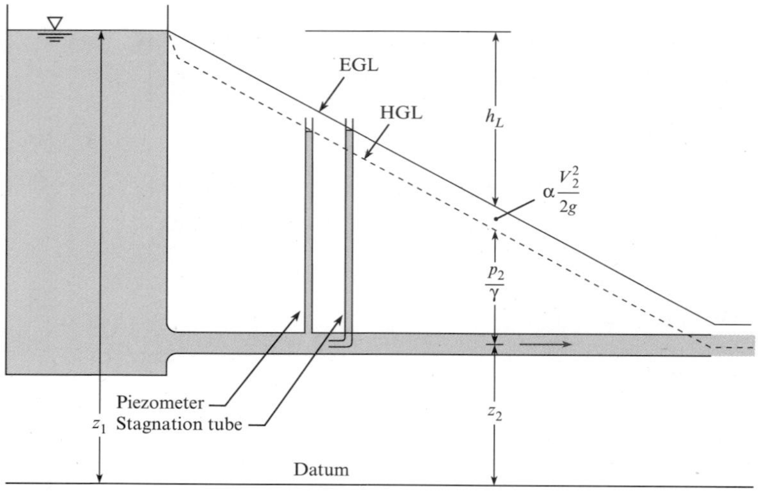

그림 7.11
직선 관에서의 EGL과 HGL.

찰력을 갖게 하고 시스템 내 문제발생 지점(일반적으로 압력이 낮은 지점)의 위치를 파악하고 문제를 해결하는 데 도움을 준다.

그림 7.11에 도시된 **EGL**은 시스템 내 각 지점에서 총 수두를 나타내는 선이다. EGL은 다음과 같이 에너지 방정식의 항들과 관련이 있다.

$$\text{EGL} = \begin{pmatrix} \text{속도} \\ \text{수두} \end{pmatrix} + \begin{pmatrix} \text{압력} \\ \text{수두} \end{pmatrix} + \begin{pmatrix} \text{위치} \\ \text{수두} \end{pmatrix} = \alpha \frac{V^2}{2g} + \frac{p}{\gamma} + z = \begin{pmatrix} \text{총} \\ \text{수두} \end{pmatrix} \tag{7.38}$$

총 수두(total head)는 흐르는 유체에 의해 전달되는 에너지로, 속도수두, 압력수두, 위치수두의 합으로 나타나는 것에 유의하라.

그림 7.11에 도시된 **HGL**은 시스템 내 각 지점에서 위압수두(piezometric head)를 나타내는 선이다.

$$\text{HGL} = \begin{pmatrix} \text{압력} \\ \text{수두} \end{pmatrix} + \begin{pmatrix} \text{위치} \\ \text{수두} \end{pmatrix} = \frac{p}{\gamma} + z = \begin{pmatrix} \text{위압} \\ \text{수두} \end{pmatrix} \tag{7.39}$$

HGL은 위압수두를 나타내기 때문에 HGL은 그림 7.11에 나와 있는 것처럼 위압계(piezometer)의 액체 표면과 일치한다. 이와 유사하게 EGL은 정체관(stagnation tube)의 액체 표면과 일치한다.

HGL과 EGL을 그리는 팁

이 절에서는 유효한 도표를 그리는 데 도움이 되는 10가지 팁을 제시한다.

1. 호수 또는 저수지에서 HGL과 EGL은 액체 표면과 일치한다. 또 흐름이 없기 때문에 HGL과 EGL은 위압수두를 나타낸다.
2. 펌프는 흐름에 에너지를 공급하기 때문에 EGL과 HGL의 급상승의 원인이 된다(그림

7.12 참조).

3. 직경과 벽면 조도가 일정한 관 내의 정상류에서는 EGL과 HGL의 경사($\Delta h_L/\Delta_L$)가 일정하게 된다(그림 7.11~7.13 참조).
4. HGL은 EGL보다 속도수두 $\alpha V^2/2g$만큼 아래에 위치한다.
5. 펌프가 설치되어 있지 않다면, EGL은 흐름 방향으로 감소한다.
6. 터빈은 유체로부터 에너지를 빼앗기 때문에 EGL과 HGL의 급격한 저하를 발생시킨다(그림 7.13 참조).
7. 단면이 점진적으로 확대되는 터빈 유출구를 이용하면 터빈에 의해 발생되는 동력은 증가할 수 있다. 그림 7.13에 나타난 것처럼 단면이 확대되면 운동에너지가 압력으로 변환된다. 그림 7.14와 같이 유출구가 저수지에 바로 연결되어 단면이 급확대된다면, 운동에너지를 완전히 소모하게 된다.
8. 대기 중으로 방출하는 경우, 이곳에서는 $p/\gamma = 0$이기 때문에 HGL은 시스템과 일치하게 된다. 예를 들어 그림 7.15, 7.16에서 액체 제트의 HGL은 제트 그 자체를 경로로 그려진다.
9. 흐름 경로의 직경이 변하면 속도가 변하기 때문에 EGL과 HGL 사이의 거리가 변한다(그림 7.14, 7.15 참조). 또 속도가 증가함에 따라 관에서의 단위길이당 손실수두가 증

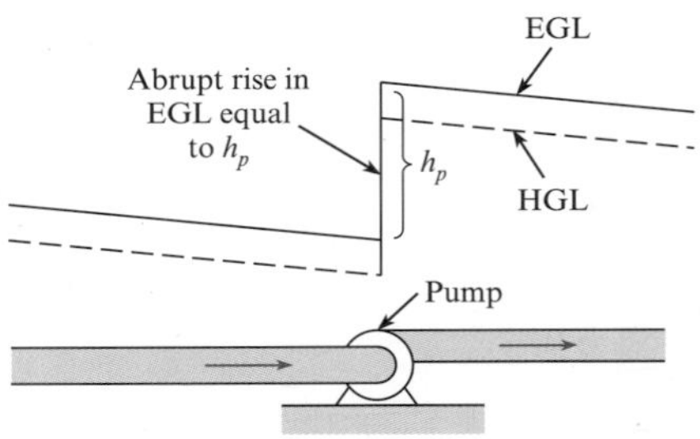

그림 7.12
펌프로 인한 EGL과 HGL의 상승.

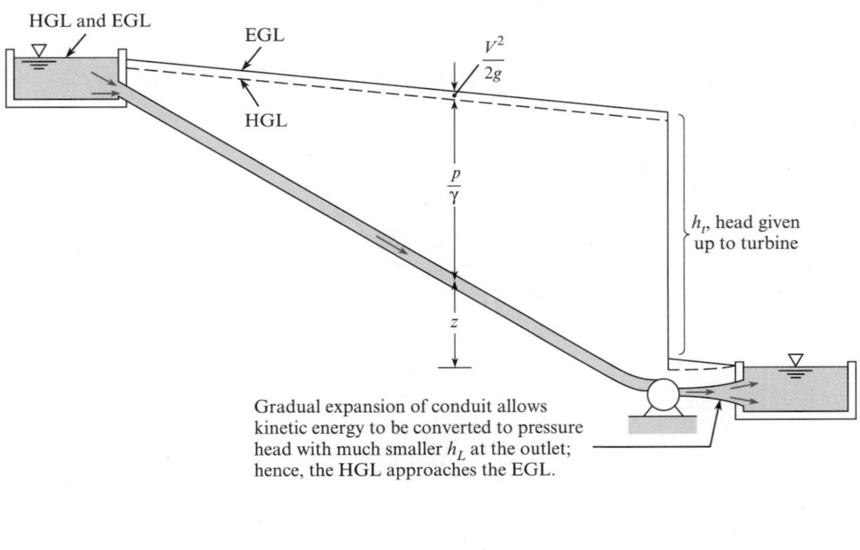

그림 7.13
터빈으로 인한 EGL과 HGL의 하강.

가하기 때문에 EGL의 경사 또한 변한다(그림 7.14 참조).

10. HGL이 관 밑으로 떨어진다면, p/γ가 음(−)이 된다. 이것은 주변 대기압보다 낮아 공동현상이 발생할 수 있는 잠재적 장소임을 나타낸다(그림 7.16 참조).

EGL과 HGL을 그리기 위해 추천한 절차를 예제 7.6에 제시하였다. 이전 절에서 팁들이 어떻게 적용되는지 주목하여라.

그림 7.14
관 직경의 변화에 따른 EGL과 HGL의 변화.

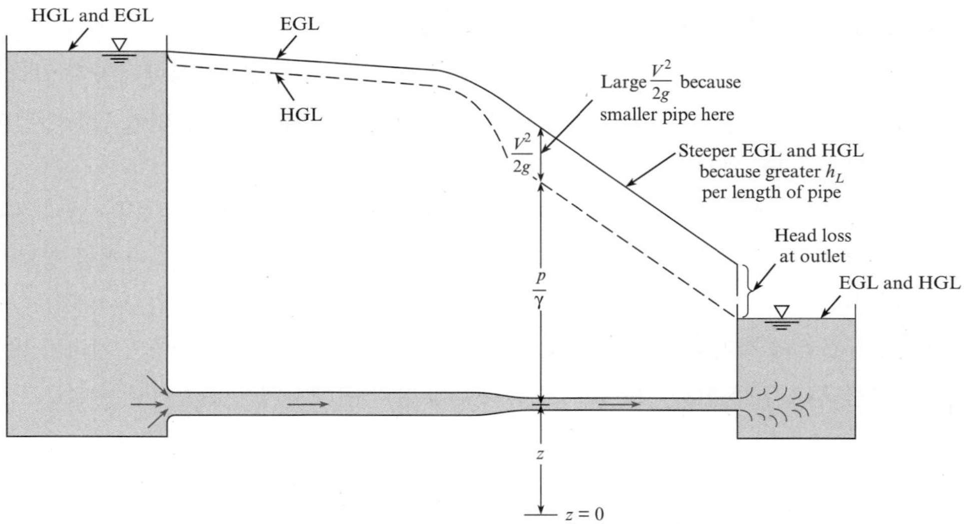

그림 7.15
노즐에 의한 HGL과 EGL의 변화.

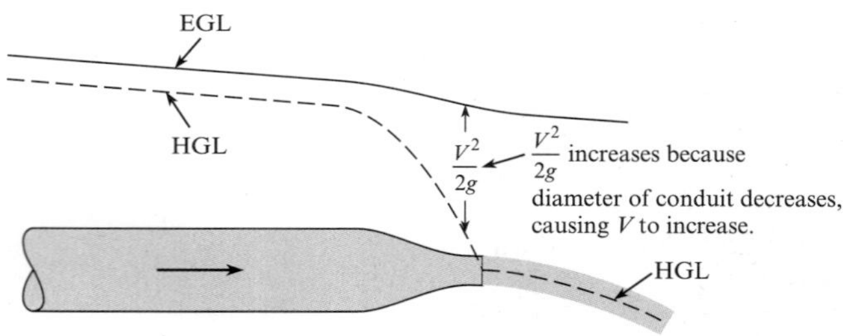

그림 7.16
관이 HGL보다 위에 놓일 경우 발생하는 대기압 이하의 압력.

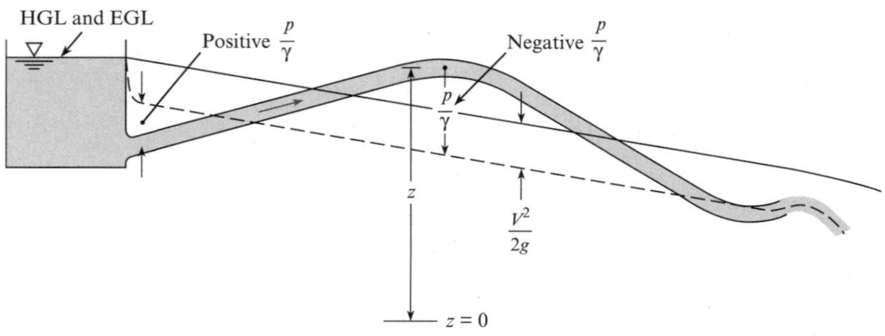

예제 7.6

관 시스템에서 EGL과 HGL의 스케치

문제

펌프를 이용하여, 수면의 표고가 160 m인 저수지로부터 직경 0.3 m, 길이 1525 m인 관수로를 통하여 수면 표고 190 m인 저수지로 물(10°C)을 양수하고 있다. 유량은 0.2 m^3/s이고 관의 손실수두는 다음과 같다.

$$h_L = 0.01\left(\frac{L}{D}\right)\left(\frac{V^2}{2g}\right)$$

펌프가 공급하는 수두 h_p와 흐름에 가한 동력을 구하고, 이 시스템에 대한 HGL과 EGL을 그려라. 단, 관은 수평이고 표고 155 m인 곳에 위치한다고 가정하라.

설명

아래쪽 저수지로부터 위쪽 저수지로 물이 양수되고 있다.

- $h_L = 0.01\left(\frac{L}{D}\right)\left(\frac{V^2}{2g}\right)$
- **특성값:** 물(10°C, 1 기압, 표 A.5): $\gamma = 9810\ \text{N/m}^3$

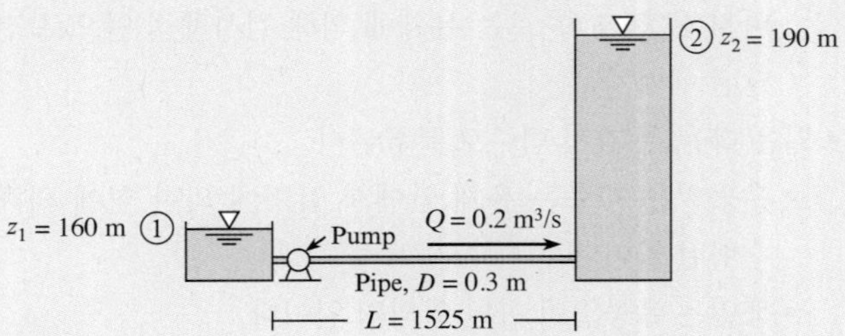

목표

1. h_p(m) ← 펌프수두
2. P(kW) ← 펌프에 의해 공급된 동력
3. HGL과 EGL을 그려라.

아이디어

펌프수두와 동력을 구하는 것이 목적이기 때문에 에너지 방정식과 동력 방정식을 각각 적용한다. 단계별 풀이절차는 다음과 같다.

1. 저수지 표면에 단면 1과 2를 위치시키고(그림 참조), 에너지 방정식을 적용한다(식 7.29).
2. 에너지 방정식의 개개 항들을 계산한다.
3. 동력 방정식(식 7.30a)을 적용하여 동력을 구한다.
4. HGL과 EGL을 그린다.

문제풀이

1. 에너지 방정식(일반형):

$$\frac{p_1}{\gamma} + \alpha_1\frac{\overline{V}_1^2}{2g} + z_1 + h_p = \frac{p_2}{\gamma} + \alpha_2\frac{\overline{V}_2^2}{2g} + z_2 + h_t + h_L$$

- $V_1 \approx 0, V_2 \approx 0$이기 때문에 속도수두는 무시할 수 있다.
- $p_1 = p_2 = 0$이기 때문에 압력수두는 영(0)이다.
- 시스템 내에 터빈이 없기 때문에 $h_t = 0$이다.

$$h_p = (z_2 - z_1) + h_L$$

해석: 펌프에 의해 공급된 수두는 두 저수지의 높이차와 손실수두의 합으로 나타난다.

2. 계산:

- 유량 방정식을 이용하여 V를 계산한다.

$$V = \frac{Q}{A} = \frac{0.2\ \text{m}^3/\text{s}}{(\pi/4)(0.3\ \text{m})^2} = 2.83\ \text{m/s}$$

- 손실수두를 계산한다.

$$h_L = 0.01\left(\frac{L}{D}\right)\left(\frac{V^2}{2g}\right) = 0.01\left(\frac{1525\ \text{m}}{0.3\ \text{m}}\right)\left(\frac{(2.83\ \text{m/s})^2}{2 \times (9.81\ \text{m/s}^2)}\right)$$
$$= 20.75\ \text{m}$$

- h_p를 계산한다.

$$h_p = (z_2 - z_1) + h_L = (190\ \text{m} - 160\ \text{m}) + 20.75\ \text{m} = \boxed{50.75\ \text{m}}$$

3. 동력:

$$\dot{W}_p = \gamma Q h_p = \left(\frac{9810\ \text{N}}{\text{m}^3}\right)\left(\frac{0.2\ \text{m}^3}{\text{s}}\right)(50.75\ \text{m})\left(\frac{\text{W}\cdot\text{s}}{\text{N}\cdot\text{m}}\right)$$
$$= \boxed{99.5\ \text{kW}}$$

4. HGL과 EGL:

- HGL과 EGL은 저수지 표면을 따라서 위치시킨다(팁 1).

- 펌프에 의한 수두 상승량 50.75 m를 그린다(팁 2).
- 펌프 유출구로부터 저수지 표면까지 EGL을 그린다. 이때 손실수두는 20.75 m이다. 또한 왼쪽 저수지로부터 펌프의 유입구까지 EGL을 그린다. 손실수두가 작은 것을 보인다(팁 3).
- EGL에서 $V^2/2g \approx 0.4$ m 거리만큼 아래에 HGL을 그린다(팁 4).
- 그려진 선을 검토하여 펌프 부분을 제외하고는 EGL과 HGL이 흐름 방향 쪽으로 감소하는지 확인한다(팁 5).

스케치는 다음과 같다. HGL은 검은색 점선이고, EGL은 파란색 실선이다.

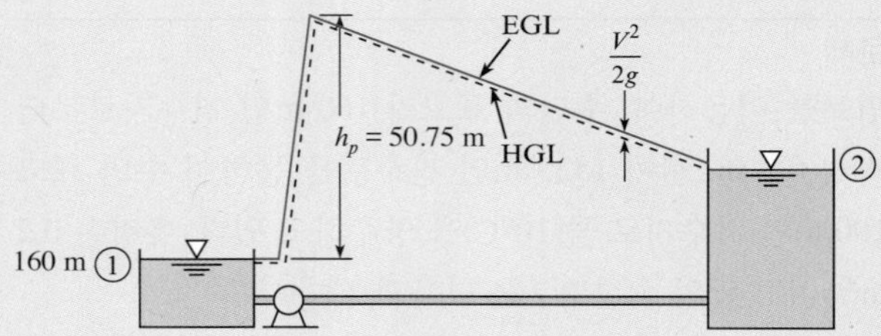

7.9 핵심 내용 요약

기본 개념

- *에너지*는 시스템이 그 주위에 일을 하도록 하는 시스템의 특성이다. 에너지는 다섯 가지 범주로 분류될 수 있다: 기계적인 에너지, 열에너지, 화학적 에너지, 전기에너지, 핵에너지.
- *기계적인 일*은 거리를 통해 작용하는 힘에 의해서 행해진다. 일에 대한 좀 더 일반적인 정의는 *일*은 열전달 또는 물질전달이 없는 시스템의 경계에서 임의의 상호작용이다.
- *동력*은 특정 순간에서의 단위시간당 일 또는 단위시간당 에너지이다. 에너지와 동력 사이의 주요 차이점에 주목하라.
  - 에너지(일)는 *절대량*을 나타낸다(즉, "줄"의 절대량).
  - 동력은 *시간당 절대량* 또는 *비율*을 나타낸다(즉, 단위시간당 에너지의 양 또는 watts).
- 기계는 다음 두 가지 범주로 분류된다.
  - *펌프*는 흐르는 유체에 에너지를 가하는 기계이다.
  - *터빈*은 흐르는 유체로부터 에너지를 추출해 내는 기계이다.

에너지 보존과 에너지 방정식의 유도

- 에너지 보존법칙은 일과 에너지의 균형을 나타낸다.
  - 폐쇄형 시스템에 대한 균형은 다음과 같다: (시스템의 에너지 변화) = (열전달에 의한 에너지의 증가) − (시스템이 행한 일에 의한 에너지 감소).
  - 검사체적에 대한 에너지 균형은 다음과 같다: (검사체적 내 에너지의 변화) = (열전달에 의한 검사체적 내 에너지의 증가) − (주위에 행한 일에 의한 검사체적의 에너지 유출) + (흐르는 유체에 의해 검사체적 안으로 전달된 에너지).
- 일은 다음 두 가지 범주로 분류된다.
  - *유동일*은 흐르는 유체 안에서 압력에 의한 힘에 의해 수행된 일이다.
  - *축일*은 유동일이 아닌 임의의 일이다.

에너지 방정식

- 에너지 방정식은 에너지 보존법칙을 단순화한 것으로 유체역학에서 발생하는 일반적인 상황에 적용할 수 있다. 가장 중요한 몇 가지 가정들은, 정상흐름이며, 검사체적에 대해 하나의 유입구와 하나의 유출구를 갖고, 밀도가 일정하고, 모든 열에너지 항(수두손실 제외)은 무시한다는 것이다.
- 에너지 방정식은 검사체적에 대한 에너지 균형을 나타낸다.

  (검사체적으로 유입하는 에너지) = (검사체적에서 유출하는 에너지)

(흐름 또는 펌프에 의해 검사체적 안으로 유입하는 에너지) = (흐름, 터빈 또는 에너지 손실에 의해 검사체적에서 유출하는 에너지)

- 수학 기호를 이용해서 에너지 방정식을 나타내면 다음과 같다.

$$\left(\frac{p_1}{\gamma} + \alpha_1\frac{V_1^2}{2g} + z_1\right) + h_p = \left(\frac{p_2}{\gamma} + \alpha_2\frac{V_2^2}{2g} + z_2\right) + h_t + h_L$$

$$\begin{pmatrix}\text{압력수두}\\ \text{속도수두}\\ \text{위치수두}\end{pmatrix}_1 + \begin{pmatrix}\text{펌프}\\ \text{수두}\end{pmatrix} = \begin{pmatrix}\text{압력수두}\\ \text{속도수두}\\ \text{위치수두}\end{pmatrix}_2 + \begin{pmatrix}\text{터빈}\\ \text{수두}\end{pmatrix} + \begin{pmatrix}\text{손실}\\ \text{수두}\end{pmatrix}$$

- 수두에 대하여:
  - 수두는 유체 입자의 무게에 대한 에너지의 비로 생각할 수 있다.
  - 수두는 수두와 동력이 $P = \dot{m}gh$에 의해서 관련되기 때문에, 단면을 통과하는 시간당 에너지로 설명될 수 있다.
- 수두손실에 대하여(h_L):
  - 수두손실은 점성작용에 의하여 발생하는, 기계적 에너지의 열에너지의 비가역적인 변환을 나타낸다.
  - 수두손실은 항상 양(+)이고, 마찰열과 유사하다.
  - 단면 급확대에 의한 수두손실은 다음과 같다.

$$h_L = \frac{(V_1 - V_2)^2}{2g}$$

- 운동에너지 보정계수 α에 대하여:
  - 이 계수는 흐르는 유체에서 운동에너지의 분포를 설명한다. 이것은 속도가 균일하다고 가정할 때 표면을 통과하는 "운동에너지(KE)/시간"에 대한 표면을 통과하는 "실제 운동에너지(KE)/시간"의 비로써 정의된다.
  - 대부분의 경우 기술자들은 $\alpha = 1$로 한다. 흐름이 완전히 발달해 있고 층류인 경우에는 기술자들은 $\alpha = 2$를 사용한다. 그 밖의 다른 경우, 수학적인 정의를 기준으로, α를 계산할 수도 있다.

동력과 기계적인 효율

- 기계적인 효율은 기계시스템에서 (입력 동력)에 대한 (출력 동력)의 비이다.
- 기술자들이 동력을 계산하기 위해 사용하는 몇 가지 방정식들이 있다.
  - 차나 비행기같이 병진운동을 하는 경우에는, $P = FV$이다.
  - 펌프의 축같이 회전운동을 하는 경우에는, $P = T\omega$이다.
  - 펌프의 경우, 펌프가 유체에 가하는 동력은 $P = \gamma Q h_p$이다.
  - 터빈의 경우, 터빈이 유체로부터 추출하는 동력은 $P = \gamma Q h_t$이다.

동수경사선(HGL)과 에너지경사선(EGL)

- 동수경사선은 관을 따르는 위압수두, $p/\gamma + z$의 형상이다.
- 에너지경사선은 관을 따르는 총 수두, $V^2/2g + p/\gamma + z$의 형상이다.
- 동수경사선이 관의 높이 아래로 떨어지는 경우, 해당 위치에서 관 내의 압력이 대기압보다 낮아지고, 공진현상이 발생할 가능성이 높아진다.

참고문헌

1. *Electrical Engineer,* October 18, 1889.

2. Winhoven, S. H., and N. K. Gibbs, "James Prescott Joule (1818–1889): A Manchester Son and the Father of the International Unit of Energy," British Association of Dermatologists. Accessed January 23, 2011, http://www.bad.org.uk/Portals/_Bad/History/Historical%20poster%2006.pdf.

3. Cengel, Y. A., and M. A. Boles. *Thermodynamics: An Engineering Approach*. New York: McGraw-Hill, 1998.

4. Moran, M. J., and H. N. Shapiro. *Fundamentals of Engineering Thermodynamics*. New York: John Wiley, 1992.

문제

일, 에너지 및 동력(7.1절)

7.1 빈칸을 채우고, 근거를 제시하라.

a. 2000 J = _______ Cal.

b. _______ ft · lbf = 20 N의 무게를 높이 115 m까지 들어 올리는 데 필요한 에너지.

c. 90000 Btu = _______ kWh.

d. 65 ft · lbf/s = _______ hp.

e. $[E]$ = [energy] = _______.

7.2 다음에 적힌 목록들 중에서 관심 있는 하나의 주제를 선택하라. 선택한 주제를 다루기 위해 인터넷 같은 참고자료를 이용하여 동료들에게 선택한 주제를 설명할 수 있는 1페이지짜리 문서를 작성하라.

a. 수력발전이 어떻게 생산되는지 설명하라.

b. 카플란터빈과 프랜시스터빈이 어떻게 작동하는지 설명하고, 이 두 터빈의 차이점을 설명하라.

c. 전력을 생산하기 위해 사용되는 수평축 풍력발전기에 대해 설명하라.

d. 전력을 생산하기 위해 사용되는 증기터빈에 대해 설명하라.

7.3 각각의 경우에 대해 격자법(grid method)을 적용하라.

a. 10마력 펌프를 410시간 동안 가동했을 때 소비된 에너지는 몇 joule인가? 또한 이때의 전기사용료는 얼마인가? 전기 단가는 kWh당 0.12달러이다.

b. 원심펌프의 축을 회전시키기 위해서 모터가 이용된다. 식 (7.3b)를 이용하여 토크가 11 N · m이고 회전속도가 850 rpm인 모터의 동력을 와트(W)로 계산하라.

c. 터빈이 10,200 N · m/s의 동력을 생산한다. 동력을 마력(HP)과 와트(W)로 계산하라.

7.4 에너지는: (다음 중 맞는 것을 모두 골라라)

a. 에너지는 동력과 같은 단위를 갖는다.

b. 에너지는 일과 같은 단위를 갖는다.

c. 에너지는 "일/시간" 단위를 갖는다.

d. 에너지는 W의 단위를 가질 수 있다.

e. 에너지는 J의 단위를 가질 수 있다.

f. 에너지는 칼로리의 단위를 가질 수 있다.

g. 에너지는 ft · lbf의 단위를 가질 수 있다.

7.5 동력은: (다음 중 맞는 것을 모두 골라라)

a. 동력은 에너지와 같은 단위를 갖는다.

b. 동력은 "일/시간"과 같은 단위를 갖는다.

c. 동력은 "에너지/시간"과 같은 단위를 갖는다.

d. 동력은 W의 단위를 가질 수 있다.

e. 동력은 J의 단위를 가질 수 있다.

f. 동력은 마력(hp)의 단위를 가질 수 있다.

g. 동력은 ft · lbf의 단위를 가질 수 있다.

에너지 보존(7.2절)

7.6 폐쇄형 시스템에 대한 열역학 제1법칙은 다음과 같은 용어로 특징지을 수 있다.

a. (시스템 내 에너지의 변화) = (유출 열에너지) − (주위에 의해 행해진 일)

b. (시스템 내 에너지의 변화) = (유입 열에너지) − (주위에 행한 일)

c. 위 중 하나

7.7 열역학 제1법칙에 대한 레이놀즈 수송이론의 적용에 대해 다음 중 맞는 것을 모두 골라라.

a. 단지 열전달만 의미하며, 일을 의미하지 않는다.

b. 폐쇄형 시스템에 저장된 에너지의 증가를 의미한다.

c. 열역학 제1법칙의 적용을 폐쇄형 시스템으로부터 개방형 시스템까지 확장할 수 있다(검사체적).

운동에너지 보정계수(7.3절)

7.8 관수로에서의 난류 속도 분포가 다음 식으로 근사화된다.

$$\frac{V}{V_{\max}} = \left(\frac{y}{r_0}\right)^n$$

여기서 $V_{\max}$는 중심선에서의 속도, y는 관 벽으로부터의 거리, r_0는 관의 반경, n은 레이놀즈수에 종속되는 지수로서 대체로 1/6과 1/8 사이의 값을 가진다. α를 n의 함수로 나타내라. $n = 1/7$일 때 α는 얼마인가?

7.9 직사각형 개수로에서의 난류 유속 분포가 다음 식으로 근사화된다.

$$\frac{u}{u_{max}} = \left(\frac{y}{d}\right)^n$$

여기서 u_{max}는 자유수면에서의 유속, y는 수로 바닥으로부터의 거리, d는 수심, n은 레이놀즈수에 종속되는 지수로서 1/6과 1/8 사이의 값을 가진다. α를 n의 함수로 나타내라. $n = 1/7$일 때 α는 얼마인가?

7.10 다음 자료는 반경 3.5 cm인 원형 관 속의 난류에 대한 것이다. 운동에너지 보정계수를 결정하라. 관 벽에서의 유속은 0이다.

r (cm)	V (m/s)	r (cm)	V (m/s)
0.0	32.50	2.8	22.03
0.5	32.44	2.9	21.24
1.0	32.27	3.0	20.49
1.5	31.22	3.1	19.60
2.0	28.21	3.2	18.69
2.25	26.51	3.25	18.16
2.5	24.38	3.3	17.54
2.6	23.70	3.35	17.02
2.7	22.88	3.4	16.14

에너지 방정식(7.3절)

7.11 7.3절과 다른 참고자료를 이용하여 다음 질문에 답하라. 깊이 있고 명료하며 정확하게 작성하고, 그림, 용어 및 식을 효과적으로 이용하라.

a. 시스템에 대한 열역학 제1법칙의 개념적 의미는 무엇인가?

b. 유동일이란 무엇인가? 유동일에 대한 식 (7.16)은 어떻게 유도되었는가?

c. 축일이란 무엇인가? 축일은 유동일에 비해 어떤 차이점이 있는가?

7.12 7.3절과 다른 참고자료를 이용하여 다음 질문에 답하라. 깊이 있고 명료하며 정확하게 작성하고, 그림, 용어 및 식을 효과적으로 이용하라.

a. 수두란 무엇인가? 수두는 에너지와 어떤 관련이 있는가? 동력과는 어떤 관련이 있는가?

b. 터빈수두란 무엇인가?

c. 펌프수두는 동력 및 에너지에 어떻게 관계되는가?

d. 손실수두란 무엇인가?

7.13 7.3절, 7.7절 및 다른 참고자료를 이용하여 다음 질문에 답하라. 깊이 있고 명료하며 정확하게 작성하고, 그림, 용어 및 식을 효과적으로 이용하라.

a. 에너지 방정식 (7.29)에서 다섯 개의 중요한 항은 무엇이며, 이 항들은 어떤 의미가 있는가?

b. 에너지 방정식의 개개 항들은 에너지와 동력과는 어떤 관련이 있는가?

c. 에너지 방정식 (7.29)를 사용하기 위해 필요한 가정은 무엇인가?

7.14 에너지 방정식 (7.29)를 사용하여 관 속의 유체 입자가 높은 위압수두를 갖는 위치로부터 낮은 위압수두를 갖는 위치로 흐르는 것에 대해 설명하라. 펌프와 터빈은 설치되어 있지 않고 관의 직경은 일정하다고 가정하라.

7.15 10°C의 물을 유량 0.070 m^3/s로 흐르게 하는 시스템을 설치할 때, 그림과 같은 단면이 축소되는 이음새에 대한 손실수두를 구하라. 단면을 맞추기 위해 지름이 20 cm에서 12 cm로 감소하고(흐름 방향은 화살표 방향과 같다), 주어진 유량에 대해 압력은 490 kPa에서 465 kPa로 감소되는 것으로 측정되었다. 이음새는 수평이고, 이음새 유입부와 유출부에서 운동에너지 보정계수는 1.05라 가정한다.

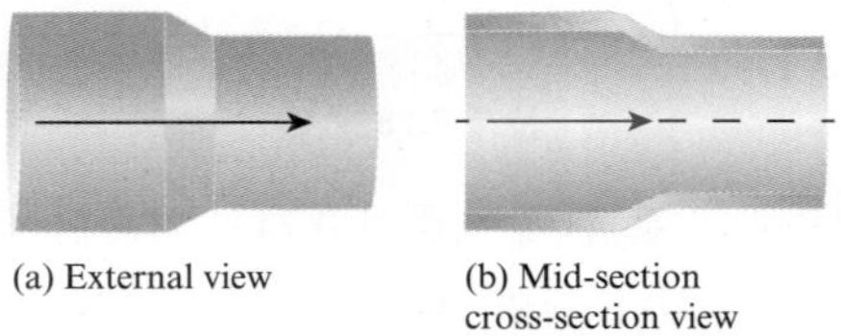

문제 7.15

7.16 그림과 같은 배수관이 수조에 연결되어 있다. $x = 3$ m, $y = 0.9$ m이고 손실수두를 무시하면, 점 A에서의 압력과 유속은 얼마인가? 모든 점에서 $\alpha = 1.0$이라 가정한다.

7.17 그림과 같은 배수관이 수조에 연결되어 있다. $x = 5$ m, $y = 1$ m이고 손실수두를 무시하면, 점 A에서의 압력과 유출구에서의 속도는 얼마인가? 모든 점에서 $\alpha = 1.0$이라

가정한다.

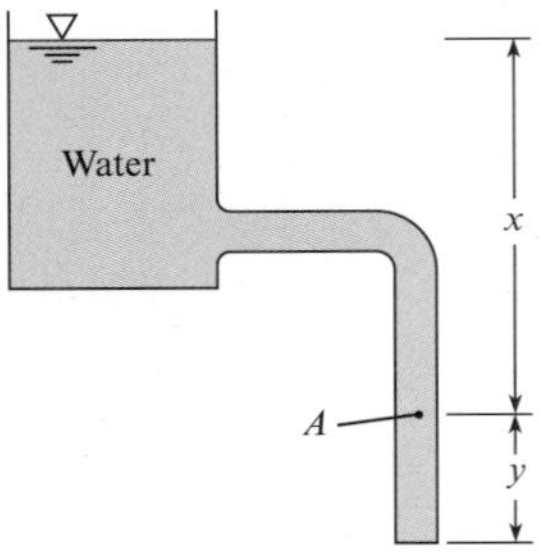

문제 7.16, 7.17

7.18 그림과 같은 시스템에서 $x = 1.0$ m, $y = 2.0$ m, $z = 7.0$ m이고 유량은 0.3 m^3/s, 관의 직경은 60 cm이다. 손실수두를 0.5 m라 가정할 때 직경이 10 cm인 노즐에서 제트가 분사된다면 점 2에서의 압력수두는 얼마인가? 모든 점에서 $\alpha = 1.0$이라 가정한다.

7.19 그림과 같이 $x = 0.6$ m, $y = 1.2$ m, $z = 2.7$ m이고, $Q = 0.028$ m^3/s, 호스 지름 0.08 m인 압력세척 시스템이 있다. 점 2에서부터 제트까지 걸쳐 1.2 m의 수두손실이 발생한다고 가정할 때, 노즐로부터 분사되는 제트의 지름이 0.025 m라면 점 2의 압력은 얼마인가? 모든 과정에서 $\alpha = 1.0$으로 가정한다.

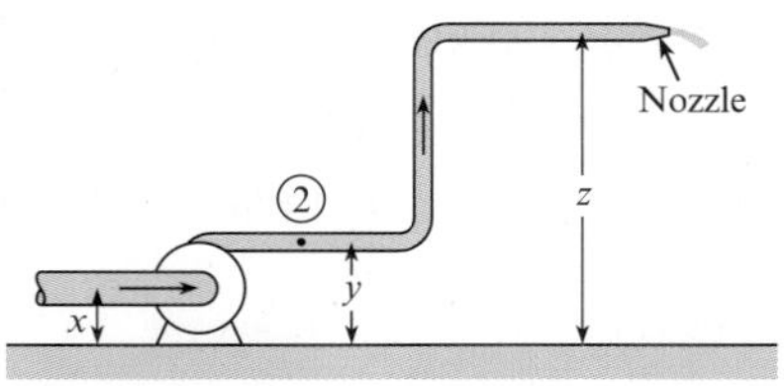

문제 7.18, 7.19

7.20 그림과 같은 관에 비중이 0.74인 가솔린이 유량 0.1 m^3/s로 흐르고 있다. 단면 1에서의 압력이 124 kPa이고, 단면 1과 2 사이의 손실수두가 1.5 m일 때, 단면 2에서의 압력은 얼마인가? 모든 점에서 $\alpha = 1.0$이라 가정한다.

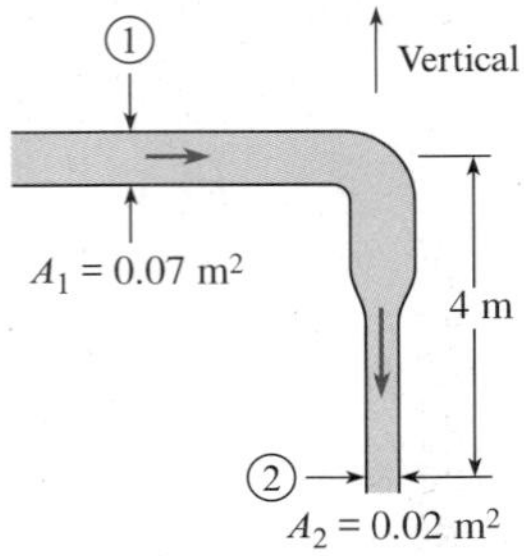

문제 7.20

7.21 인간의 팔의 동맥은 10 cm 거리에 대해 지름이 $D = 0.7$ cm에서 $d = 0.5$ cm 점차 축소된다. 지름 0.7 cm인 곳에서 혈압(계기압력)이 110 mm Hg이고, 지름 0.5 cm인 곳의 혈압은 85 mm Hg이다. 팔이 수평이고, 유량 20 cm^3/s로 혈액(비중 = 1.06)이 10 cm의 거리를 이동할 때 발생하는 손실수두를 구하라. 동맥의 흐름은 정상류이고, $\alpha = 1.0$으로, 뉴턴유체이고, 동맥의 벽은 단단하다고 가정한다.

7.22 MEMS(미세전기역학시스템)에 유체를 제공하기 위하여 미소수로를 설계하고자 한다. 수로의 직경은 300 μm이고 길이는 8 cm이다. 이 시스템에 주사기펌프를 이용하여 0.1 μL/s로 에틸알코올이 주입된다. 수로 출구에서의 압력은 대기압이고, 흐름이 층류이기 때문에 $\alpha = 2$이다. 수로에서의 손실수두 식은 다음과 같다.

$$h_L = \frac{32\mu LV}{\gamma D^2}$$

여기서 L은 수로 길이, D는 직경, V는 평균유속, μ는 유체의 점성계수이고 γ는 유체의 단위중량이다. 주사기펌프에서의 압력을 구하라. 주사기펌프에서의 피스톤 운동에 의한 속도수두는 무시한다.

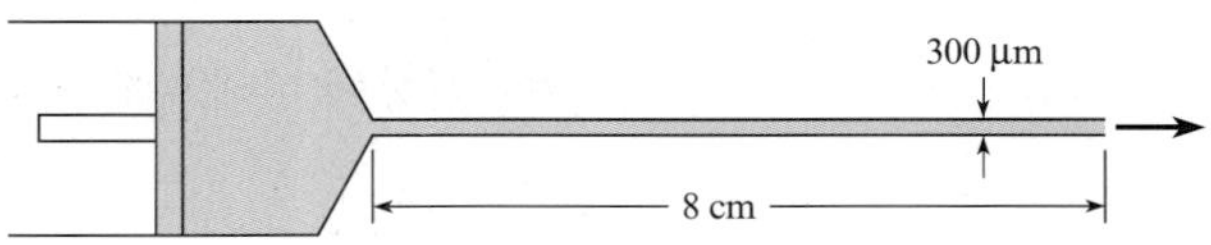

문제 7.22

7.23 그림과 같이 $D = 20$ cm, $L_1 = 1$ m, $L_2 = 1$ m인 사이펀에서의 유량이 0.08 m^3/s이다. 점 C와 저수지 수면 사이의 손실수두를 구하라. 손실수두의 3/4이 점 B와 저수지 수

면 사이에서 발생한다면, 점 B에서의 압력은 얼마인가? 모든 점에서 $\alpha = 1.0$이라 가정한다.

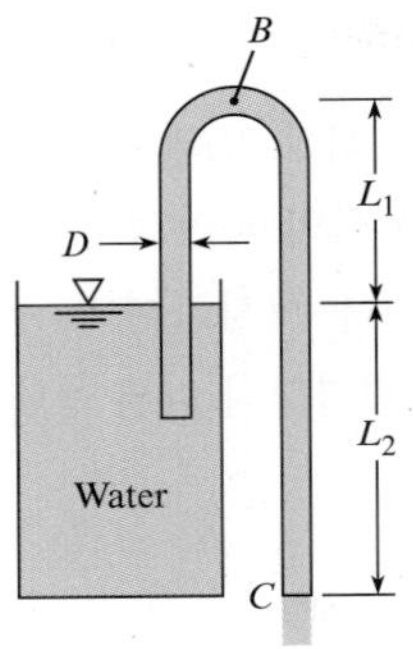

문제 7.23

7.24 수조의 압력을 절대압력 300 kPa로 높이기 위해 펌프를 사용한다. 수조의 직경은 2 m, 높이는 4 m, 수조 안의 초기 수위는 1 m, 수면에서의 압력은 계기압력으로 0 kPa이고, 기압은 100 kPa이다. 펌프는 50 m 수두로 일정하게 작동되고, 수조 바닥으로부터 4 m 아래에 위치한 수원(source)으로부터 물을 끌어올린다. 수원과 수조를 연결하는 관의 직경은 4 cm이고 수조에서의 단면 급확대에 의한 손실을 포함한 손실수두는 $10\ V^2/2g$이다. 흐름은 난류이다.

수조 안에 있는 공기의 압축은 등온적으로(isothermally) 발생한다고 가정하면, 수조 압력은 다음과 같이 된다.

$$p_T = \frac{3}{4 - z_t} p_0$$

여기서 z_t는 m 단위로 나타낸 수조 안에 있는 유체의 수심이다. 압력이 수조 안에서 시간에 따라 어떻게 변하는지를 보여 줄 수 있는 컴퓨터 프로그램을 작성하고, 수조의 압력이 절대압력 300 kPa이 되는 시간을 구하라.

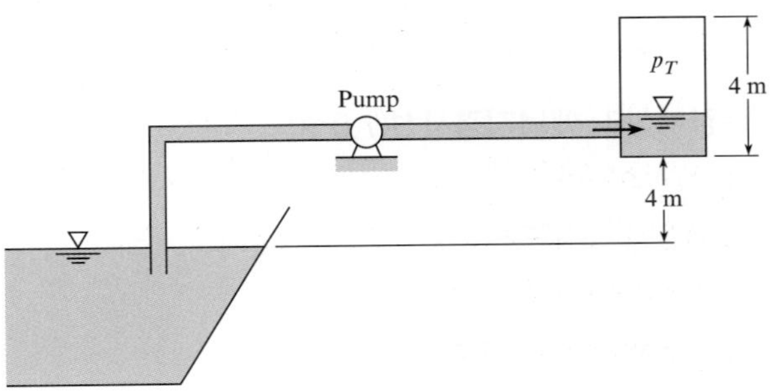

문제 7.24

동력 방정식(7.4절)

7.25 그림에서와 같이 0.15 m³/s의 물이 흐를 때, 상류부(30 cm 관) 압력은 35 kPa, 하류부(15 cm 관) 압력은 620 kPa이 되도록 펌프가 에너지를 공급한다. 이러한 흐름이 되도록 펌프가 흐름에 가한 동력은 몇 kW인가? 모든 점에서 $\alpha = 1.0$이라 가정한다.

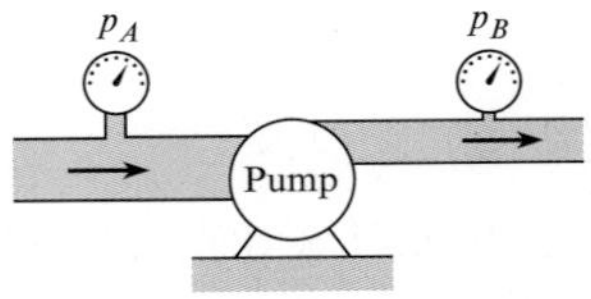

문제 7.25

7.26 그림에서 노즐의 면적이 93 cm²이고, A, B, C, D 지점의 높이는 각각 37 m, 55 m, 34 m, 27 m이다. 손실수두를 무시하고, 이와 같은 흐름이 가능하도록 펌프의 동력을 구하라.

7.27 그림에서 노즐의 면적이 11 cm²이고, A, B, C, D 지점의 높이는 각각 42 m, 70 m, 35 m, 30 m이다. 손실수두를 무시하고, 이와 같은 흐름이 가능하도록 펌프의 동력을 구하라.

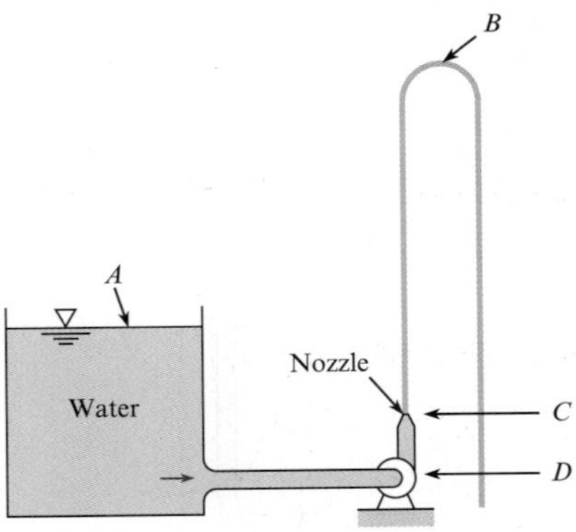

문제 7.26, 7.27

7.28 그림에서 유량이 14.7 m³/s라면 터빈에서 발생하는 동력은 얼마인가? 터빈의 효율은 88%, 전체 손실수두는 $1.3V^2/2g$(V는 직경 2.1 m인 수압관에서의 유속)라고 가정한다. 모든 점에서 $\alpha = 1.0$이라 가정한다.

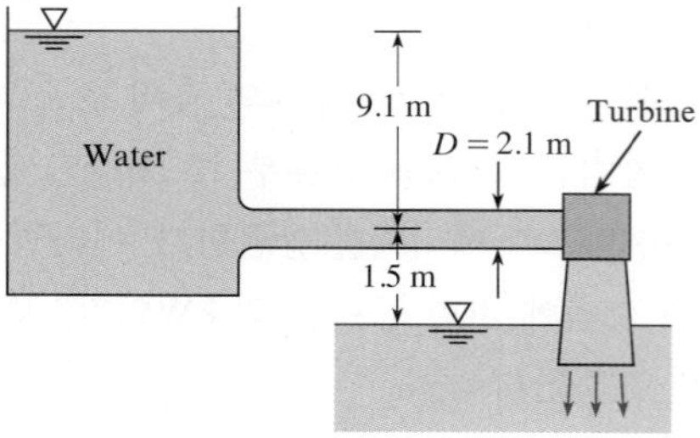

문제 7.28

기계적인 효율(7.5절)

7.29 펌프가 직경 30 cm의 흡입관으로부터 물을 끌어들여, 직경 15 cm의 관을 통해서 유속 5 m/s로 물을 이동시켜 점 C에서 대기 중으로 수평으로 유출하고 있다. 만약 펌프에 20 kW의 동력을 가한다면, 수면 A에서 물을 어느 정도까지 끌어올릴 수 있는지 높이 h를 구하라. 펌프의 효율은 60%이고, 점 A와 C 사이의 손실수두는 $2\ V_C^2/2g$라고 가정한다. 모든 점에서 $\alpha = 1.0$이라 가정한다.

7.30 펌프가 직경 18 cm의 흡입관으로부터 물(20°C)을 끌어들여, 직경 10 cm의 관을 통해서 유속 3 m/s로 물을 이동시켜 점 C에서 대기 중으로 수평으로 유출하고 있다. 만약 펌프에 28 kW의 동력을 가한다면, 수면 A에서 물을 어느 정도까지 끌어올릴 수 있는지 높이 h를 구하라. 펌프의 효율은 60%이고, 점 A와 C 사이의 손실수두는 $2\ V_C^2/2g$라고 가정한다. 모든 점에서 $\alpha = 1.0$이라 가정한다.

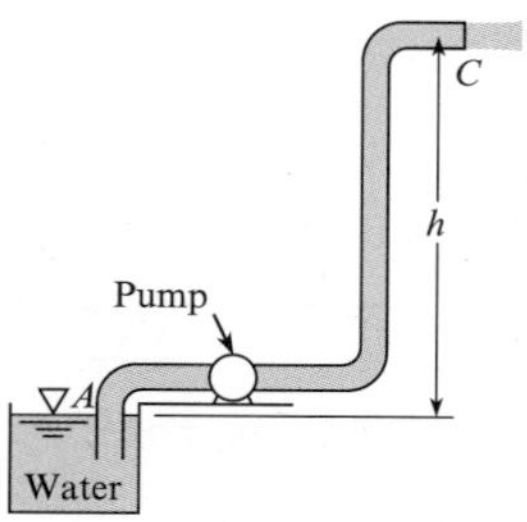

문제 7.29, 7.30

7.31 2 km 떨어진 곳으로부터 직경 0.3 m의 관을 통해서 13,200 lpm으로 원유를 끌어오기 위한 펌프 시스템을 설계하고자 한다. 관의 유입구와 유출구에서의 압력은 대기압이고, 관의 유출구는 유입구보다 60 m 높은 곳에 위치하고 있다. 이 시스템에서 마찰에 의한 압력 손실은 410 kPa이고, 오일의 단위중량은 8325 N/m^{3}이다. 펌프에 필요한 동력을 kW로 구하라.

베르누이 방정식과 에너지 방정식의 비교(7.6절)

7.32 에너지 방정식(식 7.29)과 베르누이 방정식의 유사점은 무엇인가? 두 방정식의 차이점은 무엇인가? 중요한 유사점 2개와 차이점 3개를 제시하여라. 동료들에게 차이점을 설명하는 데 적합한 개념도나 다른 형태의 도표를 준비하라.

단면 변화(7.7절)

7.33 직경 30 cm인 관에서 유량 0.2 m^3/s의 물이 저수지로 유입되고 있다. 관의 유출구에서의 손실수두는 얼마인가?

7.34 직경 53 cm인 관에서 유량 1.2 m^3/s의 물이 저수지로 유입되고 있다. 관의 유출구에서의 손실수두는 얼마인가?

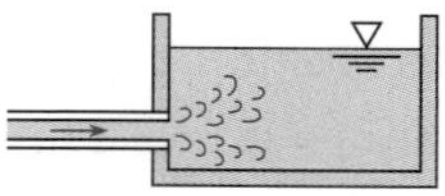

문제 7.33, 7.34

7.35 그림과 같이 직경 D인 관을 흐르던 유체가 직경 d의 원판(disk) 주위에서 가속되고 있다. 원판 상류 쪽의 속도는 U이고, 이때의 유체 밀도는 ρ이다. 그리고 비압축성이며 원판의 하류 쪽 압력은 평판 분리면에서의 압력과 같다. 이 원판을 지지하는 데 필요한 힘을 구하는 공식을 U, D, d, ρ의 함수로 나타내고, $U = 10$ m/s, $D = 5$ cm, $d = 4$ cm, $\rho = 1.2$ kg/m^{3}일 때 이 원판을 지지하는 데 필요한 힘을 구하라. 모든 점에서 $\alpha = 1.0$이라 가정한다.

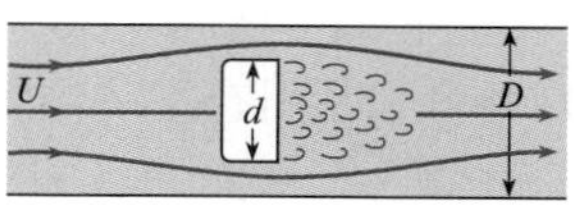

문제 7.35

동수경사선과 에너지경사선(7.8절)

7.36 그림은 어떤 흐름계에서의 HGL과 EGL을 그린 것이다.

a. 이 흐름은 A에서 E로 흐르는가? E에서 A로 흐르는가?

b. 이 시스템에 펌프가 있는가?

c. 관 E의 직경은 일정한가, 변화하는가?

d. 이 시스템에는 저수지가 존재하는가?

e. C와 D 사이에 그림과 같은 조건이 발생할 수 있는 물리적 장치를 간단히 묘사하라.

f. e의 스케치에서 밝혀진 그 밖의 사항이 있는가?

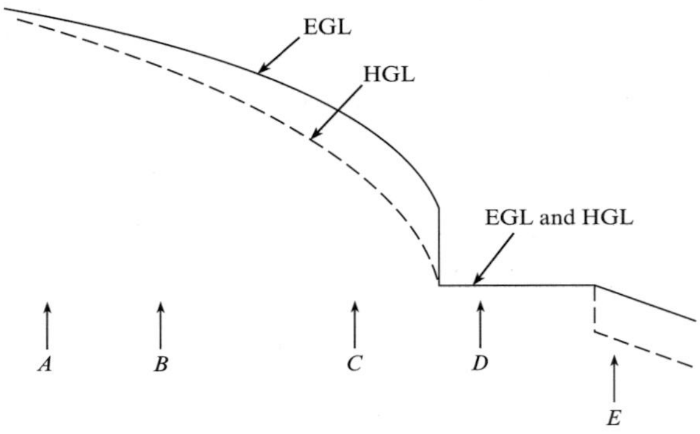

문제 7.36

7.37 그림과 같이 동수경사선의 크기는 10 m에서 37 m까지 변한다. 이때 펌프의 수두(h_p)는 얼마인가?

7.38 그림과 같은 펌프가 질량유량 35 kg/s를 공급하기 위해서 축으로부터 2 kW의 동력을 공급받고 있다. 펌프의 효율이 70일 때, 에너지경사선은 얼마나 증가하는가?

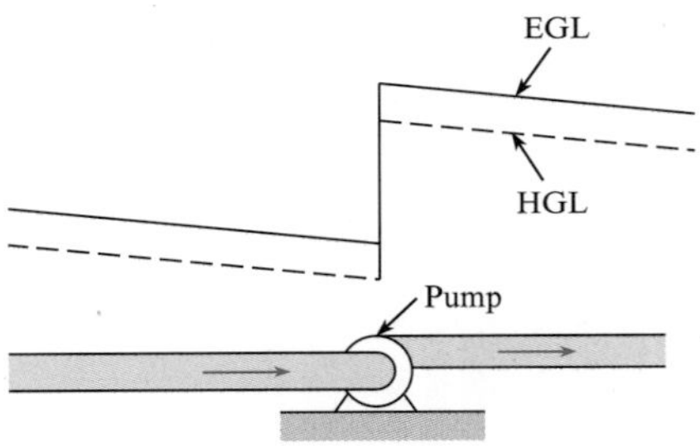

문제 7.37, 7.38

7.39 그림 7.14에서 관에서의 손실수두는 $h_L = 0.03(L/D)(V^2/2g)$라고 가정한다. 여기서 V는 관에서의 평균유속, D는 관의 직경, L은 관의 길이이다. 상부 저수지와 하부 저수지의 수위는 각각 150 m, 60 m이다. 상류부와 하류부 관의 제원은 각각 $D_u = 32$ cm, $L_u = 190$ m, 그리고 $D_d = 12$ cm, $L_d = 110$ m이다. 이 시스템에서의 물의 유량은 얼마인가?

7.40 저수지 A에서 저수지 B로 물이 흐른다. 물의 온도는 38°C, 관의 직경은 0.8 m, 관의 길이는 61 m이다. 만약 $H = 12$ m, $h = 3$ m이고, 관의 손실수두가 $h_L = 0.003(L/D)(V^2/2g)$(V는 관에서의 속도)라고 하면, 유량은 얼마인가? 관 유출구에서의 손실수두를 포함시켜 계산하고 HGL과 EGL을 도시하라. 두 저수지 사이의 중간지점인 P에서의 압력은 얼마인가? 모든 점에서 $\alpha = 1.0$이라 가정한다.

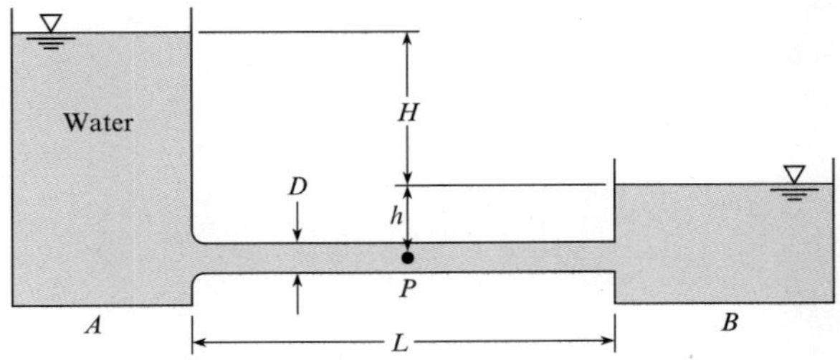

문제 7.40

CHAPTER 8

차원해석과 상사

개요 유체역학의 복잡성 때문에, 설계는 실험결과에 근거하는 경우가 많다. 실험은 일반적으로 축척모형을 사용해 행해진다. 실험테스트의 이론적 근거는 8장의 주제인 차원해석이다. 차원해석은 분석을 단순화시키고 결과를 제시하기 위해서도 사용된다.

그림 8.1
소형 풍동에서 시험을 위해 점토로 제작된 공식 경주용 차의 모형. 시험의 목적은 항력 특성을 평가하는 것이다. 이 작업은 Josh Hartung이 학부생일 때 한 것이다. (사진 제공: Josh Hartung)

학습성과

차원해석(8.1절, 8.2절)
- 차원해석이 왜 기술자에게 유용한지 설명한다.
- π-그룹(무차원 수)을 정의한다.
- 버킹엄의 Π 정리를 설명하고 적용한다.

방법(8.3절)
- 단계별 방법을 적용한다.
- 지수법을 적용한다.

일반적인 무차원 수(π-그룹)(8.4절)
- 흔히 사용되는 유체의 무차원 수(π-그룹)를 정의하고 설명한다.
- 무차원 수가 물리적으로 중요한 항의 비로서 어떻게 나타나는지 설명한다.

실험(8.5절)
- 모형과 원형을 정의한다.
- 상사의 의미와 적용방법을 설명한다.
- 무차원 수(π-그룹)를 일치시킴으로써 모형과 원형의 사이의 물리 변수를 관련시킨다.

8.1 차원해석의 필요성

유체역학은 현재 운동량 방정식과 연속 방정식을 풀기 위해 이용하는 해석적 도구들이 정확한 결과를 제공할 수 없기 때문에 다른 과목보다 더 많이 실험에 대한 내용을 포함하고 있다. 이와 같은 사실은 특히 난류와 분리된 흐름에서 분명해진다. 난류 문제인 경우, 대용량 컴퓨터를 가지고 전산유체역학에서 개발된 기법을 사용하여 얻은 해라고 할지라도 단지 일정 수준의 근사해일 뿐이다. 따라서 실험을 통한 값의 결정과 검증이 필요하게 된다.

모형 실험 결과에 관한 분석이나 연구 결과의 상관 분석을 위해서 무차원 변수군을 이용하는 것은 중요하다. 무차원 변수군 사용의 장점을 이해하기 위해서 그림 8.2와 같이 특이한 오리피스에서의 흐름을 생각해 보자. 실제로 흐름 방향이 반대라는 점을 제외하고는 유체를 측정하기 위해 사용되는 노즐과 거의 유사하다. 이 흐름 조건에서 작동하는 오리피스는 정상적인 조건에서 작동하는 오리피스와는 매우 다른 성능을 나타낸다. 그러나 회사 또는 도시 수도국은 물이 대부분의 시간 동안 "순방향"으로 흐르고 일부 시간에는 "역방향"으로 흐르는 상황을 맞게 되는 경우도 고려해야 한다. 따라서 이러한 경우에는 그와 같은 문제에 대한 이해가 필요하다.

크기와 비용 문제 때문에 실제 크기의 원형에서 실험을 수행하는 것이 항상 가능한 것은 아니다. 따라서 기술자들은 소규모 모형에서 실험을 하여, 모형에서 발생하는 압력강하를 측정한다. 실험에서는 구멍의 직경 d_0가 각각 다른 몇 개의 오리피스를 사용하였다. 검토 목적으로, 세 개의 노즐을 실험하였다고 가정하자. 4장에 소개된 베르누이 방정식은 압력강하는 유속과 유체 밀도에 영향을 받는다고 제시하고 있다. 또한 압력강하는 유체의 점성에 의해서도 영향을 받는다.

실험 프로그램이 임의의 유속 범위에 대해 수행될 수도 있고, 밀도(점성)가 서로 다른 유체를 이용하여 수행될 수도 있다. 압력강하 $p_1 - p_2$는 속도 V_1, 밀도 ρ 및 직경 d_0의 함수이다. 세 개의 노즐에 대해, 각기 다른 값의 V_1, ρ에 대해 많은 측정을 하면 물에 대한 실험 결과로 그림 8.3a와 같은 그래프를 그릴 수 있다. 또 상당히 많은 경비를 들인다면 다른 유체에 대해서도 추가 실험을 계획할 수 있을 것이다.

이 장에서 소개되는 내용은 (앞에서 설명한 실험 횟수에 의존하는 방법보다) 훨씬 더 좋은 방법을 제시할 것이다. 차원해석에 의하면 압력강하는 다음과 같은 식으로 표현될 수 있다.

$$\frac{p_1 - p_2}{(\rho V^2)/2} = f\left(\frac{d_0}{d_1}, \frac{\rho V_1 d_0}{\mu}\right) \tag{8.1}$$

이 식은 압력의 무차원 변수군 $(p_1 - p_2)/(\rho V^2/2)$가 오리피스 구멍 직경에 대한 관 직경의 비 d_0/d_1와 무차원 변수군 $(\rho V_1 d_0)/\mu$의 함수임을 나타내고 있다. $\rho V_1 d_0/\mu$는 후에 레이놀즈수와 동일시된다. 실험 프로그램의 목적은 함수 관계를 수립하는 것이다. 나중에 알게 되겠지만, 레이놀즈수가 충분히 커지면, 이 결과는 레이놀즈수와 관련이 없게 되고 다음 식과 같이 표현된다.

$$\frac{p_1 - p_2}{(\rho V^2)/2} = f\left(\frac{d_0}{d_1}\right) \tag{8.2}$$

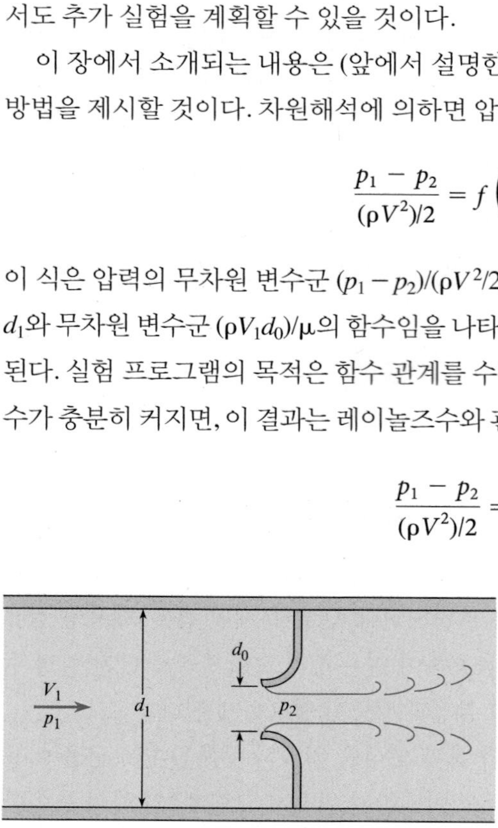

그림 8.2
역방향 노즐에서의 흐름.

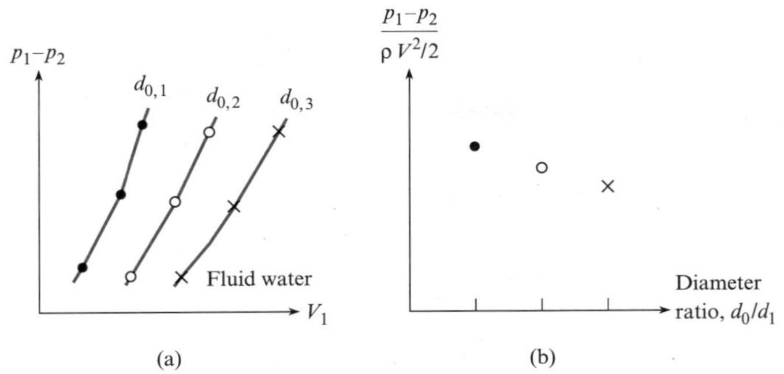

그림 8.3

압력, 속도 및 직경의 관계. (a) 차원 변수 이용. (b) 무차원 그룹 이용.

따라서 d_0/d_1의 비가 같은 오리피스의 설계에서는 모형에서 압력강하 $p_1 - p_2$를 $\rho V_1^2/2$로 나눈 값이 원형의 값과 동일하다. 그러므로 모형 실험을 통해서 수집된 자료들을 원형에 직접 적용할 수 있다. 각각의 오리피스를 설계하기 위해서는 단지 하나의 실험만 필요하고, 결과적으로 그림 8.3b와 같이 3개의 실험만 필요하다. 실험 횟수가 적을수록 노력과 비용을 상당히 절약할 수 있다.

모형 자료와 원형 자료를 대응시키는 무차원 변수군의 식별은 **차원해석**(dimensional analysis)을 통하여 이루어진다.

8.2 버킹엄의 Π정리

1915년에 버킹엄(Buckingham)(1)은 주어진 과정에 포함된 변수들의 상관관계를 규명하는 데 필요한 독립된 변수들의 무차원 그룹(무차원 매개변수)의 수는 $n - m$개와 같다는 것을 증명하였다. 여기서 n은 변수의 수이고, m은 변수에 포함되어 있는 기본차원의 수이다.

버킹엄은 무차원 변수를 Π라고 하였는데, 이로 인해 이 정리를 Π정리라고 부르게 되었으며, 이제부터는 무차원 그룹들을 π-**그룹**(π-group)이라고 부른다. 물리 현상을 기술하는 식에 n개의 차원을 가진 변수들이 포함되어 있다면 다음과 같이 나타낼 수 있다.

$$y_1 = f(y_2, y_3, \ldots y_n)$$

이 식을 다시 정리하여 $n - m$개의 π-그룹으로 다음과 같이 표현할 수 있다.

$$\pi_1 = \varphi(\pi_2, \pi_3, \ldots \pi_{n-m})$$

따라서 구 주위를 흐르는 유체의 항력 F가 속도 V, 밀도 ρ, 점성계수 μ 및 구의 직경 D의 함수라고 하면, 이 현상에는 5개의 변수(F, V, ρ, μ, D)와 3개의 기본차원(L, M, T)이 관계된다.* 버킹엄의 Π정리에 의하면 $5 - 3 = 2$개의 π-그룹이 존재하고, 이것은 다음과 같이 실험 결과를 상관시키는 데 이용할 수 있다.

* 여기서는 3개의 기본차원만이 고려되는 점을 유의하라. 온도는 포함되지 않는다.

$$\pi_1 = \varphi(\pi_2)$$

8.3 차원해석

차원해석(dimensional analysis)은 분석, 실험 계획 및 결과 표시에 π-그룹을 적용하는 과정이다. 이 절에서는 π-그룹을 얻기 위한 두 가지 방법을 제시한다: 단계별 방법(step-by-step method)과 지수법(exponent method).

단계별 방법

π-그룹을 찾는 과정을 수행하기 위해 여러 방법이 사용될 수 있지만, Ipsen(2)에 의해 매우 명확하게 제시된 단계별 접근법은 가장 쉬운 방법 중 하나이며, 과정을 잘 보여 준다. 단계별 방법의 적용 순서는 표 8.1에 제시되어 있다.

최종 결과는 다음과 같은 형태의 함수 관계로 표현될 수 있다.

$$\pi_1 = f(\pi_2, \pi_2, \dots \pi_n) \tag{8.3}$$

종속 및 독립 π-그룹의 선정은 적용 대상에 좌우된다. 또 차원을 소거하기 위해 사용되는 변수도 임의로 선정된다.

표 8.1 단계별 방법

단계	해당 단계에서 해야 할 일
1	중요한 차원 변수들을 선정하고 각 변수들의 차원을 적는다.
2	π-그룹의 수를 결정하기 위해 버킹엄의 Π정리를 적용한다.*
3	차원 변수의 수와 같은 행과 기본차원에 1을 더한 수($m + 1$)와 같은 수의 열을 갖는 표를 작성한다.
4	제1열에 모든 차원 변수들을 기본차원으로 표현하여 함께 적는다.
5	소거할 차원을 선정하고 제1열에서 선정된 차원을 갖는 변수 하나를 선택하고, 그 차원을 소거하기 위해 나머지 변수들과 결합한다. 나머지 기본차원으로 표시된 결합된 변수들을 제2열에 적는다.
6	소거할 또 다른 차원을 선정하고, 선정된 차원을 갖는 변수를 제2열에서 선택한다. 차원을 소거하기 위해 선택된 변수를 남겨진 변수들과 결합시킨다. 새롭게 결합된 변수들을 제3열에 적고 차원도 함께 표시한다.
7	모든 차원이 소거될 때까지 단계 6을 반복한다. 남겨진 무차원 변수군이 π-그룹이다. 마지막 열에 π-그룹을 적는다.

*아주 드물게 버킹엄의 Π정리에 의해 예측된 것보다 π-그룹의 수가 한 개 더 많은 경우가 있음에 주의하라. 이와 같은 이례적 상황이 발생하는 것은 제시된 변수에 의해 나뉠 때(혹은 곱해질 때), 2차 범주의 차원이 소거될 수도 있기 때문이다. 이와 같은 경우에 대한 예는 Ipsen(2)을 참고하라.

예제 8.1은 진공상태에서 낙하하는 물체에 대한 π-그룹을 구하기 위해 단계별 방법을 보여 주는 예이다.

예제 8.1

진공상태에서 낙하하는 물체에 대한 π-그룹을 구하라.

문제

진공상태(점성 효과 없음)에서 낙하하는 물체에 대한 세 개의 중요한 차원 변수가 있다: 속도 V, 중력가속도 g 및 물체의 낙하 거리 h. 단계별 방법을 사용하여 π-그룹을 구하라.

설명

진공상태에서 떨어지는 물체, $V = f(g, h)$.

목표

π-그룹을 구하라.

아이디어

표 8.1에 지시된 단계별 방법을 적용하라.

문제풀이

1. 중요한 변수와 차원은 다음과 같다.

$$[V] = L/T$$
$$[g] = L/T^2$$
$$[h] = L$$

이 변수들은 단지 길이 L과 시간 T의 차원을 갖는다.

2. 버킹엄의 Π정리로부터, 변수(n)가 3개이고 차원(m)이 2개이므로 하나의 π-그룹만 존재함을 알 수 있다.
3. 3행(변수 수) 3열(차원 + 1)의 표를 작성한다.
4. 제1열에 변수와 기본차원을 적는다.

Variable	[ ]	Variable	[ ]	Variable	[ ]
V	$\frac{L}{T}$	$\frac{V}{h}$	$\frac{1}{T}$	$\frac{V}{\sqrt{gh}}$	0
g	$\frac{L}{T^2}$	$\frac{g}{h}$	$\frac{1}{T^2}$		
h	L				

5. 길이 차원 L을 소거하기 위해 h를 선택한다. g를 h로 나누어 제2열에 차원 $1/T^2$와 함께 표시하고, V를 h로 나누어 제2열에 차원 $1/T$와 함께 표시한다.
6. 시간 차원 T를 소거하기 위해 g/h를 선택한다. V/h를 $\sqrt{g/h}$로 나누어 제3열에 표시한다.

예상했던 대로 한 개의 π-그룹만 존재한다.

$$\pi = \frac{V}{\sqrt{gh}}$$

위 식의 최종 함수 형태의 식은 다음과 같다.

$$\frac{V}{\sqrt{gh}} = C$$

해와 풀이과정 검토

1. *지식.* 물리학에 의하면 $C = \sqrt{2}$이다.
2. *지식.* V, h 및 g 사이의 적절한 관계가 차원해석을 통해서 밝혀진다. 물리학으로부터 C 값이 알려져 있지 않다면 실험을 통해 결정해야 한다.

예제 8.2는 변수가 5개이고 기본차원이 3개인 문제에 대해서 π-그룹을 구하기 위해 단계별 방법을 적용하는 것을 설명한 것이다.

예제 8.2

단계별 방법을 이용하여 구체에 작용하는 항력에 대한 π-그룹을 결정하라.

문제

구체 주위를 흐르는 유체흐름에서 구체의 항력 F_D는 점성 μ, 밀도 ρ, 속도 V 및 구의 직경 D의 함수이다. 단계별 방법을 이용하여 π-그룹을 구하라.

설명

함수 관계는 $F_D = f(V, \rho, \mu, D)$이다.

목표

단계별 방법을 이용해 π-그룹을 구하라.

아이디어

표 8.1에 제시된 단계별 방법의 적용 순서를 따른다.

문제풀이

1. 중요한 변수들의 차원은 다음과 같다.

$$F = \frac{ML}{T^2},\ V = \frac{L}{T},\ \rho = \frac{M}{L^3},\ \mu = \frac{M}{LT},\ D = L$$

2. π-그룹의 수는 $5 - 3 = 2$개이다.
3. 5행 4열의 표를 작성한다.
4. 제1열에 변수들과 그 차원을 적는다.

Variable [ ]	Variable [ ]	Variable [ ]	Variable [ ]
F_D $\frac{ML}{T^2}$	$\frac{F_D}{D}$ $\frac{M}{T^2}$	$\frac{F_D}{\rho D^4}$ $\frac{1}{T^2}$	$\frac{F_D}{\rho V^2 D^2}$ 0
V $\frac{L}{T}$	$\frac{V}{D}$ $\frac{1}{T}$	$\frac{V}{D}$ $\frac{1}{T}$	
ρ $\frac{M}{L^3}$	ρD^3 M		
μ $\frac{M}{LT}$	μD $\frac{M}{T}$	$\frac{\mu}{\rho D^2}$ $\frac{1}{T}$	$\frac{\mu}{\rho VD}$ 0
D L			

5. D를 사용하여 L을 소거하고, 이를 통해 얻어진 새로운 변수들과 그 차원을 제2열에 적는다.
6. ρD^3을 사용하여 M을 소거하고, 이를 통해 얻어진 새로운 변수들과 그 차원을 제3열에 적는다.
7. V/D를 사용하여 T를 소거하고, 이를 통해 얻어진 변수들을 제4열에 적는다.

   최종적인 2개의 π-그룹은 다음과 같다.

$$\pi_1 = \frac{F_D}{\rho V^2 D^2},\ \pi_2 = \frac{\mu}{\rho VD}$$

함수 관계식은 다음과 같이 나타낼 수 있다.

$$\frac{F_D}{\rho V^2 D^2} = f\left(\frac{\mu}{\rho VD}\right)$$

구해진 π-그룹의 형태는 차원을 소거하기 위해 선택된 변수들에 의해 영향을 받는다. 예를 들어 예제 8.2에서 시간 차원을 소거하기 위해 $\mu/\rho D^2$을 사용하였다면, 두 개의 π-그룹은 다음과 같이 된다.

$$\pi_1 = \frac{\rho F_D}{\mu^2},\ \pi_2 = \frac{\mu}{\rho VD}$$

이 결과도 여전히 유효하지만, 사용하기에 불편할 수도 있다. 어떤 π-그룹의 형태는 또 다른 π-그룹을 곱하거나 나눔으로써 변경할 수도 있다. π_1에 π_2의 제곱을 곱하면 예제 8.2에서 구한 원래의 π_1과 같은 형태가 된다.

표 8.2 지수법

단계	해당 단계에서 해야 할 일
1	중요한 차원 변수 y_i를 선정하고, 각 변수들의 기본차원 $[y_i]$을 적는다.
2	버킹엄의 Π정리를 적용하여 π-그룹의 수를 구한다.
3	다음과 같이 각 변수들을 기본차원들의 곱의 형태로 적는다. $$[y_1] = [y_2]^a \times [y_3]^b \times \cdots \times [y_n]^k$$ 여기서 n은 차원 변수의 수이고, a, b 등은 지수이다.
4	차원 동차성을 만족시킬 수 있도록 지수에 대한 대수 방정식을 수립한다(지수법에서 차원의 동차성은 방정식의 양변에서 차원에 대한 멱수(power)가 동일해야 함을 의미).
5	지수 방정식을 푼다.
6	$y_1 = y_2^a y_3^b \cdots y_n^k$ 형태로 차원 방정식을 표현하고, π-그룹을 선정한다.

$$\frac{\rho F_D}{\mu^2} \times \left(\frac{\mu}{\rho VD}\right)^2 = \frac{F_D}{\rho V^2 D^2}$$

이렇게 함으로써 두 π-그룹은 예제 8.2와 같아질 수 있다.

지수법

π-그룹을 구하는 또 다른 방법 중 하나가 지수법이다. 이 방법은 차원의 동차성(dimensional homogeneity)을 만족시키도록 일련의 대수 방정식을 푸는 것이다. 지수법의 풀이 순서는 표 8.2와 같다.

예제 8.3은 예제 8.2와 같은 문제에서 지수법을 이용하여 π-그룹을 구하는 예이다.

예제 8.3

지수법을 이용하여 구체에 작용하는 항력에 대한 π-그룹을 결정하라.

문제

구체 주위를 흐르는 유체흐름에서 구체의 항력 F_D는 점성 μ, 밀도 ρ, 속도 V 및 구의 직경 D의 함수이다. 지수법을 이용하여 π-그룹을 구하라.

설명

함수 관계는 $F_D = f(V, \rho, \mu, D)$이다.

목표

지수법을 사용해 π-그룹을 구하라.

아이디어

표 8.2에 제시된 지수법의 적용 순서를 따른다.

문제풀이

1. 중요한 변수의 차원은 다음과 같다.

$$[F] = \frac{ML}{T^2}, [V] = \frac{L}{T}, [\rho] = \frac{M}{L^3}, [\mu] = \frac{M}{LT}, [D] = L$$

2. π-그룹의 수는 $5-3=2$개이다.

3. 차원을 갖는 곱의 형태로 표시하면

$$\frac{ML}{T^2} = \left[\frac{L}{T}\right]^a \times \left[\frac{M}{L^3}\right]^b \times \left[\frac{M}{LT}\right]^c \times [L]^d$$
$$= \frac{L^{a-3b-c+d}M^{b+c}}{T^{a+c}}$$

4. *차원의 동차성*에 의해 방정식 양변의 차원의 멱수를 동일하게 놓고 풀면 다음과 같다.

$$L:\ a - 3b - c + d = 1$$
$$M:\ b + c = 1$$
$$T:\ a + c = 2$$

5. d의 항으로 a, b 및 c에 대해서 풀면 다음과 같다.

$$\begin{pmatrix} 1 & -3 & -1 \\ 0 & 1 & 1 \\ 1 & 0 & 1 \end{pmatrix}\begin{pmatrix} a \\ b \\ c \end{pmatrix} = \begin{pmatrix} 1-d \\ 1 \\ 2 \end{pmatrix}$$

행렬식의 값이 -1이므로 유일한 해를 얻을 수 있다. 해는 다음과 같다.

$$a = d,\ b = d-1,\ c = 2-d$$

6. 지수를 이용하여 차원 방정식을 작성하면 다음과 같다.

$$F = V^d \rho^{d-1} \mu^{2-d} D^d$$
$$F = \frac{\mu^2}{\rho}\left(\frac{\rho VD}{\mu}\right)^d$$
$$\frac{F\rho}{\mu^2} = \left(\frac{\rho VD}{\mu}\right)^d$$

다음과 같은 두 개의 π-그룹을 얻을 수 있다.

$$\pi_1 = \frac{F\rho}{\mu^2} \text{ 와 } \pi_2 = \frac{\rho VD}{\mu}$$

π_1을 π_2의 제곱으로 나누면 π_1그룹은 $F_D/(\rho V^2 D^2)$으로 나타낼 수 있고, 다음과 같은 함수 형태의 방정식으로 표현된다.

$$\frac{F}{\rho V^2 D^2} = f\left(\frac{\rho VD}{\mu}\right)$$

해와 풀이과정 검토

토의. 두 π-그룹 사이의 함수 관계는 실험으로부터 얻어진다.

중요한 변수의 선정

지금까지의 과정에서는 간단한 경우만 다루어 왔지만, 약간의 문제가 있을 수 있다. 차원해석을 하기 위해서는 먼저 어느 변수가 중요한 역할을 하는가를 정해야만 한다. 문제를 충분히 잘 이해하지 못하여 변수를 잘 선택하지 못하면, 차원해석의 결과는 거의 명확한 답을 제시하지 못한다.

심각한 오류는 중요한 변수 하나를 누락시킴으로써 발생될 수 있다. 이러한 경우에는 중요한 π-그룹들 중 하나가 누락될 것이다. 이러한 관점에서, 문제에서 중요하다고 생각되는 변수들의 목록을 확인하고, 한 개의 변수에만 포함된 차원 범주(M, L, T와 같은)가 있는지를 가끔씩 확인하는 것이 바람직하다. 이와 같이 하면, 오직 하나뿐인 차원을 두 개의 변수를 결합하여 소거하는 것이 불가능하기 때문에 잘못된 변수 선택으로 인한 실수를 발견할 수 있을 것이다. 한 개의 차원(lone dimension)만 가진 변수가 먼저 선택되어서는 안 되고(중요한 변수가 아니므로), (중요한 변수가 누락되지 않도록) 다른 변수가 먼저 선택되어야 한다.

주어진 문제에서 어떤 변수가 중요한지 여부를 어떻게 알 수 있는가? 솔직하게 얘기하자면 경험에 의해서만 알 수 있다. 유체역학 분야에서 수년간 일을 하다 보면, 어떤 분야에서 중요한 역할을 하는 변수에 대한 나름대로의 감각을 가질 수 있게 된다. 그러나 경험이 없는 공학자라 하더라도 관수로 흐름에서는 자유수면 효과(free-surface effect)가 중요하지 않다는 것을 알 수 있을 것이다. 결국 관수로 흐름에서는 표면장력 σ가 변수로 포함되지 않는다. 관수로 흐름에서는 유속이 음속의 1/3보다 작을 경우에 일반적으로 압축 효과(compressibility effect)는 무시된다. 기존의 실험을 통해 알려진 이와 같은 지침은 초보자가 차원해석과 상사를 적용할 때 자신감을 심어 줄 것이다.

8.4 일반적인 무차원 수

일반적인 흐름 상황에서 중요한 변수에 대해 차원해석을 함으로써 가장 일반적인 π-그룹을 구할 수 있다. 이 절의 목적은 일반적인 무차원 변수를 유도하고 그 변수들의 중요성을 살펴보는 것이다.

일반적인 흐름장에서 중요한 변수들은 속도 V, 밀도 ρ, 점성 μ 및 중력가속도 g이다. 또 유체가 압축성이 있다면 체적탄성계수 E_v도 포함되어야 한다. 액체와 기체 경계면에서는 표면장력 효과 또한 중요하다. 마지막으로 흐름장은 건물의 폭 또는 관의 직경과 같은 대표 길이 L에 영향을 받을 수도 있다. 이러한 변수들을 독립변수라 부른다. 독립변수들의 기본차원은 다음과 같다.

$$[V] = L/T \quad [\rho] = M/L^3 \quad [\mu] = M/LT$$
$$[g] = L/T^2 \quad [E_v] = M/LT^2 \quad [\sigma] = M/T^2 \quad [L] = L$$

온도, 비열, 열전도도 등과 같이 열효과를 나타낼 수 있는 몇 개의 다른 독립변수들도 있다. 이와 같은 변수들을 다루는 것은 이 책의 범위를 넘어서는 것이다.

유동하는 유체로부터 발생하는 결과들은 압력 분포(p), 전단응력 분포(τ), 표면과 흐름장 내에 있는 물체에 작용하는 힘(F)이다. 이와 같은 변수들은 종속변수라고 할 수 있다. 이와 같은 종속변수들의 기본차원은 다음과 같다.

$$[p] = M/LT^2 \quad [\tau] = [\Delta p] = M/LT^2 \quad [F] = (ML)/T^2$$

여기서는 포함되지 않은 다른 종속변수들도 몇 개 더 있지만, 그러한 종속변수들은 특수한 적용에만 도입될 것이다.

모두 10개의 중요한 변수들이 있다면, 버킹엄의 Π정리를 적용하면 7개의 π-그룹이 존재하는 것을 알 수 있다. 단계별 방법이나 지수법을 사용하면 다음과 같은 π-그룹을 얻을 수 있다.

$$\frac{p}{\rho V^2} \quad \frac{\tau}{\rho V^2} \quad \frac{F}{\rho V^2 L^2}$$
$$\frac{\rho V L}{\mu} \quad \frac{V}{\sqrt{E_v/\rho}} \quad \frac{\rho L V^2}{\sigma} \quad \frac{V^2}{gL}$$

처음 세 개의 그룹인 종속 π-그룹은 특별한 명칭에 의해서 제시된다. 이러한 그룹에 대해서 ρV^2 대신에 동압력 $\rho V^2/2$을 사용하는 것이 일반적이다. 대부분의 적용 예에서 사람들은 압력차에 관심이 있기 때문에, 압력에 대한 π-그룹은 다음과 같이 표현한다.

$$C_p = \frac{p - p_0}{\frac{1}{2}\rho V^2}$$

여기서 C_p는 압력계수라 하고, p_0는 기준 압력이다. 압력계수는 4장과 8.1절에 소개되어 있다. 전단응력과 관련된 π-그룹은 전단응력계수라 하고 다음과 같이 정의된다.

$$c_f = \frac{\tau}{\frac{1}{2}\rho V^2}$$

여기서 아래첨자 f는 "마찰"을 나타낸다. 힘과 관련된 π-그룹을 힘계수(force coefficient)라 하고 다음과 같이 정의한다.

$$C_F = \frac{F}{\frac{1}{2}\rho V^2 L^2}$$

이 계수는 날개단면부(airfoil)와 수중익선(hydrofoil)에 작용하는 양력과 항력을 다루기 위해 11장에서 광범위하게 사용될 것이다.

독립된 π-그룹은 앞서 유체역학에 기여한 공헌자들의 이름을 따서 명명되었다. π-그룹 $VL\rho/\mu$는 레이놀즈(Osborne Reynolds)의 이름을 따서 레이놀즈수라 명명되었고, Re로 표현한다. $V/(\sqrt{E_v/\rho})$는 $\sqrt{E_v/\rho}$가 음속 c이기 때문에 V/c로 고쳐 쓸 수 있다. 이 π-그룹을 마하(Mach)수라 하고 M으로 나타낸다. π-그룹 $\rho LV^2/\sigma$를 웨버(Weber)수라 하고 We로 표현한다. 나머지 π-그룹은 일반적으로 $V/\sqrt{gL}$로 표시되고, 프루드(Froude)수* 라고 하며, Fr로 나타낸다.

모든 π-그룹에 대한 일반적인 함수형은 다음과 같다.

$$C_p, c_f, C_F = f(\text{Re}, \text{M}, \text{We}, \text{Fr}) \tag{8.4}$$

위 식은, 3개의 종속 π-그룹 중 어느 하나는 4개의 독립 π-그룹의 함수임을 의미한다. 즉 압력계수, 전단응력계수, 힘계수는 레이놀즈수, 마하수, 웨버수 및 프루드수의 함수이다.

표 8.3에 π-그룹과 그 기호 및 명칭이 요약되어 있다. 개개의 독립 π-그룹은 표 8.3의 비(Ratio) 열에 제시된 것처럼 중요한 물리적 의미를 가지고 있다. 레이놀즈수는 점성력에 대한 운동력의 비로 생각할 수 있다. 운동력은 유체 운동과 관련된 힘이다. 베르누이 방정식에

---

* 프루드수는 때때로 $V/\sqrt{(\Delta\gamma gL)/\gamma}$로 표시되며, 밀도 프루드(densimetric Froude)수라고 부른다. 이것은 하구에서 담수와 해수 사이, 또는 화력발전소에서 배출되는 방류수와 같이 밀도 성층이 이루어진 경우에 유체의 운동을 연구하기 위해 적용된다.

표 8.3 일반적인 무차원 수

π 그룹	기호	무차원 수	물리적 의미
$\dfrac{p-p_0}{(\rho V^2)/2}$	C_p	압력계수	$\dfrac{\text{압력차}}{\text{동압력}}$
$\dfrac{\tau}{(\rho V^2)/2}$	c_f	전단응력계수	$\dfrac{\text{전단응력}}{\text{동압력}}$
$\dfrac{F}{(\rho V^2 L^2)/2}$	C_F	힘계수	$\dfrac{\text{힘}}{\text{운동력}}$
$\dfrac{\rho LV}{\mu}$	Re	레이놀즈수	$\dfrac{\text{운동력}}{\text{점성력}}$
$\dfrac{V}{c}$	M	마하수	$\sqrt{\dfrac{\text{운동력}}{\text{압축력}}}$
$\dfrac{\rho LV^2}{\sigma}$	We	웨버수	$\dfrac{\text{운동력}}{\text{표면장력}}$
$\dfrac{V}{\sqrt{gL}}$	Fr	프루드수	$\sqrt{\dfrac{\text{운동력}}{\text{중력}}}$

의하면 움직이는 유체를 정지시키는 데 필요한 압력차가 동압력 $\rho V^2/2$이기 때문에, 운동력* F_k는 다음과 같은 비례 관계를 갖는다.

$$F_k \propto \rho V^2 L^2$$

점성 효과에 의한 전단력 F_v는 전단응력과 면적에 비례한다.

$$F_v \propto \tau A \propto \tau L^2$$

그리고 전단응력은 다음과 같은 비례 관계를 갖는다.

$$\tau \propto \mu \frac{dV}{dy} \propto \frac{\mu V}{L}$$

따라서 $F_v \propto \mu VL$이다. 점성력에 대한 운동력의 비를 취하면 다음 식과 같은 레이놀즈수로 나타난다.

$$\frac{F_k}{F_v} \propto \frac{\rho VL}{\mu} = \text{Re}$$

레이놀즈수의 크기는 흐름에 대한 중요한 정보를 제공한다. 레이놀즈수가 작은 경우에는 점성 효과가 지배적임을 의미하고, 레이놀즈수가 큰 경우에는 운동력이 더 지배적임을 의미한

* 전통적으로 운동력은 "관성력"으로 불려 왔다.

다. 레이놀즈수는 유체역학에서 가장 널리 사용되는 π-그룹 중 하나이다. 이것은 종종 동점성계수를 사용해서도 나타낸다. 즉 $\text{Re} = \rho VL/\mu = VL/\nu$이다.

다른 독립 π-그룹의 비도 유사한 중요성을 갖는다. 마하수는 유체흐름에서 압축 효과의 중요성을 나타내는 척도이다. 마하수가 작은 경우 유체의 운동에 관련된 운동력은 중요한 밀도 변화를 발생시키지 않기 때문에 흐름은 비압축성(밀도가 일정한 유체)으로 취급할 수 있다. 이와 달리 마하수가 커지면 상당한 밀도 변화가 있기 때문에 모형 실험 시 밀도 변화를 고려해야 한다.

웨버수는 액체 분무현상에서 중요한 매개변수이다. 비말(droplet)의 경계에서 액체의 표면장력은 비말의 형태를 유지하는 데 중요한 역할을 한다. 비말이 공기 제트에 지배를 받는 경우, 비말과 기체 사이에 상대 속도가 존재하고, 이와 같은 상대 속도에 기인한 운동력이 비말을 변형시키는 원인이 된다. 웨버수가 커지면 운동력은 비말이 더 작은 비말로 부서질 때까지 운동력이 표면장력을 능가하게 된다. 따라서 웨버수의 기준(criterion)은 액체 분무현상에서 기대되는 비말의 크기를 예측하는 데 유용하다. 액체 분무로부터 얻어지는 비말의 크기는 가스터빈과 로켓 연소에서 아주 중요한 매개변수이다.

프루드수는 관수로에서와 같이 중력이 정수압 분포에만 영향을 미치는 경우에는 중요하지 않다. 그러나 여수로(spillway)에서의 흐름이나 바다를 항해하는 선박에 의해 발생된 파랑의 형성과 같이, 중력이 흐름의 양상에 영향을 미치는 경우에는 프루드수가 가장 중요한 매개변수이다.

8.5 상사

상사의 목적

상사(similitude)는 모형 관찰을 통해 원형의 성능을 예측하는 기술이다. 해석적인 수단만으로 충분한 정보를 얻을 수 없을 경우에는 모형 실험을 해야 할 필요가 있는데, 이러한 경우에는 상사법칙을 적용하여야 한다. 상사 이론은 레이놀즈수, 프루드수와 같은 π-그룹을 이용하여, 모형 실험을 통해서 원형의 거동을 예측하는 이론이다. 기본 이론에는 포함되어 있지 않은 모형의 설계, 제작, 실험의 수행, 결과의 분석 등에 관하여 어떠한 결정을 내려야 할 경우 상사 기술을 사용한다.

오늘날 공학적인 업무에서는 대부분의 사람들이 생각하는 것보다 더 자주 모형 실험을 한다. 예를 들어 새로운 비행기를 설계할 때 원형 비행기에 대한 일반적인 축소 모형뿐만 아니라 비행기의 여러 부분에 대해서도 실험이 행하여진다. 꼬리 단면과 엔진 함(engine pod)뿐 아니라 각 날개 단면에 대해서도 여러 가지 실험이 수행된다.

자동차와 고속전철의 경우에도 원형에서의 흐름 양상과 항력을 예측하기 위하여 풍동에

그림 8.4
Carderock Division에 있는 Naval Surface Warfare Center의 David Taylor 모형 수조에서 수행되는 선박 모형 실험. (John F. Williams에 의해 제공된 미 해군 사진)

서 모형 실험을 한다. 이 실험을 통하여 얻어진 정보로부터 예상된 잠재 문제는 원형을 만들기 전에 수정될 수 있고, 이를 통해 원형 개발에 드는 상당한 시간과 비용을 절약할 수 있다.

토목공학에서는 대규모 댐 여수로에서의 흐름 조건을 예측하는 데 항상 모형 실험을 이용하고 있다. 또한 하천에서의 토사 이동 분석과 홍수 조절 구조물의 설계에는 하천 모형(river model)을 이용한다. 또한 해양공학자들은 선박에서 작용하는 항력을 예측하기 위해 광범위한 선박 모형 실험을 한다. 이러한 형태의 많은 실험이 워싱턴 D.C. 근교에 있는 Naval Surface Warfare Center의 David Taylor 모형 수조(그림 8.4 참조)에서 수행되고 있다. 고층건물에 대해서도 건물에 작용하는 바람 하중, 건물의 안전 특성, 건물 주위의 공기 흐름 양상을 예측하기 위한 모형 실험이 일상적으로 수행된다. 건축가들은 보행자에게 보다 안전하고 편안한 보도와 통로를 설계하기 위하여 이와 같은 실험 결과를 사용한다.

기하학적 상사

기하학적 상사(geometric similitude)는 모형이 원형의 정확한 기하학적 복사이어야 하는 것을 의미한다.* 따라서 1:10 축소 모형이라고 하면 모형의 모든 길이 차원은 원형의 길이 차원의 1/10이어야 한다. 그림 8.5에서 모형과 원형이 기하학적으로 상사라면 다음과 같은 등식이 성립한다.

$$\frac{\ell_m}{\ell_p} = \frac{w_m}{w_p} = \frac{c_m}{c_p} = L_r \tag{8.5}$$

* 대부분의 모형 연구에서는 기하학적 상사가 기본 조건이다. 그러나 하천 모형과 같이 몇몇 특별한 문제에서는 연직 방향으로 왜곡된 축척을 사용함으로써 의미 있는 결과를 얻기도 한다.

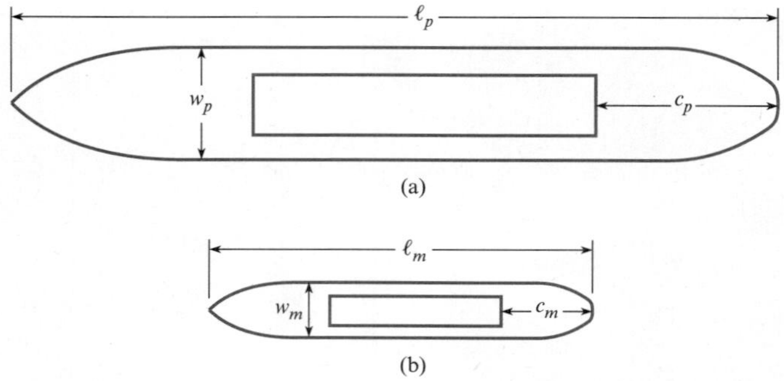

그림 8.5
(a) 원형. (b) 모형.

여기서 ℓ, w, c는 모형과 원형의 특성 길이 차원이고, L_r은 모형과 원형 사이의 축척비이다. 모형과 원형 사이의 면적비는 길이의 제곱 $A_r = L_r^2$이고, 체적비는 $\forall_m/\forall_p = L_r^3$과 같이 될 것이다.

동역학적 상사

동역학적 상사(dynamic similitude)는 모형과 원형의 질량에 작용하는 여러 힘의 비가 전체 흐름장에서 같아야 한다(F_m/F_p = 일정)는 것을 의미한다. 예를 들면 점성력에 대한 운동력의 비가 모형과 원형에서 반드시 같아야 한다. 유체 요소에 작용하는 힘은 이 요소의 운동을 지배하기 때문에, 동역학적 상사성은 흐름 양상의 상사성을 만족시키게 되는 것이다. 만약 기하학적 상사를 만족시키고 원형과 모형의 유체에 작용하는 상대적인 힘이 같다면, 원형과 모형에서의 흐름 양상도 같아질 것이다. 동역학적 상사를 만족시키기 위해서는 8.4절에서 소개된 적절한 π-그룹들을 같게 하면 된다. 왜냐하면 이 π-그룹들은 유체에 작용하는 상대적인 힘의 척도이기 때문이다.

힘의 비에 대한 더 깊은 물리적인 해석을 위해 그림 8.6a와 같은 여수로 흐름을 고려해 보자. 모형과 원형의 유체 질량에는 각각에 상응하는 힘이 작용한다. 이 힘들은 중력 F_g, 압력에 의한 힘 F_p, 그리고 점성 저항력 F_v이다. 이 힘들을 그림 8.6에서와 같이 벡터적으로 합하면 합력 F_R이 되고, 이 합력 F_R은 뉴턴의 제2법칙에 따라 유체 체적의 가속도를 야기한다. 원형과 모형에서 힘의 다각형이 닮은꼴이기 때문에, 원형과 모형의 힘의 크기비도 질량 × 가속도로 표현되는 힘의 크기비와 같을 것이다.

$$\frac{m_m a_m}{m_p a_p} = \frac{F_{gm}}{F_{gp}}$$

즉

$$\frac{\rho_m L_m^3 (V_m/t_m)}{\rho_p L_p^3 (V_p/t_p)} = \frac{\gamma_m L_m^3}{\gamma_p L_p^3}$$

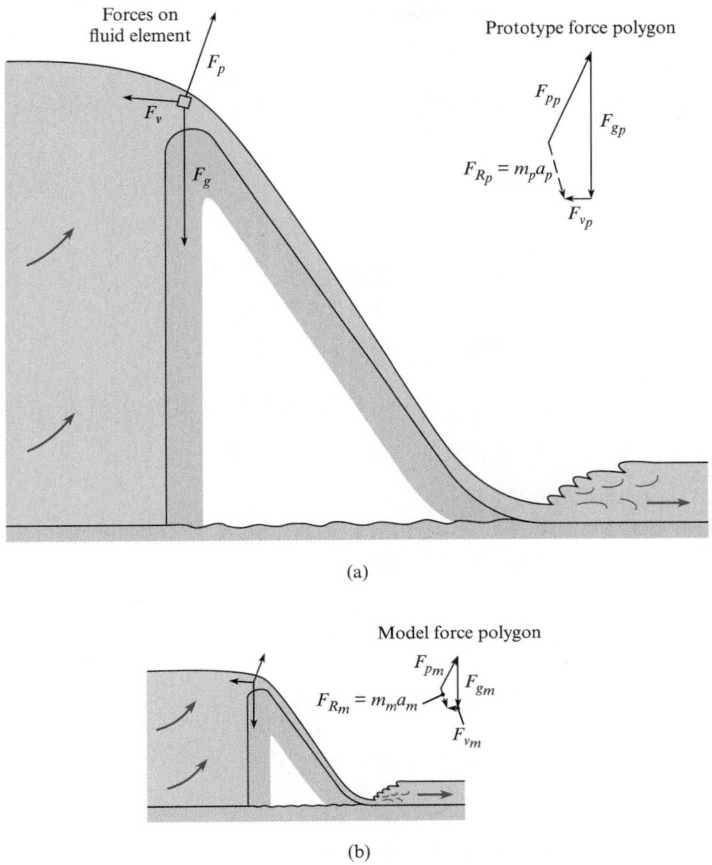

그림 8.6
원형과 모형과의 상사 관계: (a) 원형, (b) 모형.

이 된다. 위 식을 정리하면 다음과 같이 된다.

$$\frac{V_m}{g_m t_m} = \frac{V_p}{g_p t_p}$$

그런데

$$\frac{t_m}{t_p} = \frac{L_m/V_m}{L_p/V_p}$$

이므로 다음과 같이 된다.

$$\frac{V_m^2}{g_m L_m} = \frac{V_p^2}{g_p L_p} \tag{8.6}$$

식 (8.6)의 양변에 제곱근을 취하면 다음과 같다.

$$\frac{V_m}{\sqrt{g_m L_m}} = \frac{V_p}{\sqrt{g_p L_p}} \quad \text{즉} \quad \mathrm{Fr}_m = \mathrm{Fr}_p \tag{8.7}$$

따라서 모형과 원형에 작용하는 힘의 비가 같아지기 위해서는 모형에서의 프루드수와 원형에서의 프루드수가 반드시 같아야 한다.

가속도를 생성하는 힘(관성력)의 비와 점성력의 비를 같다고 하면 다음과 같은 식을 얻는다.

$$\frac{m_m a_m}{m_p a_p} = \frac{F_{vm}}{F_{vp}} \tag{8.8}$$

여기서 $F_v \propto \mu VL$이므로, 위 식에 대입하여 정리하면 다음과 같다.

$$\text{Re}_m = \text{Re}_p$$

동일한 해석이 마하수와 웨버수에 대해서도 수행될 수 있다. 요약하면, 모형과 원형에 대한 독립 π-그룹이 같다면 동역학적 상사 조건이 성립된다.

일반적인 함수 관계에 대한 식 (8.4)를 살펴보자.

$$C_p, c_f, C_F = f(\text{Re, M, We, Fr})$$

독립 π-그룹이 모형과 원형에 대해 같다면, 종속 π-그룹 또한 서로 같아야만 한다.

$$C_{p,m} = C_{p,p} \qquad c_{f,m} = c_{f,p} \qquad C_{F,m} = C_{F,p} \tag{8.9}$$

모형과 원형 사이의 완전한 상사를 이루기 위해서는, 기하학적 상사와 동역학적 상사 모두를 만족시켜야 한다.

많은 경우에, 유용한 모형 연구를 수행하기 위해서 모형과 원형에 대해 모든 독립 π-그룹들을 같게 하는 것이 가능하지 않거나 또는 필요 없을 때도 있다. 수평 관에서의 액체 흐름에 대해서, 예를 들어 유체가 관을 완전히 채우고 있는 경우에는(자유수면이 없음) 표면장력의 효과가 없기 때문에, 웨버수를 사용할 필요가 없다. 압축 효과가 중요하지 않은 경우에는 마하수가 필요가 없다. 또 중력이 흐름에 영향을 미치지 않는 경우에는 프루드수를 고려할 필요가 없다. 이 경우 단 하나의 중요한 π-그룹은 레이놀즈수가 된다. 따라서 동역학적 상사는 모형과 원형 사이의 레이놀즈수를 일치시킴으로써 충족될 수 있다.

이와 달리 여수로 흐름에 대해 모형 실험을 수행하였다면, 중력이 유체의 운동에 영향을 주기 때문에 중요한 π-그룹은 프루드수가 될 것이다. 또 여수로 표면에 의한 점성응력의 작용은 흐름 양상에 영향을 주고 그 결과 레이놀즈수가 중요한 π-그룹이 된다. 이와 같은 경우에 동역학적 상사는 모형과 원형의 프루드수와 레이놀즈수가 모두 같아야 성립된다.

동역학적 상사에 대한 중요한 π-그룹의 선택과 원형의 성능을 예측하기 위한 π-그룹의 실제적인 사용은 다음 두 절에서 설명할 것이다.

8.6 자유수면이 존재하지 않는 흐름에 관한 모형 실험

밸브와 같은 조절 장치가 달린 관수로에서의 액체나 기체의 흐름이나, 공기 중에서 이동하는 비행기 또는 물속 깊은 곳에서 움직이는 잠수함과 같은 물체 주위에서의 흐름에서는 자유수면의 효과가 작용하지 않는다. 빌딩과 같이 정지된 구조물 주변에 바람이 불 경우에도 자유수면 효과는 없게 된다. 마하수가 상대적으로 작다면, 동역학적 상사를 만족시키기 위해서는 모든 경우에 레이놀즈 상사를 적용하여야 한다. 즉 모형에서의 레이놀즈수와 원형에서의 레이놀즈수는 같아야 한다.

예제 8.4는 소형 비행선의 흐름에 대해 레이놀즈 상사를 적용하는 예이다.

예제 8.4

레이놀즈 상사

문제

직경이 5 m이고 길이가 60 m인 소형 비행선의 항력 특성에 대한 풍동 실험을 하고자 한다. 공기 중에서의 소형 비행선 속도가 10 m/s일 때, 1/10 축척의 모형 실험을 한다면, 동역학적 상사 조건을 만족시키기 위한 풍동에서의 공기 속도는 얼마인가? 모형과 원형에서의 온도와 기압은 같다고 가정한다.

설명

1/10 축척의 소형 비행선에 대한 풍동 실험. 원형의 속도는 10 m/s이다.

가정: 모형과 원형의 압력과 온도는 같다. 그러므로 $\nu_m = \nu_p$이다.

목표

동역학적 상사를 만족시키기 위한 풍동에서의 공기 속도 (m/s)를 구하라.

아이디어

이 상황에 적합한 π-그룹은 레이놀즈수이다(이 경우에 압축 효과, 자유수면 효과, 중력 효과는 없다). 따라서 동역학적 상사를 만족시키기 위해서는 모형과 원형의 레이놀즈수가 같아야 한다.

1. 모형과 원형의 레이놀즈수를 같게 한다.

2. 모형에서 공기 속도를 계산한다.

문제풀이

1. 레이놀즈 상사

$$\mathrm{Re}_m = \mathrm{Re}_p$$

$$\frac{V_m L_m}{\nu_m} = \frac{V_p L_p}{\nu_p}$$

2. 모형에서의 공기 속도

$$V_m = V_p \frac{L_p}{L_m} \frac{\nu_m}{\nu_p} = 10 \text{ m/s} \times 10 \times 1 = \boxed{100 \text{ m/s}}$$

예제 8.4에서 레이놀즈 상사를 만족시키기 위해서는 풍동에서의 공기 속도가 100 m/s가 되어야 한다는 결과를 얻었다. 이 속도는 매우 빠르고, 사실 이러한 속도에서는 마하수 효과가 나타나기 시작한다. 그러나 8.8절에서 설명하겠지만, 유용한 결과를 얻기 위해서 반드시 실제 레이놀즈수를 모형 실험에서도 적용해야만 하는 것은 아니다.

공학자가 원형에서와 같은 레이놀즈수를 모형 실험에서 사용해야만 한다고 생각한다면 유용한 몇 가지 대안이 있다. 공칭 풍속(nominal airspeed)에서 높은 레이놀즈수를 얻기 위한 한 가지 방법은 공기의 밀도를 증가시키는 것이다. 캘리포니아 Moffett Field의 Ames Research Center에 있는 NASA 풍동은 이러한 설비 중 하나이다. 이 풍동에는 직경 3.6 m의 실험 단면이 있는데, 압력은 620 kPa까지 높일 수 있고, 레이놀즈수는 1.2×10^7까지 조작 가능하다. 그리고 이 풍동에서 모형 실험이 가능한 최대 마하수는 0.6이다. 이 풍동에서는 11 MW의 변속 동기 전기 모터(synchronous electric motor)에 의해 작동되는 20개의 날개를 가진 축방향 흐름 발생 팬(axial-flow fan)이 흐름을 발생시킨다(3). 가압 풍동에는 몇 가지 독특한 문제가 있다. 첫째는 전체 풍동과 각 부분을 가압 병(pressurized bottle)과 같이 단단한 외벽(shell)으로 둘러싸야 하는데, 이로 인해 풍동 비용이 추가된다. 둘째는 풍동을 가동시키기 위한 가압 시간이 많이 걸리기 때문에 풍동 운영 시간이 길어진다. Ames Research Center에 있는 원래의 가압 풍동은 1946년에 만들어졌는데, 과도한 사용으로 인해 풍동의 압력 외벽이 손상되어, 새로운 설비(앞에 소개한 풍동)를 갖추어 1995년부터 운영하고 있다. 과거에는 모형을 설치하거나 제거할 때 풍동 전체 620,000 ft^3을 감압하였으나, 새로운 설비에서는 실험 단면만을 감압시키면 되고, 난류의 강도가 매우 작고, 보다 나은 자료 수집 체계를 구축하였다. 원래의 가압 풍동은 보잉 737, 757, 767, 록히드사의 L-1011, 맥도넬 더글러스사의 DC-9와 DC-10을 포함한 대부분의 미국 상업용 비행기에 대한 모형 실험에 반세기가 넘도록 사용되어 왔다.

보잉 777은 영국 Farnborough에 있는 저속 실험이 가능하고 가압 장치가 되어 있는 5 m × 5 m 풍동에서 실험하였다. 이 풍동은 영국 국방연구소(DERA)에서 운영하는데, 3기압에서 음속 0.2까지 실험할 수 있다. 보잉 777에 대한 총 실험 시간은 약 15,000시간이었다(4).

높은 레이놀즈수를 얻는 또 다른 방법은 실험용 매체(기체)의 온도가 매우 낮아서 상대적으로 고밀도-저점성 유체를 만들 수 있는 풍동을 만드는 것이다. NASA에서는 Langley Research Center에 이러한 풍동을 만들어 운영하고 있다. 국립음속설비(National Transonic Facility)라고 불리는 이 풍동은 9기압까지 가압할 수 있다. 실험 매체는 질소로서, 액체 질소를 시스템에 주입하여 온도를 낮춘다. 이 풍동에서는 0.25 m 크기의 모형을 기준으로 레이놀즈수가 10^8까지 도달할 수 있도록 설계되어 있다(5). 복잡한 설계로 인해, 초기 설치 비용이 대략 100,000,000달러(6)가 들었고, 운영 경비도 많이 드는 편에 해당한다.

풍동 기술에서의 또 다른 현대적 접근방법은 자력이나 정전기를 이용한 모형의 부상(suspension of model)이다. 단위 입자(single-particle)를 이용한 항공역학 연구 분야에서의 정전기를 이용한 부상(electrostatic suspension)은 이미 많은 연구가 이루어졌고(7), 모형 항공기에서 자기력을 이용한 부상(magnetic suspension)은 현재 연구가 진행되고 있다(6).

비행기가 보다 정밀해지고 크기가 커짐에 따라, 비행기 설계에 있어서 풍동 사용이 매우 많아지게 되었다. 예를 들어 1930년대에 DC-3과 B-17에는 각각 시간당 100달러의 비용으로 약 100시간의 풍동 실험을 하였다. 이에 비하여 F-15 전투기에는 시간당 20,000달러의 비용으로 약 20,000시간의 풍동 실험을 하였다(6). 현대적 풍동에서는 컴퓨터에 의해 고속의 자료 획득이 가능하여 단위시간당 많은 용량의 자료를 얻어 정밀도가 더욱 높아지기 때문에, 후자의 실험 시간은 경우에 따라 많이 달라지고 있다.

예제 8.5는 밸브에 대한 실험을 계획하기 위해 레이놀즈 상사가 사용되는 예이다.

예제 8.5

밸브의 레이놀즈 상사

문제

그림에 나와 있는 밸브는 대형 관수로에서의 유량 조절에 사용되는 종류이다. 완전 개방 조건에서 밸브가 어떻게 작동하는지를 결정하기 위해서 물을 이용하여 모형 실험을 하였다. 원형의 취수구 직경은 2 m이다. 원형에서의 유량이 20 m³/s라면 모형에서의 유량은 얼마인가? 모형과 원형에서의 온도는 15°C이고, 모형의 취수구 직경은 0.5 m로 가정한다.

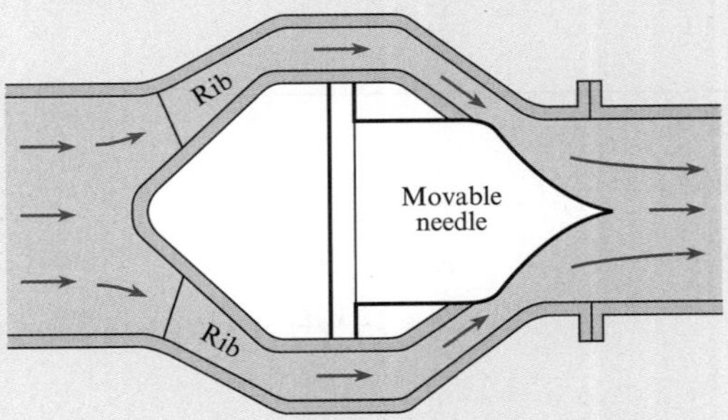

설명

수로에서 1/6 축척의 모형 밸브로 실험을 하고 있다. 원형의 유량은 20 m³/s이다.

가정:

1. 압축성과 중력의 효과는 없다.
2. 모형과 원형의 물의 온도는 같다. 따라서 모형과 원형의 동점성계수는 같다.

목표

모형에서의 유량을 구하라.

아이디어

모형과 원형의 레이놀즈수를 같게 함으로써 동역학적 상사를 얻을 수 있다. 원형에 대한 모형의 면적비는 축척비의 제곱과 같다.

1. 모형과 원형의 레이놀즈수를 같게 한다.
2. 속도비를 구한다.
3. 모형과 원형의 면적비를 사용하여 유량비를 구한다.

문제풀이

1. 레이놀즈 상사

$$\mathrm{Re}_m = \mathrm{Re}_p$$

$$\frac{V_m L_m}{\nu_m} = \frac{V_p L_p}{\nu_p}$$

2. 속도비

$$\frac{V_m}{V_p} = \frac{L_p}{L_m}\frac{\nu_m}{\nu_p}$$

위 식에서 $\nu_m = \nu_p$이므로

$$\frac{V_m}{V_p} = \frac{L_p}{L_m}$$

3. 유량

$$\frac{Q_m}{Q_p} = \frac{V_m}{V_p}\frac{A_m}{A_p} = \frac{L_p}{L_m}\left(\frac{L_m}{L_p}\right)^2 = \frac{L_m}{L_p}$$

$$Q_m = 20\ \mathrm{m^3/s} \times \frac{1}{6} = \boxed{3.3\ \mathrm{m^3/s}}$$

해와 풀이과정 검토

토의. 이 유량은 매우 큰데, 이것은 레이놀즈 상사를 완

전히 만족시키는 모형 실험은 거의 행할 수 없음을 강조해서 보여 주고 있다. 이 주제에 대해서는 다음 절에서 더 깊게 살펴보기로 하자.

8.7 모형-원형의 성능

기하학적 상사(축척 모형)와 동역학적 상사(동일한 π-그룹)는 종속 π-그룹이 모형과 원형에 대해 같다는 것을 의미한다. 이 때문에, 모형을 통한 측정 결과를 원형에 직접 사용할 수 있다. 이 절에서는 이와 같은 대응 관계에 대해 설명한다.

예제 8.6은 모형 실험에서 측정된 압력차를 이용하여 원형에서 대응되는 두 점 사이의 압력차를 구하는 방법에 대해 설명하고 있다.

예제 8.6

압력계수의 적용

문제

동역학적 상사 조건하에서 1/10 축척의 소형 비행선 모형에 대한 실험을 수행하였다. 공기 중에서 소형 비행선의 속도가 10 m/s이고, 모형의 두 점 사이에서 측정된 압력차는 17.8 kPa이다. 원형에서 대응되는 두 점 사이의 압력차는 얼마인가? 풍동의 온도와 압력은 원형과 같다.

설명

동역학적 상사 조건하에서 1/10 축척의 소형 비행선 모형에 대한 실험이 수행되고 있다. 모형에서 측정된 압력차는 17.8 kPa이다.

특성값: 풍동과 원형의 압력과 온도는 같고 따라서 $\nu_m = \nu_p$이다.

목표

모형에 대응하는 원형에서의 압력차(Pa)를 구하라.

아이디어

식 (8.4)는 다음과 같이 된다.

$$C_p = f(\mathrm{Re})$$

1. 속도비를 구하기 위해 원형과 모형의 레이놀즈수를 같게 한다.
2. 압력차를 구하기 위해 원형과 모형의 압력계수를 같게 한다.

문제풀이

1. 레이놀즈 상사

$$\mathrm{Re}_m = \mathrm{Re}_p$$

$$\frac{V_m L_m}{\nu_m} = \frac{V_p L_p}{\nu_p}$$

$$\frac{V_p}{V_m} = \frac{L_m}{L_p} = \frac{1}{10}$$

2. 압력계수 상사

$$\frac{\Delta p_m}{\frac{1}{2}\rho_m V_m^2} = \frac{\Delta p_p}{\frac{1}{2}\rho_p V_p^2}$$

$$\frac{\Delta p_p}{\Delta p_m} = \left(\frac{V_p}{V_m}\right)^2 = \left(\frac{L_m}{L_p}\right)^2 = \frac{1}{100}$$

원형에서의 압력차는 다음과 같다.

$$\Delta p_p = \frac{\Delta p_m}{100} = \frac{17.8\ \mathrm{kPa}}{100} = \boxed{178\ \mathrm{Pa}}$$

예제 8.7은 상사를 이용하여 수행된 풍동 실험 자료로부터 원형의 소형 비행선에 작용하는 유체의 동역학적 힘을 계산하는 것을 보여 주고 있다.

예제 8.7

풍동 실험을 통한 항력계수의 산출

문제

동역학적 상사 조건하에서 1/10 축척의 소형 비행선 모형에 대한 실험이 수행되고 있다. 소형 비행선 모형에 작용하는 항력이 1530 N이라면, 원형에 작용하는 항력은 얼마인가? 모형과 원형에서 공기 압력과 온도는 같다.

설명

풍동에서 1/10 축척의 소형 비행선 모형에 대해 실험하였고 측정된 항력은 1530 N이다.

특성값: 압력과 온도는 같으므로, $\nu_m = \nu_p$이다.

목표

원형에 작용하는 항력(N)을 구하라.

아이디어

레이놀즈수가 단 하나의 중요한 π-그룹이므로, 식 (8.4)는 다음과 같이 된다.

$$C_F = f(\text{Re})$$

1. 원형과 모형의 레이놀즈수를 같게 해서 속도를 구하라.
2. 원형과 모형의 레이놀즈수를 같게 해서 힘을 구하라.

문제풀이

1. 레이놀즈 상사

$$\text{Re}_m = \text{Re}_p$$

$$\frac{V_m L_m}{\nu_m} = \frac{V_p L_p}{\nu_p}$$

$$\frac{V_p}{V_m} = \frac{V_m}{L_p} = \frac{1}{10}$$

2. 힘계수 상사

$$\frac{F_p}{\frac{1}{2}\rho_p V_p^2 L_p^2} = \frac{F_m}{\frac{1}{2}\rho_m V_m^2 L_m^2}$$

$$\frac{F_p}{F_m} = \frac{V_p^2}{V_m^2}\frac{L_p^2}{L_m^2} = \frac{L_m^2}{L_p^2}\frac{L_p^2}{L_m^2} = 1$$

그러므로

$$F_p = 1530 \text{ N}$$

해와 풀이과정 검토

토의. 모형과 원형에 작용하는 힘이 같다는 흥미로운 결과를 얻을 수 있다. 레이놀즈 상사를 적용할 때 모형과 원형의 유체 특성이 같다면, 즉 같은 유체를 사용한다면, 모형에 작용하는 힘은 항상 원형에 작용하는 힘과 같게 된다.

8.8 큰 레이놀즈수에서의 근사 상사

모형 실험은 공학 설계에 필요한 해답을 얻는 데 있어서 다른 어떤 방법보다 더 경제적이라는 중요성을 가진다. 그러나 예제 8.3, 8.4 및 8.6에서 나타난 바와 같이 레이놀즈 상사를 만족시키기 위해서는 아주 많은 비용이 드는 모형 실험(고압 시설, 대규모 실험체, 다른 종류의 유체 사용)을 해야 하는 경우가 발생할 수 있다. 이 절에서는 모형 실험에서 큰 레이놀즈수에

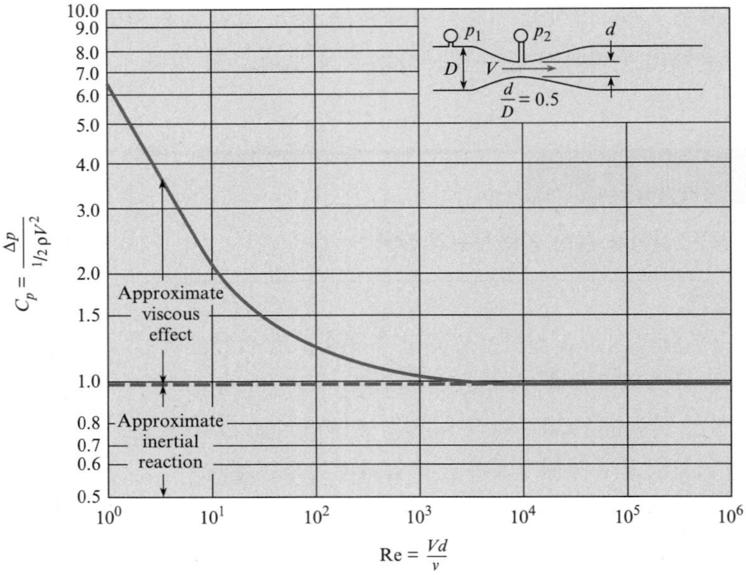

그림 8.7

벤투리미터에서의 레이놀즈수의 함수로 나타낸 C_p.

도달하지 못하더라도 근사적인 상사를 이루는 방법에 대해 설명할 것이다.

예제 8.4에서의 소형 비행선에 대하여 풍동 실험을 할 경우에 필요한 모형의 크기와 동력을 생각해 보자. 소형 비행선의 모형을 가지고 풍동 실험을 하기 위해서는 적어도 2 m × 2 m의 단면이 필요할 것이고, 풍동에서 이 모형 크기에 100 m/s의 연속적인 공기의 흐름을 유지하기 위해서는 적어도 4 MW 이상의 동력이 필요하게 된다. 이러한 실험을 피할 수는 없으며, 따라서 비용이 매우 많이 들게 된다. 풍속 100 m/s는 원형에서는 나타나지 않는 마하수 효과를 야기하게 되므로, 모형 실험 자료의 유효 범위를 벗어나게 만든다. 더욱이 1530 N의 힘은 일반적인 모형 실험에서 필요한 동력보다 매우 큰 값이다. 그러므로 특히 자유수면이 없는 흐름에 대한 연구에서는 매우 큰 힘이나 압력이 필요하지 않도록 모형 실험을 수행하는 것이 바람직하다.

약식 실험(abbreviated test)을 통해서 필요한 모든 정보를 얻을 수 있는 경우도 많다. 레이놀즈수 효과(상대 점성 효과)는 큰 값의 레이놀즈수에서는 중요하지가 않거나, 레이놀즈수와 무관한 경우가 종종 있다. 압력계수 C_p와 레이놀즈수 Re의 관계 그래프를 참고하여 실험을 중지할 수 있는 점을 결정할 수 있는 경우도 가끔 있다. 그림 8.7은 관수로의 벤투리미터에 대한 이러한 종류의 그래프를 나타낸 것이다. 그림에서 Δp는 두 점 사이의 압력차이고, V는 벤투리미터의 좁은 부분에서의 유속이다. 여기서 레이놀즈수가 약 50,000 이하인 경우에는 점성력이 C_p에 영향을 미치지만, 레이놀즈수가 이보다 클 경우에는 C_p는 사실상 일정하다는 것을 알 수 있다. 이것의 물리적 의미는 낮은 값의 레이놀즈수(상대적으로 높은 점성력)에서는 압력 변화가 주로 점성 저항에 기인하고, 그 외에는 벤투리미터를 통과할 때 유체의 관성 반력(운동에너지의 변화)에 기인한다는 것이다. 그러나 높은 레이놀즈수(저점성이거나 V, D 및 ρ의 곱이 큰 경우)에서는 유체의 관성 반력에 비해서 점성 저항력은 무시할 수 있는 정도가 된다. 따라서 레이놀즈수가 큰 경우에는 관성 반력에 대한 Δp의 비가 변하지 않기 때문에(C_p는 일정), 큰 값의 레이놀즈수에서는 더 이상의 실험이 필요 없게 된다. 레이놀즈수에 의해 흐름 양상이 변하지 않는 한, 이것은 일반적으로 널리 알려진 사실이다.

실제로 모형 실험을 담당하는 사람이라면 누구라도 레이놀즈수에 따른 효과를 무시할 수 있는 최대 레이놀즈수를 결정하는 사전 작업을 수행한 뒤에, 이에 따른 모형 설계를 할 것이다. 모형에 대하여 일련의 실험을 한 다음, C_p가 일정하게 되는 범위에 정말로 도달했는지를 알기 위하여 C_p와 Re의 관계 그래프를 그리게 된다. 만약 C_p가 일정한 값이 되면, 원형의 거동을 알기 위한 더 이상의 자료는 필요 없게 된다. 그러나 만약 C_p가 일정한 값에 도달하지 않았다면 실험을 더 하거나 실험 결과를 외삽(extrapolation)하여야 할 것이다. 그러므로 모형과 원형에서의 레이놀즈수가 같지 않더라도, 경우에 따라서는 모형 실험의 결과를 원형의 거동을 예측하는 데 사용할 수 있다. 특히 빌딩과 같이 각을 가진 물체(angular-shaped body)에 대한 풍동 실험에서는 이와 같은 모형 실험이 유효하다.

또 모형 실험의 결과가 해석적 결과와 결합될 수도 있다. 전산유체역학(CFD)에서 레이놀즈수에 따른 성능의 변화를 예측할 수는 있지만, 성능 수준을 예측한 결과를 믿을 수 없을 수도 있다. 이런 경우에 모형 실험은 성능 수준의 비교 표준을 만들기 위해 사용될 수 있고, CFD에 의해 예측된 경향은 다른 조건에 그 결과를 외삽하기 위해 사용될 수도 있다.

예제 8.8은 축소부를 통과하는 흐름에 대한 큰 레이놀즈수에서의 근사 상사를 설명하고 있다.

예제 8.8

역방향 노즐에서의 손실수두 측정

문제

흐름 방향과 반대인 노즐의 손실수두를 결정하기 위해 모형 실험을 수행하였다. 원형 작동에 사용되는 물은 10°C이고 공칭 역방향(nominal reverse) 유속은 1.5 m/s이며, 원형의 직경은 1.0 m이다. 15°C의 물을 이용한 모형 실험이 축척 1/12인 모형 설비에서 수행되었다. 유속이 6 m/s일 때 7.0 kPa의 손실수두(압력강하)가 발생하였다. 실제 노즐에서 손실수두는 얼마인가?

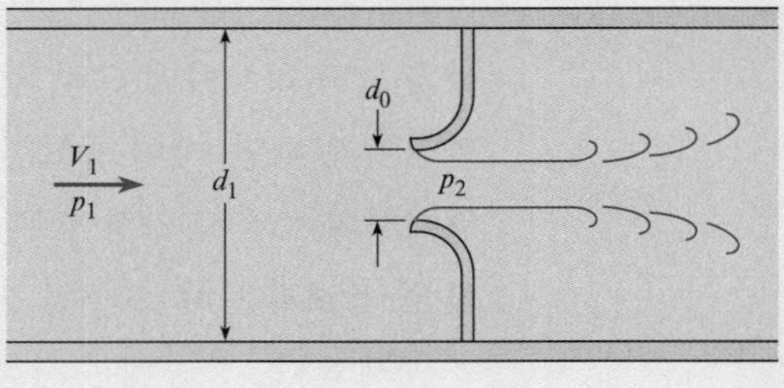

설명

역방향 노즐의 손실수두에 대한 축척 1/12인 모형 실험이 수행되었다. 모형에서 유속이 6 m/s일 때 7.0 kPa의 압력 차가 일어났다.

특성값:

- 물(10°C, 표 F.5): $\rho = 1000\ \text{kg/m}^3$, $\nu = 1.31 \times 10^{-6}\ \text{m}^2/\text{s}$.
- 물(15°C, 표 F.5), $\rho = 999\ \text{kg/m}^3$, $\nu = 1.14 \times 10^{-6}\ \text{m}^2/\text{s}$.

목표

실제 노즐의 압력강하(kPa)를 구하라.

아이디어

단 하나의 중요한 π-그룹은 레이놀즈수이다. 따라서 식 (8.4)는 $C_p = f(\text{Re})$로 표현된다. $\text{Re}_m = \text{Re}_p$이면 동역학적 상사를 만족시키고, 그때 $C_{p,\,m} = C_{p,\,p}$가 된다. 그림 8.7로부터 $\text{Re}_m, \text{Re}_p > 10^3$이면 $C_{p,\,m} = C_{p,\,p}$이다.

1. 모형과 원형의 레이놀즈수를 계산한다.
2. 양쪽이 10^3을 초과하는지를 검토한다. 그렇지 않다면 모형 실험이 재평가되어야 한다.
3. 압력계수를 구한다.
4. 원형에서 압력강하를 구한다.

문제풀이

1. 레이놀즈수

$$\text{Re}_m = \frac{VD}{\nu} = \frac{6\ \text{m/s} \times (1/12\ \text{m})}{1.14 \times 10^{-6}\ \text{m}^2/\text{s}} = 4.4 \times 10^5$$

$$\text{Re}_p = \frac{1.5\ \text{m/s} \times 1\ \text{m}}{1.31 \times 10^{-6}\ \text{m}^2/\text{s}} = 1.1 \times 10^6$$

2. 원형과 모형 모두 레이놀즈수가 1000 이상이므로 $C_{p,\,m} = C_{p,\,p}$이고 실험은 유효하다.
3. 모형의 압력계수를 구한다.

$$C_{p,m} = \frac{\Delta p}{\frac{1}{2}\rho V^2} = \frac{7\ \text{kPa}}{\frac{1}{2} \times 999\ \text{kg/m}^3 \times (6\ \text{m/s})^2} = 0.389$$

4. 원형의 압력강하를 구한다.

$$\Delta p_p = 0.389 \times \frac{1}{2}\rho V^2 = 0.389 \times 0.5 \times 1000\ \text{kg/m}^3 \times (1.5\ \text{m/s})^2$$
$$= 292\ \text{Pa} = \boxed{0.292\ \text{kPa}}$$

해와 풀이과정 검토

1. *지식.* 레이놀즈수가 1000보다 훨씬 더 크기 때문에 압력강하에 대한 식은 넓은 유속 범위에 대해 유효하다.
2. *토의.* 이 예제는 8.1절에서 언급한 레이놀즈수의 독립성을 보여 주고 있다.

어떤 경우에는 점성과 압축성의 효과가 둘 다 중요한 경우가 있다. 이 두 π-그룹을 가지고 동역학적 상사를 이루는 것은 불가능하다. 어떤 π-그룹을 선택하느냐 하는 것은 어떤 정보를 찾고자 하느냐에 달려 있다. 만약 비충격 초음속 흐름에서의 벽 주변 유체의 점성 운동에 관심이 있다면, 제일 중요한 π-그룹으로 레이놀즈수를 선택해야만 한다. 그러나 만약 물체 위에서의 충격파 양상에 관심이 있다면, π-그룹으로 마하수를 선택해야 한다. 경험에 의하면 압축 효과는 $M < 0.3$인 경우에는 중요하지 않다.

예제 8.9는 풍동에서 자동차 실험을 하는 경우에 마하 효과를 배제하고 레이놀즈 상사를 만족시킬 때 발생하는 어려움을 보여 주고 있다.

예제 8.9

자동차에 작용하는 항력에 대한 모형 실험

문제

대기압을 갖는 20°C의 공기를 이용해 풍동에서 축척 1/10의 자동차 모형에 대해 실험을 수행하였다. 자동차는 길이가 4 m이고 같은 조건의 공기 중으로 100 km/hr의 속도로 이동하고 있다. 모형에서 측정된 항력이 원형의 항력에 대응될 때 풍동의 속도는 얼마인가? 경험에 의하면 종속 π-그룹은 레이놀즈수가 10^5을 넘는 경우에는 레이놀즈수에 독립적이다. 음속은 1235 km/hr이다.

설명

시속 100 km/hr로 움직이는 길이 4 m의 자동차에 대한 축척 1/10인 모형을 이용해 풍동 실험을 하였다.

특성값: 공기(20°C), 표 A.3, $\rho = 1.2\ \text{kg/m}^3$, $\nu = 1.51 \times 10^{-5}\ \text{N} \cdot \text{s/m}^2$.

목표

상사를 이루기 위한 풍동의 속도를 구하라.

아이디어

원형의 마하수는 약 0.08(100/1235)이기 때문에 마하수 효과는 중요하지 않다. 동역학적 상사는 레이놀즈 상사에 의해 이루어진다($\text{Re}_m = \text{Re}_p$). 동역학적 상사를 만족시키면 $C_{F,\ m} = C_{F,\ p}$이고 모형에서 측정된 값은 원형에 적용될 수 있다.

1. 동역학적 상사를 만족시키기 위한 모형의 속도를 결정한다.
2. 모형 속도를 검토하여, 이 속도가 가능하지 않다면 다음 단계로 넘어간다.
3. 원형의 레이놀즈수를 구한다. $\text{Re}_p > 10^5$이면 $C_{F,\ m} = C_{F,\ p}$의 조건에 대해 $\text{Re}_m \geq 10^5$이다.
4. $\text{Re}_m \geq 10^5$을 만족시키는 속도를 구한다.

문제풀이

1. 레이놀즈 상사로부터 속도를 구하면

$$\left(\frac{VL}{\nu}\right)_m = \left(\frac{VL}{\nu}\right)_p$$

$$\frac{V_m}{V_p} = \frac{L_p}{L_m} = 10$$

$$V_m = 10 \times 100\ \text{km/hr} = 1000\ \text{km/hr}$$

2. 이 속도에서 M = 1000/1235 = 0.81이다. 이 값은 원치 않는 압축 효과를 가져올 수도 있기 때문에 모형 실험에 대해서는 너무 큰 값이다.
3. 원형의 레이놀즈수는 다음과 같다.

$$\text{Re}_p = \frac{VL\rho}{\mu} = \frac{100\ \text{km/hr} \times 0.278\ \text{(m/s)(km/hr)} \times 4\ \text{m}}{1.51 \times 10^{-5}\ \text{m}^2/\text{s}} = 7.4 \times 10^6$$

따라서 $\text{Re}_m \geq 10^5$라면 $C_{F,\ m} = C_{F,\ p}$이다.

4. 풍동의 속도는 다음과 같다.

$$V_m \geq \text{Re}_m \frac{\nu_m}{L_m} = 10^5 \times \frac{1.51 \times 10^{-5}\ \text{m}^2/\text{s}}{0.4\ \text{m}} \geq \boxed{3.8\ \text{m/s}}$$

해와 풀이과정 검토

토의. 풍동 속도는 반드시 3.8 m/s 이상이어야 한다. 실용적인 관점에서 볼 때, 속도는 신뢰할 만한 정확한 측정을 위해서 충분히 큰 힘을 제공할 수 있도록 선택해야 한다.

8.9 자유수면을 가진 모형 연구

여수로 모형

여수로 흐름은 자유수면을 갖는 흐름의 전형적인 예이다. 여수로의 기하학적 형상 외에, 여

그림 8.8
Hell's Canyon 댐의 종합 모형. 실험은 워싱턴 주립 대학에 있는 Albrook 수리 실험실에서 수행되었다. (사진 제공: 워싱턴 주립 대학 Albrook 수리 실험실)

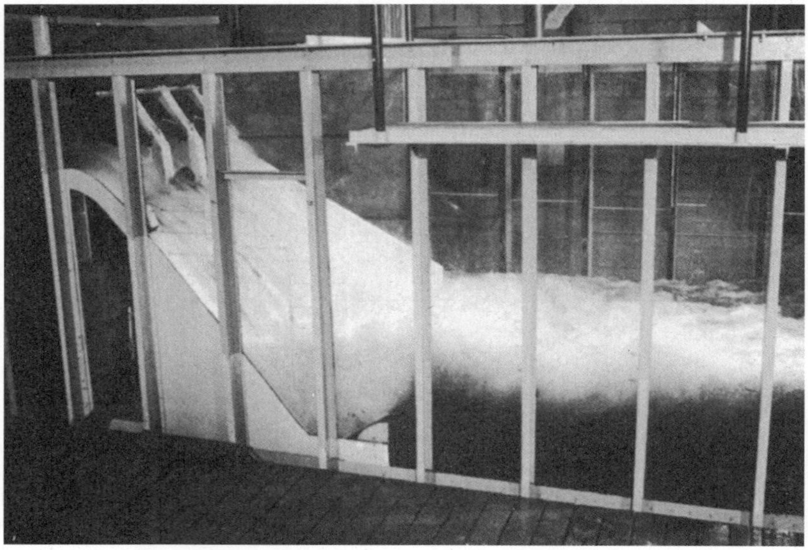

그림 8.9
Hell's Canyon 댐의 여수로 모형. 실험은 워싱턴 주립 대학에 있는 Albrook 수리 실험실에서 수행되었다. (사진 제공: 워싱턴 주립 대학 Albrook 수리 실험실)

수로에서의 물의 흐름에 중요한 영향을 미치는 것은 중력이다. 따라서 이러한 모형 연구에서는 프루드 상사가 사용된다. 수심이 3~4 m, 유속이 10 m/s 이상인 대형 여수로에서는 레이놀즈수가 매우 커진다는 것을 알 수 있다. 8.8절에서 이미 소개한 바와 같이, 레이놀즈수가 큰 경우에는 상대 점성력이 레이놀즈수와 무관할 때가 있다. 그러나 만약 축소 모형이 너무 작게 만들어지면, 표면장력뿐만 아니라 점성력이 모형에서의 흐름에 미치는 영향이 (원형에서의 흐름에 미치는 영향보다) 상대적으로 더 커지게 된다. 그러므로 실제 여수로 모형을 충분히 크게 만들어서 원형과 모형에서 상대적으로 같은 점성 효과를 가지도록 한다(점성 효과는 레이놀즈수와 거의 무관하다). 그렇게 되면 프루드수가 중요한 π-그룹이 된다. 대부분의 여수로 모형은 적어도 1 m 이상의 높이로 만들어지고, 개개 여수로의 검증과 같은 정밀한 연구를 위한 경우에는, 2~3 m 이상의 여수로 단면을 설계하고 축조하는 경우도 드물지 않다. 그림 8.8과 8.9는 아이다호주 Hell's Canyon 댐의 종합 모형과 여수로 모형을 나타낸 것이다.

예제 8.10은 여수로의 유량을 모형화하기 위해 프루드 상사를 적용한 예이다.

예제 8.10

여수로의 홍수 유량 모형 실험

문제

원형에서의 흐름 상태를 예측하기 위하여 1/49 축척의 댐 모형 실험을 하고자 한다. 여수로에서의 설계 홍수량이 15,000 m^3/s이라면, 모형에서의 유량은 얼마인가? 모형의 한 점에서 1.2 m/s의 유속이 측정되었다면, 원형에서의 속도는 얼마인가?

설명

15,000 m^3/s의 유량을 방류하는 여수로에 대하여 축척 1/49의 모형 실험을 수행할 것이다.

목표

구하는 값:

1. 모형의 유량
2. 유속이 1.2 m/s인 지점에 대응하는 원형의 유속

아이디어

흐름이 중력에 의해 영향을 받기 때문에, 중요한 π-그룹은 프루드수이다. 동역학적 상사를 만족시키면 $\mathrm{Fr}_m = \mathrm{Fr}_p$이 된다.

1. 프루드 상사로부터 속도비를 구한다.
2. 축척비를 사용하여 유량비를 계산하고 모형의 유량을 구한다.
3. 원형의 임의 지점에서 속도를 구하기 위해서 1단계의 속도비를 사용한다.

문제풀이

1. 프루드 상사

$$\mathrm{Fr}_m = \mathrm{Fr}_p$$

$$\frac{V_m}{\sqrt{g_m L_m}} = \frac{V_p}{\sqrt{g_p L_p}}$$

모형과 원형의 중력가속도는 동일하므로 다음과 같이 된다.

$$\frac{V_m}{V_p} = \sqrt{\frac{L_m}{L_p}}$$

2. 유량비

$$\frac{Q_m}{Q_p} = \frac{A_m}{A_p}\frac{V_m}{V_p} = \frac{L_m^2}{L_p^2}\sqrt{\frac{L_m}{L_p}} = \left(\frac{L_m}{L_p}\right)^{5/2}$$

모형의 유량

$$Q_m = Q_p\left(\frac{1}{49}\right)^{5/2} = 15{,}000\ \frac{\mathrm{m}^3}{\mathrm{s}} \times \frac{1}{16{,}800} = \boxed{0.89\ \mathrm{m}^3/\mathrm{s}}$$

3. 원형에서의 속도

$$\frac{V_p}{V_m} = \sqrt{\frac{L_p}{L_m}}$$

$$V_p = \sqrt{49} \times 1.2\ \mathrm{m/s} = \boxed{8.4\ \mathrm{m/s}}$$

선박 모형 실험

미국에서 가장 큰 선박 모형 실험 시설은 워싱턴 D.C. 근교에 있는 Naval Surface Warfare Center의 David Taylor 모형 수조이다. 예인 수조와 회전팔(rotating arm) 장치가 2개의 핵심 시설로서, 회전팔 설비에서는 대규모 원형 수조에 있는 회전팔 끝단으로부터 모형이 부양

된다. 정상 속도 15.4 m/s(30 knot)가 가능하며, 최대 9 m 길이의 모형 선박에서 힘과 모멘트의 계측이 가능하다. 고속 예인 수조에서는 1.2 m에서 6.1 m까지의 모형을 최대 16.5 m/s(32 knot)의 속도로 예인할 수 있다.

선박 모형 실험의 목적은 선박의 추진력이 반드시 극복해야 할 저항을 결정하는 것으로서, 이 저항은 선체 표면의 저항과 파랑 저항의 합으로 나타난다. 파랑 저항은 자유수면 또는 프루드수와 관계된 현상이고, 선체 저항은 점성 또는 레이놀즈수와 관계된 현상이다. 파랑과 점성 효과는 모든 저항에 중요한 영향을 미치기 때문에, 프루드수와 레이놀즈수가 모두 사용되어야 한다. 그러나 모형에서의 유체가 물(실험에서 실제로 사용할 수 있는 유일한 액체임)인 경우에는, 레이놀즈 상사에서는 원형에서보다 모형에서 더 큰 유속[$V_p(L_p/L_m)$와 같은]을 필요로 하고, 프루드 상사에서는 모형에서 더 작은 유속[$V_p(\sqrt{L_m}/\sqrt{L_p})$와 같은]을 필요로 하기 때문에, 이 둘을 동시에 만족시키는 것이 불가능하다. 이러한 딜레마를 피하는 방법은, 해석적으로 가장 예측하기 어려운 현상에 대해서는 모형 실험을 하고 다른 저항은 해석적 수단을 이용하여 설명하는 것이다. 파랑 저항이 가장 어려운 문제이므로, 모형 실험에서는 프루드 상사를 적용하고 선체 저항은 해석적으로 설명한다.

표면 저항의 설계 자료를 얻기 위하여 실험 결과와 해석적 해를 어떻게 조합하여야 하는가를 설명하기 위해서는 다음과 같은 일련의 단계가 필요하다.

1. 먼저 프루드 상사를 적용한 모형 실험을 통해서 모형에서의 총 저항을 측정한다. 이 총 저항은 모형 선체의 표면 저항과 파랑 저항의 합과 같다.
2. 다음에는 해석적으로 계산을 하여 모형에서의 표면 저항을 추정한다.
3. 1단계에서 구한 모형의 총 저항에서 2단계에서 계산된 표면 저항을 빼면 모형에서의 파랑 저항이 산출된다.
4. 프루드 상사를 적용해서, 모형에서의 파랑 저항이 원형에서의 파랑 저항과 같아지도록 축척을 확대한다.
5. 원형 선체에서의 표면 저항을 해석적인 방법으로 계산한다.
6. 4단계에서 구한 원형에서의 파랑 저항과 5단계에서 구한 원형에서의 선체 표면 저항을 합하면 원형에서의 총 저항 혹은 항력이 된다.

8.10 핵심 내용 요약

차원해석의 원리

- 차원해석은 차원을 가진 변수들을 조합하여 무차원 수들의 그룹을 얻는 것이다. "π-그룹"이라고 불리는 이 그룹들은 유체흐름에 대한 척도가 되는 매개변수로 여겨지기도 한다. 차원해석은 분석, 실험 계획 및 결과 표시에 적용된다.
- *버킹엄의 Π정리*에 의하면, 독립이 되는 π-그룹의 개수는 $n-m$이 된다. n은 차원을 갖는 변수의 수이고, m은 변수

에 포함되어 있는 기본차원의 수이다.

차원해석법

- π-그룹은 *단계별 방법*이나 *지수법*으로 얻을 수 있다.
  - *단계별 방법*에서는 차원을 갖는 변수를 이용하여 π-그룹이 얻어질 때까지 각 차원을 연속적으로 소거한다.
  - *지수법*에서는 각 변수에 멱수(power)를 도입한 다음 이들을 모두 곱해서, 차원 동차성을 이용하여 3개의 연립 방정식을 유도하여 π-그룹을 얻는다.

일반적인 π-그룹

- 4개의 대표적인 *독립* π-그룹은 다음과 같다.

$$\text{레이놀즈수, Re} = \frac{\rho VL}{\mu} \qquad \text{마하수, M} = \frac{V}{c}$$

$$\text{웨버수, We} = \frac{\rho V^2 L}{\sigma} \qquad \text{프루드수, Fr} = \frac{V}{\sqrt{gL}}$$

- 3개의 대표적인 *종속* π-그룹은 다음과 같다.

$$\text{압력계수, } C_p = \frac{\Delta p}{(\rho V^2)/2}$$

$$\text{전단응력계수, } c_f = \frac{\tau}{(\rho V^2)/2}$$

$$\text{힘계수, } C_F = \frac{F}{(\rho V^2 L^2)/2}$$

- 대표적인 π-그룹의 일반적인 함수형은 다음과 같다.

$$C_F, c_f, C_p = f(\text{Re, M, We, Fr})$$

실험테스트에서의 차원해석

- *원형*을 작은 규모로 축소한 *모형*을 이용한 실험이 자주 수행된다.
- *상사*는 모형 관측을 통해서 원형의 거동을 예측하는 방법이자 이론이라고 할 수 있다. 상사를 정확히 하기 위해서 다음과 같은 조건을 만족시켜야 한다.
  - 모형은 반드시 원형의 축척 모형이어야 한다(*기하학적 상사*).
  - π-그룹의 값은 원형과 모형에서 반드시 일치하여야 한다(*동역학적 상사*).
- 실제로는 완벽한 동역학적 상사가 불가능한 경우가 있기 때문에 *가장 중요한 π-그룹만 일치시키기도 한다*.

참고문헌

1. Buckingham, E. “Model Experiments and the Forms of Empirical Equations.” *Trans. ASME,* vol. 37, 263, 1915.

2. Ipsen, D. C. *Units, Dimensions and Dimensionless Numbers.* New York: McGraw-Hill, 1960.

3. NASA publication available from the U.S. Government Printing Office: No. 1995-685-893.

4. Personal communication. Mark Goldhammer, Manager, Aerodynamic Design of the 777.

5. Kilgore, R.A., and D.A. Dress. “The Application of Cryogenics to High Reynolds-Number Testing in Wind Tunnels, Part 2. Development and Application of the Cryogenic Wind Tunnel Concept.” *Cryogenics,* Vol. 24, no. 9, 1984.

6. Baals, D.D., and W.R. Corliss. *Wind Tunnels of NASA.* Washington, DC: U.S. Govt. Printing Office, 1981.

7. Kale, S., et al. “An Experimental Study of Single-Particle Aerodynamics.” *Proc. of First Nat. Congress on Fluid Dynamics,* Cincinnati, Ohio, July 1988.

문제

차원해석(8.3절)

8.1 다음 식들의 차원 동차성을 검토하라.

a. $V = \dfrac{1.49}{n} R^{2/3} S^{1/2}$

여기서 V는 속도, n은 길이 차원의 1/6 멱수, R은 길이, S는 경사이다.

b. $Q = \frac{2}{3} CL\sqrt{2g}H^{3/2}$

여기서 Q는 유량, C는 단위가 없는 상수, L은 길이, g는 중력가속도, H는 수두이다.

c. $h_f = f\dfrac{L}{D}\dfrac{V^2}{2g}$

여기서 h_f는 손실수두, f는 무차원 마찰계수, L은 길이, D는 직경, V는 속도, g는 중력가속도이다.

d. $D = \dfrac{0.074}{\text{Re}^{0.2}}\dfrac{Bx\rho V^2}{2}$

여기서 D는 항력, Re는 Vx/ν, B는 폭, x는 길이, ρ는 질량 밀도, ν는 동점성계수, V는 속도이다.

8.2 다음 항들의 주요 차원을 결정하라.

a. $\rho V^2/2$, 여기서 V는 속도, ρ는 질량 밀도이다.

b. Q/ND^3, 여기서 Q는 유량, D는 직경, N은 펌프의 각속도이다.

c. T(토크)

d. $\sqrt{\tau/\rho}$, 여기서 τ는 전단응력이다.

8.3 와류계(vortex meter)라 불리는 흐름 측정 장치는 관 안에 설치된 사각 요소로 구성되어 있다. 요소에 의해 발생된 와류는 요소 뒤쪽에서 측정된 진동 압력을 발생시킨다. 변동 주파수는 유속과 관련이 있다. 관의 유량이 진동 압력의 주파수 ω, 관 직경 D, 요소의 길이 l, 밀도 ρ, 점성 μ의 함수이다. 따라서 다음과 같이 표현된다.

$$Q = f(\omega, D, l, \rho, \mu)$$

다음과 같은 형태의 π-그룹을 구하라.

$$\frac{Q}{\omega D^3} = f(\pi_1, \pi_2)$$

8.4 새로 개발한 유량계를 검증하기 위한 실험 계획을 수립하고 있다. 유량계는 관 속을 흐르는 액체의 질량유량을 측정하는 장비이다. 질량유량은 다음과 같은 함수 관계를 가진다고 가정한다.

$$\dot{m} = f(\Delta p, D, \mu, \rho)$$

여기서 Δp는 유량계를 가로지르는 압력차, D는 관의 직경, μ는 액체의 점성계수, ρ는 액체의 밀도이다. 차원해석을 해서 π-그룹을 구하고, 결과를 다음과 같은 함수 형태로 나타내라.

$$\frac{\dot{m}}{\sqrt{\rho \Delta p D^4}} = f(\pi)$$

8.5 진동하는 수평키(fin)에 작용하는 항력에 대한 실험을 물터널(water tunnel)에서 하고자 한다. 항력 F_D는 액체의 밀도 ρ, 유속 V, 수평키의 표면적 S와 진동수 ω에 대해서 다음과 같은 함수 관계를 갖는다고 정의한다.

$$F_D = f(\rho, V, S, \omega)$$

차원해석을 해서 이 문제에 대한 무차원 매개변수를 구하고, 결과를 다음과 같은 함수 형태로 나타내라.

$$\frac{F_D}{\rho V^2 S} = f(\pi)$$

일반적인 π-그룹(무차원 수)(8.4절)

8.6 아래에 제시된 각 항목에 대해서, 어떤 π-그룹(Re, We, M, Fr)이 가장 적당할지 나타내라.

a. 운동학적 힘/중력

b. 운동학적 힘/표면장력에 의한 힘

c. 운동학적 힘/점성력에 의한 힘

d. 운동학적 힘/압축성에 의한 힘

e. 풍동에서 차에 작용하는 항력에 적용

f. 댐의 여수로를 통과하는 흐름에 적용

g. 레이저젯 프린터 설계에 적용

h. 초음속 제트 비행기 해석에 적용

상사(8.5절)

8.7 잠수함에 작용하는 항력을 결정하기 위해서 1/19 축척의 모형 실험을 물터널에서 하고자 한다. 해수($\rho = 1030\ \text{kg/m}^3$, $\nu = 1.4 \times 10^{-6}\ \text{m}^2/\text{s}$) 중에서 원형의 속도는 3 m/s이고, 실험은 20°C 담수에서 수행한다. 동역학적 상사를 만족시키기 위한 물터널에서의 속도를 결정하고, 모형과 원형에서의 항력비를 결정하라.

8.8 항력을 극복하기 위해 필요로 하는 동력에 대한 연구에서, 기술자는 $\dfrac{P}{\rho A V^3}$에 의해 주어진 π-그룹을 사용한다. 여기서 P는 손실되는 동력, ρ는 물의 밀도, A는 면적, V는 유속이다. 1/8 축척 모형을 이용한 실험실 실험에서 공기의

속도가 0.4 m/s일 때, 손실 동력은 6 W로 측정되었다. 원형에서 속도가 2 m/s일 때 원형의 손실 동력(kW)을 계산하라. 원형과 모형에서 온도는 같다.

8.9 동점성계수가 10^{-6} m²/s인 물이 직경 30 cm인 관에 흐르고 있다. 같은 관에서 동역학적 상사를 만족시키는 오일($\nu = 10^{-5}$ m²/s)의 속도가 30 m/s이었다면, 물의 속도는 얼마인가?

8.10 표면이 매끄러운 직경 20 cm인 관에 동점성계수가 3×10^{-6} m²/s인 오일이 속도 4 m/s로 흐르고 있다. 표면이 매끄러운 직경 5 cm인 관에 20°C의 물이 이 흐름과 동역학적 상사를 만족시키면서 흐를 경우, 속도는 얼마인가?

8.11 예인될 때 잠수함 배후의 항력 특성을 결정하기 위해 아주 깊은 수심에서 운행될 수 있는 실험용 심해 잠수정의 1/10 축척 모형이 사용되어진다. 완전한 상사를 이루기 위해 원형의 속도에 대응하는 예인 속도는 얼마인가?

8.12 양력계수 $C_L = 0.5$를 갖는 비행기를 설계하기 위해 공학자에게 양력 값이 필요하다. π-그룹은 다음과 같이 정의된다.

$$C_L = 2\frac{F_L}{\rho V^2 S}$$

여기서 F_L은 양력, ρ는 공기의 밀도, V는 비행기에 상대적인 공기의 속도, 그리고 S는 날개의 평면적이다. 속도가 90 m/s, 공기의 밀도가 1.1 kg/m³, 날개의 면적(평면적)이 18 m²일 때 N 단위로 양력을 구하라.

8.13 원유를 수송하는 표면이 매끄러운 관($D = 120$ cm, $\rho = 999$ kg/m³, $\mu = 0.019$ N·s/m²)의 흐름에 대해서, 직경이 10 cm인 표면이 매끄러운 관에 물($T = 20$°C)을 흘려보내면서 모형 실험을 하고자 한다. 원형에서의 속도가 1 m/s라면, 동역학적 상사를 만족시키는 모형에서의 속도는 얼마인가?

8.14 에어버스 A380-300의 날개 길이는 79.8 m이다. 운항고도는 10,000 m이고 표준 대기압을 받는다. 20°C의 공기를 이용하여 작동하는 풍동을 설계할 때, 풍동에 사용되는 모형 A380의 날개는 1 m이고, 모형과 원형의 마하수가 서로 같다고 가정하자. 음속과 점성계수 모두 절대온도의 제곱근에 비례한다. 이때 레이놀즈 상사를 만족시키기 위한 풍동 내 공기의 압력은 얼마인가? 온도 $T = 237.3$ K, $p = 28$ kPa(절대압력), $\rho = 0.411$ kg/m³라고 가정하라.

8.15 표면이 거친 직경 10 cm인 관에 10°C의 물이 흐르고 있다. 동일한 관에 20°C의 공기를 흘려보내 실험을 하고자 한다. 물의 속도가 1.5 m/s일 때, 동역학적 상사를 만족시키는 공기의 속도는 얼마인가? 관에서 공기의 절대압력이 150 kPa이라고 가정한다. 공기 흐름에서 두 단면 사이에 관측된 압력차가 780 Pa일 때, 물에서의 동일한 두 단면 사이의 압력차를 동역학적 상사를 적용하여 구하라.

8.16 달을 식민지로 개척하기 위해서는 낮은 중력에서의 유체흐름을 이해하여야 한다. 달에서의 중력은 지구 표면 중력의 1/5이다. 달에서의 관수로 흐름에 대한 모형 실험을 하고자 하는데, 중요한 축척 매개변수는 레이놀즈수와 프루드수이고, 축척은 1:1이다. 달에서 사용될 유체의 동점성계수가 3×10^{-5} m²/s이라면, 지구에서 모형 실험에 사용할 유체의 동점성계수는 얼마인가?

8.17 산업 현장에 있는 건조탑의 높이가 5 m이다. 탑 내 공기의 속도는 30 m/s이고, 동역학적 점성계수는 4×10^{-5} m²/s이다. 동점성계수가 1×10^{-6} m²/s인 물을 사용해서 이 탑에 대한 1/20 축척의 모형 실험을 하고자 한다. 레이놀즈 상사를 만족시키기 위한 물의 속도는 얼마인가?

8.18 $\nu = 1 \times 10^{-5}$ m²/s, $\rho = 890$ kg/m³인 오일을 수송하는 직경 50 cm의 관에 사용할 유량계를 검정하기 위해서, 20°C 표준 기압의 물을 사용하여 1/12 축척의 모형 실험을 하고자 한다. 이 모형에 대해서 7 m/s의 속도에 대한 실험을 하여 유량계수를 결정하였다. 레이놀즈 상사를 적용하여 원형에서의 속도를 구하라. 만일 모형에서 측정한 압력차가 4 kPa이었다면, 원형에서의 압력차는 얼마인가?

8.19 물을 20°C, 대기압하의 공기에 노즐을 통해서 30 m/s의 속도로 분무하고자 한다. 비말이 부서지는 한계 웨버수(비말 직경의 함수)가 5.2라면, 발생하는 비말의 크기는 얼마인가?

8.20 새로 만들 댐의 여수로 흐름을 연구하기 위해 1/30

축척 모형을 만들었다. 실제 여수로에서 최대 설계 유량은 500 m^3/s이다. 모형에서의 유량을 계산하라. 일치시켜야 하는 π-그룹은 다음과 같다.

$$\pi_1 = \frac{Q}{AV} \text{ 및 } \pi_2 = \sqrt{\frac{V}{gy}}$$

8.21 가압 풍동에서 1/10 축척의 모형 자동차를 이용하여 모형 실험을 하고자 한다. 자동차는 온도 25°C, 대기압을 가진 공기 중에서 100 km/h로 이동한다. 풍동의 공기 온도는 25°C이다. 원형과 모형에서의 마하수와 레이놀즈수를 같게 하기 위해서는 모형에서의 압력이 얼마이어야 하는가? 25°C 대기 중에서의 음속은 345 m/s이다.

8.22 문제 8.21의 풍동을 온도 25°C, 대기압으로 운용할 경우, 원형에서의 레이놀즈수와 풍동에서의 레이놀즈수가 같다면, 풍동에서의 속도는 얼마인가? 이 속도에서, 마하수가 중요한 영향을 미치리라고 생각하는가?

8.23 댐에 대하여 1/25 축척의 모형 실험을 하였다. 모형 실험에서 여수로 정상부 근처의 속도가 2.5 m/s, 유량이 0.10 m^3/s이었다. 원형에서의 속도와 유량을 각각 구하라.

8.24 어느 하천의 한 점에서 측정한 수심과 속도가 각각 6 m, 4.5 m/s이었다. 이 하천에 대해서 1/64 축척의 모형을 제작하여 자유수면 조건을 모의실험하기 위해 동역학적 상사를 적용하였다. 모형의 동일한 점에서의 수심과 속도는 각각 얼마인가?

8.25 1.5 m 길이의 모형 선박을 원형과 동역학적 상사를 만족시키는 속도로 예인 수조(towing tank)에서 모형 실험을 하고 있다. 모형에서의 속도는 1.5 m/s이다. 원형의 길이가 45 m라면, 원형에서의 속도는 얼마인가? 모형과 원형 모두 담수에서 운용된다고 가정한다.

8.26 풍동에서 축척 1/20의 모형 건물에 대해 실험을 하였다. 풍동에서의 풍속이 20 m/s일 때 모형에서 측정한 항력이 200 N이었다면, 원형에서 40 m/s의 바람이 건물에 불 때의 항력은 얼마이어야 하는가? (a) 40 kN, (b) 80 kN, (c) 230 kN, (d) 320 kN.

8.27 물체에 작용하는 항력을 측정하기 위해서 물터널과 풍동에서 실험을 하였다. 물터널에서는 20°C의 담수에서 실험을 하였고, 풍동에서는 20°C 대기압에서 실험을 하였다. 5 cm, 8 cm, 15 cm의 3가지 모형에 대해서 속도를 다르게 하면서 항력을 측정하여 다음 표와 같은 자료를 얻었다.

물터널에서는

Model Size, cm	Velocity, m/s	Force, N
5	1.0	0.064
5	4.0	0.69
5	8.0	2.20
8	1.0	0.135
8	4.0	1.52
8	8.0	4.52

이고 풍동에서는 다음과 같다.

Model Size, cm	Velocity, m/s	Force, N
8	10	0.025
8	40	0.21
8	80	0.64
15	10	0.06
15	40	0.59
15	80	1.82

항력은 밀도, 점성계수, 속도, 모형 크기에 대해 다음과 같은 함수 관계를 가진다.

$$F_D = f(\rho, \mu, V, D)$$

차원해석을 해서 이 식을 π-그룹으로 나타낸 다음, 컴퓨터 프로그램을 작성하거나 스프레드시트(spreadsheet)를 사용하여 자료를 분석하라. 무차원 매개변수를 이용해서 자료를 도시하라.

8.28 20°C의 물과 원유가 관로를 흐를 때의 압력강하를 측정하기 위하여 실험을 하였다. 직경이 5 cm, 10 cm인 관수로에서의 단위길이당 압력강하 자료를 다음 표와 같이 얻었다.

물에서는

Pipe Diameter, cm	Velocity, m/s	Pressure Drop, N/m^3
5	1	210
5	2	730
5	5	3750
10	1	86
10	2	320
10	5	1650

이고 원유에서는 다음과 같다.

Pipe Diameter, cm	Velocity, m/s	Pressure Drop, N/m^3
5	1	310
5	2	1040
5	5	5300
10	1	130
10	2	450
10	5	2210

단위길이당 압력강하는 다음 식과 같이 관의 직경, 액체의 밀도와 점성계수, 속도의 함수라고 가정한다.

$$\frac{\Delta p}{L} = f(\rho, \mu, V, D)$$

차원해석을 해서 π-그룹을 구한 다음, 자료 분석을 위한 컴퓨터 프로그램을 작성하거나 스프레드시트를 사용하여 자료를 분석하라. 무차원 매개변수를 이용해서 결과를 도시하라.

CHAPTER **9**

평판 위 점성 흐름

개요 점성 흐름에 관한 지식으로부터 많은 공학 문제들을 해결할 수 있다. 점성 흐름에 관한 지식의 많은 부분은 평판 위 흐름에 관한 연구로부터 얻어진 것이다. 이 장에서는 점성 흐름과 나비에-스토크스 방정식을 소개하기로 한다.

그림 9.1
보트의 설계에 점성 흐름 이론이 적용될 수 있다.

학습성과

나비에-스토크스 방정식(9.1절, 9.2절, 9.3절)

- 정상 균일 흐름에 대한 나비에-스토크스 방정식의 유도 과정을 단계별로 열거한다.
- 쿠에트 흐름을 설명하고, 방정식을 적용한다.
- 수로에서의 푸아죄유 흐름을 설명하고, 방정식을 적용한다.

경계층(정성적 내용)(9.4절, 9.5절)

- 경계층의 개념을 설명한다.
- 층류경계층과 난류경계층을 스케치하고 주요 특징들을 설명한다.
- 층류경계층과 난류경계층에서의 유속 분포를 스케치한다.

경계층(계산)(9.4절, 9.6절)

- Re_x와 Re_L을 정의하고 계산한다.
- 경계층 두께 δ를 계산한다.
- 국부전단응력계수 c_f와 벽면 전단응력을 계산한다.
- 평균전단응력계수 C_f와 항력 F_D를 계산한다.
- 이동하는 물체가 항력을 극복하기 위하여 필요한 동력을 계산한다.

9.1 등류에 대한 나비에-스토크스 방정식

점성 흐름 문제들의 해는 대부분 나비에-스토크스 방정식(Navier-Stokes equation)을 풀어서 구할 수 있다. 이 뉴턴유체의 정상 등류에 대한 방정식을 유도하기로 한다.

유도 과정

단계 1: 유체 입자 스케치. 정상 등류인 점성 흐름에 대하여 크기 $\Delta s \times \Delta y \times 1$인 직사각형의 유체 입자를 스케치한다(그림 9.2).

단계 2: 뉴턴의 제2법칙 적용. s 방향으로 $\Sigma \mathbf{F} = m\mathbf{a}$를 적용한다. 정상 등류이므로 가속도는 영(0)이다. 따라서

$$\Sigma F_s = 0 \tag{9.1}$$

외력으로는 중력, 압력 및 전단력이 있다. 따라서

$$\begin{gathered}(\text{중력}) + (\text{압력}) + (\text{전단력}) = 0 \\ W_s + F_{ps} + F_{\tau s} = 0\end{gathered} \tag{9.2}$$

식 (9.2)의 각 항들은 각 외력의 s 방향 성분을 나타낸다.

단계 3: 중력의 해석. 유체 입자의 중력은 다음과 같다.

$$W = mg = \rho(\Delta s)(\Delta y)(1)g \tag{9.3}$$

중력의 s 방향 성분은 $\rho(\Delta s)(\Delta y)g\ \sin(\theta)$이다. 그림 9.2 위쪽에 그려 놓은 삼각형으로부터 $\sin(\theta) = -dz/ds$임을 알 수 있다. 따라서 중력의 s 방향 성분은 다음과 같이 된다.

$$W_s = -\gamma \Delta y \Delta s \frac{dz}{ds} \tag{9.4}$$

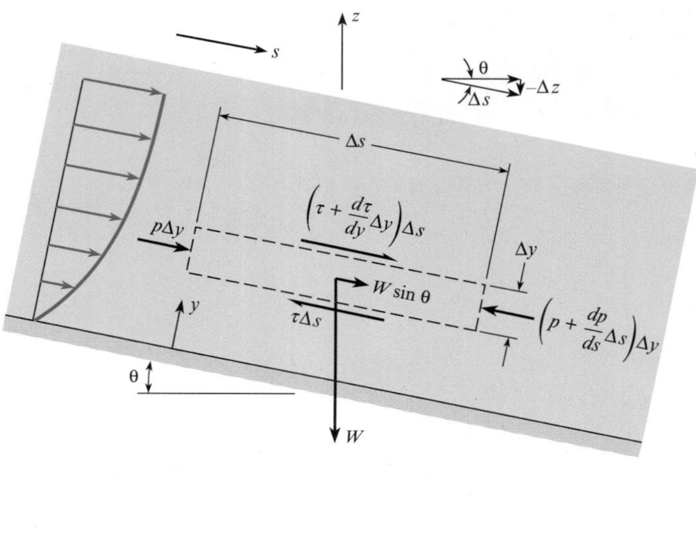

그림 9.2
이 그림은 점성 흐름 내에 놓여 있는 유체 입자에 작용하는 외력들을 나타낸 것이다. 입자의 모양은 직사각형이며, 종이에 직각방향 길이는 1이다.

단계 4: 압력의 해석. 그림 9.2에서 압력 항들은 압력장에 대한 테일러 급수전개에 의한 것들이다. s 방향 순압력은 다음과 같다.

$$F_{ps} = -\frac{dp}{ds}\Delta s \Delta y \tag{9.5}$$

단계 5: 전단력의 해석. 그림 9.2에서 전단응력 항들은 전단응력장에 대한 테일러 급수전개에 의한 것들이다. s 방향 순전단력은 다음과 같다.

$$F_{\tau s} = \frac{d\tau}{dy}\Delta s \Delta y \tag{9.6}$$

뉴턴유체라고 가정하면 $\tau = \mu du/dy$이다. 여기서 μ는 유체의 점성이고, u는 속도벡터의 s 방향 성분이다. 이를 식 (9.6)에 대입하면 다음과 같이 된다.

$$F_{\tau s} = \mu\frac{d^2u}{dy^2}\Delta s \Delta y \tag{9.7}$$

단계 6: 항들의 결합. 단계 2부터 4까지의 항들을 식 (9.2)에 대입하고, 유체 입자의 부피 $\Delta s \Delta y(1)$로 각 항을 나누면, 뉴턴유체의 정상 등류에 대한 나비에-스토크스 방정식을 얻는다.

$$\frac{d^2u}{dy^2} = \frac{1}{\mu}\frac{d}{ds}(p + \gamma z) \tag{9.8}$$

식 (9.8)은 유체 입자에 작용하는 중력, 압력 및 전단력의 평형을 나타내고 있다. 16.4절에서 유도될 더 일반적인 형태의 나비에-스토크스 방정식에는 유체 입자의 가속도를 나타내는 항이 포함된다.

나비에-스토크스 방정식의 해법

다음의 두 개 절에서 다루어지는 쿠에트 흐름과 푸아죄유 흐름은 해석해가 존재한다. 해석해가 존재하는 경우는 흔치 않으며, 대부분 해들은 여러 형태의 근사화 과정을 포함하고 있다.

나비에-스토크스 방정식을 푸는 목적은 대개 유속장을 구하는 것이다. 유속장이 구해지고 나면 전단응력, 평균유량 등 공학적으로 중요한 다른 변수들을 구할 수 있다. 이러한 접근 방법이 이어지는 두 절에서 예시될 것이다.

9.2 쿠에트 흐름

쿠에트 흐름은 저널 베어링 내의 오일 흐름 같은 흐름들을 이상화한 것이다(그림 9.3 및 2.5절 참조).

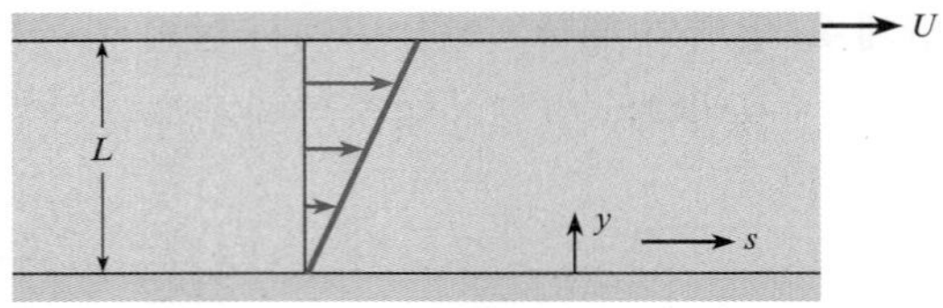

그림 9.3

쿠에트 흐름은 두 개의 평판을 포함하는데, 이 평판들의 크기는 무한히 큰 것으로 가정한다. 아래쪽 평판은 고정되어 있고, 위쪽 평판이 일정한 속도 U로 움직인다. 두 평판 간의 간격은 1 mm 이하로 매우 작다. 그림으로 나타낸 유속 분포에 대한 식을 이 절에서 유도하기로 한다.

유속장에 대하여 풀기

다음의 절차에 따라 쿠에트 흐름의 유속장을 구한다.

단계 1: 나비에-스토크스 방정식의 적용. 쿠에트 흐름의 경우에는 흐름 방향의 압력경사가 없으며($dp/ds = 0$), 유선의 방향은 수평이다($dz/ds = 0$). 따라서 식 (9.8)의 우변은 영(0)이므로, 이 식은 다음과 같이 된다.

$$\frac{d^2u}{dy^2} = 0 \tag{9.9}$$

이 미분 방정식의 해는 변수분리법을 사용, 두 번 적분하여 구하면 다음과 같이 된다.

$$u = C_1y + C_2 \tag{9.10}$$

단계 2: 경계조건 기술. 식 (9.10)에 포함된 두 개의 상수값을 구하기 위하여 다음과 같은 두 개의 경계조건을 적용한다.

$$u = 0 \text{ at } y = 0 \tag{9.11}$$

$$u = U \text{ at } y = L \tag{9.12}$$

단계 3: 경계조건 적용. 식 (9.10)을 식 (9.11) 및 (9.12)와 결합하면, 다음과 같이 유속장에 관한 식을 얻게 된다

$$u = Uy/L \tag{9.13}$$

유속 분포(그림 9.3)는 선형 분포를 나타내고 있다.

관계식 도출

식 (9.13)을 $\tau = \mu(du/dy)$에 적용하면 전단응력에 관한 식을 다음과 같이 얻는다.

$$\tau = \mu U/L \tag{9.14}$$

식 (9.14)는 전단응력이 어느 지점에서나 일정함을 나타내고 있다. 평균유속에 관한 식을 구하기 위하여 식 (9.13)을 $\overline{V} = (1/A)\int udA$에 대입하여 적분을 수행하면, $\overline{V} = U/2$로 된다.

9.3 수로에서의 푸아죄유 흐름

이 절에서 다루어지는 수로는 직사각형 수로이다(그림 9.4). 즉, 평행하게 놓인 두 개의 평판 사이의 흐름 통로가 **수로**(channel)인데, 평판들의 폭은 충분히 넓어서 수로의 옆벽에 의한 끝단 효과는 무시할 수 있다.

레이놀즈수가 1000 이하인 직사각형 수로 흐름은 층류임이 실험적으로 밝혀진 바 있다. 따라서 이러한 접근방법이 다음의 두 개 절에서 예시될 것이다. $\mathrm{Re}_B(=UB/\nu)$가 1000보다 작은 완전히 발달된 뉴턴유체의 정상 층류 흐름에 수로 푸아죄유 흐름이 적용된다.

유속장에 대하여 풀기

다음의 절차에 따라 유속장을 나타내는 식을 유도한다.

단계 1: 나비에-스토크스 방정식의 적용. 식 (9.8)을 풀기에 앞서 식의 우변은 상수가 되어야 함에 주목한다. **이유**. 식 좌변의 독립변수는 y이고, 식 우변의 독립변수는 s이다. 이 변수들의 값은 독립적으로 변할 수 있기 때문에 등식이 성립하려면 양변 모두 일정한 값을 가져야 한다. 따라서 식 (9.8)의 우변은 상수이다.

식 (9.8)을 두 번 적분하여 다음과 같은 일반해를 구한다.

$$u = \frac{y^2}{2\mu}\frac{d}{ds}(p + \gamma z) + C_1 y + C_2 \tag{9.15}$$

단계 2: 경계조건 적용. 경계조건을 수립하기 위하여 양 벽에 비활동 조건(no-slip condition)을 적용한다.

$$y = 0\text{에서 } u = 0 \tag{9.16}$$

$$y = B\text{에서 } u = 0 \tag{9.17}$$

식 (9.16)을 만족시키려면 $C_2 = 0$으로 된다. 식 (9.17)을 만족시키도록 C_1을 구하면 다음과 같이 된다.

$$C_1 = -\frac{B}{2\mu}\frac{d}{ds}(p + \gamma z) \tag{9.18}$$

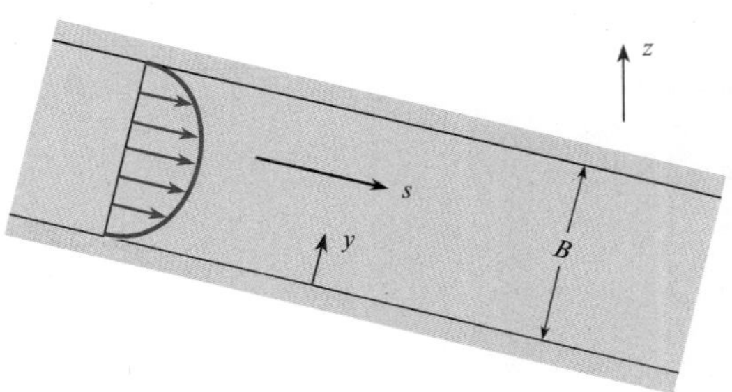

그림 9.4
푸아죄유 흐름은 수로 내의 층류를 일컫는다. 그림은 직사각형 수로에서의 유속 분포를 나타내고 있다.

단계 3: 특수해의 수립. 식 (9.15)와 (9.18)을 결합하면, 다음과 같이 유속장에 관한 식을 얻게 된다.

$$u = -\frac{(By - y^2)}{2\mu}\frac{d}{ds}(p + \gamma z) \tag{9.19}$$

식 (9.19)는 포물선에 대한 식임을 주목하라(그림 9.4 참조). 식 (9.19)와 같은, 미분 방정식의 해를 확인하기 위하여 다음의 세 가지를 해보기를 권장한다: (a) 해가 원래의 미분 방정식을 만족시키는지 검증할 것. (b) 해가 차원적으로 균일한지 확인할 것. (c) 해가 경계조건을 만족시키는지 검증할 것.

관계식 도출

최대유속은 $y = B/2$에서 발생하므로, 이를 식 (9.19)에 대입하여 아래와 같이 최대유속(u_{max})을 구한다.

$$u_{max} = -\left(\frac{B^2}{8\mu}\right)\frac{d}{ds}(p + \gamma z) \tag{9.20}$$

이를 위압수두(h)를 사용하여 표현하면 다음과 같이 된다.

$$u_{max} = -\left(\frac{B^2\gamma}{8\mu}\right)\frac{dh}{ds} \tag{9.21}$$

식 (9.19)를 $Q = qw = \int u dA = \int_0^B uw dy$에 대입하면 단위폭당 유량($q$)이 다음과 같이 구해진다.

$$q = -\left(\frac{B^3}{12\mu}\right)\frac{d}{ds}(p + \gamma z) = -\left(\frac{B^3\gamma}{12\mu}\right)\frac{dh}{ds} \tag{9.22}$$

푸아죄유 흐름은 위압수두 경사(dh/ds)에 의하여 발생됨을 식 (9.22)로부터 알 수 있다. 식 (9.22) 우변의 (−) 부호는 위압수두가 높은 곳에서 낮은 곳으로 유체가 흐름을 의미한다. 유체는 압력이 높은 곳에서 낮은 곳으로, 또는 압력경사를 따라 흐른다고 말하는 경우가 있는데, 이는 일반적인 사실은 아니다.

평균유속 $\overline{V}$은 식 $\overline{V} = Q/A = q/B$에 의하여 구하며, 식 (9.21)에 주어진 u_{max}를 사용하여 나타내면 다음과 같이 된다.

$$\overline{V} = 2u_{max}/3 \tag{9.23}$$

즉, 평균유속은 최대유속의 2/3에 해당한다.

9.4 경계층(설명)

경계층의 개념

루트비히 프란틀(Ludwig Prandtl)은 29세의 나이에 경계층의 개념에 관한 논문을 저술하였다(1). 프란틀이 제시한 개념의 영향력이 얼마나 대단한 것인지 존 앤더슨(John Anderson)은 자신의 논문(2, p.42)에서 다음과 같이 기술하고 있다: “현대의 공기역학과 유체동역학은 여전히 프란틀의 아이디어에 큰 영향을 받고 있다. 그의 경계층 이론은 노벨상을 받을 만한 가치가 있는 것이었다.”

경계층 개념의 핵심은 물체의 표면에 인접한 흐름을 주변의 흐름과 구분되는 얇은 층으로 이상화한다는 것이다(그림 9.5 참조).

경계층 개념은 많은 실제 흐름을 이상화하기 위하여 적용되고 있다. 몇몇 예를 들면 다음과 같다.

- 교각을 지나는 물의 흐름
- 지표면을 지나는 공기의 흐름
- 자동차를 지나는 공기의 흐름
- 관로 입구에서의 공기 또는 물의 흐름

평판 위의 경계층

평판 위의 흐름은 간단하기 때문에 대부분의 경계층 흐름을 이해하기 위한 기초가 된다(그림 9.6 참조). 경계층 바깥에서의 흐름은 **자유흐름**(free stream)이라 부른다.

경계층은 평판의 선단(leading edge)에서부터 시작된다. x가 커질수록 경계층의 두께(δ)

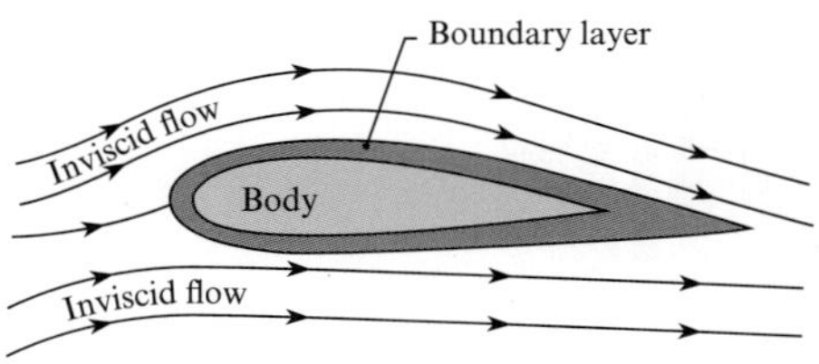

그림 9.5
경계층은 물체에 인접한 얇은 층으로, 주변의 흐름과 별개로 해석한다.

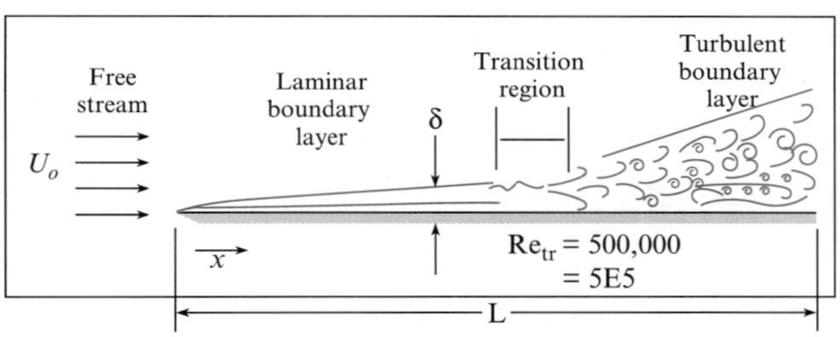

그림 9.6
평평한 표면 위의 경계층. 그림에서 U_o는 자유흐름 유속, x는 거리, δ는 경계층의 두께, L은 평판의 길이, Re_{tr}은 천이와 관련된 레이놀즈수이다.

가 증가한다. 경계층의 선단은 유속이 자유흐름 유속의 99%인 지점으로 정의된다. 따라서 식 (9.24)가 만족될 때, $y = \delta$이다.

$$\frac{u}{U_o} = 0.99 \tag{9.24}$$

평판 위의 경계층은 층류로 시작된다(그림 9.6 참조). 이는 흐름이 매끈하고, 층을 이루는 정상류임을 의미한다. 평판의 길이 L이 충분히 길다면, 층류경계층에 이어 천이경계층과 난류경계층이 뒤따르게 된다. **천이역**(transition region)은 경계층이 층류에서 난류로 변화하는 구역을 말한다. 난류경계층은 몇 가지 뚜렷한 특성을 갖고 있다: (a) 매 지점 유속이 시간에 따라 변한다. (b) 매 지점 압력이 시간에 따라 변한다. (c) 흐름이 항상 비정상류이다. (d) 흐름이 와동의 지배를 받는다. **와동**(eddy)은 원형의 유체 운동이다. 경계층 내에서 가장 큰 와동의 직경은 대략적으로 경계층의 두께와 같다. 경계층 내에서 가장 작은 와동의 직경은 "Kolmogorov length scale"이라 불리는 길이로 주어진다. 난류에서는 와동 때문에 강한 혼합이 일어난다. 이러한 혼합은 유속 분포를 고르게 하는 경향이 있다.

레이놀즈수

경계층의 성질(층류 또는 난류)은 레이놀즈수와 관련되어 있다. 변수 Re_x는 "x를 기준으로 한 레이놀즈수" 또는 "국부 레이놀즈수"라 칭하며, 다음과 같이 정의된다.

$$\mathrm{Re}_x = \frac{U_o x}{\nu} \tag{9.25}$$

여기서 U_o는 자유흐름 유속, x는 평판 선단으로부터의 거리, ν는 유체의 동점성계수를 각각 나타낸다. 변수 Re_L은 "L을 기준으로 한 레이놀즈수"라 칭하며, 다음과 같이 정의된다.

$$\mathrm{Re}_L = \frac{U_o L}{\nu} \tag{9.26}$$

레이놀즈수에 포함된 x 또는 L과 같은 변수는 길이 척도라 불린다.

천이 레이놀즈수

천이가 시작되는 곳과 끝나는 곳에서의 Re_x 값은 실험 결과마다 상이하다. 따라서 천이에 관한 절대적인 기준은 없다. 이 책에서는 다음과 같은 세 가지 가정을 포함하는 통상적인 공학적 접근방법을 따르기로 한다.

- Re_x가 500,000 이하면 경계층은 층류이다.
- Re_x가 500,000보다 크면 경계층은 난류이다.
- 천이역의 길이는 무시한다.

천이 레이놀즈수(Re_{tr})는 500,000이다.

9.5 경계층에서의 유속 분포

유체역학에서 기술자들은 유속 분포를 찾고 싶어 한다. 유속 분포를 알게 되면, 항력이나 전단응력 등 우리가 알고자 하는 다른 변수들을 결정할 수 있다.

경계층 이론

경계층을 분석하기 위하여 프란틀은 경계층 방정식이라 불리는 개략적인 형태의 지배 방정식을 만들었다. 프란틀과 함께 일한 대학원생이었던 블라시우스(3)는 평판 위 층류경계층에 대하여 경계층 방정식의 해를 구하였는데, 이 해를 **블라시우스 해**(Blasius solution)라고 한다.

층류 유속 분포

평판 위 층류경계층에 대하여 블라시우스 해를 이용하여 유속 분포를 그리면 그림 9.7과 같게 된다. 비활동 조건에 따라 $y = 0$에서 $u = 0$이다. 또한 유속 분포는 서서히 자유흐름에 병합되어 간다.

난류 유속 분포

난류 유속 분포에 대한 여러 개의 해들이 연구자들에 의해 개발되어 왔다. 이론적인 내용을 추가적으로 고려하여 실험 결과를 곡선으로 근사하는 연구방법이 사용된다. 서로 다른 많은 유속 분포들이 제시되고 있기 때문에 혼란스러울 수 있다. 이 책에서는 가장 널리 알려져 있는 유속 분포 몇 가지만 제시하기로 한다.

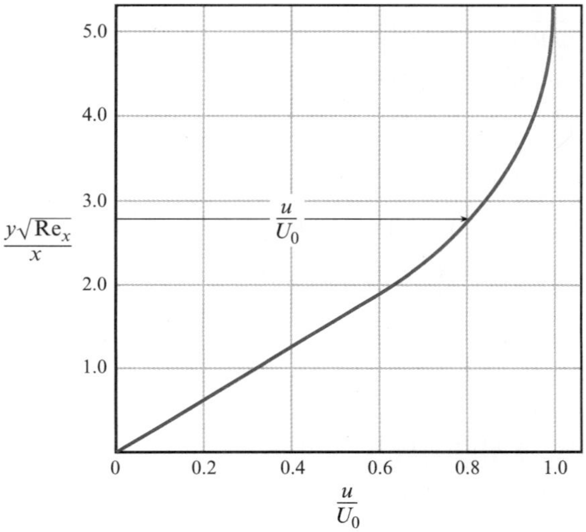

그림 9.7
평판 위 층류경계층 유속 분포에 대한 블라시우스 해(3). 그림에서 u는 표면 위로 높이 y인 지점에서의 유속이다. U_o는 자유흐름 유속이고, Re_x는 국부 레이놀즈수이다.

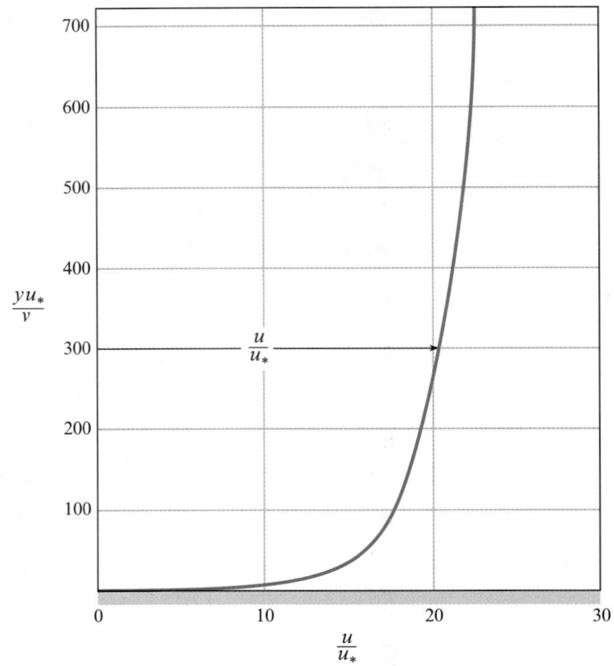

그림 9.8
난류 유속 분포의 예. 그림에서 u는 시간 평균된 유속이며, u_*는 마찰 속도이다.

난류경계층에서의 유속 분포는 벽에서 멀어지면 거의 균일한 유속을 보인다(그림 9.8 참조). 벽 근처에서의 유속 분포는 매우 가파른 경사를 나타낸다. 따라서 난류경계층에 대한 τ_o는 층류경계층에 대한 τ_o보다 일반적으로 크다.

로그 유속 분포(logarithmic velocity distribution). 난류경계층에 대하여 가장 흔히 사용되는 식은 다음과 같은 로그 분포식이다.

$$\frac{u}{u_*} = 2.44 \ln\left(\frac{yu_*}{\nu}\right) + 5.56 \tag{9.27}$$

마찰 속도(friction velocity) u_*는 $u_* = \sqrt{\tau_o/\rho}$로 정의된다. 이는 실제로 속도를 나타내는 것이 아니라, 그 단위가 속도와 같은 것이다. u_*의 값을 계산하기 위하여 9.6절에 기술한 방법을 사용하여 τ_o의 값을 계산한다.

식 (9.27)은 유속 분포에서 yu_*/ν가 30 이상 500 이하인 부분에 대하여 적용된다.

멱함수 공식(power law formula). 레이놀즈수(Re_x)가 10^5 이상 10^7 이하인 구간에 대한 평판 위 난류경계층 유속 분포는 다음과 같은 멱함수 식으로 잘 근사될 수 있다.

$$\frac{u}{U_o} = \left(\frac{y}{\delta}\right)^{1/7} \tag{9.28}$$

식 (9.28)은 ($0.1 < y/\delta < 1.0$)의 구간에 대하여 실험 결과와 잘 일치한다. 벽에서는($y = 0$) du/dy가 무한히 커지며, 이는 τ_o가 무한히 커짐을 의미하기 때문에 식 (9.28)이 유효하지 않다.

9.6 경계층(계산)

이 절에 나오는 식들은 다음과 같은 네 가지 가정에 근거한 것들이다: (1) 매끈하고 평평한 표면 위의 균일흐름, (2) 평평한 표면과 평행한 자유흐름을 갖는 정상류, (3) 뉴턴유체, (4) 경계층 개념이 유효할 만큼 충분히 큰 레이놀즈수.

경계층 두께

층류경계층에 대하여 Schlichting은 경계층 두께 δ가 다음과 같이 주어짐을 보였다(4, p.140).

$$\frac{\delta}{x} = \frac{5.0}{\mathrm{Re}_x^{1/2}} \tag{9.29}$$

난류경계층에 대하여 White는 δ가 다음과 같이 주어짐을 보였다(5, p.430).

$$\frac{\delta}{x} = \frac{0.16}{\mathrm{Re}_x^{1/7}} \tag{9.30}$$

예제. 동점성계수(ν)가 1.2E-6 $\mathrm{m^2/s}$인 물이 길이 1.5 m인 평판 위를 흐른다. $x/L = 0.5$인 지점에서의 경계층 두께를 계산하라.

논리.

1. 경계층이 층류인지 난류인지를 판정하기 위하여 레이놀즈수를 계산한다. $\mathrm{Re}_x = (5\ \mathrm{m/s})(0.75\ \mathrm{m})/(1.2\mathrm{E}\text{-}6\ \mathrm{m^2/s}) = 3.125\mathrm{E}6$.
2. 해당 지점에서 경계층은 난류이다.
3. 따라서 $\delta = (0.16)(0.75\ \mathrm{m})/(3.125\mathrm{E}6)^{1/7} = 1.42\ \mathrm{cm}$.

벽면 전단응력

기술자들은 경계면에서의 전단응력을 다음과 같이 π-그룹에 포함시킨다.

$$c_f = \frac{\text{벽면 전단응력}}{\text{동압력}} = \frac{\tau_o}{(\rho U_o^2/2)} \tag{9.31}$$

c_f는 **국부전단응력계수**(local shear stress coefficient)라 한다. 층류경계층에 대하여 Schlichting은 국부전단응력계수가 다음과 같이 주어짐을 보였다(4, p.138).

$$c_f = \frac{0.664}{\mathrm{Re}_x^{1/2}} \tag{9.32}$$

난류경계층에 대해서는 서로 다른 많은 공식들이 연구자들에 의하여 제안되어 왔다. White

는 다음과 같은 식을 추천하고 있다(5, p.432).

$$c_f = \frac{0.455}{\ln^2(0.06\ \mathrm{Re}_x)} \tag{9.33}$$

c_f의 값이 계산되고 나면 다음 식을 이용하여 τ_o를 구할 수 있다.

$$\tau_o = c_f(\rho U_o^2/2) \tag{9.34}$$

예제. 식 (9.32), (9.33), (9.34)를 적용하여 평판 위로 흐르는 물에 대하여 τ_o를 계산하였다. 난류경계층에 대한 τ_o는 층류경계층에 대한 τ_o보다 대개 크며, x가 커질수록 τ_o는 감소한다. 층류경계층의 경우 $x^{-0.5}$에 비례하여 감소하는데, 이는 식 (9.32)로부터 알 수 있다.

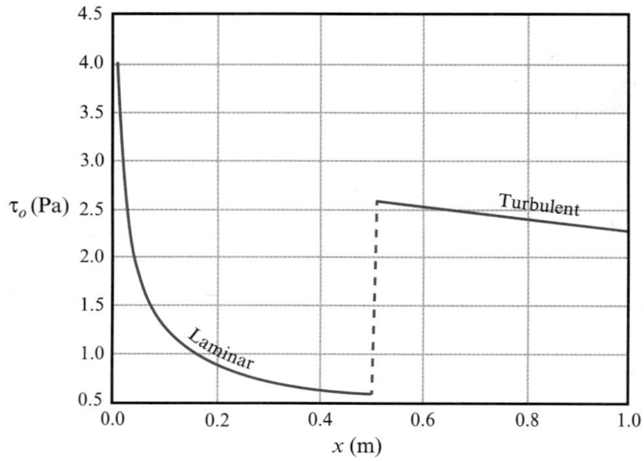

그림 9.9
이 그림은 평판 위로 흐르는 물에 대하여 계산된 벽면 전단응력 τ_o를 나타낸 것이다. 사용된 변수값들은 다음과 같다: $L = 1.0$ m, $U_o = 1.1$ m/s, $\nu = 1.1\text{E-}6$ m²/s, $\rho = 1000$ kg/m³.

항력(전단력, 표면마찰항력)

기술자들은 항력을 다음과 같이 π-그룹에 포함시킨다.

$$C_f \equiv \frac{\text{항력}}{(\text{동압력})(\text{기준면적})} = \frac{F_D}{(\rho U_o^2/2)(A_{\mathrm{Ref}})} \tag{9.35}$$

C_f는 "항력계수" 또는 "평균전단응력계수"라 한다. 자유흐름 유속 U_o는 평판 위에 위치한 관찰자가 느끼는 상대적인 속도임을 주목하라. 예를 들어 고요한 공기 중에서 평판이 6 m/s의 속도로 움직인다면 $U_o = 6$ m/s이다.

기준 면적 A_{Ref}는 평판 한쪽 면의 면적이거나 양쪽 면의 면적이다. 평판에 작용하는 항력은 전단응력에만 기인하기 때문에, 항력 F_D는 전단력 F_s로 나타낼 수도 있다. 전단응력에 따른 항력은 전단력, 표면마찰항력, 또는 표면항력이라 칭하기도 한다.

항력을 계산하기 위하여 식 (9.35)를 다시 정리하면 다음과 같다.

$$F_D = C_f(\rho U_o^2/2)(A_{\text{Ref}}) \tag{9.36}$$

C_f를 계산하기 위하여 경계층의 성질을 판정하고, 그에 따라 다음의 세 가지 중 적합한 식을 선택한다.

- **층류경계층.** Re_L이 500,000 이하이면 경계층이 층류라고 가정하고 식 (9.37)을 선택한다.

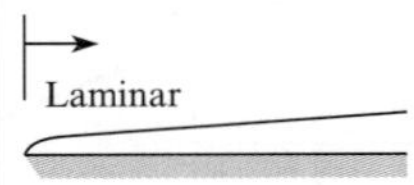

$$C_f = \frac{1.33}{\text{Re}_L^{1/2}} \tag{9.37}$$

- **혼합경계층.** Re_L이 500,000보다 크면 경계층이 혼합된 것으로 가정하고 식 (9.38)을 선택한다. 혼합경계층은 층류로 시작하여 천이역을 거쳐 난류로 옮겨 간다.

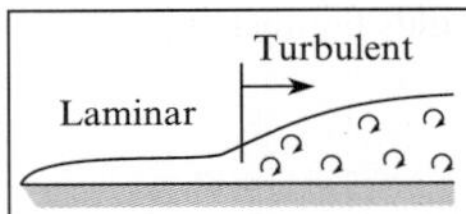

$$C_f = \frac{0.523}{\ln^2(0.06\text{Re}_L)} - \frac{1520}{\text{Re}_L} \tag{9.38}$$

- **전면경계층.** 이 경우에는 식 (9.39)를 선택한다. 전면경계층은 평판의 전체 길이에 걸쳐 경계층이 난류인 경계층을 말한다. 경계층 전체에 난류를 일으킬 수 있는 거칠기 요소가 있는 경우에 기술자들은 경계층을 시동된 것으로 이상화한다. 이러한 거칠기 요소의 예로는 평판에 붙여진 모래 입자, 회로판에 있는 전기 부품, 판의 선단 부근에 위치한 전선 등이 있다. Re_L이 500,000보다 매우 큰 경우에도 판의 길이에 비하여 층류경계층의 길이가 짧기 때문에 경계층이 시동된 것으로 이상화할 수 있다.

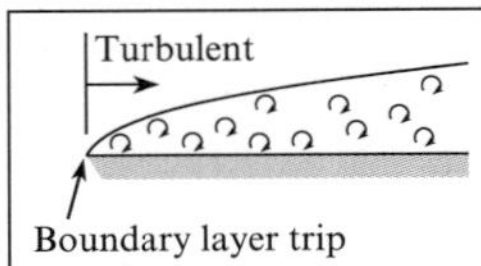

$$C_f = \frac{0.032}{\text{Re}_L^{1/7}} \tag{9.39}$$

항력과 관련된 상관관계들이 그림 9.10에 도시되어 있다. Re_L이 대략 10^7 이상이 되면 식 (9.38)과 (9.39)는 동일한 C_f 값을 준다. 이 경우 경계층은 "전면경계층"으로 모사할 수 있다.

평판 위의 항력은 더욱 복잡한 흐름을 이상화하기 위하여 이용될 수 있다. **예.** 비행기에 작용하는 항력은 비행기를 동일한 표면적을 갖는 평판으로 이상화함으로써 추정할 수 있다. 따라서 외부 표면적이 6.2 m^2인 비행기는 위쪽 면적이 3.1 m^2이고, 바닥 면적이 3.1 m^2인 평판으로 이상화시킬 수 있다. 평판의 길이와 기타 변수들은 실제 시스템(비행기)의 Re_L과 이상화한 시스템(평판)의 Re_L이 동일하도록 설정해야 한다.

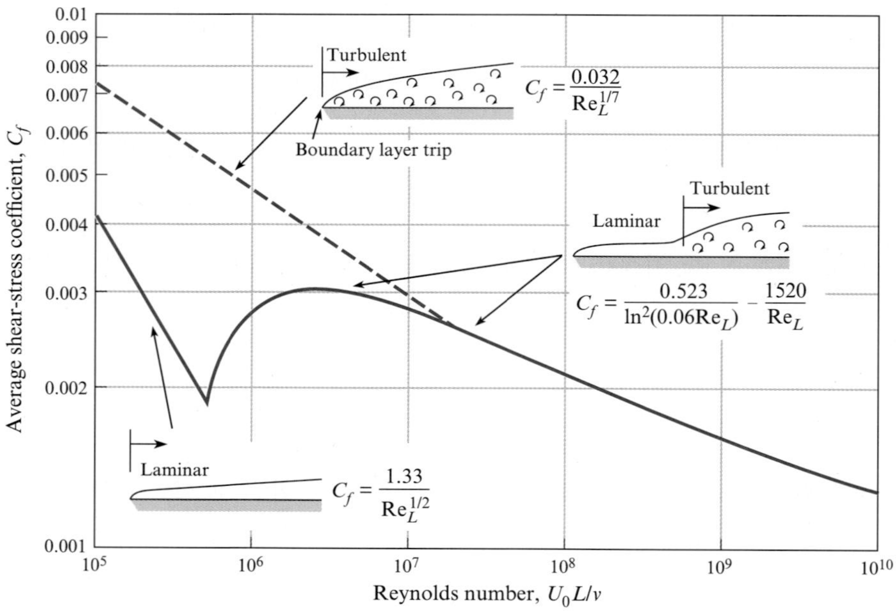

그림 9.10

이 그림은 C_f를 레이놀즈수의 함수로 제시하고 있다.

예제. 밀도(ρ)가 900 kg/m³이고 동점성계수(ν)가 8.0E-5 m²/s인 오일이 평판의 양쪽 면 위로 흐른다. 평판의 폭(W)은 250 mm이고, 길이(L)는 750 mm이다. 자유흐름 유속(U_o)은 4.5 m/s이다. 평판에 작용하는 항력을 계산하라.

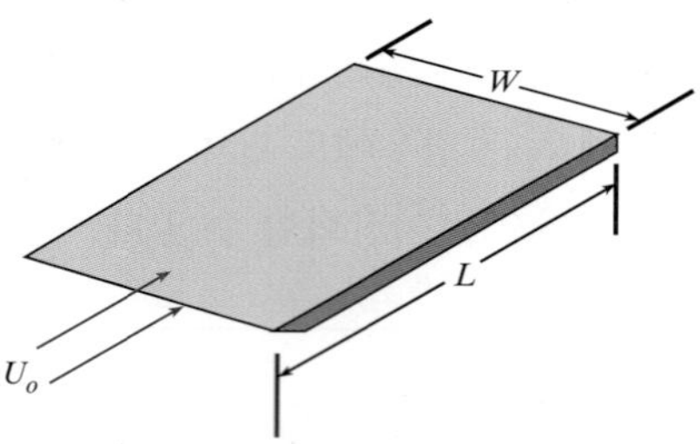

풀이.

1. 항력은 다음 식을 사용하여 계산할 수 있다: $F_D = C_f\,(\rho U_0^2/2)(A_{\text{Ref}})$.
2. 레이놀즈수 $Re_L = (4.5\text{ m/s})(0.75\text{ m})/(8.0\text{E-5 m}^2\text{/s}) = 42{,}187$.
3. Re_L이 500,000 이하이므로 경계층은 층류이다.
4. 따라서 항력계수 $C_f = 1.33/\sqrt{42{,}187} = 6.4752\text{E-3}$.
5. 기준 면적 $A_{\text{Ref}} = (2)(0.75\text{ m})(0.25\text{ m}) = 0.375\text{ m}^2$.
6. 단계 1로부터, $F_D = (6.4752\text{E-3})(900\text{ kg/m}^3)(4.5\text{ m/s})^2(0.375\text{ m}^2)/2 = 22.1\text{ N}$.

동력 방정식

자동차, 보트 또는 비행기 같은 물체가 유체 속에서 이동하기 위해서는 항력을 이겨내기 위하여 유체에 일을 해야 한다. 물체가 일정한 속도로 직선을 따라 이동할 경우, 일의 시간변화율은 다음과 같은 동력 방정식으로 주어진다.

$$P = F_D V \tag{9.40}$$

여기서 P는 항력을 이겨내기 위하여 필요한 동력, F_D는 물체에 작용하는 항력이며, V는 물체의 이동속도이다.

예제. 길이 150 m, 평균 직경 12 m인 잠수함이 바닷물($\nu = 1.4\text{E-}6$ m²/s, $\rho = 1030$ kg/m³) 속에서 9 m/s의 속도로 이동하고 있다. 항력을 이겨내기 위하여 필요한 동력을 산정하라. 잠수함을 동일한 표면적을 갖는 평판으로 이상화할 것.

풀이.

1. 항력을 이겨내기 위하여 필요한 동력, $P = F_D U$.
2. 항력, $F_D = C_f(\rho V^2/2)(A_{\text{Ref}})$.
3. 기준 면적, $A_{\text{Ref}} = (150\text{ m})(\pi)(12\text{ m}) = 5655\text{ m}^2$.
4. 레이놀즈수, $\text{Re}_L = (150\text{ m})(9\text{ m/s})/(1.4\text{E-}6\text{ m}^2\text{/s}) = 9.643\text{E}8$.
5. 그림 9.10 또는 식 (9.38)로부터, $C_f = 0.00164$.
6. 단계 2로부터, 항력 $F_D = 3.858\text{E}5$ N.
7. 단계 1로부터, $P = (3.858\text{E}5\text{ N})(9\text{ m/s}) = 3.47$ MW.

9.7 핵심 내용 요약

나비에-스토크스 방정식

- 나비에-스토크스 방정식은 뉴턴의 제2법칙을 유체 입자에 작용하여 유도한다.
- 나비에-스토크스 방정식이 해석해를 갖는 경우는 몇 개에 지나지 않는다. 그 중 두 개가 쿠에트 흐름과 푸아죄유 흐름이다.
- 쿠에트 흐름에 대해서는 다음의 사실들이 성립한다: (a) 압력이 균일하다, (b) 전단응력이 어디서나 $\mu U/L$로 동일하다, (c) 유속 분포는 선형이다.
- 수로에서의 푸아죄유 흐름에 대해서는 다음의 사실들이 성립한다: (a) 층류로 되기 위한 기준은 $\text{Re}_B = VB/\nu < 1000$이다, (b) 평균유속은 최대유속의 2/3이다, (c) 단위폭당 유량 $q = -(B^3\gamma/12\mu)dh/ds$, (d) 유속 분포는 포물선형이다.

경계층

- 경계층은 고형 물체의 표면에 인접한 유체의 얇은 부분이다. 경계층 내에서 점성응력에 의하여 유속 분포가 생겨난다.
- 경계층의 두께 δ는 물체 표면으로부터 유속이 자유흐름 유속의 99%인 지점까지의 거리이다.
- Re_L이 충분히 큰 경우 경계층의 다음과 같은 3개의 영역을 갖는다: (a) 층류경계층, (b) 천이경계층, (c) 난류경계층.

- 난류경계층으로의 천이는 $\mathrm{Re}_{tr} = 500{,}000$에서 발생하는 것으로 본다.

경계층 관련 변수들의 산정

- 널리 적용되는 식들이 표 9.1에 정리되어 있다.
- 벽면 전단응력 τ_o는 다음 식을 사용하여 계산한다: $\tau_o = c_f(\rho U_0^2/2)$.
- 항력 F_D는 다음 식을 사용하여 계산한다: $F_D = C_f(\rho U_0^2/2)(A_{\mathrm{Ref}})$.

표 9.1 평판 위 경계층 관련 식 요약

변수	층류 Re_x, $\mathrm{Re}_L < 5 \times 10^5$	난류 Re_x, $\mathrm{Re}_L \geq 5 \times 10^5$
경계층 두께, δ	$\delta = \dfrac{5x}{\mathrm{Re}_x^{1/2}}$	$\delta = \dfrac{0.16x}{\mathrm{Re}_x^{1/7}}$
국부전단응력계수, c_f	$c_f = \dfrac{0.664}{\mathrm{Re}_x^{1/2}}$	$c_f = \dfrac{0.445}{\ln^2(0.06\mathrm{Re}_x)}$
평균전단응력계수, C_f (혼합경계층)	$C_f = \dfrac{1.33}{\mathrm{Re}_L^{1/2}}$	$C_f = \dfrac{0.523}{\ln^2(0.06\mathrm{Re}_L)} - \dfrac{1520}{\mathrm{Re}_L}$
평균전단응력계수, C_f (전면경계층)	$C_f = \dfrac{0.032}{\mathrm{Re}_L^{1/7}}$	

참고문헌

1. Prandtl, L. "Über Flussigkeitsbewegung bei sehr kleiner Reibung." Verhandlungen des III. Internationalen Mathematiker–Kongresses. Leipzig, 1905.

2. Anderson, John D., Jr. "Ludwig Prandtl's Boundary Layer." *Physics Today* 58, no. 12, 42-48, 2005.

3. Blasius, H. "Grenzschichten in Flüssigkeiten mit kleiner Reibung." *Z. Mat. Physik*, 1908, English translation in NACA TM 1256.

4. Schlichting, Herman. *Boundary-Layer Theory*. 7th ed. New York: McGraw-Hill, 1979.

5. White, Frank M. *Viscous Fluid Flow*. 2nd ed. New York: McGraw-Hill, 1991.

문제

쿠에트 흐름(9.2절)

9.1 가로, 세로가 모두 0.6 m이고 중량이 142 N인 판이 경사면을 따라 0.148 m/s로 미끄러져 내려온다. 판과 경사면 사이에는 두께 0.5 mm인 오일층이 있다. 판 모서리의 영향은 무시하고 이 오일의 동역학적 점성계수 μ를 계산하라.

9.2 가로, 세로가 모두 0.5 m이고 중량이 35 N인 판이 경사면을 따라 40 cm/s로 미끄러져 내려온다. 판과 경사면 사이에는 두께 0.6 mm인 오일층이 있다. 판 모서리의 영향은 무시하고 이 오일의 동역학적 점성계수 μ를 계산하라.

9.3 경사면을 미끄러져 내려오는 금속 부분을 매끄럽게 하는 데 필요한 오일의 두께에 관한 정보가 필요하다. 양변의 길이가 0.6 m이고 중량이 25 N인 정방형의 금속 부분이 20 cm/s의 속도로 아래 그림과 같은 경사면을 미끄러져 내려와야 한다. 모서리의 영향은 무시하고, $\mu = 5.43 \times 10^{-2}$ $\mathrm{N \cdot s/m^2}$인 경우 필요한 오일의 두께를 계산하라.

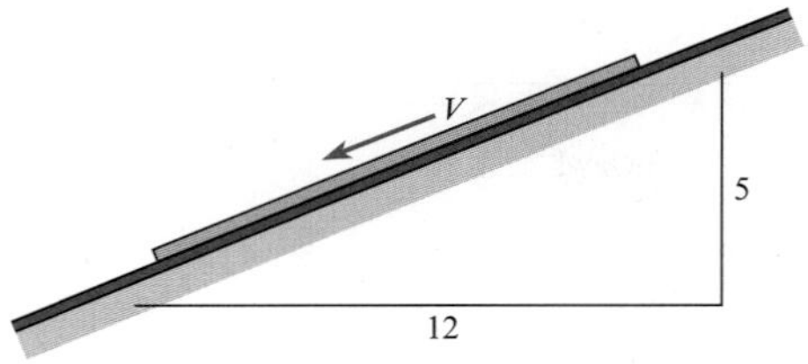

문제 9.1, 9.2, 9.3

9.4 두께 2 mm, 폭(지면에 수직인 방향) 2.5 m인 평판이 그림과 같이 두 벽 사이에서 0.7 m/s의 속도로 당겨진다. 벽과 평판 사이의 공간은 20°C의 글리세린으로 채워져 있다. 또한 평판은 두 벽 사이의 중앙에 위치해 있다. 단면 *A-A*에서 유속 분포를 도시하라. 평판의 중량은 무시하고, 위에 주어진 속도로 평판을 당기기 위하여 필요한 힘을 산정하라.

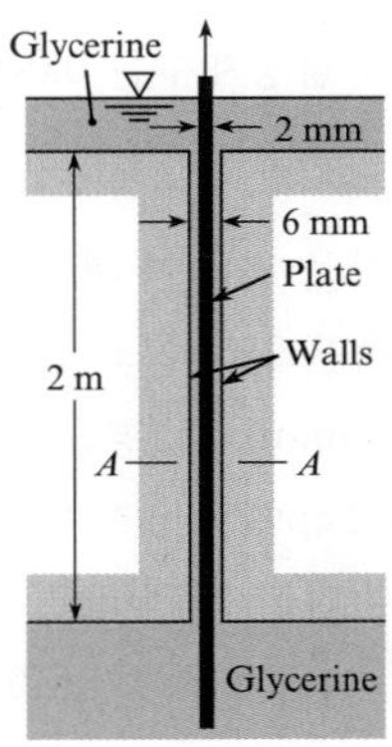

문제 9.4

9.5 표면 저항을 응용한 것들 중 중요한 것 하나는 윤활 이론에서 찾을 수 있다. 고정된 실린더 내에서 윤활유가 원환 모양의 공간을 채운 상태에서 축이 회전하고 있다고 하자. 두께가 r이고 직경이 Δr인 원환들로 구성된 시스템에 대하여, 정상상태로 운전할 경우 이 원환에 작용하는 순 토크가 영(0)임을 감안하여 $d(r^2\tau)/dr = 0$임을 보여라. 여기서 τ는 점성 전단응력이다. 접선방향 속도 성분만을 갖는 흐름의 경우 전단응력은 유속과 $\tau = \mu r d(V/r)/dr$의 관계를 갖고 있다. 안쪽 실린더에 작용하는 단위길이당 토크는 $T = 4\pi\mu\omega r_s^2/(1 - r_s^2/r_0^2)$임을 보여라. 여기서 ω는 축의 각속도이다.

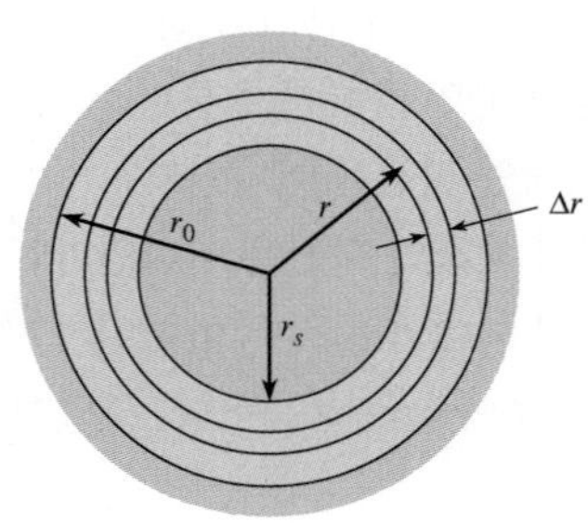

문제 9.5

9.6 문제 9.5에서 유도된 토크에 관한 식을 이용하여, 축을 둘러싸고 있는 주형의 안쪽 직경이 2.2 cm이고, 베어링의 길이가 3 cm이며, 윤활유는 38°C의 SAE 30일 경우, 직경 2 cm인 축을 60 rad/s의 각속도로 회전시키기 위하여 필요한 동력을 구하라.

9.7 문제 9.5에서와 같은 분석결과는 유체의 점성계수를 측정하는 기기에 응용된다. 안쪽 실린더에 기지의 토크를 적용하고 이에 따라 얻어지는 각속도를 측정함으로써 유체의 점성계수를 계산할 수 있다. 안쪽 실린더의 직경이 4 cm이고 바깥쪽 실린더의 직경이 4.5 cm라고 가정하자. 이 실린더들은 모두 길이가 10 cm이다. 안쪽 실린더의 접선방향으로 0.6 N의 힘을 적용하면 이 실린더는 20 rpm으로 회전한다. 이 측정을 바탕으로 유체의 점성계수를 계산하라.

푸아죄유 흐름(9.3절)

9.8 20°C의 글리세린이 두 실린더 사이의 원환 공간을 통해 아래로 흐른다. 바깥쪽 실린더의 안쪽 직경은 3 cm이고, 안쪽 실린더의 바깥쪽 직경은 2.8 cm이다. 압력은 흐름 방향을 따라 일정하다. 흐름은 층류이다. 유량을 계산하라. [*힌트:* 두 실린더 사이에서의 흐름은 두 평판 사이의 흐름으로 취급될 수 있다.]

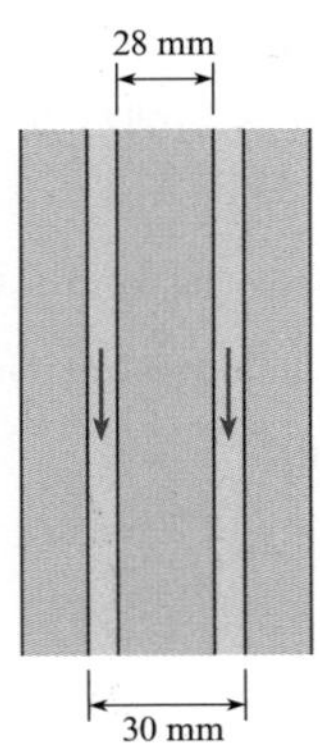

문제 9.8

9.9 그림에 나타낸 바와 같이 수평으로 평행하게 놓인 두 평판 사이로 정상 균일 흐름이 흐른다.

a. 유속이 최대인 지점은 어디인가?

b. 전단응력이 최소인 지점은 어디인가?

c. 전단응력이 최대인 지점은 어디인가?

d. 이 흐름은 푸아죄유 흐름이다. 무엇이 유체의 흐름을 일으키는가?

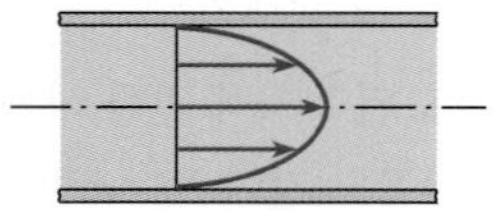

문제 9.9

9.10 어떤 조건들(압력이 x 방향으로 갈수록 감소하고, 위쪽 평판은 고정되어 있고, 아래쪽 평판은 양의 x 방향, 즉 우측으로 움직이는) 하에서는 그림에서와 같은 층류 유속 분포가 나타난다. 그러한 조건에서 다음의 기술들이 옳은 것인지 아니면 잘못된 것인지 답하라.

a. 움직이는 평판과 유체가 접촉된 부분에서 전단응력이 최소가 된다.

b. 유속이 최대인 지점에서 전단응력이 최소가 된다.

c. 두 평판 사이 중간 지점에서의 전단응력은 영(0)이다.

d. 유속이 최대인 지점에서 전단응력이 최대가 된다.

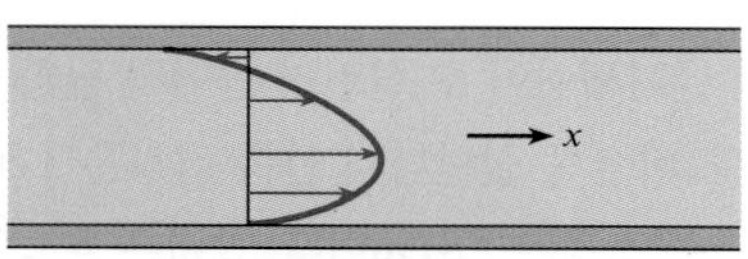

문제 9.10

9.11 아래 그림은 층류에 대한 유속 분포를 나타낸 것이다. 다음의 기술 중 옳은 것은 어떤 것인가?

a. 두 평판 사이 중간 지점에서의 전단응력이 최대가 된다

b. 경계면과 인접한 곳에서 전단응력이 최대가 된다.

c. 경계면에서의 유속 경사는 무한히 크다.

d. 흐름은 회전류이다.

e. 흐름은 비회전류이다.

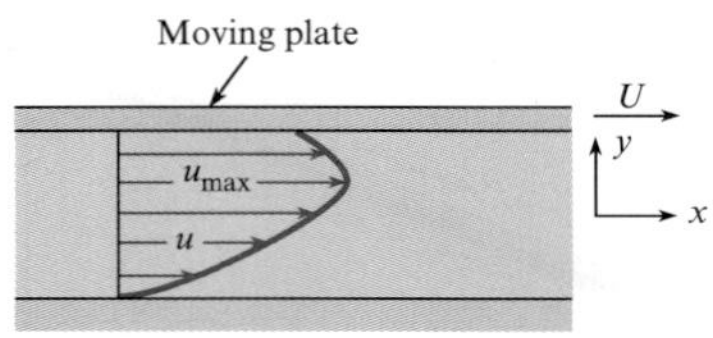

문제 9.11

9.12 20°C의 글리세린이 1.5 cm 떨어진 두 개의 수직 평판 사이에서 아래로 흐른다. 흐름의양단이 모두 열려 있기 때문에 압력경사는 없다. 이때 단위폭당 유량 q를 m^2/s 단위로 계산하라.

9.13 두 개의 수직 평판 사이의 간격은 6 mm이다. 두 평판 사이로 유체가 흐르고 있는데 유체의 압력이 수직(z) 방향으로 3.6 kN/m^2의 감소율로 감소한다면, z 방향 최대유속은 얼마이겠는가? 유체의 점성계수는 0.048 $N \cdot s/m^2$이고 비중은 0.80이다.

9.14 전자회로의 냉각을 위하여 매우 얇은 수평 수로를 설계하고 있다. 수로의 폭은 2 cm이고 길이는 7 cm이다. 두 평판 사이의 거리는 0.25 mm이고, 평균유속은 7 cm/s이다. 사용된 유체의 점성은 1.2 cp이고 밀도는 800 kg/m^3이다. 점성과 밀도는 변하지 않는다고 가정하고, 수로 내에서의 압력강하와 흐름을 일으키는 데 필요한 동력을 구하라.

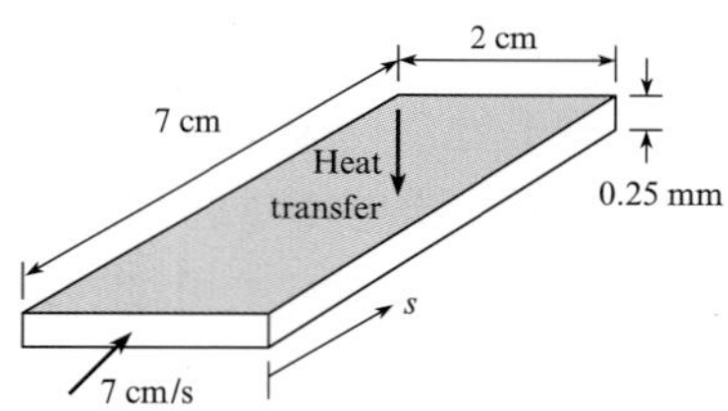

문제 9.14

경계층(설명)(9.4절)

9.15 다음 중 층류경계층의 특징에 해당되는 것을 모두 골라라.

a. 경계층의 두께는 하류 방향으로 갈수록 증가한다.

b. 경계층의 두께가 감소하는 것은 전단응력의 감소와 관련이 있다.

c. 경계층의 두께가 증가하는 것은 전단응력의 감소와 관련이 있다.

d. 흐름이 매끈하다.

경계층 유속 분포(9.5절)

9.16 어떤 유체($\rho = 998\ kg/m^3$, $\mu = 2 \times 10^{-2}\ N \cdot s/m^2$, $\nu = 2 \times 10^{-5}\ m^2/s$)가 평판의 접선방향으로 평판을 지나 흐르고 있다. 접근 유속이 1 m/s이면, 선단에서 하류로 2 m, 평판 위로 0.8 mm 떨어진 곳에서의 유속은 얼마인가?

9.17 오일($\nu = 2 \times 10^{-4}\ m^2/s$)이 평판의 접선방향으로 얇은 평판을 지나 흐르고 있다. 자유흐름 유속이 2 m/s이라면, 선단에서 하류로 5 m, 평판 위로 15 mm 떨어진 곳에서의 유속은 얼마인가?

9.18 오일($\nu = 10^{-4}\ m^2/s$, $SG = 0.8$)이 평판을 지나 접선방향으로 흐르며, 그에 따라 경계층이 발달된다. 접근 유속이 0.3 m/s이라면 선단에서 하류로 0.2 m, 평판 위로 0.1 cm 떨어진 곳에서의 유속은 얼마인가?

9.19 평판 위를 흐르는 20°C의 물의 흐름에서 난류경계층이 발생한다. 평판의 표면에서 측정된 국부 전단응력은 0.3 N/m^2이다. 평판 표면에서 0.2 cm 떨어진 곳에서의 유속은 얼마인가?

경계층(계산)(9.6절)

9.20 다음의 각 항들이 층류경계층(L)의 특징인지, 아니면 난류경계층(T)의 특징인지 분류하라.

a. 흐름을 혼합시키는 와동을 포함한다.
b. 매끈한 층 내에서 흐름이 발생한다.
c. 유속 분포는 $\sqrt{\text{Re}}$ 의 함수이다.
d. 유속 분포는 멱함수 식으로 쓸 수 있다.
e. 유속 분포는 로그 분포 식으로 나타낼 수 있다.
f. 경계층 두께 δ는 $x^{6/7}$에 비례한다.
g. 경계층 두께 δ는 $x^{1/2}$에 비례한다.
h. 평균흐름이 정상류인 경우에도 경계층 내의 유속은 비정상이다.
i. 전단응력은 $\sqrt{\text{Re}}$ 의 함수이다.
j. 전단응력은 자연로그 함수이다.

9.21 어떤 모형비행기가 스팬이 1.2 m이고 현(선단과 뒤끝단 사이의 거리)의 길이가 0.25 m인 날개를 가지고 있다. 이 모형비행기가 16°C이고 대기압 상태인 공기 내에서 비행한다. 항력에 관한 한, 날개는 평판으로 간주할 수 있다.

a. 비행기의 속도가 얼마일 때, 날개 위에 난류경계층이 발달하기 시작하는가?
b. 난류가 발생하기 직전, 날개에 작용하는 총 항력은 얼마인가?

9.22 어떤 유체($\rho = 998\ kg/m^3$, $\mu = 4 \times 10^{-2}\ N \cdot s/m^2$, $\nu = 2 \times 10^{-5}\ m^2/s$)가 평판의 접선방향으로 평판을 지나 흐르고 있다. 평판의 (흐름 방향) 총 길이는 4 m, 폭은 1.5 m, 접근 유속은 1 m/s이다. 평판 한쪽 면에 작용하는 표면마찰항력(전단력)은 얼마인가?

9.23 국부 전단응력을 감지하는 센서가 평판 선단에서 0.8 m 떨어진 곳에 위치하고 있다. 이 센서는 가로, 세로가 모두 1 cm인 작은 판으로 이루어져 있고, 벽면에 설치되어 평판에서의 전단력이 측정된다. 평판을 지나는 유체는 공기로서 자유흐름 유속은 75 m/s, 밀도는 1.2 kg/m^3이며 동점성계수는 $1.5 \times 10^{-5}\ m^2/s$이다. 경계층은 선단에서 시동된다. 센서에 작용되는 전단응력으로 인한 힘의 크기는 얼마인가?

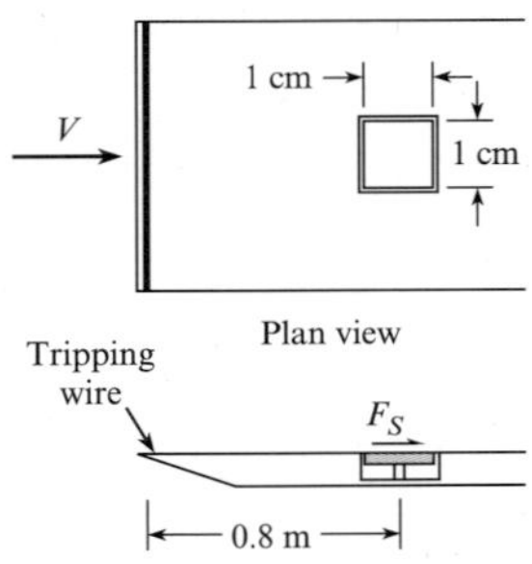

문제 9.23

9.24 어떤 유체가 평판의 접선방향으로 평판을 지나 흐르고 있다. 유체의 특성은 $\mu = 10^{-5}\ N \cdot s/m^2$, $\rho = 1.5\ kg/m^3$이다. 평판의 길이가 2.5 m이고 접근 유속이 16 m/s일 때, 평판 단위폭당 표면마찰항력을 구하라. 또한, 선단 하류방향으로 1 m 떨어진, 평판 바로 위($y = 0$) 지점에서의 유속경사는 얼마인가?

9.25 그림에 나타낸 평판 위 가상의 경계층에 대해서, 하류단(A 지점)에서의 평판에 작용하는 전단응력을 구하라. 여기서 $\rho = 1.2\ kg/m^3$이고 $\mu = 7.0 \times 10^{-5}\ N \cdot s/m^2$이다.

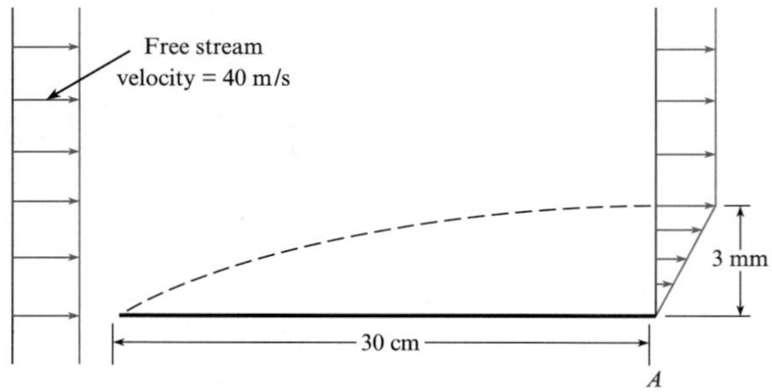

문제 9.25

9.26 그림에서와 같이 표지가 55 m/s의 속도로 끌려간다. 이 표지의 항력이 평판의 경우와 동일하다고 가정할 때, 표지를 끌기 위해 필요한 동력을 계산하라. 표준 대기압과 10°C의 온도를 가정하라.

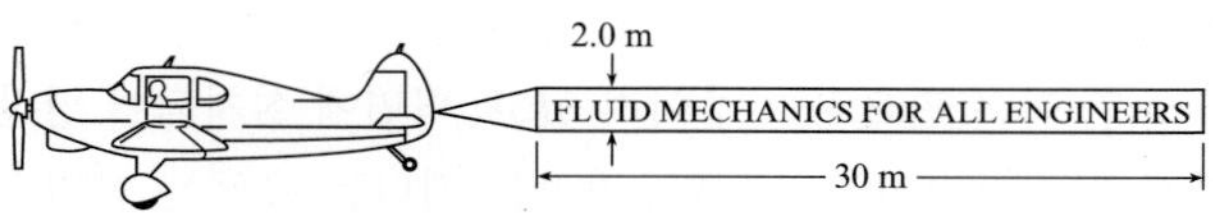

문제 9.26

9.27 20°C, 대기압 하에, 42 m/s의 공기흐름과 나란하게 평판이 놓여 있다. 평판의 흐름 방향 길이는 1 m이고, 폭은 0.5 m이다. 평판 한쪽 면에서는 경계층이 선단에서 시동되며, 다른 쪽 면에는 시동을 위한 장치가 마련되어 있지 않다. 평판에 작용하는 항력의 총합을 구하라.

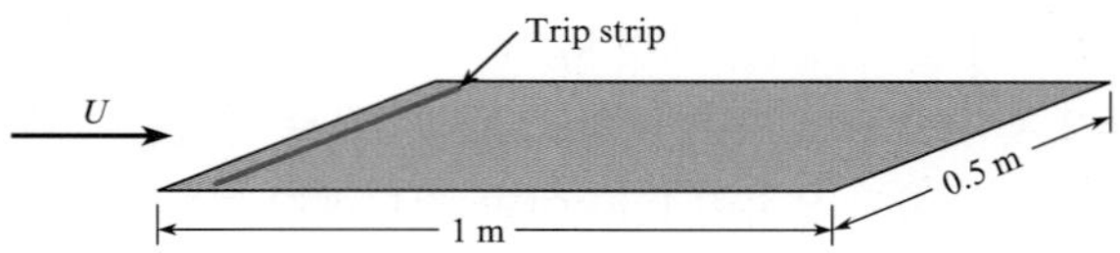

문제 9.27

9.28 선외경주용 보트가 16°C의 물 위를 112 km/hr의 속도로 질주한다. 선체가 물과 접하고 있는 면적은 평균적으로 폭 0.9 m, 길이 2.4 m이다. 이때 발생하는 전단력을 극복하기 위하여 필요한 동력을 산정하라.

9.29 매끄러운 배의 선체에 생긴 경계층을 고려하라. 배는 16°C의 담수에서 13.5 m/s의 속도로 운항하고 있다. 선체 위 경계층이 평판 위 경계층과 같이 발달한다고 가정하고 다음을 구하라.

a. 배의 이물(bow)에서 하류로 30 m 떨어진 곳에서의 경계층 두께

b. $x = 30$ m, $y/\delta = 0.50$인 경계층 내 지점에서의 유속

c. $x = 30$ m 위치에서 선체에 접한 지점의 전단응력 τ_0

CHAPTER **10**

관로 흐름

개요 | 이 장에서는 관로 흐름의 해석방법을 설명한다. 가장 중요한 해석 수단인 에너지 방정식에 대해서는 7장에서 다룬 바 있다. 이 장에서는 손실수두 계산방법을 설명함으로써 이러한 지식을 확장한다. 또한 펌프의 해석방법과 관망의 해석방법을 설명한다.

그림 10.1

공학 분야의 주목할 만한 업적의 하나인 알래스카 관로는 알래스카주를 횡단하여 1286 km에 걸쳐 원유를 수송한다. 관로의 직경은 1.2 m이고, 흐름에 동력을 제공하기 위하여 44개의 펌프가 사용된다. 이 장에서는 관로, 펌프 및 터빈을 포함하는 시스템의 설계에 관한 지식을 제공한다.

학습성과

관로 흐름(10.1절, 10.2절)
- 관로를 정의한다.
- 흐름의 분류와 레이놀즈수에 관한 주요 개념을 인지한다.
- NPS 표준을 사용하여 관의 크기를 결정한다.

손실수두(10.3절)
- 총 손실수두, 관 손실수두 및 부속물 손실수두를 설명한다.
- 마찰계수 f를 정의한다.
- 다르시-바이스바흐 식의 유도 과정을 열거하고, 식이 갖는 물리적 의미를 기술한다. 변수들의 의미를 설명하고 식을 적용한다.

마찰계수(10.5절, 10.6절)
- 관련 식들을 사용하여 h_f 또는 f를 계산한다.
- 무디 도표에 대하여 설명하고, 도표를 적용하여 f를 결정한다.

방정식 풀이(10.7절)
- 계산만으로는 방정식을 풀 수 없는 난류 문제의 해를 구한다.

결합 손실수두(10.8절)
- 소손실계수를 정의한다.
- 결합 손실수두 방정식을 기술하고 적용한다.

동수직경(10.9절)
- 동수직경과 동수반경을 정의하고 계산한다.
- 관련 문제들을 푼다.

원심펌프(10.9절)
- 시스템 곡선과 펌프 곡선을 도시하고 설명한다.
- 관련 문제들을 푼다.

10.1 흐름의 분류

이 절에서는 흐름이 (a) 층류인지 난류인지, 그리고 (b) 발달 중인 흐름인지 완전히 발달된 흐름인지를 고려하여 관로의 흐름을 분류하는 방법을 설명한다. 흐름의 분류는 손실수두를 계산하는 적합한 식을 선택하기 위한 필수 요소이다.

관로(conduit)는 흐르는 유체로 완전히 채워져 있는 관, 튜브 또는 덕트 등을 통칭한다. 예를 들면 액화천연가스를 수송하는 관로, 연료전지에서 수소를 운송하는 미세관로, 건물의 난방을 위하여 공기를 수송하는 덕트 등이 있다. 배수관과 같이 관의 일부만 흐르는 물로 채워져 있는 경우에는 개수로 흐름으로 분류되며, 이에 대해서는 15장에서 다루기로 한다.

층류와 난류

관로의 흐름은 레이놀즈수의 크기에 따라서 층류인지 난류인지 분류된다. 최초의 연구는 그림 10.2a에 나타낸 바와 같이 유리 튜브에서 흐름을 시각화하였다. 1880년대에 레이놀즈는 염료를 튜브의 중앙에 주입하여 다음과 같은 사실들을 관찰하였다(1).

- 유속이 낮을 때는, 그림 10.2b에 나타낸 바와 같이 염료의 궤적선이 거의 퍼지지 않고 튜브를 따라 흐른다. 하지만, 만약 수조의 물이 교란된다면 염료의 궤적선은 튜브 속에서 흐트러질 것이다.
- 유속이 증가하면 그림 10.2c에 나타낸 바와 같이 튜브 내의 어느 지점에 이르러 순식간에 염료가 물과 완전히 혼합된다.
- 염료가 빠르게 혼합될 때(그림 10.2c), 전기스파크로 빛을 쏘이면 그림 10.2d와 같이 혼합된 유체의 와동이 나타난다.

그림 10.2에 나타낸 흐름 상태는 층류(그림 10.2b)와 난류(그림 10.2c와 10.2d)이다. 레이놀즈는 난류의 시작이 레이놀즈수($\mathrm{Re} = \rho VD/\mu$)라고 불리는 무차원 수와 관련이 있음을 보였다. 레이놀즈수는 레이놀즈의 선구자적 업적을 기려 명명된 것이다.

레이놀즈수는 종종 Re_D로 표기하는데, 여기서 아래첨자 "D"는 레이놀즈수 계산식에 직경이 사용됨을 뜻한다. 이 아래첨자는 *길이 척도(length scale)*라 불린다. 레이놀즈수 계산을 위해 여러 길이 규모 값들이 사용되기 때문에 길이 척도를 표시하는 것은 좋은 습관이다. 이러한 예로서 9장에서 도입한 Re_x와 Re_L을 들 수 있다.

레이놀즈수는 다음과 같은 4개의 식으로부터 계산될 수 있다. 이 중 어떤 하나의 식으로부터 나머지 3개의 식들을 유도할 수 있기 때문에 이 식들은 사실상 동일한 식들이다.

$$\mathrm{Re}_D = \frac{VD}{\nu} = \frac{\rho VD}{\mu} = \frac{4Q}{\pi D\nu} = \frac{4\dot{m}}{\pi D\mu} \tag{10.1}$$

레이놀즈는 상류 측 수조의 유체가 완전히 정적이지 않거나 관로 자체에 어떤 진동이 있

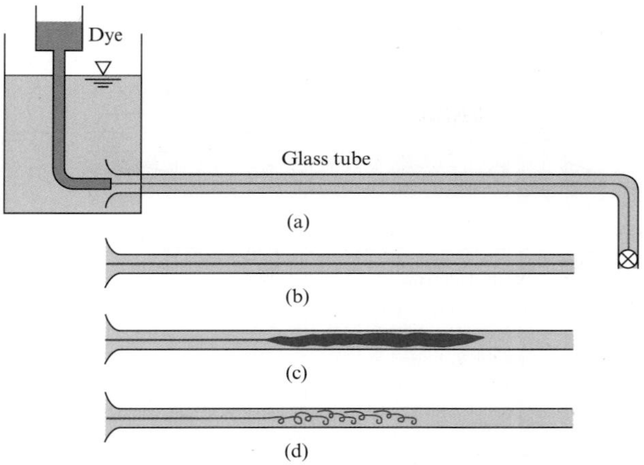

그림 10.2
레이놀즈의 실험:
(a) 실험장치,
(b) 튜브에서의 염료의 층류 흐름,
(c) 튜브에서의 염료의 난류 흐름,
(d) 난류에서의 와동.

으면 관로의 흐름이 처음에는 층류 상태이다가 레이놀즈수가 약 2100에 이르면 난류로 변한다는 것을 발견하였다. 그러나 유체의 움직임이 없고 실험장치 내의 진동이 전혀 없는 이상적인 상태에서는 난류로 변하기 전에 이보다 훨씬 큰 레이놀즈수에도 도달할 수 있음을 발견했다. 또한 고유속에서 저유속 흐름으로 갈 때에는 약 2000의 레이놀즈수에서 난류에서 층류로의 변화가 발생함을 발견했다. 레이놀즈의 실험을 바탕으로 기술자들은 관로 내의 흐름이 층류인지 난류인지를 판단하는 지침을 확정하여 사용한다. 이 책에서 사용된 지침은 다음과 같다.

$$\begin{array}{ll} \mathrm{Re}_D \le 2000 & \text{층류} \\ 2000 \le \mathrm{Re}_D \le 3000 & \text{예측할 수 없는 흐름} \\ \mathrm{Re}_D \ge 3000 & \text{난류} \end{array} \tag{10.2}$$

식 (10.2)에서 중간범위($2000 \le \mathrm{Re}_D \le 3000$)는 층류와 난류 사이를 오가며 변화할 수 있기 때문에 예측할 수 없는 흐름 형태에 해당한다. 흐름 영역을 구분하는 레이놀즈수의 정확한 값은 존재하지 않는다. 그래서 식 (10.2)에 주어진 값들은 근사값들이고 문헌마다 약간씩 다른 값들이 주어질 수 있다. 예를 들어 어떤 문헌들은 난류의 기준으로 $\mathrm{Re}_D = 2300$을 사용한다.

발달 중인 흐름과 완전히 발달된 흐름

관로 내의 흐름은 발달 중인 흐름과 완전히 발달된 흐름으로 분류한다. 예를 들어, 그림 10.3에 나타낸 바와 같이 층류인 유체가 저수지에서 관으로 들어가고 있다고 하자. 유체가 관으로 흘러 내려가는 동안, 유속이 일정한 플러그형 유속 분포가 점성 효과 때문에 점차 포물선 분포로 변하기 때문에 흐름 방향 유속 분포는 계속 변해 간다. 이와 같이 유속 분포가 변하는 영역을 **발달 중인 흐름**(developing flow)이라고 한다. 포물선 분포에 도달한 후에는, 흐름 분포가 유동 방향으로 바뀌지 않고 유지되며 이 흐름을 **완전히 발달된 흐름**(fully developed flow)이라고 한다.

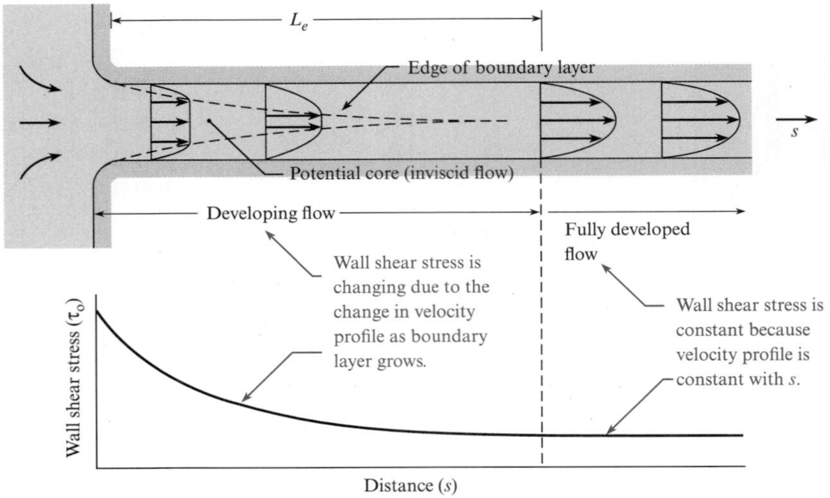

그림 10.3
발달 중인 흐름에서는 벽면 전단응력이 변한다. 완전히 발달된 흐름에서는 벽면 전단응력이 일정하다.

흐름이 발달하는 데 필요한 거리를 **입구길이**(entry 또는 entrance length)(L_e)라고 한다. 이 길이는 관벽의 작용으로 인한 전단응력에 따라 달라진다. 층류에 대한 벽면 전단응력 분포를 그림 10.3에 나타내었다. 관 입구 근처에서는 방사상의 유속 변화율(벽면으로부터의 거리에 따른 유속 변화)이 크므로 전단응력이 크다. 유속 분포가 포물선 형태로 발달하는 동안에 유속 변화율과 벽면 전단응력은 일정한 값에 도달할 때까지 감소한다. 입구길이는 전단응력이 완전히 발달되었을 때의 값의 2% 범위 내에 도달할 때까지의 거리로 정의한다. 입구길이에 대한 관계식은 다음과 같다.

$$\frac{L_e}{D} = 0.05\,\mathrm{Re}_D \qquad (\text{층류: } \mathrm{Re}_D \leq 2000) \tag{10.3a}$$

$$\frac{L_e}{D} = 50 \qquad (\text{난류: } \mathrm{Re}_D \geq 3000) \tag{10.3b}$$

식 (10.3)은 정적인 조건의 저수지에서 원형 관으로 유입되는 흐름의 경우에 유효한 식이다. 상류 측에 밸브, 엘보, 펌프와 같은 부속물들이 있는 경우에는 흐름장이 복잡해져서 완전히 발달된 흐름에 도달하는 데 필요한 거리가 달라진다.

요약하면, 관로에서의 흐름은 다음과 같이 4가지로 분류된다: 발달 중인 층류, 완전히 발달된 층류, 발달 중인 난류, 완전히 발달된 난류. 분류의 핵심은 예제 10.1에 나타낸 바와 같이 레이놀즈수를 계산하는 것이다.

예제 10.1

관로 흐름의 분류

문제

길이 1 m, 직경 5 mm인 원형 튜브 속을 흐르는 유체가 있다. 층류인지 난류인지 분류하고 (a) 50°C의 공기가 12 m/s의 유속일 때와 (b) 15°C의 물이 8 g/s의 질량유량으로 흐를 때 입구길이를 계산하라.

설명

유체는 원형 튜브 속을 흐르고 있다(공기, 물 두 가지 경우).

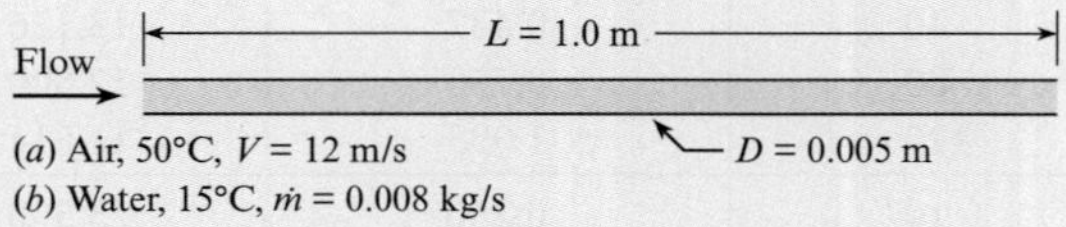

특성값:

- 공기(50°C), 표 A.3, $\nu = 1.79 \times 10^{-5}\ \mathrm{m^2/s}$.
- 물(15°C), 표 A.5, $\mu = 1.14 \times 10^{-3}\ \mathrm{N \cdot s/m^2}$.

가정:

- 관은 저수지에 연결되어 있다.
- 입구는 매끄럽고 점차 좁아진다.

목표

- 각각의 흐름이 층류인지 또는 난류인지 판정한다.
- 각각의 경우에 대한 입구길이가 몇 m인지 계산한다.

아이디어

- 식 (10.1)을 이용하여 레이놀즈수를 계산한다.
- 식 (10.2)를 이용하여 흐름이 층류인지 난류인지 구분한다.
- 식 (10.3)을 이용하여 입구길이를 계산한다.

문제풀이

a. 공기:

$$\mathrm{Re}_D = \frac{VD}{\nu} = \frac{(12\ \mathrm{m/s})(0.005\ \mathrm{m})}{1.79 \times 10^{-5}\ \mathrm{m^2/s}} = 3350$$

$\mathrm{Re}_D > 3000$이므로, $\boxed{\text{흐름은 난류이다.}}$

$$L_e = 50D = 50(0.005\,\mathrm{m}) = \boxed{0.25\ \mathrm{m}}$$

b. 물:

$$\mathrm{Re}_D = \frac{4\dot{m}}{\pi D \mu} = \frac{4(0.008\ \mathrm{kg/s})}{\pi(0.005\ \mathrm{m})(1.14 \times 10^{-3}\ \mathrm{N \cdot s/m^2})} = 1787$$

$\mathrm{Re}_D < 2000$이므로, $\boxed{\text{흐름은 층류이다.}}$

$$L_e = 0.05\,\mathrm{Re}_D = 0.05(1787)(0.005\ \mathrm{m}) = \boxed{0.447\ \mathrm{m}}$$

10.2 관의 크기 결정

이 절에서는 공칭관크기(Nominal Pipe Size, NPS) 표준을 사용하여 관의 크기를 결정하는 방법을 설명한다. 이 방법은 가용한 상용 관의 크기를 결정하는 데 유용하다.

관의 표준 크기(NPS)

관 크기에 관한 것으로서 가장 통용되는 표준 중의 하나가 공칭관크기(NPS) 시스템이다. NPS 시스템에 사용되는 용어들을 그림 10.4에 소개하였다. ID는 관의 내경을, OD는 외경을 각각 나타낸다. 표 10.1에 나타낸 바와 같이 NPS 관은 공칭관크기와 스케줄(schedule)의 두 가지 값에 의하여 결정된다. 공칭관크기(NPS)에 따라 외경(OD)이 결정된다. 예를 들면, 공

표 10.1 공칭관크기 표준

공칭관크기(inch)	외경(inch)	스케줄	관벽두께(inch)	내경(inch)
1/2	0.840	40 80	0.109 0.147	0.622 0.546
1	1.315	40 80	0.133 0.179	1.049 0.957
2	2.375	40 80	0.154 0.218	2.067 1.939
4	4.500	40 80	0.237 0.337	4.026 3.826
8	8.625	40 80	0.322 0.500	7.981 7.625
14	14.000	10 40 80 120	0.250 0.437 0.750 1.093	13.500 13.126 12.500 11.814
24	24.000	10 40 80 120	0.250 0.687 1.218 1.812	23.500 22.626 21.564 20.376

그림 10.4
관의 단면.

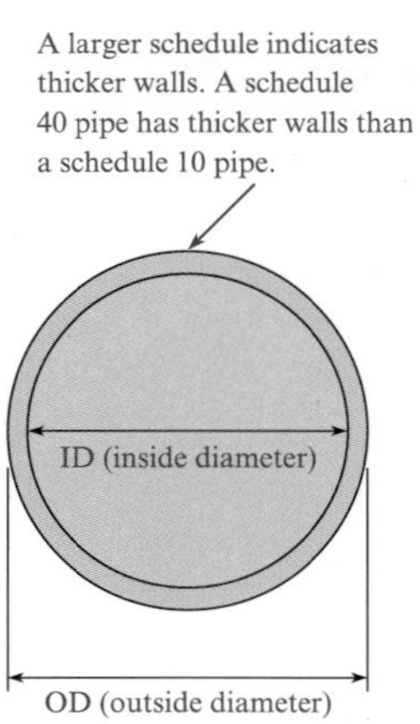

칭관크기가 2 inch인 관은 OD가 2.375 inch이다. 공칭관크기가 14 inch 이상이면 공칭관크기와 OD가 같아진다. 즉, 공칭관크기 24 inch인 관의 OD는 24 inch이다.

관스케줄은 관벽 두께와 관련이 있다. 스케줄의 본래 의미는 압력에 저항하는 관의 능력이었기 때문에 관스케줄은 관벽의 두께와 관련이 있다. 각각의 공칭관이 가질 수 있는 스케줄 값의 범위는 5부터 160까지로 다양하다. 표 10.1의 자료는 대표적인 OD와 스케줄을 나타내고 있으며, 이 밖의 많은 관들의 크기에 대한 시방은 기술 안내서들과 인터넷에서 찾아볼 수 있다.

10.3 관 손실수두

이 절에서는 직선 관에서의 손실수두를 계산하는 데 사용되는 다르시-바이스바흐 방정식(Darcy-Weisbach equation)을 소개한다. 이 식은 유체역학에서 가장 유용한 식들 중 하나이다.

총 손실수두

관 손실수두는 손실수두의 한 가지 유형이며, 또 다른 유형으로는 부속물 손실수두가 있다. 모든 손실수두는 이 두 가지 범주를 이용하여 분류한다.

$$\text{총 손실수두} = \text{관 손실수두} + \text{부속물 손실수두} \tag{10.4}$$

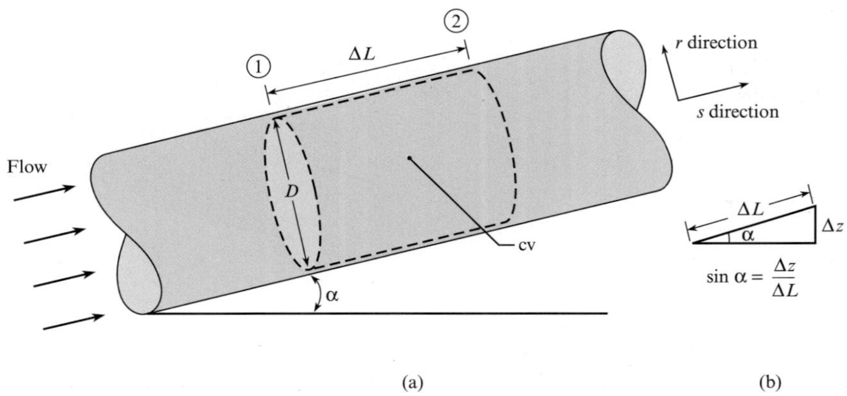

그림 10.5
다르시-바이스바흐 식의 유도를 위한 정의도.

부속물 손실수두(component head loss)는 밸브나 곡관(bend), 티(tee)와 같은 장치를 통과하는 흐름과 관련이 있다. **관 손실수두**(pipe head loss)는 관로에서의 완전히 발달된 흐름과 관련이 있으며 흐르는 유체에 작용하는 전단응력에 의해 발생한다. 참고로 관 손실수두는 주손실수두(major head loss)라고도 하며, 부속물 손실수두는 소손실(minor head loss)이라고도 한다. 관 손실수두는 다르시-바이스바흐 식을 사용하여 구할 수 있다.

다르시–바이스바흐 식의 유도

직경이 D인 원형 관을 흐르는 완전히 발달된 정상류를 가정한다(그림 10.5 참조). 관 안쪽에 직경이 D이고 길이가 ΔL인 원통형 검사체적을 위치시킨다. 흐름 방향(s 방향)으로의 축 좌표와 r 방향으로의 반경 좌표로 좌표체계를 정의한다.

운동량 방정식을 그림 10.5에 나타낸 검사체적에 적용한다.

$$\sum \mathbf{F} = \frac{d}{dt}\int_{cv} \mathbf{v}\rho d\forall + \int_{cs} \mathbf{v}\rho \mathbf{V}\cdot d\mathbf{A} \tag{10.5}$$

(순작용력) = (운동량 축적률) + (순 유출 운동량)

흐름 방향을 선택하고 식 (10.5)의 세 항을 분석한다. 단면 2에서의 유속 분포가 단면 1에서의 유속 분포와 일치하기 때문에 운동량의 순 유출량은 영(0)이다. 또 흐름이 정상류이기 때문에 운동량 축적 항도 역시 영(0)이다. 따라서 식 (10.5)는 $\Sigma \boldsymbol{F} = \mathbf{0}$으로 단순해진다. 외력들은 그림 10.6에 나타내었다. 흐름 방향으로 작용하는 힘들의 합은 다음과 같다.

$$\begin{aligned} F_{\text{pressure}} + F_{\text{shear}} + F_{\text{weight}} &= 0 \\ (p_1 - p_2)\left(\frac{\pi D^2}{4}\right) - \tau_0(\pi D \Delta L) - \gamma\left[\left(\frac{\pi D^2}{4}\right)\Delta L\right]\sin\alpha &= 0 \end{aligned} \tag{10.6}$$

그림 10.5b는 $\sin\alpha = (\Delta z/\Delta L)$임을 보여 준다. 식 (10.6)은 다음과 같이 된다.

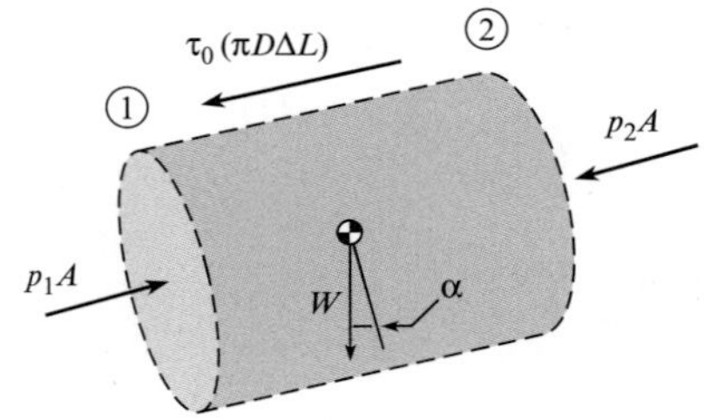

그림 10.6
외력에 관한 설명도.

$$(p_1 + \gamma z_1) - (p_2 + \gamma z_2) = \frac{4\,\Delta L \tau_0}{D} \tag{10.7}$$

다음으로, 에너지 방정식을 그림 10.5에 나타낸 검사체적에 적용한다. $h_p = h_t = 0$, $V_1 = V_2$, $\alpha_1 = \alpha_2$라 하자. 따라서 에너지 방정식은 다음과 같이 된다.

$$\begin{aligned} \frac{p_1}{\gamma} + z_1 &= \frac{p_2}{\gamma} + z_2 + h_L \\ (p_1 + \gamma z_1) - (p_2 + \gamma z_2) &= \gamma h_L \end{aligned} \tag{10.8}$$

식 (10.7)과 (10.8)을 결합하고 ΔL을 L로 대체한다. 또한, 다음과 같이 관의 손실수두를 나타내는 새로운 기호 h_f를 도입한다.

$$h_f = (\text{관의 손실수두}) = \frac{4L\tau_0}{D\gamma} \tag{10.9}$$

식 (10.9)의 우변을 다시 정리하면 다음과 같다.

$$h_f = \left(\frac{L}{D}\right)\left\{\frac{4\tau_0}{\rho V^2/2}\right\}\left\{\frac{\rho V^2/2}{\gamma}\right\} = \left\{\frac{4\tau_0}{\rho V^2/2}\right\}\left(\frac{L}{D}\right)\left\{\frac{V^2}{2g}\right\} \tag{10.10}$$

벽면 전단응력(τ_0)과 동압력($\rho V^2/2$)의 비로 주어지는 새로운 무차원 수인 **마찰계수**(friction factor) f를 다음과 같이 정의한다.

$$f \equiv \frac{(4 \cdot \tau_0)}{(\rho V^2/2)} \approx \frac{\text{벽에 작용하는 전단응력}}{\text{동압력}} \tag{10.11}$$

기술 문헌들에서 마찰계수는 다르시 마찰계수, 다르시-바이스바흐 마찰계수, 저항계수 등 다른 호칭으로 불리기도 한다. 또한 여기에 4배를 하면 다르시-바이스바흐 마찰계수와 같아지는 패닝(Fanning) 마찰계수가 있는데 이 계수는 화학공학자들이 자주 사용한다.

$$f_{\text{Darcy}} = 4f_{\text{Fanning}}$$

이 책에서는 오직 다르시-바이스바흐 마찰계수만 사용한다. 식 (10.10)과 (10.11)을 결합하여 다음과 같이 다르시-바이스바흐 식을 유도한다.

$$h_f = f\frac{L}{D}\frac{V^2}{2g} \tag{10.12}$$

다르시-바이스바흐 식을 사용하기 위해서는, 흐름이 완전히 발달된 정상류이어야 한다. 다르시-바이스바흐 식은 층류뿐만 아니라 난류에도 사용되고 원형 관뿐만 아니라 직사각형 덕트 같은 비원형 단면의 관로에도 사용된다.

다르시-바이스바흐 식은 손실수두가 마찰계수와 관의 길이-직경 비 및 평균유속의 제곱에 좌우됨을 보여 준다. 다르시-바이스바흐 식을 이용하는 핵심은 마찰계수 f의 값을 계산하는 것이다. 이 주제는 다음 절들에서 다루기로 한다.

10.4 관로 흐름의 응력 분포

이 절에서는 유선에 수직인 평면에서의 응력 분포에 대한 식들을 유도한다. 이 식들은 층류와 난류에 공통적으로 적용되며, 흐름의 성질에 대한 통찰력을 제공한다. 또한 이 식들은 이후 계속되는 식들의 유도에 사용된다.

관로 흐름에서 흐름 방향에 수직한 평면에 작용하는 압력은 정수압이다. 이는 압력 분포가 그림 10.7에 나타낸 바와 같이 선형적으로 변한다는 것을 의미한다. 압력 분포가 정수압인 이유는 오일러의 방정식을 이용하여 설명할 수 있다(4.5절 참조).

전단응력의 변화에 대한 방정식을 유도하기 위해 그림 10.8에 나타낸 바와 같이 수평선과 α의 각을 이루는 원형 관에서의 뉴턴유체 흐름을 고려하자. 흐름은 완전히 발달되었으며 정상류이고 층류라고 가정하자. 길이가 ΔL이고 반경이 r인 원통형 검사체적을 정의한다.

s 방향으로 운동량 방정식을 적용한다. 입구에서의 유속 분포와 출구에서의 유속 분포가 같은 완전히 발달된 흐름이기 때문에 순 운동량 유출은 영(0)이다. 정상류이기 때문에 운동량 축적도 역시 영(0)이다. 운동량 방정식은 다음과 같은 힘의 평형식으로 단순화된다.

$$\sum F_s = F_{\text{pressure}} + F_{\text{weight}} + F_{\text{shear}} = 0 \tag{10.13}$$

그림 10.9에 나타낸 힘의 도식을 사용하여 식 (10.13)의 각 항을 분석한다.

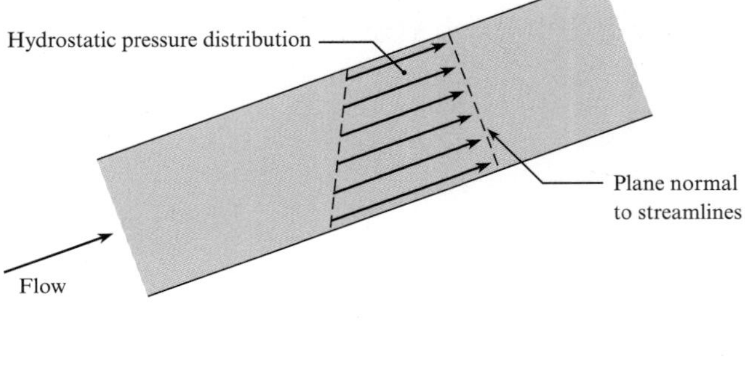

그림 10.7
관 내의 완전히 발달된 흐름에 대해서, 유선에 수직한 면적에 작용하는 압력 분포는 정수압 분포이다.

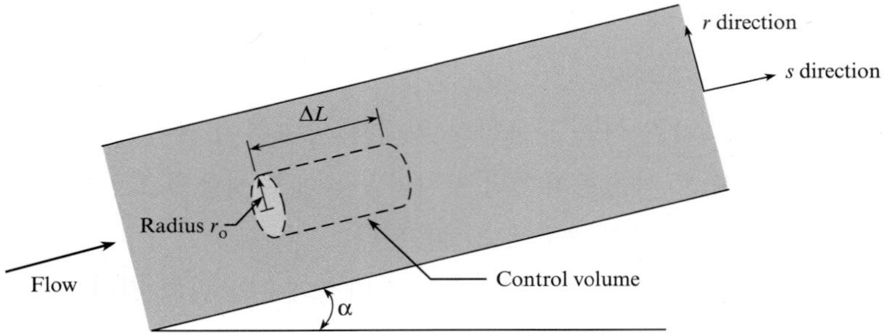

그림 10.8
전단응력에 대한 식의 유도를 위한 설명도.

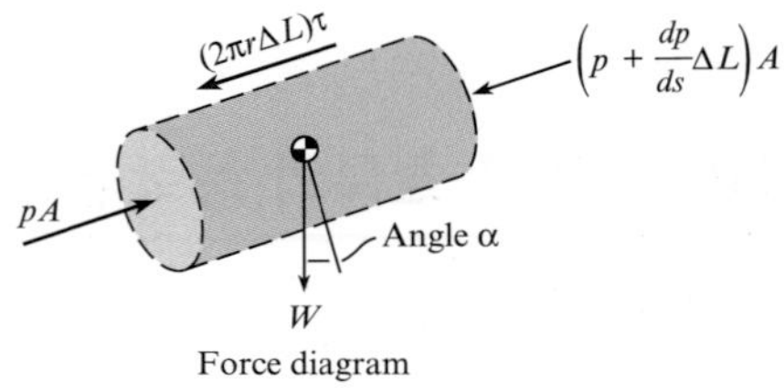

그림 10.9
그림 10.8에 정의된 검사체적에 작용하는 힘에 대한 설명도.

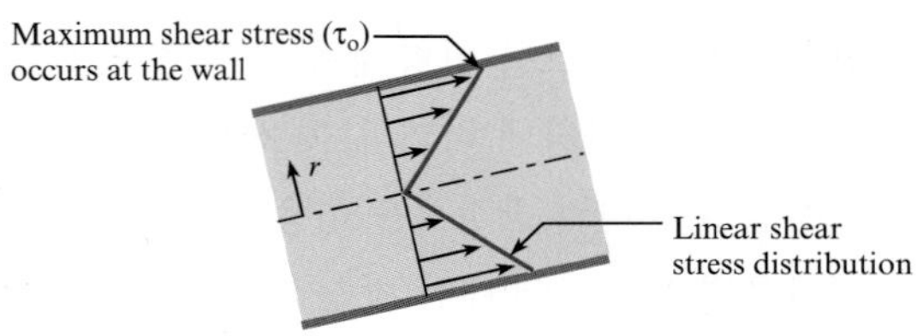

그림 10.10
완전히 발달된 흐름(층류 또는 난류)에서 전단응력 분포는 선형이다.

$$pA - \left(p + \frac{dp}{ds}\Delta L\right)A - W\sin\alpha - \tau(2\pi r)\Delta L = 0 \tag{10.14}$$

$W = \gamma A \Delta L$, $\sin\alpha = \Delta z/\Delta L$(그림 10.5b 참조)로 놓고, 식 (10.14)를 $A\Delta L$로 나누면 다음과 같이 된다.

$$\tau = \frac{r}{2}\left[-\frac{d}{ds}(p + \gamma z)\right] \tag{10.15}$$

식 (10.15)는 그림 10.10과 같이 전단응력 분포가 r에 따라서 선형적으로 변함을 보여 준다. 중앙선에서의 전단응력은 영(0)이고, 벽면에서 최대값 τ_0에 이르며, 중앙선과 벽면 사이에서 전단응력은 선형적으로 변한다. 이와 같은 선형적 전단응력 변화는 층류와 난류 모두에 적용된다.

10.5 원형 관에서의 층류

이 절에서는 층류를 설명하고 관련된 식들을 유도한다. 층류는 마이크로채널이라 불리는 작은 관로에서의 흐름과 윤활흐름 및 점성력이 지배적인 다른 여러 흐름들을 분석하는 데 중요하다. 또한 층류에 대한 지식은 발전된 고급 주제들에 대한 연구의 기초를 제공한다.

층류(laminar flow)는 유체 운동이 매끄러운 흐름 영역이다. 흐름은 층 내에서 발생하며 층 사이의 혼합은 분자 확산에 의해서 일어난다. 이 과정은 난류의 혼합보다 훨씬 느리다. 식 (10.2)에 따르면, 층류는 $\mathrm{Re}_D \leq 2000$일 때 발생한다. 원형 관에서의 층류는 1840년대에 저속 흐름을 연구한 개척자적인 연구자들을 기리어 **푸아죄유 흐름**(Poiseuille flow) 또는 **하겐-푸아죄유 흐름**(Hagen-Poiseuille flow)이라고 한다.

유속 분포

층류 유속분포 식의 유도는, 점성에 관한 식을 이용하여 응력을 변형률과 연관시킴으로써 시작한다.

$$\tau = \mu \frac{dV}{dy}$$

여기서 y는 관 벽으로부터의 거리이다. $y = r_0 - r$로 변수를 변환한다. 여기서 r_0는 관의 반경이고 r은 반경방향 좌표이다. 다음으로 연쇄법칙을 사용한다.

$$\tau = \mu\left(\frac{dV}{dy}\right) = \mu\left(\frac{dV}{dr}\right)\left(\frac{dr}{dy}\right) = -\left(\mu\frac{dV}{dr}\right) \tag{10.16}$$

식 (10.16)을 (10.15)에 대입하면 다음과 같이 된다.

$$\left(\frac{2\mu}{r}\right)\left(\frac{dV}{dr}\right) = \frac{d}{ds}(p + \gamma z) \tag{10.17}$$

식 (10.17)에서, 식의 좌변은 반경 r의 함수이고 우변은 축방향 위치 s의 함수이므로, 식 (10.17)은 식의 양변이 상수인 경우에만 성립한다. 따라서

$$\text{상수} = \frac{d}{ds}(p + \gamma z) = \left(\frac{\Delta(p + \gamma z)}{\Delta L}\right) = \left(\frac{\gamma \Delta h}{\Delta L}\right) \tag{10.18}$$

여기서 Δh는 관로 길이 ΔL에 해당하는 위압수두의 변화이다. 식 (10.17)과 (10.18)을 결합하면 다음과 같다.

$$\frac{dV}{dr} = \left(\frac{r}{2\mu}\right)\left(\frac{\gamma \Delta h}{\Delta L}\right) \tag{10.19}$$

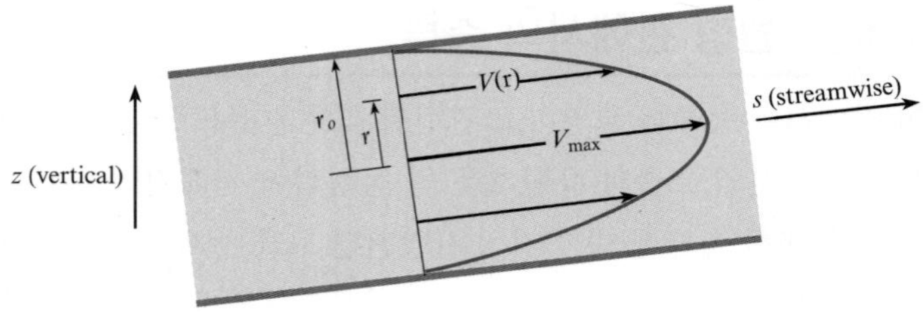

그림 10.11
푸아죄유 흐름의 유속 분포는 포물선형이다.

식 (10.19)를 적분하면 다음과 같이 된다.

$$V = \left(\frac{r^2}{4\mu}\right)\left(\frac{\gamma \Delta h}{\Delta L}\right) + C \tag{10.20}$$

식 (10.20)의 적분 상수 C를 구하기 위해 비활동 조건, 즉 벽에서의 유체 유속이 영(0)이라는 조건을 적용한다. 따라서

$$V(r = r_0) = 0$$

$$0 = \frac{r_0^2}{4\mu}\left(\frac{\gamma \Delta h}{\Delta L}\right) + C$$

C에 대하여 정리하고 그 결과를 식 (10.20)에 대입한다.

$$V = \frac{r_0^2 - r^2}{4\mu}\left[-\frac{d}{ds}(p + \gamma z)\right] = -\left(\frac{r_0^2 - r^2}{4\mu}\right)\left(\frac{\gamma \Delta h}{\Delta L}\right) \tag{10.21}$$

최대유속은 $r = 0$일 때 발생하며, 그 크기는 다음과 같다.

$$V_{max} = -\left(\frac{r_0^2}{4\mu}\right)\left(\frac{\gamma \Delta h}{\Delta L}\right) \tag{10.22}$$

식 (10.21)과 (10.22)를 결합하면 다음 식을 얻는다.

$$V(r) = -\left(\frac{r_0^2 - r^2}{4\mu}\right)\left(\frac{\gamma \Delta h}{\Delta L}\right) = V_{max}\left(1 - \left(\frac{r}{r_0}\right)^2\right) \tag{10.23}$$

식 (10.23)은 반경의 제곱에 비례하는($V \sim r^2$) 유속 변화를 보여 주며, 층류에서의 유속 분포는 그림 10.11에 그려진 것과 같이 포물선형임을 의미한다.

유량과 평균유속 V

유량 Q에 대한 식을 유도하기 위해 식 (10.23)의 유속 분포를 유량 산정식에 대입한다:

$$Q = \int V\,dA$$
$$= -\int_0^{r_0} \frac{(r_0^2 - r^2)}{4\mu}\left(\frac{\gamma\Delta h}{\Delta L}\right)(2\pi r\,dr) \qquad (10.24)$$

식 (10.24)를 적분한다.

$$Q = -\left(\frac{\pi}{4\mu}\right)\left(\frac{\gamma\Delta h}{\Delta L}\right)\frac{(r^2 - r_0^2)^2}{2}\bigg|_0^{r_0} = -\left(\frac{\pi r_0^4}{8\mu}\right)\left(\frac{\gamma\Delta h}{\Delta L}\right) \qquad (10.25)$$

평균유속에 대한 식을 유도하기 위해 $Q = \overline{V}A$를 적용하고 식 (10.25)를 이용한다.

$$\overline{V} = -\left(\frac{r_0^2}{8\mu}\right)\left(\frac{\gamma\Delta h}{\Delta L}\right) \qquad (10.26)$$

식 (10.26)과 (10.22)를 비교하면 $\overline{V} = V_{\text{max}}/2$임을 알 수 있다. 다음으로, $D/2$를 r_0 대신 식 (10.26)에 대입하면, 원형 관에서의 평균유속에 대한 식을 다음과 같이 얻게 된다.

$$\overline{V} = -\left(\frac{D^2}{32\mu}\right)\left(\frac{\gamma\Delta h}{\Delta L}\right) = \frac{V_{\text{max}}}{2} \qquad (10.27)$$

손실수두와 마찰계수 *f*

원형 튜브에서의 손실수두에 대한 방정식을 유도하기 위하여, 그림 10.12에 나타낸 바와 같은 관 내에서 완전히 발달된 흐름을 가정한다. 단면 1부터 단면 2까지 에너지 방정식을 적용하고 단순화하면 다음과 같이 된다.

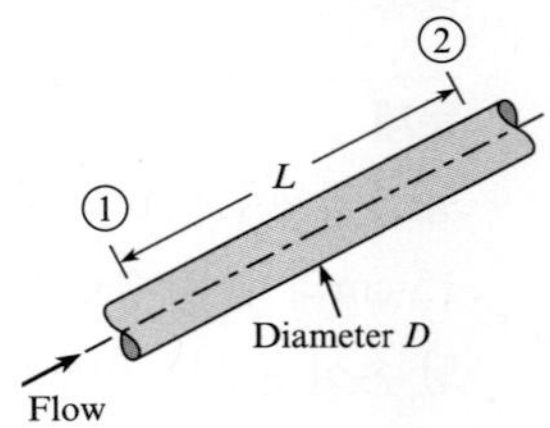

그림 10.12
관로 흐름.

$$\left(\frac{p_1}{\gamma} + z_1\right) = \left(\frac{p_2}{\gamma} + z_2\right) + h_L \qquad (10.28)$$

$h_L = h_f$라고 하면 식 (10.28)은 다음과 같이 된다.

$$\left(\frac{p_1}{\gamma} + z_1\right) = \left(\frac{p_2}{\gamma} + z_2\right) + h_f \qquad (10.29)$$

식 (10.27)을 전개한다.

$$\overline{V} = -\left(\frac{\gamma D^2}{32\mu}\right)\left(\frac{\Delta h}{\Delta L}\right) = -\left(\frac{\gamma D^2}{32\mu}\right)\frac{\left(\frac{p_2}{\gamma} + z_2\right) - \left(\frac{p_1}{\gamma} + z_1\right)}{\Delta L} \qquad (10.30)$$

식 (10.30)을 다시 정리하고 ΔL을 L로 대체하면

$$\left(\frac{p_1}{\gamma} + z_1\right) = \left(\frac{p_2}{\gamma} + z_2\right) + \frac{32\mu\overline{V}L}{\gamma D^2} \qquad (10.31)$$

식 (10.29)와 (10.31)을 비교하면 관 내의 손실수두에 대한 식을 다음과 같이 얻을 수 있다.

$$h_f = \frac{32\mu L \overline{V}}{\gamma D^2} \tag{10.32}$$

식 (10.32)에 있어서 중요한 가정은 (a) 층류, (b) 완전히 발달된 흐름, (c) 정상류, (d) 뉴턴유체이다.

식 (10.32)는 층류에서의 손실수두가 유속에 따라 선형적으로 변함을 보여 준다. 또한 손실수두는 점성과 관의 길이, 단위중량과 관경의 제곱에 따라 영향을 받는다.

마찰계수 f에 대한 식을 유도하기 위해 식 (10.32)와 다르시-바이스바흐 식 (10.12)를 결합한다.

$$h_f = \frac{32\,\mu L V}{\gamma D^2} = f\frac{L}{D}\frac{V^2}{2g} \tag{10.33}$$

$$\text{또는 } f = \left(\frac{32\mu L V}{\gamma D^2}\right)\left(\frac{D}{L}\right)\left(\frac{2g}{V^2}\right) = \frac{64\mu}{\rho D V} = \frac{64}{\text{Re}_D} \tag{10.34}$$

식 (10.34)는 층류에 대한 마찰계수가 오직 레이놀즈수에만 좌우됨을 보여 준다. 예제 10.2는 손실수두를 계산하는 방법을 예시하고 있다.

예제 10.2

층류의 손실수두

문제

동점성계수가 6×10^{-4} m^2/s인 오일($SG = 0.85$)이 직경 15 cm의 관을 유량 0.020 m^3/s로 흐른다. 관 길이 100 m당 손실수두는 얼마인가?

설명

- 오일은 유량 $Q = 0.02$ m^3/s로 관 속을 흐르고 있다.
- 관의 직경은 $D = 0.15$ m이다.

가정: 완전히 발달된 정상류.

특성값: 오일: $S = 0.85$, $\nu = 6 \times 10^{-4}$ m^2/s.

목표

관 길이 100 m당 손실수두를 계산한다.

아이디어

1. 유량식을 이용하여 평균유속을 계산한다.
2. 식 (10.1)을 이용하여 레이놀즈수를 계산한다.
3. 식 (10.2)를 이용하여 흐름이 층류인지 난류인지 확인한다.
4. 식 (10.32)를 이용하여 손실수두를 계산한다.

문제풀이

1. 평균유속:

$$V = \frac{Q}{A} = \frac{0.020\text{ m}^3\text{/s}}{(\pi D^2)/4} = \frac{0.020\text{ m}^3\text{/s}}{\pi((0.15\text{ m})^2/4)} = 1.13\text{ m/s}$$

2. 레이놀즈수:

$$\text{Re}_D = \frac{VD}{\nu} = \frac{(1.13\text{ m/s})(0.15\text{ m})}{6 \times 10^{-4}\text{ m}^2\text{/s}} = 283$$

3. $\text{Re}_D < 2000$이므로, 흐름은 층류이다.
4. 손실수두(층류):

$$h_f = \frac{32\mu LV}{\gamma D^2} = \frac{32\rho\nu LV}{\rho g D^2} = \frac{32\nu LV}{gD^2}$$

$$= \frac{32(6 \times 10^{-4}\ \text{m}^2/\text{s})(100\ \text{m})(1.13\ \text{m/s})}{(9.81\ \text{m/s}^2)(0.15\ \text{m})^2}$$

$$= \boxed{9.83\ \text{m}}$$

해와 풀이과정 검토

지식. 층류의 손실수두를 계산하는 다른 방법으로 아래와 같이 다르시-바이스바흐 식 (10.12)를 이용하는 방법이 있다.

$$f = \frac{64}{\text{Re}_D} = \frac{64}{283} = 0.226$$

$$h_f = f\left(\frac{L}{D}\right)\left(\frac{V^2}{2g}\right) = 0.226\left(\frac{100\ \text{m}}{0.15\ \text{m}}\right)\left(\frac{(1.13\ \text{m/s})}{2 \times 9.81\ \text{m/s}^2}\right)^2$$

$$= 9.83\ \text{m}$$

10.6 난류와 무디 도표

이 절에서는 난류의 특성을 설명하고, 마찰계수 f를 계산하는 식과 무디 도표(Moody diagram)로 불리는 유명한 그래프를 제시한다. 대부분의 관로 흐름은 난류이므로 이 내용은 매우 중요하다.

난류에 대한 정성적 설명

난류(turbulent flow)는 유체 입자의 움직임이 무질서하고, 와동이 발생하고, 시간에 따라 변하며, 흐름 방향을 가로지르는 입자들의 움직임이 상당한 흐름 영역이다. 유체 입자의 무질서한 운동 때문에 난류는 높은 수준의 혼합을 일으키고 유속 분포가 층류의 유속 분포에 비해서 더욱 균일하거나 편평하다. 식 (10.2)에 따르면, 난류는 $\text{Re} \geq 3000$일 때 발생한다.

공학자들과 과학자들은 경험적 접근을 이용하여 난류의 모형을 만든다. 이것은 난류의 복잡한 성질 때문에 보편적으로 유용한 수학적 해법을 수립하기가 어렵기 때문이다. 그럼에도 불구하고 경험적인 정보는 시스템 설계에 성공적으로 광범위하게 사용되었다. 오랜 기간 동안 연구자들은 난류 흐름에서의 전단응력과 손실수두에 대한 많은 식들을 제안해 왔다. 공학적 사용에 가장 신뢰성 있고 정확한 것으로 입증된 경험식들을 다음 절에서 서술한다.

표 10.2 멱함수 식의 지수 및 최대유속과 평균유속의 비

Re	4×10^3	2.3×10^4	1.1×10^5	1.1×10^6	3.2×10^6
m	$\frac{1}{6.0}$	$\frac{1}{6.6}$	$\frac{1}{7.0}$	$\frac{1}{8.8}$	$\frac{1}{10.0}$
u_{max}/V	1.26	1.24	1.22	1.18	1.16

[자료 출처: Schlichting(2)]

유속분포식

시간평균유속 분포는 종종 멱함수 공식을 이용하여 나타낸다.

$$\frac{u(r)}{u_{\max}} = \left(\frac{r_0 - r}{r_0}\right)^m \tag{10.35}$$

여기서 $u_{\max}$는 관의 중심에서의 유속이며, r_0는 관의 직경이고, m은 표 10.2에 나타낸 바와 같이 Re에 따라서 경험적으로 결정되는 변수이다. 표 10.2를 보면 관의 중심에서의 유속은 평균유속 V에 비해 전형적으로 약 20% 정도 높다는 것을 알 수 있다. 식 (10.35)는 유속 분포를 정확히 표현하는 반면, 벽면 전단응력의 정확한 값을 예측하지는 못한다.

식 (10.35)에 대한 대안으로 9장에서 소개한 난류경계층 방정식을 사용하는 접근방법이 있다. 대수유속분포라고 불리는 이 방정식들 중 가장 중요한 식은 식 (9.27)이며 여기에 다시 나타내면 다음과 같다.

$$\frac{u(r)}{u_*} = 2.44 \ln \frac{u_*(r_0 - r)}{\nu} + 5.56 \tag{10.36}$$

여기서 u_*는 전단유속이며 $u_* = \sqrt{\tau_0/\rho}$ 로 주어진다.

마찰계수에 관한 식

난류에서의 f에 대한 방정식을 유도하기 위해, 식 (10.36)을 식 (5.10)으로 주어지는 평균유속의 정의에 대입한다.

$$V = \frac{Q}{A} = \left(\frac{1}{\pi r_0^2}\right)\int_0^{r_0} u(r)2\pi r dr = \left(\frac{1}{\pi r_0^2}\right)\int_0^{r_0} u_*\left[2.44 \ln\frac{u_*(r_0 - r)}{\nu} + 5.56\right]2\pi r dr$$

적분을 수행하고 실험 데이터에 잘 맞도록 상수를 조정하면 다음과 같은 결과를 얻게 된다.

$$\frac{1}{\sqrt{f}} = 2.0\log_{10}(\mathrm{Re}\sqrt{f}\,) - 0.8 \tag{10.37}$$

프란틀에 의해서 1935년에 처음으로 유도된 식 (10.37)은 매끄러운 벽의 관에서의 난류에 대한 마찰계수를 제공한다. 식 (10.37)의 상세한 유도 과정은 White(20)에 제시되어 있다. 벽면 조도의 영향을 알아보기 위해 프란틀의 대학원생 중 한 명이었던 Nikuradse(4)는 관의 내벽에 균일한 크기의 모래알갱이를 붙이고 압력강하와 유량을 측정하였다.

그림 10.13에 나타낸 Nikuradse 데이터는 여러 가지 모래알갱이의 크기에 대하여 레이놀즈수의 함수로 도시된 마찰계수를 보여 준다. 모래알갱이 크기의 특성을 기술하기 위해 Nikuradse는 k_s로 표기하고 **모래 조도**(sand roughness)라고 부르는 변수를 사용하였다. 무차원 변수 k_s/D는 **상대 조도**(relative roughness)라고 칭한다.

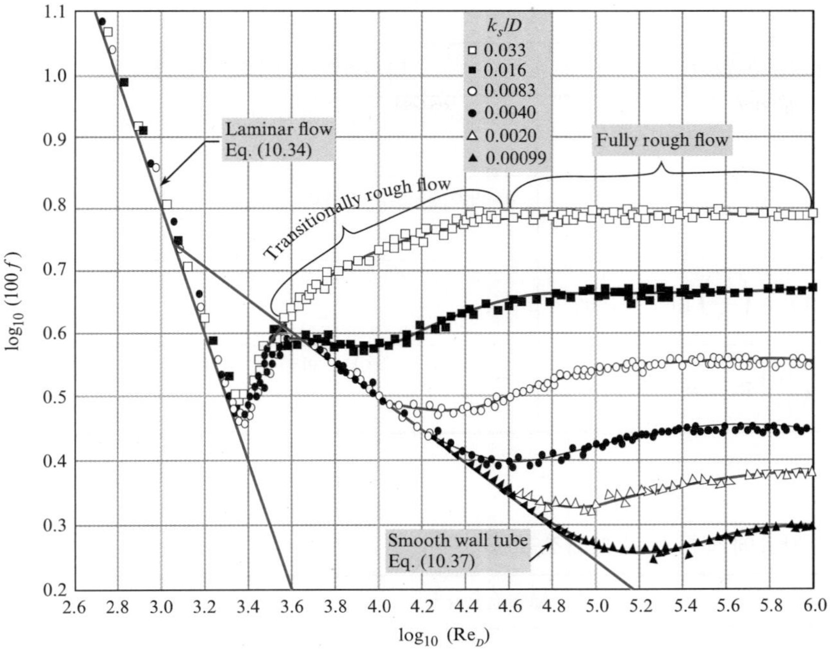

그림 10.13
모래조도 관에 대한 저항계수 f 대 레이놀즈수. [Nikuradse(4)]

그림 10.13의 자료는 층류의 경우 벽면 조도가 f에 영향을 미치지 않는다는 것을 보여 준다. 특히, 여러 k_s/D의 값에 상응하는 f 값들이 "Laminar flow"라고 이름 붙인 청색 직선으로 어떻게 모여드는지 주목하라.

난류의 경우에는 벽면 조도가 f에 가장 큰 영향을 미친다는 것을 보여 준다. $k_s/D = 0.033$일 때, f의 값은 약 0.04이다. 상대 조도의 값이 0.002로 떨어지면 f의 값은 약 3분의 1로 감소한다. 결국 벽면 조도에 상관없이 f는 벽면이 매끄러운 관을 가정함으로써 예측할 수 있다. 후자의 경우 그림 10.13에서 "Smooth wall tube"로 표시된 청색 곡선에 해당한다. 조도의 효과는 White(5)에 요약되어 있으며 표 10.3에 나타낸 바와 같다. 또한 이 영역들은 그림 10.13에도 도시되어 있다.

무디 도표

Colebrook(6)은 상용 관에 대한 데이터를 취합하여 Colebrook-White 공식이라는 마찰계수에 대한 경험식을 개발함으로써 Nikuradse의 연구를 발전시켰다. 무디(3)는 Colebrook-White 공식을 사용하여 그림 10.14에 나타난 것과 유사한 설계 도표를 만들어 냈다. 이 도표는 상용 관에 대한 **무디 도표**(Moody diagram)로 알려져 있다.

그림 10.14의 무디 도표에서 변수 k_s는 **등가 모래조도**(equivalent sand roughness)를 나타낸다. 즉, 높은 Re 값에서 어떤 모래조도 관과 동일한 저항 특성을 갖는 관은 그 모래조도 관의 조도에 상응하는 조도를 가졌다고 할 수 있다. 표 10.4는 다양한 종류의 관에 대한 등가 모

표 10.3 벽면 조도의 효과

흐름 유형	매개변수 범위		매개변수가 f에 미치는 영향
층류	$\mathrm{Re}_D < 2000$	NA	f는 레이놀즈수에 따라 변하고, 상대 조도와는 무관
난류(매끈한 관 흐름 영역)	$\mathrm{Re}_D > 3000$	$\left(\frac{k_s}{D}\right)\mathrm{Re}_D < 10$	f는 레이놀즈수에 따라 변하고, 상대 조도와는 무관
난류(천이 흐름 영역)	$\mathrm{Re}_D > 3000$	$10 < \left(\frac{k_s}{D}\right)\mathrm{Re}_D < 1000$	f는 레이놀즈수와 상대 조도에 따라 변함
난류(완전히 거친 관 흐름 영역)	$\mathrm{Re}_D > 3000$	$\left(\frac{k_s}{D}\right)\mathrm{Re}_D > 1000$	f는 레이놀즈수와 무관하고, 상대 조도에 따라 변함

표 10.4 다양한 관 재료에 대한 등가 모래조도(k_s)

경계면 재료	k_s, Millimeters	k_s, Inches
유리, 플라스틱	0.00(매끈함)	0.00(매끈함)
구리 또는 황동	0.0015	6×10^{-5}
연철, 강철	0.046	0.002
아스팔트로 포장된 주철	0.12	0.005
아연도금 강	0.15	0.006
주철	0.26	0.010
콘크리트	0.3–3.0	0.012–0.12
리벳으로 이은 철	0.9–9	0.035–0.35
고무관(직선)	0.025	0.001

래조도를 제시한 것이다. 이 표는 주어진 관에 대한 상대 조도를 계산하는 데 사용될 수 있고, 상대 조도는 그림 10.14로부터 마찰계수를 찾는 데 이용된다.

그림 10.14의 무디 도표에서 가로좌표는 레이놀즈수 Re이고, 세로좌표는 저항계수 f이다. 청색 곡선들은 각각 일정한 상대 조도(k_s/D)에 대한 것이며, k_s/D의 값은 각 곡선의 오른쪽 끝에 명기되어 있다. 주어진 Re와 k_s/D에 대한 f를 찾기 위해 우선 오른쪽 세로축으로 가서 알맞은 상대조도 곡선을 찾는다. 그 다음에 도표 아래쪽에서 주어진 Re 값을 찾고 이 Re 값에서, 주어진 k_s/D 곡선에 이를 때까지, 수직하게 위로 올라온다. 마지막으로, 이 지점으로부터 수평하게 왼쪽 세로축 눈금으로 이동하여 f 값을 읽는다. 주어진 k_s/D 값에 대한 곡선이 그림 10.14에 도시되어 있지 않은 경우에는, 보간법으로 적합한 지점을 찾는다.

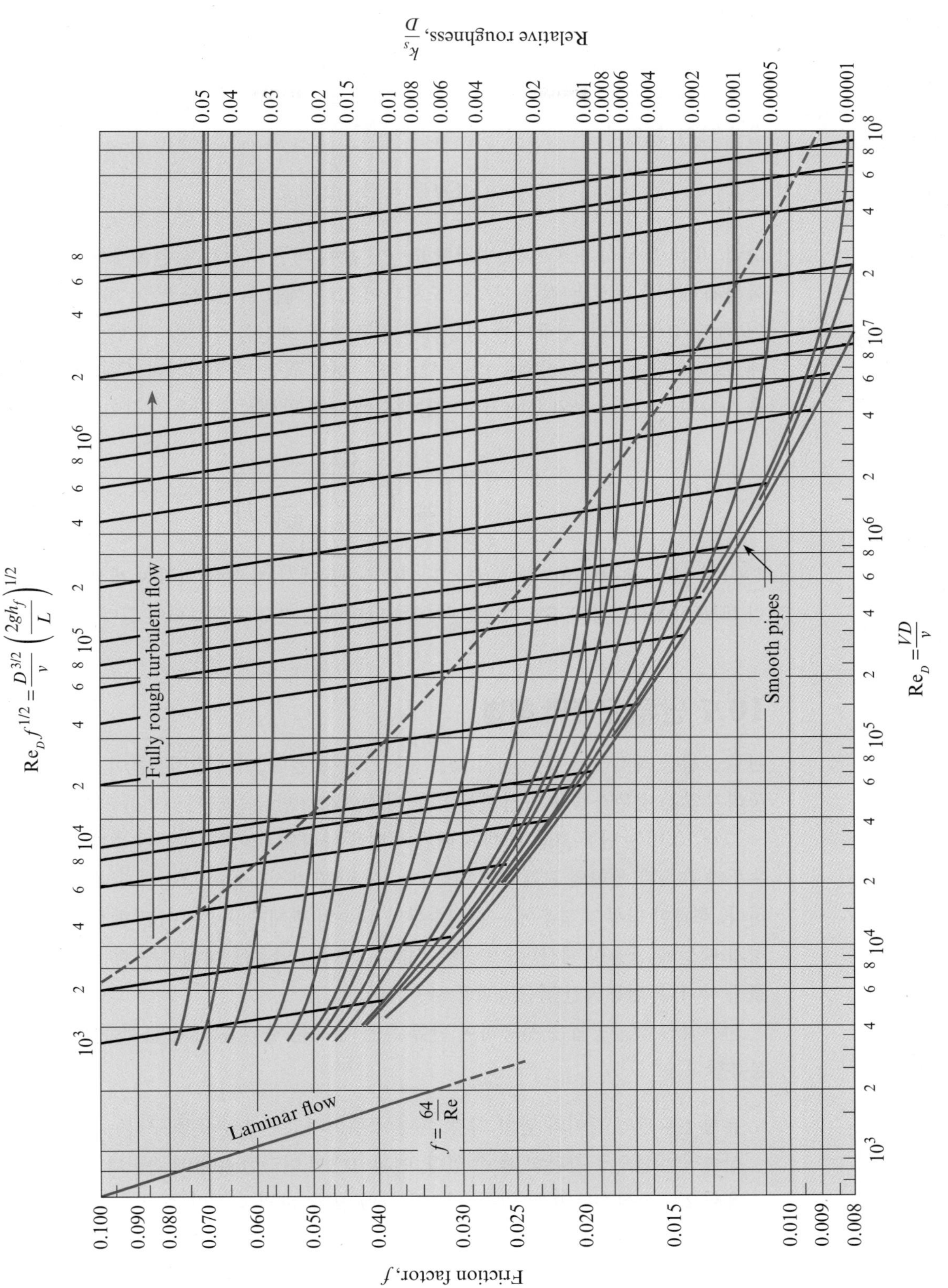

그림 10.14
마찰계수 f 대 레이놀즈수.

일부 유형의 문제에 대하여 더 편리하게 해를 구하기 위해, 무디 도표의 위쪽은 변수 $\text{Re}\, f^{1/2}$를 기반으로 한 눈금을 나타낸다. 이 변수는 h_f와 k_s/D가 주어지고 속도 V가 미지 값인 경우에 유용하다. 식 (10.12)로 주어진 다르시-바이스바흐 방정식과 레이놀즈수의 정의로부터 다음을 보일 수 있다.

$$\text{Re}\, f^{1/2} = \frac{D^{3/2}}{\nu}(2gh_f/L)^{1/2} \tag{10.38}$$

그림 10.14의 무디 도표에서, 일정한 $\text{Re}\, f^{1/2}$ 값에 대한 곡선들은 왼쪽에서 오른쪽으로 비스듬하게 내려오는 굵은 검은 선으로 도시되어 있다. 예를 들어, $\text{Re}\, f^{1/2} = 10^5$이고 $k_s/D = 0.004$일 때 $f = 0.029$이다. 컴퓨터를 사용하여 관로 흐름 계산을 수행할 때에는, 레이놀즈수와 상대 조도의 함수로서 마찰계수 식을 사용하는 것이 훨씬 더 편리하다. Colebrook-White 공식을 사용하여, Swamee와 Jain(7)은 마찰계수에 대한 양해식을 다음과 같이 개발하였다.

$$f = \frac{0.25}{\left[\log_{10}\left(\dfrac{k_s}{3.7D} + \dfrac{5.74}{\text{Re}_D^{0.9}}\right)\right]^2} \tag{10.39}$$

$4 \times 10^3 < \text{Re}_D < 10^8$, $10^{-5} < k_s/D < 2 \times 10^{-2}$ 범위에서 이 식에 의하여 계산된 마찰계수는 무디 도표 상에서의 값과 3% 미만의 차이를 나타내는 것으로 보고되어 있다.

10.7 난류 문제의 해법

관로 흐름을 해석하는 것은 쉽지 않은 문제일 수 있는데, 이는 방정식들이 산술적 계산만으로 풀리지 않는 경우가 종종 있기 때문이다. 이 절에서는 난류 문제의 해법을 제시하고자 한다.

그림 10.15는 난류 흐름 문제에 대한 해법을 나타낸 것이다. 흐름이 층류인 경우에는 손실수두가 유속과 선형의 관계이고 연산으로 풀 만큼 방정식들이 단순하기 때문에 해법이 간단하다. 흐름이 난류인 경우에는 손실수두와 유속의 관계가 비선형이고 방정식들이 매우 복잡하기 때문에 산술적 계산만으로 풀 수 없다. 따라서 난류에 대해서는 컴퓨터를 이용하여 해를 구하거나, 전통적인 접근방법을 사용한다.

*전통적인 접근방법*을 사용하여 난류 흐름 문제를 풀기 위하여 문제를 세 가지 유형으로 분류한다.

유형 1은 관의 길이와 관의 직경, 유량이 주어지고 *손실수두*를 구하는 것이다. 이 문제는 산술적 계산으로 간단히 풀 수 있다. 예제 10.3이 이러한 유형에 속한다.

유형 2는 손실수두(또는 압력강하)와 관의 길이, 관의 직경이 주어지고 *유량*을 구하는 것이다. 이 문제는 대개 반복계산을 필요로 한다. 예제 10.4와 10.5가 이러한 유형에 속한다.

유형 3은 유량과 관의 길이, 손실수두(또는 압력강하)가 주어지고 *관의 직경*을 구하는 것

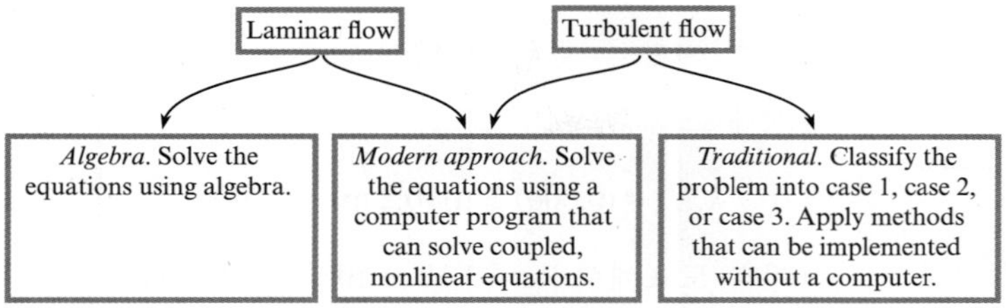

그림 10.15
관로 흐름 문제를 풀기 위한 전략.

이다. 이 문제는 대개 반복계산을 필요로 한다. 예제 10.6이 이러한 유형에 속한다.

반복계산의 필요성을 없애는 몇몇 방법이 있다. 유형 2에 대하여 Swamee와 Jain(7)이 개발한 방정식을 사용하면, 반복계산이 필요 없게 된다.

$$Q = -2.22\, D^{5/2} \sqrt{gh_f/L} \log\left(\frac{k_s}{3.7\, D} + \frac{1.78\, \nu}{D^{3/2}\sqrt{gh_f/L}}\right) \tag{10.40}$$

식 (10.40)을 사용하는 것은 Re $f^{1/2}$의 값을 나타내는 무디 도표의 상단 가로축을 사용하는 것과 같다. 유형 3의 경우, Swamee와 Jain(7)이 개발하고 Streeter와 Wylie(8)가 수정한 다음과 같은 양해식(explicit equation)을 사용할 수 있다.

$$D = 0.66\left[k_s^{1.25}\left(\frac{LQ^2}{gh_f}\right)^{4.75} + \nu Q^{9.4}\left(\frac{L}{gh_f}\right)^{5.2}\right]^{0.04} \tag{10.41}$$

예제 10.3은 유형 1의 문제를 예시한 것이다.

예제 10.3

관 손실수두(유형 1)

문제
물($T = 20$°C)이 0.05 m^3/s의 유량으로 아스팔트로 포장된 20 cm의 주철관을 흐른다. 관의 킬로미터당 손실수두는 얼마인가?

설명
관에 물이 흐르고 있다.

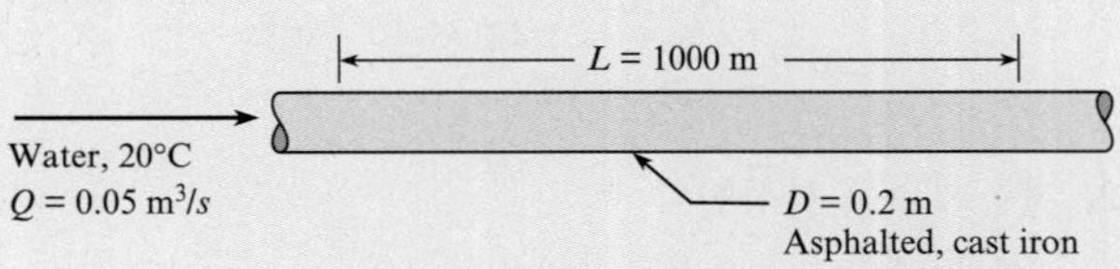

가정: 완전히 발달된 흐름.

특성값: 물(20°C): 표 A.5, $\nu = 1 \times 10^{-6}$ m^2/s.

목표
$L = 1000$ m에 대한 손실수두가 몇 m인지 계산한다.

아이디어
유형 1의 문제(손실수두를 구하는 문제)이기 때문에, 해법은 간단하다.

1. 유량 방정식을 사용하여 평균유속을 계산한다.
2. 식 (10.1)을 사용하여 레이놀즈수를 계산한다.
3. 상대 조도를 계산하고 무디 도표에서 f를 찾는다.

4. 다르시-바이스바흐 방정식 (10.1)을 적용하여 손실수두를 계산한다.

문제풀이

1. 평균유속:

$$V = \frac{Q}{A} = \frac{0.05\ \text{m}^3/\text{s}}{(\pi/4)(0.2\ \text{m})^2} = 1.59\ \text{m/s}$$

2. 레이놀즈수:

$$\text{Re}_D = \frac{VD}{\nu} = \frac{(1.59\ \text{m/s})(0.20\ \text{m})}{10^{-6}\ \text{m}^2/\text{s}} = 3.18 \times 10^5$$

3. 저항계수:

- 등가 모래조도(표 10.4):

$$k_s = 0.12\ \text{mm}$$

- 상대 조도:

$$k_s/D = (0.00012\ \text{m})/(0.2\ \text{m}) = 0.0006$$

- 무디 도표에서 $\text{Re} = 3.18 \times 10^5$과 $k_s/D = 0.0006$에 대한 f를 찾는다.

$$f = 0.019$$

4. 다르시-바이스바흐 방정식:

$$h_f = f\left(\frac{L}{D}\right)\left(\frac{V^2}{2g}\right) = 0.019\left(\frac{1000\ \text{m}}{0.20\ \text{m}}\right)\left(\frac{1.59^2\ \text{m}^2/\text{s}^2}{2(9.81\ \text{m/s}^2)}\right)$$
$$= \boxed{12.2\ \text{m}}$$

예제 10.4는 유형 2의 문제를 예시한 것이다. 무디 도표 상단의 가로축 눈금을 적용하여 해를 구하므로 반복계산이 필요 없게 된다.

예제 10.4

관의 유량(유형 2)

문제

아스팔트로 포장된 20 cm의 주철관의 킬로미터당 손실수두는 12.2 m이다. 관을 통해 흐르는 물의 유량은 얼마인가?

설명

손실수두가 주어지고 유량이 미지수인 것을 제외하고는 예제 10.3과 동일하다.

목표

관의 유량(m^3/s)을 계산한다.

아이디어

유량을 구하는 문제이므로 이 문제는 유형 2에 해당된다. 그러나 손실수두가 주어져 있기 때문에 직접(즉, 반복계산을 거치지 않고) 답을 구할 수 있다. 무디 도표 상단의 가로축 눈금을 사용하는 방법이다.

1. 무디 도표 상단의 가로축 변수값을 계산한다.
2. 무디 도표를 사용하여 마찰계수 f를 찾는다.
3. 다르시-바이스바흐 방정식 (10.12)를 사용하여 평균유속을 계산한다.
4. 유량 방정식을 사용하여 유량을 계산한다.

문제풀이

1. 변수 $D^{3/2}\sqrt{2gh_f/L}/\nu$의 값을 계산한다.

$$D^{3/2}\frac{\sqrt{2gh_f/L}}{\nu} = (0.20\ \text{m})^{3/2} \times \frac{[2(9.81\ \text{m/s}^2)(12.2\ \text{m}/1000\ \text{m})]^{1/2}}{1.0 \times 10^{-6}\ \text{m}^2/\text{s}}$$
$$= 4.38 \times 10^4$$

2. 저항계수를 결정한다.

- 상대 조도:

$k_s/D = (0.00012\text{ m})/(0.2\text{ m}) = 0.0006$

- 무디 도표에서 $D^{3/2}\sqrt{2gh_f/L}/\nu = 4.4 \times 10^4$와 $k_s/D = 0.0006$에 대한 f를 찾는다.

$$f = 0.019$$

3. 다르시-바이스바흐 방정식을 이용하여 V를 계산한다.

$$h_f = f\left(\frac{L}{D}\right)\left(\frac{V^2}{2g}\right)$$

$$12.2\text{ m} = 0.019\left(\frac{1000\text{ m}}{0.20\text{ m}}\right)\left(\frac{V^2}{2(9.81\text{ m/s}^2)}\right)$$

$$V = 1.59\text{ m/s}$$

4. 유량 방정식을 이용하여 유량을 계산한다.

$$Q = VA = (1.59\text{ m/s})(\pi/4)(0.2\text{ m})^2 = \boxed{0.05\text{ m}^3\text{/s}}$$

해와 풀이과정 검토

확인. 계산된 유량을 예제 10.3의 값과 비교한다. 자료가 동일하기 때문에 두 값은 같을 것이다.

유형 2의 문제가 반복계산을 요구할 때, 해답을 찾는 데 사용할 수 있는 몇 가지 방법이 있다. 가장 쉬운 방법 중 하나는 예제 10.5에 예시한 "연속적 대입"이다.

예제 10.5

관의 유량(유형 2)

문제

물($T = 20°\text{C}$)이 수조에서 직경 50 cm의 강관을 통하여 흐른다. 물의 유량을 결정하라.

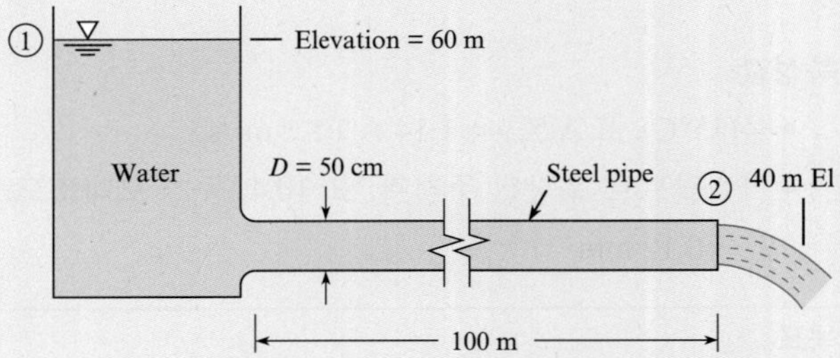

설명

물이 수조에서 강관을 통하여 배수된다.

가정:

- 흐름은 완전히 발달되었다.
- 관에서의 손실수두만 포함하여 계산한다.

특성값:

- 물(20°C): 표 A.5, $\nu = 1 \times 10^{-6}\text{ m}^2\text{/s}$.
- 강관: 표 10.4, 등가 모래조도, $k_s = 0.046$ mm. 상대조도$(k_s/D) = 9.2 \times 10^{-5}$.

목표

구하는 값: 시스템의 유량($\text{m}^3\text{/s}$).

아이디어

이 문제는 유량을 구하는 것이 목적이기 때문에 유형 2의 문제이다. V가 미지수이기 때문에 반복계산적인 해법을 사용한다. 따라서 무디 도표를 사용하는 직접적인 방법이 없다.

1. 단면 1과 2 사이에 에너지 방정식을 적용한다.
2. 첫 번째 시도: f 값을 가정하고 V에 대하여 푼다.
3. 두 번째 시도: 첫 번째 시도로부터 나온 V를 사용하여 새로운 f 값을 계산한다.
4. 수렴: 계산된 f의 값이 가정된 값과 거의 차이가 없으

면 멈춘다. 그렇지 않으면, 반복계산을 계속한다.

5. 유량 방정식을 이용하여 유량을 계산한다.

문제풀이

1. 에너지 방정식(저수지 표면과 관로 출구):

$$\frac{p_1}{\gamma} + \frac{V_1^2}{2g} + z_1 = \frac{p_2}{\gamma} + \frac{V_2^2}{2g} + z_2 + h_L$$

$$0 + 0 + 60 = 0 + \frac{V_2^2}{2g} + 40 + f\frac{L}{D}\frac{V_2^2}{2g}$$

또는

$$V = \left(\frac{2g \times 20}{1 + 200f}\right)^{1/2} \qquad \text{(a)}$$

2. 첫 번째 시도(반복계산 1):
   - f 값을 $f = 0.020$으로 가정한다.
   - 식 (a)를 사용하여 $V = 8.86$ m/s을 계산한다.
   - $V = 8.86$ m/s을 사용하여 Re $= 4.43 \times 10^6$을 계산한다.
   - Re $= 4.43 \times 10^6$과 $k_s/D = 9.2 \times 10^{-5}$을 사용하여 무디 도표에서 $f = 0.012$를 찾는다.
   - 식 (a)와 $f = 0.012$를 사용하여 $V = 10.7$ m/s을 계산한다.
3. 두 번째 시도(반복계산 2):
   - $V = 10.7$ m/s을 사용하여 $\text{Re}_D = 5.35 \times 10^6$을 계산한다.
   - $\text{Re}_D = 5.35 \times 10^6$과 $k_s/D = 9.2 \times 10^{-5}$을 사용하여 무디 도표에서 $f = 0.012$를 찾는다.
4. 수렴: $f = 0.012$는 첫 번째와 두 번째 시도에서 변하지 않았다. 그러므로 더 이상 반복계산을 수행할 필요가 없다.
5. 유량:

$$Q = VA = (10.7 \text{ m/s}) \times (\pi/4) \times (0.50)^2 \text{ m}^2 = 2.10 \text{ m}^3/\text{s}$$

유형 3의 문제에서는, 직경 D에 대한 방정식을 유도하고 연속적 대입방법을 사용하여 해를 구한다. 예제 10.6에 예시된 바와 같이 반복계산적 접근방법은 계산을 수행하기 위해 스프레드시트 프로그램을 사용할 수 있다.

예제 10.6

관의 직경 결정(유형 3)

문제

물(15°C)을 유량 0.08 m³/s로 운송하고, 손실수두가 300 m당 1 m인 아스팔트로 포장된 주철관의 크기는 얼마로 해야 하는가?

설명

물이 아스팔트로 포장된 주철관을 통하여 흐른다. $Q = 0.08$ m³/s.

가정: 완전히 발달된 흐름.

특성값:

- 물(15°C): 표 A.5, $\nu = 1.14 \times 10^{-6}$ m²/s.
- 아스팔트로 포장된 주철관: 표 10.4, 등가 모래조도, $k_s = 0.12$ mm.

목표

손실수두가 관의 길이 300 m당 1 m인 관의 직경(m)을 계산하라.

아이디어

유형 3의 문제(관의 직경을 구하는 문제)이므로, 반복계산적 접근방법을 사용한다.

1. 다르시-바이스바흐 방정식을 사용하여 관 직경에 대한 방정식을 유도한다.
2. 반복계산 1, f를 가정, 관의 직경에 대하여 풀고 f를 다시 계산한다.
3. 문제풀이를 완료하기 위해, 스프레드시트 프로그램에 표를 작성한다.

문제풀이

1. 반복계산에 사용하기 위하여 방정식을 전개한다.
   - 다르시-바이스바흐 방정식:

$$h_f = f\left(\frac{L}{D}\right)\left(\frac{V^2}{2g}\right) = f\left(\frac{L}{D}\right)\left(\frac{Q^2/A^2}{2g}\right) = \frac{fLQ^2}{2g(\pi/4)^2 D^5}$$

   - 관의 직경에 대하여 정리한다.

$$D^5 = \frac{fLQ^2}{0.785^2(2gh_f)} \quad \text{(a)}$$

2. 반복계산 1:
   - $f = 0.015$를 가정한다.
   - 식 (a)를 이용하여 직경에 대하여 푼다.

$$D^5 = \frac{0.015(300\text{ m})(0.08\text{ m}^3/\text{s})^2}{0.785^2(19.62\text{ m/s}^2)(1\text{ m})} = 2.38\times10^{-3}\text{ m}^5$$

$$D = 0.299\text{ m}$$

   - f를 계산하는 데 필요한 변수들을 계산한다.

$$V = \frac{Q}{A} = \frac{0.08\text{ m}^3/\text{s}}{(\pi/4)(0.299^2\text{ m}^2)} = 1.14\text{ m/s}$$

$$\text{Re} = \frac{VD}{\nu} = \frac{(1.14\text{ m/s})(0.299\text{ m})}{1.14\times10^{-6}\text{ m}^2/\text{s}} = 3\times10^5$$

$$k_s/D = 0.12/(0.299\times10^3) = 0.0004$$

   - 식 (10.39)를 이용하여 f를 계산한다: $f = 0.0178$.
3. 아래 표에서, 첫 번째 행은 반복계산 1로부터 나온 값을 담고 있다. 반복계산 1로부터 나온 f의 값 0.0178은 반복계산 2의 초기값으로 사용된다. 2회 반복계산 후 해가 얼마나 수렴하는지 주목하라.

반복계산 단계	f (초기값)	D	V	Re	k_s/D	f (계산값)
		(m)	(m/s)			
1	0.0150	0.295	1.24	3.26E+05	4.3E−04	0.0178
2	0.0178	0.305	1.16	3.15E+05	4.2E−04	0.0178
3	0.0178	0.305	1.16	3.15E+05	4.2E−04	0.0178
4	0.0178	0.305	1.16	3.15E+05	4.2E−04	0.0178

내경이 31 cm인 관으로 정한다.

10.8 결합 손실수두

앞의 절들에서는 관에서의 손실수두를 계산하는 방법을 설명하였다. 본 절에서는 관 부속물에서의 손실수두를 계산하는 방법을 설명하기로 한다. 이러한 지식들은 시스템의 모형화와 설계에 필수적으로 요구되는 것들이다.

소손실계수 *K*

유체가 부분적으로 열린 밸브 또는 곡관부와 같은 구성요소를 통과하여 흐를 때 점성 효과는 흐르는 유체의 역학적 에너지를 잃게 한다. 예를 들어, 그림 10.16은 "일반적인 구성요소"를 통과하는 흐름을 나타낸다. 단면 2에서의 수두는 단면 1에서의 수두보다 작을 것이다. 관 부속물의 손실수두를 특성화하기 위해, 기술자들은 **소손실계수**(minor loss coefficiet) K라고 불리는 무차원 수를 사용한다.

$$K \equiv \frac{(\Delta h)}{(V^2/2g)} = \frac{(\Delta p_z)}{(\rho V^2/2)} \tag{10.42}$$

여기서 Δh는 관 부속물에 의해 발생하는 위압수두 강하이다. Δp_z는 관 부속물에 의해 발생하는 압력강하이고, V는 평균유속이다. 식 (10.42)에서 보인 바와 같이 소손실계수는 두 가지로 해석될 수 있다:

$$K = \frac{\text{관 부속물에 따른 위압수두 강하}}{\text{속도수두}} = \frac{\text{관 부속물에 따른 압력 강하}}{\text{동압력}}$$

그러므로 하나의 관 부속물 또는 천이부를 통과함에 따라 발생하는 손실수두는 $h_L = K(V^2/(2g))$이다. 여기서 K는 관 부속물 또는 천이부에 대한 소손실계수이다.

K의 값들은 대부분 실험을 통해서 찾는다. 예를 들어 그림 10.17에 나타낸 바와 같은 장치를 고려하자. K를 찾기 위하여 유량을 측정하고 $V = (Q/A)$를 이용하여 평균유속을 계산한다. 압력과 표고의 측정값들은 대부분 위압수두의 변화를 계산하는 데 사용된다.

$$\Delta h = h_2 - h_1 = \left(\frac{p_2}{\gamma} + z_2\right) - \left(\frac{p_1}{\gamma} + z_1\right) \tag{10.43}$$

그 다음으로 V의 값과 Δh를 식 (10.42)에 대입하여 K를 계산한다. 다음 절에서는 K 값에 대한 전형적인 데이터들을 제시하기로 한다.

그림 10.16
일반적인 구성요소를 통과하는 흐름.

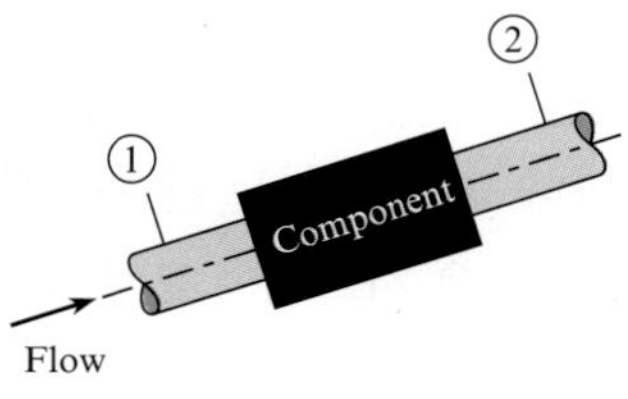

그림 10.17
각이 진 유입구에서의 흐름.

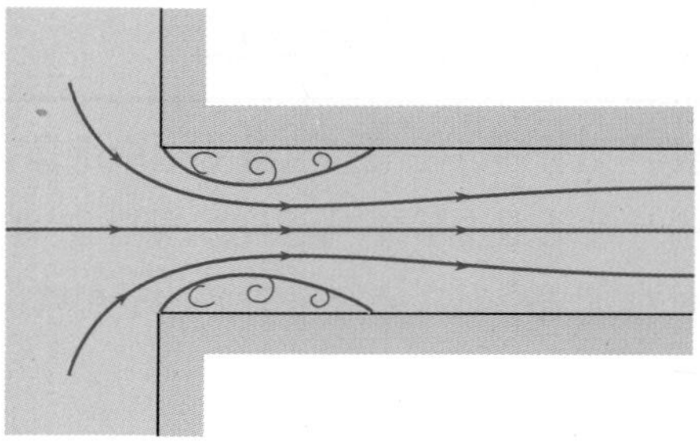

소손실계수에 대한 데이터 본 절에서는 K에 대한 데이터를 제시하고, 이를 흐름 분리 및 벽면 전단응력과 관련하여 설명한다. 이러한 정보들은 거의 모든 시스템 모형화에 사용된다.

관 입구. 관의 입구가 둥글 때 입구 근처에서의 흐름은 그림 10.3에 나타낸 바와 같이 발달되며, 벽면 전단응력은 완전히 발달된 흐름에서의 값보다 커진다. 반면에 그림 10.17과 같이 관 입구가 급격히 축소되면, 즉 모서리에 각이 진 경우에는, 입구의 직하류로 흐름 분리가 발생한다. 그러므로 유선은 수렴 후 확장되면서 난류 및 비교적 높은 손실수두를 동반한다. 급격히 축소되는 입구에 대한 손실계수(K_e)는 0.5이다. 이 값은 표 10.5에서 "관 입구"라고 표기된 열의 $r/d = 0.0$에 해당하는 값이다. 기타 손실수두의 값들은 표 10.5에 요약되어 있다.

곡관 흐름. 엘보(90°로 매끄럽게 구부러진 곡관부)에서는 2차류와 그림 10.18에 나타낸 바와 같이 곡관부 중하류의 내측에서 발생하는 흐름 분리에 의해서 상당한 손실수두가 발생한다.

레이놀즈수가 큰 경우 엘보에 대한 손실계수는 주로 엘보의 형상에 의해서 좌우된다. 만약 엘보의 곡률 반경이 매우 작다면, 손실계수는 매우 크다. 엘보의 직경이 커지면 손실계수는 감소하여 r/d의 값이 약 4일 때 최소값에 도달한다(표 10.5 참조). 그러나 r/d의 값이 이보다 더 커지면, 엘보 자체의 길이가 상당히 길어지기 때문에 손실계수는 증가한다.

기타 부속물. 그 밖의 여러 장치들과 흐름의 천이에 따른 손실계수는 표 10.5에 주어져있다. 표에 나타난 값들은 공학 실무에 적용되는 대표값들이다. 더 광범위한 표들은 참고문헌(10~15)에 제시되어 있다.

표 10.5의 값들은 실험을 통해 구한 것들이다. 따라서 적용하고자 하는 경우의 레이놀즈수 값이 표에 제시된 자료를 얻기 위해 사용된 레이놀즈수 값과 잘 일치하는지 주의 깊게 확인해야 한다.

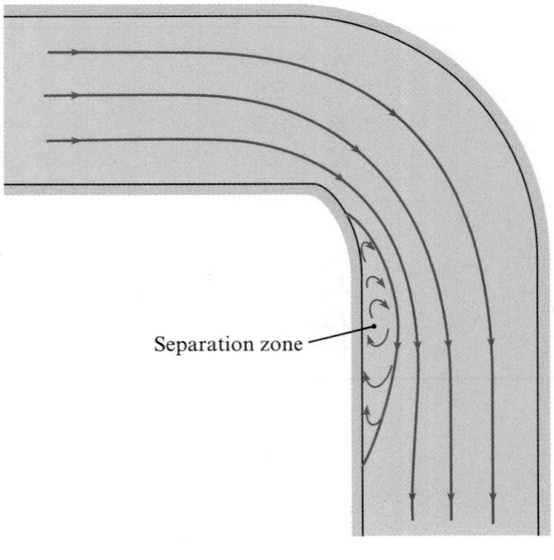

그림 10.18
엘보 내의 흐름 양상.

표 10.5 다양한 단면 변화 및 관 부속물에 대한 손실계수

구분	설명도	추가 자료		K	참고문헌
관 입구	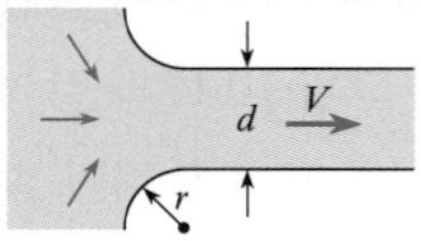	r/d		K_e	(10)
$h_L = K_e V^2/2g$		0.0		0.50	
		0.1		0.12	
		>0.2		0.03	
축고	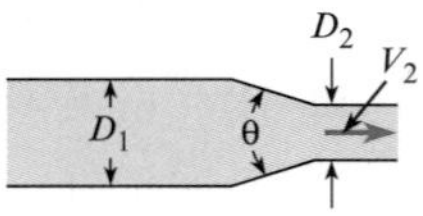	D_2/D_1	K_C $\theta = 60°$	K_C $\theta = 180°$	(10)
		0.00	0.08	0.50	
		0.20	0.08	0.49	
$h_L = K_C V_2^2/2g$		0.40	0.07	0.42	
		0.60	0.06	0.27	
		0.80	0.06	0.20	
		0.90	0.06	0.10	
확대	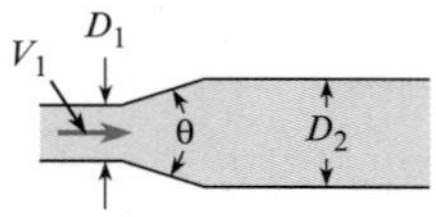	D_1/D_2	K_E $\theta = 20°$	K_E $\theta = 180°$	(9)
		0.00		1.00	
$h_L = K_E V_1^2/2g$		0.20	0.30	0.87	
		0.40	0.25	0.70	
		0.60	0.15	0.41	
		0.80	0.10	0.15	
90° 연귀이음곡관	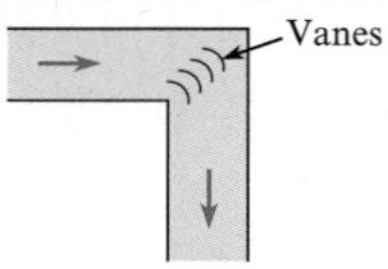	vane이 없는 경우	$K_b = 1.1$		(15)
90° 매끈한 곡관	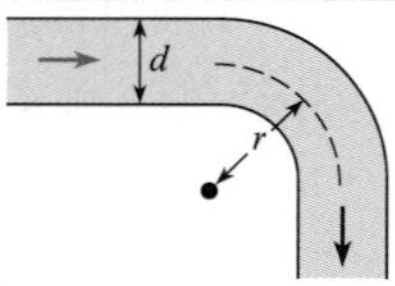	vane이 있는 경우	$K_b = 0.2$		(15)
		r/d			(16) and (9)
		1	$K_b = 0.35$		
		2	0.19		
		3	0.16		
		4	0.21		
		6	0.28		
		8	0.32		
		10			
관 피팅	구형 밸브(완전 개방)			$K_v = 10.0$	(15)
	앵글 밸브(완전 개방)			$K_v = 5.0$	
	게이트 밸브(완전 개방)			$K_v = 0.2$	
	게이트 밸브(부분 개방)			$K_v = 5.6$	
	U자형 곡관			$K_b = 2.2$	
	티				
	직선 통과 흐름			$K_t = 0.4$	
	측구 흐름			$K_t = 1.8$	
	90° 엘보			$K_b = 0.9$	
	45° 엘보			$K_b = 0.4$	

결합손실수두식

총 손실수두는 식 (10.4)에 의해서 주어진다. 식을 다시 한 번 쓰면

$$\{\text{총 손실수두}\} = \{\text{관 손실수두}\} + \{\text{부속물 손실수두}\} \tag{10.44}$$

결합 손실수두에 대한 식을 유도하기 위해, 식 (10.12)와 (10.42)를 식 (10.44)에 대입한다.

$$h_L = \sum_{\text{pipes}} f\frac{L}{D}\frac{V^2}{2g} + \sum_{\text{components}} K\frac{V^2}{2g} \tag{10.45}$$

식 (10.45)는 *결합손실수두식*이라고 칭한다. 이 식을 적용하기 위하여 관 흐름 문제들을 푸는 데 사용된 것들과 같은 접근방법들을 따른다. 즉, 흐름 문제를 유형 1, 2, 3으로 분류한 후, 에너지 방정식, 다르시-바이스바흐 방정식 및 유량 방정식을 적용한다. 예제 10.7은 유형 1 문제에 대한 접근방법을 예시하고 있다.

예제 10.7

결합 손실수두를 포함하는 관로 시스템

문제

오일($\nu = 4 \times 10^{-5}$ m²/s; $SG = 0.9$)이 15 cm의 매끄러운 관을 0.028 m³/s의 유량으로 위쪽에서 아래쪽 저수지로 흐른다면, 위쪽 저수지에서의 오일 표면의 표고는 얼마인가?

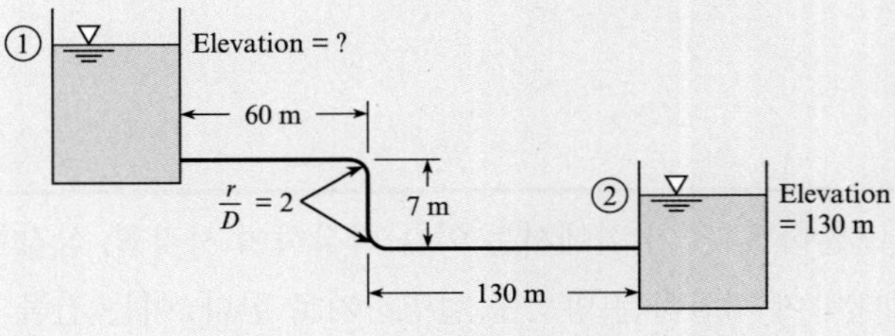

설명

오일이 위쪽 저수지에서 아래쪽 저수지로 흐른다.

특성값:

- 오일: $\nu = 4 \times 10^{-5}$ m²/s, $SG = 0.9$.
- 소손실계수: 표 10.5, 입구 $= K_e = 0.5$; 곡관부 $= K_b = 0.19$; 출구 $= K_E = 0.1$.

목표

위쪽 저수지 자유수면의 표고를 미터 단위로 계산하라.

아이디어

유량과 관의 제원이 주어져 있으므로 유형 1 문제이다. 따라서 해법은 간단하다.

1. 1과 2 간에 에너지 방정식을 적용한다.
2. 결합손실수두식 (10.45)를 적용한다.
3. 과정 1과 2로부터의 결과를 결합하여 z_1에 대한 식을 도출한다.
4. 저항계수 f를 계산한다.
5. 단계 3에서 구한 식을 이용하여 z_1을 구한다.

문제풀이

1. 에너지 방정식과 각 항별 분석:

$$\frac{p_1}{\gamma} + \alpha_1\frac{\overline{V}_1^2}{2g} + z_1 + h_p = \frac{p_2}{\gamma} + \alpha_2\frac{\overline{V}_2^2}{2g} + z_2 + h_t + h_L$$

$$0 + 0 + z_1 + 0 = 0 + 0 + z_2 + 0 + h_L$$

$$z_1 = z_2 + h_L \tag{1}$$

결과의 해석: 수위차만큼의 총 손실수두가 발생한다.

2. 결합손실수두식:

$$h_L = \sum_{\text{pipes}} f\frac{L}{D}\frac{V^2}{2g} + \sum_{\text{components}} K\frac{V^2}{2g}$$

$$h_L = f\frac{L}{D}\frac{V^2}{2g} + \left(2K_b\frac{V^2}{2g} + K_e\frac{V^2}{2g} + K_E\frac{V^2}{2g}\right)$$

$$= \frac{V^2}{2g}\left(f\frac{L}{D} + 2K_b + K_e + K_E\right) \qquad (2)$$

3. 식 (1)과 (2)를 결합한다.

$$z_1 = z_2 + \frac{V^2}{2g}\left(f\frac{L}{D} + 2K_b + K_e + K_E\right)$$

4. 저항계수:

- 유량 방정식:

$$V = \frac{Q}{A} = \frac{(0.028\ \text{m}^3/\text{s})}{(\pi/4)(0.15\ \text{m})^2} = 1.58\ \text{m/s}$$

- 레이놀즈수:

$$\text{Re}_D = \frac{VD}{\nu} = \frac{1.58\ \text{m/s}(0.15\ \text{m})}{4 \times 10^{-5}\ \text{m}^2/\text{s}} = 5.93 \times 10^3$$

따라서 흐름은 난류이다.

- Swamee-Jain 식 (10.39):

$$f = \frac{0.25}{\left[\log_{10}\left(\frac{k_s}{3.7D} + \frac{5.74}{\text{Re}^{0.9}}\right)\right]^2} = \frac{0.25}{\left[\log_{10}\left(0 + \frac{5.74}{5930^{0.9}}\right)\right]^2} = 0.036$$

5. 단계 (3)에서 구한 식을 이용하여 z_1을 계산한다.

$$z_1 = (130\ \text{m}) + \frac{(1.58\ \text{m/s})^2}{2(9.81)\text{m/s}^2}\left(0.036\frac{(197\ \text{m})}{(0.15\ \text{m})} + 2(0.19) + 0.5 + 1.0\right)$$

$$\boxed{z_1 = 136\ \text{m}}$$

해와 풀이과정 검토

1. *토의.* 관(마찰에 의한) 손실수두와 소손실수두의 값은 크게 다름에 주목할 것:

$$\text{관 손실수두} \sim \Sigma f\frac{L}{D} = 0.036\frac{(197\ \text{m})}{(0.15\ \text{m})} = 47.2$$

$$\text{소손실수두} \sim \Sigma K = 2(0.19) + 0.5 + 1.0 = 1.88$$

따라서 이 문제에서는 관 손실 ≫ 소손실이다.

2. *요령.* 관 손실수두가 지배적일 경우에는, K의 추정치들이 예측에 큰 영향을 미치지 않기 때문에 K 값을 대략적으로 추정해도 무방하다.

10.9 비원형 관로

앞의 절들에서는 원형 관에 대하여 고찰하였다. 이 절에서는 이를 확장하여 사각형, 삼각형 또는 기타 비원형 단면의 관로들에 대하여 계산하는 방법을 설명하기로 한다. 이는 건물의 통풍 관의 크기 결정 및 개수로 흐름 모델링과 같은 응용에 있어서 중요하다.

비원형 단면의 관로에 대해서는 관경 대신 동수직경 D_h를 사용하여 다르시-바이스바흐 방정식 (10.12)를 수정한다.

$$h_L = f\frac{L}{D_h}\frac{V^2}{2g} \qquad (10.46)$$

방정식 (10.46)은 식 (10.12)에서와 동일한 방법으로 유도하고, 이 식에 포함되어 있는 **동수직경**(hydraulic diameter)은 다음과 같다.

$$D_h \equiv \frac{4 \times \text{단면적}}{\text{윤변}} \tag{10.47}$$

여기서 "윤변(wetted perimeter)"은 유체와 접촉하고 있는 둘레의 길이이다. 제원이 $L \times w$인 직사각형 관로의 윤변은 $2L + 2w$이다. 따라서 동수직경은 다음과 같다.

$$D_h \equiv \frac{4 \times Lw}{2L + 2w} = \frac{2Lw}{L + w}$$

식 (10.47)을 사용하여 원형 관의 동수직경을 구하면 관경 D와 같게 된다. 손실수두를 계산하기 위해 식 (10.46)을 사용할 때, 저항계수 f는 동수직경에 기초한 레이놀즈수를 이용하여 찾는다. 동수직경을 사용하는 것은 일종의 근사적 방법이다. White(20)에 따르면, 이러한 근사는 층류에 대해서는 40%, 난류에 대해서는 15%의 불확실성을 가져온다.

$$f = \left(\frac{64}{\text{Re}_{D_h}}\right) \pm 40\% \text{ (층류)}$$

$$f = \frac{0.25}{\left[\log_{10}\left(\frac{k_s}{3.7D_h} + \frac{5.74}{\text{Re}_{D_h}^{0.9}}\right)\right]^2} \pm 15\% \text{ (난류)} \tag{10.48}$$

동수직경 외에도 기술자들은 다음과 같이 정의되는 **동수반경**(hydraulic radius)도 사용한다.

$$R_h \equiv \frac{\text{단면적}}{\text{윤변}} = \frac{D_h}{4} \tag{10.49}$$

R_h와 D_h의 비는 1/2이 아닌 1/4임에 유의하라. 이 비가 논리적이지는 않지만 문헌들에서 사용되는 관례이고, 기억해 두면 유용하게 사용할 수 있다. 개수로 흐름에 초점을 맞춘 15장에서 동수반경 관련 예제들이 제시될 것이다.

요약. 비원형 관로의 흐름을 모의하기 위해, 예제 10.8에 예시된 바와 같이 직경 대신에 동수직경을 사용한다는 차이 외에는, 앞 절들에서의 접근방법을 그대로 따르면 된다.

예제 10.8

HVAC 통기관의 압력강하

문제

공기($T = 20°C$, $p = 101$ kPa 절대압력)가 2.5 m^3/s의 유량으로 수평한 상용 철강, HVAC 통기관 내에서 흐른다. (HVAC는 heating, ventilating, air conditioning의 약어.) 통기관 50 m당 압력강하는 몇 mm인가?

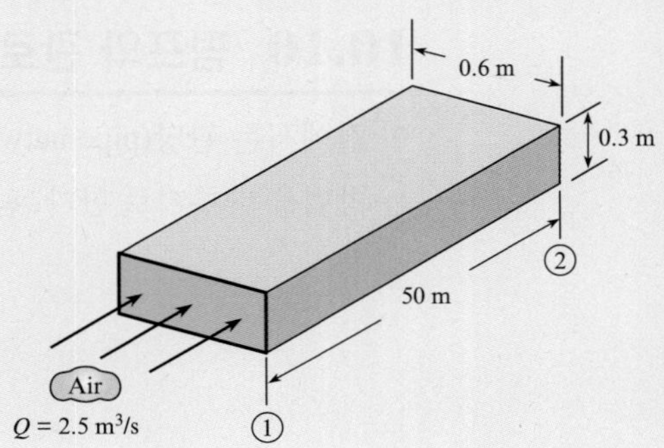

설명

공기가 통기관을 통과하여 흐른다.

가정:

- 완전히 발달된 흐름, 즉 $V_1 = V_2$이고, 에너지 방정식에서의 유속수두 항은 상쇄된다.
- 관 부속물 손실수두는 없다.

특성값:

- 공기(20°C, 1 atm, 표 A.2): $\rho = 1.2\ \text{kg/m}^3$, $\nu = 15.1 \times 10^{-6}\ \text{m}^2/\text{s}$.
- 강관: 표 10.4, $k_s = 0.046$ mm.

목표

구하는 값: 길이 50 m당 압력강하(mm H_2O).

아이디어

유량과 통기관의 제원이 주어져 있으므로 유형 1의 문제이다. 그러므로 간단하게 해를 구할 수 있다.

1. 에너지 방정식을 이용하여 압력강하에 대한 방정식을 유도한다.
2. 손실수두를 구하는 데 필요한 매개변수들을 계산한다.
3. 다르시-바이스바흐 방정식 (10.12)를 이용하여 손실수두를 계산한다.
4. 단계 1, 2, 3을 결합시켜 압력강하 Δp를 계산한다.

문제풀이

1. 에너지 방정식:

$$p_1 - p_2 = \rho g h_L$$

2. 중간 계산:

- 유량 방정식:

$$V = \frac{Q}{A} = \frac{2.5\ \text{m}^3/\text{s}}{(0.3\ \text{m})(0.6\ \text{m})} = 13.9\ \text{m/s}$$

- 동수직경:

$$D_h \equiv \frac{4 \times \text{단면적}}{\text{윤변}} = \frac{4(0.3\ \text{m})(0.6\ \text{m})}{(2 \times 0.3\ \text{m}) + (2 \times 0.6\ \text{m})} = 0.4\ \text{m}$$

- 레이놀즈수:

$$\text{Re} = \frac{VD_h}{\nu} = \frac{(13.9\ \text{m/s})(0.4\ \text{m})}{(15.1 \times 10^{-6}\ \text{m}^2/\text{s})} = 368{,}000$$

따라서 흐름은 난류이다.

- 상대 조도:

$$k_s/D_h = (0.000046\ \text{m})/(0.4\ \text{m}) = 0.000115$$

- 저항계수(무디 도표): $f = 0.015$

3. 다르시-바이스바흐 방정식:

$$h_f = f\left(\frac{L}{D_h}\right)\left(\frac{V^2}{2g}\right) = 0.015\left(\frac{50\ \text{m}}{0.4\ \text{m}}\right)\left\{\frac{(13.9\ \text{m/s})^2}{2(9.81\ \text{m/s}^2)}\right\}$$
$$= 18.6\ \text{m}$$

4. 압력강하(단계 1로부터):

$$p_1 - p_2 = \rho g h_L = (1.2\ \text{kg/m}^3)(9.81\ \text{m/s}^2)(18.6\ \text{m}) = 220\ \text{Pa}$$

$$\boxed{p_1 - p_2 = 22.4\ \text{mm}\ H_2O}$$

10.10 펌프와 관로 시스템

이 절에서는 관망(pipe networks)에서의 흐름 모의방법과 원심펌프의 성능 데이터를 병합하는 방법을 다루기로 한다. 펌프와 관망은 자주 쓰이기 때문에 이 주제는 중요하다.

원심펌프의 모형화

그림 10.19에 나타낸 바와 같이 **원심펌프**(centrifugal pump)는 흐르는 유체에 에너지를 더하기 위해 틀 안에 위치한 회전 날 세트를 사용하는 기계이다. 더해지는 에너지의 양은 펌프수두 h_p로 나타내며, 흐르는 유체에 작용하는 일률은 $P = \dot{m}gh_p$이다.

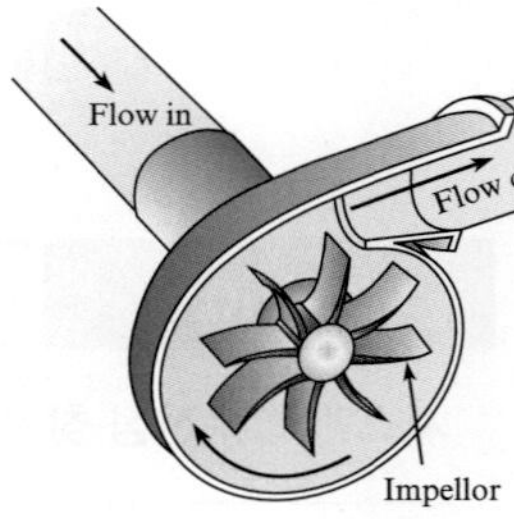

그림 10.19

원심펌프는 회전날개로 흐름을 만들어 낸다.

시스템의 펌프를 모의하기 위해 기술자들은 일반적으로 에너지 방정식과 펌프 곡선을 포함하는 도해법을 사용한다. 이러한 접근방법의 설명을 위해, 그림 10.20a와 같은 시스템에서의 물의 흐름을 고려하자. 저수지 수면에서 관로 출구에 적용되는 에너지 방정식은 다음과 같다.

$$\frac{p_1}{\gamma} + \frac{V_1^2}{2g} + z_1 + h_p = \frac{p_2}{\gamma} + \frac{V_2^2}{2g} + z_2 + \sum K_L \frac{V^2}{2g} + \sum \frac{fL}{D}\frac{V^2}{2g}$$

이 식을 관의 크기가 일정한 시스템에 대하여 단순화시키면 다음과 같이 된다.

$$h_p = (z_2 - z_1) + \frac{V^2}{2g}\left(1 + \sum K_L + \frac{fL}{D}\right) \tag{10.50}$$

그러므로 주어진 유량에 대하여 그 흐름을 유지하기 위해서는 수두 h_p가 공급되어야 한다. 따라서 그림 10.20b에 나타낸 바와 같이 유량-수두 관계 곡선을 그린다. 이 곡선을 **시스템 곡선**(system curve)이라 한다. 또한 주어진 원심펌프는 주어진 펌프 유속에서의 펌프의 특성인 수두-유량 곡선을 갖는다. 이 곡선은 **펌프 곡선**(pump curve)이라고 한다. 펌프 곡선은 펌프 제조업자로부터 공급받거나 측정할 수 있다. 전형적인 펌프 곡선은 그림 10.20b에 나타낸 바와 같다.

그림 10.20b는 관의 유량이 증가함에 따라 수두도 증가해야 함을 나타낸다. 그러나 펌프에 의해 생성되는 수두는 유량이 증가할수록 감소한다. 결과적으로, 두 곡선은 교차하고 그 교차점 즉 펌프에 의해서 생성된 수두가 관의 손실수두와 정확히 같아지는 점이 펌프의 운

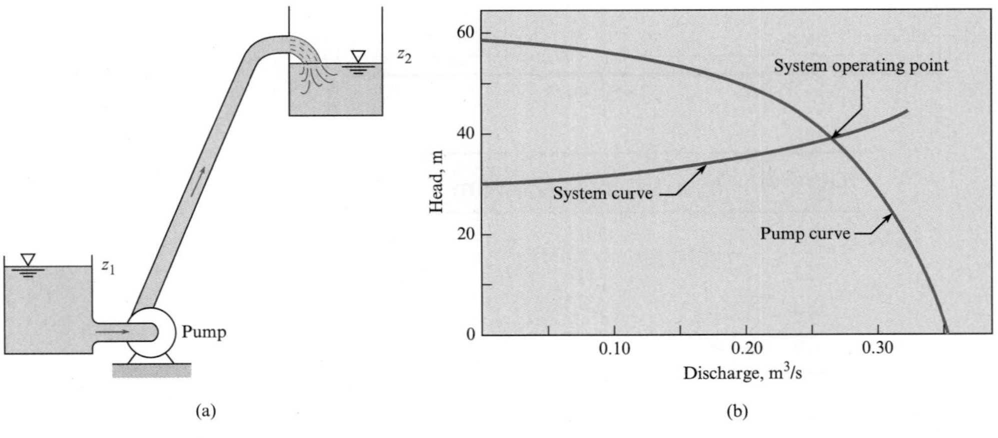

그림 10.20

(a) 펌프와 관의 결합. (b) 펌프 곡선과 시스템 곡선.

전점이 된다.

펌프에 대한 성능 데이터를 병합하기 위하여, 우선 에너지 방정식을 사용하여 시스템 곡선을 유도한다. 그런 다음 제조업자나 다른 출처로부터 펌프 곡선을 얻어 두 곡선을 함께 그린다. 두 곡선의 교차점은 펌프의 운전점을 나타낸다. 이 과정을 예제 10.9에 예시하였다.

예제 10.9

시스템의 운전점 찾기

설명

- 시스템에 대한 도식은 아래 그림 참조.
- 펌프 곡선은 그림 10.20b에 나타낸 바와 같다.
- 마찰계수 $f = 0.015$.

목표

시스템의 유량(m^3/s)을 계산한다.

아이디어

1. 에너지 방정식을 적용하여 시스템 곡선에 대한 방정식을 구한다.
2. 주어진 펌프 곡선과 시스템 곡선을 같은 도표에 그린다.
3. 시스템 곡선과 펌프 곡선의 교차점을 찾아 유량 Q를 찾는다.

문제풀이

에너지 방정식:

$$\frac{p_1}{g} + \frac{V_1^2}{2g} + z_1 + h_p = \frac{p_2}{g} + \frac{V_2^2}{2g} + z_2 + \sum h_L$$

$$0 + 0 + 200 + h_p = 0 + 0 + 230 + \left(\frac{fL}{D} + K_e + K_b + K_E\right)\frac{V^2}{2g}$$

여기서, $K_e = 0.5$, $K_b = 0.35$이고, $K_E = 1.0$이므로

$$h_p = 30 + \frac{Q^2}{2gA^2}\left[\frac{0.015(1000)}{0.40} + 0.5 + 0.35 + 1\right]$$

$$= 30 + \frac{Q^2}{2 \times 9.81 \times [(\pi/4) \times 0.4^2]^2}(39.3)$$

$$= 30\text{ m} + 127Q^2\text{ m}$$

이제, 펌프 곡선과 함께 그려질 시스템 곡선을 그리기 위한 값을 얻기 위해 Q 대 h_p의 관계 표를 만들자(아래 표 참조). 시스템 곡선을 펌프 곡선과 함께 그려 보면, $\boxed{Q = 0.27\ m^3/s}$ 이 운영 조건이 됨을 알 수 있다(그림 10.20b).

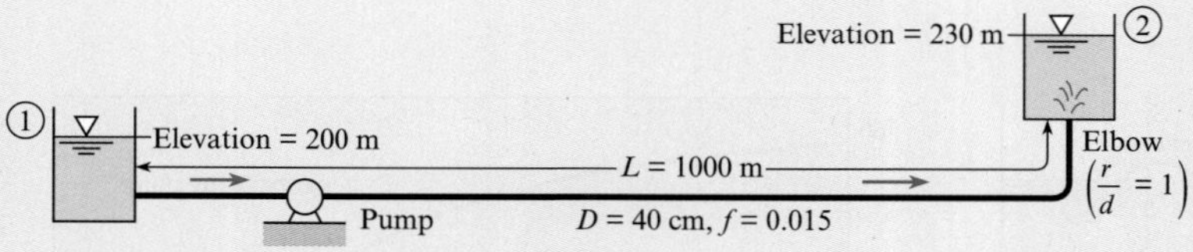

$Q(m^3/s)$	$h_p = (30\text{ m} + 127Q^2)$ m
0	30
0.1	31.3
0.2	35.1
0.3	41.4

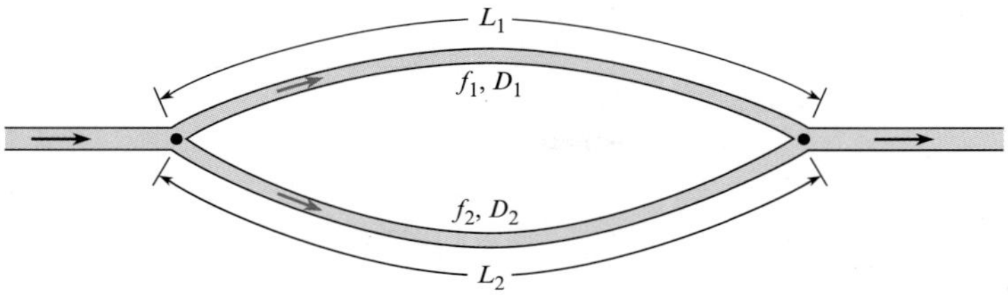

그림 10.21
병렬 관 흐름.

병렬 관

그림 10.21에 나타낸 바와 같이 관이 두 개의 평행한 관으로 갈라졌다가 다시 합쳐지는 경우를 생각해 보기로 하자. 이러한 경우의 문제는 총 유량이 주어지고, 각 관으로 분기되는 유량을 구하는 것이 될 것이다.

두 접점 간의 압력차는 같다. 또한, 두 접점 사이의 높이차도 같다. $h_L = (p_1/\gamma + z_1) - (p_2/\gamma + z_2)$이므로, 두 접점 사이의 h_L은 병렬 관 시스템의 두 관 모두에 대하여 동일하다. 그러므로

$$h_{L_1} = h_{L_2}$$
$$f_1 \frac{L_1}{D_1} \frac{V_1^2}{2g} = f_2 \frac{L_2}{D_2} \frac{V_2^2}{2g}$$

따라서

$$\left(\frac{V_1}{V_2}\right)^2 = \frac{f_2 L_2 D_1}{f_1 L_1 D_2} \qquad \text{또는} \qquad \frac{V_1}{V_2} = \left(\frac{f_2 L_2 D_1}{f_1 L_1 D_2}\right)^{1}$$

f_1과 f_2가 주어지면, 분기되는 유량은 쉽게 구할 수 있다. 하지만, f_1과 f_2가 레이놀즈수의 함수인 영역에 있으면 시산법적 해석(trial-and-error analysis)이 요구되기도 한다.

관망

가장 일반적인 관망(pipe networks)은 도시의 물 공급 시스템이다. 이 시스템은 한 개 이상의 수원(시스템으로 유입되는 유량)과 각 가정과 상업시설마다 하나씩, 다수의 부하를 갖는다. 단순화할 목적으로 부하는 대개 시스템 내 몇 군데에 집중시킨다. 그림 10.22는 두 개의 수원에 7개의 부하를 포함한 간단한 분배 시스템을 나타낸 것이다.

기술자는 새로운 시스템을 설계하거나, 기존 시스템을 경제적으로 확장하는 일을 맡게 된다. 확장은 추가적인 주택용 또는 상업용 개발에 의한 것일 수도 있고, 또는 기존 지역에서 증가한 부하량 때문에 필요할 수도 있다.

그러한 시스템의 설계에서, 기술자는 시스템에 대한 미래 부하량을 예측해야 하며, 부하량을 만족시키기 위해 공급원(우물 또는 하천이나 호수로부터의 직접적인 양수 등)을 알아야 할 필요가 있다. 또한 관망의 배치도를 (일반적으로 도로에 나란하게) 작성할 수 있어야 하며, 관의 크기를 결정해야 한다. 설계의 목적은 비용을 최소화하면서 설계 압력으로 설계

그림 10.22
관망.

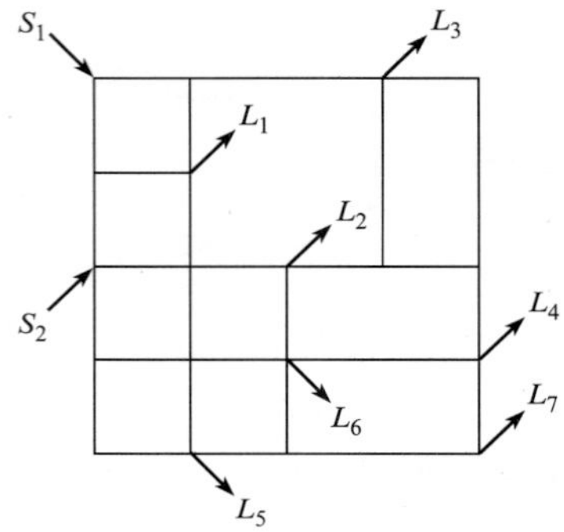

유량을 운송할 수 있는 관망을 만들어 내는 것이다. 비용은 초기 비용(재료 및 건설 비용)뿐만 아니라 유지보수와 운영 비용을 포함한다. 일반적으로 설계는 관의 크기와 배치가 (최소 비용의) 최적에 이를 때까지 여러 번 반복하는 과정으로 이루어진다.

유체역학적 면에서 보면, 기술자는 관의 크기, 공급원, 부하량의 다양한 조합으로 이루어진 네트워크 전체에 대한 압력을 결정해야 한다. 주어진 배치도와 주어진 공급원들 및 부하량들에 대한 문제의 해답은 다음 두 가지 조건을 만족해야 한다.

1. 연속 방정식을 만족해야 한다. 즉, 네트워크의 접점으로 들어가는 흐름은 접점에서 나오는 흐름과 같아야 한다. 이 조건은 모든 접점들에서 다 만족되어야 한다.
2. 두 접점 간의 손실수두는, 그 중 하나의 접점에서 다른 접점으로 이르는 경로가 어떠하든지에 관계없이 동일해야 한다. 이는 관망을 통하는 압력이 연속적이어야 하기 때문이다(압력은 주어진 지점에서 두 개의 값을 가질 수 없다). 이 조건은 결국 주어진 루프를 따라 손실수두의 합을 구하면 영(0)이 되어야 한다는 결론에 이르게 한다. 여기서 주어진 관에서의 손실수두의 부호(양 또는 음)는 루프에 대한 흐름의 방향에 따라, 즉 흐름이 시계방향인지 반시계방향인지에 따라서 주어진다.

예전에는 수 계산을 이용한 시산법에 의하여 관망 문제의 해를 구했지만, 지금은 컴퓨터의 등장으로 이러한 방법은 거의 사용되지 않는 폐물이 되었다. 그러나 관망의 설계나 해석을 담당하는 기술자들은 그에 관한 기본적인 유체역학적 지식을 이해하고, 결과를 적절히 해석하며, 계산결과에 근거하여 적절한 공학적 결정을 할 수 있어야 한다. 그러므로 Hardy Cross(17)에 의해 개발된 초기의 해법을 이해하는 것은 기본적인 통찰력을 갖게 해 줄 것이다. Hardy Cross 방법은 다음과 같다.

우선 모든 접점에서 부하 조건이 만족되도록 관망을 통과하는 흐름을 분배한다. 관망의 관을 통과하는 흐름을 분배하는 과정에서 기술자들은 모든 접점에서 연속성이, 즉 접점으로 들어오는 흐름은 접점에서 나가는 흐름과 같다는 앞서 설명한 필요조건 1이 만족되는 것을 확인해야 한다. 이와 같이 분배된 흐름의 초기 가정 값들은 손실수두에 관한 필요조건 2를 만족하지 않을 것이기 때문에 보정이 필요하다. 유량 보정은 관망의 각 루프를 따라 순 손실수두가 영(0)이 되도록 한다. 예를 들어, 그림 10.23에서처럼 루프를 하나 떼어내서 보면, 이 루프에 대한 시계방향으로의 손실수두는 다음과 같이 주어진다.

$$\begin{aligned}\sum h_{L_c} &= h_{L_{AB}} + h_{L_{BC}} \\ &= \sum kQ_c^n\end{aligned} \tag{10.51}$$

그림 10.23
관망의 전형적인 루프.

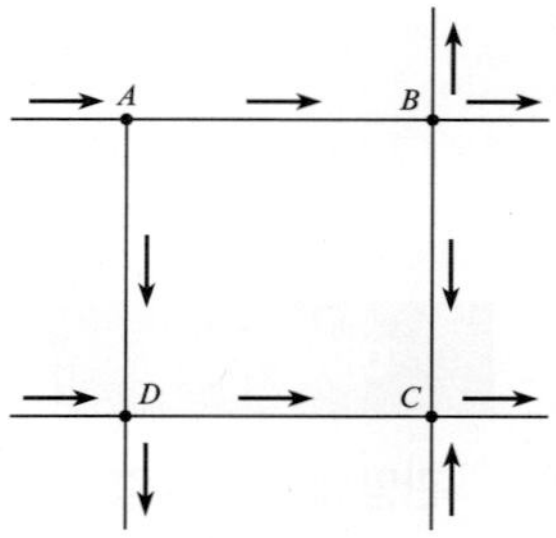

루프의 반시계방향으로의 손실수두는 다음과 같다.

$$\sum h_{L_{cc}} = \sum_{cc} kQ_{cc}^n \tag{10.52}$$

해에 대한 시계방향과 반시계방향 손실수두는 같다. 즉,

$$\begin{aligned}\sum h_{L_c} &= \sum h_{L_{cc}} \\ \sum kQ_c^n &= \sum kQ_{cc}^n\end{aligned}$$

앞서 언급했듯이, 관망의 흐름에 대한 최초 가정은 확실히 오차가 있을 것이기 때문에 손실수두 필요조건을 만족시키기 위한 유량 보정치 ΔQ가 필요하다. 만약 시계방향 손실수두가 반시계방향 손실수두보다 크면, ΔQ는 반시계방향으로 더해질 것이다. 즉, 시계방향의 흐름에 대해서는 ΔQ만큼 빼 주고 반시계방향의 흐름에 대해서는 더해 준다.

$$\sum k(Q_c - \Delta Q)^n = \sum k(Q_{cc} + \Delta Q)^n \tag{10.53}$$

식 (10.53)의 양변을 전개하고 전개식의 첫 두 항만 취하면 다음과 같이 된다.

$$\sum k(Q_c^n - nQ_c^{n-1}\Delta Q) = \sum k(Q_{cc}^n + nQ_{cc}^{n-1}\Delta Q)$$

ΔQ에 대하여 풀면 다음과 같이 된다.

$$\Delta Q = \frac{\sum kQ_c^n - \sum kQ_{cc}^n}{\sum nkQ_c^{n-1} + \sum nkQ_{cc}^{n-1}} \tag{10.54}$$

식 (10.54)로부터 계산된 ΔQ가 양의 값이면, 보정을 반시계방향으로 적용한다(반시계방향 흐름에는 ΔQ를 더하고, 시계방향 흐름에는 ΔQ를 뺀다).

관망의 각 루프마다 ΔQ를 계산하고, 해당 루프에 포함된 관들에 적용한다. 어떤 관들은 2개의 루프에 공통으로 포함되기 때문에 두 개의 ΔQ 값이 보정에 적용되기도 한다. 일반적으로 한 번의 보정만으로 최종적으로 원하는 결과를 얻을 수는 없으며, 연속적으로 반복함으로써 해에 접근하게 된다. 이러한 반복 과정은 보정값들의 크기가 무시할 수 있을 만큼 작아질 때까지 계속한다. 경험에 따르면 대부분의 루프에 식 (10.54)에 의해 계산된 ΔQ를 적용하

면 매우 큰 보정이 필요하게 된다. 계산된 ΔQ의 값의 약 0.6배의 값으로 보정하면 Q 값들을 구하기 위하여 필요한 반복계산 횟수를 줄일 수 있다.

관망의 해법에 대한 더 많은 지식은 참고문헌 18과 19에서 얻을 수 있다. "pipe networks"로 인터넷 검색을 하면 다양한 출처로부터 유용한 소프트웨어에 대한 정보를 얻을 수 있다.

예제 10.10

관망에서의 유량

문제

물이 흐르는 간단한 관망이 그림과 같이 3개의 밸브와 하나의 접점으로 이루어져 있다. 지점 1과 2의 위압수두는 0.3 m이고 지점 4에서 0으로 감소한다. A 라인에는 많이 열린 구형 밸브가 있다. B 라인에는 게이트 밸브가 반 열려 있고, C 라인에는 많이 열린 각 밸브가 있다. 모든 라인의 관 직경은 0.06 m이다. 각 라인의 유량을 찾아라. 각 라인의 손실수두는 오직 밸브에서만 발생한다.

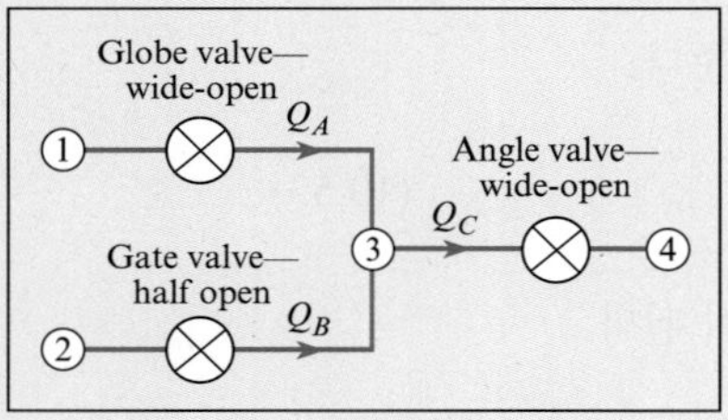

설명

- $h_1 = h_2 = 0.3$ m.
- $h_4 = 0$ m.
- 관경(모든 관)은 0.06 m이다.

가정: 손실수두는 오직 밸브에서만 발생한다.

목표

각 관에서의 유량을 구하라(m^3/s 단위).

아이디어

1. $h_{L,1\to 3} = h_{L,2\to 3}$.
2. $h_{L,2\to 4} = 0.3$ m.
3. Hardy Cross 방법을 이용하여 방정식을 푼다.

문제풀이

지점 1과 2에서의 위압수두는 같다. 그러므로

$$h_{L,1\to 3} + h_{L,3\to 2} = 0$$

지점 2와 4 사이의 손실수두는 0.3 m이다. 그러므로

$$h_{L,2\to 3} + h_{L,3\to 4} = 0$$

지점 3에서는 연속성이 만족되어야 한다. 그러므로

$$Q_A + Q_B = Q_C$$

밸브에 의한 손실수두는 다음과 같이 주어진다.

$$h_L = K_V \frac{V^2}{2g}$$
$$= K_V \frac{1}{2g}\left(\frac{Q}{A}\right)^2$$

여기서 K_V는 손실계수이다. 0.06 m 관에 대한 손실수두는 다음과 같다.

$$h_L = 6375.5\ K_V Q^2$$

여기서 h_L는 m 단위이고 Q는 m^3/s 단위이다.
유량으로 표시된 지점 1과 2 사이의 손실수두 방정식은

$$6375.5 K_A Q_A^2 - 6375.5 K_B Q_B^2 = 0$$

또는

$$K_A Q_A^2 - K_B Q_B^2 = 0$$

여기서 K_A는 완전히 열린 구형 밸브에 대한 손실계수($K_A = 10$)이고 K_B는 반만 열린 게이트 밸브에 대한 손실계수($K_B = 5.6$)이다. 지점 2와 4 사이의 손실수두 방정식은

$$6375.5 K_B Q_B^2 + 6375.5 K_C Q_C^2 = 0.3$$

또는

$$K_B Q_B^2 + K_C Q_C^2 = 4.7 \times 10^{-5}$$

여기서 K_C는 완전히 열린 각 밸브에 대한 손실계수 ($K_C = 5$)이다. 따라서 두 개의 손실수두 방정식과 연속 방정식으로 Q_A, Q_B, Q_C에 대한 세 개의 방정식이 구성된다. 하지만 방정식은 비선형이므로 선형화와 반복계산 (Hardy Cross 방법)에 의한 풀이가 필요하다. 유량은 다음과 같이 쓸 수 있다.

$$Q = Q_0 + \Delta Q$$

여기서 Q_0는 초기값이고 ΔQ는 보정값이다. 그러면

$$Q^2 \cdot Q_0^2 + 2Q_0 \Delta Q$$

이 식은 $(\Delta Q)^2$ 항을 무시한 것이다. ΔQ에 대한 방정식은 다음과 같이 되고

$$2K_A Q_{0,A} \Delta Q_A - 2K_B Q_{0,B} \Delta Q_B = K_B Q_{0,B}^2 - K_A Q_{0,A}^2$$
$$2K_C Q_{0,C} \Delta Q_C - 2K_B Q_{0,B} \Delta Q_B = 4.7 \times 10^{-5} - K_B Q_{0,B}^2 - K_C Q_{0,C}^2$$
$$\Delta Q_A + \Delta Q_B = \Delta Q_C$$

행렬 형식으로 다음과 같이 표현할 수 있다.

$$\begin{bmatrix} 2K_A Q_{0,A} & -2K_B Q_{0,B} & 0 \\ 0 & 2K_B Q_{0,B} & 2K_C Q_{0,C} \\ 1 & 1 & -1 \end{bmatrix} \begin{Bmatrix} \Delta Q_A \\ \Delta Q_B \\ \Delta Q_C \end{Bmatrix} = \begin{bmatrix} K_B Q_{0,B}^2 - K_A Q_{0,A}^2 \\ 4.7 \times 10^{-5} - K_B Q_{0,B}^2 - K_C Q_{0,C}^2 \\ 0 \end{bmatrix}$$

순서는 $Q_{0,A}$, $Q_{0,B}$, $Q_{0,C}$의 값을 선택함으로써 시작한다. $Q_{0,A} = Q_{0,B}$이고 $Q_{0,C} = 2Q_{0,A}$임을 가정하자. 그러면 지점 2에서 4로의 손실수두 방정식은

$$\begin{aligned} K_B Q_{0,B}^2 + K_C Q_{0,C}^2 &= 4.7 \times 10^{-5} \\ (K_B + 4K_C) Q_{0,B}^2 &= 4.7 \times 10^{-5} \\ (5.6 + 4 \times 5) Q_{0,B}^2 &= 4.7 \times 10^{-5} \\ Q_{0,B} &= 1.35 \times 10^{-3} \end{aligned}$$

그리고 $Q_{0,A} = 1.35 \times 10^{-3}$이고 $Q_{0,C} = 2.7 \times 10^{-3}$이다. 이 값들을 ΔQ에 대해 풀기 위한 행렬식에 대입한다. 유량은 $Q_0^{\text{new}} = Q_0^{\text{old}} + \Delta Q$에 의해서 보정되고 새로운 ΔQ 값들을 산출하기 위해 행렬식에 다시 대입한다. 충분히 정확한 값을 얻을 때까지 계속 반복한다. 정밀도는 우변 열행렬이 얼마나 0에 근접하는가에 따라 판단한다. 이 예제에 대한 반복계산 결과는 아래 표와 같다.

		반복계산 단계			
	초기값	1	2	3	4
Q_A	0.0346	0.0328	0.0305	0.0293	0.0287
Q_B	0.0346	0.0393	0.0384	0.0394	0.0384
Q_C	0.0693	0.0721	0.0689	0.0687	0.0671

해와 풀이과정 검토

지식. 이 풀이방법은 대수학 방정식의 비선형 시스템을 위한 Newton-Raphson 방법이라고 한다. 이것은 컴퓨터에서 쉽게 구현할 수 있다. 더 복잡한 시스템에 대한 풀이과정은 같다.

10.11 핵심 내용 요약

관로 흐름의 분류

- *관로*는 흐르는 유체로 완전히 채워져 있는 관, 튜브 또는 덕트 등을 말한다.
- 관로 흐름의 특성은 관경에 기반한 레이놀즈수를 사용하여 구분한다. 이 무차원 수는 여러 형태의 동일한 공식들에 의하여 주어진다.

$$\mathrm{Re}_D = \frac{VD}{\nu} = \frac{\rho VD}{\mu} = \frac{4Q}{\pi D\nu} = \frac{4\dot{m}}{\pi D\mu}$$

- 흐름을 *층류* 또는 *난류*로 구분하기 위하여 레이놀즈수를 계산한다.

$$\mathrm{Re}_D \le 2000 \quad \text{층류}$$
$$\mathrm{Re}_D \ge 3000 \quad \text{난류}$$

- 관로 흐름은 발달 중인 흐름일 수도 있고 완전히 발달된 흐름일 수도 있다.
  - *발달 중인 흐름*은 관로 입구 부근에서 또는 (밸브, 곡관 또는 오리피스의 하류에서) 흐름이 분열된 후에 발생한다. *발달 중인 흐름*이란 흐름 방향 위치에 따라 유속 분포와 관벽 전단응력이 변화함을 의미한다.
  - *완전히 발달된 흐름*은 흐름이 발달될 만큼 충분히 긴 직선 관로에서 발생한다. 완전히 발달된 흐름이란 흐름 방향 위치에 관계없이 유속 분포와 관벽 전단응력이 일정함을 의미한다. 완전히 발달된 흐름은 등류이며, 압력경사(dp/dx)가 일정하다.
- 관로 입구에서의 흐름을 발달 중인 흐름 또는 완전히 발달된 흐름으로 분류하기 위하여 *입구길이*(L_e)를 계산한다. 관로 입구로부터의 거리가 L_e 이상인 위치에서의 흐름은 완전히 발달된 흐름이 된다. 입구길이는 다음 식들로부터 계산한다.

$$\text{층류}(\mathrm{Re}_D \le 2000)\text{인 경우: } \frac{L_e}{D} = 0.05\mathrm{Re}_D$$

$$\text{난류}(\mathrm{Re}_D \ge 3000)\text{인 경우: } \frac{L_e}{D} = 50$$

- 공칭관(NPS) 시스템에서 상용 관을 설명하기 위하여 공칭관크기(inch)와 관 스케줄을 명시한다. 스케줄은 관벽의 두께 특성을 나타낸다. 실제 제원을 알기 위해서는 시방서 등 문헌들을 찾아봐야 한다.

손실수두(관 손실수두)

- 관로 시스템에서 발생하는 손실수두들의 합을 *총 손실수두*라 한다. 손실수두의 발생원은 두 가지로 분류할 수 있다.
  - *관 손실수두*: 완전히 발달된 직선 관로에서 발생하는 손실수두.
  - *부속물 손실수두*: 관 부속물 및 밸브, 엘보, 곡관 등과 같은 천이부에서 발생하는 손실수두.
- *관 손실수두*의 특성을 나타내기 위하여 *마찰계수*라는 무차원 수를 사용한다. 마찰계수(f)는 벽면 전단응력($4\tau_0$)과 동압력($\rho V^2/2$)의 비를 나타낸다.
- 관 손실수두를 나타내기 위하여 h_L과 h_f, 두 가지 기호가 사용된다. 관 손실수두를 산정하기 위하여 다음과 같은 다르시-바이스바흐 방정식을 적용한다.

$$h_L = h_f = f\frac{L}{D}\frac{V^2}{2g}$$

다르시-바이스바흐 방정식을 이용하는 세 가지 방법이 있다.

- *방법 1(층류)*. 다르시-바이스바흐 방정식을 다음과 같은 형태로 적용한다.

$$h_f = \frac{32\mu LV}{\gamma D^2}$$

- *방법 2(층류 또는 난류)*. 다르시-바이스바흐 방정식을 적용하고 f에 관한 공식을 사용한다.

$$\text{층류인 경우: } f = \frac{64}{\mathrm{Re}}$$

$$\text{난류인 경우: } f = \frac{0.25}{\left[\log_{10}\left(\frac{k_s}{3.7D} + \frac{5.74}{\mathrm{Re}_D^{0.9}}\right)\right]^2}$$

- *방법 3(층류 또는 난류)*. 다르시-바이스바흐 방정식을 적용하고 무디 도표로부터 f의 값을 찾는다.

- 관벽의 *조도*가 마찰계수에 영향을 미치는 경우도 있다.

- *층류*. 마찰계수 f는 조도와 무관하다.
- *난류*. 조도 특성을 등가 모래조도(k_s)로 나타내고, 레이놀즈수와 상대 조도(k_s/D)의 함수로 f를 구한다. 흐름이 *완전 난류*인 경우, f는 레이놀즈수와 무관하다.

소손실수두

- 소손실수두의 특성을 나타내기 위하여 손실수두와 유속수두의 비를 나타내는 *소손실계수*(K)라는 무차원 수를 사용한다. K의 값들은 실험에 의하여 구하며, 여러 문헌에 표로 제시되어 있다. 각 부속물마다 특정한 K 값을 갖는다. 소손실수두는 다음과 같다.

$$h_L = K_{\text{component}} \frac{V^2}{2g}$$

- 관로 *총 손실수두*는 다음과 같은 식으로 구할 수 있다.

$$\begin{aligned}\text{총 손실수두} &= \sum(\text{관 손실수두}) \\ &\quad + \sum(\text{소손실수두})\end{aligned}$$

$$h_L = \sum_{\text{pipes}} f\frac{L}{D}\frac{V^2}{2g} + \sum_{\text{components}} K\frac{V^2}{2g}$$

기타 유용한 결과들

- 비원형 관로에 대해서는 동수직경(D_h) 또는 동수반경(R_h)을 사용하여 해석할 수 있다. 원형 관의 경우와 동일한 식을 적용하되, D를 D_h로 대체한다. D_h와 R_h에 관한 식은 다음과 같다.

$$D_h = 4R_h = \frac{4 \times \text{단면적}}{\text{윤변}}$$

- 시스템 내의 원심펌프의 운전점을 찾기 위한 전통적인 접근방법은 도해법이다. 에너지 방정식을 이용하여 유도된 시스템 곡선과 원심펌프의 유량-수두 관계 곡선을 그린다. 이 두 곡선의 교차점이 시스템의 운전점이 된다.
- 관망의 해석은 각 접점에서 연속 방정식이 만족되어야 한다는 것과, 두 접점 간의 손실수두는 두 접점을 잇는 관의 경로에 무관하다는 사실에 기초한다. 이러한 원칙에 기초한 일련의 방정식들의 해를 반복계산법에 의하여 구함으로써, 각 관에서의 유량과 관망의 각 접점에서의 압력을 얻게 된다.

참고문헌

1. Reynolds, O. "An Experimental Investigation of the Circumstances Which Determine Whether the Motion of Water Shall Be Direct or Sinuous and of the Law of Resistance in Parallel Channels." *Phil. Trans. Roy. Soc. London*, 174, part III (1883).

2. Schlichting, Hermann. *Boundary Layer Theory*, 7th ed. McGraw-Hill, New York, 1979.

3. Moody, Lewis F. "Friction Factors for Pipe Flow." *Trans. ASME*, 671 (November 1944).

4. Nikuradse, J. "Strömungsgesetze in rauhen Rohren." *VDI-Forschungsh.*, no. 361 (1933). Also translated in *NACA Tech. Memo*, 1292.

5. White, F. M. *Viscous Fluid Flow*. McGraw-Hill, New York, 1991.

6. Colebrook, F. "Turbulent Flow in Pipes with Particular Reference to the Transition Region between the Smooth and Rough Pipe Laws." *J. Inst. Civ. Eng.*, vol. 11, 133–156 (1939).

7. Swamee, P. K., and A. K. Jain. "Explicit Equations for Pipe-Flow Problems." *J. Hydraulic Division of the ASCE*, vol. 102, no. HY5 (May 1976).

8. Streeter, V. L., and E. B. *Wylie*. *Fluid Mechanics*, 7th ed. McGraw-Hill, New York, 1979.

9. Barbin, A. R., and J. B. Jones. "Turbulent Flow in the Inlet Region of a Smooth Pipe." *Trans. ASME, Ser. D: J. Basic Eng.*, vol. 85, no. 1 (March 1963).

10. ASHRAE. *ASHRAE Handbook—1977 Fundamentals*. Am. Soc. of Heating, Refrigerating and Air Conditioning Engineers, Inc., New York, 1977.

11. Crane Co. "Flow of Fluids Th rough Valves, Fittings and Pipe." Technical Paper No. 410, Crane Co. (1988), 104 N. Chicago St., Joliet, IL 60434.

12. Fried, Irwin, and I. E. Idelchik. *Flow Resistance: A Design Guide for Engineers*. Hemisphere, New York, 1989.

13. Hydraulic Institute. *Engineering Data Book*, 2nd ed., Hydraulic Institute, 30200 Detroit Road, Cleveland, OH 44145.

14. Miller, D. S. *Internal Flow—A Guide to Losses in Pipe and Duct Systems*. British Hydrodynamic and Research Association (BHRA), Cranfi eld, England (1971).

15. Streeter, V.L. (ed.). *Handbook of Fluid Dynamics*. McGraw-Hill, New York, 1961.

16. Beij, K.H. "Pressure Losses for Fluid Flow in 90% Pipe Bends." *J. Res. Nat. Bur. Std.*, 21 (1938). Information cited in Streeter (20).

17. Cross, Hardy. "Analysis of Flow in Networks of Conduits or Conductors." *Univ. Illinois Bull.*, 286 (November 1936).

18. Hoag, Lyle N., and Gerald Weinberg. "Pipeline Network Analysis by Digital Computers." *J. Am. Water Works Assoc.*, 49 (1957).

19. Jeppson, Roland W. *Analysis of Flow in Pipe Networks*. Ann Arbor Science Publishers, Ann Arbor, MI, 1976.

20. White, F. M. *Fluid Mechanics*, 5th ed. McGraw-Hill, New York, 2003.

문제

10장 문제 중의 관경에 관하여

"NPS" 또는 "공칭"이란 표시와 함께 관경이 주어지면 10.2절의 표 10.1을 이용하여 제원을 찾고, 그렇지 않은 경우에는 주어진 직경을 내경으로 간주하라.

흐름의 분류(10.1절)

10.1 직경 13 cm인 관에 등유(20°C)가 0.06 m^3/s의 유량으로 흐른다. 이 흐름은 층류인가 아니면 난류인가? 입구길이를 계산하라.

10.2 직경 80 mm, 길이 10 m인 원형 통기구를 통하여 바깥의 주변 공기를 0.02 m^3/s로 흡입하는 펌프가 있다. 입구길이를 구하고 흐름이 층류인지 난류인지를 판정하라.

10.3 38°C에서 SAE 10W-30 오일을 운반하는 튜브의 직경과 길이를 구하라. 흐름은 완전히 발달된 층류이고, 유량은 0.1 L/s가 되어야 한다(10.1절).

손실수두에 관한 다르시-바이스바흐 식(10.3절)

10.4 다음의 두 가지 경우에 대해 식 (10.12)의 다르시-바이스바흐 식을 적용하여 관 손실수두를 계산하라.

a. 9.5×10^{-4} m^3/s의 유량과 1.1 m/s의 평균유속으로 길이 54 m의 관을 통하여 물이 흐른다. 저항계수 $f = 0.02$인 경우에 대한 손실수두를 m 단위로 계산하라.

b. PVC관에서의 손실수두는 0.8 m이고, 저항계수 $f = 0.012$, 관로 길이는 15 m, 유량은 0.056 m^3/s이다. 관의 직경을 m 단위로 구하라.

10.5 공기($\rho = 1.4$ kg/m^3)가 일직선으로 놓여 있는 원형 관을 통하여 흐른다. 평균유속은 17 m/s, 마찰계수는 0.03이며, 완전히 발달된 흐름이다. 벽면 전단응력을 Pa 단위로 계산하라. 다음 중 가장 근사한 답을 골라라: (a) 1.0, (b) 1.5, (c) 2.0, (d) 2.5, (e) 3.5.

10.6 단면 1에서 2까지의 손실수두는 0.8 m, $D = 1.0$ m, $L = 50$ m, 다르시 마찰계수는 0.01이다. 흐름은 완전히 발달된 정상류이다. 평균유속을 m/s 단위로 계산하라. 다음 중 가장 근사한 답을 골라라: (a) 1.2, (b) 2.4, (c) 3.2, (d) 4.4, (e) 5.6.

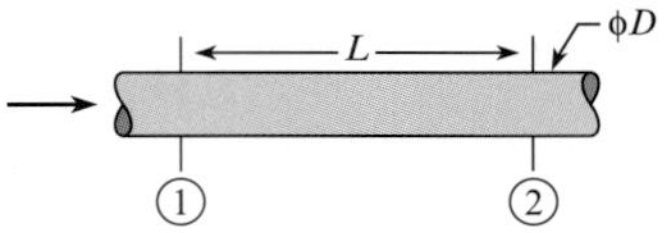

문제 10.6

10.7 유형 A는 공칭관크기 8 inch, 스케줄 40인 관을 통하여 83 L/s의 유량으로 물이 흐르는 경우이다. 유형 B는 스케줄이 80인 경우이다. 두 경우에 대한 평균유속은 동일하다. 유형 B에 대하여 유량을 L/s 단위로 계산하라. 다음 중 가장 근사한 답을 골라라: (a) 68, (b) 74, (c) 75, (d) 79, (e) 82.

10.8 물(15°C)이 정원 호스(ID = 32 mm)를 통해 1.5 m/s의 평균유속으로 흐른다. 호스가 수평으로 놓여 있고 길이가 20 m인 경우, 압력강하량을 구하라. $f = 0.012$로 가정한다.

10.9 그림과 같이 관로에 물이 흐르고, 액주계는 111 cm 차이를 나타내고 있다. $V = 15$ m/s이라면, f는 얼마인가?

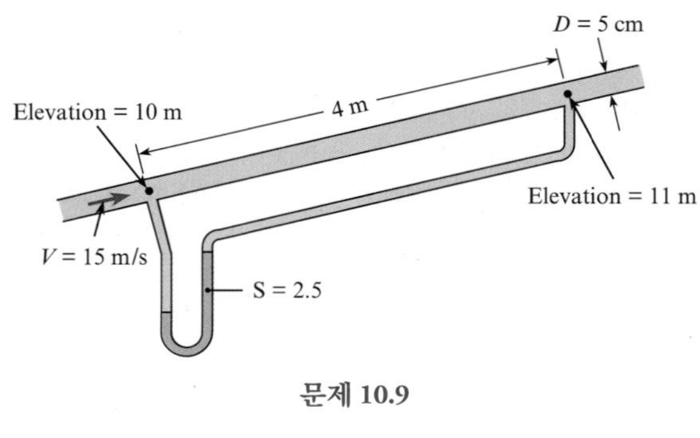

문제 10.9

관로의 층류(10.5절)

10.10 10.5절 및 여타 내용들을 이용해서 다음 질문에 답하라. 의사전달의 효율성을 높일 수 있도록 그림과 설명, 식을 결합하여 깊이 있고 명확하고 정확한 답변을 하도록 노력할 것.

a. 층류의 주된 특성은 무엇인가?

b. 식 (10.27)에 나오는 각 변수의 의미는 무엇인가?

c. 식 (10.33)에서 h_f의 의미는 무엇인가?

10.11 뉴턴유체가 원형 관로를 통하여 흐른다. 흐름은 완전히 발달된 층류이며 정상류이다. 다르시 마찰계수는 7.7이다. Re_D를 계산하라. 다음 중 가장 근사한 답을 골라라: (a) 4.0, (b) 6.1, (c) 8.3, (d) 16.6, (e) 32.2.

10.12 5 cm의 매끄러운 관에서의 액체의 흐름은 평균유속이 2 m/s일 때 관의 길이 1 m당 2 m의 손실수두가 발생한다. f와 레이놀즈수를 계산하라. 유량이 두 배가 되면 손실수두도 두 배가 됨을 증명하라. 흐름은 완전히 발달된 것으로 가정한다.

10.13 액체($\gamma = 9.8$ kN/m^3)가 일정한 유량으로 관을 통하여 흐르고 있지만 흐름의 방향은 주어져 있지 않다. 관 속의 액체는 위쪽으로 움직이겠는가 아니면 아래쪽으로 움직이겠는가? 관의 직경이 12 mm이고 액체의 점성이 3.0×10^{-3} N·s/m^{2}이면 평균유속의 크기는 얼마인가?

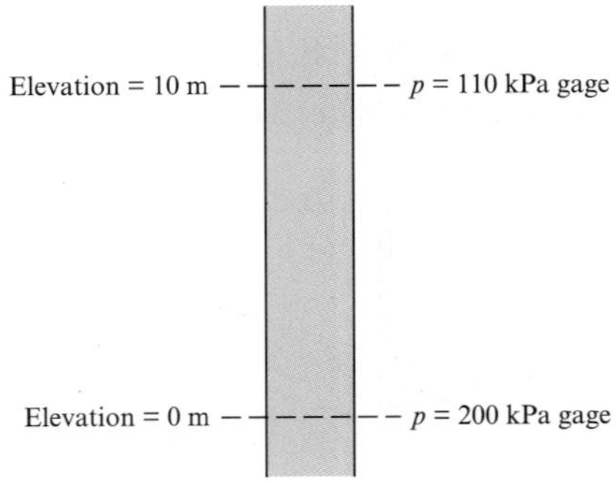

문제 10.13

10.14 공칭관크기 2.54 cm, 스케줄 80인 관을 통하여 0.135 L/s의 유량으로 오일($SG = 0.85$, $\mu = 0.49$ N·s/m^{2}을 펌핑한다. 관의 길이 30 m당 손실수두는 얼마인가?

10.15 액체($\rho = 1000$ kg/m^3; $\mu = 10^{-1}$ N·s/2m^2; $\nu = 10^{-4}$ m^2/s)가 직경 175 mm인 관을 통하여 1.3 m/s의 평균유속으로 균일하게 흐른다. 이 흐름이 층류임을 증명하라. 또한 마찰계수 f와 관의 길이 1 m당 손실수두를 구하라.

10.16 직경 40 cm의 수평 관을 통하여 오일($SG = 0.82$; $\mu = 0.048$ N·s/m^2)을 펌핑한다. 평균유속은 0.2 m/s이다. 관로 10 m당 압력강하는 얼마인가?

10.17 오일(S = 0.80; $\mu = 0.49$ N·s/m^2; $\upsilon = 5.3 \times 10^{-3}$ m^2/s이 직경이 3 cm이고 수평선과 30° 경사를 이루는 관을 통하여 아래쪽으로 흐른다. 평균유속은 0.9 m/s이다. 관로 흐름 방향 압력경사(dp/ds)는 얼마인가?

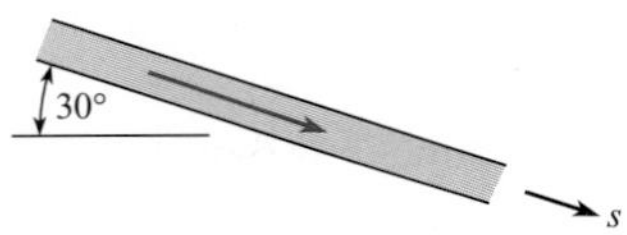

문제 10.17

10.18 글리세린($T = 20$°C)이 직경 15 cm인 관을 통하여 평균유속 0.45 m/s로 흐른다. 이 흐름은 층류인가 아니면 난류인가? 반경의 증분을 1.25 cm로 하여 흐름 방향 유속의 단면 분포를 그려라.

10.19 20°C의 글리세린이 직경 2 cm인 상용 강관을 통하여 0.6 m/s의 유속으로 흐른다. 두 개의 위압계가 그림과 같이 위압수두를 측정하는 데 사용된다. 두 위압계 사이의 거리는 1 m이다. 관로의 경사는 20°이다. 두 위압계 간의 글리세린 높이차 Δh는 얼마인가?

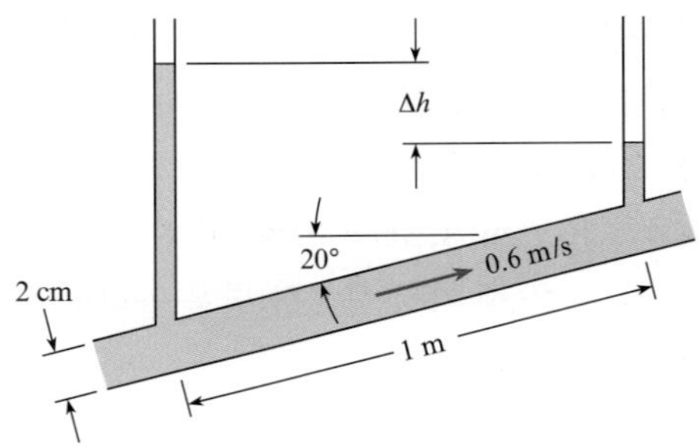

문제 10.19

10.20 글리세린($T = 20$°C)이 그림과 같이 $D = 0.9$ cm인 깔때기를 통하여 흐른다. 튜브를 빠져나가는 글리세린의 평

균유속을 계산하라. 손실수두는 튜브에서의 마찰에 의해서만 발생한다고 가정한다.

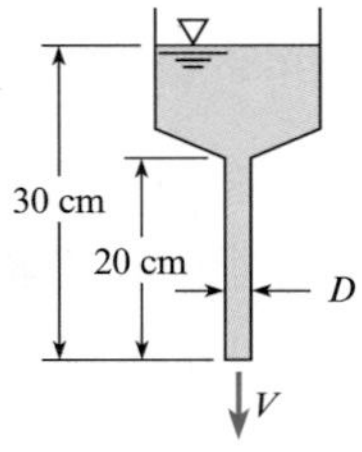

문제 10.20

10.21 직경 20 cm의 관에서 유속을 측정한다. 중심에서의 유속은 2 m/s이고, 유속 분포는 포물선 분포로 관찰된다. 관로 100 m당 압력강하가 2 kPa이라면 유체의 동점성계수는 얼마이겠는가? 유체의 비중은 0.8로 가정한다.

10.22 물이 직경 7 mm, 길이 6 m인 튜브들로 구성된 열교환기를 통해서 양수된다. 각 튜브에서의 유속은 18 cm/s이다. 수온은 입구에서는 20°C이고, 출구에서는 30°C로 증가한다. 열교환기 통과 전후의 압력차를 계산하라. 입구 손실은 무시하되, 평균 온도에서의 특성값들을 사용함으로써 온도 변화의 효과를 고려한다.

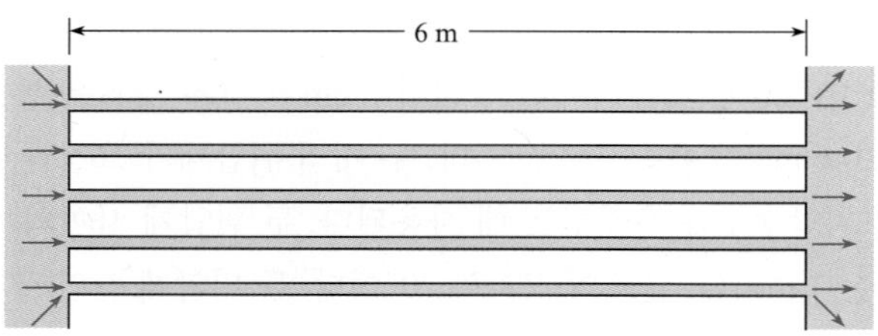

문제 10.22

관로의 난류(10.6절)

10.23 원형 관로를 통하여 유체가 흐른다. 유체 질량의 흐름률은 8500 kg/s이다. 레이놀즈수는 8×10^6이고, 동점성계수는 1.4×10^{-6} m²/s, $SG = 0.9$이다. 관의 직경을 m 단위로 계산하라. 다음 중 가장 근사한 답을 골라라: (a) 0.8, (b) 1.1, (c) 1.4, (d) 1.7, (e) 2.0.

10.24 21°C의 물이 공칭관크기 4 inch, 스케줄 40인 PVC 관을 통하여 0.27 m³/s의 유량으로 흐른다. 이 흐름에 대한 저항계수 f는 얼마인가? Swamee-Jain 식 (10.39)를 사용할 것.

10.25 10°C의 물이 85 cm 직경의 매끄러운 관을 통해 0.05 m³/s의 유량으로 흐른다. 저항계수 f는 얼마인가?

10.26 10°C의 물이 80 cm 직경의 주철관을 24 m/s의 평균유속으로 흐른다. 마찰계수 f는 얼마인가?

10.27 20°C의 물이 20 cm 직경의 주철관을 통하여 0.5 m³/s의 유량으로 흐른다. 이러한 조건들로부터 다음의 값들을 구하라.

a. 레이놀즈수

b. 마찰계수 f(식 10.39를 사용할 것)

c. 벽면 전단응력 τ_0

10.28 직경 10.5 cm의 피복되지 않은 주철관을 통하여 0.27 m³/s의 유량으로 16°C의 물이 흐른다. 그림 10.14로부터 f를 결정하라.

10.29 직경이 15 cm($k_s = 0.06$ mm)이고 67.5 L/s의 유량으로 유체를 운송하는 콘크리트 관의 길이 225 m에 대한 손실수두를 구하라. 유체의 특성은 $\nu = 3 \times 10^{-4}$ m²/s이고 $\rho = 770$ kg/m³이다.

10.30 원형 관로를 통하여 뉴턴유체가 흐른다. 흐름은 완전히 발달된 정상류이다. 평균유속은 0.4 m/s, 레이놀즈수는 100,000이고, 상대 조도는 0.002이다. 위압계 간의 거리 L은 21 m이고, 관의 내경은 3.0 cm이다. 위압수두 강하(Δh)를 cm 단위로 계산하라. 다음 중 가장 근사한 답을 골라라: (a) 8, (b) 14, (c) 22, (d) 28, (e) 34.

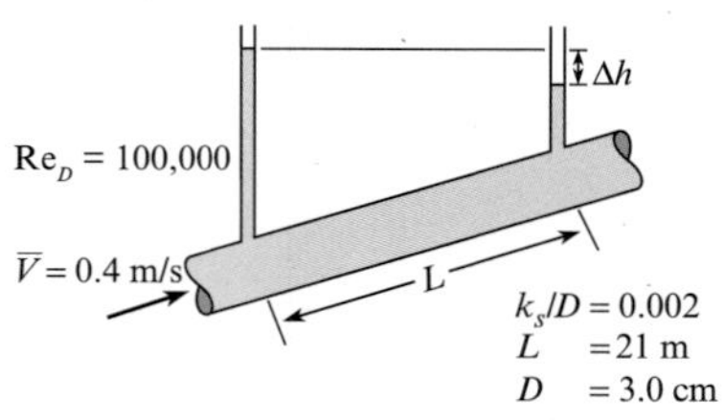

문제 10.30

10.31 A와 B 지점은 물($T = 10$°C)을 운반하는 직경 0.6 m의 새 주철관을 따라 서로 4.8 km 떨어져 있다. A 지점은 B 지점보다 9 m 높다. B 지점의 압력은 A 지점보다 138 kN/

m^2 만큼 더 크다. 흐름의 방향과 유량을 구하라.

10.32 기차가 그림과 같이 터널을 통과한다. 기차와 터널의 단면형은 원형이다. 여유공간은 매우 작아서, 모든 공기(16°C)가 기차 앞쪽에서 밀려 터널 밖으로 방출된다. 터널의 직경은 3 m이며, 콘크리트로 만들어져 있다. 기차의 속도는 15 m/s이다. 콘크리트는 매우 거친 것으로($k_s = 1.5$ mm) 가정한다.

a. 기차의 앞쪽과 뒤쪽 사이의 압력 변화를 구하라.

b. 그림처럼 기차가 위치한 경우에 대하여 에너지경사선과 동수경사선을 그려라.

c. 터널 안 공기 흐름을 만들어 내기 위해서 얼마의 동력이 필요한가?

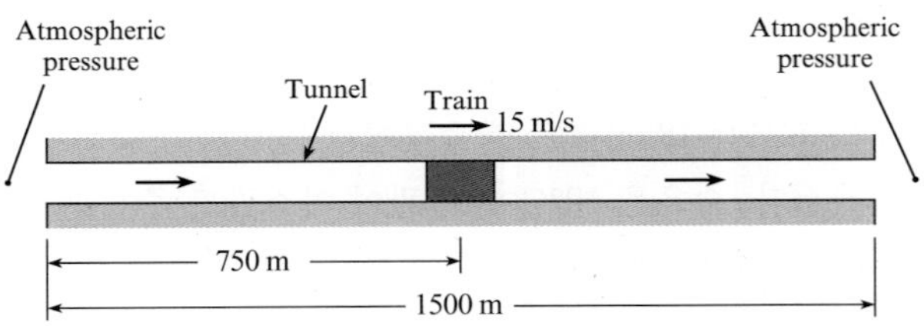

문제 10.32

10.33 그림과 같이 지하실에 침수된 물을 사이펀으로 빨아올려 경사면 아래로 내려보내려 한다. 길이 L인 호스 한 개를 사용할 경우 사이펀을 작동시키는 수두 차는 h이다. 호스 한 개를 사용할 경우 사이펀에 의한 배수가 더디게 진행되자, 집주인들은 수두 차를 더 크게 하면 유량을 증가시킬 수 있을 것이라 생각하여, 호스 두 개를 연결하여 총 호스 길이가 $2L$로 된다. 이에 따라 수두 차는 $2h$로 된다.

a. 손실수두가 없다고 가정하고, 두 개의 호스를 사용하여 호스 길이가 2배로 되는 경우(유형 2), 한 개의 호스만 사용하는 경우(유형 1)에 비하여 유량이 2배로 되는지 계산하라.

b. $h_L = 0.025(L/D)(V^2/2g)$로 가정하고, $D = 2.5$ cm, $L = 15$ m, $h = 6$ m일 때, 유형 1 및 유형 2 각 경우에 대한 유량을 계산하라. 유형 2의 경우 유형 1에 비하여 얼마나 유량 개선이 이루어지는가?

c. 대학에서 둘 다 유체역학을 공부한 집주인 부부는 에너지 방정식과 손실수두 항의 형태를 다시 검토하더니, 직경이 더 큰 호스를 사용해야겠다고 인식한다. $L = 15$ m, $h = 6$ m, $D = 6.25$ cm인 경우(유형 3)에 대한 유량을 계산하라. 손실수두에 대해서는 위의 (b)에서와 동일한 식을 사용할 것. 유형 3의 경우는 유형 1에 비하여 얼마나 유량 개선이 이루어지는가?

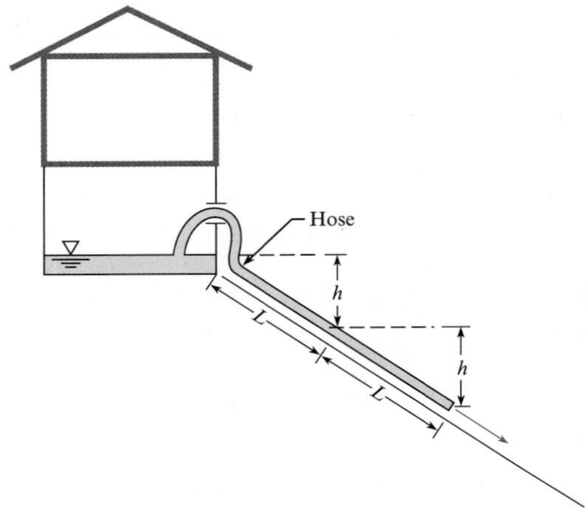

문제 10.33

난류 흐름 문제의 해법(10.7절)

10.34 공기(40°C, 1 atm)가 수평한 직선의 구리 튜브를 통하여 0.1 m^3/s의 유량으로 150 m 운송된다. 만약 튜브 속의 압력강하가 H_2O 6 inch를 초과하지 않으려면, 관의 직경은 최소 얼마 이상이어야 하는가?

10.35 관로 1000 m당 1 m의 손실수두로 16°C의 물을 8.5 m^3/s를 운송하는 데 필요한 상용 강관의 직경을 결정하라. 관은 직경이 5 cm의 배수(즉, 25 cm, 30 cm 등)인 것들만 가용한 것으로 가정할 것.

결합 손실수두(10.8절)

10.36 표 10.5를 이용하여 다음과 같은 천이구간 또는 장치에 대한 손실계수를 구하라.

a. $r/d = 2$인 매끄러운 90° 곡관부

b. 90° 엘보

c. 완전 개방된 게이트 밸브

d. r/d가 0.3인 관 유입구

e. 단면 급확대($\theta = 180°$, $D_2/D_1 = 0.60$)

10.37 그림은 전기적 공기 필터 시험을 보여 준다. 필터의 압력강하는 공기의 속력이 9 m/s일 때 물높이 10 cm이다.

필터의 소손실계수는 얼마인가? 공기의 특성값은 20°C 공기에 대한 값들을 사용할 것.

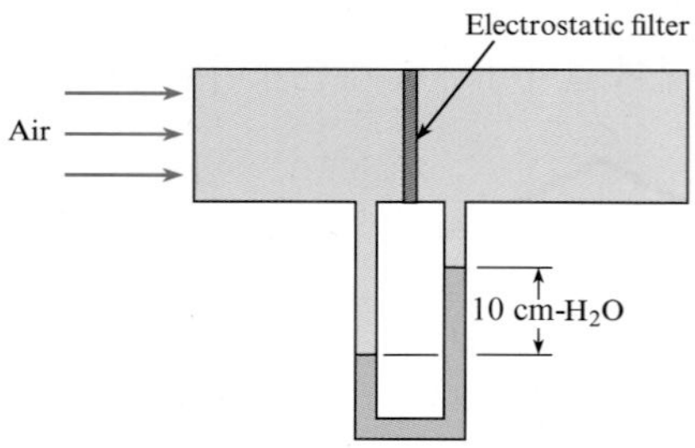

문제 10.37

10.38 수압관과 터빈을 거쳐 저수지의 물이 흘러 나간다. 평균유속은 4.3 m/s, 마찰계수는 0.02, 수압관 전체 길이는 30 m, 관의 직경은 0.3 m이다. 소손실계수는 다음과 같다: 수압관 유입구 손실계수 0.5, 수압관 곡관부 손실계수 0.5, 유출구 손실계수 1.0. 총 손실수두를 m 단위로 계산하라. 다음 중 가장 근사한 답을 골라라: (a) 1.2, (b) 2.8, (c) 3.8, (d) 4.8, (e) 5.7.

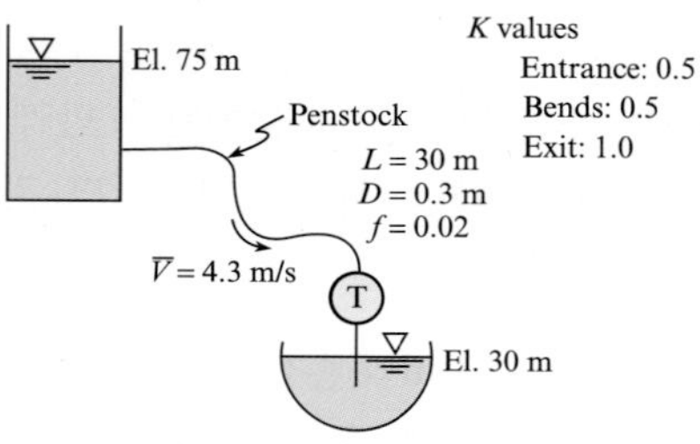

문제 10.38

10.39 수직 방향의 관로에 설치된 밸브를 통과하여 액체가 위 방향으로 흐른다. 평균유속은 1.0 m/s이고, 액체의 비중은 1.2이다. 관의 직경은 일정하다. 밸브의 소손실계수는 4.0이다. 관로의 마찰 손실계수는 무시할 수 있다고 가정하라. *A* 지점은 *B* 지점의 3.2 m 아래에 위치해 있다. *A* 지점과 *B* 지점의 압력차를 kPa 단위로 계산하라. 다음 중 가장 근사한 답을 골라라: (a) 3.4, (b) 6.6, (c) 40, (d) 65, (e) 78.

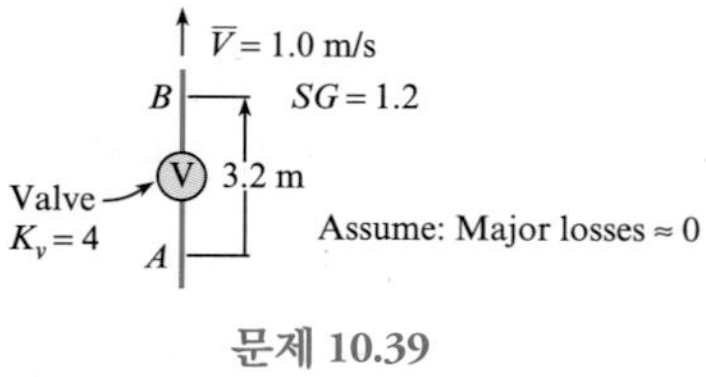

문제 10.39

10.40 직경이 0.3 m이고 길이가 60 m인 주철관이 두 개의 저수지(16°C)를 연결하고 있다. 위쪽 저수지의 수면 표고는 45 m이고 아래쪽 저수지의 수면 표고는 12 m이다. 관로는 위쪽 저수지의 옆 표고 36 m인 지점에서 나와 아래쪽 저수지의 표고 9 m인 지점으로 들어간다. 관로에는 두 개의 완전히 개방된 게이트 밸브가 있다.

a. 손실수두(h_L)의 발생원을 각각과 관련된 정량적 요소들과 함께 모두 열거하라.

b. 관로 시스템에 대한 에너지경사선(EGL)과 동수경사선(HGL)을 그려라.

c. 관로의 유량을 구하라.

10.41 저수지의 수면 표고는 45 m이다. 길이 30 m, 직경 15 cm인 아연도금을 직선 관을 통하여 저수지로부터 바깥으로 물을 내보낸다. 관 입구(급축소)의 표고는 30 m이고, 관 출구의 표고는 18 m이다. 관 출구에서 물이 공기 중으로 자유방류된다. 수온은 10°C이다. 관이 아스팔트 주철관이라면 유량은 얼마이겠는가? 모든 손실수두를 고려할 것. 또한 이 관로 시스템에 대한 에너지경사선(EGL)과 동수경사선(HGL)을 그려라.

10.42 그림에 나타낸 바와 같이 19번 구부러진 직경 2 cm, 길이 20 m의 튜브로 열교환기가 구성되어 있다. 유량은 3 × 10^{-4} m^3/s이다. 관로 유입수의 수온은 20°C이고 유출수의 수온은 80°C이다. 유입구와 유출구의 표고 차는 0.8 m이다. 지점 1과 2의 압력이 같을 경우, 열교환기를 작동하기 위해 필요한 펌프의 동력을 계산하라. 열교환기의 평균 온도에 해당하는 점성계수를 사용하라.

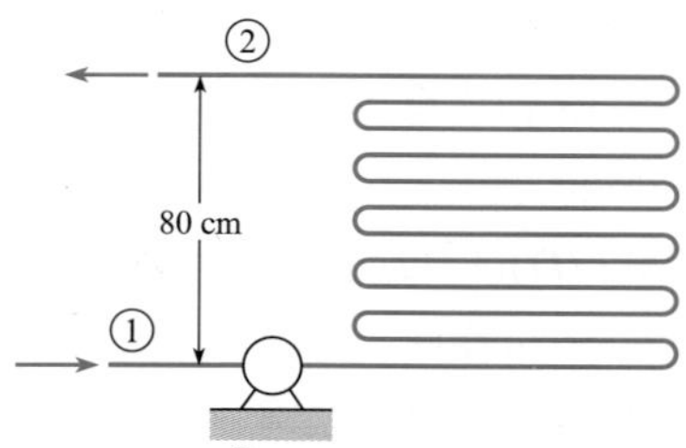

문제 10.42

10.43 수도 본관에서의 압력은 350 kPa이다. 본관으로부터 160 m 거리에 있는 공장으로 0.025 m^3/s의 유량으로 물

을 운송하기 위해 필요한 관의 크기는 얼마인가? 아연도금을 한 강관을 사용하고, 공장에서는 본관 연결부 위쪽 8 m 높이에서 70 kPa의 압력이 필요하다고 가정한다.

10.44 아래 그림은 탱크와 관로 시스템을 나타낸 것이다. 아연도금한 관의 직경은 2 cm이고 관의 총 길이는 10 m이다. 90° 엘보 두 개가 부속물로 포함되어 있다. 수면으로부터 관 유출구까지의 수직 거리는 5 m이다. 수온은 20°C이다.

a. 출구 유속을 구하라.

b. 관의 끝에서 분출하는 물이 올라가는 높이(h)를 구하라.

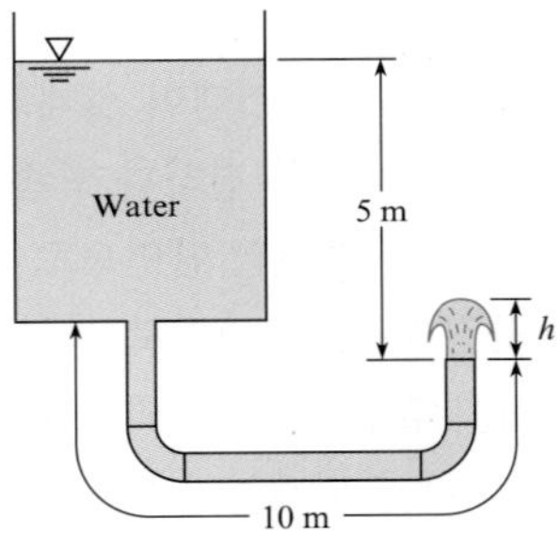

문제 10.44

10.45 물 터빈이 그림과 같이 저수지와 연결되어 있다. 이 시스템의 유량은 0.27 m^3/s이다. 터빈의 효율이 90%라면 터빈에 의해 전달되는 동력은 얼마인가? 수온은 21°C로 가정한다.

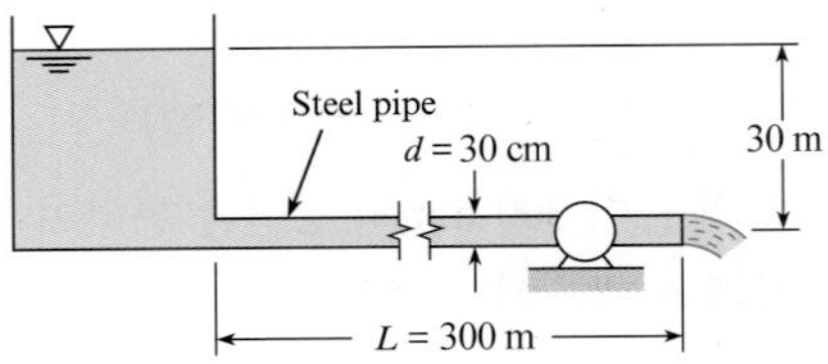

문제 10.45

10.46 오일을 아래쪽 저수지에서 위쪽 저수지로 1.0 m^3/s의 유량으로 펌핑하기 위하여 펌프가 오일에 공급해야 하는 동력은 얼마인가? 관로 시스템에 대한 에너지경사선(EGL)과 동수경사선(HGL)을 그려라.

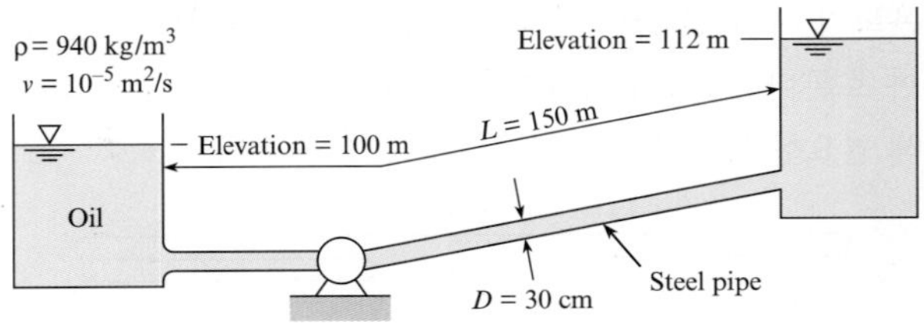

문제 10.46

10.47 게이트 밸브($K_v = 0.2$)를 통과하여 물이 흐른다. 관로는 수평으로 놓여 있으며, 흐름은 완전히 발달된 정상류이다. 밸브 상류에서 2.1 m를 지나는 동안 EGL은 430 mm 강하한다. 관의 내경은 0.25 m이며, 마찰계수는 0.03이다. b의 값을 mm 단위로 계산하라. 다음 중 가장 근사한 답을 골라라: (a) 180, (b) 240, (c) 320, (d) 340, (e) 360.

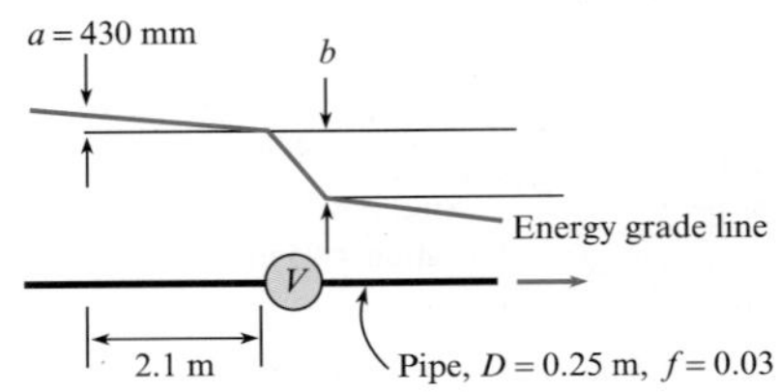

문제 10.47

10.48 터빈을 통과하여 물이 흐른다. 물의 밀도는 1000 kg/m^3이다. 위쪽 저수지의 수면 표고는 720 m이고 아래쪽 저수지의 수면 표고는 695 m이다. 관의 직경은 2.2 m, 총 길이는 50 m, 평균유속은 3.6 m/s이고, 마찰계수는 0.25이다. 소손실계수의 합은 4.7이고 터빈의 효율은 80%이다. 터빈 축에 의하여 전달되는 동력을 MW 단위로 계산하라. 다음 중 가장 근사한 답을 골라라: (a) 1.6, (b) 1.7, (c) 2.0, (d) 2.1, (e) 2.5.

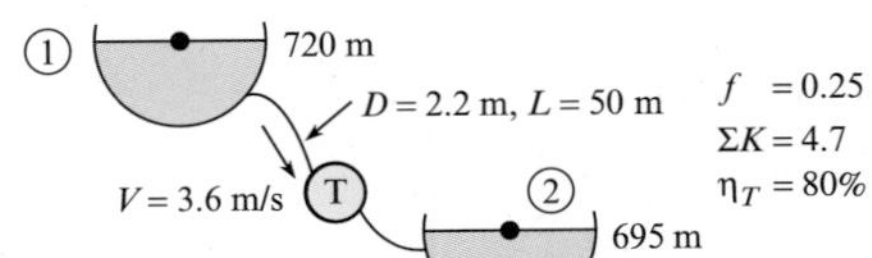

문제 10.48

10.49 그림에 나타낸 바와 같이 180° 엘보들로 연결된 일련의 평행한 구리 튜브들로 이루어진 폐합형 시스템으로 열교환기가 구성되어 있다. 관의 직경은 1.5 cm이고 관의 총 길이는 10 m이다. 각 엘보의 수두손실계수는 2.2이다. 평

균온도가 40°C인 물이 평균유속 10 m/s로 이 시스템을 통하여 흐른다. 펌프의 효율이 85%인 경우 펌프를 운전하기 위해 필요한 동력을 구하라.

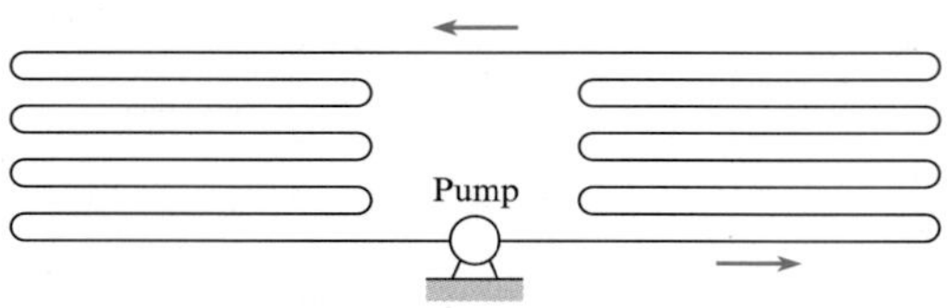

문제 10.49

10.50 직경 1.50 m인 관을 통해 아래쪽 저수지로부터 15 m^3/s의 유량으로 물을 양수한다. 이만한 유량을 내기 위해서는 물에 얼마의 동력이 공급되어야 하는가?

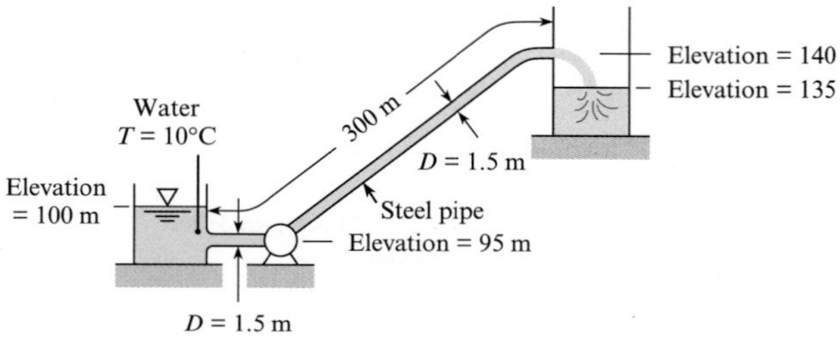

문제 10.50

10.51 그림과 같은 강관을 통하여 본관 A에서 저수지로 물을 운송한다. 관의 직경은 5 cm이고 길이는 82.5 m이다. 이 관에 4.4 L/s의 유량이 흐르게 하기 위해서는 A관에 얼마의 압력이 주어져야 하는가?

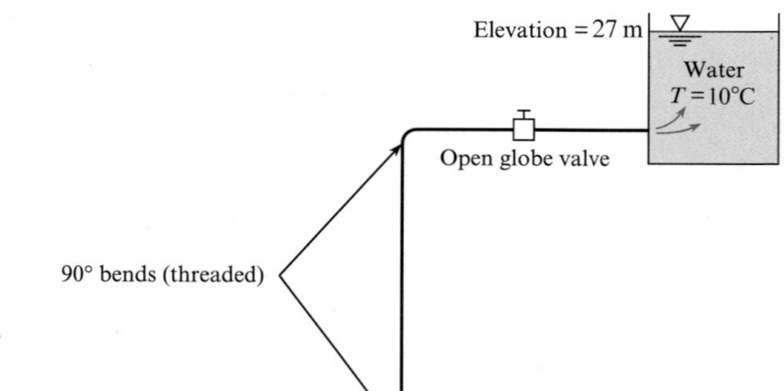

문제 10.51

비원형 관로(10.9절)

10.52 통풍관의 단면 제원이 그림과 같다. 동수직경을 cm 단위로 구하라. 다음 중 가장 근사한 답을 골라라: (a) 0.9, (b) 2.4, (c) 3.2, (d) 6.4, (e) 7.1.

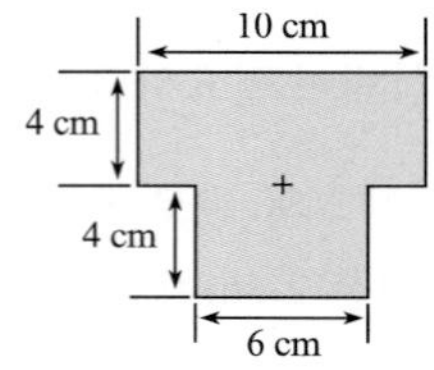

문제 10.52

10.53 100 cm × 15 cm 단면의 내방 통풍관의 길이는 100 m이고 아연도금이 된 철로 제작되었다. 이 관은 15°C의 공기를 대기압 상태에서 6 m^3/s의 유량으로 운송한다. 관 내의 동력 손실은 얼마인가?

10.54 아래 그림과 같이 0.3 m × 0.6 m의 직사각형 단면의 송풍관을 포함하도록 냉방 시스템이 설계되었다. 공사 과정 중에 트럭 운전사가 차를 후진하다가 송풍관에 부딪치는 바람에 그림과 같이 사다리꼴 단면으로 변형되었다. 공사업자는 일정에 쫓긴 나머지, 그대로 설치를 진행하였다. 관을 따라 압력강하가 같을 때, 사다리꼴 관 유속과 직사각형 관 유속의 비는 얼마가 되겠는가? 두 관에 대한 다르시-바이스바흐 저항계수는 동일하다고 가정한다.

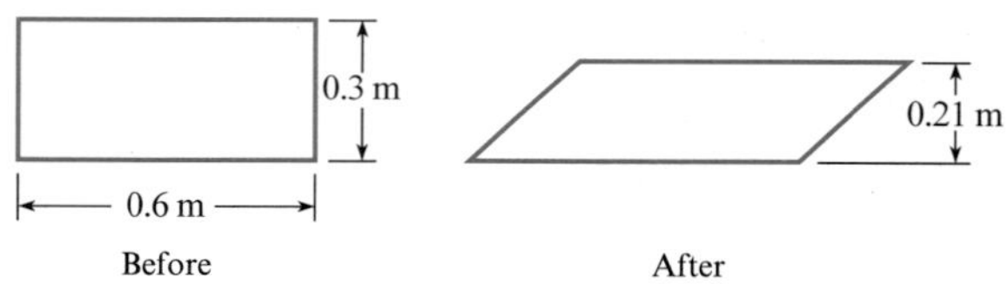

문제 10.54

관로 시스템 내의 펌프 모형화(10.10절)

10.55 20°C의 물이 300 mm의 강관을 통하여 0.55 m^3/s의 유량으로 아래쪽 탱크에서 위쪽 탱크로 양수되는 경우, 펌프가 물에 공급해야 하는 동력은 얼마인가?

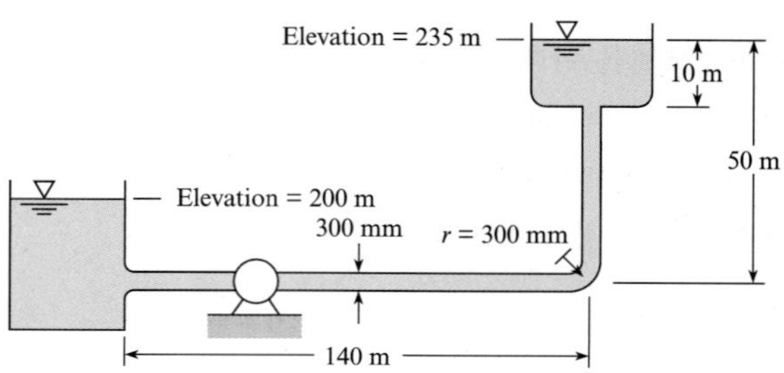

문제 10.55

10.56 아래 그래프와 같은 특성 곡선을 갖는 펌프를 그림과 같은 시스템에 설치하려고 한다. 손실수두를 무시할 경우 유량은 얼마가 되겠는가?

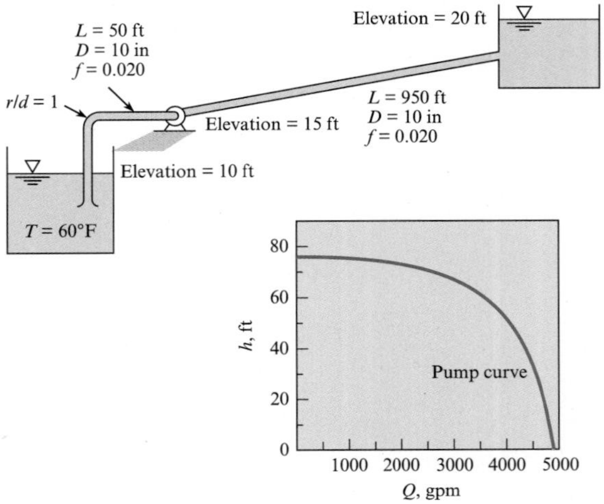

문제 10.56

병렬관 및 관망(10.10절)

10.57 관 1과 2는 모두 주철관이고, 관 2의 길이가 관 1의 길이의 3배이다. 관의 직경은 모두 0.3 m로 동일하다. 관 2의 유량이 54 L/s라면 관 1의 유량은 얼마이겠는가? 두 관의 f 값은 같다고 가정한다.

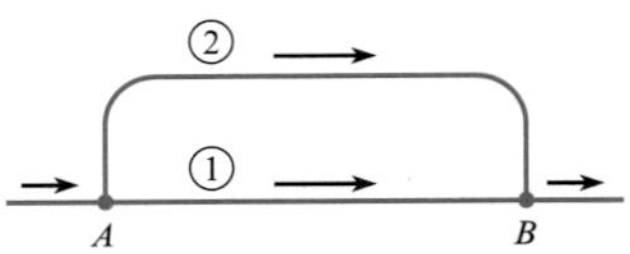

문제 10.57

10.58 병렬관 시스템에서 왼쪽에서 오른쪽으로 물이 흐른다. 유속이 가장 큰 관은 어느 것인가?
(a) 관 A, (b) 관 B, (c) 관 C

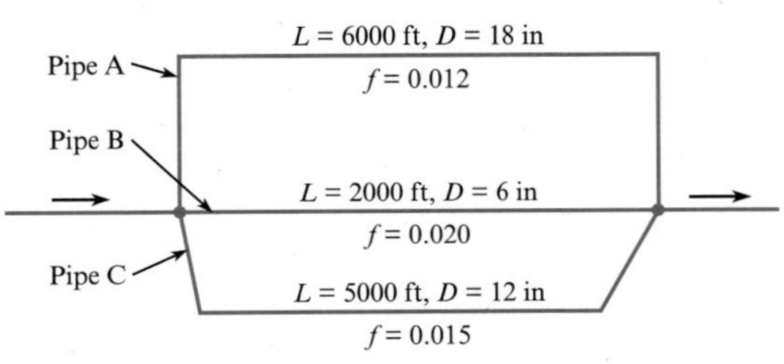

문제 10.58

10.59 총 유량이 14 cfs인 경우 두 관에 유량이 어떻게 나누어지는지를 결정하고, A부터 B까지의 손실수두를 구하라.

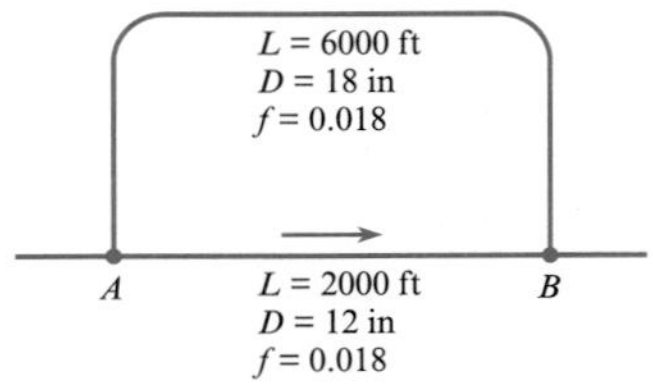

문제 10.59

10.60 A에서 B로 물이 흐르는 그림과 같은 병렬관 시스템에 대하여 흐름을 증가시키기 위해 그림 10.20b와 같은 특성을 갖는 펌프를 C 지점에 설치한다. 총 유량이 0.60 m^3/s일 때 두 관 간에 흐름이 어떻게 나누어지겠는가? 또한 A와 B 사이의 손실수두는 얼마이겠는가? 관은 상용 강관으로 가정한다.

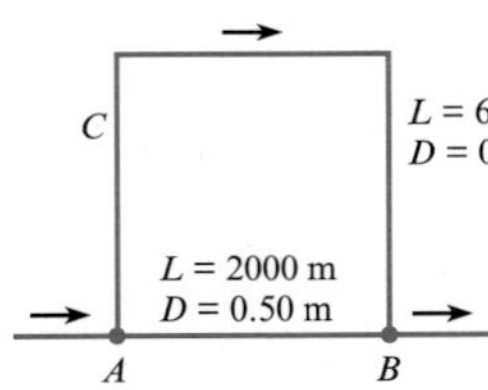

문제 10.60

10.61 수원과 부하들이 그림과 같이 주어진 경우 관망의 흐름은 어떻게 배분되겠는가? 또한 수원에서의 압력이 414 kN/m^2라면 부하가 위치한 지점들에서의 압력은 어떻게 되겠는가? 관은 수평으로 놓여 있고 모든 관에 대하여 $f = 0.012$로 동일하다고 가정한다.

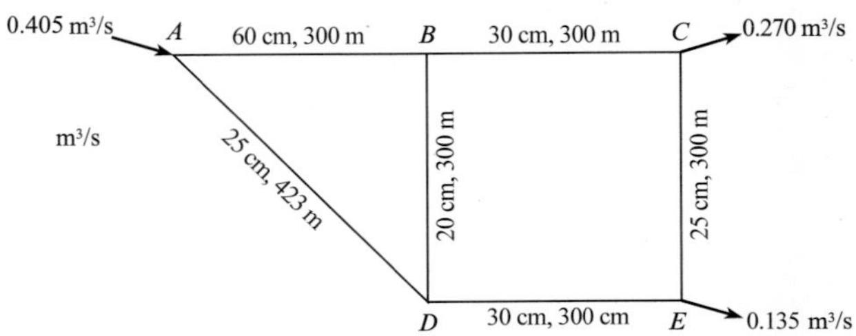

문제 10.61

CHAPTER **11**

항력과 양력

개요 | 앞에서는 평판에 작용하는 정수력, 잠긴 물체에 작용하는 부력, 그리고 평판에 작용하는 전단력에 대하여 다루었다. 여기서는 항력과 양력을 도입하여 힘에 대한 개념을 확장한다.

그림 11.1
이 사진은 미국 올림픽 퍼슈트 팀(추발경기 팀)이 공기 저항을 줄일 수 있는 테스트를 받고 있는 모습을 보여 준다. 이 풍동은 미시간주 워런에 있는 GM 테크니컬 센터에 있다. (Andy Sacks/Photodisc/Getty Images)

학습성과

항력 이해하기(11.1절, 11.2절)
- 항력을 정의한다.
- 어떻게 항력이 전단력과 압력 분포와 연관이 있는지 설명한다.
- 형상항력과 마찰항력을 정의한다.
- 원주를 지나는 흐름에서 3개의 항력영역과 항력급감(drag crisis)을 설명한다.

항력 계산하기(11.2절~11.4절)
- 항력계수를 정의한다.
- C_D 값을 정의한다.
- 항력을 계산한다.
- 항력을 극복하는 데 필요한 힘을 계산한다.
- 종말속도를 계산한다.

양력을 이해하고 계산하기(11.1절, 11.8절)
- 양력과 양력계수를 정의한다.
- 양력을 계산한다.

물체가 정지유체 내에서 이동하거나 또는 흐름이 물체를 지날 때 물체는 합성력을 발생시킨다. 자유흐름과 평행한 힘의 성분은 **항력**(drag force)이라고 한다. 이와 유사하게 **양력**(lift force)은 자유흐름과 직각을 이루는 힘의 성분이다. 예를 들면 공기흐름이 연을 통과할 때 그림 11.2와 같이 양력과 항력 성분으로 분해할 수 있는 합성력이 발생한다. 정의에 의해서 양력과 항력은 흐르는 유체에 의해서 발생한 힘으로 국한된다.

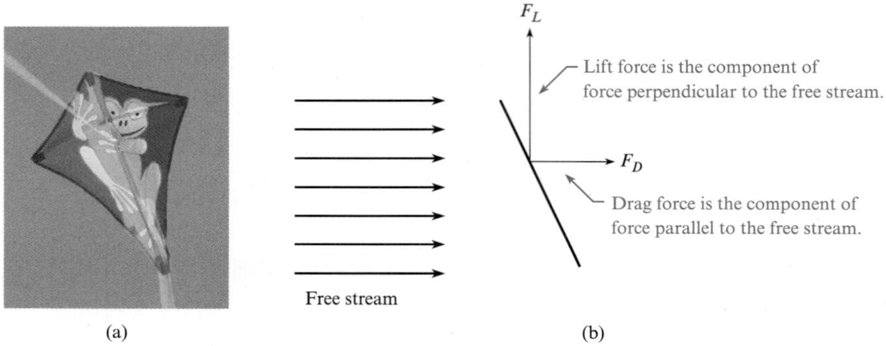

그림 11.2
(a) 연. [Donald Elger 사진.] (b) 연 위를 흐르는 공기로 인하여 연에 작용하는 힘.

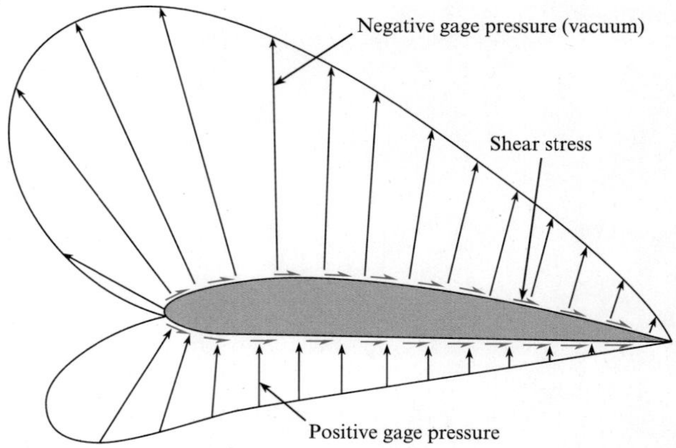

그림 11.3
날개단면부에 작용하는 압력과 전단응력.

11.1 응력 분포에 대한 양력과 항력 관계

이 절에서는 양력과 항력이 응력 분포와 어떠한 관계가 있는지에 대하여 설명한다. 또한 형상항력과 마찰항력의 개념을 소개한다. 이들 개념은 양력과 항력을 이해하는 기본이다.

힘을 구하기 위한 응력 분포의 적분

이 절에서는 양력과 항력 방정식을 전개하기 위하여 2.4절의 개념을 적용한다. 양력과 항력은 적분을 통한 물체에 작용하는 응력 분포와 관련된다. 예를 들면 그림 11.3에 나타낸 날개단면부에 작용하는 응력을 고려해 보자. 그림과 같이 압력 분포와 전단력 분포가 주어져 있다. 응력을 힘과 연관시키기 위하여, 그림 11.4에 나와 있는 미소면적을 선택한다. 압력의 크기는 $dF_p = p\ dA$이고 점성력의 크기는 $dF_v = \tau\ dA$이다.* 미소 양력은 자유흐름 방향에 직각이고 미소 항력은 자유흐름 방향과 평행하다.

*τ에 대한 부호는 날개 표면에서 $\tau\ dA$가 시계방향이면 τ는 양(+)으로 한다.

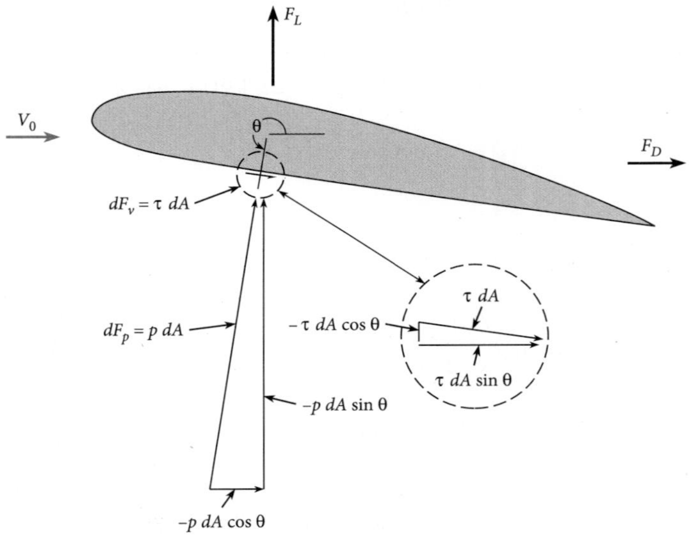

그림 11.4
미소 요소 면적에 작용하는 압력과 점성력.

$$dF_L = -p\,dA\sin\theta - \tau\,dA\cos\theta$$

$$dF_D = -p\,dA\cos\theta + \tau\,dA\sin\theta$$

날개단면부 표면에 대하여 적분하면 양력(F_L)과 항력(F_D)은 응력분포 항으로 구해진다.

$$F_L = \int(-p\sin\theta - \tau\cos\theta)\,dA \tag{11.1}$$

$$F_D = \int(-p\cos\theta + \tau\sin\theta)\,dA \tag{11.2}$$

형상항력과 마찰항력

식 (11.2)는 다음과 같이 두 적분의 합으로 나타낼 수 있다.

$$F_D = \underbrace{\int(-p\cos\theta)\,dA}_{\text{형상항력}} + \underbrace{\int(\tau\sin\theta)\,dA}_{\text{마찰항력}} \tag{11.3}$$

형상항력(form drag)은 압력 분포와 관련된 총 항력 부분이고 **마찰항력**(friction drag)은 점성 전단응력 분포와 관련된 총 항력 부분이다. 어떤 물체에 대한 항력은 형상항력과 마찰항력의 합이다. 다시 말하면 식 (11.3)은 다음과 같이 쓸 수 있다.

$$\text{총 항력} = \text{형상항력} + \text{마찰항력} \tag{11.4}$$

11.2 항력 계산

이 절에서는 항력식, 항력계수, 그리고 2차원 물체에 대한 자료를 소개한다. 이 정보는 물체에 대한 항력 계산에 사용된다.

항력식

물체에 대한 항력 F_D는 항력식을 사용하여 구한다.

$$F_D = C_D A_{\text{Ref}}\left(\frac{\rho V_0^2}{2}\right) \tag{11.5}$$

여기서 C_D는 항력계수라 부르고, A는 물체의 기준 면적(reference area), ρ는 유체의 밀도이고, V_0는 물체에 상대적으로 측정된 자유흐름 속도이다.

기준 면적 A는 물체의 형태에 따라 다르다. **투영 면적**(projected area, A_p)이라 정의되는 하나의 일반적인 기준 면적은 흐름 방향에서 물체를 바라보았을 때의 면적이다. 예를 들면 흐름에 수직으로 놓인 평판의 투영 면적은 $b\ell$이고, 축이 흐름 방향에 수직으로 놓여 있는 실린더의 투영 면적은 $d\ell$이다. 다른 도형은 각 도형에 맞는 기준 면적을 사용해야 한다. 예를 들면 비행기 날개에 대한 기준 면적은 위에서 날개를 바라볼 때 측정된 면적으로서 평면적이 된다.

항력계수(coefficient of drag, C_D)는 주어진 물체 형상과 관련된 항력의 특성을 기술한 매개변수이다. 예를 들면 비행기는 $C_D = 0.03$, 야구공은 $C_D = 0.4$의 값을 갖는다. 항력계수는 아래와 같이 정의된 π-그룹이다.

$$C_D \equiv \frac{F_D}{A_{\text{Ref}}(\rho V_0^2/2)} = \frac{(\text{항력})}{(\text{기준 면적})(\text{동압력})} \tag{11.6}$$

항력계수(C_D)의 값은 일반적으로 실험에 의하여 결정된다. 예를 들면 항력(F_D)은 풍동에서 힘의 평형을 이용하여 측정할 수 있다. 그리고 항력계수는 식 (11.6)을 이용하여 계산할 수도 있다. 이러한 계산을 위하여 풍동에서 공기의 속도 V_0는 피토 정압관 또는 유사한 장치를 이용하여 측정할 수 있고, 공기 밀도는 온도와 압력의 측정치를 이용하여 이상기체법칙을 적용함으로써 구할 수 있다.

식 (11.5)는 항력이 4가지 변수와 관련이 있다는 것을 보여 준다. 항력은 물체의 형상이 C_D 값으로 나타내어지기 때문에 물체의 형상과 관련이 있다. 항력은 물체의 크기와도 관련이 있는데 크기는 기준 면적에 따라 달라지기 때문이다. 항력은 주위 유체의 밀도와 관련이 있다. 끝으로, 항력은 유체 속도의 제곱에 비례한다. 이것은 풍속이 두 배가 되고 C_D가 일정하면 건물에 작용하는 풍하중은 네 배가 된다는 것을 뜻한다.

항력계수(2차원 물체)

이 절에서는 C_D 자료를 제시하고 2차원으로 분류될 수 있는 물체에 대해 C_D가 레이놀즈수에 따라 어떻게 변화하는지를 기술한다. **2차원 물체**(two-dimensional body)는 균일한 단면과 물체의 끝단과는 무관한 흐름 양상을 가지는 물체로 정의된다. 그림 11.5에 2차원 물체에 대한 예를 나타내었다. 공기역학에서 2차원 물체에 대한 C_D 값을 **단면항력계수**(sectional drag coefficient)라고 한다. 2차원 물체는 흐름에 직각방향으로 무한히 긴 물체로 볼 수 있다.

단면항력계수는 실제 물체에 대한 C_D를 평가하는 데 사용될 수 있다. 예를 들면 길이와 직경의 비율이 20(예: $L/D \geq 20$)인 실린더에 대한 C_D는 총 항력에 대한 끝단 효과(end effect)의 기여도가 낮아지기 때문에 단면항력계수와 같아진다. 대신에 단면항력계수는 작은 L/D 비(예: $L/D \approx 1$)를 갖는 실린더의 경우는 끝단 효과의 기여도가 높기 때문에 그 값이 부정확하게 된다.

그림 11.5에 보이는 것과 같이, 레이놀즈수는 경우에 따라 단면항력계수에 영향을 미친다. 평판과 사각형 막대에 대한 C_D 값은 Re와는 무관하다. 이들 물체의 날카로운 모서리는 박리를 일으켜 항력은 전단응력 분포(Re에 의존하는 마찰항력)가 아닌 압력 분포(형상항력)

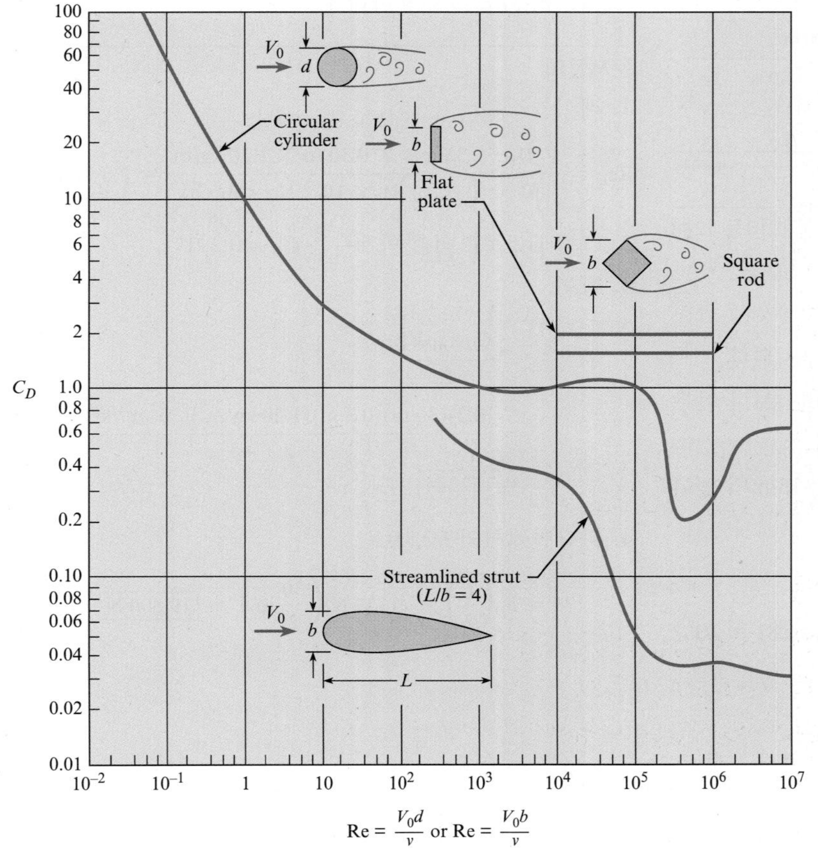

그림 11.5

2차원 물체에 있어서 항력계수와 Re와의 관계. [자료 출처: Bullivant(1), DeFoe(2), Goett와 Bullivant(3), Jacobs(4), Jones(5), Lindsey(6).]

에 의존하게 된다. 대신에 실린더와 유선형 막대에 대한 C_D는 형상항력과 마찰항력이 중요하기 때문에 레이놀즈수에 크게 의존한다.

물체에 대한 항력을 계산하기 위하여 적절한 항력계수를 찾고 항력식을 적용한다. 이 방법은 예제 11.1에 나와 있다.

예제 11.1

실린더에 작용하는 항력

문제

30 m 높이와 30 cm 직경을 가지는 연직 실린더가 TV 수신 안테나를 지지하고 있다. 실린더에 작용하는 항력과 실린더 하단에서의 휨 모멘트를 계산하라. 풍속은 35 m/s, 기압은 1기압, 그리고 온도는 20°C이다.

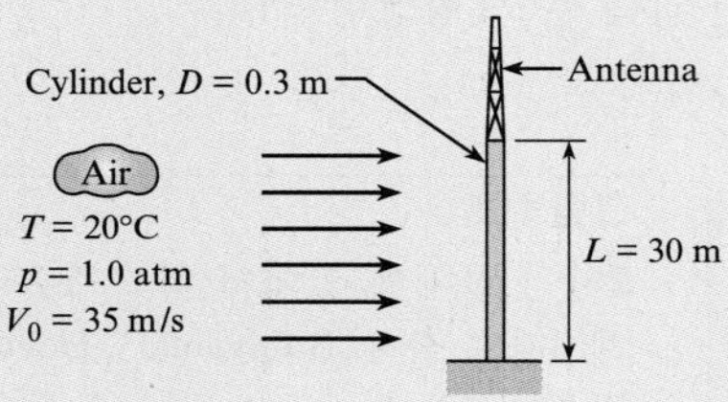

설명

바람이 높은 실린더를 가로지르며 불고 있다.

가정:

- 풍속은 일정하다.
- 실린더 끝단 효과는 $L/D = 100$이므로 무시된다.
- 안테나의 투영 면적은 실린더의 투영 면적보다 아주 작기 때문에 안테나의 항력을 무시한다.
- 항력의 작용선은 실린더의 절반 높이인 15 m의 높이에 있다.

특성값:

공기(20°C): 표 A.5, $\rho = 1.2\ \text{kg/m}^3$이고 $\mu = 1.81 \times 10^{-5}\ \text{N}\cdot\text{s/m}^2$.

목표

구하는 값:

- 실린더에 작용하는 항력(N) 계산
- 실린더 하단에 작용하는 휨 모멘트(N·m) 계산

아이디어

1. 레이놀즈수를 계산한다.
2. 그림 11.5를 이용하여 항력계수를 구한다.
3. 식 (11.5)를 이용하여 항력을 계산한다.
4. $M = F_D \cdot L/2$을 이용하여 휨 모멘트를 계산한다.

문제풀이

1. 레이놀즈수:

$$\text{Re}_D = \frac{V_0 D \rho}{\mu} = \frac{35\ \text{m/s} \times 0.30\ \text{m} \times 1.20\ \text{kg/m}^3}{1.81 \times 10^{-5}\ \text{N}\cdot\text{s/m}^2} = 7.0 \times 10^5$$

2. 그림 11.5로부터 항력계수는 $C_D = 0.2$이다.

3. 항력:

$$\begin{aligned} F_D &= \frac{C_D A_p \rho V_0^2}{2} \\ &= \frac{(0.2)(30\ \text{m})(0.3\ \text{m})(1.20\ \text{kg/m}^3)(35^2\ \text{m}^2/\text{s}^2)}{2} \\ &= \boxed{1323\ \text{N}} \end{aligned}$$

4. 바닥면에서의 모멘트:

$$M = F_D\left(\frac{L}{2}\right) = (1323\ \text{N})\left(\frac{30}{2}\ \text{m}\right) = \boxed{19{,}800\ \text{N}\cdot\text{m}}$$

원형 실린더에 대한 C_D의 고찰

항력영역. 그림 11.5에 나와 있는 것과 같이 항력계수 C_D는 3가지 영역(regime)으로 설명될 수 있다.

- **영역 I (Re < 10^3).** 이 영역에서 C_D는 형상항력과 마찰항력 양쪽에 의존한다. 언급한 바와 같이, C_D는 레이놀즈수가 증가함에 따라 감소한다.
- **영역 II (10^3 < Re < 10^5).** 이 영역에서 C_D는 거의 일정한 값을 갖는다. 그 이유는 압력 분포와 관련된 형상항력은 항력의 지배적인 원인이기 때문이다. 이 레이놀즈수의 범위를 초과하면 실린더 주위의 흐름 양상은 사실상 변하지 않는다. 이 때문에 매우 유사한 압력 분포를 형성하게 된다. 레이놀즈수가 높은 경우 C_D가 일정하게 되는 것은 대부분 각이 진 형태의 물체가 갖는 대표적인 특성이다.
- **영역 III (10^5 < Re < 5×10^5).** 이 영역에서 C_D는 약 80%까지 감소하는데, 현저한 **항력급감현상**(drag crisis)이라 부른다. 이것은 실린더의 경계층이 변화하기 때문에 발생한다. 10^5보다 작은 레이놀즈수에 있어서 경계층은 층류이며, 박리는 실린더의 상류와 하류 측의 대략 중간 지점에서 발생한다(그림 11.6). 따라서 실린더의 하류 측 절반 모두 상대적으로 낮은 압력에 노출되고, C_D는 상대적으로 큰 값을 갖게 된다. 레이놀즈수가 약 10^5까지 증가하면 경계층은 난류가 되고, 따라서 더 빠른 속도의 유체가 실린더 벽에 가까운 영역으로 혼합되어 들어오게 된다. 결과적으로 경계층 내에서 더 빠른 속도, 높은 운동량을 갖는 유체의 존재는 박리가 일어나기 전의 역압력경사를 실린더 표면을 따라 더욱 하류 쪽으로 밀어내게 된다(그림 11.7). 이러한 박리의 변화는 작은 후류와 영역에서 음(−) 압력이 생겨 결국 작은 C_D 값을 갖게 된다.

표면 조도

표면 조도는 항력에 중요한 영향을 미친다. 예를 들어 실린더 표면의 상류의 중간 지점을 다소 거칠게 하면, 경계층은 실린더가 매끈한 경우보다 더 낮은 레이놀즈수에서 난류 상태가 될 것이다. 이와 같은 경향은 접근 흐름에 비정상적인 난류를 일으켜서 만들어질 수도 있다. 입경이

그림 11.6
실린더 주위의 흐름 양상(10^3 < Re < 10^5).

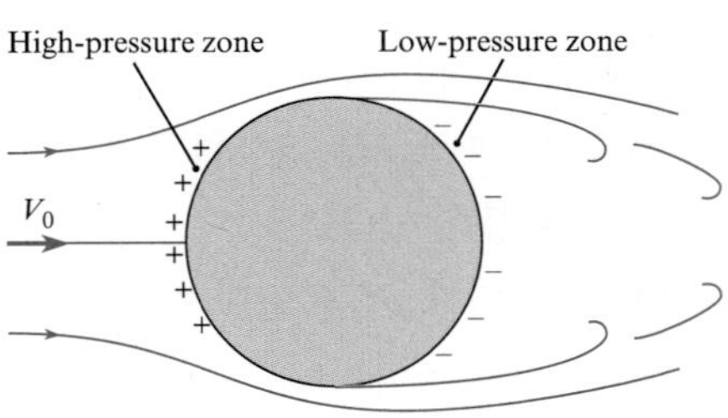

그림 11.7
실린더 주위의 흐름 양상(Re > 5×10^5).

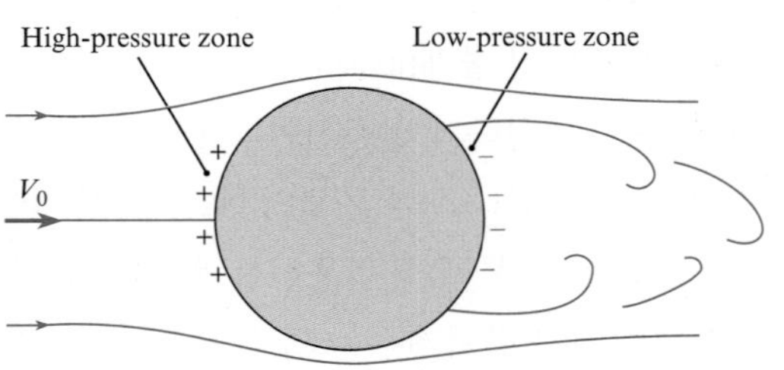

그림 11.8
실린더에서 C_D에 대한 조도 효과. [Miller 외(7).]

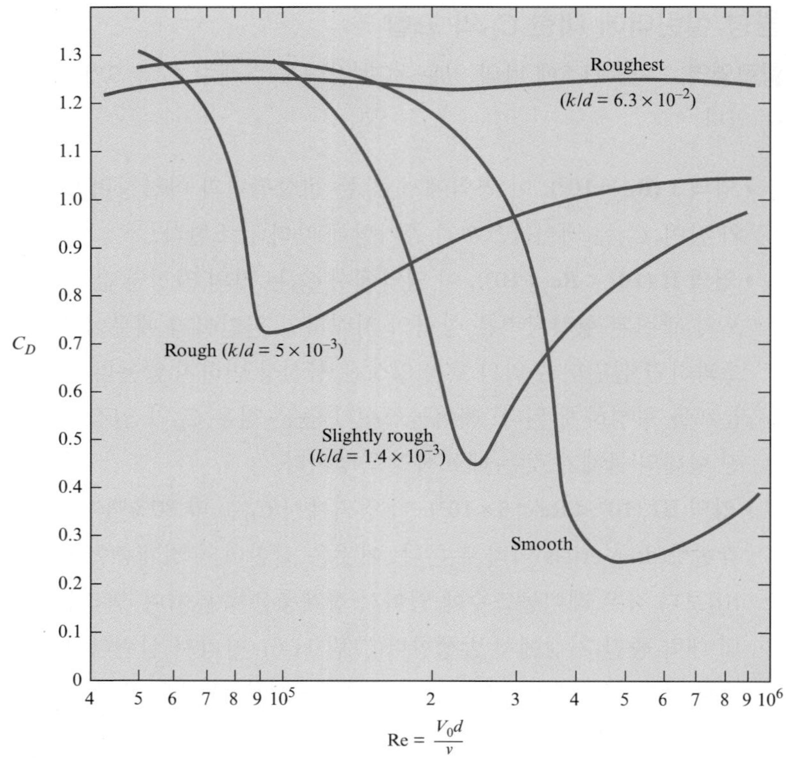

k인 모래로 거칠게 한 실린더에 대한 조도 효과에 대해서는 그림 11.8에 나타내었다. 실린더에 작거나 중간 정도 크기의 조도($10^{-3} < k/d < 10^{-2}$)를 주면 더 작은 Re에서 C_D의 감소가 발생한다. 그러나 상대 조도가 매우 큰($10^{-2} < k/d$) 경우에는 C_D의 감소 특성이 나타나지 않는다.

11.3 축대칭과 3차원 물체의 항력

11.2절에서는 2차원 물체에 작용하는 항력에 대하여 설명하였다. 다른 물체 형상에 작용하는 항력은 이 절에서 설명한다. 또한 동력(power)과 회전 저항(rolling resistance)에 대해서도 기술한다.

항력 자료

물체는 흐름 방향이 물체의 대칭축에 평행하고 결과적인 흐름이 물체의 축에 대하여 역시 대칭일 때 **축대칭 물체**(axisymmetric body)로 분류된다. 구체, 총탄, 창은 축대칭 물체의 한 예이다. 흐름이 대칭축과 일직선이 되지 않고, 흐름장이 3차원(3D)일 때 물체는 **3차원 물체**(3-D body)로 분류된다. 3차원 물체의 예로 나무, 건물, 그리고 자동차 등이 있다.

2차원 흐름이 물체에 적용하는 원리는 축대칭 흐름에도 적용된다. 예를 들면 매우 작은 레이놀즈수에서 항력계수는 C_D와 Re에 관한 엄밀한 방정식에 의해 주어진다. 큰 Re에서, 항

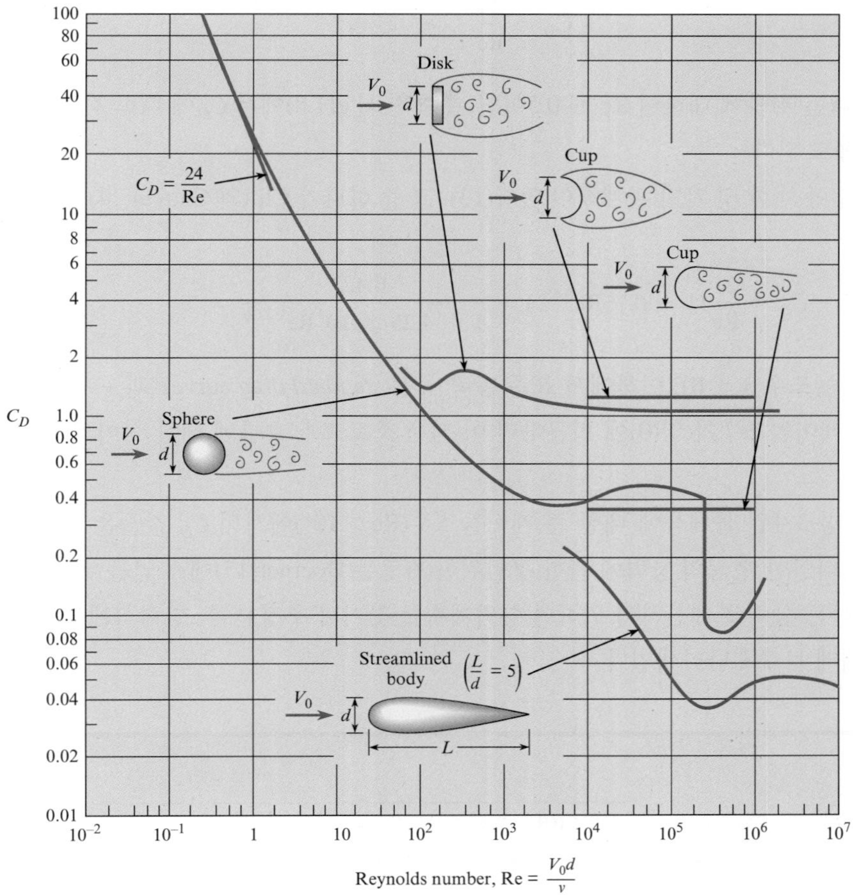

그림 11.9

축대칭 물체에 대한 레이놀즈수와 항력계수와의 관계. [자료 출처: Abbott(9), Brevoort와 Joyner(10), Freeman(11), Rouse(12).]

력계수는 각이 진 형상에 대해서는 상수가 되는 반면에 둥근 물체의 경우에는 C_D에 다소 급격한 변화가 발생한다. 이러한 모든 특성은 그림 11.9에서 확인할 수 있다. 여기에 몇 가지 축대칭 물체들에 대하여 레이놀즈수에 따른 C_D의 변화를 도시하였다.

특히 구체의 항력계수가 관심의 대상이 되는데, 이는 입자나 물방울처럼 구형이거나 구형에 가까운 물체들의 항력과 관련된 문제들이 많기 때문이다. 또한 구의 항력은 다른 형상의 물체들에 대한 항력을 비교하기 위한 기준으로 사용되기도 한다. 레이놀즈수가 0.5 이하이면 구 주위의 흐름은 층류이고, 이에 대한 수학적 해를 구할 수 있다. 이 수학적 해는 스토크스에 의하여 다음과 같이 구해졌으며, 구체의 항력에 관한 스토크스의 법칙이라 불린다.

$$F_D = 3\pi\mu V_0 d \tag{11.7}$$

이러한 층류 조건에서의 항력은 V_0에 직접 비례함을 주목하라. 이는 모든 층류의 공통된 특성이다. 완전한 난류의 경우 항력은 유속의 제곱의 함수이다. 식 (11.7)에 주어진 항력을 식 (11.6)에 대입하면, 구체의 항력에 대한 스토크스의 방정식인 다음 식이 얻어진다.

$$C_D = \frac{24}{\text{Re}} \tag{11.8}$$

따라서 구를 지나는 흐름에 대하여 $\text{Re} \le 0.5$이면, 주어진 식 (11.8)에서 C_D에 대한 직접적인 관계식을 사용해도 된다.

구의 항력계수에 대한 몇 가지 관계식이 있다(13). 그 중 하나가 Clift와 Gauvin(14)이 제안한 다음 식이다.

$$C_D = \frac{24}{\text{Re}}(1 + 0.15\text{Re}^{0.687}) + \frac{0.42}{1 + 4.25 \times 10^4 \text{Re}^{-1.16}} \tag{11.9}$$

식 (11.9)는 레이놀즈수 3×10^5 이하에서 *표준 항력 곡선(standard drag curve)**과 −4~6%의 편차를 보인다. 레이놀즈수가 영(0)에 접근하면 이 식은 스토크스 흐름에 대한 식이 되는 것을 알 수 있다.

그 밖의 축대칭 3차원 물체들에 대한 큰 레이놀즈수($\text{Re} > 10^4$)에서의 C_D 값들은 표 11.1에 주어져 있다. 다양한 형상의 항력에 관한 광범위한 자료는 Hoerner(15)에서 얻을 수 있다.

물체에 작용하는 항력을 계산하기 위하여 항력계수를 찾거나 추정한 후, 항력식에 적용한다. 이 방법을 예제 11.2에 나타내었다.

예제 11.2

구의 항력

문제

오일($\mu = 10^{-1}\ \text{N}\cdot\text{s/m}^2$, $SG = 0.85$) 속에서 8 cm/s의 속도로 하강하는 직경 12 mm인 구의 항력은 얼마인가?

설명

구($d = 0.012$ m)는 오일 속으로 낙하하고 있다.

구의 속도는 $V = 0.08$ m/s이다.

가정: 구는 일정한 속도로 움직이고 있다(종말속도).

특성값:

오일: $\mu = 10^{-1}\ \text{N}\cdot\text{s/m}^2$, $S = 0.85$, $\rho = 850\ \text{kg/m}^3$.

목표

구하는 값: 구에 작용하는 항력(N).

아이디어

1. 레이놀즈수를 구한다.
2. 그림 11.9를 이용하여 항력계수를 찾는다.
3. 식 (11.5)를 이용하여 항력을 계산한다.

문제풀이

1. 레이놀즈수:

$$\text{Re} = \frac{Vd\rho}{\mu} = \frac{(0.08\ \text{m/s})(0.012\ \text{m})(850\ \text{kg/m}^3)}{10^{-1}\ \text{N}\cdot\text{s/m}^2} = 8.16$$

2. 항력계수(그림 11.9로부터) $C_D = 5.3$이다.
3. 항력:

$$F_D = \frac{C_D A_p \rho V_0^2}{2}$$

$$F_D = \frac{(5.3)(\pi/4)(0.012^2\ \text{m}^2)(850\ \text{kg/m}^3)(0.08\ \text{m/s})^2}{2}$$

$$= \boxed{1.63 \times 10^{-3}\ \text{N}}$$

---

* 표준 항력 곡선은 구의 항력계수에 대하여 누적된 자료들을 가장 잘 근사화하는 곡선을 나타낸다.

표 11.1 다양한 물체들에 대한 적절한 C_D 값

물체의 종류		길이비	Re	C_D
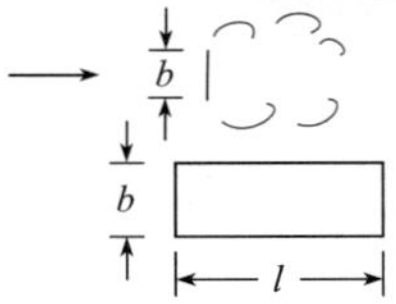	사각판	$l/b = 1$ $l/b = 5$ $l/b = 10$ $l/b = 20$ $l/b = \infty$	$>10^4$ $>10^4$ $>10^4$ $>10^4$ $>10^4$	1.18 1.20 1.30 1.50 1.98
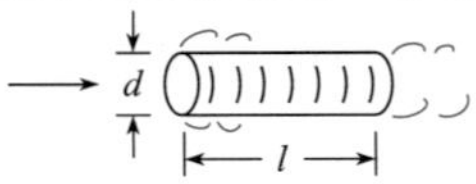	흐름방향과 평행한 축을 가진 원주	$l/d = 0$ (disk) $l/d = 0.5$ $l/d = 1$ $l/d = 2$ $l/d = 4$ $l/d = 8$	$>10^4$ $>10^4$ $>10^4$ $>10^4$ $>10^4$ $>10^4$	1.17 1.15 0.90 0.85 0.87 0.99
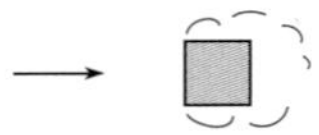	정사각형	∞	$>10^4$	2.00
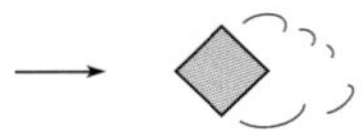	정사각형	∞	$>10^4$	1.50
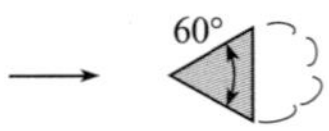	삼각기둥	∞	$>10^4$	1.39
	반원	∞	$>10^4$	1.20
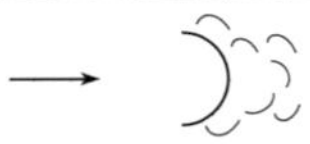	반원	∞	$>10^4$	2.30
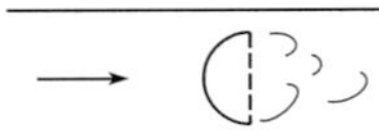	반구		$>10^4$	0.39
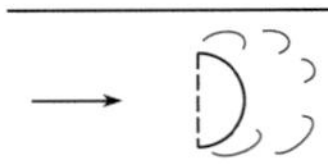	반구		$>10^4$	1.40
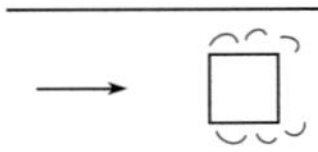	정육면체		$>10^4$	1.10
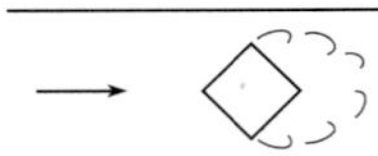	정육면체		$>10^4$	0.81
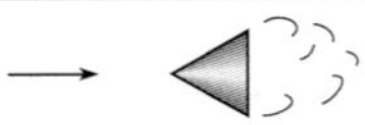	꼭지각이 60°인 원뿔		$>10^4$	0.49
	낙하산		$\approx 3 \times 10^7$	1.20

[자료 출처: Brevoort와 Joyner(10), Lindsey(6), Morrison(16), Roberson 외 (17), Rouse(12), Scher and Gale(18).]

그림 11.10
일정한 속도로 움직이는 자동차에 작용하는 수평력.

동력과 회전 저항

동력이 문제에 포함되어 있을 때, 7장의 동력식이 적용된다. 예를 들면 평탄한 도로를 일정한 속도로 움직이고 있는 자동차를 생각해 보자. 그 자동차는 가속되지 않은 상태이기 때문에, 그림 11.10에 나와 있는 것과 같이 수평력은 평형을 이루고 있다.

$$F_{Drive} = F_{Drag} + F_{Rolling\ resistance}$$

구동력 F_{Drive}는 자동차 바퀴와 도로 표면 사이의 마찰력이다. 항력은 차에 작용하는 공기의 저항이다. 회전 저항(rolling resistance)은 공이나 타이어와 같은 물체에서 발생되는 마찰력이다. 예를 들면 아스팔트 위의 고무 타이어는 철로 위의 강철 기차보다 더 큰 회전 저항을 가질 것이다. 회전 저항은 아래와 같은 식을 사용하여 계산된다.

$$F_{Rolling\ resistance} = F_r = C_r N \tag{11.10}$$

여기서 C_r은 회전 저항의 계수이고, N은 연직 방향 힘이다.

그림 11.10에 보이는 차를 일정 속도로 움직이는 데 필요한 힘은 식 (7.3a)와 같이 주어진다.

$$P = FV = F_{Drive} V_{Car} = (F_{Drag} + F_{Rolling\ resistance}) V_{Car} \tag{11.11}$$

그러므로 어떤 문제에서 동력을 고려해야 할 때, 적절한 힘을 구하기 위하여 자유물체도를 이용하여 방정식 $P = FV$에 적용한다. 이 접근방법을 예제 11.3에 나타내었다.

예제 11.3

자전거 경주자의 속도

문제

몸무게가 70 kg인 사람이 3 m/s의 맞바람을 맞으며 300 W의 동력으로 달리고 있다. 자전거 경주자와 자전거의 정면의 면적은 0.362 m^2, 항력계수는 0.88이고, 회전 저항 계수는 0.007이다. 자전거 경주자의 속도(V_c)를 구하라. 답을 mph와 m/s로 표기하라.

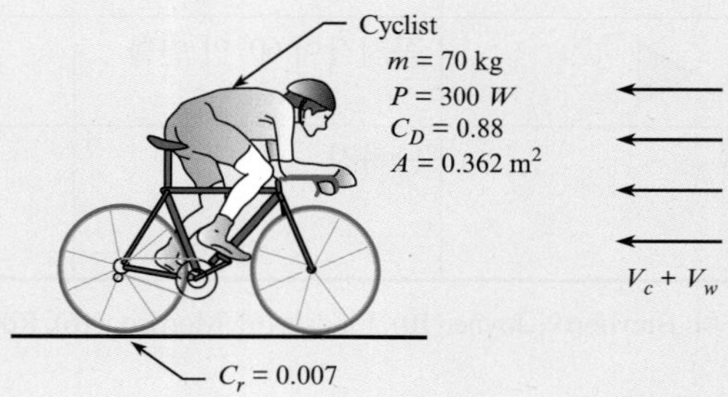

설명

자전거 경주자는 $V_w = 3$ m/s의 맞바람을 맞으며 달리고 있다.

가정:

1. 도로는 수평이다.
2. 자전거 기어의 기계적인 손실은 없다.

특성값: 공기(20°C, 1 atm): 표 A.2, $\rho = 1.2$ kg/m^3.

목표

경주자의 속도를 m/s와 mph로 구하라.

아이디어

1. 식 (11.11)을 이용하여 동력과 자전거 속도(V_c) 사이의 관계를 설명한다.
2. 회전 저항을 계산한다.
3. 식 (11.5)를 이용하여 항력에 대한 방정식을 전개한다.
4. 1~3의 과정을 결합한다.
5. V_c를 계산한다.

문제풀이

1. 동력 방정식:
   - 자전거 경주자의 동력은 항력과 회전 저항을 극복하는 데 사용된다. 그러므로

$$P = (F_D + F_r)V_c$$

2. 회전 저항:

$$F_r = C_r N = C_r mg = 0.007(70\text{ kg})(9.81\text{ m/s}^2) = 4.81\text{ N}$$

3. 항력:
   - V_0 = 자전거 경주자에 대한 상대적인 공기의 속도

$$V_0 = V_c + 3\text{ m/s}$$

   - 항력:

$$F_D = C_D A\left(\frac{\rho V_0^2}{2}\right) = \frac{0.88(0.362\text{ m}^2)(1.2\text{ kg/m}^3)}{2} \times (V_c + 3\text{ m/s})^2$$
$$= 0.1911(V_c + 3\text{ m/s})^2$$

4. 결과의 결합:

$$P = (F_D + F_r)V_c$$
$$300\text{ W} = (0.1911(V_c + 3)^2 + 4.81)V_c$$

5. 3차 방정식이므로, 주어진 스프레드시트 프로그램을 사용하라. 이 표에서 V_c의 값을 변화시켜 방정식의 우변이 300과 같아지는 V_c의 값을 찾는다. 그 결과는

$$V_c = \boxed{9.12\text{ m/s} = 20.4\text{ mph}}$$

V_c	RHS
(m/s)	(W)
0	0.0
5	85.2
8	223.5
9	291.0
9.1	298.4
9.11	299.1
9.12	299.9
9.13	300.6

11.4 종말속도

항력 방정식의 또 다른 일반적인 적용은 유체 속을 낙하하는 물체의 정상상태 속도를 구하는 것이다. 물체가 낙하할 때, 중력의 작용으로 가속된다. 낙하체의 속도가 증가함에 따라 항력은 상향으로 작용하는 힘(항력)과 하향으로 작용하는 순작용력(무게에서 부력을 뺀 힘)이 같아질 때까지 증가한다. 일단 힘이 균형을 이루면, 물체는 **종말속도**(terminal velocity)라 불리는 일정 속도로 움직이는데, 이 속도는 낙하 물체에 의해 도달된 최대 속도로 정의된다.

종말속도를 구하기 위해서, 물체에 작용하는 힘을 같게 놓고 최종 방정식을 푼다. 일반적으로 이러한 과정은 예제 11.4에 나타낸 것처럼 반복적이다.

예제 11.4

물속에서의 구체의 종말속도

문제

직경이 20 mm인 플라스틱($SG = 1.3$) 구형 물체가 낙하한다. 종말속도를 구하라. 물의 온도는 20°C이다.

설명

매끄러운 구체($D = 0.02$ m, $SG = 1.3$)가 수중에서 하강하고 있다.

특성값: 물(20°C): 표 A.5, $\nu = 1 \times 10^{-6}$ m²/s, $\rho = 998$ kg/m³, $\gamma = 9790$ N/m³.

목표

구체의 종말속도(m/s)를 구한다.

아이디어

이 문제는 종말속도 방정식이 음해이기 때문에 반복 계산이 요구된다. 계획 단계는 다음과 같다.

1. 힘의 평형을 적용한다.
2. 종말속도에 대한 방정식을 전개한다.
3. 종말속도 방정식을 풀기 위하여, 반복 과정을 세운다.
4. 반복 계산을 하기 위하여 스프레드시트 프로그램으로 표를 만든다.

문제풀이

1. 힘의 평형:
   - 자유물체도를 그린다.

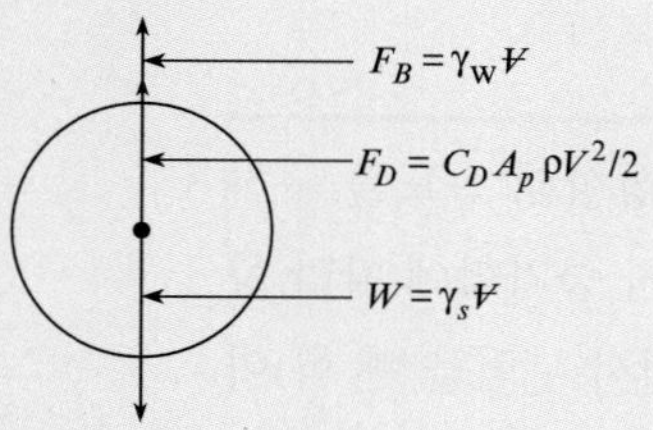

   - 힘의 평형(연직 방향)을 적용한다.

$$F_{\text{Drag}} + F_{\text{Buoyancy}} = W$$

2. 종말속도 방정식:
   - 평형 방정식의 항을 분석한다.

$$C_D A\left(\frac{\rho V_0^2}{2}\right) + \gamma_w V\!\!\!\!- = \gamma_s V\!\!\!\!-$$

$$C_D\left(\frac{\pi d^2}{4}\right)\left(\frac{\rho V_0^2}{2}\right) + \gamma_w\left(\frac{\pi d^3}{6}\right) = \gamma_s\left(\frac{\pi d^3}{6}\right)$$

   - V_0에 대하여 푼다.

$$V_0 = \left[\frac{(\gamma_s - \gamma_w)(4/3)d}{C_D \rho_w}\right]^{1/2}$$

$$= \left[\frac{(12.7 - 9.79)(10^3\ \text{N/m}^3)(4/3)(0.02\ \text{m})}{C_D \times 998\ \text{kg/m}^3}\right]^{1/2}$$

$$V_0 = \left(\frac{0.0778}{C_D}\right)^{1/2} = \frac{0.279}{C_D^{1/2}}\ \text{m/s}$$

3. 반복 1
   - 초기 가정: $V_0 = 1.0$ m/s
   - Re 계산:

$$\text{Re} = \frac{Vd}{\nu} = \frac{(1.0\ \text{m/s})(0.02\ \text{m})}{1 \times 10^{-6}\ \text{m}^2/\text{s}} = 20000$$

   - 식 (11.9)를 이용하여 C_D 계산:

$$C_D = \frac{24}{20000}(1 + 0.15(20000^{0.687})) + \frac{0.42}{1 + 4.25 \times 10^4 (20000)^{-1.16}} = 0.456$$

   - V_0의 새로운 값 찾기(과정 2의 방정식을 이용):

$$V_0 = \left(\frac{0.0778}{C_D}\right)^{1/2} = \frac{0.279}{0.456^{0.5}} = 0.413\ \text{m/s}$$

4. 반복해
   - 표를 만들기 위하여 스프레드시트 프로그램을 이용하라. 첫 번째 행은 반복 1의 결과이다.
   - 반복 1의 종말속도 $V_0 = 0.413$ m/s은 반복 2에서 초기속도로 사용된다.
   - 반복 과정은 종말속도가 일정값 $V_0 = 0.44$ m/s에 도달할 때까지 반복된다. 두 번의 반복 계산에서 수렴됨을 알 수 있다.

Iteration #	Initial V_0	Re	C_D	New V_0
	(m/s)			(m/s)
1	1.000	20000	0.456	0.413
2	0.413	8264	0.406	0.438
3	0.438	8752	0.409	0.436
4	0.436	8721	0.409	0.436
5	0.436	8723	0.409	0.436
6	0.436	8722	0.409	0.436

$\boxed{V_0 = 0.44 \text{ m/s}}$

11.5 소용돌이 이탈현상

이 절에서는 **소용돌이 이탈현상**(vortex shedding)에 대하여 소개한다. 소용돌이 이탈현상은 열전달과 혼합을 증가시키는 데 사용될 수 있고, 구조물의 비정상적인 진동이나 파괴 등을 일으킬 수 있기 때문에 중요한 개념이다.

뭉툭한 물체(bluff body)를 지나는 흐름은 일반적으로 양쪽에서 교대로 발산하는 일련의 소용돌이를 발생시킨다. 이 때문에 후류에서 일련의 교호와열(alternating vortices)이 발생된다. 이러한 현상을 소용돌이 이탈현상이라 부른다. 실린더에서 소용돌이 이탈현상은 Re ≥ 50에서 발생하고 그림 11.11과 같은 흐름 양상을 형성한다. 이 그림에서 소용돌이는 실린더 상단 부근에서 형성된 것이다. 첫 번째 소용돌이의 오른쪽 하단에 또 다른 소용돌이가 있는데 이는 바로 직전에 형성되고 분리되어 나간 것이다. 따라서 실린더의 후류(wake) 내에서의 흐름 과정은 실린더 양쪽에서 교대로 일어나는 소용돌이의 형성과 분리를 포함하고 있다. 교대로 나타나는 이러한 와열의 형성과 분리는 실린더의 횡방향 성분 힘에서 연속적이고 규칙성을 갖는 압력의 주기적인 변화를 일으킨다. 이와 같이 교대로 소용돌이가 분리되어 나가는 현상은 1940년 워싱턴주의 Tacoma Narrows 현수교 붕괴의 주요 원인이었다.

실험은 분리 주파수가 레이놀즈수의 함수로서의 스트로할수(Strouhal number)(St)로 표현될 수 있다는 것을 보여 주고 있다. 여기서 스트로할수는 다음과 같은 π-그룹으로 정의된다.

$$\text{St} = \frac{nd}{V_0} \tag{11.12}$$

여기서 n은 실린더 한쪽 면으로부터 일어나는 소용돌이의 분리 주파수로서, 단위는 Hz이다. d는 실린더의 직경이고, V_0는 자유흐름 속도이다. 원형 실린더에서 소용돌이 이탈현상에 대한

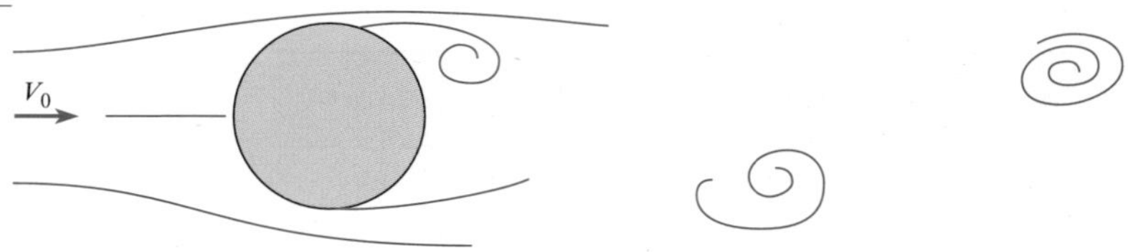

그림 11.11
실린더 배후에서 소용돌이의 형성.

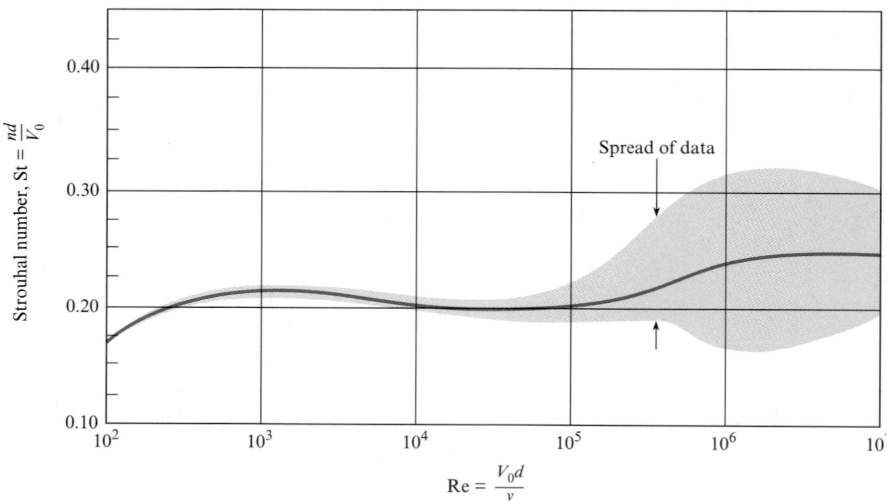

그림 11.12
원형 실린더를 지나는 흐름에 대한 스트로할수와 레이놀즈수와의 관계. [Jones(5)와 Roshko(8).]

스트로할수를 그림 11.12에 나타내었다. 다른 형태의 원주와 2차원 물체 역시 소용돌이를 발생시킨다. 결과적으로 기술자는 바람 또는 유체흐름에 노출된 구조물을 설계할 때 발생하는 진동 문제에 항상 주의해야 한다.

11.6 유선형화에 의한 항력의 감소

기술자는 항력을 최소화하기 위하여 물체의 형상을 설계할 수 있다. 이러한 과정을 **유선형화**(streamlining)라고 하며 형상항력을 줄이는 데 초점이 맞추어져 있다. 형상항력에 초점을 두는 이유는 대부분 뭉툭한 물체(예: Re > 1000에서의 원주 물체)에 작용하는 항력은 주로 박리에 의한 압력 변화에 기인하기 때문이다. 이러한 경우 유선형화는 박리를 줄이거나 제거하기 위하여 물체의 모양을 바꾸는 것을 말한다. 유선형화의 영향은 아주 크다. 예를 들면 그림 11.5는 유선형화된 형상의 C_D는 Re ≈ 5 × 10^5일 때 원형 실린더 C_D의 약 1/6 정도라는 것을 보여 준다.

유선형화가 형상항력을 줄이는 반면에, 일반적으로 마찰항력은 증가한다. 이것은 비유선형화 물체와 비교했을 때 유선형화 물체가 더 많은 표면적을 가지고 있기 때문이다. 결과적으로 물체의 형상항력과 마찰항력의 합이 최소가 될 때 최적 조건의 유선형화가 된다.

큰 레이놀즈수에서 최소 항력을 얻기 위한 유선형화는 매우 작은 레이놀즈수에서는 최소 항력을 얻을 수 없다. 예를 들면 Re < 1 조건에서, 실린더의 주요 항력은 마찰항력이 된다. 그러므로 실린더가 유선형화된다면, 마찰항력은 커지게 되고 C_D는 증가할 것이다.

큰 레이놀즈수에서 유선형화의 또 다른 이점은 소용돌이 이탈현상이 제거된다는 것이다. 예제 11.5는 C_D 값의 비를 사용하여 유선형화의 영향을 어떻게 추산할 것인가를 보여 주고 있다.

예제 11.5

뭉툭한 형상과 유선형화된 형상에 대한 항력 비교

문제

예제 11.1의 실린더의 항력을 그림 11.5의 유선형화된 형상에서의 항력과 비교하라. 두 가지 형상은 투영 면적이 같다고 가정한다.

설명

예제 11.1의 실린더를 유선형화된 형상과 비교한다.

가정:

1. 실린더와 유선형화된 물체는 같은 투영 면적을 가진다.
2. 두 물체는 2차원 형상을 가진다(끝단 효과는 무시한다).

목표

구하는 값: 실린더에 작용하는 항력과 유선형화된 형상에 작용하는 항력의 비를 구한다.

아이디어

1. 예제 11.1에서 Re와 C_D를 확인한다.
2. 그림 11.5를 이용하여 유선형화된 형상에 대한 항력계수를 찾는다.
3. 식 (11.5)를 이용하여 항력의 비를 계산한다.

문제풀이

1. 예제 11.1에서 $\text{Re} = 7 \times 10^5$, C_D(실린더) = 0.2.
2. 이 Re와 그림 11.5를 이용하면 C_D(유선형화된 물체) = 0.034.
3. 항력비(식 11.5로부터 유도):

$$\frac{F_D(\text{streamlined shape})}{F_D(\text{cylinder})} = \frac{C_D(\text{streamlined shape})}{C_D(\text{cylinder})} \times \left(\frac{\cancel{A_p(\rho V_0^2/2)}}{\cancel{A_p(\rho V_0^2/2)}}\right)$$

해와 풀이과정 검토

토의. 유선형화는 항력이 거의 1/6로 감소한다는 것에 주목하라!

11.7 압축성 흐름에서의 항력

지금까지는 상대 밀도를 가지는 유체에 작용하는 항력에 대하여 기술하였다. 이 절에서는 기체의 밀도가 압력 변동으로 인하여 변화가 발생할 때의 항력에 대하여 설명하고자 한다. 이러한 흐름 유형을 *압축성 흐름(compressible flow)*이라고 한다. 이것은 탄환이나 로켓과 같은 발사체의 모델링에 중요하게 작용하는 성분이다.

정상류에서 압축성의 작용은 음속에 대한 유속의 비로 결정한다. 이 비는 마하수(Mach number)라 불리는 π-그룹이 된다.

그림 11.13은 세 가지 축대칭 물체에 대해서 마하수에 따른 항력계수의 변화를 보여 주고 있다. 각 경우, 마하수가 모두 작을 때에는 마하수에 따른 항력계수의 증가가 미미하나, 천이음속 흐름(transonic flow, $M \approx 1$)에 접근함에 따라 항력계수가 급격히 증가한다. 물체가 가늘고 선단이 뾰족하면 마하수가 약 1이 되는 곳에서 항력계수가 급격히 증가함을 주시하라. 항력계수는 1보다 약간 큰 마하수에서 최대가 되고, 이후 마하수가 더 증가함에 따라 감소하게 된다.

마하수가 작을 때에 항력계수가 약간씩 증가하는 것은 압축성이 압력 분포에 영향을 미쳐 형상항력이 증가하기 때문이다. 그러나 유속이 증가함에 따라 물체에서의 최대유속은 결국 음속에 도달한다. 물체에서의 유속이 처음으로 음속에 도달할 때의 자유흐름의 마하수를 *한계 마하수(critical Mach number)*라 한다. 유속이 더욱 증가하게 되면 초음속류($M > 1$)가 국부적으로 나타나고, 이는 충격파(shock wave)의 형성에 따른 파동항력(wave drag)을 발생시켜 항력계수를 현저하게 증가시키게 된다.

구에 대한 한계 마하수는 약 0.6이다. 그림 11.13을 보면 이 정도의 마하수에서 항력계수가 급격히 증가함을 알 수 있을 것이다. 뾰족한 물체에 대해서는 한계 마하수의 값이 대략 1이 되는 곳에서 항력계수의 상당한 상승이 일어난다.

그림 11.13에 나와 있는 구에 대한 항력계수는 10^4 크기 정도의 레이놀즈수에 대한 것이다. 반면에 그림 11.9에 나와 있는 구에 대한 자료는 마하수가 매우 작은 경우에 대한 것이다. 그렇다면 마하수와 레이놀즈수에 따라 구의 항력계수가 일반적으로 어떻게 변화하는가에 대한 의문이 제기될 것이다. 이러한 정보는 대기권 상층부를 통과하는 물체의 체적을 예측하기 위해 종종 필요하고, 고체 입자들을 운송하는 흐름을 분석하는 데도 필요하다.

그림 11.14는 레이놀즈수 및 마하수에 따른 구의 항력계수 변화를 유용한 자료(19)에 근

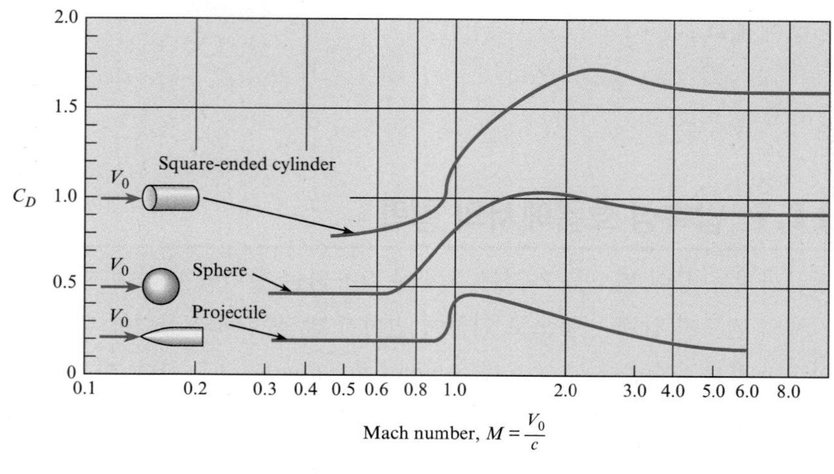

그림 11.13
압축성의 영향을 갖는 탄환, 구체 및 실린더의 항력 특성. [Rouse(12).]

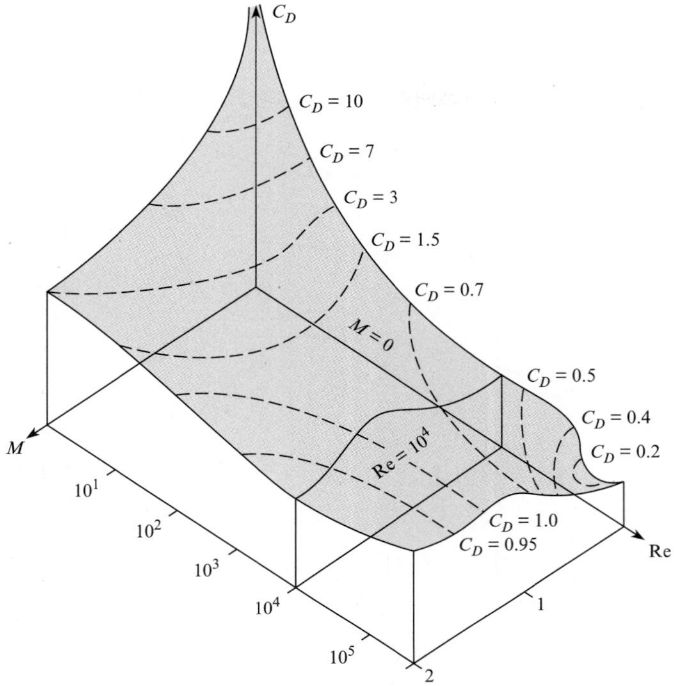

그림 11.14
레이놀즈수와 마하수에 대한 구체의 항력계수 등치선.

거하여 도시한 것이다. M = 0인 평면에서는 그림 11.9에서와 같은 C_D-Re 곡선임을 주목하라. 또한 Re = 10^4인 평면에서 그림 11.13의 C_D-M 곡선을 주목하라. Re가 작은 경우에는 마하수가 증가함에 따라 C_D는 감소하는 반면, 레이놀즈수가 큰 경우에는 반대의 경향이 나타난다. 이 그림을 이용하여 Re와 M의 어떤 조합에 대해서도 구의 항력계수를 결정할 수 있다. 물론 C_D에 관한 이러한 곡선은 자료가 유용하다는 전제하에 구 이외의 어떤 물체에 대해서도 작성될 수 있다.

11.8 양력 이론

이 절은 순환, 양력의 기본 원인, 그리고 양력계수에 대하여 소개한다.

순환

흐름장의 특성인 **순환**(circulation)은 폐곡선으로 둘러싸인 면적 내에 위치한 유체 입자의 평균 회전율에 대한 척도이다. 순환은 그림 11.15에 나와 있는 것과 같이 경로 적분(path integral)으로 정의된다. 경로상의 어떤 미소 부분에서든 유속은 경로에 접선인 방향 성분과 수직방향 성분으로 분해할 수 있다. 접선방향 유속 성분을 V_L로 표시하기로 하자. $V_L\,dL$을 전체 경로를 따라 선적분한 값을 순환이라 하고, 그리스문자 Γ로 표기한다.

그림 11.15
순환의 개념.

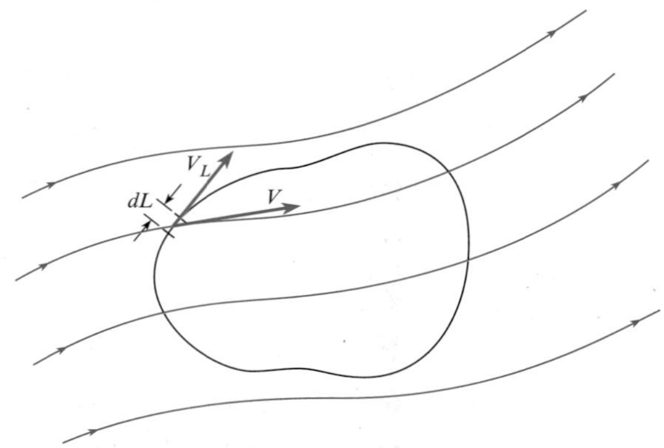

$$\Gamma = \oint V_L \, dL \tag{11.13}$$

식 (11.13)을 적용함에 있어서 접선방향 유속 성분이 반시계방향이면 음의 부호를, 시계방향이면 양의 부호를 갖도록 한다.* 비회전성 와류에 대한 순환은 다음과 같이 구한다. 접선방향 유속은 어디서나 C/r이다. 이때 C가 양이면 시계방향의 회전을 뜻한다. 그러므로 반경 r인 곡선 주위의 순환을 구하는 경우, 미소 순환은 다음과 같다.

$$d\Gamma = V_L \, dL = \frac{C}{r_1} r_1 \, d\theta = C \, d\theta \tag{11.14}$$

이것을 원 전체 주위를 따라 적분하면 다음과 같다.

$$\Gamma = \int_0^{2\pi} C \, d\theta = 2\pi C \tag{11.15}$$

물리적으로 순환을 유발하는 방법 중 하나는 실린더를 그 축 주위로 회전시키는 것이다. 이에 따라 발생되는 흐름 양상은 그림 11.16a와 같다. 유체와 고체 간에 성립되는 비활동 조건(no-slip condition) 때문에 실린더 표면에 이웃한 유체의 유속은 실린더 표면의 속도와 같다. 그러나 실린더로부터 얼마간 떨어진 곳에서의 유속은 비회전성 와류의 경우와 흡사하게 r에 따라 감소한다. 다음 절에서는 순환이 어떻게 양력을 발생시키는지를 알아보기로 한다.

실린더 주위의 순환과 균일흐름의 조합

실린더 주위의 균일흐름에 의하여 생성되는 유속장(그림 11.16b)을 실린더 주위로 순환을 갖는 유속장(그림 11.16a)에 중첩시켜 보자. 그림 11.16c에서 실린더 위쪽 면의 유속은 증가하고 반대쪽 면에서는 유속이 감소함을 볼 수 있다. 또한 두 개의 정체점이 모두 유속이 작은

* 선적분의 수학적 정의에 따른 부호 결정은 이와 반대이다.

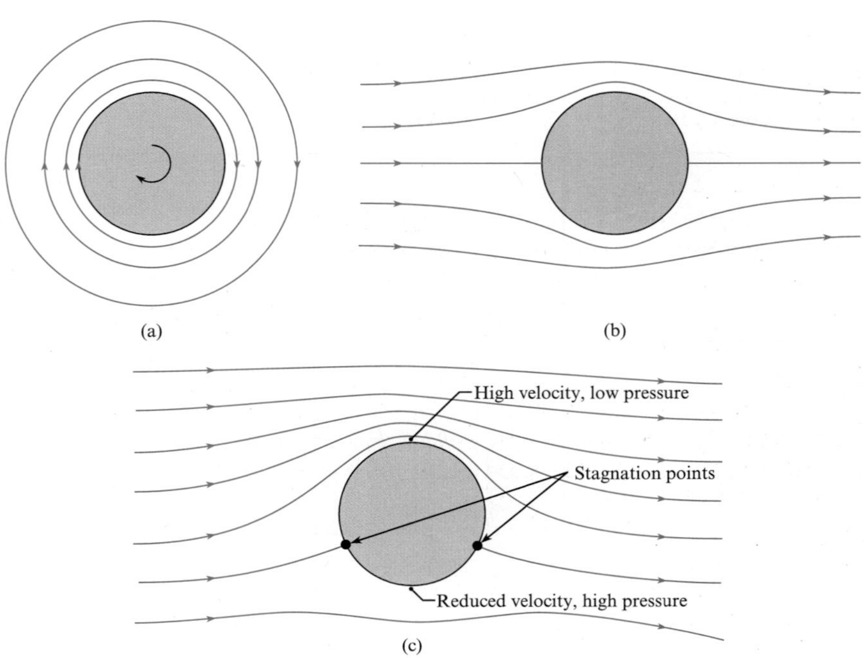

그림 11.16
실린더 주변의 이상유체 흐름. (a) 순환, (b) 균일흐름, (c) 순환과 균일흐름의 조합.

쪽으로 이동함을 관찰할 수 있다. 베르누이 방정식(전 영역에서 비회전성 흐름을 가정하면)에 따라 유속이 큰 면에서의 압력은 유속이 작은 면에서의 압력보다 작다. 따라서 압력차가 존재하며, 이에 따라 실린더에 작용하는 힘 즉 양력이 유발된다. 이상유체 흐름 이론에 따르면 무한히 긴 실린더의 단위길이당 양력은 $F_L/\ell = \rho V_0 \Gamma$로 주어진다. 여기서 F_L은 길이 ℓ인 부분에 작용하는 양력이다. 이러한 비회전성 이상유체 흐름의 경우 실린더에 작용하는 항력은 없다. 실제 흐름의 경우 유선분리와 점성력으로 인하여 항력이 생성되며, 이러한 점성 효과는 양력을 얼마간 감소시킨다. 그렇지만 흐름이 회전하는 물체를 지나가거나, 물체가 유체 속에서 회전하며 이동할 때에는 상당한 양력이 발생된다. 야구공에 전방 회전을 주어 던지면 "커브"가 되고, 탁구공에 전방 회전을 주면 "드롭"이 일어나는 것이 이러한 이유에서이다. 고형 물체의 회전에 의하여 양력이 발생되는 현상을 19세기 독일 과학자의 이름을 따서 **마그누스 효과**(Magnus effect)라 하는데, 그는 회전 물체에 작용하는 양력에 관한 초기의 연구를 수행한 바 있다. Mehta(28)의 논문은 회전하는 스포츠 공의 움직임에 관하여 흥미롭게 설명하고 있다.

그림 11.17은 회전하는 실린더에 대한 양력계수 및 항력계수를 나타내고 있다. 이 그림에서 $r\omega/V_0$는 실린더의 표면 속도와 자유흐름 속도와의 비를 나타내는 것으로, 여기서 r은 실린더의 반경이고 ω는 rad/s 단위를 갖는 각속도이다. 회전하는 구에 대한 그림은 그림 11.18과 같다.

그림 11.17

회전하는 실린더의 $r\omega/V_0$의 함수인 양력계수와 항력계수. [Rouse(12).]

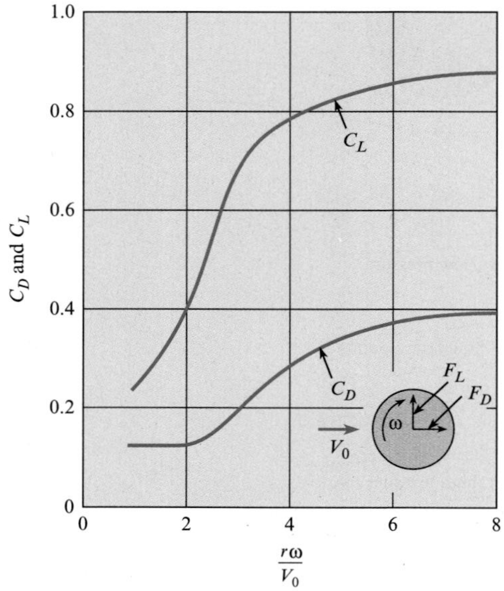

그림 11.18

회전하는 구체에 대한 양력계수와 항력계수. [Barkla 외(20).]

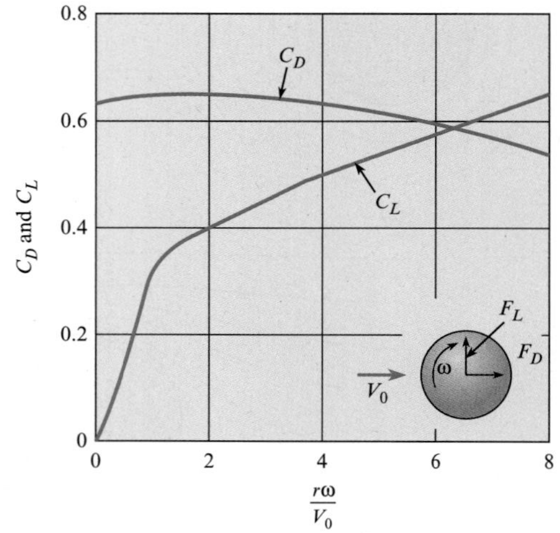

양력계수

양력계수(coefficient of lift)는 물체에 관계된 양력의 특성을 기술하는 매개변수이다. 예를 들면 높은 앙각에서 날개는 큰 양력계수를 가질 것이고, 앙각이 영(0)인 날개는 양력계수가 작거나 0이 될 것이다. 양력계수는 π-그룹을 이용하여 정의한다.

$$C_L \equiv \frac{F_L}{A(\rho V_0^2/2)} = \frac{(\text{양력})}{(\text{기준 면적})(\text{동압력})} \tag{11.16}$$

양력을 계산하기 위하여 공학자들은 다음과 같은 양력 방정식을 이용한다.

$$F_L = C_L A\left(\frac{\rho V_0^2}{2}\right) \tag{11.17}$$

여기서 회전하는 원통형이나 구형에 대한 기준 면적은 투영 면적 A_p이다.

예제 11.6

회전하는 구에 대한 양력

문제

탁구공이 공기 중에서 10 m/s로 이동하면서 초당 100회 시계방향으로 회전하고 있다. 탁구공의 직경은 3 cm이다. 양력과 항력을 구하고 양력의 방향(상향 또는 하향)을 명시하라. 공기의 밀도는 1.2 kg/m³이다.

설명

탁구공이 수평으로 움직이며 회전한다.

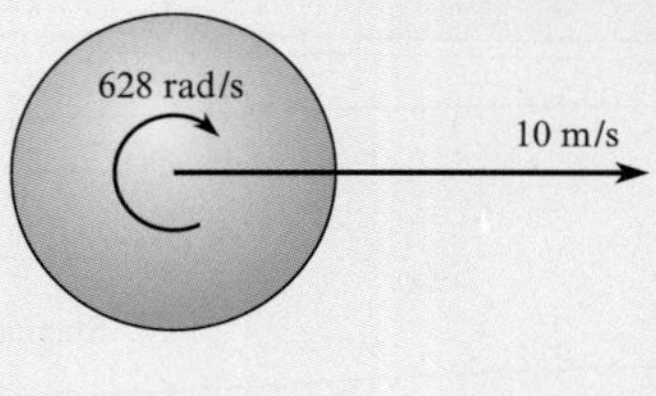

특성값: 공기: $\rho = 1.2\ \text{kg/m}^3$.

목표

구하는 값:

1. 공에 작용하는 항력(N).
2. 공에 작용하는 양력(N).
3. 양력의 방향(상향 또는 하향).

아이디어

1. $r\omega/V_0$의 값을 계산한다.
2. 그림 11.18에서 항력계수와 양력계수를 조사하기 위하여 $r\omega/V_0$ 값을 사용하라.
3. 식 (11.8)을 이용하여 양력을 계산한다.
4. 식 (11.5)를 이용하여 항력을 계산한다.

문제풀이

rad/s의 단위를 가지는 회전율은 다음과 같다.

$$\omega = (100\ \text{rev/s})(2\pi\ \text{rad/rev}) = 628\ \text{rad/s}$$

회전 매개변수는 다음과 같다.

$$\frac{\omega r}{V_0} = \frac{(628\ \text{rad/s})(0.015\ \text{m})}{10\ \text{m/s}} = 0.942$$

그림 11.18로부터 양력계수는 약 0.26이고, 항력계수는 0.64이다. 양력에 대한 계산은 다음과 같다.

$$\begin{aligned} F_L &= \frac{1}{2}\rho V_0^2 C_L A_p \\ &= \frac{1}{2}(1.2\ \text{kg/m}^3)(10\ \text{m/s})^2(0.26)\frac{\pi}{4}(0.03\ \text{m})^2 \\ &= \boxed{1.10 \times 10^{-2}\ \text{N}} \end{aligned}$$

양력은 하향으로 작용한다. 그리고 항력은 다음과 같다.

$$\begin{aligned} F_D &= \frac{1}{2}\rho V_0^2 C_D A_p \\ &= \boxed{27.1 \times 10^{-3}\ \text{N}} \end{aligned}$$

11.9 날개에 작용하는 양력과 항력

이 절에서는 날개 모양의 물체에 작용하는 양력과 항력을 계산하는 방법을 기술한다. 몇 가지 일반적인 적용방법은 비행기의 이륙 중량(takeoff weight)을 계산하고, 필요한 날개의 크기를 결정하며, 항력을 극복하기 위한 힘의 요구 조건을 평가하는 것이다.

날개의 양력

날개단면부(airfoil)는 날개 주변의 유체의 이동으로부터 양력을 발생시키도록 설계된 물체이다. 특히 양력은 날개에 의해 발생되는 순환 흐름이다. 이것을 알아보기 위하여 그림 11.19a에 나와 있는 바와 같이 날개단면부 주변을 통과하여 흐르는 이상기체 흐름(비점성 그리고 비압축성)을 생각해 보자. 이 경우 실린더를 지나가는 비회전성 흐름의 경우와 마찬가지로 양력과 항력은 영(0)이다. 아랫면 선단 부근에 정체점이 하나 존재하고, 날개의 꼬리 부근에 또 하나의 정체점이 존재한다. 실제 흐름(점성 유체)의 경우, 날개의 상류 측 반쪽 면 주

그림 11.19
날개단면부 주변의 흐름 양상. (a) 이상유체 흐름–비순환; (b) 실제 흐름–순환.

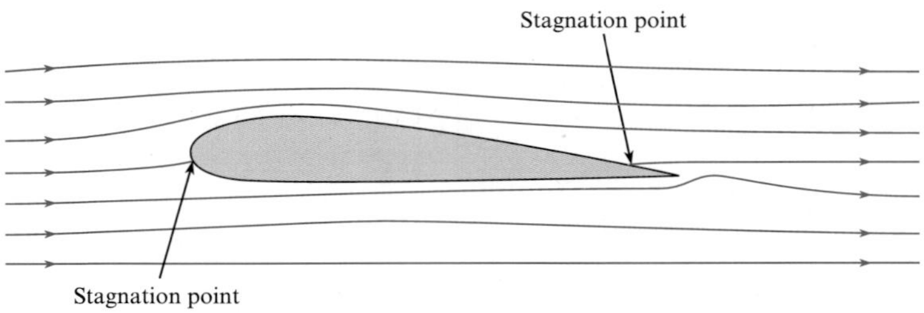

(a)

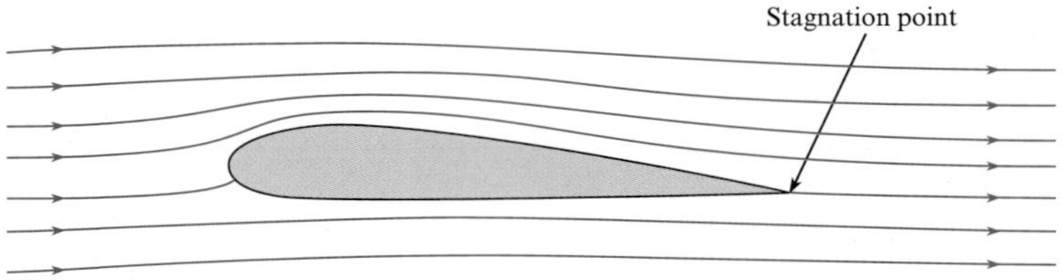

(b)

위의 흐름은 이와 흡사하다. 그러나 꼬리 주변에서의 흐름 양상은 그림 11.19a에서와 같이 나타나지는 않는다. 꼬리 부근의 정체점이 날개의 위쪽 면에 있는 것은 유체가 꼬리 주변의 아랫면으로부터 정체점을 향하여 흘러야 함을 의미한다. 이러한 흐름 양상은 날개의 꼬리 주변에서 모퉁이를 돌아야 하므로 유체 입자들은 무한 가속도를 가져야 함을 의미하나, 이는 물리적으로 불가능하다. 또한 이 책의 앞부분에서 살펴보았듯이 뾰족한 모서리에서는 유선이탈이 일어나며, 그 결과로 상류 측 정체점은 꼬리로 이동한다. 날개단면부의 위쪽으로부터 온 흐름과 아래쪽으로부터 온 흐름은 모두 꼬리에서의 날개 표면들과 평행하고 유연하게 날개를 떠나게 된다(그림 11.19b 참조).

물리적으로 관측되는 현상과 이론을 합치시키기 위하여, 하류 측 정체점이 날개단면부의 꼬리 끝으로 이동되어 날개 끝에서의 흐름이 원활하게 날개단면부를 떠날 수 있도록 적합한 크기의 날개단면부 주위 순환이 유발되어야 한다는 가설이 도입되었다. 이러한 이론을 공기역학 이론의 선구자 중 하나인 쿠타(Kutta)의 이름을 따서 *쿠타 조건(Kutta condition)*(21)이라 한다. 순환의 크기에 대한 이와 같은 가정을 포함시켜 분석을 하면, 2차원 날개단면부에 대한 양력뿐만 아니라 흐름 양상 및 압력 분포에 있어서 이론과 실험 결과가 매우 잘 일치한다. 이상유체 이론에 따르면, 앙각(angle of attack)이 작은 대칭형 날개에 대하여 뒤쪽의 정체점이 꼬리 끝에서 발생하도록 하기 위하여 요구되는 순환의 크기는 다음과 같이 주어진다.

$$\Gamma = \pi c V_0 \alpha \tag{11.18}$$

여기서 Γ는 순환, c는 익현의 길이(chord length), α는 앙각이다(그림 11.20 참조).

실린더의 경우와 마찬가지로, 무한히 긴 날개에 대한 단위길이당 양력은 다음과 같다.

$$F_L/\ell = \rho V_0 \Gamma$$

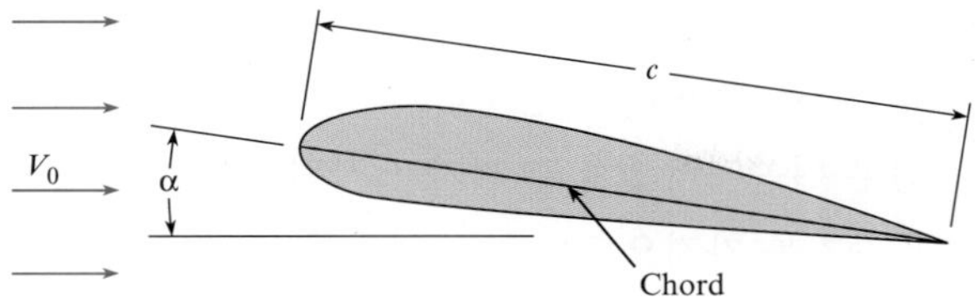

그림 11.20
날개단면부에 대한 기호의 정의.

길이 ℓ인 부분의 위에서 본 면적은 ℓc이므로 이 부분에 대한 양력은 다음과 같다.

$$F_L = \rho V_0^2 \pi c \ell \alpha \tag{11.19}$$

날개단면부에 대한 양력계수는 다음과 같이 정의된다.

$$C_L = \frac{F_L}{S\rho V_0^2/2} \tag{11.20}$$

여기서 S는 위에서 본 날개의 면적이다. 식 (11.18)과 (11.19)를 결합하면, 2차원 날개단면부를 지나는 비회전성 흐름에 대한 C_L은 다음과 같이 구해진다.

$$C_L = 2\pi\alpha \tag{11.21}$$

식 (11.19)와 (11.21)은 앙각이 작은, 무한히 긴 날개단면부에 대한 이론적인 양력 방정식들이다. 앙각이 큰 경우에는 날개단면부의 선단 근처에서 흐름 분리가 일어나므로 이상유체 흐름 이론으로 구한 것과는 차이(항력은 커지고 양력은 작아짐)가 난다. 따라서 주어진 날개단면부의 성능을 평가하기 위하여 항상 풍동 실험이 수행된다. 예를 들어 그림 11.21은 두 개의 NACA 날개단면부에 대하여 실험적으로 결정된, α에 따른 양력계수의 값들을 나타내고

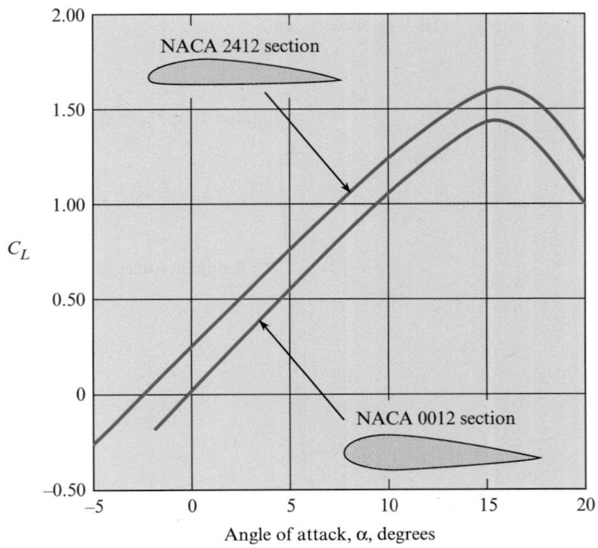

그림 11.21
두 가지 NACA 날개단면부에 대한 C_L 값.
[Abbott와 Van Doenhoff(22).]

있다. 그림에서 앙각 α가 증가하면 양력계수가 증가하여 최대값에 도달하고 이후 α가 더 증가함에 따라 양력계수가 감소함을 주목하라. 이와 같이 C_L이 감소하기 시작할 때의 조건을 **실속**(失涑, stall)이라 한다. 실속은 날개단면부 위쪽에서 흐름 분리가 시작됨에 따라 발생하는데, 이는 양력의 감소뿐만 아니라 항력의 증가를 가져오도록 압력 분포를 변화시킨다. 이 밖의 많은 날개단면부들에 관한 자료는 Abbott과 Von Doenhoff(22)에 의해 주어져 있다.

유한 길이를 갖는 날개단면부—항력과 양력에 미치는 영향

앙각이 작은 2차원 날개의 항력은 끝단 효과가 없을 때 주로 점성항력이다. 그러나 날개의 길이가 유한하면 날개 끝에서 생성되는 와류로 인하여 추가적인 항력이 발생하고, 양력은 감소된다. 그림 11.22에 나와 있듯이 날개 아래쪽에서는 압력이 높고 위쪽에서는 압력이 낮아 날개 끝 주위의 유체가 압력이 높은 지역에서 낮은 지역으로 순환하기 때문에 이러한 와류들이 발생된다. 이와 같이 유발된 흐름은 접근 유속 V_0에 하향 속도 성분 w를 더하는 효과를 낳는다. 따라서 "유효한" 자유흐름 속도는 원래의 자유흐름 유속 방향과 각($\phi \approx w/V_0$)을 이루며, 그림 11.23과 같이 뒤로 기울게 된다. 따라서 유효 앙각이 작아지기 때문에 유효 양력은 무한히 긴 날개의 경우보다 작게 된다. 이 합력의 V_0와 평행한 방향의 성분을 *유도항력(induced drag)*이라 하며, $F_L\phi$로 주어진다. Prandtl(23)은 타원형의 길이에 따른 양력 분포에

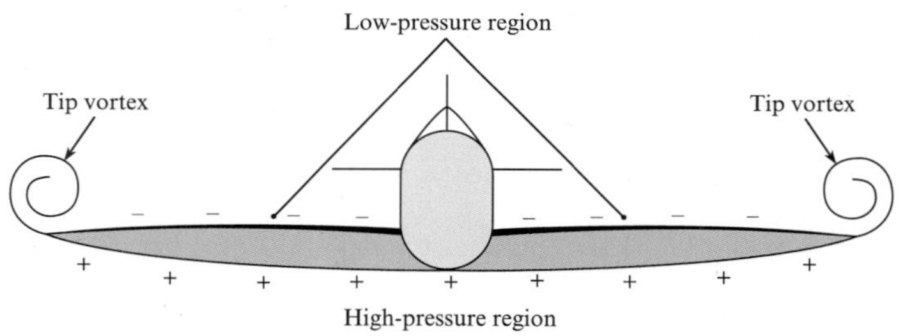

그림 11.22
날개 끝단 와동의 형성.

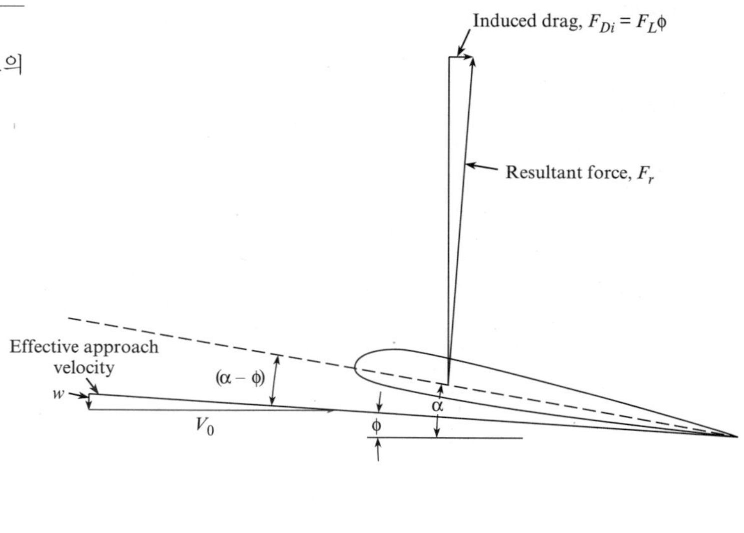

그림 11.23
유도항력 관계에 대한 기호의 정의.

대한 유도 유속 w가 다음 방정식으로 주어짐을 보였다.

$$w = \frac{2F_L}{\pi\rho V_0 b^2} \tag{11.22}$$

여기서 b는 날개의 전체 길이이다. 따라서 다음과 같이 쓸 수 있다.

$$F_{Di} = F_L\phi = \frac{2F_L^2}{\pi\rho V_0^2 b^2} = \frac{C_L^2}{\pi}\frac{S^2}{b^2}\frac{\rho V_0^2}{2} \tag{11.23}$$

식 (11.23)으로부터 유도항력계수 C_{Di}는 다음과 같이 주어짐을 알 수 있는데

$$C_{Di} = \frac{C_L^2}{\pi(b^2/S)} = \frac{C_L^2}{\pi\Lambda} \tag{11.24}$$

이는 어떤 평면형의 날개에 있어서 최소 유도항력을 나타낸다. 여기서 b^2/S는 날개의 종횡비(aspect ratio)라 하며, S는 날개의 평면 면적이다. 따라서 주어진 날개 단면(C_L 및 c가 일정)에 대하여 날개가 길수록(종횡비가 클수록) 유도항력계수는 작아진다. 유도항력은 작은 유속에서 항공기의 전체 항력 중 상당한 부분을 차지하며, 따라서 항공기 설계에 있어 주의 깊게 고려되어야 한다. 최소의 에너지를 소모하며 오랫동안 날아야 하는 (글라이더 같은) 항공기나, 심지어 (앨버트로스나 갈매기 같은) 새들은 길고 얇은 날개를 갖고 있다. 그러한 날개들은 유도항력이 작기 때문에 더욱 효율적이다. 그림 11.24는 다양한 종횡비를 갖는 날개에

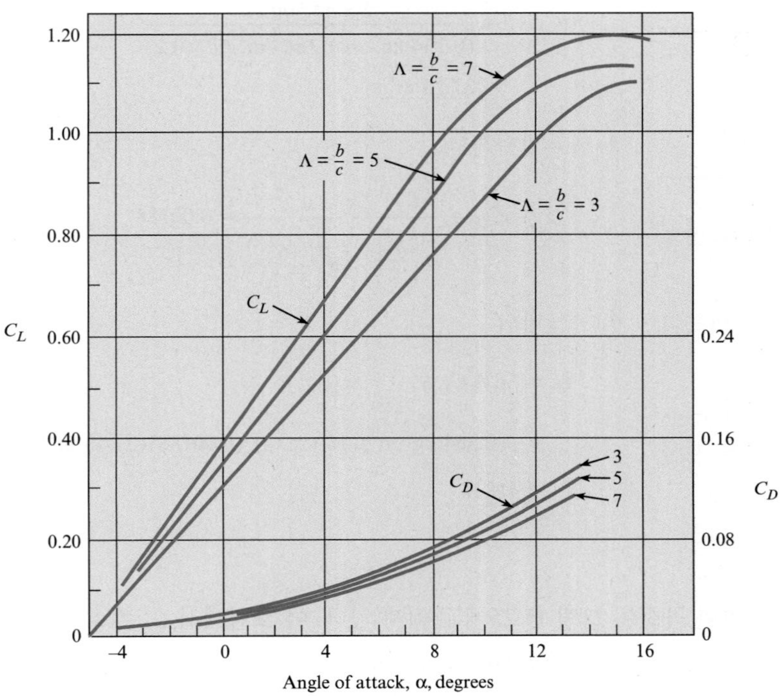

그림 11.24

종횡비가 3, 5, 7인 세 가지 날개에 대한 양력계수와 항력계수. [Prandtl(23).]

대하여 α에 따른 C_L 및 C_D의 변화를 보여 주고 있다.

직사각형 날개에 대한 총 항력은 다음 식에 의하여 계산된다.

$$F_D = (C_{D0} + C_{Di})\frac{bc\rho V_0^2}{2} \tag{11.25}$$

여기서 C_{D0}는 날개 단면의 형상항력계수이며, C_{Di}는 유도항력계수이다.

예제 11.7

비행기의 날개 면적

문제

중량이 44,500 N인 비행기가 압력 22.8 kPa, 온도 −55°C인 11,000 m 상공에서 180 m/s의 속도로 날고 있다. 양력계수는 0.2, 날개 길이는 16 m이다. 날개 면적과 최소 유도항력을 계산하라.

설명

비행기($W = 44{,}500$ N)가 $V_0 = 180$ m/s의 속도로 날고 있다.
양력계수 $C_L = 0.2$이다.
날개 길이 $b = 16$ m이다.

특성값: 대기(11,000 m): $T = -55°C$, $p = 22.8$ kPa.

목표

- 요구되는 날개 면적(m²)을 계산한다.
- 발생된 항력의 최소값(N)을 구한다.

아이디어

1. 공기의 밀도를 계산하기 위하여 이상기체법칙을 적용한다.
2. 요구되는 날개 면적에 대한 방정식을 유도하기 위하여 힘의 평형을 적용한다.
3. 식 (11.24)를 이용하여 유도항력계수를 계산한다.
4. 식 (11.25)에서 $C_{D0} = 0$인 값을 사용하여 항력을 계산한다.

문제풀이

1. 이상기체법칙:

$$\rho = \frac{p}{RT} = \frac{22.8\times 10^3\ \text{N/m}^2}{(287\ \text{J/kg}\cdot\text{K})(-55 + 273.15\ \text{K})} = 0.364\ \text{kg/m}^3$$

2. 힘의 평형:

$$W = F_L = \frac{1}{2}\rho V_0^2 C_L S$$

따라서

$$S = \frac{2W}{\rho V_0^2 C_L} = \frac{2\times 44{,}500\ \text{N}}{(0.364\ \text{kg/m}^3)(180^2\ \text{m}^2/\text{s}^2)(0.2)} = \boxed{37.73\ \text{m}^2}$$

3. 유도항력계수:

$$C_{Di} = \frac{C_L^2}{\pi\left(\frac{b^2}{S}\right)} = \frac{0.2^2}{\pi\left(\frac{16^2}{37.73}\right)} = 0.00188$$

4. 유도항력:

$$F_{Di} = \frac{1}{2}\rho V_0^2 C_{Di} S = \frac{1}{2}(0.364\ \text{kg/m}^3)(180\ \text{m/s})^2(0.00188)(37.73\ \text{m}^2) = \boxed{418\ \text{N}}$$

α에 따른 C_L 및 C_D의 변화 곡선이 그림 11.25에 주어져 있다. 이 그림에서 C_D는 유도항력계수 C_{Di}와 형상항력계수 C_{D0}로 분리되어 있음에 유의하라.

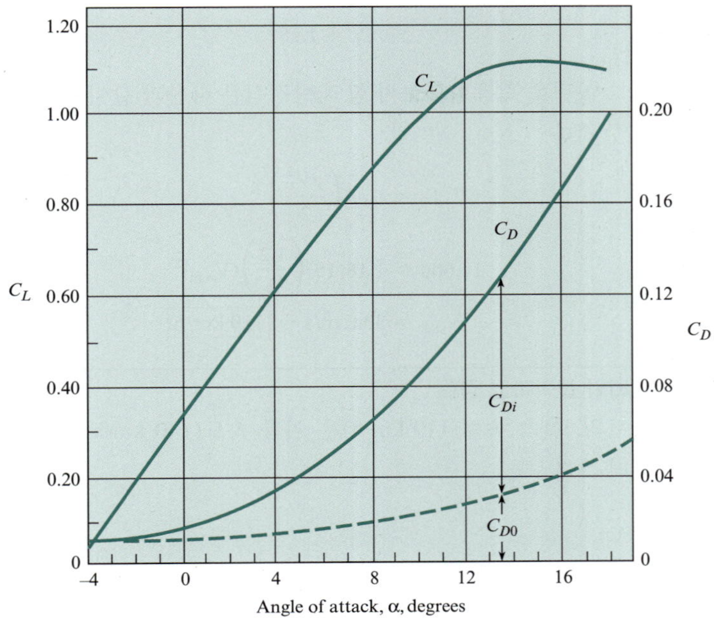

그림 11.25

종횡비가 5인 날개에 대한 양력계수와 항력계수. [Prandtl(23).]

예제 11.8

비행기의 이륙 특성

문제

중량이 10 kN인 경비행기의 날개 길이는 10 m, 익현의 길이는 1.5 m이다. 날개의 양력 특성이 그림 11.24에 주어진 바와 같다면, 140 km/h의 속도로 이륙하기 위해서는 앙각이 얼마가 되어야 하는가? 실속 속력(stall speed)은 얼마인가? 중량이 800 N인 사람이 두 명 탑승하고 있으며, 표준 대기 조건이라고 가정하라.

설명

- $W = 1.6$ kN인 두 명의 승객을 태운 비행기($W = 10$ kN)가 이륙하고 있다.
- 날개 길이 $b = 10$ m이고, 익현 길이 $c = 1.5$ m이다.
- 양력계수 정보는 그림 11.24에 주어져 있다.
- 이륙 속도는 $V_0 = 140$ km/h이다.

가정:

1. 지면에 의한 영향은 무시한다.
2. 표준 대기 조건이 우세하다.

특성값: 공기: $\rho = 1.2$ kg/m^3.

목표

구하는 값:

1. 앙각(°).
2. 실속 속력(km/h).

아이디어

1. 힘의 평형을 적용함으로써 양력을 구한다.
2. 식 (11.20)을 사용하여 양력계수를 계산한다.
3. 그림 11.24로부터 앙각을 구한다.
4. 그림 11.24로부터 최대 앙각을 찾고, 양력 방정식 (11.17)을 사용함으로써 상응하는 실속 속력을 계산한다.

문제풀이

1. 힘의 평형(y 방향), 그래서 양력 = 중량 = 11.6 kN.
2. 양력계수:

$$C_L = \frac{F_L}{S\rho V_0^2/2}$$

$$= \frac{11{,}600\ \text{N}}{(15\ \text{m}^2)(1.2\ \text{kg/m}^3)[(140{,}000/3600)^2\text{m}^2/\text{s}^2]/2}$$

$$= 0.852$$

3. 날개 길이와 익현 길이의 비는 다음과 같다.

$$\Lambda = \frac{b}{c} = \frac{10}{1.5} = 6.67$$

4. 그림 11.24에 의해 양각은

$$\boxed{\alpha = 7°}$$

그림 11.24에 의해 실속은 다음 조건에서 일어난다.

$$C_L = 1.18$$

양력을 적용함으로써 힘의 방정식은 다음과 같이 주어진다.

$$F_L = C_L A\left(\frac{\rho V_0^2}{2}\right)$$

$$11{,}600 = 1.18(15)\left(\frac{1.2}{2}\right)(V_{\text{stall}})^2$$

$$V_{\text{stall}} = 33.0\ \text{m/s} = \boxed{119\ \text{km/h}}$$

해와 풀이과정 검토

토의. 실속 속력(119 km/h)은 이륙 속도(140 km/h)보다 더 작다.

11.10 자동차에 대한 양력과 항력

자동차가 처음 개발된 후 초기에는 도로 주행 속도가 매우 느렸기 때문에 공기역학적 항력은 차의 성능에 중요한 요소가 아니었다. 1920년대에는 자동차의 항력계수가 0.80 정도였다. 도로 주행 속도가 증가하고 금속화학이 발전함에 따라 자동차의 모양도 각이 덜진 형태로 만들어져, 1940년대에는 항력계수가 0.70 이하로 되었다. 1970년대 미국산 자동차의 평균 항력계수는 약 0.55였으며, 1980년대 초반에는 0.45까지 떨어졌고, 현재에도 자동차를 설계할 때 항력을 감소시키고자 주의를 기울이고 있다. 지금은 미국, 일본 및 유럽의 자동차 회사들이 항력계수가 0.33 정도인 모델을 갖고 있으며, 새 모델 중에는 0.29에 이르는 것도 있는 것으로 알려져 있다. 유럽의 휘발유 값이 수년간 미국에 비하여 3배에 이를 만큼 비쌌던 관계로, 자동차 유선형화의 선도적 역할을 한 것은 유럽의 제조자들이었다. 표 11.2는 각종 자동차 모델에 대한 C_D 값들을 보여 주고 있다.

승용차의 항력계수를 감소시키기 위해 지금까지 엄청난 발전이 이루어져 왔으나, 장래에 더 이상의 진전을 기대하기는 어렵다. 유선형화가 가장 잘 된 자동차 중 하나가 "Bluebird"로, 1938년에 주행 속도에서 세계 기록을 수립한 바 있다. 항력계수 C_D 값은 0.16이었다. 유선형화가 잘 된 경주용 자동차에 대한 C_D의 최소값은 0.20이다. 따라서 승용차의 C_D를 0.30 이하로 낮추기 위해서는 특별한 설계와 제조 기술이 요구된다. 예를 들면 대부분 자동차의 아랫부분(축, 바퀴, 연료 탱크, 충격 흡수 장치 등)은 공기역학적 측면에서 매우 거칠다. 아랫부분을 매끈하게 하는 한 방법으로서 자동차 바닥에 판을 두는 방안을 생각할 수 있다. 그러나 지면과의 간격이 문제가 될 것이고, 또한 머플러를 통해 적절히 열을 발산시키는 데도 문

표 11.2 자동차의 항력계수

제조사 및 모델	형태	C_D
1932 Fiat Balillo	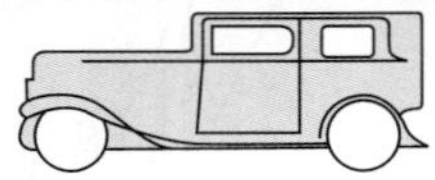	0.60
Volkswagen "Bug"		0.46
Plymouth Voyager	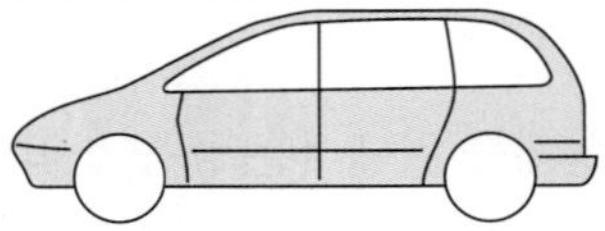	0.36
Toyota Paseo	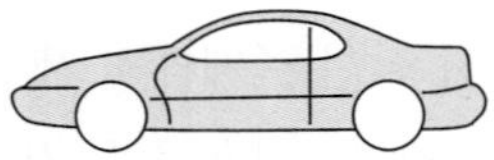	0.31
Dodge Intrepid		0.31
Ford Taurus	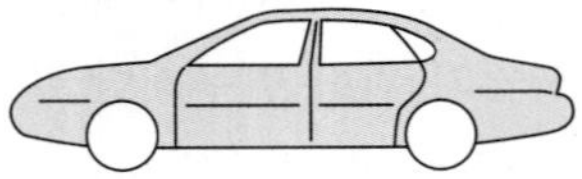	0.30
Mercedes-Benz E320	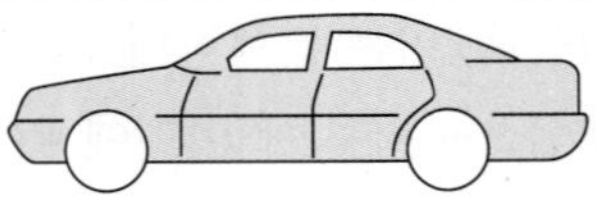	0.29
Ford Probe V (concept car)	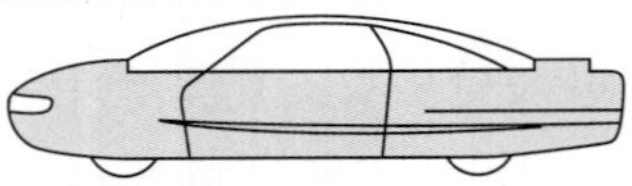	0.14
GM Sunraycer (experimental solar vehicle)	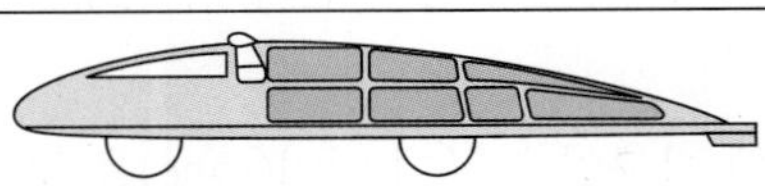	0.12

제가 있을 것이다. 그 밖에 항력에 기여하는 자동차의 기본적인 요소로서 개선하기 어려운 것들로는 엔진 냉각을 위한 공기 흐름 시스템, 바퀴 및 거울이나 안테나 같은 외부 부착물 등이 있다. 도로 교통 수단들에 관한 공기역학에 대해서는 참고문헌 (24)와 (25)를 참조하기 바란다. 이들 문헌은 도로 교통 수단의 항력과 양력에 관한 모든 면들을 다루고 있다.

항력이 작은 자동차를 만들기 위해서 물방울 낙하 형상이 이상적인 시발점이 될 것이다. 즉 자동차에 필요한 기능 요소들을 수용할 수 있도록 이 형태를 수정할 수 있을 것이다. 예를 들면 운행이 가능하고 차고에도 잘 맞도록 자동차의 전체적인 길이를 맞추기 위해서는 물방울 낙하 형상의 뒤쪽 끝은 잘라 내야 한다. 또한 높이보다는 폭이 크도록 모양을 갖추어

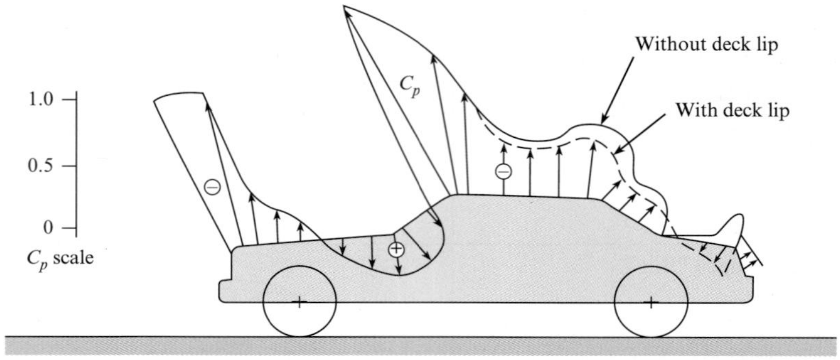

그림 11.26
뒤쪽에 설치된 깃이 자동차 표면에 미치는 영향. [Schenkel(25)].

야 한다. 가장 효율적인 설계를 위해서는 풍동 실험이 항상 도움이 된다. 전형적인 노치백 세단(notchback sedan)에 대하여 3/8 축척 모형으로 그러한 실험이 수행된 바 있으며 그 결과는 그림 11.26과 같다. 그림에서 실선은 재래식 세단에 대한 중앙선에서의 압력 분포(C_p의 분포)이고, 점선은 후미에 68 mm의 깃(lip)을 둔 세단에 대한 것이다. 깃을 둠으로써 자동차 후면에서의 압력이 증가하여 항력을 감소시킴을 확연히 볼 수 있다. 이는 또한 양력을 증가시키므로 바퀴의 마찰을 덜어 준다. 물론 깃은 그 자체로 다소간 항력을 발생시킨다. 전체적으로 항력을 가장 크게 감소시킬 수 있는 깃의 최적 높이는 20 mm인 것으로 실험 결과 나타났다.

자동차의 항력을 감소시키기 위한 연구개발 프로그램이 계속되고 있다. General Motors 사(26)에서는 차세대 자동차를 위한 협력사업(PNGV)을 시작하여 항력계수가 0.163으로 매우 낮은 자동차를 선보였는데, 이는 전형적인 중형 세단의 약 1/2에 해당하는 값이다. 이 자동차들은 엔진을 뒤쪽에 둠으로써 차체 아래에 위치한 연소 시스템을 제거하고, 하부를 평평하게 할 것이다. 엔진 냉각 공기는 뒤쪽 펜더에 위치한 입구를 통하여 흡입되어 뒤쪽으로 배출됨으로써 후류로 인한 항력을 감소시킬 것이다. 항력을 감소시키기 위하여 돌출되어 있는 후사경도 없앨 것이다. 이러한 설계 변화의 누적된 효과는 공기저항의 현저한 감소를 가져왔다.

트럭의 항력은 몸체 귀퉁이 부근에 베인(vane)을 설치하여 귀퉁이 주위 공기 흐름을 급격히 편향시켜 흐름 분리 정도를 완화시킴으로써 감소시킬 수 있다. 이 또한 트럭 뒷면에서의 압력을 크게 하여 항력을 줄인다.

경주용 자동차에 대하여 요구되는 사항 중 하나는 고속에서의 안정성과 견인성을 개선하기 위하여 음의 양력을 생성시키는 것이다. Smith(27)의 아이디어는 *ground-effect pod*라는

그림 11.27
음의 양력 베인을 가진 경주용 자동차.

불룩한 차의 바닥면을 설치하여 자동차 밑면에서 음압력을 발생시키는 것이다. 이는 차체 아래쪽을 가로질러 날개단면부를 달아 놓음으로써 날개단면부와 지면 간에 형성되는 통로에 벤투리 효과(venturi effect)를 발생시키는 것이다. 이러한 공기쿠션 자동차 설계에는 유선분리 및 항력의 증가를 피하도록 하는 설계 변수의 최적화가 포함된다. 음의 양력을 발생시키기 위한 또 하나의 방법은 그림 11.27에서와 같이 베인을 사용하는 것이다. 유선분리 효과를 감소시키기 위하여 이들 베인에 "거니(gurney)"를 설치하기도 한다. 거니는 베인의 끝단 윗면에 설치되는 작은 보로서, 국지적인 유선이탈을 유도하여 베인 아랫면의 유선분리를 감소시키고, 음의 양력 크기를 증가시키는 역할을 한다. 경주용 자동차의 속력이 증가할수록 자동차 공기역학은 견인성, 안정성과 조종 성능에서 끊임없이 증대되는 역할을 하게 될 것이다.

예제 11.9

경주용 자동차에 작용하는 음의 양력 계산

문제

그림 11.27에 보이는 경주용 자동차의 뒤쪽에 설치된 베인은 앙각이 8°이고 그림 11.24에 주어진 바와 같은 특성을 갖고 있다. 길이가 1.5 m이고 익현 길이는 250 mm인 베인에 대하여 아래로 가해지는 힘(음의 양력)과 항력을 구하라. 자동차는 1기압, 30°C에서 270 km/h로 달린다고 가정하라.

설명

- 경주용 자동차는 뒤쪽에 설치된 베인으로부터 아래 방향으로 향하는 음의 양력을 얻는다.
- 베인의 전체 길이 $\ell = 1.5$ m이고, 익현의 길이 $c = 0.25$ m이다.
- 자동차의 속도는 $V_0 = 270$ km/h $= 75$ m/s이다.

특성값: 공기: $\rho = 1.17$ kg/m^3.

목표

구하는 값:

- 베인으로부터 아래쪽으로 작용하는 양력(N).
- 베인으로부터의 항력(N).

아이디어

1. 그림 11.24에서 양력계수 C_L과 항력계수 C_D를 구한다.
2. 양력 방정식 (11.17)을 사용하여 아래로 가해지는 힘을 계산한다.
3. 항력 방정식 (11.5)를 사용하여 항력을 계산한다.

문제풀이

1. 길이와 익현의 비는

$$\Lambda = \frac{\ell}{c} = \frac{1.5}{0.25} = 6$$

그림 11.24로부터 양력과 항력의 계수는 각각

$$C_L = 0.93,\ C_D = 0.070$$

2. 양력 방정식:

$$F_L = C_L A\left(\frac{\rho V_0^2}{2}\right)$$

$$F_L = 0.93 \times 1.5 \times 0.25 \times 1.17 \times (75)^2/2 = \boxed{1148\text{ N}}$$

3. 항력 방정식:

$$F_D = C_D A\left(\frac{\rho V_0^2}{2}\right) = \left(\frac{C_D}{C_L}\right)F_L$$

$$F_D = (0.070/0.93) \times 1148 = \boxed{86.4\text{ N}}$$

11.11 핵심 내용 요약

양력과 항력을 응력 분포와 연관시키기

- 물체가 유체와 상대적으로 움직일 때
  - *항력*은 자유흐름과 나란한 힘의 성분이다.
  - *양력*은 자유흐름과 직각인 힘의 성분이다.
- 양력과 항력은 물체에 작용하는 응력 분포(압력과 전단응력)에 의하여 발생된다. 응력을 면적에 대하여 적분하면 양력과 항력이 구해진다.
- 항력은 두 가지로 분류된다.
  - *형상항력*은 물체에 작용하는 압력으로 인한 것이다.
  - *마찰항력(표면마찰)*은 물체에 작용하는 전단응력으로 인한 것이다.

항력을 이해하고 계산하기

- 항력은 4가지 요소에 의존한다: 물체의 형상, 크기, 유체 밀도와 유속의 제곱. 이 4가지 요소는 다음과 같은 항력 방정식으로 나타내어진다.

$$F_D = C_D A\left(\frac{\rho V_0^2}{2}\right)$$

- *항력계수*(C_D)는 물체의 형상에 따라 달라지는데 다음과 같은 π-그룹으로 정의된다.

$$C_D \equiv \frac{F_D}{A_{\text{Ref}}(\rho V_0^2/2)} = \frac{(\text{항력})}{(\text{기준 면적})(\text{동압력})}$$

- (C_D)는 일반적으로 실험에 의해 구해지며 여러 공학분야 문헌에 표로 주어져 있다. 물체는 3가지 종류로 나눌 수 있다: (a) 2차원 물체, (b) 축대칭 물체, 그리고 (c) 3차원 물체.
- 구에 대한 두 개의 유용한 방정식
  - Stokes 흐름($\text{Re}_D < 0.5$):

$$C_D = \frac{24}{\text{Re}}$$

  - Clift and Gauvin 식($\text{Re}_D < 3 \times 10^5$):

$$C_D = \frac{24}{\text{Re}}(1 + 0.15\,\text{Re}^{0.687}) + \frac{0.42}{1 + 4.25 \times 10^4\,\text{Re}^{-1.16}}$$

- 뭉툭한 물체와 유선형 물체의 항력은 다르다:
  - *뭉툭한 물체*는 Re가 아주 클 때 유선이탈이 생기는 물체이다. 유선이탈이 발생하면 항력은 주로 형상항력이 된다.
  - *유선형 물체*는 유선이탈이 생기지 않는 물체이다. 결국 항력은 주로 마찰항력이 된다.
- 원주와 구에서 (C_D)는 Re 10^5 부근에서 급격하게 작아지는데 이는 경계층이 층류경계층에서 난류경계층으로 변하고 박리점이 하류 쪽으로 이동하여 후류와 영역이 감소하여 형상항력을 감소시키기 때문이다. 이 효과를 *항력급감현상(drag crisis)*이라고 부른다.

회전 저항과 동력

- 유체 속에서 자동차나 비행기를 일정한 속도로 이동시키기 위한 동력을 계산하기 위한 유용한 접근방법은 다음과 같다.
  - *단계 1.* 자유물체도를 그린다.
  - *단계 2.* $P = FV$ 형태의 동력 방정식을 적용한다. 여기서 이동방향으로의 힘 F는 자유물체도로부터 평가된다.
- 회전 저항은 공이나 타이어 같은 물체가 회전할 때 발생하는 마찰력이다. 회전 저항은 다음 식으로 계산된다.

$$F_{\text{Rolling resistance}} = F_r = C_r N \qquad (11.26)$$

여기서 C_r은 회전 저항 계수이고, N은 직각방향의 힘이다.

종말속도 구하기

- *종말속도*는 유체 속을 낙하하는 물체의 정상상태 속도이다.
- 물체가 종말속도에 도달하면 힘의 평형이 이루어진다. 이들 힘은 일반적으로 중력, 항력과 부력이다.
- 종말속도를 구하기 위하여 운동방향으로 힘의 합을 같게 놓고 최종 방정식을 푼다. 풀이과정에서 가끔 반복법(전통적인 방법)이나 컴퓨터 프로그램(현대적인 방법)을 사용할 필요가 있다.

소용돌이 이탈현상, 유선형화와 압축성 흐름

- 소용돌이 이탈현상은 유리한 효과(혼합 증진, 열전달 증진)와 불리한 효과(원하지 않는 구조물의 진동, 소음)를 가져올 수 있다.
  - *소용돌이 이탈현상*은 물체를 가로지르는 흐름 내에 있는 원주나 뭉툭한 물체의 양 옆으로부터 교대로 소용돌이가 떨어져 나올 때 발생한다.
  - 소용돌이 이탈 주파수는 스트로할수라고 부르는 π-그룹에 의존한다.
- *유선형화*는 항력을 최소화하기 위하여 물체를 설계하는 것이다. 일반적으로 유선형화는 뭉툭한 물체에서 유선이탈을 감소시키거나 최소화하는 것이다.
- 고속의 공기흐름에서 압축성 효과는 항력을 증가시킨다.

양력

- 양력은 4가지 요인에 의존한다: 형상, 크기, 흐르는 유체의 밀도, 그리고 속도의 제곱. 양력 방정식은 다음과 같다.

$$F_L = C_L A\left(\frac{\rho V_0^2}{2}\right)$$

- *양력계수*(C_L)는 다음과 같이 정의되는 π-그룹이다.

$$C_L \equiv \frac{F_L}{A_{\text{Ref}}(\rho V_0^2/2)} = \frac{(\text{항력})}{(\text{기준 면적})(\text{동압력})}$$

- *양력의 순환 이론*. 날개단면부의 양력은 날개 주위 유체에서 날개에 의해 발생된 순환으로 인한 것이다. 순환 운동은 날개단면부에서 운동량 변화와 양력을 발생시킨다.
- 대칭인 2차원 날개(끝단 효과가 없는)의 양력계수는 다음과 같다.

$$C_L = 2\pi\alpha$$

여기서 α는 앙각(radian)이고 기준 면적은 날개의 익현 길이와 단위길이의 곱이다.

- 앙각이 증가함에 따라 유선이탈, 실속 그리고 양력계수가 감소한다.
- 유한한 길이를 갖는 날개단면부는 앙각을 감소시키고 유도항력을 발생시키는 휘날리는 소용돌이(trailing vortices)를 발생시킨다.
- 최소 유도항력에 대한 항력계수는 다음과 같다.

$$C_{Di} = \frac{C_L^2}{\pi(b^2/S)} = \frac{C_L^2}{\pi\Lambda}$$

여기서 b는 날개 길이, S는 날개의 평면적이다.

참고문헌

1. Bullivant, W. K. "Tests of the NACA 0025 and 0035 Airfoils in the Full Scale Wind Tunnel." *NACA Rept.*, 708 (1941).

2. DeFoe, G. L. "Resistance of Streamline Wires." *NACA Tech. Note*, 279 (March 1928).

3. Goett, H. J., and W. K. Bullivant. "Tests of NACA 0009, 0012, and 0018 Airfoils in the Full Scale Tunnel." *NACA Rept.*, 647 (1938).

4. Jacobs, E. N. "The Drag of Streamline Wires." *NACA Tech. Note*, 480 (December 1933).

5. Jones, G. W., Jr. "Unsteady Lift Forces Generated by Vortex Shedding about a Large, Stationary, and Oscillating Cylinder at High Reynolds Numbers." *Symp. Unsteady Flow, ASME* (1968).

6. Lindsey, W. F. "Drag of Cylinders of Simple Shapes." *NACA Rept.*, 619 (1938).

7. Miller, B. L., J. F. Mayberry, and I. J. Salter. "The Drag of Roughened Cylinders at High Reynolds Numbers." *NPL Rept. MAR Sci.*, R132 (April 1975).

8. Roshko, A. "Turbulent Wakes from Vortex Streets." *NACA Rept.*, 1191 (1954).

9. Abbott, I. H. "The Drag of Two Streamline Bodies as Affected by Protuberances and Appendages." *NACA Rept.*, 451 (1932).

10. Brevoort, M. J., and U. T. Joyner. "Experimental Investigation of the Robinson-Type Cup Anemometer." *NACA Rept.*, 513 (1935).

11. Freeman, H. B. "Force Measurements on a 1/40-Scale Model of the U.S. Airship 'Akron.' " *NACA Rept.*, 432 (1932).

12. Rouse, H. *Elementary Mechanics of Fluids*. New York: John Wiley, 1946.

13. Clift, R., J. R. Grace, and M. E. Weber. *Bubbles, Drops and Particles*. San Diego, CA: Academic Press, 1978.

14. Clift, R., and W. H. Gauvin. "The Motion of Particles in Turbulent Gas Streams." *Proc. Chemeca '70*, vol. 1, pp. 14–28 (1970).

15. Hoerner, S. F. *Fluid Dynamic Drag*. Published by the author, 1958.

16. Morrison, R. B. (ed). *Design Data for Aeronautics and Astronautics*. New York: John Wiley, 1962.

17. Roberson, J. A., et al. "Turbulence Effects on Drag of Sharp-Edged Bodies." *J. Hydraulics Div., Am. Soc. Civil Eng.* (July 1972).

18. Scher, S. H., and L. J. Gale. "Wind Tunnel Investigation of the Opening Characteristics, Drag, and Stability of Several Hemispherical Parachutes." *NACA Tech. Note*, 1869 (1949).

19. Crowe, C. T., et al. "Drag Coefficient for Particles in Rarefied, Low Mach-Number Flows." In *Progress in Heat and Mass Transfer*, vol. 6, pp. 419–431. New York: Pergamon Press, 1972.

20. Barkla, H. M., et al. "The Magnus or Robins Effect on Rotating Spheres." *J. Fluid Mech.*, vol. 47, part 3 (1971).

21. Kuethe, A. M., and J. D. Schetzer. *Foundations of Aerodynamics*. New York: John Wiley, 1967.

22. Abbott, H., and A. E. Von Doenhoff. *Theory of Wing Sections*. New York: Dover, 1949.

23. Prandtl, L. "Applications of Modern Hydrodynamics to Aeronautics." *NACA Rept.*, 116 (1921).

24. Hucho, Wolf-Heinrich, ed. *Aerodynamics of Road Vehicles*. London: Butterworth, 1987.

25. Schenkel, Franz K. "The Origins of Drag and Lift Reductions on Automobiles with Front and Rear Spoilers." *SAE Paper*, no. 770389 (February 1977).

26. Sharke, P. "Smooth Body." *Mechanical Engineer*, vol. 121, pp. 74–77 (1999).

27. Smith, C. *Engineer to Win*. Osceola, WI: Motorbooks International, 1984.

28. Mehta, R. D. "Aerodynamics of Sports Balls." *Annual Review of Fluid Mechanics*, 17, p. 151 (March 1985).

문제

양력, 항력과 응력 분포(11.1절)

11.1 그림은 정삼각형 단면을 갖는 봉에서의 가상적인 압력 분포를 나타낸 것으로서, 여기서 흐름은 왼쪽에서 오른쪽으로 향한다. 즉 C_p는 선단에서 최대값 1.0을 가지며 뒤로 갈수록 선형적으로 그 값이 줄어든다는 뜻이다. 후면에서의 압력계수는 −0.5로 일정하다. 표면 마찰항력은 무시하고 이 봉에 대한 C_D를 구하라.

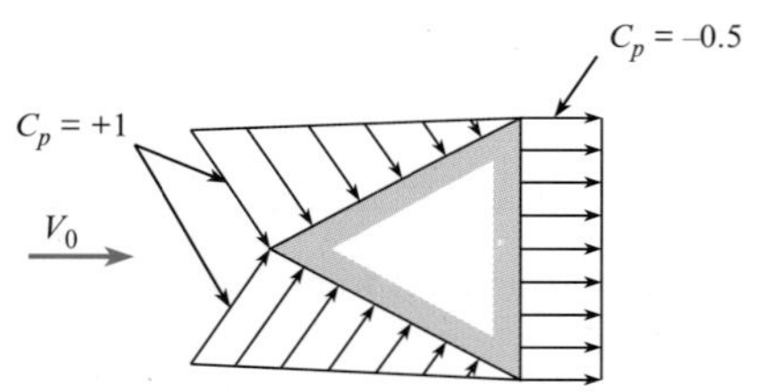

문제 11.1

11.2 정삼각형 단면을 가진 봉에서의 압력 분포를 그림에 도시하였다. 여기서 흐름의 방향은 왼쪽에서 오른쪽이다. 이 봉의 C_D는 얼마인가?

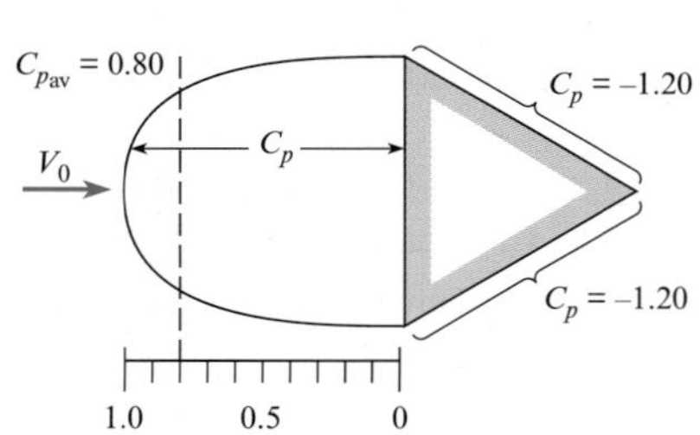

문제 11.2

11.3 그림과 같은 정사각형 단면의 봉을 지나 흐름이 발생하고 있다. 압력계수의 값들은 그림에 나타난 바와 같다. 흐름이 오고 있는 방향을 골라라: (a) 북서쪽, (b) 북동쪽, (c) 남서쪽, (d) 남동쪽.

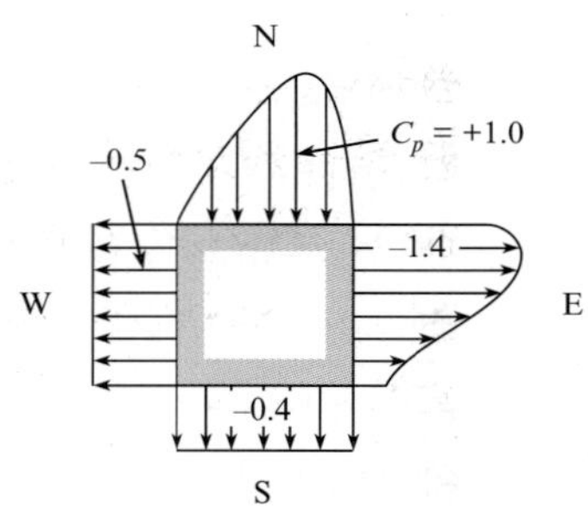

문제 11.3

항력 계산(11.2절)

11.4 물체의 항력계수는: (해당되는 것을 모두 골라라)

a. 무차원이다.

b. 일반적으로 실험에 의해 결정된다.

c. 추력에 의존한다.

d. 물체의 형상에 의존한다.

e. 상승기류가 필요하다.

11.5 72 km/h로 불고 있는 공기(20°C, 1 atm)의 흐름과 평행하게 놓여 있는 1 m × 2 m의 평판에 미치는 항력을 산정하라.

11.6 여러분이 탑 위에 올라가 서 있을 때, 여러분에게 미치는 풍력을 산정하라. 풍속은 30 m/s, 기온은 20°C, 기압은 96 kPa이다.

11.7 사각형 평판 위로 흐르는 흐름이 1.2 Pa의 평균 벽면 전단응력을 발생시킨다. 마찰항력(N)을 계산하라. 평판의 크기는 1.5 m × 1.5 m이다. 평판은 자유흐름과 20°를 이루고 경사지게 놓여 있다. 가장 근사한 답(N)을 골라라: (a) 2.5, (b) 3.2, (c) 5.1, (d) 6.3, (e) 6.9.

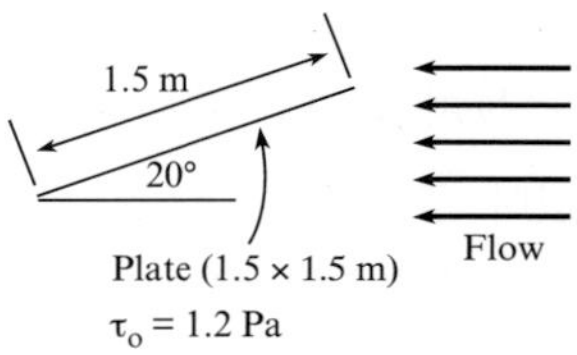

문제 11.7

11.8 물이 구 주위로 흐른다. 구의 직경을 사용한 Re는 1.0이다. 흐름은 정상류이다. 항력계수를 계산하라. 가장 근사한 값을 골라라: (a) 0.01 또는 그 이하, (b) 0.1, (c) 1, (d) 10, (e) 20 또는 그 이상.

11.9 직경 2.5 m, 높이 75 m인 굴뚝에서 35 m/s의 바람에 의하여 발생하는 전도 모멘트를 계산하라. 공기온도는 20°C이고 공기압력은 99 kPa(절대압력)로 가정하라.

11.10 콘크리트로 만들어진 원통형의 앵커(anchor)($\gamma = 15$ kN/m^3)는 보트에 있는 사람에 의해 1.0 m/s의 비율로 돌고 있다. 만약 앵커가 직경 30 cm, 길이 30 cm라면, 이러한 상황에서 앵커를 끌어올리기 위해서는 얼마의 인장력이 필요한가? 로프의 무게는 무시한다.

11.11 신호판 기둥이 3 m × 2 m의 신호판을 지지하고 있을 때, 기둥 밑바닥에서의 모멘트를 계산하라. 바람은 신호판 면에 직각으로 35 m/s의 속도로 불고 있다. 신호판의 중심은 지면으로부터 4 m 위에 있다. 바람이 기둥에 미치는 영향은 무시하라. $T = 10°C$, $p = 1$ atm(절대압력)이라고 가정하라.

11.12 Hoerner(15)는 적당한 중량의 직물로 제조된 펄럭거리는 국기의 항력계수(국기의 면적에 근거함) 값이 0.14가 된다고 하는 자료를 제시했다. 그래서 총 항력은 표면 마찰항력만 고려한 경우의 14배가 된다. 길이 30 m, 높이 1.8 m인 국기를 게양할 수 있는 국기 게양대를 설계하라. 이 밖의 다른 자료들이 필요하면 그 값들을 가정하여 사용하라.

11.13 직경이 5 m인 원형 게시판이 바람에 노출되었다. 바람은 게시판 면에 직각으로 불고 있으며, 풍속은 25 m/s이다. 이때 이 게시판에 미치는 총 힘을 산정하라. $T = 10°C$, $p = 101$ kPa(절대압력)이라고 가정하라. 11.3절의 표 11.1을 사용하라.

11.14 풍속이 20 m/s일 때, 높이 18 m, 직경 20 cm인 국기 게양대 바닥에서의 모멘트는 얼마인가? 대기압은 100 kPa이고 기온은 20°C이다.

11.15 폭풍은 때로 빈 화물칸을 전복시킨다. 그림과 같은 화물칸의 옆면에 직각으로 바람이 불어 화물칸이 전복되려면 풍속은 최소한 얼마 이상이 되어야 하겠는가? $C_D = 1.4$로 가정하라.

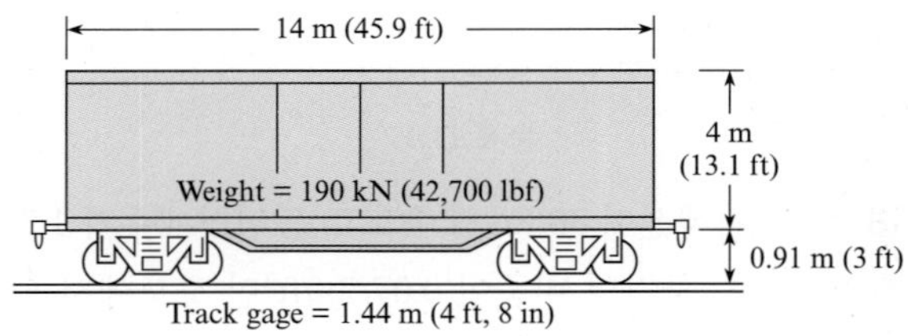

문제 11.15

축대칭과 3차원 물체에 대한 항력(11.3절)

11.16 다음 설명이 맞는지 틀리는지 분별하기 위하여 표 11.1과 그림 11.9의 경향을 고려하라.

a. 스포츠카로서 $C_D = 10$의 값은 타당한 추정값이다.

b. 유영하는 돌고래에 대하여 $C_D = 0.15$의 값은 타당한 추정값이다.

(a)

(b)

문제 11.16

동력, 에너지 및 회전 저항(11.3절)

11.17 자동차가 맞바람을 맞으며 달리고 있다. 항력을 극복하는 데 필요한 동력(kW)을 계산하라. 자동차는 22 m/s의 일정한 속도로 동쪽으로 이동하고 있다. 자동차의 항력계수는 0.4이고 기준 면적은 1.5 m^2이다. 공기밀도는 1.1 kg/m^3이다. 가장 근사한 답(kW)을 골라라: (a) 8.2 또는 그 이하, (b) 11, (c) 14, (d) 17, (e) 27 또는 그 이상.

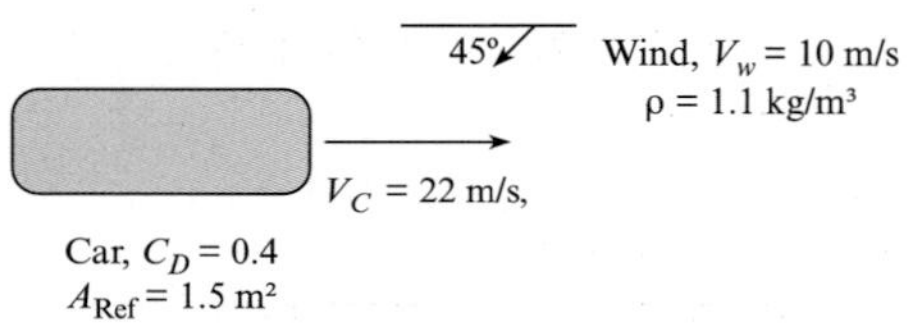

문제 11.17

11.18 어떤 비행선이 30 ft/s의 속도로 동점성계수가 1.3×10^{-4} ft^2/s이고, 공기의 비중이 0.07 lbf/ft^3인 고도에서 날고 있다. 비행선의 길이 대 직경의 비는 5이고, 그림 11.9와 같은 유선형 물체에 상응하는 항력계수를 갖고 있다. 비행선의 직경은 80 ft이다. 비행선을 주어진 속도로 운행하기 위한 동력은 얼마인가?

11.19 직경이 d이고 길이가 L인 실린더 봉이 그림에서와 같이 봉의 중간점을 중심으로 수평면 상에서 회전하고 있다. 봉의 각 부분에서의 항력은 봉의 법선 방향 상대 유속 성분이 접근 유속과 동일한 2차원 흐름을 가정하여 계산될 수 있다고 생각하자. C_D는 봉을 따라 어디서나 일정하다고 가정하라.

a. 봉을 회전시키는 데 필요한 평균 동력에 대한 식을 유도하라.

b. $\omega = 50$ rad/s, $d = 2$ cm, $L = 1.5$ m, $\rho = 1.2$ kg/m^3, 그리고 $C_D = 1.2$일 때 동력을 계산하라.

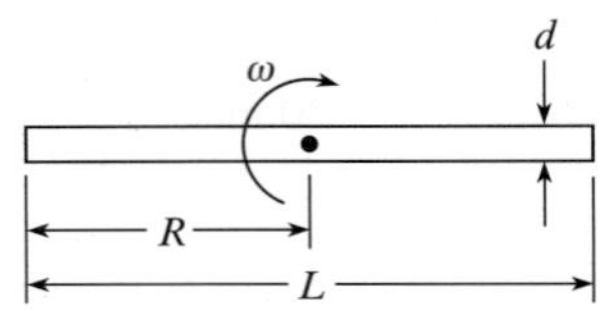

문제 11.19

11.20 오리지널 1932년형 Fiat Balillo(표 11.2 참조)의 엔진 마력은 40 bhp(brake horse power)였고, 해수면 고도에서의 최대 속도는 60 mph였다고 한다. 자동차의 투영 면적은 30 ft^2이다. 이 차가 현대적인 220 bhp 엔진으로 개량되었다. 자동차 중량의 변화가 없기 때문에 회전 저항의 변화도 없다. 출력을 증대시킨 이 차는 해수면 고도에서 최대 얼마의 속도로 운행할 수 있는가?

종말속도(11.4절)

11.21 구가 액체 속에서 낙하하고 있다. 종말속도(m/s)를 구하라. 투영 면적은 7.5 cm^2이다. 항력계수는 0.4이고 구의 질량은 70그램이다. 액체의 비중은 1.2이다. 가장 근사한 답(m/s)을 골라라: (a) 1.3, (b) 1.7, (c) 1.8, (d) 1.9, (e) 2.1 이상.

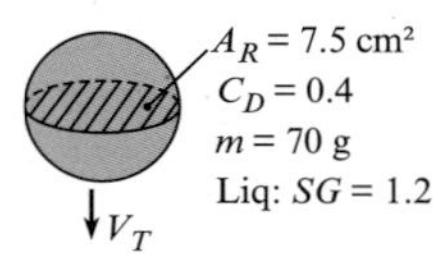

문제 11.21

11.22 꽃가루 알갱이가 종말속도로 낙하하고 있다. 유체는 공기이다. 항력계수를 구하라. 이상화된 꽃가루 알갱이는 구이고 직경은 70 마이크론이다. 종말속도는 6.0 cm/s이다. 공기의 동점성계수는 15.0×10^6 m^2/s이다. 가장 근사한 답을 골라라: (a) 0.8 또는 그 이하, (b) 1.8, (c) 18, (d) 86, (e) 120 또는 그 이상.

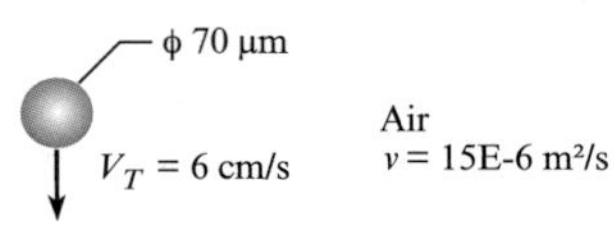

문제 11.22

11.23 표준 대기압 조건에서 헬륨으로 채워진 직경 2 m인 풍선이 기상 관측에 이용된다. 풍선의 중량은 3 N이다. 표

준 대기 조건이라고 가정할 때, 이 풍선의 종말 상승 속도는 얼마인가?

11.24 534 N 무게의 스카이다이버가 고도 1980 m에서 자유낙하 중이다. 최소 및 최대 항력 조건에 대한 종말속도(km/h)를 각각 구하라. 최대 항력 조건에서 투영 면적과 항력계수의 곱은 $C_DA = 0.743\ \text{m}^2$이다. 최소 항력 조건에서는 $C_DA = 0.0929\ \text{m}^2$이다. 해수면에서의 기압과 기온은 101 kPa과 15°C로 가정하라. 고도 1980 m에서 압력과 온도는 각각 79.5 kPa, 277 K이다.

문제 11.24

11.25 낙하산병과 낙하산의 중량을 합쳐서 900 N이다. 낙하산의 직경이 7 m이고, 공기의 밀도가 1.20 kg/m³이라면 하강 속도는 얼마인가?

양력 이론(11.8절)

11.26 아래의 질문 가운데 여러분이 관심이 있는 항목을 고른 다음, 고른 주제에 대하여 인터넷 등을 참고하여 그 내용에 관한 자료를 한 페이지 분량으로 작성하라.

a. 비행기는 어떻게 날 수 있는지를 설명하라.
b. 날아가는 새의 공기역학에 대하여 설명하라.
c. 프로펠러가 추진력을 어떻게 만드는지에 대하여 설명하라.
d. 연은 어떻게 나는지 설명하라.

11.27 던져진 야구공에 대한 분석에 의하면 회전하는 야구공의 C_L 값은 그림 11.18에 나와 있는 값의 약 3배가 된다. 이와 같이 C_L 값이 더 큰 원인은 야구공의 이음부에 의해서 회전이 가해지기 때문이다. 35 rps로 회전하며, 140 km/h로 날아가는 공에서의 양력은 얼마인가? 또한 공이 양력에 의해 얼마만큼 원래의 궤적에서 벗어나서 투수판에 도달하는가? *주:* 마운드에서 투수판까지의 거리는 20 m이고, 야구공의 중량은 1.4 N, 둘레는 20 cm이다. 미국 표준 대기압을 가정하고 공의 회전축은 연직축으로 가정하라.

날개단면부에 작용하는 양력과 항력(11.9절)

11.28 500 m 상공에 있는 글라이더의 질량은 180 kg이고, 날개의 면적은 20 m²이다. 날개 각도는 1.7°이고, 공기의 밀도는 1.2 kg/m³이다. 이 글라이더의 양력계수가 0.83이면, 바람이 불지 않는 날에 이 글라이더가 해수면 고도에 이르는 데 걸리는 시간은 얼마인가?

11.29 그림에서와 같이 일정한 속도로 움직이는 글라이더는 수평에 대하여 θ의 각을 이루면서 직선으로 글라이더 통로를 움직일 것이다. 글라이더 비라 할 수 있는 각 θ는 $\theta = (C_D/C_L)$로 나타낸다. 기본 원리를 사용하여 위의 상황을 설명하라.

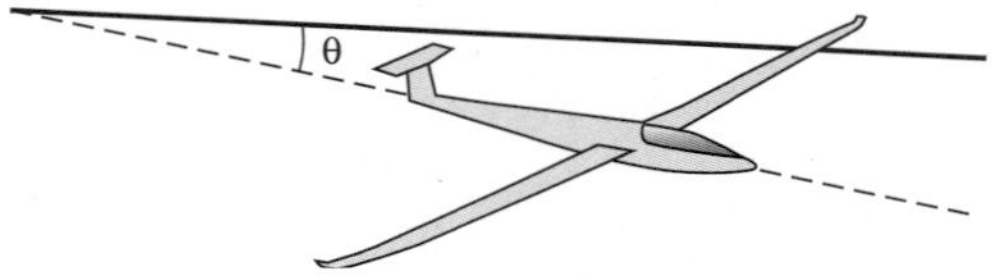

문제 11.29

11.30 비행기 날개에 의해 영향을 받는 공기의 흐름은 날개 길이 b와 같은 크기의 직경을 갖는 실린더(유관)로 간주될 수 있다. 날개로부터 멀리 떨어진 하류 지점에는 그림처럼 유관이 원래의 방향과 θ로 기울고 있다. 지점 1과 2 사이의 관에 운동량 방정식을 적용해서 날개의 양력을 b, ρ, V와 θ의 함수로 나타낼 수 있다. 양력을 양력계수와 관련지어 θ를 b, C_L, 날개 면적 및 S의 함수로 구하라. 유도항력 $F_{Di} = F_L\theta/2$의 관계식을 이용하여 $C_{Di} = C_L^2/\pi\Lambda$가 됨을 보이라. 여기서 Λ는 날개의 종횡비이다.

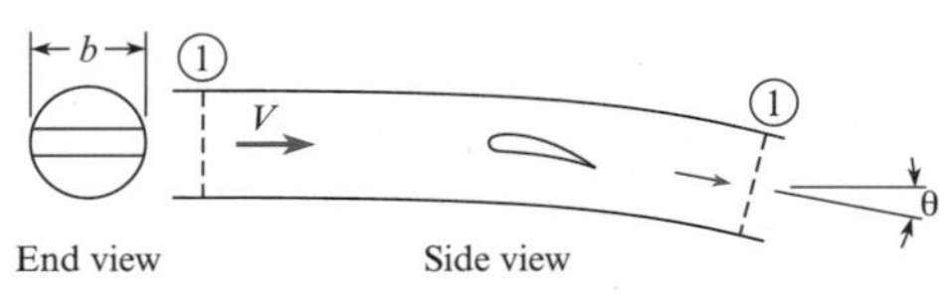

문제 11.30

11.31 직사각형의 평면도상 면적의 날개를 가지고 있는 비행기가 있다. 비행기 날개의 익현을 따라 타원형 분포의 양력이 작용한다. 비행기의 질량은 1000 kg이고 날개의 면적은 16 m²이며, 날개의 길이는 10 m이다. 이 비행기는 표준 대기압 상태의 3000 m 고도에서 50 m/s의 속도로 비행하고

있다. 형상항력계수가 0.01일 때, 날개에 미치는 총 항력을 계산하고, 이 항력을 극복하기 위해 필요한 동력($P = F_D V$)을 계산하라.

11.32 양력이 타원형의 분포를 갖는 날개에 대하여, 총 항력계수는 $C_D = C_{D_0} + C_L^2/\pi\Lambda$이고, 여기서 Λ는 종횡비이다. C_D/C_L이 최소(C_L/C_D가 최대)일 때의 C_L 및 그때의 C_L/C_D에 대한 식을 유도하라.

11.33 당신의 목적은 그림 11.24에서와 같은 날개의 특성을 사용하여 사람의 동력으로 움직이는 비행기를 설계하는 것이다. 조종사의 중량은 60 kg이고 375 W의 동력을 계속적으로 공급할 수 있다. 날개를 포함하지 않은 비행기의 중량은 180 N이고, 날개의 경우에는 면적에 대해 5.7 N/m^{2}의 중량이 가해지도록 설계할 수 있다. 항력은 구조물의 항력과 날개의 항력의 합으로 구성된다. 구조물에 대한 항력계수 $C_{D0} = 0.05$이고, 따라서 전체 항력은 다음과 같이 된다.

$$F_D = (C_{D_0} + C_D)\frac{1}{2}\rho V_0^2 S$$

여기서 C_D는 그림 11.24에서의 항력계수이다. 필요한 동력은 $F_D V_0$이다. 공기 밀도는 1.20 kg/m^{3}이다. 날개단면부가 적합한지를 평가하고, 적당하다면 최적 설계 조건(날개 면적 및 종횡비)을 구하라.

CHAPTER **12**

압축성 유체의 흐름

개요 정상상태의 기체 흐름에서 마하수가 0.3을 초과하면 기체의 압축성이 상당히 중요하게 된다. 예를 들어 고속 비행, 로켓 노즐 흐름 및 우주선의 귀환 메커니즘 등을 다룸에 있어 압축성 흐름 효과가 포함되어야 한다. 이 장에서는 압축성 흐름에 관한 기본 개념을 소개하고, 그 적용 예를 제시하기로 한다.

그림 12.1

라발 노즐은 기체를 초음속으로 가속하기 위하여 사용된다. 이 노즐은 터빈, 로켓 엔진, 초음속 제트 엔진에 사용된다.

사진 속의 노즐은 아이다호대학 기계공학과 교수인 John Crepeau 박사의 지도 하에 Andrew Donelick가 설계하였다. 이 노즐을 제작한 사람 역시 아이다호대학의 Russ Porter이다. (사진 제공: Donald Elger)

학습성과

음파(12.1절)
- 음파의 전파를 설명한다.
- 마하수의 의미를 설명한다.
- 음속과 마하수를 계산한다.

압축성 흐름(12.2절)
- 압축성 흐름의 성질이 어떻게 변하는지 설명한다.
- 관련된 계산을 수행한다.

충격파(12.3절)
- 직각방향 충격파를 기술한다.
- 직각방향 충격파를 통과함에 따른 흐름 성질의 변화를 계산한다.

덕트 내 흐름(12.4절)
- 덕트에서 단면적이 변할 때 흐름의 성질이 어떻게 변하는지 설명한다.
- 노즐을 포함하는 문제의 해를 구한다.

12.1 압축성 유체에서의 파동의 전파

유체 내에서 파동의 전파는 경계 면들의 존재를 흐르는 유체에 알려 주는 메커니즘이다. 액체 내에서 압력파의 전파속도는 유속보다 훨씬 크기 때문에, 흐름이 경계 형상의 변화에 적응할 시간이 충분하다. 반면 기체의 유속은 압력 교란이 전파되는 속도와 견줄 만하며, 그 이상이 되기도 한다. 압축성 유체의 경우에는 전파속도가 중요한 변수로서 흐름 해석에 포함되어야 한다. 이 절에서는 미소한 압력 교란의 전파속도를 구하는 방법과 압축성 유체 흐름에서 전파속도의 중요성에 관하여 알아보기로 한다.

음속

누구나 천둥, 번개를 동반한 호우 시에 번개가 치는 것을 먼저 보고, 잠시 후에 천둥소리를 들은 경험이 있을 것이다. 천둥소리는 분명히 번개에 의하여 생긴 것이고, 따라서 음파는 유한한 속도로 진행하여 왔을 것이다. 만일 공기에 압축성이 전혀 없었다면, 우리는 번갯빛을 보는 것과 동시에 천둥소리를 듣게 될 것이다. 왜냐하면 비압축성 매질에서는 모든 교란이 무한 속도로 전파되기 때문이다.* 이는 비압축성 물질로 만들어진 봉의 한쪽 끝을 때림과 동시에 반대쪽 끝에서 반응이 감지되는 것과 유사한 것이다. 모든 물질은 사실상 어느 정도 압축성이 있으며, 유한한 속도로 교란을 전파시킨다.

음속(speed of sound)은 미소한 교란(압력의 순간파동)이 매질 속을 전파하는 속도로 정의된다. 실제로 음파(sound wave)는 유한한 진폭의 압력 교란으로 구성되어 귀가 감지할 수 있는데 "음속"보다 약간 빠를 뿐이다.

그림 12.2
음파의 단면도.

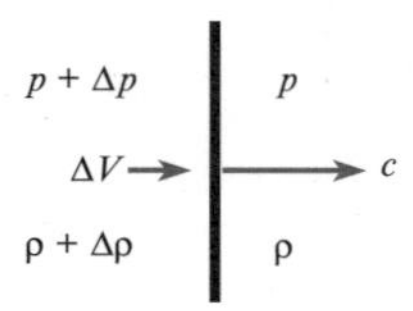

음속에 관한 식을 유도하기 위하여 압력파가 매질을 통하여 속도 c로 전파되는 경우에 대하여 그림 12.2에서와 같이 압력파의 미소 단면을 생각해 보자. 파가 압력 p, 밀도 ρ인 기체를 통하여 진행함에 따라 미소한 변화 Δp, $\Delta\rho$ 및 ΔV를 발생시킨다. 이러한 변화량들은 질량 및 운동량 보존법칙을 통해 상호관계를 맺고 있는 것을 알 수 있다. 파 주위에 검사표면을 선택하고, 검사체적을 파와 같은 속도로 이동하게 하자. (매우 얇은 것으로 가정한) 검사체적에 대한 상대적인 유속, 압력 및 밀도는 그림 12.3에 나타낸 바와 같다. 정상류에서 질량 보존 법칙이 충족되기 위해서는 검사표면을 통과하는 순 질량 플럭스가 영(0)이 되어야 한다. 따라서

그림 12.3
음파에 대한 상대적 흐름.

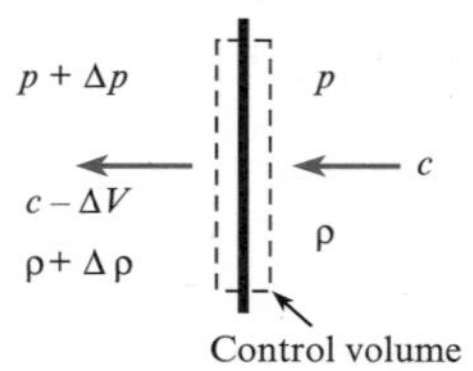

$$-\rho c A + (\rho + \Delta\rho)(c - \Delta V)A = 0 \tag{12.1}$$

여기서 A는 검사체적의 단면적이다. 고차 미소량의 곱($\Delta\rho\Delta V$)을 무시하고, 양변을 면적으로 나누면 질량 보존 방정식은 다음과 같이 된다.

$$-\rho\Delta V + c\Delta\rho = 0 \tag{12.2}$$

비가속 정상류에 대한 운동량 방정식은 다음과 같으며

$$\sum \mathbf{F} = \dot{m}_o V_o - \dot{m} V_i \tag{12.3}$$

이를 압력파를 포함하는 검사체적에 적용하면 다음과 같다.

$$(p + \Delta p)A - pA = (-c)(-\rho Ac) + (-c + \Delta V)\rho Ac \tag{12.4}$$

여기서 오른쪽을 양의 방향으로 정의하였다. 운동량 방정식은 결국 다음과 같이 된다.

* 엄밀히 말하면 번갯빛을 보기 전에 천둥소리가 먼저 들릴 것이다. 왜냐하면 빛의 속도 또한 매우 빠르기는 하나 유한하기 때문이다. 그러나 이는 상대성 원리의 기본적인 원리 하나를 위반하는 결과가 될 것이다. 어떤 매질도 완전히 비압축성일 수는 없으며, 빛보다 빠른 속도로 교란을 전파시킬 수 없다.

$$\Delta p = \rho c \Delta V \tag{12.5}$$

식 (12.2)로부터 구한 ΔV를 식 (12.5)에 대입하면 다음 식을 얻는다.

$$c^2 = \frac{\Delta p}{\Delta \rho} \tag{12.6}$$

이 식은 전파속도가 파를 가로질러 발생하는 밀도 및 압력차와 어떻게 연관되는가를 보여주고 있다. 이상적인 경우로서 흐름이 비압축성이라면($\Delta\rho = 0$), 전파속도는 무한히 커짐을 이 식으로부터 명백히 알 수 있는데, 이는 앞에서 기술한 내용과 합치되는 것이다.

식 (12.6)은 일반적인 압력파의 속도에 관한 식이다. 음파는 압력파의 특별한 형태이다. 음파는 그 정의상 압력 및 밀도의 미소한 변화만을 발생시키며, 따라서 가역 과정(reversible process)으로 간주할 수 있다. 또한 열전달도 무시할 수 있을 정도로 작기 때문에, *단열(adiabatic)* 과정을 가정할 수 있다. 가역, 단열 과정은 *등엔트로피(isentropic)* 과정이다. 따라서 음파에 관한 결과식은 다음과 같이 된다.

$$c^2 = \left.\frac{\partial p}{\partial \rho}\right|_s \tag{12.7}$$

이 방정식은 음속에 관한 식으로서 어떤 물질에서도 유효하다. 그러나 많은 물질에 대하여 등엔트로피 하에서 p와 ρ 사이의 관계는 그다지 잘 알려져 있지 않다.

다시 말하면, 음속은 미소한 압력 교란이 유체를 통하여 전파되는 속도이다. 유한한 강도를 갖는(파를 가로지르는 압력차가 유한한) 파는 음파보다 빠르게 전파된다. 음속은 압력파가 유체를 통하여 전파될 수 있는 *최소* 속도이다.

이상기체에서 등엔트로피 과정의 경우 압력과 밀도 간에 다음 관계식이 성립한다(1).

$$\frac{p}{\rho^k} = \text{constant} \tag{12.8}$$

여기서 k는 비열비(ratio of specific heat), 즉 정적비열에 대한 정압비열의 비이다.

$$k = \frac{c_p}{c_v} \tag{12.9}$$

흔히 사용되는 기체에 대한 k 값들은 부록의 표 A.2에 주어져 있다. 식 (12.8)의 미분을 취하면 다음 식을 얻는다.

$$\left.\frac{\partial p}{\partial \rho}\right|_s = \frac{kp}{\rho} \tag{12.10}$$

이상기체 방정식으로부터

$$\frac{p}{\rho} = RT$$

이므로 음속은 다음과 같이 주어진다.

$$c = \sqrt{kRT} \tag{12.11}$$

그러므로 이상기체에서의 음속은 온도의 제곱근에 비례한다. 이 식을 사용하여 표준상태에서의 실제기체들에 대한 음속을 구하면, 관측값과 매우 근접한 결과를 얻을 수 있다. 물론 기체의 상태가 이상조건과 크게 다를 경우(고압, 저온)에는 식 (12.11)을 사용하는 것이 유효하지 않다.

예제 12.1은 주어진 온도에 대하여 음속을 계산하는 방법을 예시한 것이다.

예제 12.1

음속 계산

설명
기온은 50°C.

가정: 공기는 이상기체이다.

특성값: 공기: 표 A.2, $R = 287$ J/kg K, $k = 1.4$

목표
음속을 계산한다.

아이디어
$T = 288$ K로 하여, 음속에 관한 식(식 12.11)을 적용한다.

문제풀이

$$c = \sqrt{kRT}$$
$$c = [(1.4)(287 \text{ J/kg K})(288 \text{ K})]^{1/2} = \boxed{340 \text{ m/s}}$$

해와 풀이과정 검토
지식. 음속에 관한 식에는 항상 절대온도를 사용해야 한다.

압축성 흐름에서의 소리의 중요성은 매우 간단한 방법으로 설명할 수 있다. 그림 12.4에서와 같이 속도 V로 움직이는 날개단면(airfoil)을 생각하자. 이 날개단면이 유체 내에서 움직임에 따라, 날개단면의 운동에 의하여 생성된 압력 교란이 음속의 파로서 날개단면 앞에서 전파된다. 이 압력 교란은 유체의 점성에 의하여 완화되기 전까지 날개단면에 앞서 상당한

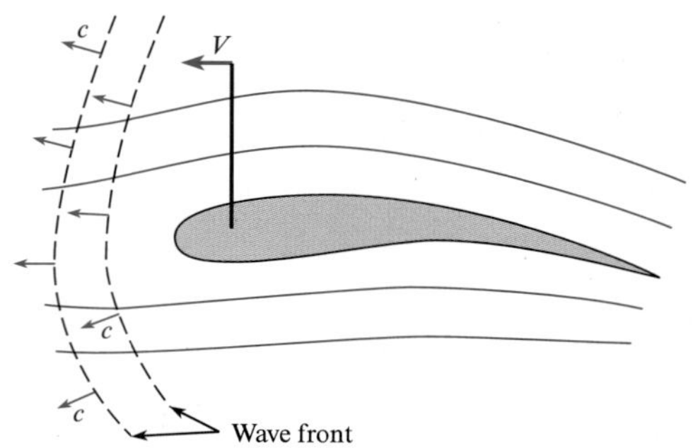

그림 12.4
날개단면에 의하여 생성된 음파의 전파.

거리를 나가며, 상류의 유체에 대하여 날개단면이 오고 있음을 "예고"한다. 이에 따라 유체 입자들은 날개단면이 도달했을 때 날개단면 주변에 매끄러운 흐름이 발생될 수 있도록 흩어져 움직이기 시작한다. 날개단면에 의하여 발생된 압력 교란이 Δt 시간 만에 완전히 감쇄된다면, 날개단면의 전방 $\Delta t(c - V)$의 거리에 있는 유체는 날개단면의 도착이 임박했음에 대한 준비를 하도록 예고를 받는다.

날개단면의 속도가 증가하면 어떻게 될 것인가? 상대 속도는 분명히 감소하고, 따라서 상류의 유체가 날개단면의 도착에 따른 준비를 할 시간이 줄어든다. 흐름장은 유선의 곡률이 작아지도록 변화되고, 날개단면의 형상항력은 증가된다. 날개단면의 속도가 음속 이상으로 증가하면 유체는 날개단면이 오고 있다는 것을 전혀 감지할 수 없어 날개단면의 도착에 따른 준비를 할 수 없게 된다. 이러한 관점에서, 자연계는 그림 12.5에 나타낸 바와 같이 날개단면의 선단 전방에 충격파를 생성함으로써 문제를 해결한다. 유체가 날개단면의 선단 부근의 충격파를 통과함에 따라 감속되어 음속보다 작게 되고, 따라서 날개단면 주위로 분기하여 흐를 수 있는 시간을 갖게 된다. 충격파에 관해서는 12.3절에서 좀 더 상세히 다룰 것이다.

압축성 유체에서의 소리 전파의 의미를 살펴보는 또 다른 접근방법은, 그림 12.6에 나타낸 것과 같이 움직임이 없는 유체 내에서 이동하는 점음원(point source of sound)에 대하여 고찰하는 것이다. 그림 12.6a는 음원이 음속보다 느린 속도로 이동하는 경우이고, 그림 12.6b는 음속보다 빠르게 이동하는 경우이다. 시각 $t = 0$에서 음의 순간파동이 생성되어 국부음

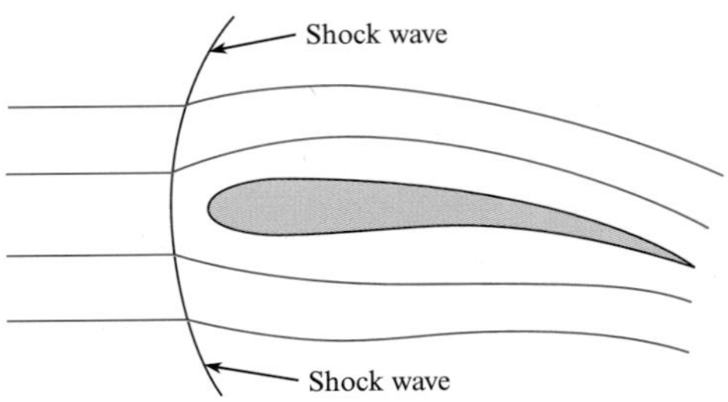

그림12.5
날개단면 전방의 정상 충격파.

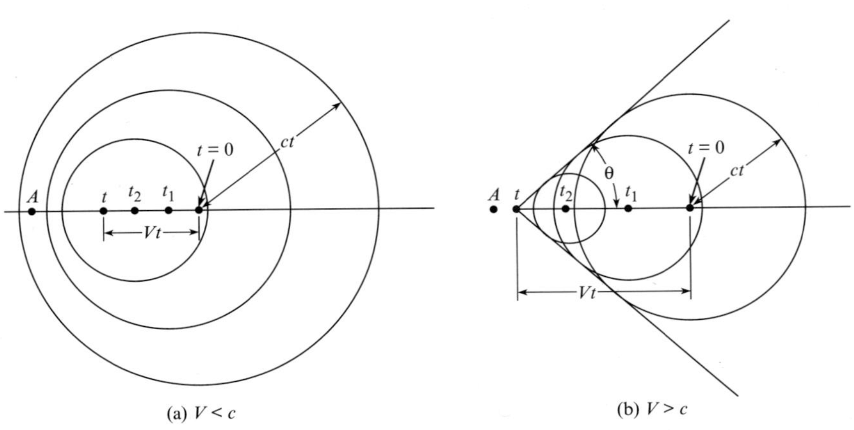

그림12.6
움직이는 점음원에 의하여 생성되는 음장(sound field): (a) 음원이 음속보다 느리게 이동한다, (b) 음원이 음속보다 빠르게 이동한다.

속으로 방사상으로 전파되어 나간다. 시각 t_1에서 음원은 Vt_1의 거리를 이동한 상태에 있고, $t=0$에서 방사된 음파를 나타내는 원의 반경은 ct_1이다. 음원은 시각 t_1에서 방사상으로 전파하는 새로운 음파를 방사한다. 시각 t_2에서 음원은 Vt_2의 거리를 이동한 상태이고, 음파는 그림에 나타낸 것과 같이 외부로 이동해 나간다.

음원이 음속보다 느린 속도로 이동할 경우의 음파들은 그림 12.6a에서와 같이 서로 교차하지 않는 동심원 군을 형성한다. 관측자가 A에 위치하고 있는 경우, 음원이 관측자 쪽으로 이동하고 있기 때문에 관측되는 음파의 주파수는 실제로 방사되는 주파수보다 높게 나타날 것이다. A에 위치한 관측자가 실제로 감지하는 주파수는 다음과 같다.

$$f = f_0/(1 - V/c)$$

여기서 f_0는 움직이는 음원이 방사하는 주파수이다. 이와 같은 주파수의 변화를 **도플러 효과**(Doppler effect)라고 한다.

음원이 음속보다 빠른 속도로 이동하면, 음파들이 서로 교차하며 다음과 같은 반각을 갖는 원추의 궤적을 형성한다.

$$\theta = \sin^{-1}(c/V)$$

A에 위치한 관측자는 음원이 관측자를 지나갈 때까지 음원의 존재를 감지하지 못할 것이다. 실제로 관측자가 원추 내에 위치해 있어야만 움직이는 음원을 감지할 수 있다.

이상과 같은 물리적 측면에서 볼 때, 음파의 전파와 압축효과를 연관시켜 주는 주요 매개변수는 V/c임을 알 수 있다. 이 매개변수는 오스트리아 과학자인 마하(Ernst Mach)에 의하여 처음 제안되었으며, 그의 이름을 따서 마하수(Mach number)라 부른다. 즉 마하수는 다음과 같이 정의된다.

$$\mathrm{M} = \frac{V}{c} \tag{12.12}$$

그림 12.6b에 나타낸 것과 같은 원추형 파면은 **마하파**(Mach wave)로, 원추의 반각은 **마하각**(Mach angle)으로 각각 알려져 있다.

압축성 유체는 마하수에 따라 그 흐름 특성이 다음과 같이 분류된다.

$\mathrm{M} < 1$: 아음속류(subsonic flow)
$\mathrm{M} \approx 1$: (천이)음속류(transonic flow)
$\mathrm{M} > 1$: 초음속류(supersonic flow)

마하수가 5 이상인 흐름은 **극초음속류**(hypersonic flow)라 불리기도 한다. 음속에 가까운 또는 그 이상의 속도로 설계된 항공기들은 마하미터(Mach meter)를 장착하고 있는데, 이는 마하수가 항공기의 성능과 관련된 중요한 요소이기 때문이다.

일정한 고도에서 날고 있는 비행기에 대하여 마하수를 구하는 방법이 예제 12.2에 예시되어 있다.

예제 12.2

비행기의 마하수 계산

문제

F-16 전투기가 고도 13 km 상공에서 470 m/s의 속도로 비행하고 있다. U.S. 표준 대기 조건을 가정하고 비행기의 마하수를 계산하라.

설명

전투기가 고도 13 km 상공에서 470 m/s의 속도로 비행 중이다.

가정: 온도는 U.S. 표준 대기와 같이 변화한다.

특성값: 공기: 표 A.2, $R_{air} = 287$ J/kg K, $k = 1.4$.

목표

비행기의 마하수를 계산한다.

아이디어

1. 1976 표준 대기 모델을 사용하여(http://www.digitaldutch.com/atmoscalc/ 참조) 고도 13 km에서의 온도를 구한다.
2. 음속을 계산한다.
3. 마하수를 계산한다.

문제풀이

1. 고도 13 km에서의 온도:

$$T = 217 \text{ K}$$

2. 음속:

$$c = \sqrt{kRT} = \sqrt{1.4 \times 287 \times 217} = 295 \text{ m/s}$$

3. 마하수:

$$M = \frac{V}{c} = \frac{470 \text{ m/s}}{295 \text{ m/s}} = \boxed{1.59}$$

해와 풀이과정 검토

토의. 비행기는 초음속으로 비행 중이다.

12.2 마하수 관계식

이 절에서는 압축성 흐름에서 유체의 성질이 마하수에 따라 어떻게 변화되는지에 대하여 알아보기로 한다. 그림 12.7에 나타낸 바와 같이 정상 압축성 흐름에서 두 개의 유선을 경계로 하는 검사체적을 생각해 보자. 에너지 방정식을 이 검사체적에 적용하면, 다음 식을 얻을 수 있다.

$$-\dot{m}_1\left(h_1 + \frac{V_1^2}{2} + gz_1\right) + \dot{m}_2\left(h_2 + \frac{V_2^2}{2} + gz_2\right) = \dot{Q} \tag{12.13}$$

고도 항(z_1 및 z_2)은 기체 흐름에 대해서는 보통 무시할 수 있다. 따라서 단열 흐름($\dot{Q} = 0$)에 대한 에너지 방정식은 다음과 같이 된다.

$$\dot{m}_1\left(h_1 + \frac{V_1^2}{2}\right) = \dot{m}_2\left(h_2 + \frac{V_2^2}{2}\right) \tag{12.14}$$

연속성 원리에 의하여 질량유량은 일정하므로($\dot{m}_1 = \dot{m}_2$)

$$h_1 + \frac{V_1^2}{2} = h_2 + \frac{V_2^2}{2} \tag{12.15}$$

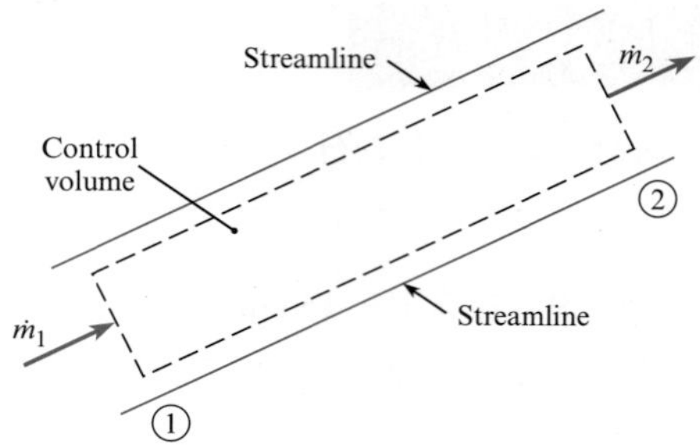

그림 12.7
움직이는 유선들로 둘러싸인 검사체적.

지점 1과 2는 동일 유선상의 임의의 점들이므로

$$h + \frac{V^2}{2} = \text{단열 흐름에서 유선을 따라 일정} \tag{12.16}$$

이 식에서의 상수를 **총 엔탈피**(total enthalpy)라고 부른다. 이는 단열 과정에서 유속이 만약 영(0)으로 된다면 발생할 엔탈피이다. 따라서 단열조건 하에서 유선을 따른 에너지 방정식은 다음과 같이 된다.

$$h + \frac{V^2}{2} = h_t \tag{12.17}$$

h_t가 모든 유선에 대하여 동일하다면, 그 흐름은 **등에너지 흐름**이다.

이 시점에서 식 (12.17)을 베르누이 방정식과 비교해 보면 시사하는 바가 있다. 비엔탈피를 비내부에너지와 p/ρ의 합으로 나타내면 식 (12.17)은 다음과 같이 된다.

$$u + \frac{p}{\rho} + \frac{V^2}{2} = \text{constant}$$

유체가 비압축성이고 열전달이 없다면, 비내부에너지는 일정하고, 따라서 위 식은 (높이 변화에 따른 압력 변화를 배제시킨) 베르누이 방정식과 같게 된다.

온도

이상기체의 엔탈피는 다음과 같이 쓸 수 있다.

$$h = c_p T \tag{12.18}$$

여기서 c_p는 정압비열이다. 이를 식 (12.17)에 대입하고 양변을 $c_p T$로 나누면 다음 식과 같이 된다.

$$1 + \frac{V^2}{2c_p T} = \frac{T_t}{T} \tag{12.19}$$

여기서 T_t는 **총 온도**(total temperature)이다. 이상기체에 대해서 다음과 같은 열역학적 관계가 성립한다(1).

$$c_p - c_v = R \tag{12.20}$$

또는

$$k - 1 = \frac{R}{c_v} = \frac{kR}{c_p}$$

따라서

$$c_p = \frac{kR}{k - 1} \tag{12.21}$$

이를 식 (12.19)의 c_p에 대입하면 kRT는 음속의 제곱이므로, 결국 다음과 같은 총 온도식을 얻는다.

$$T_t = T\left(1 + \frac{k-1}{2}\mathrm{M}^2\right) \tag{12.22}$$

온도 T는 **정적 온도**(static temperature)라 부르는데, 이는 온도계가 유동 유체와 함께 움직일 때 측정될 수 있는 온도를 말한다. **총 온도**는 유속이 단열조건 하에서 영(0)으로 될 경우 발생하는 온도라는 점에서 총 엔탈피와 유사하다. 단열 흐름에 대해서는 유선을 따라 총 온도가 일정하다. 단열 흐름이 아닌 경우의 총 온도는 전달되는 열에너지의 양에 따라 변화한다.

예제 12.3은 비행기 표면의 총 온도를 구하는 방법을 예시하고 있다.

예제 12.3

총 온도 계산

문제
비행기가 대기 온도 −50°C인 고도에서 M = 1.6으로 비행하고 있다. 비행기 표면의 온도는 총 온도와 거의 같다. $k = 1.4$로 하여 표면 온도를 산정하라.

설명
비행기가 정적 온도 −50°C에서 M = 1.6으로 비행 중이다.

목표
비행기의 마하수를 계산한다.

아이디어
이 문제는 비행기가 움직이지 않는 상태에서 정적 온도 −50°C, 마하수 1.6으로 공기가 비행기를 지나 흘러가는 경우로 볼 수 있다.

1. 국부 정적 온도를 절대온도 K로 변환한다.
2. 총 온도식(식 12.22)을 사용한다.

문제풀이
1. 정적 온도를 절대온도 단위로 나타내면:

$$T = 273 - 50 = 223\ \mathrm{K}$$

2. 총 온도:

$$T_t = 223[1 + 0.2(1.6)^2] = \boxed{337\ \mathrm{K}\ \text{또는}\ 64°\mathrm{C}}$$

등엔트로피 흐름의 경우, 유선상의 두 점 간에 이상기체의 압력과 온도에 관한 다음과 같은 열역학적 관계식이 성립한다(1).

$$\frac{p_1}{p_2} = \left(\frac{T_1}{T_2}\right)^{k/(k-1)} \tag{12.23}$$

등엔트로피 흐름은 열전달이 없는 경우이므로, 유선을 따라 총 온도가 일정하다. 따라서

$$T_t = T_1\left(1 + \frac{k-1}{2}\mathrm{M}_1^2\right) = T_2\left(1 + \frac{k-1}{2}\mathrm{M}_2^2\right) \tag{12.24}$$

이를 T_1/T_2에 대하여 풀어서 식 (12.23)에 대입하면 마하수에 따른 압력변화 관계식을 다음과 같이 얻게 된다.

$$\frac{p_1}{p_2} = \left\{\frac{1 + [(k-1)/2]\mathrm{M}_2^2}{1 + [(k-1)/2]\mathrm{M}_1^2}\right\}^{k/(k-1)} \tag{12.25}$$

식 (12.23)을 유도하는 데에는 이상기체 방정식이 사용되므로, 이 식들을 사용하여 계산을 할 때에는 항상 절대압력을 사용해야 한다.

압축성 흐름에 대한 **총 압력**(total pressure)은 다음과 같이 주어진다.

$$p_t = p\left(1 + \frac{k-1}{2}\mathrm{M}^2\right)^{k/(k-1)} \tag{12.26}$$

이는 유속이 가역, 단열적으로 영(0)으로 감소될 때 발생하는 압력이다. 총 온도의 경우와는 달리, 총 압력은 단열 흐름에서 유선을 따라 일정하지 않을 수 있다. 예를 들면 충격파를 지나는 흐름은 단열적이지만 가역적이아니며, 따라서 등엔트로피가 아니다. 단열 흐름에 대해서 유선을 따른 총 압력의 변화는 식 (12.26)과 (12.24)를 식 (12.25)에 대입하여 다음과 같이 구할 수 있다.

$$\frac{p_{t_1}}{p_{t_2}} = \frac{p_1}{p_2}\left\{\frac{1 + [(k-1)/2]\mathrm{M}_1^2}{1 + [(k-1)/2]\mathrm{M}_2^2}\right\}^{k/(k-1)} = \frac{p_1}{p_2}\left(\frac{T_2}{T_1}\right)^{k/(k-1)} \tag{12.27}$$

흐름이 가역적이 아니고, 식 (12.23)을 적용할 수 있는 경우가 아니라면 지점 1과 2에서의 총 압력은 같지 않을 것이다. 그러나 등엔트로피 흐름이라면 유선을 따라 총 압력이 일정하다.

밀도

압축성 유체 흐름에서의 **총 밀도**(total density)는 총 압력의 경우와 유사하게 다음과 같이 주어진다.

$$\rho_t = \rho\left(1 + \frac{k-1}{2}\mathrm{M}^2\right)^{1/(k-1)} \tag{12.28}$$

여기서 ρ는 국부적 또는 정적 밀도이다. 등엔트로피 흐름이라면 유선을 따라 ρ_t가 일정하고, 식 (12.28)을 사용하여 마하수에 따른 기체 밀도의 변화를 구할 수 있다.

압축성 유체의 흐름을 다루는 문헌에서 **정체 온도**(stagnation temperature), **정체 압력**(stagnation pressure) 등 "정체" 조건이라는 용어들이 종종 사용된다. *정체(stagnation)*는 그 정의상 속도가 영인(단열, 가역 과정에 의하여 속도가 영으로 되었는지 여부에 관계없이) 지점에서의 조건을 일컫는다. 예를 들어 압축성 유체 흐름에 피토관을 삽입할 경우 관측되는 압력은 엄밀히 말해 총 압력이 아니라 정체 압력이다. 왜냐하면 흐름의 감속은 가역적이 아닐 것이기 때문이다. 그러나 실제로는 정체 압력과 총 압력 간의 차이는 매우 작다.

동압력

동압력($q = \rho V^2/2$)은 적절한 계수들의 사용과 더불어 공기역학적 힘들을 계산하는 데 종종 사용된다. 이는 마하수와의 관계식으로서 나타낼 수도 있다. 이상기체 방정식을 사용하여 ρ를 소거하면 다음 식을 얻는다.

$$q = \frac{1}{2}\frac{pV^2}{RT} \tag{12.29}$$

다음으로 음속에 관한 방정식인 식 (12.11)을 사용하면 결국 다음과 같이 된다.

$$q = \frac{k}{2}p\mathrm{M}^2 \tag{12.30}$$

여기서 p는 상태방정식으로부터 유도된 것이므로, 항상 절대압력이어야 한다.

동압력에 관한 식을 이용하여 항력을 산정하는 방법은 예제 12.4에 나타나 있다.

예제 12.4

구에 작용하는 항력의 계산

문제

마하수가 0.7일 때, 구의 항력계수는 0.95이다. $p = 101$ kPa인 경우 직경 10 mm인 구가 공기 중에서 받는 항력을 구하라.

설명

공기 중에서 마하수 0.7로 구형 물체가 움직이는 중이다.

특성값: 표 A.2로부터, $k_{\text{air}} = 1.4$.

목표

구에 작용하는 항력을 Newton 단위로 구한다.

아이디어

구에 작용하는 항력은 $F_D = qC_DA$.

1. 식 (12.30)으로부터 동압력 q를 계산한다.
2. 항력을 계산한다.

문제풀이

1. 동압력:

$$q = \frac{k}{2}p\mathrm{M}^2 = \frac{1.4}{2}(101\ \text{kPa})(0.7)^2 = 34.6\ \text{kPa}$$

2. 항력:

$$F_D = C_D q\left(\frac{\pi}{4}\right)D^2 = 0.95\left(34.6 \times 10^3\frac{\text{N}}{\text{m}^2}\right)\left(\frac{\pi}{4}\right)(0.01\ \text{m})^2$$

$$= \boxed{2.58\ \text{N}}$$

베르누이 방정식은 압축성 흐름에 대해서는 성립하지 않는다. 압축성 유체 흐름의 경우에 베르누이 방정식이 유효하다고 가정하고, 피토관을 사용하여 고속 공기 흐름의 마하수를 측정하려 한다면 어떻게 될 것인지 살펴보기로 한다. 총 압력은 180 kPa로, 정압력은 100 kPa로 각각 관측되었다고 가정하자. 베르누이 방정식에 의하면 동압력은 총 압력과 정압력의 차와 같으므로

$$\frac{1}{2}\rho V^2 = p_t - p \qquad \text{또는} \qquad \frac{k}{2}p\mathrm{M}^2 = p_t - p$$

마하수에 대하여 풀면

$$\mathrm{M} = \sqrt{\frac{2}{k}\left(\frac{p_t}{p} - 1\right)}$$

관측값들을 대입하여 계산하면 다음과 같이 된다.

$$\mathrm{M} = 1.07$$

올바른 접근방법은 압축성 유체 흐름에 대한 총 압력과 정압력 간의 관계식인 식 (12.26)을 사용하는 것이다. 이 식을 마하수에 대하여 풀면 다음과 같이 된다.

$$\mathrm{M} = \left\{\frac{2}{k-1}\left[\left(\frac{p_t}{p}\right)^{(k-1)/k} - 1\right]\right\}^{1/2} \tag{12.31}$$

여기서 관측값들을 대입하여 마하수를 구하면 다음과 같이 된다.

$$\mathrm{M} = 0.96$$

따라서 (압축성 유체에) 베르누이 방정식을 적용하는 것은 아음속류를 초음속류로 잘못 판별하는 결과를 야기한다. 유속이 극단적으로 작아지면($p_t/p \to 1$), 식 (12.31)은 베르누이 방정식으로부터 유도된 관계식과 같게 되나, 이는 마하수가 매우 작을 때에만($\mathrm{M} \ll 1$) 유효하다.

정체조건 하에서 압력계수가 마하수에 따라 어떻게 변화하는지를 살펴보면 유익할 것이다. 압력계수는 다음과 같이 정의된다.

$$C_p = \frac{p_t - p}{\frac{1}{2}\rho V^2}$$

동압력에 관한 식(식 12.30)을 사용하면 C_p를 마하수와 비열비의 함수로서 다음과 같이 나타낼 수 있다.

$$C_p = \frac{2}{k\mathrm{M}^2}\left[\left(1 + \frac{k-1}{2}\mathrm{M}^2\right)^{k/(k-1)} - 1\right]$$

마하수에 따른 C_p의 변화는 그림 12.8에 나타낸 바와 같다. 마하수가 영이면 압력계수는 1이

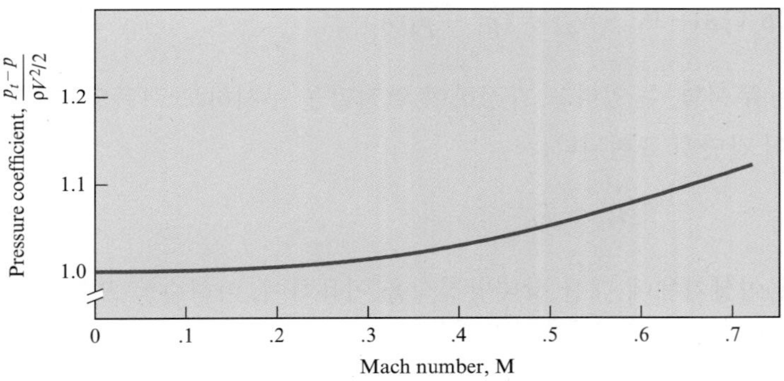

그림 12.8
마하수에 따른 압력계수의 변화.

고, 이는 압축성 유체 흐름의 경우에 해당된다. 마하수가 약 0.3에 이르면 압력계수는 1과 큰 차이를 나타내기 시작한다. 따라서 마하수가 0.3 이하면 흐름장에서 압축성에 의한 효과는 중요하지 않다는 것을 추론할 수 있다.

12.3 직각방향 충격파

직각방향 충격파(normal shock wave)는 흐름에 직각방향인 파의 전면으로서, 초음속류가 이를 통과함에 따라 감소되어 아음속류로 되고, 그에 따라 정적 온도, 압력 및 밀도는 증가하게 된다. 이 절에서는 직각방향 충격파를 통과함에 따른 흐름 성질의 변화 관계를 유도하고자 한다.

직각방향 충격파를 통과함에 따른 흐름 성질의 변화

직각방향 충격파를 해석하기 위한 가장 직접적인 방법은 그림 12.9에서와 같이 파 주위에 검사표면을 그리고, 연속 방정식, 운동량 방정식 및 에너지 방정식을 쓰는 것이다.

정상류이므로 검사체적 내로 들어가는 순 질량 플럭스는 영(0)이다. 그러므로

$$-\rho_1 V_1 A + \rho_2 V_2 A = 0 \tag{12.32}$$

여기서 A는 검사체적의 단면적이다. 검사표면에 작용하는 순 압력을 검사체적으로부터 유출되는 순 운동량 플럭스와 같게 놓으면 다음 식과 같이 된다.

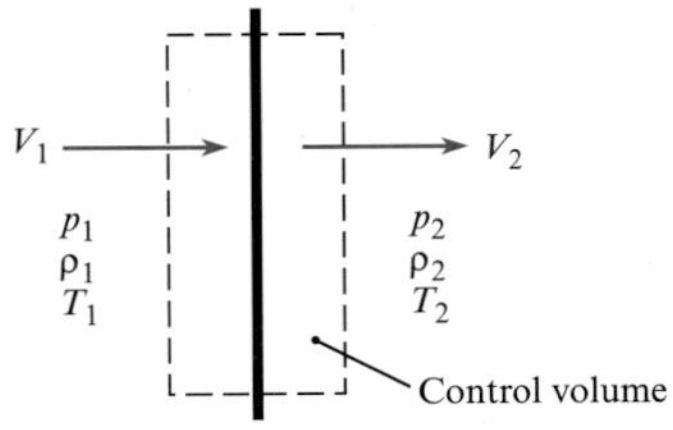

그림 12.9
직각방향 충격파를 둘러싼 검사체적.

$$\rho_1 V_1 A(-V_1 + V_2) = (p_1 - p_2)A \tag{12.33}$$

검사표면에서의 온도경사는 무시할 수 있다고 가정하여 열전달을 무시하므로(단열 과정), 에너지 방정식은 다음과 같이 간단히 표현된다.

$$T_{t_1} = T_{t_2} \tag{12.34}$$

음속에 관한 식 (12.11)과 이상기체에 대한 상태방정식을 이용하여, 마하수를 포함한 연속 방정식은 다음과 같이 쓸 수 있다.

$$\frac{p_1}{RT_1}\mathrm{M}_1\sqrt{kRT_1} = \frac{p_2}{RT_2}\mathrm{M}_2\sqrt{kRT_2} \tag{12.35}$$

운동량 방정식에는 다음과 같이 마하수가 도입될 수 있다.

$$\begin{aligned} \rho_2 V_2^2 - \rho_1 V_1^2 &= p_1 - p_2 \\ p_1 + \frac{p_1}{RT_1}V_1^2 &= p_2 + \frac{p_2}{RT_2}V_2^2 \\ p_1(1 + k\mathrm{M}_1^2) &= p_2(1 + k\mathrm{M}_2^2) \end{aligned} \tag{12.36}$$

식 (12.36)을 다시 정리하여 충격파 양측에서의 정압력의 비를 구하면 다음과 같다.

$$\frac{p_2}{p_1} = \frac{(1 + k\mathrm{M}_1^2)}{(1 + k\mathrm{M}_2^2)} \tag{12.37}$$

나중에 보이게 될 바와 같이 직각방향 충격파에 대한 마하수는 상류 측에서는 항상 1보다 크고, 하류 측에서는 1보다 작다. 따라서 충격파를 통과함에 따라 정압력은 항상 증가하게 된다.

$T_{t_2}/T_{t_1} = 1$이라는 사실을 이용하여 에너지 방정식을 식 (12.22)에서와 같이 온도와 마하수의 함수로 다시 쓰면, 충격파를 가로지르는 정적 온도의 비를 다음과 같이 유도할 수 있다.

$$\frac{T_2}{T_1} = \frac{\{1 + [(k-1)/2]\mathrm{M}_1^2\}}{\{1 + [(k-1)/2]\mathrm{M}_2^2\}} \tag{12.38}$$

식 (12.37)과 (12.38)을 식 (12.35)에 대입하면 직각방향 충격파의 상류 및 하류에서의 마하수들 간의 관계식이 다음과 같이 주어진다.

$$\frac{\mathrm{M}_1}{1 + k\mathrm{M}_1^2}\left(1 + \frac{k-1}{2}\mathrm{M}_1^2\right)^{1/2} = \frac{\mathrm{M}_2}{1 + k\mathrm{M}_2^2}\left(1 + \frac{k-1}{2}\mathrm{M}_2^2\right)^{1/2} \tag{12.39}$$

이 방정식을 M_1의 함수로서 M_2에 관하여 풀면 두 개의 해를 얻는다. 그 중 하나는 $\mathrm{M}_1 = \mathrm{M}_2$인데 이는 검사체적 내에서 충격파가 없는 경우에 해당하는 것으로서, 당연히 예상되는 해이다. 또 다른 해는 충격파의 하류 측 마하수를 나타낸다.

$$M_2^2 = \frac{(k-1)M_1^2 + 2}{2kM_1^2 - (k-1)} \tag{12.40}$$

주: 식 (12.39)는 M_1과 M_2에 대한 대칭식이므로, M_2가 주어지고 M_1을 구하려는 경우에는 식 (12.40)에서 마하수의 첨자 1과 2만 서로 교환하면 M_1에 대한 해가 된다.

식 (12.40)에서 $M_1 = 1$로 놓으면 M_2 또한 1이 된다. 이 경우에는 파를 통과함에 따른 압력이나 온도의 변화 또한 없을 것임을 식 (12.38) 및 (12.39)로부터 알 수 있다. 사실, $M_1 = 1$에 해당하는 파는 음파로서, 그 정의상 이를 통과함에 따른 압력과 온도의 변화는 극소하다. 따라서 음파는 퇴화한 직각방향 충격파를 나타낸다.

예제 12.5는 상류 측 마하수가 주어지는 경우 직각방향 충격파 하류에서의 성질들을 구하는 방법을 예시하고 있다.

예제 12.5

직각방향 충격파를 통과함에 따른 흐름 성질의 변화

문제

마하수 1.6으로 흐르는 공기 중에 직각방향 충격파가 발생한다. 충격파 상류 측의 정압력과 공기 온도는 각각 100 kPa 및 15°C이다. 충격파 하류 측의 마하수, 압력 및 온도를 구하라.

설명

공기 중 직각방향 충격파 상류 측의 마하수는 1.6이다.

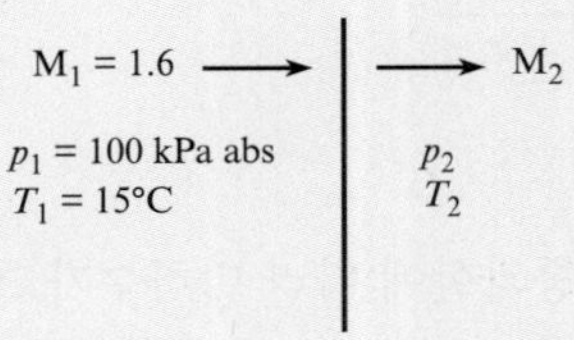

특성값: 표 A.2로부터, $k = 1.4$.

목표

하류 측의 마하수, 압력 및 온도를 계산한다.

아이디어

1. 식 (12.40)을 이용하여 M_2를 계산한다.
2. 식 (12.37)을 이용하여 p_2를 계산한다.
3. 상류 측 온도를 절대온도로 변환하고 식 (12.38)을 이용하여 T_2를 구한다.

문제풀이

1. 하류 측 마하수:

$$M_2^2 = \frac{(k-1)M_1^2 + 2}{2kM_1^2 - (k-1)} = \frac{(0.4)(1.6)^2 + 2}{(2.8)(1.6)^2 - 0.4} = 0.447$$

$$M_2 = \boxed{0.668}$$

2. 하류 측 압력:

$$p_2 = p_1\left(\frac{1 + kM_1^2}{1 + kM_2^2}\right)$$

$$= (100 \text{ kPa})\left[\frac{1 + (1.4)(1.6)^2}{1 + (1.4)(0.668)^2}\right] = \boxed{282 \text{ kPa (절대압력)}}$$

3. 하류 측 온도:

$$T_2 = T_1\left\{\frac{1 + [(k-1)/2]M_1^2}{1 + [(k-1)/2]M_2^2}\right\}$$

$$= (288 \text{ K})\left[\frac{1 + (0.2)(2.56)}{1 + (0.2)(0.447)}\right] = \boxed{400 \text{ K 또는 } 127°\text{C}}$$

해와 풀이과정 검토

지식. 충격파를 통과함에 따른 흐름 성질 변화에 관한 방정식에서 절대압력과 절대온도 값이 사용되어야 함에 유의하라.

충격파를 통과함에 따른 흐름 성질의 변화는 공기와 같이 $k = 1.4$인 기체에 대하여 표 A.1에 제시되어 있다.

충격파는 축일(shaft work)이 없는 단열 과정이다. 따라서 이상기체의 경우에는 파를 통과함에 따라 총 온도(및 총 엔탈피)가 변하지 않는다. 그러나 총 압력은 변한다. 예제 12.5에서 파의 상류 측에서의 총 압력은 다음과 같다.

$$p_{t_1} = p_1\left(1 + \frac{k-1}{2}\mathrm{M}_1^2\right)^{k/(k-1)}$$
$$= 100\ \mathrm{kPa}[1 + (0.2)(1.6^2)]^{3.5} = 425\ \mathrm{kPa}$$

하류 측에서의 총 압력은 다음과 같다.

$$p_{t_2} = p_2\left(1 + \frac{k-1}{2}\mathrm{M}_2^2\right)^{k/(k-1)}$$
$$= 282\ \mathrm{kPa}[1 + (0.2)(0.668^2)]^{3.5} = 380\ \mathrm{kPa}$$

따라서 총 압력은 감소하는데, 이는 충격파를 통과하는 흐름이 등엔트로피 과정이 아니기 때문이다. 총 압력은 등엔트로피 흐름에서만 유선을 따라 일정하게 유지된다. 직각방향 충격파 통과 전후의 총 압력비도 표 A.1에 제시되어 있다.

초음속류에 국한된 충격파의 존재성

직각방향 충격파 하류에서의 마하수에 관한 식 (12.40)을 다시 살펴보기로 한다. M_1에 1보다 작은 수를 대입하면, M_2는 1보다 커질 것임은 쉽게 알 수 있다. 예를 들어 공기 중에서 $\mathrm{M}_1 = 0.5$이면

$$\mathrm{M}_2^2 = \frac{(0.4)(0.5)^2 + 2}{(2.8)(0.5)^2 - 0.4}$$
$$\mathrm{M}_2 = 2.65$$

아음속류 내에서 충격파가 존재하여 흐름이 이를 통과함에 따라 마하수가 초음속으로 되는 것이 가능한 일인가? 그러한 파가 존재한다면, 이를 통과함에 따라 총 압력도 증가할 것이다. 즉

$$\frac{p_{t_2}}{p_{t_1}} > 1$$

그러한 해가 가능할 것인지를 결정하기 위한 유일한 방법은 어떤 과정에 대해서도 우주의 엔트로피는 불변이거나 증가해야 한다는 열역학 제2법칙에 의거하는 것이다.

$$\Delta s_{\mathrm{univ}} \geq 0 \tag{12.41}$$

충격파는 단열 과정이기 때문에 주위의 엔트로피 변화는 없다. 따라서 시스템의 엔트로피는

불변이거나 증가해야한다.

$$\Delta s_{\text{sys}} \geq 0 \tag{12.42}$$

압력 p_1과 p_2 및 온도 T_1과 T_2 간의 이상기체 엔트로피 변화는 다음과 같이 주어진다(1).

$$\Delta s_{1\to 2} = c_p \ln \frac{T_2}{T_1} - R \ln \frac{p_2}{p_1} \tag{12.43}$$

c_p와 R 간의 관계식 (12.21)을 이용하여 엔트로피 변화를 다음과 같이 나타낼 수 있다.

$$\Delta s_{1\to 2} = R \ln \left[\frac{p_1}{p_2} \left(\frac{T_2}{T_1} \right)^{k/(k-1)} \right] \tag{12.44}$$

위 식에서 대괄호 내의 양은 식 (12.27)에 주어지는 총 압력의 비이다. 그러므로 충격파를 통과함에 따른 엔트로피 변화는 다음과 같이 쓸 수 있다.

$$\Delta s = R \ln \frac{p_{t_1}}{p_{t_2}} \tag{12.45}$$

충격파를 가로질러 아음속류가 초음속류로 변하는 충격파가 있다면 총 압력 비가 1보다 작게 될 것이고, 그에 따라 엔트로피가 감소하게 될 것이다.

$$\Delta s_{\text{sys}} < 0$$

이는 열역학 제2법칙에 위배된다. 그러므로 충격파는 초음속류에서만 존재한다.

음파의 경우에는 총 압력 비가 1에 접근하는데($M_1 \to 1$), 이는 음파가 등엔트로피라는 정의에 합치된다($\ln 1 = 0$). 예제 12.6은 직각방향 충격파를 통과함에 따른 엔트로피 증가를 예시하고 있다.

예제 12.6

충격파를 통과함에 따른 엔트로피 증가

문제

마하수 1.5인 공기 흐름에서 직각방향 충격파가 발생한다. 충격파를 통과함에 따른 엔트로피 변화량을 구하라.

설명

공기 중 발생하는 직각방향 충격파의 상류측 마하수가 1.5이다.

특성값: 표 A.2로부터, $R_{\text{air}} = 287$ J/kg K, $k = 1.4$.

목표

충격파를 통과함에 따른 엔트로피 변화량을 J/kg K 단위로 구한다.

아이디어

1. 식 (12.40)을 사용하여 하류 측 마하수를 계산한다.
2. 식 (12.37)을 사용하여 충격파 하류와 상류의 압력비를 계산한다.
3. 식 (12.38)을 사용하여 온도비를 계산한다.
4. 식 (12.44)를 사용하여 엔트로피 변화량을 계산한다.

문제풀이

1. 하류 측 마하수:

$$M_2^2 = \frac{(k-1)M_1^2 + 2}{2kM_1^2 - (k-1)} = \frac{(0.4)(1.5)^2 + 2}{(2.8)(1.5)^2 - 0.4} = 0.492$$

$$M_2 = 0.701$$

2. 압력비:

$$\frac{p_2}{p_1} = \left(\frac{1 + kM_1^2}{1 + kM_2^2}\right) = \left[\frac{1 + (1.4)(1.5)^2}{1 + (1.4)(0.701)^2}\right] = 2.46$$

3. 온도비:

$$\frac{T_2}{T_1} = \left\{\frac{1 + [(k-1)/2]M_1^2}{1 + [(k-1)/2]M_2^2}\right\}$$

$$= \left[\frac{1 + (0.2)(2.25)}{1 + (0.2)(0.492)}\right] = 1.32$$

4. 엔트로피 변화량:

$$\Delta s = R \ln\left[\left(\frac{p_1}{p_2}\right)\left(\frac{T_2}{T_1}\right)^{k/(k-1)}\right]$$

$$= 287\,(\text{J/kg K}) \ln\left[\left(\frac{1}{2.46}\right)(1.32)^{3.5}\right]$$

$$= \boxed{20.5\ \text{J/kg K}}$$

충격파에 관한 예제는 다음 절에서 좀 더 다루기로 하고, 여기서는 충격파의 또 다른 특징들을 정성적으로 논의함으로써 이 절을 결론짓기로 한다.

지금까지 다룬 직각방향 충격파 외에 흐름 방향에 대하여 비스듬하게 나타나는 경사 충격파가 있다. 그림 12.10에 나타낸 바와 같이 뭉툭한 물체 전방의 충격파의 구조를 다시 한 번 살펴보기로 하자. 물체 바로 앞부분의 충격파는 직각방향 충격파와 같이 거동한다. 충격파가 자유흐름 방향으로 휘어지면 경사 충격파가 발생된다. 경사 충격파에 직각인 속도 성분에 대해서는 앞서 직각방향 충격파의 경우에 대하여 유도된 것과 같은 관계식들이 유효하다. 경사 충격파는 파에 직각방향 속도 성분의 마하수가 1이 될 때까지 하류방향으로 계속 휘어진다. 그러고 난 후 경사 충격파는 소위 마하파로 변질되는데, 마하파를 가로지름에 따른 흐름 성질의 변화는 미소하다.

우리에게 익숙한 충격파 폭음은 지상에 도달하는 약한 경사 충격파에 따른 것이다. 만일 항공기가 지상에 가깝게 초음속으로 비행하도록 허가할 경우에 더욱 강한 경사 충격파로부

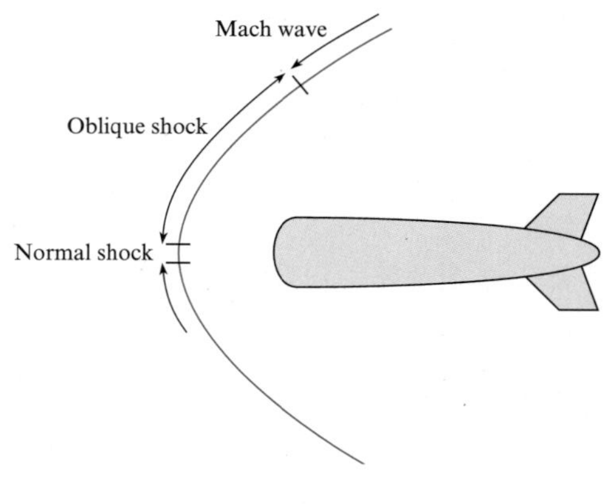

그림 12.10
뭉툭한 물체 전방에서의 충격파의 구조.

터 발생될 피해가 어떠할지 짐작할 수 있을 것이다.

12.4 단면적이 변화하는 덕트 내에서의 압축성 등엔트로피 흐름

벤투리관과 같이 단면적이 변화하는 덕트 내에서의 비압축성 유체 흐름의 경우에는, 흐름이 목 부분(면적이 가장 작은 부분)에 접근함에 따라 유속은 증가하고 압력은 감소한다. 그러고 나서 면적이 다시 증가함에 따라 유속은 감소한다. 이와 같은 유속과 면적 관계가 압축성 흐름의 경우에는 항상 성립하지 않는다. 이 절에서는 단면적이 변화하는 덕트 내에서의 압축성 흐름에 대하여 단면적의 변화에 따라 흐름 특성이 어떻게 달라지는지를 알아보고자 한다.

면적 변화에 대한 마하수의 종속성

그림 12.11에서와 같이 단면적이 변화하는 덕트를 생각해 보자. 흐름은 등엔트로피 흐름이고, 각 지점에서의 흐름의 성질은 균일하다고 가정한다. 이러한 유형의 해석, 즉 각 지점에서의 단면적은 변화할 수 있되 각 단면에서 흐름의 성질은 균일하다고 가정하는 것은 "준 1차원적인" 것으로 분류된다.

덕트의 질량유량은 다음과 같이 주어진다.

$$\dot{m} = \rho A V \tag{12.46}$$

여기서 A는 덕트의 단면적이다. 질량유량은 덕트를 따라 일정하므로 다음 식이 성립된다.

$$\frac{d\dot{m}}{dx} = \frac{d(\rho A V)}{dx} = 0 \tag{12.47}$$

이 식은 다음과 같이 쓸 수 있다.*

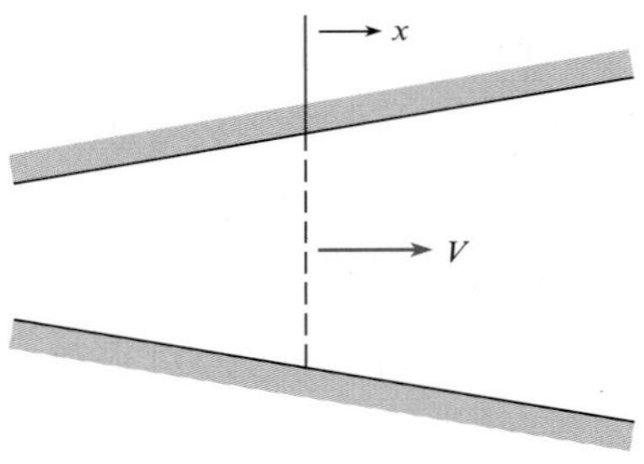

그림 12.11
단면적이 변화하는 덕트.

---

*이는 식 (12.46)에 로그를 취하여 다음 식을 얻고

$$\ln(\rho A V) = \ln\rho + \ln A + \ln V$$

각 항의 미분을 취함으로써 다음과 같이 유도된다.

$$\frac{d}{dx}[\ln(\rho A V)] = 0 = \frac{1}{\rho}\frac{d\rho}{dx} + \frac{1}{A}\frac{dA}{dx} + \frac{1}{V}\frac{dV}{dx}$$

$$\frac{1}{\rho}\frac{d\rho}{dx}+\frac{1}{A}\frac{dA}{dx}+\frac{1}{V}\frac{dV}{dx}=0 \tag{12.48}$$

비점성 유체 흐름을 가정하면 오일러방정식을 적용할 수 있다. 정상류의 경우에는

$$\rho V\frac{dV}{dx}+\frac{dp}{dx}=0$$

등엔트로피 흐름에 대한 $dp/d\rho$와 음속 간의 관계식 (12.7)을 이용하면 다음 식을 얻는다.

$$\frac{-V}{c^2}\frac{dV}{dx}=\frac{1}{\rho}\frac{d\rho}{dx} \tag{12.49}$$

이 관계를 이용하여 식 (12.48)의 ρ를 소거하면 다음과 같이 된다.

$$\frac{1}{V}\frac{dV}{dx}=\frac{1}{\mathrm{M}^2-1}\frac{1}{A}\frac{dA}{dx} \tag{12.50a}$$

이 식은 다음과 같은 형태로 쓸 수 있다.

$$\frac{dV}{dA}=\frac{V}{A}\frac{1}{\mathrm{M}^2-1} \tag{12.50b}$$

이 식은 간략한 식이지만, 다음과 같이 중요하고도 광범위한 결론에 이르게 한다.

아음속류

아음속류의 경우에는 M^2-1이 음이므로 $dV/dA<0$이다. 즉 단면적이 감소하면 유속이 증가하고, 단면적이 증가하면 유속의 감소를 가져온다. 유속과 단면적의 이러한 관계는 비압축성 유체 흐름의 경우와 같다.

초음속류

초음속류의 경우에는 M^2-1이 양이므로 $dV/dA>0$이다. 즉 단면적이 감소하면 유속이 감소하고, 단면적이 증가하면 유속이 증가한다. 그러므로 초음속 압축성 유체 흐름에서는 덕트의 단면적이 최소가 되는 곳에서 유속이 최소로 된다. 이는 그림 12.12에 나타낸 것과 같은 초음속 항공기의 엔진 분사장치를 작동하는 데 있어서 기초가 되는 원리이다. 분사장치의 목적은 흐름을 감속시켜 연소실에서의 연소시간을 충분히 확보하고, 이어서 노즐의 확대부에서는 흐름을 다시 가속시킴으로써 연소된 기체의 운동에너지를 더욱 크게 하여 결국 엔진의 추진력을 증대시키는 것이다.

천이음속류($\mathrm{M}\approx 1$)

덕트를 따라 $dA/dx=0$인 지점들은 그림 12.13에 예시하였듯이 덕트의 단면적이 국부적으로 최소 또는 최대가 되는 지점들이다. 이러한 지점들에서 흐름이 아음속($\mathrm{M}<1$) 또는 초음

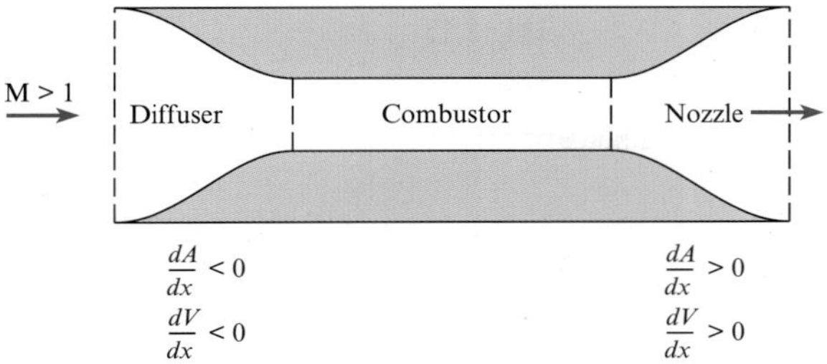

그림 12.12

초음속 항공기의 엔진.

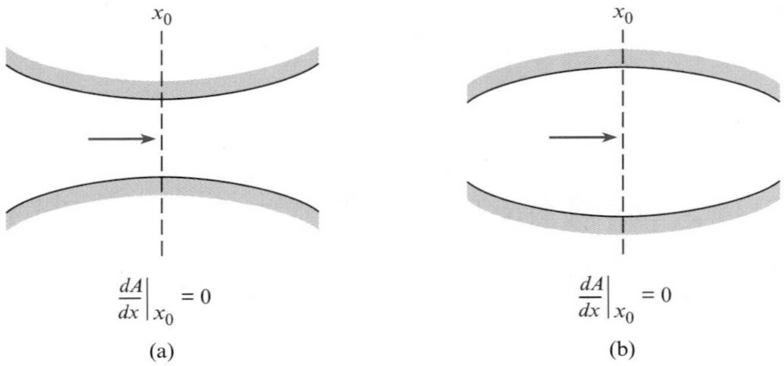

그림 12.13

$dA/dx = 0$인 곳에서의 덕트 형상.

속(M > 1)인 경우에는 식 (12.50a)에 의하여 $dV/dx = 0$이고, 따라서 유속은 최대값 또는 최소값을 갖는다. 그림 12.13a에서와 같은 덕트 흐름이 초음속이면 덕트의 목 부분에서 유속이 최소가 될 것이며, 아음속이면 최대가 된다.

그러면 마하수가 1인 경우에는 어떻게 될 것인가? 식 (12.50a)에 의하면 마하수가 1이고 dA/dx가 영(0)이 아니면 속도경사 dV/dx는 무한대가 되는데, 이는 물리적으로 불가능하다. 따라서 속도경사가 유한한, 물리적으로 타당한 값을 갖기 위해서는 마하수가 1인 곳에서 dA/dx는 영(0)이 되어야 한다.*

여기서 한 걸음 더 나아가 음속 흐름은 면적이 최소가 되는 곳에서만 일어난다는 것을 보일 수 있다. 그림 12.13a를 살펴보자. 흐름이 처음에 아음속류라면 덕트 단면적이 작아짐에 따라 흐름은 음속을 향하여 가속된다. 흐름이 처음에 초음속류라면 단면적이 작아짐에 따라 흐름은 감속된다. 이와 동일한 논리를 사용하여 그림 12.13b에서와 같은 덕트에 대해서는 음속류의 발생이 불가능함을 보일 수 있다. 처음 흐름이 초음속류라면 덕트가 확장됨에 따라 마하수가 더욱 증가한다. 처음 흐름이 아음속류라면 수로가 확장됨에 따라 마하수가 감소하므로 면적이 최대인 곳에서 음속류에 도달할 수 없다. 따라서 단면이 변화하는 덕트 내에서 마하수가 1이 되는 것은 면적이 국부적으로 최소가 되는 지점(목 부분)에서만 가능하다. 그러나 이것이 국부적으로 면적이 최소가 되는 곳에서는 마하수가 항상 1이 된다는 것을 의미하는 것은 아니다.

---

* 이 경우 분모와 분자가 모두 영(0)이 되므로 실제로 속도경사의 값을 결정할 수는 없다. 그러나 로피탈의 법칙(L'Hôpital's rule)을 적용하여 속도경사가 유한하다는 것을 보일 수 있다.

그림 12.14
라발 노즐.

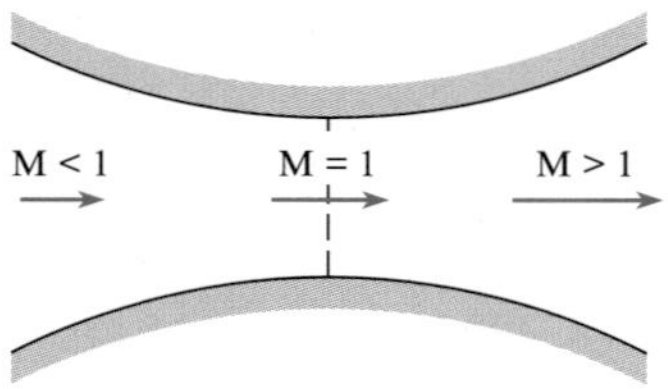

그림 12.15
풍동.

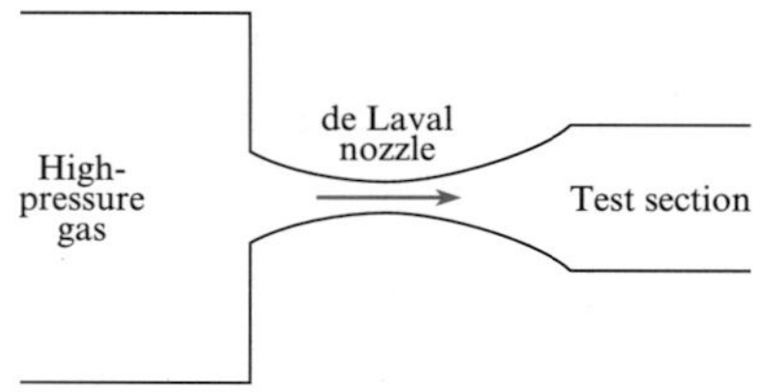

라발 노즐

라발 노즐은 단면적이 변하는 덕트로서 초음속류를 발생시킨다. 이 노즐은 이를 발명한 스웨덴 공학자인 드 라발(de Laval, 1845~1913)의 이름을 따서 명명되었다. 앞서 살펴본 바에 따르면 이 노즐은 아음속류를 가속시키기 위한 단면 축소부, 음속류가 발생되는 목 부분 및 초음속류를 더욱 가속시키기 위한 단면 확대부로 구성되어야 한다. 따라서 라발 노즐의 형상은 그림 12.14에 나타낸 바와 같다.

라발 노즐을 적용한 매우 중요한 예 중 하나는 초음속 풍동으로서, 초음속 항공기를 개발하는 데 필수적인 도구가 되어 왔다. 이 초음속 풍동은 그림 12.15에 예시한 것과 같이 기본적으로 고압가스 발생원, 초음속류를 발생시키는 라발 노즐 및 시험단면으로 구성된다. 고압가스는 대형 압력 수조로부터 공급될 수 있으며, 이때 수조는 상류 측 압력을 일정하게 조절하기 위한 조절 밸브를 통하여 라발 노즐에 연결된다. 또한 고압가스를 연속적으로 공급하는 펌핑 시스템으로부터 공급할 수도 있다.

라발 노즐에서의 압축성 유체 흐름에 관한 방정식들은 이미 개발되어 있다. 모든 단면에서 질량유량이 일정하므로

$$\rho VA = \text{constant}$$

이때 상수의 값은 대개 마하수가 1일 때의 조건으로부터 구한다. 따라서

$$\rho VA = \rho_* V_* A_* \tag{12.51}$$

여기서 별표($_*$)는 마하수가 1일 때의 조건임을 나타내기 위하여 사용되었다. 식 (12.51)을 다시 정리하여 다음과 같이 쓸 수 있다.

$$\frac{A}{A_*} = \frac{\rho_* V_*}{\rho V}$$

유속은 마하수와 국부 음속의 곱이므로

$$\frac{A}{A_*} = \frac{\rho_*}{\rho} \frac{\mathrm{M}_* \sqrt{kRT_*}}{\mathrm{M} \sqrt{kRT}} \tag{12.52}$$

정의에 의하여 $M_* = 1$이므로

$$\frac{A}{A_*} = \frac{\rho_*}{\rho}\left(\frac{T_*}{T}\right)^{1/2}\frac{1}{M} \tag{12.53}$$

라발 노즐에서의 흐름은 등엔트로피 흐름으로 가정하므로, 총 온도와 총 압력(및 총 밀도)은 노즐 내의 어디서나 일정하다. 식 (12.28)로부터

$$\frac{\rho_*}{\rho} = \left\{\frac{1 + [(k-1)/2]M^2}{(k+1)/2}\right\}^{1/(k-1)}$$

또한 식 (12.24)로부터

$$\frac{T_*}{T} = \frac{1 + [(k-1)/2]M^2}{(k+1)/2}$$

이들을 식 (12.53)에 대입하면 단면적이 변화하는 덕트에 대하여 마하수의 함수로서 면적비를 나타내는 다음 식을 얻는다.

$$\frac{A}{A_*} = \frac{1}{M}\left\{\frac{1 + [(k-1)/2]M^2}{(k+1)/2}\right\}^{(k+1)/2(k-1)} \tag{12.54}$$

이 식은 물론 마하수에 관계없이(아음속, 천이음속, 초음속 모두에) 유효하다. 면적비 A/A_*는 마하수가 M인 곳에서의 면적과 마하수가 1인 곳에서의 면적과의 비이다. 많은 초음속 풍동들이 시험단면에서의 면적은 동일하게 유지하고 목 부분 면적을 변화시킴으로써 마하수를 변화시킬 수 있도록 설계된다.

마하수와 면적비의 관계를 이용하여 초음속 풍동의 시험단면 크기를 결정하는 방법은 예제 12.7과 같다.

예제 12.7에서 알 수 있듯이 마하수와 비열비가 주어지면 면적비는 간단히 계산될 수 있다. 그러나 실제로는 대개 면적비가 주어지고 마하수를 구하게 된다. 식 (12.54)를 마하수에 대하여 풀어서 면적비의 양함수로 나타내기는 불가능하다. 따라서 주어진 면적비에 대하여 마하수를 쉽게 구할 수 있도록 하는 압축성 유체 흐름에 관한 표가 개발되어 있다(표 A.1 참고).

예제 12.7

초음속 풍동의 시험단면 크기

문제

마하수 3에서 공기로 작동되는 초음속 풍동을 설계하고 있다. 목 부분 면적이 10 cm^2라면 시험단면의 단면적은 얼마나 되어야 하는가?

설명

시험단면에서 마하수 3.0인 초음속 풍동을 설계한다.

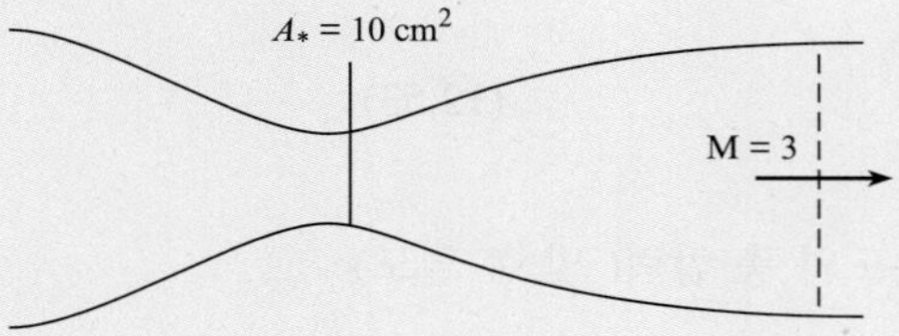

특성값: 표 A.2로부터, $k_{air} = 1.4$.

목표

시험단면의 단면적을 cm² 단위로 구한다.

아이디어

1. 식 (12.54)를 사용하여 목 부분 면적에 대한 면적비를 구한다.
2. 시험단면 면적을 계산한다.

문제풀이

1. 면적비:

$$\frac{A}{A_*} = \frac{1}{M}\left\{\frac{1 + [(k-1)/2]M^2}{(k+1)/2}\right\}^{(k+1)/2(k-1)}$$

$$= \frac{1}{3}\left[\frac{1 + (0.2)3^2}{1.2}\right]^3 = 4.23$$

2. 시험단면 면적:

$$A = 4.23 \times 10 \text{ cm}^2 = \boxed{42.3 \text{ cm}^2}$$

표 A.1을 다시 한 번 살펴본다. 이 표는 공기와 같이 $k = 1.4$의 값을 갖는 기체에 대하여 개발된 것이다. 각 열 위의 기호는 표의 시작부에 정의되어 있으며, 아음속과 초음속에 대한 값이 제공되어 있다. 예제 12.8은 표를 이용하여, 주어진 면적비에 대한 흐름 특성들을 구하는 방법을 보이고 있다.

예제 12.8

초음속 풍동에서의 흐름 특성

문제

공기를 사용하는 풍동의 면적비는 10이다. 절대 총 압력 및 온도는 각각 4 MPa 및 350 K이다. 시험단면에서의 마하수, 압력, 온도 및 유속을 구하라.

설명

초음속 풍동 시험단면 면적비가 10이다.

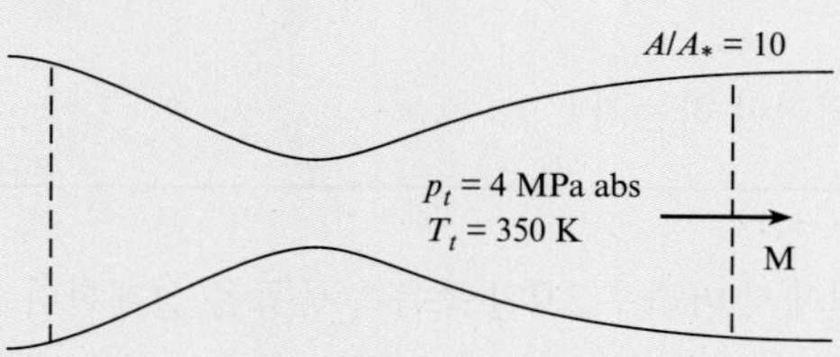

특성값: 표 A.2로부터, $k_{air} = 1.4$, $R_{air} = 287$ J/kg K.

목표

시험단면에서의 마하수, 압력, 온도 및 유속을 구한다.

아이디어

1. 표 A.1을 사용, 보간법에 의하여 시험단면에서의 마하수를 구한다.
2. 표 A.1을 이용하여 시험단면에서의 압력비와 온도비를 구한다.
3. 시험단면에서의 압력과 온도를 산정한다.
4. 식 (12.11)을 사용하여 음속을 계산한다.
5. $V = \text{MC}$로써 유속을 구한다.

문제풀이

1. 표 A.1로부터

M	A/A_*
3.5	6.79
4.0	10.72

$A/A_* = 10.0$일 때의 M 값을 선형 보간에 의하여 구하면 $\boxed{M = 3.91}$.

2. 표 A.1로부터 보간법에 의하여 압력비와 온도비를 구하면

$$\frac{p}{p_t} = 0.00743 \qquad \frac{T}{T_t} = 0.246$$

3. 시험단면에서

$$p = 0.00743 \times 4\text{ MPa} = \boxed{29.7\text{ kPa}}$$
$$T = 0.246 \times 350\text{ K} = \boxed{86\text{ K}}$$

4. 음속:

$$c = \sqrt{kRT} = \sqrt{1.4 \times 287 \times 86} = 186\text{ m/s}$$

5. 유속:

$$V = 3.91 \times 186\text{ m/s} = \boxed{727\text{ m/s}}$$

해와 풀이과정 검토

지식. 낮은 온도가 문제를 일으킬 수 있다. 시험단면에서의 기온은 86 K, 즉 −187°C에 불과하다 이 온도에서는 공기 중의 수증기가 응축하여 풍동 안에서 안개를 만들어 낼 수 있다.

라발 노즐을 통과하는 질량유량

초음속 풍동의 설계에 있어서 고려해야 할 중요한 것 중 하나는 그 크기이다. 풍동의 크기가 크면 필요한 질량유량이 커지고, 이에 따라 펌핑 시스템이나 수조도 커져야 한다. 이 절에서는 질량유량에 관한 방정식을 유도하기로 한다.

질량유량을 계산하기에 가장 편리한 지점은 목 부분으로, 이는 마하수가 1이 되기 때문이다.

$$\dot{m} = \rho_* A_* V_* = \rho_* A_* \sqrt{kRT_*}$$

그러나 질량유량은 총 조건들로 나타내는 것이 더욱 편리하다. 음속에서의 국부 밀도 및 정적 온도는 다음과 같이 총 밀도 및 총 온도와 연관되어 있다.

$$\frac{T_*}{T_t} = \left(\frac{2}{k+1}\right)$$
$$\frac{\rho_*}{\rho_t} = \left(\frac{2}{k+1}\right)^{1/(k-1)}$$

이들을 앞의 식에 대입하면 다음과 같이 된다.

$$\dot{m} = \rho_t \sqrt{kRT_t}\, A_* \left(\frac{2}{k+1}\right)^{(k+1)/2(k-1)} \qquad (12.55)$$

총 압력과 총 온도는 대개 기지의 값들이다. 이상기체 방정식을 사용하여 ρ_t를 소거하면 다음과 같은 *한계질량유량*(critical mass flow rate) 식을 얻는다.

$$\dot{m} = \frac{p_t A_*}{\sqrt{RT_t}} k^{1/2} \left(\frac{2}{k+1} \right)^{(k+1)/2(k-1)} \tag{12.56}$$

비열비가 1.4인 기체에 대해서는

$$\dot{m} = 0.685 \frac{p_t A_*}{\sqrt{RT_t}} \tag{12.57}$$

$k = 1.67$인 기체의 경우에는

$$\dot{m} = 0.727 \frac{p_t A_*}{\sqrt{RT_t}} \tag{12.58}$$

주어진 시험단면 조건의 초음속 풍동에서 질량유량을 계산하는 방법은 예제 12.9와 같다.

예제 12.9

초음속 풍동에서의 질량유량

문제

양변이 15 cm인 정사각형 시험단면을 갖는 초음속 풍동을 공기를 사용하여 마하수 3으로 가동하도록 설계하고 있다. 시험단면에서의 정적 온도 및 절대압력은 각각 −20°C 및 50 kPa이다. 질량유량을 계산하라.

설명

마하수 3인 초음속 풍동의 시험단면 크기가 15 cm × 15 cm이다.

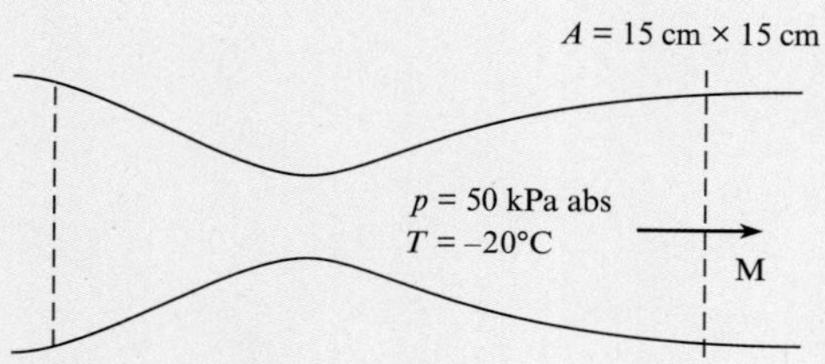

특성값: 표 A.2로부터, $k_{\text{air}} = 1.4$, $R_{\text{air}} = 287$ J/kg K.

목표

풍동의 질량유량을 kg/s 단위로 구한다.

아이디어

1. 식 (12.54)를 사용하여 면적비와 목 부분 면적을 구한다.
2. 식 (12.22)를 사용하여 총 온도를 구한다.
3. 식 (12.26)을 사용하여 총 압력을 구한다.
4. 식 (12.56)을 사용하여 질량유량을 구한다.

문제풀이

1. 면적비:

$$\frac{A}{A_*} = \frac{1}{\text{M}} \left\{ \frac{1 + [(k-1)/2]\text{M}^2}{(k+1)/2} \right\}^{(k+1)/2(k-1)}$$

$$= \frac{1}{3} \left[\frac{1 + 0.2 \times 3^2}{1.2} \right]^3 = 4.23$$

목 부분 면적:

$$A_* = \frac{225 \text{ cm}^2}{4.23} = 53.2 \text{ cm}^2 = 0.00532 \text{ m}^2$$

2. 총 온도:

$$T_t = T\left(1 + \frac{k-1}{2}\text{M}^2\right) = 253 \text{ K}\,(2.8) = 708 \text{ K}$$

3. 총 압력:

$$p_t = p\left(1 + \frac{k-1}{2}\text{M}^2\right)^{k/(k-1)} = (50 \text{ kPa})(36.7)$$

$$= 1840 \text{ kPa} = 1.84 \text{ MPa}$$

4. 질량유량:

$$\dot{m} = 0.685\frac{p_t A_*}{\sqrt{RT_t}} = \frac{(0.685)[1.840(10^6\ \mathrm{N/m^2})](0.00532\ \mathrm{m^2})}{[(287\ \mathrm{J/kg\ K})(708\ \mathrm{K})]^{1/2}}$$

$$= \boxed{14.9\ \mathrm{kg/s}}$$

해와 풀이과정 검토

1. *토의.* 이 문제를 푸는 다른 방법으로서 이상기체 상태 방정식을 사용하여 시험단면에서의 밀도를 구하고, 음속 방정식으로부터 음속을 구하고, 마하수를 이용하여 공기 속도를 구한 후, 최종적으로 $\dot{m} = \rho VA$로부터 질량유량을 구하는 방법이 있다.

2. *토의.* 이만한 유량의 공기를 1.8 MPa의 압력에 대하여 운송하려면 6000 kW 이상의 동력을 갖는 펌프가 요구된다. 그러한 대형 시스템을 만들어 운영하려면 많은 비용이 소요될 것이다.

출구 조건에 따른 노즐 흐름의 분류

노즐은 출구에서의 조건에 따라 분류된다. 그림 12.16과 같은 라발 노즐을 생각해 보자. 그림 아래쪽에는 압력과 마하수 분포가 도시되어 있다. 노즐 입구에서는 마하수가 작기 때문에 여기서의 압력은 총 압력과 거의 같다. 목 부분 쪽으로 면적이 감소함에 따라 마하수는 증가하고 압력은 감소한다. 음속 조건을 갖는 목 부분에서의 정압력과 총 압력의 비를 **한계압력비**(critical pressure ratio)라 하며, 다음의 값을 갖는다.

$$\frac{p_*}{p_t} = \left(\frac{2}{k+1}\right)^{k/(k-1)}$$

$k = 1.4$인 공기에 대해서는

$$\frac{p_*}{p_t} = 0.528$$

노즐에서 음속 공기 흐름에 도달하기 위해서는 출구 압력이 적어도 총 압력의 0.528배 이하로 되어야 하기 때문에 이를 한계압력 비라고 부른다. 압력은 노즐의 출구면적 비에 상응하는 출구 압력에 도달할 때까지 계속 감소한다. 마찬가지로 마하수는 거리에 따라 계속 증가

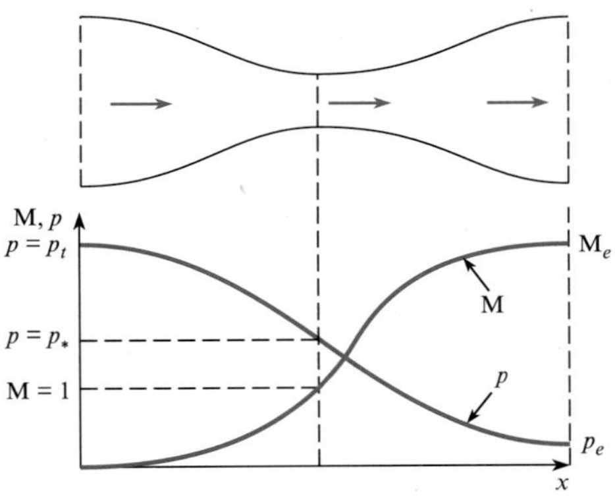

그림 12.16
라발 노즐에서의 정압력과 마하수 분포.

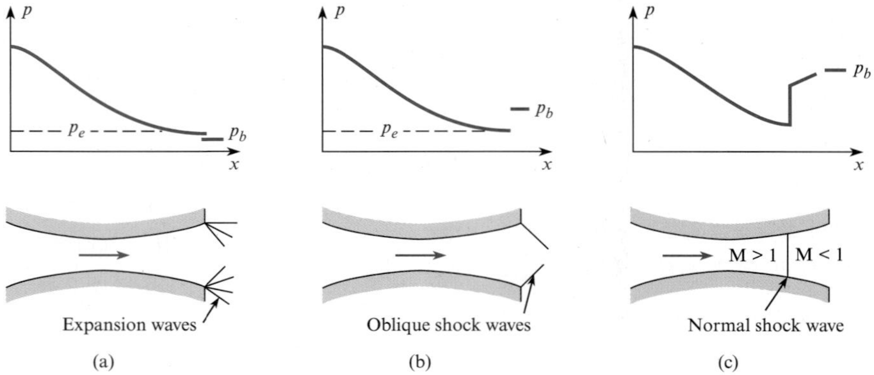

그림 12.17
노즐 출구에서의 조건: (a) 팽창파, (b) 경사 충격파, (c) 직각방향 충격파.

한다.

노즐 출구 흐름의 성질은 출구 압력(p_e)과 배후 압력(노즐이 분사되는 곳의 압력)과의 차이에 따라 좌우된다. 출구 압력이 배후 압력보다 높으면 노즐 출구에서 팽창파가 발생한다(그림 12.17a 참조). 여기서 다루지는 않겠지만, 이러한 파들은 배후 압력에 도달하도록 흐름의 회전과 가속에 영향을 미친다. 로켓이 높은 고도로, 즉 압력이 점점 낮아지는 쪽으로 날아오름에 따라 일어나는 로켓 모터의 연소를 살펴보면, 배후 압력이 낮아질수록 그에 대응하여 흐름이 더욱 회전함에 따라 플룸(plume)이 퍼져 나가는 것을 볼 수 있다. 출구 압력이 배후 압력보다 큰 노즐을 흐름이 더 팽창할 수도 있었다는 의미에서 **과소팽창 노즐**(underexpanded nozzle)이라 한다.

출구 압력이 배후 압력보다 작으면 충격파가 발생한다. 출구 압력이 배후 압력보다 약간만 큰 경우에는 그림 12.17b에 나타낸 바와 같이 노즐 출구에서의 경사 충격파에 의하여 압력이 동등해진다.

그러나 배후 압력과 출구 압력의 차이가 경사 충격파에 의하여 조절될 수 없을 만큼 커지면 그림 12.17c에서와 같이 노즐 내에서 직각방향 충격파가 발생한다. 직각방향 충격파를 가로질러 압력이 급증한다. 흐름은 아음속류로 되고, 이후 노즐 확장부에서 계속 감속되어 결국 출구 압력이 배후 압력과 같게 된다. 배후 압력이 더욱 증가하게 되면, 충격파는 결국 초음속류인 지역이 없어질 때까지 목 쪽으로 이동하게 된다. 노즐의 출구면적 비에 상응하는 출구 압력이 배후 압력보다 작은 노즐을 **과대팽창 노즐**(overexpanded nozzle)이라 한다. 덕트(또는 관)로부터 아음속으로 유출되는 흐름은 항상 국부적인 배후 압력 하에 유출된다.

출구 압력과 배후 압력이 동일한 초음속류를 갖는 노즐을 **이상적으로 팽창**(ideally expanded)되었다고 한다.

예제 12.10은 노즐 출구 조건의 평가에 관한 것이다.

예제 12.10

노즐 출구 조건

문제

면적비(A/A_*)가 4인 노즐 내의 총 압력이 1.3 MPa이다. 노즐을 통하여 공기가 흐르고 있다. 배후 압력이 100 kPa 라면, 이 노즐은 과대팽창, 이상적 팽창, 과소팽창 중 어디에 해당하는가?

설명

출구면적 비가 4인 노즐을 통하여 공기가 흐른다.

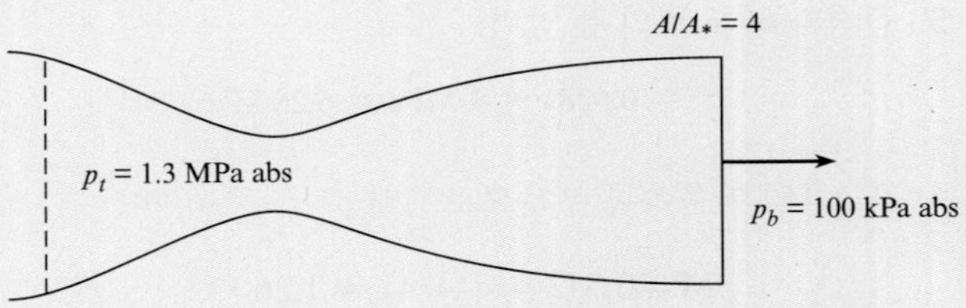

목표

유출 조건(이상적 팽창, 과대팽창, 과소팽창)을 판정한다.

아이디어

1. 표 A.1을 보간하여 출구면적 비에 상응하는 마하수를 찾는다.
2. 식 (12.26)을 사용하여 출구 압력을 계산한다.
3. 출구 압력을 배후 압력과 비교하여 출구 조건을 판정한다.

문제풀이

1. 표 A.1을 보간하여 마하수를 구한다.

M	A/A_*
2.90	3.850
3.00	4.235

$A/A_* = 4.0$에서 $M = 2.94$

2. 출구 압력:

$$\frac{p_t}{p_e} = \left(1 + \frac{k-1}{2}M^2\right)^{k/(k-1)}$$

$$p_e = \frac{1300\text{ kPa}}{(1 + 0.2 \times 2.94^2)^{3.5}} = 38.7\text{ kPa}$$

3. $p_e < p_b$이므로 과대팽창 노즐이다.

해와 풀이과정 검토

지식. 과대팽창 노즐이므로 노즐 출구에서 압력 평형을 이루기 위하여 노즐 내부에 충격파 구조가 존재할 것이다.

예제 12.11은 과대팽창 라발 노즐 출구에서의 정압력을 계산하는 방법을 예시하고 있다.

예제 12.11

라발 노즐에서의 충격파

문제

아래 그림에 나타낸 라발 노즐의 팽창비(출구 면적/목 면적)는 4이다. 노즐을 통하여 공기가 흐르고 있으며 면적비가 2인 지점에서 직각방향 충격파가 발생한다. 충격파 상류의 총 압력은 1 MPa이다. 출구에서의 정압력을 구하라.

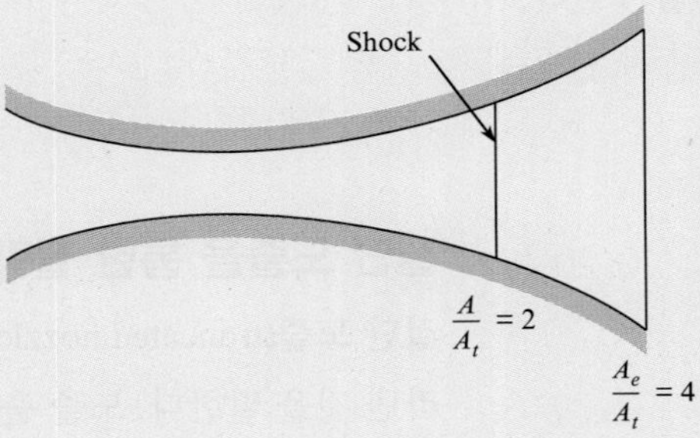

설명

팽창비($A_e/A_\star$) 4인 라발 노즐을 통하여 공기가 흐르며, $A/A_\star = 2$인 지점에서 직각방향 충격파가 발생한다.

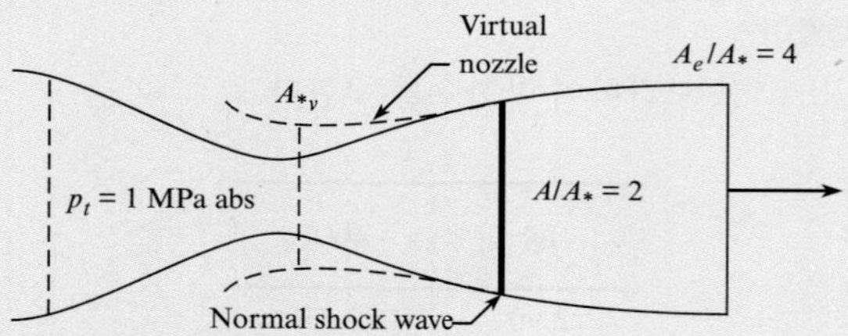

특성값: $k_{\text{air}} = 1.4$.

목표

출구에서의 정압력을 kPa 단위로 계산한다.

아이디어

이 문제를 풀기 위해서는 그림에서와 같은 가상 노즐(virtual nozzle)의 도입이 필요하다. 가상 노즐은 직각방향 충격파 뒤쪽의 하류 측 마하수와 동일한 마하수를 갖는 아음속류의 확장 노즐이다.

1. 표 A.1을 보간하여 $A/A_\star = 2$에 해당하는 마하수를 구한다.
2. 표 A.1로부터 충격파 하류 측의 마하수 및 충격파를 통과함에 따른 총 압력비를 구한다.
3. 충격파 하류 측의 총 압력을 계산한다.
4. 이 문제를 새로운 총 압력을 갖는 충격파 뒤쪽의 마하수와 동일한 마하수를 갖는 가상의 아음속 노즐에서의 흐름 문제로 취급한다.
5. 아음속류에 대한 표를 이용하여 출구에서의 아음속 마하수를 구한다.
6. 총 압력에 대한 방정식을 사용하여 출구에서의 정압력을 계산한다.

문제풀이

1. 표 A.1의 초음속류 부분을 보간하여

$$A/A_\star = 2\text{에서 } \mathrm{M} = 2.2$$

2. 표의 같은 줄로부터

$$\mathrm{M}_2 = 0.547$$
$$\frac{p_{t_2}}{p_{t_1}} = 0.6281$$

3. 충격파 하류 측의 총 압력:

$$p_{t_2} = 0.6281 \times 1\ \text{MPa} = 6.28\ \text{kPa}$$

4. 표 A.1의 아음속류 부분으로부터

$$\mathrm{M} = 0.547\text{에서 } A/A_{\star v} = 1.26$$

5. 가상 노즐의 출구면적 비:

$$\frac{A_e}{A_{\star v}} = \frac{A_e}{A_\star} \times \frac{A_\star}{A_s} \times \frac{A_s}{A_{\star v}}$$
$$= 4 \times \frac{1}{2} \times 1.26 = 2.52$$

여기서 A_s는 충격파에서의 단면적.

6. 표 A.1의 아음속 부분으로부터

$$A/A_\star = 2.52\text{에서 } \mathrm{M} = 0.24$$

식 (12.26)으로부터 출구 압력을 구하면

$$\frac{p_t}{p_e} = \left(1 + \frac{k-1}{2}\mathrm{M}^2\right)^{k/(k-1)}$$

$$p_e = \frac{628\ \text{kPa}}{[1 + (0.2)(0.24)^2]^{3.5}} = \boxed{603\ \text{kpa}}$$

절단 노즐을 통한 질량 흐름

절단 노즐(truncated nozzle)이란 그림 12.18에 나타낸 것과 같이 라발 노즐을 목 부분에서 잘라낸 것을 말한다. 노즐 출구에서의 배후 압력은 p_b이다. 이러한 유형의 노즐은 압축성 흐름에 대한 계측에 자주 사용되므로 공학자에게는 중요한 것이다. 이 절에서는 절단 노즐을 통

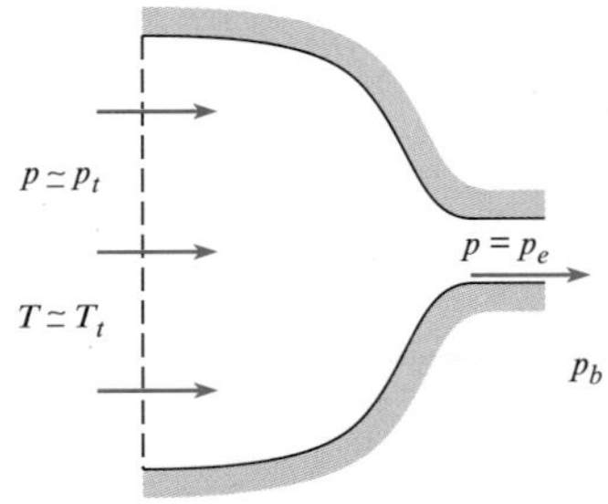

그림 12.18
절단 노즐.

한 질량 흐름에 관한 방정식을 유도하기로 한다.

질량유량을 계산하기 위해서 우선 흐름이 음속으로 유출되는지 또는 아음속으로 유출되는지를 판정해야 한다. 노즐 면적이 확대되지 않으므로 출구에서의 흐름이 초음속류가 될 수 없음은 물론이다. 우선 다음 식에 의하여 한계압력 비의 값을 구한다.

$$\frac{p_*}{p_t} = \left(\frac{2}{k+1}\right)^{k/(k-1)}$$

공기에 대해서는 0.528의 값을 갖는다. 다음으로 배후 압력과 총 압력과의 비 p_b/p_t를 산정하여, 그 값을 한계압력 비와 비교한다.

1. $p_b/p_t \le p_*/p_t$이면 출구 압력이 배후 압력보다 크거나 같다. 따라서 출구 흐름은 음속류이다. 압력의 평형은 일련의 팽창파들에 의하여 이루어진다. 질량유량은 식 (12.56)을 사용하여 계산하는데, 이때 A_*는 절단 지점에서의 면적이다.
2. $p_b/p_t > p_*/p_t$이면 흐름이 아음속으로 유출된다. 이 경우에는 출구 압력이 배후 압력과 같다. 우선 식 (12.31)을 사용하여 출구에서의 마하수를 구한다.

$$\mathrm{M}_e = \sqrt{\frac{2}{k-1}\left[\left(\frac{p_t}{p_b}\right)^{(k-1)/k} - 1\right]}$$

이 마하수를 사용하여 출구에서의 정적 온도와 음속을 계산한다.

$$T_e = \frac{T_t}{\{1 + [(k-1)/2]\mathrm{M}_e^2\}}$$

$$c_e = \sqrt{kRT_e}$$

노즐 출구에서의 기체 밀도는 출구 온도와 배후 압력을 이용해 이상기체 방정식으로부터 구한다.

$$\rho_e = \frac{p_b}{RT_e}$$

질량유량은 다음과 같이 주어진다.

$$\dot{m} = \rho_e A_e \mathrm{M}_e c_e$$

여기서 A_e는 절단 단면의 면적이다.

예제 12.12는 절단 노즐에서의 질량흐름 계산방법을 예시하고 있다.

예제 12.12

절단 노즐에서의 질량흐름

문제

압력 160 kPa, 온도 80°C인 공기조로부터 직경 3 cm인 절단 노즐을 통하여 공기가 분출된다. 배후 압력이 100 kPa인 경우의 질량유량을 계산하라.

설명

직경 3 cm인 절단 노즐을 통하여 공기가 흐른다.

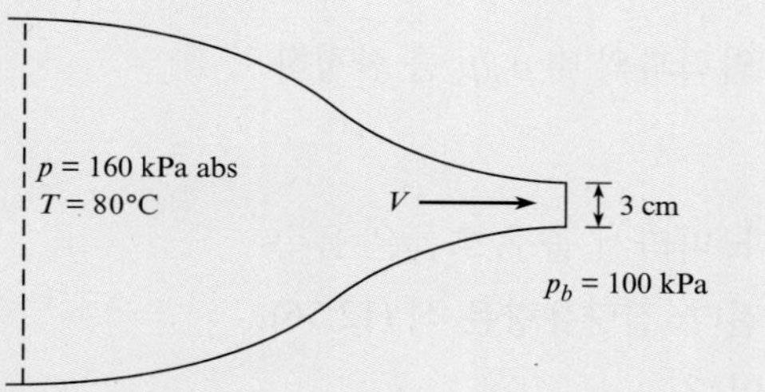

특성값: 표 A.2로부터, $k_{\text{air}} = 1.4$.

목표

노즐을 통해 흐르는 질량유량을 kg/s 단위로 계산한다.

아이디어

1. 출구 압력과 배후 압력을 비교하여 출구 조건을 결정한다. $p_b/p_t < p_*/p_t$이면 출구흐름은 음속, $p_b/p_t > p_*/p_t$이면 아음속.
2. 출구 조건에 따라 질량흐름을 계산한다.

문제풀이

1. 총 압력에 대한 출구압력 비:

$$p_b/p_t = 100/160 = 0.625$$

압력비 0.625가 공기에 대한 한계압력 비(0.528)보다 크므로, 노즐 출구 흐름은 아음속류이다.

2. 출구에서의 마하수: 총 압력에 관한 식 (12.26)으로부터

$$\mathrm{M}_e^2 = \frac{2}{k-1}\left[\left(\frac{p_t}{p_b}\right)^{(k-1)/k} - 1\right]$$
$$\mathrm{M}_e = 0.85$$

출구에서의 정적 온도: 총 온도에 관한 식 (12.22)로부터

$$T_e = \frac{T_t}{\{1 + [(k-1)/2]\mathrm{M}_e^2\}} = 308\ \mathrm{K}$$

출구에서의 정적 밀도: 이상기체 식으로부터

$$\rho_e = \frac{p_b}{RT_e} = \frac{100 \times 10^3\ \mathrm{N/m^2}}{(287\ \mathrm{J/kg\ K})(309\ \mathrm{K})} = 1.13\ \mathrm{kg/m^3}$$

음속: 음속에 관한 식 (12.11)로부터

$$c_e = \sqrt{kRT_e} = [(1.4)(287\ \mathrm{J/kg\ K})(309\ \mathrm{K})^{1/2}$$
$$= 352\ \mathrm{m/s}$$

질량유량:

$$\dot{m} = \rho_e A_e M_e c_e$$
$$\dot{m} = (1.13\ \mathrm{kg/m^3})(\pi/4)(0.03^2\ \mathrm{m^2})(0.85)(352\ \mathrm{m/s})$$
$$= \boxed{0.239\ \mathrm{kg/s}}$$

해와 풀이과정 검토

p_b/p_t의 값이 0.528보다 작았다면 식 (12.56)이 질량유량을 계산하기 위하여 사용되었을 것이다.

압축성 유체 흐름에 관한 추가적인 지식들과 다른 주제 분야는 Anderson(2) 또는 Shapiro(3)의 저서를 비롯한 타 문헌에서 찾아볼 수 있다.

12.5 핵심 내용 요약

음속과 압축성 흐름

- 음속은 미소한 압력 교란이 유체를 통하여 이동되는 속도를 말한다.
- 이상기체에서의 음속은 다음과 같다.

$$c = \sqrt{kRT}$$

여기서 k는 비열비, R은 기체상수이며, T는 절대온도이다.

- 마하수는 다음과 같이 정의된다.

$$\mathrm{M} = \frac{V}{c}$$

- 압축성 유체 흐름은 다음과 같이 분류된다.

$\mathrm{M} < 1$ 아음속류
$\mathrm{M} \approx 1$ (천이)음속류
$\mathrm{M} > 1$ 초음속류

- 일반적으로 마하수가 0.3 이하이면, 정상류는 비압축성으로 간주될 수 있다.

유선 방향 성질 변화

- 단열흐름의 경우, 온도는 유선을 따라 다음과 같이 변화한다.

$$T = T_t\left(1 + \frac{k-1}{2}\mathrm{M}^2\right)^{-1}$$

여기서 T_t는 총 온도로서, 유속이 영으로 감속되었을 경우에 흐름이 도달되는 온도이다.

- 등엔트로피 흐름의 압력은 유선을 따라 다음과 같이 변화한다.

$$p = p_t\left(1 + \frac{k-1}{2}\mathrm{M}^2\right)^{-k/(k-1)}$$

여기서 p_t는 총 압력으로서, 등엔트로피 하에 유속이 영으로 감속되었을 때 흐름이 도달되는 압력이다.

직각방향 충격파

- 직각방향 충격파는 초음속류가 아음속류로 감소되며, 압력, 온도 및 밀도의 상승이 동반되는 좁은 지역이다. 총 온도는 충격파를 통하여 변하지 않으나, 총 압력은 감소한다. 충격파는 등엔트로피 과정이 아니며, 초음속류에서만 발생할 수 있다.

라발 노즐

- 라발 노즐은 수축부와 확대부를 갖는 덕트로서, 압축성 유체를 초음속으로 가속시키는 데 사용된다. 음속류는 면적이 최소인 노즐의 목 부분에서 발생한다.
- 노즐의 어떤 지점에서의 면적과 목 부분 면적과의 비 A/A_*는 그 지점에서의 마하수와 비열비의 함수이다.
- 라발 노즐을 통과하는 유량은 다음과 같이 주어진다.

$$\dot{m} = 0.685\,\frac{p_t A_*}{\sqrt{RT_t}}$$

- 라발 노즐은 노즐 내 초음속류에 대한 출구 압력 p_e와 배후 압력 p_b와의 비교에 따라 다음과 같이 분류된다.

$p_e/p_b > 1$ 과소팽창
$p_e/p_b = 1$ 이상적인 팽창
$p_e/p_b < 1$ 과대팽창

- 충격파는 과대팽창 노즐에서 발생하여 출구흐름을 아음속으로 만든다.
- 절단 노즐은 목 부분에서 끝나는 라발 노즐로 통상 질량 흐름을 측정하기 위하여 사용된다.

참고문헌

1. Cengel, Y.A., and M. A. Boles, *Thermodynamics.* McGraw-Hill, New York, 1994.

2. Anderson, J. D., Jr. *Modern Compressible Flow with Historical Perspective.* McGraw-Hill, New York, 1991.

3. Shapiro, A. H. *The Dynamics and Thermodynamics of Compressible Fluid Flow.* Ronald Press, New York, 1953.

문제

음속과 마하수(12.1절)

12.1 가용한 자료를 찾아 현대의 여객기들이 얼마의 마하수로 비행하는지 알아보라. 비행기에 초음속류가 발생하는 것이 가능한지 여부를 논하라.

12.2 가용한 자료를 찾아 지구 주위를 도는 위성의 궤도 속도를 알아보라. 만약 위성이 이 속도로 지구의 대기권으로 진입하고 기온이 −60°C라면 마하수는 얼마이겠는가? 이 흐름은 분류상 어떤 흐름에 해당하는가?

12.3 만약 음파가 등온 과정이라면 이상기체 내에서의 음속에 관한 식이 어떻게 될지를 구하라.

12.4 유체 내에서 음파가 전파할 때 압력과 밀도 간의 관계식은 다음과 같이 주어진다.

$$p - p_0 = E_v \ln(\rho/\rho_0)$$

여기서 p_0와 ρ_0는 각각 일정한 값의 기준 압력과 밀도이고, E_v는 체적탄성계수이다. E_v와의 함수로 음속에 관한 식을 유도하라. 1000 kg/m^{3}이고, $E_v = 2.20$ GN/m^{2}인 물에서의 음속을 계산하라.

마하수 관계식(12.2절)

12.5 초음속기가 30°C의 공기 중을 마하수 1.6으로 비행하고 있다. 노출된 비행기 표면의 온도는 얼마이겠는가?

12.6 압축성 유체 흐름 내로 삽입된 총 열 튜브는 정체 압력을 측정한다. 총 압력과 정체 압력의 차이를 설명하라.

12.7 어떤 물체가 정압력이 200 kPa(절대압력)이고, 정적 온도가 20°C, 속도가 250 m/s인 공기흐름 속에 놓여 있다. 정체점에서의 압력과 온도는 얼마인가?

12.8 높은 마하수의 흐름을 만들 때 발생하는 문제 중의 하나는 공기가 50 K의 온도에 이를 때 발생하는 산소 성분의 응축 현상이다. 저장탱크의 온도가 300 K이고 등엔트로피 흐름이라면, 마하수가 얼마로 되었을 때 산소의 응축이 일어나겠는가?

12.9 식 (12.26)을 이용해서 정체 조건에서의 압력계수에 관한 식, 즉 $C_p = (p_t - p)/[(1/2)\rho V^2]$을 마하수(M)와 비열비의 함수로서, 즉 $C_p = f(k, \mathrm{M})$의 형태로 유도하라. $k = 1.4$이고, 마하수가 0, 2, 4인 각 경우에 대하여 C_p를 계산하라. 비압축성 흐름일 경우의 압력계수 값은 얼마이겠는가?

12.10 낮은 속도에서 총 압력은 정압력보다 조금 큰 정도이다. 따라서 $p_t/p = 1 + \epsilon$(ϵ은 매우 작은 양수)으로 쓸 수 있다. 이 근사식을 이용하여 ϵ이 영에 근접하게 되면(M이 영에 근접하게 되면) 식 (12.31)이 다음과 같이 됨을 보여라.

$$\mathrm{M} = \left[\frac{2(p_t/p - 1)}{k}\right]^{1/2}$$

직각방향 충격파(12.3절)

12.11 직각방향 충격파 하류에서 발생 가능한 마하수의 최소값은 다음과 같음을 보여라.

$$\mathrm{M}_2 = \sqrt{\frac{k-1}{2k}}$$

또한 밀도비의 최대값은 다음과 같음을 보여라.

$$\frac{\rho_2}{\rho_1} = \frac{k+1}{k-1}$$

공기의 경우 M_2와 ρ_2/ρ_1의 한계값은 얼마인가?

12.12 희박파(weak wave, M $\simeq$ 1) 하류에서의 마하수는 다음과 같이 근사될 수 있음을 보여라.

$$\mathrm{M}_2^2 = 2 - \mathrm{M}_1^2$$

[*힌트:* $\mathrm{M}_1^2 = 1 + \epsilon$, 여기서 $\epsilon \ll 1$, 그리고 식 (12.40)을 ϵ에 대하여 전개.] $\mathrm{M}_1 = 1, 1.05, 1.1, 1.2$인 경우에 대해서 위 식을 이용해서 구한 M_2 값과 표 A.1로부터 구한 M_2 값을 비교하라.

절단 노즐에서의 흐름(12.4절)

12.13 절단 노즐에서의 질량흐름을 계산하기 위한 컴퓨터 프로그램을 작성하라. 프로그램의 입력은 총 압력, 총 온도, 배후 압력, 비열비, 기체상수 및 노즐의 직경이 될 것이다. 예제 12.12의 경우에 대하여 프로그램을 수행하여 그 결과를 비교하라. 배후 압력 80, 90, 110, 120 및 130 kPa의 경우

에 대하여 프로그램을 수행하여, 배후 압력에 따른 질량유량의 변화표를 작성하라. 어떤 경향이 관찰되는가?

이 프로그램은 문제 12.15에 유용하게 사용될 수 있다.

12.14 출구 단면적이 8 cm^2인 절단 노즐이 공기 0.40 kg/s의 질량유량을 측정하기 위해 사용된다. 출구에서 공기의 정적 온도는 0°C이고, 배후 압력은 100 kPa이다. 총 압력을 구하라.

12.15 출구 단면적이 10 cm^2인 절단 노즐을 통하여, 절대 압력이 처음에는 130 kPa이고 나중에는 350 kPa인 저장탱크로부터 헬륨이 공급되고 있다. 저장탱크에서의 온도는 28°C이고 배후 압력은 100 kPa이다. 저장 수조에서의 압력이 130 kPa 및 350 kPa인 두 경우에 대해서 헬륨의 질량유량을 계산하라.

12.16 절단 노즐은 종종 흐름 측정 장치로 사용된다. 공기 압축기의 성능을 측정하기 위하여 절단 노즐 또는 일련의 절단 노즐들을 설계해야 하는 것으로 가정하라. 압축기가 120 psig로 가동될 때, 100 scfm(표준 ft^3/min)의 유량으로 운송한다(표준 ft^3은 표준 대기 조건에서 공기가 차지하는 부피를 말한다). 압축기에 대한 성능 곡선은 공급 압력과 유량의 관계를 나타내는 도표가 될 것이다. 테스트 프로그램을 어떻게 수행할 것인지 설명하여라.

라발 노즐에서의 흐름(12.4절)

12.17 마하수와 비열비를 입력으로 하여 면적비, 정압력과 총 압력의 비, 정적 온도와 총 온도의 비, 밀도와 총 밀도의 비 및 충격파 전후의 압력 비를 인쇄하도록 프로그램을 작성하라. 마하수 2, 비열비 1.4인 경우에 대하여 프로그램을 수행하여 표 A.1의 결과와 비교하라. 또한 동일한 마하수에 비열비 1.3(이산화탄소) 및 1.67(헬륨)인 경우에 대하여 프로그램을 수행하라.

이 프로그램은 문제 12.22에 유용하게 사용될 수 있다.

12.18 면적비, 비열비 및 흐름 조건(아음속 또는 초음속)을 입력으로 하여 마하수를 산출하는 프로그램을 작성하라. 이를 위하여 수치적으로 해를 구하는 기법이 필요할 것이다. 면적비가 5이고, 비열비가 1.4인 경우에 대하여 프로그램을 수행하고, 표 A.1과 그 결과를 비교하라. 동일한 면적비에, 비열비가 1.67(헬륨) 및 1.31(메탄)의 경우에 대하여 프로그램을 수행하라.

이 프로그램은 문제 12.20~12.23에 유용하게 사용될 수 있다.

12.19 공기가 흐르는 라발 노즐에서 동압력이 최대가 되는 마하수와 면적비를 결정하여라. [*힌트:* q를 p와 M의 함수로 나타내고 p에 대한 식 (12.26)을 이용한다. M에 대하여 미분하여 0으로 놓는다.]

12.20 대기압이 30 kPa인 고도에서 로켓 모터가 작동하고 있다. 노즐의 팽창비(출구 면적/목 면적)는 4이다. 모터 연소실 내의 총 압력은 1.2 MPa이고, 총 온도는 3000°C이다. 방출 기체의 비열비는 1.2이고 기체상수는 400 J/kg K이다. 로켓 노즐의 목 면적은 100 cm^2이다.

a. 노즐 출구에서의 마하수, 밀도, 압력 및 속도를 구하라.

b. 질량유량을 구하라.

c. 다음 식을 이용하여 로켓의 추력을 계산하라.

$$T = \dot{m}V_e + (p_e - p_0)A_e$$

d. 이상적으로 팽창된 노즐이 되기 위해서는 로켓 연소실의 압력이 얼마가 되어야 하겠는가? 이러한 조건에서의 로켓의 추력을 계산하라.

12.21 로켓 모터가 압력이 100 kPa(절대압력)인 해수면 표고에서 작동되도록 설계되고 있다. 연소실 내의 총 압력은 2.0 MPa이고 총 온도는 3300 K이다. 노즐의 목 면적은 10 cm^2이다. 방출 기체의 비열비(k)는 1.2이고 기체상수는 400 J/kg K이다.

a. 이상적으로 팽창된 노즐이 되기 위한 노즐의 팽창비를 구하고, 이러한 조건에서 노즐의 추력을 구하라(문제 12.20c의 추력 공식을 참고할 것).

b. 과소팽창 노즐이 되도록 팽창비를 10% 감소시킬 경우에 얻어지는 추력을 구하라.

12.22 팽창비가 4인 라발 노즐을 통해 공기가 흐르고 있다. 노즐로 유입되는 공기의 총 압력은 200 kPa이고 노즐의 배후 압력은 100 kPa이다. 노즐의 팽창부에서 충격파가 발생

할 수 있도록 면적비를 결정하라. [*힌트:* 충격파가 발생하는 지점별로 출구 압력을 계산하여 도시하고, 이로부터 출구 압력이 배후 압력과 같아지는 지점을 찾는다.]

12.23 면적비가 4인 노즐에서 직각방향 충격파가 발생한다. 기체가 수소일 때 엔트로피 증가량을 구하라.

12.24 5 cm × 5 cm 크기의 시험구간에서 마하수 1.5를 낼 수 있는 초음속 풍동을 설계하라. 풍동은 그림에서와 같이 진공탱크에 붙어 있다. 탱크가 진공인 상태에서 밸브가 열리고 대기 중의 공기가 터널을 통하여 탱크로 유입된다. 초음속류가 더 이상 가능하지 않을 정도까지 탱크 압력이 상승하기 전에 30 초 동안 풍동이 가동하여야 한다. 이 시스템에 대하여 노즐의 제원과 형상, 탱크의 크기 등 상세 내용을 포함한 예비설계를 수행하라.

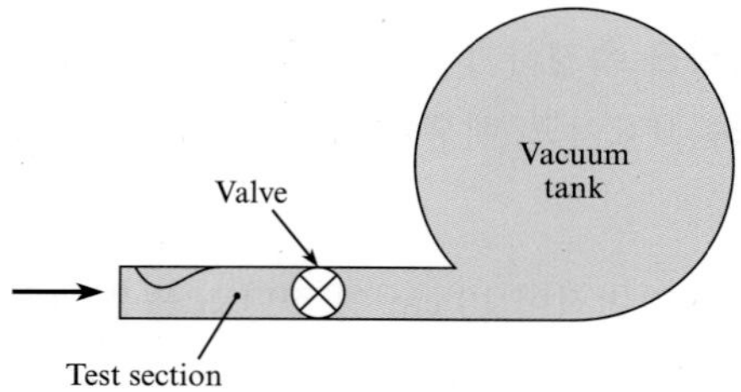

문제 12.24

CHAPTER 13

흐름의 측정

개요 | 유체역학은 실험에 대한 의존도가 높으므로 측정 기법이 중요하다. 이 장에서는 유속, 압력, 유량 측정방법에 관하여 상세하게 기술한다. 또한 실험의 불확실성에 관하여 기술한다.

그림 13.1
이 사진은 회전날개 시험에서 공기의 체적 유량을 측정하는 층류계측기를 보여 준다. (사진 제공: Donald Elger)

학습성과

유속 및 압력(13.1절)
- 통상적인 유속 및 압력 측정 기구에 대해 기술한다.

유량(13.2절)
- 속도 분포 자료를 적분하여 유량을 계산한다.
- 저항유량계(예: 오리피스, 벤투리, 노즐)의 유량을 계산한다.
- 사각 또는 삼각 위어의 유량을 계산한다.

13.1 속도와 압력 측정 기기

정체관

정체관(stagnation tube)은 피토관(Pitot tube)이라고도 하며, 그림 13.2a와 같다. 피토관은 뚫린 관을 속도 방향과 평행하게 위치시키고 압력계를 이용하여 압력을 측정한다.

정체관은 4장에서 처음 소개되었으며, 그곳에서는 점성의 영향을 무시하였다. 점성의 영향은 측정의 정도에 영향을 미치므로 주의를 요한다. 참고문헌 (1)에서와 같이 점성의 영향을 그림 13.3에 나타내었다. 그림에서 압력계수 C_p를 레이놀즈수의 함수로 나타내었다. 점성의 영향은 $C_p > 1.0$일 때 중요하다. 이 기준은 레이놀즈수의 범위를 정하는 데 쓸 수 있다.

그림 13.2

(a) 피토관, (b) 정압관, (c) 피토 정압관의 단면도.

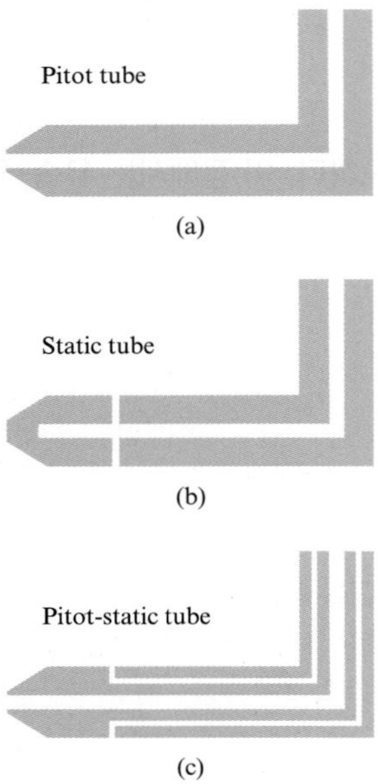

그림 13.3

점성이 C_p에 미치는 영향. [Hurd, Chesky, 그리고 Shapiro(1).]

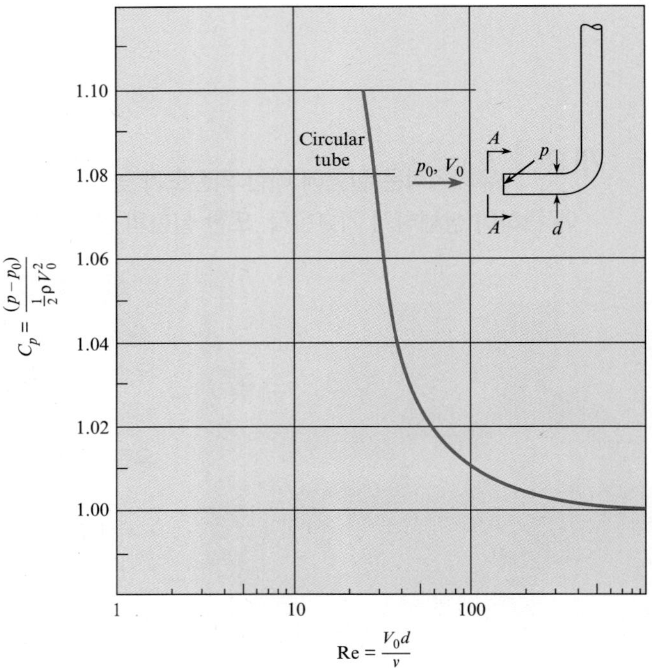

그림 13.3에서 원형 정체관의 경우 레이놀즈수가 60보다 큰 경우 측정 속도의 오차가 1% 미만이다. 경계층에서 측정하고자 할 때에는 끝을 납작하게 한 정체관을 사용할 수 있다. 이렇게 관을 납작하게 함으로써 원형 관을 사용할 때보다 경계면에 더욱 가까이 접근할 수 있다. 끝을 납작하게 한 관을 쓸 경우 레이놀즈수가 30 정도로 낮은 경우에도 압력계수가 거의 1의 값을 유지할 수 있다.

정압관

그림 13.2b에 나와 있는 **정압관**(static tube)은 정압력(static pressure)을 측정하는 기기이다. 정압력은 정체되어 있거나 흐르는 유체 내에서의 압력이다. 유체가 흐르는 경우에는 기기가 압력을 교란하지 않도록 정압력을 측정하여야 한다. 그림 13.4에 나와 있는 것처럼 정압관 설계 시에는 관의 둥근 선단부는 관 주위의 압력을 낮추는 역할을 하며, 하류 측 관의 줄기 부분은 그 앞부분의 압력을 증가시키는 역할을 하므로, 관을 따라서 구멍의 위치를 잘 선정하는 것이 중요하다. 즉 위의 두 효과가 서로 상쇄되는 점에 압력 측정 위치를 정하여야 한다. 실험에 의하면 최적의 위치는 관의 앞부분으로부터 관 직경의 약 6배 하류부, 관 줄기로부터 관 직경의 약 8배 상류부인 것으로 알려져 있다.

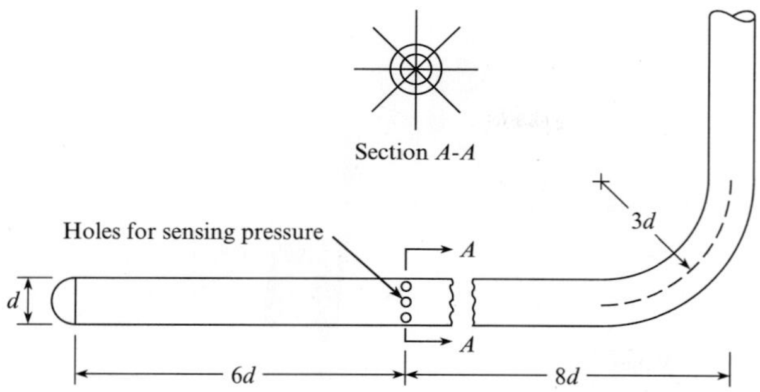

그림 13.4
정압관.

피토 정압관

그림 13.2c의 피토 정압관은 여러 동심관을 이용하여 정압력과 동압력을 측정한다. 피토 정압관의 적용에 관해서는 4장에 기술되어 있다.

유향계

그림 13.5의 **유향계**(yaw meter)는 여러 압력 포트를 사용하여 유체 속도의 크기와 방향을 측정하는 유속계이다. 그림 13.5의 처음 두 형태는 2차원 흐름에 사용할 수 있는데, 이 경우에는 한 평면 상에서 흐름 방향을 결정해 준다. 그림 13.5의 세 번째 형태는 3차원에서의 흐

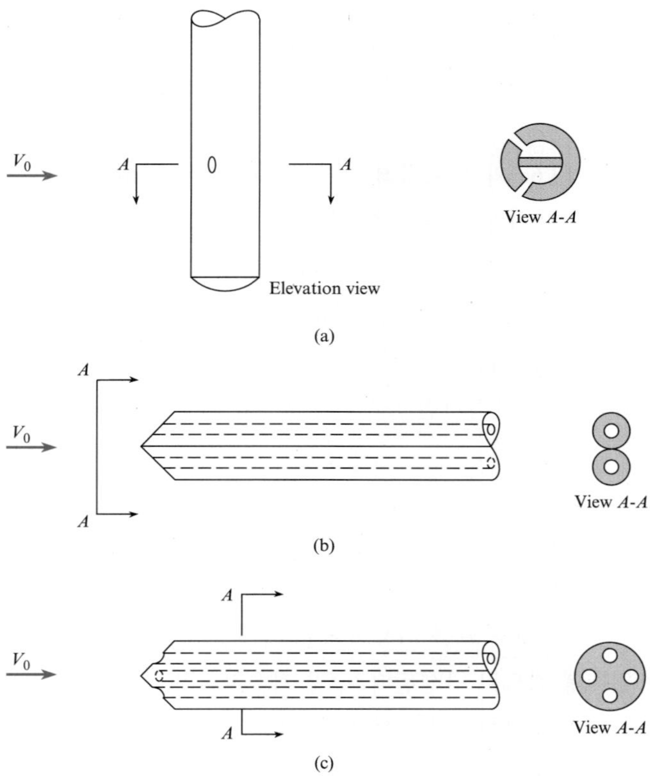

그림 13.5
여러 형태의 유향계: (a) 원주관 유향계, (b) 2관(two-tube) 유향계, (c) 3방향 유향계.

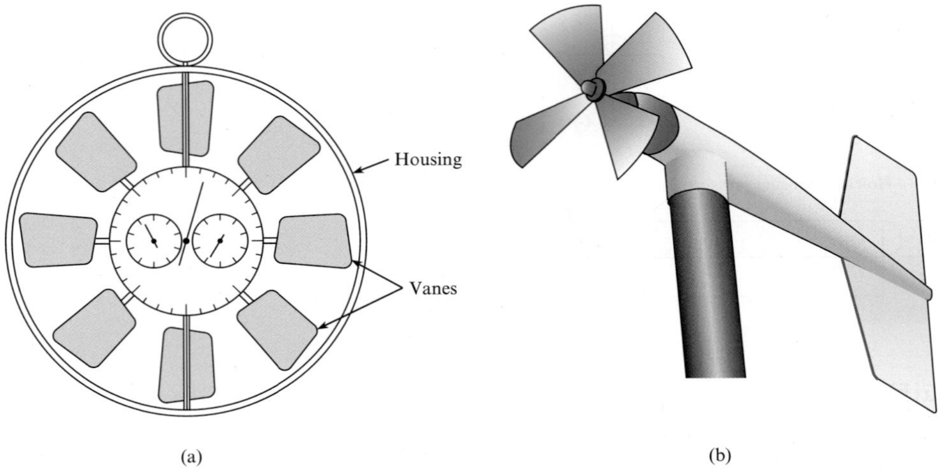

그림 13.6
(a) 베인 유속계, (b) 프로펠러 유속계.

름 방향을 구할 때 사용할 수 있다. 세 경우 모두 반대쪽에 대칭형으로 만든 입구에 같은 압력이 작용할 때까지 관이 회전한다. 이 압력은 유향계의 입구에 연결된 차압계 또는 액주계(manometer)로 감지된다. 차압계의 값이 영을 가리킬 때 흐름의 방향을 잰다. 속도의 크기는 사용 유량계에 맞는 식으로 구한다.

베인 또는 프로펠러 유속계

유속계(anemometer)란 원래 풍속을 측정하는 데 사용되었던 기기이다. 그러나 지금은 유체의 속도를 측정할 때 사용하는 기기를 의미하는데, 이는 유속계가 물, 공기, 질소, 혈액, 그리고 다른 여러 유체에 사용되기 때문이다.

베인 유속계(vane anemometer, 그림 13.6a)와 **프로펠러 유속계**(propeller anemometer, 그림 13.6b)는 각각 부채 모양이나 프로펠러형의 날개를 이용하여 속도를 측정한다. 이러한 날개는 풍속에 따라 다른 회전 속도로 회전한다. 보통 전자회로에서 회전 속도를 속도값으로 변환한다. 일부 구형 기기에서는 회전자는 저항이 작은 기어 열(gear train)을 회전시키며, 기어 열이 또한 다이얼 상에서 길이를 지시하는 바늘을 움직인다. 속도계가 공기 중에서 1분간 작동하는 동안 거리계 바늘이 90 m의 변화를 가리키면 공기의 평균속도는 90 m/min이다.

컵형 유속계

그림 13.7의 **컵형 유속계**(cup anemometer)는 날개를 사용하는 대신 중심축 주위의 회전자를 회전시키기 위하여 컵 형태 물체의 저항력을 이용하는 기기이다. 회전자의 회전 속도가 저항력에 관련이 있으며, 회전수는 적절한 보정 자료를 이용하여 유체 속도로 변환된다. 전형적인 회전자 3~5개의 반구형 또는 원추형 컵으로 구성된다. 수공 기술자들은 공기뿐 아니라 소하천이나 하천에서의 유속 측정을 위하여 컵형 유속계를 사용한다.

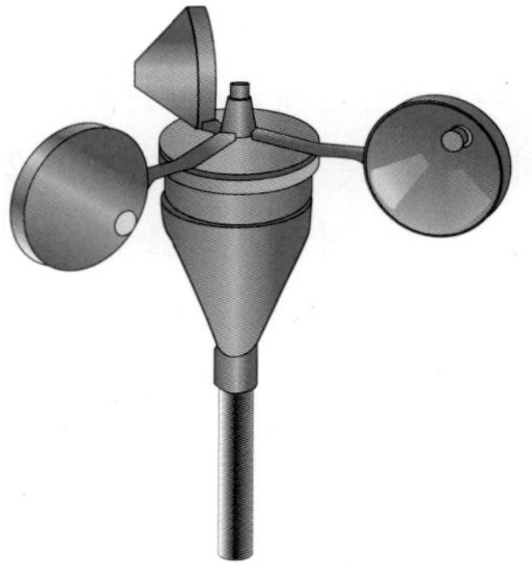

그림 13.7
컵형 유속계.

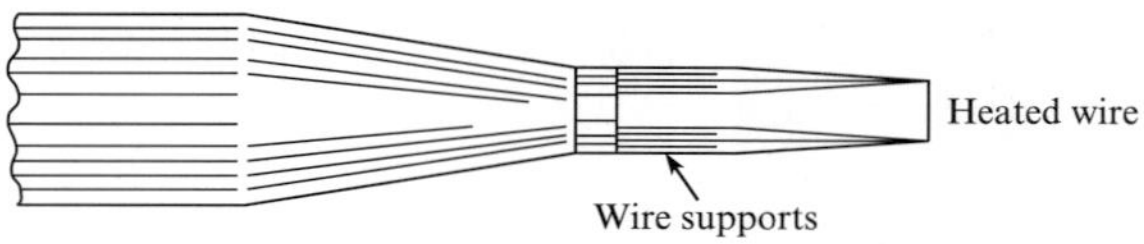

그림 13.8
열선 유속계의 탐침(확대도).

열선과 열막 유속계

그림 13.8의 **열선 유속계**(hot-wire anemometer, HWA)는 가열된 선으로부터 열을 감지하여 속도를 측정하는 기구이다. 속도가 증가할수록 열선의 온도를 유지하는 데 더 많은 에너지가 필요하고, 이로 인한 전기회로 특성의 변화를 이용하여 열선을 지나가는 유체의 속도를 측정한다.

열선 유속계는 다른 기구에 비하여 장점이 있다. 피토관과 같은 속도 측정 기기들은 흐름이 정상상태(steady state)이거나 시간에 따라 서서히 변화하는 경우에 적합한 종류이다. 그러나 열선 유속계는 난류 내의 와류에 의한 속도 변동을 측정하기에 적합하다. 열선 유속계는 경계층과 같이 좁은 공간에서 속도가 급격히 변화하는 경우 사용하기에 적합하다. 감지부의 크기도 작아 감지부의 존재가 주위 흐름의 성격을 심하게 흐트러뜨리지 않는다. 다른 기기들은 좁은 형상 내에서의 속도 측정을 위해서는 크기가 너무 크다. 열선 유속계의 또 하나의 장점은 속도가 느린 흐름에도 민감하다는 점이다. 이에 비하여 피토관은 그렇지 못하다. 열선 유속계의 큰 단점은 감지 열선이 잘 부서진다는 점, 가격이 상당히 비싸다는 점, 숙련자가 필요하다는 점이다.

열선 유속계의 기본 원리는 다음과 같다. 열선 유속계의 감지부인 아주 가는 열선이 그림 13.8과 같이 지지대에 용접되어 있다. 작동 중에 열선은 등전류 유속계의 경우에는 일정한 전류로 가열되며, 등온 유속계의 경우에는 전류를 조정하여 일정한 온도를 유지한다.

열선을 지나는 유체의 흐름은 대류 열전도(convective heat transfer)로 인하여 열선을 식히게 된다. 등전류 유속계의 경우 열선의 냉각으로 인하여 저항이 변하며, 또한 열선 양단 간의 전압이 변하게 된다. 이때 냉각비가 열선을 지나는 유속의 함수이므로 열선 양단 간의 전압은 유속의 함수가 된다. 더 흔한 유속계 형태인 등온 유속계는 전류를 변화시켜 저항과 온도를 일정하게 유지하는 방식으로 작동한다. 전류의 흐름은 유속과 상관관계를 나타내는데, 고속에서는 일정한 온도를 유지하기 위해 더 큰 전류가 필요하다. 열선은 보통 길이가 1~2 mm이며, 150°C까지 온도가 올라간다. 열선의 직경은 10 μm 이하이며, 직경이 작을수록 반응 속도가 빨라진다. 속도의 변화에 대한 열선 반응의 지연시간[열관성(thermal inertia)]은 최신 전자회로를 이용하여 조정하게 되며, 등전류 유속계보다 등온 유속계의 경우에 조정이 더욱 쉽다. 열선의 신호를 전자적으로 처리하여 평균속도나 속도 변동의 제곱 평방근(root-mean-square)과 같은 정보를 구한다.

기기의 적용 범위를 살펴보면 열선 유속계는 30 cm/s에서 150 m/s까지의 기류 속도를 정확하게 잴 수 있으며, 최대 100,000 Hz까지의 주파수를 갖는 변동 속도도 측정 가능하다. 또한 기체와 액체에 모두 만족스럽게 사용되어 왔다.

주 흐름 방향에 수직인 하나의 열선으로 주 흐름 방향 속도의 변동 성분을 잰다. 감지부와 전자회로를 다르게 배치하면 다른 성분의 속도를 잴 수 있다.

액체 또는 먼지가 많은 기체에서 속도를 측정하고자 할 때에는 열선이 손상되기 쉬운 열선 유속계보다 **열막 유속계**(hot-film anemometer)가 더 적합하다. 이 유속계는 직경이 50 μm인 세라믹(ceramic) 지지대에 설치한 얇은 전도 금속 필름(0.1 μm 이하의 두께)으로 구성된다. 열막은 열선과 같은 방식으로 작동한다. 열막 유속계는 원통형 지지대에 부착된 두 개의 반원통형 필름으로 구성되며, 필름끼리 서로 전자적으로 절연되어 있다. 분리되어 있는 두 필름은 모두 속도와 방향에 관한 정보를 제공한다.

열선과 열막 유속계에 관한 자세한 자료는 King과 Brater(2) 그리고 Lomas(3)에 제시되어 있다.

레이저–도플러 유속계

레이저-도플러 유속계(laser-Doppler anemometer, LDA)는 레이저 빔이 교차하면서 유체 내의 입자가 빛을 산란시킬 때 발생하는 도플러 효과를 이용하여 유속을 측정하는 기기이다. 피토관이나 열선 유속계는 탐침(probe)이나 지지대(support)에 의하여 흐름장이 교란되는 반면에 레이저-도플러 유속계는 그렇지 않은 장점이 있다. 또 하나의 장점은 공간적인 분해능이 아주 높아서 매우 작은 부피 내에서도 유속 측정이 가능하다는 점이다. 레이저-도플러 유속계는 고가이고 복잡하며, 투명 유체만 가능하고, 소립자를 공급해야 한다는 단점이 있다.

흐름의 성질이나 접근성에 따라 레이저-도플러 유속계를 여러 가지로 설정(configuration)할 수 있다. 한 방식은 두 개의 빔을 쓰는 방식(dual-beam mode)으로서 그림 13.9와 같다. 레이저 빔은 매우 균질하고 단주기인 빛의 공급원이며, 두 개의 평행한 빔으로 분리된 후 볼록렌즈를 통과한다. 두 빔이 다시 만나는 자리가 곧 측정 대상 공간이며, 직경 0.3 mm, 길이 2 mm의 타원체(ellipsoid)에 가까운 형태이다. 이는 공간 분해능이 매우 우수함을 나타낸다.

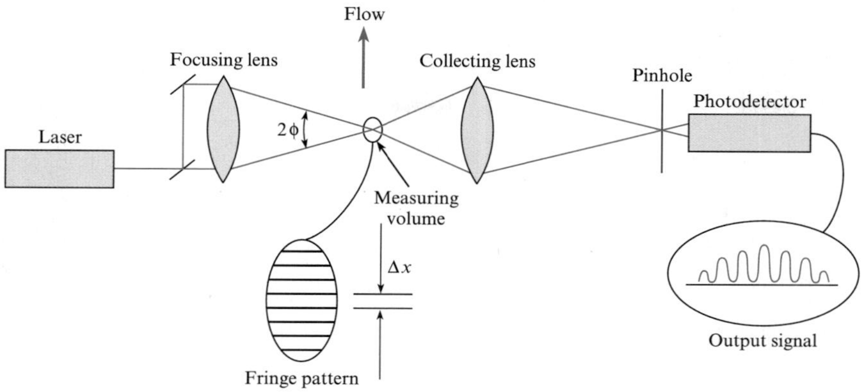

그림 13.9
양 빔 레이저-도플러 유속계.

두 빔의 간섭으로 인하여 두 빔이 구성하는 평면에 수직인 측정 대상 공간에 밝고 어두운 줄무늬(fringe)가 생긴다. 소립자(particle)가 줄무늬를 지나면서 빛이 산란되며, 산란된 빛의 일부는 수집 렌즈(collecting lens)를 지나 사진추적자(photodetector)에 도달한다. 사진추적자에 포착된 전형적인 신호 형태가 그림에 제시되어 있다.

광학 이론에 의하면 줄무늬 내의 줄의 간격은 다음 식과 같다.

$$\Delta x = \frac{\lambda}{2 \sin \phi} \tag{13.1}$$

여기서 λ는 레이저 빔의 파장, ϕ는 두 빔 간의 각도의 반이다. 전자회로를 적절히 구성하면 신호의 주파수(f)를 측정할 수 있으며, 유속은 다음과 같이 구한다.

$$U = \frac{\Delta x}{\Delta t} = \frac{\lambda f}{2 \sin \phi} \tag{13.2}$$

레이저-도플러 유속계의 작동 여부는 흐름 내에 빛을 분산시키는 소립자가 충분히 많이 존재하는지와 소립자가 충분히 작아서 유체가 흐르는 동안 계속 유체와 함께 움직이는지에 따라 결정된다. 액체의 경우에는 전형적으로 유체의 불순물이 빛을 분산시키는 중심 소립자 역할을 한다. 그러나 기체의 경우에는 흐름 내에 소립자를 공급해야 할 때도 있다. 이때 흔히 연기를 쓴다.

측정 대상 공간을 지나는 소립자의 두 방향 또는 세 방향의 속도 성분을 측정하는 레이저-도플러 유속계가 개발되었다. 이때는 여러 색깔(파장)의 레이저 빔 조(pair)를 사용한다. 각 색깔에 대한 측정 대상 공간은 같은 자리이나 각 측정 속도 성분에 대하여 다른 방향으로 각 조를 설치한다. 신호 처리 시스템은 각 색깔의 신호를 구별하여 성분 속도를 구할 수 있다.

레이저-도플러 유속계의 신기술 중 하나는 광학섬유(fiber optics) 사용기술이다. 광학섬유는 레이저 빔을 레이저에서 탐침까지 전달한다. 이때 탐침에는 광학적 부속품이 있어서 빔을 통과시킬 수 있으며, 탐침은 측정 대상 공간을 구성한다. 따라서 측정 장소가 바뀌어도 레이저를 옮기는 대신 탐침만 옮기면 된다. 레이저-도플러 기법은 Durst(4)에 더 자세히 소개되어 있다.

표지자법

속도 측정 방법 중 하나인 표지자법(marker method)은 흐름 내에 입자를 투입하여 수행한다. 이러한 입자들의 움직임을 분석하여 흐름 자체의 속도를 유추할 수 있다. 이 경우 표지자들이 주위의 유체와 실제로 같은 경로를 지나야만 한다. 이는 표지자의 밀도가 유체의 밀도와 거의 같거나 유체에 대한 표지자의 상대 운동을 무시할 수 있을 만큼 표지자가 매우 작아야 한다는 의미이다. 따라서 물의 경우에는 물의 밀도와 거의 같은 밀도를 갖는 액체 혼합물을 사용하는 경우가 많다. 예를 들면 Macagno(6)는 n-부틸 프탈레이트(n-butyl phthalate)와 자일렌(xylene)의 혼합물에 약간의 흰 페인트를 혼합하여 물과 같은 밀도를 갖는 재료를 사용하였으며, 그 결과 사진 촬영을 효과적으로 할 수 있었다. 플라스틱 구슬과 같은 고체 입자도 그 밀도가 대상 액체의 밀도와 비슷하면 표지자로 사용할 수 있다.

물의 흐름을 측정할 때에는 수소 기포도 표지자로 사용할 수 있다(그림 13.10). 이 방법은 전기분해법을 이용하는 것으로서 25~50 μm 직경의 가는 전선에서 작은 수소 기포를 발생시켜 이를 이용한다. 이때 전선은 양극(anode) 역할을 한다. 음극(cathode)은 흐름장을 방해하지 않는 곳에 둔다. 전선에 전기 충격이 가해지면 전선에 수소 기포가 발생하며 흐름을 따라 하류로 떠내려간다. 여러 시각에 전기 신호를 가하면 기포 열을 만들어 낼 수 있다. 흐름의 가시화 기법으로서의 표지자법은 Macagno(6)에 더욱 자세히 소개되어 있다.

상대적으로 새로운 표지자법인 입자 영상 속도 측정법(particle image velocimetry, PIV)은 유속장 측정에 쓰인다. PIV에서 사용하는 표지자, 즉 투입 입자로는 작은 구형의 알루미늄, 유리, 폴리스티렌이 있다. 또한 기름 방울, 산소 방울(액체의 경우에만 가능), 연기 입자(기체의 경우에만 가능)를 쓰기도 한다. 입자의 움직임을 사진으로 기록하기 위하여 투입 입자에 빛을 비춘다. 광이 형성하는 막을 흐름의 한 단면에 두 번 주사하면 카메라가 입자에서 분산되는 빛을 기록한다. 시각 t에서 첫 번째 광 펄스를 주어 각 입자의 위치를 기록하고, 시각 $t + \Delta t$에서 두 번째 광 펄스에서의 위치를 기록한다. 그러면 각 입자의 변위 $\Delta \mathbf{r}$이 사진에 기록된다. $\Delta \mathbf{r}$을 Δt로 나누면 각 입자의 속도가 된다. PIV에서 광막을 사용하므로 흐름의 한 단

그림 13.10
수소 기포 가시화 기법을 쓰면, 물의 전기분해로 수소 기포가 발생한다.

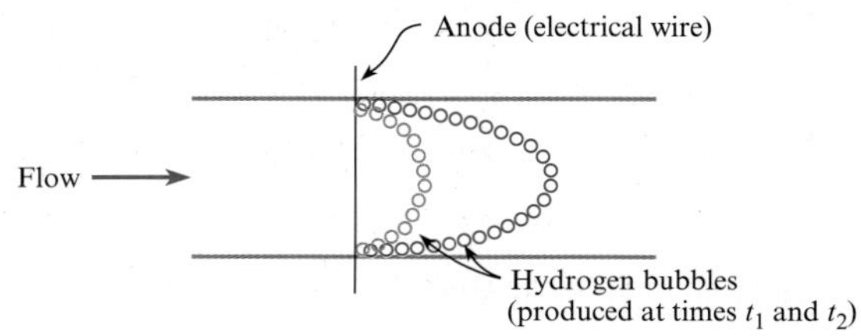

면 전체에서의 속도를 동시에 측정하게 된다. 그러므로 PIV는 전역 측정법으로서 독보적인 셈이다. 예를 들면 다른 측정방법 중 LDA 측정법은 한 점에서의 측정만 가능하다.

그림 13.11은 계단 형태에서 아래쪽으로 흐르는 흐름에 대하여 PIV로 얻은 흐름장을 컴퓨터 화면에 나타낸 영상을 보여 준다. 이 실험은 물속에 15 μm의 은도금 중공 구체(hollow sphere)를 추적자로 투입하여 수행되었다. 그림에서 PIV로 흐름의 단면 전체에서의 유속장을 구하였음을 볼 수 있다. 그림 13.11에서는 정성적인 자료를 볼 수 있지만, 각 격자점에서의 유속값도 얻게 된다.

PIV 측정법은 보통 디지털 장비와 컴퓨터를 같이 사용한다. 예를 들면 디지털 카메라로 영상을 기록한 다음에 분석 소프트웨어를 이용하여 각각의 디지털 영상을 전체 영상 내의 모든 격자점에서의 유속 자료로 변환한다. 이 변환 과정 중에는 전 영상을 "검토 영역(interrogation area)"이라고 부르는 여러 개의 소규모 영역으로 나누는 단계가 있다. 하나의 검토 영역 내에서는 통계 처리 방법(auto-correlation과 cross-correlation)을 이용하여 변위벡터($\Delta \mathbf{r}$)를 구한다. 처리 과정이 끝나면 통상 PIV 자료를 컴퓨터 화면에서 볼 수 있다. PIV에 관한 자료를 Raffel 등(7)의 논문에서도 찾아볼 수 있다.

기체 흐름의 경우에는 흔히 연기를 표지자로 사용한다. 한 가지 방법은 흐름장에 수직으로 전선을 매달고 전선 아래쪽으로 기름을 흘리는 방법이다. 기름은 전선을 따라 방울을 형성한다. 전선에 전압을 걸면 기름이 증발하면서 방울에서부터 연기띠(streak)를 만들어 낸다. 그림 13.12는 이런 방법으로 나타낸 흐름 형태의 한 예이다. 기름을 가열하여 연기를 발생시키는 기기는 상용화되어 있다. 연기에 의하여 나타나는 흐름장을 공간적으로 자세히 측

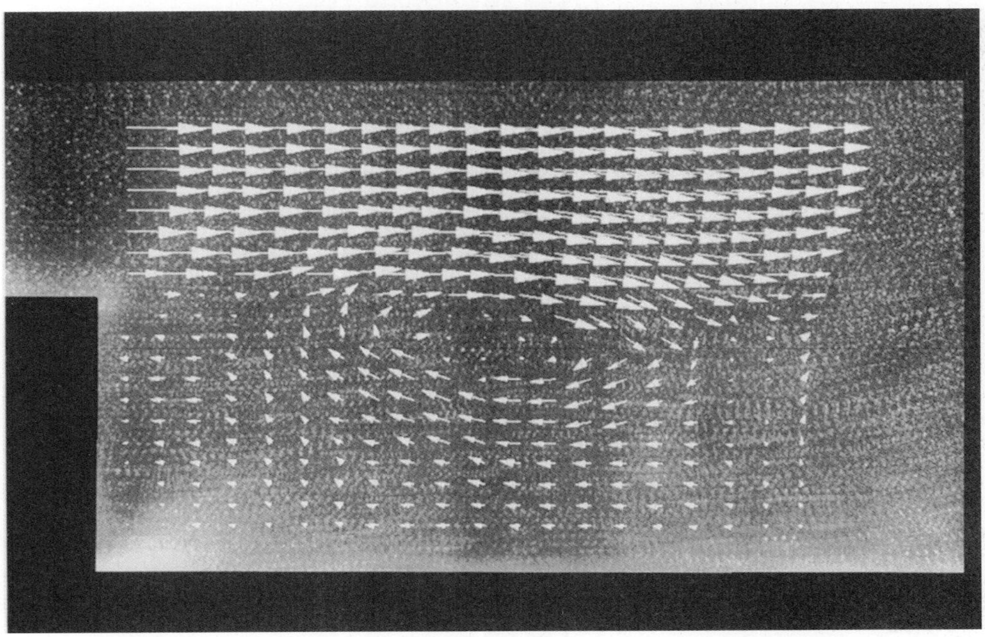

그림 13.11
PIV로 측정한 속도벡터. [TSI, Inc., 및 Florida State University 제공.]

그림 13.12
풍동 내의 모형 트럭 주변에서의 흐름 패턴. [Stephen Lyda 제공.]

정하기 위해 연기 내에 얇은 레이저 광막을 위치시키는 방법이 있다. 또 하나의 기법은 건조한 공기의 흐름에 사염화 티타늄(titanium tetrachloride, $TiCl_4$)을 투입함으로써 주변 공기 내의 수증기와 반응하여 추적자 역할을 할 미크론 크기의 산화 티타늄(titanium oxide) 입자를 발생시키는 방법이다.

13.2 유량(유출량) 측정

유량 측정은 연구, 설계, 시험, 상업적 활용에서 중요한 부분이다.

체적 또는 중량의 직접 측정

액체 유량 측정법 중 가장 단순하면서도 정확한 방법 중 하나는 일정한 시간 Δt 동안의 유동 유체의 한 표본을 모으는 방법이다. 표본의 중량을 측정하면 평균 중량유량(weight rate of flow)은 $\Delta W/\Delta t$이다. 또한 표본의 체적 $\Delta \forall$를 측정하여(보통 보정 수조 사용) 평균 체적유량(volume rate of flow) $\Delta \forall/\Delta t$를 구한다. 이 방법은 몇 가지 단점이 있다. 예를 들면 이 방법은 비정상류에는 쓸 수가 없으며, 표본을 모으는 것이 불가능할 때도 있다.

속도 분포 적분법

유량은 속도 분포를 측정한 후 다음의 체적유량식을 이용하여 적분하여 구한다.

$$Q = \int_A V\,dA$$

예를 들면 사각형 수로의 경우 그림 13.13에서와 같이 세부 구역으로 분할하고 각 세부 구역의 중심에서의 속도를 측정한다. 그러면 유량은

그림 13.13
유출량 계산을 위하여 사각형 수로를 소단면으로 분할함.

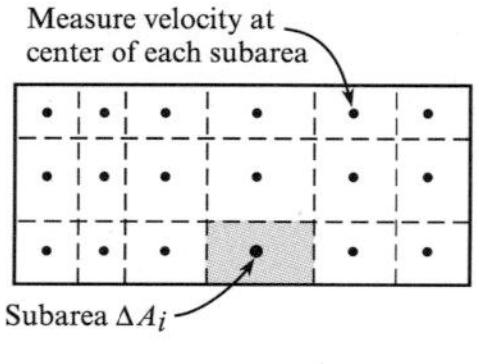

$$Q = \int_A V\,dA \approx \sum_{i=1}^{N} V_i(\Delta A)_i \tag{13.3}$$

이 된다. 여기서 N은 세부 구역의 개수이다. 흐름의 단면이 원형 관이라면, 세부 구역은 예제 13.1에서와 같이 반지 형태가 된다.

예제 13.1

속도 자료로부터 유출량 산출

문제

다음 표의 자료는 직경이 100 cm인 관 내의 공기의 속도 분포이다. 체적유량은 몇 m^3/s인가?

r (cm)	*V* (m/s)
0.00	50.0
5.00	49.5
10.00	49.0
15.00	48.0
20.00	46.5
25.00	45.0
30.00	43.0
35.00	40.5
40.00	37.5
45.00	34.0
47.50	25.0
50.00	0.0

설명

원형 관 내에 공기가 흐르고 있다($D = 1.0$ m).
m/s 단위의 속도는 반경의 함수이다(표 참조).

가정: 속도 분포는 관 중심선을 기준으로 대칭이다.

목표

관 내의 체적유량(m^3/s)을 산출한다.

아이디어

1. 식 (13.3)을 적용하여 원형 관에 대한 식을 수립한다.
2. 스프레드시트 프로그램을 이용하여 유출량을 구한다.

문제풀이

유량은 다음과 같다.

$$Q = \sum_{i=1}^{N} V_i(\Delta A)_i$$

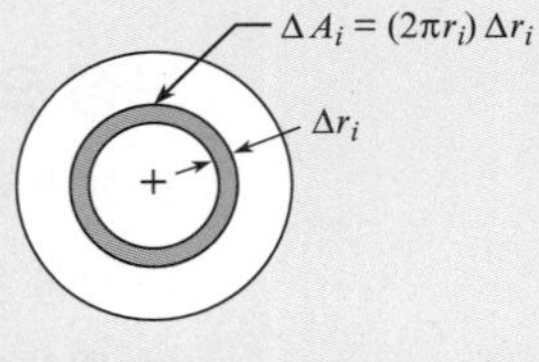

면적 ΔA_i는 그림과 같다. 이 면적은 길이 $2\pi r_i$, 폭 Δr_i로, 그림에 표시되어 있다. 이때 $\Delta A_i \approx (2\pi r_i)\Delta r_i$이다. 유량을 구하는 식은

$$Q = \sum_{i=1}^{N} V_i(\Delta A)_i = \sum_{i=1}^{N} V_i(2\pi r_i)\,\Delta r_i$$

이다. 합계를 구하기 위하여 스프레드시트를 사용한다. 표

i	r_i (cm)	V_i (m/s)	$2*\pi*r_i$ (m)	Δr_i (m)	ΔA_i (m^2)	$V_i*\Delta A_i$ (m^3/s)
1	0.0	50.0	0.0000	0.0250	0.0000	0.000
2	5.0	49.5	0.3142	0.0500	0.0157	0.778
3	10.0	49.0	0.6283	0.0500	0.0314	1.539
4	15.0	48.0	0.9425	0.0500	0.0471	2.262
5	20.0	46.5	1.2566	0.0500	0.0628	2.922
6	25.0	45.0	1.5708	0.0500	0.0785	3.534
7	30.0	43.0	1.8850	0.0500	0.0942	4.053
8	35.0	40.5	2.1991	0.0500	0.1100	4.453
9	40.0	37.5	2.5133	0.0500	0.1257	4.712
10	45.0	34.0	2.8274	0.0375	0.1060	3.605
11	47.5	25.0	2.9845	0.0250	0.0746	1.865
12	50.0	0.0	3.1416	0.0125	0.0393	0.000
			SUM⇒	0.50	0.79	29.72

의 구성 내용을 알아보기 위해 $i=2$인 행을 보자. 면적은

$$\Delta A_2 = (2\pi r_2)\Delta r_2 = (2\pi(0.05\ \text{m}))(0.05\ \text{m}) = 0.0157\ \text{m}^2$$

이며 여섯 번째 열에 있다. 마지막 열은 다음과 같다.

$$V_2(\Delta A)_2 = (49.5\ \text{m/s})(0.0157\ \text{m}^2) = 0.778\ \text{m}^3/\text{s}$$

유출량은 마지막 열을 합하여 구한다. 즉

$$Q = \sum_{i=1}^{12} V_i(\Delta A)_i = \boxed{29.7\ \frac{\text{m}^3}{\text{s}}}$$

계산 결과를 확인하려면 Δr_i 열의 값을 더해서 관의 반경과 같은지 알아본다. 표에서는 합이 0.5 m이다. 또한 ΔA_i 열을 합하면 관의 단면적

$$A = \pi r^2 = \pi(0.5\ \text{m})^2 = 0.785\ \text{m}^2$$

가 되어야 하며, 표는 정확하다.

보정 오리피스

보정 오리피스(calibrated orifice meter)란 그림 13.14에 나와 있듯이 관 내에 둥근 개구부를 갖는 판을 위치시켜 유량을 측정하는 기구이다. 유량은 오리피스 전후에서의 압력강하를 측정하여 유량으로 환산하는 보정식을 이용하여 구한다. 오리피스 용도 중에는 천연가스량 검사도 있다. 이때 측정량이 크고 가격이 비싸므로 정밀도가 중요해진다. 이 절에서는 오리피스의 기본 개념을 설명한다. 참고문헌 (10)에서 오리피스 사용에 관한 자세한 내용을 찾아볼 수 있다.

그림 13.14와 같은 예연 오리피스(sharp-edged orifice)를 통과하는 흐름을 살펴보자. 지속적으로 유선이 오리피스 판의 직하류에 밀집하는 것을 볼 수 있다. 따라서 최소 단면적은 오리피스의 면적 A_o보다 실제로 더 좁다. 제트의 축소 단면, 즉 **베나 콘트랙타**(vena contracta)라고 부르는 최소 단면적과 오리피스의 면적의 비인 수축계수(contraction coefficient)는 다음과 같이 정의된다.

$$A_j = C_c A_o$$

$$C_c = \frac{A_j}{A_o}$$

그림 13.14
예연 오리피스를 통과하는 흐름.

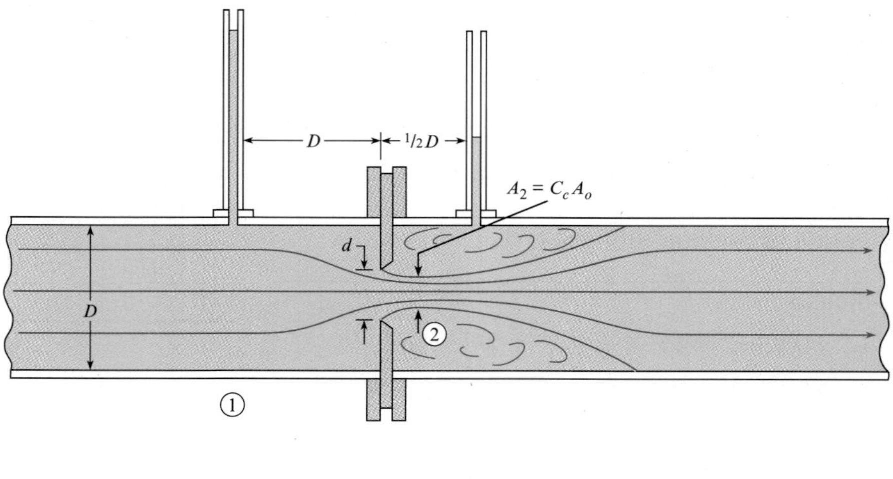

그러면 원형 오리피스의 경우에는 다음과 같이 되며

$$C_c = \frac{(\pi/4)d_j^2}{(\pi/4)d^2} = \left(\frac{d_j}{d}\right)^2$$

여기서 d_j와 d_2는 같으므로 $C_c = (d_2/d)^2$이 된다. 레이놀즈수가 낮은 값이면, C_c는 레이놀즈수의 함수이다. 그러나 레이놀즈수가 높을 때에 C_c는 오리피스의 형상만의 함수이다. d/D가 0.3 미만이면 C_c는 약 0.62가 된다. 그러나 d/D가 0.8로 커지면 C_c는 약 0.72로 커진다.

그림 13.14의 단면 1과 2에 베르누이 방정식을 적용하여 오리피스의 유량을 구하는 식을 유도하기로 한다.

$$\frac{p_1}{\gamma} + \frac{V_1^2}{2g} + z_1 = \frac{p_2}{\gamma} + \frac{V_2^2}{2g} + z_2$$

연속 방정식 $V_1A_1 = V_2A_2$를 이용하여 V_1을 소거한다. V_2에 관하여 풀면 다음과 같다.

$$V_2 = \left\{\frac{2g[(p_1/\gamma + z_1) - (p_2/\gamma + z_2)]}{1 - (A_2/A_1)^2}\right\}^{1/2} \tag{13.4a}$$

그러나 $A_2 = C_cA_o$이며, $h = p/\gamma + z$이다. 그러므로 식 (13.4a)는 다음과 같다.

$$V_2 = \sqrt{\frac{2g(h_1 - h_2)}{1 - C_c^2A_o^2/A_1^2}} \tag{13.4b}$$

유량을 h_1, h_2와 오리피스의 기하학적 특성으로 나타내는 식을 구하는 것이 우리의 목적이다. 유량은 V_2A_2와 같다. 그러므로 식 (13.4b)의 양변에 $A_2 = C_cA_o$를 곱하면 다음 식을 구할 수 있다.

$$Q = \frac{C_cA_o}{\sqrt{1 - C_c^2A_o^2/A_1^2}}\sqrt{2g(h_1 - h_2)} \tag{13.5}$$

식 (13.5)는 오리피스를 지나는 비압축성, 비점성 유체의 유량에 관한 식이다. 단, 앞의 식은 레이놀즈수가 높을 때만 유효하다. 레이놀즈수가 낮거나 중간 정도이면 점성의 영향이 상당히 크며, 실제의 흐름을 나타내기 위해서는 이론적 유량식에 별도로 *유속계수(coefficient of velocity)* C_v를 곱해야 한다.* 따라서 오리피스 내의 점성유체 흐름 계산 시 다음의 유량식을 얻는다.

$$Q = \frac{C_vC_cA_o}{\sqrt{1 - C_c^2A_o^2/A_1^2}}\sqrt{2g(h_1 - h_2)}$$

---

* 레이놀즈수가 낮을 때에는 속도계수가 아주 작다. 그러나 레이놀즈수가 10^5 이상이면 C_v는 전형적으로 약 0.98의 값을 갖는다. C_v에 관한 분석은 Lienhard(8)를 참조하라.

C_vC_c 항은 **유량계수**(discharge coefficient) C_d라고 하며, 복합적인 항 $C_vC_c/(1-C_c^2A_o^2/A_1^2)^{1/2}$은 **흐름계수**(flow coefficient) K라고 한다. 그러면 $Q = KA_o\sqrt{2g(h_1 - h_2)}$이다. 여기서

$$K = \frac{C_d}{\sqrt{1 - C_c^2A_o^2/A_1^2}} \tag{13.6}$$

이며 $h_1 - h_2$를 Δh로 정의하면, 오리피스 식은 다음과 같이 된다.

$$Q = KA_o\sqrt{2g\Delta h} \tag{13.7a}$$

오리피스 전후에 압력차 변환기를 연결하면 압력 변화를 잴 수 있으며, 위압의 차는 $\gamma\Delta h$와 같다. 그러므로 오리피스 식은 다음과 같이 된다.

$$Q = KA_o\sqrt{2\frac{\Delta p_z}{\rho}} \tag{13.7b}$$

실험에 의하여 K 값을 d/D와 오리피스 크기를 기준으로 하는 레이놀즈의 함수로 구하여 그림 13.15에 제시하였다. Q를 알면 Re_d는 $4Q/\pi\, d\nu$와 같다. 그림 13.15에서 K를 구하거나(연직선과 아래쪽 축의 스케일을 사용하여), 식 (13.7a)에서 Δh, 또는 식 (13.7b)에서 Δp_z를 계산할 수 있다. 그러나 문제 자체가 Δh 또는 Δp_z의 값을 알 때 유량 Q를 구하는 경우가 많다. Q를 구하는 문제인 경우에는 Re가 미지의 값인 유량의 함수이므로 그림 13.15에서 Re 값을 사용하여 K를 바로 구하는 것이 불가능하다. 따라서 그림 13.15의 그래프에 Q를 포함하지 않는 기준 스케일을 제시하였다. 이러한 새로운 스케일의 변수는 다음과 같이 구할 수 있다. $\mathrm{Re}_d = 4Q/\pi\, d\nu$이며, $Q = K(\pi d^2/4)\sqrt{2g\Delta h}$ 이므로 Re_d를 Δh에 관한 식으로 바꾸어 쓸 수 있다.

$$\mathrm{Re}_d = K\frac{d}{\nu}\sqrt{2g\Delta h}$$

즉

$$\frac{\mathrm{Re}_d}{K} = \frac{d}{\nu}\sqrt{2g\Delta h} = \frac{d}{\nu}\sqrt{\frac{2\Delta p_z}{\rho}}$$

따라서 Δh를 알고 유량을 구하고자 하는 경우에는 그림 13.15의 점선으로 된 경사선과 그림 위쪽의 스케일을 사용한다. Δp의 값을 아는 경우에는 그림 13.15의 위쪽 스케일 내의 $g\Delta h$ 대신 $\Delta p_z/\rho$를 써서 그림 13.15를 활용한다.

오리피스에 관한 기존의 문헌에는 오리피스의 상류와 하류에 설치하는 압력 측정점의 최적 위치에 관한 언급이 많다. 그림 13.15에서의 자료는 측정점이 "구석"에 있을 때를 기준으로 한 것이다. 이는 상류 측에서는 오리피스 판 바로 앞(오리피스 판과 관 벽체가 연결되는 구석)에서 잰 압력값이며, 하류 측에서는 그 반대의 위치에 측정점이 있는 경우이다. 그러나

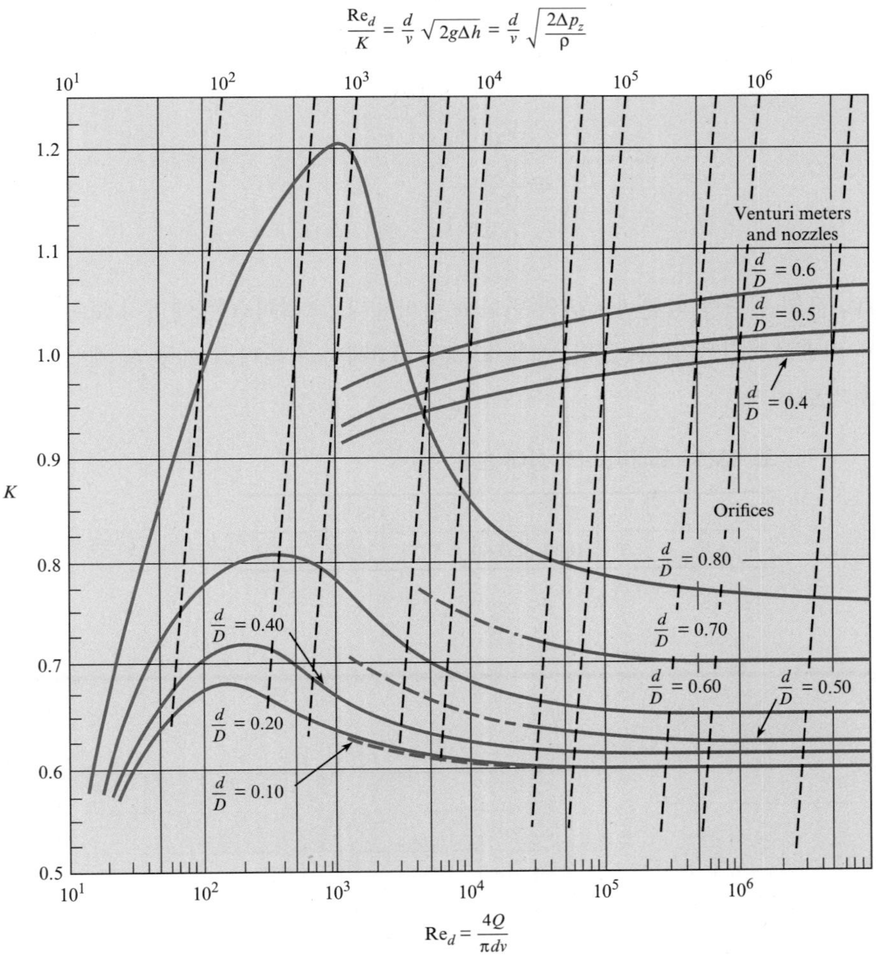

그림 13.15

오리피스, 노즐, 벤투리미터의 레이놀즈 수에 대한 흐름계수 K, Re_d/K의 변화. [자료 출처: Tuve와 Sprenkle(9) 및 ASME(10).]

플랜지에 측정점(2.5 cm 상류, 2.5 cm 하류)이 있는 경우와 그림 13.14와 같이 측정점을 둔 경우에 사실상 거의 같은 K 값을 나타낸다. 그 차이는 그림 13.15를 읽을 때의 오차의 범위보다 크지 않다. 특별한 측정점에 따른 정확한 K 값에 관해서는 유량계에 관한 ASME 보고서를 참조하라(10).

오리피스에 의한 손실수두

오리피스의 상류 측과 축소 단면(vena contracta) 사이에서 손실수두(head loss)가 일부 발생한다. 그러나 이 손실수두는 축소 단면의 하류에서 발생하는 손실수두에 비하면 매우 작다. 이 하류부의 손실수두는 단면 급확대 시의 손실수두와 비슷하다. 흐름 단면의 확대에 의한 손실수두 외의 손실수두를 무시하면 다음과 같다.

$$h_L = \frac{(V_2 - V_1)^2}{2g} \tag{13.8}$$

여기서 V_2는 수축 단면에서의 속도이고, V_1은 관 내의 속도이다. 단면 확대에 의한 손실수두 h_L과 오리피스 전후의 손실수두 Δh의 비는 다음과 같다.

$$\frac{h_L}{\Delta h} = \frac{\dfrac{V_2}{V_1} - 1}{\dfrac{V_2}{V_1} + 1} \tag{13.9}$$

표 13.1은 V_2/V_1 값의 변화에 따른 $h_L/\Delta h$의 변화를 나타낸다. 오리피스는 에너지 보존의 관점에서는 매우 비효율적임을 알 수 있다. 예제 13.2와 13.3에서 오리피스 사용 시 계산을 어떻게 하는지 보기로 하자.

표 13.1 오리피스의 상대 손실수두

$V_2/V_1 \rightarrow$	1	2	4	6	8	10
$h_L/\Delta h \rightarrow$	0	0.33	0.60	0.71	0.78	0.82

예제 13.2

오리피스 해석

문제

직경이 24 cm인 수평 관 내에 직경이 15 cm인 오리피스가 설치되어 있으며, 오리피스 전후에 수은 액주계가 연결되어 있다. 물이 흐를 때 액주계의 높이차(deflection)가 25 cm이면 시스템 내의 유량은 얼마인가? 물의 온도는 20°C로 가정하라.

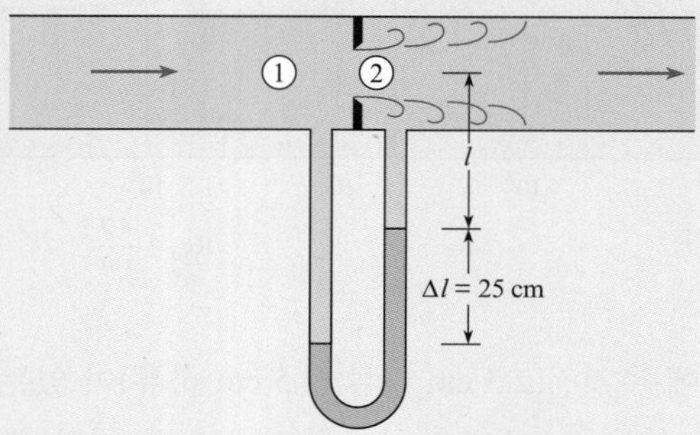

설명

원관($D = 0.24$ m) 내의 오리피스($d = 0.15$ m)를 통하여 물이 흐른다. 수은 액주계를 이용하여 압력강하를 측정한다.

특성값:

- 물(20°C): 표 A.5, $\nu = 1 \times 10^{-6}$ m²/s.
- 수은(20°C): 표 A.4, $SG = 13.6$.

목표

- 관 내의 유출량(m³/s)을 계산한다.
- 오리피스로 인한 손실수두(m)를 계산한다.

아이디어

1. 액주계 식을 사용하여 $\Delta h = h_1 - h_2$를 계산한다.
2. 그림 13.15에서 유량계수 K를 찾는다.
3. 식 (13.7a)에서 Q를 구한다.
4. 식 (13.6)에서 수축계수 C_c를 계산한다.
5. 베나 콘트랙타에서의 속도 V_2를 구한다.
6. 식 (13.8)에서 손실수두를 계산한다.

문제풀이

1. 위압수두(piezometric head)의 변환:
   - 액주계 식을 1과 2에 적용:

$$p_1 + \gamma_w(l + \Delta l) - \gamma_{Hg}\Delta l - \gamma_w l = p_2$$

- Δh에 관하여 풀면:

$$\Delta h = \frac{p_1 - p_2}{\gamma_w} = \Delta l \frac{\gamma_{Hg} - \gamma_w}{\gamma_w} = \Delta l\left(\frac{\gamma_{Hg}}{\gamma_w} - 1\right)$$

$$\Delta h = (0.25\text{ m})(13.6 - 1) = 3.15\text{ m 수두}$$

2. 유량계수:

- Re_d/K 계산:

$$\frac{\text{Re}_d}{K} = \frac{d\sqrt{2g\Delta h}}{\nu} = \frac{0.15\text{ m}\sqrt{2(9.81\text{ m/s}^2)(3.15\text{ m})}}{1.0 \times 10^{-6}\text{ m}^2/\text{s}}$$

$$= 1.2 \times 10^6$$

- 그림 13.15에서 $d/D = 0.625$를 이용해서 읽으면 $K = 0.66$(내삽하여)이다.

3. 유출량:

$$Q = 0.66A_o\sqrt{2g\Delta h}$$

$$= 0.66\frac{\pi}{4}d^2\sqrt{2(9.81\text{ m/s}^2)(3.15\text{ m})}$$

$$= 0.66\,(0.785)(0.15^2\text{ m}^2)(7.86\text{ m/s}) = \boxed{0.092\text{ m}^3/\text{s}}$$

4. 수축계수 C_c:

$$K = \frac{C_d}{\sqrt{1 - C_c^2A_o^2/A_1^2}}$$

이 예제에서 $K = 0.66$이다. $(A_o/A_1)^2 = (0.625)^4 = 0.1526$이며, $C_d = C_vC_c$이다. $C_v = 0.98$로 가정하고(13.2절의 C_v 참조) C_c를 풀면 $C_c = 0.633$이다.

5. 베나 콘트랙타에서의 속도:

$$V_2 = Q/(C_cA_o)$$

$$(0.092\text{ m}^3/\text{s})/[(0.633)(\pi/4)(0.15^2\text{ m}^2)] = 8.23\text{ m/s}$$

$$V_1 = Q/A_{\text{pipe}}$$

$$(0.092\text{ m}^3/\text{s})/[(\pi/4)(0.24^2\text{ m}^2)] = 2.03\text{ m/s}$$

6. 손실수두:

$$h_L = (V_2 - V_1)^2/2g = (8.23 - 2.03)^2/(2 \times 9.81)$$

$$= \boxed{1.96\text{ m}}$$

예제 13.3

오리피스에서의 액주계 사용

문제

공기와 물을 이용한 액주계가 30 cm 수로관 내의 직경 20 cm인 오리피스의 상하류에 연결되어 있다. 최대 유량이 0.05 m^3/s이면 액주계의 높이차는 얼마인가? 수온은 15°C이다.

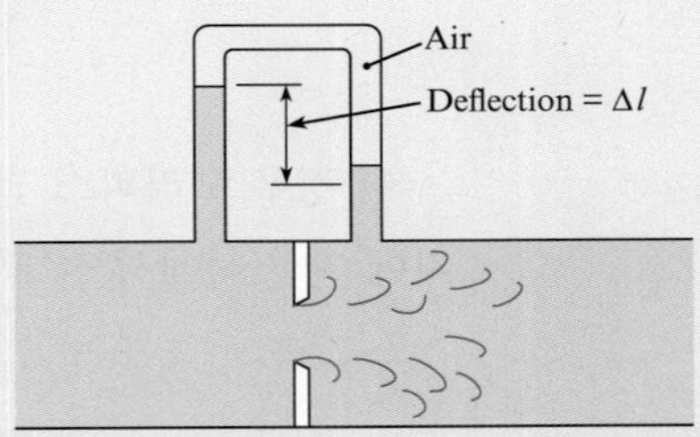

설명

- 관($D = 30$ cm) 내의 오리피스($d = 20$ cm)를 통하여 물이 흐른다($Q = 0.05\text{ m}^3/\text{s}$).
- 압력강하를 측정하기 위하여 공기-물 액주계를 사용한다.

특성값: 물(15°C): 표 A.5, $\nu = 1.14 \times 10^{-6}\text{ m}^2/\text{s}$.

목표

액주계 내의 물의 높이차(m)를 계산한다.

아이디어

1. 레이놀즈수를 계산한다.
2. 그림 13.15에서 유량계수 K를 구한다.
3. 식 (13.7a)를 이용하여 Δh를 계산한다.
4. 액주계 식을 이용하여 Δl을 계산한다.

문제풀이

1. 레이놀즈수:

$$\mathrm{Re} = \frac{4Q}{\pi d\nu} = \frac{(4)(0.05\ \mathrm{m^3/s})}{\pi(0.2\ \mathrm{m})(1.14\times10^{-6}\ \mathrm{m^2/s})} = \boxed{2.8\times10^5}$$

2. 유량계수:

- 그림 13.15에서 $d/D = 0.6$과 $d/D = 0.7$의 곡선을 내삽하여 $d/D = 20/30 = 0.667$의 경우에 대하여 K 값을 찾으면 약 0.68이다.

3. 위압수두 차이:

- $Q = KA_o\sqrt{2g\Delta h}$로부터 Δh는

$$\Delta h = \frac{Q^2}{2gK^2A_o^2} = \frac{4}{19.62(0.68^2)[((\pi)/4)(0.2)^2]^2} = \boxed{0.28\ \mathrm{m}}$$

4. 액주계의 높이차:

- 액주계의 높이차와 Δh는 다음 관계가 있다.

$$\Delta h = \Delta l\left(\frac{\gamma_w - \gamma_{\mathrm{air}}}{\gamma_w}\right)$$

- 그런데 $\gamma_w \gg \gamma_{\mathrm{air}}$이므로

$$\Delta l = \Delta h = 0.28\ \mathrm{m} \quad \boxed{\Delta l = 0.28\ \mathrm{m}}$$

기체의 질량유량을 측정하기 위하여 예연 오리피스(sharp-edged orifice)를 사용할 수도 있다. 유량 공식(식 13.7b)에 상류 기체의 밀도를 곱하고, 압축성의 영향(10)을 고려하기 위하여 경험 인자를 곱하면 다음과 같다.

$$\dot{m} = YA_oK\sqrt{2\rho_1(p_1 - p_2)} \tag{13.10}$$

여기서 유량계수 K는 그림 13.15를 사용하여 구하며, Y는 압축성을 나타내는 경험적 인자로서 다음 식과 같다.

$$Y = 1 - \left\{\frac{1}{k}\left(1 - \frac{p_2}{p_1}\right)\left[0.41 + 0.35\left(\frac{A_o}{A_1}\right)^2\right]\right\} \tag{13.11}$$

이 경우 오리피스 전후의 압력차뿐만 아니라 기체의 절대압력도 알아야 한다. 압축성 인자에 관한 식에서 절대압력값을 써야 하는 점에 유의해야 한다.

예제 13.4

천연가스의 질량유량

문제

천연가스의 질량유량을 예연 오리피스를 사용하여 측정하고자 한다. 기체 상류의 압력이 절대압력으로 101 kPa이며 오리피스 전후의 압력차는 10 kPa이다. 상류 측 메탄의 온도는 15°C이다. 관의 직경은 10 cm이고, 오리피스의 직경은 7 cm이다. 질량유량은 얼마인가?

설명

- 천연가스(메탄)가 예연 오리피스 사이로 흐른다.
- 관의 직경은 $D = 0.1$ m이다. 오리피스의 직경은 $d = 0.07$ m이다.
- 오리피스 전후의 압력차는 10 kPa이다.

특성값: 천연가스(15°C, 1기압): 표 A.2, $\rho = 0.678\ \mathrm{kg/m^3}$, $\nu = 1.59\times10^{-5}\ \mathrm{m^2/s}$, $K = 1.31$.

목표

질량유량(kg/s)을 구한다.

아이디어

1. 그림 13.15에서 흐름계수 K를 구한다.
2. 식 (13.11)을 이용하여 압축성 인자 Y를 계산한다.
3. 식 (13.10)을 이용하여 질량유량을 계산한다.

문제풀이

1. 흐름계수:
   - Re_d/K 계산:

$$\frac{\mathrm{Re}_d}{K} = \frac{d}{\nu}\sqrt{2\frac{\Delta p}{\rho_1}} = \frac{0.07}{1.59(10^{-5})}\sqrt{2\frac{10^4}{0.678}} = 7.56 \times 10^5$$

   - 그림 13.15에서 $K = 0.7$이다.
2. 압축성 인자:

$$Y = 1 - \left\{\frac{1}{1.31}\left(1 - \frac{91}{101}\right)(0.41 + 0.35 \times 0.7^4)\right\} = 0.962$$

3. 메탄의 질량유량:

$$\begin{aligned}\dot{m} &= YA_oK\sqrt{2\rho_1(p_1 - p_2)}\\ &= 0.962\left(\frac{\pi}{4}0.07^2\right)(0.7)\sqrt{2(0.678)(10^4)}\\ &= \boxed{0.302\ \mathrm{kg/s}}\end{aligned}$$

앞의 예제에서는 주어진 오리피스의 크기에 대한 Q 또는 Δh를 구하는 문제를 다루었다. 이와는 다른 유형의 문제에서는 주어진 Q와 Δh에 대하여 오리피스의 직경을 구한다. 이러한 유형의 문제는 시행착오 과정을 수반한다. 대략적인 K 값을 알 수 있으므로, 먼저 이 값을 추정한다. 그런 다음 직경에 대하여 풀며, 이로부터 더 정확한 K 값을 구할 수 있다. 이 과정을 반복한다.

벤투리미터

그림 13.16의 **벤투리미터**(venturi meter)는 축소-확대 수로를 지나면서 발생하는 압력차를 측정하여 유량을 측정하는 기구이다. 오리피스와 비교하여 벤투리미터의 주요 장점은 오리피스보다 손실수두가 훨씬 작다는 점이다. 그림 13.16과 같이 유로를 유선형으로 만들어 손실수두를 줄이므로, 최소 단면을 지난 후의 추가적인 단면 축소가 발생하지 않는다. 결론적

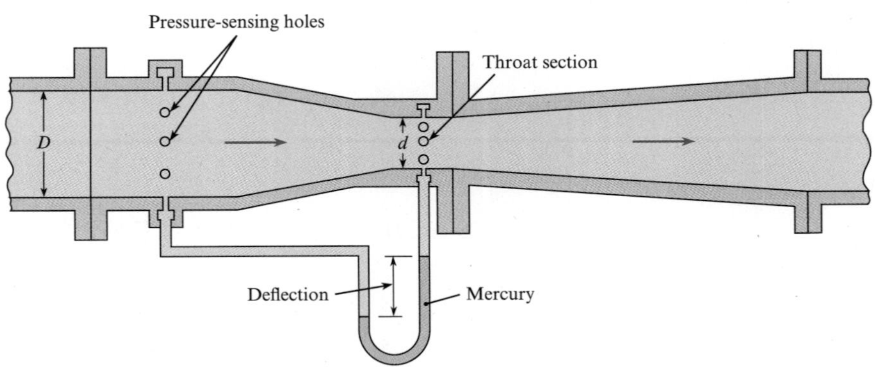

그림 13.16

전형적인 벤투리미터.

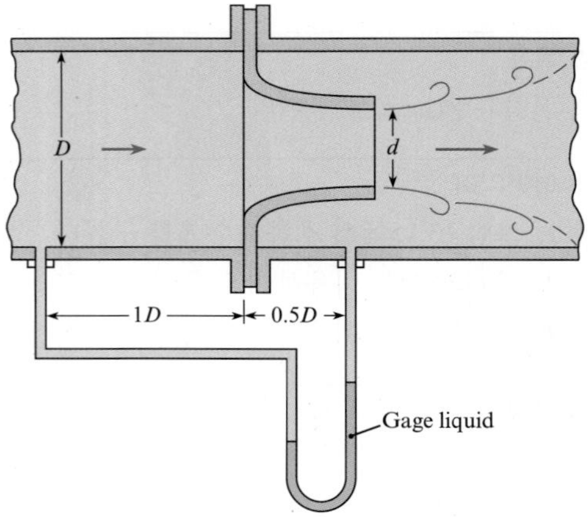

그림 13.17
전형적인 유량 노즐.

으로 수축계수는 1이 되며, 기본적인 벤투리미터 식은 다음과 같다.

$$Q = \frac{A_t C_d}{\sqrt{1 - (A_t/A_p)^2}} \sqrt{2g(h_p - h_t)} \tag{13.12}$$

$$Q = KA_t\sqrt{2g\Delta h} \tag{13.13}$$

여기서 A_t는 목의 면적, Δh는 벤투리 입구(관)와 목 사이의 위압수두차를 의미한다. 벤투리미터 식은 오리피스 식과 같다. 그러나 벤투리미터의 흐름계수 K는 레이놀즈수가 크고 d/D가 작을 때 1에 접근한다. 이러한 경향은 그림 13.15에 나타나 있으며, 벤투리미터의 K 값이 오리피스의 K 값과 함께 제시되어 있다.

유량 노즐

그림 13.17의 **유량 노즐**(flow nozzle)은 노즐 전후의 압력강하를 이용하여 유량을 측정하는 기구로서, 주로 도관 내에 설치한다. 오리피스와 유사하게 유량 노즐의 설계와 적용에 관한 내용은 참고문헌 (10)의 공학 표준에 기술되어 있다. 오리피스와 비교하면 유량 노즐은 마모(예를 들면 입자가 포함된 흐름)가 발생하는 경우에 유리하다. 마모가 발생하면 오리피스의 경우 압력강하-유량 관계가 많이 바뀔 수 있다. 유량 노즐과 오리피스는 전반적으로 비슷한 손실수두가 발생한다.

예제 13.5

벤투리미터를 이용한 유량 측정

문제

물이 흐르는 수평 벤투리미터의 측정점 간의 압력차가 35 kPa이다. $d = 20$ cm, $D = 40$ cm이면 10°C인 물의 유량은 얼마인가?

설명

- 수평 벤투리미터를 통하여 물이 흐르고 있다.
- 관 직경 $D = 0.40$ m이다. 벤투리 목의 직경 $d = 0.2$ m이다.

특성값: 물(10°C): 표 A.5, $\nu = 1.31 \times 10^{-6}$ m²/s, $\gamma = 9810$ N/m³.

목표

유출량(m³/s)을 구한다.

아이디어

1. $\Delta h = h_1 - h_2$를 계산한다.
2. 그림 13.15에서 유량계수 K를 구한다.
3. 식 (13.7a)를 이용하여 유출량 Q를 구한다.

문제풀이

1. 위압수두차 계산:

$$\Delta h = \frac{\Delta p}{\gamma} + \Delta z = \frac{\Delta p}{\gamma} + 0 = \frac{35{,}000 \text{ N/m}^2}{9810 \text{ N/m}^3} = 3.57 \text{ m 수두}$$

2. 유량계수:

- Re_d/K 계산:

$$\frac{\text{Re}_d}{K} = \frac{d\sqrt{2g\Delta h}}{\nu} = \frac{0.20\sqrt{2(9.81)(3.57)}}{1.31(10^{-6})} = 1.28 \times 10^6$$

- 그림 13.15에서 $K = 1.02$이다.

3. 유출량:

$$Q = 1.02A_2\sqrt{2g\Delta h}$$
$$= 1.02(0.785)(0.20^2)\sqrt{2(9.81)(3.57)} = \boxed{0.268 \text{ m}^3/\text{s}}$$

전자기식 유량계

지금까지 살펴본 유량계는 모두 흐름 내에 일종의 장애물을 설치하는 방식이다. 베인 유속계의 회전자도, 오리피스나 벤투리미터의 축소 단면도 장애물인 셈이다. 흐름 내에 장애물을 설치하지도 않고 막히기 쉬운 압력 측정점도 필요하지 않은 기기로는 **전자기식 유량계**(electromagnetic flowmeter)를 들 수 있다. 기본 원리는 자기장 내를 움직이는 도체(conductor)가 기전력(electromotive force)을 발생시킨다는 것이다. 즉 그림 13.18과 같이 일정한 전도도(conductivity)를 갖는 액체가 전극 사이에 전압을 발생시키며, 전압은 관 내의 흐름 속도에 비례한다. 흥미로운 점은 패러데이(Faraday)가 1832년에 전자기식 유량계의 기본 원리를 창안했으나, 그 후 거의 1세기가 지나서 혈액의 흐름을 측정하는 데 사용될 때까

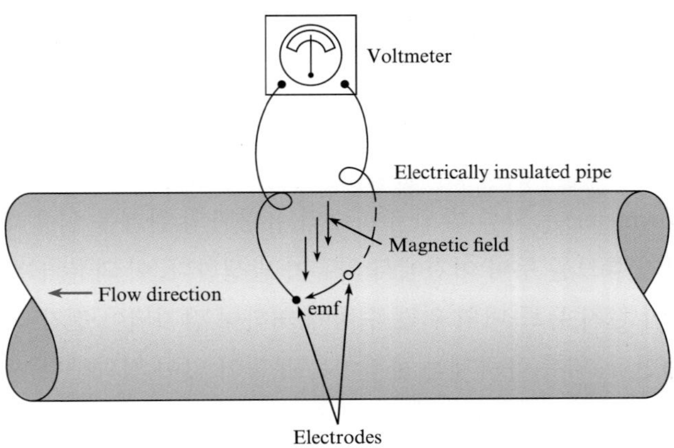

그림 13.18
전자기식 유량계.

지 이 원리가 실제 문제에 적용되지 못하였다는 사실이다. 원자핵 반응로 내에서의 액체 금속의 흐름을 측정할 수 있는 기기가 필요하게 되고 고성능 전자 신호 감지 기법이 개발됨에 따라 근래에 이러한 유형의 기기에 대한 상업적 이용도가 높아졌다.

전자기식 유량계의 주요 장점은 출력 신호가 유량에 따라 선형적으로 변화한다는 점과 기기가 흐름을 방해하지 않는다는 점이다. 단점은 가격이 비싸고 기체의 흐름 측정에 적합하지 않다는 점이다.

참고로 Shercliff(11)에는 전자기식 유량계의 이론과 적용에 관한 내용이 요약되어 있으며, 이 주제에 관한 문헌이 상세하게 기록되어 있다.

초음파식 유량계

혈액의 흐름 측정으로부터 개수로의 흐름 측정까지 광범위하게 사용되는 비투입식 기기 형태로 **초음파식 유량계**(ultrasonic flowmeter)를 들 수 있다. 기본적으로 초음파식 유량계의 작동 원리에는 두 가지 방식이 있다. 첫 번째는 두 측정점 사이에서 음파가 상류 쪽으로 전파하는 데 걸리는 시간과 하류 쪽으로 전파하는 데 걸리는 시간의 차이를 측정하는 방식이다. 이때 시간차는 흐름의 속도에 비례한다. 두 번째는 도플러 효과를 활용한 것이다. 초음파 빔(beam)을 균질하지 않은 유체에 발사하면 일부의 음파 에너지가 산란되어 다른 주파수로 전송기(transmitter)로 되돌아온다(도플러 효과). 이때 측정 주파수의 차이는 바로 흐름의 속도에 따라 변화한다.

터빈형 유량계

터빈형 유량계(turbine flowmeter)는 휠(wheel)과 구부러진 베인 또는 블레이드(blade) 세트로 구성되며, 도관 내에 설치한다. 이 유량계를 통과하는 체적유량은 휠의 회전 속도와 관련이 있다. 이 회전율은 블레이드가 일반적으로 케이싱(casing)에 설치해 둔 전자기적 표시점(pickup)을 지나면서 측정된다. 기기는 흐름 조건에 대하여 보정(calibration)해 두어야 한다. 터빈형 유량계는 액체뿐만 아니라 기체에도 사용할 수 있을 만큼 범용적이다. 정밀도는 넓은 범위의 유량에 대하여 1% 이내로 높으며, 손실수두가 작다. 터빈형 유량계는 연료 공급 시스템에서 유량 측정용으로 많이 쓰이고 있다.

와류 유량계

그림 13.19의 **와류 유량계**(vortex flowmeter)는 와류 발생 주파수와 유량과의 관계를 이용하여 유량을 측정한다. 관의 중앙에 감지 튜브를 두며 여기에서 와류가 발생한다. 이 와류가 분리되면서 진동을 일으키며, 그 진동이 감지 튜브 내의 위압 수정에 의하여 감지되어 전자 신호로 변환된다. 이 값은 유량과 비례한다. 와류 유량계는 움직이는 부품이 없이 정확하며 반복 측정이 가능하다.

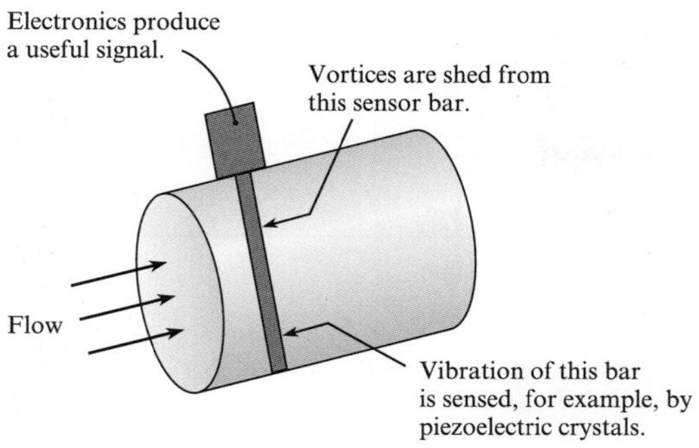

그림 13.19
와류 유량계.

로터미터

그림 13.20의 **로터미터**(rotameter)는 아래쪽으로 가면서 가늘어지는 연직 방향의 관으로 구성되며, 유체는 관 아래쪽에서 위쪽으로 흐른다. 관 내부에는 기기의 회전자, 즉 이동부가 들어 있으며, 이 부품의 위치를 감지하여 유량을 측정하는 기구이다. 추의 위치는 유량과 관련이 있다. 관 윗부분에서의 속도가 아래쪽보다 느리므로(위쪽 단면적이 넓음), 회전자는 항력과 중력이 균형을 이루는 곳에 위치하게 된다. 추는 회전할 수 있게 설계하므로 튜브의 중심선 상에 위치한다. 관 측면의 축척은 보정된 유량을 표시한다. 벤투리미터나 오리피스미터(총 축척의 약 1% 오차)가 로터미터(총 축척의 약 5% 오차)에 비하여 정밀도(accuracy)가 높으나, 로터미터는 설계가 단순하다는 나름대로의 장점이 있다.

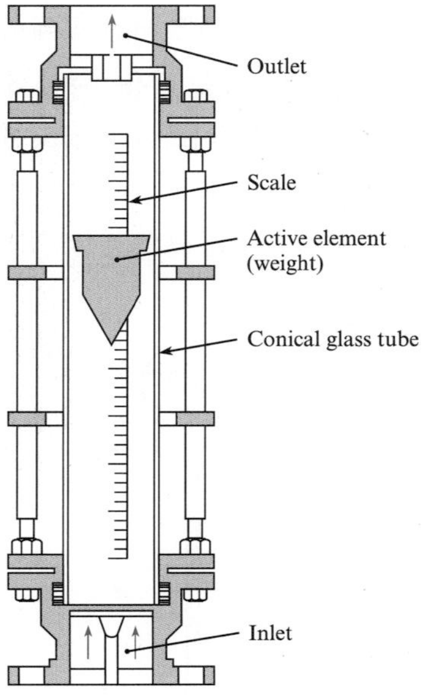

그림 13.20
로터미터.

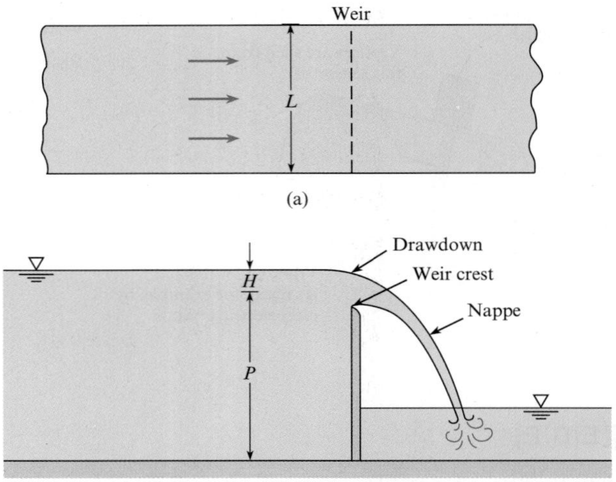

그림 13.21
예연 위어의 개념도: (a) 평면도, (b) 측면도.

직사각형 위어

그림 13.21의 **위어**(weir)란 액체가 흐르는 개수로 내에 장애물을 두어 그곳에서의 수위를 측정하여 유량을 측정하는 기구이다. 위어의 유량은 위어의 형상과 위어에서의 **수두**(head)의 함수이다. 그림 13.21과 같은 사각형 수로 내의 위어를 지나는 흐름을 고려해 보자. 위어에서의 월류수두 H는 국부적인 자유수면의 곡률의 영향을 피하기 위하여 위어의 정부(crest)와 위어에서부터 충분히 상류인 지점에서의 액체 표면까지의 연직 거리로 정의한다.

위어에서의 기본적인 유량식은 월류수두 전체에 걸쳐 $V\,dA = VL\,dh$를 적분하여 유도한다. 여기서 L은 위어의 길이이며, V는 자유수면으로부터 임의의 거리 h만큼 떨어진 곳에서의 속도이다. 유선의 곡률을 무시하고, 위어판이 있는 점에 베르누이 방정식을 적용하여 V에 관한 식을 구할 수 있다(그림 13.22 참조). 위어가 놓인 곳의 압력을 대기압이라고 가정하면 이 식은 다음과 같이 된다.

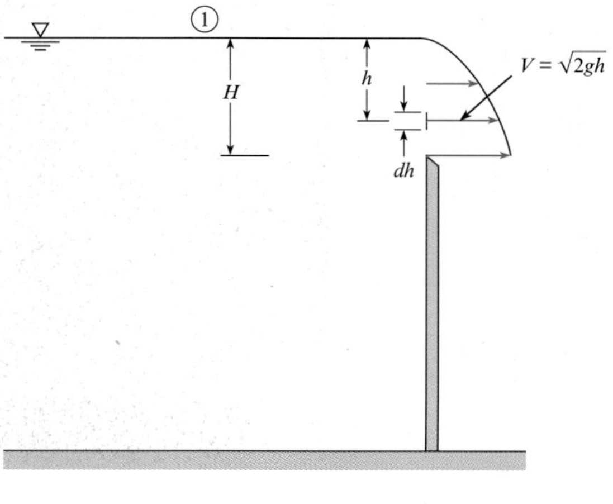

그림 13.22
위어 위에서의 전형적인 속도 분포.

$$\frac{p_1}{\gamma} + H = (H - h) + \frac{V^2}{2g} \tag{13.14}$$

여기서 기준 높이는 위어 정부의 높이이며, 기준 압력은 대기압이다. 그러므로 $p_1 = 0$이며, 식 (13.14)는 다음과 같이 단순화된다.

$$V = \sqrt{2gh}$$

그러면 $dQ = \sqrt{2gh}\,Ldh$이며, 유량식은 다음과 같다.

$$\begin{aligned} Q &= \int_0^H \sqrt{2gh}\,Ldh \\ &= \frac{2}{3}L\sqrt{2g}H^{3/2} \end{aligned} \tag{13.15}$$

위어에서의 실제 흐름은 유선이 위어판의 하류에 집중하며 점성의 영향을 일부 받는다. 결과적으로 실제 유량을 구하기 위해서는 유량계수 C_d를 이론 유량식 (13.15)의 우변의 기본 형태에 곱해야 한다. 그러면 직사각형 위어 공식은 다음과 같다.

$$\begin{aligned} Q &= \frac{2}{3}C_d\sqrt{2g}LH^{3/2} \\ &= K\sqrt{2g}LH^{3/2} \end{aligned} \tag{13.16}$$

점성이 작은 액체의 경우 흐름계수 K는 우선적으로 위어의 상대수두 H/P의 함수이다. Kindsvater와 Carter(12)는 다음과 같은 K에 관한 경험식을 채택한 바 있다.

$$K = 0.40 + 0.05\frac{H}{P} \tag{13.17}$$

이 식은 위어 월류수맥(weir nappe)의 윗면과 아랫면이 대기압을 유지할 수 있도록 공기가 잘 통하는 경우이며 H/P의 값이 10 이하인 범위에서 유효하다.

직사각형 위어의 폭이 그림 13.23과 같이 수로의 폭보다 작으면 단부 축소(end contraction)가

그림 13.23

직사각형 위어에서 발생하는 단부 축소: (a) 평면도, (b) 측면도.

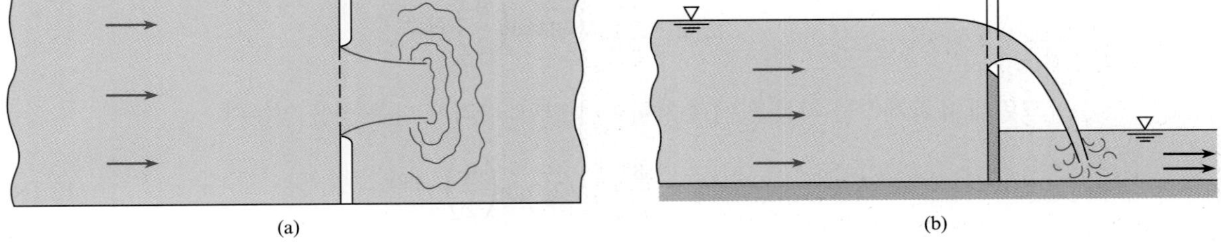

일어난다. 따라서 K는 단부 축소가 없을 때보다 더 작은 값이 된다. 위어의 흐름계수에 관한 추가 자료는 King(13)의 책을 참조하기 바란다.

예제 13.6

직사각형 위어의 유량

문제

폭이 1.3 m인 직사각형 단면의 수로에 60 cm 높이의 직사각형 위어가 있다. 이 위어의 수두를 측정해 보니 21 cm였다. 위어를 월류하는 유량은 얼마인가?

설명

- 직사각형 위어 위로 물이 흐른다.
- 위어의 높이 $P = 0.6$ m이고 폭 $L = 1.3$ m이다.
- 위어의 수두 $H = 0.21$ m이다.

목표

유출량(m^3/s)을 구한다.

아이디어

1. 식 (13.17)을 이용하여 유량계수 K를 구한다.
2. 식 (13.16)을 이용하여 직사각형 위어의 유량을 구한다.

문제풀이

1. 유량계수:

$$K = 0.40 + 0.05\frac{H}{P} = 0.40 + 0.05\left(\frac{21}{60}\right) = 0.417$$

2. 유출량:

$$Q = K\sqrt{2g}LH^{3/2} = 0.417\sqrt{2(9.81)}(1.3)(0.21^{3/2})$$
$$= \boxed{0.23\ \text{m}^3/\text{s}}$$

삼각형 위어

그림 13.24는 **삼각형 위어**(triangular weir)의 개념도이다. 삼각형 위어의 첫 번째 장점은 직사각형 위어에 비하여 훨씬 넓은 범위에서 높은 정밀도를 갖는다는 점이다. 이는 수두가 증가하면서 흐름 단면의 평균 폭이 증가하기 때문이다.

삼각형 위어의 기본 유량식은 직사각형 위어의 경우와 같은 방법으로 유도된다. 다음과 같이 미소 유량 $dQ = V\,dA = VL\,dh$를 월류수두 전체에 걸쳐서 적분한다.

$$Q = \int_0^H \sqrt{2gh}\,(H - h)\,2\tan\left(\frac{\theta}{2}\right)dh$$

그 결과는 다음과 같다.

$$Q = \frac{8}{15}\sqrt{2g}\tan\left(\frac{\theta}{2}\right)H^{5/2}$$

그런데 유량계수를 기본 식에 추가하여야 한다. 따라서 다음 식을 얻는다.

$$Q = \frac{8}{15}C_d\sqrt{2g}\tan\left(\frac{\theta}{2}\right)H^{5/2} \tag{13.18}$$

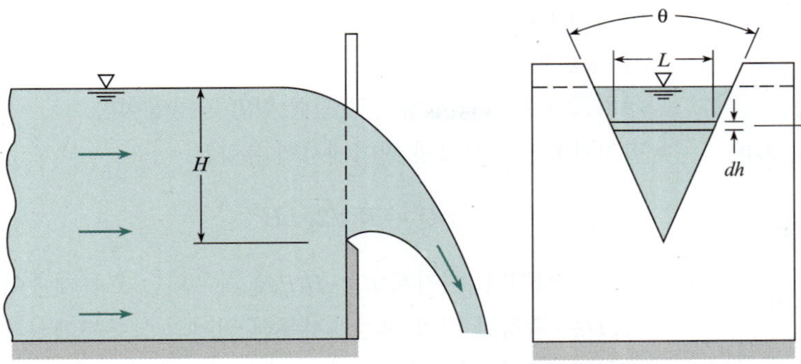

그림 13.24
삼각형 위어의 개념도.

실험 결과에 의하면 $\theta = 60^\circ$, $H > 2$ cm인 삼각형 위어의 경우 C_d는 0.58이 된다. 따라서 이러한 조건의 삼각형 위어 공식은 다음과 같다.

$$Q = 0.179\sqrt{2g}\,H^{5/2} \tag{13.19}$$

예제 13.7

삼각형 위어의 유량

문제

사잇각이 60°인 삼각형 위어의 수두 측정 결과가 43 cm 이다. 월류 유량은 얼마인가?

설명

- 60° 삼각형 위어 위로 물이 흐른다.
- 위어의 수두 $H = 0.43$ m이다.

목표

유출량(m^3/s)을 계산한다.

아이디어

삼각형 위어 공식 (13.19)를 적용한다.

문제풀이

$$Q = 0.179\sqrt{2g}\,H^{5/2} = 0.179 \times \sqrt{2 \times 9.81} \times (0.43)^{5/2}$$
$$= \boxed{0.096 \text{ m}^3/\text{s}}$$

비압축성 흐름의 유량 측정 기기에 관한 더 자세한 정보는 참고문헌 (14)와 (15)를 참조하기 바란다.

13.3 핵심 내용 요약

속도 및 압력 측정

- *속도 측정:* 정체관, 피토관, 유향계, 베인과 컵형 유속계, 열선과 열막 유속계, 레이저-도플러 유속계, 입자 영상 속도 측정법.
- *압력 측정:* 정압관, 위압계, 액주계, 보던관 압력계, 여러 형태의 압력 변환기.

유량(유출량) 측정

- 유량 측정에는 다음과 같은 직접측정법이 있다.
  - 부피(또는 무게) 나누기 시간.
  - 한 단면에서의 여러 점에서의 유속을 측정하여 적분함.

$$Q = \int V\, dA$$

- *유량 측정:* 오리피스, 유량 노즐, 벤투리미터, 전자기식 유량계, 초음파 유량계, 터빈 유량계, 와류 유량계, 로터미터, 위어
- 수축된 개구부를 사용하여 유량을 측정하는 유량계(예를 들면 오리피스, 노즐, 벤투리미터)를 쓸 경우 유량은 다음 식으로 계산된다.

$$Q = KA_o\sqrt{2g\Delta h} = KA_o\sqrt{2\Delta p_z/\rho}$$

여기서 K는 레이놀즈수와 유량계 형태에 의하여 결정되는 흐름계수, A_o는 개구 단면적, Δh는 유량계 전후의 수두차, Δp_z는 유량계 통과로 인한 위압 저하량이다.

- 길이가 L인 직사각형 위어에서의 유량은

$$Q = K\sqrt{2g}\,LH^{3/2}$$

으로 표시된다. 여기서 K는 H/P에 좌우되는 흐름계수이다. H는 측정한 위어 정점에서부터 위어의 상류부에서의 수위까지의 높이이며, P는 위어의 높이이다.

- $H > 2$ cm인 60° 삼각형 위어의 유량은 다음 식으로 주어진다.

$$Q = 0.179\sqrt{2g}\,H^{5/2}$$

참고문헌

1. Hurd, C.W., K.P. Chesky, and A.H. Shapiro. "Influence of Viscous Effects on Impact Tubes." *Trans. ASME J. Applied Mechanics,* vol. 75 (June 1953).

2. King, H.W., and E.F. Brater. *Handbook of Hydraulics*. New York: McGraw-Hill, 1963.

3. Lomas, Charles C. *Fundamentals of Hot Wire Anemometry*. New York: Cambridge University Press, 1986.

4. Durst, Franz. *Principles and Practice of Laser-Doppler Anemometry*. New York: Academic Press, 1981.

5. Kline, J.J. "Flow Visualization." In *Illustrated Experiments in Fluid Mechanics: The NCFMF Book of Film Notes*. Cambridge, MA: MIT Press, 1972.

6. Macagno, Enzo O. "Flow Visualization in Liquids." *Iowa Inst. Hydraulic Res. Rept.*, 114 (1969).

7. Raffel, M., C. Wilbert, and J. Kompenhans. *Particle Image Velocimetry*. New York: Springer, 1998.

8. Lienhard, J.H., V, and J.H. Lienhard, IV. "Velocity Coefficients for Free Jets from Sharp-Edged Orifices." *Trans. ASME J. Fluids Engineering*, 106 (March 1984).

9. Tuve, G.L., and R.E. Sprenkle. "Orifice Discharge Coefficients for Viscous Liquids." *Instruments*, vol. 8 (1935).

10. ASME. *Fluid Meters*, 6th ed. New York: ASME, 1971.

11. Shercliff, J.A. *Electromagnetic Flow-Measurement*. New York: Cambridge University Press, 1962.

12. Kindsvater, Carl E., and R.W. Carter. "Discharge Characteristics of Rectangular Thin-Plate Weirs." *Trans. Am. Soc. Civil Eng.*, 124 (1959), 772–822.

13. King, L.V. *Phil. Trans. Roy. Soc. London, Ser. A*, 14 (1914), 214.

14. Miller, R.W. *Flow Measurement Engineering Handbook*. New York: McGraw-Hill, 1983.

15. Scott, R.W.W., ed. *Developments in Flow Measurement–1*. Englewood Cliffs, NJ: Applied Science, 1982.

문제

유속 및 압력 측정(13.1절)

13.1 기술자가 유체 속도를 측정할 수 있는 기구나 방법을 다섯 가지 열거하라. 각 기구나 방법에 대하여 장단점을 두 가지씩 열거하라. [*힌트:* 인터넷 검색을 활용할 것.]

유속: 정체관(13.1절)

13.2 그림과 같이 공기의 흐름 속도를 측정하기 위하여 6 mm 직경의 정체관을 사용하고자 한다. 공기-물 액주계의 높이차가 2.3 mm이면 공기의 속도는 얼마인가? 단, 공기 온도는 10°C, p는 1기압이다.

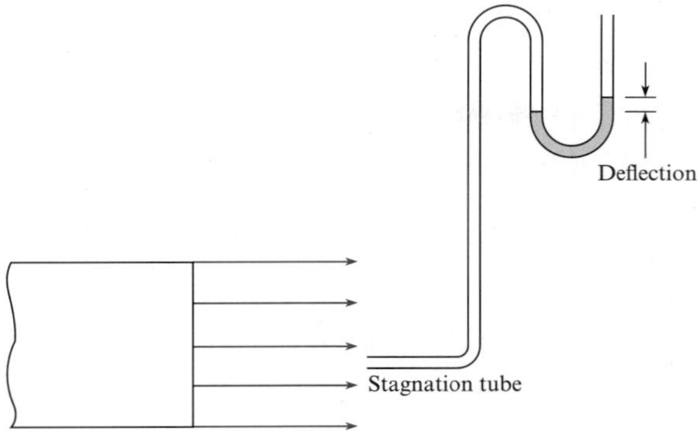

문제 13.2

13.3 자동차 속도를 측정하기 위하여 음료수 빨대로 정체관을 만들고, 또 물을 채운 U자관 액주계를 만들고자 한다.

a. 개념도를 그리고, 어떻게 측정할 것인지 설명하라.

b. 측정 가능한 최저 속도를 결정하라. 최저 속도는 액주계의 해상도에 달려 있다고 가정한다.

유속: 레이저–도플러 유속계(LDA)(13.1절)

13.4 문헌을 조사하고 인터넷에서 양질의 LDA 관련 자료를 찾아보라. 이 자료를 압축하고

a. 공학적 실용에 관련되고 흥미로운 다섯 가지를 적어보아라.

b. LDA에 관하여 흥미롭고 통찰력 있는 두 가지 문제를 만들어라.

유량 또는 유출량 측정(13.2절)

13.5 다음 기기들이 유속(V), 압력(p), 유출량(Q) 중 어떤 항목을 측정하는지 구분하라.

a. 벤투리미터

b. 열선 유속계

c. 차분 액주계

d. 정압 튜브

e. 오리피스

f. 로터미터

g. 초음파 유속계

h. 위어

i. 보던관 압력계

j. 레이저-도플러 유속계

13.6 관에서 수조로 3분 동안 물이 흘렀다. 수조에 담긴 물의 중량을 측정한 결과 20 kN일 때, 유량은 m^3/s 단위로 얼마인가? 물의 온도는 20°C로 가정하라.

13.7 직경이 40 cm인 원형 공기 덕트 내의 속도가 표의 자료와 같다. 유량은 m^3/s와 m^3/min 단위로 얼마인가? V_{max}의 V_{mean}에 대한 비는 얼마인가? 이 흐름은 층류, 난류 중 어느 것으로 보이는가? $p = 99$ kPa(절대압력), $T = 20$°C일 때 질량유량은 얼마인가?

y^*	V(m/s)	y^*	V(m/s)
0.0	0	7.0	34
0.5	22	9.0	36
1.0	24	11.0	37
1.5	26	13.0	38
2.5	28	15.0	39
3.5	30	17.0	40
5.0	32	20.0	41

*관벽으로부터의 거리, cm

13.8 굴뚝 내의 흐름이 비대칭이면 단면 내의 여러 점에서 속도를 측정하여야 한다. 그림과 같은 단면의 원통형 굴뚝을 고려해 보자. 탐침을 삽입할 수 있는 출입구가 두 개 있으며, 서로 90°의 각을 이룬다. 속도는 그림과 같이 다섯 점에서 측정할 수 있다(오점법).

a. 다섯 구역의 면적이 같게 r_m/D를 결정하여라.

b. 측정점이 각 구역의 도심에 위치하도록 r/D를 결정하라.

c. 2 m 직경의 굴뚝에 대한 자료가 표와 같으며, 기체의 온도는 300°C, 압력은 110 kPa(절대압력), 기체상수는 400 J/kg·K이다. 자료는 측정점의 재래식 피토관에 연결된 액주계의 높이차를 나타낸다. 질량유량을 구하라.

Station	Δ*h* (cm)
1	1.2
2	1.1
3	1.1
4	0.9
5	1.05

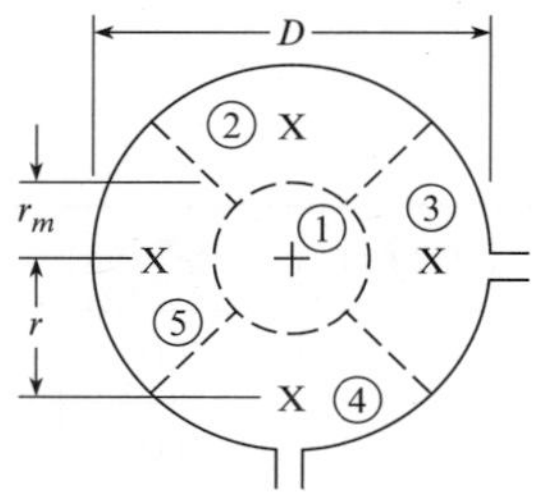

문제 13.8

13.9 세 개의 탐침 출입구가 각각 60°의 각을 이루고 있으며 측정점이 7개인 경우에 대하여 문제 13.8을 반복하라. 굴뚝 직경은 1.5 m, 기체의 온도는 250°C, 압력은 115 kPa(절대압력), 기체상수는 420 J/kg·K이다. 자료는 측정점의 재래식 피토관에 연결된 액주계의 높이차를 나타낸다. 질량 유량을 구하라.

Station	Δ*h* (cm)
1	8.2
2	8.6
3	8.2
4	8.9
5	8.0
6	8.5
7	8.4

유출량: 오리피스(13.2절)

13.10 직경이 8.0 cm인 오리피스의 유체제트가 수축 단면에서 7.6 cm의 직경을 갖는다. 수축계수는 얼마인가?

13.11 인터넷상에서 신뢰성 있는 사이트로부터 오리피스 관련 자료를 추출하라. 그런 다음,

a. 공학적 실용과 자신의 흥미를 끄는 내용을 다섯 개 선정하라.

b. 오리피스에 관하여 흥미롭거나 통찰력을 주는 문제를 두 개 만들어라.

13.12 그림 13.14와 같은 새 오리피스는 그림 13.15에 주어진 흐름계수를 정확하게 따를 것이다. 그러나 시간이 지나면서 오리피스에 물리적인 변화가 발생할 수 있을 것이다. 어떠한 변화가 일어나겠는가? 이러한 물리적인 변화가 흐름계수에 영향을 미친다면 어떻게 미칠 것인지 설명하라.

13.13 그림 13.15의 오리피스의 흐름계수는 상대적으로 매끄러운 관의 오리피스의 실험 결과이다. 만약 매우 거친 관을 사용한다면 그림 13.15의 흐름계수를 사용하는 것이 유효할 것인가? 또 그 의견을 뒷받침하라.

13.14 1 m 직경의 관과 2 m^3/s 유량에서 6 m 수두차가 발생하려면 얼마만한 오리피스가 필요한가?

13.15 퇴적물이 섞여 흐르는 유체의 유량을 측정하기 위하여 종종 그림과 같은 반원 오리피스를 사용하기도 한다. 관 하반부가 열려 있으므로 퇴적물이 쉽게 통과할 수 있다. Q를 $\Delta p, D$, 그 외에 이 문제에 관련된 변수에 관한 함수로 표현하는 식을 유도하라. Δp가 80 kPa, 관 직경이 30 cm일 때, 미지의 자료는 추정하고 앞서 유도한 식을 사용하여 이러한 오리피스를 통과하는 물의 유량을 예측하라.

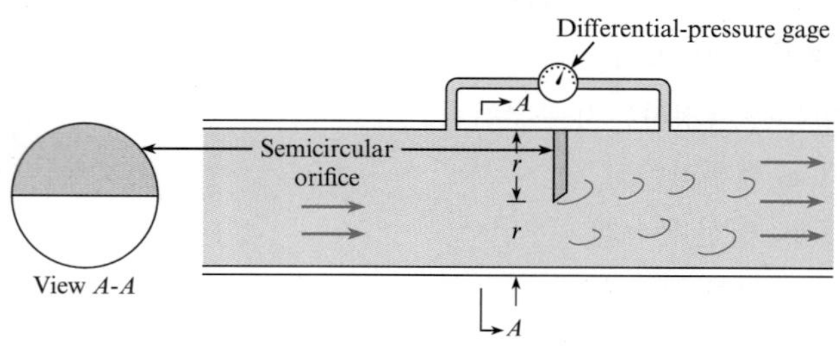

문제 13.15

13.16 22 cm 수평 관, 11 cm의 오리피스에 가솔린(SG = 0.68)이 통과하고 있다. 오리피스 전후의 압력차가 60 kPa일 때 가솔린 유출량은?

유출량: 벤투리미터(13.2절)

13.17 전문가들이 지점 1, 2의 압력차와 유출량을 비교하

여 원유 수송 벤투리미터를 보정하고자 한다. 어떠한 단면에서도 속도가 같은 크기로 분포한다고 가정하여(준 1차원 흐름) 베르누이 방정식을 적용하면

$$Q_0 = A_2[2(p_1 - p_2)/\rho]^{0.5}[1 - (d/D)^4]^{-0.5}$$

여기서 D와 d는 지점 1, 2에서의 직경이다. 그러나 실제로는 준 1차원 흐름이 아니며, 그 지점에서는 목 주위의 유선이 휘어져 있어서 압력이 단면 평균 압력과는 같지 않음을 인지하게 되었다. 이 영향을 반영하기 위하여 또 하나의 조정계수 K를 위의 식에 도입하기로 한다.

$$Q = KQ_0$$

유선이 휘는 경우의 단면 내의 압력 변화의 이론을 사용하여 K가 1보다 큰지 혹은 작은지 결정하고, 또 그 추론을 뒷받침하여라.

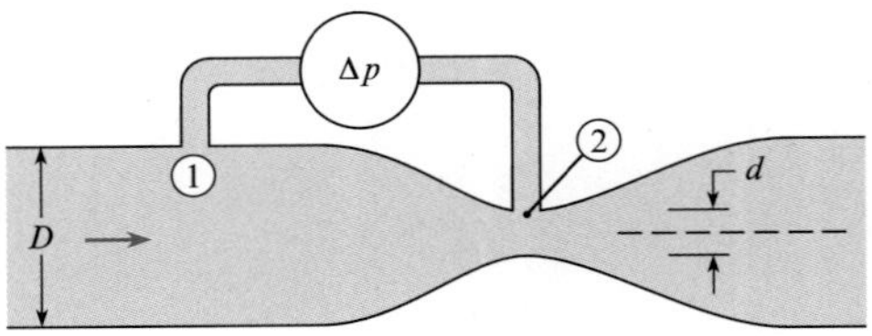

문제 13.17

위어(13.2절)

13.18 폭 4 m, 높이 35cm인 직사각형 위어로 물이 흐르고 있다. 위어의 수두가 10 cm이면 유량은 m^3/s 단위로 얼마인가?

13.19 높이 1.35 m, 길이 6 m인 사각 수로에 물이 흐를 때 길이가 6 m인 위어의 수두가 0.66 m이면 유량은 얼마인가?

13.20 길이 1.5 m, 폭(L) 0.6 m, 길이 1.2 m의 수조가 있다. 수조의 한 쪽 끝에는 예연 사각형 위어가 있으며, 위어의 폭은 수조의 폭(0.6 m)과 같다. 위어의 상단은 수조 바닥에서 0.6 m에 위치하고 있다. 어떠한 시각에 수조 수심이 0.9 m이다; 계속해서 물이 위어를 통하여 방류되고 있다. 수조 수심이 0.9 m에서 0.6 m으로 떨어질 때까지의 시간을 추정하라.

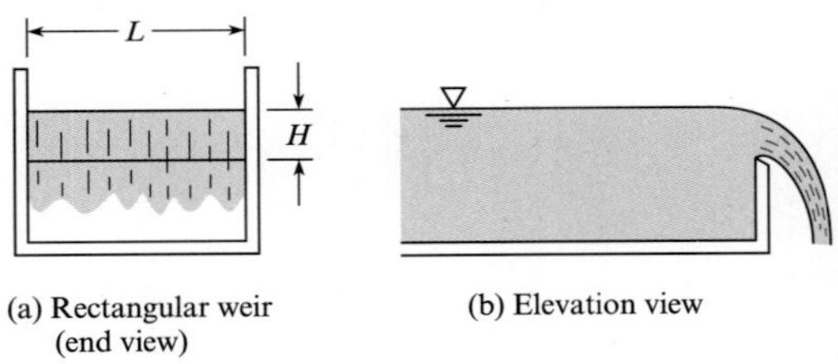

문제 13.20

CHAPTER **14**

터보기계

개요 | 유사 이래로 유체를 이동시키거나 이동하는 유체로부터 동력을 뽑아내는 기계들이 인류에 의해 설계되고 사용되어 왔다. 유체 기계는 어느 곳에서나 사용된다. 이 기계들은 우리가 운전하는 자동차, 우리가 마시는 물을 공급하는 시설, 우리가 사용하는 전기를 발전시키는 발전소, 그리고 우리가 누리는 냉방과 난방 시스템에서 필수 요소이다. 이 장에서는 여러 형태의 터보기계에 관한 개념을 소개한다.

그림 14.1

이 그림은 진공청소기 내의 블로어의 임펠러를 보여 준다. 임펠러는 하우징 내에서 회전한다. 이 회전이 공기를 가운데 구멍으로 당기는 흡입 악력을 만들어 낸다. 임펠러의 회전날개는 공기를 밖으로 밀어낸다.

임펠러는 당시 공학도였던 Jason Stirpe에 의하여 진공청소기에서 "해방"되었다. 그는 임펠러를 DC모터와 수제 하우징을 동원하여 블로어를 제작하였다. 지략적 마인드가 기술혁신의 핵심이다. (사진 제공: Donald Elger)

학습성과

프로펠러 이론(14.1절)

- 프로펠러의 추력과 효율에 영향을 미치는 요소들에 대해 기술한다.
- 프로펠러의 추력과 효율을 계산한다.

원심펌프(14.2절~14.4절)

- 축류와 반경류 펌프에 대해 기술한다.
- 양정계수, 유출량 계수를 정의한다.
- 펌프 성능 곡선을 스케치하고 π-그룹을 설명한다.
- 실제 적용을 위하여 펌프의 종류를 선택할 때 쓰이는 비속도에 대해 설명한다.
- 공동현상을 피하기 위한 NPSH 사용방법을 설명한다.

터빈(14.8절)

- 충동터빈과 반동터빈에 대해 설명한다.
- 공기터빈으로 생산할 수 있는 최대 동력에 대해 설명한다.

유체 기계들은 크게 두 가지로 분류된다. 첫째는 양의 배기 기계이고, 둘째는 터보기계이다. **양의 배기 기계**(positive-displacement machine)는 유체를 체임버(chamber)로 유입시키거나 배출시킨다. 이런 부류의 기계에는 자전거 바퀴 펌프, 기어펌프, 연동펌프, 그리고 사람의 심장 등이 있다. **터보기계**(turbomachine)는 유체에 에너지를 가하거나 제거하는 회전날개를 통한 흐름을 수반한다. 터보기계에는 프로펠러, 환풍기, 풍차, 그리고 압축기 등이 있다.

축류(axial-flow) 터보기계는 축방향으로 기계에 유입되거나 빠져나가는 흐름으로 작동한다. 반경류(radial-flow) 기계는 방사방향으로 기계에 유입되거나 빠져나가는 흐름을 가질 수 있다.

표 14.1 터보기계의 분류

	동력 흡수	동력 생산
축류 기계	축류펌프 축류팬 프로펠러 축류압축기	축류터빈(카플란) 공기터빈 기체터빈
반경류 기계	원심펌프 원심팬 원심압축기	충동터빈(펠턴수차) 반동터빈(프랜시스터빈)

표 14.1은 터보기계의 분류를 보여 준다. 동력을 흡수하는 기계는 양정(또는 압력)을 높이기 위한 동력이 필요하다. 동력을 생산하는 기계는 양정(또는 압력)의 손실을 통하여 축력을 제공한다. 펌프는 액체와 관련이 있으며, 팬(송풍기)과 압축기는 기체와 관련이 있다. 기체와 액체는 터빈으로 동력을 생산한다. 기체터빈은 흔히 압축기와 터빈을 모두 이용하여 동력을 생산하는 기계를 일컫는다.

14.1 프로펠러

프로펠러(propeller)는 회전 운동을 축력으로 변환하는 팬(fan)이다. 프로펠러 설계는 날개단면(airfoil) 이론(1)의 기본 원리에 근거하고 있다. 예를 들어 그림 14.2의 프로펠러 단면을 관찰하여 보면, 양력 베인(lifting vane)과 프로펠러 사이에 유사성이 있음을 알 수 있다. 이 프로펠러는 각속도 ω로 회전하며, 비행기와 프로펠러의 전진 속도는 V_0이다. 그림 14.2c에 나와 있는 프로펠러의 한 요소 단면을 보면, 주어진 단면에서의 속도는 V_0와 V_t의 두 성분으로 구성된다. 여기서 V_t는 접선 속도로서 $V_t = r\omega$이며, 프로펠러의 회전으로 인한 속도이다. 속도벡터 V_0와 V_t를 반대 방향으로 하여 합성하면 프로펠러의 특정 단면에 대한 공기의 상대속도가 된다(그림 14.2d).

각도 θ는 다음과 같이 주어진다.

$$\theta = \arctan\left(\frac{V_0}{r\omega}\right) \tag{14.1}$$

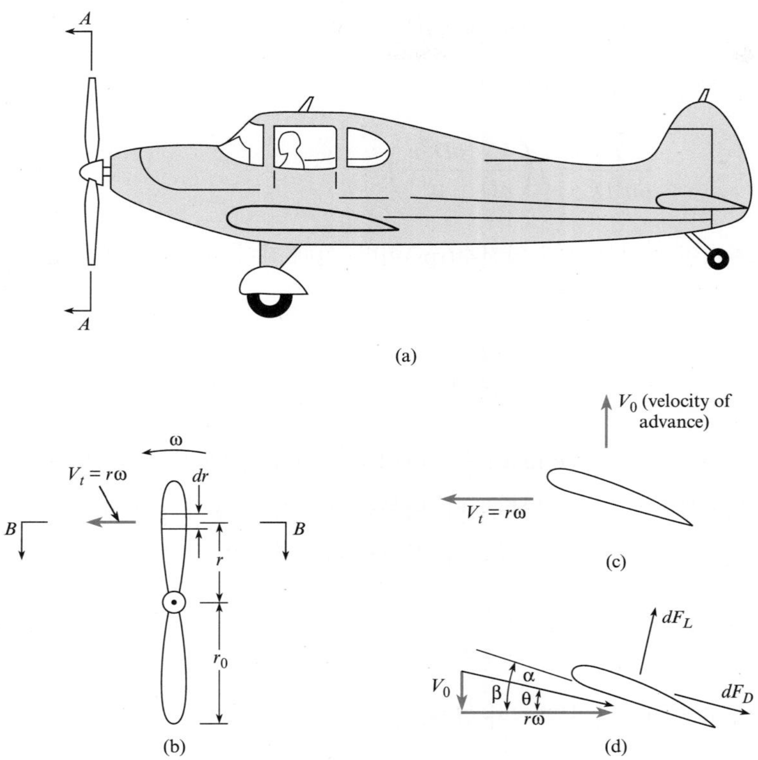

그림 14.2
프로펠러 움직임: (a) 비행기 움직임, (b) A-A 단면, (c) B-B 단면, (d) 블레이드 요소 기준 상대 속도.

이 각도는 주어진 전진 속도와 회전율에 대해 프로펠러 끝단($r = r_0$)에서 최소값을 가지며 반경이 감소함에 따라 축을 향해 증가한다. 각도 β는 **피치각**(pitch angle)으로 알려져 있다. 요소 단면의 국소 앙각(local angle of attack)은 다음과 같다.

$$\alpha = \beta - \theta \tag{14.2}$$

프로펠러는 양력과 항력을 발생시키는 일련의 요소 단면으로 해석될 수 있으며, 이 힘은 프로펠러에 추력(thrust)을 제공하고 저항 토크(torque)를 생성시킨다. 회전 속도에 의해 증가된 토크는 프로펠러에 대한 동력원이 된다.

프로펠러는 추력을 발생시키도록 설계된다. 추력은 주로 양력 F_L로부터 얻어지므로 목표는 양력을 극대화하고 항력 F_D를 최소화하는 것이다. 프로펠러의 단면형이 주어진 경우에는 그림 11.24와 같은 자료로부터 최적 앙각(optimum angle of attack)을 구할 수 있다. 각도 θ는 반경이 감소함에 따라 증가하므로, 국소 피치각은 최적 앙각을 얻기 위해 바뀌어야 한다. 이것은 블레이드(blade)를 비틂으로써 가능하다.

차원해석은 프로펠러의 성능을 특징짓는 π-그룹을 결정하기 위하여 수행될 수 있다. 주어진 프로펠러 형상과 피치 분포에 대해 프로펠러의 추력 T는 프로펠러 직경 D, 회전 속도 n, 전진 속도 V_0, 유체 밀도 ρ, 그리고 유체 점성 μ에 의해 결정된다.

$$T = f(D, \omega, V_0, \rho, \mu) \tag{14.3}$$

차원해석을 수행하면 다음과 같은 관계를 얻는다.

$$\frac{T}{\rho n^2 D^4} = f\left(\frac{V_0}{nD}, \frac{\rho D^2 n}{\mu}\right) \tag{14.4}$$

회전율 n을 표현하는 전형적인 방법은 초당 회전수(rps)이다. 이때 좌변 항을 **추력계수**(thrust coefficient)라 부른다.

$$C_T = \frac{T}{\rho n^2 D^4} \tag{14.5}$$

우변의 첫 번째 π-그룹은 **전진비**(advance ratio)를 나타낸다. 두 번째 그룹은 프로펠러의 끝단 속도와 직경에 비례하는 레이놀즈수를 나타낸다. 대부분의 적용에 있어서 레이놀즈수는 크며, 경험적으로 추력계수에 영향을 끼치지 않는다. 따라서 다음과 같이 쓸 수 있다.

$$C_T = f\left(\frac{V_0}{nD}\right) \tag{14.6}$$

프로펠러 끝단에서의 각도 θ는 전진비와 관계가 있다.

$$\theta = \arctan\left(\frac{V_0}{\omega r_0}\right) = \arctan\left(\frac{1}{\pi}\frac{V_0}{nD}\right) \tag{14.7}$$

전진비가 증가함에 따라 θ도 증가하고, 블레이드 요소에서 국소 앙각은 감소하고 양력도 감소하며, 추력계수도 떨어진다. 이런 경향이 그림 14.3에 설명되어 있다. 그림 14.3은 전형적인 프로펠러에 대한 무차원 성능 곡선을 나타낸 것이다. 궁극적으로 전진비는 추력계수가 영이 되는 지점에 이르게 된다.

동력 P에 대한 차원해석을 수행하면, 다음과 같은 결과를 얻게 된다.

$$\frac{P}{\rho n^3 D^5} = f\left(\frac{V_0}{nD}, \frac{\rho D^2 n}{\mu}\right) \tag{14.8}$$

좌변의 π-그룹을 **동력계수**(power coefficient)라 한다.

$$C_P = \frac{P}{\rho n^3 D^5} \tag{14.9}$$

추력계수와 마찬가지로 동력계수도 높은 레이놀즈수에서 레이놀즈수에 크게 영향 받지 않는다. 따라서 C_P는 전진비만의 함수로 된다.

$$C_P = f\left(\frac{V_0}{nD}\right) \tag{14.10}$$

특정 프로펠러에 대한 C_P와 V_0/nD 사이의 함수 관계를 그림 14.3에 나타내었다. 비록 주어진 전진비에 대해 추력계수가 영으로 접근하지만, 동력계수는 거의 감소하지 않음을 볼 수 있다. 이는 프로펠러가 블레이드에서의 토크를 극복하기 위해 여전히 동력을 취하고 있기 때문이다.

C_T와 C_P 곡선은 그림 14.4와 같이 서로 다른 V_0 값으로 작동하는 주어진 프로펠러의 성능 특성 곡선으로부터 구해진다. 비록 이 곡선들에 대한 자료가 주어진 프로펠러와 전진비의 함수로서 주어진 C_T와 C_P 값에 대한 자료이지만, 다른 크기와 각속도를 가진 기하학적으로

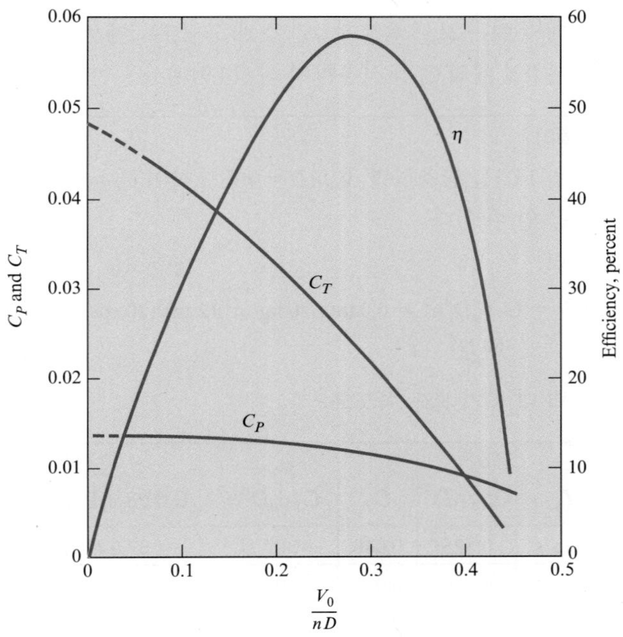

그림 14.3

전형적인 프로펠러에 대한 무차원 성능 곡선. $D = 2.90$ m, $n = 1400$ rpm. [Weick(2).]

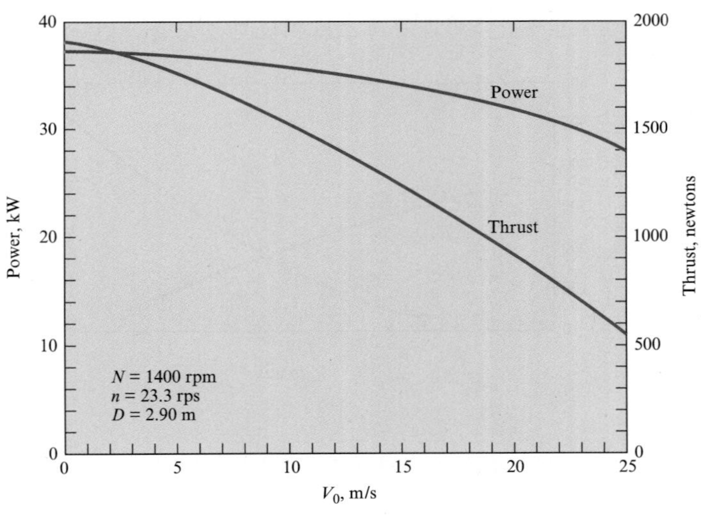

그림 14.4

직경 2.90 m, 회전 속도 1400 rpm인 프로펠러의 동력과 추력. [Weick(2).]

유사한 프로펠러에 대해서도 적용될 수 있다.* 예제 14.1은 그러한 적용을 나타낸다.

예제 14.1

프로펠러 응용

문제

그림 14.3과 같은 특성을 갖는 프로펠러를 이용하여 공기 보트를 운전하려고 한다. 프로펠러의 직경이 2 m, 회전 속도 $N = 1200$ rpm이 되려면 정지 상태에서 출발하는 추력은 얼마여야 하는가? 보트의 저항(공기와 물)을 경험식 $F_D = 0.003\rho V_0^2/2$로부터 구할 수 있다. 여기서 V는 m/s 단위의 보트의 속도, F_D는 항력, ρ는 물의 밀도이다. 보트의 최대 속도는 얼마이며, 프로펠러를 구동하는 데 필요한 동력은 얼마인가? $\rho_{air} = 1.20$ kg/m^3, $\rho_{water} = 1000$ kg/m^{3}으로 가정하라.

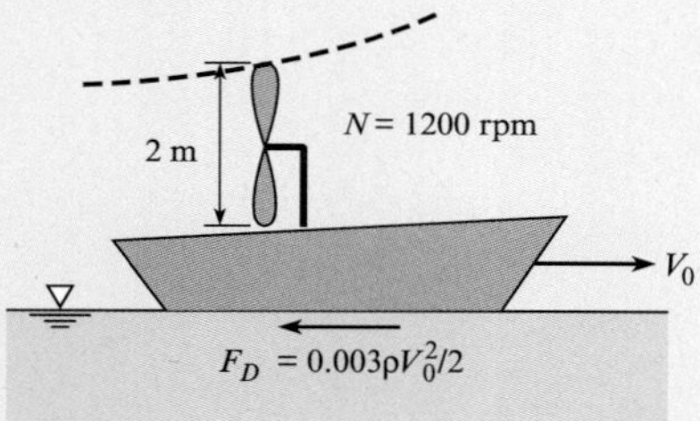

설명

프로펠러로 공기 보트를 운전하고자 한다.

특성값: $\rho = 1.2$ kg/m^3, $\rho_w = 1000$ kg/m^3.

목표

- 정지 상태에서 출발하는 데 필요한 추력(N)을 계산한다.
- 공기 보트의 최대 속도(m/s)를 구한다.
- 프로펠러 작동에 필요한 동력(kW)을 계산한다.

아이디어

1. 그림 14.3에서 전진비 0에 대한 추력계수를 구한다.
2. 식 (14.5)에서 추력을 계산한다.
3. 최대 속도를 구하기 위하여 프로펠러 추력 대 보트 속도를 그리고, 또한 공기 보트의 저항 대 보트 속도를 동일 그래프에 그린다. 두 곡선이 만나는 점에서 최대 속도를 구한다.
4. 최대 동력은 보트 속도가 0인 것과 그림 14.3에서 전진비가 0일 때의 C_p를 사용하여 식 (14.9)에서 구한다.

문제풀이

1. 그림 14.3을 참조하면, $V_0/nD = 0$에 대하여 $C_T = 0.048$임을 알 수 있다.
2. 추력:

$$F_T = C_T\rho_a D^4 n^2 = 0.048(1.20\ \text{kg/m}^3)(2\ \text{m})^4(20\ \text{rps})^2 = \boxed{369\ \text{N}}$$

3. 추력 대 공기 보트 속도표:

V_0	V_0/nD	C_T	$F_T = C_T\rho_a D^4 n^2$	$F_D = 0.003\rho_w V_0^2/2$
5 m/s	0.125	0.040	307 N	37.5 N
10 m/s	0.250	0.027	207 N	150 N
15 m/s	0.375	0.012	90 N	337 N

프로펠러 추력과 공기 보트 저항 대 속도를 그린다.

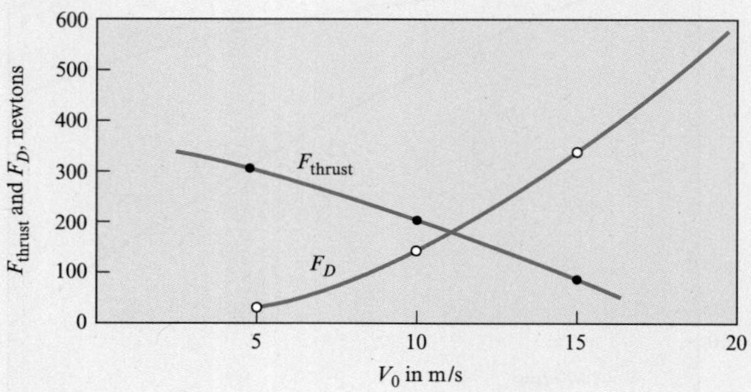

---

*소리의 속도는 차원해석에 포함되지 않았다. 그러나 프로펠러의 끝단 속도가 충격파와 다른 압축성 흐름 효과를 가져온다는 사실에 근거하여 프로펠러 성능은 마하수로 줄여서 나타내었다.

두 곡선은 $V_0 = 11$ m/s에서 만난다. 따라서 최대 보트 속도는 11 m/s이다.

4. $V_0/nD = 0$일 때 최대 C_P가 0.014이므로 입력 동력을 다음 식으로 구한다.

$$\begin{aligned} P &= 0.014(1.20\ \text{kg/m}^3)(2\ \text{m})^5(20\ \text{rps})^3 \\ &= 4300\ \text{m}\cdot\text{N/s} = \boxed{4.30\ \text{kW}} \end{aligned}$$

해와 풀이과정 검토

토의. 최대 동력 계산값을 실제로 적용해 보면 약간의 차이가 있다. 출발 시 프로펠러의 회전수가 반드시 1200 rpm일 필요는 없으며 더 작은 값이어도 된다. 보트가 속도를 갖게 되면 최대 속도를 얻을 때까지 회전수가 늘어나게 된다.

프로펠러의 효율은 입력 동력에 대한 출력 동력, 즉 추력과 전진 속도의 곱의 비로 정의된다. 따라서 효율 η는 다음 식으로 나타낸다.

$$\eta = \frac{F_T V_0}{P} = \frac{C_T \rho D^4 n^2 V_0}{C_p \rho D^5 n^3}$$

또는

$$\eta = \frac{C_T}{C_P}\left(\frac{V_0}{nD}\right) \tag{14.11}$$

전형적인 프로펠러에 대해 전진비에 따른 효율의 변화를 그림 14.3에 나타내었다. 효율은 C_T와 C_P의 성능 곡선으로부터 직접 계산될 수 있다. 낮은 전진비에서 효율은 전진비와 함께 증가하다가 추력계수가 효율을 영으로 감소시키기 전에 최대값에 이른다. 최대 효율은 연료 효율에 있어서 최적의 작동점을 나타낸다.

많은 프로펠러 시스템은 다양한 피치를 갖도록 설계된다. 즉 피치각은 프로펠러를 구동하는 동안 바뀔 수 있다. 다양한 피치각에 대한 여러 효율 곡선을 그림 14.5에 도시하였다. 최대 효율에 대한 포락 곡선도 그림에 나타내었다. 항공기를 운항하는 동안 피치각은 프로펠러의 rpm과 전진 속도에 상응하는 최대 효율을 얻기 위해 조정될 수 있다.

프로펠러의 성능에 관한 최상의 정보는 프로펠러 제작사로부터 얻을 수 있다. 선박에서부

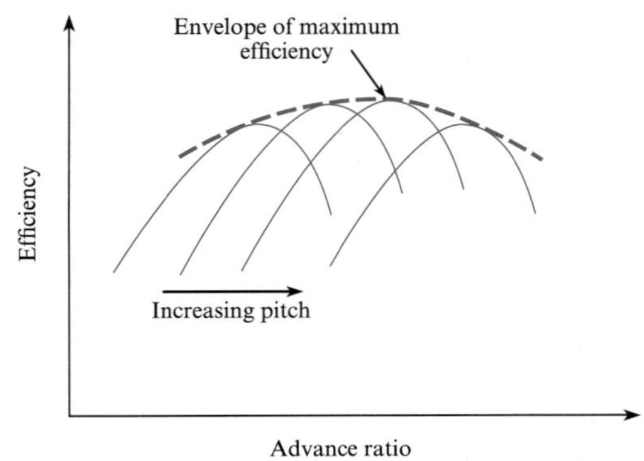

그림 14.5

여러 피치의 프로펠러에 대한 효율 곡선.

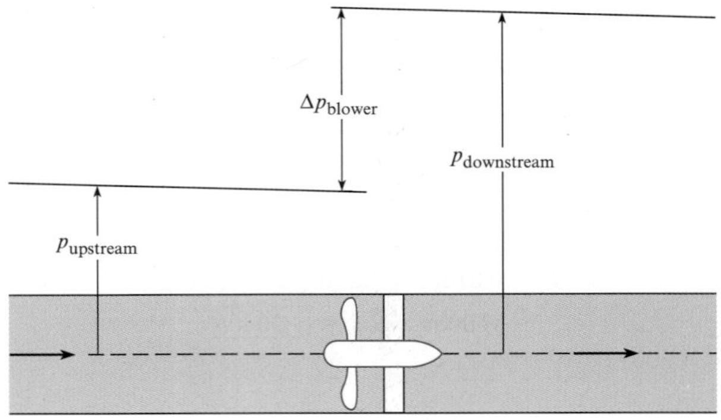

그림 14.6
도관 내의 축류송풍기.

터 항공기까지 다양한 제작사들이 있다.

14.2 축류펌프

축류펌프(또는 송풍기)는 프로펠러가 하우징(housing)으로 둘러싸이게 설계한다(그림 14.6). 회전 부위인 임펠러(impeller)의 움직임은 유체에 힘을 가하며 이로 인하여 펌프의 상하류 단면 사이에 압력 차이를 유발한다. 펌프에 관련된 일에 종사하는 기술자들은 보통 추력의 변화보다 수두의 변화에 관심이 더 많으므로 추력계수를 양정계수로 치환하며, V_0/nD 비는 유량을 포함하는 유용한 변수로 치환한다. 실제 적용 시 축류 기계는 저수두, 고유량에 더 적합하다. 보 배후와 같은 저지대에서 배수를 할 때 거의 대부분 축류펌프를 사용한다. 또한 저낙차(30 m 미만) 댐에서 유량과 동력 생산이 큰 경우 대부분 축류터빈을 사용한다.

펌프의 양정계수와 유량계수

추력계수는 $F_T/\rho D^4n^2$로 정의되며, 이 변수들을 축류펌프의 흐름에 적용한다면 추력은 $F_T = \Delta pA = \gamma\Delta HA$이므로, 다음 식으로 표현될 수 있다.

$$C_T = \frac{\gamma\Delta HA}{\rho D^4n^2} = \frac{\pi}{4}\frac{\gamma\Delta HD^2}{\rho D^4n^2} = \frac{\pi}{4}\frac{g\Delta H}{D^2n^2} \tag{14.12}$$

이번에는 식 (14.12)의 변수들을 이용하여 **양정계수**(head coefficient) C_H라는 새 변수를 정의하면 다음과 같다.

$$C_H = \frac{4}{\pi}C_T = \frac{\Delta H}{D^2n^2/g} \tag{14.13}$$

이것은 π-그룹 값이며 양정과 팬 직경과 회전 속도의 관계를 나타낸다.

프로펠러 작동과 관련이 있는 π-그룹 독립변수는 V_0/nD이다. 그러나 분자와 분모에 직경의 제곱을 곱하면 V_0D^2/nD^3으로 되고, V_0D^2은 유량에 비례한다. 따라서 독립변수는 Q/nD^3

이 되며, 이를 **유량계수**(discharge coefficient) C_Q로 부른다. 펌프의 동력계수는 프로펠러의 동력계수와 정확히 같다. 요약하면, 펌프의 상사 해석에 사용되는 무차원(π-그룹) 변수는 다음과 같다.

$$C_H = \frac{\Delta H}{D^2 n^2/g} \tag{14.14}$$

$$C_P = \frac{P}{\rho D^5 n^3} \tag{14.15}$$

$$C_Q = \frac{Q}{nD^3} \tag{14.16}$$

여기서 C_H와 C_P는 펌프의 주어진 형태에 대한 C_Q의 함수이다.

그림 14.7은 전형적인 축류펌프에 대하여 C_Q에 대한 C_H와 C_P의 변화를 나타내는 곡선이다. 그림에는 또한 펌프의 효율이 C_Q의 함수 형태로 나타나 있다. 그림 14.7에 원래의 차원을 고려하여 그린 곡선(회전 속도가 일정할 때 Q에 따른 수두 및 동력 관계)이 그림 14.8에 제시되어 있다. 그림 14.7이나 14.8의 곡선들이 펌프의 성능을 나타내므로, 이들을 **특성 곡선**(characteristic curve) 또는 **성능 곡선**(performance curve)이라고 부른다. 이 곡선들은 실험으로 구한다.

축류펌프를 작동할 때 과부하 문제가 발생할 수 있다. 그림 14.7에 나와 있듯이 펌프 흐름이 최대 효율 조건이 되기 전에 억제를 하면 유량이 줄어들면서 동력이 증가하여 저유량 과부하 가능성이 발생한다. 대형 시설에서는 이러한 과부하를 막기 위하여 특수 운전 단계를 두고 있다. 예를 들어 펌프 배출수 일부를 다시 펌프 유입구로 돌리는 밸브를 사용하면 펌프의 유량을 일정하게 유지할 수 있다. 그러나 작은 규모의 경우에는 복잡한 특수 운전 단계를

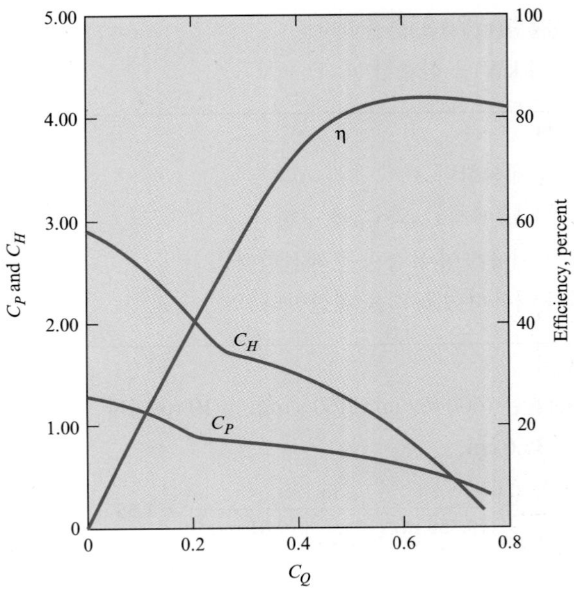

그림 14.7
전형적인 축류펌프의 무차원 성능 곡선. [Stepanoff(3).]

그림 14.8

전형적인 축류펌프의 성능 곡선. [Stepanoff(3).]

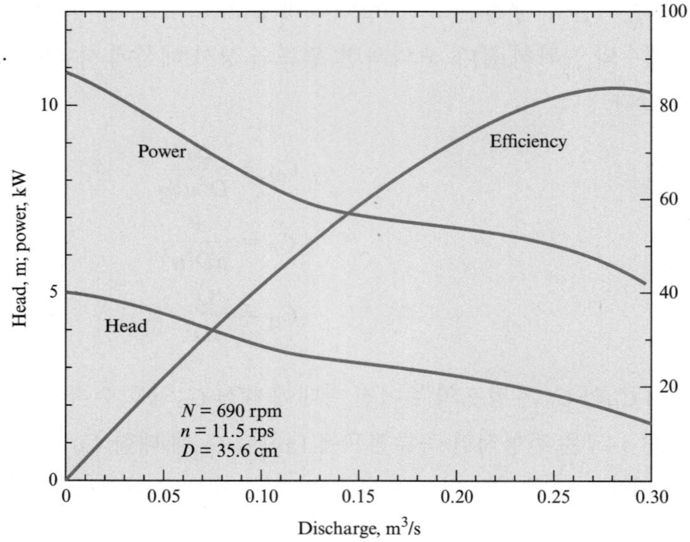

두기보다 흐름을 완벽하게 조정하는 것이 바람직하다.

성능 곡선은 모형 실험의 결과로부터 실물의 거동을 예측하는 경우나 펌프의 속도 변화의 영향을 예측하는 경우에 사용된다. 예제 14.2에서 펌프 곡선을 이용하여 어떻게 유량과 동력을 구하는지 알아본다.

예제 14.2

축류펌프의 유출량과 동력

문제

그림 14.7과 14.8에 제시된 펌프의 경우, 펌프가 2 m 수두에 대하여 600 rpm의 속도로 작용하면 물의 유량은 m^3/s 단위로 얼마인가? 이 조건에 필요한 동력(kW)은 얼마인가?

설명

물을 대상으로 하는 축류펌프에 대한 문제이다.

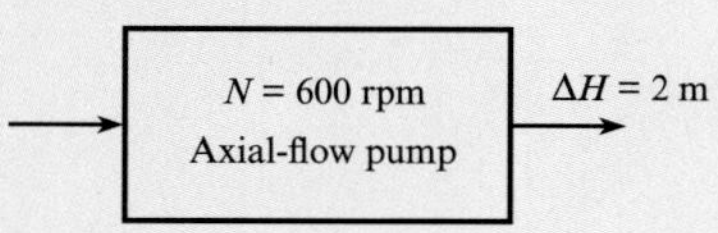

특성값: $\rho = 1000\ \text{kg/m}^3$으로 가정한다.

목표

- 유출량(m^3/s)을 산출한다.
- 동력(kW)을 산출한다.

아이디어

1. C_H를 계산한다.
2. 그림 14.7에서 C_Q와 C_P를 구한다.
3. C_Q를 이용하여 유출량을 계산한다.
4. C_P를 이용하여 동력을 계산한다.

문제풀이

1. 회전율은 (600 rev/min)/(60 s/min) = 10 rps이다.

   $D = 35.6$ cm.

$$C_H = \frac{2\ \text{m}}{(0.356\ \text{m})^2(10^2\ \text{s}^{-2})/(9.81\ \text{m/s}^2)} = 1.55$$

2. 그림 14.7에서 $C_Q = 0.40$, $C_P = 0.72$이다.

3. 유출량은

$$Q = C_Q n D^3$$
$$Q = 0.40(10\ \text{s}^{-1})(0.356\ \text{m})^3 = \boxed{0.180\ \text{m}^3/\text{s}}$$

4. 동력은

$$P = 0.72\rho D^5 n^3$$
$$= 0.72(10^3\ \text{kg/m}^3)(0.356\ \text{m})^5(10\ \text{s}^{-1})^3$$
$$= 4.12\ \text{km}\cdot\text{N/s} = 4.12\ \text{kJ/s} = \boxed{4.12\ \text{kW}}$$

예제 14.3은 축류펌프의 양정과 동력을 어떻게 계산하는지를 보여 준다.

예제 14.3

축류펌프의 양정과 동력

문제

특성이 그림 14.7과 같은 직경 30 cm의 축류펌프가 800 rpm의 속도로 작동하는 경우, 양수하는 물의 양이 0.127 m^3/s일 때 양정 ΔH는 얼마인가? 펌프 작동 시 필요한 동력은 얼마인가?

설명

물을 대상으로 하는 30 cm의 축류펌프에 대한 문제이다.

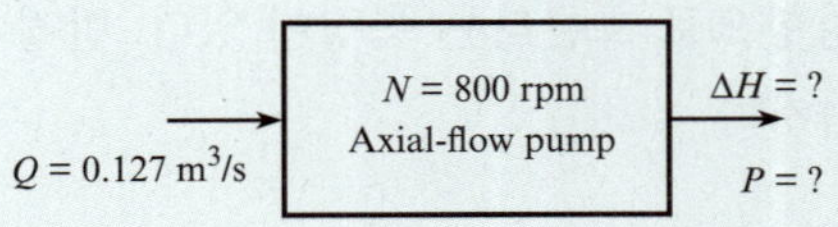

특성값: 물의 밀도: $\rho = 10^3\ \text{kg/m}^3$.

목표

- 양정(m)을 산출한다.
- 동력(kW)을 산출한다.

아이디어

1. 유출계수 C_Q를 계산한다.
2. 그림 14.7에서 C_H, C_P 값을 읽는다.
3. 식 (14.14)를 이용하여 양정을 산출한다.
4. 식 (14.15)를 이용하여 동력을 산출한다.

문제풀이

1. 유출계수는

$$Q = 0.127\ \text{m}^3/\text{s}$$
$$n = \frac{800}{60} = 13.3\ \text{rps}$$
$$D = 30\ \text{cm}$$
$$C_Q = \frac{0.127\ \text{m}^3/\text{s}}{(13.3\ \text{s}^{-1})(0.30\ \text{m})^3} = 0.354$$

2. 그림 14.7에서 C_H 값과 C_P 값을 읽으면 각각 1.70과 0.80이다.

3. 발생하는 양정은

$$\Delta H = \frac{C_H D^2 n^2}{g} = \frac{1.70(0.30\ \text{m})^2(13.3\ \text{s}^{-1})^2}{(9.81\ \text{m/s}^2)} = \boxed{2.76\ \text{m}}$$

4. 소요 동력은

$$P = C_p \rho D^5 n^3$$
$$= 0.80(10^3\ \text{kg/m}^3)(0.30\ \text{m})^5(13.3\ \text{s}^{-1})^3 = \boxed{4.57\ \text{kW}}$$

팬 법칙

팬 법칙(fan law)은 축류팬과 송풍기의 설계자나 실무자가 많이 사용하고 있다. 팬 법칙으로부터 각각 다른 속도로 작동하는 팬의 유출량, 압력상승, 소요 동력을 구할 수 있다. 이 법칙은 기준 상태 o와 다른 상태에서도 유출량, 수두, 압력계수들이 동일하리라는 가정에 기초를 두고 있다.

$$C_Q = C_{Qo}, C_H = C_{Ho}, C_P = C_{Po}$$

팬의 크기와 형태는 불변이므로, 속도 n에서의 유출량은

$$Q = Q_o \frac{n}{n_o} \tag{14.17a}$$

이며 압력상승은

$$\Delta p = \Delta p_o \left(\frac{n}{n_o}\right)^2 \tag{14.17b}$$

이고 소요 동력은

$$P = P_o \left(\frac{n}{n_o}\right)^3 \tag{14.17c}$$

이다. 이러한 팬 법칙은 크기나 형태가 다른 팬에는 적용할 수 없다. 또한 팬 법칙은 설계 시의 특이사항이나 제작상의 오차로 인하여 정확한 값을 주지는 않으나, 팬의 성능을 추정하는 데 매우 유용하다.

14.3 반경류 기계

반경류 기계는 유체가 기계 내부에서 반경방향으로 흐른다는 특징이 있다. 반경류 기계는 축류 기계에 비하여 대수두, 저유량에 더 적합하다.

원심펌프

그림 14.9에 **원심펌프**(centrifugal pump)의 개념을 제시하였다. 유체는 흡입관으로부터 임펠러의 눈(eye)을 통하여 펌프 내로 유입되며, 임펠러의 베인 사이를 통하여 외부 변두리를 향하여 움직인다. 유체는 변두리에서 펌프의 케이싱(casing)으로 들어가며, 변두리 송출관 쪽으로 이동한다. 반경류펌프의 원리는 회전 임펠러에 의하여 발생하는 회전 운동(4.11절의 회전 수조에서와 같이 바깥쪽으로 압력이 증가함)의 결과로 큰 압력 차이가 발생한다는 점에서 축류펌프의 원리와 다르다. 고속의 흐름이 임펠러를 떠나 케이싱의 확대되는 부위로 이동하면서 속도가 줄어들며, 이때 압력이 추가적으로 증가한다.

반경류펌프와 축류펌프의 기본 설계 개념은 서로 다르지만, 두 유형 모두 같은 상사 매개변수(C_Q, C_P, C_H)를 적용할 수 있음을 알 수 있다. 그러므로 앞에 기술된 축류 기계에 대한 크기, 속도 및 유량에 관한 기법들은 반경류 기계에도 적용된다.

사용자들이 관심을 갖는 축류펌프와 반경류펌프의 주요한 실질적 차이는 둘의 성능 특성

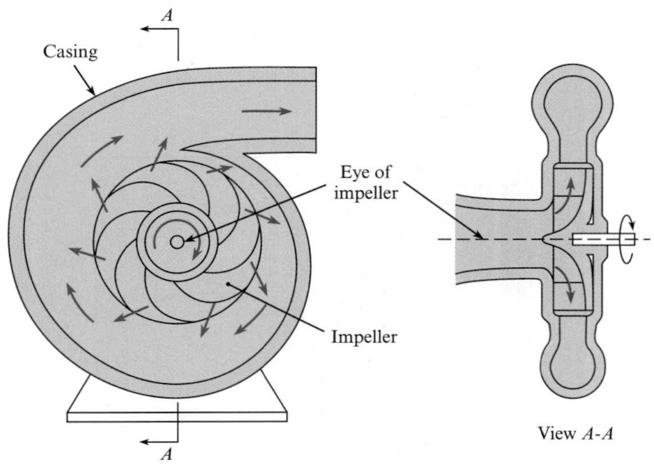

그림 14.9
원심펌프.

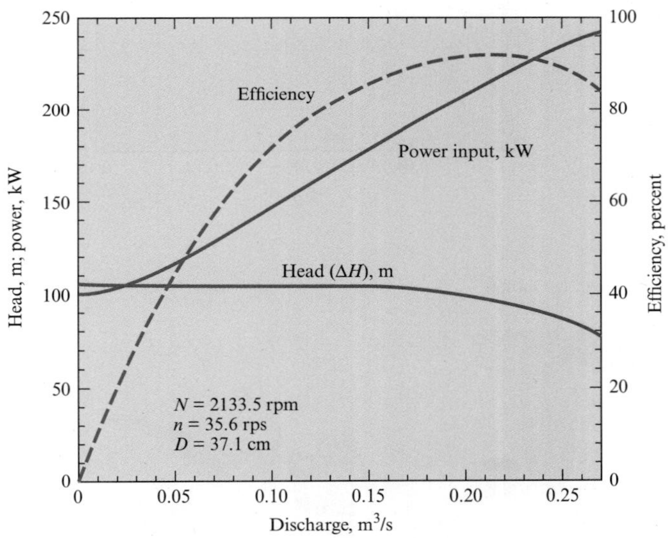

그림 14.10
전형적인 원심펌프의 성능 곡선. $D = 37.1$ cm. [Daugherty와 Franzini(4).]

의 차이다. 그림 14.10에는 전형적인 반경류펌프가 일정 회전 속도로 작동하는 경우의 차원을 갖는 성능 곡선이 도시되어 있다. 그림 14.11은 동일한 펌프의 무차원 성능 곡선을 보여 주고 있다. 흐름을 차단하는 경우에 필요한 동력은 최대 효율로 흐르는 경우에 필요한 동력보다 작다는 점을 유의하여야 한다. 보통 펌프를 구동하는 모터는 최대 펌프 효율 조건에 맞게 선택된다. 그러므로 모터를 과부하가 걸릴 우려가 없도록 차단 흐름의 한계 조건과 일반적 작동 조건 사이를 유지하게끔 조정할 수 있다. 이러한 점은 축류펌프가 갖지 못한 반경류펌프의 장점이다.

반경류펌프는 동력이 0.5 kW에 이르고, 양정이 15 m에서 수백 m에 이르는 범위로 제작된다. 그림 14.12는 단일 흡입구를 갖는 단일 단(single-stage), 수평축 반경류펌프의 절단면을 보여 주고 있다. 유체는 축이 회전하는 방향으로 유입된 후 회전하는 임펠러에 의해 바깥쪽으로 가속된다. 이 외에도 적용 목적에 따라 여러 형태의 기계가 설계되어 왔다.

예제 14.4는 양정이 주어진 원심펌프의 속도와 유출량을 계산하는 예이다.

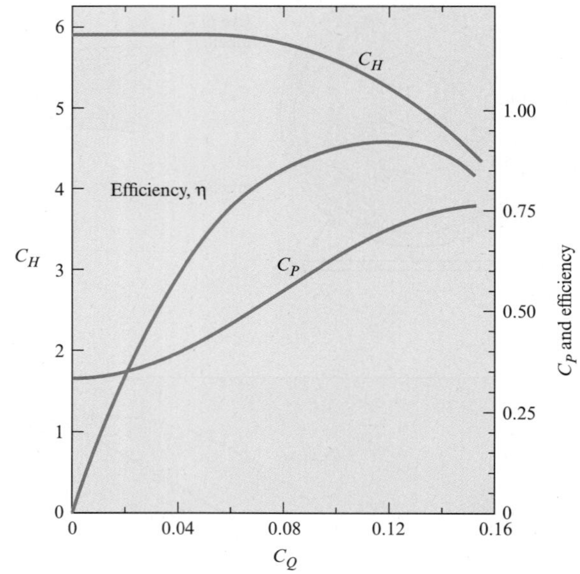

그림 14.11
전형적인 원심펌프의 무차원 성능 곡선 (그림 14.10의 자료 기준). [Daugherty와 Franzini(4).]

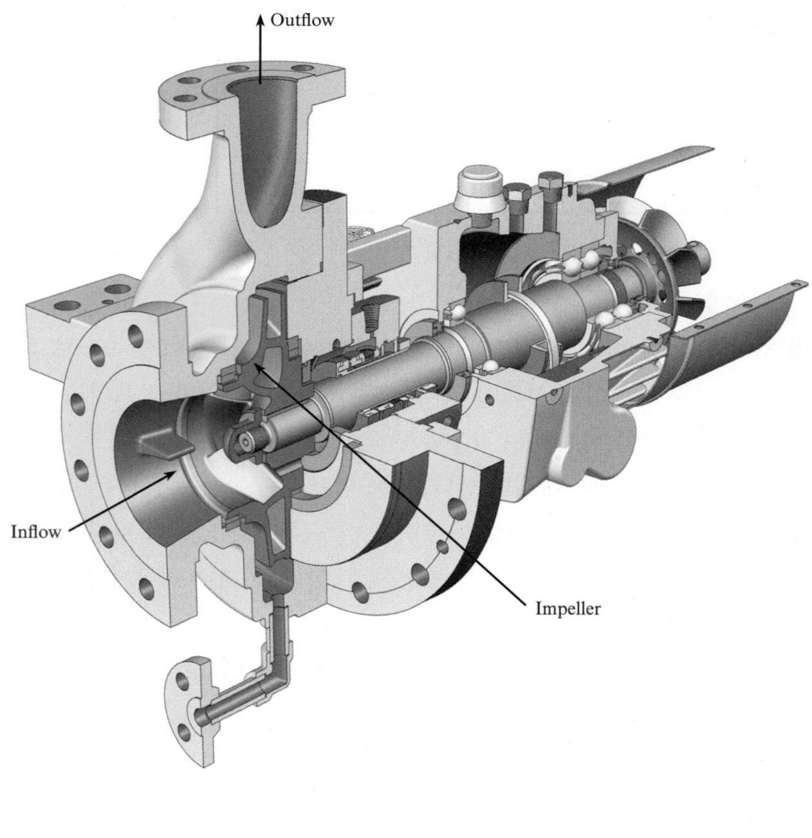

그림 14.12
단일 흡입구를 갖는 단일 단. 수평축 반경류펌프의 절단면도. 펌프의 입구, 출구 및 임펠러가 표기됨. (Copyright Sulzer Pumps.)

예제 14.4

원심펌프의 속도와 유출량

문제

2133.5 rpm으로 가동 중일 때 그림 14.10과 같은 특성을 갖는 펌프가 있다. 이 펌프를 이용하여 양정 76 m를 최대 효율로 양수하려고 한다. 얼마의 속도로 펌프를 가동하여야 하는가? 또한 이 조건에서의 유량은 얼마인가?

설명

2133.5 rpm으로 가동 중인 원심펌프로 최대 효율을 고려하여 양정 76 m를 양수하고자 한다.

가정: 펌프의 크기는 그림 14.10의 펌프와 같으며 물의 특성도 동일하다고 가정한다.

목표

1. 가동 펌프 속도(rpm)를 구한다.
2. 유출량(m^3/s)을 산출한다.

아이디어

같은 특성으로 최대 효율로 가동하는 펌프는 C_H, C_P, C_Q, η 값이 같다. 즉

$$(C_H)_N = (C_H)_{2133.5\ \text{rpm}}$$

여기서 N은 미지의 속도이다. 또한

$$(C_Q)_N = (C_Q)_{2133.5\ \text{rpm}}$$

1. 수두계수를 이용하여 속도를 계산한다.
2. 유출량계수를 이용하여 유출량을 계산한다.

문제풀이

1. 속도 계산: 그림 14.10에서 $N = 2133.5$ rpm일 때, 최대 효율 조건에 대하여 $\Delta H = 90$ m이다.

$$\left(\frac{g\Delta H}{n^2D^2}\right)_N = \left(\frac{g\Delta H}{n^2D^2}\right)_{2133.5}$$

$$\frac{76\ \text{m}}{N^2} = \frac{90\ \text{m}}{2133.5^2\ \text{rpm}^2}$$

$$N = 2133.5 \times \left(\frac{76}{90}\right)^{1/2} = \boxed{1960\ \text{rpm}}$$

2. 유출량 계산: 그림 14.10에서 최대 효율 $Q = 0.255\ \text{m}^3/\text{s}$이다.

$$\left(\frac{Q}{nD^3}\right)_N = \left(\frac{Q}{nD^3}\right)_{2133.5}$$

$$\frac{Q_{1960}}{Q_{2133.5}} = \frac{1960}{2133.5} = 0.919$$

$$Q_{1960} = \boxed{0.234\ \text{m}^3/\text{s}}$$

예제 14.5에서는 특정 원심펌프에 대해 성능을 예측하기 위하여 축척을 어떻게 사용하는지 알아본다.

예제 14.5

원심펌프의 양정, 유출량, 동력

문제

그림 14.10과 14.11 같은 특성을 갖는 펌프는 Colorado River Aqueduct(Daugherty와 Franzini(4) 참조)의 양수 플랜트에서 실제로 사용된 펌프의 모형이다. 최대 효율의 경우에 모형보다 5.33배 크며 400 rpm의 속도로 가동하는 원형에서의 양정, 유량 및 동력은 얼마로 예측되는가?

설명

모형 펌프에 비하여 5.33배 큰 펌프이며 속도는 400 rpm이다.

가정: $\rho = 10^3\ \text{kg/m}^3$인 물을 양수하고 있다.

목표

최대 효율에서 다음을 구하여라.

1. 양정(m)
2. 유출량(m^3/s)
3. 동력(kW)

아이디어

1. 그림 14.11에서 최대 효율에서의 C_Q, C_H, C_P를 구한다.
2. rps 단위의 속도를 구하고 새 직경을 계산한다.
3. 식 (14.14)~(14.16)을 사용하여 양정, 유출량, 동력을 구한다.

문제풀이

1. 그림 14.11에서 최대 효율 조건에 대하여 $C_Q = 0.12$, $C_H = 5.2$, $C_P = 0.69$이다.
2. $n = (400/60)\ \text{rps} = 6.67\ \text{rps}$.

   $D = 0.371 \times 5.33 = 1.98\ \text{m}$.
3. 펌프의 성능:
   - 양정:

$$\Delta H = \frac{C_H D^2 n^2}{g} = \frac{5.2(1.98\ \text{m})^2 (6.67\ \text{s}^{-1})^2}{(9.81\ \text{m/s}^2)} = \boxed{92.4\ \text{m}}$$

   - 유출량:

$$Q = C_Q n D^3 = 0.12(6.67\ \text{s}^{-1})(1.98\ \text{m})^3 = \boxed{6.21\ \text{m}^3/\text{s}}$$

   - 동력:

$$P = C_P \rho D^5 n^3 = 0.69\ ((10^3\ \text{kg})/\text{m}^3)(1.98\ \text{m})^5 (6.67\ \text{s}^{-1})^3 = \boxed{6230\ \text{kW}}$$

14.4 비속도

앞 절에서 축류펌프는 대유출량 저수두에 적합한 반면에 반경류 기계는 저유출량 고수두에 더욱 적합함을 언급한 바 있다. 특정 적용 조건에 가장 적합한 펌프(또는 터빈)의 유형을 선택하는 데 쓰이는 π-그룹의 매개변수는 **비속도**(specific speed) n_s이다. 비속도는 C_H와 C_Q를 조합하여, 직경 D를 소거하여 구한다.

$$n_s = \frac{C_Q^{1/2}}{C_H^{3/4}} = \frac{(Q/nD^3)^{1/2}}{[\Delta H/(D^2 n^2/g)]^{3/4}} = \frac{nQ^{1/2}}{g^{3/4}\Delta H^{3/4}}$$

그러므로 비속도는 크기에 상관없이 여러 다른 유형의 펌프에 적용할 수 있다.

그림 14.13과 같이 여러 유형의 펌프를 대상으로 실제 효율을 n_s에 대하여 그려 보면, 어떤 유형의 펌프는 특정한 n_s 범위에서 효율이 더 높다는 것을 알 수 있다. 비속도가 작으면 반경류펌프가 더 효율적이며, 비속도가 크면 축류펌프가 더 효율적이다. 실제로는 완전한 축류 기계와 완전한 반경류 기계 사이의 범위에서, 최대 효율을 갖는 특정 흐름 조건이 가능하도록 하는 점진적으로 변화된 임펠러 형태가 존재한다. 축류, 혼합, 반경류 기계 간의 경계가 분명하지는 않으나, 비속도 값이 어느 기계가 가장 적합한지를 정하는 데 기준이 된다. 최종 결정은 구입 가능성, 구입 가격, 운전 비용, 신뢰성에 달려 있다.

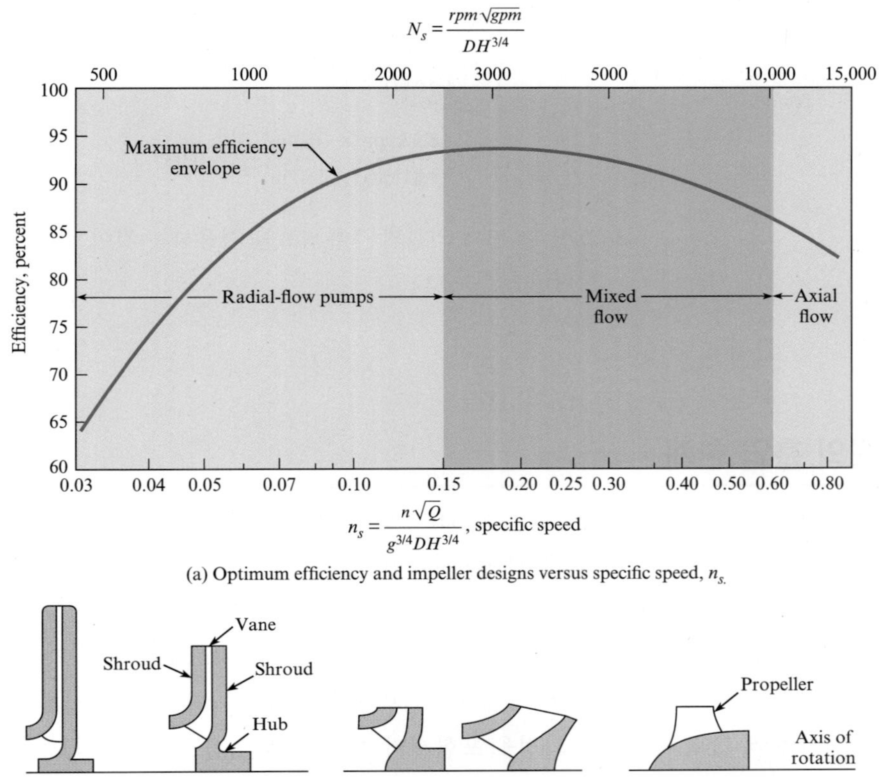

(a) Optimum efficiency and impeller designs versus specific speed, n_s.

(b) Radial-flow impellers. (c) Mixed-flow impellers. (d) Axial flow.

그림 14.13
최적 효율, 임펠러 종류와 비속도의 관계.

전통적으로 미국에서 사용하는 펌프의 비속도는 $N_s = NQ^{1/2}/\Delta H^{3/4}$으로 정의해 왔다. 이때 N은 분당 회전수, Q는 분당 갤런수, ΔH는 피트 단위이다. 이 식은 유차원식이다. 따라서 n_s보다 훨씬 큰 값이다(변환계수 17,200). SI 단위계 도입 이전의 대부분의 책에서 비속도에 대한 전통적 정의를 사용하였다.

예제 14.6에서 펌프의 유형을 정하기 위하여 비속도를 사용하는 예를 볼 수 있다.

예제 14.6

비속도를 이용한 펌프 선정

문제

유량이 0.3 m^3/s, 양정이 180 m인 경우 어떤 유형의 펌프가 적합한가? 단, $N = 1100$ rpm으로 가정한다.

설명

유량이 0.3 m^3/s, 양정이 180 m인 경우 펌프를 선정하려고 한다.

목표

사용할 가장 적합한 펌프의 유형을 찾는다.

아이디어

1. 비속도를 계산한다.

2. 그림 14.13을 이용하여 펌프의 유형을 정한다.

문제풀이

1. rps 단위의 회전율은

$$n = \frac{1100}{60} = 18.33 \text{ rps}$$

비속도를 구하면

$$n_s = \frac{n\sqrt{Q}}{(g\Delta H)^{3/4}}$$

$$= \frac{18.33 \text{ rps} \times (0.3 \text{ m}^3/\text{s})^{1/2}}{(9.81 \text{ m/s}^2 \times 180 \text{ m})^{3/4}} = 0.037$$

2. 그림 14.13에 의하면 축류펌프를 사용하는 것이 적합하다.

14.5 펌프의 흡입 한계

펌프의 흡입구 쪽 압력은 펌프에 공동현상(cavitation)이 발생할 가능성이 있기 때문에 가장 중요한 요소이다. 물이 펌프의 임펠러 블레이드를 지나면서, 국부적으로 속도가 빠른 구역에서 상대적으로 압력이 낮아지며(베르누이 효과), 이 압력이 대상 액체의 증기압보다 낮으면 공동현상이 발생하게 된다. 정해진 펌프가 정해진 속도와 정해진 유량으로 작동할 경우, 펌프의 흡입구 쪽에서 공동현상이 발생하기 시작하는 압력이 존재할 것이다. 펌프 제작사는 실험 과정에 항상 이 한계 압력을 구하는 과정을 포함시키며, 그 결과를 펌프의 성능 곡선에 포함시킨다.

더 구체적으로 말하면, 중요한 것은 펌프 흡입구 쪽 압력과 대상 유체의 증기압과의 차이이다. 실제로 공학자들은 이 차이를 압력수두와 관련시켜 **순양흡입수두**(net positive suction head)로 부르며, 간단히 NPSH라고 한다. 주어진 유량을 양수하는 펌프의 NPSH를 계산하려면, 먼저 양수하고자 하는 저수지와 펌프 흡입구 쪽의 흡입관 단면에 에너지식을 적용한다. 그러고 나서 증기압 수두를 빼면 NPSH가 된다.

그림 14.14에서 NPSH를 구하기 위해 에너지식을 적용하는 위치는 점 1과 2이다.

공동현상의 가능성을 나타내는 더욱 일반적인 매개변수는 비속도이다. 그러나 비속도를 구할 때 3/4승을 하는 대상 변수인 발생 수두(ΔH) 대신 NPSH를 쓴다.

그림 14.14

펌프의 NPSH를 계산하는 데 사용되는 위치.

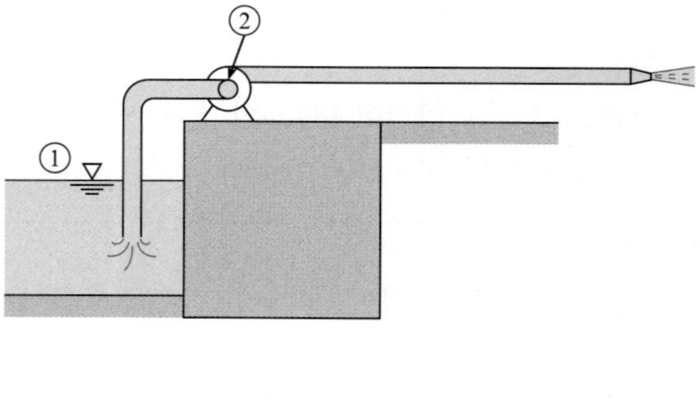

$$n_{ss} = \frac{nQ^{1/2}}{g^{3/4}(\text{NPSH})^{3/4}}$$

여기서 n_{ss}는 흡입 비속도(suction specific speed)라고 한다. 미국에서 사용해 온 재래식 단위의 흡입 비속도는 $N_{ss} = NQ^{1/2}/(\text{NPSH})^{3/4}$이다. 여기서 N은 rpm 단위, Q는 gpm 단위, NPSH는 ft 단위이다. 펌프 시험 자료 분석에 의하면 흡입 비속도는 공동현상이 발생할 것인지의 여부에 대한 좋은 지표로 적합한 것으로 나타났다. 예를 들면 Hydraulic Institute(5)는 한계 N_{ss} 값을 8500으로 제시한 바 있다. 이것은 SI단위(Q는 lpm, N은 rpm, NPSH는 m)로 40,300에 해당한다. 한계 NPSH나 N_{ss}에 관하여 더욱 자세한 내용이 필요한 경우에는 제작사가 제공하는 자료나 Hydraulic Institute의 자료를 참고하기 바란다.

펌프 계통에서 NPSH를 구하는 계산의 예가 예제 14.7에 나와 있다.

예제 14.7

순양흡입수두

문제

그림 14.14와 같은 펌프가 25°C의 물 0.06 m³/s의 유량을 양수하고 있으며, 흡입관 직경은 20 cm이다. 펌프 흡입구는 저수조 수면 위 2 m 높이에 있다. 펌프의 운전 동력은 1750 rpm이다. 이 조건에서 순양흡입수두와 기존의 흡입 비속도를 구하라.

설명

펌프가 25°C의 물을 0.06 m³/s로 양수한다.

가정:

1. 유입 손실계수 = 0.10이다.
2. 곡관 손실계수 = 0.20이다.

특성값: 물(25°C): 표 A.5, $\gamma = 9.781\ \text{N/m}^3$, $p_{\text{vap}} = 3500$ Pa.

목표

- 순양흡입수두(NPSH)를 계산한다.
- 기존의 흡입 비속도(N_{ss})를 계산한다.

아이디어

순양흡입수두는 펌프 입구에서의 압력과 증기압의 차이이다.

1. 저수조 수면의 대기압을 수두로 환산한다.
2. 20 cm 관 내의 속도를 결정한다.
3. 저수조와 펌프 입구에 에너지식을 적용한다.
4. NPSH를 계산한다.
5. $N_{ss} = (NQ^{1/2})/(\text{NPSH})^{3/4}$으로 N_{ss}를 계산한다.

문제풀이

1. 저수조에서의 압력수두:

$$\frac{p_1}{\gamma} = \frac{101.3 \times 10^3\ \text{Pa}}{9781\ \text{N/m}^3} = 10.36\ \text{m}$$

2. 관 내의 속도:

$$V_2 = \frac{Q}{A} = \frac{0.06\ \text{m}^3/\text{s}}{\pi \times (0.1\ \text{m})^2} = 1.9\ \text{m/s}$$

3. 점 1과 2 사이에 에너지식을 적용하면

$$\frac{p_1}{\gamma} + \frac{V_1^2}{2g} + z_1 = \frac{p_2}{\gamma} + \frac{V_2^2}{2g} + z_2 + \sum h_L$$

- 입력값:

$$V_1 = 0,\ \ z_1 = 0,\ \ z_2 = 2\ \text{m}$$

- 손실수두:

$$\sum h_L = (0.1 + 0.2)\frac{V_2^2}{2g}$$

• 펌프 입구에서의 수두:

$$\frac{p_2}{\gamma} = \frac{p_1}{\gamma} - z_2 - \frac{V_2^2}{2g}(1 + 0.3)$$

$$= 10.36 - 2 - 1.3 \times \frac{1.9^2}{2 \times 9.81} = 8.12 \text{ m}$$

4. 25°C 물의 증기압:

$$\frac{3500}{9781} = 0.358 \text{ m}$$

순양흡입수두:

$$\text{NPSH} = 8.12 - 0.358 = 7.76 \text{ m}$$

5. 기존의 흡입 비속도:

$$Q = 0.06 \text{ m}^3/\text{s} = 3600 \text{ lpm}$$

$$N_{ss} = (1750)(3600)^{1/2}/(7.76)^{3/4} = \boxed{22{,}600}$$

해와 풀이과정 검토

1. *토의.* 흡입구 직경이 20 cm, 유량이 0.06 m^3/s인 전형적인 단일 단 원심펌프의 한계 NPSH는 보통 약 3 m이다. 그러므로 이 예제의 펌프는 가동 시 공동현상의 가능성 관점에서 충분히 안전하다.
2. *토의.* 구한 N_{ss} 값은 한계값인 40,300보다 훨씬 작다. 따라서 공동현상에 대해서는 염려하지 않아도 되는 범위이다.

한 원심펌프 생산업체가 제공한 전형적인 성능 곡선의 한 예가 그림 14.15에 제시되어 있다. 5 in.에서 7 in.까지로 표시된 실선은 하나의 펌프 하우징에 맞는 여러 임펠러의 크기를 나타낸다. 이 곡선으로부터 양정을 유량의 함수로 구할 수 있다. 점선은 주어진 양정과 유량에 대하여 펌프가 필요로 하는 동력을 나타낸다. 등효율선도 표시되어 있다. 실제로 임펠러를 선택할 때는 당연히 최대 효율점에 가깝게 선택하는 것이 좋다. NPSH 값으로부터 공동현상이 발생하지 않고 작동 가능한 펌프 입구 측 최소 수두(절대 수두)를 구할 수 있다.

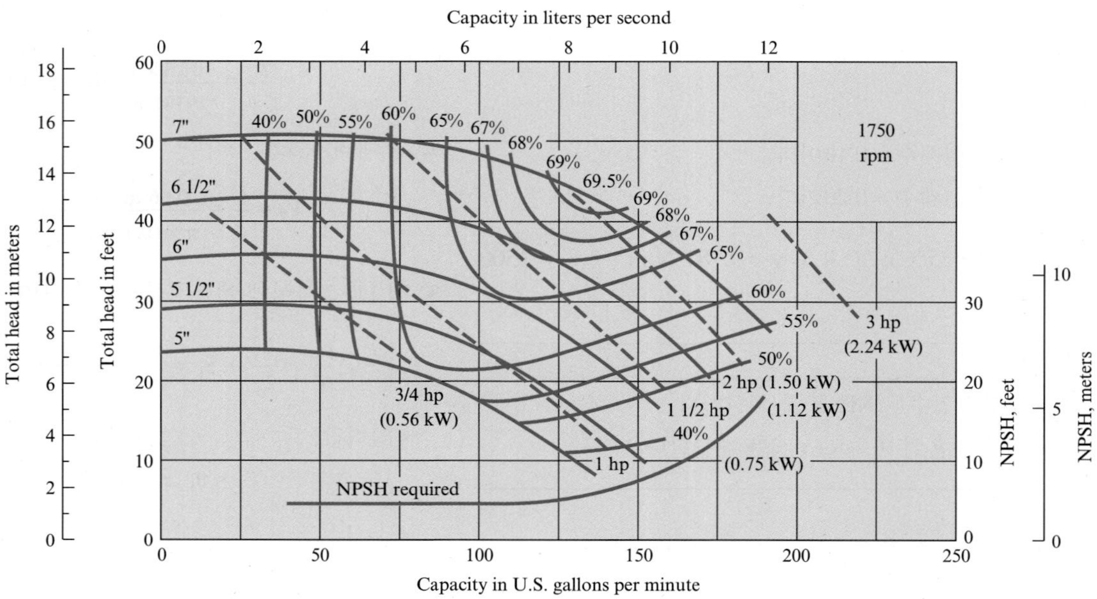

그림 14.15
원심펌프의 성능 곡선. [McQuiston과 Parker(6). John Wiley와 Sons의 허가를 받음.]

14.6 점성의 영향

앞 절에서는 점성의 영향을 무시한 채 모형 실험의 결과로부터 원형의 결과를 예측하기 위한 상사 매개변수를 유도한 바 있다. 그러나 이 가정은 모형이 아주 작은 경우에는 유효하지 않다. Hydraulic Institute 표준(5)은 펌프의 모형 실험 시 점성의 영향을 최소화하려면 임펠러 모형의 직경이 30 cm 이상이 되도록 모형의 크기를 정할 것을 추천하였다. 위의 표준 기준서에는 "모형은 펌프뿐만 아니라 흡입관, 배출관까지도 원형과 완전한 기하학적 상사가 이루어져야 한다"라고 언급되어 있다.

완전한 기하학적 상사율을 갖더라도 모형은 원형에 비하여 효율이 낮다. Moody(7)는 반경류, 혼합류 펌프와 터빈에 대하여 모형의 효율로부터 원형의 효율을 추산하는 경험식을 다음과 같이 제시하였다.

$$\frac{1 - e_1}{1 - e} = \left(\frac{D}{D_1}\right)^{1/5} \tag{14.18}$$

여기서 e_1은 모형의 효율, e는 원형의 효율이다.

예제 14.8은 점성의 영향을 고려한 효율을 추정하는 방법을 보여 준다.

예제 14.8

점성이 펌프의 효율에 미치는 영향

문제

임펠러의 직경이 45 cm인 모형을 시험한 결과 효율이 85%였다. 기하학적으로 상사가 되는 원형의 임펠러 직경이 1.80 m일 때 모형 시험의 동역학적 상사를 지키면서 ($C_{Q,\,\text{model}} = C_{Q,\,\text{prototype}}$) 원형을 작동할 경우, 원형의 효율을 추산하라.

설명

임펠러 직경이 45 cm인 모형의 효율이 85%이다.

가정: 점성의 영향으로 효율이 변화한다.

목표

임펠러의 직경이 1.80 m인 펌프의 효율을 구한다.

아이디어

식 (14.18)을 사용하여 점성의 영향을 구한다.

문제풀이

효율:

$$e = 1 - \frac{1 - e_1}{(D/D_1)^{1/5}} = 1 - \frac{0.15}{1.32} = 1 - 0.11 = 0.89$$

즉

$$\boxed{e = 89\%}$$

14.7 원심압축기

원심압축기(centrifugal compressor)의 설계는 원심펌프의 설계와 비슷하다. 공기나 기체의 밀도가 액체의 밀도에 비해 훨씬 작으므로, 압력을 크게 증가시키려면 압축기의 회전 속도를 펌프보다 훨씬 크게 해야 한다. 압축 과정이 등엔트로피적이고 기체가 이상기체이면, 기체의 압력을 p_1에서 p_2로 압축하기 위한 동력은 다음과 같다.

$$P_{\text{theo}} = \frac{k}{k-1} Q_1 p_1 \left[\left(\frac{p_2}{p_1} \right)^{(k-1)/k} - 1 \right] \tag{14.19}$$

여기서 Q_1은 압축기로 유입하는 체적유량(volume flow rate)이고 k는 비열의 비이다. 식 (14.19)를 이용하여 구한 동력은 **이론 단열 동력**(theoretical adiabatic power)이라고 부른다. 수랭(water cooling)을 하지 않는 압축기의 효율은 이론 단열 동력과 그 축에 실제로 필요한 동력에 대한 비로 정의된다. 보통 흡입 체적유량이 클수록 효율이 증가한다. 유량이 0.6 m^3/s인 경우 효율은 전형적으로 0.60이며 유량이 40 m^3/s인 경우 0.74로 증가한다. 설계를 더욱 정교하게 하면 효율을 더 높일 수 있다.

예제 14.9는 압축기를 작동하기 위한 축동력을 어떻게 계산하는지를 보여 준다.

예제 14.9

원심압축기의 축동력 계산

문제

유량 1 m^3/s의 공기를 압력 100 kPa에서 200 kPa로 높이려면 축동력은 얼마이어야 하는가? 압축기의 효율은 65%이다.

설명

압축기로 유량 1 m^3/s의 공기를 압력 100 kPa에서 200 kPa로 높인다.

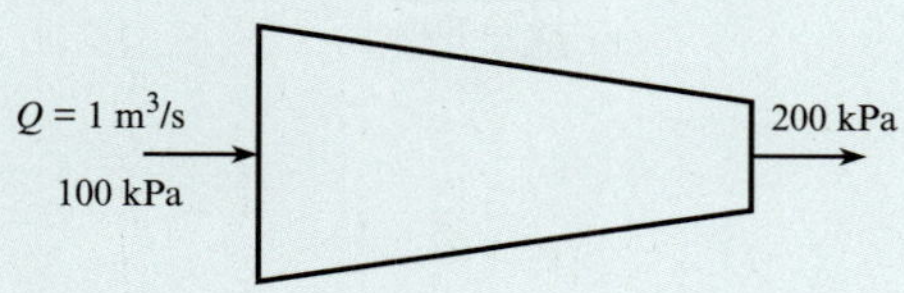

특성값: 표 A.2: $k = 1.4$.

목표

소요 축동력(kW) P_{shaft}을 구한다.

아이디어

1. 식 (14.19)에서 이론 동력을 계산한다.
2. 이론 동력을 효율로 나누어 (소요) 축동력을 구한다.

문제풀이

1. 이론 동력:

$$\begin{aligned} P_{\text{theo}} &= \frac{k}{k-1} Q_1 p_1 \left[\left(\frac{p_2}{p_1} \right)^{(k-1)/k} - 1 \right] \\ &= (3.5)(1\ \text{m}^3/\text{s})(10^5\ \text{N/m}^2)[(2)^{0.286} - 1] \\ &= 0.767 \times 10^5\ \text{N} \cdot \text{m/s} = 76.7\ \text{kW} \end{aligned}$$

2. 축동력:

$$P_{\text{shaft}} = \frac{76.7}{0.65} \text{kW} = \boxed{118\ \text{kW}}$$

고압 압축기는 압축 과정에서 발생하는 기체의 높은 온도로 인하여 냉각이 필요하다. 냉각에는 단(stage) 사이의 기체를 냉각하는 물 재킷(water jacket)이나 내부 냉각기(intercooler)를 사용한다. 수랭식 압축기의 효율은 이상기체를 등온적으로 압축하는 데 필요한 동력을 기준으로 한다.

$$P_{\text{theo}} = p_1 Q_1 \ln \frac{p_2}{p_1} \tag{14.20}$$

이 값을 보통 **이론 등온 동력**(theoretical isothermal power)이라고 부른다. 수랭식 압축기의 효율은 일반적으로 비냉각 압축기의 효율에 비하여 낮다. 압축기를 물 재킷으로 냉각하는 경우, 효율은 특성상 55~60%의 범위에 든다. 내부 냉각기의 효율은 60~65%이다.

유체 시스템의 적용

특정한 용도를 위해 펌프, 환풍기, 또는 압축기를 선택하는 것은 설계 유량에 의해 결정된다. 그러기 위해서는 대상으로 하고 있는 흐름 시스템에 대한 시스템 곡선을 획득하고 생성하여야 하며, 유체 기계의 성능 곡선도 필요하다. 이들 두 곡선의 교차점이 10장에서 언급한 운전점을 나타낸다.

예를 들어 그림 14.15와 같이 우물로부터 탱크로 15°C의 물을 양수하기 위해 그림 14.16의 특성을 가진 원심펌프를 사용한다고 가정하자. 양수 능력은 적어도 5 lps를 요구한다. 표준 규격 40인 2 in.의 아연으로 도금된 200 ft짜리 철관이 사용된다. 개방된 게이트밸브뿐 아니라 체크밸브도 부착되어 있다. 우물과 탱크 내 유체 표면의 높이차는 6.1 m이다. 7장의 에너지 방정식을 적용하면, 펌프에 의해 요구되는 수두는 다음과 같다.

$$h_p = \Delta z + \frac{V^2}{2g}\left(\frac{fL}{D} + \sum K_L\right)$$

여기서 K_L은 유입구, 체크밸브, 게이트밸브의 손실수두 및 탱크 입구에서의 급확대 손실계수를 나타낸다. 10장에서 소개한 손실계수의 대표값을 사용하고, 무디 도표를 통해 마찰계수를 산정하면, 다음과 같은 관계식을 구할 수 있다.

$$h_p = 20 + 0.00305\, Q^2$$

여기서 Q는 lps 단위의 유량을 나타내며, h_p의 단위는 m이다. 이것이 시스템 곡선이다.

펌프의 성능 곡선에 시스템 곡선을 추가하여 그림 14.17에 나타내었다. 선들이 교차하는 점이 운전점이다. 5.2 lps 이상의 유량은 6.5 in. 임펠러로 얻어짐을 알 수 있다. 또한 그림 14.15를 참고하여 이 지점의 효율은 62%임을 알 수 있다. 설계 요구량이 충족되도록 하기 위해서 기술자는 6 lps 지점을 운용하는 더 큰 임펠러를 채택할 것이다. 만일 펌프가 연속적인 운용에 사용되고 효율이 경비 운영에 중요한 요소가 된다면, 공학자는 해당 운전점에서 더

그림 14.16

우물에서 탱크로 양수되는 물의 시스템.

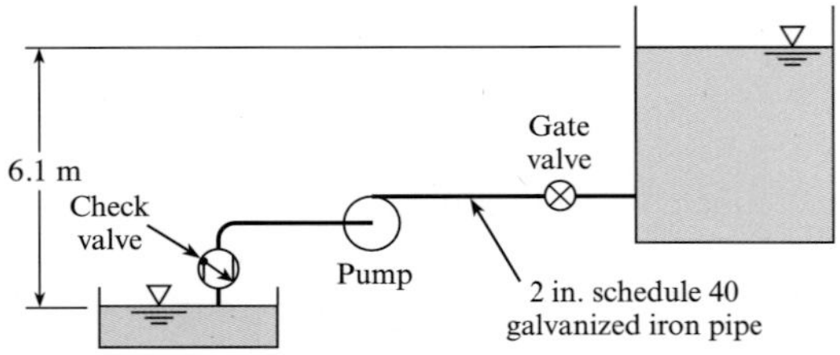

그림 14.17

펌프 적용에 대한 시스템 곡선과 펌프 성능 곡선.

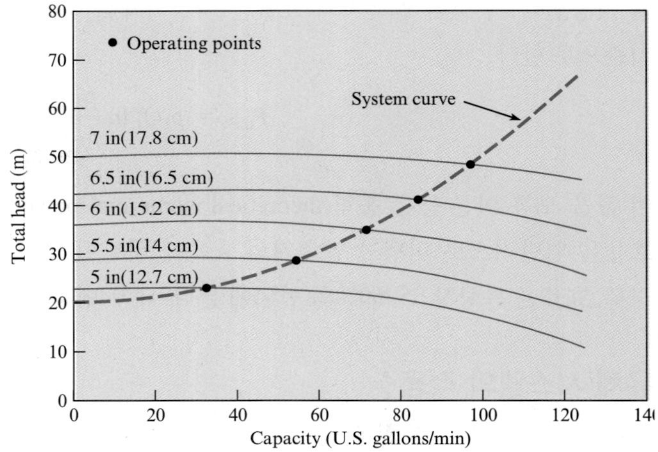

높은 효율을 가질 수 있는 다른 펌프를 고려할 것이다. 펌프 시스템 설계에 경험이 있는 기술자는 경비와 성능을 조합하는 데 익숙할 것이며, 비교적 빨리 설계를 결정할 것이다.

어떤 시스템에서는 두 개의 펌프를 직렬이나 병렬로 사용하는 것이 유리할 수도 있다. 만일 두 개의 펌프가 직렬로 사용된다면, 그림 14.18a에 나와 있는 바와 같이 유량이 동일할 때 성능 곡선은 두 기계의 펌프수두 합으로 나타난다. 이런 배치는 그림에 나와 있는 것과 같이 급하게 변하는 시스템 곡선을 가진 흐름에 대해 바람직하다. 만일 두 개의 펌프가 병렬로 연결된다면, 그림 14.18b에서와 같이 펌프수두가 동일할 때 성능 곡선은 두 펌프의 유량을 합함으로써 얻어지게 된다. 이런 배치는 그림에서 알 수 있는 바와 같이 완만한 시스템 곡선을 가진 흐름에 대해 적합하다. 펌프에 대해 여기서 설명한 개념들은 환풍기와 압축기에도 적용될 수 있다.

그림 14.18

직렬(a)과 병렬(b)로 연결된 펌프에 대한 펌프 성능 곡선.

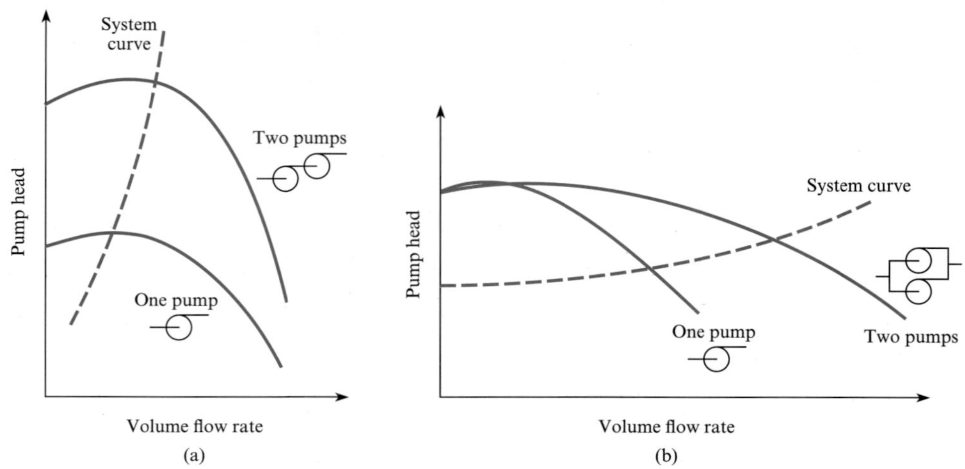

14.8 터빈

터빈(turbine)이란 운동하는 유체로부터 에너지를 추출하는 기계로 정의된다. 펌프에 관한 기본 이론과 상사 매개변수는 대부분 터빈에도 사용할 수 있다. 그러나 물리적 특징과 용어에 일부 차이가 있다. 또한 반경류 기계의 임펠러를 통과하는 흐름의 특징을 더욱 세부적으로 고려할 필요가 있다. 이러한 내용을 이 절에서 살펴보기로 한다.

수력터빈의 두 가지 주요 범주는 **충동터빈**(impulse turbine)과 **반동터빈**(reaction turbine)이다. 반동터빈에서 수류는 수차에 부착된 날개 또는 날개깃의 작용을 통하여 터빈의 수차 또는 러너를 회전시키는 데 사용된다. 날개깃이 프로펠러와 같은 방향을 이루고 있을 때 흐름은 축방향이고 이러한 기계는 **카플란터빈**(Kaplan turbine)이라고 부른다. 날개가 원심펌프의 임펠러와 같은 방향을 이루고 있으면 흐름은 반경방향이고 이러한 기계는 **프랜시스터빈**(Francis turbine)이라고 부른다. 충동터빈에서 물은 노즐과 수차의 테(rim)에 부착된 날개를 치는 효과로 가속시킨다. 이러한 기계를 **펠턴수차**(Pelton wheel)라고 부른다.

충동터빈

충동터빈(impulse turbine)에서는 노즐에서 나오는 유체제트가 터빈 휠(wheel)의 베인, 즉 **러너**(runner)에 부딪치면서 러너를 회전시켜 동력을 생산한다(그림 14.19, 14.20 참조). 충동터빈의 유체역학적 주요 특징은 제트가 움직이는 베인에 의하여 편향하면서 동력을 생산하는 점이다. 이 편향된 제트에 운동량 방정식을 적용하면 이상적인 조건의 경우 베인의 속도가 초기 제트의 속도의 반일 때 최대의 동력이 발생함을 알 수 있다(Daugherty와 Franzini(4) 참조). 이러한 조건에서는 유출 제트의 속도가 0이 된다. 제트의 모든 운동에너지가 베인을 움직이는 데 소모된다. 그러므로 에너지식을 유입 제트와 유출 유체 간에 적용하면(손실수두

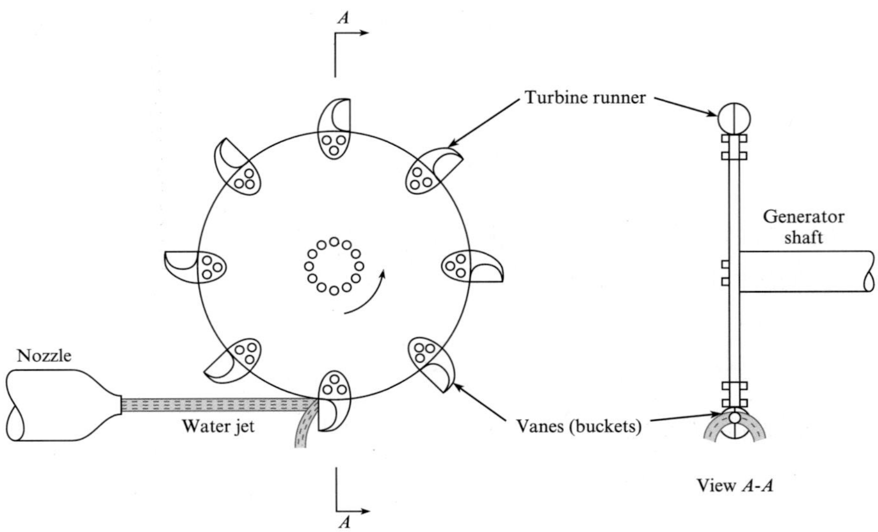

그림 14.19
충동터빈.

그림 14.20
펠턴 수차 터빈의 러너 사진. (Alberto Pomares/Getty Images, Inc.)

와 유출 시의 운동에너지가 무시할 만큼 작다고 가정함), 터빈에 미치는 수두는 $h_t = V_j^2/2g$이며, 생산 동력은 다음과 같다.

$$P = Q\gamma h_t \tag{14.21}$$

여기서 Q는 유입 제트의 유량, γ는 제트 유체의 단위중량 $h_t = V_j^2/2g$, 즉 제트의 속도수두이다. 따라서 식 (14.21)은 다음과 같이 된다.

$$P = \rho Q \frac{V_j^2}{2} \tag{14.22}$$

터빈축에 걸리는 토크를 구하려면, 각운동량 방정식을 그림 14.21과 같은 검사체적에 적용한다. 정상류에 대하여 다음 식이 성립한다.

$$\sum M = \sum_{cs} \mathbf{r}_o \times (\dot{m}_o \mathbf{v}_o) - \sum_{cs} \mathbf{r}_i \times (\dot{m}_i \mathbf{v}_i)$$

출구로 나오는 유체의 각운동량은 작다고 가정한다. 시스템에 작용하는 운동량은 축에 작용하는 토크 T이다. 그러므로 각운동량은 다음과 같이 간단해진다.

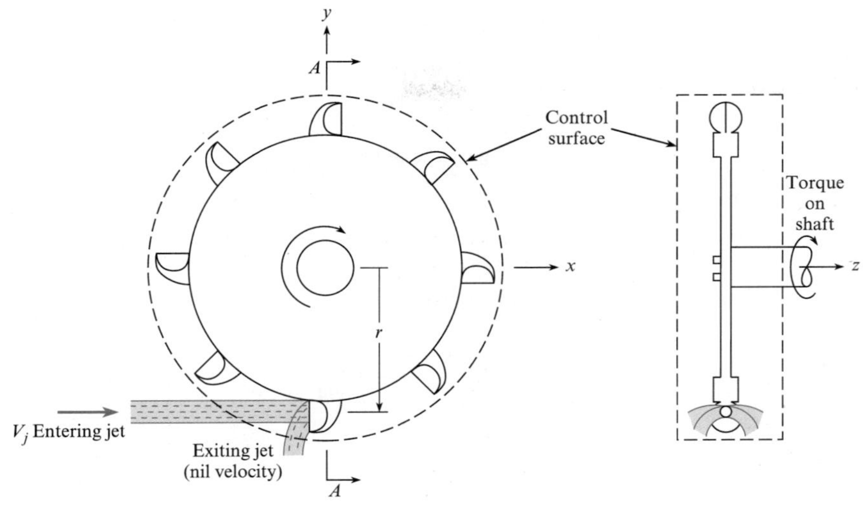

그림 14.21
각운동량 원리를 사용하여 충동터빈에 적용한 검사체적 접근방법.

$$T = -\dot{m} r V_j \tag{14.23}$$

검사표면을 지나는 질량유량은 ρQ이며, 토크는 다음과 같다.

$$T = -\rho Q V_j r$$

음의 부호는 시스템에 작용하는 토크가 시계방향임을 의미한다(각속도를 일정하게 유지하며 회전하도록 함). 그러나 시스템이 축에 전달하는 토크는 반시계방향이며, 이는 곧 휠의 회전 방향과 같다. 따라서 다음과 같이 쓸 수 있다.

$$T = \rho Q V_j r \tag{14.24}$$

터빈에 의하여 생산되는 동력은 $T\omega$, 즉 다음과 같다.

$$P = \rho Q V_j r \omega \tag{14.25}$$

또한 최대 동력의 경우에 터빈 베인의 속도가 위에서 언급한 바와 같이 $(1/2)V_j$라면 $P = \rho Q V_j^2/2$이며, 이는 식 (14.22)와 같다.

예제 14.10은 충동터빈의 토크를 계산하는 예를 보여 준다.

예제 14.10

충동터빈

문제

그림과 같은 충동터빈의 효율이 85%라면 kW 단위로 얼마의 동력을 얻겠는가? 수압관(penstock)의 저항계수 f는 0.015이며, 노즐 자체에서의 손실수두는 무시하기로 한다. 이상적 조건($V_j = 2V_{\text{bucket}}$)을 가정하면 휠의 각속도는 얼마인가? 또한 터빈축에 작용하는 토크는 얼마인가?

설명

85% 효율의 충동터빈에 대한 문제이다.

가정:

1. 유입 손실이 없다.
2. 노즐에서의 손실수두는 무시한다.
3. 물의 밀도는 1000 kg/m³이다.

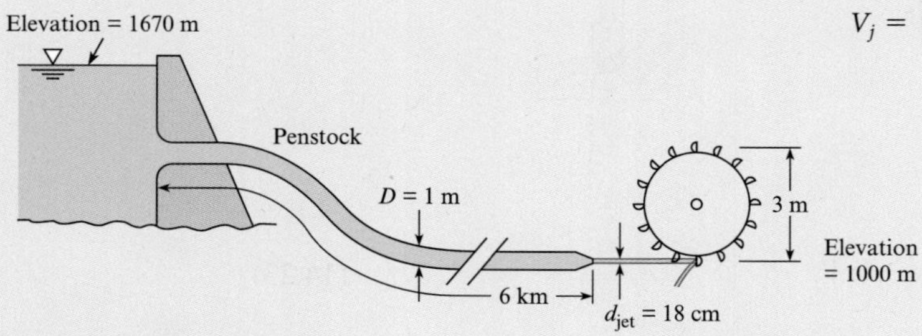

목표

구하는 값:

- 터빈에서 생산하는 동력(kW)
- 최대 효율의 경우 휠의 각속도(rpm)
- 터빈축의 토크(kN·m)

아이디어

1. 에너지식을 적용하여 노즐에서의 속도를 구한다.
2. 식 (14.22)에서 동력을 구한다.
3. 최대 효율에서 $\omega r = (V_j/2)$이다.
4. $P = T\omega$에서 토크를 계산한다.

문제풀이

1. 에너지 방정식:

$$\frac{p_1}{\gamma} + \frac{V_1^2}{2g} + z_1 = \frac{p_j}{\gamma} + \frac{V_j^2}{2g} + z_j + h_L$$

- 에너지 방정식 내의 값:

$$p_1 = 0, z_1 = 1670 \text{ m}, V_1 = 0, p_j = 0, z_j = 1000 \text{ m}$$

- 수압관-공급 관 내의 속도비:

$$V_{\text{penstock}} = \frac{V_j A_j}{A_{\text{penstock}}} = V_j\left(\frac{0.18 \text{ m}}{1 \text{ m}}\right)^2 = 0.0324\, V_j$$

- 손실수두:

$$h_L = f\frac{L}{D}\frac{1}{2g}V_{\text{penstock}}^2$$

$$= \frac{0.015 \times 6000}{1}(0.0324)^2\frac{V_j^2}{2g} = 0.094\frac{V_j^2}{2g}$$

- 제트 속도:

$$z_1 - z_2 = 1.094\frac{V_j^2}{2g}$$

$$V_j = \left(\frac{2 \times 9.81 \text{ m/s}^2 \times 670 \text{ m}}{1.094}\right)^{1/2} = 109.6 \text{ m/s}$$

2. 총 동력:

$$P = Q\gamma\frac{V_j^2}{2g} = \frac{\gamma A_j V_j^3}{2g}$$

$$= \frac{9810(\pi/4)(0.18)^2(109.6)^3}{2 \times 9.81} = 16{,}750 \text{ kW}$$

동력 출력:

$$P = 16{,}750 \times \text{efficiency} = \boxed{14{,}240 \text{ kW}}$$

3. 휠의 각속도:

$$V_{\text{bucket}} = \frac{1}{2}(109.6 \text{ m/s}) = 54.8 \text{ m/s}$$

$$r\omega = 54.8 \text{ m/s}$$

$$\omega = \frac{54.8 \text{ m/s}}{1.5 \text{ m}} = 36.5 \text{ rad/s}$$

휠의 속도:

$$N = (36.5 \text{ rad/s})\frac{1 \text{ rev}}{2\pi \text{ rad}}(60 \text{ s/min}) = \boxed{349 \text{ rpm}}$$

4. 토크:

$$T = \frac{\text{power}}{\omega} = \frac{14{,}240 \text{ kW}}{36.5 \text{ rad/s}} = \boxed{390 \text{ kN} \cdot \text{m}}$$

반동터빈

대기압 하에서 제트가 동시에 베인 한두 개만을 치는 충동터빈과는 달리 반동터빈의 경우에는 흐름이 압력을 받는 상태에 있으며 동시에 임펠러터빈의 모든 날개에 작용한다. 또한 흐름이 임펠러가 위치하는 방을 빈틈없이 채운다(그림 14.22 참조). 외측 반경 r_1으로부터 내측 반경 r_2로 가면서 압력이 강하한다. 이 또한 흐름의 유입과 유출 시 압력이 동일한 충동터빈과 다른 차이점이다. 프랜시스(J. B. Francis)는 처음으로 완전한 반경류임펠러로 구성된 초기 형태의 반동터빈을 광범위하게 시험하였다(그림 14.23). 즉 임펠러를 통하여 흐르는 흐름의 속도 성분은 완전히 러너축에 수직인 평면상에 놓인다. 그러나 근래의 혼합류 형태나 축류 형태의 임펠러 디자인도 반동터빈이라고 부른다.

반동터빈의 토크와 동력의 관계

충동터빈에서와 같이 반동터빈의 토크와 동력에 관한 공식을 유도하기 위하여 각운동량 방정식을 사용한다. 그림 14.23에 터빈 러너의 일부분을 나타냈으며, 이는 전체 러너 상의 흐름의 상태를 묘사하고 있다. 러너 바깥쪽의 유도 베인(guide vane)은 러너 자체의 바깥쪽의 전체 원주 주위에서 흐름이 접선 속도 성분을 갖도록 유도함을 볼 수 있다. 따라서 유체는 터빈 러너로 접근할 때 초기부터 터빈축에 대한 각운동량을 갖는다. 유체가 러너 내의 통로를 지나면서, 러너 베인은 흐름 속도의 크기와 방향을 바꾸어 놓는다. 따라서 유체의 각운동량이 변화하며, 이로 인하여 러너에 토크를 가하게 된다. 이 토크가 러너를 움직이게 되고, 동력이 생산된다.

위의 내용을 정량적으로 살펴보기로 한다. V_1을 유입 속도로 하고, α_1은 러너의 접선방향에 대하여 속도가 이루는 각도를 나타내는 것으로 하자. 내부 러너에서도 비슷한 방법으로 V_2와 α_2를 정한다. 정상류에 대하여 각운동량 방정식(식 6.27)을 그림 14.23에 표시한 검사체적에 적용하면 다음과 같다.

$$\begin{aligned} T &= \dot{m}(-r_2 V_2 \cos\alpha_2) - \dot{m}(-r_1 V_1 \cos\alpha_1) \\ &= \dot{m}(r_1 V_1 \cos\alpha_1 - r_2 V_2 \cos\alpha_2) \end{aligned} \tag{14.26}$$

이 터빈의 동력은 $T\omega$와 같다.

$$P = \rho Q \omega (r_1 V_1 \cos\alpha_1 - r_2 V_2 \cos\alpha_2) \tag{14.27}$$

식 (14.27)은 동력 생산량은 흐름이 임펠러로 유입하고 유출할 때의 흐름 속도의 방향, 즉 α_1과 α_2의 함수임을 나타낸다.

흥미로운 점은 반동터빈 내의 흐름 내에서는 압력이 변화하는데도 각운동량 방정식을 사용하여 유도한 식에는 이 압력 항이 나타나지 않는다는 것이다. 압력이 나타나지 않는 이유는 선택한 검사체적의 외측 표면과 내측 표면이 운동량과 각운동량을 구하려는 기준 축에 대하여 동심원이기 때문이다. 이러한 표면에 작용하는 전압력(pressure force)은 모두 주어진

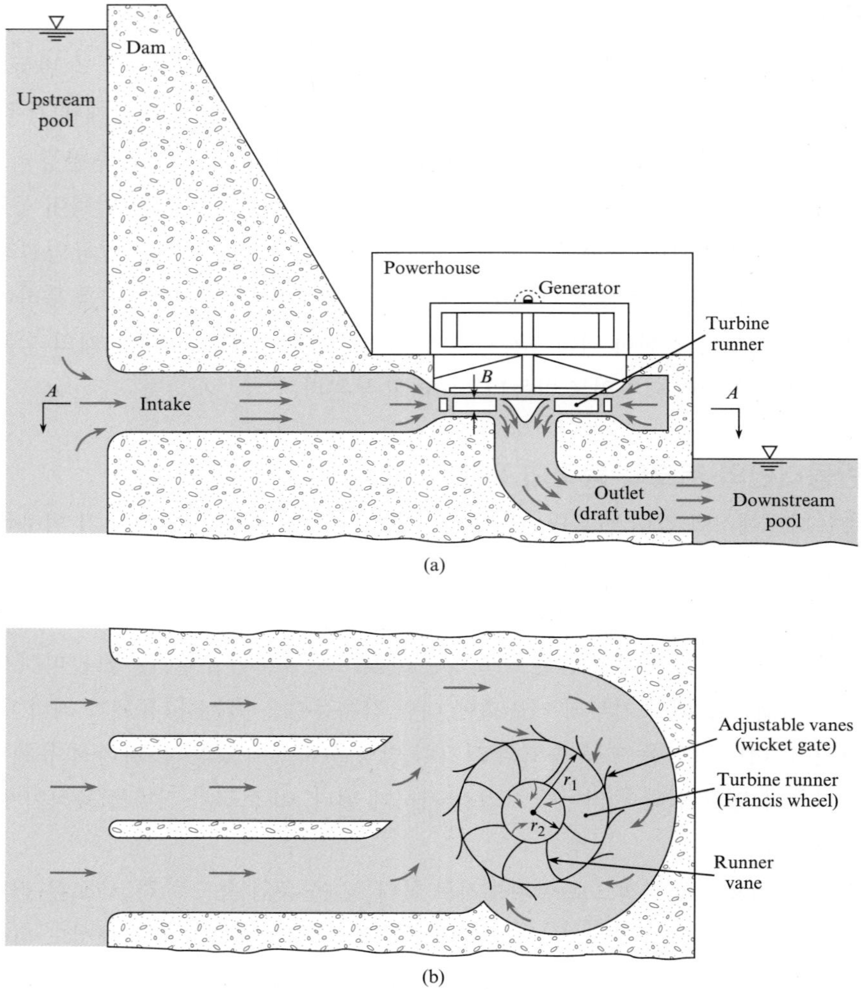

그림 14.22
반동터빈 설비의 개념도: (a) 입면도, (b) 단면 A-A의 평면도.

축을 지나가므로 주어진 축 주위의 각운동량을 발생시키지 않는다.

베인 각도

흐름이 베인에 임의의 영각(angle of attack)을 가지고 접근하는 경우보다 흐름이 러너로 유입할 때의 방향이 러너 베인의 접선방향인 경우에 터빈의 손실수두가 작아지는 것은 분명하다. 전자의 경우에는 박리로 인하여 손실수두가 발생한다. 따라서 고정 유도 베인을 가지고 정해진 속도와 유량에 대하여 설계된 임펠러 베인은 특별한 최적 블레이드 각 β_1을 갖게 된다. 그러나 유량이 최초 설계 시와 달라지면, 유도 베인과 임펠러 베인 각도가 새 흐름 조건에 잘 "맞지" 않게 된다. 수력 설비에 쓰이는 대부분의 터빈은 모든 흐름 조건에 더 잘 맞도록 흡입구 쪽에 이동 가능한 유도 베인을 설치한다. 따라서 터빈의 변동하는 동력 수요에 적응하기 위하여 속도조절기(governor)를 작동시켜 자동적으로 α_1을 늘이거나 줄인다.

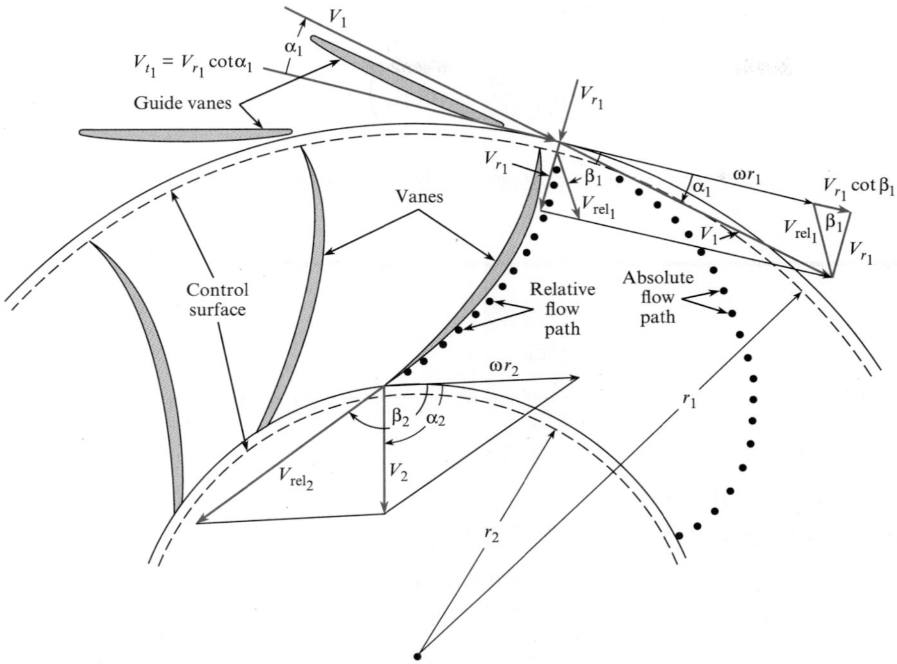

그림 14.23
프랜시스터빈의 임펠러에 대한 속도 분포도.

유입류의 각도 α_1과 베인 각도(vane angle) β_1을 연계하기 위하여 먼저 임펠러로 유입하는 흐름이 임펠러 주위 블레이드 접선방향이라고 가정한다. 마찬가지로 고정 유도 베인을 떠나는 흐름도 유도 베인의 접선방향이라고 가정한다. 식을 유도하기 위하여 휠의 바깥쪽 주변($r = r_1$)에서의 방사방향과 접선방향의 속도 성분을 모두 고려한다. Q와 휠의 형태가 주어지면 방사방향 속도는 다음의 연속 방정식으로 쉽게 계산할 수 있다.

$$V_{r_1} = \frac{Q}{2\pi r_1 B} \tag{14.28}$$

여기서 B는 터빈 블레이드의 높이이다. 유입 흐름의 접선(러너의 외측 면의 접선) 속도는 다음과 같다.

$$V_{t_1} = V_{r_1} \cot \alpha_1 \tag{14.29}$$

그러나 이 접선 속도는 러너 내의 상대 속도의 접선 성분 $V_{r_1} \cot \beta_1$과 러너 자체의 속도 ωr_1을 더한 값과 같다. 그러므로 러너의 운동을 기준으로 보면 접선 속도는 다음과 같다.

$$V_{t_1} = r_1\omega + V_{r_1} \cot \beta_1 \tag{14.30}$$

이제 식 (14.29)와 (14.30)에서 V_{t_1}을 소거하면 다음과 같다.

$$V_{r_1} \cot \alpha_1 = r_1\omega + V_{r_1} \cot \beta_1 \tag{14.31}$$

식 (14.31)을 다시 정리하면 다음 식이 된다.

$$\alpha_1 = \text{arccot}\left(\frac{r_1\omega}{V_{r_1}} + \cot\beta_1\right) \tag{14.32}$$

예제 14.11은 박리를 피하기 위하여 유도 블레이드 각도를 어떻게 계산하는지를 보여 준다.

예제 14.11

프랜시스터빈

문제
프랜시스터빈을 속도 600 rpm, 유량 4.0 m^3/s로 작동하려고 한다. $r_1 = 0.60$ m, $\beta_1 = 110°$, 블레이드 높이 $B = 10$ cm일 때 러너 입구에서 흐름이 이탈되지 않으려면 유도 베인 각도 α_1은 얼마이어야 하는가?

설명
속도 600 rpm, 유량 4.0 m^3/s로 프랜시스터빈을 사용한다.

목표
유도 베인 각도 α_1을 구한다.

아이디어
식 (14.32)를 사용하여 유입구에서의 유도 베인의 각도를 계산한다.

문제풀이
유입구에서의 반경방향 속도:

$$\alpha_1 = \text{arccot}\left(\frac{r_1\omega}{V_{r_1}} + \cot\beta_1\right)$$

$$\begin{aligned} r_1\omega &= 0.6 \times 600 \text{ rpm} \times 2\pi \text{ rad/rev} \times 1/60 \text{ min/s} \\ &= 37.7 \text{ m/s} \end{aligned}$$

유입구에서의 유도 베인 각도:

$$V_{r_1} = \frac{Q}{2\pi r_1 B} = \frac{4.00 \text{ m}^3/\text{s}}{2\pi \times 0.6 \text{ m} \times 0.10 \text{ m}} = 10.61 \text{ m/s}$$

$$\cot\beta_1 = \cot(110°) = -0.364$$

$$\alpha_1 = \text{arccot}\left(\frac{37.7}{10.61} - 0.364\right) = \boxed{17.4°}$$

터빈의 비속도

터빈이 생산하는 동력이 주요 관심사이므로, 터빈의 비속도를 이러한 동력에 관한 함수로 정의한다.

$$n_s = \frac{nP^{1/2}}{g^{3/4}\gamma^{1/2}h_t^{5/4}}$$

특기할 것은 대형 수력터빈은 본래부터 펌프보다 효율이 높다는 점이다. 그 이유는 펌프의 경우 유체가 펌프의 임펠러를 떠날 때 상대적으로 짧은 거리에 걸쳐서 감속하기 때문이다. 또한 펌프의 경우에는 보통 펌프의 유체 통로에 유도 베인을 사용하지 않으므로 국부적으로 속도경사가 발생하며, 이 큰 속도경사는 곧 강한 혼합(mixing)과 난류를 발생시켜 큰 손실수두를 유발한다. 대부분의 터빈 설비에서, 터빈 러너를 빠져나간 흐름은 점차 확대하는 **흡출관**(draft tube)을 통하여 속도가 점진적으로 줄어들므로, 펌프의 경우보다 훨씬 완만한

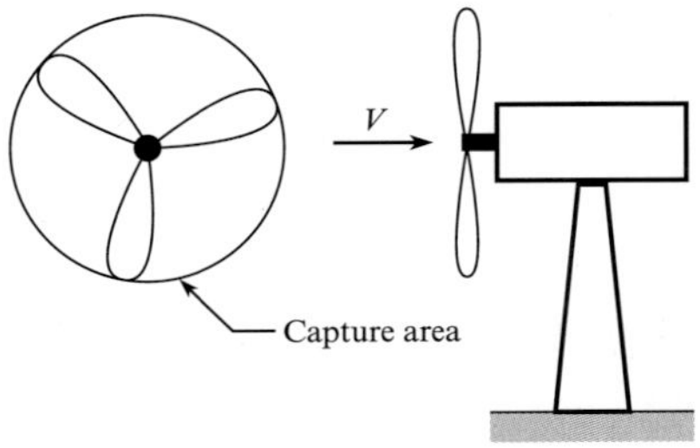

그림 14.24
수평축 풍력터빈에서의 포획 면적을 표시함.

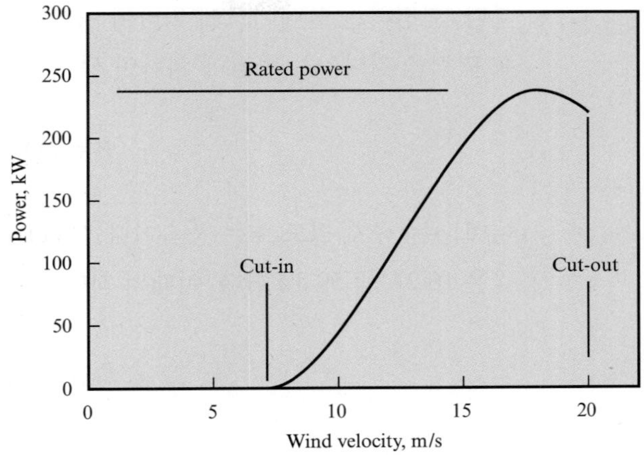

그림 14.25
전형적인 풍력터빈의 동력 곡선.

흐름의 변화와 작은 손실수두가 발생한다. 수력터빈에 관한 추가적인 사항은 Daugherty와 Franzini(4)를 참조하기 바란다.

가스터빈

재래식 가스터빈은 터빈으로 들어가는 가스를 압축하고 연소실로 운반하는 압축기로 구성된다. 연소실에서 연소에 의하여 고온, 고압이 된 가스는 터빈을 통과하면서 팽창하며, 이는 압축기를 구동하는 일과 동력을 생산하는 일을 한다. 가스터빈의 이론적인 효율(생산 동력/입력 일률)은 연소실과 흡입구의 압력비에 달려 있다. 즉 압력비가 클수록 효율이 높다. 더욱 상세한 내용은 Cohen 등(8)의 논문을 참고하기 바란다.

풍력터빈

대체에너지원 중 하나로 흔히 바람에너지를 손꼽는다. 풍력터빈*은 시설 동력 비용이 증가하고 온실가스에 대한 염려가 커지면서 동력원으로 더욱 각광을 받고 있다. 유럽 국가, 특히 북유럽에서 풍력터빈이 동력 생산에서 차지하는 비중이 높아지고 있다.

중요한 것은 풍력터빈의 작용은 추진력을 얻기 위하여 에너지를 기류에 투입하는 과정과 정확히 반대되는 과정이라는 것이다. 풍력터빈은 동력을 생산하기 위하여 바람으로부터 에너지를 추출한다. 그러나 한 가지 중요한 차이가 있다. 에너지를 기류에 공급하는 프로펠러 효율의 이론적 상한값은 100%, 다시 말하면 점성 또는 기타의 영향을 무시할 때 이론적으로 프로펠러에 전달된 모든 에너지를 기류의 에너지로 변환할 수 있다. 이는 풍력터빈에는 해

* "풍력터빈"이라는 용어는 바람을 전기에너지로 변환한다는 의미에서 붙인 것이다. 풍차는 바람에너지를 기계에너지로 변환한다.

당되지 않는다.

그림 14.24에서 수평축 동력터빈의 예를 볼 수 있다. 바람이 터빈의 축과 같은 방향으로 분다. 회전하는 블레이드에 의하여 형성되는 면적을 **포획 면적**(capture area)이라고 한다. 포획 면적을 지나가는 바람에 의하여 생산되는 동력은

$$P = \rho Q \frac{V^2}{2} = \rho A \frac{V^3}{2} \tag{14.33}$$

이며, ρ는 공기 밀도, V는 풍속이다. Glauert/Betz(9)에 의하면 풍력터빈 효율의 이론적 상한값은 16/27, 즉 59.3%이다. 이때의 최대 동력은 다음과 같다.

$$P_{\text{max}} = \frac{16}{27}\left(\frac{1}{2}\rho V^3 A\right) \tag{14.34}$$

기류의 와류(swirl), 점성의 영향과 같은 다른 인자로 인하여 풍력터빈의 효율은 더욱 줄어든다.

풍력터빈의 동력 출력은 풍속-터빈 동력 곡선에서 풍속에 의하여 결정된다. 전형적인 곡선이 그림 14.25에 나와 있다. 이러한 곡선은 보통 제작사가 제공한다. 풍력터빈은 임계 속도 미만에서는 작동하지 않는다. 임계 속도 이상에서는 풍속이 클수록 동력이 커지다가 최대값에 다다르는데, 이 값이 이 터빈의 정격 동력이다. 공학 설계나 안전 지침에서 회전 속도에 상한을 두며, 다단 속도를 둔다. 이 속도를 넘으면 풍력터빈이 작동하지 않게끔 제동 시스템을 사용한다.

재래식 수평축 풍력터빈은 대부분의 연구와 설계의 대상이었다. 이 외에 그림 14.26과 같이 연직축 터빈인 사보니우스(Savonius) 회전자와 다리우스(Darrieus) 터빈의 성능을 평가하기 위한 노력도 진행되었다. 사보니우스 회전자는 기류가 통과하는 S자 형태의 곡선 블레이드 둘로 구성된다. 다리우스 터빈은 연직축에 부착된 두세 개의 날개단면으로 구성된다. 이 기기는 계란 거품을 내는 도구(egg beater)와 닮았다. 연직축 터빈의 장점은 풍향에 무관하게 작동한다는 점이다. 다리우스 풍력터빈은 성능이 우수하다고 알려져 있으나, 자체시동(self-starting)이 안 되는 단점이 있다. 흔히 시동 토크를 보조하기 위하여 다리우스 터빈의 축에

그림 14.26
풍력터빈의 구성: (a) 사보니우스 회전자, (b) 다리우스 터빈.

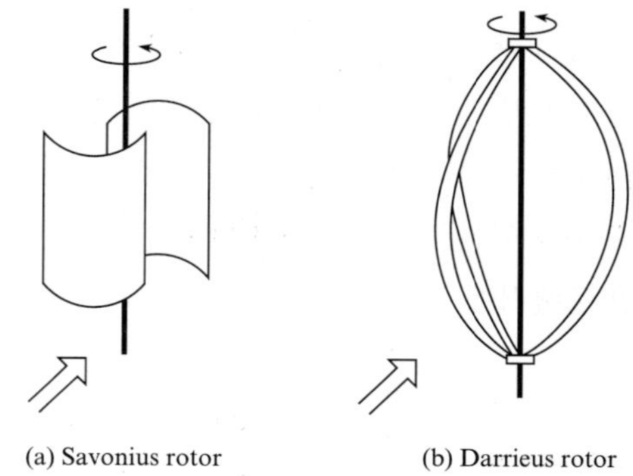

사보니우스 회전자를 추가로 설치한다.

풍력터빈에 관한 추가 자료는 *Wind Energy Explained*(10)를 참조하고, 인터넷에서도 풍력터빈에 관한 정보를 얻을 수 있다.

예제 14.12

풍력터빈의 포획 면적

문제

풍속이 20 km/h, 공기 밀도가 1.2 kg/m^{3}일 때 5개의 100 W 전구를 켤 수 있는 풍차의 최소 포획 면적을 계산하라.

설명

풍력터빈이 500 W를 생산한다.

목표

풍차의 최소 포획 면적을 구한다.

아이디어

풍차의 최대 동력에 관한 식을 사용한다.

문제풀이

최대 동력에서의 포획 면적:

$$A = P_{\max}\frac{54}{16}\frac{1}{\rho V^3}$$

풍속을 m/s로 환산:

$$20\ \text{km/h} = \frac{20 \times 1000}{3600} = 5.56\ \text{m/s}$$

최소 포획 면적:

$$A = 500\ \text{W} \times \frac{54}{16} \times \frac{1}{1.2\ \text{kg/m}^3 \times (5.56\ \text{m/s})^3}$$
$$= \boxed{8.18\ \text{m}^2}$$

해와 풀이과정 검토

토의. 이 면적은 풍차 직경 3.23 m 또는 10.6 ft에 해당한다.

14.9 핵심 내용 요약

프로펠러

- 프로펠러의 추력은 다음 식으로 계산된다.

$$F_T = C_T \rho n^2 D^4$$

여기서 ρ는 유체 밀도, n은 프로펠러의 회전율, D는 프로펠러의 직경이다. 추력계수 C_T는 전진비 V_0/nD의 함수이다.

- 프로펠러의 효율은 프로펠러가 전달한 동력과 프로펠러에 주어진 동력과의 비이다.

$$\eta = \frac{F_T V_0}{P}$$

펌프

- 펌프는 축류 또는 *반경류*로 구분한다.
  - 임펠러로 구성되는 축류펌프나 송풍기는 프로펠러와 흡사하게 하우징에 설치된다.
  - 반경류는 유체가 임펠러의 중심 근방으로 들어가서 베인을 통과한 후 베인의 가장자리로 나온다.
- 펌프의 수두는 다음과 같이 정의되는 *양정계수* C_H에 의하여 계량된다.

$$C_H = \frac{g\Delta H}{n^2 D^2}$$

여기서 ΔH는 펌프 전후의 수두차이다.

- 양정계수는 *유량계수*의 함수이다.

$$C_Q = \frac{Q}{nD^3}$$

여기서 Q는 유량이다.

- 펌프 성능 곡선에는 전달되는 수두, 소요 동력, 효율이 유량의 함수로 표시되어 있다.
- 펌프의 비속도는 주어진 상황에 어떠한 형태의 펌프가 적합한지를 선택할 때 사용할 수 있다.
    - 축류펌프는 대유량, 저양정인 경우에 적합
    - 반경류펌프는 소유량, 고양정인 경우에 적합

수력터빈

- 터빈은 유동 유체 관련 에너지를 축운동으로 변환한다.
- 터빈은 다음 두 종류로 분류한다.
    - *충동터빈*은 터빈의 휠이나 러너의 베인에 부딪치는 유체제트로 구성된다.
    - *반동터빈*은 유체가 바깥에서부터 들어가서 중심으로 빠져나가도록 한 회전 베인 열로 구성된다. 베인에 가해지는 압력이 토크가 되어 동력을 발생시키게 된다.

풍력터빈

- 풍력터빈은 로터의 축에 따라 구분한다.
    - 터빈의 로터는 *수평축* 중심으로 회전한다. 대부분의 상용터빈은 이 형태이다.
    - 터빈의 로터가 *수직축* 중심으로 회전한다. 다리우스 터빈과 사보니우스 터빈이 대표적이다.
- 풍력터빈에 전달되는 최대 동력은

$$P_{\max} = \frac{16}{27}\left(\frac{1}{2}\rho V_0^3 A\right)$$

과 같다. 여기서 A는 풍력터빈이 차지하는 단면적(바람 진행방향의 투영 면적), V_0는 풍속이다.

참고문헌

1. Weick, F.E. *Aircraft Propeller Design*. New York: McGraw-Hill, 1930.
2. Weick, Fred E. "Full Scale Tests on a Thin Metal Propeller at Various Pit Speeds." *NACA Report*, 302 (January 1929).
3. Stepanoff, A.J. *Centrifugal and Axial Flow Pumps*, 2nd ed. New York: John Wiley, 1957.
4. Daugherty, Robert L., and Joseph B. Franzini. *Fluid Mechanics with Engineering Applications*. New York: McGraw-Hill, 1957.
5. Hydraulic Institute. *Centrifugal Pumps*. Parsippany, NJ: Hydraulic Institute, 1994.
6. McQuiston, F.C., and J.D. Parker. *Heating, Ventilating and Air Conditioning*. New York: John Wiley, 1994.
7. Moody, L.F. "Hydraulic Machinery." In *Handbook of Applied Hydraulics*, ed. C. V. Davis. New York: McGraw-Hill, 1942.
8. Cohen, H., G.F.C. Rogers, and H.I.H. Saravanamuttoo. *Gas Turbine Theory*. New York: John Wiley, 1972.
9. Glauert, H. "Airplane Propellers." *Aerodynamic Theory*, vol. IV, ed. W. F. Durand. New York: Dover, 1963.
10. Manwell, J. F., J. G. McGowan, and A. L. Rogers. *Wind Energy Explained: Theory, Design and Application.* Chichester, UK: John Wiley, 2002.

문제

프로펠러(14.1절)

14.1 피치가 일정한 프로펠러의 경우 전방 속도가 증가하면 추력이 감소하는 이유를 설명하라.

14.2 그림 14.3에 주어진 성능 곡선을 가진 직경 3 m인 프로펠러로부터 나오는 추력은 얼마인가? 프로펠러의 각속도는 1100 rpm이고 진행 속도는 영이며 $\rho = 1.05\ \text{kg/m}^3$이다.

14.3 그림 14.3에 주어진 성능 곡선을 가진 직경 3 m인 프로펠러로부터의 추력은 얼마인가? 프로펠러의 각속도는 1400 rpm이고 진행 속도는 80 km/h이며 $\rho = 1.05\ \text{kg/m}^3$이다. 이 조건에서 프로펠러를 작동하기 위해서는 어떤 크기

의 동력이 필요한가?

14.4 그림 14.3에 주어진 성능 곡선을 가진 직경 2.4 m인 프로펠러로부터의 추력은 얼마인가? 프로펠러의 각속도는 1000 rpm이고 진행 속도는 48 km/h이며 $\rho = 1.2\ kg/m^3$이다. 이 조건에서 작동하기 위해서는 어떤 크기의 동력이 주어져야 하는가?

14.5 절대압력이 60 kPa이고 온도는 10°C인 2000 m 고도에서 순항하게 될 비행기를 위해서 한 프로펠러를 선택하려 한다. 비행기의 질량은 1200 kg이고 날개의 평면적은 10 m^2이다. 양력 대 항력비는 30:1이다. 양력계수는 0.4이다. 순항할 때의 엔진 속도는 3000 rpm이다. 프로펠러는 최대 효율로 작동되며, 이때의 추력계수는 0.025에 상당한다. 프로펠러의 직경과 비행기의 속도를 계산하라.

14.6 그림 14.3으로 주어지는 성능 곡선을 가진 직경 2 m인 프로펠러가 습지용 보트에 사용되고 있고 순항할 경우에 최대 효율로 운행된다. 만약 순항 속도가 40 km/h이면, 프로펠러의 각속도는 얼마인가?

14.7 그림 14.3으로 주어지는 성능 곡선을 가진 직경 2 m인 프로펠러가 습지용 보트에 사용되고 있다. 만약에 각속도가 1000 rpm이고 승객의 질량의 합이 300 kg일 경우에, 정지 상태로부터 움직이기 시작할 때의 초기 가속도를 구하라. $\rho = 1.1\ kg/m^3$이다.

축류펌프와 송풍기(14.2절)

14.8 다음의 축류펌프에 관한 문제에 답하라.

a. 양정과 유량이 어떠한 조건일 때 축류펌프가 적합한가?

b. 축류펌프의 경우 펌프를 지날 유량이 양정과 동력에 어떠한 영향을 미치는가?

14.9 시스템에서 사용하는 펌프가 그림 14.8에 주어진 성능 곡선을 갖고 있다. 이 조건하에서 유량과 소요되는 동력은 얼마인가?

14.10 문제 14.9와 같은 조건에서 속도가 900 rpm으로 증가되었다면 작동하기 위한 유량과 소요되는 동력은 얼마인가?

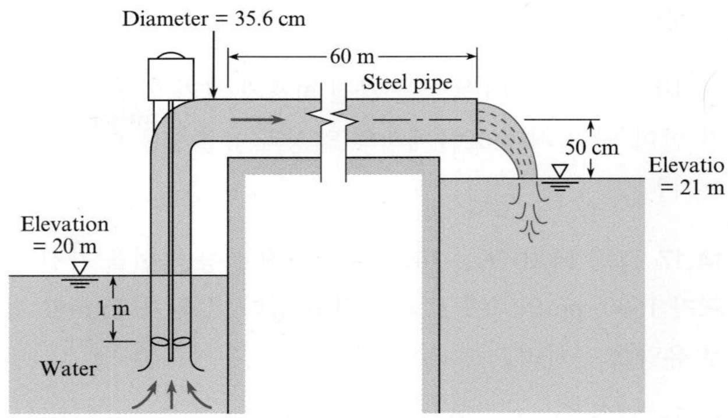

문제 14.9, 14.10

14.11 그림 14.7에 주어진 성능 곡선을 가진 펌프가 있다. 펌프의 크기가 50 cm이고 각속도가 45 rps일 때 최대 효율에서의 유량과 수두를 구하라. 같은 조건에서 10°C의 물을 양수할 때 필요한 동력은 얼마인가?

14.12 그림 14.7에 주어진 성능 곡선을 가진 펌프에 대해 직경이 60 cm이고 690 rpm의 속도로 작동할 때 수두-유량 곡선을 도시하라.

14.13 체적이 $10^5\ m^3$인 사무실용 건물을 냉방하기 위하여 축송풍기를 사용한다. 건물 내의 15°C의 공기를 15분마다 완전히 교체하기로 한다. 송풍기는 600 rpm에서 최대 효율로 작동하며, 특성은 그림 14.7과 같다. 두 대의 송풍기를 병렬로 사용할 때의 직경과 소요 동력을 구하라.

14.14 직경이 2 m인 축송풍기를 풍동(시험 부분 직경 1.2 m, 시험 부분 유속 60 m/s)에서 시험하였다. 송풍기의 회전 속도는 1800 rpm이다. 공기의 밀도는 $1.2\ kg/m^3$으로 일정하다고 가정한다. 풍동에서는 에너지 손실이 거의 없다. 송풍기의 성능 곡선은 그림 14.7과 같다. 송풍기를 작동하는 데 필요한 동력을 계산하라.

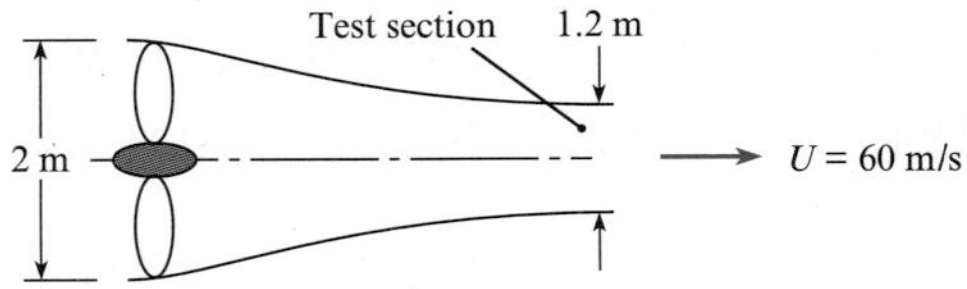

문제 14.14

반경류펌프(14.3절)

14.15 양정과 유량이 어떠한 조건일 때 반경류펌프가 적합

한가?

14.16 그림 14.10의 특성을 가진 펌프가 크기가 두 배, 속도가 반이 되면 최대 효율에서의 양정과 유출량은 어떻게 되는가?

14.17 그림 14.10 또는 14.11에 주어진 성능 곡선을 가진 펌프가 1600 rpm의 속도로 작동하고 있다. 수두가 45 m일 경우 유량을 구하라.

14.18 그림과 같은 성능 곡선을 가진 펌프가 1600 rpm의 속도로 작동할 경우 가능한 최대 수두는 얼마인가?

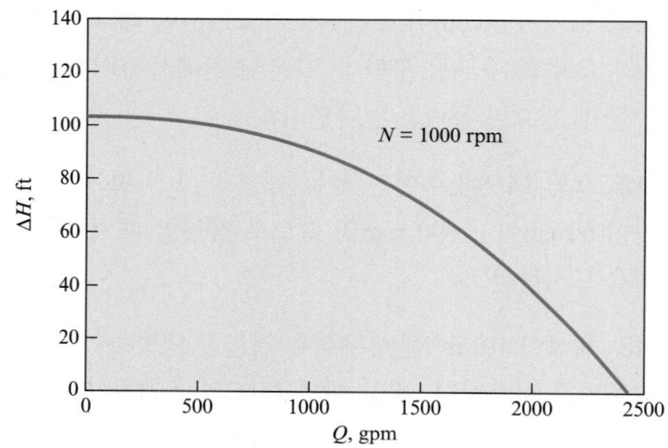

문제 14.18

14.19 그림 14.10에 주어진 성능 곡선을 가진 펌프가 30 rps의 속도로 작동할 경우, 차단 수두는 얼마인가?

14.20 직경이 20 cm인 원심펌프가 5000 rpm의 속도로 등유를 양수하고 있다. 펌프는 그림 14.11에 주어진 성능 곡선을 가지고 있다고 가정한다. 펌프가 최대 효율로 작동할 때 유량, 펌프에 의한 압력상승 및 필요한 동력을 계산하라.

비속도와 펌프의 선택(14.4절)

14.21 비속도 값에서 주어진 상황에 사용할 펌프의 유형을 찾을 수 있다. 비속도 값이 크면 어떤 유형의 펌프가 적합한가?

14.22 주어진 펌프에 대해 펌프 곡선이 다음과 같이 표현된다.

$$h_{p,\text{pump}} = 20\left[1 - \left(\frac{Q}{100}\right)^2\right]$$

여기서 $h_{p,\,\text{pump}}$는 ft 단위로 펌프에 의해 제공되는 수두, Q는 gpm 단위의 유출량을 나타낸다. 양수 적용에 대한 시스템 곡선은 다음과 같다.

$$h_{p,\text{sys}} = 5 + 0.002Q^2$$

여기서 $h_{p,\,\text{sys}}$는 이 시스템을 운용하기 위해 필요한 ft 단위의 수두, Q는 gpm 단위의 유출량을 의미한다. 이때 (a) 하나의 펌프, (b) 직렬로 연결된 두 개의 동일한 펌프, (c) 병렬로 연결된 두 개의 동일한 펌프에 대한 운용점(Q)을 구하라.

14.23 문제 14.9의 조건으로 작동하는 펌프의 흡입 비속도는 얼마인가? 이 작동 조건은 공동현상에 대해서 안전한 조건인가?

14.24 9 m의 수두 하에서 유량 0.3 m^3/s로 물을 양수하려 할 때 어떤 유형의 펌프를 사용해야 하는가? $N = 1500$ rpm이라 가정하자.

14.25 4.5 m의 수두차에서 축류펌프를 이용하여 물을 양수하려 한다. 유량이 15 kL/min이 되려면 흡입수두가 1.5 m일 때 최대 속도는 분당 회전수로 얼마나 되는가?

14.26 그림에 나와 있듯이 하류 저수지에서 상류 저수지로 0.2 m^3/s의 유량으로 물을 양수하려 한다. 임펠러의 속도를 600 rpm으로 하려면 어떤 유형의 펌프를 사용해야 하는가? $f = 0.02$, $K_e = 0.5$로 가정하라.

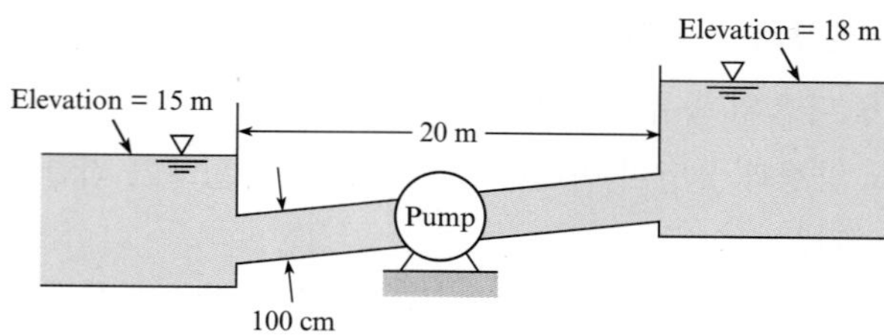

문제 14.26

압축기(14.7절)

14.27 질량유량 1 kg/s로 흐르는 메탄을 비냉각 원심압축기(noncooled centrifugal compressor)로 100 kPa에서 165 kPa로 압축시키려 한다. 압축기에 들어오는 메탄의 온도는 27°C이며, 압축기의 효율은 70%이다. 압축기를

작동할 때 필요한 축의 동력을 계산하라.

14.28 이산화탄소를 압축시키기 위한 비냉각 압축기의 모터의 출력은 36 kW이다. 압력은 100 kPa에서 150 kPa로 증가하게 되어 있다. 압축기의 효율이 60%일 때 압축기로 들어오는 유량을 계산하라.

충동터빈(14.8절)

14.29 직경이 1 m이고 길이가 10 km인 수압관이 저수지에서부터 충동터빈까지 물(10°C)을 수송하고 있다. 상류 저수지의 수위가 터빈의 제트보다 650 m 위에 있고 제트의 직경이 16.0 cm일 때 터빈의 효율이 85%라면 이 시스템으로부터 어느 정도의 동력이 발생되는가? $f = 0.016$이라고 가정하고 노즐 속에서의 손실수두는 무시하라. 각속도가 360 rpm이면 터빈 수차의 직경은 얼마가 되어야 하는가? 버킷의 설계에 대해서는 이상적인 조건을 가정하라 [$V_{\text{bucket}} = (1/2)V_j$].

14.30 그림에 주어진 충동터빈의 버킷에 부딪치는 수류 제트를 생각해 보자. 동력 발생에 대해서는 이상적인 조건을 가정하라[$V_{\text{bucket}} = (1/2)V_j$이고, 제트는 180° 휘어진다]. 이상의 조건을 가지고 버킷에 가해지는 힘과 발생되는 동력을 계산하라. 이 동력은 식 (14.24)로 주어지는 것과 같지 않은 것에 주목하라. 이 차이를 찾기 위해 그림을 살펴보라.

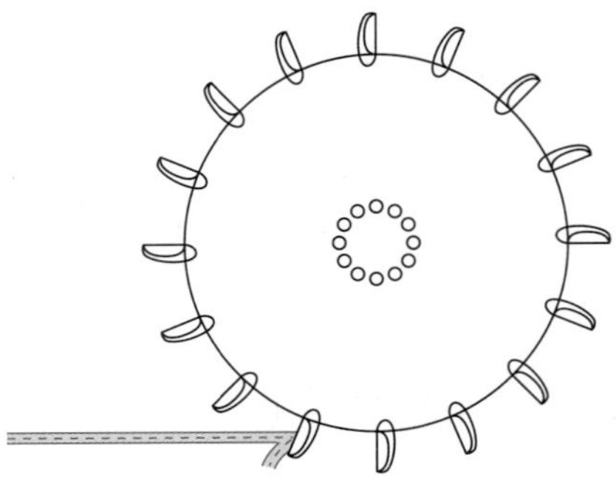

문제 14.30

반동터빈(14.8절)

14.31 다음의 반동터빈 관련 질문에 답하라.

a. 반동터빈과 원심펌프와의 차이점을 설명하라.

b. 반동터빈의 "러너"는 무엇을 의미하는가?

14.32 주어진 프랜시스터빈에 있어서 $\beta_1 = 60°$, $\beta_2 = 90°$, $r_1 = 5$ m, $r_2 = 3$ m, 그리고 $B = 1$ m이다. 유량이 126 m^3/s이고 $N = 60$ rpm이며 $T = 10°$C이다.

a. 분리되지 않은 흐름 조건 하에서, 러너 입구에서의 α_1은 얼마인가?

b. 이 조건에 얻을 수 있는 최대 동력은 얼마인가?

c. 러너의 터빈 블레이드를 설계함에 있어서 유량과 모든 제원이 같을 경우에 동력 발생을 늘리기 위하여 어떤 것을 제안하겠는가?

풍력터빈(14.8절)

14.33 효율이 높은 가정용 2 kW를 생산하기 위하여 필요한 최소 포획 면적을 계산하라. 풍속은 16 km/h, 공기 밀도는 1.2 kg/m^{3}으로 가정하라.

14.34 2.3 m 직경의 프로펠러가 있는 전통적인 수평축 풍력터빈이 밀도 1.2 kg/m^{3}의 공기의 속도 47 km/h에서 생산할 수 있는 최대 전력을 계산하라.

14.35 풍력발전소에 높이가 15 m인 20개의 다리우스 터빈이 있다. 풍속 20 m/s, 공기 밀도 1.2 kg/m^{3}에서 터빈으로부터의 총 발전량이 2 MW가 되게 하고자 한다. 다리우스 터빈의 형태는 원호이다. 발전량이 확보될 수 있도록 터빈의 최소 폭 W를 구하라.

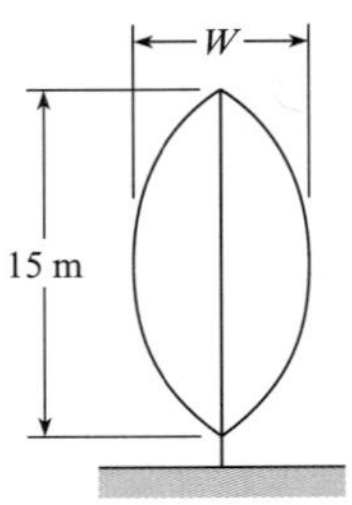

문제 14.35

14.36 3 m 깊이의 우물에서부터 물을 양수하는 기계적인 펌프에 직접 연결된 풍차가 있다. 풍차는 수평축 형식으로 날개의 직경은 3 m이다. 기계적인 펌프의 효율은 80%이고, 공기의 밀도는 1.12 kg/m^{3}이다. 풍차로부터 가능한 최대의 동력이 전달된다고 가정하라. 시스템 내에 직경 5 cm, 길이 6 m의 도금관이 들어 있다. 풍속이 48 km/h일 때 펌프로부

터의 유량을 m^3/s 단위로 구하라.

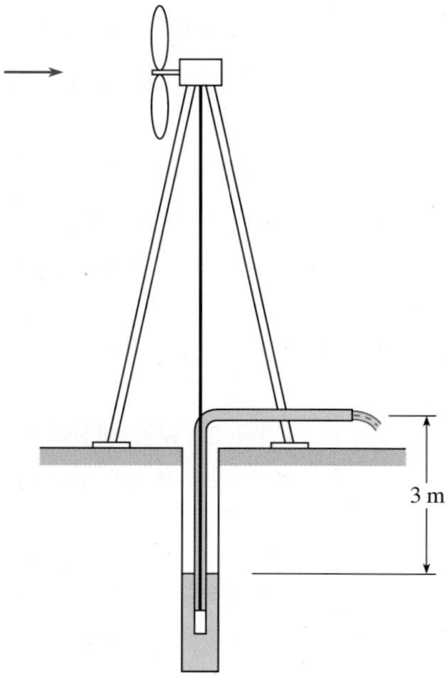

문제 14.36

CHAPTER 15

개수로 흐름

개요 개수로에서 물의 흐름은 수로, 하천, 인공 수로, 농업용 관개수로 등에서 볼 수 있다. 비록 용어는 다르지만 작은 개념의 정립과 몇 개의 방정식은 개수로 대부분의 적용에 일반화되어 사용된다. 이러한 아이디어를 이 장에서 소개한다.

그림 15.1
Tehachapi산 남서단에 있는 캘리포니아 농업용 관개수로의 항공사진. (Macduff Everton/The Image Bank/Getty Images)

학습성과

흐름 설명하기(15.1절)

- 개수로를 정의한다.
- 등류와 부등류를 정의한다.
- 프루드수를 정의한다.
- 동수반경과 레이놀즈수를 계산한다.
- 층류와 난류에 대한 기준을 나열한다.

등류(15.2절, 15.3절)

- 에너지 방정식을 물리적으로 설명하고 HGL과 EGL의 관계를 설명한다.
- 다르시-바이스바흐 접근방법 또는 매닝 방정식으로 유량을 계산한다.
- 최적수리단면을 정의하고 설명한다.

부등류(15.4절~15.7절)

- 급변류와 점변류를 설명하고 비교한다.
- 한계 수심, 비에너지, 사류와 상류를 설명한다.
- 도수를 설명하고 계산한다.
- 점변류에서 일어나는 수면형을 분류하기 위하여 사용되는 인자를 설명한다.

15.1 개수로 흐름에 대한 설명

개수로(open channel)는 자유수면을 가지며 액체가 흐르는 수로이다. **자유수면**(free surface)은 대기에 노출되어 있는 액체 표면을 말한다. 개수로의 예로는 자연적으로 생성된 샛강이나 하천, 관개수로와 운하와 같은 인공수로, 그리고 물이 가득 차 있지 않은 관로나 하수구가 있다. 대부분의 경우, 흐르는 유체는 물 또는 폐수이다.

개수로에서의 흐름은 그림 15.2에서와 같이 등류와 부등류로 나뉜다. 4장에서 정의한 바와 같이, **등류**(uniform flow)는 유선을 따라 흐르는 흐름의 속도가 일정하고 개수로의 흐름에서 수심과 횡단면이 수로를 따라 일정함을 의미한다. 등류 조건에서의 수심을 **등류 수심**(normal depth)이라 하고 y_n으로 정의한다. **부등류**(nonuniform flow)에서 속도는 수로를 따라 단면마다 변한다. 따라서 수심의 변화를 관찰해야 한다. 속도의 변화는 수로의 굴곡, 단면 형태의 변화나 수로 경사의 변화와 같은 수로 형상의 변화에 의하여 일어날 수 있다. 예를 들면 그림 15.2는 일정한 폭을 갖는 여수로를 월류하는 정상류를 나타낸다. 여기서 물은 갑자기 더 가파른 경사에 의해 생긴 여수로의 가장자리를 지나면서(A에서 B로) 점차적으로 빠르게 흘러야만 한다. 더 빠른 속도는 질량보존의 법칙(연속 방정식)에 따라 더 작은 수심을 필요로 한다. B에 도달한 후 C까지의 흐름은 속도와 수심이 일정하기 때문에 등류이다. C에 도달한 후 수로 경사가 급작스럽게 평탄해지면 속도가 갑자기 요동치면서 느려지게 된다. 그러므로 수로 B에서 C까지의 구간보다 수로 C의 하류 쪽 수심이 더 깊어지게 된다.

가장 복잡한 개수로 흐름은 비정상 부등류이다. 이러한 예로는 경사진 해변에서의 쇄파가 있다. 비정상 부등류의 이론과 분석은 더 높은 과정에서 다루도록 남겨 놓는다.

개수로 흐름에서의 차원해석

개수로 흐름은 높은 곳에서 낮은 곳으로 이동하는 물의 중력에 의해 발생되며, 이것은 수로의 조도에 의해 발생되는 마찰력에 의해 방해를 받는다. 따라서 함수식 $Q = f(\mu, \rho, V, L)$와 차원해석에 의하여 개수로 흐름을 특징짓는 중요한 2가지 독립된 π-그룹을 얻을 수 있다: 프루드수와 레이놀즈수. 프루드수는 중력에 대한 관성력의 비이다.

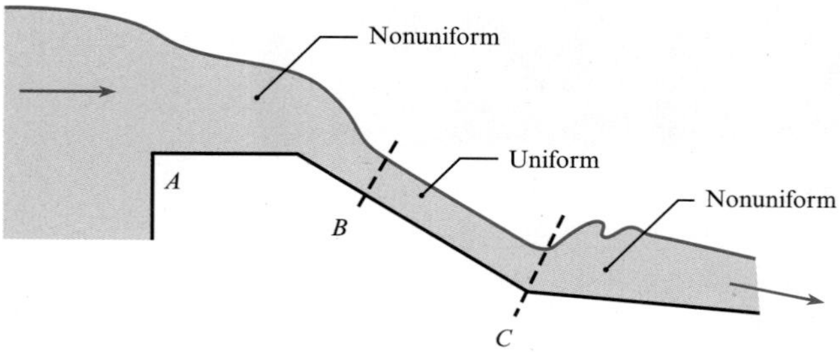

그림 15.2
등류와 부등류의 구분. 이 예는 댐의 비상시 월류 수로와 같은 여수로 위의 정상류를 나타낸다.

$$\mathrm{Fr}^2 = \frac{\text{관성력}}{\text{중력}} = \frac{\rho L^2 V^2}{\Delta\gamma L^3} = \frac{V^2}{L\Delta\gamma/\rho} \tag{15.1}$$

$$\mathrm{Fr} = \frac{V}{\sqrt{gL}} \tag{15.2}$$

프루드수는 여수로를 월류하는 흐름이나 표면파의 형성과 같이 중력이 흐름의 방향에 영향을 미칠 경우에 중요하다. 하지만 중력이 관수로에서와 같이 정수압 분포만 일으킬 때는 중요하지 않다.

개수로의 흐름이 층류가 될지 난류가 될지를 결정하는 레이놀즈수는 **동수반경**(hydraulic radius)에 좌우된다. 동수반경은 다음과 같다.

$$R_h = \frac{A}{P} \tag{15.3}$$

여기서 A는 흐름의 단면적이고 P는 윤변이다. 특성 길이 R_h는 파이프 흐름에서 직경 D와 비슷하다. 파이프 흐름에 관해서는 10장을 참고하라. 만약 레이놀즈수($VD\rho/\mu = VD/\nu$)가 2000 미만이라면 흐름은 층류가 될 것이고, 약 3000 이상이라면 흐름은 난류가 될 것으로 예상할 수 있다. 개수로 흐름에서 레이놀즈수의 기준은 레이놀즈수에서 D를 $4R_h$로 대체하면 2000이 된다. 여기서 R_h는 동수반경이다. 레이놀즈수의 이러한 정의에 의하면 개수로에서 층류는 $V(4R_h)/\nu < 2000$이면 일어날 것이다.

그러나 개수로 흐름 해석에서 일반적인 관례는 다음과 같이 레이놀즈수를 정의하는 것이다.

$$\mathrm{Re} = \frac{VR_h}{\nu} \tag{15.4}$$

따라서 개수로에서 레이놀즈수가 500 미만이면 흐름은 층류가 된다. 만약 Re가 750 이상이면 난류가 될 것이라 예상할 수 있다. 난류 판단 기준의 간단한 해석(예제 15.1 참조)은 수로에서의 물의 흐름이 속도나 수심이 매우 작지 않을 경우에는 난류가 됨을 보여 줄 것이다.

사각형 수로(그림 15.3)에 대하여 동수반경은 다음과 같다.

$$R_h = \frac{A}{P} = \frac{By}{B + 2y} \tag{15.5}$$

폭이 넓고 얕은 수로에서 $B \gg y$이고 식 (15.5)는 $R_h \approx y$로 간단히 되는데, 이것은 동수반경이 수로의 수심과 같아짐을 뜻한다.

대부분의 개수로 흐름 문제는 난류를 다룬다. 만약 예제 15.1에서와 같이 층류 상태를 유지하기 위한 요구 조건을 계산한다면, 층류는 잘 나타나지 않는다는 것을 알 수 있다.

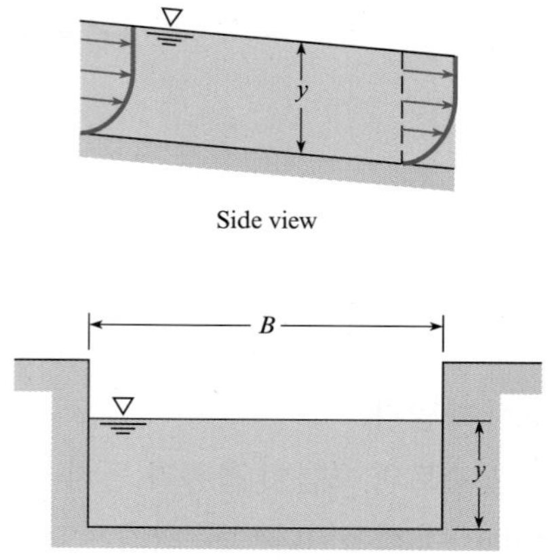

그림 15.3
개수로 관련도.

예제 15.1

사각형 개수로에서 Re수를 계산하고 흐름을 분류하기

문제

물(15°C)이 수심 2 m에서, 3 m 폭의 사각형 수로를 흐르고 있다. 평균유속이 0.03 m/s라면 레이놀즈수는 얼마인가? 층류를 가질 때의 최대 수심은 얼마이고 이때 속도는 얼마인가?

설명

사각형 수로에 물이 흐르고 있다.

$$B = 3\text{ m},\ y = 2\text{ m},\ V = 0.03\text{ m/s}$$

특성값:

물(15°C, 1 atm, 표 A.5): $\nu = 1.14 \times 10^{-6}\text{ m}^2/\text{s}$.

목표

1. Re ← 주어진 평균유속에 대한 레이놀즈수
2. y_m(m) ← 흐름이 층류일 때의 최대 수심

아이디어

1. 식 (15.5)를 이용하여 동수반경을 계산한다.
2. 식 (15.4)를 이용하여 Re수를 계산한다.
3. Re = 500으로 놓고 R_h를 구하고 y_m에 대하여 푼다.

문제풀이

1. 동수반경:

$$R_h = \frac{By}{B + 2y} = \frac{(3\text{ m})(2\text{ m})}{(3\text{ m}) + 2(2\text{ m})} = 0.86\text{ m}$$

2. 레이놀즈수:

$$\text{Re} = \frac{VR_h}{\nu} = \frac{(0.03\text{ m/s})(0.86\text{ m})}{1.14 \times 10^{-6}\text{ m}^2/\text{s}} = \boxed{22{,}632}$$

3. 층류 기준 (Re < 500):

$$\text{Re} = VR_h/\nu = \frac{(0.03\text{ m})R_h}{1.14 \times 10^{-6}\text{ m}^2/\text{s}} = 500$$

$$R_h = (500)(1.14 \times 10^{-6}\text{ m}^2/\text{s})/(10.03\text{ m/s}) = 0.019\text{ m}$$

사각형 수로에 대하여,

$$R_h = (By)/(B + 2y)$$

$$(By)/(B + 2y) = \frac{3y}{3 + 2y} = 0.019\text{ m}$$

$$y_m = \boxed{0.019\text{ m}}$$

해와 풀이과정 검토

1. *지식.* 개수로에서 층류가 되기 위해서는 속도나 수심이 매우 작아야 한다.
2. *지식.* 수심이 폭에 비하여 상대적으로 매우 작은 값을 가질 때는 수심과 동수반경이 사실상 같은 값을 가진다.

15.2 정상 개수로에 대한 에너지 방정식

개수로에서 흐름에 대하여 에너지 방정식을 유도하기 위하여, 식 (7.29)를 이용한다. 그리고 펌프수두와 터빈수두는 0으로 같다: $h_p = h_t = 0$. 식 (7.29)는 다음과 같이 쓸 수 있다.

$$\frac{p_1}{\gamma} + \alpha_1 \frac{V_1^2}{2g} + z_1 = \frac{p_2}{\gamma} + \alpha_2 \frac{V_2^2}{2g} + z_2 + h_L \tag{15.6}$$

그림 15.4를 사용하면 다음과 같이 된다.

$$\frac{p_1}{\gamma} + z_1 = y_1 + S_0 \Delta x \quad \text{그리고} \quad \frac{p_2}{\gamma} + z_2 = y_2$$

여기서 S_0는 수로 바닥의 경사이고, y는 수심이다. 수로에서의 흐름이 난류라고 가정하면, $\alpha_1 = \alpha_2 \approx 1.0$이다. 식 (15.6)은 다음과 같이 된다.

$$y_1 + \frac{V_1^2}{2g} + S_0 \Delta x = y_2 + \frac{V_2^2}{2g} + h_L \tag{15.7}$$

앞서 말한 가정에 추가하여 식 (15.7)이 성립하기 위해서는 수로가 일정한 단면을 가지고 흐름이 정상상태이어야 한다.

15.3 정상 등류

등류는 흐름 방향으로 속도가 일정해야 한다. 그래서 수로의 형태와 수심은 각 단면마다 일정하다. 앞에서 나타낸 경사 방정식을 고찰하면 등류에 대해서도 알 수 있다. 유속과 수심이 양쪽 단면에서 같기 때문에 HGL의 경사는 수로 경사와 같아지게 될 것이다. HGL, 즉

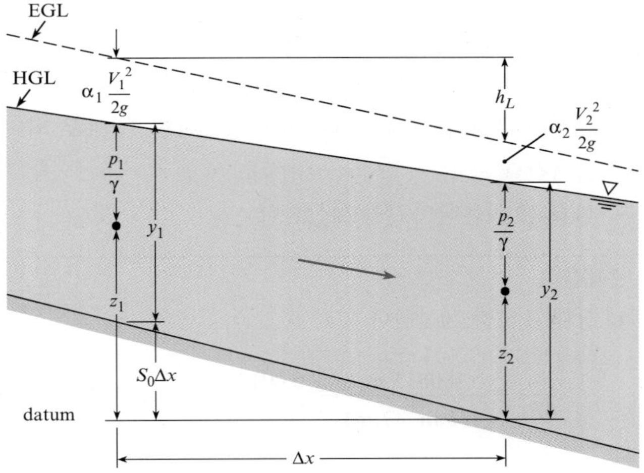

그림 15.4
개수로 흐름에 대한 개념도.

수면의 경사는 손실수두에 의해 제어된다. 10장에서 소개한 다르시-바이스바흐(Darcy-Weisbach)의 방정식에서 D 대신에 $4R_h$로 바꾸어 다시 쓰면 손실수두는 다음과 같이 된다.

$$h_f = \frac{fL}{4R_h}\frac{V^2}{2g} \quad \text{또는} \quad \frac{h_f}{L} = \frac{f}{4R_h}\frac{V^2}{2g} \tag{15.8}$$

그림 15.4로부터 $S_0 = $(HGL의 경사)인데, 이것은 손실수두의 함수이다. 그래서 $S_0 = (h_f/L)$이고, 속도에 대한 다음 식을 얻는다.

$$V = \sqrt{\frac{8g}{f}R_h S_0} \tag{15.9}$$

속도에 대한 식 (15.9)를 풀기 위하여 마찰 성분 f는 무디 도표(Moody diagram)(그림 10.14)로부터 구할 수 있고, 이 식은 주어진 등류 조건에 대한 속도를 반복적으로 푸는 데 사용된다. 이것을 예제 15.2에 나타내었다.

예제 15.2

사각형 개수로에서 유량을 구하기 위하여 다르시-바이스바흐 방정식 적용하기

문제

수심이 2 m이고 수로의 경사가 0.0016일 때, 폭이 3 m인 콘크리트 수로에서 유량을 구하라.

설명

- 사각형 수로에서 물이 흐른다.
- $B = 3$ m, $y = 2$ m, $S_0 = 0.0016$.

가정: 등류.

특성값:

- 물(15°C, 1 atm, 표 A.5): $\nu = 1.14 \times 10^{-6}$ m²/s.
- 콘크리트(표 10.4): $k_s = 0.3$~3 mm 또는 0.0003~0.003 m.

목표

Q(m³/s) ← 수로의 유량

아이디어

목표는 Q이므로 유량식을 적용한다.

$$Q = VA \tag{a}$$

식 (a)에서 V를 구하기 위해 식 (15.9)를 적용한다.

$$V = \sqrt{\frac{8g}{f}R_h S_0} \tag{b}$$

식 (b)에서 R_h를 구하기 위해 식 (15.5)를 적용한다.

$$R_h = \frac{By}{B + 2y} = \frac{6}{3 + 2(2)} = \frac{6}{7} \tag{c}$$

f를 찾기 위하여 무디 도표를 이용한다. 이것은 10장에서 유형 2의 문제이다. 따라서

1. 상대 조도를 계산한다. 그리고 f 값을 추정한다.
2. 식 (b)를 이용하여 V를 계산한다.
3. Re수를 계산하고 무디 도표에서 f를 찾는다. 그리고 1단계의 추정치와 비교한다. 만약 필요하면 2단계로 되돌아간다.
4. 식 (a)를 이용하여 Q를 계산한다.

문제풀이

1. 상대 조도를 계산한다.

$$\frac{k_s}{4R_h} = \frac{0.0015\text{ m}}{4(6\text{ m}^2/7\text{ m})} = \frac{0.0015\text{ m}}{4(0.86\text{ m})} = 0.00044$$

$f = 0.016$을 추정하기 위한 값으로서 $k_s/4R_h = 0.00044$를 이용하라.

2. f의 추정치에 의한 V를 계산한다.

$$V = \sqrt{\frac{8(9.81\ \mathrm{m/s^2})(0.86\ \mathrm{m})(0.0016)}{0.016}}$$
$$= 2.59\ \mathrm{m/s}$$

3. 2단계로부터 구한 V값을 사용하여 f의 새로운 값을 계산한다.

$$\mathrm{Re} = V\frac{4R_h}{\nu} = \frac{2.59\ \mathrm{m/s}(3.44\ \mathrm{m})}{1.14\times10^{-6}\ \mathrm{m^2/s}} = 7.8\times10^6$$

$k_s/4R_h = 0.00044$와 Re의 새로운 값을 이용하면 $f = 0.016$이 된다. f의 이 값은 이전의 추정치와 같아 합리적인 수렴 조건을 만족시킨다.

$$V = \boxed{2.59\ \mathrm{m/s}}$$

4. 유량 방정식:

$$Q = VA = 2.59\ \mathrm{m/s}(6\ \mathrm{m^2}) = \boxed{15.54\ \mathrm{m^3/s}}$$

해와 풀이과정 검토

1. *지식.* 이 문제를 푸는 접근방법은 관로 흐름의 문제풀이로서 10장에서 제시한 방법과 같다.

2. *지식.* 동수직경은 동수반경의 4배이다. 이것은 1단계에서 상대조도식이 $k_s/(4R_h)$이기 때문이다.

바닥면이 돌로 이루어진 수로

자연 하천이나 피복을 입히지 않은 운하와 같이 바닥면이 돌로 이루어진 수로에 있어서, 커다란 돌은 흐름 저항의 대부분을 차지한다. 그리고 기본적으로 이러한 저항은 점성 효과 때문이 아니다. 마찰계수는 레이놀즈수와는 무관하다. 이것은 파이프 흐름에 대한 무디 도표에서 완전히 거친 영역과 유사하다. 바닥면이 돌로 이루어진 수로에 대하여, Limerinos(1)는 저항계수 f가 아래의 식과 같이 바닥면에서 돌입경의 항으로 주어질 수 있다는 것을 보여 주었다.

$$f = \frac{1}{\left[1.2 + 2.03\log\left(\frac{R_h}{d_{84}}\right)\right]^2} \tag{15.10}$$

여기서 d_{84}는 돌입경의 척도이다.*

체지 공식

개수로 연구의 선구자들은 수로를 설계하는 데 지금까지 설명한 방법(레이놀즈수와 상대 조도를 포함하는)들을 채택할 것을 권하여 왔다(2). 그러나 많은 기술자들은 2가지 전통적인 방법인 체지(Chezy) 공식과 매닝(Manning) 공식을 계속 사용하고 있다.

* 대부분의 하천에서 마모된 암석은 약간 타원형이다. Limerinos(1)는 중간 정도의 크기 d_{84}가 f와 가장 좋은 상관성을 가짐을 증명하였다. d_{84}는 무작위 표본 중 84%가 그보다 작은 돌의 크기를 말한다. 표본을 취하는 방법에 대한 상세한 내용은 Wolman(3)에 주어져 있다.

예제 15.3

거석에 대한 저항계수

문제
평균 수심이 1.3 m이고 폭이 30 m인 바닥면이 자연석으로 이루어진 수로에 대한 저항계수 f의 값을 결정하라. 하상에서 거석(boulder)의 d_{84}는 0.22 m이다.

설명
자연적인 수로 바닥면에 거석이 늘어서 있다.

목표
마찰계수 f를 구하여라.

아이디어
1. 넓은 수로에 대한 R_h의 계산을 간단하게 만든다. R_h를 수심으로 한다.
2. 거석의 크기 d_{84}에 의한 f를 계산하기 위하여 식 (15.10)을 이용한다.

문제풀이
1. $R_h = 1.3$ m이다.
2. f를 계산한다.

$$f = \frac{1}{\left[1.2 + 2.03 \log\left(\frac{4.3}{0.72}\right)\right]^2} = \boxed{0.130}$$

앞에서 지적한 바와 같이, 등류 수심(y_n)은 일정하다. 결과적으로 h_f/L는 수로의 경사 S_0이고, 식 (15.8)은

$$R_h S_0 = \frac{f}{8g} V^2$$

또는 다음과 같이 쓸 수 있으며

$$V = C\sqrt{R_h S_0} \tag{15.11}$$

여기서 C는 다음과 같다.

$$C = \sqrt{8g/f} \tag{15.12}$$

$Q = VA$이기 때문에, 수로에서의 유량은 다음과 같다.

$$Q = CA\sqrt{R_h S_0} \tag{15.13}$$

이 방정식은 프랑스 기술자의 이름을 따서 **체지 공식**(Chezy equation)으로 부르고 있다. 실용적인 적용을 위하여, 반드시 계수 C를 결정해야만 한다. C를 결정하기 위한 한 가지 방법은 수용 가능한 마찰 성분 f의 값을 알고서 식 (15.12)를 이용하는 것이다.

매닝 공식

두 번째로 SI단위계에서 C를 결정하는 보다 더 일반적인 방법은 다음 식을 사용하는 것이다.

표 15.1 조도계수의 전형적인 값, 매닝의 n

Lined Canals	***n***
Cement plaster	0.011
Untreated gunite	0.016
Wood, planed	0.012
Wood, unplaned	0.013
Concrete, troweled	0.012
Concrete, wood forms, unfinished	0.015
Rubble in cement	0.020
Asphalt, smooth	0.013
Asphalt, rough	0.016
Corrugated metal	0.024
Unlined Canals	
Earth, straight and uniform	0.023
Earth, winding and weedy banks	0.035
Cut in rock, straight and uniform	0.030
Cut in rock, jagged and irregular	0.045
Natural Channels	
Gravel beds, straight	0.025
Gravel beds plus large boulders	0.040
Earth, straight, with some grass	0.026
Earth, winding, no vegetation	0.030
Earth, winding, weedy banks	0.050
Earth, very weedy and overgrown	0.080

$$C = \frac{R_h^{1/6}}{n} \tag{15.14}$$

여기서 n은 **매닝의** n(Manning's n)이라고 하는 조도계수이다. 조도계수는 경계 조도의 유형에 따라 다른 값을 가진다. C에 대한 이러한 표현을 식 (15.13)에 대입하면, SI 단위로 개수로 등류에 대한 유량식의 일반적인 형태의 식인 매닝 공식을 얻게 된다.

$$Q = \frac{1.0}{n} A R_h^{2/3} S_0^{1/2} \tag{15.15}$$

표 15.1은 경계 표면의 다양한 형태에 대한 n 값을 나타낸다. 이 접근방법의 큰 문제점은 점성이나 상대 조도의 영향이 설계 공식에 고려되지 않는다는 것이다. 따라서 물을 운반하는 정규 크기의 수로 범위를 벗어난 경우에는 적용하지 않는 것이 좋다.

매닝 공식: 관습 단위계

매닝 공식의 형태는 매닝의 방정식이 차원적으로 동일하지 않기 때문에 단위계에 따라 달라진다. 식 (15.15)에서 방정식 좌변의 주요 차원은 L^3/T이고 우변의 주요 차원은 $L^{8/3}$이라는 것에 주목하라.

매닝 공식을 SI 단위계에서 관습 단위계로 바꾸기 위해서는 두 단위계에서 사용한 n 값이 같다면 1.49를 곱해야만 한다. 그러므로 관습 단위계에서 매닝의 n을 사용한 유량식은 다음과 같다.

$$Q = \frac{1.49}{n} A R_h^{2/3} S_0^{1/2} \tag{15.16}$$

예제 15.4에서 매닝의 n에 대한 값은 수로에 관해 이미 알고 있는 정보에 의하여 계산된다. 표 15.1에서 제시된 n의 값과 비교하라.

예제 15.4

유량과 체지 공식(Chezy equation)을 이용한 매닝의 n 계산

문제

거석으로 이루어진 수로의 경사는 0.0030, 폭은 30 m, 평균 수심은 1.3 m이다. 그리고 0.130의 마찰계수를 갖는다. 수로에서 유량은 얼마이며, 이 수로에 대한 매닝의 n 값은 얼마인가?

설명

거석으로 이루어진 수로에서 물이 흐른다.

$$S_0 = 0.003, B = 30 \text{ m}, y = 1.3 \text{ m}, f = 0.13$$

가정: $R_h \approx y = 1.3$ m(수로 폭이 넓기 때문에).

목표

1. $Q(\text{m}^3/\text{s})$ ← 수로의 유량
2. n ← 매닝의 n 값

아이디어

1. Q를 구하기 위해 유량 방정식을 이용한다.

$$Q = VA \tag{a}$$

식 (a)에서 V를 구하기 위해 식 (15.9)를 이용한다.

$$V = \sqrt{\frac{8g}{f} R_h S_0} \tag{b}$$

n을 구하기 위해 식 (15.16)을 이용한다.

$$Q = \frac{1.0}{n} A R_h^{2/3} S_0^{1/2} \tag{c}$$

식 (a)부터 (c)는 3개의 방정식과 3개의 미지수로 이루어졌기 때문에 풀 수 있다. 계획은 다음과 같다.

1. 식 (b)를 이용하여 V를 계산한다.
2. 식 (a)를 이용하여 Q를 계산한다.
3. 식 (c)를 이용하여 n을 계산한다.

문제풀이

1. 속도:

$$V = \left[\sqrt{\frac{(8)(9.81 \text{ m/s}^2)}{0.130}}\right]\left[\sqrt{(1.3 \text{ m})(0.0030)}\right] = 1.53 \text{ m/s}$$

2. 유량 방정식:

$$Q = VA = (1.53)(30 \times 1.3) = 60 \text{ m}^3/\text{s}$$

3. 매닝의 n(SI단위):

$$n = \frac{1.0}{Q} A R_h^{2/3} S_0^{1/2}$$

$$n = \left(\frac{1.0}{60 \text{ m}^3/\text{s}}\right)(30 \times 1.3 \text{ m}^2)(1.3 \text{ m})^{2/3}(0.003)^{1/2}$$

$$n = 0.0424$$

해와 풀이과정 검토

1. *확인.* 계산된 이 n 값은 표 15.1의 "Unlined Canals: Cut in rock" 항목에 있는 전형적인 값의 범위 내에 있다.
2. *참고.* 이 예제와 예제 15.3은 다르시-바이스바흐 방정식의 f가 등류 조건에 대한 매닝의 n과 연관될 수 있다는 것을 보여 준다.

예제 15.5에서는 SI 단위계에 의한 매닝 공식이 유량을 계산하는 데 사용된다.

예제 15.5

체지 공식(Chezy equation)을 이용한 유량

문제
매닝의 n 값을 가진 체지 공식을 이용하여 수심이 2 m이고 수로의 경사가 0.0016일 때, 폭 3 m인 콘크리트 수로에서의 유량을 계산하라.

설명
콘크리트 수로에서 물이 흐른다. 폭 = 3 m. 수심 = 2 m. 경사 = 0.0016.

특성값: 콘크리트 수로에 대한 $n = 0.015$(표 15.1).

목표
유량 Q를 구한다.

아이디어
식 (15.15), SI 단위계에 대한 매닝 공식을 이용한다.

문제풀이

$$Q = \frac{1.0}{n} A R_h^{2/3} S_0^{1/2}$$

$$R_h = \frac{6}{7} = 0.86 \text{ m} \quad \text{그리고} \quad R_h^{2/3} = 0.90$$

$$S_0^{1/2} = 0.04 \quad \text{그리고} \quad A = 6 \text{ m}^2$$

$$Q = \frac{1.0}{0.015}(6)(0.90)(0.04) = \boxed{14.4 \text{ m}^3/\text{s}}$$

두 결과(예제 15.4와 15.5)는 이러한 형태의 문제에 있어서 공학적으로 예견되는 정확도 범위에 있다. 매닝 공식의 역사적인 발전 과정과 설계나 해석에 사용될 n 값의 선택에 대한 좀 더 상세한 내용은 Yen(4)과 Chow(5)를 참조하라.

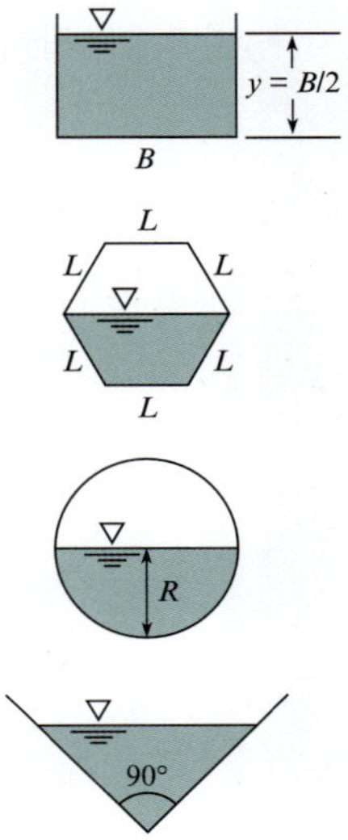

그림 15.5
서로 다른 형상에 대한 최적수리단면.

등류에 대한 최적수리단면

최적수리단면(best hydraulic section)은 주어진 단면적에 대하여 최대 유량을 갖는 수로 형상이다. 최대 유량은 기하 형상이 최소 윤변을 가질 때 생긴다. 따라서 주어진 면적에 대하여 최소 점성 에너지 손실을 가져온다. 식 (15.15)와 (15.16)에 주어진 매닝 공식에서 단면계수라 부르는 $AR_h^{2/3}$을 고려하자. $R_h = A/P$이므로, 등류에 관한 단면계수는 $A(A/P)^{2/3}$이다. 따라서 주어진 저항과 경사를 갖는 수로에서 유량은 단면적의 증가에 따라 증가하지만 윤변 P가 증가함에 따라 유량은 감소하게 된다. 주어진 면적 A와 주어진 수로의 형상, 예를 들면 사각형 단면에 대하여 단면계수가 최대가 되는 폭에 대한 어떤 수심비(y/B)가 있을 것이다. 이 비가 최적수리단면이다.

예제 15.6은 $y = \frac{1}{2}B$일 때, 사각형 수로에 대한 최적수리단면이 됨을 보여 주고 있다. 사다리꼴의 수로에 대한 최적수리단면은 정육각형의 절반이라는 것을 알 수 있다. 원형 단면에서는 수심이 반경과 같은 반원이다. 그리고 삼각형 단면에서는 90°의 꼭지점을 갖는 삼각형

(그림 15.5)이다. 이렇게 다양한 모든 형태 중에서, 반원은 최적수리단면을 가진다. 그 이유는 반원이 주어진 면적에 대하여 가장 작은 윤변을 가지기 때문이다.

최적수리단면은 수로의 비용과 관련될 수 있다. 예를 들어 사다리꼴 수로가 굴착이 되고 수면이 지면과 인접해 있다면, 굴착량(굴착 비용)은 최적수리단면이 되었을 때 최소가 될 것이다.

예제 15.6

사각형 수로에 대한 최적수리단면

문제

수심 y와 폭 B를 갖는 사각형 수로에 대한 최적수리단면을 구하라.

설명

사각형 수로에 물이 흐른다. 수심 $= y$. 폭 $= B$.

목표

최적수리단면(B와 y의 관계)을 구한다.

아이디어

1. y에 대한 함수식이 되도록 $A = By$와 $P = B + 2y$로 한다.
2. A는 상수로 놓고 P를 최소화한다.
   - P를 y에 대하여 미분하고, 미분값을 0으로 놓는다.
   - y와 B 간의 관계로서 P를 최소화하는 결과를 나타낸다.

문제풀이

1. y의 항으로 A와 P의 관계를 나타낸다.

$$P = \frac{A}{y} + 2y$$

2a. P를 최소화한다.

$$\frac{dP}{dy} = \frac{-A}{y^2} + 2 = 0$$

$$\frac{A}{y^2} = 2$$

2b. 결과를 y와 B의 항으로 나타낸다.

$$A = By, \text{ 그래서}$$

$$\frac{By}{y^2} = 2 \quad \text{또는} \quad \boxed{y = \frac{1}{2}B}$$

해와 풀이과정 검토

지식. 사각형 수로에 대한 최적수리단면은 그림 15.5에서와 같이 수심이 수로 폭의 1/2일 때 발생한다.

암거와 하수관거에서의 등류

하수관거(sewer)는 가정과 상업지역 또는 공장으로부터 나오는 하수(생활하수나 공장폐수)를 하수 처리장까지 운송하는 수로이다. 이러한 수로들 중에는 원형 단면이 흔하나, 타원형 또는 직사각형 단면들도 사용된다. 단위시간당 하수의 (체적) 배출량은 날마다, 계절마다 변하나, 하수관거는 물론 수로를 (거의) 가득 차 흐르는 최대 유량을 운송할 수 있도록 설계된다. 최대 유량보다 작은 유량의 경우에는 하수관거가 개수로와 같은 역할을 한다.

하수는 보통 99%의 물과 1%의 고형 폐기물로 구성된다. 대부분의 하수 농도가 이처럼 낮기 때문에, 유량 계산에 있어서는 물과 같은 물리적 성질을 갖는 것으로 가정한다. 그러나 하

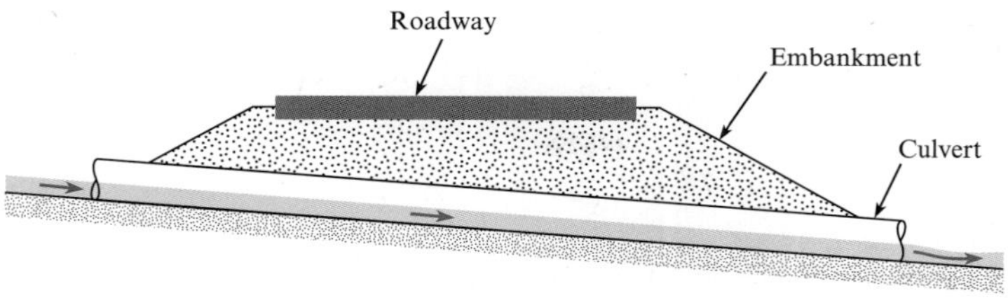

그림 15.6
고속도로 제방 아래의 암거.

수관거에서의 유속이 너무 작으면 고체 입자가 침전되어서 흐름을 막는 장애가 될 수 있다. 따라서 하수관거는 보통 최대 흐름 시의 유속이 최소한 약 0.60 m/s는 되도록 설계된다. 이러한 조건은 원하는 유속을 얻을 수 있도록 하수관거의 경사를 조정함으로써 가능하다.

*암거(culvert)*는 고속도로의 제방과 같이 성토한 흙 아래에 놓인 수로로서, 제방 위쪽으로부터 아래쪽으로 물을 운송하는 데 사용된다. 그림 15.6은 암거의 전형적인 모습을 보여준다. 암거는 제방에 부작용을 미치지 않고 설계 유량을 통과시키도록 설계된다. 즉 암거는 물이 제방 위로 넘치거나 제방의 상류나 하류 끝이 침식되지 않으면서, **설계 호우**(design storm)에 대한 유출량을 운송할 수 있어야 한다. 설계 호우란, 예를 들면 특정 지역에 50년에 한 번 정도 발생할 것으로 기대되는 최대 호우를 뜻한다.

암거에서의 흐름은 단면형(원형 또는 직사각형), 경사, 길이, 조도, 유입구 및 유출구 설계 방법 등 많은 변수의 함수이다. 암거 흐름은 전 구간에 걸쳐 개수로 흐름이 될 수도 있고, 완전한 만관 흐름이 될 수도 있으며, 이들의 조합도 가능하다. 암거에 관한 설계와 해석에 관한 상세한 내용은 이 교재의 범위 밖이며, 여기서는 간단한 예제만을 다루기로 한다(예제 15.7과 15.8). 좀 더 상세하고 광범위한 내용에 대해서는 Chow(5), Henderson(6) 및 American Concrete Pipe Assoc.(7)을 참조하기 바란다.

예제 15.7

둥근 콘크리트 하수관의 크기 결정

문제

콘크리트 관 하수관거를 0.006의 경사를 갖도록 건설하려 한다. $n = 0.013$이고 설계 유량이 3 m^3/s라면 만관 흐름 조건(full-flow condition)에 대하여 어떤 크기의 (상용) 관을 선정하겠는가? 이 조건에서 하수관의 평균유속은 얼마인가?(상용 콘크리트 관의 직경은 20 cm, 25 cm, 30 cm이고 30 cm부터 90 cm까지는 7.5 cm 간격으로 가용하다. 90 cm부터 365 cm까지는 15 cm 간격으로 크기가 가용하다.)

설명

하수관거 경사, $S_0 = 0.0006$, Q(유량) = 3 m^3/s.

가정: 표준 파이프 크기를 사용하도록 한다.

목표

구하는 값: 설계 유량을 수송할 수 있는 충분한 파이프 직경. 만관흐름 조건에서 $V \geq 0.6$ m/s이다.

아이디어

1. 식 (15.15), SI 단위계에 대한 매닝 공식을 이용한다.
2. $AR^{2/3}$에 대하여 푼다.

3. 만관흐름 조건에 대하여 A와 P를 R_h를 통한 직경과 관련짓는다.
4. 직경을 구하고 약간 더 큰 직경을 사용한다.
5. 만관흐름에 대한 속도가 0.6 m/s보다 빠른가 여부를 검토한다.

문제풀이

1. SI 단위계에 대한 매닝 공식은 다음과 같다.

$$Q = \frac{1.0}{n} AR^{2/3} S_0^{1/2}$$

$Q = 3\ \text{m}^3/\text{s}$

$n = 0.013$

$S_0 = 0.006$ (파이프 안은 대기압력이라고 가정하라)

2. $AR^{2/3}$에 대하여 푼다. $AR^{2/3}$의 단위는 A가 m^2이고 R_h는 $\text{m}^{2/3}$이기 때문에 $\text{m}^{8/3}$이다.

$$AR^{2/3} = \frac{(3\ \text{m}^3/\text{s})(0.013)}{(1.0)(0.006)^{1/2}} = 0.5\ \text{m}^{8/3}$$

3. A와 P를 R_h에 관련시켜 직경에 관한 식으로 정리한다.

$$R_h = \frac{A}{P} \quad \text{그리고} \quad R_h^{2/3} = \left(\frac{A}{P}\right)^{2/3}$$

$$AR_h^{2/3} = \frac{A^{5/3}}{P^{2/3}} = 0.5\ \text{m}^{8/3}$$

파이프를 가득 채워 흐르는 경우, $A = \pi D^2/4$ 그리고 $P = \pi D$ 또는

$$\frac{(\pi D^2/4)^{5/3}}{(\pi D)^{2/3}} = 0.5\ \text{m}^{8/3}$$

4. 직경에 대하여 풀면 $D = 1.19\ \text{m} = 119\ \text{cm}$이다. 약간 더 큰 상업용 파이프의 직경 $\boxed{D = 120\ \text{cm}}$을 사용한다.

$$A = \frac{\pi D^2}{4} = 1.13\ \text{m}^2 \ \text{(파이프에 꽉 차서 흐르는 경우)}$$

5. 파이프를 가득 채워 흐를 때의 속도가 0.6 m/s보다 큼을 증명한다.

$$V = \frac{Q}{A} = \frac{(3\ \text{m}^3/\text{s})}{(1.13\ \text{m}^2)} = \boxed{2.65\ \text{m/s}}$$

예제 15.8은 손실수두의 모든 원천과 필수 유량을 고려하여 경사를 계산하는 과정을 보여준다.

예제 15.8

암거 설계

문제

직경 140 cm, 길이 60 m인 암거가 고속도로 제방 아래에 경사 0.01로 놓여 있다. 이 암거는 만관 조건 하에서 50년 빈도 홍수인 6.4 m^3/s를 통과시키도록 설계되었다(그림 참조). 이 조건에서 요구되는 수두 H는 얼마인가? 유량이 1.4 m^3/s일 때 암거에서의 등류 수심은 얼마인가? $n = 0.012$로 가정하라.

설명

암거는 주어진 크기에서 6.4 m^3/s의 유량을 수송하도록 설계되었다.

가정: 등류, 그래서 파이프 손실수두 h_f는 S_0와 관련지을 수 있다.

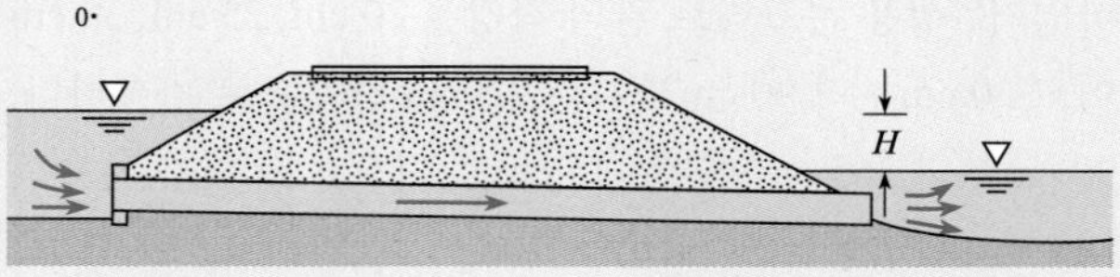

목표

구하는 값:

1. 흐름이 파이프를 가득 채운 상태로 흐를 때 두 자유수면 사이에 필요한 높이 H.
2. $Q = 1.4\ \text{m}^3/\text{s}$일 때, 암거의 등류 수심.

아이디어

1. 손실수두를 계산하기 위하여, 두 단면 사이의 에너지 방정식을 이용한다.
2. 손실수두의 모든 요인을 열거한다.
3. 식 (15.15)를 이용하여 파이프 손실수두 h_f를 계산한다.

$$S_0 = \frac{h_f}{L}$$

4. 손실수두를 계산하는 데 필요한 등류 속도 V를 구하기 위하여 연속 방정식을 이용한다.
5. H에 대하여 푼다.
6. 식 (15.15)를 사용하여 $Q = 1.4\ \text{m}^3/\text{s}$인 경우의 수심에 대하여 푼다. 그리고 흐름이 부분적으로 차서 흐를 경우에 파이프 형상 관계식을 푼다.

문제풀이

1. 에너지 방정식:

$$\frac{p_1}{\gamma} + \frac{V_1^2}{2g} + z_1 = \frac{p_2}{\gamma} + \frac{V_2^2}{2g} + z_2 + \sum h_L$$

1과 2 지점이 각각 상류와 하류의 수면이 된다.

그러므로 ($p_1 = p_2 = 0$ gage 그리고 $V_1 = V_2 = 0$).
또한 ($z_1 - z_2 = H$).
그러므로 ($H = \Sigma h_L$).

2. 손실수두는 암거 입구와 출구에서 발생할 뿐만 아니라 파이프의 길이 전체에 걸쳐서 발생한다.

H = 파이프 손실수두 + 입구에서의 손실수두 + 출구에서의 손실수두

$$H = \frac{V^2}{2g}(K_e + K_E) + \text{파이프 손실수두}$$

$$K_e = 0.50\ (\text{표 } 10.5)$$
$$K_E = 1.00\ (\text{표 } 10.5)$$

3. 파이프 손실수두는 다음과 같다.

$$Q = \frac{1.0}{n} A R_h^{2/3} S_0^{1/2}$$
$$Q = 6.4\ \text{m}^3/\text{s}$$
$$A = \frac{\pi D^2}{4} = 1.54\ \text{m}^2$$
$$R_h = \frac{A}{P} = \frac{\pi D^2/4}{\pi D} = \frac{D}{4} = 0.35\ \text{m}$$
$$R_h^{2/3} = (0.35\ \text{m})^{2/3} = 0.497\ \text{m}^{2/3}$$
$$S_0 = \frac{h_f}{L}$$
$$6.4 = \frac{1.0}{0.012}(1.54\ \text{m}^2)(0.497\ \text{m}^{2/3})\left(\frac{h_f}{60}\right)^{1/2}$$
$$h_f = 0.60\ \text{m}$$

4. 연속 방정식을 계산한다.

$$V = \frac{Q}{A} = \frac{6.4\ \text{m}^3/\text{s}}{1.54\ \text{m}^2} = 4.16\ \text{m/s}$$

5. H에 대하여 푼다.

$$H = \frac{4.16^2}{19.62}(0.50 + 1.0) + 0.60$$
$$H = 1.32\ \text{m} + 0.60\ \text{m} = \boxed{1.92\ \text{m}}$$

6. $Q = 1.4\ \text{m}^3/\text{s}$에 대하여 흐름의 수심은 다음과 같이 계산된다.

$$1.4 = \frac{1.0}{0.012} A R_h^{2/3} (0.01)^{1/2}$$

A와 R_h의 값은 다음과 같이 부분적으로 차 있는 파이프의 형상에 의존할 것이다.

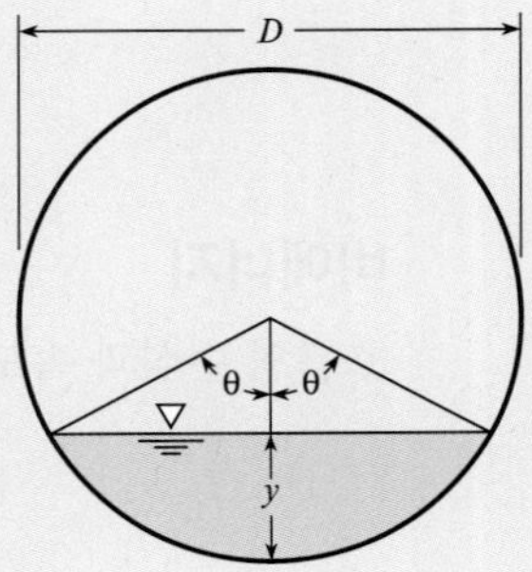

각도 θ가 주어질 때 면적 A는

$$A = \left[\left(\frac{\pi D^2}{4}\right)\left(\frac{2\theta}{360°}\right)\right] - \left(\frac{D}{2}\right)^2 (\sin\theta\ \cos\theta)$$

윤변 $P = \pi D(\theta/180°)$, 따라서

$$R_h = \frac{A}{P} = \left(\frac{D}{4}\right)\left[1 - \left(\frac{\sin\theta\cos\theta}{(\pi\theta/180°)}\right)\right]$$

유량식에 A와 R_h의 관계를 대입하여 θ에 관한 식을 풀면 $\theta = 70°$가 된다. 그러므로 y는 다음과 같다.

$$y = \frac{D}{2} - \frac{D}{2}\cos\theta = \left(\frac{140\ \text{cm}}{2}\right)(1 - 0.342) = \boxed{46.06\ \text{cm}}$$

15.4 정상 부등류

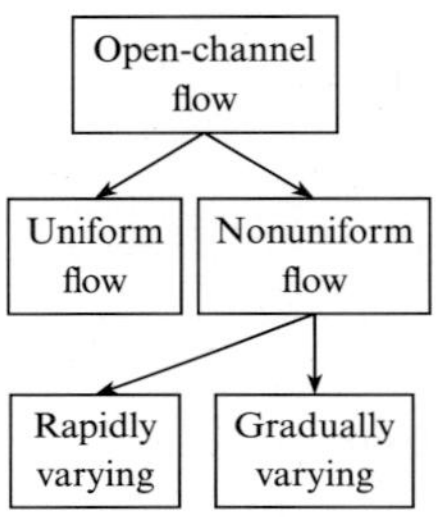

그림 15.7
부등류의 분류.

이 장의 그림 15.2에서 설명하였듯이 모든 개수로 흐름은 등류와 부등류로 분류된다. 등류는 유선을 따라 일정한 속도를 갖는 흐름이라는 것을 기억하라. 따라서 일정한 단면에서는 일정한 수심을 갖는다. 정상 부등류에서, 수심과 속도는 거리(그러나 시간과는 관련이 없음)에 따라 변화한다. 그러한 모든 경우에 있어서 15.2절에서 일반적으로 소개한 에너지 방정식이 두 단면에서 비교하기 위하여 사용된다. 그러나 부등류의 분석에서 수심과 속도의 변화가 짧은 구간 거리에서 일어날 것인가(급변류) 또는 긴 수로 구간에서 일어날 것인가(점변류)를 구별하는 것은 중요하다(그림 15.7). 손실수두 항은 이들 두 경우에 각각 다르다. **급변류**(rapidly varied flow)에서는 손실수두가 짧은 구간 거리에서 발생하기 때문에 수로의 벽면과 바닥면의 저항은 무시할 수 있다. **점변류**(gradually varied flow)는 손실수두가 긴 거리에서 발생하기 때문에 표면 저항은 에너지 평형에서 중요한 변수가 된다.

15.5 급변류

급변류는 개수로에 대하여 이전에 제시한 에너지 방정식으로 해석된다. 식 (15.7)은 수로 바닥이 수평을 이루고($S_0 = 0$) 손실수두가 0($h_L = 0$)인 추가적인 가정 하에 다음 식으로 된다.

$$y_1 + \frac{V_1^2}{2g} = y_2 + \frac{V_2^2}{2g} \tag{15.17}$$

비에너지

흐름의 수심과 속도수두의 합은 **비에너지**(specific energy)로서 정의된다.

$$E = y + \frac{V^2}{2g} \tag{15.18}$$

비에너지는 길이 차원[L]을 갖는다. 즉 에너지 수두이다. 식 (15.17)은 단면 1에서의 비에너지가 단면 2에서의 비에너지와 같다($E_1 = E_2$)는 것을 뜻한다. 단면 1과 2 사이의 연속 방정식

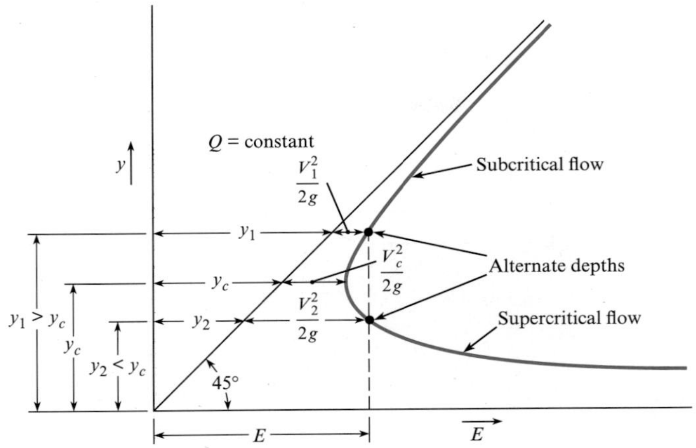

그림 15.8
수심과 비에너지 사이의 관계.

은 다음과 같다.

$$A_1V_1 = A_2V_2 = Q \tag{15.19}$$

그러므로 식 (15.17)은 다음과 같이 표현할 수 있다.

$$y_1 + \frac{Q^2}{2gA_1^2} = y_2 + \frac{Q^2}{2gA_2^2} \tag{15.20}$$

A_1과 A_2는 둘 다 수심 y_1과 y_2의 함수이므로 단면 1 또는 2에서의 비에너지 크기는 각 단면에서의 수심만의 함수이다. 주어진 단면과 주어진 유량에 대해서 수심에 따른 비에너지의 변화를 그리면 그림 15.8과 같은 그래프를 얻을 수 있다. 그림 15.8을 살펴보면 주어진 비에너지 값에 대하여 수심이 큰 값일 수도 있고 작은 값일 수도 있다. 이것은 작은 수심에 대해서는 대부분의 흐름 에너지가 운동에너지의 형태를 취한다는 뜻이다. 즉 $Q^2/(2gA^2) \gg y$을 나타낸다. 반면에 큰 수심에 대해서는 에너지의 대부분이 위치에너지의 형태를 취한다는 것을 의미한다. **수문**(sluice gate) 밑을 통과하는 흐름(그림 15.9)은 주어진 비에너지 값에 대해서 두 개의 수심이 발생하는 흐름의 예이다. 수심이 크고 운동에너지가 작은 경우는 수문의 상류에서 발생하고, 수심이 작고 운동에너지가 큰 경우는 하류에서 발생한다. 이때 두 개의 수심을 **대응 수심**(alternate depth)이라고 부른다. 즉 주어진 E 값에 대해서 큰 수심이 작은 수심에 대응한다고 말하는데, 그 반대의 경우에도 마찬가지이다. 수문 밑의 흐름으로 다시 돌아가서, 유량을 동일하게 유지하고 그림 15.9b와 같이 수문을 좀 더 개방하면 상류 수심은 낮아지고, 하류 수심은 상승할 것이다. 이것은 비에너지의 차이에 의한 것으로서 전보다 더 작은 비에너지를 갖는다. 이것은 그림 15.8과 일치한다.

결국 그림 15.8에서 볼 수 있듯이 비에너지가 최소가 되는 곳은 한 점이 되고, 그 경우에는 한 개의 수심만이 존재하는 것을 알 수 있다. 이 점에서의 흐름을 **한계류**(critical flow)라고 한다. 따라서 주어진 유량에 대해서 비에너지가 최소가 될 때 발생하는 흐름을 한계류로 정

그림 15.9

수문 밑에서의 흐름. (a) 수문을 약간 열었을 경우. (b) 수문을 크게 열었을 경우.

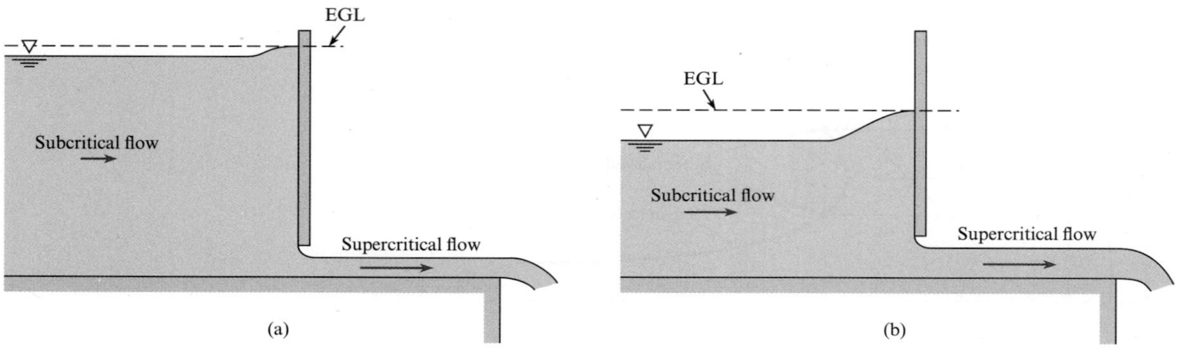

의하는 것도 한계류를 정의하는 방법 중 하나이다. 수심이 **한계 수심**(critical depth)보다 작은 (유속이 한계 유속보다 큰) 흐름을 **사류**(supercritical flow)라고 부르고, 수심이 한계 수심보다 큰(유속이 한계 유속보다 작은) 흐름을 **상류**(subcritical flow)라고 부른다. 따라서 상류는 그림 15.9에서 수문의 상류(upstream)에서 발생하고, 사류는 수문의 하류에서 발생함을 알 수 있다. 어떤 기술자들은 상류와 사류를 각각 **조용한 흐름**(tranquil flow)과 **빠른 흐름**(rapid flow)이라고 부르기도 한다. 다음 절에서 한계류의 또 다른 측면들을 고찰한다.

한계류의 특성

주어진 유량에 대해서 비에너지가 최소일 때 한계류가 발생한다. 한계류 조건에서 수심은 $E = y + Q^2/2gA^2$에서 dE/dy를 구하고, $dE/dy = 0$로 놓고 풀면 구해진다.

$$\frac{dE}{dy} = 1 - \frac{Q^2}{gA^3} \cdot \frac{dA}{dy} \tag{15.21}$$

그런데 $dA = T\,dy$이고, 여기서 T는 그림 15.10에 나와 있는 바와 같이 수면에서의 수로 폭이다. 식 (15.21)에서 $dE/dy = 0$로 놓으면

$$\frac{Q^2 T_c}{gA_c^3} = 1 \tag{15.22}$$

또는 다음과 같이 된다.

$$\frac{A_c}{T_c} = \frac{Q^2}{gA_c^2} \tag{15.23}$$

만약 **수리 수심**(hydraulic depth) D를 다음과 같이 정의하면

$$D = \frac{A}{T} \tag{15.24}$$

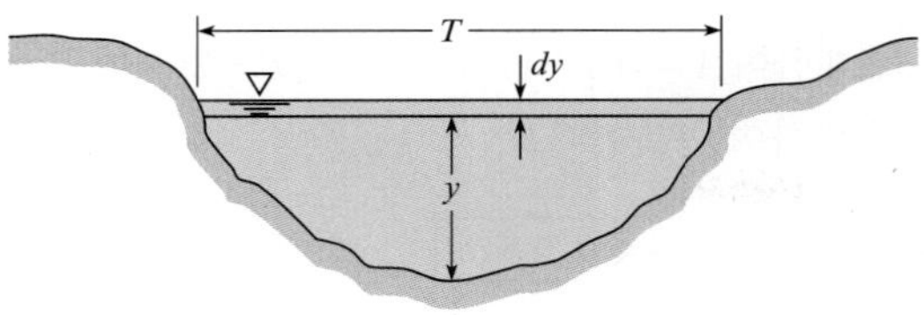

그림 15.10
개수로 관련도.

식 (15.23)은 한계 수리 수심 D_c로서 다음과 같이 주어진다.

$$D_c = \frac{Q^2}{gA_c^2} = \frac{V^2}{g} \tag{15.25}$$

식 (15.25)를 D_c로 나누고 제곱근을 취하면 다음 식을 얻는다.

$$1 = \frac{V}{\sqrt{gD_c}} \tag{15.26}$$

주: $V/\sqrt{gD_c}$는 프루드수이다. 그러므로 한계류인 경우에는 프루드수가 1이 됨을 알 수 있다.

수로 단면이 직사각형인 경우 A/T는 실제의 수심이 되고, 또 $Q^2/A^2 = q^2/y^2$이므로 한계 수심에 대한 식(식 15.23)은 다음과 같이 된다. 여기서 q는 수로의 단위폭당 유량이다.

$$y_c = \left(\frac{q^2}{g}\right)^{1/3} \tag{15.27}$$

예제 15.9

수로에서의 한계 수심

문제

유량 $Q = 14\ \text{m}^3/\text{s}$일 때 다음과 같은 사다리꼴 단면 수로에서 한계 수심을 결정하라. 수로의 바닥면 폭은 $B = 6$ m이고 측면의 경사각은 45°이다.

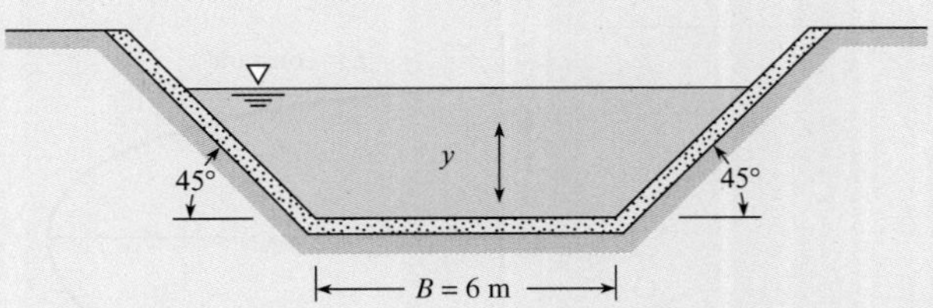

설명

형상을 알고 있는 사다리꼴 단면 수로에서 물이 흐른다.

목표

한계 수심을 계산하라.

아이디어

1. 한계 수심을 구하기 위하여 식 (15.22)를 적용한다.
2. 이 수로 형상을 식 (15.22)에서 폭 T와 면적 A에 관한 관계식으로 구한다.
3. 반복법(y를 선택하고 A^3/T를 계산하라)을 이용하여 A^3/T가 20 m^2가 되도록 하는 y를 구한다. 이것은 한계 수심 y_c가 될 것이다.

문제풀이

1. 식 (15.22)를 적용한다.

$$\frac{Q^2}{g} = \frac{A_c^3}{T_c}$$

2. $Q = 14\ \text{m}^3/\text{s}$에 대하여

$$\frac{A_c^3}{T_c} = \frac{14^2}{9.81} = 20\ \text{m}^2$$

이 수로에 대하여 $A = y(B + y)$ 그리고 $T = B + 2y$이다.

3. y_c를 찾기 위하여 반복한다.

$$y_c = \boxed{0.785\ \text{m}}$$

주어진 비에너지에 대해서 수로의 유량이 수심에 따라 어떻게 변화하는가를 살펴봄으로써 한계류를 고찰할 수도 있다. 예를 들어 다음 식으로 표현되는 직사각형 단면 수로의 흐름을 생각해 보자.

$$E = y + \frac{Q^2}{2gA^2}$$

$$E = y + \frac{Q^2}{2gy^2B^2}$$

수로의 단위폭을 생각하고 $q = Q/B$로 놓으면 위의 식은 다음과 같이 된다.

$$E = y + \frac{q^2}{2gy^2}$$

일정한 비에너지 값에서 수심 y에 따라 q의 값이 어떻게 변화하는가를 결정하면 유량이 최대일 때 한계류가 발생하는 것을 확인할 수 있다(그림 15.11).

원래 **한계류**(critical flow)라는 말은 이러한 상태에 대한 흐름의 불안정한 특성과 관련된 말이었을 것이다. 그림 15.8을 주목해 보면, 비에너지가 조금만 변화해도 수심이 상당한 크기로 증가하거나 감소하게 되는 것을 알 수 있는데, 이것이 바로 불안정한 상태를 나타내는 것이다. 실제로 개수로에서 한계류를 관찰해 보면 수면이 일련의 정상파(standing wave)로 되어 있음을 알 수 있다. 한계류에서의 수심의 불안정한 성질 때문에 운하를 설계할 때에는 일반적으로 등류 수심을 한계 수심보다 충분히 크게 하거나 충분히 작게 하는 것이 좋다. 운하나 강에서의 흐름은 일반적으로 상류이나 급경사 낙수부(steep chute)나 여수로를 월류하

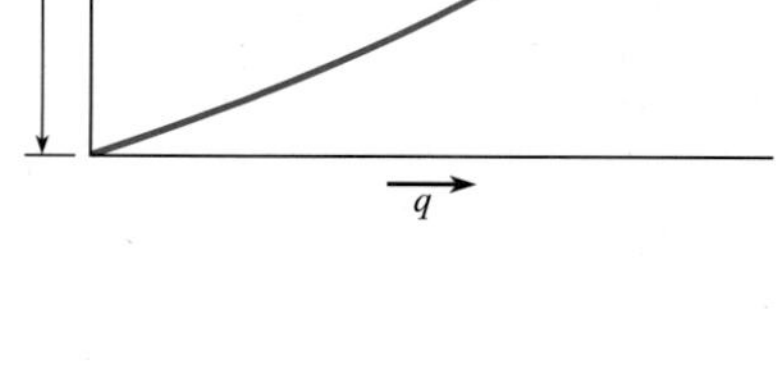

그림 15.11

비에너지가 일정할 때 y에 대한 q의 변화.

는 흐름은 사류이다.

이 절에서는 한계류에 대해서 여러 가지 특성들을 살펴보았다. 중요한 내용을 요약하면 다음과 같다.

1. 한계류는 주어진 유량에 대하여 비에너지가 최소일 때 발생한다(그림 15.8).
2. 한계류는 주어진 비에너지에 대해서 유량이 최대일 때 발생한다.
3. 한계류는 다음 식이 성립할 때 발생한다.

$$\frac{A^3}{T} = \frac{Q^2}{g}$$

4. 한계류는 $\mathrm{Fr} = 1$일 때 발생한다. 그리고 상류는 $\mathrm{Fr} < 1$일 때 발생하고, 사류는 $\mathrm{Fr} > 1$일 때 발생한다.
5. 직사각형 단면 수로에 대해서 한계 수심은 $y_c = (q^2/g)^{1/3}$로 주어진다.

한계류의 일반적인 발생

액체가 광정 위어(broad-crested weir)를 월류할 때 한계류가 발생한다(그림 15.12). 광정 위어의 원리는 우선 저수지로부터 물이 흘러 나가지 못하도록 수문을 닫은 경우를 고찰함으로써 설명된다(그림 15.12a). 수문이 조금 개방되면(수문 위치 a'-a') 수문의 상류 측 흐름은 상류가 될 것이고, 하류 측 흐름은 사류가 될 것이다(그림 15.9에서 처음에 소개된 상태와 같이). 수문이 점점 더 개방되면 마침내 수문의 직상류부와 직하류부의 수심들이 서로 같게 되는 점에 도달하게 된다. 이것이 한계 상태이다. 수문이 이보다 더 열리면 수문은 흐름에 어떠한 영향도 미치지 못하는데, 이것이 그림 15.12b의 광정 위어에서 보인 상태이다. 위어의 월류 수심이 측정되면 식 (15.27)로부터 유량을 쉽게 산정할 수 있다.

$$q = \sqrt{gy_c^3}$$

또는

$$Q = L\sqrt{gy_c^3} \tag{15.28}$$

인데 여기서 L은 흐름 방향에 직각인 위어 정부(crest)의 길이이다.

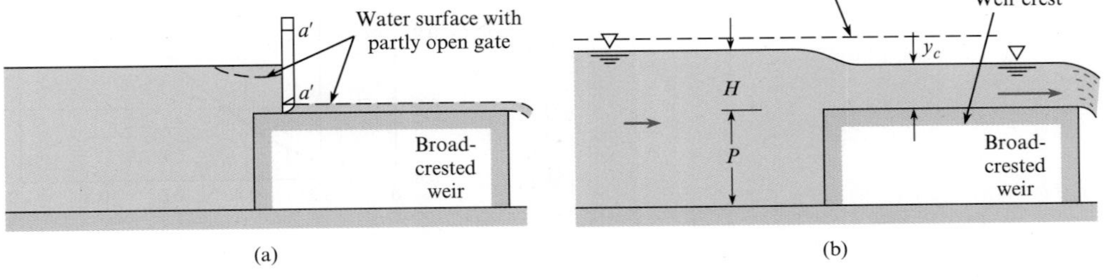

그림 15.12
광정 위어를 월류하는 흐름. (a) 수심이 수문에 의하여 조절된다. (b) 수심이 위어에 의해 조절되고, 수심은 y_c이다.

식 (15.25)로부터 $y_c/2 = (V_c^2/2g)$이므로, $y_c = (2/3E)$가 되는 것을 쉽게 알 수 있다. 여기서 E는 위어 정부를 기준으로 한 총 수두로서 $(H + V_{\text{approach}}^2/2g)$이다. 따라서 식 (15.28)은 다음과 같이 고쳐 쓸 수 있다.

$$Q = L\sqrt{g}\left(\frac{2}{3}\right)^{3/2} E^{3/2}$$

$$Q = 0.385L\sqrt{2g}E_c^{3/2} \tag{15.29}$$

위어의 높이가 큰 경우, 상류의 접근 유속은 거의 영(0)에 가까우므로 식 (15.29)는 다음과 같이 표현할 수 있다.

$$Q_{\text{theor}} = 0.385L\sqrt{2g}H^{3/2} \tag{15.30}$$

광정 위어의 높이 P가 비교적 작으면 접근 유속은 상당한 값을 가질 수도 있으므로 이 때의 유량은 식 (15.30)으로 주어지는 유량보다 크게 될 것이다. 또한 손실수두 역시 얼마간 영향을 주게 될 것이다. 이러한 영향을 고려하기 위해 유량계수 C를 다음과 같이 정의한다.

$$C = Q/Q_{\text{theor}} \tag{15.31}$$

그러면 Q는 다음과 같다.

$$Q = 0.385CL\sqrt{2g}H^{3/2} \tag{15.32}$$

여기서 Q는 위어를 월류하는 실제 유량이다. Raju(15)에 의한 실험 데이터의 해석으로부터 $H/(H+P)$에 대한 C의 값의 변화를 도시하면 그림 15.13과 같다. 그림 15.13은 상류 측의 위어 면은 수직이고 상류 측 위어 면과 위어 정부와의 교선부가 날카로운 경우에 대한 것이다. 위어 상류 측면이 45°의 각도로 경사를 갖게 되면, 유량계수는 그림 15.13에 주어진 값보다 10% 증가하게 될 것이다. 상류 측 교선부를 매끄럽게 해도 역시 유량계수가 약 3% 정도 크게 될 것이다.

식 (15.32)는 유량 Q가 수두 H와 뚜렷한 함수관계를 나타내고 있는 것을 보여 주고 있다.

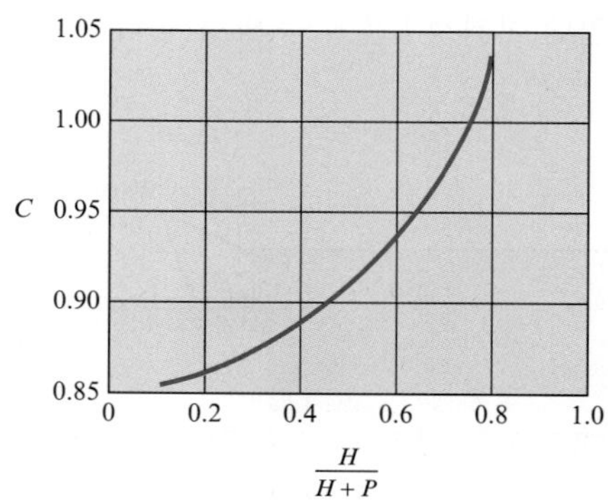

그림 15.13
광정 위어에 대한 유량계수: $0.1 < H/L < 0.8$.

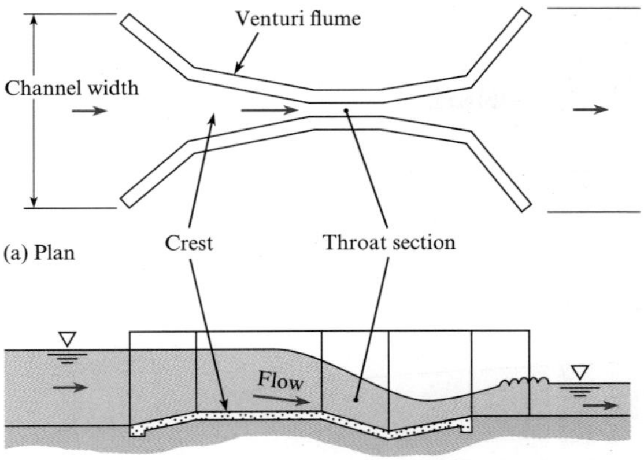

그림 15.14
벤투리 수로를 통과하는 흐름.

이러한 유형의 유량 측정 장치는 **한계류 수로**(critical-flow flume)라고 불리는 대규모의 유량계에 속한다. 또 하나의 매우 일반적인 한계 흐름 수로로서 **벤투리 수로**(venturi flume)가 있는데, 이것은 Parshall(8)에 의해 개발되고 검증되었다. 그림 15.14는 벤투리 수로의 기본적인 형상을 보여 주고 있다. 벤투리 수로에 대한 유량식은 식 (15.32)와 같은 형태를 취하는데, 단지 차이가 있다면 실험적으로 결정된 계수 C 값이 광정 위어에 대한 C 값과 서로 다르다는 점이다. 벤투리 수로에 대해서 더 상세히 알고 싶으면, Roberson 외(9), Parshall(8) 및 Chow(5) 등의 연구를 참고하면 좋을 것이다. 벤투리 수로는 사용 시에 손실수두가 작으며, 흐름에 의하여 침식 현상이 발생하는 경우에는 표사를 쉽게 씻어 내리기 때문에, 특히 관개 시스템의 유량 측정에 유용하다.

수로 경사가 **완경사**(mild slope)에서 **급경사**(steep slope)로 변화하는 수로 흐름에서도 수심은 역시 한계 수심을 지난다. 완경사는 등류 수심 y_n이 한계 수심 y_c보다 큰 경우의 수로 경사로서 정의된다. 마찬가지로 급경사는 $y_n < y_c$이 되는 수로이다. 이러한 조건이 그림 15.15에 도시되어 있다. y_c는 유량만의 함수이므로 그림에서 두 개의 수로 경사에 대해서 y_c 값이 동일한 것에 주목하라. 그러나 상류의 완경사 수로에 대한 등류 수심은 한계 수심보다 큰 반면에 하류의 급경사 수로에 대한 등류 수심은 한계 수심보다 작다. 따라서 수심이 한계 수심을 지나야 하는 것이 명백하다. 실험에 의하면 한계 수심은 두 수로의 교차부보다 약간 상류측에서 발생하는 것을 알 수 있다.

한계 수심이 발생하는 또 다른 지점으로서 완경사 수로의 끝단에 자유낙하부(free overfall)가 존재할 때 그 상류부를 들 수 있다(그림 15.16). 한계 수심은 벼랑(낙하부)에서 한계 수심 y_c의 3~4배 되는 거리만큼 떨어진 상류부에서 발생한다. 이러한 한계 수심 발생(수로 경사가 변화하는 곳이나 벼랑에서)은 수면 형상을 계산할 때 계산의 시작점을 제공하기 때문에 유용하다.*

* 이 계산의 시작점을 제공하는 과정은 "수면 곡선의 정량적인 산정"이라는 부제목이 있는 15.7절에 제시된다.

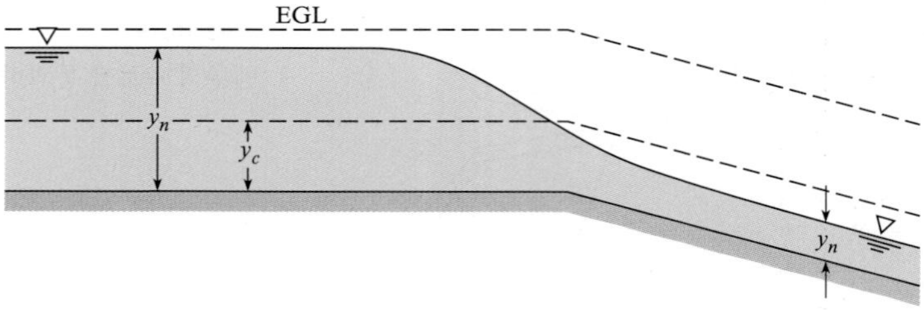

그림 15.15
수로 경사가 변하는 곳에서 발생하는 한계 수심.

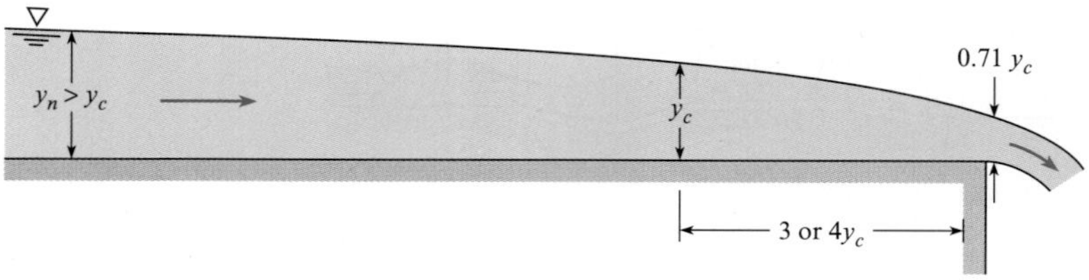

그림 15.16
자유 월류부에서의 한계 수심.

수로의 천이

수로의 단면 형상(형상 또는 치수)이 길이 방향으로 변화할 때는 그 변화를 **천이**(transition)라 부른다. 직사각형 단면 수로의 바닥 표고가 증가하거나 수로 폭이 감소할 때, 수심이 어떻게 변화할 것인가를 보이기 위해 이 장의 초반부에 이미 제시한 기본 개념을 이용한다. 전개 과정에서 에너지 손실은 무시할 수 있는 것으로 가정한다. 우선 수로 바닥이 높아지는 경우를 살펴보고, 이 절의 뒷부분에서는 직사각형 단면으로부터 사다리꼴 단면으로 수로의 단면 형상이 바뀔 때, 상류(subcritical flow)에 대해서 이용되는 천이의 형상을 살펴본다.

그림 15.17과 같이 수로 바닥이 Δz만큼 올라간 직사각형 단면 수로를 생각해 보자. 수심의 변화를 산정하기 위해 그림 15.8과 같은 수심에 대한 비에너지 곡선을 이용한다. 비에너지 곡선은 천이부의 상류 단면과 천이부의 직하류 단면 양쪽에 대해서 그려져 있다. 양 단면에서 유량이 동일하기 때문에, 주어진 곡선은 양 단면에서 유효하다. 그림 15.17에서 알 수

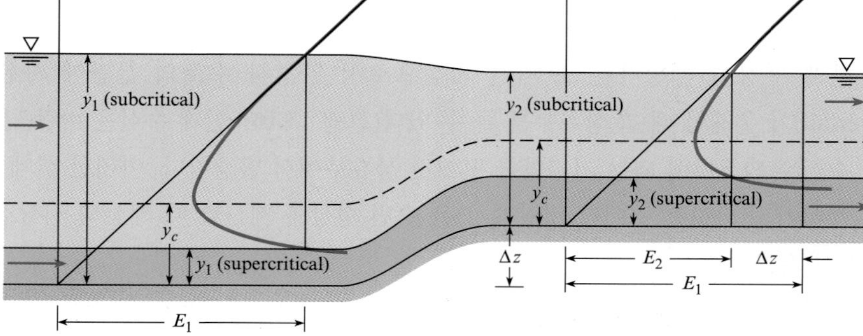

그림 15.17
직사각형 단면 수로에서 바닥 표고의 변화에 따른 수심의 변화.

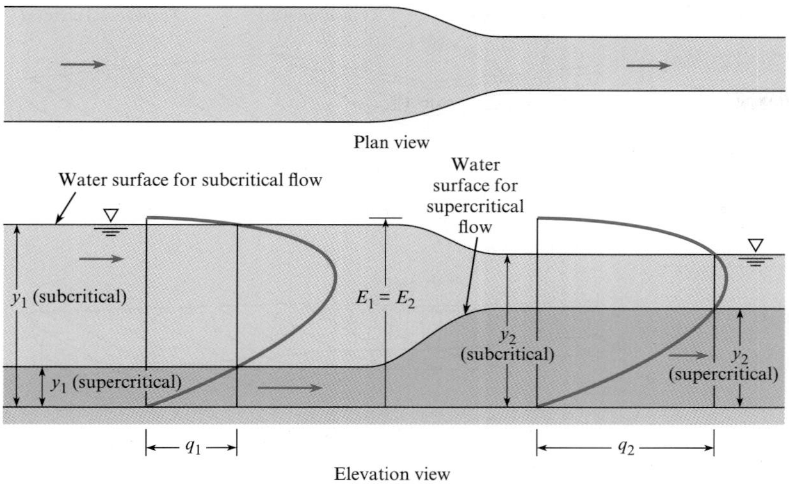

그림 15.18
수로 폭의 변화에 따른 수심의 변화.

있는 바와 같이 비에너지 E_1이 한계류에서 요구되는 비에너지보다 크면 단면 1에서의 수심은 한계 수심보다 클 수도 있고(상류), 작을 수도 있다(사류). 단면 1에서의 흐름이 상류일 때, 수로 바닥이 높아진 영역에서 수심의 감소가 발생하는 것을 그림 15.17로부터 알 수 있다. 이것은 이 단면에서의 비에너지 E_2가 단면 1에서보다 Δz만큼 작아졌기 때문이다. 그러므로 비에너지 선도는 y_2가 y_1보다 작게 된다는 것을 나타내고 있다. 마찬가지로 상류 측 흐름이 사류일 때, 실제 수면고뿐만 아니라 수심도 단면 1로부터 단면 2까지 증가하는 것을 알 수 있다. 수로 바닥 표면고의 변화가 수심에 미치는 영향에 관해서는 좀 더 설명이 필요하다. 단면 2에서 한계류를 발생시킬 수 있을 만큼의 양 이상으로 수로 바닥이 높아지면 단면 1에서 흐름이 정상류 상태로 바닥 상승부를 월류하게 만들 수 있는 충분한 수두를 확보하지 못한다. 대신에 상류부 수위는 정상류를 다시 회복할 만큼 될 때까지 상승하게 될 것이다.

수로 바닥의 높이는 동일하지만 수로 폭이 감소할 때는 단면 1과 2 사이에서 단위폭당 유량은 증가하나, 비에너지 E는 일정하게 유지된다. 따라서 주어진 비에너지에 대해서 수심에 대한 q의 변화 곡선을 이용할 때, 상류 측 흐름이 사류이면 축소 단면에서의 수심은 증가하고, 상류이면 수심은 감소한다(그림 15.18 참조).

앞에서 가장 단순한 천이부에 대해 전반적인 영향에 관해서 설명하였다. 실제로는 한 형상(예를 들어 직사각형 단면)의 수로와 다른 단면(예를 들면 사다리꼴 단면)을 갖는 수로 사이에서 천이부를 더 쉽게 볼 수 있다. 그러한 두 개 수로 사이에서의 아주 단순한 천이부는 그림 15.19에서와 같이 두 개 수로를 연결해 주는 두 개의 곧은 연직 벽으로 되어 있다.

이러한 유형의 천이부는 기능을 할 수는 있지만, 단면의 급격한 변화와 그 결과 발생되는 유선이탈 현상으로 인해 과대한 손실수두를 야기하게 될 것이다. 손실수두를 줄이기 위해 단면이 좀 더 점진적으로 변화하는 형태의 천이부가 이용된다. 그림 15.20은 그림 15.19에 나와 있는 것과 같은 천이부의 반쪽 단면이지만 θ는 90°보다 훨씬 크다. 이것을 **쐐기형 천이**

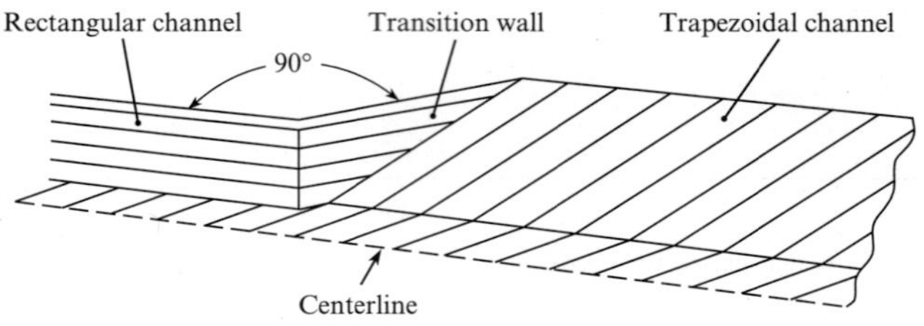

그림 15.19
직사각형 단면과 사다리꼴 단면 사이를 잇는 가장 단순한 형태의 천이부.

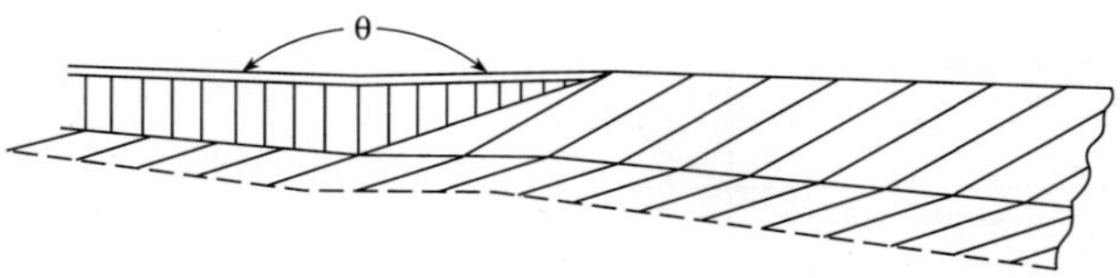

그림 15.20
쐐기형 천이부의 반쪽 단면.

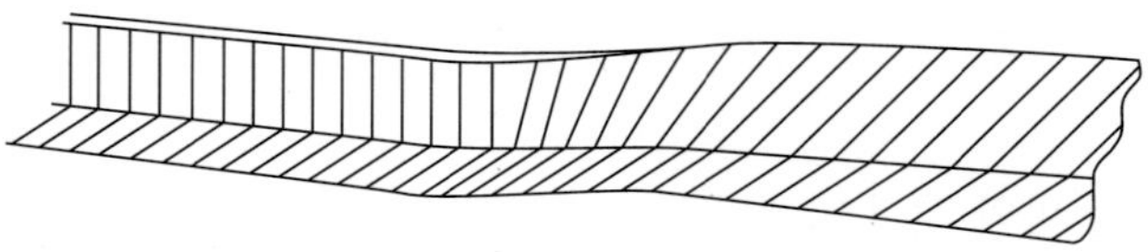

그림 15.21
만곡벽 천이부의 반쪽 단면.

부(wedge transition)라 한다.

그림 15.21에 보이는 **만곡벽 천이부**(warped-wall transition)는 앞의 두 유형의 어느 것보다도 흐름을 원활하게 만들므로, 손실수두도 작게 된다. 천이부를 실제로 설계하고 해석할 때 기술자는 일반적으로 천이부를 통과하는 속도와 수면고를 정의하기 위해 손실수두 항 h_L뿐만 아니라 운동에너지 보정계수 α_1 및 α_2를 포함하는 완전한 형태의 에너지식을 사용한다. 1차원 형태의 에너지식을 이용한 천이부의 해석은 흐름이 상류일 때만 적용 가능하다. 흐름이 사류이면, 훨씬 더 복잡한 해석이 요구된다. 천이부의 설계와 해석에 대해 더욱 상세한 사항을 알고 싶다면 Hinds(10), Chow(5), U.S. Bureau of Reclamation(11) 및 Rouse(12)를 참조하기 바란다.

파속

파속(wave celerity)은 미소진폭의 파가 유속에 대하여 상대적으로 이동하는 속도이다. 파속은 대양에서의 파의 속도, 또는 댐 붕괴로 인한 홍수파의 전파속도를 구하는 데 사용된다. 이제부터 파의 전파속도 c의 유도 과정을 살펴보기로 한다.

파가 없을 때에는 수심이 작은 정온한 유체 영역을 속도 c로 미소 진폭의 고립파(solitary wave)가 이동하고 있다고 가정하자(그림 15.22a). 유체의 속도는 시간에 따라 변화하기 때문에 이 경우는 비정상류의 상태이다. 그러나 파와 함께 이동하는 좌표계를 기준으로 해서 모든 속도를 생각하면 파의 형상은 고정될 것이고 흐름도 정상상태(steady state)가 될 것이다. 그러면 흐름은 베르누이 방정식으로 해석할 수 있게 된다. 그림 15.22b는 정상류 상태를 나타낸 것이다. 교란되지 않은 수면상의 한 점과 파봉에서의 한 점 사이에 베르누이 방정식을

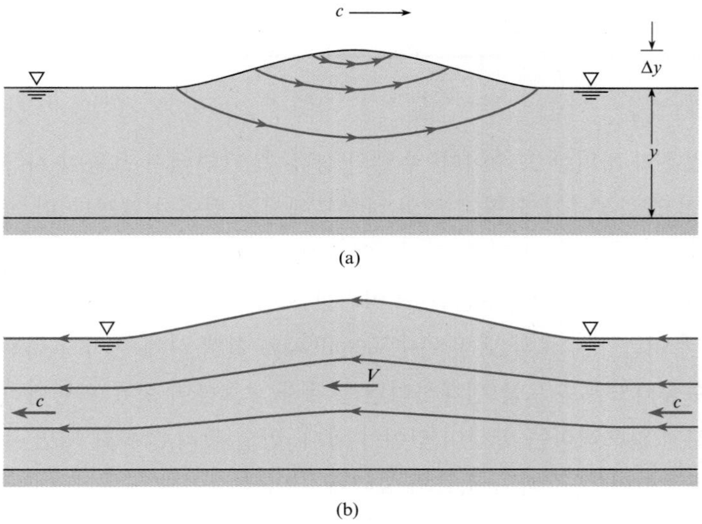

그림 15.22
고립파(연직축은 크게 확대한 것임). (a) 비정상류. (b) 정상류.

적용하면 다음 식을 얻는다.

$$\frac{c^2}{2g} + y = \frac{V^2}{2g} + y + \Delta y \tag{15.33}$$

식 (15.33)에서 V는 파봉이 위치한 단면에서 액체의 속도이다. 연속 방정식으로부터 $cy = V(y + \Delta y)$이므로 다음 식을 얻는다.

$$V = \frac{cy}{y + \Delta y}$$

$$V^2 = \frac{c^2y^2}{(y + \Delta y)^2} \tag{15.34}$$

식 (15.34)를 식 (15.33)에 대입하면 다음 식이 된다.

$$\frac{c^2}{2g} + y = \frac{c^2y^2}{2g[y^2 + 2y\Delta y + (\Delta y)^2]} + y + \Delta y \tag{15.35}$$

미소진폭파라고 가정하고 있으므로 $(\Delta y)^2$ 항을 무시하고 식 (15.35)를 c에 대해서 풀면, 다음과 같은 파의 **파속 방정식**(wave celerity equation)을 얻는다.

$$c = \sqrt{gy} \tag{15.36}$$

따라서 미소진폭 고립파의 속도는 수심과 중력가속도 g를 곱해서 이것의 제곱근을 취한 값과 같다는 것을 알 수 있다.

15.6 도수

도수의 발생

급변류의 흥미롭고 중요한 경우의 하나는 도수이다. 수로의 상류 측 단면에서 흐름이 사류이고, 그때 하류부에서 강제적으로 상류가 되면(수로의 하류부에서의 턱이나 그보다 더 하류 측에서의 수심에 의해서 수심 변화가 유발될 수 있다), 일반적으로 수심 변화가 급격하게 발생하여 이 과정에서 상당한 에너지 손실이 수반된다. 이러한 흐름 현상을 **도수**(hydraulic jump)(그림 15.23)라 부르는데 이는 개수로와 댐의 여수로(spillway) 설계 시에 흔히 고려된다. 만일 사류 속도로 물이 수송되도록 수로를 설계하려면 설계자는 흐름이 상류로 변화하는 지점이 예정보다 앞당겨지지 않으리라는 확신이 있어야 한다. 만일 빨리 상류가 되면 틀림없이 수로벽으로 월파가 발생하여 그 결과 구조물의 붕괴가 일어날 것이다. 도수 시에 생기는 에너지 손실은 원래 알지 못하므로, 속도와 수심 간의 관계를 해석하는 데 있어서 에너지 방정식은 적합한 도구가 되지 못한다. 방정식의 양변에서 반대 방향으로 압력을 발생시키는 정수두에 커다란 차이가 있으므로 이 문제에는 운동량 방정식이 적용될 수 있으며 다음 절에서 전개된다.

도수에 대한 수심 관계식의 유도

그림 15.23에 나와 있는 흐름을 생각해 보자. 도수의 상류부와 하류부에서 등류가 발생하고 수로 바닥의 저항은 무시할 수 있다고 가정한다. 식의 유도는 수평 수로에 대해서 수행되지만 유도 결과는 완경사($S_0 < 0.02$)의 모든 수로에 적용할 수 있음을 실험 결과로부터 알 수 있다. 그림 15.24에 도시되어 있는 검사체적에 x 방향 운동량 방정식을 적용하는 것으로 유도를 시작한다.

$$\sum F_x = \dot{m}_2 V_2 - \dot{m}_1 V_1$$

시스템의 양단에 작용하는 힘들은 정수력이므로 다음 식을 얻는다.

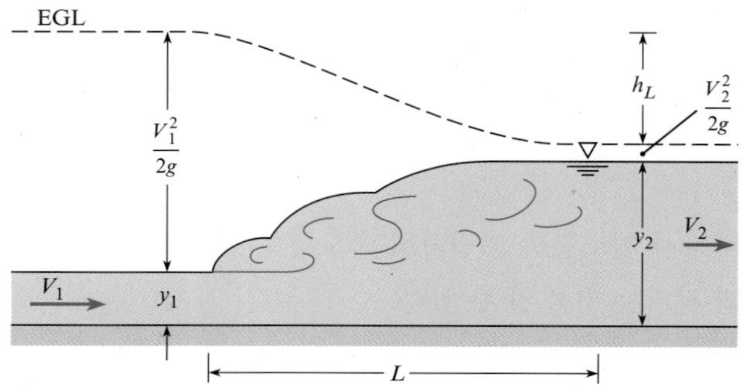

그림 15.23
도수에 대한 개념도.

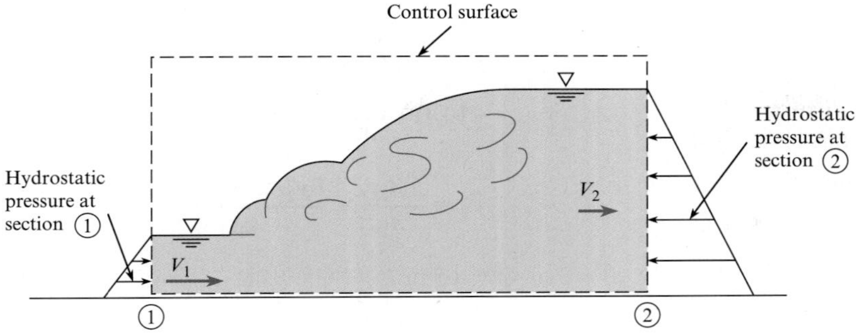

그림 15.24
도수에 대한 검사체적 해석.

$$\bar{p}_1A_1 - \bar{p}_2A_2 = \rho V_2A_2V_2 - \rho V_1A_1V_1$$

또는

$$\bar{p}_1A_1 + \rho QV_1 = \bar{p}_2A_2 + \rho QV_2 \tag{15.37}$$

식 (15.37)에서 $\bar{p}_1$과 $\bar{p}_2$는 각각의 면적 A_1과 A_2의 도심에서의 압력이다.

유량과 상류부 수심이 주어졌을 때, 하류부 수심 y_2를 결정하는 것이 대표적인 문제(예제 15.10)가 될 것이다. 식 (15.37)의 좌변은 V, A 및 p가 모두 y와 Q의 함수로서 기지 값이 되고, 우변은 y_2의 함수이므로 y_2에 대해서 풀 수 있다.

예제 15.10

도수 하류부 수심

문제

사다리꼴 단면 수로에 물이 8.5 m³/s의 유량으로 흐르고 있다. 수로의 바닥은 폭이 3 m이고 양 측면의 경사는 1:1이다. 상류 수심이 0.3 m인 곳에서 도수가 발생하였다면 하류부 수심과 속도는 얼마인가? Fr_1 및 Fr_2의 값은 얼마인가?

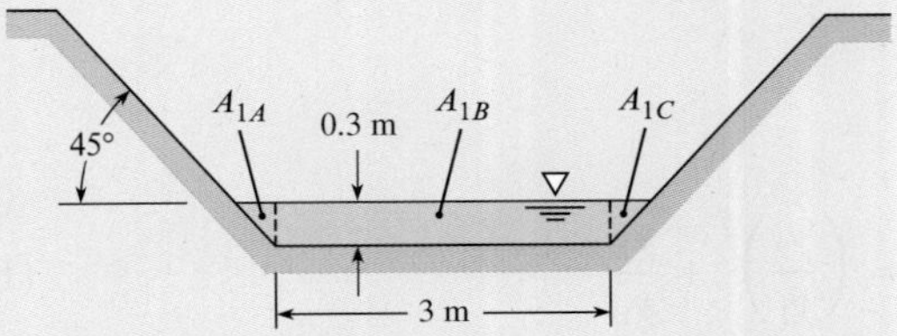

설명

사다리꼴 단면 수로에서 도수가 발생된다.

특성값: 물(10°C), 표 A.5: $\gamma = 9810$ N/m^3 그리고 $\rho = 1{,}000$ kg/m^3.

목표

1. 하류부의 수심과 속도
2. Fr_1과 Fr_2의 값

아이디어

1. 상류부 단면에서의 단면, 속도, 그리고 도수의 수심을 구한다.
2. 식 (15.37)의 좌변에서 상류부 단면에서의 압력을 구한다.
3. 식 (15.37)의 우변에서 y_2를 구하기 위하여 수로 형태에 관한 정보를 사용한다.
4. 양 단면에서 프루드수를 구하기 위하여 식 (15.2)를 이용한다.

문제풀이

1. 상류부 단면에 대하여 알아보면 단면적이 1 m^2이다. 그러므로 평균속도는 $V_1 = Q/A_1 = 8.5$ m/s이다. 수리수심은 $D_1 = A_1/T_1 = 1\ m^2/3.6\ m = 0.28$ m이다.
2. 면적 A_1에서의 도심($\bar{y}$)은 수면에 관한 유수 단면의 모멘트를 취하여 구한다.

$$A_1\bar{y}_1 = A_{1A}\times 0.3\times 0.333\ \text{m} + A_{1B}\times 0.3\times 0.500\ \text{m} + A_{1C}\times 0.3\times 0.333\ \text{m}$$

$$(1\ \text{m}^2)\bar{y}_1 = (0.0999\ \text{m})(0.045\ \text{m}^2\times 2) + (0.15\ \text{m})(0.9\ \text{m}^2)$$

$$\bar{y} = 0.144\ \text{m}$$

p_1=9810 N/m^3×0.144 m=1412.64 N/m^2이므로

$$1412.64\times 1 + 1000\times 8.5\times 8.5 = \bar{p}_2A_2 + \rho QV_2$$

3. 식 (15.37)의 우변을 이용하여 y_2에 대하여 푼다.

$$\bar{p}_2A_2 + \rho QV_2 = 73{,}663\ \text{N}$$

$$\gamma\bar{y}_2A_2 + \frac{\rho Q^2}{A_2} = 73{,}663$$

$$\bar{y}_2 = \frac{\sum A_iy_i}{A_2} = \frac{By_2^2/2 + y_2^3/3}{A_2}$$

$B = 3$ m, $Q = 8.5\ m^3/s$를 이용한다.

$$y_2 = \boxed{1.78\ \text{m}}$$

4. 양 단면에서 프루드수는 다음과 같다.

$$\text{Fr}_1 = \frac{V_1}{\sqrt{gD_1}} = \frac{8.5\ \text{m/s}}{\sqrt{9.81\ \text{m/s}^2\times 0.28\ \text{m}}} = \boxed{5.12}$$

$$V_2 = \frac{Q}{A_2} = \frac{8.5}{(1.78\times 3) + 1.78^2} = 1.0\ \text{m/s}$$

$$D_2 = \frac{A_2}{T_2} = \frac{8.5}{3 + (1.78\times 2)} = 1.29\ \text{m}$$

$$\text{Fr}_2 = \frac{V_2}{\sqrt{gD_2}} = \frac{1.0}{\sqrt{9.81\times 1.29}} = \boxed{0.28}$$

직사각형 단면 수로에서의 도수

식 (15.37)을 직사각형 단면 수로의 단위폭에 대해서 나타내면 $\bar{p}_1 = \gamma y_1/2$, $\bar{p}_2 = \gamma y_2/2$, $Q = q$, $A_1 = y_1$와 $A_2 = y_2$이므로 다음 식과 같다.

$$\gamma\frac{y_1^2}{2} + \rho qV_1 = \gamma\frac{y_2^2}{2} + \rho qV_2 \tag{15.38a}$$

하지만 $q = Vy$이므로, 식 (15.38a)는 다음과 같이 고쳐 쓸 수 있다.

$$\frac{\gamma}{2}(y_1^2 - y_2^2) = \frac{\gamma}{g}(V_2^2y_2 - V_1^2y_1) \tag{15.38b}$$

위 식을 좀 더 정리하면 다음 식이 된다.

$$\frac{2V_1^2}{gy_1} = \left(\frac{y_2}{y_1}\right)^2 + \frac{y_2}{y_1} \tag{15.39}$$

식 (15.39)의 좌변 항은 두 배인 Fr_1^2가 되는 것을 알 수 있을 것이다. 따라서 식 (15.39)는 다음과 같다.

$$\left(\frac{y_2}{y_1}\right)^2 + \frac{y_2}{y_1} - 2\text{Fr}_1^2 = 0 \tag{15.40}$$

2차방정식의 근의 공식을 이용하면, y_2/y_1의 값을 상류 측 프루드수의 항으로 쉽게 풀 수 있다. 따라서 다음과 같은 도수 전후에서의 **수심비**(depth ratio)에 대한 식을 얻는다.

$$\frac{y_2}{y_1} = \frac{1}{2}\left(\sqrt{1 + 8\text{Fr}_1^2} - 1\right) \tag{15.41}$$

$$y_2 = \frac{y_1}{2}\left(\sqrt{1 + 8\text{Fr}_1^2} - 1\right) \tag{15.42}$$

식 (15.40)에서 하류부 수심에 관한 또 하나의 해는 음의 값이므로 여기서는 의미가 없다. 이제 하류부 수심은 상류부 수심과 상류부 프루드수의 항으로 표시되었다. 식 (15.41)과 (15.42)에서 수심 y_1과 y_2는 서로 **공액 수심**(conjugate depth 또는 sequent depth)이라 불리는데, 이것은 에너지식으로부터 얻은 대응 수심(alternate depth)과 대비된다. 다수의 실험 결과에 의하면, 식 (15.41)과 (15.42)로 표시되는 관계식은 매우 넓은 범위의 프루드수에 대해서 유효하다.

도수의 길이(L)를 추정하는 데 이용되는 어떠한 이론도 개발되지 않고 있지만, 실험(Chow(5) 참조)에 의하면 도수의 상대 길이 L/y_2는 Fr_1이 4~18일 때 대략 6이 된다.

도수의 손실수두

도수의 기하학적 특성을 결정하는 것 외에도 도수에 의해서 발생하는 손실수두를 결정해야 할 필요가 있다. 손실수두는 도수 전후의 비에너지를 비교함으로써 얻을 수 있는데, 결국 두 단면에서의 비에너지의 차가 된다. 직사각형 단면 수로에서 도수에 의한 손실수두는 다음 식과 같다.

$$h_L = \frac{(y_2 - y_1)^3}{4y_1 y_2} \tag{15.43}$$

도수에 관한 더 상세한 내용은 Chow(5)를 참조하기 바란다. 다음 예제는 식 (15.43)이 도수의 양 끝에서 발생되는 비에너지 사이의 차와 같은 값을 나타낸다는 것을 보여 주고 있다.

예제 15.11

도수의 손실수두

문제

그림과 같이 직사각형 단면 수로에서 30 cm의 수심에 16 m/s의 속도로 물이 흐르고 있다. 하류부의 턱(그림에는 나타나 있지 않음)이 도수를 유발한다면 도수의 하류에서의 수심과 속도는 얼마나 되겠는가? 도수에 의해 생기는 손실수두의 크기는 얼마인가?

설명

사각형 단면 수로에서 도수가 발생하고 있다.

목표

- 하류 측의 수심과 속도를 계산하라.
- 도수에 의해 발생되는 손실수두를 계산하라.

아이디어

1. 식 (15.43)을 이용하여 h_L을 계산하기 위하여 수심비의 방정식(식 15.42)로 y_2를 계산해야 한다. 이것은 Fr_1을 필요로 한다.
2. $E_1 - E_2$를 비교함으로써 손실수두의 적합성을 점검한다.

문제풀이

1. 식 (15.42)와 (15.43)으로부터 Fr_1, y_2, V_2, 그리고 h_L을 계산하라.

$$Fr_1 = \frac{V}{\sqrt{gy_1}} = \frac{16}{\sqrt{9.81\,(0.30)}} = 9.33$$

$$y_2 = \frac{0.30}{2}\left[\sqrt{1 + 8(9.33)^2} - 1\right] = \boxed{3.81 \text{ m}}$$

$$V_2 = \frac{q}{y_2} = \frac{(16 \text{ m/s})(0.30 \text{ m})}{3.81 \text{ m}} = \boxed{1.26 \text{ m/s}}$$

$$h_L = \frac{(3.81 - 0.30)^3}{4(0.30)(3.81)} = \boxed{9.46 \text{ m}}$$

2. 손실수두를 $E_1 - E_2$와 비교하라.

$$h_L = \left(0.30 + \frac{16^2}{2 \times 9.81}\right) - \left(3.81 + \frac{1.26^2}{2 \times 9.81}\right) = 9.46 \text{ m}$$

결과값은 같다. 그러므로 $\boxed{h_L\text{의 타당성을 검증하였다.}}$

댐 여수로 하류 측 단부 상에서의 도수의 이용

흐름이 사류에서 상류로 천이할 때 도수가 발생하고 또 도수의 상대 수심(y_2/y_1)이 Fr_1의 함수라는 사실은 이미 알고 있다. 댐 여수로 위를 월류하는 흐름은 여수로 저부 끝단에서 사류이고, 여수로 하류 측의 수로 흐름은 일반적으로 상류이기 때문에 도수가 여수로의 기저부 근방에서 형성되는 것은 분명하다(그림 15.25 참조). 도수는 항상 여수로 하류부의 **에이프런**(apron)으로 불리는 콘크리트 구조물 위에서 형성되도록 설계되어야 한다. 만일 그림 15.26과 같이 도수가 콘크리트 구조물을 지나쳐서 생기게 되면 고속의 사류 때문에 발생하는 기저부 재질의 심각한 침식이 댐을 손상시켜서 완전히 붕괴시켜 버릴 수도 있다. 이러한 문제점을 해결하는 한 가지 방법은 그림 15.27과 같이 여수로 설계 시 길고 경사진 에이프런을 일체화하는 것이다. 이와 같은 설계는 수리학적 관점으로 볼 때 매우 만족스러운 기능을 발휘할 것이다. Fr_1 값과 하류 측 수로에서 수면고가 어떤 값이든 간에 도수는 항상 경사진 에이프런 위에 형성된다. 그러나 이때 주된 문제는 건설 비용이 많이 든다는 점이다. 감세지(stilling basin)의 길이 L이 감소되면 건설 비용도 감소할 것이다. 상·하류 모든 조건에 대해서 적절히 작동하게 될 감세지 설계를 위해서 많은 연구가 수행되어 왔으나 아직도 건설 비용을 줄이는 측면에서는 충분하지 않다. 미 개척국(U.S. Bureau of Reclamation)(13)에 의한 연구는 유용한 일련의 표준 설계 기준을 만들어 냈다. 이러한 설계에는 그림 15.28과 같이 감세용 턱(sill), 장애물 벽(baffle pier) 및 슈트 블록(chute block) 등이 포함된다.

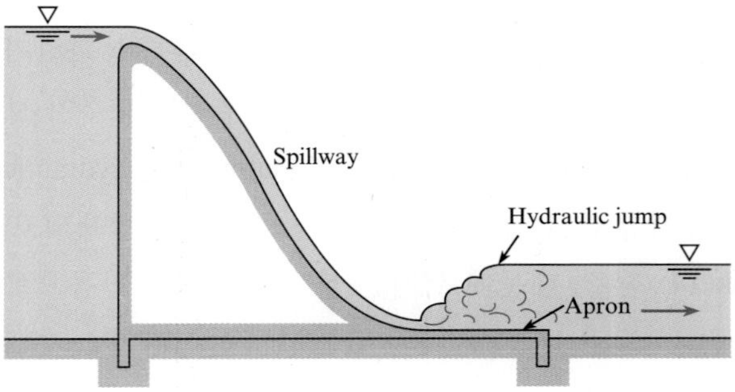

그림 15.25
댐 여수로와 도수.

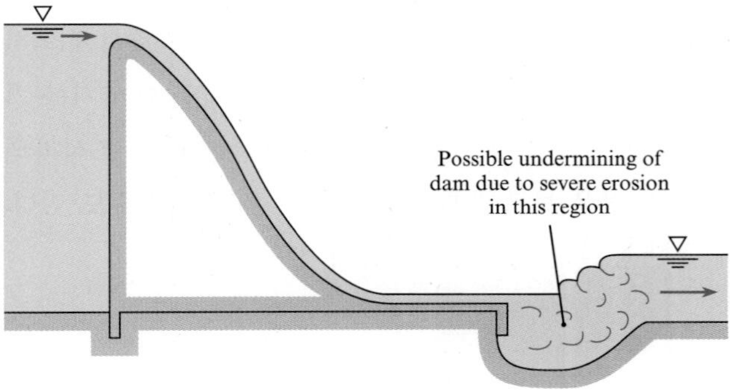

그림 15.26
여수로 에이프런의 하류 측에서 발생하는 도수.

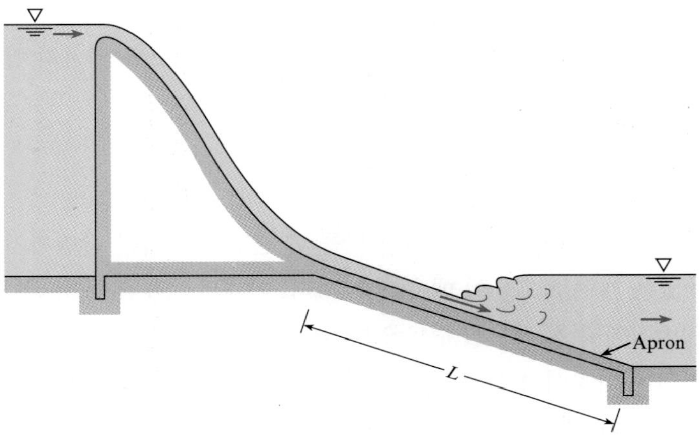

그림 15.27
길고 경사진 에이프런.

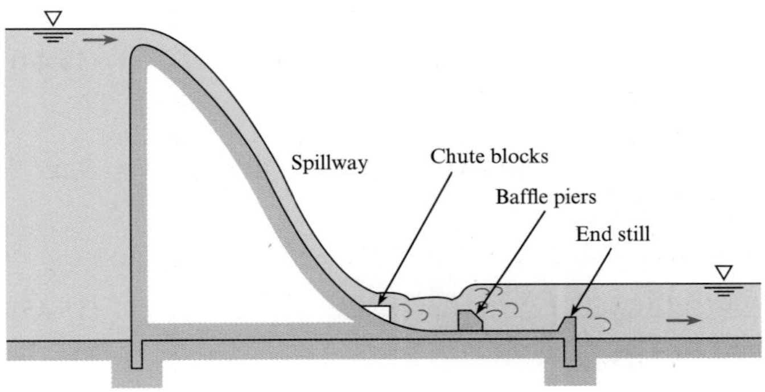

그림 15.28
USBR(13)에서 추천하는 III형 감세지를 갖는 여수로.

자연적으로 발생하는 도수

도수는 롤러(roller)라고 하는 멋진 정상파를 일으키는데, 작은 샛강이나 하천에서 자연적으로 발생할 수 있다. 짧은 구간에서 발생하는 큰 에너지 손실은 난류 상태에서 보트를 끌어당기는 위험한 상황을 발생시킬 수 있으므로 카약과 쇄파보드를 타는 사람은 도수를 통과하기 위하여 상당한 기술이 요구된다. 물속에 잠겨 있는 도수와 같은 특별한 경우에는 도수가 보이지 않으므로 쇄파보드광에게 치명적인 위험이 될 것이다. **수중 도수**(submerged hydraulic jump)는 운동량 보존법칙에 의하여 예측된 하류 측 수심이 후미 수위를 초과할 때 발생되고, 도수는 잠겨진 장애물(Valle와 Pasternak(14) 참조) 때문에 생기는 불균형에 대한 반응으로 상류로 이동할 수 없다. 따라서 특히 그림 15.23과 15.24에 나와 있는 소용돌이파인 도수의 가시적 표시는 숨겨져 보이지 않는다.

서지(surge)나 **조석단파**(tidal bore)는 만이나 하천의 입구로 유입하는 커다란 조석에 의하여 발생하는 이동성 도수이다. 조석에 의해 발생된 파는 완만하고 비파괴적인 에너지를 가지고 있다. 하지만 예외적으로 세계의 몇몇 지역의 얕은 만이나 하구에서 커다란 조석파의 유입이 서지를 발생시킨다. 서지는 규모가 작은 보트에 대해서는 매우 위협적일 수도 있다. 서지의 속도를 구하기 위하여 도수에 대한 동일한 해석법을 적용하기도 한다.

15.7 점변류

점변류에 있어서 수로 저항은 흐름 과정에서 중요한 요소 중 하나이다. 그러므로 에너지 방정식은 S_0와 S_f를 비교하여 나타낼 수 있다.

점변류에 대한 기본적인 미분 방정식

수면 형상이 매우 완만하게 변하기 때문에 관련 미분 방정식을 한 단면에서 다른 단면까지 적분하면 수심 변화를 구할 수 있는 개수로 흐름이 매우 많이 있다. 이때의 적분은 해석적인 적분일 수도 있고, 아니면 더 일반적인 수치 적분일 수도 있다. 15.2절에서 Δx 거리만큼 떨어진 수로의 두 단면 사이에 대하여 에너지식이 적용된 바 있다. 여기서는 손실수두는 수로의 저항이기 때문에 h_L을 Δh_f로 쓸 수 있으므로, 식 (15.7)은 다음과 같이 된다.

$$y_1 + \frac{V_1^2}{2g} + S_0\,\Delta x = y_2 + \frac{V_2^2}{2g} + \Delta h_f \tag{15.44}$$

마찰 경사(friction slope) S_f는 EGL의 경사, 또는 $\Delta h_f/\Delta x$로 정의된다. 따라서 $\Delta h_f = S_f \Delta x$가 되고, $\Delta y = y_2 - y_1$, 그리고 다음과 같이 된다.

$$\frac{V_2^2}{2g} - \frac{V_1^2}{2g} = \frac{d}{dx}\left(\frac{V^2}{2g}\right)\Delta x \tag{15.45}$$

그러므로 식 (15.44)는 다음과 같다.

$$\Delta y = S_0 \Delta x - S_f \Delta x - \frac{d}{dx}\left(\frac{V^2}{2g}\right)\Delta x$$

양변을 Δx로 나누고 Δx가 영에 접근하는 극한을 취하면 다음과 같은 식을 얻을 수 있다.

$$\frac{dy}{dx} + \frac{d}{dx}\left(\frac{V^2}{2g}\right) = S_0 - S_f \tag{15.46}$$

좌변의 두 번째 항을 $[d(V^2/2g)/dy]\, dy/dx$로 쓰면 식 (15.46)은 다음과 같은 형태로 나타낼 수 있다.

$$\frac{dy}{dx} = \frac{S_0 - S_f}{1 + d(V^2/2g)/dy} \tag{15.47}$$

식 (15.47)을 좀 더 유용한 형태로 나타내기 위하여 분모를 프루드수의 항으로 표시해 보자. 이것은 다음 관계식을 살펴봄으로써 알 수 있다.

$$\frac{d}{dy}\left(\frac{V^2}{2g}\right) = \frac{d}{dy}\left(\frac{Q^2}{2gA^2}\right) \tag{15.48}$$

식 (15.48)의 우변을 미분하면 다음 식이 된다.

$$\frac{d}{dy}\left(\frac{V^2}{2g}\right) = \frac{-2Q^2}{2gA^3} \cdot \frac{dA}{dy}$$

그런데 $dA/dy = T$(수면 폭)이고, $A/T = D$(수리 수심)이므로 다음이 성립된다.

$$\frac{d}{dy}\left(\frac{V^2}{2g}\right) = \frac{-Q^2}{gA^2 D}$$

$$\frac{d}{dy}\left(\frac{V^2}{2g}\right) = -\mathrm{Fr}^2$$

따라서 $d(V^2/2g)/dy$에 대한 표현을 식 (15.47)에 대입하면 다음 식을 얻는다.

$$\frac{dy}{dx} = \frac{S_0 - S_f}{1 - \mathrm{Fr}^2} \tag{15.49}$$

이것이 점변류에 대한 미분 방정식의 일반형이다. 이 식은 개수로에서 발생하는 다양한 형태의 수면 곡선(water-surface profile)을 기술하는 데 이용된다. 식의 유도 과정에서 수두와 에너지경사선이 각각 흐름 방향의 아래쪽으로 경사를 취할 때 S_0와 S_f는 양(+)의 값을 취하는 것에 주목하라. 또한 y가 수로의 바닥으로부터 측정되는 것에 주의하라. 그러므로 수면 경사가 수로 바닥의 경사와 같으면 $dy/dx = 0$이고, 수면 경사가 수로 경사보다 작으면 dy/dx

는 양(+)의 값을 취한다.

수면 곡선에 대한 입문

수로 흐름(예를 들어 강이나 관개용 운하)과 관계되는 사업들의 설계 시에 기술자들은 주어진 유량에 대해서 **수면 곡선**(water-surface profile, 수로 방향으로의 수면고)을 산정해야 하는 경우가 종종 있다. 예를 들면 하천 사업을 위해 댐을 계획 중이라면 강 상류부에서의 수면 곡선이 반드시 결정되어서 사업을 계획하는 사람들이 상류부 저수지를 마련하기 위해 소요되는 땅이 얼마나 되는지 알아야 할 것이다. 수면 곡선을 정의할 때의 첫 단계는 주어진 유량에 대해서 수심을 계산할 수 있는 한 점 또는 여러 점의 위치를 정하는 일이다. 예를 들면 완경사에서 급경사로 수로 경사가 변하는 경우에 경사 천이부의 직상류부에서 한계 수심이 발생한다는 것은 잘 알려진 사실이다(그림 15.32). 그 점에서 식 (15.25) 또는 (15.27)을 이용하면 y_c를 구할 수 있다. 또한 댐 여수로를 월류하는 흐름에 대해서는 여수로에 대한 유량식이 존재하게 되는데, 그 식으로부터 댐 전면부의 저수지 수위를 계산할 수 있다. 유량과 수위 사이에 유일한 관계가 존재하는 그러한 지점들을 **지배단면**(control section)이라 부른다. 이러한 지배단면에서의 수위가 일단 결정되면 수로 전체에 대해서 수면 형상을 정의하기 위해 이러한 지배단면으로부터 수면 곡선을 상류부 또는 하류부로 확장하여 계산할 수 있다. 수면 형상의 완성은 수치 적분에 의하여 이루어진다. 그러나 적분을 수행하기 전에 수면 곡선을 개략적으로 그려 보는 것은 기술자에게 도움이 될 것이다. 발생 가능한 수면 형상을 스케치하는 과정에서 도움을 얻기 위해 기술자는 다른 범주의 곡선(수면 곡선은 각각 등류 수심, 한계 수심 및 수로에서의 실제 수심 간의 관계에 좌우되는 고유한 특성을 갖고 있다)을 참조할 수 있다. 수면 곡선의 이러한 초기 스케치는 기술자로 하여금 문제의 식견을 파악하고, 최단 시간에 해답을 얻는 데 도움을 준다. 다음에는 여러 형태의 수면 곡선들에 대하여 설명한다.

수면 곡선의 유형

수로에서의 점변류에 대한 12가지 수면 곡선 유형이 있다. 이것은 그림 15.29에 모식적으로 그려져 있다. 각 유형들은 문자와 숫자 표시자에 의해 분류된다. 예를 들면 그림 15.29의 처음 열의 첫 번째 수면 곡선은 M1 곡선으로 분류되어 있다. 문자 표시자는 수로 경사의 형태를 나타내는 것이다. 다시 말해서 수로 경사가 완경사(mild slope, M), 한계 경사(critical slope, C), 급경사(steep slope, S), 수평 경사(horizontal slope, H), 또는 역경사(adverse slope, A)에 따라 표시되는 것이다. 등류 수심 y_n이 한계 수심 y_c보다 크면 완경사로 정의된다. 그 반대로 y_n이 y_c보다 작으면 수로는 급경사로 불릴 것이다. 또는 $y_n = y_c$이면, 이 경우는 한계 경사를 갖는 수로가 될 것이다. 명칭 M, S, 또는 C는 주어진 수로의 주어진 유량에 대해서 y_n과 y_c를 계산함으로써 결정된다. 식 (15.11)~(15.15)는 y_n을 계산하는 데 이용되고, 식 (15.27)은 y_c를 계산하는 데 이용된다. 그림 15.30은 H, M, S, C 및 A 수면 곡선에 대해 y_n과

y_c의 관계를 보여 주고 있다. 그 명칭들이 의미하는 것과 마찬가지로, 수평 경사는 수로 경사가 실제로 영인 수로이고, 역경사는 수로 경사가 흐름 방향에 대해 올라가는 경사를 말한다. 이 두 경사의 경우에는 등류 수심이 존재하지 않는다(예를 들면 수평 수로나 역경사 수로에서는 물이 등류 수심으로 흐를 수 없다). 이것들에 대한 문자 표시자는 각각 H와 A로 주어진다.

수면 곡선의 유형에 대한 숫자 표시자는 등류와 한계류에 대한 수면의 위치와 관련하여 수로의 실제 수면의 위치를 나타내는 것이다. 실제 수면이 등류 수심과 한계 수심보다 위에 있으면($y > y_n, y > y_c$), 이 상태는 숫자 표시자 1로 주어진다. 실제 수면이 등류와 한계류 사이에 오면 숫자 표시자 2가 주어지고, 실제 수면이 등류 수심과 한계 수심보다 낮으면 3이 주어진다. 그림 15.31은 완경사와 급경사에 대해서 이러한 상태를 묘사하고 있다.

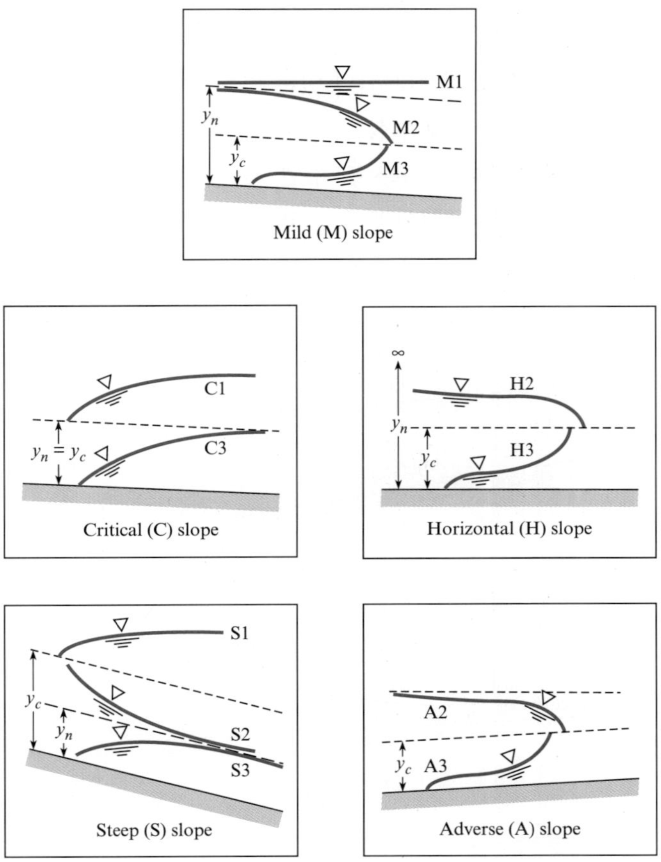

그림 15.29
점변류의 수면 곡선의 분류.

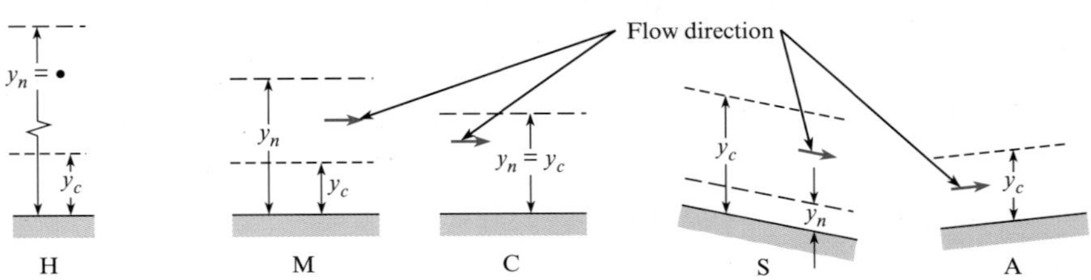

그림 15.30
y_n과 y_c의 관계를 나타내는 문자 표시자.

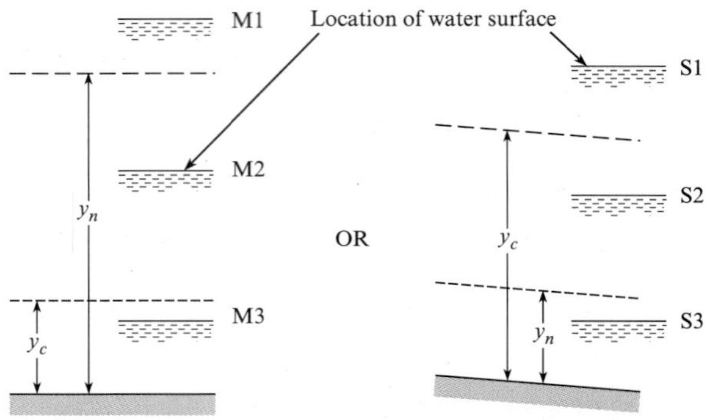

그림 15.31
y_n과 y_c와 관련하여 실제 수면의 위치를 나타내 주는 숫자 표시자.

그림 15.32는 수면 곡선이 실제 상황에서 어떻게 나타날 수 있는가를 보여 주고 있다. 좀 더 명확히 하기 위해서 수면 하류부의 흐름을 더 상세하게 살펴보면(그림 15.33), 등류 수심이 한계 수심보다 크게 되도록 하는 유량과 수로 경사로 되어 있는 것을 알 수 있다. 따라서 이 경우는 완경사이다. 그리고 그림 15.33에서의 실제 수심은 y_n과 y_c보다 작다. 따라서 유형 3의 수면 곡선이 존재한다. 그러므로 그림 15.33으로 표시된 수면 곡선을 완전하게 분류해 보면 완경사 유형 3의 수면 곡선 또는 단순히 M3 곡선이 된다. 이러한 표시법을 이용하면 수문의 상류 수면은 유형 M1으로 분류할 수 있다.

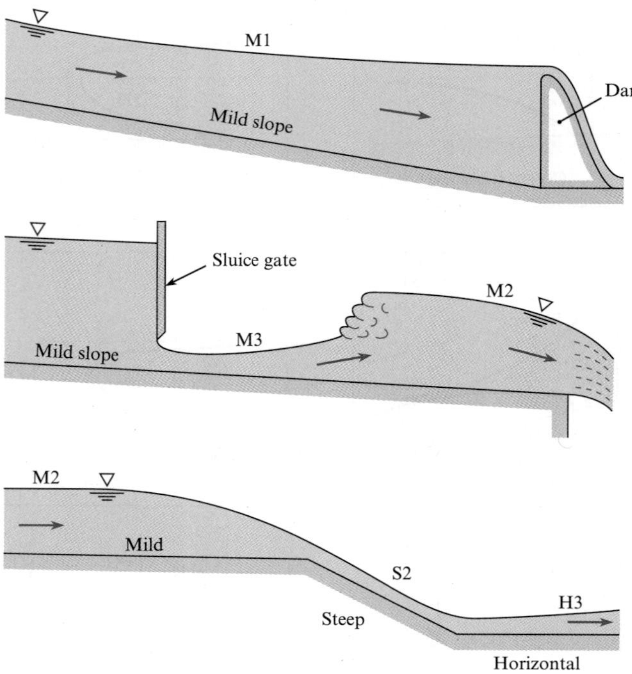

그림 15.32
댐 배후의 흐름, 수문 밑의 흐름 및 경사가 변화하는 수로에서의 흐름 등과 관련된 수면 곡선들.

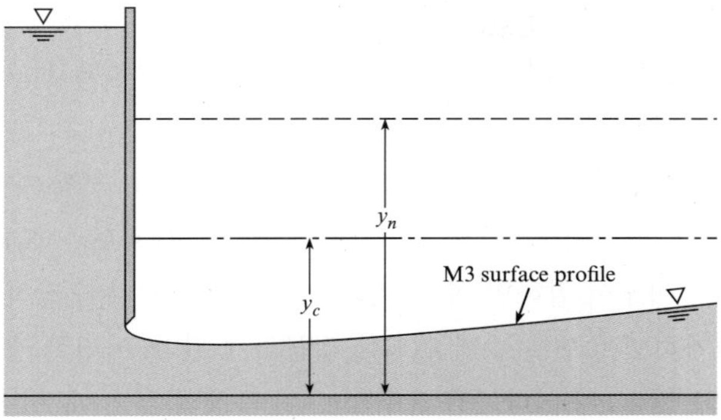

그림 15.33
수면 곡선, 유형 M3.

예제 15.12

수면 곡선의 분류

문제

그림 15.9와 같이 수평 경사를 갖는 수로에서 수문의 하류부에서의 흐름과 그림 15.15와 같이 수로 경사가 변화하는 수로의 천이부의 직하류부에서의 흐름에 대하여 각각 수면 곡선을 분류하라.

설명

부등류가 수로에서 발생된다.

목표

두 개의 흐름상황에 대하여 수면형 분류를 구한다.

아이디어

1. y_n과 y_c에 대한 실제 수면의 위치에 근거한 많은 표시자를 선택한다(그림 15.31 참조).
2. y_n과 y_c의 상대 크기로 정의될 수 있는 수로의 경사를 기술하기 위하여 표시자를 선택한다(그림 15.30 참조).

문제풀이

그림 15.9에서:

1. 실제 수심은 한계 수심보다 작다. 그러므로 수면 곡선은 유형 3이다.
2. 수로는 수평이다. 그러므로 수면 곡선은 유형 H3 로 정의된다.

그림 15.15에서:

1. 실제 수심은 한계 수심보다 크다. 그래서 수면 곡선은 유형 2이다.
2. 등류 수심(표준 수심 y_n)은 한계 수심보다 작다. 그러므로 경사는 가파르다. 수면 곡선은 유형 S2 로 정의된다.

앞에서 소개한 수면 곡선의 분류와 함께 식 (15.49)를 참조하면 수면 곡선들의 형상을 기술할 수 있다. 예를 들어 M3 곡선을 생각하면 흐름이 사류($y < y_c$)이기 때문에 $\mathrm{Fr} > 1$이 되고, 또 속도가 등류 속도보다 크기 때문에 $S_f > S_0$가 되는 것을 알 수 있다. 따라서 등류에 대한 손실수두보다 더 큰 손실수두가 존재함이 틀림없다. 이렇게 상대적인 크기를 갖는 값들을 식 (15.49)에 대입하면 분자와 분모가 둘 다 음의 값이 되는 것을 알 수 있다. 따라서 dy/dx는 양(+)의 값이 되고(흐름 방향으로 수심이 증가), 수심이 한계 수심에 접근하면 프루드수는 1

에 가까워진다. 따라서 식 (15.49)의 분모는 영이 되므로 수심이 한계 수심에 접근하면 $dy/dx \to \infty$이 된다. 사류에서 수심이 한계 수심에 가까워지는 경우에 실제로 도수가 형성되고 그 결과 수면 곡선 상에 불연속점이 생기게 되는 것이다.

그림 15.29에 도시되어 있는 바와 같이 수면 곡선의 일반적인 특징은 명백하다. 첫째, 수심이 매우 커지면 속도는 영에 접근한다. 따라서 $\mathrm{Fr} \to 0$, $S_f \to 0$이 되고 $dy/dx = (S_0 - S_f)(1 - \mathrm{Fr}^2)$이므로 dy/dx는 S_0에 접근한다. 바꾸어 말하면, 수로 바닥이 수평 위치로부터 강하하는 비율과 동일한 비율로 수심이 증가하면 수면은 수평 위치에 접근하게 된다. 이러한 경향을 보이는 유형의 곡선들로는 M1, S1 및 C1이 있다. M1 유형의 수면 곡선의 실제 예로는 그림 15.32에 나와 있는 댐의 상류부 수면 곡선을 들 수 있다. 몇 가지 수면 곡선의 일반적인 두 번째 특징은 등류 수심에 접근하는 수면 곡선들은 등류 수심이 점근선이 된다는 것이다. 이러한 유형의 수면 곡선들로는 S2, S3, M1 및 M2가 있다. 그림 15.29에서 한계 수심에 접근하는 수면 곡선들은 점선으로 표시되어 있는 것에 주목하라. 이것은 한계 수심 근방에서는 불연속성이 발달하거나(도수), 유선이 심하게 만곡(벼랑 근방과 같은 영역)되기 때문이다. 식 (15.49)는 1차원 흐름에 근거한 방정식으로서 이러한 영역에서는 맞지 않으므로 이 식으로는 상기한 수면 곡선들을 정확히 예측할 수가 없다.

수면 곡선의 정량적인 산정

실제로 수면 곡선들은 수치 적분에 의해서, 즉 수로를 다수의 짧은 구간으로 나누고 각 구간의 한 끝에서 다른 끝까지 수면고에 대한 계산을 수행함으로써 얻어진다. **직접축차법**(direct step method)이라 불리는 한 방법을 설명하면, 수로의 주어진 한 단면(구간의 한 끝)에서 수심과 속도를 알고서 구간의 다른 한 끝에서 수심을 임의로 선정하여 수로 구간의 길이를 구하는 방법이다. 수면 곡선을 정량적으로 산정하기 위하여 사용하는 식은 수로의 유한 구간 Δx에 대해서 표현된 에너지 방정식이다.

$$y_1 + \frac{V_1^2}{2g} + S_0\,\Delta x = y_2 + \frac{V_2^2}{2g} + S_f\Delta x$$

이 식으로부터 다음 식을 얻는다.

$$\Delta x(S_f - S_0) = \left(y_1 + \frac{V_1^2}{2g}\right) - \left(y_2 + \frac{V_2^2}{2g}\right)$$

즉 다음과 같이 쓸 수 있다.

$$\Delta x = \frac{(y_1 + V_1^2/2g) - (y_2 + V_2^2/2g)}{S_f - S_0} = \frac{(y_1 - y_2) + (V_1^2 - V_2^2)/2g}{S_f - S_0} \tag{15.50}$$

하나의 수면 곡선을 산정하기 위해서는 우선 주어진 수로 구간에 대해서 어느 유형을 적용시킬 것인가를 알아본다(앞에서 설명한 방법들을 이용한다). 그러고 나서 알고 있는 수심으로부터 시작해서 임의로 선정된 수심 변화 값에 대해서 유한한 Δx 값을 계산한다. 수로의 위쪽(음의 Δx) 또는 아래쪽(양의 Δx)으로 축차적으로 Δx를 계산하는 절차는 수로의 전 구간을 포함할 때까지 반복된다. 일반적으로 y의 변화 값은 작은 값이 취해지므로 마찰 경사는 근사적으로 다음과 같이 된다.

$$S_f = \frac{h_f}{\Delta x} = \frac{fV^2}{8gR_h} \tag{15.51}$$

여기서 V는 각 구간에서의 평균속도이고, R_h는 구간의 동수반경이다. 즉 $V = (V_1 + V_2)/2$이고 $R_h = (R_{h1} + R_{h2})/2$이다. 이러한 형태의 수치적 방법은 전형적으로 컴퓨터에 의한 해법에 적합하다.

예제 15.13

수면형의 분류와 수치해석

문제

그림과 같이 수문 밑을 통해 직사각형 단면의 수평 수로에 단위폭당 1 m^3/s의 유량으로 물이 유출된다. 이 경우에는 어느 유형의 수면 곡선에 속하는가? 수문 하류부의 수면 곡선을 정량적으로 산정하고, 또 이 수면 곡선이 80 m 하류부의 가파른 낙하부까지 도달할 것인지의 여부를 결정하라. 저항계수 f는 0.02이고, 동수반경 R_h는 수심 y와 같다고 단순하게 가정하라.

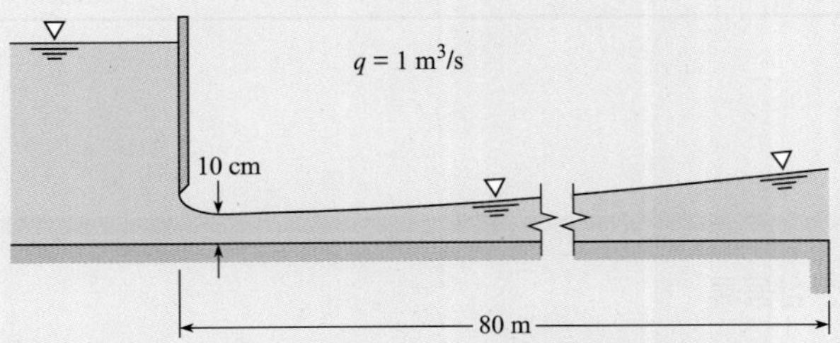

설명

물이 수문 아래로 방출된다.

가정:

1. 저항계수 f는 0.02이다
2. 동수반경 R_h는 수심 y와 같다.

목표

- 하류 수면형을 분류하라.
- 증가하는 수면 경사가 80 m 하류부의 지점까지 도달할 것인지를 결정하라.

아이디어

1. 그림 15.30을 이용하여 수로의 표시자를 결정한다.
2. 수문을 통과하는 유량에 대하여 한계 수심 y_c를 결정하고, 흐름의 실제 수심과 비교한다. 상세히 분류하기 위하여 이러한 정보를 이용한다.
3. 식 (15.50)과 (15.51)을 이용하여 수심 대 거리에 대하여 계산한다.

문제풀이

1. 수로는 수평이고 표시자는 H이다.
2. 식 (15.27)을 이용하여 한계 수심 y_c를 결정한다.

$$y_c = (q^2/g)^{1/3} = [(1^2\ \text{m}^4/\text{s}^2)/(9.81\ \text{m/s}^2)]^{1/3} = \boxed{0.467\ \text{m}}$$

그러므로 수문으로부터 흐름의 수심은 한계 수심보다 작다. 수면 곡선은

$\boxed{\text{유형 H3}}$

3. 수로에 따른 수심 대 거리를 결정하기 위하여 표 15.2에 나타낸 수치적인 접근방법을 이용하여 식 (15.50)과 (15.51)에 적용하라. 그리고 그림에 나타낸 것과 같이 결과를 표시하라.

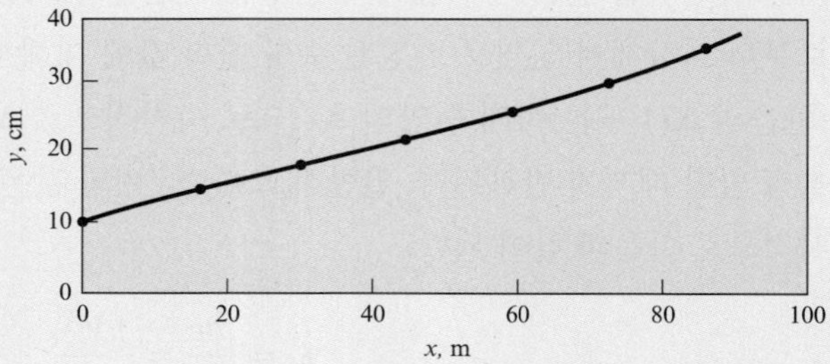

단면은 낙하부까지 확장된다.

표 15.2 예제 15.13에 대한 해

수문의 하류 단면 번호	수심 y, m	단면에서의 속도 V, m/s	구간평균 속도, $(V_1 + V_2)/2$	V^2	평균동수반경, $R_m = (y_1 + y_2)/2$	$S_f = \dfrac{fV^2_{\text{mean}}}{8gR_m}$	$\Delta x = \dfrac{(y_1 - y_2) + \dfrac{(V_1^2 - V_2^2)}{2g}}{(S_f - S_0)}$	수문으로부터의 거리 x, m
1 (at gate)	0.1	10	...	100	...	...	...	0
	...	...	8.57	73.4	0.12	0.156	15.7	
2	0.14	7.14	...	51.0	...	...	...	15.7
	...	...	6.35	40.3	0.16	0.064	15.3	
3	0.18	5.56	...	30.9	...	...	...	31.0
	...	...	5.05	25.5	0.20	0.032	15.1	
4	0.22	4.54	...	20.6	...	...	...	46.1
	...	...	4.19	17.6	0.24	0.019	13.4	
5	0.26	3.85	...	14.8	...	...	...	59.5
	...	...	3.59	12.9	0.28	0.012	12.4	
6	0.30	3.33	...	11.1	...	...	...	71.9
	...	...	3.13	9.8	0.32	0.008	10.9	
7	0.34	2.94	...	8.6	...	...	...	82.8

15.8 핵심 내용 요약

개수로 흐름 설명하기

- 개수로 흐름은 액체가 자유수면을 가지고 흐르는 흐름이다.
- 정상상태 개수로 흐름은 다음 중 어느 한 쪽으로 분류된다.
  - *등류(속도가 각각의 유선상의 모든 점에서 일정하다).*
  - *부등류(속도가 특정한 유선을 따라 위치에 따라 변한다).*

정상등류

- 손실수두는 수로의 경사에 따른 위치에너지의 변화와 같다.
- 유량은 매닝 방정식에 의해 다음과 같이 주어진다.

$$Q = \frac{1}{n} A R_h^{2/3} S_0^{1/2}$$

여기서 A는 유수 단면적, S_0는 수로 바닥의 경사, 그리고 n은 저항계수(매닝의 n)이며 서로 다른 표면 조건에 대하여 표로 주어져 있다.

부등류

- 개수로에서 부등류는 급변류 또는 점변류 중의 하나로 나뉜다. 급변류에서 수로의 저항은 무시되며 흐름 변화(수심과 속도 변화)는 상대적으로 짧은 구간에서 일어난다.
- 주요 π-그룹은 프루드수이다.

$$\mathrm{Fr} = \frac{V}{\sqrt{gD_c}}$$

여기서 D_c는 수리 수심, A/T. 프루드수가 1이면 흐름은 한계 상태이다.

- 상류는 Fr 수가 1보다 작을 때 발생하고, 사류는 Fr 수가 1보다 클 때 발생한다.

도수

- 도수는 일반적으로 수로를 따른 흐름이 사류에서 상류로 변할 때 발생한다.
- 수평이고 직사각형 단면 수로에서 도수에 대한 지배 방정식은 다음과 같다.

$$y_2 = \frac{y_1}{2}\left(\sqrt{1 + 8\mathrm{Fr}_1^2} - 1\right)$$

- 도수로 인한 손실수두는 다음과 같다.

$$h_L = \frac{(y_2 - y_1)^3}{4y_1 y_2}$$

- 수로를 따른 흐름이 상류에서 사류로 변할 때 손실수두는 무시할 만하다. 그리고 수심과 속도 사이의 관계는 수로 바닥의 높이 변화와 비에너지 $y + V^2/2g$에 의해 지배된다. 흐름의 이러한 유형의 전형적인 경우는 다음과 같다.

  1. 수문 밑의 흐름
  2. 수로 바닥의 상승
  3. 수로 폭의 감소

점변류

- 점변류에 대한 미분 방정식은 다음과 같다.

$$\frac{dy}{dx} = \frac{S_0 - S_f}{1 - \mathrm{Fr}^2}$$

이 식이 수로의 길이를 따라 적분될 때 수심 y는 수로를 따른 거리 x의 함수로서 구해진다. 이것은 수로 구간에 대한 수면 형태를 나타낸다.

참고문헌

1. Limerinos, J.T. "Determination of the Manning Coefficient from Measured Bed Roughness in Natural Channels." Water Supply Paper 1898-B, U.S. Geological Survey, Washington, D.C., 1970.

2. Committee on Hydromechanics of the Hydraulics Division of American Society of Civil Engineers. "Friction Factors in Open Channels." *J. Hydraulics Div., Am. Soc. Civil Eng.* (March 1963).

3. Wolman, M.G. "The Natural Channel of Brandywine Creek, Pennsylvania." Prof. Paper 271, U.S. Geological Survey, Washington D.C., 1954.

4. Yen, B.C. (ed.) *Channel Flow Resistance: Centennial of Manning's Formula.* Littleton, CO: Water Resources Publications, 1992.

5. Chow, Ven Te. *Open Channel Hydraulics.* New York: McGraw-Hill, 1959.

6. Henderson, F.M. *Open Channel Flow.* New York: Macmillan, 1966.

7. American Concrete Pipe Assoc. *Concrete Pipe Design Manual.* Vienna, VA: American Concrete Pipe Assoc., 1980.

8. Parshall, R.L. "The Improved Venturi Flume." *Trans. ASCE,* 89 (1926), 841–851.

9. Roberson, J.A., J.J. Cassidy, and M.H. Chaudhry. *Hydraulic Engineering.* New York: John Wiley, 1988.

10. Hinds, J. "The Hydraulic Design of Flume and Siphon Transitions." *Trans. ASCE,* 92 (1928), pp. 1423–1459.

11. U.S. Bureau of Reclamation. *Design of Small Canal Structures.* U.S. Dept. of Interior, Washington, DC: U.S. Govt. Printing Office, 1978.

12. Rouse, H. (ed.). *Engineering Hydraulics.* New York: John Wiley, 1950.

13. U.S. Bureau of Reclamation. *Hydraulic Design of Stilling Basin and Bucket Energy Dissipators.* Engr. Monograph no. 25, U.S. Supt. of Doc., 1958.

14. Valle, B.L., and G.B. Pasternak. "Submerged and Unsubmerged Natural Hydraulic Jumps in a Bedrock Step-Pool Mountain Channel." *Geomorphology,* 82 (2006), pp. 146-159.

15. Raju, K.G.R. *Flow through Open Channels.* New Delhi: Tata McGraw-Hill, 1981.

문제

개수로 흐름에 대한 설명(15.1절)

15.1 두 수로는 같은 횡단면 면적을 가지지만 크기는 서로 다르다.

a. 어느 수로의 윤변이 더 큰가?

b. 물과 수로 벽면 간의 접촉이 더 많은 것은 어느 수로인가?

c. 마찰로 인하여 에너지 손실이 더 큰 수로는 어느 것인가?

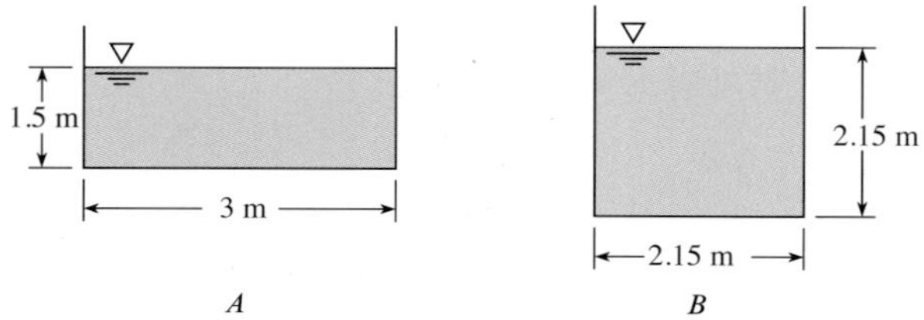

문제 15.1

정상 등류 개수로 흐름(15.3절)

15.2 바위로 이루어진 하상 위로 산지 계곡류가 흐른다. 유량 계산을 위하여 Limerinos와 Chezy 방정식을 적용하라. 흐름에서 중간 정도의 바위 크기 $d_{84} = 25$ cm이고 평균 수심은 1.4 m, 하상 경사 $S = 0.0037$이고 수로 폭은 52 m이다. 가장 근사한 답(m^3/s)을 골라라: (a) 85, (b) 120, (C) 160, (d) 240, (e) 410.

15.3 물이 사각형 콘크리트 수로에서 흐르고 있다. 유량을 계산하기 위해 매닝 방정식을 사용하라. 수로는 마감이 안 된 콘크리트로서 폭이 10.1 ft이고 수로 바닥은 1000 ft당 3.5 ft씩 떨어진다. 흐름의 깊이는 2.5 ft이다. $T = 60°F$, 그리고 흐름은 등류이다. 가장 근사한 답(cfs)을 골라라: (a) 114, (b) 145, (C) 183, (d) 212, (e) 565.

15.4 바닥면 폭이 25 ft이고 1(수직): 1(수평)의 측면 경사를 가지고 있는 사다리꼴 수로에서 발생할 수 있는 유량은 얼마인가? 수로 경사가 2 ft/mile이고 수심이 4 ft라고 가정한다. 수로는 콘크리트로 되어 있다.

15.5 평균 수심이 1.8 m, 하상 경사가 0.0037, 그리고 폭이 52 m인, 돌로 이루어진 하천($d_{84} = 30$ cm)의 흐름에서 유량을 구하라. $k_s = d_{84}$라고 가정하라.

15.6 폭이 4.0 m인 사각형 콘크리트 수로에 등류가 흐르고 있다. 만약 이 수로가 2440 m의 길이에서 1.8 m 고도차가 생긴다면 그 유량은 얼마가 될 것인가? 온도는 15°C로 가정하라. 수심은 1.2 m이다.

정상 부등류 개수로 흐름(15.4절)

15.7 한계류에 대한 다음 설명 중 맞는 것을 모두 골라라.

a. 주어진 비에너지에 대하여 유량이 최대일 때 발생한다.

b. 주어진 유량에 대하여 비에너지가 최소일 때 발생한다.

c. $Fr = 1$일 때 발생한다.

d. $Fr < 1$일 때 발생한다.

15.8 수심 18 in., 폭 3 ft인 사각형 수로에서 20 ft/s의 속도로 물이 흐르고 있다. (a) 흐름은 상류인가 사류인가? (b) 대응 수심은 얼마인가?

15.9 6 m 폭의 사각형 수로에서 물의 유량은 17 m^3/s이다. 물의 수심이 1 m라면, 흐름은 상류인가 사류인가?

15.10 수로 폭 2 m인 직사각형 수로의 유량이 12 m^3이다. 수심 90 cm에 대한 대응 수심은 얼마인가? 이 조건에서 비에너지는 얼마인가?

15.11 광정 위어가 관개 배수구에서 유량 측정을 위하여 사용된다. 폭이 5.5 ft이고, 높이는 2 ft이며, 위어에서 수두는 2.4 ft이다. 유량계수 산정을 위하여 그림 15.13을 사용하라. 가장 근사한 답을 골라라: (a) 12, (b) 24, (C) 58, (d) 81, (e) 105.

15.12 폭이 15 ft인 완경사 직사각형 단면 수로 끝에 자유 월류부가 존재한다. 월류부 끝단의 수심이 1.20 ft라면, 수로의 유량은 얼마인가?

15.13 폭이 4.2 m이고 수평 경사를 갖는 직사각형 단면 수로에 14 m^3/s의 유량으로 물이 흐르고 있다. 수로의 끝에 자유 월류부가 존재한다면, 월류부 끝단에서의 수심은 얼마인가?

15.14 높이가 3 ft이고 길이가 10 ft인 광정 위어 상의 월류 수심이 1.8 ft라면 유량은 얼마인가?

15.15 배의 규모가 커짐으로 인해서 생기는 "ship squat" 현상은 배의 흘수가 항로 수심에 접근하는 항구에서는 심각한 문제를 야기해 왔다. 배가 항로를 따라 올라갈 때 일어나는 흐름 상황은 단면 수축이 존재하는 개수로와 유사하다(배는 항로의 단면적을 감소시킨다). 이러한 문제는 배에 대한 물의 상대 속도를 고려하고 에너지 방정식을 적용하면 해석할 수 있다. 따라서 배가 위치하고 있는 단면에서 물의 상대 속도는 가장 크게 되고, 에너지 방정식에 의해 기술되는 수위는 감소할 것이다. 따라서 배는 정박하고 있을 때보다 더 낮은 높이에 위치하게 된다. 이러한 하강 현상을 "ship squat"라고 부른다. 기름을 가득 실은 초대형 유조선 Bellamya가 수심이 35 m이고 폭이 200 m인 수로를 5 kt(1 kt = 0.515 m/s)의 속도로 항해할 때, 이 배의 하강량(squat)을 산정하라. 이 유조선의 흘수는 29 m이고, 폭과 길이는 각각 63 m 및 414 m이다.

15.16 12 in. 깊이의 작은 못(pond)에 소규모 파가 발생되었다. 연못에서 파의 속도는 얼마인가?

15.17 깊이가 일정한 풀(pool)을 소규모 파가 2.0 m/s의 속도로 이동하고 있다. 수심은 얼마인가?

도수(15.6절)

15.18 도수에 대한 다음 설명 중 맞는 것을 모두 골라라.

a. 흐름이 사류에서 상류로 변한다.

b. 흐름이 상류에서 사류로 변한다.

c. 물의 높이가 상류에서 하류 단면으로 급격하게 상승한다.

d. 하류와 상류 수심은 상류부의 Fr수에 따라 정량적으로 구해진다.

f. 에너지 방정식이 운동량 방정식보다 해석상 더 좋은 방법이다.

15.19 그림과 같은 여수로에 단위폭당 2.5 m^3/s의 유량이 흐른다. 도수 후의 수심 y_2는 얼마인가? 여수로 상에서의 에너지 손실은 무시할 수 있다고 가정하라.

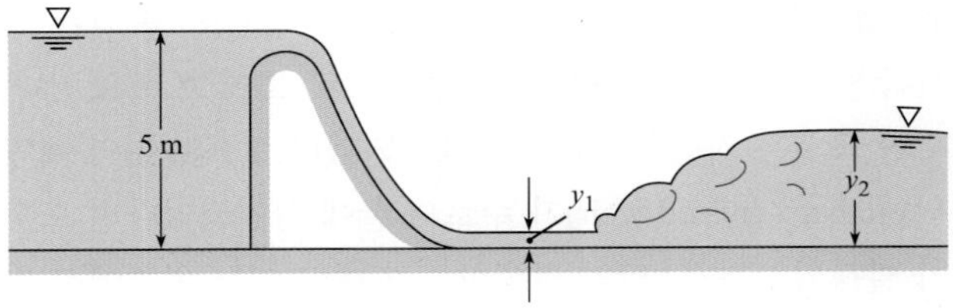

문제 15.19

15.20 수평 수로에서 수문 하류 측 수심이 35 cm이고 단위폭당 유량은 10 m^3/s이다. 수문의 폭은 2 m이다.

a. 도수가 이 단면의 하류에서 형성될 수 있을 것인가?

b. 만약 발생한다면 도수 후의 수심은 얼마가 될 것인가?

15.21 식 (15.28)의 유도에서 바닥면 전단력은 무시된다고 가정하였다. 물이 그림과 같이 콘크리트 수로에서 $y_1 = 40$ cm로 일정하게 흐르고 있다. 수로 폭은 10 m이다. 그리고 도수가 발생되도록 둔덕이 설치되어 있다. 도수와 관련된 전단력 F_s의 크기를 추정하고 F_s/F_H를 구하라. 여기서 F_H는 도수에서 순 정수압이다. 매닝의 n은 0.012로 가정하라.

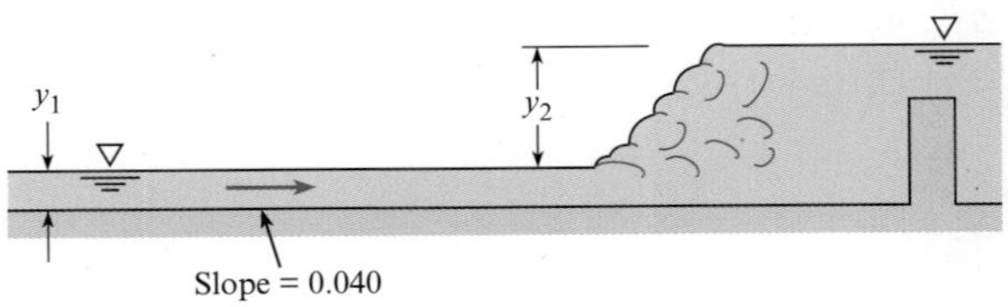

문제 15.21

점변류(15.7절)

15.22 물이 폭 10 ft인 직사각형 수로에서 100 ft^3/s의 유량으로 흐르고 있다. 이 수로에서 등류 수심은 2 ft이다. 수로에서 실제 수심은 4 ft이다. 이 조건에서 수로의 수면 형상은 다음 중 어느 것이 될 것인가? (a) M1, (b) M2, (C) S1, (d) S2.

15.23 그림에서 물음표가 붙은 수면 곡선에 해당하는 것을 골라라: (a) M2, (b) H2, (c) S2, (d) A2.

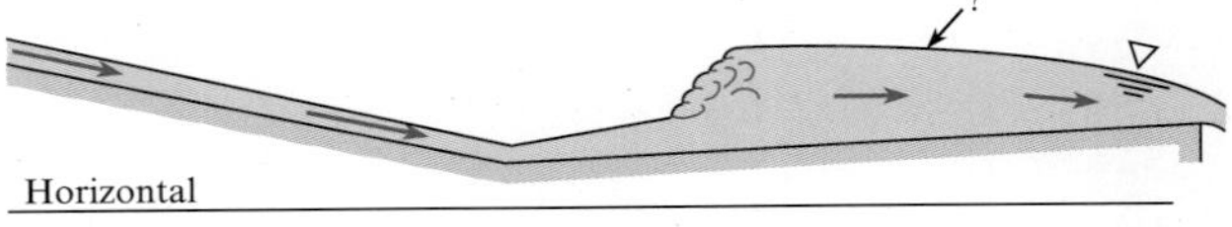

문제 15.23

15.24 수문의 하류에 폭이 10 ft이고 수평 경사를 갖는 직사각형 단면 수로에 108 cfs의 유량으로 물이 흐르고 있다. 수면 곡선은 직접축차법으로 계산되었다. 2 ft 높이의 예연위어(sharp-crested weir)가 수로의 끝에 설치되었다면 도수가 발생되겠는가? 만약 발생한다면 대략 어느 위치에서 발생하겠는가? 적절한 계산 과정을 제시하여 답이 타당함을 증명하라. 어느 유형의 수면 곡선으로 분류할 수 있는지 명명하라.

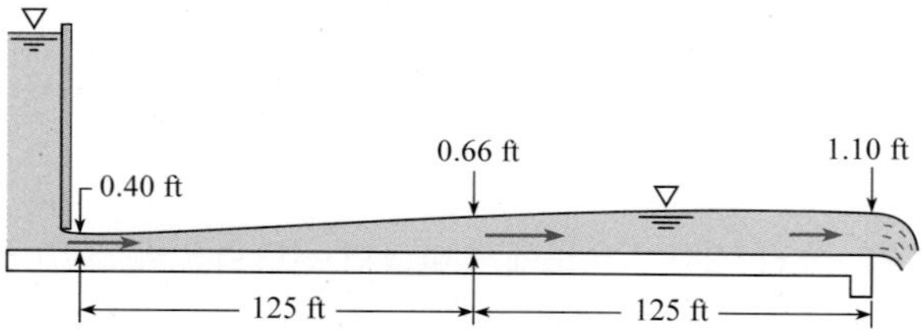

문제 15.24

15.25 물이 수문 밑을 통해 수평한 직사각형 단면 수로에 단위폭당 3 m^3/s의 유량으로 유입된다. 수로는 콘크리트로 제작되었고 초기 수심은 20 cm이다. 수심이 60 cm가 되는 지점까지 수면 곡선을 그리기 위해 식 (15.42)를 적용한다. 계산 시에는 수심을 $d = 20$ cm, 30 cm, 40 cm, 50 cm 및 60 cm로 차례로 나누고, 인접한 두 개의 수심으로 이루어지는 각 구간에 대해서 수면 곡선을 구한다. f의 값은 0.02로서 일정한 것으로 가정한다. 결과를 도시하라.

15.26 수평한 직사각형 단면 콘크리트 수로의 끝단에 자유월류부가 존재한다. 수로의 폭은 4 m이고 유량이 12 m^3/s이다. 월류부로부터 300 m 상류 지점에서의 수심은 얼마인가?

15.27 그림과 같은 광폭 직사각형 단면 콘크리트 수로에 물이 단위폭당 1 m^3/s의 유량으로 정상적으로 흐른다. 구간 1에서 구간 2까지의 수면 곡선을 결정하라.

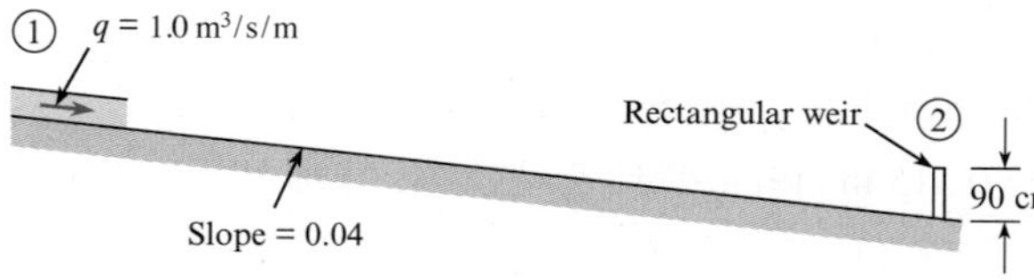

문제 15.27

CHAPTER **16**

유체동역학 문제 모델링

개요 이 장에서는 모델링에 필요한 다음의 두 가지 방법을 소개한다.

- **편미분 방정식.** 현상을 지배하는 과학적 법칙을 편미분 방정식으로 표현하여 풀어 가는 방법을 학습한다.
- **전산유체역학.** 편미분 방정식을 대수 방정식으로 근사한 후 컴퓨터 알고리즘을 이용하여 풀어 가는 방법을 학습한다.

그림 16.1
Eagle X-TS와 작업자들이 비행기 조립장에서 찍은 사진. Eagle X-TS는 세계적인 설계가인 John Roncz가 전산유체역학 기법으로 설계하였다. 존 론츠는 50여 대의 항공기 설계에 참여하였고 그 중 두 대는 미국 국립항공우주박물관에 소장되어 전시 중이다. (사진 제공: John Roncz)

Roncz는 유체역학에 대해 다음과 같이 언급한다.

"가장 큰 장점은 내가 항공공학 전공과목을 한 과목도 수강하지 않고 이러한 일을 할 수 있었다는 것이다. … 그 결과, 스스로 모든 것을 파악해야만 했다. 누구라도 그와 같은 방식으로 접근할 때 이해도를 높일 수 있다."(1)

학습성과

모델링과 편미분 방정식(16.1절, 16.2절)
- 공학적으로 모델을 수립하는 방법을 소개한다.
- 모델링 관점에서 편미분 방정식을 공학적으로 적용하는 방법을 설명한다.

수학적 주제(16.2절)
- 속도장에 대해 설명한다.
- 테일러급수 전개에 대해 설명한다.
- 불변형 표기법에 대해 설명한다.
- 수학 연산자에 대해 설명한다.
- 물질 미분에 대해 설명한다.
- 가속도장에 대해 설명한다.

연속 방정식(16.3절)
- 연속 방정식을 유도하는 과정을 나열한다.
- 연속 방정식의 여러 가지 형태를 나열하고 기술한다.

나비에-스토크스 방정식(16.4절)
- 나비에-스토크스 방정식을 유도하는 과정을 나열한다.
- 나비에-스토크스 방정식의 물리적 배경을 기술한다.

전산유체역학(16.5절)
- 전산유체역학을 설명한다.
- 전산유체역학 코딩을 선택하는 방법을 설명한다.
- 전산유체역학 코딩이 작동하는 방법을 설명한다.
- 다음의 주제를 기술한다: 그리드, 시간 간격, 경계조건, 확인, 검증, 난류 모델.

길은 누군가가 가르쳐 주는 것이 아니라, 오직 본인이 찾아나갈 뿐이다.

전통 속담

이 책의 첫 장에서 성공을 이루기까지의 과정에 대해 논하였다면, 마지막 장(16.7절)에서는 앞으로 나아갈 방향을 제시한다.

16.1 유체역학 모델

어떤 시스템의 모델을 구축하게 되면 비용을 절감하면서 보다 나은 설계를 할 수 있게 된다. 모델링은 분석, 실험, 컴퓨터 시뮬레이션으로 구성된다. 이러한 주제들을 본 장에서 다룰 것이다.

모델의 개념

공학에서는 현실적인 것(예: 댐 그리고 관련 발전 시설물)과 개념적인 것(예: 모델)을 다룬다. Wang(2)이 언급했듯이 모델은 *현실을 단순화하여 나타내기 위한 도구*이다. Ford(3)는 모델이 *실제 시스템의 대체물*이라고 언급하였다. 몇 가지 모델의 사례를 들면 다음과 같다.

- 복잡한 길을 나타내는 도로 지도
- 건축될 건물을 나타내는 건축가의 구상도
- 어떤 책의 주제 목록을 나타내는 목차

유체역학과 연관된 모델의 사례는 다음과 같다.

- 밀도, 압력, 온도의 변수에 따라 이상기체의 거동을 설명하는 이상기체법칙
- 여러 방정식의 집합 또한 모델이 될 수 있다. 예를 들면, 에너지 방정식은 Darcy-Weisbach 방정식과 미소손실계수들과 함께 물의 유량을 예측하는 데 사용된다. 방정식을 사용하는 것은 어떤 시스템을 구성하고 연관된 실험 데이터를 얻는 과정의 대체물로 볼 수 있다.
- 실제 크기의 차량의 항력을 유추하기 위해 풍동 실험실에서 사용하는 소형으로 제작된 차량

모델링의 논의를 진전시키고자 다음의 공학 프로젝트를 기술하고자 한다.

공학 프로젝트의 사례. 완속 모래 여과장치(그림 16.2)는 정수처리장에서 널리 사용되는 공정이다. 물이 여과장치의 상부로 유입되어 여과매체 상층부에 존재하는 미생물에 의해 생물학적 분해 반응이 일어난다. *schmutzdecke(독일어로 흙덮개라는 의미)*라고 불리는 최상부층은 몇 mm에 불과하다. 그러고 나서 하부의 모래와 자갈층이 먼지와 미세한 점토 입자들을

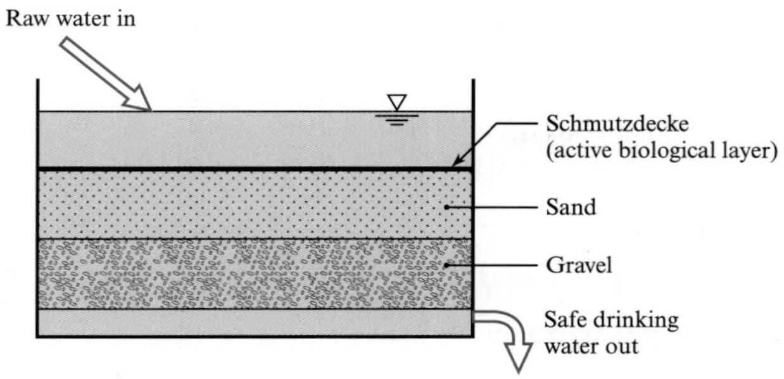

그림 16.2
완속 모래 여과장치.

제거한다.

몇 년 전, 아이다호대 학생들이 완속 모래 여과장치를 케냐에 설치한 적이 있다. 완속 모래 여과장치는 화학약품이나 전기가 필요하지 않으므로 개발도상국에 적용하기에 좋은 기술이다.

학생들로 구성된 팀은 완속 모래 여과장치의 다양한 모델을 개발하기로 하였다. 모델을 수립하는 과정은 다음 절에 기술하였다.

요약. 모델(model)은 현실을 이상적으로 혹은 단순화한 형태로 묘사하는 것이다. 모델의 가치는 공학자 혹은 다른 전문가들이 경제적인 방법으로 해결책을 찾아 가도록 돕는 데 있다.

주어진 시스템의 모델을 수립하는 방법

모델을 수립하는 목적은 문제를 해결하는 데 있다(그림 16.3). Montgomery 등(4)에 따르면, 모델 수립은 연관된 변수들을 확인하고, 변수들 간의 상관관계를 찾아낸 후, 모델을 테스트하여 검증하는 과정을 따른다(즉, 현실 세계에서 일어나는 상황을 모델이 신뢰할 만큼 잘 반영하는지 여부가 중요하다). 그림 16.3에 보이듯이, 모델 수립 과정은 반복적인 확인 과정을

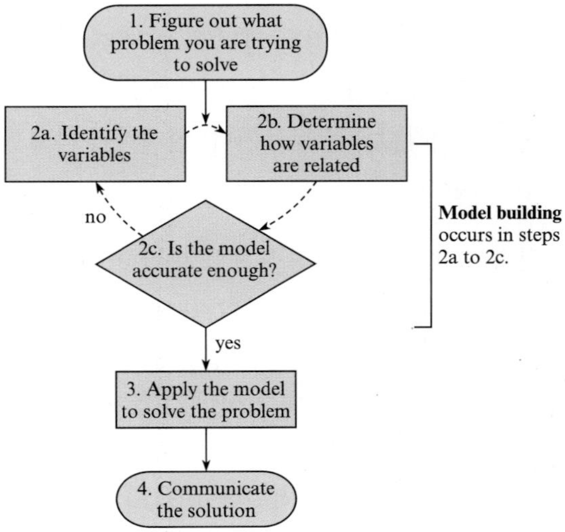

그림 16.3
공학 문제 해결을 위한 모델.

거친다.

예. 완속 모래 여과장치(그림 16.2)의 모델 수립은 다음의 과정을 따른다.

- **2a단계: 변수들을 확인하는 단계.** 완속 모래 여과장치의 성능에 영향을 미치는 변수들을 찾아내고, 다음의 두 개의 그룹으로 나눈다.
    - **성과 변수**는 시스템이 성능을 잘 발휘하는지 여부를 결정짓는 변수들을 말한다. 예를 들면, 여과장치의 유속, 여과장치에서 배출되는 수질의 탁도, 여과장치 세척 시간과 같은 종속 변수들이며, 설계 변수에 영향을 받는다.
    - **설계 변수**는 설계자에 의해 선택된 변수들이다. 예를 들면, 여과장치 상부의 물의 높이, 모래 여과층의 두께, 모래와 자갈 크기의 분포와 같은 것들이다.
- **2b단계: 변수들의 상관관계를 찾아내는 단계.** 이 단계는 변수들 간의 인과관계를 찾아내는 것을 목적으로 하며, 예를 들면, 모래 입자의 크기가 바뀌면 여과장치의 성능이 향상 혹은 저하되는지 여부와 그 이유를 찾아내는 것이다. 이 단계는 다음의 두 가지 접근 방식이 있다(4).
    - **역학 모델**은 현상을 과학적인 지식으로 변수들 간의 상관관계를 해석하는 방식이다. 예를 들면, Darcy 법칙이 있으며, 이는 모래나 자갈과 같은 다공성 여재를 유체가 통과할 때 여러 변수들 간의 상관관계를 하나의 식으로 표현한 것이다.
    - **경험 모델**은 축적된 실험값에 기반하여 변수들 간의 상관관계를 찾아내는 방식이다. 예를 들면, 여러 번의 실험에 기반하여 여과장치 최상부층에 schmutzdecke(흙덮개)가 형성되는 시간을 추정할 수 있다.
- **2c단계: 모델의 정확도를 시험하는 단계.** 2a 단계의 결과로 설계 변수(예: 여과장치 크기, 모래 입자 크기 등)와 성과 변수(예: 수질, 유량)들이 도출되면 변수들 간의 상관관계를 예측할 수 있다. 2c 단계에서는 이러한 예측들이 얼마나 정확한지 여부를 살펴보는 것이 목적이며, 실험값과 예측값을 비교하는 방식으로 진행한다.
- **2a단계로의 반복 확인 작업.** 모델 수립 과정은 반복 확인 과정을 거친다. 반복 확인은 목표에 도달할 때까지 이전 단계들을 반복하는 것을 말한다. 목표 달성 시까지 반복 과정을 통해 얻어진 결과값은 다음 반복 과정에서의 시작값으로 적용된다. 설계자가 목표한 정확도에 이르게 되면 반복 확인 과정이 마무리된다.

반복 확인 과정의 예(완속 모래 여과장치). 완속 모래 여과장치의 모델을 수립하고자 한다면, 몇 개의 방정식으로 구성된 모델과 간단한 실험장치를 가지고 시작할 수 있다. 시작하는 모델은 매우 단순한 형태일 것이며, 첫 번째 반복 확인 과정은 모델링 수립을 위한 경험치를 쌓고 모래층을 통과하는 유량을 측정하는 정도의 목적을 가지게 될 것이다. 후속 반복 확인 과정들을 통해 해석적이고 실험적인 모델들을 수립해 나가면서 두 모델을 비교할 수 있게 된다. 해석적 모델이 수립된 후에, 실험적 모델인 전산유체역학 모델을 수립하여 다양한 변수들이 시스템에 미치는 영향을 평가해 볼 수 있다.

모델이 반복 확인 과정으로 검증된 후에는 문제에 대한 해결책을 찾기 위한 목적으로 모델을 적용하고(그림 16.3의 3단계), 해결책을 제안하는 과정을 거친다(4단계).

요약. 모델은 반복 확인 과정을 통해 수립되는데, 이는 변수들을 확인한 후, 성능 변수와 설계 변수로 구분하고, 변수들 간의 상관관계를 찾아내는 과정으로 요약된다. 최종적으로, 모델의 예측이 문제해결에 필요한 정확도를 지니는지 여부를 검증하는 과정을 거치게 된다. 모델 수립 시 가장 중요한 부분은 단순하게 시작하여, 정확도를 높일 수 있는 반복 확인 과정을 거치는 것이다. 1장에서도 모델 수립에 대해 기술한 바 있다. 모델이 과학적 법칙이나 방정식에 근거하여 수립된 경우, 웨일스-우즈 접근방식으로 전문가들이 수학적 모델을 수립하는 방식으로 설명할 수 있다.

모델 수립의 3단계

모델 수립은 다음의 3단계로 설명할 수 있다.

해석유체역학(analytical fluid dynamics, AFD)은 공학 서적이나 관련 문헌에서 보편적으로 사용하는 지식과 방정식을 이용한다.

실험유체역학(experimental fluid dynamics, EFD)은 변수들의 정보를 얻고자 실험을 수행하는 방식을 사용한다. 이 방법은 계산이나 컴퓨터 연산을 검증하기 위해 주로 사용하며, 계산이나 컴퓨터 연산으로 시스템의 성능을 평가하기 어려운 경우에도 쓰인다.

전산유체역학(computational fluid dynamics, CFD)은 편미분 방정식을 컴퓨터 연산으로 풀이하는 방식을 사용한다. 즉, 변수들 간의 상호작용을 이해하기 위해 컴퓨터 프로그램을 사용하는 것이다.

이와 같이 실제 적용을 위한 모델 수립 과정은 통합적이며, 전술한 과정의 반복 확인 과정을 거친다. 예를 들어, 완속 모래 여과장치에 적용하면 다음과 같다.

- **Darcy 법칙**(해석유체역학). 모래와 자갈층을 통과하는 유량을 예측하기 위해 다공성 매체에 적용 가능한 Darcy 법칙을 사용할 수 있다. 이것이 알려진 방정식을 사용하는 해석유체역학의 사례이다.
- **투수성 측정**(실험유체역학). Darcy 법칙을 적용하기 위해서는 모래층의 투수성 값이 필요하다. (투수성은 다공성 매체의 특성으로 물이 주어진 압력 하에 얼마나 잘 통과하느냐를 나타낸다.) 투수성 값을 얻기 위해, 실험장치를 마련하고 모래와 자갈로 이루어진 다양한 층 구성에 따른 투수성 값을 측정한다.
- **전산 모델**(전산유체역학). 지하수 흐름을 예측하는 전산유체역학 모델을 구입하여 완속 모래 여과장치의 성능에 적용할 수 있다. 다양한 설계 변수에 따른 성능 평가가 가능하다.

- **실험**(실험유체역학). 실험을 통해 schmutzdecke(흙덮개) 층이 형성되는 데 걸리는 시간을 측정할 수 있다.

요약. 유체역학에서 모델 수립의 3단계는 다음과 같다: 해석유체역학, 실험유체역학, 전산유체역학. 대부분의 모델은 그 중 두 단계 혹은 세 단계를 거쳐 구성되며 각 단계는 상호 보완하는 역할을 한다.

모델값 평가

Ford(3)는 모델이 유용하려면 모델이 구현하는 시스템에 대하여 제3자에게 필요한 정보를 제공할 수 있도록 도움을 주어야 한다고 피력하였다. 예를 들면, 도로 지도가 유용하려면 익숙하지 않은 장소에서 길을 안내해 주는 역할을 감당해야 하며, 건축 도면은 시공자에게 필요한 건축 재료와 건축가가 의도한 건축물의 모습을 이해할 수 있도록 도움을 주어야 한다.

모델의 가치는 비용 편익(즉, 모델을 수립하기 위해 소요되는 자원)과 상관이 있다. 가치를 평가하는 하나의 방법은 비용 대비 편익의 비를 산출하는 것이다.

$$\text{모델의 가치} = \frac{\text{모델이 제공하는 편익}}{\text{모델을 적용하기까지 소요되는 비용}}$$

가치를 산정하려면, 다음 질문들을 해 볼 필요가 있다.

편익:

- 모델이 업무 수행이 원활한 설계를 제안할 것인가?
- 모델이 프로젝트 수행을 신속하게 완료하도록 도울 것인가?
- 모델이 비용절감형 설계를 제안할 것인가? 운영상의 비용절감도 가능한가?
- 모델이 변수들 간의 상호작용을 이해하는 데 도움을 줄 것인가?
- 모델이 향후 프로젝트에도 사용 가능한가?
- 모델이 다른 전문가들이 비슷한 시스템을 설계할 때 도움이 될 것인가?

자원, 비용, 위험:

- 실패할 경우 어떤 위험이 있는가? 적용 가능한 모델이 개발될 수 있는가?
- 모델이 얼마나 정확한가? 어느 정도의 정확도가 필요한가?
- 모델이 수립되는 데 걸리는 시간은 어느 정도인가?
- 소프트웨어를 구매할 필요가 있는가? 실험을 수행해야 하는가? 추가적인 비용은 없는가?

그림 16.4에 보이는 바와 같이, 모델링의 3단계를 통해 제공되는 정보의 구체성와 소요 비용(시간과 자원) 수준을 알 수 있다.

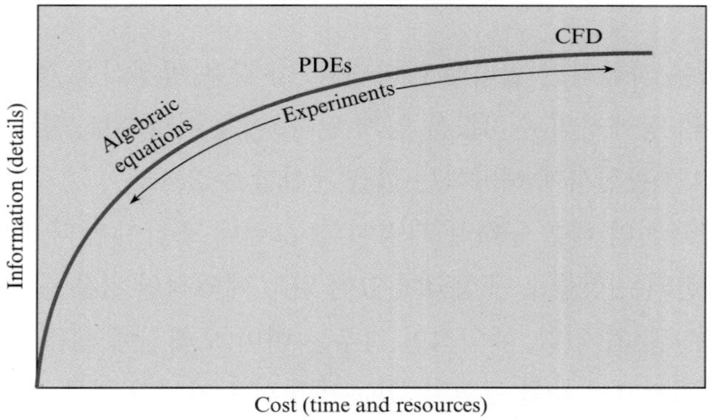

그림 16.4
모델링 단계에 따른 정보의 구체성과 비용 수준.

- **대수 방정식.** 교재에 보이는 방정식들을 사용하여 추정하는 방식이다(세부적이지는 않다). 추정하는 방식이 연필과 종이, 계산기 등으로 이루어지므로 저렴하고, 1시간 정도 단기간에 마무리된다.
- **편미분 방정식.** 편미분 방정식의 해를 구하는 것은 상당히 세부적인 수준에서 접근하는 방식이다. 문헌을 조사하고, 방정식 해를 구하는 과정과 구체성을 학습하고, 해를 얻기 위해 적용하는 과정에 드는 비용은 적정한 수준이다. 그러나 문헌상에는 오직 몇 가지의 해만 존재하며, 이 방식은 가끔 유용한 정도로 볼 수 있다.
- **전산유체역학.** 전산유체역학의 해를 구하는 것은 굉장히 세부적인 정보를 제공하는 것과 같다. 코드를 짜고, 익히고, 모델을 수립하여 검증하는 과정을 거치므로 비용이 높다.
- **실험.** 실험을 설계하고 수행하는 것은 물리적인 관점에서 데이터를 얻고자 함이며, 종종 수학적으로 얻는 방정식 해를 검증하기 위한 목적으로도 사용된다. 실험의 범위와 수준에 따라 비용은 차이가 있을 수 있다.

요약. 모델 수립에 유용한 3가지 방법은 해석, 실험, 컴퓨터 연산으로 설명할 수 있다. 이 세 가지는 종종 통합적으로 사용되며 반복 확인 과정을 통해 단순한 모델에서 시작하여 모델을 개선해 나가게 된다. 모델 수립에는 비용과 편익, 해의 정확도와 구체성과 같이 상호 대립되는 요소들이 존재한다.

16.2 편미분 방정식 학습을 위한 기초

본 장에서는 다음 사항들을 설명한다.

- 편미분 방정식이 유용한 이유
- 편미분 방정식을 학습하는 데 필요한 수학적인 기초

편미분 방정식을 배우는 이유

편미분 방정식은 유체 유동에 작용하는 과학적인 법칙을 나타낸다. 이 같은 방정식을 풀이하면 압력장, 속도장, 혹은 다른 종류의 장에서의 수치값을 얻게 된다. 이를 바탕으로, 항력, 수두 손실, 전력 요구량과 같은 공학적인 관심사에 해당하는 값을 계산할 수 있다.

편미분 방정식을 풀이하는 것은 궁극적인 해를 구하는 과정이다; 그런데 조건이 있다. 실제로 편미분 방정식은 비선형으로 표현되는 항들로 구성되어 있어 일부 예외적인 경우를 제외하고 직접적으로 수학적인 해를 구할 수가 없다. 예외적인 경우는 이미 오래전에 해를 구하는 방법이 밝혀졌고, 오늘날에는 직접적으로 해를 구할 수 있는 방정식을 가지고 씨름하지는 않는다. 그럼에도 불구하고, 편미분 방정식을 통해 얻는 다음과 같은 두 가지 이점이 있다.

기존의 해를 이해할 수 있음(첫 번째 장점). 문헌에는 다수의 편미분 방정식의 해가 나와 있다. 이 같은 해는 두 개의 그룹으로 분류할 수 있다.

- **정확한 해.** 정확한 해는 물리적인 이동 현상에 관한 방정식이 풀이가 가능한 형태의 방정식으로 전환되는 물리적인 상황과 연관되어 있다. 이와 같은 경우에 해당하는 해는 약 100여 개 정도 있다. 예로는 푸아죄유 흐름(Poiseuille flow)과 쿠에트 흐름(Couette flow)이 있다.
- **이상적 해.** 이상적인 해는 수학적으로 풀이가 가능한 형태로 방정식이 변환되도록 가정이 개입하는 물리적 상황과 연관되어 있다. 두 가지 예를 들면 다음과 같다.
  - **포텐셜 유동.** 외부의 유체를 비점성(즉, 마찰이 없음), 비회전성(즉, 유체가 회전하지 않음)으로 가정하면, 방정식은 해석적으로 풀이가 가능해진다. 이와 같은 상황을 포텐셜 유동이라 부른다.
  - **층류경계층.** 점성의 층류가 벽 근처를 흐를 때 경계층을 가정함으로써 단순화시켜 방정식을 풀 수 있다. 결과로 얻게 되는 해를 블라시우스 해(Blasius solution)라고 부르며, 경계층에서 층류를 묘사한다.

공학자들은 기존의 해를 사용하여 더 복잡한 문제를 이해하는 통찰력을 얻으려고 한다. 예를 들면, 자전거를 타고 가던 사람이 바로 옆에 붙어서 추월하던 버스에 치여서 큰 부상을 입었다고 치자. 큰 차량이 자전거 바로 옆을 지나갈 때, 자전거에 횡력을 가할 수 있다. 이러한 횡력의 크기와 방향에 대한 정보를 얻기 위해, 공학자는 타원형의 물체를 지나는 포텐셜 유동의 해를 사용할 수 있다.

두 번째 예는 인체의 복부대동맥에서의 혈류를 모델링하는 것이다. 때때로 대동맥은 구조적인 안정성을 상실하고 동맥류를 형성하여 불룩해지기도 한다. 이러한 동맥류가 파괴되면 사망에 이르기도 한다. 이러한 경우, 동맥류 벽에 가하는 혈류의 힘을 이해하는 것이 필요하다. 이러한 문제의 통찰을 얻기 위해 두 가지의 기존의 해가 사용된다: 구형의 관을 흐르는 층류정상유동의 푸아죄유 해(Poiseuille solution)와 구형의 관을 흐르는 층류왕복유동의 워머슬리 해(Womersley solution)이다.

전산유체역학을 이해하고 검증함(두 번째 장점). 전산유체역학은 편미분 방정식을 풀이하는 과정이므로, 전산유체역학을 이해하는 첫 관문은 편미분 방정식을 배우는 것이다.

기존에 알려진 해로 전산유체역학의 코드를 검증할 수도 있다. 예를 들면, 동맥류 내에 혈류를 전산유체역학으로 모델링을 한다면, 코드는 기존에 알려진 해석적 해(즉, 워머슬리 해)로 부분적인 검증을 수행할 수 있으며, 전산유체역학의 해를 해석적 해와 추후 비교 확인이 가능하다.

요약. 편미분 방정식을 배우는 이유는 (1) 문헌에서 사용된 기존에 알려진 해를 이해하고 적용하기 위함, (2) 전산유체역학 코드로 풀어야 하는 방정식들을 이해하기 위함, (3) 전산유체역학 코드가 기존의 알려진 해를 구하는 상황을 정확히 예측할 수 있도록 검증하기 위함이다.

본 장의 나머지 부분에서는 편미분 방정식 사용 시 유용한 수학적인 개념들을 소개하고자 한다.

속도장: 직교좌표

이동에 관련된 방정식의 해는 압력장, 밀도장, 온도장, 속도장과 같은 장에 연관되어 있다. 따라서 장을 이해하는 것이 중요하다. 본 장에서는 속도장에 대해 설명하고자 한다.

직교좌표계에서 공간에서의 한 점은 좌표계(그림 16.5의 x, y, z)를 설정하여 정의할 수 있다. 연관된 단위벡터는 x축으로 $\mathbf{i}$, y축으로 $\mathbf{j}$, z축으로 $\mathbf{k}$를 사용한다. 이와 같은 좌표계는 오른손 *좌표계*이며, $\mathbf{i}$와 $\mathbf{j}$의 외적이 $\mathbf{k}$로 나타난다.

그림 16.5
직교좌표.

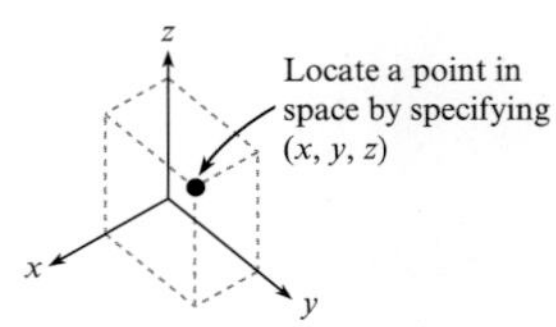

$$\mathbf{i} \times \mathbf{j} = \mathbf{k}$$

속도장은 다음과 같이 주어진다.

$$\mathbf{V} = u(x, y, z, t)\mathbf{i} + v(x, y, z, t)\mathbf{j} + w(x, y, z, t)\mathbf{k} \tag{16.1}$$

여기서 $u = u(x, y, z, t)$는 x축 방향으로의 속도벡터이고, v와 w는 y축과 z축 방향에 대한 속도벡터를 나타낸다. 독립변수는 위치 (x, y, z)와 시간 (t)이다.

다음의 두 예제는 속도장의 일반적인 표현이 특수한 상황에서 어떻게 변환되는지를 보여준다. 변환 과정에 주목해 보자.

> **예제.** 한 평면에서 정상유동을 생각해 보자(그림 16.6). 속도장의 일반적인 표현을 이와 같은 상황에 적합하게 변환시켜 보아라.
>
> **아이디어/실행**
>
> **1.** 속도장의 일반적인 표현을 그대로 옮긴다.

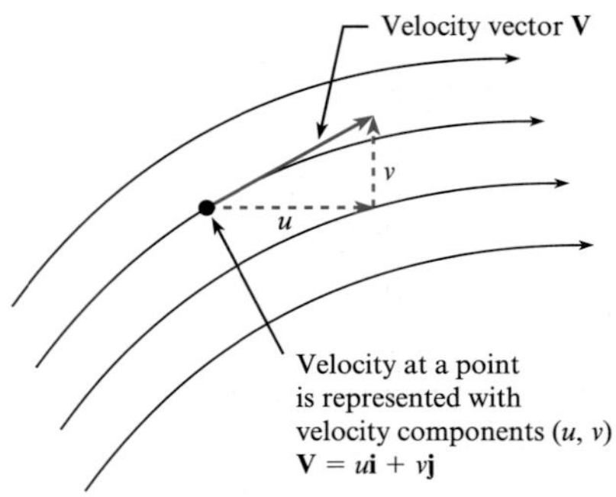

그림 16.6
평면유동에서의 속도 성분의 예.

$$\mathbf{V} = u(x, y, z, t)\mathbf{i} + v(x, y, z, t)\mathbf{j} + w(x, y, z, t)\mathbf{k}$$

2. 종속변수를 분석한다. 평면에서의 유동이므로, $w = 0$이다. 따라서 종속변수는 u와 v로 볼 수 있다.
3. 독립변수를 분석한다. 평면에서의 유동이므로 z축은 매개변수가 아니다. 정상유동이므로 시간은 매개변수가 아니다. 따라서 독립변수는 x와 y로 볼 수 있다; 속도장은 다음과 같이 표현된다. $\mathbf{V} = u(x, y)\mathbf{i} + v(x, y)\mathbf{j}$.

예제. z축으로 무한대로 증가하는 평면으로 구성된 수로에 진입하는 정상유동을 생각해 보자(그림 16.7). 이러한 평면은 *무한 평면(infinite plate)*이라고 불린다. 속도장의 일반적인 표현을 이와 같은 상황에 적합하게 변환시켜라.

아이디어/실행

1. 속도장의 일반적인 표현을 그대로 옮긴다.

$$\mathbf{V} = u(x, y, z, t)\mathbf{i} + v(x, y, z, t)\mathbf{j} + w(x, y, z, t)\mathbf{k}$$

2. 종속변수를 분석한다. z축으로 흐름이 없으므로, $w = 0$이다.
3. 독립변수를 분석한다. 평면유동이므로 속도는 z축으로 변하지 않는다. 정상유동이므로 속도는 시간에 따라 변하지 않는다. 따라서 속도장은 다음과 같이 표현할 수 있다.

$$\mathbf{V} = u(x, y)\mathbf{i} + v(x, y)\mathbf{j}$$

이 방정식은 u와 v가 0이 아닌 값을 갖는 것을 의미하며, u와 v는 x축과 y축으로 변한다. 수로 입구에서 유체의 흐름이 시작되기 때문이다(10장 참조). 유체의 흐름이 온전해지면, 속도장은 다음과 같이 변환될 것이다.

$$\mathbf{V} = u(y)\mathbf{i}$$

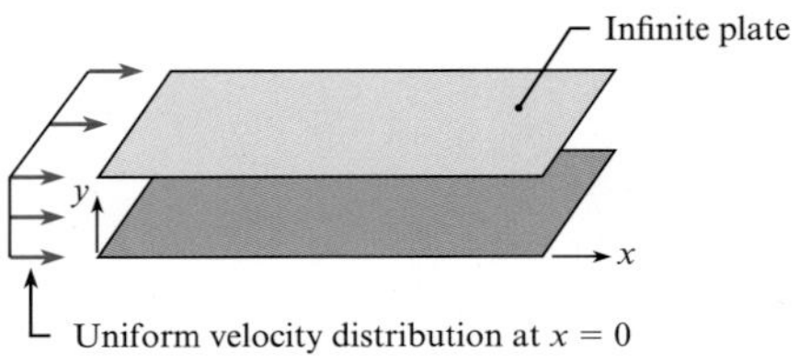

그림 16.7

무한 평면에서의 유동.

요약. 직교좌표계에서 속도장의 일반적인 표현은 식 (16.1)과 같이 주어진다. 주어진 상황에 따라 이 방정식은 변환될 수 있으며, 종속변수와 독립변수를 분석하고 0이 되거나 흐름에 관여하지 않는 항들을 제거하는 방식으로 진행한다.

속도장: 원통형 좌표

원통형 좌표는 다양한 분야에 적용되므로, 두 번째로 소개하도록 한다.

원통형 좌표계(그림 16.8)에서 공간의 한 점은 좌표계(r, θ, z)를 설정하여 정의할 수 있다. 반경 r은 원점에서부터 측정하며, 방위각 θ는 x축으로부터 반시계방향으로 측정하고, 높이 z는 x-y 평면에서부터 측정한다.

일반적인 속도장은 다음과 같이 나타낸다.

$$\mathbf{V} = v_r(r, \theta, z, t)\mathbf{u}_r + v_\theta(r, \theta, z, t)\mathbf{u}_\theta + v_z(r, \theta, z, t)\mathbf{u}_z \tag{16.2}$$

예제. 그림 16.9는 원형의 실린더를 넘어가는 이상적인 유동을 나타낸다. 속도장의 일반적인 표현을 이와 같은 상황에 적합하게 변환시켜라.

아이디어/실행

관심 지점의 속도벡터를 나타낸다(그림 16.9 참조).

- **단계 1.** x축과 y축을 스케치한다.

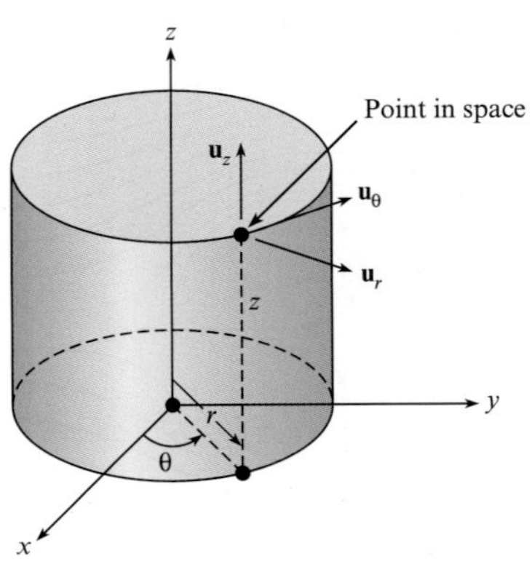

그림 16.8

원통형 좌표계에서 좌표계와 단위벡터.

- **단계 2.** 길이 r을 반경벡터로 스케치한다.
- **단계 3.** 단위벡터 $\mathbf{u}_r$과 $\mathbf{u}_\theta$를 스케치한다.
- **단계 4.** 속도벡터의 각 성분 v_r과 v_θ를 나타낸다.

다음으로, 식 (16.2)의 각각의 항을 분석한다. 평면에서의 유동이므로 z와 v_z를 제거한다. 정상유동이므로 시간 t도 제거한다. 식 (16.2)는 다음과 같이 변환된다.

$$\mathbf{V} = v_r(r, \theta)\mathbf{u}_r + v_\theta(r, \theta)$$

평면에서의 흐름(예: 그림 16.9)에서는 z축이 불필요하다; 단지 r과 θ 좌표만이 필요하다. 이와 같이 두 개의 차원으로 해석하는 좌표계를 **극좌표계**(polar coordinates)라고 부른다.

요약. 원통형 좌표가 사용될 때 속도장의 일반적인 표현은 식 (16.2)와 같이 주어진다. 평면에서의 유동인 경우, 좌표계는 2차원 흐름으로 단순화되어, 극좌표계로 변환된다.

테일러급수

다음의 임무를 수행하기 위해 테일러급수가 사용되므로 테일러급수를 배울 필요가 있다.

- 상미분 방정식과 편미분 방정식의 유도
- 전산유체역학 프로그램의 컴퓨터 알고리즘으로 풀이가 가능하도록 미분 방정식의 대수 방정식으로의 변환

테일러급수(Taylor series)는 한 점에서의 함수의 연속된 확장을 나타낸다. $x = a$라는 점에서 확장된 함수 $f(x)$의 일반적인 형태는 다음과 같다.

$$f(x) = f(a) + \left(\frac{df}{dx}\right)_a \frac{(x - a)}{1!} + \left(\frac{d^2 f}{dx^2}\right)_a \frac{(x - a)^2}{2!} + \dots \tag{16.3}$$

예를 들어, $f(x) = e^x$라면, 식 (16.3)은 다음과 같이 변환된다.

그림 16.9

평면좌표계를 이용하여 한 점의 속도벡터를 나타낸다. 묘사된 유동은 원형의 실린더를 넘는 이상적인 유동(즉, 비점성, 비회전성)이다.

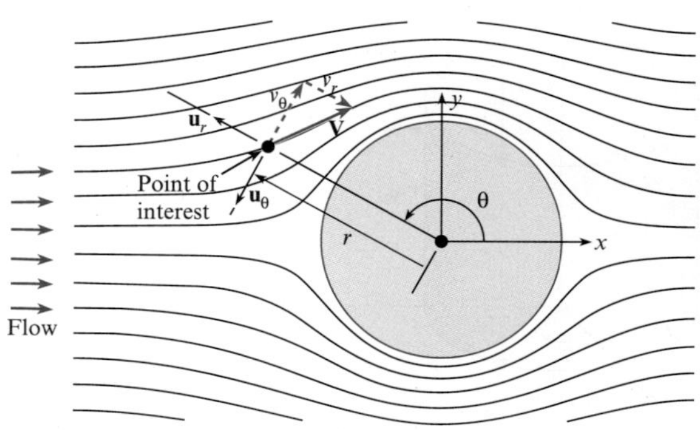

$$e^x = e^a \left[1 + (x-a) + \frac{(x-a)^2}{2} + \frac{(x-a)^3}{6} + \ldots\right] \tag{16.4}$$

Kojima 등(5)은 테일러급수는 방정식의 *모사(imitation)*라고 하였으며, 이는 방정식이 물리적인 세계에서의 현상을 모사하는 것과 마찬가지이다(그림 16.10 참조).

테일러급수는 일반적으로 줄여서 표현이 가능하다. 고차항들은 무시해도 된다는 말이다. 예를 들면, 다음의 테일러급수를 생각해 보자.

$$\overbrace{f(x) = \frac{1}{1-x}}^{\text{함수}} = \overbrace{1 + x + x^2 + x^3 + x^4 + \ldots \text{(H.O.T.)}}^{\text{테일러급수 근사치(H.O.T.라는 축약어는 higher-order terms, 즉 고차항을 의미한다)}} \tag{16.5}$$

$x = 0.1$일 때, 식 (16.5)는 다음과 같다.

$$\overbrace{f(x) = \frac{1}{1-0.1} = 1.11111\ldots}^{\text{함수}} = \overbrace{1 + 0.1 + 0.01 + 0.001 + 0.0001\ldots + \ldots \text{(H.O.T.)}}^{\text{테일러급수 근사치}} \tag{16.6}$$

고차항들을 무시함으로써 다음의 효과를 거둘 수 있다.

- 두 개의 항이 남을 경우, 결과값은 1.1이다.
- 세 개의 항이 남을 경우, 결과값은 1.11이다.
- 네 개의 항이 남을 경우, 결과값은 1.111이다.

식 (16.3)을 독립변수를 사용하여 변환하는 것이 공학적인 관점에서 유리할 수 있다. x를 $x + \Delta x$로 바꾸고 $a = x$라고 한다면, 결과적으로 다음의 식이 얻어진다.

$$f(x + \Delta x) = f(x) + \left(\frac{df}{dx}\right)_x \frac{(\Delta x)}{1!} + \left(\frac{d^2 f}{dx^2}\right)_x \frac{(\Delta x)^2}{2!} + \ldots \text{(H.O.T.)} \tag{16.7}$$

유체역학에서 여러 가지 변수로 표현된 함수에 테일러급수를 적용할 수 있다. 한 지점(a, b)에서 확장된 두 개의 변수로 구성된 함수 $f(x, y)$에 대한 테일러급수의 일반적인 형태는 다음과 같다.

$$\begin{aligned} f(x, y) &= f(a, b) + \left(\frac{\partial f}{\partial x}\right)_{a,b} \frac{(x-a)}{1!} + \left(\frac{\partial f}{\partial y}\right)_{a,b} \frac{(y-b)}{1!} \\ &\quad + \left(\frac{\partial^2 f}{\partial x^2}\right)_{a,b} \frac{(x-a)^2}{2!} + \left(\frac{\partial^2 f}{\partial x \partial y}\right)_{a,b} \frac{2(x-a)(y-b)}{2!} + \left(\frac{\partial^2 f}{\partial y^2}\right)_{a,b} \frac{(y-b)^2}{2!} + \ldots \end{aligned} \tag{16.8}$$

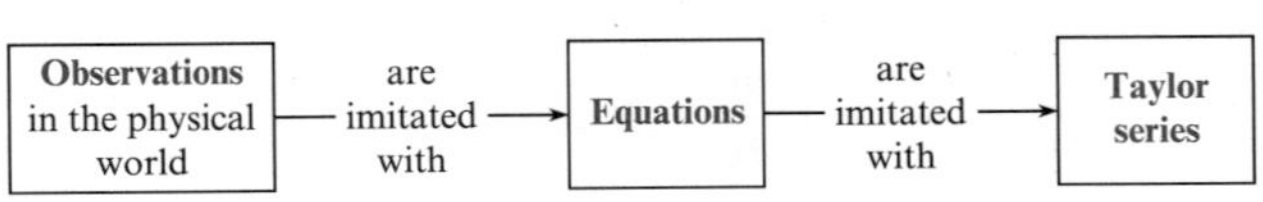

그림 16.10
데이터(관측치)는 방정식과 함께 이상적으로 표현된다. 그러고 나서, 방정식은 테일러급수와 함께 이상적으로 표현된다.

$x = x + \Delta x$, $y = y$, $a = x$, $b = y$로 식 (16.8)을 수정하면 유체역학에서 보다 유용하게 사용할 수 있는 형태가 된다.

$$f(x + \Delta x, y) = f(x, y) + \left(\frac{\partial f}{\partial x}\right)_{x,y} \frac{\Delta x}{1!} + \left(\frac{\partial^2 f}{\partial x^2}\right)_{x,y} \frac{(\Delta x)^2}{2!} + \left(\frac{\partial^3 f}{\partial x^3}\right)_{x,y} \frac{(\Delta x)^3}{3!} + \ldots \quad (16.9)$$

다음으로, 유체역학에서 쓰이는 변수들을 적용한다.

$$f(x + \Delta x, y, z, t) = f(x, y, z, t) + \left(\frac{\partial f}{\partial x}\right)_{x,y,z,t} \frac{\Delta x}{1!} + \left(\frac{\partial^2 f}{\partial x^2}\right)_{x,y,z,t} \frac{(\Delta x)^2}{2!} + \ldots \text{H.O.T.} \quad (16.10)$$

요약. 유체역학에서 함수는 한 지점에서 확장된 형태인 테일러급수로 확장된 형태로 사용되곤 한다. 고차항들은 무시하는 것이 일반적이다. 유체역학에서 유용한 형태로 사용되는 테일러급수는 식 (16.10)에 나타나 있다.

수학적 표기법(불변형 표기법과 연산자)

직교좌표계, 원통형 좌표계, 극좌표계뿐만 아니라, 구면좌표계, 토로이드 좌표계, 일반화된 곡선좌표계와 같은 다양한 좌표계가 존재한다. 공학자들은 어떠한 좌표계에도 적용이 가능한 방식으로 방정식을 세우고자 한다. **불변형 표기법**(invariant notation)은 어떤 좌표계에도 적용 가능한 수학적 표기법을 말한다.

불변형 표기법을 소개하기 위해 압력장의 경도를 생각해 보자(표 16.1 참조). 표에 나타난 바와 같이, 변화도는 다양한 방식으로 표현될 수 있다. 또한, 수학적 표기법은 다음의 두 가지 형태로 구분할 수 있다.

- **좌표계형 표기법.** 방정식의 항은 특정 좌표계에 적용될 수 있는 형식으로 표기된다. 예를 들면, 표 16.1은 직교와 원통형 좌표계에서의 표기를 나타낸다.

표 16.1 압력장에서 경도를 표기하는 방법

분류	내용	수학적 표기 형태
좌표계형 표기법	직교좌표계	$\frac{\partial p}{\partial x}\mathbf{i} + \frac{\partial p}{\partial y}\mathbf{j} + \frac{\partial p}{\partial z}\mathbf{k}$
	원통형 좌표계	$\frac{\partial p}{\partial r}\mathbf{u}_r + \frac{1}{r}\frac{\partial p}{\partial \theta}\mathbf{u}_\theta + \frac{\partial p}{\partial z}\mathbf{u}_z$
불변형 표기법	델 표기법	∇p
	깁스 표기법	$\text{grad}(p)$
	인덱스 표기법 (아인슈타인의 합 규약)	$\frac{\partial p}{\partial x_i}$ 또는 $\partial_i p$

- **불변형 표기법.** 항들은 어떤 좌표계에도 적용될 수 있는 형식으로 표기된다; 즉, 일반적인 표현이라 볼 수 있다.

표 16.1은 세 가지 형태의 불변형 표기법을 보여 준다.

- **델 표기법**(Del notation)은 나블라 연산자 ∇로 표현하는 것을 말한다. 델 표기법은 공학에서 가장 보편적으로 사용되는 방식이다.
- **깁스 표기법**(Gibbs notation)은 연산자들을 단어로 표현하는 방식이다. 예를 들면, *grad*는 경도를 나타낸다. 깁스 표기법은 수학에서 널리 쓰인다.
- **인덱스 표기법**(indicial notation)은 공학과 물리학에서 널리 쓰이는 속기 방식이다.

수학적 연산자

수학에서 **연산자**(operator)라 일컫는 표기들은 수리물리학의 방정식에서 보편적으로 등장한다. 유체역학의 방정식에서 일반적으로 등장하는 연산자들은 다음과 같다.

- **경도**(gradient). 예, 압력장에서 경도 또는 속도장에서 경도
- **발산**(divergence). 예, 속도장에서 발산
- **회전**(curl). 예, 속도장에서 회전
- **라플라스 연산자**(LaPlacian). 예, 속도장에서 라플라스 연산자
- **물질 미분**(material derivative). 예, 온도장에서 시간 미분

각 연산자들은 물리적으로 해석이 가능하며, 다음 장에서 편미분 방정식의 유도를 통해 물리적인 의미를 찾아가 보도록 한다. 연산자에 대한 보다 면밀한 소개는 Schey의 저서(6)에 나와 있다.

요약. 다양한 형태의 수학적 표기법이 사용된다. 표기법은 불변형 표기법과 좌표계형 표기법으로 나뉜다. 어느 정도의 시간을 들여 각 표기법을 학습하고, 같은 내용이라도 각기 다른 표기법을 적용하여 표현하는 것에 대해 알아 둘 필요가 있다.

물질 미분

다음으로는 *물질 미분(material derivative)*에 관한 연산자를 살펴보도록 하자. 이러한 연산자는 문헌상에서 다양한 이름으로 발견된다. (a) 물질 도함수, (b) 라그랑주 도함수, (c) 입자 추적 도함수. 이와 같은 이름을 발견하면, 물질 미분의 표기 형태라는 것을 기억할 필요가 있다.

물질 미분을 이해하는 가장 좋은 방법은 다음에 안내할 미분을 유도하는 과정을 단계적으로 살펴보는 것이다. 시각적으로 표현하기 쉬운 온도를 대상으로 미분의 유도 과정을 살펴보도록 하자.

유체 입자의 시간에 따른 온도 변화율을 표현하는 방법을 유도하는 것을 목표로 살펴보자.

그림 16.11
온도가 낮은 구간에서 높은 구간으로 이동하는 유체 입자.

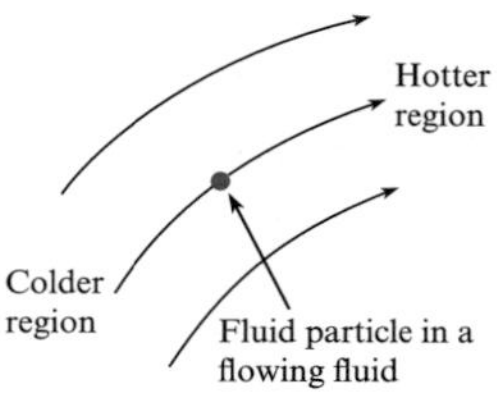

단계 1: 유체 입자 선택. 온도가 변화하는 유체에서 유체 입자를 시각화한다(그림 16.11). 선택한 유체 입자가 낮은 온도 구간에서 높은 온도 구간으로 움직임에 따라 온도가 올라가는 것을 주목하라.

단계 2: 미분 형태 정의. 유체 입자의 시간에 따른 온도 T의 변화는 다음과 같은 상미분 형태로 나타난다.

$$\frac{dT}{dt} = \lim_{xt \to 0} \frac{T(t + \Delta t) - T(t)}{\Delta t} \tag{16.11}$$

그림 16.12에 나타난 바와 같이, 시간 t에서 유체 입자의 위치는 (x, y, z)이다.

이렇게, 시간 t에서 입자의 온도는 $T = T(x, y, z, t)$로 나타낼 수 있다. 이와 유사하게, 시간 $t + \Delta t$에서 입자의 온도는 $T = T(x + \Delta x, y + \Delta y, z + \Delta z)$로 나타낼 수 있다. 식 (16.11)에 적용하면 다음과 같다.

$$\frac{dT}{dt} = \lim_{\Delta t \to 0} \frac{T(x + \Delta x, y + \Delta y, z + \Delta z, t + \Delta t) - T(x, y, z, t)}{\Delta t} \tag{16.12}$$

단계 3: 테일러급수 적용. 분자를 테일러급수로 표현하고 고차항들은 생략한다.

$$\begin{aligned} \frac{dT}{dt} &= \lim_{\Delta t \to 0} \frac{\left(\frac{\partial T}{\partial x}\right)\frac{\Delta x}{1!} + \left(\frac{\partial T}{\partial y}\right)\frac{\Delta y}{1!} + \left(\frac{\partial T}{\partial z}\right)\frac{\Delta z}{1!} + \left(\frac{\partial T}{\partial t}\right)\frac{\Delta t}{1!}}{\Delta t} \\ &= \lim_{\Delta t \to 0} \left(\frac{\partial T}{\partial x}\right)\frac{\Delta x}{\Delta t} + \left(\frac{\partial T}{\partial y}\right)\frac{\Delta y}{\Delta t} + \left(\frac{\partial T}{\partial z}\right)\frac{\Delta z}{\Delta t} + \left(\frac{\partial T}{\partial t}\right)\frac{\Delta t}{\Delta t} \end{aligned} \tag{16.13}$$

단계 4: 속도의 정의.

$$u = \lim_{\Delta t \to 0} \frac{\Delta x}{\Delta t}, \quad v = \lim_{\Delta t \to 0} \frac{\Delta y}{\Delta t}, \quad w = \lim_{\Delta t \to 0} \frac{\Delta z}{\Delta t} \tag{16.14}$$

단계 5: 방정식의 결합. 식 (16.13)에 식 (16.14)를 적용하면 다음과 같은 결과가 나온다.

$$\frac{dT}{dt} = \left(\frac{\partial T}{\partial t}\right) + u\left(\frac{\partial T}{\partial x}\right) + v\left(\frac{\partial T}{\partial y}\right) + w\left(\frac{\partial T}{\partial z}\right) \tag{16.15}$$

그림 16.12
유체 유동에서 유체 입자가 이동함에 따라 그림에서와 같이 위치가 변화한다.

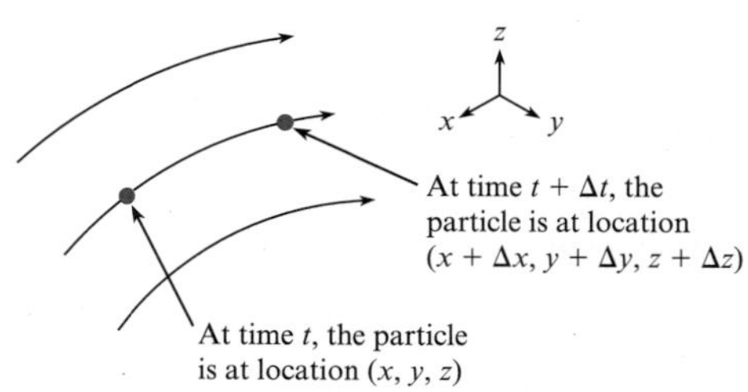

단계 6: 결과 해석. 방정식의 왼쪽은 원하는 결과의 표현이다. *입자의 특성을 시간에 대한 미분형태로 표현한 것이다.* 방정식의 오른쪽은 *어떤 장에서 미분을 수행하는 수학적 기법*을 표기한 형태이다. 즉, 이 방정식은 오일러식 표현을 사용했을 때 시간에 대한 미분을 얻기 위해 수학을 사용하는 방법을 묘사한다. 정리하면 다음과 같다.

$$\underbrace{\frac{dT}{dt}}_{\substack{\text{유체 입자의 온도에}\\ \text{대한 시간 미분}}} = \underbrace{\left(\frac{\partial T}{\partial t}\right) + u\left(\frac{\partial T}{\partial x}\right) + v\left(\frac{\partial T}{\partial y}\right) + w\left(\frac{\partial T}{\partial z}\right)}_{\substack{\text{오일러 방법 적용 시}\\ \text{수학적인 미분 표현 방식}}} \tag{16.16}$$

단계 7: 결과의 일반화. 식 (16.16)은 특정 스칼라장(즉, 온도장)에서 유도된 것이다. 그러나 어떤 스칼라장에서도 유도가 가능하므로, 일반적인 스칼라장을 J라고 표기해 보자.

이와 마찬가지로, 식 (16.16)은 어떤 좌표계에서도 유도가 가능하다. 이렇듯, 공간적인 미분을 불변형 표기법으로 나타낼 수 있다. 식 (16.16)의 일반적인 표현은 다음과 같다.

$$\underbrace{\frac{dJ}{dt}}_{\substack{\text{유체 입자 특성}\\ J\text{에 대한 시간 미분}}} = \underbrace{\left(\frac{\partial J}{\partial t}\right) + \mathbf{V}\cdot\nabla J = \left(\frac{\partial J}{\partial t}\right) + \mathbf{V}\cdot\mathrm{grad}\,(J)}_{\substack{\text{오일러 방법 적용 시}\\ \text{수학적인 미분 표현 방식}}} \tag{16.17}$$

많은 공학 문헌에서 물질 미분은 대문자로 표현한다.

$$\left(\begin{matrix}\text{물질 미분은}\\ \text{이와 같이 나타낸다}\end{matrix}\right) \Rightarrow \frac{DJ}{Dt} \tag{16.18}$$

원통형 좌표계에서 물질 미분은 다음과 같다.

$$\frac{dJ}{dt} = \frac{\partial J}{\partial t} + v_r\frac{\partial J}{\partial r} + \frac{v_\theta}{r}\frac{\partial J}{\partial \theta} + v_z\frac{\partial J}{\partial z} \tag{16.19}$$

요약. 물질 미분은 어떤 유체 입자 특성의 시간에 따른 변화율을 나타낸다. 식 (16.17)에 나타난 바와 같이, 편미분 항(우측 항)은 미분을 찾는 데 필요한 역학을 나타낸다. 물질 미분은 직교좌표(16.16), 원통형 좌표(16.19), 혹은 불변형 표기법(16.17)으로 표기가 가능하다.

가속도장

가속도장(acceleration field)은 유체 입자 각각의 가속도를 나타낸다.

$$\left(\begin{matrix}\text{가속도장 내 어떤}\\ \text{지점에서의 가속도}\end{matrix}\right) = \left(\begin{matrix}\text{이 지점에서의}\\ \text{유체 입자의 가속도}\end{matrix}\right) = \left(\begin{matrix}\text{속도장에서}\\ \text{물질 미분}\end{matrix}\right) \tag{16.20}$$

따라서 가속도장에 사용되는 물질 미분은 다음과 같다.

$$\mathbf{a} = \frac{d\mathbf{V}}{dt} \tag{16.21}$$

식 (16.21)을 직교좌표계에 나타내기 위해 식 (16.1)을 속도장으로 표현하면 다음과 같다.

$$\mathbf{a} = \frac{d}{dt}(u\mathbf{i} + v\mathbf{j} + w\mathbf{k}) = \frac{du}{dt}\mathbf{i} + \frac{dv}{dt}\mathbf{j} + \frac{dw}{dt}\mathbf{k} \tag{16.22}$$

du/*dt* 항이 스칼라장에서의 물질 미분을 나타내므로, 이 항은 식 (16.16)을 사용하여 표기할 수 있다. 식 (16.22)의 우측 항들에 대한 표기가 직교좌표계에 기반한다면 다음과 같다.

$$\begin{pmatrix}\text{유체 입자의}\\ \text{가속도}\end{pmatrix} = \mathbf{a} = \frac{d\mathbf{V}}{dt} = \begin{bmatrix} \left\{\left(\frac{\partial u}{\partial t}\right) + u\left(\frac{\partial u}{\partial x}\right) + v\left(\frac{\partial u}{\partial y}\right) + w\left(\frac{\partial u}{\partial z}\right)\right\}\mathbf{i} \\ \left\{\left(\frac{\partial v}{\partial t}\right) + u\left(\frac{\partial v}{\partial x}\right) + v\left(\frac{\partial v}{\partial y}\right) + w\left(\frac{\partial v}{\partial z}\right)\right\}\mathbf{j} \\ \left\{\left(\frac{\partial w}{\partial t}\right) + u\left(\frac{\partial w}{\partial x}\right) + v\left(\frac{\partial w}{\partial y}\right) + w\left(\frac{\partial w}{\partial z}\right)\right\}\mathbf{k} \end{bmatrix} \tag{16.23}$$

가속도가 원통형 좌표계에 기반한다면 다음과 같이 표기된다.

$$\mathbf{a} = \begin{bmatrix} a_r \\ a_\theta \\ a_z \end{bmatrix} = \begin{bmatrix} \frac{dv_r}{dt} - \frac{v_\theta^2}{r} \\ \frac{dv_\theta}{dt} + \frac{v_r v_\theta}{r} \\ \frac{dv_z}{dt} \end{bmatrix} = \begin{bmatrix} \frac{\partial v_r}{\partial t} + v_r\frac{\partial v_r}{\partial r} + \frac{v_\theta}{r}\frac{\partial v_r}{\partial \theta} + v_z\frac{\partial v_r}{\partial z} - \frac{v_\theta^2}{r} \\ \frac{\partial v_\theta}{\partial t} + v_r\frac{\partial v_\theta}{\partial r} + \frac{v_\theta}{r}\frac{\partial v_\theta}{\partial \theta} + v_z\frac{\partial v_\theta}{\partial z} + \frac{v_r v_\theta}{r} \\ \frac{\partial v_z}{\partial t} + v_r\frac{\partial v_z}{\partial r} + \frac{v_\theta}{r}\frac{\partial v_z}{\partial \theta} + v_z\frac{\partial v_z}{\partial z} \end{bmatrix} \tag{16.24}$$

요약. 가속도장은 속도장의 물질 미분 형태로 표기된다. 식 (16.23)과 같이 직교좌표계 혹은 식 (16.24)와 같이 원통형 좌표계로 표기가 가능하다.

16.3 연속 방정식

Frank White(7)에 따르면, 연속 방정식은 유체 유동을 모사하기 위해 필요한 다섯 가지의 편미분 방정식 중 하나이다. 다섯 가지 방정식은 다음과 같다.

- **연속 방정식.** 질량 보존법칙이 유체에 적용된 경우로, 편미분 방정식으로 표현된다.
- **운동량 방정식.** 뉴턴 운동의 제2법칙이 유체에 적용된 경우이다. 뉴턴유체에 가장 많이 적용되며, 이렇게 적용한 경우, 나비에-스토크스 방정식이라 부른다.
- **에너지 방정식.** 유체에 에너지 보존법칙이 적용된 경우이다.
- **상태 방정식(두 가지).** 상태 방정식은 열역학 변수들이 연관되어 있는 형태이다. 예를 들

어, 밀도에 대한 생태 방정식은 밀도가 온도와 압력과 어떤 관계가 있는지 나타낸다.

연속 방정식은 본 절에서 설명하고, 나비에-스토크스 방정식은 다음 절에서 설명한다. 그 밖의 방정식들에 대한 설명은 White의 저서(7, 8)에서 찾아볼 수 있다.

실제로 연속 방정식을 편미분 방정식으로 표기하는 다양한 방법이 존재한다. 따라서 이 절에서는 다음 사항들을 소개하고자 한다.

- 연속 방정식의 다양한 표현방식
- 공학자들이 다른 형태를 사용하는 방식과 이유를 이해하기 위한 언어와 아이디어

검사체적을 사용한 유도(보존형)

본 절에서는 연속 방정식을 유도하기 위한 방법 중 하나를 소개한다.

단계 1: 검사체적 설정. 한 지점 (x, y, z)를 둘러싸는 검사체적(그림 16.13)을 설정한다. 검사체적은 정지 상태이며 변형이 되지 않는다고 가정한다.

검사체적이 세 가지 차원(Δx, Δy, Δz)을 갖고, 각 차원으로 극히 작은 크기를 갖는다고 가정하자. 극히 작다는 것은 각 차원에서의 값이 0으로 수렴하고 미적분학에서 극한의 개념으로 볼 수 있다(예: $\lim \Delta x \to 0$).

단계 2: 질량 보존법칙 적용. 검사체적에 질량 보존법칙을 적용한다. 물리학적으로 표현하자면

$$(\text{질량의 축적률}) + (\text{유효 질량 유출률}) = (\text{제로}) \tag{16.25}$$

이와 같은 물리학적 개념은 다음의 식으로 표현된다.

$$\frac{dm_{\text{cv}}}{dt} + \dot{m}_{\text{net}} = 0 \tag{16.26}$$

단계 3: 축적량 분석. 축적되는 항은 다음과 같다.

$$\frac{dm_{\text{cv}}}{dt} = \frac{\partial(\text{mass in cv})}{\partial t} = \frac{\partial(\rho V\!\!\!/)}{\partial t} = \left(\frac{\partial \rho}{\partial t}\right) V\!\!\!/ = \left(\frac{\partial \rho}{\partial t}\right) \Delta x \Delta y \Delta z \tag{16.27}$$

식 (16.27)은 편미분 방정식을 이용하는데, 이는 검사체적이 어떤 공간에 고정되어 있으며 x, y, z 변수값 역시 고정된 값이기 때문이다. 부피를 나타내는 항은 미분에

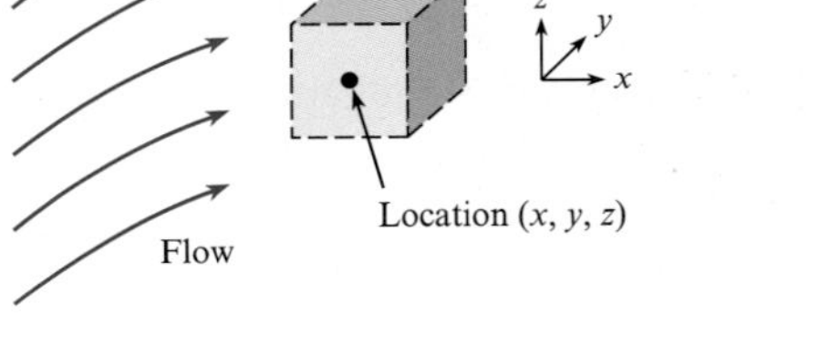

그림 16.13
유체 유동에서의 한 지점 (x, y, z)를 둘러싼, 정지 상태이고 불변하며 극히 작은 크기의 검사체적.

그림 16.14
검사체적에서 x축 방향으로 유입되고 유출되는 질량.

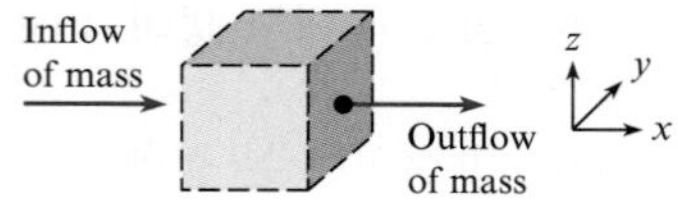

서 빠져나왔는데 이는 검사체적 부피는 시간에 관계없이 일정하기 때문이다.

단계 4: 유출량 분석. 유효 질량 유출률은 검사체적에서 x면(그림 16.14)으로의 흐름에 기반한다. x면은 x축에 수직인 정육면체의 한 면으로 정의된다. 나타난 바와 같이 유출은 x면의 양의 값으로, 유입은 x면의 음의 값으로 표현된다. x면을 통과하는 질량유량은 다음과 같다.

$$\begin{aligned}\dot{m}_{\substack{\text{positive}\\x\text{ face}}} &= (\rho A u)_{x+\Delta x/2} = (\rho u)_{x+\Delta x/2}(\Delta y \Delta z)\\ \dot{m}_{\substack{\text{negative}\\x\text{ face}}} &= (\rho A u)_{x-\Delta x/2} = (\rho u)_{x-\Delta x/2}(\Delta y \Delta z)\end{aligned} \tag{16.28}$$

x면을 통과하는 유효 유량은 다음과 같다.

$$\begin{aligned}\dot{m}_{\text{net}} &= \dot{m}_{\substack{\text{positive}\\x\text{ face}}} - \dot{m}_{\substack{\text{negative}\\x\text{ face}}}\\ &= ((\rho u)_{x+\Delta x/2} - ((\rho u)_{x-\Delta x/2}))(\Delta y \Delta z)\end{aligned} \tag{16.29}$$

식 (16.29)를 테일러급수 전개를 통해 단순화하면 다음과 같다.

$$\dot{m}_{\substack{\text{net}\\x\text{ face}}} = \frac{\partial(\rho u)}{\partial x}(\Delta x \Delta y \Delta z) \tag{16.30}$$

식 (16.30)과 같은 형식으로 y면에 대해 식을 유도하면 다음과 같다.

$$\dot{m}_{\substack{\text{net}\\y\text{ face}}} = \frac{\partial(\rho v)}{\partial y}(\Delta x \Delta y \Delta z) \tag{16.31}$$

식 (16.30)과 같은 형식으로 z면에 대해 식을 유도하면 다음과 같다.

$$\dot{m}_{\substack{\text{net}\\z\text{ face}}} = \frac{\partial(\rho w)}{\partial z}(\Delta x \Delta y \Delta z) \tag{16.32}$$

모든 면에 대해 질량유량을 고려하기 위해 식 (16.30)부터 (16.32)까지를 더하면 다음과 같다.

$$\dot{m}_{\text{net}} = \left(\frac{\partial(\rho u)}{\partial x} + \frac{\partial(\rho v)}{\partial y} + \frac{\partial(\rho w)}{\partial z}\right)(\Delta x \Delta y \Delta z) \tag{16.33}$$

단계 5: 결과의 합산. 식 (16.27)과 (16.33)에 나타난 항을 식 (16.26)에 적용하면 다음과 같다.

$$\left(\frac{\partial \rho}{\partial t}\right)(\Delta x \Delta y \Delta z) + \left(\frac{\partial(\rho u)}{\partial x} + \frac{\partial(\rho v)}{\partial y} + \frac{\partial(\rho w)}{\partial z}\right)(\Delta x \Delta y \Delta z) = 0 \tag{16.34}$$

검사체적 부피로 나누면 최종적으로 다음과 같은 형태가 된다.

$$\frac{\partial \rho}{\partial t} + \frac{\partial(\rho u)}{\partial x} + \frac{\partial(\rho v)}{\partial y} + \frac{\partial(\rho w)}{\partial z} = 0 \tag{16.35}$$

단계 6: 물리적 해석. 식 (16.35)의 의미는 다음과 같다.

$$\underbrace{\frac{\partial \rho}{\partial t}}_{\text{미소검사체적에서 질량 축적률을 검사체적 부피로 나눈 값 (kg/s per m}^3\text{)}} + \underbrace{\frac{\partial(\rho u)}{\partial x} + \frac{\partial(\partial v)}{\partial y} + \frac{\partial(\rho w)}{\partial z}}_{\text{미소검사체적에서 유효 질량 유출률을 검사체적 부피로 나눈 값 (kg/s per m}^3\text{)}} = 0 \tag{16.36}$$

연속 방정식 항의 단위와 차원은 다음과 같다.

$$M = \frac{(\text{질량/시간})}{(\text{부피})} = \frac{\text{kg/s}}{\text{m}^3} \tag{16.37}$$

유체 입자를 이용한 유도(비보존형)

문헌상에 나타나는 연속 방정식의 두 가지 형태는 다음과 같다.

- **보존형.** 앞 절에서 설명한 바와 같이 보존형은 미소검사체적과 질량 보존법칙의 적용으로 식을 유도하는 방식으로, 오일러 방식이라고 한다.
- **비보존형.** 본 절에서 설명하는 비보존형은 미소 유체 입자와 질량 보존법칙의 적용으로 식을 유도하는 방식으로, 라그랑주 방식이라고 한다.

다음으로 *비보존형*으로 연속 방정식을 유도하는 방법을 알아보도록 하겠다.

단계 1: 유체 입자 선정. 한 지점 (x, y, z)를 둘러싸는 하나의 유체 입자를 공간상에 설정한다(그림 16.15). 입자가 유체의 흐름에 따라 이동하므로, 이 지점에서 유체 입자가 머무는 시간은 매우 짧다.

단계 2: 질량 보존법칙 적용. 정의에 의해, *입자의 질량은 시간에 관계없이 일정하다*. 수학적으로 표현하면 다음과 같다.

$$\frac{d(\text{질량})}{dt} = \frac{d[(\text{밀도})(\text{부피})]}{dt} = \frac{d(\rho \maltese)}{dt} = 0 \tag{16.38}$$

단계 3: 곱셈 규칙 적용. 식 (16.38)은 다음과 같이 표현된다.

$$\rho \frac{d\maltese}{dt} + \maltese \frac{d\rho}{dt} = 0 \tag{16.39}$$

단계 4: 부피항의 변화 적용. 부피항의 변화는 유체 입자 부피가 시간에 따라 어떻게 변하는

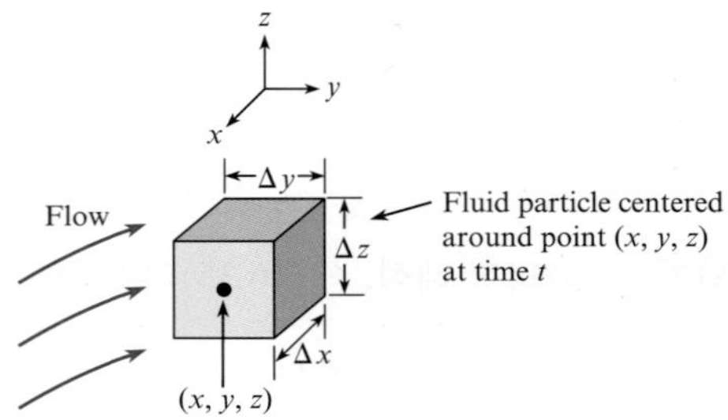

그림 16.15
유체 유동에서 점 (x, y, z)에 위치한 유체 입자(미소 입자 크기).

지를 나타낸다. 다음과 같은 미분의 형태로 표현된다.

$$\frac{d\forall}{dt} = \underbrace{\lim}_{\Delta t \to 0} \frac{\forall(t + \Delta t) - \forall(t)}{\Delta t} \tag{16.40}$$

식 (16.40)에서, 시간 t에서 부피는 다음과 같다.

$$\forall(t) = \Delta x \Delta y \Delta z \tag{16.41}$$

그리고 시간 $t + \Delta t$에서 부피는 다음과 같다.

$$\forall(t + \Delta t) = (\Delta x + \Delta x')(\Delta y + \Delta y')(\Delta z + \Delta z') \tag{16.42}$$

$\Delta x'$과 같은 형식으로 표현되는 항은 입자의 측면 길이에서의 변화를 나타낸다. 다음으로, 식 (16.42)의 우측 항들을 곱한 후 고차항을 제거하면 다음과 같다.

$$\forall(t + \Delta t) \approx \Delta x \Delta y \Delta z + \Delta x' \Delta y \Delta z + \Delta x \Delta y' \Delta z + \Delta x \Delta y \Delta z' \tag{16.43}$$

다음으로, 식 (16.41)과 (16.43)을 합산한 후 테일러급수를 적용한다.

$$\forall(t + \Delta t) - \forall(t) \approx \left(\frac{\partial u}{\partial x}\Delta x\right)\Delta y \Delta z \Delta t + \Delta x\left(\frac{\partial v}{\partial y}\Delta y\right)\Delta z \Delta t + \Delta x \Delta y\left(\frac{\partial w}{\partial z}\Delta z\right)\Delta t \tag{16.44}$$

그런 다음, 식 (16.44)를 (16.40)에 적용한다.

$$\frac{d\forall}{dt} = \left(\frac{\partial u}{\partial x} + \frac{\partial v}{\partial y} + \frac{\partial w}{\partial z}\right)\Delta x \Delta y \Delta z = \left(\frac{\partial u}{\partial x} + \frac{\partial v}{\partial y} + \frac{\partial w}{\partial z}\right)\forall \tag{16.45}$$

단계 5: 결과의 합산. 식 (16.45)를 식 (16.39)에 적용한 후, 입자의 부피로 나누어 주면 다음과 같이 정리된다.

$$\frac{d\rho}{dt} + \rho\left(\frac{\partial u}{\partial x} + \frac{\partial v}{\partial y} + \frac{\partial w}{\partial z}\right) = 0 \tag{16.46}$$

단계 6: 물리적 해석. 식 (16.46)으로 유도하는 과정을 통해 두 가지의 아이디어를 발견하게 된다.

- 유체 입자의 밀도 변화는 유체 입자 부피가 시간에 따라 변화하는 경우에만 발생한다.
- 유체 입자의 부피 변화는 식 (16.46)의 두 번째 항의 괄호 안에 표기된 변수들로 표현된다.

식 (16.35)에서 보존형과 식 (16.46)에서 비보존형은 수학적으로 동일하다고 볼 수 있는데, 이는 둘 중 하나로부터 다른 하나를 유도할 수 있기 때문이다.

요약. 연속 방정식의 보존형과 비보존형의 유도 결과 수학적으로 동일한 방정식을 얻게 된다. 그러나 이 방정식들은 물리학적으로 다른 의미를 내포한다.

원통형 좌표계

연속 방정식은 원통형 좌표계에서도 유도가 가능하다(Pritchard의 문헌(9) 참조). 다음과 같은 결과(보존형)를 얻을 수 있다.

$$\underbrace{\frac{\partial \rho}{\partial t}}_{\substack{\text{미소검사체적에서 질량}\\ \text{축적률을 검사체적 부피}\\ \text{로 나눈 값 (kg/s per m}^3)}} + \underbrace{\frac{1}{r}\frac{\partial (r\rho v_r)}{\partial r} + \frac{1}{r}\frac{\partial (\rho v_\theta)}{\partial \theta} + \frac{\partial (\rho v_z)}{\partial z}}_{\substack{\text{미소검사체적에서 유효 질}\\ \text{량 유출률을 검사체적 부피}\\ \text{로 나눈 값 (kg/s per m}^3)}} = 0 \tag{16.47}$$

구형좌표계 혹은 기타 다른 좌표계에서도 연속 방정식의 유도가 가능하다.

불변형 표기법

다음으로 연속 방정식을 불변형 표기법으로 전환하는 방법에 대해 설명하도록 한다. "델" 연산자는 다음과 같이 정의된다.

$$\nabla \equiv \mathbf{i}\frac{\partial}{\partial x} + \mathbf{j}\frac{\partial}{\partial y} + \mathbf{k}\frac{\partial}{\partial z} \tag{16.48}$$

따라서 직교좌표에 기반한 연속 방정식을 델 연산자와 내적을 사용하여 나타내면 다음과 같다.

$$\begin{aligned}
&\frac{\partial \rho}{\partial t} + \frac{\partial (\rho u)}{\partial x} + \frac{\partial (\rho v)}{\partial y} + \frac{\partial (\rho w)}{\partial z} = 0\\
&\frac{\partial \rho}{\partial t} + \left(\mathbf{i}\frac{\partial}{\partial x} + \mathbf{j}\frac{\partial}{\partial y} + \mathbf{k}\frac{\partial}{\partial z}\right)\cdot((\rho u)\mathbf{i} + (\rho v)\mathbf{j} + (\rho w)\mathbf{k}) = 0\\
&\frac{\partial \rho}{\partial t} + \nabla\cdot(\rho\mathbf{V}) = 0
\end{aligned} \tag{16.49}$$

식 (16.49)의 마지막 줄은 불변형의 연속 방정식을 나타낸다. 물리학적 의미는 다음과 같다.

$$\underbrace{\frac{\partial \rho}{\partial t}}_{\text{축적}} + \underbrace{\nabla \cdot (\rho \mathbf{V})}_{\text{유효 질량 유출률}} = 0 \tag{16.50}$$

델과 내적으로 나타낸 항은 발산 형태이다. 식 (16.50)을 깁스 표기법으로 나타내면 다음과 같다.

$$\underbrace{\frac{\partial \rho}{\partial t}}_{\text{축적}} + \underbrace{\operatorname{div}(\rho \mathbf{V})}_{\text{유효 질량 유출률}} = 0 \tag{16.51}$$

불변형 표기법이 유용한 까닭은 수학적 연산자를 물리적으로 설명하도록 돕기 때문이다. 예를 들어, 식 (16.50)의 발산 연산자의 물리적 의미를 찾는다면 다음과 같다.

$$\operatorname{div}(\rho \mathbf{V}) = \nabla \cdot (\rho \mathbf{V}) = \frac{\begin{pmatrix} \text{점 } (x, y, z)\text{를 둘러싼} \\ \text{미소검사체적에서의} \\ \text{유효 질량 유출률} \end{pmatrix}}{(\text{검사체적 부피})} \tag{16.52}$$

발산 연산자의 물리적 의미는 다른 방법으로 찾을 수 있다. 1단계는 식 (16.46)을 이와 같은 방식으로 표현하면 다음과 같다.

$$\begin{aligned} \frac{d\rho}{dt} + \rho(\nabla \cdot \mathbf{V}) = 0 \\ \frac{d\rho}{dt} + \rho \operatorname{div}(\mathbf{V}) = 0 \end{aligned} \tag{16.53}$$

2단계는 식 (16.46)의 유도 과정을 되짚어가는 것으로 다음의 결과를 찾게 된다.

$$\nabla \cdot \mathbf{V} = \operatorname{div}(\mathbf{V}) = \frac{\text{시간에 따른 유체 입자의 부피 변화율}}{\text{유체 입자 부피}} \tag{16.54}$$

요약. 연속 방정식은 불변형으로 표기할 수 있다. 이러한 방식을 통해 발산 연산자의 물리적인 해석을 돕는다. 나타난 바와 같이, 발산 연산자는 두 가지 물리적 해석을 가진다.

비압축성(등밀도) 유동의 연속

밀도는 일정한 값을 갖는 것으로 가정하는 것이 일반적이므로, 연속 방정식은 보통 일정한 밀도를 가진 경우에 적용한다. 이와 같은 경우를 비압축성 유동이라고도 한다.

밀도가 일정할 때, 직교좌표계에서 연속 방정식(식 16.36 또는 식 16.46)은 다음과 같이 표기할 수 있다.

$$\frac{\partial u}{\partial x} + \frac{\partial v}{\partial y} + \frac{\partial w}{\partial z} = 0 \tag{16.55}$$

이와 마찬가지로, 원통형 좌표계에서 연속 방정식(식 16.47)은 다음과 같이 표기할 수 있다.

$$\frac{1}{r}\frac{\partial(rv_r)}{\partial r} + \frac{1}{r}\frac{\partial v_\theta}{\partial \theta} + \frac{\partial v_z}{\partial z} = 0 \tag{16.56}$$

밀도가 일정할 때, 식 (16.51)은 다음과 같이 표기할 수 있다.

$$\nabla \cdot \mathbf{V} = \mathrm{div}(\mathbf{V}) = 0 \tag{16.57}$$

요약. 비압축성 유동을 모사할 때, 연속 방정식은 div(**V**) = 0으로 단순화되며, 이는 속도장의 확산이 0이라는 의미이다. 이 방정식은 직교좌표계(식 16.55)와 원통형 좌표계(식 16.56)에서 표기가 가능하다.

연속 방정식의 수학적 형식의 정리

표 16.2는 편미분 방정식으로서의 연속 방정식을 표기하는 몇 가지 방법을 나열하고 있다. 수학은 단순히 물리학을 묘사하기 위한 대안임을 기억하자.

다음 예제에서 나타나듯이, 연속 방정식은 두 단계를 통해 적용될 수 있다.

- **단계 1: 선택.** 표 16.2에서 적정한 형태의 연속 방정식을 선택한다.
- **단계 2: 축소.** 0 또는 무시할 만한 변수를 연속 방정식에서 제거한다.

예제. 원형 파이프에서 층류가 발달되는 상황을 가정해 보자(그림 16.16). 파이프 입구에서 속도 분포는 일정하다. 유체가 파이프를 따라 흐르면서 속도 분포가 완전히 발달하게 된다. 정상유동과 일정한 밀도를 가정해 보자. 일반적인 형태의 연속 방정식을 이 상황에 맞게 축소시켜라.

풀이.

단계 1: 선택. 등밀도 유동이고 원형 파이프의 기하하적 구조이므로, 원통형 좌표계에서의 비압축성 유동의 연속 방정식을 선택한다(식 16.56).

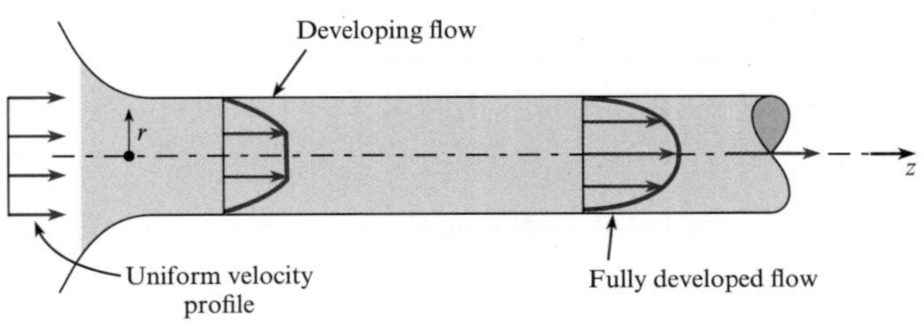

그림 16.16
원형 파이프에서 층류의 발달.

표 16.2 편미분 방정식으로서의 연속 방정식을 표기하는 다양한 방법

	설명	방정식
일반 방정식	직교좌표계(보존형)	$\frac{\partial\rho}{\partial t}+\frac{\partial(\rho u)}{\partial x}+\frac{\partial(\rho v)}{\partial y}+\frac{\partial(\rho w)}{\partial z}=0$
	직교좌표계(비보존형)	$\frac{d\rho}{dt}+\rho\left(\frac{\partial u}{\partial x}+\frac{\partial v}{\partial y}+\frac{\partial w}{\partial z}\right)=0$ $\frac{\partial\rho}{\partial t}+\left(u\frac{\partial\rho}{\partial x}+v\frac{\partial\rho}{\partial y}+w\frac{\partial\rho}{\partial z}\right)+\rho\left(\frac{\partial u}{\partial x}+\frac{\partial v}{\partial y}+\frac{\partial w}{\partial z}\right)=0$
	원통형 좌표계(보존형)	$\frac{\partial\rho}{\partial t}+\frac{1}{r}\frac{\partial(r\rho v_r)}{\partial r}+\frac{1}{r}\frac{\partial(\rho v_\theta)}{\partial\theta}+\frac{\partial(\rho v_z)}{\partial z}=0$
	불변형 표기법(보존형)	$\frac{\partial\rho}{\partial t}+\nabla\cdot(\rho\mathbf{V})=0$
	불변형 표기법(비보존형)	$\frac{d\rho}{dt}+\rho(\nabla\cdot\mathbf{V})=0$
비압축성 유체 방정식	불변형	$\nabla\cdot\mathbf{V}=\operatorname{div}(\mathbf{V})=0$
	직교좌표계	$\frac{\partial u}{\partial x}+\frac{\partial v}{\partial y}+\frac{\partial w}{\partial z}=0$
	원통형 좌표계	$\frac{1}{r}\frac{\partial(rv_r)}{\partial r}+\frac{1}{r}\frac{\partial v_\theta}{\partial\theta}+\frac{\partial v_z}{\partial z}=0$

$$\frac{1}{r}\frac{\partial(rv_r)}{\partial r}+\frac{1}{r}\frac{\partial v_\theta}{\partial\theta}+\frac{\partial v_z}{\partial z}=0$$

단계 2: 축소. z축에 대해 대칭이라 가정한다. 따라서 $v_\theta=0$이다. 연속 방정식은 다음과 같이 축소된다.

$$\frac{1}{r}\frac{\partial(rv_r)}{\partial r}+\frac{\partial v_z}{\partial z}=0$$

검토. 이 방정식은 원형 파이프에서 유동의 발달에 대한 속도장을 제공하기 위해 사용할 수 있다. 이 방정식은 두 개의 미지의 변수를 포함하고 있으므로, 나비에-스토크스 방정식을 풀어야 할 필요가 있다.

16.4 나비에-스토크스 방정식

본 절에서 소개할 나비에-스토크스 방정식은 이론적으로나 실제적으로나 광범위하게 사용되는 방정식이다.

나비에-스토크스 방정식은 뉴턴 운동의 제2법칙이 뉴턴유체의 점성 유동에 적용된 경우를 나타낸다. 여기서 우리는 비점성 유동과 등점성을 가정한다. 문헌에서는 더 일반적인 유

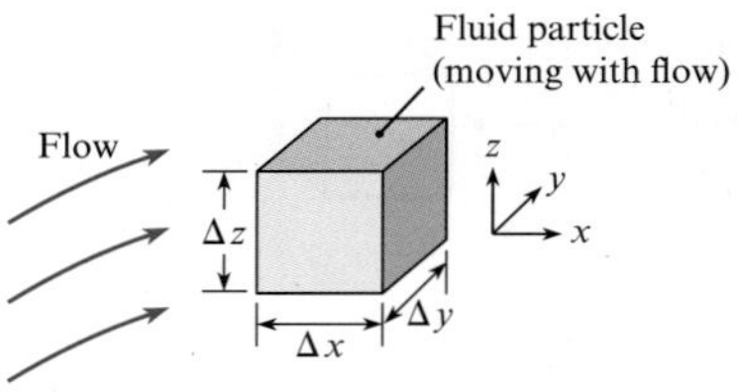

그림 16.17
유체 유동에 위치한 유체 입자.

도 과정을 찾을 수 있다.

유도

연속 방정식과 유사하게, 나비에-스토크스 방정식을 유도하는 다양한 방법이 있다. 본 절에서는 유체 입자와 뉴턴의 제2법칙을 가지고 방정식을 유도하는 방법을 설명하고자 한다. 따라서 이러한 형태의 방정식은 비보존형이 될 것이다. 유도 과정이 복잡하므로, 몇몇 자세한 설명은 생략하였다. 자세한 설명을 원한다면 *Viscous Fluid Flow*(8)라는 문헌을 참고하기 바란다.

단계 1: 유체 입자 선정. 유체 유동(그림 16.17)에서 유체 입자를 선택한다. 입자가 정육면체 형태라 가정한다. 미소 차원과 순간적인 입자의 위치(x, y, z) 또한 가정한다.

단계 2: 뉴턴의 제2법칙 적용.

(유체 입자에 가해지는 힘의 합) = (질량)(가속도)

$$\sum \mathbf{F} = m\mathbf{a} = m\frac{d\mathbf{V}}{dt} \tag{16.58}$$

힘은 물체력과 표면력, 두 종류로 나누어 볼 수 있다. 표면력으로 가능한 것은 압력 경도력과 전단력뿐이다. 물체력은 중량 **W**로 가정하자. 식 (16.58)은 다음과 같이 나타난다.

(중량) + (압력 경도력) + (전단력) = (밀도)(부피)(가속도)

$$\mathbf{W} + \mathbf{F}_p + \mathbf{F}_s = \rho V\!\!\!\!-\frac{d\mathbf{V}}{dt} \tag{16.59}$$

중량은 다음과 같이 표기된다.

$$\mathbf{W} = (\text{질량})(\text{중력벡터}) = \rho V\!\!\!\!-\mathbf{g} \tag{16.60}$$

식 (16.60)을 식 (16.59)에 적용하면 다음과 같다.

$$\rho V\!\!\!\!-\mathbf{g} + \mathbf{F}_p + \mathbf{F}_s = \rho V\!\!\!\!-\frac{d\mathbf{V}}{dt} \tag{16.61}$$

단계 3: 압력 경도력 분석. 입자의 x방향의 면에 작용하는 힘을 고려해 보자(그림 16.18).

그림 16.18

유체 입자의 x방향 면에 작용하는 압력 경도력.

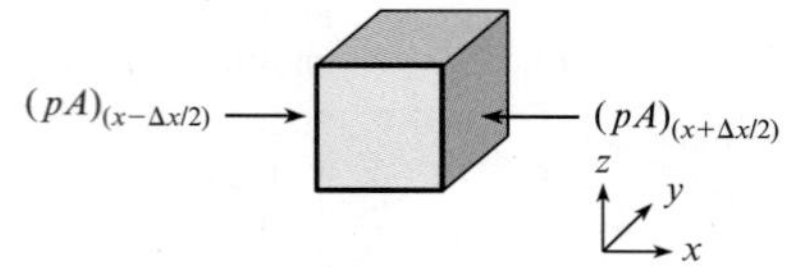

x방향의 면에 작용하는 압력에 의한 합력은 다음과 같다.

$$\mathbf{F}_{\substack{\text{pressure}\\ x\text{ faces}}} = -((pA)_{x+\Delta x/2} - (pA)_{x-\Delta x/2})\mathbf{i} = -(p_{x+\Delta x/2} - p_{x-\Delta x/2})(\Delta y \Delta z)\mathbf{i} \quad (16.62)$$

테일러급수 전개를 (두 차례) 적용하여 식 (16.62)를 단순화하고, 고차항을 제거하면 다음과 같다.

$$\mathbf{F}_{\substack{\text{pressure}\\ x\text{ faces}}} = \frac{\partial p}{\partial x}(\Delta x \Delta y \Delta z)\mathbf{i} \quad (16.63)$$

y방향과 z방향 면에 대해서도 동일하게 적용하고, 합산하면 다음과 같다.

$$\mathbf{F}_{\substack{\text{pressure}\\ \text{all faces}}} = -\left(\frac{\partial p}{\partial x}(\Delta x \Delta y \Delta z)\mathbf{i} + \frac{\partial p}{\partial y}(\Delta x \Delta y \Delta z)\mathbf{j} + \frac{\partial p}{\partial z}(\Delta x \Delta y \Delta z)\mathbf{k}\right) \quad (16.64)$$

식 (16.64)를 단순화하고 벡터 표기법을 적용하면 다음과 같다.

$$\mathbf{F}_{\text{pressure}} = -\left(\frac{\partial p}{\partial x}\mathbf{i} + \frac{\partial p}{\partial y}\mathbf{j} + \frac{\partial p}{\partial z}\mathbf{k}\right)(\Delta x \Delta y \Delta z) = -\nabla p(\Delta x \Delta y \Delta z) \quad (16.65)$$

식 (16.65)는 다음과 같은 경도의 물리적인 해석으로 이어진다.

$$\left(\begin{array}{c}\text{어떤 지점에서}\\ \text{압력장에서의 경도}\end{array}\right) = \frac{\text{유체 입자에 가해지는 유효 압력 경도력}}{\text{입자 부피}} \quad (16.66)$$

단계 4: 전단력 분석. 전단력은 유체 입자에 작용하는 순작용력으로 전단응력으로 인해 발생한다. 전단응력은 점성 효과로 인해 발생하며, 그림 16.19에 나타난 바와 같이 수학적으로 표현할 수 있다. 이 그림은 유체 입자의 각 면에서 세 가지 응력이 작용함을 나타낸다. 예를 들어, x축으로 양의 방향을 향하는 면에서 세 가지 응력 성분은 τ_{xx}, τ_{xy}, τ_{xz}이다. 두 아래첨자는 응력 성분의 방향과 작용하는 면을 나타낸다. 예를 들면,

- τ_{xx}는 x면에 x방향으로 작용하는 전단응력이다.
- τ_{xy}는 x면에 y방향으로 작용하는 전단응력이다.
- τ_{xz}는 x면에 z방향으로 작용하는 전단응력이다.

전단응력은 2차 텐서로 불리는 수학적 표현의 한 종류이다. *텐서*는 벡터와 유사하나 보다 일반적인 표현이다. 0차 텐서는 스칼라이고, 1차 텐서가 벡터이다. 2차 텐서

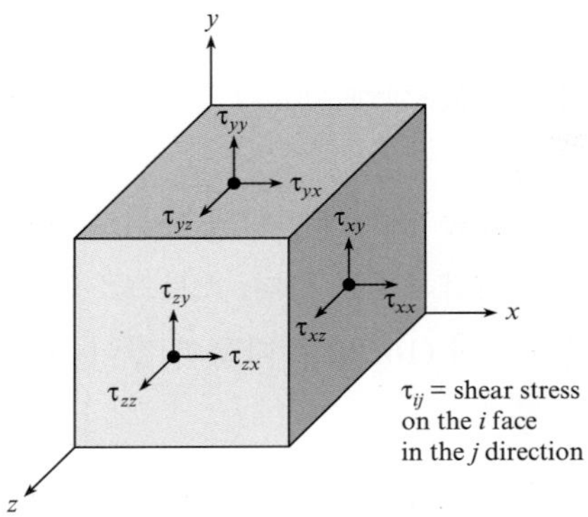

그림 16.19
유체 입자에 작용하는 전단응력.

는 크기, 방향과 오리엔테이션을 포함한다(오리엔테이션은 응력이 작용하는 면을 의미한다).

입자에 작용하는 순전단력을 찾기 위해, 각각의 응력 성분을 면적과 곱하여 힘을 구한 후 모두 합산한다. 그런 다음, 테일러급수 전개를 적용한다. 결과는 다음과 같다.

$$\mathbf{F}_{\text{shear}} = \begin{bmatrix} F_{x,\,\text{shear}} \\ F_{y,\,\text{shear}} \\ F_{z,\,\text{shear}} \end{bmatrix} = \begin{bmatrix} \left(\dfrac{\partial \tau_{xx}}{\partial x} + \dfrac{\partial \tau_{xy}}{\partial x} + \dfrac{\partial \tau_{xz}}{\partial x}\right) \\ \left(\dfrac{\partial \tau_{yx}}{\partial y} + \dfrac{\partial \tau_{yy}}{\partial y} + \dfrac{\partial \tau_{yz}}{\partial y}\right) \\ \left(\dfrac{\partial \tau_{zx}}{\partial z} + \dfrac{\partial \tau_{zy}}{\partial z} + \dfrac{\partial \tau_{zz}}{\partial z}\right) \end{bmatrix} (\Delta x \Delta y \Delta z) \tag{16.67}$$

식 (16.67)은 불변형 표기법으로 다음과 같이 표기할 수 있다.

$$\mathbf{F}_{\text{shear}} = (\nabla \cdot \tau)\forall = (\text{div}(\tau))\forall \tag{16.68}$$

우측 항은 응력 텐서의 발산에 유체 입자 부피를 곱한 것이다.

식 (16.68)은 응력 텐서가 작동할 때 발산의 물리학을 나타낸다. 이는 본 장에서 발산 연산자의 세 번째 물리학적 해석이다. 이는 수학 연산자의 물리적인 의미가 연산자가 사용되는 맥락에 영향을 받기 때문이다.

$$\text{응력 텐서의 발산} = \frac{\text{유체 입자의 순전단력}}{\text{입자 부피}} \tag{16.69}$$

단계 5: 항들의 합산. 전단력 식 (16.68), 압력 경도력 식 (16.65)를 뉴턴 운동의 제2법칙 식 (16.61)에 적용한다. 그런 다음, 유체 입자의 부피로 나누면 다음과 같다.

$$\rho \frac{d\mathbf{V}}{dt} = \rho \mathbf{g} - \nabla p + \nabla \cdot \tau_{ij} \tag{16.70}$$

식 (16.70)은 유체의 특성에 대한 어떠한 가정을 하지 않은 상황에서 선형운동량 방정식의 미분 형태이다. 다음 단계는 이 방정식을 뉴턴유체에 적용하여 변형시키는 것이다.

단계 6: 뉴턴유체에 적용. 1845년 스토크스는 응력 텐서를 유동 유체의 변형률 텐서로 표현하는 방법을 발견하였다. 자세한 내용은 여기서는 생략하기로 한다. 스토크스의 결과가 소개된 후, 일정한 밀도와 점성이 가정되었다. 식 (16.70)은 다음과 같이 표현할 수 있다.

$$\rho \frac{d\mathbf{V}}{dt} = \rho \mathbf{g} - \nabla p + \mu \nabla^2 \mathbf{V} \tag{16.71}$$

여기서 $\nabla^2\mathbf{V}$는 속도장에서 라플라스 연산자로 불리는 수학 연산자이다. 식 (16.71)은 최종 결과이며, 이를 나비에-스토크스 방정식이라 부른다.

단계 7: 물리적 해석. 나비에-스토크스 방정식의 물리학적 의미는 다음과 같다.

$$\underbrace{\rho \frac{d\mathbf{V}}{dt}}_{\left(\begin{array}{c}\text{입자의 질량과 입자의}\\ \text{가속도의 곱을 입자}\\ \text{부피로 나눈 값}\end{array}\right)} = \underbrace{\rho \mathbf{g}}_{\left(\begin{array}{c}\text{입자의 중량을}\\ \text{입자 부피로}\\ \text{나눈 값}\end{array}\right)} + \underbrace{-\nabla p}_{\left(\begin{array}{c}\text{입자에 작용하는}\\ \text{유효 압력 경도력을}\\ \text{입자 부피로 나눈 값}\end{array}\right)} + \underbrace{\mu \nabla^2 \mathbf{V}}_{\left(\begin{array}{c}\text{입자에 작용하는}\\ \text{순전단력을 입자}\\ \text{부피로 나눈 값}\end{array}\right)} \tag{16.72}$$

단위와 차원은 다음과 같다.

$$\text{차원} = \frac{\text{힘}}{\text{부피}} \sim \frac{\mathrm{N}}{\mathrm{m}^3} = \frac{\mathrm{kg}}{\mathrm{m}^2 \cdot \mathrm{s}^2} \tag{16.73}$$

직교좌표계와 원통형 좌표계

식 (16.72)를 직교좌표계에 적합한 형식으로 표기하기 위해서는, 적절한 문헌(예: 인터넷 검색, 응용 유체 저서, 공학 안내서)을 검색한 후, 물질 미분, 경도, 라플라스 연산자를 찾아내야 한다. 나비에-스토크스 방정식(일정한 성질을 갖는 유체의 경우)은 직교좌표계에서 다음과 같이 표기할 수 있다.

$$\begin{aligned}
\rho\left(\frac{\partial u}{\partial t} + u\frac{\partial u}{\partial x} + v\frac{\partial u}{\partial y} + w\frac{\partial u}{\partial z}\right) &= \rho g_x - \frac{\partial p}{\partial x} + \mu\left(\frac{\partial^2 u}{\partial x^2} + \frac{\partial^2 u}{\partial y^2} + \frac{\partial^2 u}{\partial z^2}\right)\\
\rho\left(\frac{\partial v}{\partial t} + u\frac{\partial v}{\partial x} + v\frac{\partial v}{\partial y} + w\frac{\partial v}{\partial z}\right) &= \rho g_y - \frac{\partial p}{\partial y} + \mu\left(\frac{\partial^2 v}{\partial x^2} + \frac{\partial^2 v}{\partial y^2} + \frac{\partial^2 v}{\partial z^2}\right)\\
\rho\left(\frac{\partial w}{\partial t} + u\frac{\partial w}{\partial x} + v\frac{\partial w}{\partial y} + w\frac{\partial w}{\partial z}\right) &= \rho g_z - \frac{\partial p}{\partial z} + \mu\left(\frac{\partial^2 w}{\partial x^2} + \frac{\partial^2 w}{\partial y^2} + \frac{\partial^2 w}{\partial z^2}\right)
\end{aligned} \tag{16.74}$$

나비에-스토크스 방정식은 비선형 항이 존재하므로 일반적으로 풀이가 불가능하다. 비선형 항의 예는 다음과 같다.

$$u\frac{\partial u}{\partial x}$$

이 항은 종속변수(u)가 1차 미분(du/dx)과 곱해진 형태이므로 비선형이다. 일반적으로 미분 방정식에서 비선형 항은 종속변수의 함수와 연관되어 있다.

나비에-스토크스 방정식(일정한 성질을 갖는 유체의 경우)을 원통형 좌표계에 적용하면 다음과 같다.

$$\begin{aligned}
r:\rho\left(\frac{\partial v_r}{\partial t}+v_r\frac{\partial v_r}{\partial r}+\frac{v_\theta}{r}\frac{\partial v_r}{\partial \theta}+v_z\frac{\partial v_r}{\partial z}-\frac{v_\theta^2}{r}\right)&=\rho g_r-\frac{\partial p}{\partial r}+\mu\left(\frac{1}{r}\frac{\partial}{\partial r}\left(r\frac{\partial v_r}{\partial r}\right)+\frac{1}{r^2}\frac{\partial^2 v_r}{\partial \theta^2}+\frac{\partial^2 v_r}{\partial z^2}-\frac{v_r}{r^2}-\frac{2}{r^2}\frac{\partial v_\theta}{\partial \theta}\right)\\
\theta:\rho\left(\frac{\partial v_\theta}{\partial t}+v_r\frac{\partial v_\theta}{\partial r}+\frac{v_\theta}{r}\frac{\partial v_\theta}{\partial \theta}+v_z\frac{\partial v_\theta}{\partial z}+\frac{v_r v_\theta}{r}\right)&=\rho g_\theta-\frac{1}{r}\frac{\partial p}{\partial \theta}+\mu\left(\frac{1}{r}\frac{\partial}{\partial r}\left(r\frac{\partial v_\theta}{\partial r}\right)+\frac{1}{r^2}\frac{\partial^2 v_\theta}{\partial \theta^2}+\frac{\partial^2 v_\theta}{\partial z^2}-\frac{v_\theta}{r^2}+\frac{2}{r^2}\frac{\partial v_\theta}{\partial \theta}\right) \quad (16.75)\\
z:\rho\left(\frac{\partial v_z}{\partial t}+v_r\frac{\partial v_z}{\partial r}+\frac{v_\theta}{r}\frac{\partial v_z}{\partial \theta}+v_z\frac{\partial v_z}{\partial z}\right)&=\rho g_z-\frac{\partial p}{\partial z}+\mu\left(\frac{1}{r}\frac{\partial}{\partial r}\left(r\frac{\partial v_z}{\partial r}\right)+\frac{1}{r^2}\frac{\partial^2 v_z}{\partial \theta^2}+\frac{\partial^2 v_z}{\partial z^2}\right)
\end{aligned}$$

요약. 나비에-스토크스 방정식은 뉴턴 운동의 제2법칙을 뉴턴유체의 점성 유동에 적용한 경우에 해당한다. 나비에-스토크스 방정식은 대부분의 경우 정확한 수학적인 해를 찾을 수 없는 비선형 항을 포함하고 있다.

16.5 전산유체역학

전산유체역학(computational fluid dynamics, CFD)은 유체역학과 열전달의 문제에서 근사해를 찾는 방법으로, 편미분 방정식의 수치해석 방법이다. 본 절에서는 다음과 같은 내용을 다루도록 하겠다.

- 전산유체역학의 가치
- 전산유체역학의 현실적인 적용방법
- 전산유체역학 프로그램의 종류와 작동방식

전산유체역학의 가치

전산유체역학은 공학자들의 모델링 능력을 확장시켜 주는 기법이다. 예를 들어, 어떤 건물 주위를 흐르는 유동의 압력장과 유선의 패턴을 예측하는 방정식을 세우고 해를 찾아가는 간단한 방법은 존재하지 않는다. 실험적으로 접근하는 방법도 있겠지만, 레이놀즈수를 고려하거나 실험인자 연구를 수행하는 어려움 등으로 문제가 발생한다.

따라서 전산유체역학은 실험적으로 분석이 어려운 물리적 현상을 모사하는 방법으로 사용된다. 전산유체역학은 다음과 같은 경우에 유용하게 사용된다.

- 복잡계(예: 잉크젯 프린터, 인체 내 심장, 혼합 탱크)
- 실물 크기 모사(예: 선박, 비행기, 댐)
- 환경적 영향(예: 허리케인, 날씨, 오염물질 이동)
- 위험인자(예: 폭발, 방사성물질 확산)
- 물리학(예: 대기 경계층, 항성 진화)

전산유체역학은 설계를 변화할 때의 영향을 살펴보는 데 유용하다. 예를 들면, 프로펠러 설계 시 날개깃 프로파일, 날개깃 피치, 회전 속도와 같은 설계 변수를 조직적으로 변화시켜 볼 수 있으며, 효율, 추력, 전력과 같은 성능 변수에 미치는 영향을 살펴보는 것이다.

전산유체역학은 다음과 같은 다양한 산업체와 학문 영역에서 쓰이고 있다: 우주항공, 자동차, 생의학, 화학공정, 공기조화(HVAC), 수리(hydraulics), 수문(hydrology), 해양, 석유 및 가스, 발전.

요약. 전산유체역학은 다음과 같은 이유로 공학자들에게 유용하다.

- 전산유체역학은 해석 또는 실험유체역학으로 모사하기 어려운 복잡한 문제들을 모델링하는 방법이다.
- 전산유체역학은 프로펠러나 배수로 설계와 같은 복잡한 문제의 설계 변경 시 나타날 상황을 살펴보는 방법이다.
- 전산유체역학은 산업체에서 널리 쓰이는 방법이다.

전문가 실무에 사용되는 전산유체역학 코드

코드는 컴퓨터 프로그램을 돌리기 위한 공학적 언어이다. 전문가 실무와 대부분의 연구 과제에서 공학자들은 다음의 옵션을 가지고 있다.

- **첫 번째 옵션.** 자신만의 코드를 작성한다. 이는 매우 드문 경우이다.
- **두 번째 옵션.** 다른 누군가에 의해 개발된 코드를 사용한다. 코드 개발은 수년에 걸친 노력을 요구하므로 이러한 방법이 매우 보편적이다.

다음으로는 보편적으로 사용되는 코드, 그리고 코드 선택 시 고려사항에 대해 설명하도록 하겠다.

지하수 모델링. MODFLOW(10)는 지하수 흐름을 분석하는 컴퓨터 프로그램이다. 이 코드는 1980년대 초반 이래로 지속적으로 개선되어 왔다. MODFLOW는 지하수 흐름을 모사하는 사실상 표준 프로그램이라고 할 수 있다. 이 프로그램은 검증이 잘 되어 있으며, 미국 법정에서 방어를 위해 합법적으로 사용이 가능한 것으로 알려져 있다.

MODFLOW는 무료 사용 버전이 있다. 그러나 라이선싱이 필요한 버전은 정부와 학계에 제한적으로 제공된다. 상업적으로 사용한다면, MODFLOW의 가격은 1,000~7,000달러 정도이다(10).

내연기관 모델링. KIVA 코드(11, 12)는 본래 로스앨러모스국가연구소에서 내연기관 내부에서 발생하는 공정을 모사하기 위해 1985년에 개발되었다. KIVA 프로그램은 다차원 연소 모델링을 위한 전산유체역학 프로그램으로 널리 사용되어 왔다. KIVA는 연료의 자동 점화와 같은 연소화학공정을 이해하는 것과 높은 효율과 적은 배출을 도모하는 디젤엔진의 최적화에도 쓰일 수 있다. 따라서 KIVA는 엔진 성능 향상을 위해 엔진 제조업체에서 사용해 오고 있다.

자유수면 유동 모델링. 1963년 로스앨러모스국가연구소의 Tony Hirt는 유체체적접근법이라 불리는 계산법을 개척하였는데, 이 방법은 자유수면 또는 유체와 유체가 만나는 계면을 추적하고 위치를 알아 가는 데 유용하다. 이렇듯, 유체체적접근법은 저수지로부터의 유체의 흐름 또는 주형으로 흘러가는 금속유체 흐름과 같은 유동을 모델링하는 데 유용하다. Hirt 박사는 로스앨러모스연구소를 떠나 Flow Science라는 회사를 창업하였고, FLOW-3D라 불리는 코드를 판매하고 있다.

이 회사의 웹사이트(13)에 따르면, 다음과 같은 FLOW-3D의 적용 사례들이 있다.

- 임시 물막이나 수력발전소의 배수로 모델링
- 수두가 낮은 댐 주위로의 통행을 위한 카누 슈트 설계
- 주형 과정에서 30배 이상 부피 증가가 가능한 발포 폴리우레탄 수지 주형 모델링

FLOW-3D, KIVA, MODFLOW의 적용 사례들로부터 다음의 공통점을 찾을 수 있다.

- **전산유체역학 프로그램은 적용성이 뛰어나다.** 소개한 세 가지의 코드는 (a) 지하수 흐름, (b) 내연기관, (c) 개수로 흐름을 모델링하는 데 쓰인다. 또 다른 모델링 대상에 적용 가능한 다른 종류의 코드들도 존재한다. 이렇듯 전산유체역학은 유체에 관련된 문제를 모델링하는 데 매우 유용한 기술이다.
- **문제에 부합하는 전산유체역학 코드를 선택하라.** 전산유체역학 코드는 특정한 종류의 문제를 해결하기 위해 개발되어 왔다. FLOW-3D는 개수로 흐름, KIVA는 내연기관, MODFLOW는 지하수 흐름을 모델링하는 데 쓰인다. 따라서 전산유체역학 코드가 당신이 해결하고 싶은 문제 유형에 잘 부합하는지 확인할 필요가 있다.
- **기존의 코드를 사용하라.** 많은 코드들(예: MODFLOW, KIVA, FLOW-3D)이 1980년 혹은 그 이전부터 개발되어 왔다. 수년간의 노력 끝에 이와 같은 코드들이 완성되었다. 그러므로 새로운 코드를 개발하기보다, 지난 세월의 노력을 활용하는 것이 비용 효율적인 방법이다.

전산유체역학 프로그램의 특징

본 절에서는 대부분의 전산유체역학 프로그램에서 차용하는 어휘와 아이디어들을 소개하고자 한다.

편미분 방정식의 근사치. 전산유체역학 코드는 편미분 방정식의 근사치를 찾기 위해 수학적인 방법을 적용한다. 근사치는 근사하는 방식에 따라 실제와 가깝거나 매우 멀어질 수도 있다. 근사치의 정확도는 코드가 어떻게 개발되었는가에 따라 부분적으로 결정된다. 그러나 대부분의 경우 정확도는 코드를 사용하는 사람이 내린 결정에 달려 있다.

편미분 방정식의 근사치를 구하는 방법은 다양하다. 세 가지 보편적인 방법은 *유한차분법*, *유한요소법*, *유한체적법*이다.

편미분 방정식의 근사치를 구할 때, 결과값은 공간의 점들로 나타나는 *많은* 대수 방정식의 집합으로 나타난다. 공간상의 이와 같은 점들은 격자를 사용하여 정의된다.

격자 생성. 격자(grid)(그림 16.20)는 코드가 속도값이나 관심 있는 다른 변수들의 값을 찾아내기 위한 공간상의 점들의 집합이다. 격자는 사용자에 의해 설정된다. 여기 두 가지 절충이 있다.

- **정확도.** 격자가 촘촘히 위치한다면 미세 격자라고 불리며, 해의 정확도는 일반적으로 올라간다. 그림 16.20에 보이는 격자에서처럼, 사용자가 원통형 벽의 주위에 미세 격자를 설정하는 방식을 살펴볼 수 있다.
- **계산 시간.** 격자가 미세하지 않다면(격자선이 넓게 형성된다면), 코드를 돌리는 데 걸리는 시간은 줄어든다. 전산유체역학 코드들은 돌리는 데 걸리는 시간이 길기 때문에(즉, 수일이 걸리는 작업), 컴퓨터 계산시간이 감소하는 것은 중요하다.

그림 16.20
레이놀즈수 10,000에서 원형 실린더를 지나는 아음속 유동을 모사하기 위한 격자. [NASA(14)]

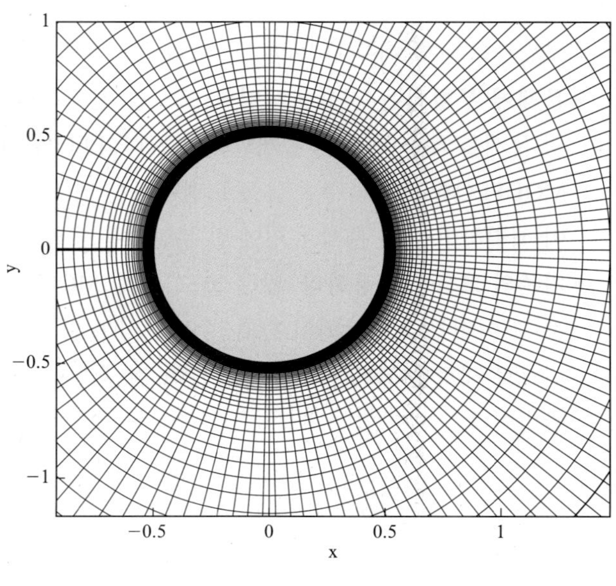

격자 생성 능력은 코드 개발자에 달려 있으며, 격자 생성 자체는 사용자에 의해 수행된다. Wyman(15)은 격자 생성을 위한 다음의 세 가지 접근방식을 설명하였다.

- **정렬 격자법.** 격자는 블록(그림 16.20)이라고 하는 일정한 패턴을 반복하는 방식으로 설정된다. 자세한 사항(미세 격자, 거친 격자 등)은 사용자가 결정한다. 정렬 격자의 장점은 사용자가 허용 계산시간 내에서 정확도를 극대화하는 방식으로 격자를 조정할 수 있다는 점이다. 정렬 격자의 단점은 사용자가 격자를 생성하기 위해 매개변수들을 입력하는 데 상당한 시간이 걸릴 수 있다는 점이다. 또한, 정렬 격자는 적절한 배치를 위해 사용자가 전문적인 경험을 쌓을 필요가 있다.
- **비정렬 격자법.** 비정렬 격자는 솔루션 도메인을 채우는 항목들의 임의적인 집합체를 선택하는 컴퓨터 알고리즘에 기반한다. 항목들이 패턴이 없는 관계로, 격자는 비구조 형태로 일컫는다. 비정렬 격자법은 격자 설정이 쉽고 빠르며 사용자의 전문성을 과도하게 필요로 하지 않아 초보자들에게 유용한 방법이다. 단점으로는 정렬 격자에 비해 정확도나 계산시간에 있어서 좋지 않을 수 있다는 점이다.
- **혼합 격자법.** 혼합 격자법은 정렬과 비정렬 격자의 장점들을 활용하기 위해 설계된다. 혼합 격자는 지역적 범위에서 정렬 격자를, 넓은 범위에서 비정렬 격자를 사용한다.

시간 단계. 편미분 방정식이 전산유체역학 코드로 풀리므로, 근사치를 구하는 방법은 시간 단계별로 변화하는 양상을 보여 주는 것과 관련이 있다. 각 솔루션 시간 사이의 간격을 **시간 단계**(time step)라고 한다.

정확도 대 솔루션 시간. 일반적으로 미세 격자와 짧은 시간 단계를 선택하면, 전산유체역학은 더욱 정확해진다. 그러나 공간과 시간상의 미세한 해상도로 인해 컴퓨터가 계산에 필요한 시간이 증가하게 된다. 오늘날의 빠른 컴퓨터 속도를 감안할 때 그다지 문제가 되지 않을 것처럼 보이나, 전산유체역학 프로그램으로 해를 찾아 가는 과정은 수일 또는 수주의 시간이 걸릴 수 있다. 따라서 해의 정확도와 컴퓨터 계산에 필요한 시간은 서로 절충하는 부분이다.

경계조건과 초기조건. 전산유체역학 프로그램으로 편미분 방정식의 근사치를 찾는 과정은 경계조건과 초기조건의 설정과 관련되어 있다.

- **경계조건**(boundary condition)을 설정하는 것은 미분 방정식이 해결되어야 하는 공간의 *물리적 경계*에서 *종속변수의 값을 부여*하는 것이다. 예를 들면 다음과 같다.
  - 유체가 경계를 통과할 때, 사용자가 경계면의 각 지점에서 속도의 값을 지정할 수 있다. 이러한 경우를 *속도 경계조건*이라 부른다.
  - 유체가 경계를 통과할 때, 사용자가 경계면의 각 지점에서 압력의 값을 지정할 수 있다. 이러한 경우를 *압력 경계조건*이라 부른다.

- **초기조건**(initial condition)을 설정하는 것은 계산이 시작되는 시점에서 모든 공간지점에 값을 부여하는 것이다.

난류(직접수치모사). 대부분의 공학적 관점에서 유체의 흐름은 난류와 연관되어 있으며, 전산유체역학 코드는 난류를 분석하기 위한 방법이다. 가장 정확한 접근법은 **직접수치모사**(direct numerical simulation, DNS)라고 불리며, 격자와 시간 간격을 난류의 특성을 반영하기에 충분할 정도로 미세하게 설정하는 것이다. 결과로, Hussan(16)이 주장하듯 직접수치모사의 해는 매우 정확하나 한편으로는 전산유체역학 문제에 적용하기에 99.9% 비현실적이다. 이는 컴퓨터 계산시간이 오늘날의 컴퓨터로도 매우 오래 걸리기 때문이다. 따라서 직접수치모사는 대부분의 문제에 사용되지 않는다.

난류 모델링. 난류 모델링(turbulence modeling)은 단순화된 방정식을 적용하여 난류의 효과를 예측하는 데 사용된다. 이와 같은 방정식은 완전한, 시간 의존적인 나비에-스토크스 방정식보다 단순한 형태이다. 온라인 전산유체역학(www.cfd-online.com)은 27개의 난류 모델과 세부사항에 대한 좋은 자료들을 제공한다.

가장 널리 사용되는 난류 모델 중 하나는 ***k*-엡실론 모델**(*k*-epsilon model)(또는 ***k*-ε 모델**)이다. 이 모델은 난류 운동 에너지(k)에 관한 방정식과 난류 에너지(ε) 소실률에 관한 방정식을 사용한다. 이 방정식들에 기반하여 **레이놀즈-나비에-스토크스 방정식**(Reynolds-averaged Navier-Stokes equation)이 사용된다. 레이놀즈-나비에-스토크스 방정식은 이동에 관한 방정식으로 시작하여 시간 평균을 취하는 방식으로 개발된다. Hussan(16)에 따르면, k-ε 방법은 매우 정확할 수 있으나, 평균을 취하는 과정에서 시간 의존적인 해의 중요한 특징이 사라질 수 있기 때문에 천이 유동에 적용하기에는 적합하지 않다. k-ε 모델의 주요 장점은 효율적으로 계산할 수 있다는 것이다.

난류 모델에서 널리 사용되는 또 다른 방법으로는 **대와동모사**(large eddy simulation, LES)가 있다. 대와동모사는 직접수치모사와 k-ε의 절충안으로 볼 수 있다. 대와동모사는 난류의 대규모 구조를 해결하기에 충분한 세부사항을 사용하지만, 소규모에서의 해결을 위해 k-ε 방정식을 사용한다. 대와동모사는 k-ε 모델로 모사가 어려운 문제를 직접수치모사보다 계산 효율이 좋은 방식으로 해결할 수 있도록 돕는다.

해결기. 해결기(solver)는 전산유체역학 코드를 사용하여 대수 방정식을 푸는 컴퓨터 알고리즘이다. 해결기의 결과물은 속도, 압력, 또는 다른 관심 항목의 수치로 나타난다.

후처리. 해결기가 해를 생성한 다음, 코드는 또 다른 관심 매개변수를 계산하기 위해 해를 사용한다. 이러한 과정을 후처리(post processing)라고 부르며, 이러한 업무를 수행하는 소프트웨어를 **후처리 프로그램**(post processor)이라고 한다. 후처리 프로그램의 몇 가지 공통점은 다음과 같다.

- 소용돌이나 전단응력과 같은 파생 변수 계산

- 압력 경도력, 전단력, 양력, 항력, 양력계수, 항력계수 계산
- 레이놀즈 응력과 에너지 스펙트럼과 같은 난류 항목 계산
- 데이터를 그래프나 시각적 표현으로 나타내기
  - 시간 이력을 보여 주는 그래프–예를 들면, 힘이나 파고의 시간 이력
  - 압력, 속도, 소용돌이와 같은 변수의 2차원 등고선도
  - 속도벡터의 3차원 그래프
  - 압력이나 소용돌이와 같은 매개변수의 3차원 등표면도
  - 유선, 유적선, 유맥선을 나타내는 그래프
  - 유동의 애니메이션

검증과 확인

공학자는 해가 얼마나 신뢰할 만한가에 매우 관심이 있다. 전산유체역학에서는 정확도를 평가하기 위한 방법을 채택하였다.

검증(validation)은 전산유체역학의 예측이 실제 관측과 잘 맞는지 여부를 살펴보는 것이다. 보편적인 방식은 전산유체역학 예측치를 실험 데이터나 *벤치마크 해(benchmark solution)*라고 불리는 잘 알려진 문제의 해와 비교하는 것이다.

검산(verification)은 코드에 의한 수치해석이 정확한 답을 주는지 여부를 살펴보는 것이다. 검증은 격자의 간격을 조정하면서 예측값이 격자 간격과 무관하다는 것을 살펴보는 것과 관련이 있다. 이와 유사하게, 검증은 시간 간격을 조정하면서 결과가 시간 간격 변화에 무관하다는 것을 확인하는 것이다.

16.6 전산유체역학 사례

본 절에서는 전문가들이 전산유체역학을 어떻게 적용하고 생각하는지 살펴보도록 한다.

배수로에서의 흐름

문제 정의. Li 등(18)의 연구는 미국 오클라호마 노스캐나디안강에 위치한 칸톤댐(그림 16.21)에 관한 것이다. 1948년에 건설된 이 댐은 최대 유량 10,000 m^3/s을 기반으로 설계되었다. 이후, 수문학 자료의 갱신을 통해 최대 17,700 m^3/s까지 감당해야 하는 것으로 나타났다. 이에 보조 배수로가 제안되었으며, 본 연구는 이 배수로의 분석에 관한 것이다.

연구 방법. 전산유체역학 코드, Fluent를 구매하여, 시간 의존적인 레이놀즈-나비에-스토크스 방정식을 푸는 데 사용하였다. 난류 모델은 벽 함수를 포함한 k-ε 모델로 설정하였다. 전산유체역학 코드는 임시 설계를 위해 사용되었다. 이 설계는 실제 물리적 모델 크기 대비 1:54의 비율로 이루어졌으며, 전산유체역학 코드의 검증을 위해 실험 데이터를 사용하였다.

그림 16.21
칸톤댐과 제안된 보조 배수로.

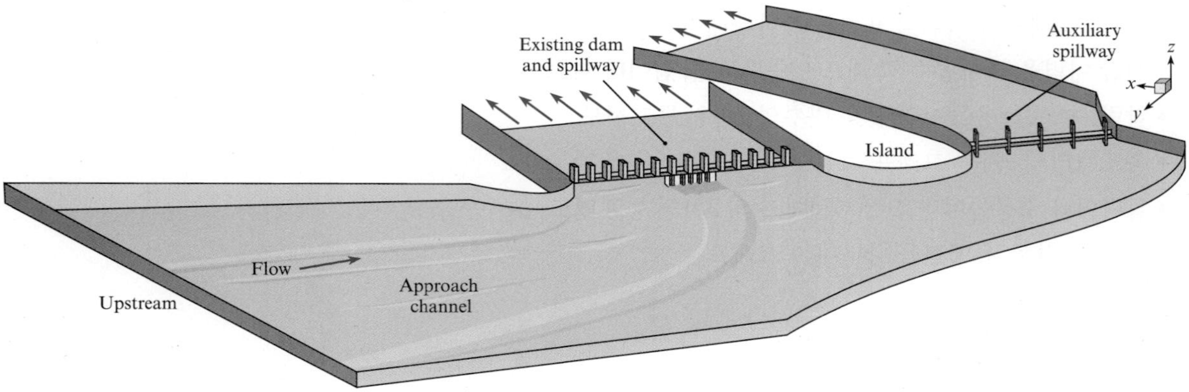

연구 결과. Li 등은 논문(18, p.74)에서 다음과 같이 언급하였다.

"물리적 모델 결과와 전산유체역학 모델 결과를 비교하였으며, 서로가 잘 일치하는 것으로 나타났다. 따라서 전산유체역학 모델은 검증되었으며, 사용한 연구기법 또한 검증되었다."

이와 같은 언급을 통해 다음의 사항을 생각해 볼 수 있다.

- 전산유체역학은 공학자가 신뢰할 만하다고 결론지을 수 있다.
- 전산유체역학과 실험 모델을 통합하는 것은 수리학 구조 설계에 실행 가능한 접근법이다.

자전거 경주자에 미치는 항력

문제 정의. 자전거 경주자와 코치는 경주자에게 저항력으로 90% 이상 작용하는 공기역학 항력(그림 16.22)을 줄이는 방법을 찾고 싶어 한다.

그러나 과거 전산유체역학 연구는 난류 모델이 설정되는 방법과 실험으로 검증하는 정도에 대해 논란이 있어 왔다. 따라서 Defraeye 등(14)은 다음과 같은 연구 목적을 설정하였다.

그림 16.22
자전거 경주자 자세: (a) 꼿꼿한 자세, (b) 숙인 자세, (c) 타임 트라이얼 자세.

표 16.3 Defraeye(17)의 자전거 경주자에 발생하는 항력 예측

자전거 경주자 자세(그림 16.22)	난류 모델	AC_D(m^2)	실험값과의 비교(%)[a]
꼿꼿한 자세	RANS	0.219	13
	LES	0.219	13
숙인 자세	RANS	0.179	7
	LES	0.172	3
타임 트라이얼 자세	RANS	0.150	12
	LES	0.142	6

[a]실험값과의 비교는 다음의 식으로 계산하였다.

$$\frac{(\text{전산유체역학으로 예측된 } AC_D) - (\text{실험에서 측정된 } AC_D)}{(\text{실험에서 측정된 } AC_D)}$$

- 전산유체역학을 이용한 경주자의 다양한 자세에 따른 공기역학 항력 분석 평가
- 과거 전산유체역학 연구의 제한 요소들을 개선하여 스포츠계 적용방법 연구

연구 방법. 30개의 다른 위치에서 압력 데이터와 항력계수를 수집하기 위해 풍동 실험을 실시하였다. 항력값은 항력계수(C_D)와 전면부 면적(A)의 곱으로 측정하였는데, 이는 전면부 면적을 정확히 측정하기가 어렵기 때문이다.

전산유체역학 시뮬레이션은 레이놀즈-나비에-스토크스 방정식과 대와동모사 기법을 사용하였다.

연구 결과. 전산유체역학과 실험 결과를 비교한 표 16.3에 나타난 바와 같이, 레이놀즈-나비에-스토크스의 경우 11%, 대와동모사의 경우 7%의 차이를 보였다. 연구진은 이와 같은 결과는 전산유체역학 연구에서 잘 일치하는 결과라고 언급하였다. 연구진은 대와동모사를 이용한 표면 압력 예측 역시 준수한 일치를 보였다고 보고하였으며, 계산 비용을 높일 경우 레이놀즈-나비에-스토크스 방정식 기반 기법의 활용도를 높일 수 있을 것이라 제안하였다.

연구진은 전산유체역학이 경주자의 자세에 따른 항력을 평가하고 자세에서의 미세한 변화에 따른 영향을 평가하는 데 유용한 방법이라고 결론지었다. 전산유체역학의 강점은 풍동 실험에서 얻기 힘든 구체적인 유동장에서의 정보를 얻을 수 있다는 것이다. 이와 같은 구체적인 정보들로 인해 항력과 자세 교정 지침에 관한 통찰을 얻을 수 있다.

망원경 구조에서 풍하중 예측

문제 정의. 차세대 광학 망원경은 대형으로, 구조에 작용하는 풍하중이 더욱 중요해지고 있다. 따라서 Mamou 등(19)은 캐나다/미국에서 통상적으로 사용하는 초대형 광학 망원경 구조에 작용하는 풍하중 연구를 수행하였다. 이 연구는 망원경 개구부에서 발생하는 풍하중, 와류발산, 공동공진 현상을 평가하기 위해 설계의 시작 단계에서 수행하였다. 망원경 구조

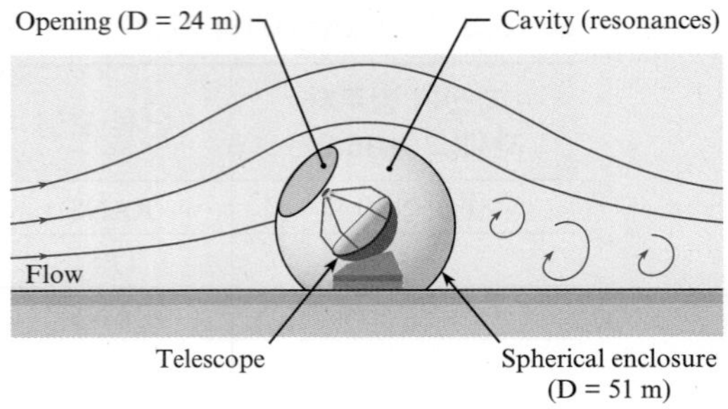

그림 16.23
초대형 광학 망원경 구조.

(그림 16.23)는 전체 직경 51 m이고, 24 m의 개구부를 통해 하늘을 관측하게 되어 있다. 이 연구의 목적은 전산유체역학 모델의 활용도를 평가하는 것이다.

연구 방법. 코드는 비정상 격자 볼츠만 전산유체역학 프로그램을 사용하였다. 풍동 실험 데이터는 코드를 검증하는 데 사용하였다.

연구 결과. 연구진은 개구부에서 유동과 와류발산으로 인한 공동공진 현상이 풍동 실험과 전산유체역학 계산 결과 나타났다고 보고하였다. 전산유체역학 코드는 측정된 것과 동일하게 세 가지의 동시 발생하는 공동현상을 예측하였다.

16.7 향후 나아갈 방향

본 절에서는 유체역학을 더 공부하고자 하는 학생들에게 향후 나아갈 방향에 대해 설명하고자 한다.

대학원 과정에서 연구

편미분 방정식, 연속체 역학, 수치해석, 유체역학, 전산유체역학과 같은 대학원 과목들이 유용할 것이다. 수업을 들으면서 연구의 지평을 넓히기 위해서 다음과 같은 사항을 제안한다.

- 연구 문헌 읽기
- 전문 기술 도서 읽기
- 인터넷 검색(예: 온라인 전산유체역학 동호회 www.cfd-online.com)

적용을 통한 학습(수영장으로 뛰어들기)

적용을 위한 방법에는 다음과 같은 것들이 있다.

- 전산유체역학 코드를 찾고 돌려 보기
- 관련된 회사의 프로젝트에 참여하기
- 연구에 참여하기: 연구 논문을 작성하는 데 주 저자로 참여하기

연구에 참여하는 학생들에게는 학술대회에 참여하여 연구를 발표하는 것도 필요하다. 연구 논문이 게재되도록 하는 것도 필요하다. 때로는 연구에 대한 비판에 직면할 수 있지만, 동료들의 평가는 배울 수 있는 또 다른 기회이다.

연구 미팅에서 커뮤니티에 속한 연구진들을 알아 가도록 하라. 연구 미팅에 참여한 대부분의 사람들은 기술적인 업무에 열정을 갖고 있으므로 신진 연구원으로 진입하는 사람들을 도와주려고 할 것이다.

John Roncz의 조언을 따르라

John Roncz(본 장의 도입부 참조)가 언급했듯이, 스스로 부딪혀 보고 알아 가는 것도 필요하다. 이 방법은 무언가를 배울 수 있는 확실한 방법이다.

16.8 핵심 내용 요약

모델

- 모델은 현실을 이상적으로 또는 단순하게 바꾼 버전이다. 모델은 경제적으로 목표를 달성하는 데 도움을 주므로 유용하다.
- 모델 수립 과정은 다음의 순서를 연속 반복하는 과정이다.
    - 변수를 정의한다.
    - 변수를 성능 변수(종속 변수)와 설계 변수(독립 변수)로 구분한다.
    - 변수들 간의 상관관계를 찾는다. 변수를 공학 방정식에 연관지을 때, 웨일스-우즈 모델을 적용한다. 변수를 실험 데이터에 연관지을 때, 회귀분석과 통계적 방법을 적용한다.
    - 모델 예측이 정확한지 검증한다.
- 유체역학에서 모델을 수립하는 세 가지 방법이 있다: 해석유체역학, 실험유체역학, 전산유체역학. 대부분의 경우, 두 가지 혹은 세 가지 방법을 같이 사용하여 시너지 효과를 내도록 한다.
- 모델 수립은 단순한 모델에서 시작하여 연속 반복 과정을 통해 발전하는 과정을 거치는 것이 바람직하다. 모델 수립 과정에서 자원, 편익, 해의 정확도, 해의 구체성과 같이 절충하게 되는 사항들이 있다.

편미분 방정식 학습을 위한 기초

- 흐르는 유체에 관한 편미분 방정식은 비선형 항이 존재하므로 몇몇 특별한 경우에만 일반적인 해를 찾을 수 있다. 이렇게 풀리는 해를 *정확해(exact solution)*라고 한다. 정확해는 수년 전에 발견되었다.
- 편미분 방정식을 배우는 두 가지 이유는 다음과 같다.
    - 기존의 해를 이해하고 적용하기 위함(문헌상에서 찾을 수 있음)
    - 전산유체역학 코드로 풀 수 있는 방정식을 이해하기 위함
- 편미분 방정식의 해는 장으로 표현된다. 전형적인 형태로는 속도장을 들 수 있다. 속도장은 다음과 같다.

직교좌표계	$\mathbf{V} = u(x, y, z, t)\mathbf{i} + v(x, y, z, t)\mathbf{j} + w(x, y, z, t)\mathbf{k}$
원통형 좌표계	$\mathbf{V} = v_r(r, \theta, z, t)\mathbf{u}_r + v_\theta(r, \theta, z, t)\mathbf{u}_\theta + v_z(r, \theta, z, t)\mathbf{u}_z$

- 속도장과 연관된 사항들은 다음과 같다.
    - *독립변수*. 독립변수는 세 개의 위치 변수와 시간을 갖는다.
    - *종속변수*. 종속변수는 세 개의 속도 항목을 갖는다.
- 테일러급수는 전산유체역학 프로그램 사용을 위해 유도하는 과정으로 유체역학에서 흔히 사용된다. 테일러급수

의 유용한 형태는 다음과 같다.

$$f(x+\Delta x, y, z, t) = f(x, y, z, t) + \left(\frac{\partial f}{\partial x}\right)_{x,y,z,t} \frac{\Delta x}{1!} + \left(\frac{\partial^2 f}{\partial x^2}\right)_{x,y,z,t} \frac{(\Delta x)^2}{2!} + \ \dots \ \text{H.O.T.}$$

여기서 H.O.T.는 고차항을 의미한다. 미소 변화(즉, Δx가 매우 작을 때)에 대해 고차항은 종종 무시할 수 있다.

- 편미분 방정식은 다음의 두 가지 방식으로 표기된다.
  - *좌표계형 표기.* 항들이 특정 좌표계에 따라 결정된다. 이러한 방식은 특수한 적용에 유용하다.
  - *불변형.* 항들이 어떤 좌표계에도 적용이 가능하다; 즉, 일반적인 항의 표현이다. 이러한 방식은 방정식이 축약된 형태로 논문 작성(예: 학위 논문, 연구 논문)이나 발표에 유용하며, 물리적 의미를 표현하는 데 유용하다.
- *불변형 표기법*은 다양한 좌표계에 적용되는(일반적인 표현으로 간주되는) 수학적 표기법이다. 통상적으로 쓰이는 불변형 표기법의 세 가지 형식은 다음과 같다.
  - *델 표기법*은 나블라 기호 ∇을 사용한다.
  - *깁스 표기법*은 연산자 표현으로 단어(예: grad, div, curl)를 사용한다.
  - *인덱스 표기법*은 벡터 항목과 합을 표현하기 위해 아래첨자를 사용한다.
- *연산자*는 수학적 표현의 집합이다. 유체역학 방정식에서 통상적으로 사용하는 연산자는 다음과 같다.
  - *경도*(예: 압력장에서 경도)
  - *발산*(예: 속도장에서 발산)
  - *회전*(예: 속도장에서 회전)
  - *라플라스 연산자*(예: 속도장에서 라플라스 연산자)
  - *물질 미분*(예: 온도장에서 시간 미분)
- 각 연산자는 하나 혹은 그 이상의 물리적 의미를 담고 있다. 이와 같은 해석은 편미분 방정식을 유도하는 과정을 통해 나타난다.
- *물질 미분은*
  - 문헌상에서 다양한 이름을 가지고 있다(예: 본질적 미분, 라그랑주 미분, 입자 추적 미분).
  - 유체 입자의 어떤 특성의 시간에 따른 변화를 나타낸다.
  - 다음과 같은 기호로 표기된다.

$$\underbrace{\frac{dJ}{dt}}_{\substack{\text{유체 입자의}\\ \text{특성 } J\text{의}\\ \text{시간 미분}}} = \underbrace{\left(\frac{\partial J}{\partial t}\right) + \mathbf{V}\cdot\nabla J = \left(\frac{\partial J}{\partial t}\right) + \mathbf{V}\cdot \text{grad}\,(J)}_{\substack{\text{어떤 장(예: 오일러 접근)에서 미분 수행 시}\\ \text{필요한 수학적 표현}}}$$

- *가속도*는 공간상의 한 점에서 정의되며, 일시적인 시점에서 한 점에서의 유체 입자의 가속도를 의미한다. 직교좌표계에서 가속도는 다음과 같다.

$$\text{유체 입자의 가속도} = \mathbf{a} = \frac{d\mathbf{V}}{dt} = \begin{bmatrix} \left\{\left(\frac{\partial u}{\partial t}\right) + u\left(\frac{\partial u}{\partial x}\right) + v\left(\frac{\partial u}{\partial y}\right) + w\left(\frac{\partial u}{\partial z}\right)\right\}\mathbf{i} \\ \left\{\left(\frac{\partial v}{\partial t}\right) + u\left(\frac{\partial v}{\partial x}\right) + v\left(\frac{\partial v}{\partial y}\right) + w\left(\frac{\partial v}{\partial z}\right)\right\}\mathbf{j} \\ \left\{\left(\frac{\partial w}{\partial t}\right) + u\left(\frac{\partial w}{\partial x}\right) + v\left(\frac{\partial w}{\partial y}\right) + w\left(\frac{\partial w}{\partial z}\right)\right\}\mathbf{k} \end{bmatrix}$$

연속 방정식

- 흐르는 유체와 연관된 어떤 문제라도 연속 방정식, 운동량 방정식, 에너지 방정식, 두 개의 상태 방정식, 이 다섯 개의 미분 방정식 집합으로 해결할 수 있다.
- 연속 방정식의 *보존형*은 물질 보존법칙을 미소검사체적에 적용하는 것이다. 결과로, 직교좌표계에서 다음과 같이 표기된다.

$$\underbrace{\frac{\partial \rho}{\partial t}}_{\substack{\text{미소검사체적에서 질량 축}\\ \text{적률을 검사체적 부피로 나}\\ \text{눈 값(kg/s per m}^3\text{)}}} + \underbrace{\frac{\partial(\rho u)}{\partial x} + \frac{\partial(\rho v)}{\partial y} + \frac{\partial(\rho w)}{\partial z}}_{\substack{\text{미소검사체적에서 유효 질량}\\ \text{유출률을 검사체적 부피로}\\ \text{나눈 값(kg/s per m}^3\text{)}}} = 0$$

- 연속 방정식은 다음의 두 가지 형태로 표현된다.
  - *보존형*은 미소검사체적에 질량 보존법칙을 적용하는 것이다.

- *비보존형*은 미소 유체 입자에 질량 보존법칙을 적용하는 것이다.
- 보존과 비보존형은 하나의 방정식 형태에서 다른 형태로 유도가 가능하므로 수학적으로 동일한 의미이다.

- 연속 방정식의 비보존형은 직교좌표계에서 다음과 같다.

$$\frac{d\rho}{dt} + \rho\left(\frac{\partial u}{\partial x} + \frac{\partial v}{\partial y} + \frac{\partial w}{\partial z}\right) = 0$$

- 연속 방정식의 유도를 통해 다음과 같은 두 가지 발산 연산자의 해석을 할 수 있다.

$$\text{div}(\rho\mathbf{V}) = \nabla\cdot(\rho\mathbf{V}) = \frac{\begin{pmatrix}\text{한 점 }(x, y, z)\text{를 포함하는}\\ \text{미소검사체적에서}\\ \text{유효 질량 유출률}\end{pmatrix}}{\text{미소검사체적 부피}}$$

$$\nabla\cdot\mathbf{V} = \text{div}(\mathbf{V}) = \frac{\text{시간에 따른 유체 입자 부피 변화}}{\text{유체 입자 부피}}$$

- 밀도가 일정할 때, 유동은 비압축성이 되며, 연속 방정식은 다음과 같이 표기된다.

불변형	$\nabla\cdot\mathbf{V} = \text{div}(\mathbf{V}) = 0$
직교좌표계	$\frac{\partial u}{\partial x} + \frac{\partial v}{\partial y} + \frac{\partial w}{\partial z} = 0$

나비에-스토크스 방정식

- 나비에-스토크스 방정식은 뉴턴 운동의 제2법칙을 뉴턴 유체의 점성 유동에 적용하여 유도할 수 있다.
- 비압축성, 등밀도, 등점성 유체에 대한 나비에-스토크스 방정식은 불변형으로, 다음과 같다.

$$\underbrace{\rho\frac{d\mathbf{V}}{dt}}_{\begin{pmatrix}\text{입자의 질량과 입자의}\\ \text{가속도의 곱을 입자}\\ \text{부피로 나눈 값}\end{pmatrix}} = \underbrace{\rho\mathbf{g}}_{\begin{pmatrix}\text{입자의 중량을}\\ \text{입자 부피로}\\ \text{나눈 값}\end{pmatrix}} + \underbrace{-\nabla p}_{\begin{pmatrix}\text{입자에 작용하는}\\ \text{유효 압력 경도력을}\\ \text{입자 부피로 나눈 값}\end{pmatrix}} + \underbrace{\mu\nabla^2\mathbf{V}}_{\begin{pmatrix}\text{입자에 작용하는}\\ \text{순전단력을 입자}\\ \text{부피로 나눈 값}\end{pmatrix}}$$

- 나비에-스토크스 방정식의 유도를 통해 다음과 같은 연산자의 물리적 해석을 할 수 있다.
  - 압력장에서 경도는 입자에 작용하는 유효 압력 경도력을 입자 부피로 나눈 것이다.
  - 전단응력 텐서의 발산은 입자에 작용하는 유효 점성력을 입자 부피로 나눈 것이다.

그림 16.24
나비에-스토크스 방정식의 비선형 항은 속도와 속도의 미분 형태의 곱으로 나타난다.

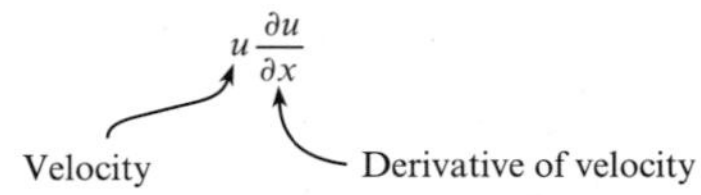

- 비선형 항(그림 16.24)은 나비에-스토크스 방정식의 가속도 항으로 나타난다.

전산유체역학

- *전산유체역학*은 유체역학 문제에서 생성된 편미분 방정식의 근사치를 찾아 가는 방법이다. 전산유체역학을 학습하면 다음의 유익이 있다.
  - 전산유체역학은 실험이나 해석적인 방법으로 효과적으로 모사하기 어려운 복잡한 문제를 모사할 수 있다.
  - 전산유체역학은 설계 변수를 변화시킬 때 시스템의 성능이 어떻게 바뀌는지 살펴볼 수 있는 방법이다.
  - 전산유체역학은 산업계에서 널리 사용된다.
- 전산유체역학 코드에 관하여:
  - 공학자들은 새로운 코드를 작성하기보다는 기존의 코드를 사용하는데 이는 사용 가능한 우수한 코드들이 다수 존재하며 새로운 코드를 개발하는 데 오랜 시간과 노력이 들기 때문이다.
  - 공학자들은 풀고자 하는 문제에 적합한 코드를 선택한다(예: 지하수 모델에는 MODFLOW, 내연기관 모델에는 KIVA).

- 전산유체역학 코드와 관련된 언어는 다음과 같다.
  - *격자*는 공간상의 점의 집합이며, 코드가 속도값과 그 밖의 다른 변수를 풀기 위해 사용한다.
  - *시간 간격*은 각 솔루션 시간상의 간격을 말한다.
  - *경계조건*은 문제에서 정의된 물리적인 경계에서 종속변수(예: 압력, 속도)값을 말한다.
  - *초기조건*을 설정하는 것은 모든 공간 지점에서 시작 시점에 종속변수에 특정값을 지정하는 것을 말한다.
  - *해결기*는 전산유체역학으로 풀 수 있는 편미분 방정식을 근사한 대수 방정식을 풀 수 있는 컴퓨터 알고리즘을 말한다.
  - *후처리*는 해결기로부터 전달받은 해를 사용하여 항력이나 전단응력과 같은 매개변수를 그래프로 나타내거나 계산하는 컴퓨터 알고리즘을 말한다.
  - *확인*은 전산유체역학 예측이 실험값과 일치하는지 여부를 평가하는 것이다.
  - *검증*은 코드에 의한 수치해석이 정확한 답을 주는지 여부를 살펴보는 것이다.
- 난류를 모델링하는 세 가지 방법은 다음과 같다.
  - *직접수치모사*는 격자와 시간 간격을 난류의 특성을 반영하기에 충분할 정도로 미세하게 설정하는 방식이다. 이 방법은 계산시간이 지나치게 오래 걸리므로 대부분의 유동에서 비현실적인 적용방법이다.
  - *대와동모사*는 대규모 난류에는 직접모사를, 소규모 난류에는 간접모사를 채택하는 방식이다.
  - *k-ε 모델*은 두 개의 방정식으로 난류를 나타낸다. 직접수치모사와 대와동모사에서 비교했듯이, k-ε 모델은 효율적인 계산이 가능하다.

참고문헌

1. Noland, David, Wing Man, *Air & Space: Smithsonian*, 5(5), December 1990/January 1991, p. 34–40.

2. Wang, Herbert, and Mary P. Anderson. *Introduction to Groundwater Modeling : Finite Difference and Finite Element Methods*. San Diego: Academic Press, 1982.

3. Ford, Andrew. *Modeling the Environment*. Washington, DC: Island Press, 2010.

4. Montgomery, Douglas C., George C. Runger, and Norma Faris Hubele. *Engineering Statistics*. Hoboken, NJ: John Wiley, 2011.

5. Kojima, H., S. Togami, and B. Co. *The Manga Guide to Calculus*. San Francisco: No Starch Press, 2009.

6. Schey, H.M. *Div, Grad, Curl, and All That: An Informal Text on Vector Calculus*. New York: W.W. Norton, 2005.

7. White, Frank M. *Fluid Mechanics*. 4e, Boston; London: McGraw-Hill, 2011.

8. White, Frank M. *Viscous Fluid Flow*. New York: McGraw-Hill, 2006.

9. Pritchard, P.J. *Fox and McDonald's Introduction to Fluid Mechanics*, 8e. Hoboken, NJ: John Wiley, 2011.

10. "MODFLOW—Wikipedia, the free encyclopedia." Downloaded on 1/3/12 from http://en.wikipedia.org/wiki/Modflow

11. "KIVA." Downloaded on 1/3/12 from http://www.lanl.gov/orgs/t/t3/codes/kiva.shtml

12. "KIVA (software)—Wikipedia, the free encyclopedia." Downloaded on 1/3/12 from http://en.wikipedia.org/wiki/KIVA_(software)

13. "Computational Fluid Dynamics Software | FLOW-3D from Flow Science, CFD." Downloaded on 1/3/12 from http://www.flow3d.com/

14. "Test Cases." Downloaded on 1/4/12 from http://cfl3d.larc.nasa.gov/Cfl3dv6/cfl3dv6_testcases.html#cylinder

15. Wyman, Nick, "CFD Review | State of the Art in Grid Generation." Downloaded on 1/14/12 from http://www.cfdreview.com/article.pl?sid=01/04/28/2131215

16. http://piv.tamu.edu/CFD/les.htm, downloaded on 2/14/12.

17. Defraeye, Thijs, Bert Blocken, Erwin Koninckx, Peter Hespel, and Jan Carmeliet. "Aerodynamic Study of Different Cyclist Positions: CFD Analysis and Full-Scale Wind-Tunnel Tests." *Journal of Biomechanics* 43, no. 7 (2010).

18. Li, S., S. Cain, M. Wosnik, C. Miller, H. Kocahan, and P.E. Russell Wyckoff. "Numerical Modeling of Probable Maximum Flood Flowing through a System of Spillways." *Journal of Hydraulic Engineering* 137 (2011).

19. Mamou, M., K. Cooper, A. Benmeddour, M. Khalid, J. Fitzsimmons, and R. Sengupta. "Correlation of CFD Predictions and Wind Tunnel Measurements of Mean and Unsteady Wind Loads on a Large Optical Telescope." *Journal of Wind Engineering and Industrial Aerodynamics* 96, no. 6–7 (2008).

문제

유체역학 모델(16.1절)

16.1 다음 중 모델에 해당하는 것은? 그 이유는? (해당되는 것을 모두 골라라.)

a. 이상기체법칙

b. 속도 측정용 피토 정관 사용설명서

c. 키트로 제작된 비행기

d. 배관 곡면에 작용하는 힘을 예측하기 위한 컴퓨터 프로그램

16.2 다음의 경우에 모델 수립 과정을 적용하라. 당신의 팀이 대기 중 최소 24 km 상공을 비행할 헬륨 열기구를 설계 중이다. 열기구는 카메라와 데이터 수집 시스템으로 구성된 탑재 화물을 이송할 것이다. 이때, 헬륨 열기구의 지표면(현재 당신의 위치)에 작용하는 중량을 예측하는 모델을 개발하고자 간단한 문제를 풀고자 한다; 설계 목적은 열기구가 중성 부력을 갖는 것이다. 이 간단한 문제는 교실에서 실험을 통해 간단히 확인해 볼 수 있다.

a. 연관되는 변수들은 무엇인가?

b. 변수들 간의 연관성은 어떠한가? 관련된 방정식들은 무엇인가? 이 방정식들을 하나의 대수 방정식으로 변환한다면 어떻게 할 것인가?

c. 실험 데이터를 수학적 모델로 확인하기 위한 간단하고 저렴한 방법은 무엇인가?

16.3 다음의 경우에 모델 수립 과정을 적용하라. 당신의 팀이 약 4.5 km를 비행하여 사진촬영을 할 수 있는 2단 고형 연료 로켓을 설계 중이다. 이때, 소형의 저렴한 로켓이 비행하는 높이를 예측하기 위한 모델을 개발하고자 간단한 문제를 풀고자 한다. 소형 로켓은 Estes나 Pitsco와 같은 제작사로부터 구입할 수 있으며, 이러한 로켓의 비행 높이를 측정하는 것은 비교적 용이하다.

a. 연관되는 변수들은 무엇인가?

b. 변수들 간의 연관성은 어떠한가? 관련된 방정식들은 무엇인가?

c. 실험 데이터를 수학적 모델로 확인하기 위한 간단하고 저렴한 방법은 무엇인가?

편미분 방정식 학습을 위한 기초(16.2절)

16.4 공학자들이 편미분 방정식을 배우기 위해 노력해야 하는 이유는 무엇인가? 그렇게 함으로써 얻을 수 있는 유익은 무엇인가?

16.5 함수 $f(x)=\dfrac{1}{1-x}$이 주어져 있다. $x=0$일 때, 함수 $f(x)$에 대한 테일러급수 전개를 찾는 방법을 설명하라. $x=0.1$일 때, 다섯 개의 항을 이용하여 테일러급수 전개의 값을 계산하라.

16.6 함수 $f(x)=\ln(x)$가 주어져 있다. $x=a$일 때, 함수 $f(x)$에 대한 테일러급수 전개를 찾는 방법을 설명하라. $x=1.5$일 때, 여섯 개의 항을 이용하여 테일러급수 전개의 값을 계산하라.

16.7 평면으로 무한대의 길이를 갖는 평판이 그림과 같이 주어져 있다. 평판 위에서 유체의 점성은 μ이다. 평판은 움직이지 않고 있다. 시간이 0일 때, 평판은 우측으로 V의 속도로 움직이도록 설정되어 있다. 평판 위에서 유체의 속도장을 설명하고, 다음의 질문에 대한 답을 따라 속도장의 일반적인 형태를 간소화하여라.

a. 속도 성분(u, v, w) 중 어떤 것이 0인가? 어떤 것이 0이 아닌가? 그 이유는?

b. 공간 변수(x, y, z) 중 매개변수는 어떤 것인가? 어떤 것을 무시할 수 있는가? 그 이유는?

c. 시간은 매개변수인가? 아니면 시간은 무시할 수 있는가? 그 이유는?

d. 속도장을 나타내는 간소화된 방정식은 무엇인가?

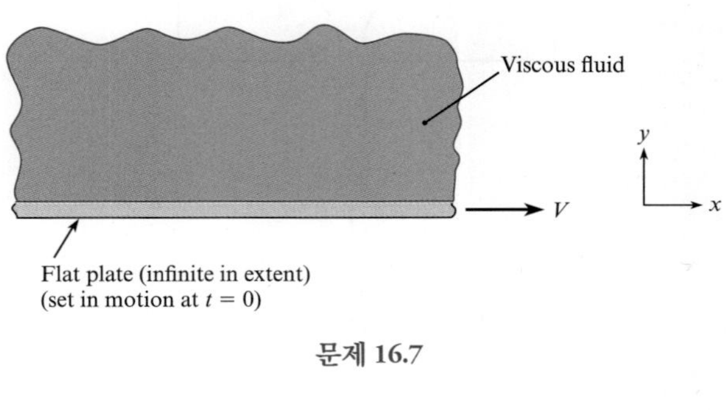

문제 16.7

연속 방정식(16.3절)

16.8 적분 형태의 연속 방정식(식 5.28)과 편미분 방정식 형태의 연속 방정식(식 16.36)을 비교하라.

a. 각 항의 단위와 차원은 동일한가? 아니면 다른가?

b. 물리학적으로 어떻게 비교할 수 있는가? 동일한 것은 무엇인가? 차이점은 무엇인가?

c. 유도하는 과정을 비교할 수 있는가? 동일한 것은 무엇인가? 차이점은 무엇인가?

d. 어떤 경우에 적분 형태의 연속 방정식을 적용하는가(5장)? 어떤 경우에 편미분 방정식 형태의 연속 방정식을 적용하는가(16장)?

16.9 직교좌표계에서 연속 방정식의 보존형으로부터 비보존형을 유도하라.

16.10 직교좌표계에서 연속 방정식의 비보존형으로부터 보존형을 유도하라.

16.11 아래에 나타난 바와 같이 둥근 수조 바닥의 원형 구멍을 통해 물이 배수되고 있다. 밀도가 일정하고 물이 회전하지 않는다고 가정한다면,

a. 이 경우에 가장 적합한 연속 방정식의 일반적인 형태를 선택하라.

b. (a)에서 선택한 방정식을 간소화된 형태로 바꾸는 방법을 설명하라.

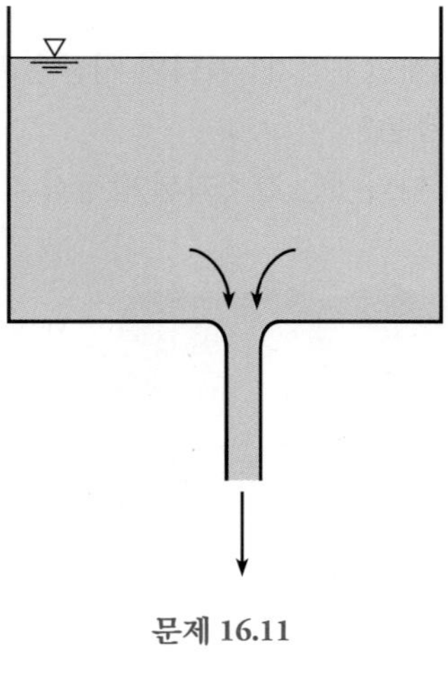

문제 16.11

나비에-스토크스 방정식(16.4절)

16.12 다음 질문들에 답하여라.

a. 식 (16.72)는 보존형인가 비보존형인가? 그 이유는?

b. 식 (16.72)는 불변형인가 좌표계 형식인가? 그 이유는?

16.13 압력장에서 경도의 물리학적 의미는 무엇인가? 단위는 무엇인가? 차원은 무엇인가?

16.14 전단응력 텐서의 발산의 물리학적 의미는 무엇인가? 단위는 무엇인가? 차원은 무엇인가?

16.15 나비에-스토크스 방정식과 오일러 방정식을 비교하여라.

a. 두 가지 유사점은 무엇인가?

b. 두 가지 차이점은 무엇인가?

16.16 나비에-스토크스 방정식의 유도 과정에서 응력은 2차 텐서이다. 인터넷을 검색하여 텐서에 관한 몇 개의 문헌을 찾고 다음의 질문에 답하라.

a. 사람들이 텐서를 사용하는 이유는 무엇인가? 텐서 사용 시 얻게 되는 유익은 무엇인가?

b. 텐서가 의미하는 바는 무엇인가? 텐서는 어떻게 정의되는가?

c. 공학이나 물리학에 적용되는 텐서의 다섯 가지 예를 든다면 무엇인가?

전산유체역학(16.5절)

16.17 누군가가 당신에게 전산유체역학 코드가 왜 공학자들에게 유용한지 묻는다면 어떻게 대답하겠는가? 우선순위 기준으로 최상위에 해당하는 3가지 답을 열거하라.

16.18 당신은 전산유체역학 코드를 직접 개발할 것인가, 아니면 기존에 개발되어 있는 코드를 사용할 것인가? 각각의 방법에 관한 장단점을 논하라.

16.19 인터넷을 검색하여 일반인에 공개되어 있는 전산유체역학 프로그램(판매용이든 비매용이든 상관없이)의 한 가지 예를 찾고, 다른 사람이 이해할 수 있게 코드에 대해 설명하라. 이를 위해 다음 질문에 답하여라.

a. 이 코드의 역사는 무엇인가? 언제 이 코드가 개발되었는가? 누구에 의해 개발되었는가?
b. 이 코드의 주목적은 무엇인가? 어떤 종류의 유동에 이 코드가 잘 부합하는가?
c. 이 코드의 가격은 얼마인가?
d. 이 코드를 학습하기 위해 이용할 수 있는 교육 과정과 자원은 무엇인가?

16.20 다음의 항목들에 대해 간략히 설명하라.

a. 격자
b. 시간 간격
c. 전산유체역학 프로그램의 계산시간 대 정확도
d. 경계조건
e. 초기조건

16.21 다음 항목들에 대해 간략히 설명하라.

a. 직접수치모사
b. k-ε 방식
c. 대와동모사

16.22 다음의 항목들에 대해 간략히 설명하라.

a. 후처리
b. 검증
c. 확인

부록

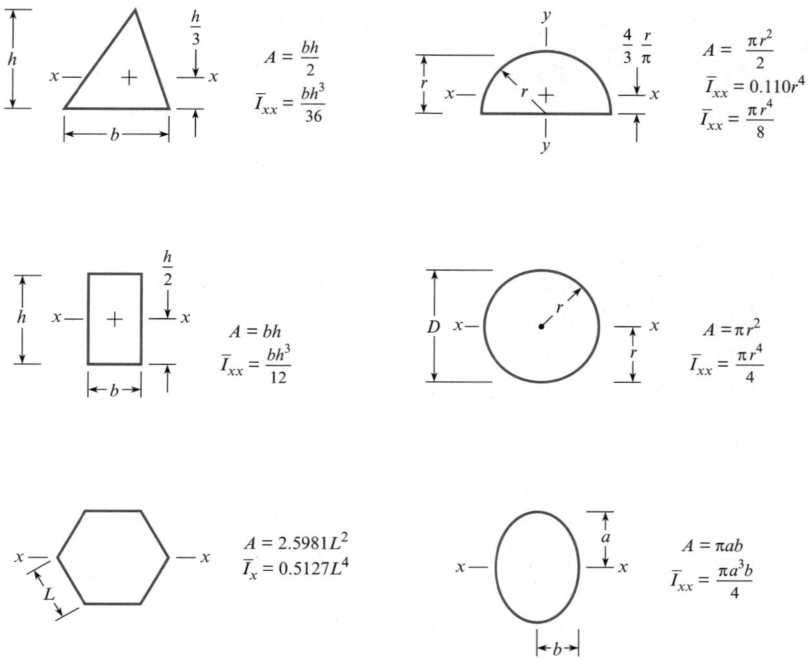

FIGURE A.1
Centroids and moments of inertia of plane areas.

Volume and area formulas:

$$A_{circle} = \pi r^2 = \pi D^2/4$$

$$A_{sphere\ surface} = \pi D^2$$

$$\forall_{sphere} = \frac{1}{6}\pi D^3 = \frac{4}{3}\pi r^3$$

$$\forall_{cone} = \frac{1}{12}\pi D^2 h = \frac{1}{3}\pi r^3 h$$

TABLE A.1 Compressible Flow Tables for an Ideal Gas with $k = 1.4$

M or M_1 = local number or Mach number upstream of a normal shock wave; p/p_t = ratio of static pressure to total pressure; ρ/ρ_t = ratio of static density to total density; T/T_t = ratio of static temperature to total temperature; A/A_* = ratio of local cross-sectional area of an isentropic stream tube to cross-sectional area at the point where M = 1; M_2 = Mach number downstream of a normal shock wave; p_2/p_1 = static pressure ratio across a normal shock wave; T_2/T_1 = static pressure ratio across a normal shock wave; p_{t_2}/p_{t_1} = total pressure ratio across normal shock wave.

Subsonic Flow				
M	p/p_t	ρ/ρ_t	T/T_t	A/A_*
0.00	1.0000	1.0000	1.0000	∞
0.05	0.9983	0.9988	0.9995	11.5914
0.10	0.9930	0.9950	0.9980	5.8218
0.15	0.9844	0.9888	0.9955	3.9103
0.20	0.9725	0.9803	0.9921	2.9630
0.25	0.9575	0.9694	0.9877	2.4027
0.30	0.9395	0.9564	0.9823	2.0351
0.35	0.9188	0.9413	0.9761	1.7780
0.40	0.8956	0.9243	0.9690	1.5901
0.45	0.8703	0.9055	0.9611	1.4487
0.50	0.8430	0.8852	0.9524	1.3398
0.52	0.8317	0.8766	0.9487	1.3034
0.54	0.8201	0.8679	0.9449	1.2703
0.56	0.8082	0.8589	0.9410	1.2403
0.58	0.7962	0.8498	0.9370	1.2130
0.60	0.7840	0.8405	0.9328	1.1882
0.62	0.7716	0.8310	0.9286	1.1657
0.64	0.7591	0.8213	0.9243	1.1452
0.66	0.7465	0.8115	0.9199	1.1265
0.68	0.7338	0.8016	0.9153	1.1097
0.70	0.7209	0.7916	0.9107	1.0944
0.72	0.7080	0.7814	0.9061	1.0806
0.74	0.6951	0.7712	0.9013	1.0681
0.76	0.6821	0.7609	0.8964	1.0570
0.78	0.6691	0.7505	0.8915	1.0471
0.80	0.6560	0.7400	0.8865	1.0382
0.82	0.6430	0.7295	0.8815	1.0305
0.84	0.6300	0.7189	0.8763	1.0237
0.86	0.6170	0.7083	0.8711	1.0179
0.88	0.6041	0.6977	0.8659	1.0129
0.90	0.5913	0.6870	0.8606	1.0089
0.92	0.5785	0.6764	0.8552	1.0056
0.94	0.5658	0.6658	0.8498	1.0031
0.96	0.5532	0.6551	0.8444	1.0014
0.98	0.5407	0.6445	0.8389	1.0003
1.00	0.5283	0.6339	0.8333	1.0000

(Continued)

TABLE A.1 Compressible Flow Tables for an Ideal Gas with $k = 1.4$ (*Continued*)

Supersonic Flow					Normal Shock Wave			
M_1	p/p_t	ρ/ρ_t	T/T_t	A/A_*	M_2	p_2/p_1	T_2/T_1	p_{t_2}/p_{t_1}
1.00	0.5283	0.6339	0.8333	1.000	1.0000	1.000	1.000	1.0000
1.01	0.5221	0.6287	0.8306	1.000	0.9901	1.023	1.007	0.9999
1.02	0.5160	0.6234	0.8278	1.000	0.9805	1.047	1.013	0.9999
1.03	0.5099	0.6181	0.8250	1.001	0.9712	1.071	1.020	0.9999
1.04	0.5039	0.6129	0.8222	1.001	0.9620	1.095	1.026	0.9999
1.05	0.4979	0.6077	0.8193	1.002	0.9531	1.120	1.033	0.9998
1.06	0.4919	0.6024	0.8165	1.003	0.9444	1.144	1.039	0.9997
1.07	0.4860	0.5972	0.8137	1.004	0.9360	1.169	1.046	0.9996
1.08	0.4800	0.5920	0.8108	1.005	0.9277	1.194	1.052	0.9994
1.09	0.4742	0.5869	0.8080	1.006	0.9196	1.219	1.059	0.9992
1.10	0.4684	0.5817	0.8052	1.008	0.9118	1.245	1.065	0.9989
1.11	0.4626	0.5766	0.8023	1.010	0.9041	1.271	1.071	0.9986
1.12	0.4568	0.5714	0.7994	1.011	0.8966	1.297	1.078	0.9982
1.13	0.4511	0.5663	0.7966	1.013	0.8892	1.323	1.084	0.9978
1.14	0.4455	0.5612	0.7937	1.015	0.8820	1.350	1.090	0.9973
1.15	0.4398	0.5562	0.7908	1.017	0.8750	1.376	1.097	0.9967
1.16	0.4343	0.5511	0.7879	1.020	0.8682	1.403	1.103	0.9961
1.17	0.4287	0.5461	0.7851	1.022	0.8615	1.430	1.109	0.9953
1.18	0.4232	0.5411	0.7822	1.025	0.8549	1.458	1.115	0.9946
1.19	0.4178	0.5361	0.7793	1.026	0.8485	1.485	1.122	0.9937
1.20	0.4124	0.5311	0.7764	1.030	0.8422	1.513	1.128	0.9928
1.21	0.4070	0.5262	0.7735	1.033	0.8360	1.541	1.134	0.9918
1.22	0.4017	0.5213	0.7706	1.037	0.8300	1.570	1.141	0.9907
1.23	0.3964	0.5164	0.7677	1.040	0.8241	1.598	1.147	0.9896
1.24	0.3912	0.5115	0.7648	1.043	0.8183	1.627	1.153	0.9884
1.25	0.3861	0.5067	0.7619	1.047	0.8126	1.656	1.159	0.9871
1.30	0.3609	0.4829	0.7474	1.066	0.7860	1.805	1.191	0.9794
1.35	0.3370	0.4598	0.7329	1.089	0.7618	1.960	1.223	0.9697
1.40	0.3142	0.4374	0.7184	1.115	0.7397	2.120	1.255	0.9582
1.45	0.2927	0.4158	0.7040	1.144	0.7196	2.286	1.287	0.9448
1.50	0.2724	0.3950	0.6897	1.176	0.7011	2.458	1.320	0.9278
1.55	0.2533	0.3750	0.6754	1.212	0.6841	2.636	1.354	0.9132
1.60	0.2353	0.3557	0.6614	1.250	0.6684	2.820	1.388	0.8952
1.65	0.2184	0.3373	0.6475	1.292	0.6540	3.010	1.423	0.8760
1.70	0.2026	0.3197	0.6337	1.338	0.6405	3.205	1.458	0.8557
1.75	0.1878	0.3029	0.6202	1.386	0.6281	3.406	1.495	0.8346
1.80	0.1740	0.2868	0.6068	1.439	0.6165	3.613	1.532	0.8127
1.85	0.1612	0.2715	0.5936	1.495	0.6057	3.826	1.569	0.7902

(*Continued*)

TABLE A.1 Compressible Flow Tables for an Ideal Gas with k = 1.4 (*Continued*)

Supersonic Flow					Normal Shock Wave			
M_1	p/p_t	ρ/ρ_t	T/T_t	A/A_*	M_2	p_2/p_1	T_2/T_1	p_{t_2}/p_{t_1}
1.90	0.1492	0.2570	0.5807	1.555	0.5956	4.045	1.608	0.7674
1.95	0.1381	0.2432	0.5680	1.619	0.5862	4.270	1.647	0.7442
2.00	0.1278	0.2300	0.5556	1.688	0.5774	4.500	1.688	0.7209
2.10	0.1094	0.2058	0.5313	1.837	0.5613	4.978	1.770	0.6742
2.20	$0.9352^{-1\dagger}$	0.1841	0.5081	2.005	0.5471	5.480	1.857	0.6281
2.30	0.7997^{-1}	0.1646	0.4859	2.193	0.5344	6.005	1.947	0.5833
2.50	0.5853^{-1}	0.1317	0.4444	2.637	0.5130	7.125	2.138	0.4990
2.60	0.5012^{-1}	0.1179	0.4252	2.896	0.5039	7.720	2.238	0.4601
2.70	0.4295^{-1}	0.1056	0.4068	3.183	0.4956	8.338	2.343	0.4236
2.80	0.3685^{-1}	0.9463^{-1}	0.3894	3.500	0.4882	8.980	2.451	0.3895
2.90	0.3165^{-1}	0.8489^{-1}	0.3729	3.850	0.4814	9.645	2.563	0.3577
3.00	0.2722^{-1}	0.7623^{-1}	0.3571	4.235	0.4752	10.330	2.679	0.3283
3.50	0.1311^{-1}	0.4523^{-1}	0.2899	6.790	0.4512	14.130	3.315	0.2129
4.00	0.6586^{-2}	0.2766^{-1}	0.2381	10.72	0.4350	18.500	4.047	0.1388
4.50	0.3455^{-2}	0.1745^{-1}	0.1980	16.56	0.4236	23.460	4.875	0.9170^{-1}
5.00	0.1890^{-2}	0.1134^{-1}	0.1667	25.00	0.4152	29.000	5.800	0.6172^{-1}
5.50	0.1075^{-2}	0.7578^{-2}	0.1418	36.87	0.4090	35.130	6.822	0.4236^{-1}
6.00	0.6334^{-2}	0.5194^{-2}	0.1220	53.18	0.4042	41.830	7.941	0.2965^{-1}
6.50	0.3855^{-2}	0.3643^{-2}	0.1058	75.13	0.4004	49.130	9.156	0.2115^{-1}
7.00	0.2416^{-3}	0.2609^{-2}	0.9259^{-1}	104.1	0.3974	57.000	10.47	0.1535^{-1}
7.50	0.1554^{-3}	0.1904^{-2}	0.8163^{-1}	141.8	0.3949	65.460	11.88	0.1133^{-1}
8.00	0.1024^{-3}	0.1414^{-2}	0.7246^{-1}	190.1	0.3929	74.500	13.39	0.8488^{-2}
8.50	0.6898^{-4}	0.1066^{-2}	0.6472^{-1}	251.1	0.3912	84.130	14.99	0.6449^{-2}
9.00	0.4739^{-4}	0.8150^{-3}	0.5814^{-1}	327.2	0.3898	94.330	16.69	0.4964^{-2}
9.50	0.3314^{-4}	0.6313^{-3}	0.5249^{-1}	421.1	0.3886	105.100	18.49	0.3866^{-2}
10.00	0.2356^{-4}	0.4948^{-3}	0.4762^{-1}	535.9	0.3876	116.500	20.39	0.3045^{-2}

†x^{-n} means $x \cdot 10^{-n}$.

Data source: R. E. Bolz and G. L. Tuve, *The Handbook of Tables for Applied Engineering Sciences,* CRC Press, Inc., Cleveland, 1973.

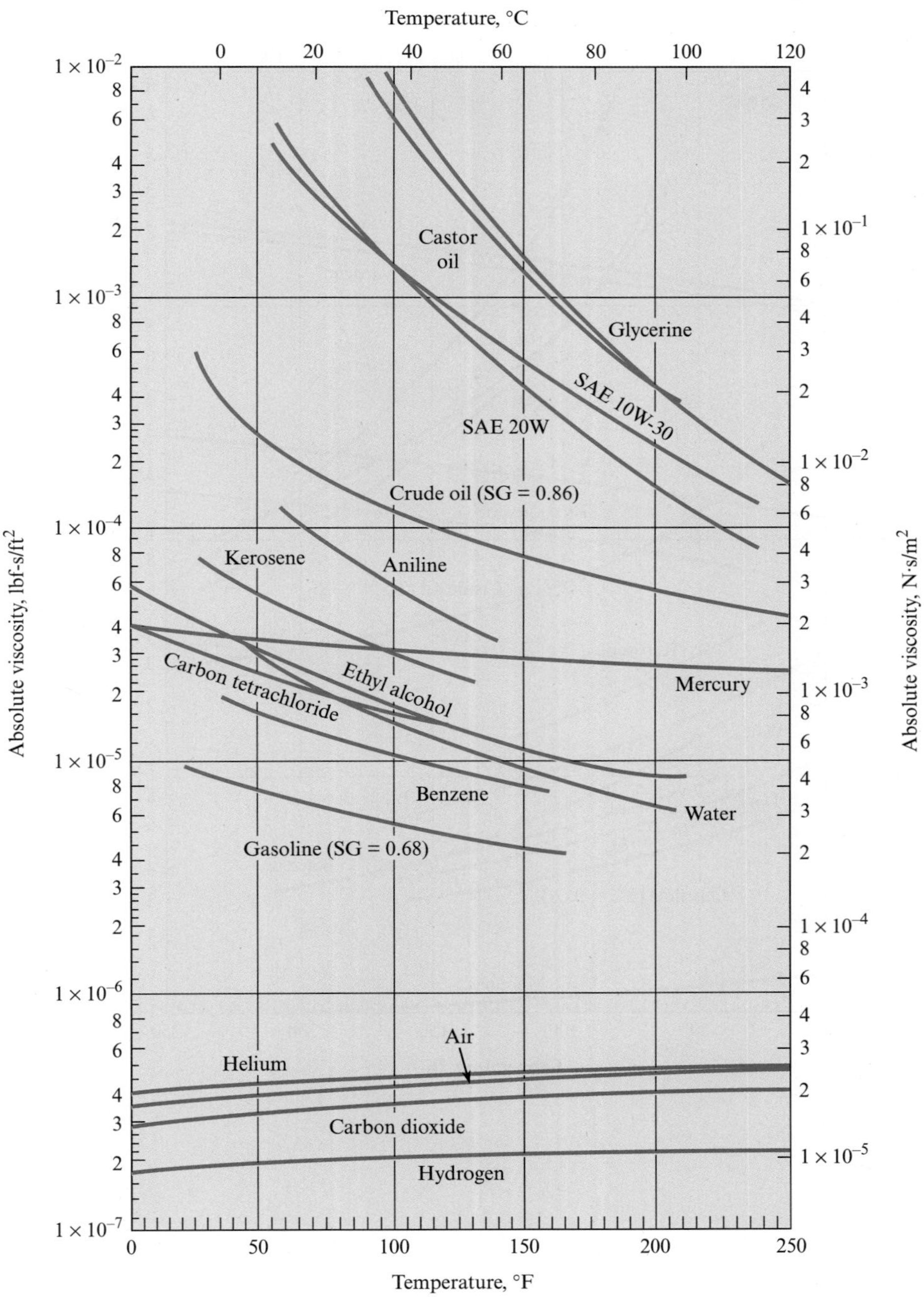

FIGURE A.2

Absolute viscosities of certain gases and liquids (*Data source:* Fluid Mechanics, 5th ed., V. L. Streeter, 1971, McGraw-Hill, New York.)

FIGURE A.3

Kinematic viscosities of certain gases and liquids. The gases are at standard pressure. (*Data source:* Fluid Mechanics, 5th ed., V. L. Streeter, McGraw-Hill, New York.)

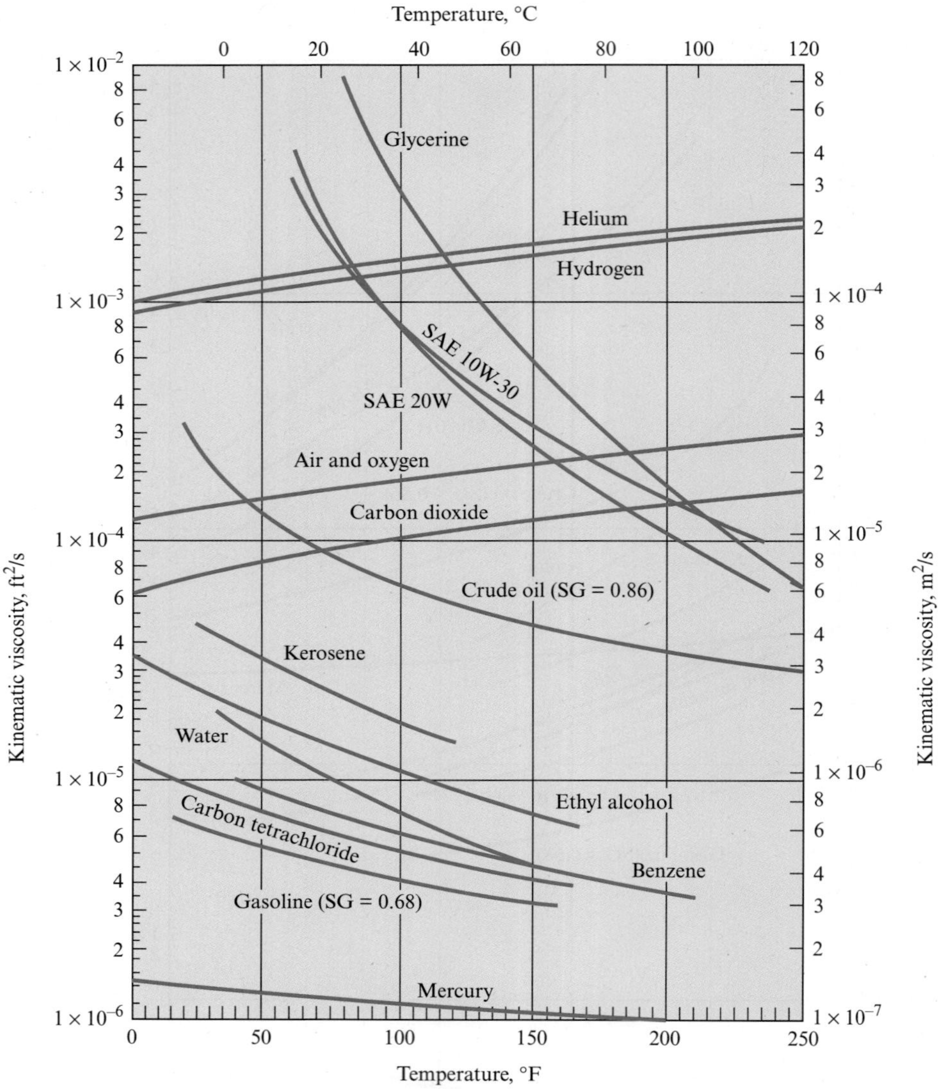

TABLE A.2 Physical Properties of Gases [$T = 15°C$ (59°F), $p = 1$ atm]

Gas	Density kg/m^3 (slugs/ft^3)	Kinematic Viscosity m^2/s (ft^2/s)	R Gas Constant J/kg K (ft-lbf/slug-°R)	c_p $\frac{J}{kg\,K}$ $\left(\frac{Btu}{lbm\text{-}°R}\right)$	$k = \frac{c_p}{c_v}$	S Sutherland's Constant K(°R)
Air	1.22 (0.00237)	1.46×10^{-5} (1.58×10^{-4})	287 (1716)	1004 (0.240)	1.40	111 (199)
Carbon dioxide	1.85 (0.0036)	7.84×10^{-6} (8.48×10^{-5})	189 (1130)	841 (0.201)	1.30	222 (400)
Helium	0.169 (0.00033)	1.14×10^{-4} (1.22×10^{-3})	2077 (12,419)	5187 (1.24)	1.66	79.4 (143)
Hydrogen	0.0851 (0.00017)	1.01×10^{-4} (1.09×10^{-3})	4127 (24,677)	14,223 (3.40)	1.41	96.7 (174)
Methane (natural gas)	0.678 (0.0013)	1.59×10^{-5} (1.72×10^{-4})	518 (3098)	2208 (0.528)	1.31	198 (356)
Nitrogen	1.18 (0.0023)	1.45×10^{-5} (1.56×10^{-4})	297 (1776)	1041 (0.249)	1.40	107 (192)
Oxygen	1.35 (0.0026)	1.50×10^{-5} (1.61×10^{-4})	260 (1555)	916 (0.219)	1.40	

Data source: V. L. Streeter (ed.), *Handbook of Fluid Dynamics,* McGraw-Hill Book Company, New York, 1961; also R. E. Bolz and G. L. Tuve, *Handbook of Tables for Applied Engineering Science,* CRC Press, Inc. Cleveland, 1973; and *Handbook of Chemistry and Physics,* Chemical Rubber Company, 1951.

TABLE A.3 Mechanical Properties of Air at Standard Atmospheric Pressure

Temperature	Density	Specific Weight	Dynamic Viscosity	Kinematic Viscosity
	kg/m^3	N/m^3	$N \cdot s/m^2$	m^2/s
−20°C	1.40	13.70	1.61×10^{-5}	1.16×10^{-5}
−10°C	1.34	13.20	1.67×10^{-5}	1.24×10^{-5}
0°C	1.29	12.70	1.72×10^{-5}	1.33×10^{-5}
10°C	1.25	12.20	1.76×10^{-5}	1.41×10^{-5}
20°C	1.20	11.80	1.81×10^{-5}	1.51×10^{-5}
30°C	1.17	11.40	1.86×10^{-5}	1.60×10^{-5}
40°C	1.13	11.10	1.91×10^{-5}	1.69×10^{-5}
50°C	1.09	10.70	1.95×10^{-5}	1.79×10^{-5}
60°C	1.06	10.40	2.00×10^{-5}	1.89×10^{-5}
70°C	1.03	10.10	2.04×10^{-5}	1.99×10^{-5}
80°C	1.00	9.81	2.09×10^{-5}	2.09×10^{-5}
90°C	0.97	9.54	2.13×10^{-5}	2.19×10^{-5}
100°C	0.95	9.28	2.17×10^{-5}	2.29×10^{-5}
120°C	0.90	8.82	2.26×10^{-5}	2.51×10^{-5}
140°C	0.85	8.38	2.34×10^{-5}	2.74×10^{-5}
160°C	0.81	7.99	2.42×10^{-5}	2.97×10^{-5}
180°C	0.78	7.65	2.50×10^{-5}	3.20×10^{-5}
200°C	0.75	7.32	2.57×10^{-5}	3.44×10^{-5}
	$slugs/ft^3$	lbf/ft^3	$lbf\text{-}s/ft^2$	ft^2/s
0°F	0.00269	0.0866	3.39×10^{-7}	1.26×10^{-4}
20°F	0.00257	0.0828	3.51×10^{-7}	1.37×10^{-4}
40°F	0.00247	0.0794	3.63×10^{-7}	1.47×10^{-4}
60°F	0.00237	0.0764	3.74×10^{-7}	1.58×10^{-4}
80°F	0.00228	0.0735	3.85×10^{-7}	1.69×10^{-4}
100°F	0.00220	0.0709	3.96×10^{-7}	1.80×10^{-4}
120°F	0.00213	0.0685	4.07×10^{-7}	1.91×10^{-4}
150°F	0.00202	0.0651	4.23×10^{-7}	2.09×10^{-4}
200°F	0.00187	0.0601	4.48×10^{-7}	2.40×10^{-4}
300°F	0.00162	0.0522	4.96×10^{-7}	3.05×10^{-4}
400°F	0.00143	0.0462	5.40×10^{-7}	3.77×10^{-4}

Data source: R. E. Bolz and G. L. Tuve, *Handbook of Tables for Applied Engineering Science*, CRC Press, Inc., Cleveland, 1973. Copyright © 1973 by The Chemical Rubber Co., CRC Press, Inc.

TABLE A.4 Approximate Physical Properties of Common Liquids at Atmospheric Pressure

Liquid and Temperature	Density kg/m³ (slugs/ft³)	Specific Gravity	Specific Weight N/m³ (lbf/ft³)	Dynamic Viscosity N·s/m² (lbf-s/ft²)	Kinematic Viscosity m²/s (ft²/s)	Surface Tension N/m* (lbf/ft)
Ethyl alcohol[(1)(3)] 20°C (68°F)	799 (1.55)	0.79	7,850 (50.0)	1.2×10^{-3} (2.5×10^{-5})	1.5×10^{-6} (1.6×10^{-5})	2.2×10^{-2} (1.5×10^{-3})
Carbon tetrachloride[(3)] 20°C (68°F)	1,590 (3.09)	1.59	15,600 (99.5)	9.6×10^{-4} (2.0×10^{-5})	6.0×10^{-7} (6.5×10^{-6})	2.6×10^{-2} (1.8×10^{-3})
Glycerine[(3)] 20°C (68°F)	1,260 (2.45)	1.26	12,300 (78.5)	1.41 (2.95×10^{-2})	1.12×10^{-3} (1.22×10^{-2})	6.3×10^{-2} (4.3×10^{-3})
Kerosene[(1)(2)] 20°C (68°F)	814 (1.58)	0.81	8,010 (51)	1.9×10^{-3} (4.0×10^{-5})	2.37×10^{-6} (2.55×10^{-5})	2.9×10^{-2} (2.0×10^{-3})
Mercury[(1)(3)] 20°C (68°F)	13,550 (26.3)	13.55	133,000 (847)	1.5×10^{-3} (3.1×10^{-5})	1.2×10^{-7} (1.3×10^{-6})	4.8×10^{-1} (3.3×10^{-2})
Sea water 10°C at 3.3% salinity	1,026 (1.99)	1.03	10,070 (64.1)	1.4×10^{-3} (2.9×10^{-5})	1.4×10^{-6} (1.5×10^{-5})	
Oils—38°C (100°F) SAE 10W[(4)]	870 (1.69)	0.87	8,530 (54.4)	3.6×10^{-2} (7.5×10^{-4})	4.1×10^{-5} (4.4×10^{-4})	
SAE 10W-30[(4)]	880 (1.71)	0.88	8,630 (55.1)	6.7×10^{-2} (1.4×10^{-3})	7.6×10^{-5} (8.2×10^{-4})	
SAE 30[(4)]	880 (1.71)	0.88	8,630 (55.1)	1.0×10^{-1} (2.1×10^{-3})	1.1×10^{-4} (1.2×10^{-3})	

*Liquid–air surface tension values.

Data source: (1) V. L. Streeter, *Handbook of Fluid Dynamics*, McGraw-Hill, New York, 1961; (2) V. L. Streeter, *Fluid Mechanics*, 4th ed., McGraw-Hill, New York, 1966; (3) A. A. Newman, *Glycerol*, CRC Press, Cleveland, 1968; (4) R. E. Bolz and G. L. Tuve, *Handbook of Tables for Applied Engineering Sciences*, CRC Press, Cleveland, 1973.

TABLE A.5 Approximate Physical Properties of Water* at Atmospheric Pressure

Temperature	Density	Specific Weight	Dynamic Viscosity	Kinematic Viscosity	Vapor Pressure
	kg/m³	N/m³	N·s/m²	m²/s	N/m² abs
0°C	1000	9810	1.79×10^{-3}	1.79×10^{-6}	611
5°C	1000	9810	1.51×10^{-3}	1.51×10^{-6}	872
10°C	1000	9810	1.31×10^{-3}	1.31×10^{-6}	1,230
15°C	999	9800	1.14×10^{-3}	1.14×10^{-6}	1,700
20°C	998	9790	1.00×10^{-3}	1.00×10^{-6}	2,340
25°C	997	9781	8.91×10^{-4}	8.94×10^{-7}	3,170
30°C	996	9771	7.97×10^{-4}	8.00×10^{-7}	4,250
35°C	994	9751	7.20×10^{-4}	7.24×10^{-7}	5,630
40°C	992	9732	6.53×10^{-4}	6.58×10^{-7}	7,380
50°C	988	9693	5.47×10^{-4}	5.53×10^{-7}	12,300
60°C	983	9643	4.66×10^{-4}	4.74×10^{-7}	20,000
70°C	978	9594	4.04×10^{-4}	4.13×10^{-7}	31,200
80°C	972	9535	3.54×10^{-4}	3.64×10^{-7}	47,400
90°C	965	9467	3.15×10^{-4}	3.26×10^{-7}	70,100
100°C	958	9398	2.82×10^{-4}	2.94×10^{-7}	101,300
	slugs/ft³	lbf/ft³	lbf-s/ft²	ft²/s	psia
40°F	1.94	62.43	3.23×10^{-5}	1.66×10^{-5}	0.122
50°F	1.94	62.40	2.73×10^{-5}	1.41×10^{-5}	0.178
60°F	1.94	62.37	2.36×10^{-5}	1.22×10^{-5}	0.256
70°F	1.94	62.30	2.05×10^{-5}	1.06×10^{-5}	0.363
80°F	1.93	62.22	1.80×10^{-5}	0.930×10^{-5}	0.506
100°F	1.93	62.00	1.42×10^{-5}	0.739×10^{-5}	0.949
120°F	1.92	61.72	1.17×10^{-5}	0.609×10^{-5}	1.69
140°F	1.91	61.38	0.981×10^{-5}	0.514×10^{-5}	2.89
160°F	1.90	61.00	0.838×10^{-5}	0.442×10^{-5}	4.74
180°F	1.88	60.58	0.726×10^{-5}	0.385×10^{-5}	7.51
200°F	1.87	60.12	0.637×10^{-5}	0.341×10^{-5}	11.53
212°F	1.86	59.83	0.593×10^{-5}	0.319×10^{-5}	14.70

*Notes: Bulk modulus E_v of water is approximately 2.2 GPa (3.2×10^5 psi).

Data source: R. E. Bolz and G. L. Tuve, *Handbook of Tables for Applied Engineering Science*, CRC Press, Inc., Cleveland, 1973.

해답

Answers to Even-Numbered Problems

Chapter 1

1.6 True

1.8 a. 785 N b. 35 lbm c. 1.09 slug d. 3 N
e. 0.0933 lbf f. 3 lbf

1.10 $\rho = 1.33\ \text{kg/m}^3$; $\rho = 2.57 \times 10^{-3} \frac{\text{slug}}{\text{ft}^3}$

1.12 $\rho = 1.91\ \frac{\text{kg}}{\text{m}^3}$

1.14 $\dfrac{m_2}{m_1} = 2.29$

1.16 $m = 26.5\ \text{kg}$

1.18 $m = 6.98 \times 10^8\ \text{slug} = 1.02 \times 10^{10}\ \text{kg}$

1.22 a. 17.4 psia b. 2510 psf c. 1.20 bar d. 1.18 atm
e. 40.2 ft-H_2O f. 35.4 in-Hg

Chapter 2

2.2 1.50%, 2.91 mm

2.4 (a) and (c)

2.6 $\Delta\nu = 6.80 \times 10^{-6}\ \text{m}^2/\text{s}$

2.8 (a) and (c)

2.10 3190 cm^3

2.12 (a)

2.14 (a) $\mu = 1.80 \times 10^{-4} \frac{\text{lbf} \cdot \text{s}}{\text{in}^2} = 2.59 \times 10^{-2} \frac{\text{lbf} \cdot \text{s}}{\text{ft}^2}$
(b) $\mu = 1.24 \frac{\text{N} \cdot \text{s}}{\text{m}^2}$ (c) more

2.16 $V_8 = 0.179\ \text{m/s}$, $\tau_8 = 25.5\ \text{Pa}$; $V_{\text{wall}} = 0\ \text{m/s}$,
$\tau_{\text{wall}} = 37.5\ \text{Pa}$;

2.18 $\mu = 2.22 \times 10^{-2} \frac{\text{N} \cdot \text{s}}{\text{m}^2}$

2.20 $m = 0.625\ \text{g}$

2.22 $p = 146\ \frac{\text{N}}{\text{m}^2}$ gage

2.24 Yes, the water will boil.

Chapter 3

3.2 (a) $\rho_{helium} = 0.173\ \text{kg/m}^3$
(b) $\rho_{methane} = 0.418\ \text{kg/m}^3$

3.4 $p_{abs} = 323$ kPa abs

3.8 (a) $\Delta p = 43.1\ \text{Pa}$ (b) depth $= 12.0$ m
(c) $p = 924$ mbar abs (d) $p = 3.73$ MPa gage
(e) $p = 589$ kPa gage

3.10 $F_2 = 1680\ \text{N}$

3.14 $F_{bolts} = 288$ kN (acting downward)

3.16 $\forall_{\text{added}} = 24.6\ \text{in}^3$

3.20 (a) $p_A - p_B = 1.51\ \text{kPa}$
(b) $p_{zA} - p_{zB} = 0.530\ \text{kPa}$

3.22 (a) $F = 35.4$ kN (b) Distance from ditch bottom to $CP = 0.633$ m

3.24 $F = 6.84$ kN; $y_{cp} - \bar{y} = 25.7$ mm

3.26 $F = 2080$ lbf

3.28 $T = 10{,}900$ ft-lbf

3.30 F per foot $= 6075$ lbf/ft; $F_{bottom\ tie} = 8100$ lbf (tension)

3.32 $R_A = 0.510\gamma W l^2$; Less than

3.34 (a) $F_V = 17.5$ kN (b) $F_H = 14.7$ kN, $x = 0.467$ m,
$y_{cp} = 1.56$ m, (c) $\mathbf{F}_R = 22.9$ kN, $\theta = 40°2'$

3.36 $\mathbf{F}_{\text{Result}} = 5200\mathbf{i} + 8170\mathbf{j}$ lbf

3.40 $SG = 17.0$; Do not bid

3.42 Settle; $\Delta h = 1.04$ ft

3.44 $W_{scrap} = 8270$ N

3.46 $\Delta h = 0.784$ in

3.48 $\Delta h = 0.368$ cm

3.50 $SG = 0.836$

3.52 No; block is unstable with axis vertical

Chapter 4

4.2 b

4.4 a

4.6 d

4.8 d

4.10 c

4.12 $a_\ell = -11.3\ \text{m/s}^2$; $a_c = 0.900\ \text{m/s}^2$

4.14 $a_\ell = 0.9\ \text{m/s}^2$

4.16 $a_c = \dfrac{32}{27}\left(\dfrac{q_0}{t_0}\right)^2 \dfrac{t^2}{B^3}$

4.18 $a_z = 4.2\ \text{m/s}^2$

4.20 $\dfrac{\partial p}{\partial z} = -65.7\ \text{lbf/ft}^3$

4.22 $a_s = 35.4\ \text{m/s}^2$

4.24 $h = 22.5$ m

4.26 $V_2 = 3$ m/s

4.28 a and c

4.30 $V = 2.03$ m/s

4.32 $V = 38.3$ m/s

4.34 $V = 5.5$ m/s

4.36 $V = 42.4$ m/s

4.38 $V_0 = 2.54$ m/s

4.40 $p_B - p_C = 52.5$ kPa

4.42 $V_{actual} = 60.1$ m/s

4.44 $V_{air} = 13.0$ m/s

4.46 Yes

4.48 $\Delta\theta = \frac{4y}{(1-4y^2)}$

4.54 $\omega = \sqrt{\frac{7.5g}{l}}$

Chapter 5

5.2 $\overline{V} = 1.14$ m/s

5.4 $\dot{m} = 15.5$ kg/s

5.6 $Q = 2.2\ m^3/s$; $Q = 34{,}900$ gpm

5.8 $Q = 33.1\ m^3/s$

5.10 $D = 1.80$ m

5.12 $Q = 4.71\ m^3/s$; $V = 6$ m/s

5.14 $Q = 0.142\ m^3/s$

5.16 Extensive: mass, volume, energy. Intensive: density, specific energy.

5.18 (b)

5.20 $a_{exit} = 3.40\ m/s^2$ $V_{exit} = 4.40$ m/s

5.22 $V_2 = 15.4$ m/s; Bernoulli Eq. does not apply because density is not contant.

5.24 $V_L = 1.6$ m/s (upward)

5.26 $t = 50.0$ s

5.28 $V_1 = 0.98$ m/s; $V_2 = 1.85$ m/s

5.30 $h_{eq} = 8.3$ m; Lake dries up when $Q_{in} \le 1.4\ m^3/s$

5.32 $V_{entr} = 6.08$ m/s

5.34 $A = 8.0 \times 10^{-6}\ cm^2$

5.36 $$t = \frac{2}{d_j^2\sqrt{2g}}\left[(d^2(h_0^{1/2} - h^{1/2}) + \tfrac{2}{3}dC_1(h_0^{3/2} - h^{3/2}) + \tfrac{1}{5}C_1^2(h_0^{5/2} - h^{5/2})\right];\ t = 13.8\text{ s}$$

5.38 $\Delta t = 7.9$ min; $\Delta t_{unpressurized} = 14.9$ min

5.40 $\Delta h = 0.12$ m

5.42 $V_{out} = 40\text{ m/s}\left[1 - \exp\left(\frac{-t}{10}\right)\right]$

5.44 $V_{cav} = 8.9$ m/s

5.46 $V_{cav} = 14.0$ m/s

Chapter 6

6.2 (b), (e), and (f)

6.4 $F = 0.482$ N

6.6 $F_{bot} = 824$ N; $F_{block} = 96.6$ N

6.8 $F_1 = 257$ N; $F_2 = 243$ N

6.10 $\dot{m} = 267$ kg/s; $D = 10.6$ cm

6.12 $F_x = -39.7$ kN (acts to the left); $F_y = -10.4$ kN (acts downward)

6.14 $\mathbf{F} = (-25.9\text{ N})\mathbf{i} + (-96.5\text{ N})\mathbf{j}$

6.16 $F_{\text{per unit width}} = \rho v^2 \sin 45°$ per unit width of wall

6.20 $V_{exit} = 14.5$ m/s; $F = 747.3$ N

6.22 $F = -13.7$ kN

6.24 F_T per bolt $= 1410$ N

6.26 $F_x = -43.5$ N

6.28 $F_x = -7.4$ kN

6.30 $F_y = 23.8$ kN

6.32 $F_x = -15.9$ kN; $F_y = -1.8$ kN

6.34 Thrust $= 124$ kN

6.36 $a = 0.324\ m/s^2$

6.38 $P = 1.11$ kW

Chapter 7

7.4 b, e, f and g

7.6 b

7.8 $\alpha = \frac{1}{4}\left[\frac{[(n+2)(n+1)]^3}{(3n+2)(3n+1)}\right]$; $\alpha = 1.06$

7.10 $\alpha = 1.19$

7.16 $p_A = -9.0$ N gage; $V_e = 8.8$ m/s

7.18 $\frac{p_2}{\gamma} = 79.8$ m

7.20 $p_2 = 127$ kPa

7.22 $p_1 = 48.3$ Pa gage

7.24 $t = 698$ s $= 11.6$ min

7.26 $P = 34.1$ kW

7.28 $P = 1.2$ MW

7.30 $h_p = 71.5$ m

7.34 $h_L = 1.51$ m

7.36 (a) A to E (b) No (c) Uniform (d) Yes (e) sketch (f) No

7.38 $h_p = 4.08$ m

7.40 $Q = 0.028\ m^3/s$; $p_p = 56.0$ kPa

Chapter 8

8.2 (a) $\frac{M}{LT^2}$ (b) Dimensionless (c) $\frac{ML^2}{T^2}$ (d) $\frac{L}{T}$

8.4 $$\frac{\dot{m}}{\sqrt{\rho\Delta p D^2}} = f\left(\frac{\mu D}{\dot{m}}\right)$$

8.6 (a) Fr (b) We (c) Re (d) M (e) Re (f) Fr (g) W (h) M

8.8 $P_{L,p} = 48$ kW

8.10 $V_w = 5.33$ m/s

8.12 $F_L = 40.1$ kN

8.14 $p = 27.6$ kbar gage

8.16 $\nu_{earth} = 6.71 \times 10^{-5}$ m^2/s

8.18 $V_p = 5.83$ m/s; $\Delta p_p = 2.48$ kPa gage

8.20 $Q_m = 0.101$ m^3/s

8.22 $V_m = 222$ m/s; because M $\geqq 0.3$, Mach-number effects are important

8.24 $V_m = 0.57$ m/s; $d_m = 0.01$ m

8.26 (d)

8.28 $\frac{\Delta p D}{L \rho V^2} = f\left(\frac{\rho V D}{\mu}\right)$; plot results

Chapter 9

9.2 $\mu_{oil} = 8.75 \times 10^{-2}$ N·s/m^2

9.4 $F = 4940$ N

9.6 $P = 0.00780$ W

9.8 $Q = 6.62 \times 10^{-8}$ m^3/s

9.10 (a) False (b) True (c) False (d) False

9.12 $q = 2.45 \times 10^{-3}$ m^2/s

9.14 $\frac{dp}{ds} = -1.61 \times 10^4$ Pa/m; $P = 3.95 \times 10^{-4}$ W

9.16 $V = 0.0150$ m/s

9.18 $V = 0.0150$ m/s

9.20 (a) T (b) L (c) L (d) T (e) T (f) T (g) L (h) T (i) L (j) T

9.22 $F_s = 8.90$ N

9.24 $F_s = 2.82$ N/m; $\frac{du}{dy} = 6.19 \times 10^4$ s^{-1}

9.26 $P = 26.1$ kW

9.28 $P = 76.81$ kW

Chapter 10

10.2 $L_e = 4.0$ m; Turbulent

10.4 (a) $h_f = 1.89$ m (b) $D = 0.227$ m

10.6 (e)

10.8 $\Delta p = 8.43$ kPa

10.12 $f = 0.491$; Re $= 131$; Write a proof

10.14 파이프 길이 30 m당 $h_f = 28.96$ m

10.16 $\Delta p = 0.019$ kPa per 10 m of pipe

10.18 Laminar; plot

10.20 $V = 0.0331$ m/s

10.22 $\Delta p = 628$ Pa

10.24 $f = 0.00946$

10.26 $f = 0.0153$

10.28 $f = 0.024$ (Moody)

10.30 (b)

10.32 (a) $\Delta p = 2.34$ kPa (b) sketch (c) $P = 256.69$ kW

10.34 $D > 0.112$ m

10.36 (a) 0.19 (b) 0.9 (c) 0.2 (d) 0.03 (e) 0.27

10.38 (c)

10.40 (a) 관로 유입구, 밸브, 출구부, $f\frac{L}{D}$ (b) Sketch (c) $Q = 0.78$ m^3/s

10.42 $P = 5.61$ W

10.44 (a) $V = 2.14$ m/s (b) $h = 23.4$ cm

10.46 $925 \leq P \leq 927$ kW depending upon method used for f; sketch

10.48 (c)

10.50 $P = 7.55$ MW

10.52 (e)

10.54 $\frac{V_{trap}}{V_{rect}} = 0.84$

10.56 $Q = 4700$ gpm

10.58 (a)

10.60 $Q_1 = 0.27$ m^3/s; $Q_2 = 0.33$ m^3/s; $h_L = 5.05$ m

Chapter 11

11.2 $C_D = 2.0$

11.4 (a), (b) and (d)

11.8 (e)

11.10 $T = 142$ N

11.14 $M = 9.72$ kN·m

11.16 (a) False (b) True

11.18 $P = 13.4$ hp

11.20 $V = 117$ mph

11.22 (d)

11.28 $t = 21.1$ min

11.32 (b)

Chapter 12

12.2 M = 27.1

12.4 $c = \sqrt{E_v/\rho}$; $c = 1480$ m/s

12.8 M = 5

12.14 $p_t = 224$ kPa

12.20 (a) $M_e = 2.62$; $T_e = 1{,}941$ K; $\rho_e = 0.0671$ kg/m^3 (b) $\dot{m} = 6.78$ kg/s (c) $T = 18.0$ kN (d) $p_t = 691$ kPa $T = 9.86$ kN

12.22 $A/A_* = 2.46$

Chapter 13

13.2	$V = 6.01$ m/s
13.6	$Q = 1.13 \times 10^{-2}$ m^3/s
13.8	(a) $\frac{r_m}{D} = 0.224$ (b) $\frac{r_c}{D} = 0.341$ (c) $\dot{m} = 9.96$ kg/s
13.10	$C_c = 0.903$
13.14	$d = 0.601$ m
13.16	$Q = 0.0789$ m^3/s
13.18	$Q = 0.232$ m^3/s
13.20	$\Delta t = 43.4$ s

Chapter 14

14.2	$F_T = 1370$ N
14.6	$N = 1170$ rpm
14.10	(a) $Q = 0.32$ m^3/s (b) $P = 13.5$ kW
14.14	$P = 726$ kW
14.16	(a) $\Delta H = 91.3$ m (b) $Q = 0.878$ m^3/s
14.18	$H_{1,600} = 261$ ft
14.20	(a) $Q = 0.0833$ m^3/s (b) Δ pressure head = 146 m (c) $P = 104$ kW
14.22	(a) $Q = 61.2$ gpm (b) $Q = 76.4$ gpm (c) $Q = 77.4$ gpm
14.24	Mixed flow pump
14.26	Radial flow pump
14.28	$Q = 0.508$ m^3/s
14.30	(a) $F_{\text{on bucket}} = 1/2\rho A V_j^2$ (b) $P = FV_B = (1/2)\rho Q V_j^3/2$ (c) Operation of more than one bucket
14.32	(a) $\alpha_1 = 6.78^\circ$ (b) $P = 88.9$ MW (c) Increase β_2
14.34	$P_{\max} = 3.29$ kW
14.36	$Q = 0.018$ m^3/sec

Chapter 15

15.2	(b)
15.4	$Q = 608$ cfs
15.6	DW: $Q = 9.09$ m^3/s; Manning: $Q = 8.04$ m^3/s
15.8	(a) Supercritical (b) $y_2 = 7.46$ ft
15.10	$E = 3.17$ m; $y_2 = 3.08$ m
15.12	$Q = 187$ cfs
15.14	$Q = 65.7$ cfs
15.16	$V = 5.67$ ft/s
15.18	(a) Yes (b) No (c) Yes (d) Yes (e) Yes (f) No
15.20	(a) Yes (b) $y_2 = 7.46$ m
15.22	(a)
15.24	Yes; immediately downstream of sluice gate; possibly submerged jump followed by H2
15.26	$d_{300} \approx 1.51$ m

Chapter 16

16.12	True; False; False

찾아보기

국 문

영 문

P

R

S

T

용어/인명 한영대조표

독자의 이해를 돕기 위해 번역된 용어와 인명의 원어를 수록하였습니다.

용어

개방형 시스템(개수로시스템)	open system
급확대	sudden expansion
길이 척도	length scale
날개단면, 날개단면부	airfoil
단면 유속분포	velocity profile
면적평균유속	area averaged velocity
방사방향	radial
변환비	conversion ratio
부르동-튜브 압력계	Bourdon-tube gage
부피	volume
비활동 조건	no-slip condition
순작용력	net force
시간평균유속	time averaged velocity
압력경사	pressure gradient
액주계	manometer
액주계 방정식	manometer equation
유속경사	velocity gradient
유속/속도(문맥에 따라)	velocity
유속장	velocity field
위압계	piezometer
위압력	piezometric pressure
위압수두	piezometric head
자유수면	free-surface
체적/몸통(문맥에 따라)	body
쿠에트 흐름	Couette flow
폐쇄형 시스템(관수로시스템)	closed system
폐합관로	closed conduit
푸아죄유 흐름	Poiseuille flow
후류	wake
U-튜브	U-tube
π-그룹	π-group

인명

나비에-스토크스	Navier-Stokes
뉴턴	Newton
다르시-바이스바흐	Darcy-Weisbach
다리우스	Darrieus
델	Del
라그랑주	Lagrange
라플라스	Laplace
레이놀즈	Reynolds
마하	Mach
블라시우스	Blasius
스트로할	Strouhal
아보가드로	Avogadro
아인슈타인	Einstein
오일러	Euler
워머슬리	Womersley
웨일스-우즈	Wales-Woods
줄	Joule
체지	Chezy
쿠에트	Couette
테일러	Taylor
패러데이	Faraday
푸아죄유	Poiseuille
프랜시스	Francis